Standardized List of Quality Supervision and Inspection of Power Project

输变电工程
质量监督检查标准化清单

电力工程质量监督总站　主编

2018 年版

中国电力出版社
CHINA ELECTRIC POWER PRESS

图书在版编目（CIP）的数据

输变电工程质量监督检查标准化清单：2018年版 / 电力工程质量监督总站主编 .—北京：中国电力出版社，2019.9（2020.8重印）

ISBN 978-7-5198-3675-7

Ⅰ. ①输… Ⅱ. ①电… Ⅲ. ①输电－电力工程－工程质量监督②变电所－电力工程－工程质量监督 Ⅳ. ① TM7 ② TM63

中国版本图书馆CIP数据核字（2019）第202407号

出版发行：中国电力出版社
地　　址：北京市东城区北京站西街19号
邮政编码：100005
网　　址：http://www.cepp.sgcc.com.cn
责任编辑：姜　萍（010-63412368）　何佳煜　付静柔
责任校对：黄　蓓　李　楠　郝军燕　王海南　马　宁
装帧设计：张俊霞
责任印制：吴　迪

印　　刷：北京天宇星印刷厂
版　　次：2019年9月第一版
印　　次：2020年8月北京第二次印刷
开　　本：787毫米×1092毫米　横16开本
印　　张：54.5
字　　数：1350千字
印　　数：1501—2500册
定　　价：248.00元

《输变电工程质量监督检查标准化清单》修编成员

编 委 会

修 编 人 员

质量行为部分：

建 设 单 位：高宫杰　裴金龙　周　园

勘察设计单位：卢福木

监 理 单 位：张　兴　尹　东　刘忠声　郭　峰

施 工 单 位：吕　念　许志建　徐海涛　李玉勇

调 试 单 位：单　波　张国辉

生产运行单位：蔡俊鹏

检 测 单 位：陈云飞　刘洪斌　朱大伟

实体质量部分：

地基处理专业：高华伟　谢　丹　李存杰　陈云飞

建 筑 专 业：唐　爽　刘　宁　韩广超　黄福华　张　震

电 气 专 业：王　伟　孙胜涛　王　辉　牟旭涛

架空线路专业：韩义成　杨建东　段晓明　王　龙　杨启发　李永年

电缆线路专业：姜明亮　孙立军　卢秀森

调 试 专 业：李仲秋　张学凯

生产准备专业：韩鹏凯　李文祥

监督检测部分：

建 筑 专 业：张　颖　蔡广涛　陈殿恢

电 气 专 业：李继征　陈永辉

架空线路专业：栾　勇　刘志强　李　洋　马凤臣　徐　冬

前言

为有效落实《输变电工程质量监督检查大纲》（以下简称《大纲》）的要求，实现监督检查工作电子化和数据集成化，根据标准、管理文件的更新变化情况，电力工程质量监督站组织山东电力建设质量监督中心站等单位，集合电力行业优秀专家，对2015年版《输变电工程质量监督检查标准化清单》（以下简称《标准化清单》）进行了修编。

本次《标准化清单》修编工作根据《大纲》具体条款，以当前最新版本的国家法律、法规、标准或管理文件和行业规程、规范等为依据，在总结分析2015年版《标准化清单》的基础上，针对使用过程中发现的问题，梳理全篇内容，采用统一组织、分工负责、专业编制、集中审核的方式修编而成。本版《标准化清单》的适用范围与《大纲》的适用范围相同。

一、《标准化清单》的主要内容

本版《标准化清单》保留了2015年版《标准化清单》的组成部分、结构布局、行文规则以及阶段划分。

本版《标准化清单》由正文和附录两部分组成，正文按照《大纲》的内容结构划分为首次、地基处理、变电（换流）站主体结构施工前、变电（换流）站电气设备安装前、变电（换流）站建筑工程交付使用前、变电（换流）站投运前、架空输电线路杆塔组立前、架空输电线路导地线架设前、架空输电线路投运前、电缆线路工程安装前、电缆线路工程投运前十一部分，每部分均包括质量行为、实体质量和监督检测三项内容。附录中根据标准或文件名称分类，并按实际表号排序汇总了依据文件中的各相关表格。每项表格内容均由依据文件名、表号表名和表格正文三部分组成。

本版《标准化清单》对应《大纲》中的各条款，分别编制了“检查依据”和“检查要点”，并规范了“问题描述”的叙述格式，具体如下：

“检查依据”中摘录了与《大纲》条款对应的国家标准或文件，其中包括相关要求和执行标准两方面的内容，便于监检人员在现场检查时能够快速、有针对性地查询。每个依据文件名均用加重字体表示，以便于识别。

“检查要点”中明确了《大纲》各条款检查的最基本检查对象、检查要素及相应的检查标准，细化了《大纲》各条款的执行点，增强了《大纲》的可操作性。检查要点的表达逻辑一般是：查看检查对象中的（另起一行）一个或若干检查点（冒号后边）应达到的标准。

二、《标准化清单》的编制原则

本版《标准化清单》重点对2015年版《标准化清单》中引用标准已过期作废的、重点不突出的以及与《大纲》条款不对应的

“检查依据”进行了修订，对表述不准确的、内容不完整的“检查要点”进行了补充完善。

（一）依据可靠全面

按照依法依规的原则，《大纲》所有检查条款都以国家有关法律、法规、标准或管理文件的要求为依据。相关标准或文件的取定原则如下：

依据有效：依据标准或文件须是国家或行业发布的最新有效版本。

排序规范：一个《大纲》条款对应有多个标准或文件依据时，按照“国家法律法规—政府部门规章—国家标准—电力行业标准—其他行业标准”的等级顺序列出，同等级的不同标准或文件按时间最近优先的顺序排列。

简明完整：一段文字中不必要的文字用省略号（……）代替，只保留与《大纲》条款及应达到的有关标准相关的文字内容。

重叠不省：各依据标准或文件内容有重叠的部分不省略，保证内容查阅时的独立完整性。

相同不略：多个《大纲》条款依据相同的标准或文件，即使内容相同，也同时列出。

表格另建：依据标准或文件中的表格另建附表。

（二）检查要点统一

监督检查的深度保持在一个基本水平以上，不因检查人员专业技术水平、实际工作经验等差异影响检查的效果。采取的具体原则如下：

要点明确：检查要点是证明《大纲》条款得到落实的最基本点和工程施工中经常出现问题或危及安全、质量的最重要点。

对象规范：检查对象名称与国家规定名称相符。国家无规定时，与行业通范名称一致。无行业通范名称时，按照合理原则确定检查对象的名称。

标准具体：检查执行的合格标准直接可衡量、操作性强。

三、使用说明

本版《标准化清单》是在明确《大纲》各条款的依据标准或文件、细化《大纲》各条款基本执行要点的基础上形成的表格式标准化文件，既是电力工程现场监督检查的执行基准，又是相关应用软件的运行基础，它是应用软件的数据库支持文件，其内容会根据使用过程中发现的问题定期在应用软件中完善更新。

本版《标准化清单》“检查依据”中的标准或文件为2018年9月底前的正式出版发行有效版本，如依据标准或文件即时发生更新时，检查人员可按照更新的标准或文件执行，并将更新内容反馈给电力工程质量监督站，电力工程质量监督站收集后将对《标准化清单》进行集中定期更新。

本版《标准化清单》的“检查要点”是《大纲》各条款落实的基本要点，须在监督检查时全部执行，但这些检查要点并不意味着涵盖了所有的检查点。检查人员在现场检查时可根据实际情况和相关的标准或文件相应增加检查要点。

目录

第1部分

首次监督检查

条款号	大纲条款	检 查 依 据	检查要点
4 责任主体质量行为的监督检查			
4.1 建设单位质量行为的监督检查			
4.1.1	工程项目经国家行政主管部门核准（批准），文件齐全	**1.《国务院关于发布政府核准的投资项目目录（2016年本）的通知》国发〔2016〕72号** 二、能源 电网工程：涉及跨境、跨省（区、市）输电的±500千伏及以上直流项目，涉及跨境、跨省（区、市）输电的500千伏、750千伏、1000千伏交流项目，由国务院投资主管部门核准，其中±800千伏及以上直流项目和1000千伏交流项目报国务院备案；不涉及跨境、跨省（区、市）输电的±500千伏及以上直流项目和500千伏、750千伏、1000千伏交流项目由省级政府按照国家制定的相关规划核准，其余项目由地方政府按照国家制定的相关规划核准。 **2.《国务院关于投资体制改革的决定》国发〔2004〕第20号** 二．转变政府管理职能，确立企业的投资主体地位 （一）改革项目审批制度。……对于企业不使用政府投资建设的项目，一律不再实行审批制，区别不同情况实行核准制和备案制。其中，政府仅对重大项目和限制类项目从维护社会公共利益角度进行核准，其他项目无论规模大小，均改为备案制，…… **3.《政府核准投资项目管理办法》中华人民共和国国家发展和改革委员会令〔2014〕第11号** 第二条 实行核准制的投资项目……核准机关，是指《核准目录》中规定具有项目核准权限的行政机关。《核准目录》所称国务院投资主管部门是指国家发展和改革委员会；《核准目录》规定由省级政府、地方政府核准的项目，其具体项目核准机关由省级政府确定。 第二十条 对于同意核准的项目，项目核准机关应当出具项目核准文件并依法将核准决定向社会公开；……。属于国务院核准权限的项目，由国家发展和改革委员会根据国务院的意见出具项目核准文件或者不予核准决定书。 第二十五条 项目核准文件自印发之日起有效期2年。在有效期内未开工建设的，项目单位应当在有效期届满前的30个工作日之前向原项目核准机关申请延期，原项目核准机关应当在有效期届满前作出是否准予延期的决定。在有效期内未开工建设也未按照规定向原项目核准机关申请延期的，原项目核准文件自动失效。 第二十六条 取得项目核准文件的项目，有下列情形之一的，项目单位应当及时以书面形式向原项目核准机关提出调整申请。原项目核准机关应当根据项目具体情况，出具书面确认意见或者要求其重新办理核准手续。 （一）建设地点发生变更的； （二）建设规模、建设内容发生较大变化的；	查阅该项目的核准批复文件 发文单位：政府主管部门 核准规模：与本项目规模一致 时效性：项目在核准文件规定的有效时间内

续表

条款号	大纲条款	检　查　依　据	检查要点
4.1.1	工程项目经国家行政主管部门核准（批准），文件齐全	（三）项目变更可能对经济、社会、环境等产生重大不利影响的； （四）需要对项目核准文件所规定的内容进行调整的其他情形。 **4.《输变电工程项目质量管理规程》DL/T 1362—2014** 5.1.5　建设单位应按照国家现行法律的规定组织办理工程建设合法性文件	
4.1.2	工程项目按规定完成招投标并与承包商签订合同	**1.《中华人民共和国建筑法》中华人民共和国主席令第46号** 第十五条　建筑工程的发包单位与承包单位应当依法订立书面合同，……。 第二十条　建筑工程实行公开招标的，发包单位应当依照法定程序和方式，发布招标公告提供……招标文件。 第二十二条　建筑工程实行招标发包的，发包单位应当将建筑工程发包给依法中标的承包单位。……。 **2.《中华人民共和国招标投标法》中华人民共和国主席令第86号** 第三条　在中华人民共和国境内进行下列工程建设项目包括项目的勘察、设计、施工、监理以及与工程建设有关的重要设备、材料等的采购，必须进行招标： （一）大型基础设施、公用事业等关系社会公共利益、公众安全的项目； （二）全部或者部分使用国有资金投资或者国家融资的项目； …… 第四条　任何单位和个人不得将依法必须进行招标的项目化整为零或者以其他任何方式规避招标。 第十条　招标分为公开招标和邀请招标。 第四十五条　中标人确定后，招标人应当向中标人发出中标通知书，…… 第四十六条　招标人和中标人应当自中标通知书发出之日起三十日内，按照招标文件和中标人的投标文件订立书面合同。招标人和中标人不得再行订立背离合同实质性内容的其他协议。 **3.《中华人民共和国招标投标法实施条例》中华人民共和国国务院令第613号（2019年3月2日中华人民共和国国务院令第709号修正）** 第七条　按照国家有关规定需要履行项目审批、核准手续的依法必须进行招标的项目，其招标范围、招标方式、招标组织形式应当报项目审批、核准部门审批、核准。项目审批、核准部门应当及时将审批、核准确定的招标范围、招标方式、招标组织形式通报有关行政监督部门。 第八条　国有资金占控股或者主导地位的依法必须进行招标的项目，应当公开招标；……。	1. 查阅定标文件：有效 2. 查阅与勘察、设计、监理、施工单位签订的承包合同 签字：法定代表人或授权人已签字 盖章：单位已盖章

续表

条款号	大纲条款	检 查 依 据	检查要点
4.1.2	工程项目按规定完成招投标并与承包商签订合同	第五十七条　招标人和中标人应当依照招标投标法和本条例的规定签订书面合同，合同的标的、价款、质量、履行期限等主要条款应当与招标文件和中标人的投标文件的内容一致。招标人和中标人不得再行订立背离合同实质性内容的其他协议。 **4.《建设工程质量管理条例》中华人民共和国国务院令第279号（2017年10月7日中华人民共和国国务院令第687号修正）** 第八条　建设单位应当依法对工程建设项目的勘察、设计、施工、监理以及与工程建设有关的重要设备、材料等的采购进行招标。 第十二条　实行监理的建设工程，建设单位应当委托具有相应资质等级的工程监理单位进行监理，也可以委托具有工程监理相应资质等级并与被监理工程的施工承包单位没有隶属关系或者其他利害关系的该工程的设计单位进行监理。 **5.《建设工程项目管理规范》GB/T 50326—2017** 7.1.3　项目合同管理应遵循下列程序：1 合同评审；2 合同订立；3 合同实施计划；4 合同实施控制；5 合同管理总结。 **6.《输变电工程项目质量管理规程》DL/T 1362—2014** 5.1.1　建设单位应按照国家现行法律的规定，采用招标方式选择有质量保证能力和相应资质的输变电工程项目的勘察、设计、施工、监理单位以及重要设备、材料供应单位	1. 查阅定标文件：有效 2. 查阅与勘察、设计、监理、施工单位签订的承包合同 签字：法定代表人或授权人已签字 盖章：单位已盖章
4.1.3	质量管理组织机构已建立，质量管理人员已到位	**1.《建设工程项目管理规范》GB/T 50326—2017** 4.3.4　建立项目管理机构应遵循下列规定： 1　结构应符合组织制度和项目实施要求； 2　应有明确的管理目标、运行程序和责任制度； 3　机构成员应满足项目管理要求及具备相应资格； 4　组织分工应相对稳定并可根据项目实施变化进行调整； 5　应确定机构成员的职责、权限、利益和需承担的风险。 **2.住房城乡建设部关于印发《建筑工程五方责任主体项目负责人质量终身责任追究暂行办法》的通知　建质〔2014〕124号** 第三条　建筑工程五方责任主体项目负责人质量终身责任，是指参与新建、扩建、改建的建筑工程项目负责人按照国家法律法规和有关规定，在工程设计使用年限内对工程质量承担相应责任。 第七条　工程质量终身责任实行书面承诺和竣工后永久性标牌等制度。 **3.《输变电工程项目质量管理规程》DL/T 1362—2014** 5.1.4　建设单位应组织建立全面覆盖勘察、设计、监理、施工、调试单位的项目质量管理体系，应监督质量管理体系的有效运行	1. 查阅组织机构成立文件 内容：已设立质量管理组织机构，质量管理岗位职责已明确 2. 查阅相关质量文件 签字人：与岗位设置人员相符 签字文件：承诺书

续表

条款号	大纲条款	检 查 依 据	检查要点
4.1.4	质量管理制度已制订	**1.《建设工程项目管理规范》GB/T 50326—2017** 3.4.3 组织应根据项目管理范围确定项目管理制度，在项目管理各个过程规定相关管理要求并形成文件。 14.1.3 项目资源管理应遵循下列程序： 1 明确项目的资源需求； 2 分析项目整体的资源状态； 3 确定资源的各种提供方式； 4 编制资源的相关配置计划； 5 提供并配置各种资源； 6 控制项目资源的使用过程； 7 跟踪分析并总结改进	查阅质量管理制度 审批：有审批记录
4.1.5	施工组织总设计已审批	**1.《建筑施工组织设计规范》GB/T 50502—2009** 3.0.5 施工组织设计的编制和审批应符合下列规定： 1 施工组织设计应由项目负责人主持编制，可根据需要分阶段编制和审批； 2 施工组织总设计应由总承包单位技术负责人审批；单位工程施工组织设计应由施工单位技术负责人或技术负责人授权的技术人员审批，施工方案应由项目技术负责人审批；重点、难点分部（分项）工程和专项工程施工方案应由施工单位技术部门组织相关专家评审，施工单位技术负责人批准； **2.《建筑工程施工质量评价标准》GB/T 50375—2016** 3.3.2 质量记录评价方法应符合下列规定： 1 检查标准：材料、设备合格证、进场验收记录及复试报告、施工记录及施工试验等资料完整，能满足设计要求…… 2 检查方法：检查资料的项目、数量及数据内容。 **3.《电力建设工程监理规范》DL/T 5434—2009** 8.0.5 对机组容量大，电压等级高、新能源电力建设工程，施工组织设计宜由监理单位组织审查，总监理工程师签发，报建设单位	查阅施工组织总设计的审批文件 审批：上级主管单位已批准
4.1.6	工程采用的专业标准清单已审批	**1.《输变电工程项目质量管理规程》DL/T 1362—2014** 5.2.2 工程开工前，建设单位应编制项目……，并履行相关的审批手续	查阅法律法规和标准规范清单目录 签字：责任人已签字 盖章：单位已盖章

续表

条款号	大纲条款	检查依据	检查要点
4.1.7	工程建设标准强制性条文已制定实施检查计划和措施	**1.《中华人民共和国标准化法实施条例》中华人民共和国国务院第53号令发布** 第二十三条　从事科研、生产、经营的单位和个人，必须严格执行强制性标准。 **2.《实施工程建设强制性标准监督规定》中华人民共和国建设部令第81号（2015年1月22日中华人民共和国住房和城乡建设部令第23号修正）** 第二条　在中华人民共和国境内从事新建、扩建、改建等工程建设活动，必须执行工程建设强制性标准。 第三条　本规定所称工程建设强制性标准是指直接涉及工程质量、安全、卫生及环境保护等方面的工程建设标准强制性条文。 国家工程建设标准强制性条文由国务院住房城乡建设主管部门会同国务院有关主管部门确定。 第十条　强制性标准监督检查的内容包括： （一）有关工程技术人员是否熟悉、掌握强制性标准； （二）工程项目的规划、勘察、设计、施工、验收等是否符合强制性标准的规定； （三）工程项目采用的材料、设备是否符合强制性标准的规定； （四）工程项目的安全、质量是否符合强制性标准的规定； （五）工程中采用的导则、指南、手册、计算机软件的内容是否符合强制性标准的规定	查阅强制性标准实施计划和措施 签字：责任人已签字 盖章：单位已盖章
4.1.8	施工图会检已组织完成	**1.《建设工程项目管理规范》GB/T 50326—2017** 4.2.1　项目建设相关责任方应在各自的实施阶段和环节，明确工作职责，实施目标管理，确保项目正常运行。 **2.《输变电工程项目质量管理规程》DL/T 1362—2014** 5.3.1　建设单位应在变电单位工程和输电分部工程开工前组织设计交底和施工图会检。未经会检的施工图纸不得用于施工	查阅已开工单位工程施工图会检记录 签字：责任人已签字 日期：工程开工前
4.1.9	工程项目开工文件已下达	**1.《中华人民共和国建筑法》中华人民共和国主席令第46号** 第七条　建筑工程开工前，建设单位应当按照国家有关规定向工程所在地县级以上人民政府建设行政主管部门申请领取施工许可证；…… 按照国务院规定的权限和程序批准开工报告的建筑工程，不再领取施工许可证。 **2.《建设工程监理规范》GB/T 50319—2013** 5.1.8　总监理工程师应组织专业监理工程师审查施工单位报送的开工报审表及相关资料，同时具备以下条件的，由总监理工程师签署审查意见，报建设单位批准后，总监理工程师签发开工令	查阅工程开工批准文件 盖章：上级主管单位已盖章

续表

条款号	大纲条款	检 查 依 据	检查要点
4.1.10	输电线路工程路径审批文件及相关合同齐全	**1.《中华人民共和国土地管理法》中华人民共和国主席令第28号** 第五十三条　经批准的建设项目需要使用国有建设用地的，建设单位应当持法律、行政法规规定的有关文件，向有批准权的县级以上人民政府土地行政主管部门提出建设用地申请，经土地行政主管部门审查，报本级人民政府批准。 第五十七条　建设项目施工和地质勘查需要临时使用国有土地或者农民集体所有的土地的，由县级以上人民政府土地行政主管部门批准。 **2.《中华人民共和国土地管理法实施条例》中华人民共和国国务院令第256号（2014年7月29日中华人民共和国国务院令第653号修正）** 第二十八条　建设项目施工和地质勘查需要临时占用耕地的，土地使用者应当自临时用地期满之日起1年内恢复种植条件。 **3.《建设项目用地预审管理办法》中华人民共和国国土资源部令第42号（2016年11月29日中华人民共和国国土资源部令第68号修正）** 第四条　建设项目用地实行分级预审。 需人民政府或有批准权的人民政府发展和改革等部门审批的建设项目，由该人民政府的国土资源管理部门预审。 需核准和备案的建设项目，由与核准、备案机关同级的国土资源管理部门预审。 第五条　需审批的建设项目在可行性研究阶段，由建设用地单位提出预审申请。 需核准的建设项目在项目申请报告核准前，由建设单位提出用地预审申请。 需备案的建设项目在办理备案手续后，由建设单位提出用地预审申请。 第六条　依照本办法第四条规定应当由国土资源部预审的建设项目，国土资源部委托项目所在地的省级国土资源管理部门受理，…… 应当由国土资源部负责预审的输电线塔基、钻探井位、通讯基站等小面积零星分散建设项目用地，由省级国土资源管理部门预审，并报国土资源部备案	查阅输电线路工程路径土地使用审批文件 审批部门：国土资源主管部门 盖章：单位已盖章 审批意见：同意使用等肯定性意见
4.1.11	无任意压缩合同约定工期的行为	**1.《建设工程质量管理条例》中华人民共和国国务院令第279号（2017年10月7日中华人民共和国国务院令第687号修正）** 第十条　建设工程发包单位不得迫使承包方以低于成本的价格竞标，不得任意压缩合理工期。 **2.《电力建设工程施工安全监督管理办法》中华人民共和国国家发展和改革委员会令第28号** 第十一条　建设单位应当执行定额工期，不得压缩合同约定的工期。如工期确需调整，应当对安全影响进行论证和评估。论证和评估应当提出相应的施工组织措施和安全保障措施。 **3.《建设工程项目管理规范》GB/T 50326—2017** 9.2.1　项目进度计划编制依据应包括下列主要内容：	查阅施工进度计划、合同工期和调整工期的相关文件 内容：有压缩工期的行为时，应有设计、监理、施工和建设单位认可的书面文件

续表

条款号	大纲条款	检查依据	检查要点
4.1.11	无任意压缩合同约定工期的行为	1 合同文件和相关要求； 2 项目管理规划文件； 3 资源条件、内部与外部约束条件。 **4.《输变电工程项目质量管理规程》DL/T 1362—2014** 5.3.3 项目的工期应按合同约定执行。当工期需要调整时，建设单位应组织参建单位从影响工程建设的安全、质量、环境方面确认其可行性，并应采取有效措施保证工程质量	
4.1.12	采用的新技术、新工艺、新流程、新装备、新材料已审批	**1.《中华人民共和国建筑法》中华人民共和国主席令第46号** 第四条 国家扶持建筑业的发展，支持建筑科学技术研究，提高房屋建筑设计水平，鼓励节约能源和保护环境，提倡采用先进技术、先进设备、先进工艺、新型建筑材料和现代管理方式。 **2.《建设工程质量管理条例》中华人民共和国国务院令第279号（2017年10月7日中华人民共和国国务院令第687号修改）** 第六条 国家鼓励采用先进的科学技术和管理方法，提高建设工程质量。 **3.《实施工程建设强制性标准监督规定》建设部令第81号（2015年1月22日中华人民共和国住房和城乡建设部令第23号修正）** 第五条 建设工程勘察、设计文件中规定采用的新技术、新材料，可能影响建设工程质量和安全，又没有国家技术标准的，应当由国家认可的检测机构进行试验、论证，出具检测报告，并经国务院有关主管部门或者省、自治区、直辖市人民政府有关主管部门组织的建设工程技术专家委员会审定后，方可使用。 工程建设中采用国际标准或者国外标准，现行强制性标准未作规定的，建设单位应当向国务院住房城乡建设主管部门或者国务院有关主管部门备案。 **4.《输变电工程项目质量管理规程》DL/T 1362—2014** 4.4 输变电工程项目建设过程中，参建单位应按照国家要求积极采用新技术、新工艺、新流程、新装备、新材料（以下简称“五新”技术），……。 5.1.6 当应用技术要求高、作业复杂的“五新”技术，建设单位应组织设计、监理、施工及其他相关单位进行施工方案专题研究，或组织专家评审。 **5.《电力建设施工技术规范 第1部分：土建结构工程》DL 5190.1—2012** 3.0.4 采用新技术、新工艺、新材料、新设备时，应经过技术鉴定或具有允许使用的证明。施工前应编制单独的施工措施及操作规程。 **6.《电力工程地基处理技术规程》DL/T 5024—2005** 5.0.8 ……。当采用当地缺乏经验的地基处理方法或引进和应用新技术、新工艺、新方法时，须通过原体试验验证其适用性	查阅新技术、新工艺、新流程、新装备、新材料论证文件 意见：同意采用等肯定性意见 盖章：相关单位已盖章

续表

条款号	大纲条款	检查依据	检查要点
4.2 勘察设计单位质量行为的监督检查			
4.2.1	企业资质与合同约定的业务范围相符	**1.《中华人民共和国建筑法》中华人民共和国主席令第46号** 第十三条　从事建筑活动的建筑施工企业、勘察单位、设计单位……经资质审查合格，取得相应等级的资质证书后，方可在其资质等级许可的范围内从事建筑活动。 **2.《建设工程质量管理条例》中华人民共和国国务院令第279号（2017年10月7日中华人民共和国国务院令第687号修正）** 第十八条　从事建设工程勘察、设计的单位应当依法取得相应等级的资质证书，并在其资质等级许可的范围内承揽工程。 禁止勘察、设计单位超越其资质等级许可的范围或者以其他勘察、设计单位的名义承揽工程。禁止勘察、设计单位允许其他单位或者个人以本单位的名义承揽工程。 **3.《建设工程勘察设计管理条例》中华人民共和国国务院令第293号（2017年10月7日中华人民共和国国务院令第687号修正）** 第八条　建设工程勘察、设计单位应当在其资质等级许可的范围内承揽建设工程勘察、设计业务。 禁止建设工程勘察、设计单位超越其资质等级许可的范围或者以其他建设工程勘察、设计单位的名义承揽建设工程勘察、设计业务。禁止建设工程勘察、设计单位允许其他单位或者个人以本单位的名义承揽建设工程勘察、设计业务。 **4.《建设工程勘察设计资质管理规定》中华人民共和国建设部令第160号（2016年9月13日根据《住房城乡建设部关于修改〈勘察设计注册工程师管理规定〉等11个部门规章的决定》修正）** 第三条　从事建设工程勘察、工程设计活动的企业，……取得建设工程勘察、工程设计资质证书后，方可在资质许可的范围内从事建设工程勘察、工程设计活动。 **5.《工程设计资质标准》住房和城乡建设部建市〔2007〕86号** 三、承担业务范围 工程设计综合甲级资质承担各行业建设工程项目的设计业务，其规模不受限制…… 工程设计行业资质 甲级：承担本行业建设工程项目主体工程及其配套工程的设计业务，其规模不受限制。 乙级：承担本行业中、小型建设工程项目的主体工程及其配套工程的设计业务。 丙级：承担本行业小型建设项目的工程设计业务。 附件3-4：电力行业建设项目设计规模划分表 **6.《工程勘察资质标准》中华人民共和国住房和城乡建设部建市〔2013〕9号** 三、承担业务范围 （一）工程勘察综合甲级资质	1. 查阅勘察设计资质证书 发证单位：政府主管部门 有效期：当前有效 2. 查阅勘察设计合同 勘察设计范围和工作内容：与资质等级相符 3. 查阅设计单位法定代表人授权书、工程质量终身责任承诺书。 签字：法定代表人、承诺人已签字

续表

条款号	大纲条款	检 查 依 据	检查要点
4.2.1	企业资质与合同约定的业务范围相符	承担各类建设工程项目的岩土工程、水文地质勘察、工程测量业务（海洋工程勘察除外），其规模不受限制（岩土工程勘察丙级项目除外）。 （二）工程勘察专业资质 1. 甲级 承担本专业资质范围内各类建设工程项目的工程勘察业务，其规模不受限制。 2. 乙级 承担本专业资质范围内各类建设工程项目乙级及以下规模的工程勘察业务。 3. 丙级 承担本专业资质范围内各类建设工程项目丙级规模的工程勘察业务。 附件 3：工程勘察项目规模划分表 **7.《住房城乡建设部办公厅关于严格落实建筑工程质量终身责任承诺制的通知》建办质〔2014〕44 号** 一、对《暂行办法》施行后新开工建设的工程项目，建设、勘察、设计、施工、监理单位的法定代表人应当及时签署授权书，明确本单位在该工程的项目负责人。经授权的建设单位项目负责人、勘察单位项目负责人、设计单位项目负责人、施工单位项目经理和监理单位总监理工程师应当在办理工程质量监督手续前签署工程质量终身责任承诺书，连同法定代表人授权书，报工程质量监督机构备案	
4.2.2	工程设计更改控制程序、现场服务管理文件齐全	**1.《建设工程勘察设计管理条例》中华人民共和国国务院令第 293 号（2017 年 10 月 7 日中华人民共和国国务院令第 687 号修正）** 第三十条　建设工程勘察、设计单位应当在建设工程施工前，向施工单位和监理单位说明建设工程勘察、设计意图，解释建设工程勘察、设计文件。 建设工程勘察、设计单位应当及时解决施工中出现的勘察、设计问题。 **2.《输变电工程项目质量管理规程》DL/T 1362—2014** 6.3.8　设计变更应根据工程实施需要进行设计变更。设计变更管理应符合下列要求： a）设计变更应符合可行性研究或初步设计批复的要求。 b）当涉及改变设计方案、改变设计原则、改变原定主要设备规范、扩大进口范围、增减投资超过 50 万元等内容的设计变更时，设计并更应报原主审单位或建设单位审批确认。 c）由设计单位确认的设计变更应在监理单位审核、建设单位批准后实施。 6.3.9　在施工、调试阶段，勘察、设计单位应任命工地代表，工地代表应协调本单位相关专业技术人员参加重大施工或调试技术方案的评审，应及时解决出现的设计问题。 6.3.10　设计单位绘制的竣工图应反映所有的设计变更。	1. 查阅设计更改控制程序文件 内容：符合规程规定 审批：责任人已签字 2. 查阅工代服务管理程序文件 内容：符合规程规定、工代服务记录内容齐全符合要求 审批：责任人已签字

续表

条款号	大纲条款	检查依据	检查要点
4.2.2	工程设计更改控制程序、现场服务管理文件齐全	**3.《电力勘测设计驻工地代表制度》DLGJ 159.8—2001** 2.0.1 工代的工地现场服务是电力工程设计的阶段之一，为了有效的贯彻勘测设计意图，实施设计单位通过工代为施工、安装、调试、投运提供及时周到的服务，促进工程顺利竣工投产，特制定本制度。 5.0.1 解释设计图纸，贯彻专业设计意图。为使施工、调试、运行等单位正确理解和贯彻设计意图，在施工之前应做好设计交底工作	
4.2.3	设计图纸交付进度能保证连续施工	**1.《中华人民共和国合同法》中华人民共和国主席令第15号** 第二百七十四条 勘察、设计合同的内容包括提交有关基础资料和文件（包括概预算）的期限、质量要求、费用以及其他协作条件等条款。 第二百八十条 勘察、设计的质量不符合要求或者未按照期限提交勘察、设计文件拖延工期，造成发包人损失的，勘察人、设计人应当继续完善勘察、设计，减收或者免收勘察、设计费并赔偿损失。 **2.《建设工程项目管理规范》GB/T 50326—2017** 9.1.2 项目进度管理应遵循下列程序： 1 编制进度计划。 2 进度计划交底，落实管理责任。 3 实施进度计划。 4 进行进度控制和变更管理。 9.2.2 组织应提出项目控制性进度计划。项目管理机构应根据组织的控制性进度计划，编制项目的作业性进度计划	1. 查阅设计单位的施工图出图计划 交付时间：与施工总进度计划相符 2. 查阅建设单位的设计文件接收记录 接收时间：与出图计划一致
4.2.4	设计交底已完成，设计更改文件完整，手续齐全	**1.《建设工程勘察设计管理条例》中华人民共和国国务院令第293号（2017年10月7日中华人民共和国国务院令第687号修正）** 第二十八条 建设单位、施工单位、监理单位不得修改建设工程勘察、设计文件；确需修改建设工程勘察、设计文件的，应当由原建设工程勘察、设计单位修改。经原建设工程勘察、设计单位书面同意，建设单位也可以委托其他具有相应资质的建设工程勘察、设计单位修改。修改单位对修改的勘察、设计文件承担相应责任。 施工单位、监理单位发现建设工程勘察、设计文件不符合工程建设强制性标准、合同约定的质量要求的，应当报告建设单位，建设单位有权要求建设工程勘察、设计单位对建设工程勘察、设计文件进行补充、修改。 建设工程勘察、设计文件内容需要作重大修改的，建设单位应当报经原审批机关批准后，方可修改。	1. 查阅设计交底会议纪要 交底人：由原设计人进行交底 交底内容：包括设计交底的范围、设计意图、施工中应重点关注的问题、设计使用寿命要求 交底时间：在卷册图施工前 签字：交底人、接受交底人已签字

续表

条款号	大纲条款	检查依据	检查要点
4.2.4	设计交底已完成，设计更改文件完整，手续齐全	第三十条　建设工程勘察、设计单位应当在建设工程施工前，向施工单位和监理单位说明建设工程勘察、设计意图，解释建设工程勘察、设计文件。 建设工程勘察、设计单位应当及时解决施工中出现的勘察、设计问题。 **2.《建设工程质量管理条例》中华人民共和国国务院令第279号（2017年10月7日中华人民共和国国务院令第687号修正）** 第二十三条　设计单位应当就审查合格的施工图设计文件向施工单位作出详细说明。 **3.《输变电工程项目质量管理规程》DL/T 1362—2014** 6.3.8　设计变更应根据工程实施需要进行设计变更。设计变更管理应符合下列要求： a）设计变更应符合可行性研究或初步设计批复的要求。 b）当涉及改变设计方案、改变设计原则、改变原定主要设备规范、扩大进口范围、增减投资超过50万元等内容的设计变更时，设计并更应报原主审单位或建设单位审批确认。 c）由设计单位确认的设计变更应在监理单位审核、建设单位批准后实施。 6.3.10　设计单位绘制的竣工图应反映所有的设计变更	2. 查阅设计变更通知单和设计工程联系单 编制签字：设计单位各级责任人已签字 审核签字：建设单位、监理单位责任人已签字
4.2.5	按规定参加工程质量验收并签证	**1.《建筑工程施工质量验收统一标准》GB 50300—2013** 6.0.3　分部工程应由总监理工程师组织施工单位项目负责人和项目技术负责人等进行验收。 勘察、设计单位项目负责人和施工单位技术、质量部门负责人应参加地基与基础分部工程的验收。 设计单位项目负责人和施工单位技术、质量部门负责人应参加主体结构、节能分部工程的验收。 6.0.6　建设单位收到工程竣工报告后，应由建设单位项目负责人组织监理、施工、设计、勘察等单位项目负责人进行单位工程验收。 **2.《电力勘测设计驻工地代表制度》DLGJ 159.8—2001** 5.0.3　深入现场，调查研究 1　工代应坚持经常深入施工现场，调查了解施工是否与设计要求相符，并协助施工单位解决施工中出现的具体技术问题，做好服务工作，促进施工单位正确执行设计规定的要求	1. 查阅项目质量验收范围划分表 勘察、设计单位参加验收的项目：已确定 2. 查阅勘察、设计人员应参加验收项目的验收单 签字：勘察、设计单位责任人已签字
4.2.6	工程建设标准强制性条文落实到位	**1.《建设工程质量管理条例》中华人民共和国国务院令第279号（2017年10月7日中华人民共和国国务院令第687号修正）** 第十九条　勘察、设计单位必须按照工程建设强制性标准进行勘察、设计，并对其勘察、设计的质量负责。 注册建筑师、注册结构工程师等注册执业人员应当在设计文件上签字，对设计文件负责。 **2.《建设工程勘察设计管理条例》中华人民共和国国务院令第293号（2017年10月7日中华人民共和国国务院令第687号修正）** 第五条　……建设工程勘察、设计单位必须依法进行建设工程勘察、设计，严格执行工程建设强制性标准，并对建设工程勘察、设计的质量负责。	1. 查阅与强制性标准有关的可研、初设、技术规范书等设计文件 编、审、批：相关负责人已签字

续表

条款号	大纲条款	检查依据	检查要点
4.2.6	工程建设标准强制性条文落实到位	**3.《实施工程建设强制性标准监督规定》中华人民共和国建设部令第81号（2015年1月22日中华人民共和国住房和城乡建设部令第23号修正）** 第二条　在中华人民共和国境内从事新建、扩建、改建等工程建设活动，必须执行工程建设强制性标准。 **4.《输变电工程项目质量管理规程》DL/T 1362—2014** 6.2.1　勘察、设计单位应根据工程质量总目标进行设计质量管理策划，并应编制下列设计质量管理文件： a）设计技术组织措施； b）达标投产或创优实施细则； c）工程建设标准强制性条文执行计划； d）执行法律法规、标准、制度的目录清单。 6.2.2　勘察、设计单位应在设计前将设计质量管理文件报建设单位审批。如有设计阶段的监理，则应报监理单位审查、建设单位批准	2. 查阅强制性标准实施计划（含强制性标准清单）和本阶段执行记录 计划审批：监理和建设单位审批人已签字 记录内容：与实施计划相符 记录审核：监理单位审核人已签字
4.3　监理单位质量行为的监督检查			
4.3.1	企业资质与合同约定的业务范围相符	**1.《中华人民共和国建筑法》中华人民共和国主席令第46号** 第十三条　从事建筑活动的……和工程监理单位，按照其拥有的注册资本、专业技术人员、技术装备和已完成的建筑工程业绩等资质条件，划分为不同的资质等级，经资质审查合格，取得相应等级的资质证书后，方可在其资质等级许可的范围内从事建筑活动。 第三十四条　工程监理单位应当在其资质等级许可范围内，承担工程监理业务。 …… 工程监理单位不得转让工程监理业务。	1. 查阅企业资质证书 发证单位：政府主管部门 有效期：当前有效
		2.《建设工程质量管理条例》中华人民共和国国务院令第279号（2017年10月7日中华人民共和国国务院令第687号修正） 第三十四条　工程监理单位应当依法取得相应等级的资质证书，并在其资质等级许可的范围内承担工程监理业务。禁止工程监理单位超越本单位资质等级许可的范围或者以其他工程监理单位的名义承担工程监理业务；禁止工程监理单位允许其他单位或者个人以本单位的名义承担工程监理业务。 **3.《工程监理企业资质管理规定》中华人民共和国建设部令第158号令（2018年12月22日中华人民共和国住房和城乡建设部令第45号修正）** 第三条　从事建设工程监理活动的企业，应当按照本规定取得工程监理企业资质，并在工程监理企业资质证书（以下简称资质证书）许可的范围内从事工程监理活动。 第八条　工程监理企业资质相应许可的业务范围如下：	2. 查阅监理合同 监理范围和工作内容：与资质等级相符

续表

条款号	大纲条款	检查依据	检查要点
4.3.1	企业资质与合同约定的业务范围相符	（一）综合资质 可以承担所有专业工程类别建设工程项目的工程监理业务。 （二）专业资质 1. 专业甲级资质： 可承担相应专业工程类别建设工程项目的工程监理业务。 2. 专业乙级资质： 可承担相应专业工程类别二级以下（含二级）建设工程项目的工程监理业务。 3. 专业丙级资质： 可承担相应专业工程类别三级建设工程项目的工程监理业务（见附表 2）。 …… 工程监理企业可以开展相应类别建设工程的项目管理、技术咨询等业务	
4.3.2	监理人员持证上岗，专业人员配备满足工程实际需要	**1.《中华人民共和国建筑法》中华人民共和国主席令第 46 号** 第十四条　从事建筑活动的专业技术人员，应当依法取得相应的职业资格证书，并在执业资格证书许可的范围内从事建筑活动。 **2.《建设工程质量管理条例》中华人民共和国国务院令第 279 号（2017 年 10 月 7 日中华人民共和国国务院令第 687 号修正）** 第三十七条　工程监理单位应当选派具备相应资格的总监理工程师和监理工程师进驻施工现场。…… **3.《建设工程监理规范》GB/T 50319—2013** 2.0.6　总监理工程师由工程监理单位法定代表人书面任命，负责履行建设工程监理合同、主持项目监理机构工作的注册监理工程师。 2.0.7　总监理工程师代表经工程监理单位法定代表人同意，由总监理工程师书面授权，代表总监理工程师行使其部分职责和权力，具有工程类注册执业资格或具有中级及以上专业技术职称、3 年及以上工程实践经验并经监理业务培训的人员。 2.0.8　专业监理工程师由总监理工程师授权，负责实施某一专业或某一岗位的监理工作，有相应监理文件签发权，具有工程类注册执业资格或具有中级及以上专业技术职称、2 年及以上工程实践经验并经监理业务培训的人员。 3.1.2　项目监理机构的监理人员应由总监理工程师、专业监理工程师和监理员组成，且专业配套、数量应满足建设工程监理工作需要，必要时可设总监理工程师代表。 3.1.3　……应及时将项目监理机构的组织形式、人员构成、及对总监理工程师的任命书面通知建设单位。	1. 查阅监理大纲（规划）中的监理人员进场计划 人员数量及专业：已明确 2. 查阅现场监理人员名单，检查监理人员数量是否满足工程需要 专业：与工程阶段和监理规划相符 3. 查阅各级监理人员的岗位证书 发证单位：住建部或颁发技术职称的主管部门 有效期：当前有效

续表

条款号	大纲条款	检查依据	检查要点
4.3.2	监理人员持证上岗，专业人员配备满足工程实际需要	3.1.4 工程监理单位调换总监理工程师时，应征得建设单位书面同意；调换专业监理工程师时，总监理工程师应书面通知建设单位。 **4.《电力建设工程监理规范》DL/T 5434—2009** 5.1.3 项目监理机构由总监理工程师、专业监理工程师和监理员组成，且专业配套、数量满足工程项目监理工作的需要，必要时可设置总监理工程师代表和副总监理工程师。 5.1.4 监理单位应在委托监理合同约定的时间内将项目监理机构的组织形式、人员构成及对总监理工程师的任命书面通知建设单位。当总监理工程师需要调整时，监理单位应征得建设单位同意，并书面报建设单位；当专业监理工程师需要调整时，总监理工程师应书面通知建设单位和承包单位。 **5.《住房城乡建设部办公厅关于严格落实建筑工程质量终身责任承诺制的通知》建办质〔2014〕44号** 一、对《暂行办法》施行后新开工建设的工程项目，建设、勘察、设计、施工、监理单位的法定代表人应当及时签署授权书，明确本单位在该工程的项目负责人。经授权的建设单位项目负责人、勘察单位项目负责人、设计单位项目负责人、施工单位项目经理和监理单位总监理工程师应当在办理工程质量监督手续前签署工程质量终身责任承诺书，连同法定代表人授权书，报工程质量监督机构备案	4. 查阅监理单位法定代表人授权书、工程质量终身责任承诺书 签字：法定代表人、承诺人已签字
4.3.3	检测仪器和工具配置满足监理工作需要	**1.《中华人民共和国计量法》中华人民共和国主席令第86号（2018年10月26日修正）** 第九条 ……未按照规定申请检定或者检定不合格的，不得使用。…… **2.《建设工程监理规范》GB/T 50319—2013** 3.3.2 工程监理单位宜按建设工程监理合同约定，配备满足监理工作需要的检测设备和工器具。 **3.《电力建设工程监理规范》DL/T 5434—2009** 5.3.1 项目监理机构应根据工程项目类别、规模、技术复杂程度、工程项目所在地的环境条件，按委托监理合同的约定，配备满足监理工作需要的常规检测设备和工具	1. 查阅监理项目部检测仪器和工具配置台账 仪器和工具配置：与监理设施配置计划相符 2. 查看检测仪器 标识：贴有合格标签，且在有效期内
4.3.4	已按规程规定，对施工现场质量管理进行检查	**1.《建筑工程施工质量验收统一标准》GB 50300—2013** 3.0.1 施工现场应具有健全的质量管理体系、相应施工技术标准、施工质量检验制度和综合施工质量水平评定考核制度。施工现场质量管理可按本标准附录A的要求进行检查记录。 附录A 施工现场质量管理检查记录	查阅施工现场质量管理检查记录 内容：符合规程规定 结论：有肯定性结论 签字：责任人已签字

续表

条款号	大纲条款	检查依据	检查要点
4.3.5	本工程应执行的工程建设标准强制性条文已确认	**1.《实施工程建设强制性标准监督规定》中华人民共和国建设部令第81号（2015年1月22日中华人民共和国住房和城乡建设部令第23号修正）** 第二条 在中华人民共和国境内从事新建、扩建、改建等工程建设活动，必须执行工程建设强制性标准。 第三条 本规定所称工程强制性标准是指直接涉及工程质量、安全、卫生及环境保护等方面的工程建设标准强制性条文。 第六条 …… 工程质量监督机构应当对建设施工、监理、验收等阶段执行强制性标准的情况实施监督。 **2.《输变电工程项目质量管理规程》DL/T 1362—2014** 7.3.5 监理单位应监督施工单位质量管理体系的有效运行，应监督施工单位按照技术标准和设计文件进行施工，应定期检查工程建设标准强制性条文执行情况，……	查阅各参建单位工程建设强制性标准实施计划及其报审表 实施计划的编、审、批：参建单位相关人员已签字 审核意见：同意执行 签字：监理工程师已签字
4.3.6	对进场的工程材料、设备、构配件的质量进行检查验收及原材料复检的见证取样	**1.《建设工程质量管理条例》中华人民共和国国务院令第279号（2017年10月7日中华人民共和国国务院令第687号修正）** 第三十七条 …… 未经监理工程师签字，建筑材料、建筑构配件和设备不得在工程上使用或者安装，施工单位不得进行下一道工序的施工。…… **2.《建设工程监理规范》GB/T 50319—2013** 5.2.9 项目监理机构应审查施工单位报送的用于工程的材料、构配件、设备的质量证明文件，并应按有关规定、建设工程监理合同约定，对用于工程的材料进行见证取样，平行检验。 项目监理机构对已进场经检验不合格的工程材料、构配件、设备，应要求施工单位限期将其撤出施工现场。 ……	1. 查阅工程材料/构配件/设备报审表 审查意见：同意使用
		3.《建筑工程施工质量验收统一标准》GB 50300—2013 3.0.2 建筑工程应按下列规定进行施工质量控制： 1 建筑工程采用的主要材料、半成品、成品、建筑构配件、器具和设备应进行现场验收。凡涉及安全、节能、环境保护和主要使用功能的重要材料、产品，应按各专业工程施工规范、验收规范和设计文件等规定进行复验，并应经监理工程师检查认可。 **4. 关于印发《房屋建筑工程和市政基础设施工程实行见证取样和送检的规定》的通知建设部建建〔2000〕211号** 第五条 涉及结构安全的试块、试件和材料见证取样和送检的比例不得低于有关技术标准中规定应取样数量的30%。	2. 查阅见证取样委托单 取样项目：符合规范要求 签字：施工单位取样员和监理单位见证员已签字

续表

条款号	大纲条款	检查依据	检查要点
4.3.6	对进场的工程材料、设备、构配件的质量进行检查验收及原材料复检的见证取样	第六条　下列试块、试件和材料必须实施见证取样和送检： （一）用于承重结构的混凝土试块； （二）用于承重墙体的砌筑砂浆试块； （三）用于承重结构的钢筋及连接接头试件； （四）用于承重墙的砖和混凝土小型砌块； （五）用于拌制混凝土和砌筑砂浆的水泥； （六）用于承重结构的混凝土中使用的掺加剂； （七）地下、屋面、厕浴间使用的防水材料； （八）国家规定必须实行见证取样和送检的其他试块、试件和材料。 **5.《电力建设工程监理规范》DL/T 5434—2009** 7.2.3　见证取样。对规定的需取样送试验室检验的原材料和样品，经监理人员对取样进行见证、封样、签认。 9.1.6　项目监理机构应审核承包单位报送的主要工程材料、半成品、构配件生产厂商的资质，符合后予以签认。 9.1.7　项目监理机构应对承包单位报送的拟进场工程材料、半成品和构配件的质量证明文件进行审核，并按有关规定进行抽样验收。对有复试要求的，经监理人员现场见证取样后送检，复试报告应报送项目监理机构查验。 …… 9.1.8　项目监理机构应参与主要设备开箱验收，对开箱验收中发现的设备质量缺陷，督促相关单位处理。 **6.《电力建设土建工程施工技术检验规范》DL/T 5710—2014** 4.6.3　见证人、取样人或供应商代表等相关人员应根据有关技术标准的规定共同对试样的取样、制样过程，试样的留置、养护情况等进行确认，并进行标识。 4.7.2　施工现场施工单位、监理单位、检测试验单位应分别建立试验台账，并及时按要求在试验台账中做好试样的登记工作	
4.3.7	已组织编制施工质量验收项目划分表，设定工程质量控制点	**1.《建筑工程施工质量验收统一标准》GB 50300—2013** 4.0.7　施工前，应由施工单位制定分项工程和检验批的划分方案，并由监理单位审核。对于附录B及相关专业验收规范未涵盖的分项工程和检验批，可由建设单位组织监理、施工等单位协商确定。 **2.《建设工程监理规范》GB/T 50319—2013** 5.2.11　项目监理机构应根据工程特点和施工单位报送的施工组织设计，确定旁站的关键部位、关键工序，安排监理人员进行旁站，并应及时记录旁站情况。	查阅施工质量验收项目划分表及报审表 划分表内容：符合规程规定且已明确了质量控制点 报审表签字：相关单位责任人已签字

续表

条款号	大纲条款	检　查　依　据	检查要点
4.3.7	已组织编制施工质量验收项目划分表，设定工程质量控制点	**3.《输变电工程项目质量管理规程》DL／T 1362—2014** 9.2.2　工程开工前，施工单位应根据施工质量管理策划编制质量管理文件，并应报监理单位审核、建设单位批准。质量管理文件应包括下列内容： …… c）施工质量验收范围划分表； **4.《电力建设工程监理规范》DL／T 5434—2009** 9.1.2　项目监理机构应审查承包单位编制的质量计划和工程质量验收及评定项目划分表，提出监理意见，报建设单位批准后监督实施	
4.4　施工单位质量行为的监督检查			
4.4.1	企业资质与合同约定的业务相符	**1.《中华人民共和国建筑法》中华人民共和国主席令第46号** 第十三条　从事建筑活动的建筑施工企业、勘察单位、设计单位……经资质审查合格，取得相应等级的资质证书后，方可在其资质等级许可的范围内从事建筑活动。 **2.《建设工程质量管理条例》中华人民共和国国务院令（第279号）（2017年10月7日中华人民共和国国务院令第687号修正）** 第二十五条　施工单位应当依法取得相应等级的资质证书，并在其资质等级许可的范围内承揽工程。 **3.《建筑业企业资质管理规定》中华人民共和国住房和城乡建设部令第22号** 第三条　企业应当按照其拥有的资产、主要人员、已完成的工程业绩和技术装备等条件申请建筑业企业资质，经审查合格，取得建筑业企业资质证书后，方可在资质许可的范围内从事建筑施工活动。 **4.《承装（修、试）电力设施许可证管理办法》国家电力监管委员会28号令（2009）** 第四条　在中华人民共和国境内从事承装、承修、承试电力设施活动的，应当按照本办法的规定取得许可证。除电监会另有规定外，任何单位或者个人未取得许可证，不得从事承装、承修、承试电力设施活动。 本办法所称承装、承修、承试电力设施，是指对输电、供电、受电电力设施的安装、维修和试验。 第二十八条　承装（修、试）电力设施单位在颁发许可证的派出机构辖区以外承揽工程的，应当自工程开工之日起十日内，向工程所在地派出机构报告，依法接受其监督检查	1. 查阅企业资质证书 发证单位：政府主管部门 有效期：当前有效 业务范围：涵盖合同约定的业务 2. 查阅承装（修、试）电力设施许可证 发证单位：国家能源局派出机构（原国家电力监管委员会派出机构） 有效期：当前有效 业务范围：涵盖合同约定的业务 3. 查阅跨区作业许可证 发证单位：工程所在地政府主管部门

续表

条款号	大纲条款	检查依据	检查要点
4.4.2	项目经理资格符合要求并经本企业法定代表人授权	**1.《中华人民共和国建筑法》中华人民共和国主席令第46号** 第十四条　从事建筑活动的专业技术人员，应当依法取得相应的执业资格证书，并在执业资格证书许可的范围内从事建筑活动。 **2.《注册建造师管理规定》中华人民共和国建设部令第153号** 第三条　本规定所称注册建造师，是指通过考核认定或考试合格取得中华人民共和国建造师资格证书（以下简称资格证书），并按照本规定注册，取得中华人民共和国建造师注册证书（以下简称注册证书）和执业印章，担任施工单位项目负责人及从事相关活动的专业技术人员。 未取得注册证书和执业印章的，不得担任大中型建设工程项目的施工单位项目负责人，不得以注册建造师的名义从事相关活动。 **3.《建筑施工企业主要负责人、项目负责人和专职安全生产管理人员安全生产管理规定》中华人民共和国住房和城乡建设部令第17号** 第二条　在中华人民共和国境内从事房屋建筑和市政基础设施工程施工活动的建筑施工企业的“安管人员”，参加安全生产考核，履行安全生产责任，以及对其实施安全生产监督管理，应当符合本规定。 第三条　……项目负责人，是指取得相应注册执业资格，由企业法定代表人授权，负责具体工程项目管理的人员。…… **4.《建设工程项目管理规范》GB/T 50326—2017** 4.1.4　建设工程项目各实施主体和参与方法定代表人应书面授权委托项目管理机构负责人，并实行项目负责人责任制。 4.1.6　项目管理机构负责人应取得相应资格，并按规定取得安全生产考核合格证书。 **5. 住房城乡建设部关于印发《建筑工程五方责任主体项目负责人质量终身责任追究暂行办法》的通知（建质〔2014〕124号）** 第三条　建筑工程五方责任主体项目负责人质量终身责任，是指参与新建、扩建、改建的建筑工程项目负责人按照国家法律法规和有关规定，在工程设计使用年限内对工程质量承担相应责任。 第七条　工程质量终身责任实行书面承诺和竣工后永久性标牌等制度。 **6. 关于印发《注册建造师执业工程规模标准》（试行）的通知　中华人民共和国建设部建市〔2007〕171号** 附件：《注册建造师执业工程规模标准》（试行） 表：注册建造师执业工程规模标准（电力工程）	1. 查阅项目经理资格证书 发证单位：政府主管部门 有效期：当前有效 等级：满足项目要求 注册单位：与承包单位一致 2. 查阅项目经理安全生产考核合格证书 发证单位：政府主管部门 有效期：当前有效 3. 查阅施工单位法定代表人对项目经理的授权文件 被授权人：与当前工程项目经理一致 4. 查阅施工单位项目负责人工程质量终身责任承诺书

续表

条款号	大纲条款	检 查 依 据	检查要点
4.4.3	项目部组织机构健全，专业人员配置合理	**1.《中华人民共和国建筑法》中华人民共和国主席令第46号** 第十四条　从事建筑活动的专业技术人员，应当依法取得相应的执业资格证书，并在执业资格证书许可的范围内从事建筑活动。 **2.《建设工程质量管理条例》中华人民共和国国务院令第279号（2017年10月7日中华人民共和国国务院令第687号修正）** 第二十六条　施工单位对建设工程的施工质量负责。 施工单位应当建立质量责任制，确定工程项目的项目经理、技术负责人和施工管理负责人。…… **3.《建设工程项目管理规范》GB/T 50326—2017** 4.3.4　建立项目管理机构应遵循下列规定： 1　结构应符合组织制度和项目实施要求； 2　应有明确的管理目标、运行程序和责任制度； 3　机构成员应满足项目管理要求及具备相应资格； 4　组织分工相对稳定并可根据项目实施变化进行调整； 5　应确定机构成员的职责、权限、利益和需承担的风险。 **4.《输变电工程项目质量管理规程》DL/T 1362—2014** 9.1.5　施工单位应按照施工合同约定组建施工项目部，应提供满足工程质量目标的人力、物力和财力的资源保障。 9.3.1　施工项目部人员执业资格应符合国家有关规定。 附录：表D.1输变电工程施工项目部人员资格要求 表：输变电工程施工项目部人员资格要求	查阅项目部成立文件 岗位设置：包括项目经理、技术负责人、施工管理负责人、施工员、质量员、安全员、材料员、资料员等
4.4.4	质量检查及特殊工种人员持证上岗	**1.《特种作业人员安全技术培训考核管理规定》国家安全生产监督管理总局令第30号（2015年5月29日国家安全监管总局令第80号修正）** 第五条　特种作业人员必须经专门的安全技术培训并考核合格，取得《中华人民共和国特种作业操作证》（以下简称特种作业操作证）后，方可上岗作业。 **2.《建筑施工特种作业人员管理规定》中华人民共和国住房和城乡建设部　建质〔2008〕75号** 第四条　建筑施工特种作业人员必须经建设主管部门考核合格，取得建筑施工特种作业人员操作资格证书，方可上岗从事相应作业。 **3.《输变电工程项目质量管理规程》DL/T 1362—2014** 9.3.1　施工项目部人员执业资格应符合国家有关规定，其任职条件参见附录D。 9.3.2　工程开工前，施工单位应完成下列工作：	1. 查阅项目部各专业质检员资格证书 专业类别：包括土建、电气等 发证单位：政府主管部门或电力建设工程质量监督站 有效期：当前有效 2. 查阅特殊工种人员台账 内容：包括姓名、工种类别、证书编号、发证单位、有效期等 证书有效期：作业期间有效

续表

条款号	大纲条款	检 查 依 据	检查要点
4.4.4	质量检查及特殊工种人员持证上岗	…… h）特种作业人员的资格证和上岗证的报审	3. 查阅特殊工种人员资格证书 发证单位：政府主管部门 有效期：与台账一致
4.4.5	专业施工组织设计已审批	**1.《建筑施工组织设计规范》GB/T 50502—2009** 3.0.5 施工组织设计的编制和审批应符合下列规定： 1 施工组织设计应由项目负责人主持编制，可根据需要分阶段编制和审批； 2 施工组织总设计应由总承包单位技术负责人审批；单位工程施工组织设计应由施工单位技术负责人或技术负责人授权的技术人员审批，施工方案应由项目技术负责人审批；重点、难点分部（分项）工程和专项工程施工方案应由施工单位技术部门组织相关专家评审，施工单位技术负责人批准。 **2.《输变电工程项目质量管理规程》DL/T 1362—2014** 9.2.2 工程开工前，施工单位应根据施工质量管理策划编制质量管理文件，并应报监理单位审核、建设单位批准。质量管理文件应包括下列内容： a）施工组织设计； 9.3.2 工程开工前，施工单位应完成下列工作： …… e）施工组织设计、施工方案的编制和审批	1. 查阅工程项目专业施工组织设计 审批：责任人已签字 编审批时间：专业工程开工前 2. 查阅专业施工组织设计报审表 审批意见：同意实施等肯定性意见 签字：施工项目部、监理项目部、建设单位责任人已签字 盖章：施工项目部、监理项目部、建设单位职能部门已盖章
4.4.6	施工方案和作业指导书已审批，技术交底记录齐全	**1.《建筑施工组织设计规范》GB/T 50502—2009** 3.0.5 施工组织设计的编制和审批应符合下列规定： 2 ……施工方案应由项目技术负责人审批；重点、难点分部（分项）工程和专项工程施工方案应由施工单位技术部门组织相关专家评审，施工单位技术负责人批准； 3 由专业承包单位施工的分部（分项）工程或专项工程的施工方案，应由专业承包单位技术负责人或技术负责人授权的技术人员审批；有总承包单位时，应由总承包单位项目技术负责人核准备案； 4 规模较大的分部（分项）工程和专项工程的施工方案应按单位工程施工组织设计进行编制和审批。 6.4.1 施工准备应包括下列内容： 1 技术准备：包括施工所需技术资料的准备、图纸深化和技术交底的要求、试验检验和测试工作计划、样板制作计划以及与相关单位的技术交接计划等； ……	1. 查阅施工方案和作业指导书 审批：责任人已签字 编审批时间：施工前 2. 查阅施工方案和作业指导书报审表 审批意见：同意实施等肯定性意见 签字：施工项目部、监理项目部责任人已签字 盖章：施工项目部、监理项目部已盖章

续表

条款号	大纲条款	检　查　依　据	检查要点
4.4.6	施工方案和作业指导书已审批，技术交底记录齐全	**2.《输变电工程项目质量管理规程》DL/T 1362—2014** 9.2.2　工程开工前，施工单位应根据施工质量管理策划编制质量管理文件，并应报监理单位审核、建设单位批准。质量管理文件应包括下列内容： …… e）施工方案及作业指导书； 9.3.2　工程开工前，施工单位应完成下列工作： …… e）施工组织设计、施工方案的编制和审批； 9.3.4　施工过程中，施工单位应主要开展下列质量控制工作： b）在变电各单位工程、线路各分部工程开工前进行技术培训交底	3. 查阅技术交底记录 内容：与方案或作业指导书相符 时间：施工前 签字：交底人和被交底人已签字
4.4.7	计量工器具经检定合格，且在有效期内	**1.《中华人民共和国计量法》中华人民共和国主席令第86号（2018年10月26日修正）** 第九条　……。未按照规定申请检定或者检定不合格的，不得使用。…… **2.《中华人民共和国依法管理的计量器具目录（型式批准部分）》国家质量监督检验检疫总局公告2005年第145号** 1. 测距仪：光电测距仪、超声波测距仪、手持式激光测距仪； 2. 经纬仪：光学经纬仪、电子经纬仪； 3. 全站仪：全站型电子速测仪； 4. 水准仪：水准仪； 5. 测地型GPS接收机：测地型GPS接收机。 **3.《电力建设施工技术规范　第1部分：土建结构工程》DL 5190.1—2012** 3.0.5　在质量检查、验收中使用的计量器具和检测设备，应经计量检定合格后方可使用；承担材料和设备检测的单位，应具备相应的资质。 **4.《电力工程施工测量技术规范》DL/T 5445—2010** 4.0.3　施工测量所使用的仪器和相关设备应定期检定，并在检定的有效期内使用。……。 **5.《建筑工程检测试验技术管理规范》JGJ 190—2010** 5.2.2　施工现场配置的仪器、设备应建立管理台账，按有关规定进行计量检定或校准，并保持状态完好	1. 查阅计量工器具台账 内容：包括计量工器具名称、出厂合格证编号、检定日期、有效期、在用状态等 检定有效期：在用期间有效 2. 查阅计量工器具检定合格证或报告 检定单位资质范围：包含所检测工器具 工器具有效期：在用期间有效，且与台账一致

续表

条款号	大纲条款	检查依据	检查要点
4.4.8	检测试验项目计划已审批	**1.《房屋建筑和市政基础设施工程质量检测技术管理规范》GB 50618—2011** 3.0.12 施工单位应根据工程施工质量验收规范和检测标准的要求编制检测计划，并应做好检测取样、试件制作、养护和送检等工作。 **2.《建筑工程检测试验技术管理规范》JGJ 190—2010** 3.0.1 建筑工程施工现场检测试验技术管理应按以下程序进行： 1 制订检测试验计划； …… 5.3.1 施工检测试验计划应在工程施工前由施工项目技术负责人组织有关人员编制，并应报送监理单位进行审查和监督实施	1. 查阅工程检测试验项目计划 签字：责任人已签字 编审批时间：施工前 2. 查阅工程检测试验项目计划报审表 审批意见：同意实施等肯定性意见 签字：施工项目部、监理项目部责任人已签字 盖章：施工项目部、监理项目部已盖章
4.4.9	单位工程开工报告已审批	**1.《工程建设施工企业质量管理规范》GB/T 50430—2017** 10.4.2 项目部应确认施工现场已具备开工条件，进行报审、报验，提出开工申请，经批准后方可开工	查阅单位工程开工报告 申请时间：开工前 审批意见：同意开工等肯定性意见 签字：施工项目部、监理项目部、建设单位责任人已签字 盖章：施工项目部、监理项目部、建设单位职能部门已盖章
4.4.10	专业绿色施工措施已制订	**1.《绿色施工导则》中华人民共和国建设部建质〔2007〕223号** 4.1.2 规划管理 1 编制绿色施工方案。该方案应在施工组织设计中独立成章，并按有关规定进行审批。 **2.《建筑工程绿色施工规范》GB/T 50905—2014** 3.1.1 建设单位应履行下列职责 1 在编制工程概算和招标文件时，应明确绿色施工的要求……。 2 应向施工单位提供建设工程绿色施工的设计文件、产品要求等相关资料……。 4.0.2 施工单位应编制包含绿色施工管理和技术要求的工程绿色施工组织设计、绿色施工方案或绿色施工专项方案，并经审批通过后实施。 **3.《电力建设施工技术规范 第1部分：土建结构工程》DL 5190.1—2012** 3.0.12 施工单位应建立绿色施工管理体系和管理制度，实施目标管理，施工前应在施工组织设计和施工方案中明确绿色施工的内容和方法。	查阅绿色施工措施 审批：责任人已签字 审批时间：施工前

续表

<table>
<tr><th>条款号</th><th>大纲条款</th><th>检 查 依 据</th><th>检查要点</th></tr>
<tr><td>4.4.10</td><td>专业绿色施工措施已制订</td><td>4.《输变电工程项目质量管理规程》DL/T 1362—2014
9.2.2 工程开工前，施工单位应根据施工质量管理策划编制质量管理文件，并应报监理单位审核、建设单位批准。质量管理文件应包括下列内容：
……
g）绿色施工方案；
9.3.2 工程开工前，施工单位应完成下列工作：
……
f）绿色施工方案的编制和审批</td><td></td></tr>
<tr><td>4.4.11</td><td>工程建设标准强制性条文实施计划已制定</td><td>1.《实施工程建设强制性标准监督规定》中华人民共和国建设部令第81号（2015年1月22日中华人民共和国住房和城乡建设部令第23号修正）
第二条 在中华人民共和国境内从事新建、扩建、改建等工程建设活动，必须执行工程建设强制性标准。
第三条 本规定所称工程建设强制性标准是指直接涉及工程质量、安全、卫生及环境保护等方面的工程建设标准强制性条文。
国家工程建设标准强制性条文由国务院建设行政主管部门会同国务院有关行政主管部门确定。
第六条 ……工程质量监督机构应当对工程建设施工、监理、验收等阶段执行强制性标准的情况实施监督
2.《输变电工程项目质量管理规程》DL/T 1362—2014
9.2.2 工程开工前，施工单位应根据施工质量管理策划编制质量管理文件，并应报监理单位审核、建设单位批准。质量管理文件应包括下列内容：
……
d）工程建设标准强制性条文执行计划</td><td>查阅强制性标准实施计划
审批：责任人已签字
审批时间：工程开工前</td></tr>
<tr><td>4.4.12</td><td>无违规转包或者违法分包工程的行为</td><td>1.《中华人民共和国建筑法》中华人民共和国主席令第46号
第二十八条 禁止承包单位将其承包的全部建筑工程转包给他人，禁止承包单位将其承包的全部建筑工程肢解以后以分包的名义转包给他人。
第二十九条 建筑工程总承包单位可以将承包工程中的部分工程发包给具有相应资质条件的分包单位，但是，除总承包合同约定的分包外，必须经建设单位认可。施工总承包的，建筑工程主体结构的施工必须由总承包单位自行完成。
……
禁止总承包单位将工程分包给不具备相应资质条件的单位。禁止分包单位将其承包的工程再分包。</td><td>1. 查阅工程分包申请报审表
审批意见：同意分包等肯定性意见
签字：施工项目部、监理项目部、建设单位责任人已签字
盖章：施工项目部、监理项目部、建设单位已盖章</td></tr>
</table>

续表

条款号	大纲条款	检查依据	检查要点
4.4.12	无违规转包或者违法分包工程的行为	**2.《建筑工程施工发包与承包违法行为认定查处管理办法》建市规〔2019〕1号** 第六条 存在下列情形之一的，属于违法发包： （一）建设单位将工程发包给个人的； （二）建设单位将工程发包给不具有相应资质的单位的； （三）依法应当招标未招标或未按照法定招标程序发包的； （四）建设单位设置不合理的招标投标条件，限制、排斥潜在投标人或者投标人的； （五）建设单位将一个单位工程的施工分解成若干部分发包给不同的施工总承包或专业承包单位的。 第八条 存在下列情形之一的，应当认定为转包，但有证据证明属于挂靠或者其他违法行为的除外： （一）承包单位将其承包的全部工程转给其他单位（包括母公司承接建筑工程后将所承接工程交由具有独立法人资格的子公司施工的情形）或个人施工的； （二）承包单位将其承包的全部工程肢解以后，以分包的名义分别转给其他单位或个人施工的； （三）施工总承包单位或专业承包单位未派驻项目负责人、技术负责人、质量管理负责人、安全管理负责人等主要管理人员，或派驻的项目负责人、技术负责人、质量管理负责人、安全管理负责人中一人及以上与施工单位没有订立劳动合同且没有建立劳动工资和社会养老保险关系，或派驻的项目负责人未对该工程的施工活动进行组织管理，又不能进行合理解释并提供相应证明的； （四）合同约定由承包单位负责采购的主要建筑材料、构配件及工程设备或租赁的施工机械设备，由其他单位或个人采购、租赁，或施工单位不能提供有关采购、租赁合同及发票等证明，又不能进行合理解释并提供相应证明的； （五）专业作业承包人承包的范围是承包单位承包的全部工程，专业作业承包人计取的是除上缴给承包单位“管理费”之外的全部工程价款的； （六）承包单位通过采取合作、联营、个人承包等形式或名义，直接或变相将其承包的全部工程转给其他单位或个人施工的； （七）专业工程的发包单位不是该工程的施工总承包或专业承包单位的，但建设单位依约作为发包单位的除外； （八）专业作业的发包单位不是该工程承包单位的； （九）施工合同主体之间没有工程款收付关系，或者承包单位收到款项后又将款项转拨给其他单位和个人，又不能进行合理解释并提供材料证明的。 两个以上的单位组成联合体承包工程，在联合体分工协议中约定或者在项目实际实施过程中，联合体一方不进行施工也未对施工活动进行组织管理的，并且向联合体其他方收取管理费或者其他类似费用的，视为联合体一方将承包的工程转包给联合体其他方	2. 查阅工程分包商资质 业务范围：涵盖所分包的项目 发证单位：政府主管部门 有效期：当前有效

续表

<table>
<tr><th>条款号</th><th>大纲条款</th><th>检 查 依 据</th><th>检查要点</th></tr>
<tr><td colspan="4">4.5 检测试验机构质量行为的监督检查</td></tr>
<tr><td rowspan="3">4.5.1</td><td rowspan="3">检测试验机构已经通过能力认定并取得相应证书，其现场派出机构（现场试验室）满足规定条件，并已报质量监督机构备案</td><td rowspan="3">1.《建设工程质量检测管理办法》中华人民共和国建设部令第141号（2015年5月中华人民共和国住房和城乡建设部令第24号修正）
第四条 ……检测机构未取得相应的资质证书，不得承担本办法规定的质量检测业务。
2.《检验检测机构资质认定管理办法》国家质量监督检验检疫总局令第163号
第三条 检验检测机构从事下列活动，应当取得资质认定：
……
（四）为社会经济、公益活动出具具有证明作用的数据、结果的；
（五）其他法律法规规定应当取得资质认定的。
3.《建筑工程检测试验技术管理规范》JGJ 190—2010
表5.2.4 现场试验站基本条件</td><td>1. 查阅检测机构资质证书
发证单位：国家认证认可监督管理委员会（国家级）或地方质量技术监督部门或各直属出入境检验检疫机构（省市级）及电力质监机构</td></tr>
<tr><td>2. 查看现场试验室
派出机构成立及人员任命文件
场所：有固定场所且面积、环境、温湿度满足规范要求</td></tr>
<tr><td>3. 查阅检测机构的申请报备文件
报备时间：工程开工前</td></tr>
<tr><td rowspan="2">4.5.2</td><td rowspan="2">检测人员资格符合规定，持证上岗</td><td rowspan="2">1.《房屋建筑和市政基础设施工程质量检测技术管理规范》GB 50618—2011
4.1.5 检测操作人员应经技术培训、通过建设主管部门或委托有关机构的考核，方可从事检测工作。
5.3.6 检测前应确认检测人员的岗位资格，检测操作人员应熟识相应的检测操作规程和检测设备使用、维护技术手册等</td><td>1. 查阅检测人员登记台账
专业类别和数量：满足检测项目需求
资格证发证单位：各级政府和电力行业主管部门
检测证有效期：当前有效</td></tr>
<tr><td>2. 查阅检测报告
检测人：与检测人员登记台账相符</td></tr>
<tr><td>4.5.3</td><td>检测仪器、设备检定合格，且在有效期内；标养室条件符合要求</td><td>1.《房屋建筑和市政基础设施工程质量检测技术管理规范》GB 50618—2011
4.2.14 检测机构的所有设备均应标有统一的标识，在用的检测设备均应标有校准或检测有效期的状态标识。
2.《检验检测机构诚信基本要求》GB/T 31880—2015
4.3.1 设备设施
检验检测设备应定期检定或校准，设备在规定的检定和校准周期内应进行期间核查。计算机和自动化设备功能应正常，并进行验证和有效维护。检验检测设施应有利于检验检测活动的开展。</td><td>1. 查阅检测仪器、设备管理台账
内容：包括检定日期、有效期
证书有效期：当前有效
检定结论：合格</td></tr>
</table>

续表

条款号	大纲条款	检 查 依 据	检查要点
4.5.3	检测仪器、设备检定合格，且在有效期内；标养室条件符合要求	**3.《普通混凝土力学性能试验方法标准》GB/T 50081—2002** 5.2.2 采用标准养护的试件，应在温度为20℃±5℃的环境中静置一昼夜至二昼夜，然后编号、拆模。拆模后应立即放入温度为20℃±2℃，相对湿度为95%以上的标准养护室中养护，或在温度为20℃±2℃的不流动 $Ca(OH)_2$ 饱和溶液（即石灰溶液）中养护。标准养护室内的试件应放在支架上，彼此间隔10mm～20mm，试件表面应保持潮湿，并不得被水直接冲淋。 **4.《建筑工程检测试验技术管理规范》JGJ 190—2010** 5.2.3 施工现场试验环境及设施应满足检测试验工作的要求	2. 查看检测仪器、设备检验标识 检定有效期：与台账一致，账卡物相符 3. 查看现场标养室 场所：有固定场所 装置：已配备恒温、控湿装置和温、湿度计，试件支架
4.5.4	检测依据正确、有效，检测报告及时、规范	**1.《检验检测机构资质认定管理办法》国家质量监督检验检疫总局令第163号** 第二十五条 检验检测机构应当在资质认定证书规定的检验检测能力范围内，依据相关标准或者技术规范规定的程序和要求，出具检验检测数据、结果。 检验检测机构出具检验检测数据、结果时，应当注明检验检测依据，并使用符合资质认定基本规范、评审准则规定的用语进行表述。 检验检测机构对其出具的检验检测数据、结果负责，并承担相应法律责任。 第二十六条 ……检验检测机构授权签字人应当符合资质认定评审准则规定的能力要求。非授权签字人不得签发检验检测报告。 第二十八条 检验检测机构向社会出具具有证明作用的检验检测数据、结果的，应当在其检验检测报告上加盖检验检测专用章，并标注资质认定标志。 **2.《房屋建筑和市政基础设施工程质量检测技术管理规范》GB 50618—2011** 5.5.1 检测项目的检测周期应对外公示，检测工作完成后，应及时出具检测报告。 **3.《检验检测机构诚信基本要求》GB/T 31880—2015** 4.3.7 报告证书 …… 检验检测记录、报告、证书不应随意涂改，所有修改应有相关规定和授权。当有必要发布全新的检验检测报告、证书时，应注以唯一标识，并注明所替代的原件。 检验检测机构应采取有效手段识别和保证检验检测报告、证书真实性；应有措施保证任何人员不得施加任何压力改变检验检测的实际数据和结果。 检验检测机构应当按照合同要求，在批准范围内根据检验检测业务类型，出具具有证明作用的数据和结果，在检验检测报告、证书中正确使用获证标识	查阅检测试验报告 检测依据：有效的标准规范、合同及技术文件 检测结论：明确 签章：检测操作人、审核人、批准人已签字，已加盖检测机构公章或检测专用章（多页检测报告加盖骑缝章），并标注相应的资质认定标志 查看：授权签字人及其授权签字领域证书 时间：在检测机构规定时间内出具

续表

<table>
<tr><th>条款号</th><th>大纲条款</th><th>检 查 依 据</th><th>检查要点</th></tr>
<tr><td colspan="4">5 施工现场条件和工程实体质量的监督检查</td></tr>
<tr><td rowspan="2">5.0.1</td><td rowspan="2">测量定位基准点验收合格，厂区平面控制网、高程控制网、主要建（构）筑物控制桩复测报告齐全，桩位保护措施有效</td><td rowspan="2">1.《建设工程质量管理条例》中华人民共和国国务院令第279号（2017年10月7日中华人民共和国国务院令第687号修正）
第九条 建设单位必须向有关的……施工、工程监理等单位提供与建设工程有关的原始资料。
原始资料必须真实、准确、齐全。
2.《工程测量规范》GB 50026—2007
8.1.4 场区控制网，应充分利用勘察阶段的已有平面和高程控制网。原有平面控制网的边长，应投影到测区的主施工高程面上，并进行复测检查。精度满足施工要求时，可作为场区控制网使用。否则，应重新建立场区控制网。
8.2.2 场区平面控制网，应根据工程规模和工程需要分级布设。对于建筑场地大于1km^{2}的工程项目或重要工业区，应建立一级或一级以上精度等级的平面控制网；对于场地面积小于1km^{2}的工程项目或一般性建筑区，可建立二级精度的平面控制网。
场区平面控制网相对于勘察阶段控制点的定位精度，不应大于5cm。
8.2.10 大中型施工项目场区的高程测量精度，不应低于三等水准。
8.3.3 建筑物施工平面控制网的建立，应符合下列规定：
2 主要的控制网点和主要设备中心线端点，应埋设固定标桩。
3 控制网轴线起始点的定位误差，不应大于2cm；两建筑物（厂房）间有联动关系时，不应大于1cm，定位点不得少于3个。
3.《建设工程监理规范》GB/T 50319—2013
5.2.5 专业监理工程师应检查、复核施工单位报送的施工控制测量成果及保护措施，签署意见。
施工控制测量及保护成果的检查、复核，应包括下列内容：
1 施工测量人员的资格证书及测量设备鉴定证书。
2 施工平面控制网、高程控制网和临时水准点的测量成果及控制桩的保护措施。
4.《火力发电厂工程测量技术规程》DL/T 5001—2014
1.0.5 对于工程中所引用的测量成果资料应进行检核。
4.1.5 平面控制网的布设应符合下列原则：
……
4 各等级平面控制网均可作为测区首级控制。当电厂规划容量为200MW及以上时，变电站建设规划电压等级为750kV及以上时，首级控制网不应低于一级。
5.1.3 厂区首级高程控制的精度等级不应低于四等，且应布设成环形网。</td><td>1. 查阅建设单位与施工单位的定位基准点报告签收记录
签字：建设、施工单位责任人已签字
盖章：建设、施工单位已盖章</td></tr>
<tr><td>2. 查阅建设单位与施工单位的厂区平面控制网、高程控制网报告签收记录
签字：建设、施工、监理单位责任人已签字
盖章：建设、施工、监理单位已盖章</td></tr>
</table>

续表

条款号	大纲条款	检查依据	检查要点
5.0.1	测量定位基准点验收合格，厂区平面控制网、高程控制网、主要建（构）筑物控制桩复测报告齐全，桩位保护措施有效	5.1.5 厂区应埋设不少于3个永久性高程控制点。 10.1.4 厂区平面控制网的等级和精度应符合下列规定： 1 厂区施工首级平面控制网等级不宜低于一级。 2 当原有控制网作为厂区控制网时，应进行复测检查，满足要求时才能使用。 10.1.9 新建发电厂区或大型变电项目场区平面控制网相对于勘测设计阶段平面控制网的定位精度不应大于5cm。 10.3.1 厂区高程控制网应采用水准测量的方法建立。高程测量的精度不应低于三等水准。 10.3.3 高程控制点的布设与埋石应符合下列规定： 2 ……一个测区及周围应有不少于3个永久性的高程控制点。	3. 查阅厂区平面控制网、高程控制网报告 使用仪器：精度满足要求，有计量检定证书、当前有效 精度：满足设计要求和规范的规定 结论：明确 签字盖章：测绘单位已签字盖章
		5.《电力建设施工技术规范》DL 5190.1—2012 11.1.3 施工单位进入施工现场后，建设单位（或委托方）应移交有关厂区测量的原始资料；施工单位对提供的原始资料进行认真校核，确认满足施工放线精度要求后，方可接受使用。 11.1.4 对厂区布置的施工测量控制点，应定期对其稳定性进行检测，同时要求对施工测量控制点进行有效的防护，防止进行或车辆碰撞。 11.5.1 厂区控制网或建筑方格网使用前应进行复查和测试，测试完毕应进行验收。验收时应提供以下资料： …… 4 控制网及建筑方格网成果表 …… 6 测量技术报告	4. 查阅施工单位复测报告 测量仪器：在计量鉴定有效期 结论：符合标准规定 签字：有效责任人已签字 报验：已完成
		6.《电力工程施工测量技术规程》DL/T 5445—2010 8.1.5 施工控制点……埋设深度……一般应至坚实的原状土中1m以下……，厂区施工控制网点应砌井并加护栏保护，……均应有醒目的保护装置…… 8.3.3 厂区平面控制网的等级和精度，应符合下列规定： 1 厂区施工首级平面控制网等级不宜低于一级。 2 当原有控制网作为厂区控制网时，应进行复测检查。 8.3.9 导线网竣工后，应按与施测相同的精度实地复测检查，检测数量不应少于总量的1/3，且不少于3个，复测时应检查网点间角度及边长与理论值的偏差，一级导线的偏差满足表8.3.9的规定时，方能提供给委托单位。 8.3.13 厂区平面控制测量结束后，应向业主或监理现场交桩。	5. 查看控制点桩位 数量：至少有三个固定埋设的控制桩 保护措施：控制桩在砌井中，外围有护栏并有明显标识

续表

条款号	大纲条款	检查依据	检查要点
5.0.1	测量定位基准点验收合格，厂区平面控制网、高程控制网、主要建（构）筑物控制桩复测报告齐全，桩位保护措施有效	8.4.1　厂区高程控制网……。高程测量的精度，不宜低于三等水准。 **7.《电力建设工程监理规范》DL/T 5434—2009** 8.0.7　项目监理机构应督促承包单位对建设单位提出的基准点进行复测，并审批承包单位控制网或加密控制网的布设、保护、复测和原状地形图测绘的方案。监理工程师对承包单位实测过程机械能监督复核，并主持厂（站）区控制网的检测验收工作。工程控制网测量报审表应符合表A.8的格式	
5.0.2	建筑施工原材料、半成品、成品存放符合要求，材质检验合格，报告齐全	**1.《混凝土结构工程施工规范》GB 50666—2011** 7.2.11　原材料进场后，应按各类、批次分开储存与堆放，应标识明晰，并应符合下列规定： 1　散装水泥、矿物掺合料等粉体材料，应采用散装罐分开储存；袋装水泥、矿物掺合料、外加剂等，应按品种、批次分开码垛堆放，并应采取防雨、防潮措施，高温季节应有防晒措施。 2　骨料应按品种、规格分别堆放，不得混入杂物，并应保持洁净和颗粒级配均匀。骨料堆放场地的地面应做硬化处理，并应采取排水、防尘和防雨等措施。 3　液体外加剂应旋转于阴凉干燥处，应防止日晒、污染、浸水，使用前应搅拌均匀；有离析、变色等现象时，应经检验合格后再使用。 **2.《工程建设施工企业质量管理规范》GB/T 50430—2017** 8.3.1　项目部应对进场的工程材料。构配件和设备进行验收，并保存适宜的验收记录。验收的过程、记录和标识应符合相关要求。未经验收或验收不合格的工程材料、构配件和设备，不得用于工程施工。 8.4.1　施工企业应对工程材料、构配件和设备的储存、保管、发放、使用、搬运、防护实施过程控制，并保存相关记录。 8.4.2　施工企业应对设计工程结构安全、节能、环境保护和主要使用功能的工程资料、构配件和设备进行标识，并具有可追溯性。 8.4.3　对工程材料、构配件和设备的现场管理，施工企业应进行检查，宜分析和改进相关过程。 8.4.4　工程资料、构配件和设备发生变更时，施工企业应按设计文件、工程合同和相关规定进行控制	1. 查看原材料、半成品、成品存放现场 骨料场地面：已硬化 材料存放：已分类 材料标识：注明名称、规格、产地等 防护措施：有防潮、防雨雪、防爆晒和防尘措施 2. 查阅原材料、半成品、成品的材质检验记录及其报告 检验报告中的代表数量：与进场数据及批次相符 检测项目：符合设计要求和规范规定 结论：符合设计要求和规范规定 签字：检测单位已签字 报告盖章：检测单位已盖章

续表

条款号	大纲条款	检 查 依 据	检查要点
5.0.3	施工用水水质检验合格	**1.《混凝土质量控制标准》GB 50164—2011** 2.6.1 混凝土用水应符合现行行业标准《混凝土用水标准》JGJ 63 的有关规定。 2.6.2 混凝土用水主要控制项目应包含 pH 值、不溶物含量、可溶物含量、硫酸根离子含量、氯离子含量、水泥凝结时间差和水泥胶砂强度比。当混凝土骨料为碱活性时，主要控制项目还应包含碱含量。 2.6.3 混凝土用水的应用应符合下列规定： 1 未经处理的海水严禁用于钢筋混凝土和预应力混凝土。 2 当骨料具有碱活性时，混凝土用水不得采用混凝土企业生产设备洗涮水。 **2.《混凝土结构工程施工质量验收规范》GB 50204—2015** 7.2.5 混凝土拌制及养护用水应符合现行行业标准《混凝土用水标准》JGJ 63 的规定。采用饮用水时，可不检验；采用中水、搅拌站清洗水、施工现场循环水等其他水源时，应对其成分进行检验。 **3.《混凝土结构工程施工规范》GB 50666—2011** 7.2.9 混凝土拌合及养护用水，应符合现行行业标准《混凝土用水标准》JGJ 63 的有关规定。 7.2.10 未经处理的海水严禁用于钢筋混凝土结构和预应力混凝土结构中拌制和养护。 **4.《混凝土用水标准》JGJ 63—2006** 3.1.1 混凝土拌合用水水质要求应符合表 3.1.1 的规定。对于设计使用年限为 100 年的结构混凝土，氯离子含量不得超过 500mg/L；对使用钢丝或经热处理钢筋的预应力混凝土，氯离子含量不得超过 350mg/L。 3.1.2 地表水、地下水、再生水的放射性应符合现行国家标准《生活饮用水卫生标准》GB 5749 的规定。 3.1.7 未经处理的海水严禁用于钢筋混凝土和预应力混凝土。 3.1.8 在无法获得水源的情况下，海水可用于素混凝土，但不宜用于装饰混凝土。 3.2.1 混凝土养护用水可不检验不溶物和可溶物，其他检验项目应符合本标准 3.1.1 和 3.1.2 中的规定	查阅施工用水检验报告 检测项目：符合标准规定 结论：合格 签章：检测机构已签字盖章
5.0.4	现场混凝土搅拌站条件符合要求；商品混凝土技术检验合格，报告齐全	**1.《预拌混凝土》GB/T 14902—2012** **2.《混凝土用水标准》JGJ 63—2006** 3.1.1 混凝土拌合用水水质要求应符合表 3.1.1 的规定。对于设计使用年限为 100 年的结构混凝土，氯离子含量不得超过 500mg/L；对使用钢丝或经热处理钢筋的预应力混凝土，氯离子含量不得超过 350mg/L。 4.0.1 pH 值的检验应符合现行国家标准《水质 pH 的测定 玻璃电极法》GB 6920 的要求。	1. 查看现场混凝土搅拌站现场 骨料场地面：已硬化 材料存放：已分类 材料标识：注明名称、规格、产地等 防护措施：有防潮、防雨雪、防暴晒和防尘措施

续表

条款号	大纲条款	检查依据	检查要点
5.0.4	现场混凝土搅拌站条件符合要求；商品混凝土技术检验合格，报告齐全	4.0.2　不溶物的检验应符合现行国家标准《水质　悬浮物的测定　重量法》GB 11901 的要求。 4.0.3　氯化物的检验应符合现行国家标准《水质　氯化物的测定　硝酸银滴定法》GB 11896 的要求。 4.0.4　硫酸盐的检验应符合现行国家标准《水质硫酸盐的测定重量法》GB/T 11899 的要求。 4.0.5　碱含量的检验应符合现行国家标准《水泥化学分析方法》GB/T 176 中关于氧化钾、氧化钠测定的火焰光度法的要求。 5.1.1　水质检验水样不应少于 5L。 6.1　强度 混凝土强度应满足设计要求，检验评定应符合 GB/T 50107 的规定。 6.2　坍落度和坍落度经时损失 混凝土坍落度实测值与控制目标值的允许偏差应符合表 8 的规定。常规品的泵送混凝土坍落度控制目标值不宜大于 180mm，并应满足施工要求，坍落度经时损失不宜大于 30mm/h；特制混凝土坍落度应满足相关标准规定和施工要求。 6.3　扩展度 扩展度实测值与控制目标值的允许偏差宜符合表 8 的规定。自密实混凝土扩展度控制目标值不宜小于 30mm，并应满足施工要求。 6.4　含气量 混凝土含气量实测值不宜大于 7%，并与合同规定值的允许偏差不宜超过±1.0%。 6.5　水溶性氯离子含量 混凝土拌合物中水溶性氯离子最大含量实测值应符合表 9 的规定。 7.2.1　各种原材料应分仓贮存，并应有明显的标识。 7.2.2　水泥应按品种、强度等级和生产厂家分别标识和贮存；应防止水泥受潮及污染，不应采取结块的水泥；水泥用于生产时的温度不宜高于 60℃；水泥出厂超过 3 个月应进行复检，合格者方可使用。 7.2.3　骨料堆场应为能排水的硬质地面，并应有防尘和遮雨设施；不同品种、规格的骨料应分别贮存，避免混杂或污染。 7.2.4　外加剂应按品种和生产厂家分别标识和贮存；粉状外加剂应防止受潮结块，如有结块，应进行检验，合格者应经粉碎至全部通过 300μm 方孔筛后方可使用；液态外加剂应贮存在密闭容器内，并应防晒和防冻。如有沉淀等异常现象，应经检验合格后方可使用。 7.2.5　矿物掺合料应按品种、质量等级和产地分别标识和贮存，不应与水泥等其他粉状料混杂，并应防潮、防雨。	2. 查阅搅拌站管理制度 内容：包括组织机构、人员持证上岗等规定 计量设备：已经计量检定，当前有效 3. 查阅搅拌站计量设备计量检定证书 有效期：当前有效

续表

条款号	大纲条款	检查依据	检查要点
5.0.4	现场混凝土搅拌站条件符合要求；商品混凝土技术检验合格，报告齐全	7.2.6 纤维应按品种、规格和生产厂家分别标识和贮存。 9.4.1 混凝土强度检验结果符合6.1规定时为合格。 9.4.2 混凝土坍落度、扩展度和含气量的检验结果分别符合6.2、6.3和6.4规定时为合格；若不符合要求，则应立即用试样余下部分或重新取样进行复检，当复检结果分别符合6.2、6.3和6.4的规定时，应评定为合格。 9.4.3 混凝土拌合物中水溶性氯离子含量检验结果符合6.5规定时为合格。 9.4.4 混凝土耐久性能检验结果符合6.6规定时为合格。 9.4.5 其他的混凝土性能检验结果符合6.7规定时为合格。 10.3.1 供方应按分部工程向需方提供同一配合比混凝土的出厂合格证。出厂合格证应至少包括以下内容： a）出厂合格证编号； b）合同编号； c）工程名称； d）需方； e）供方； f）供货日期； g）浇筑部位； h）混凝土标记； i）标记内容以外的技术要求； j）供货量（m^3）； k）原材料的品种、规格、级别及检验报告编号； l）混凝土配合比编号； m）混凝土质量评定。 10.3.3 供方应随每一辆运输车向需方提供该车混凝土的发货单，发货单应至少包括以下内容： a）合同编号； b）工程名称； c）需方； d）供方； e）工程部位； f）浇筑部位； g）混凝土标记；	4. 查看标养室 温、湿度记录仪：完好 环境：符合标养条件

续表

条款号	大纲条款	检查依据	检查要点
5.0.4	现场混凝土搅拌站条件符合要求；商品混凝土技术检验合格，报告齐全	h）本车的供货量（m^3）； i）运输车号； j）交货地点； k）交货日期； l）发车时间和到达时间； m）供需（含施工方）双方交接人员签字。 **3.《普通混凝土用砂、石质量及检验方法标准》JGJ 52—2006** 3.1.3　天然砂中含泥量应符合表3.1.3的规定。 3.1.4　砂中泥块含量应符合表3.1.4的规定。 3.1.5　人工砂或混合砂中石粉含量应符合表3.1.5的规定。 3.1.10　钢筋混凝土和预应力混凝土用砂的氯离子含量分别不得大于0.06%和0.02%。 3.2.2　碎石或卵石中针、片状颗粒应符合表3.2.2的规定。 3.2.3　碎石或卵石中含泥量应符合表3.2.3的规定。 3.2.4　碎石或卵石中泥块含量应符合表3.2.4的规定。 3.2.5　碎石的强度可用岩石抗压强度和压碎指标表示。岩石的抗压等级应比所配制的混凝土强度至少高20%。当混凝土强度大于或等于C60时，应进行岩石抗压强度检验。岩石强度首先由生产单位提供，工程中可采用能够压碎指标进行质量控制，岩石压碎值指标宜符合表3.5.5-1。卵石的强度可用压碎值表示。其压碎指标宜符合表3.2.5-2的规定。 5.1.3　对于每一单项检验项目，砂、石的每组样品取样数量应符合下列规定： 砂的含泥量、泥块含量、石粉含量及氯离子含量试验时，其最小取样质量分别为4400g、20000g、1600g及2000g；对最大公称粒径为31.5mm的碎石或卵石，含泥量和泥块含量试验时，其最小取样质量为40kg。 6.8　砂中含泥量试验 6.10　砂中泥块含量试验 6.11　人工砂及混合砂中石粉含量试验 6.18　氯离子含量试验 6.20　砂中的碱活性试验（快速法） 7.7　碎石或卵石中含泥量试验 7.8　碎石或卵石中泥块含量试验 7.16　碎石或卵石的碱活性试验（快速法） **4.《建筑机械施工与设备混凝土搅拌站（楼）》GB/T 10171—2016** 5.1.1　混凝土搅拌站（楼）应能生产符合GB 10902、GB/T 50107和GB 50164要求的合格混凝土	5. 查阅商品混凝土出厂检验文件 发货单数量：符合规范规定 发货单签字：供货商和施工单位的交接已签字 合格证：强度符合设计要求

续表

<table>
<tr><th>条款号</th><th>大纲条款</th><th>检 查 依 据</th><th>检查要点</th></tr>
<tr><td>5.0.5</td><td>已完成的桩基或地基处理工程验收合格</td><td>1. 《建筑地基基础设计规范》GB 50007—2011
10.2.10 符合地基应进行桩身完整性和单桩竖向承载力检验以及单桩或多桩符合地基载荷试验，施工工艺对桩间土承载力有影响时还应进行桩间土承载力检验。
10.2.13 人工挖孔桩终孔时，应进行桩端持力层检验。单柱单桩的大直径嵌岩桩，应视岩性检验孔底下3倍桩身直径或5m深度范围内有无土洞、溶洞、破碎带或软弱夹层等不良地质条件。
10.2.14 施工完成后的工程桩应进行桩身完整性和竖向承载力检验。承受水平力较大的桩应进行水平承载力检验，抗拔桩应进行抗拔承载力检验。
2. 《建筑基桩检测技术规范》JGJ 106—2014
3.1.3 施工完成后的工程桩应进行单桩承载力和桩身完整性检测。
3.3.3 混凝土桩的桩身完整性检测方法选择，应符合本规范3.1.1的规定；当一种方法不能全面评价基桩完整性时，应采用两种或两种以上的检测方法，检测数量应符合下列规定：
1 建筑桩基设计等级为甲级，或地基条件复杂、成桩质量可靠性较低的灌注桩工程，检测数量不应少于总桩数的30%，且不应少于20根；其他桩基工程，检测数量不应少于总桩数的20%，且不应少于10根；
2 除符合本条上款规定外，每个桩下承台检测桩数不应少于1根；
3.3.4 当符合下列条件之一时，应采用单桩竖向抗压静载试验进行承载力验收检测。检测数量不应少于同一条件下桩基分项工程总桩数的1%，且不应少于3根；当总桩数小于50根时，检测数量不应少于2根。
1 设计等级为甲级的桩基；
2 施工前未按照本规范3.3.1进行单桩静载试验的工程；
3 施工前进行了单桩静载试验，但施工过程中变更了工艺参数或施工质量出现了异常；
4 地基条件复杂、桩施工质量可靠性低；
5 本地区采用的新桩型或新工艺；
6 施工过程中产生挤土上浮或偏位的群桩。
3.3.5 除本规范3.3.4规定外的工程桩，单桩竖向抗压承载力可按下列方式进行验收检测：
1 当采用单桩静载试验时，检测数量宜符合本规范3.3.4的规定；
2 预制桩和满足高应变法适用范围的灌注桩，可采用高应变法检测单桩竖向抗压承载力，检测数量不宜少于总桩数的5%，且不得少于5根。
3.3.8 对设计有抗拔或水平力要求的桩基工程，单桩承载力验收检测应采用单桩竖向抗拔或单桩水平静载试验，检测数量应符合本规范3.3.4的规定。</td><td>1. 查阅已完成的人工地基或桩基检测报告
试验方法：符合技术方案要求
检测比例：符合标准规定
承载力：符合设计要求
签字：检测机构责任人已签字
盖章：检测机构已盖章
结论：合格</td></tr>
</table>

续表

条款号	大纲条款	检查依据	检查要点
5.0.5	已完成的桩基或地基处理工程验收合格	**3.《建筑地基处理技术规程》JGJ 79—2012** 3.0.12　地基处理施工中应有专人负责质量控制和监测，并做好施工记录；当出现异常情况时，必须及时会同有关部门妥善解决。施工结束后应按国家有关规定进行工程质量检验和验收。 4.4.2　换填垫层的施工质量检验应分层进行，并应在每层的压实系数符合设计要求后铺填上层。 4.4.4　竣工验收应采用静荷载试验检验垫层承载力，且每个单体工程不宜少于3个点；对于大型工程应按单体工程数量或工程划分的面积确定检验点数。 5.4.2　预压地基竣工验收检验应符合下列规定： 1　排水竖井处理深度范围内和竖井底面以下受压土层，经预压所完成的竖向变形和平均固结度应满足设计要求； 2　应对预压的地基土进行原位试验和室内土工试验。 5.4.4　预压处理后的地基承载力应按本规范附录A确定。检验数量按每个处理分区不应少于3点进行检测。 6.2.5　压实地基的施工质量检验应分层进行。每完成一道工序，应按设计要求进行验收，未经验收或验收不合格时，不得进行下一道工序施工。 6.3.5　强夯处理后的地基竣工验收，承载力检验应根据静载荷试验经其他原位测试和室内土工试验等方法综合确定。强夯转换后的地基竣工验收，除应采用单墩静载荷试验进行承载力检验外，尚应采用动力触探等查明置换墩着底情况及密度随深度的变化情况。 6.3.6　夯实地基的质量检验应符合下列规定： 3　强夯地基均匀性检验，可采用动力触探试验或标准贯入试验、静力触探试验等原位测试，以及室内土工试验。检验点的数量，可根据场地复杂程度和建筑物的重要性确定，对于简单场地上的一般建筑物，按每$400m^2$不少于1个检测点，且不少于3点；对于复杂场地或重要建筑地基，每$300m^2$不少于1个检测点，且不少于3点。强夯置换地基，可采用超重型或重型动力触探试验等方法，检查置换墩着底情况及承载力与密实度随深度的变化，检验数量不应少于墩点数的3%，且不少于3点。 4　强夯地基承载力检验的数量，应根据场地复杂程度和建筑物的重要性确定，对于简单场地上的一般建筑物，每个建筑地基载荷试验检验点不应少于3点；对于复杂场地或重要建筑地基应增加检验点数。检测结果的评价，应考虑夯点和夯间位置的差异。强夯置换地基单墩载荷试验数量不应少于墩点数的1%，且不少于3点；对饱和粉土地基，当处理后墩间土能形成2.0m以上厚度的硬层时，其地基承载力可通过现场单墩复合地基静载荷试验确定，检验数量不应少于墩点数的1%，且每个建筑载荷试验检验点不应少于3点。	2.查阅已完成的桩基或地基处理的验收记录 桩基的桩位偏差、标高偏差、垂直度：符合规范规定 地基处理验收记录的数量（含分层）：与已完工程相符 签字：验收人员已签字 结论：合格

续表

条款号	大纲条款	检查依据	检查要点
5.0.5	已完成的桩基或地基处理工程验收合格	7.9.11 多桩型复合地基的质量检验应符合下列规定： 1 竣工验收时，多桩型复合地基承载力试验，应采用多桩复合地基静载荷试验和单桩静载荷试验检验数量不得少于总桩数的1%； 2 多桩复合地基载荷试验，对每个单体工程检验数量不得少于3点； 3 增加体施工质量检验，地散体材料增强体的检验数量不应少于其总桩数的2%，对具有粘结强度的增强体，完整性检验数量不应少于其总桩数的10%。 8.4.4 注浆加固处理后地基的承载力应进行静载荷试验检验。 8.4.5 静载荷试验应按附录A的规定进行，每个单体建筑的检验数量不应少于3点。 9.5.4 微型桩的竖向承载力检验应采用静载荷试验，检验桩数不得少于总载数的1%，且不得少于3根。 10.1.1 地基处理工程的验收检验应在分析工程的岩土工程勘察报告、地基基础设计及地基处理设计资料，了解施工工艺中出现异常情况等后，根据地基处理的目的制定检验方案，选择检验方法。当采用一种检验方法的检测结果具有不确定性时，应采用其他检验方法进行验证。 10.1.2 检验数量应根据场地复杂程度、建筑物的重要性以及地基处理施工技术的可靠性确定，并满足处理地基评价要求。在满足本规范各种处理地基的检验数量，检验结果不满足设计要求时，应分析原因，提出处理措施。对重要的部位，应增加检验数量。 10.1.4 工程验收承载力检验时，静载荷试验最大加载量不应小于设计要求的承载力特征值的2倍。 10.1.5 换填垫层和压实地基的静载荷试验的压板面积不应小于1.0m²；强夯地基或强夯置换地基静载荷试验的压板面积不宜小于2.0m²。 10.2.7 处理地基上的建筑物应在施工期间及使用期间进行沉降观测，直到沉降达到稳定为止。 **4.《建筑桩基技术规范》JGJ 94—2008** 9.1.1 桩基工程应进行桩位、桩长、桩径、桩身质量和单桩承载力的检验。 9.4.2 工程桩应进行承载力和桩身质量检验	2. 查阅已完成的桩基或地基处理的验收记录 桩基的桩位偏差、标高偏差、垂直度：符合规范规定 地基处理验收记录的数量（含分层）：与已完工程相符 签字：验收人员已签字 结论：合格
5.0.6	深基坑开挖边坡放坡坡度，符合施工方案要求	**1.《危险性较大的分部分项工程安全管理办法》中华人民共和国住房和城乡建设部令第37号、住房城乡建设部办公厅关于实施《危险性较大的分部分项工程安全管理规定》有关问题的通知）建办质〔2018〕31号** 第五条 施工单位应当在危险性较大的分部分项工程施工前编制专项方案；对于超过一定规模的危险性较大的分部分项工程，施工单位应当组织专家对专项方案进行论证。超过一定规模的危险性较大的分部分项工程范围见附件二。	1. 查看深基坑施工现场 支护与放坡：与设计要求和施工方案相符 基坑周边荷载：未超过设计要求 变形监测：观测点布置合理、保护良好；现场无明显的裂缝与沉降

续表

条款号	大纲条款	检查依据	检查要点
5.0.6	深基坑开挖边坡放坡坡度，符合施工方案要求	第六条　建筑工程实行施工总承包的，专项方案应当由施工总承包单位组织编制。其中，起重机械安装拆卸工程、深基坑工程、附着式升降脚手架等专业工程实行分包的，其专项方案可由专业承包单位组织编制。 第七条　专项方案编制应当包括以下内容： （一）工程概况：危险性较大的分部分项工程概况、施工平面布置、施工要求和技术保证条件。 （二）编制依据：相关法律、法规、规范性文件、标准、规范及图纸（国标图集）、施工组织设计等。 （三）施工计划：包括施工进度计划、材料与设备计划。 （四）施工工艺技术：技术参数、工艺流程、施工方法、检查验收等。 （五）施工安全保证措施：组织保障、技术措施、应急预案、监测监控等。 （六）劳动力计划：专职安全生产管理人员、特种作业人员等。 （七）计算书及相关图纸。 第八条　专项方案应当由施工单位技术部门组织本单位施工技术、安全、质量等部门的专业技术人员进行审核。经审核合格的，由施工单位技术负责人签字。实行施工总承包的，专项方案应当由总承包单位技术负责人及相关专业承包单位技术负责人签字。 不需专家论证的专项方案，经施工单位审核合格后报监理单位，由项目总监理工程师审核签字。 第九条　超过一定规模的危险性较大的分部分项工程专项方案应当由施工单位组织召开专家论证会。实行施工总承包的，由施工总承包单位组织召开专家论证会。 下列人员应当参加专家论证会： （一）专家组成员； （二）建设单位项目负责人或技术负责人； （三）监理单位项目总监理工程师及相关人员； （四）施工单位分管安全的负责人、技术负责人、项目负责人、项目技术负责人、专项方案编制人员、项目专职安全生产管理人员； （五）勘察、设计单位项目技术负责人及相关人员。 第十条　专家组成员应当由5名及以上符合相关专业要求的专家组成。 本项目参建各方的人员不得以专家身份参加专家论证会。 第十一条　专家论证的主要内容： （一）专项方案内容是否完整、可行； （二）专项方案计算书和验算依据是否符合有关标准规范；	2. 查阅基坑开挖面上方的锚杆、土钉、支撑试验报告 检验项目、试验方法、代表部位、数量和试验结果：符合规范规定 盖章：有计量认证章、资质章及试验单位章，见证取样时，加盖见证取样章

续表

条款号	大纲条款	检 查 依 据	检查要点
5.0.6	深基坑开挖边坡放坡坡度，符合施工方案要求	（三）安全施工的基本条件是否满足现场实际情况。 专项方案经论证后，专家组应当提交论证报告，对论证的内容提出明确的意见，并在论证报告上签字。该报告作为专项方案修改完善的指导意见。 第十二条 施工单位应当根据论证报告修改完善专项方案，并经施工单位技术负责人、项目总监理工程师、建设单位项目负责人签字后，方可组织实施。 实行施工总承包的，应当由施工总承包单位、相关专业承包单位技术负责人签字。 第十三条 专项方案经论证后需做重大修改的，施工单位应当按照论证报告修改，并重新组织专家进行论证。 第十四条 施工单位应当严格按照专项方案组织施工，不得擅自修改、调整专项方案。 如因设计、结构、外部环境等因素发生变化确需修改的，修改后的专项方案应当按本办法第八条重新审核。对于超过一定规模的危险性较大工程的专项方案，施工单位应当重新组织专家进行论证。 第十五条 专项方案实施前，编制人员或项目技术负责人应当向现场管理人员和作业人员进行安全技术交底。 第十六条 施工单位应当指定专人对专项方案实施情况进行现场监督和按规定进行监测。发现不按照专项方案施工的，应当要求其立即整改；发现有危及人身安全紧急情况的，应当立即组织作业人员撤离危险区域。 施工单位技术负责人应当定期巡查专项方案实施情况。 第十七条 对于按规定需要验收的危险性较大的分部分项工程，施工单位、监理单位应当组织有关人员进行验收。验收合格的，经施工单位项目技术负责人及项目总监理工程师签字后，方可进入下一道工序。 第十八条 监理单位应当将危险性较大的分部分项工程列入监理规划和监理实施细则，应当针对工程特点、周边环境和施工工艺等，制定安全监理工作流程、方法和措施。 第二十一条 专家库的专家应当具备以下基本条件： （一）诚实守信、作风正派、学术严谨； （二）从事专业工作15年以上或具有丰富的专业经验； （三）具有高级专业技术职称。 附件一 危险性较大的分部分项工程范围 一、基坑支护、降水工程 开挖深度超过3m（含3m）或虽未超过3m但地质条件和周边环境复杂的基坑（槽）支护、降水工程。	3. 查阅基坑开挖施工方案 内容：完整 签字：编制单位责任人已签字 审批：监理单位已审批 专家论证意见：方案可行等通过性意见

续表

条款号	大纲条款	检　查　依　据	检查要点
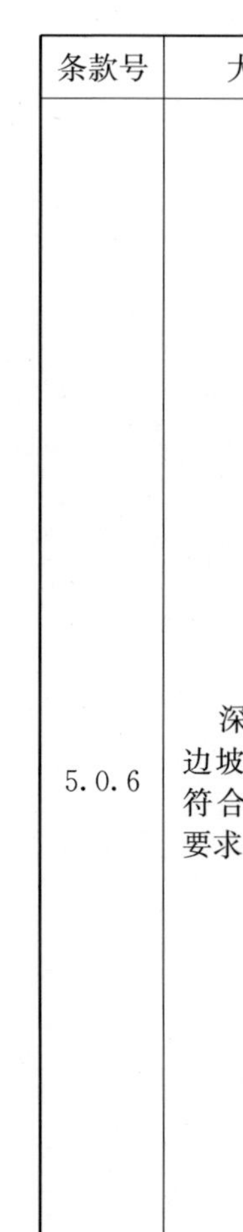5.0.6	深基坑开挖边坡放坡坡度，符合施工方案要求	二、土方开挖工程 开挖深度超过 3m（含 3m）的基坑（槽）的土方开挖工程。 三、模板工程及支撑体系 （一）各类工具式模板工程：包括大模板、滑模、爬模、飞模等工程。 （二）混凝土模板支撑工程：搭设高度 5m 及以上；搭设跨度 10m 及以上；施工总荷载 $10kN/m^2$ 及以上；集中线荷载 $15kN/m^2$ 及以上；高度大于支撑水平投影宽度且相对独立无联系构件的混凝土模板支撑工程。 （三）承重支撑体系：用于钢结构安装等满堂支撑体系。 **2.《建筑边坡工程技术规范》GB 50330—2013** 18.1.1　边坡工程应根据安全等级、边坡环境、工程地质和水文地质、支护结构类型和变形控制要求等条件编制施工方案，采取合理、可行、有效的措施保证施工安全。 **3.《土方与爆破工程施工及验收规范》GB 50201—2012** 4.4.1　土方开挖的坡度应符合下列规定： 1　永久性挖方边坡坡度应符合设计要求。当工程地质与设计资料不符，需修改边坡坡度或采取加固措施时，应由设计单位确定； 2　临时性挖方边坡坡度应根据工程地质和开挖边坡高度要求，结合当地同类土体的稳定坡度确定； 4.4.2　土方开挖应从上至下分层分段依次进行，随时注意控制边坡坡度，并在表面上做成一定的流水坡度。当开挖的过程中，发现土质弱于设计要求，土（岩）层外倾于（顺坡）挖方的软弱夹层，应通知设计单位调整坡度或采取加固，防止土（岩）体滑坡。 **4.《建筑基坑支护技术规程》JGJ 120—2012** 8.1.1　基坑开挖应符合下列规定： 1　当支护结构构件强度达到开挖阶段的设计要求时，方可下挖基坑；对采用预应力锚杆的支护结构，应在锚杆施加预加力后，方可下挖基坑；对土钉墙，应在土钉、喷射混凝土面层的养护时间大于 2d 后，方可下挖基坑； 2　应按支护结构设计规定的施工顺序和开挖深度分层开挖； 3　锚杆、土钉的施工作业面与锚杆地、土钉的高差不宜大于 500mm； 4　开挖时，挖土机械不得碰撞损害锚杆、腰梁、土钉墙面、内支撑及其连接件等构件，不得损害已施工的基础桩； 5　当基坑采用降水时，应在降水后开挖地下水位以下的土方；	4. 查阅变形观测记录 工况：明确 观测频次：与方案一致 观测数据：清晰

续表

条款号	大纲条款	检查依据	检查要点
5.0.6	深基坑开挖边坡放坡坡度，符合施工方案要求	6 当开挖揭露的实际土层性状或地下水情况与设计依据的勘察资料明显不符，或出现异常现象、不明物体时，应停止开挖，在采取相应措施后方可继续开挖。 7 挖至坑底时，应避免扰动基底持力层的原状结构。 8.1.2 软土基坑开挖除应符合本规程第 8.1.1 的规定外，宜应符合下列规定： 1 应按分层、分段、对称、均衡、适时的原则开挖； 2 当主体结构采用桩基础且基础桩已施工完成时，应根据开挖面下软土的性状，限制每层开挖厚度，不得造成基础桩偏位； 3 对采用内支撑的支护结构，宜采用局部开槽方法浇筑混凝土支撑或安装钢支撑；开挖到支撑作业面后，应及时进行支撑的施工； 4 对重力式水泥土墙，沿水泥土墙方向应分区段开挖，每一开挖区段的长度不宜大于 40m。 8.1.3 当基坑开挖面上方的锚杆、土钉、支撑未达到设计要求时，严禁向下超挖土方。 8.1.4 采用锚杆或支撑的支护结构．在未达到设计规定的拆除条件时，严禁拆除锚杆或支撑。 8.1.5 基坑周边施工材料、设施或车辆荷载严禁超过设计要求的地面荷载限值。 8.2.2 安全等级为一级、二级的支护结构，在基坑开挖过程与支护结构使用期内，必须进行支护结构的水平位移监测和基坑开挖影响范围内建（构）筑物、地面的沉降监测。 8.2.23 基坑监测数据、现场巡查结果应及时整理和反馈，出现下列危险征兆时应立即报警： 1 支护结构位移达到设计规定的位移限值； 2 支护结构位移速率增长且不收敛； 3 支护结构构件的内力超过其设计值； 4 基坑周边建（构）筑物、道路、地面的沉降达到设计规定的沉降、倾斜限值，基坑周边建（构）筑物、道路、地面开裂； 5 支护结构构件出现影响整体结构安全性的损坏； 6 基坑出现局部坍塌； 7 开挖面出现隆起现象； 8 基坑出现流土、管涌现象	

续表

条款号	大纲条款	检查依据	检查要点
6 质量监督检测			
6.0.1	开展现场质量监督检查时，应重点对下列项目的检测试验报告进行查验，必要时可进行验证性抽样检测。对检验指标或结论有怀疑时，必须进行检测		
(1)	水泥	**1.《通用硅酸盐水泥》GB 175—2007** 7.3.1 硅酸盐水泥初凝结时间不小于45min，终凝时间不大于390min。普通硅酸盐水泥、矿渣硅酸盐水泥、火山灰质硅酸盐水泥、粉煤灰硅酸盐水泥和复合硅酸盐水泥初凝结时间不小于45min，终凝时间不大于600min。 7.3.2 安定性沸煮法合格。 7.3.3 强度符合表3的规定。 8.5 凝结时间和安定性按GB/T 1346进行试验。 8.6 强度按GB/T 17671进行试验。 9.1 取样方法按GB 12573进行。可连续取，亦可从20个以上不同部位取等量样品，总量至少为12kg。 **2.《大体积混凝土施工规范》GB 50496—2018** 4.2.1 配制大体积混凝土所用水泥的选择及其质量，应符合下列规定： 2 应选用水化热低的硅酸盐水泥，3d的水化热不宜大于250kJ/kg，7d的水化热不宜大于280kJ/kg；当选用52.5强度等级水泥时，7d的水化热宜小于300kJ/kg。 3 水泥在搅拌站的入机温度不宜高于60℃。 4.2.2 水泥进场时应对水泥品种、代号、强度等级、包装或散装编号、出厂日期等进行检查，并对其强度、安定性、凝结时间、水化热进行检查，检验结果应符合现行国家标准《通用硅酸盐水泥》GB 175的相关规定	查验抽测水泥试样 凝结时间：符合GB 175中7.3.1的要求 安定性：符合GB 175中7.3.2的要求 强度：符合GB 175中表3的要求 水化热（大体积混凝土）：符合GB 50496规范的规定

续表

条款号	大纲条款	检查依据	检查要点
(2)	钢材、钢筋及连接接头	**1.《碳素结构钢》GB/T 700—2006** 5.4.1 钢材的拉伸和冲击试验结果应符合表 2 的规定。 6.1 每批钢材的检验项目、取样数量、取样方法和试验方法应符合表 4 规定。 **2.《低合金高强度结构钢》GB/T 1591—2018** 7.4.1.1 热轧钢材拉伸试验的性能应符合表 7 和表 8 的规定。 9.3 钢材的检验项目、取样数量、取样方法和试验方法应符合表 13 规定。 **3.《钢筋混凝土用钢 第 1 部分：热轧光圆钢筋》GB/T 1499.1—2017** 6.6.2 直条钢筋实际重量与理论重量的允许偏差应符合表 4 规定。 7.3.1 钢筋力学性能及弯曲性能特征值应符合表 6 规定。 8.1 每批钢筋的检验项目、取样数量、取样方法和试验方法应符合表 7 规定。 8.4.1 测量重量偏差时，试样应从不同根钢筋上截取，数量不少于 5 支，每支试样长度不小于 500mm。 **4.《钢筋混凝土用钢 第 2 部分：热轧带肋钢筋》GB/T 1499.2—2018** 6.6.2 钢筋实际重量与理论重量的允许偏差应符合表 4 规定。 7.4.1 钢筋的下屈服强度 R_{eL}、抗拉强度 R_m、断后伸长率 A、最大力总延伸率 A_{gt} 等力学性能特征值应符合表 6 规定。表 6 所列各力学性能特征值，除 R^0_{eL}/R_{eL} 可作为交货检验的最大保证值外，其他力学特征值可作为交货检验的最小保证值。 7.5.1 钢筋应进行弯曲试验。按表 7 规定的弯曲压头直径弯曲 180°后，钢筋受弯曲部位表面不得产生裂纹。 7.5.2 对牌号带 E 的钢筋应进行反向弯曲试验。经反向弯曲试验后，钢筋受弯部位表面不得产生裂纹。反向弯曲试验可代替弯曲试验。反向弯曲试验的弯曲压头直径比弯曲试验相应增加一个钢筋公称直径。 8.1 每批钢筋的检验项目、取样数量、取样方法和试验方法应符合表 8 规定。 8.4.1 测量重量偏差时，试样应从不同根钢筋上截取，数量不少于 5 支，每支试样长度不小于 500mm。 **5.《混凝土结构工程施工质量验收规范》GB 50204—2015** 5.2.3 对按一、二、三级抗震等级设计的框架和斜撑构件（含梯段）中的纵向受力普通钢筋应采用 HRB335E、HRB400E、HRB500E、HRBF335E、HRBF400E 或 HRBF500E 钢筋，其强度和最大力下总伸长率的实测值应符合下列规定： 1 抗拉强度实测值与屈服强度实测值的比值不应小于 1.25； 2 屈服强度实测值与屈服强度标准值的比值不应大于 1.30； 3 最大力下总伸长率不应小于 9%。	1. 查验抽测碳素结构钢试件 屈服强度：符合标准 GB/T 700 中表 2 要求 抗拉强度：符合标准 GB/T 700 中表 2 要求 断后伸长率：符合标准 GB/T 700 中表 2 要求 2. 查验抽测低合金高强度结构钢试件 屈服强度：符合标准 GB/T 1591 中表 7 要求 抗拉强度：符合标准 GB/T 1591 中表 7 要求 断后伸长率：符合标准 GB/T 1591 中表 8 要求 3. 查验抽测热轧光圆钢筋试件 重量偏差：符合标准 GB/T 1499.1 中表 4 要求 屈服强度：符合标准 GB/T 1499.1 中表 6 要求 抗拉强度：符合标准 GB/T 1499.1 中表 6 要求 断后伸长率：符合标准 GB/T 1499.1 中表 6 要求 最大力总伸长率：符合标准 GB/T 1499.1 中表 6 要求 弯曲性能：符合标准 GB/T 1499.1 中表 6 要求

续表

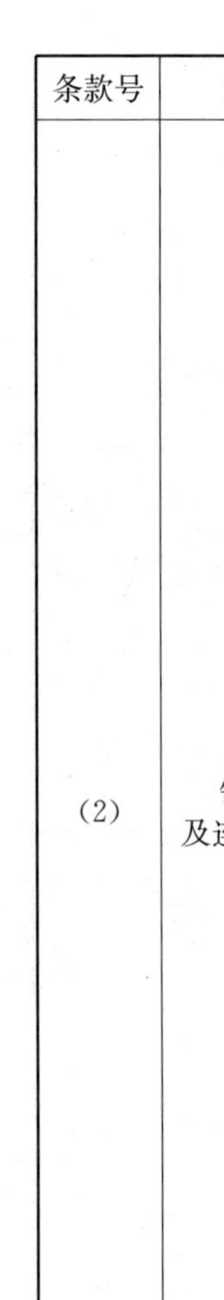

条款号	大纲条款	检　查　依　据	检查要点
(2)	钢材、钢筋及连接接头	**6.《钢筋焊接及验收规程》JGJ 18—2012** 5.1.6　钢筋焊接接头力学性能试验时，应在接头外观质量检查合格后随机切取试件进行实验。试验方法按现行行业标准《钢筋焊接接头试验方法标准》JGJ 27 有关规定执行。 5.3.1　闪光对焊接头力学性能试验时，应从每批中随机切取 6 个接头，其中 3 个做拉伸试验，3 个做弯曲试验。 5.5.1　电弧焊接头的质量检验，……，在现浇混凝土结构中，应以 300 个同牌号钢筋、同型式接头作为一批；……，每批随机切取 3 个接头做拉伸试验。 5.6.1　电渣压力焊接头的质量检验，……，在现浇混凝土结构中，应以 300 个同牌号钢筋接头作为一批；……，每批随机切取 3 个接头试件做拉伸试验。 5.8.2　预埋件钢筋 T 形接头进行力学性能检验时，应以 300 件同类型预埋件作为一批；……，每批预埋件中随机切取 3 个接头做拉伸试验。 **7.《钢筋机械连接技术规程》JGJ 107—2016** 3.0.5　Ⅰ级、Ⅱ级、Ⅲ级接头的极限抗拉强度必须符合表 3.0.5 的规定。 7.0.5　钢筋机械连接接头现场抽检应按验收批进行，同钢筋生产厂、同强度等级、同规格、同类型和同型式接头应以 500 个为一个验收批进行检验与验收，不足 500 个也作为一个验收批。 7.0.7　对接头的每一验收批，应在工程结构中随机截取 3 个接头试件做极限抗拉强度试验，按设计要求的接头等级进行评定。 A.2.2　现场抽检接头试件的极限抗拉强度试验应采用零到破坏的一次加载制度	4. 查验抽测热轧带肋钢筋试件 重量偏差：符合标准 GB/T 1499.2 中表 4 要求 屈服强度：符合标准 GB/T 1499.2 中表 6 要求 抗拉强度：符合标准 GB/T 1499.2 中表 6 要求 断后伸长率：符合标准 GB/T 1499.2 中表 6 要求 最大力总伸长率：符合标准 GB/T 1499.2 中表 6 要求 弯曲性能：符合标准 GB/T 1499.2 中表 7 要求 5. 纵向受力钢筋（有抗震要求的结构）试件 抗拉强度查验抽测值与屈服强度查验抽测值的比值：符合规范 GB 50204 中 5.2.3 的要求 屈服强度查验抽测值与强度标准值的比值：符合规范 GB 50204 中 5.2.3 的要求 最大力下总伸长率：符合规范 GB 50204 中 5.2.3 的要求 6. 查验抽测钢筋焊接接头试件 极限抗拉强度：符合 JGJ 18 标准要求 7. 查验抽测钢筋机械连接接头试件 抗拉强度：符合 JGJ 107 标准要求

续表

<table>
<tr><th>条款号</th><th>大纲条款</th><th>检 查 依 据</th><th>检查要点</th></tr>
<tr><td rowspan="2">(3)</td><td rowspan="2">混凝土粗细骨料</td><td rowspan="2">1.《普通混凝土用砂、石质量及检验方法标准》JGJ 52—2006
1.0.3 对于长期处于潮湿环境的重要混凝土结构所用砂、石应进行碱活性检验。
3.1.3 天然砂中含泥量应符合表3.1.3的规定。
3.1.4 砂中泥块含量应符合表3.1.4的规定。
3.1.5 人工砂或混合砂中石粉含量应符合表3.1.5的规定。
3.1.10 钢筋混凝土和预应力混凝土用砂的氯离子含量分别不得大于0.06%和0.02%。
3.2.2 碎石或卵石中针、片状颗粒应符合表3.2.2的规定。
3.2.3 碎石或卵石中含泥量应符合表3.2.3的规定。
3.2.4 碎石或卵石中泥块含量应符合表3.2.4的规定。
3.2.5 碎石的强度可用岩石抗压强度和压碎指标表示。岩石的抗压等级应比所配制的混凝土强度至少高20%。当混凝土强度大于或等于C60时，应进行岩石抗压强度检验。岩石强度首先由生产单位提供，工程中可采用能够压碎指标进行质量控制，岩石压碎值指标宜符合表3.2.5-1。卵石的强度可用压碎值表示。其压碎指标宜符合表3.2.5-2的规定。
5.1.3 对于每一单项检验项目，砂、石的每组样品取样数量应符合下列规定：
砂的含泥量、泥块含量、石粉含量及氯离子含量试验时，其最小取样质量分别为4400g、20000g、1600g及2000g；对最大公称粒径为31.5mm的碎石或卵石，含泥量和泥块含量试验时，其最小取样质量为40kg。
6.8 砂中含泥量试验
6.10 砂中泥块含量试验
6.11 人工砂及混合砂中石粉含量试验
6.18 砂中氯离子含量试验
6.20 砂中的碱活性试验（快速法）
7.7 碎石或卵石中含泥量试验
7.8 碎石或卵石中泥块含量试验
7.16 碎石或卵石的碱活性试验（快速法）</td><td>1. 查验抽测砂试样
含泥量：符合JGJ 52中表3.1.3规定
泥块含量：符合JGJ 52中表3.1.4规定
石粉含量：符合JGJ 52中表3.1.5规定
氯离子含量：符合JGJ 52中3.1.10规定
碱活性：符合JGJ 52标准要求</td></tr>
<tr><td>2. 查验抽测碎石或卵石试样
含泥量：符合JGJ 52中表3.2.3规定
泥块含量：符合JGJ 52中表3.2.4规定
针、片状颗粒：符合JGJ 52中表3.2.2的规定
碱活性：符合标准要求
压碎指标（高强混凝土）：符合JGJ 52标准规定</td></tr>
<tr><td>(4)</td><td>混凝土外加剂</td><td>1.《混凝土外加剂》GB 8076—2008
5.1 掺外加剂混凝土的性能应符合表1的要求。
6.5 混凝土拌合物性能试验方法
6.6 硬化混凝土性能试验方法
7.1.3 取样数量
每一批号取样量不少于0.2t水泥所需用的外加剂量</td><td>查验抽测外加剂试样
减水率：符合GB 8076中表1规定
泌水率比：符合GB 8076中表1规定
含气量：符合GB 8076中表1规定
凝结时间差：符合GB 8076中表1规定</td></tr>
</table>

续表

条款号	大纲条款	检查依据	检查要点
(4)	混凝土外加剂		1h 经时变化量：符合 GB 8076 中表 1 规定 抗压强度比：符合 GB 8076 中表 1 规定 收缩率比：符合 GB 8076 中表 1 规定 相对耐久性：符合 GB 8076 中表 1 规定
(5)	混凝土搅拌用水	**1.《混凝土用水标准》JGJ 63—2006** 3.1.1 混凝土拌合用水水质要求应符合表 3.1.1 的规定。对于设计使用年限为 100 年的结构混凝土，氯离子含量不得超过 500mg/L；对使用钢丝或经热处理钢筋的预应力混凝土，氯离子含量不得超过 350mg/L。 4.0.1 pH 值的检验应符合现行国家标准《水质 pH 的测定玻璃电极法》GB 6920 的要求。 4.0.2 不溶物的检验应符合现行国家标准《水质悬浮物的测定重量法》GB 11901 的要求。 4.0.3 可溶物的检验应符合现行国家标准《生活饮用水标准检验法》GB 5750 中溶解性总固体检验法的要求。 4.0.4 氯化物的检验应符合现行国家标准《水质氯化物的测定硝酸银滴定法》GB 11896 的要求。 4.0.5 硫酸盐的检验应符合现行国家标准《水质硫酸盐的测定重量法》GB 11899 的要求。 4.0.6 碱含量的检验应符合现行国家标准《水泥化学分析方法》GB 176 中关于氧化钾、氧化钠测定的火焰光度法的要求。 5.1.1 水质检验水样不应少于 5L	查验抽测水样 pH 值：符合 JGJ 63 中表 3.1.1 的规定 不溶物：符合 JGJ 63 中表 3.1.1 的规定 可溶物：符合 JGJ 63 中表 3.1.1 的规定 氯化物：符合 JGJ 63 中表 3.1.1 的规定 硫酸盐：符合 JGJ 63 中表 3.1.1 的规定 碱含量：符合 JGJ 63 中表 3.1.1 的规定
(6)	防水、防腐材料	**1.《弹性体改性沥青防水卷材》GB 18242—2008** 5.3 材料性能应符合表 2 要求。 6.7 可溶物含量按 GB/T 328.26 进行。 6.8 耐热度按 GB/T 328.11—2007 中 A 法进行。 6.9 低温柔性按 GB/T 328.14 进行。 6.10 不透水性按 GB/T 328.10—2007 中 B 进行。 6.11 拉力及延伸率按 GB/T 328.8 进行。 7.7.1.2 从单位面积质量、面积、厚度及外观合格的卷材中任取一卷进行材料性能试验。	1. 查验抽测卷材试样 可溶物含量：符合 GB 18242 中表 2 要求 耐热度：符合 GB 18242 中表 2 要求 低温柔性：符合 GB 18242 中表 2 要求 不透水性：符合 GB 18242 中表 2 要求

续表

条款号	大纲条款	检查依据	检查要点
(6)	防水、防腐材料	**2.《建筑防腐蚀工程施工规范》GB 50212—2014** 5.2.1 环氧树脂的质量应符合现行国家标准《双酚A型环氧树脂》GB/T 13657的有关规定。 6.2.1 钠水玻璃的质量，应符合现行国家标准《工业硅酸钠》GB/T 4209及表6.2.1的规定。 6.2.2 钾水玻璃的质量应符合表6.2.2的规定。 7.2.1 聚合物乳液的质量应符合表7.2.1的规定。 8.2.1 块材的质量指标应符合设计要求；当设计无要求时，应符合下列规定： 1 耐酸砖、耐酸耐温砖质量指标应符合国家现行标准《耐酸砖》GB/T 8488和《耐酸耐温砖》JC/T 424的有关规定。 2 防腐蚀炭砖的质量指标应符合现行国家标准《工业设备及管道防腐蚀工程施工规范》GB 50726的有关规定。 3 天然石材应组织均匀，结构致密，无风化。不得有裂纹或不耐腐蚀的夹层，不得有缺棱掉角现象，并应符合表8.2.1的规定。 11.2.1 道路石油沥青、建筑石油沥青应符合国家现行标准《道路石油沥青》NB/SH/T 0522、《建筑石油沥青》GB/T 494及表11.2.1的规定	拉力及延伸率：符合GB 18242中表2要求 2. 查验抽测耐酸砖、耐酸耐温砖试样 密度：符合GB 50212中表4.1.1要求 氧化钠：符合GB 50212中表4.1.1要求 二氧化硅：符合GB 50212中表4.1.1要求 模数：符合GB 50212中表4.1.1要求 3. 查验抽测钠水玻璃试样 密度：符合GB 50212中表5.2.1要求 氧化钠：符合GB 50212中表5.2.1要求 二氧化硅：符合GB 50212中表5.2.1要求 模数：符合GB 50212中表5.2.1要求 4. 查验抽测钾水玻璃试样 密度：符合GB 50212中表5.2.2要求 二氧化硅：符合GB 50212中表5.2.2要求 模数：符合GB 50212中表5.2.2要求

续表

条款号	大纲条款	检查依据	检查要点
(6)	防水、防腐材料		5. 查验抽测环氧树脂试样 环氧当量：符合 GB 50212 中表 6.2.1 要求 软化点：符合 GB 50212 中表 6.2.1 要求
			6. 查验抽测沥青试样 针入度：符合 GB 50212 中表 7.2.1 要求 延度：符合 GB 50212 中表 7.2.1 要求 软化点：符合 GB 50212 中表 7.2.1 要求

第2部分

地基处理监督检查

<table>
<tr><th>条款号</th><th>大纲条款</th><th>检查依据</th><th>检查要点</th></tr>
<tr><td colspan="4">4 责任主体质量行为的监督检查</td></tr>
<tr><td colspan="4">4.1 建设单位质量行为的监督检查</td></tr>
<tr><td rowspan="2">4.1.1</td><td rowspan="2">地基处理施工方案已审批</td><td rowspan="2">1.《建筑施工组织设计规范》GB/T 50502—2009
3.0.5 施工组织设计的编制和审批应符合下列规定：
2 ……施工方案应由项目技术负责人审批；重点、难点分部（分项）工程和专项工程施工方案应由施工单位技术部门组织相关专家评审，施工单位技术负责人批准；
3 由专业承包单位施工的分部（分项）工程或专项工程的施工方案，应由专业承包单位技术负责人或技术负责人授权的技术人员审批；有总承包单位时，应由总承包单位项目技术负责人核准备案；
4 规模较大的分部（分项）工程和专项工程的施工方案应按单位工程施工组织设计进行编制和审批。
2.《建筑工程施工质量评价标准》GB/T 50375—2016
3.3.2 质量记录评价方法应符合下列规定：
1 检查标准：材料、设备合格证、进场验收记录及复试报告、施工记录及施工试验等资料完整，能满足设计要求……
2 检查方法：检查资料的项目、数量及数据内容
3.《电力建设施工技术规范 第1部分：土建结构工程》DL 5190.1—2012
3.0.1 工程施工前，应按设计图纸，结合具体情况和施工组织设计的要求编制施工方案，并经批准后方可施工。
3.0.6 施工单位应当在危险性较大的分部、分项工程施工前编制专项方案；对于超过一定规模和危险性较大的深基坑工程、模板工程及支撑体系、起重吊装及安装拆卸工程、脚手架工程和拆除、爆破工程等，施工单位应当组织专家对专项方案进行论证。
4.《电力工程地基处理技术规程》DL/T 5024—2005
5.0.2 地基处理方案的选择，应根据工程场地岩土工程条件、建筑物的安全等级、结构类型、荷载大小、上部结构和地基基础的共同作用以及当地地基处理经验和施工条件、建筑物使用过程中岩土环境条件的变化。经技术经济比较后，在技术可靠、满足工程设计和施工进度的要求下，选用地基处理方案或加强上部结构与地基处理相结合的方案。采用的地基处理方法应符合环境保护的要求，避免因地基处理而污染地表水和地下水；避免由于地基土的变形而损坏邻近建（构）筑物；防止振动噪声及飞灰对周围环境的不良影响。
5.0.12 地基处理的施工应有详细的施工组织设计、施工质量管理和质量保证措施。应有专人负责施工检验与质量监督，做好各项施工记录，当发现异常情况时，应及时会同有关部门研究解决</td><td>1. 查阅施工方案
审批人员：符合规范规定
编审批时间：施工前</td></tr>
<tr><td>2. 查阅施工方案报审表
审批意见：同意实施等肯定性意见
签字：责任人已签字
盖章：单位已盖章</td></tr>
</table>

续表

条款号	大纲条款	检查依据	检查要点
4.1.2	按规定组织进行设计交底和施工图会检	**1.《建设工程质量管理条例》中华人民共和国国务院令第279号（2017年10月7日中华人民共和国国务院令第687号修正）** 第二十三条　设计单位应当就审查合格的施工图设计文件向施工单位做出详细说明。 **2.《建筑工程勘察设计管理条例》中华人民共和国国务院令第293号（2017年10月7日中华人民共和国国务院令第687号修正）** 第三十条　建设工程勘察、设计单位应当在建设工程施工前，向施工单位和监理单位说明建设工程勘察、设计意图，解释建设工程勘察、设计文件。建设工程勘察、设计单位应当及时解决施工中出现的勘察、设计问题。 **3.《建设工程监理规范》GB/T 50319—2013** 5.1.2　监理人员应熟悉工程设计文件，并应参见建设单位主持的图纸会审和设计交底会议，会议纪要应由总监理工程师签认。 5.1.3　工程开工前，监理人员应参见由建设单位主持召开的第一次工地会议，会议纪要应由项目监理机构负责整理，与会各方代表应会签。 **4.《建设工程项目管理规范》GB/T 50326—2017** 8.3.4　技术管理规划应是承包人根据招标文件要求和自身能力编制的、拟采用的各种技术和管理措施，以满足发包人的招标要求。项目技术管理规划应明确下列内容： 1　技术管理目标与工作要求； 2　技术管理体系与职责； 3　技术管理实施的保障措施； 4　技术交底要求，图纸自审、会审，施工组织设计与施工方案，专项施工技术，新技术，新技术的推广与应用，技术管理考核制度； 5　各类方案、技术措施报审流程； 6　根据项目内容与项目进度要求，拟编制技术文件、技术方案、技术措施计划及责任人； 7　新技术、新材料、新工艺、新产品的应用计划； 8　对设计变更及工程洽商实施技术管理制度； 9　各项技术文件、技术方案、技术措施的资料管理与归档。 **5.《输变电工程项目质量管理规程》DL/T 1362—2014** 5.3.1　建设单位应在变电单位工程和输电分部工程开工前组织设计交底和施工图会检。未经会检的施工图纸不得用于施工	1. 查阅设计交底记录 主持人：建设单位责任人 交底人：设计单位责任人 签字：交底人及被交底人已签字 时间：开工前 2. 查阅施工图会检纪要 签字：施工、设计、监理、建设单位责任人已签字 时间：开工前

续表

<table>
<tr><th>条款号</th><th>大纲条款</th><th>检 查 依 据</th><th>检查要点</th></tr>
<tr><td>4.1.3</td><td>无任意压缩合同约定工期的行为</td><td>1.《建设工程质量管理条例》中华人民共和国国务院令第 279 号（2017 年 10 月 7 日中华人民共和国国务院令第 687 号修正）
第十条 建设工程发包单位不得迫使承包方以低于成本的价格竞标，不得任意压缩合理工期。
2.《电力建设工程施工安全监督管理办法》中华人民共和国国家发展和改革委员会第 28 号令
第十一条 建设单位应当执行定额工期，不得压缩合同约定的工期。如工期确需调整，应当对安全影响进行论证和评估。论证和评估应当提出相应的施工组织措施和安全保障措施。
3.《建设工程项目管理规范》GB／T 50326—2017
9.2.1 项目进度计划编制依据应包括下列主要内容：
1 合同文件和相关要求；
2 项目管理规划文件；
3 资源条件、内部与外部约束条件。
4.《输变电工程项目质量管理规程》DL／T 1362—2014
5.3.3 输变电工程项目的工期应按合同约定执行。施工过程中建设单位应针对现场施工进展、图纸交付进度和设备进场计划等进行专项检查，并按实际情况动态调整进度计划。当需要调整时，建设单位应组织设计、监理、施工、物资供应等单位从影响工程建设的资源、环境、安全等各方面确认其可行性，不得任意压缩合同约定工期，并应接受建设行政主管部门的监督</td><td>查阅施工进度计划、合同工期和调整工期的相关文件
内容：有压缩工期的行为时，应有设计、监理、施工和建设单位认可的书面文件</td></tr>
<tr><td>4.1.4</td><td>采用的新技术、新工艺、新流程、新装备、新材料已审批</td><td>1.《中华人民共和国建筑法》中华人民共和国主席令第 46 号
第四条 国家扶持建筑业的发展，支持建筑科学技术研究，提高房屋建筑设计水平，鼓励节约能源和保护环境，提倡采用先进技术、先进设备、先进工艺、新型建筑材料和现代管理方式。
2.《建设工程质量管理条例》中华人民共和国国务院令第 279 号（2017 年 10 月 7 日中华人民共和国国务院令第 687 号修正）
第六条 国家鼓励采用先进的科学技术和管理方法，提高建设工程质量。
3.《实施工程建设强制性标准监督规定》中华人民共和国建设部令第 81 号（2015 年 1 月 22 日中华人民共和国住房和城乡建设部令第 23 号修正）
第五条 建设工程勘察、设计文件中规定采用的新技术、新材料，可能影响建设工程质量和安全，又没有国家技术标准的，应当由国家认可的检测机构进行试验、论证，出具检测报告，并经国务院有关主管部门或者省、自治区、直辖市人民政府有关主管部门组织的建设工程技术专家委员会审定后，方可使用。</td><td>查阅新技术、新工艺、新流程、新装备、新材料论证文件
意见：同意采用等肯定性意见
盖章：相关单位已盖章</td></tr>
</table>

续表

条款号	大纲条款	检查依据	检查要点
4.1.4	采用的新技术、新工艺、新流程、新装备、新材料已审批	工程建设中采用国际标准或者国外标准，现行强制性标准未作规定的，建设单位应当向国务院住房城乡建设主管部门或者国务院有关主管部门备案。 **4.《输变电工程项目质量管理规程》DL/T 1362—2014** 4.4 应按照国家和行业相关要求积极采用新技术、新工艺、新流程、新装备、新材料……(以下简称“五新”技术) 5.1.6 当应用技术要求高、作业复杂的“五新”技术，建设单位应组织设计、监理、施工及其他相关单位进行施工方案专题研究，或组织专家评审。 **5.《电力建设施工技术规范 第1部分：土建结构工程》DL 5190.1—2012** 3.0.4 采用新技术、新工艺、新材料、新设备时，应经过技术鉴定或具有允许使用的证明。施工前应编制单独的施工措施及操作规程。 **6.《电力工程地基处理技术规程》DL/T 5024—2005** 5.0.8 ……。当采用当地缺乏经验的地基处理方法或引进和应用新技术、新工艺、新方法时，须通过原体试验验证其适用性	
4.2 勘察设计单位质量行为的监督检查			
4.2.1	设计图纸交付进度能保证连续施工	**1.《中华人民共和国合同法》中华人民共和国主席令第15号** 第二百七十四条 勘察、设计合同的内容包括提交有关基础资料和文件（包括概预算）的期限、质量要求、费用以及其他协作条件等条款。 第二百八十条 勘察、设计的质量不符合要求或者未按照期限提交勘察、设计文件拖延工期，造成发包人损失的，勘察人、设计人应当继续完善勘察、设计，减收或者免收勘察、设计费并赔偿损失。 **2.《建设工程项目管理规范》GB/T 50326—2017** 9.1.2 项目进度管理应遵循下列程序： 1 编制进度计划。 2 进度计划交底，落实管理责任。 3 实施进度计划。 4 进行进度控制和变更管理。 9.2.2 组织应提出项目控制性进度计划。项目管理机构应根据组织的控制性进度计划，编制项目的作业性进度计划	1.查阅设计单位的施工图出图计划 交付时间：与施工总进度计划相符 2.查阅建设单位的设计文件接收记录 接收时间：与出图计划一致

续表

条款号	大纲条款	检查依据	检查要点
4.2.2	按规定进行设计交底并参加图纸会检	**1.《建设工程勘察设计管理条例》中华人民共和国国务院令第293号（2017年10月7日中华人民共和国国务院令第687号修正）** 第三十条　建设工程勘察、设计单位应当在建设工程施工前，向施工单位和监理单位说明建设工程勘察、设计意图，解释建设工程勘察、设计文件。 建设工程勘察、设计单位应当及时解决施工中出现的勘察、设计问题。 **2.《输变电工程项目质量管理规程》DL/T 1362—2014** 6.1.9　勘察、设计单位应按照合同约定开展下列工作： b. 参加图纸审查、会检，进行设计交底	1. 查阅设计交底会议纪要 交底人：由原设计人进行交底 交底内容：包括设计交底的范围、设计意图、强条执行及施工中应重点关注的问题 交底时间：在卷册图施工前 签字：交底人、接受交底人已签字 2. 查阅图纸会检记录 签字：设计、施工、监理、建设单位责任人已签字
4.2.3	设计更改、技术洽商等文件完整，手续齐全	**1.《建设工程勘察设计管理条例》中华人民共和国国务院令第293号（2017年10月7日中华人民共和国国务院令第687号修正）** 第二十八条　建设单位、施工单位、监理单位不得修改建设工程勘察、设计文件；确需修改建设工程勘察、设计文件的，应当由原建设工程勘察、设计单位修改。经原建设工程勘察、设计单位书面同意，建设单位也可以委托其他具有相应资质的建设工程勘察、设计单位修改。修改单位对修改的勘察、设计文件承担相应责任。 施工单位、监理单位发现建设工程勘察、设计文件不符合工程建设强制性标准、合同约定的质量要求的，应当报告建设单位，建设单位有权要求建设工程勘察、设计单位对建设工程勘察、设计文件进行补充、修改。 建设工程勘察、设计文件内容需要做重大修改的，建设单位应当报经原审批机关批准后，方可修改。 **2.《输变电工程项目质量管理规程》DL/T 1362—2014** 6.3.8　设计变更应根据工程实施需要进行设计变更。设计变更管理应符合下列要求： a）设计变更应符合可行性研究或初步设计批复的要求。 b）当涉及改变设计方案、改变设计原则、改变原定主要设备规范、扩大进口范围、增减投资超过50万元等内容的设计变更时，设计并更应报原主审单位或建设单位审批确认。 c）由设计单位确认的设计变更应在监理单位审核、建设单位批准后实施。 6.3.10　设计单位绘制的竣工图应反映所有的设计变更	查阅设计更改、技术洽商文件 编制签字：设计单位各级责任人已签字 审核签字：建设单位、监理单位责任人已签字

续表

条款号	大纲条款	检查依据	检查要点
4.2.4	工程建设标准强制性条文落实到位	**1.《建设工程质量管理条例》中华人民共和国国务院令第279号（2017年10月7日中华人民共和国国务院令第687号修正）** 第十九条 勘察、设计单位必须按照工程建设强制性标准进行勘察、设计，并对其勘察、设计的质量负责。 注册建筑师、注册结构工程师等注册执业人员应当在设计文件上签字，对设计文件负责。 **2.《建设工程勘察设计管理条例》中华人民共和国国务院令第293号（2017年10月7日中华人民共和国国务院令第687号修正）** 第五条 ……建设工程勘察、设计单位必须依法进行建设工程勘察、设计，严格执行工程建设强制性标准，并对建设工程勘察、设计的质量负责。	1. 查阅与强制性标准有关的可研、初设、技术规范书等设计文件 编、审、批：相关负责人已签字
		3.《实施工程建设强制性标准监督规定》中华人民共和国建设部令第81号（2015年1月22日中华人民共和国住房和城乡建设部令第23号修正） 第二条 在中华人民共和国境内从事新建、扩建、改建等工程建设活动，必须执行工程建设强制性标准。 **4.《输变电工程项目质量管理规程》DL／T 1362—2014** 6.2.1. 勘察、设计单位应根据工程质量总目标进行设计质量管理策划，并应编制下列设计质量管理文件： a）设计技术组织措施； b）达标投产或创优实施细则； c）工程建设标准强制性条文执行计划； d）执行法律法规、标准、制度的目录清单。 6.2.2 勘察、设计单位应在设计前将设计质量管理文件报建设单位审批。如有设计阶段的监理，则应报监理单位审查、建设单位批准	2. 查阅强制性标准实施计划（含强制性标准清单）和本阶段执行记录 计划审批：监理和建设单位审批人已签字 记录内容：与实施计划相符 记录审核：监理单位审核人已签字
4.2.5	设计代表工作到位，处理设计问题及时	**1.《建设工程勘察设计管理条例》中华人民共和国国务院令第293号（2017年10月7日中华人民共和国国务院令第687号修正）** 第三十条 ……建设工程勘察、设计单位应当及时解决施工中出现的勘察、设计问题。 **2.《输变电工程项目质量管理规程》DL／T 1362—2014** 6.1.9 勘察、设计单位应按照合同约定开展下列工作： c）派驻工地设计代表，及时解决施工中发现的设计问题。 d）参加工程质量验收，配合质量事件、质量事故的调查和处理工作。	1. 查阅设计单位对工代的任命书 内容：包括设计修改、变更、材料代用等签发人资格 2. 查阅设计服务报告 内容：包括现场施工与设计要求相符情况和工代协助施工单位解决具体技术问题的情况

续表

条款号	大纲条款	检查依据	检查要点
4.2.5	设计代表工作到位，处理设计问题及时	**3.《电力勘测设计驻工地代表制度》DLGJ 159.8—2001** 2.0.1　工代的工地现场服务是电力工程设计的阶段之一，为了有效的贯彻勘测设计意图，实施设计单位通过工代为施工、安装、调试、投运提供及时周到的服务，促进工程顺利竣工投产，特制定本制度。 2.0.2　工代的任务是解释设计意图，解释施工图纸中的技术问题，收集包括设计本身在内的施工、设备材料等方面的质量信息，加强设计与施工、生产之间的配合，共同确保工程建设质量和工期，以及国家和行业标准的贯彻执行。 2.0.3　工代是设计单位派驻工地配合施工的全权代表，应能在现场积极地履行工代职责，使工程实现设计预期要求和投资效益	3. 查阅设计变更通知单和工程联系单 签发时间：在现场问题要求解决时间前
4.2.6	按规定参加地基处理工程的质量验收及签证	**1.《建筑工程施工质量验收统一标准》GB 50300—2013** 6.0.3　分部工程应由总监理工程师组织施工单位项目负责人和项目技术负责人等进行验收。 勘察、设计单位项目负责人和施工单位技术、质量部门负责人应参加地基与基础分部工程的验收。 设计单位项目负责人和施工单位技术、质量部门负责人应参加主体结构、节能分部工程的验收。 **2.《输变电工程项目质量管理规程》DL/T 1362—2014** 6.1.9　勘察、设计单位应按照合同约定开展下列工作： c）派驻工地设计代表，及时解决施工中发现的设计问题。 d）参加工程质量验收，配合质量事件、质量事故的调查和处理工作	查阅勘察、设计人员应参加地基处理工程的质量验收及签证 签字：勘察、设计单位责任人已签字
4.2.7	进行了本阶段工程实体质量与勘察设计的符合性确认	**1.《输变电工程项目质量管理规程》DL/T 1362—2014** 6.1.9　勘察、设计单位应按照合同约定开展下列工作： c）派驻工地设计代表，及时解决施工中发现的设计问题。 d）参加工程质量验收，配合质量事件、质量事故的调查和处理工作 **2.《电力勘测设计驻工地代表制度》DLGJ 159.8—2001** 5.0.3　深入现场，调查研究 1　工代应坚持经常深入施工现场，调查了解施工是否与设计要求相符，并协助施工单位解决施工中出现的具体技术问题，做好服务工作，促进施工单位正确执行设计规定的要求。 2　对于发现施工单位擅自作主，不按设计规定要求进行施工的行为，应及时指出，要求改正，如指出无效，又涉及安全、质量等原则性、技术性问题，应将问题事实与处理过程用“备忘录”的形式书面报告建设单位和施工单件，同时向设总和处领导汇报	1. 查阅地基处理分部、子分部工程质量验收记录 审核签字：勘察、设计单位项目负责人已签字 2. 查阅阶段工程实体质量与勘察设计符合性确认记录 内容：已对本阶段工程实体质量与勘察设计的符合性进行了确认

续表

条款号	大纲条款	检查依据	检查要点
4.3	**监理单位质量行为的监督检查**		
4.3.1	企业资质与合同约定的业务范围相符	**1.《中华人民共和国建筑法》中华人民共和国主席令第46号** 第十三条　从事建筑活动的……和工程监理单位，按照其拥有的注册资本、专业技术人员、技术装备和已完成的建筑工程业绩等资质条件，划分为不同的资质等级，经资质审查合格，取得相应等级的资质证书后，方可在其资质等级许可的范围内从事建筑活动。 第三十四条　工程监理单位应当在其资质等级许可范围内，承担工程监理业务。 …… 工程监理单位不得转让工程监理业务。 **2.《建设工程质量管理条例》中华人民共和国国务院令第279号（2017年10月7日中华人民共和国国务院令第687号修正）** 第三十四条　工程监理单位应当依法取得相应等级的资质证书，并在其资质等级许可的范围内承担工程监理业务。禁止工程监理单位超越本单位资质等级许可的范围或者以其他工程监理单位的名义承担工程监理业务；禁止工程监理单位允许其他单位或者个人以本单位的名义承担工程监理业务。 **3.《工程监理企业资质管理规定》中华人民共和国建设部令第158号令（2018年12月22日中华人民共和国住房和城乡建设部令第45号修正）** 第三条　从事建设工程监理活动的企业，应当按照本规定取得工程监理企业资质，并在工程监理企业资质证书（以下简称资质证书）许可的范围内从事工程监理活动。 第八条　工程监理企业资质相应许可的业务范围如下： （一）综合资质 可以承担所有专业工程类别建设工程项目的工程监理业务。 （二）专业资质 1. 专业甲级资质： 可承担相应专业工程类别建设工程项目的工程监理业务。 2. 专业乙级资质： 可承担相应专业工程类别二级以下（含二级）建设工程项目的工程监理业务。 3. 专业丙级资质： 可承担相应专业工程类别三级建设工程项目的工程监理业务（见附表2）。 …… 工程监理企业可以开展相应类别建设工程的项目管理、技术咨询等业务	1. 查阅企业资质证书 发证单位：政府主管部门 有效期：当前有效 2. 查阅监理合同 监理范围和工作内容：与资质等级相符

续表

条款号	大纲条款	检　查　依　据	检查要点
4.3.2	监理人员持证上岗，专业人员配备满足工程实际需要	**1.《中华人民共和国建筑法》中华人民共和国主席令第46号** 第十四条　从事建筑活动的专业技术人员，应当依法取得相应的职业资格证书，并在执业资格证书许可的范围内从事建筑活动。 **2.《建设工程质量管理条例》中华人民共和国国务院令第279号（2017年10月7日中华人民共和国国务院令第687号修正）** 第三十七条　工程监理单位应当选派具备相应资格的总监理工程师和监理工程师进驻施工现场。…… **3.《建设工程监理规范》GB/T 50319—2013** 3.1.2　项目监理机构的监理人员应由总监理工程师、专业监理工程师和监理员组成，且专业配套、数量应满足建设工程监理工作需要，必要时可设总监理工程师代表。 3.1.3　……应及时将项目监理机构的组织形式、人员构成及对总监理工程师的任命书面通知建设单位	1. 查阅监理大纲（规划）中的监理人员进场计划 人员数量及专业：已明确 2. 查阅现场监理人员名单，检查监理人员数量是否满足工程需要 专业：与工程阶段和监理规划相符 3. 查阅各级监理人员的岗位证书 发证单位：住建部或颁发技术职称的主管部门 有效期：当前有效
4.3.3	组织补充完善施工质量验收项目划分表，对设定的工程质量控制点，进行了旁站监理	**1.《建设工程监理规范》GB/T 50319—2013** 5.2.11　项目监理机构应根据工程特点和施工单位报送的施工组织设计，确定旁站的关键部位、关键工序，安排监理人员进行旁站，并应及时记录旁站情况。 **2.《电力建设工程监理规范》DL/T 5434—2009** 9.1.2　项目监理机构应审查承包单位编制的质量计划和工程质量验收及评定项目划分表，提出监理意见，报建设单位批准后监督实施。 9.1.9　项目监理机构应安排监理人员对施工过程进行巡视和检查，对工程项目的关键部位、关键工序的施工过程进行旁站监理。 **3.《房屋建筑工程施工旁站监理管理办法（试行）》建市〔2002〕189号** 第三条　监理企业在编制监理规划时，应当制定旁站监理方案，明确旁站监理的范围、内容、程序和旁站监理人员职责等。旁站监理方案应当送建设单位和施工企业各一份，并抄送工程所在地的建设行政主管部门或其委托的工程质量监督机构。 第九条　旁站监理记录是监理工程师或者总监理工程师依法行使有关签字权的重要依据。对于需要旁站监理的关键部位、关键工序施工，凡没有实施旁站监理或者没有旁站监理记录的，监理工程师或者总监理工程师不得在相应文件上签字	1. 查阅施工质量验收范围划分表及报审表 划分表内容：符合规程规定且已明确了质量控制点 报审表签字：相关单位责任人已签字 2. 查阅旁站计划和旁站记录 旁站计划质量控制点：符合施工质量验收范围划分表要求 旁站记录：完整 签字：监理旁站人员已签字

续表

<table>
<tr><th>条款号</th><th>大纲条款</th><th>检查依据</th><th>检查要点</th></tr>
<tr><td rowspan="2">4.3.4</td><td rowspan="2">地基处理施工方案已审查，特殊施工技术措施已审批</td><td rowspan="2">1.《建设工程安全生产管理条例》中华人民共和国国务院令第393号
第二十六条　施工单位应当在施工组织设计中编制安全技术措施和施工现场临时用电方案，对下列达到一定规模的危险性较大的分部分项工程编制专项施工方案，并附具安全验算结果，经施工单位技术负责人、总监理工程师签字后实施，由专职安全生产管理人员进行现场监督：
（一）基坑支护与降水工程；
（二）土方开挖工程；
（三）模板工程；
（四）起重吊装工程；
（五）脚手架工程；
（六）拆除、爆破工程；
（七）国务院建设行政主管部门或者其他有关部门规定的其他危险性较大的工程。
对前款所列工程中涉及深基坑、地下暗挖工程、高大模板工程的专项施工方案，施工单位还应当组织专家进行论证、审查。
2.《建设工程监理规范》GB/T 50319—2013
3.2.1　总监理工程师应履行下列职责：
6　组织审查施工组织设计、（专项）施工方案。
5.2.2　总监理工程师应组织专业监理工程师审查施工单位报审的施工方案，符合要求后应予以签认。
5.5.3　项目监理机构应审查施工单位报审的专项施工方案，符合要求的，应由总监理工程师签认后报建设单位。超过一定规模的危险性较大的分部分项工程的专项施工方案，应检查施工单位组织专家进行论证、审查的情况，以及是否附具安全验算结果。项目监理机构应要求施工单位按已批准的专项施工方案组织施工。专项施工方案需要调整时，施工单位应按程序重新提交项目监理机构审查。
3.《电力建设工程监理规范》DL/T 5434—2009
5.2.1　总监理工程师应履行以下职责：
6　审查承包单位提交的开工报告、施工组织设计、方案、计划。
9.1.3　专业监理工程师应要求承包单位报送重点部位、关键工序的施工工艺方案和工程质量保证措施，审核同意后签认。
4.《电力工程地基处理技术规程》DL/T 5024—2005
5.0.12　地基处理的施工应有详细的施工组织设计、施工质量管理和质量保证措施。应有专人负责施工检验与质量监督，做好各项施工记录，当发现异常情况时，应及时会同有关部门研究解决</td><td>1. 查阅地基处理施工方案报审文件
审核意见：同意实施
审批：相关单位责任人已签字</td></tr>
<tr><td>2. 查阅特殊施工技术措施、方案报审文件和旁站记录
审核意见：专家意见已在施工措施方案中落实，同意实施
审批：相关单位责任人已签字
旁站记录：根据施工技术措施对应现场进行检查确认</td></tr>
</table>

续表

条款号	大纲条款	检查依据	检查要点
4.3.5	对进场的工程材料、设备、构配件的质量进行检查验收及原材料复检的见证取样	**1.《建设工程监理规范》GB/T 50319—2013** 5.2.9 项目监理机构应审查施工单位报送的用于工程的材料、构配件、设备的质量证明文件，并应按有关规定、建设工程监理合同约定，对用于工程的材料进行见证取样、平行检验。 项目监理机构对已进场经检验不合格的工程材料、构配件、设备，应要求施工单位限期将其撤出施工现场。 **2.《电力建设工程监理规范》DL/T 5434—2009** 9.1.7 项目监理机构应对承包单位报送的拟进场工程材料、半成品和构配件的质量证明文件进行审核，并按有关规定进行抽样验收。对有复试要求的，经监理人员现场见证取样后送检，复试报告应报送项目监理机构查验。 9.1.8 项目监理机构应参与主要设备开箱验收，对开箱验收中发现的设备质量缺陷，督促相关单位处理	1. 查阅工程材料/设备/构配件报审表 审查意见：同意使用 2. 查阅见证取样单 取样项目：符合规范要求 签字：施工单位取样员和监理单位见证取样员已签字
4.3.6	质量问题及处理台账完整，记录齐全	**1.《建设工程监理规范》GB/T 50319—2013** 5.2.15 项目监理机构发现施工存在质量问题的，或施工单位采用不适当的施工工艺，或施工不当，造成工程质量不合格的，应及时签发监理通知单，要求施工单位整改。整改完毕后，项目监理机构应根据施工单位报送的监理通知回复单对整改情况进行复查，提出复查意见。 5.2.17 对需要返工处理或加固补强的质量事故，项目监理机构应要求施工单位报送质量事故调查报告和经设计等相关单位认可的处理方案，并应对质量事故的处理过程进行跟踪检查，同时应对处理结果进行验收。 项目监理机构应及时向建设单位提交质量事故书面报告，并应将完整的质量事故处理记录整理归档。 **2.《电力建设工程监理规范》DL/T 5434—2009** 9.1.12 对施工过程中出现的质量缺陷，专业监理工程师应及时下达书面通知，要求承包单位整改，并检查确认整改结果。 9.1.15 专业监理工程师应根据消缺清单对承包单位报送的消缺方案进行审核，符合要求后予以签认，并根据承包单位报送的消缺报验申请表和自检记录进行检查验收	查阅质量问题及处理记录台账 记录要素：质量问题、发现时间、责任单位、整改要求、闭环文件、完成时间 内容：记录完整

续表

条款号	大纲条款	检查依据	检查要点
4.3.7	地基处理工程施工质量已验收签证	**1.《建设工程监理规范》GB/T 50319—2013** 5.2.14 项目监理机构应对施工单位报验的隐蔽工程、检验批、分项工程和分部工程进行验收，对验收合格的应给予签认；对验收不合格的应拒绝签认，同时应要求施工单位在指定的时间内整改并重新报验。 **2.《电力建设工程监理规范》DL/T 5434—2009** 9.1.11 专业监理工程师应对承包单位报送的分项工程质量报验资料进行审核，符合要求予以签认；总监理工程师应组织专业监理工程师对承包单位报送的分部工程和单位工程质量验评资料进行审核和现场检查，符合要求予以签认	1. 查阅地基处理工程的隐蔽工程签证记录 验收意见：同意隐蔽 签字：相关单位责任人已签字 2. 查阅地基处理工程质量验收报验资料 验收意见：合格 签字：相关单位责任人已签字
4.3.8	工程建设标准强制性条文检查到位	**1.《实施工程建设强制性标准监督规定》中华人民共和国建设部令第81号（2015年1月22日中华人民共和国住房和城乡建设部令第23号修改）** 第二条 在中华人民共和国境内从事新建、扩建、改建等工程建设活动，必须执行工程建设强制性标准。 第三条 本规定所称工程强制性标准是指直接涉及工程质量、安全、卫生及环境保护等方面的工程建设标准强制性条文。 第六条 …… 工程质量监督机构应当对建设施工、监理、验收等阶段执行强制性标准的情况实施监督。 **2.《输变电工程项目质量管理规程》DL/T 1362—2014** 7.3.5 监理单位应监督施工单位质量管理体系的有效运行，应监督施工单位按照技术标准和设计文件进行施工，应定期检查工程建设标准强制性条文执行情况，……	查阅工程强制性标准执行情况检查表 内容：符合强制性标准执行计划要求 签字：施工单位技术人员与监理工程师已签字
4.3.9	提出地基处理施工质量评价意见	**1.《建筑工程施工质量验收统一标准》GB 50300—2013** 3.0.3 建筑工程的施工质量控制应符合下列规定： 2 各施工工序应按施工技术标准进行质量控制，每道施工工序完成后，应经施工单位自检符合规定后，才能进行下道工序施工。各专业工种之间的相关工序应进行交接检验，并应记录。 3 对于监理单位提出检查要求的重要工序，应经监理工程师检查认可，才能进行下道工序施工。	查阅本阶段质量评价文件 评价意见：明确

续表

<table>
<tr><th>条款号</th><th>大纲条款</th><th>检 查 依 据</th><th>检查要点</th></tr>
<tr><td>4.3.9</td><td>提出地基处理施工质量评价意见</td><td>2.《输变电工程项目质量管理规程》DL/T 1362—2014
14.2.1 变电工程应分别在主要建（构）筑物基础基本完成、土建交付安装前、投运前进行中间验收，输电线路工程应分别在杆塔组立前、导地线架设前、投运前进行中间验收。投运前中间验收可与竣工预验收合并进行。中间验收应符合下列要求：
b）在收到初检申请并确认符合条件后，监理单位应组织进行初检，在初检合格后，应出具监理初检报告并向建设单位申请中间验收</td><td></td></tr>
<tr><td colspan="4">4.4 施工单位质量行为的监督检查</td></tr>
<tr><td rowspan="3">4.4.1</td><td rowspan="3">企业资质与合同约定的业务相符</td><td rowspan="3">1.《中华人民共和国建筑法》中华人民共和国主席令第46号（2011）
第十三条 从事建筑活动的建筑施工企业、勘察单位、设计单位……经资质审查合格，取得相应等级的资质证书后，方可在其资质等级许可的范围内从事建筑活动。
2.《建设工程质量管理条例》中华人民共和国国务院令第279号（2017年10月7日中华人民共和国国务院令第687号修改）
第二十五条 施工单位应当依法取得相应等级的资质证书，并在其资质等级许可的范围内承揽工程。
3.《建筑业企业资质管理规定》中华人民共和国住房和城乡建设部令第22号
第三条 企业应当按照其拥有的资产、主要人员、已完成的工程业绩和技术装备等条件申请建筑业企业资质，经审查合格，取得建筑业企业资质证书后，方可在资质许可的范围内从事建筑施工活动。
4.《承装（修、试）电力设施许可证管理办法》国家电监会28号令
第四条 在中华人民共和国境内从事承装、承修、承试电力设施活动的，应当按照本办法的规定取得许可证。除电监会另有规定外，任何单位或者个人未取得许可证，不得从事承装、承修、承试电力设施活动。
本办法所称承装、承修、承试电力设施，是指对输电、供电、受电电力设施的安装、维修和试验。
第二十八条 承装（修、试）电力设施单位在颁发许可证的派出机构辖区以外承揽工程的，应当自工程开工之日起十日内，向工程所在地派出机构报告，依法接受其监督检查</td><td>1. 查阅企业资质证书
发证单位：政府主管部门
有效期：当前有效
业务范围：涵盖合同约定的业务</td></tr>
<tr><td>2. 查阅承装（修、试）电力设施许可证
发证单位：国家能源局派出机构（原国家电力监管委员会派出机构）
有效期：当前有效
业务范围：涵盖合同约定的业务</td></tr>
<tr><td>3. 查阅跨区作业许可证
发证单位：工程所在地政府主管部门</td></tr>
<tr><td>4.4.2</td><td>项目部组织机构健全，专业人员配置合理</td><td>1.《中华人民共和国建筑法》中华人民共和国主席令第46号
第十四条 从事建筑活动的专业技术人员，应当依法取得相应的执业资格证书，并在执业资格证书许可的范围内从事建筑活动。</td><td>查阅项目部成立文件
岗位设置：包括项目经理、技术负责人、施工管理负责人、施工员、质量员、安全员、材料员、资料员等</td></tr>
</table>

续表

<table>
<tr><th>条款号</th><th>大纲条款</th><th>检查依据</th><th>检查要点</th></tr>
<tr><td>4.4.2</td><td>项目部组织机构健全，专业人员配置合理</td><td>2.《建设工程质量管理条例》中华人民共和国国务院令第279号（2017年10月7日中华人民共和国国务院令第687号修改）
第二十六条　施工单位对建设工程的施工质量负责。
施工单位应当建立质量责任制，确定工程项目的项目经理、技术负责人和施工管理负责人。……
3.《建设工程项目管理规范》GB/T 50326—2017
4.3.4　建立项目管理机构应遵循下列规定：
1　结构应符合组织制度和项目实施要求；
2　应有明确的管理目标、运行程序和责任制度；
3　机构成员应满足项目管理要求及具备相应资格；
4　组织分工相对稳定并可根据项目实施变化进行调整；
5　应确定机构成员的职责、权限、利益和需承担的风险。
4.《输变电工程项目质量管理规程》DL/T 1362—2014
9.1.5　施工单位应按照施工合同约定组建施工项目部，应提供满足工程质量目标的人力、物力和财力的资源保障。
9.3.1　施工项目部人员执业资格应符合国家有关规定。
附录　表D.1输变电工程施工项目部人员资格要求
表：输变电工程施工项目部人员资格要求</td><td></td></tr>
<tr><td rowspan="2">4.4.3</td><td rowspan="2">项目经理资格符合要求并经本企业法定代表人授权</td><td rowspan="2">1.《中华人民共和国建筑法》中华人民共和国主席令第46号
第十四条　从事建筑活动的专业技术人员，应当依法取得相应的执业资格证书，并在执业资格证书许可的范围内从事建筑活动。
2.《注册建造师管理规定》中华人民共和国建设部令第153号
第三条　本规定所称注册建造师，是指通过考核认定或考试合格取得中华人民共和国建造师资格证书（以下简称资格证书），并按照本规定注册，取得中华人民共和国建造师注册证书（以下简称注册证书）和执业印章，担任施工单位项目负责人及从事相关活动的专业技术人员。
未取得注册证书和执业印章的，不得担任大中型建设工程项目的施工单位项目负责人，不得以注册建造师的名义从事相关活动。
3.《建筑施工企业主要负责人、项目负责人和专职安全生产管理人员安全生产管理规定》中华人民共和国住房和城乡建设部令第17号（2014）</td><td>1. 查阅项目经理资格证书
发证单位：政府主管部门
有效期：当前有效
等级：满足项目要求
注册单位：与承包单位一致</td></tr>
<tr><td>2. 查阅项目经理安全生产考核合格证书
发证单位：政府主管部门
有效期：当前有效</td></tr>
</table>

续表

条款号	大纲条款	检查依据	检查要点
4.4.3	项目经理资格符合要求并经本企业法定代表人授权	第二条　在中华人民共和国境内从事房屋建筑和市政基础设施工程施工活动的建筑施工企业的“安管人员”，参加安全生产考核，履行安全生产责任，以及对其实施安全生产监督管理，应当符合本规定。 第三条　……项目负责人，是指取得相应注册执业资格，由企业法定代表人授权，负责具体工程项目管理的人员。…… **4.《建设工程项目管理规范》GB/T 50326—2017** 4.1.4　建设工程项目各实施主体和参与方法定代表人应书面授权委托项目管理机构负责人，并实行项目负责人责任制。 4.1.6　项目管理机构负责人应取得相应资格，并按规定取得安全生产考核合格证书。 **5. 住房城乡建设部关于印发《建筑工程五方责任主体项目负责人质量终身责任追究暂行办法》的通知（建质〔2014〕124号）**	3. 查阅施工单位法定代表人对项目经理的授权文件 被授权人：与当前工程项目经理一致
		第三条　建筑工程五方责任主体项目负责人质量终身责任，是指参与新建、扩建、改建的建筑工程项目负责人按照国家法律法规和有关规定，在工程设计使用年限内对工程质量承担相应责任。 第七条　工程质量终身责任实行书面承诺和竣工后永久性标牌等制度。 **6. 关于印发《注册建造师执业工程规模标准》（试行）的通知　中华人民共和国建设部建市〔2007〕171号** 附件：《注册建造师执业工程规模标准》（试行） 表：注册建造师执业工程规模标准（电力工程）	4. 查阅施工单位项目负责人工程质量终身责任承诺书
4.4.4	质量检查及特殊工种人员持证上岗	**1.《特种作业人员安全技术培训考核管理规定》国家安全生产监督管理总局令第30号（2015年5月29日国家安全监管总局令第80号修正）** 第五条　特种作业人员必须经专门的安全技术培训并考核合格，取得《中华人民共和国特种作业操作证》（以下简称特种作业操作证）后，方可上岗作业。 **2.《建筑施工特种作业人员管理规定》中华人民共和国住房和城乡建设部　建质〔2008〕75号**	1. 查阅项目部各专业质检员资格证书 专业类别：包括土建、电气等 发证单位：政府主管部门或电力建设工程质量监督站 有效期：当前有效
		第四条　建筑施工特种作业人员必须经建设主管部门考核合格，取得建筑施工特种作业人员操作资格证书，方可上岗从事相应作业。 **3.《输变电工程项目质量管理规程》DL/T 1362—2014**	2. 查阅特殊工种人员台账 内容：包括姓名、工种类别、证书编号、发证单位、有效期等 证书有效期：作业期间有效
		9.3.1　施工项目部人员执业资格应符合国家有关规定，其任职条件参见附录D。 9.3.2　工程开工前，施工单位应完成下列工作： …… h）特种作业人员的资格证和上岗证的报审	3. 查阅特殊工种人员资格证书 发证单位：政府主管部门 有效期：与台账一致

续表

条款号	大纲条款	检 查 依 据	检查要点
4.4.5	施工方案和作业指导书审批手续齐全，技术交底记录齐全。重大方案或特殊专项措施经专项评审	**1.《危险性较大的分部分项工程安全管理办法》中华人民共和国住房和城乡建设部建质〔2009〕87号** 第五条 施工单位应当在危险性较大的分部分项工程施工前编制专项方案；对于超过一定规模的危险性较大的分部分项工程，施工单位应当组织专家对专项方案进行论证。 第八条 专项方案应当由施工单位技术部门组织本单位施工技术、安全、质量等部门的专业技术人员进行审核。经审核合格的，由施工单位技术负责人签字。实行施工总承包的，专项方案应当由总承包单位技术负责人及相关专业承包单位技术负责人签字。 不需专家论证的专项方案，经施工单位审核合格后报监理单位，由项目总监理工程师审核签字。 第九条 超过一定规模的危险性较大的分部分项工程专项方案应当由施工单位组织召开专家论证会。实行施工总承包的，由施工总承包单位组织召开专家论证会。 第十条 专家组成员应当由5名及以上符合相关专业要求的专家组成。 本项目参建各方的人员不得以专家身份参加专家论证会。 第十一条 …… 专项方案经论证后，专家组应当提交论证报告，对论证的内容提出明确的意见，并在论证报告上签字。该报告作为专项方案修改完善的指导意见。 第十二条 施工单位应当根据论证报告修改完善专项方案，并经施工单位技术负责人、项目总监理工程师、建设单位项目负责人签字后，方可组织实施。实行施工总承包的，应当由施工总承包单位、相关专业承包单位技术负责人签字。 **2.《建筑施工组织设计规范》GB/T 50502—2009** 3.0.5 施工组织设计的编制和审批应符合下列规定： 2 ……施工方案应由项目技术负责人审批；重点、难点分部（分项）工程和专项工程施工方案应由施工单位技术部门组织相关专家评审，施工单位技术负责人批准； 3 由专业承包单位施工的分部（分项）工程或专项工程的施工方案，应由专业承包单位技术负责人或技术负责人授权的技术人员审批；有总承包单位时，应由总承包单位项目技术负责人核准备案； 4 规模较大的分部（分项）工程和专项工程的施工方案应按单位工程施工组织设计进行编制和审批。 6.4.1 施工准备应包括下列内容： 1 技术准备：包括施工所需技术资料的准备、图纸深化和技术交底的要求、试验检验和测试工作计划、样板制作计划以及与相关单位的技术交接计划等； ……	1. 查阅施工方案和作业指导书 审批：责任人已签字 编审批时间：施工前 2. 查阅施工方案和作业指导书报审表 审批意见：同意实施等肯定性意见 签字：施工项目部、监理项目部责任人已签字 盖章：施工项目部、监理项目部已盖章 3. 查阅技术交底记录 内容：与方案或作业指导书相符 时间：施工前 签字：交底人和被交底人已签字

续表

条款号	大纲条款	检查依据	检查要点
4.4.5	施工方案和作业指导书审批手续齐全，技术交底记录齐全。重大方案或特殊专项措施经专项评审	**3.《输变电工程项目质量管理规程》DL/T 1362—2014** 9.2.2 工程开工前，施工单位应更具施工质量管理策划编制质量管理文件，并应报监理单位审核、建设单位批准。质量管理文件应包括下列内容： e）施工方案及作业指导书； 9.3.2 工程开工前，施工单位应完成下列工作： …… e）施工组织设计、施工方案的编制和审批； 9.3.4 施工过程中，施工单位应主要开展下列质量控制工作： b）在变电各单位工程、线路各分部工程开工前进行技术培训交底； **4.《电力建设施工技术规范 第1部分：土建结构工程》DL 5190.1—2012** 3.0.6 施工单位应当在危险性较大的分部、分项工程施工前编制专项方案；对于超过一定规模和危险性较大的深基坑工程、模板工程及支撑体系、起重吊装及安装拆卸工程、脚手架工程和拆除、爆破工程等，施工单位应当组织专家对专项方案进行论证	4. 查阅重大方案或特殊专项措施（需专家论证的专项方案）的评审报告 内容：对论证的内容提出明确的意见 评审专家资格：符合住建部《危险性较大的分部分项工程安全管理办法》要求
4.4.6	计量工器具经检定合格，且在有效期内	**1.《中华人民共和国计量法》中华人民共和国主席令第86号（2018年10月26日修正）** 第九条 ……。未按照规定申请检定或者检定不合格的，不得使用。…… **2.《中华人民共和国依法管理的计量器具目录（型式批准部分）》国家质量监督检验检疫总局公告2005年第145号** 1 测距仪：光电测距仪、超声波测距仪、手持式激光测距仪； 2 经纬仪：光学经纬仪、电子经纬仪； 3 全站仪：全站型电子速测仪； 4 水准仪：水准仪； 5 测地型GPS接收机：测地型GPS接收机。	1. 查阅计量工器具台账 内容：包括计量工器具名称、出厂合格证编号、检定日期、有效期、在用状态等 检定有效期：在用期间有效
		3.《电力建设施工技术规范 第1部分：土建结构工程》DL 5190.1—2012 3.0.5 在质量检查、验收中使用的计量器具和检测设备，应经计量检定合格后方可使用；承担材料和设备检测的单位，应具备相应的资质。 **4.《电力工程施工测量技术规范》DL/T 5445—2010** 4.0.3 施工测量所使用的仪器和相关设备应定期检定，并在检定的有效期内使用……。 **5.《建筑工程检测试验技术管理规范》JGJ 190—2010** 5.2.2 施工现场配置的仪器、设备应建立管理台账，按有关规定进行计量检定或校准，并保持状态完好	2. 查阅计量工器具检定合格证或报告 检定单位资质范围：包含所检测工器具 工器具有效期：在用期间有效，且与台账一致

续表

条款号	大纲条款	检查依据	检查要点
4.4.7	按照检测试验计划进行了见证取样和送检，台账完整	**1. 关于印发《房屋建筑工程和市政基础设施工程实行见证取样和送检的规定》的通知 建设部建建〔2000〕211号** 第五条 涉及结构安全的试块、试件和材料见证取样和送检的比例不得低于有关技术标准中规定应取样数量的30%。 第六条 下列试块、试件和材料必须实施见证取样和送检： （一）用于承重结构的混凝土试块； （二）用于承重墙体的砌筑砂浆试块； （三）用于承重结构的钢筋及连接接头试件； （四）用于承重墙的砖和混凝土小型砌块； （五）用于拌制混凝土和砌筑砂浆的水泥； （六）用于承重结构的混凝土中使用的掺加剂； （七）地下、屋面、厕浴间使用的防水材料； （八）国家规定必须实行见证取样和送检的其他试块、试件和材料。 第七条 见证人员应由建设单位或该工程的监理单位具备建筑施工试验知识的专业技术人员担任，并应由建设单位或该工程的监理单位书面通知施工单位、检测单位和负责该项工程的质量监督机构。 **2.《房屋建筑和市政基础设施工程质量检测技术管理规范》GB 50618—2011** 3.0.5 对实行见证取样和见证检测的项目，不符合见证要求的，检测机构不得进行检测。 **3.《建筑工程检测试验技术管理规范》JGJ 190—2010** 3.0.6 见证人员必须对见证取样和送检的过程进行见证，且必须确保见证取样和送检过程的真实性。 5.5.1 施工现场应按照单位工程分别建立下列试样台账： 1 钢筋试样台账； 2 钢筋连接接头试样台账； 3 混凝土试件台账； 4 砂浆试件台账； 5 需要建立的其他试样台账。 5.6.1 现场试验人员应根据施工需要及有关标准的规定，将标识后的试样送至检测单位进行检测试验； 5.8.5 见证人员应对见证取样和送检的全过程进行见证并填写见证记录。 5.8.6 检测机构接收试样时应核实见证人员及见证记录，见证人员与备案见证人员不符或见证记录无备案见证人员签字时不得接收试样	查阅见证取样台账 取样数量、取样项目：与检测试验计划相符

续表

条款号	大纲条款	检查依据	检查要点
4.4.8	专业绿色施工措施已制订	**1.《绿色施工导则》中华人民共和国建设部　建质〔2007〕223号** 4.1.2　规划管理 1　编制绿色施工方案。该方案应在施工组织设计中独立成章，并按有关规定进行审批。 **2.《建筑工程绿色施工规范》GB/T 50905—2014** 3.1.1　建设单位应履行下列职责 1　在编制工程概算和招标文件时，应明确绿色施工的要求……。 2　应向施工单位提供建设工程绿色施工的设计文件、产品要求等相关资料……。 4.0.2　施工单位应编制包含绿色施工管理和技术要求的工程绿色施工组织设计、绿色施工方案或绿色施工专项方案，并经审批通过后实施。 **3.《电力建设施工技术规范　第1部分：土建结构工程》DL 5190.1—2012** 3.0.12　施工单位应建立绿色施工管理体系和管理制度，实施目标管理，施工前应在施工组织设计和施工方案中明确绿色施工的内容和方法。 **4.《输变电工程项目质量管理规程》DL/T 1362—2014** 9.2.2　工程开工前，施工单位应根据施工质量管理策划编制质量管理文件，并应报监理单位审核、建设单位批准。质量管理文件应包括下列内容： …… g）绿色施工方案 9.3.2　工程开工前，施工单位应完成下列工作： …… f）绿色施工方案的编制和审批	查阅绿色施工措施 审批：责任人已签字 审批时间：施工前
4.4.9	工程建设标准强制性条文实施计划已执行	**1.《实施工程建设强制性标准监督规定》中华人民共和国建设部令第81号（2015年1月22日中华人民共和国住房和城乡建设部令第23号修正）** 第二条　在中华人民共和国境内从事新建、扩建、改建等工程建设活动，必须执行工程建设强制性标准。 第三条　本规定所称工程建设强制性标准是指直接涉及工程质量、安全、卫生及环境保护等方面的工程建设标准强制性条文。 国家工程建设标准强制性条文由国务院住房和城乡建设主管部门会同国务院有关主管部门确定。 第六条　……工程质量监督机构应当对工程建设施工、监理、验收等阶段执行强制性标准的情况实施监督。	查阅强制性标准执行记录 内容：与强制性标准执行计划相符 签字：责任人已签字 执行时间：与工程进度同步

续表

条款号	大纲条款	检查依据	检查要点
4.4.9	工程建设标准强制性条文实施计划已执行	**2.《输变电工程项目质量管理规程》DL/T 1362—2014** 9.2.2 工程开工前，施工单位应根据施工质量管理策划编制质量管理文件，并应报监理单位审核、建设单位批准。质量管理文件应包括下列内容： …… d）工程建设标准强制性条文执行计划	
4.4.10	施工验收中发现的不符合项已整改和验收	**1.《建设工程质量管理条例》中华人民共和国国务院令第279号（2017年10月7日中华人民共和国国务院令第687号修正）** 第三十二条 施工单位对施工中出现质量问题的建设工程或者竣工验收不合格的建设工程，应当负责返修。 **2.《建筑工程施工质量验收统一标准》GB 50300—2013** 5.0.6 当建筑工程施工质量不符合规定时，应按下列规定进行处理： 1 经返工或返修的检验批，应重新进行验收。 …… **3.《输变电工程项目质量管理规程》DL/T 1362—2014** 14.1.1 ……。前一阶段质量验收所发现的不符合项应及时进行纠偏处理。质量问题未得到关闭，不得进行下一阶段工作	查阅不符合项台账 不符合项：已整改和验收
4.4.11	无违规转包或者违法分包工程的行为	**1.《中华人民共和国建筑法》中华人民共和国主席令第46号** 第二十八条 禁止承包单位将其承包的全部建筑工程转包给他人，禁止承包单位将其承包的全部建筑工程肢解以后以分包的名义转包给他人。 第二十九条 建筑工程总承包单位可以将承包工程中的部分工程发包给具有相应资质条件的分包单位，但是，除总承包合同约定的分包外，必须经建设单位认可。施工总承包的，建筑工程主体结构的施工必须由总承包单位自行完成。 …… 禁止总承包单位将工程分包给不具备相应资质条件的单位。禁止分包单位将其承包的工程再分包。 **2.《建筑工程施工转包违法分包等违法行为认定查处管理办法（试行）》中华人民共和国住房和城乡建设部〔2014〕建市118号** 第七条 存在下列情形之一的，属于转包： （一）施工单位将其承包的全部工程转给其他单位或个人施工的；	1. 查阅工程分包申请报审表 审批意见：同意分包等肯定性意见 签字：施工项目部、监理项目部、建设单位责任人已签字 盖章：施工项目部、监理项目部、建设单位已盖章

续表

条款号	大纲条款	检　查　依　据	检查要点
4.4.11	无违规转包或者违法分包工程的行为	（二）施工总承包单位或专业承包单位将其承包的全部工程肢解以后，以分包的名义分别转给其他单位或个人施工的； （三）施工总承包单位或专业承包单位未在施工现场设立项目管理机构或未派驻项目负责人、技术负责人、质量管理负责人、安全管理负责人等主要管理人员，不履行管理义务，未对该工程的施工活动进行组织管理的； （四）施工总承包单位或专业承包单位不履行管理义务，只向实际施工单位收取费用，主要建筑材料、构配件及工程设备的采购由其他单位或个人实施的； （五）劳务分包单位承包的范围是施工总承包单位或专业承包单位承包的全部工程，劳务分包单位计取的是除上缴给施工总承包单位或专业承包单位“管理费”之外的全部工程价款的； （六）施工总承包单位或专业承包单位通过采取合作、联营、个人承包等形式或名义，直接或变相的将其承包的全部工程转给其他单位或个人施工的； （七）法律法规规定的其他转包行为。 第九条　存在下列情形之一的，属于违法分包： （一）施工单位将工程分包给个人的； （二）施工单位将工程分包给不具备相应资质或安全生产许可的单位的； （三）施工合同中没有约定，又未经建设单位认可，施工单位将其承包的部分工程交由其他单位施工的； （四）施工总承包单位将房屋建筑工程的主体结构的施工分包给其他单位的，钢结构工程除外； （五）专业分包单位将其承包的专业工程中非劳务作业部分再分包的； （六）劳务分包单位将其承包的劳务再分包的； （七）劳务分包单位除计取劳务作业费用外，还计取主要建筑材料款、周转材料款和大中型施工机械设备费用的； （八）法律法规规定的其他违法分包行为	2. 查阅工程分包商资质 业务范围：涵盖所分包的项目 发证单位：政府主管部门 有效期：当前有效
4.5　检测试验机构质量行为的监督检查			
4.5.1	检测试验机构已经通过能力认定并取得相应证书，其现场派出机构（现场试验室）满足规定条件，并已报质量监督机构备案	**1.《建设工程质量检测管理办法》中华人民共和国建设部令第141号（2015年5月中华人民共和国住房和城乡建设部令第24号修正）** 第四条　……检测机构未取得相应的资质证书，不得承担本办法规定的质量检测业务。 **2.《检验检测机构资质认定管理办法》国家质量监督检验检疫总局令第163号** 第三条　检验检测机构从事下列活动，应当取得资质认定： ……	1. 查阅检测机构资质证书 发证单位：国家认证认可监督管理委员会（国家级）或地方质量技术监督部门或各直属出入境检验检疫机构（省市级）及电力质监机构 有效期：当前有效 证书业务范围：涵盖检测项目

续表

<table>
<tr><th>条款号</th><th>大纲条款</th><th>检查依据</th><th>检查要点</th></tr>
<tr><td rowspan="2">4.5.1</td><td rowspan="2">检测试验机构已经通过能力认定并取得相应证书，其现场派出机构（现场试验室）满足规定条件，并已报质量监督机构备案</td><td rowspan="2">（四）为社会经济、公益活动出具具有证明作用的数据、结果的；
（五）其他法律法规规定应当取得资质认定的。
3.《建筑工程检测试验技术管理规范》JGJ 190—2010
表 5.2.4　现场试验站基本条件</td><td>2. 查看现场标养室
派出机构成立及人员任命文件
场所：有固定场所
装置：已配备恒温、控湿装置和温、湿度计，试件支架齐全
设备：满足检测工作，仪器检定校准在有效期内</td></tr>
<tr><td>3. 查阅检测机构的申请报备文件
报备时间：工程开工前</td></tr>
<tr><td rowspan="2">4.5.2</td><td rowspan="2">检测人员资格符合规定，持证上岗</td><td rowspan="2">1.《房屋建筑和市政基础设施工程质量检测技术管理规范》GB 50618—2011
4.1.5　检测操作人员应经技术培训、通过建设主管部门或委托有关机构的考核，方可从事检测工作。
5.3.6　检测前应确认检测人员的岗位资格，检测操作人员应熟识相应的检测操作规程和检测设备使用、维护技术手册等</td><td>1. 查阅检测人员登记台账
专业类别和数量：满足检测项目需求
资格证发证单位：各级政府和电力行业主管部门
检测证有效期：当前有效</td></tr>
<tr><td>2. 查阅检测报告
检测人：与检测人员登记台账相符</td></tr>
<tr><td rowspan="2">4.5.3</td><td rowspan="2">检测仪器、设备检定合格，且在有效期内</td><td rowspan="2">1.《房屋建筑和市政基础设施工程质量检测技术管理规范》GB 50618—2011
4.2.14　检测机构的所有设备均应标有统一的标识，在用的检测设备均应标有校准或检测有效期的状态标识。
2.《检验检测机构诚信基本要求》GB/T 31880—2015
4.3.1　设备设施
检验检测设备应定期检定或校准，设备在规定的检定和校准周期内应进行期间核查。计算机和自动化设备功能应正常，并进行验证和有效维护。检验检测设施应有利于检验检测活动的开展。
3.《建筑工程检测试验技术管理规范》JGJ 190—2010
5.2.3　施工现场试验环境及设施应满足检测试验工作的要求</td><td>1. 查阅检测仪器、设备登记台账
数量、种类：满足检测需求
检定周期：当前有效
检定结论：合格</td></tr>
<tr><td>2. 查看检测仪器、设备检验标识
检定周期：与台账一致</td></tr>
</table>

续表

条款号	大纲条款	检查依据	检查要点
4.5.4	地基处理检测方案经审批	**1.《房屋建筑和市政基础设施工程质量检测技术管理规范》GB 50618—2011** 5.1.4　检测机构对现场工程实体检测应事前编制检测方案，经技术负责人批准；对鉴定检测、危房检测，以及重大、重要检测项目和为有争议事项提供检测数据的检测方案应取得委托方的同意。 **2.《建筑工程检测试验技术管理规范》JGJ 190—2010** 3.0.7　检测方法应符合国家现行相关标准的规定。当国家现行标准未规定检测方法时，检测机构应制定相应的检测方案并经相关各方认可，必要时应进论证或验证	查阅地基处理检测方案报审资料 编审批人员：经检测机构审核批准 报审：检测方案取得建设单位同意实施
4.5.5	检测依据正确、有效，检测报告及时、规范	**1.《检验检测机构资质认定管理办法》国家质量监督检验检疫总局令第163号** 第二十五条　检验检测机构应当在资质认定证书规定的检验检测能力范围内，依据相关标准或者技术规范规定的程序和要求，出具检验检测数据、结果。 检验检测机构出具检验检测数据、结果时，应当注明检验检测依据，并使用符合资质认定基本规范、评审准则规定的用语进行表述。 检验检测机构对其出具的检验检测数据、结果负责，并承担相应法律责任。 第二十六条　……检验检测机构授权签字人应当符合资质认定评审准则规定的能力要求。非授权签字人不得签发检验检测报告。 第二十八条　检验检测机构向社会出具具有证明作用的检验检测数据、结果的，应当在其检验检测报告上加盖检验检测专用章，并标注资质认定标志。 **2.《房屋建筑和市政基础设施工程质量检测技术管理规范》GB 50618—2011** 5.5.1　检测项目的检测周期应对外公示，检测工作完成后，应及时出具检测报告。 **3.《检验检测机构诚信基本要求》GB/T 31880—2015** 4.3.7　报告证书 …… 检验检测记录、报告、证书不应随意涂改，所有修改应有相关规定和授权。当有必要发布全新的检验检测报告、证书时，应注以唯一标识，并注明所替代的原件。 检验检测机构应采取有效手段识别和保证检验检测报告、证书真实性；应有措施保证任何人员不得施加任何压力改变检验检测的实际数据和结果。 检验检测机构应当按照合同要求，在批准范围内根据检验检测业务类型，出具具有证明作用的数据和结果，在检验检测报告、证书中正确使用获证标识	查阅检测试验报告 检测依据：有效的标准规范、合同及技术文件 检测结论：明确 签章：检测操作人、审核人、批准人已签字，已加盖检测机构公章或检测专用章（多页检测报告加盖骑缝章），并标注相应的资质认定标志 查看：授权签字人及其授权签字领域证书 时间：在检测机构规定时间内出具

续表

条款号	大纲条款	检查依据	检查要点
5 工程实体质量的监督检查			
5.1 换填垫层地基的监督检查			
5.1.1	换填技术方案、施工方案齐全，已审批	**1.《建筑地基基础工程施工质量验收规范》GB 50202—2018** 4.1.3 地基承载力检验时，静载试验最大加载量不应小于设计要求的承载力特征值的2倍。 **2.《电力工程地基处理技术规程》DL/T 5024—2005** 5.0.5 地基处理工作的规划和实施，可按下列顺序进行： 3 结合电力工程初步设计阶段岩土工程勘测，实施必要的地基处理原体试验，以获得必要的设计参数和合理的施工方案。 5.0.12 地基处理的施工应有详细的施工组织设计、施工质量管理和质量保证措施。应有专人负责施工检验与质量监督，做好各项施工记录，当发现异常情况时，应及时会同有关部门研究解决效果	1. 查阅设计单位的换填地基技术方案 审批：审批人已签字 2. 查阅施工方案报审表 审核：监理单位相关责任人已签字 批准：建设单位相关责任人已签字 3. 查阅施工方案 编、审、批：施工单位相关责任人已签字 施工步骤和工艺参数：与技术方案相符
5.1.2	地基验槽符合设计，验收签字齐全	**1.《建筑地基基础工程施工质量验收规范》GB 50202—2018** A.1.1 勘察、设计、监理、施工、建设等各方相关技术人员应共同参加验槽。 A.1.7 验槽完毕填写验槽记录或检验报告，对存在的问题或异常情况提出处理意见。	查阅地基验槽记录 结论：地基验槽符合设计要求 签章：建设、勘测、设计、监理和施工单位责任人已签字且加盖单位公章
5.1.3	砂石、粉质黏土、灰土、矿渣、粉煤灰、土工合成材料等换填垫层材料性能符合设计要求，质量证明文件齐全	**1.《建筑地基基础设计规范》GB 50007—2011** 6.3.6 压实填土的填料，应符合下列规定： 1 级配良好的砂土或碎石土；以卵石、砾石、块石或岩石碎屑作填料时，分层压实时其最大粒径不宜大于200mm，分层夯实时其最大粒径不宜大于400mm； 3 以粉质黏土、粉土作填料时，其含水量宜为最优含水量，可采用击实试验确定；	1. 查阅施工单位换填材料跟踪管理台账 砂石、粉质黏土、灰土、矿渣、粉煤灰、土工合成材料等换填垫层材料性能：符合设计要求

续表

条款号	大纲条款	检 查 依 据	检查要点
5.1.3	砂石、粉质黏土、灰土、矿渣、粉煤灰、土工合成材料等换填垫层材料性能符合设计要求，质量证明文件齐全	**2.《建筑地基基础工程施工质量验收规范》GB 50202—2018** 4.4.1 施工前应检查土工合成材料的单位面积的质量、厚度、比重、强度、延伸率以及土、砂石料质量等。土工合成材料以 $100m^2$ 为一批，每批应抽查5%。 **3.《建筑地基处理技术规范》JGJ 79—2012** 4.2.1 垫层材料的选用应符合下列要求： 1 砂石。宜选用碎石、卵石、角砾、圆砾、砾砂、粗砂、中砂或石屑，并应级配良好，不含植物残体、垃圾等杂质。当使用粉细砂或石粉时，应掺入不少于总重量30%的碎石或卵石。砂石的最大粒径不宜大于50mm。对湿陷性黄土或膨胀土地基，不得选用砂石等透水性材料。 2 粉质黏土。土料中有机质含量不得超过5%，且不得含有冻土或膨胀土。当含有碎石时，其最大粒径不宜大于50mm。用于湿陷性黄土或膨胀土地基的粉质黏土垫层，土料中不得夹有砖、瓦或石块等。 3 灰土。体积配合比宜为2∶8或3∶7。石灰宜选用新鲜的消石灰，其最大粒径不得大于5mm。土料宜选用粉质黏土，不宜使用块状黏土，且不得含有松软杂质，土料应过筛且最大粒径不得大于15mm。 4 粉煤灰。选用的粉煤灰应满足相关标准对腐蚀性和放射性的要求。粉煤灰垫层上宜覆土0.3m～0.5m。粉煤灰垫层中采用掺加剂时，应通过试验确定其性能及适用条件。粉煤灰垫层中的金属构件、管网应采取防腐措施。大量填筑粉煤灰时，应经场地地下水和土壤环境的不良影响评价合格后，方可使用。 5 矿渣。宜选用分级矿渣、混合矿渣及原状矿渣等高炉重矿渣。矿渣的松散重度不应小于 $11kN/m^3$，有机质及含泥总量不得超过5%。垫层设计、施工前应对所选用的矿渣进行试验，确认性能稳定并满足腐蚀性和放射性安全的要求。对易受酸、碱影响的基础或地下管网不得采用矿渣垫层。大量填筑矿渣时，应经场地地下水和土壤环境的不良影响评价合格后，方可使用。 7 土工合成材料加筋垫层所选用土工合成材料的品种与性能及填料，通过设计计算并进行现场试验后确定。土工合成材料应采用抗拉强度较高、耐久性好、抗腐蚀的土工带、土工格栅、土工格室、土工垫或土工织物等土工合成材料。垫层填料宜用碎石、角砾、砾砂、粗砂、中砂等材料，且不宜含氯化钙、碳酸钠、硫化物等化学物质。当工程要求垫层具有排水功能时，垫层材料应具有良好的透水性。在软土地基上使用加筋垫层时，应保证建筑物稳定并满足允许变形的要求	2. 查阅换填垫层材料合格证、检测报告和试验委托单 合格证：原件或有效抄件 报告检测结果：合格 报告签章：有CMA章和试验报告检测专用章；授权人已签字 委托单签字：见证取样人员已签字且已附资质证书编号 代表数量：与进场数量相符

续表

条款号	大纲条款	检 查 依 据	检查要点
5.1.4	换填土料按规范规定进行击实试验、土易溶盐分析试验、消石灰化学分析试验、土颗粒分析试验及设计有要求时的腐蚀性或放射性试验合格	**1.《建筑地基基础设计规范》GB 50007—2011** 6.3.8 压实填土的最大干密度和最优含水量，应采用击实试验确定。 **2.《建筑地基处理技术规范》JGJ 79—2012** 4.2.1 垫层材料的选用应符合下列要求： 4 粉煤灰。选用的粉煤灰应满足相关标准对腐蚀性和放射性的要求。 5 矿渣。垫层设计、施工前应对所选用的矿渣进行试验，确认性能稳定并满足腐蚀性和放射性安全的要求	查阅换填土料击实试验、土易溶盐分析试验、消石灰化学分析试验、土颗粒分析试验和设计要求的粉煤灰、矿渣等腐蚀性或放射性材料试验检测报告 结论：检测结果合格 盖章：有CMA章和试验报告检测专用章 签字：授权人已签字
5.1.5	换填已进行分层压实试验，压实系数符合设计要求	**1.《建筑地基基础设计规范》GB 50007—2011** 6.3.7 压实填土的质量以压实系数控制，并应根据结构类型、压实填土所在部位按表6.3.7确定。 **2.《建筑地基基础工程施工质量验收规范》GB 50202—2018** 9.5.2 施工中应检查排水系统，每层填筑厚度、辗迹重叠程度、含水量控制、回填土有机质含量、压实系数等。回填施工的压实系数应满足设计要求。当采用分层回填时，应在下层的压实系数经试验合格后进行上层施工。填筑厚度及压实遍数应根据土质、压实系数及压实机具确定。无试验依据时，应符合表9.5.2的规定。 **3.《电力工程地基处理技术规程》DL/T 5024—2005** 4.1.4 素土和灰土地基、砂和砂石地基、土工合成材料地基、粉煤灰地基、强夯地基、注浆地基、预压地基的承载力必须达到设计要求。地基承载力的检验数量每300m² 不应少于1点，超过3000m² 部分每500m² 不应少于1点。每单位工程不应少于3点。 6.1.12 垫层的质量检验必须分层进行。跟踪检验每层的压实系数，及时控制每层、每片的质量指标。 **4.《建筑地基处理技术规范》JGJ 79—2012** 4.4.2 换填垫层的施工质量检验应分层进行，并应在每层的压实系数符合设计要求和相关规范规定后铺填上层	1. 查阅施工单位检测计划、试验台账 检测计划检验数量：符合设计要求和规范规定 试验台账检验数量：不少于检测计划检验数量 2. 查阅回填土压实系数检测报告和试验委托单 报告检测结果：合格 报告签章：有CMA章和试验报告检测专用章、授权人已签字 委托单签字：见证取样人员已签字且已附资质证书编号
5.1.6	地基承载力检测报告结论满足设计要求	**1.《建筑地基基础工程质量验收规范》GB 50202—2018** 4.1.4 素土和灰土地基、砂和砂石地基、土工合成材料地基、粉煤灰地基、强夯地基、注浆地基、预压地基的承载力必须达到设计要求。地基承载力的检验数量每300m² 不应少于1点，超过3000m² 部分每500m² 不应少于1点。每单位工程不应少于3点。	查阅地基承载力检测报告 结论：符合设计要求 检验数量：符合规范规定 盖章：有CMA章和试验报告检测专用章 签字：授权人已签字

续表

条款号	大纲条款	检查依据	检查要点
5.1.6	地基承载力检测报告结论满足设计要求	**2.《电力工程地基处理技术规程》DL/T 5024—2005** 6.5.4 压实施工的粉煤灰或粉煤灰素土、粉煤灰灰土垫层的设计与施工要求，可参照素土、灰土或砂砾石垫层的有关规定。其地基承载力值应通过试验确定（包括浸水试验条件）。对掺入水泥砂浆胶结的粉煤灰水泥砂浆或粉煤灰混凝土，应采用浇注法施工，并按有关设计施工标准执行。其承载力等指标应由试件强度确定。 **3.《建筑地基处理技术规范》JGJ 79—2012** 4.4.4 竣工验收应采用静荷载试验检验垫层承载力，且每个单体工程不宜少于3个点；对于大型工程应按单体工程的数量或工程划分的面积确定检验点数。 10.1.4 工程验收承载力检验时、静荷载试验最大加载量不应小于设计要求承载力特征值的2倍	
5.1.7	质量控制参数符合技术方案，施工记录齐全	**1.《建筑地基基础设计规范》GB 50007—2011** 6.3.6 压实填土的填料，应符合下列规定： 1 级配良好的砂土或碎石土；以卵石、砾石、块石或岩石碎屑作填料时，分层压实时其最大粒径不宜大于200mm，分层夯实时其最大粒径不宜大于400mm。 3 以粉质黏土、粉土作填料时，其含水量宜为最优含水量，可采用击实试验确定。 6.3.8 压实填土的最大干密度和最优含水量，应采用击实试验确定。 **2.《电力工程地基处理技术规程》DL/T 5024—2005** 5.0.12 地基处理的施工应有详细的施工组织设计、施工质量管理和质量保证措施。应有专人负责施工检验与质量监督，做好各项施工记录。 6.1.6 垫层材料的物理力学性质指标可通过试验取得，垫层的承载力宜通过现场载荷试验确定。 6.2.3 素土垫层的物理力学性质参数，宜通过现场试验取得。在有经验的地区，也可按室内试验和地区经验取用。 **3.《建筑地基处理技术规范》JGJ 79—2012** 3.0.12 地基处理施工中应有专人负责质量控制和监测，并做好施工记录	1. 查阅施工方案 质量控制参数：符合技术方案要求 2. 查阅施工记录 内容：包括原材料、分层铺填厚度、施工机械、压实遍数、压实系数等 记录数量：与验收记录相符
5.1.8	施工质量的检验项目、方法、数量符合规范规定，质量验收记录齐全	**1.《建筑地基基础工程施工质量验收规范》GB 50202—2018** 4.1.2 砂、石子、水泥、钢材、石灰、粉煤灰等原材料质量、检验项目、批量和检验方法应符合国家现行标准的规定。 4.1.3 地基施工结束，宜在一个间歇期后，进行质量验收，间歇期由设计确定。 4.1.4 素土和灰土地基、砂和砂石地基、土工合成材料地基、粉煤灰地基、强夯地基、注浆地基、预压地基的承载力必须达到设计要求。地基承载力的检验数量每300m^{2}不应少于1点，超过3000m^{2}部分每500m^{2}不应少于1点。每单位工程不应少于3点。 4.4.1 施工前应检查土工合成材料的单位面积的质量、厚度、比重、强度、延伸率以及土、砂石料质量等。土工合成材料以100m^{2}为一批，每批应抽查5%。	1. 查阅质量检验记录 检验项目：压实系数、配合比、地基承载力等符合规范规定 检验方法：环刀法、静荷载试验等符合规范规定 检验数量：符合规范规定

续表

条款号	大纲条款	检查依据	检查要点
5.1.8	施工质量的检验项目、方法、数量符合规范规定，质量验收记录齐全	3.0.8 砂、石子、水泥、石灰、粉煤灰、矿（钢）渣粉等掺合料、外加剂等原材料的质量、检验项目、批量和检验方法，应符合国家现行有关标准的规定。 4.1.1 地基工程的质量验收宜在施工完成并在间歇期后进行，间歇期应符合国家现行标准的有关规定和设计要求。 **2.《电力工程地基处理技术规程》DL/T 5024—2005** 6.1.12 垫层的质量检验必须分层进行。跟踪检验每层的压实系数，及时控制每层、每片的质量指标。 6.2.5 素土垫层施工时，应遵循下列规定： 1 当回填料中含有粒径不大于50mm的粗颗粒时，应尽可能使其均匀分布。 2 回填料的含水量宜控制在最优含水量 w_{op}（100±2）%范围内。 3 素土垫层整个施工期间，应防雨、防冻、防暴晒，直至移交或进行上部基础施工。 注：回填碾压指标，应用压实系数 λ_c（土的控制干密度与最大干密度 $\rho_{rd,max}$ 的比值）控制。其取值标准根据结构物类型和荷载大小确定，一般为0.95～0.97，最低不得小于0.94。 6.2.6 对每一施工完成的分层进行干重度检验时，取样深度应在该层顶面下2/3层厚处，并应用切削法取得环刀试件，要具有代表性，确保每层夯实或碾压的质量指标。 6.2.7 素土垫层施工完成后，可采用探井取样或静载荷试验等原位测试手段进行检验。 **3.《建筑地基处理技术规范》JGJ 79—2012** 4.2.1 垫层材料的选用应符合下列要求： 4 粉煤灰。选用的粉煤灰应满足相关标准对腐蚀性和放射性的要求。 5 矿渣。垫层设计、施工前应对所选用的矿渣进行试验，确认性能稳定并满足腐蚀性和放射性安全的要求。 4.3 施工 4.3.1 垫层施工应根据不同的换填材料选择施工机械。 4.3.2 垫层的施工方法、分层铺填厚度、每层压实遍数宜通过现场试验确定。 4.4.1 对粉质粘土、灰土、砂石、粉煤灰垫层的施工质量可选用环刀取样、静力触探、轻型动力触探或标准贯入度试验等方法进行检验；对碎石、矿渣垫层的施工质量可采用重型动力触探试验等进行检验。压实系数可采用灌砂法、灌水法或其他方法进行检验。 4.4.2 换填垫层的施工质量检验应分层进行、并应在每层的压实系数符合设计要求后铺填上层。 4.4.3 采用环刀法检验垫层的施工质量时、取样点应选择位于每层垫层厚度的2/3深度处。检验点数量，条形基础下垫层每10m～20m不应少于1个点，独立基础、单个基础下垫层不应少于1个点，其他基础下垫层每 $50m^2$～$100m^2$ 不应少于1个点。采用标准贯入试验或动力触探法检验垫层的施工质量时，每分层平面上检验点的间距不应大于4m	2. 查阅质量验收记录 内容：包括检验批、分项工程验收记录及隐蔽工程验收文件等 数量：与项目质量验收范围划分表相符

续表

条款号	大纲条款	检 查 依 据	检查要点
5.2 预压地基的监督检查			
5.2.1	设计前已通过现场试验或试验性施工，确定了设计参数和施工工艺参数	**1.《电力工程地基处理技术规程》DL/T 5024—2005** 5.0.5 地基处理工作的规划和实施，可按下列顺序进行： 3 结合电力工程初步设计阶段的岩土工程勘测，实施必要的地基处理原体试验，以获得必要的设计参数和合理的施工方案。 7.1.2 采用预压法加固软土地基，应调查软土层的厚度与分布、透水层的位置及地下水径流条件，进行室内物理力学试验，测定软土层的固结系数、前期固结压力、抗剪强度、强度增长率等指标。 7.1.4 重要工程应预先在现场进行原体试验，加固过程中应进行地面沉降、土体分层沉降、土体侧向位移、孔隙水压力、地下水位等项目的动态观测。在试验的不同阶段（如预压前、预压过程中和预压后），采用现场十字板剪刀试验、静力触探和土工试验等勘测手段对被加固土体进行效果检验。 **2.《建筑地基处理技术规范》JGJ 79—2012** 5.4.1 施工过程中，质量检验和监测应包括下列内容： 1 对塑料排水带应进行纵向通水量、复合体抗拉强度、滤膜抗拉强度、滤膜渗透系数和等效孔径等性能指标现场随机抽样测试。 2 对不同来源的砂井和砂垫层砂料，应取样进行颗粒分析和渗透性试验。 5.4.2 预压地基竣工验收检验应符合下列规定： 2 应对预压的地基土进行原位试验和室内土工试验。 5.4.3 原位试验可采用十字板剪切试验或静力触探，检验深度不应小于设计处理深度。原位试验和室内土工试验，应在卸载3d～5d后进行。检验数量按每个处理分区不少于6点进行检测，对于堆载斜坡处应增加检验数量	查阅设计前现场试验或试验性施工、检测报告 设计参数和施工工艺参数：已确定
5.2.2	预压地基技术方案、施工方案齐全，已审批	**1.《建筑地基基础工程施工质量验收规范》GB 50202—2018** 4.1.3 地基承载力检验时，静载试验最大加载量不应小于设计要求的承载力特征值的2倍。 **2.《电力工程地基处理技术规程》DL/T 5024—2005** 5.0.5 地基处理工作的规划和实施，可按下列顺序进行： 3 结合电力工程初步设计阶段岩土工程勘测，实施必要的地基处理原体试验，以获得必要的设计参数和合理的施工方案。 7.1.8 预压加固软土地基的设计应包括以下内容： 1 选择竖向排水体，确定其直径、计算间距、深度、排列方式和布置范围。	1. 查阅预压地基技术方案 审批：审批人已签字 2. 查阅施工方案报审表 审核：监理单位相关责任人已签字 批准：建设单位相关责任人已签字

续表

条款号	大纲条款	检查依据	检查要点
5.2.2	预压地基技术方案、施工方案齐全，已审批	2 确定水平排水体系的结构、材料及其规格要求。 3 确定预压方法、加固范围、预压荷重大小、荷载分级加载速率和预压时间。 4 计算地基固结度、强度增长、沉降变形及预压过程中的地基抗滑稳定性	3. 查阅施工方案 编、审、批：施工单位相关责任人已签字 施工步骤和工艺参数：与技术方案相符
5.2.3	所用土、砂、石、塑料排水板等原材料性能指标符合规范规定	**1.《建筑地基处理技术规范》JGJ 79—2012** 5.4.1 施工过程中，质量检验和监测应包括下列内容： 1 对塑料排水带应进行纵向通水量、复合体抗拉强度、滤膜抗拉强度、滤膜渗透系数和等效孔径等性能指标现场随机抽样测试； 2 对不同来源的砂井和砂垫层砂料，应取样进行颗粒分析和渗透性试验； **2.《普通混凝土用砂、石质量及检验方法标准》JGJ 52—2006** 4.0.1 供货单位应提供砂或石的产品合格证及质量检验报告。 使用单位应按砂或石的同产地同规格分批验收。采用大型工具（如火车、货船或汽车）运输的，应以400m^3或600t为一验收批；采用小型工具（如拖拉机等）运输的，应以200m^3或300t为一验收批。不足上述量者，应按一验收批进行验收。 4.0.2 当砂或石的质量比较稳定、进料量又较大时，可以1000t为一验收批	1. 查阅塑料排水板等原材料进场验收记录 内容：包括出厂合格证（出厂试验报告），材料进场时间、批次、数量、规格 性能指标：符合规范规定 2. 查阅材料跟踪管理台账 内容：包括土、砂、石、塑料排水板等材料合格证、复试报告、使用情况、检验数量 3. 查阅砂、石、塑料排水板等材料试验检测报告和试验委托单 报告检测结果：合格 报告签章：有CMA章和试验报告检测专用章、授权人已签字 委托单签字：见证取样人员已签字且已附资质证书编号
5.2.4	原位十字板剪切试验、室内土工试验、地基强度或承载力等试验合格，报告结论明确	**1.《建筑地基处理技术规范》JGJ 79—2012** 5.4.2 预压地基竣工验收检验应符合下列规定： 2 应对预压的地基土进行原位试验和室内土工试验。 5.4.3 原位试验可采用十字板剪切试验或静力触探，检验深度不应小于设计处理深度。原位试验和室内土工试验，应在卸载3d～5d后进行。检验数量按每个处理分区不少于6点进行检测，对于堆载斜坡处应增加检验数量。 5.4.4 预压处理后的地基承载力应按本规范附录A确定。检验数量按每个处理分区不应少于3点进行检测	1. 查阅施工单位检测检验计划 检验数量：符合规范规定 2. 查阅原位十字板剪切试验、室内土工试验、地基承载力检测报告和试验委托单 报告检测结果：合格 报告签章：有CMA章和试验报告检测专用章、授权人已签字 委托单签字：见证取样人员已签字且已附资质证书编号

续表

条款号	大纲条款	检 查 依 据	检查要点
5.2.5	真空预压、堆载预压、真空和堆载联合预压工艺与设计及施工方案一致	**1.《电力工程地基处理技术规程》DL/T 5024—2005** 7.2.6 对堆载预压工程，应根据观测和勘测资料，综合分析地基土经堆载预压处理后的加固效果。当堆载预压达到下列标准时方可进行卸荷： 1 对主要以沉降控制的建筑物，当地基经预压后消除的变形量满足设计要求，且软土层的平均固结度达到80%以上时； 2 对主要以地基承载力或抗滑稳定性控制的建筑物，在地基土经预压后增长的强度满足设计要求时； 7.3.10 对真空预压后的地基，应进行现场十字板剪切试验、静力触探试验和载荷试验，以检验地基的加固效果。 7.4.2 土石坝、煤场、堆料场、油罐等构筑物地基的排水固结设计，应根据最终荷载和地基土的变形特点，可在场地不同位置设置不同密度和深度的竖向排水体。在工程施工前应设计好加荷过程和加荷速率，计算地基的最终沉降量，预留基础高度，做好地下结构物适应地基土变形的设计。 7.1.8 预压加固软土地基的设计应包括以下内容： 1 选择竖向排水体，确定其直径、计算间距、深度、排列方式和布置范围； 2 确定水平排水体系的结构、材料及其规格要求； 3 确定预压方法、加固范围、预压荷重大小、荷载分级加载速率和预压时间； 4 计算地基固结度、强度增长、沉降变形及预压过程中的地基抗滑稳定性。 7.1.9 竖向排水体的平面布置形式可采用等边三角形或正方形排列。每根竖向排水体的等效圆直径 d_e 与竖向排水体的间距 s 的关系见式（7.1.9-1）、式（7.1.9-2）。 7.1.10 竖向排水体的布置应符合“细而密”的原则，其直径和间距应根据地基土的固结特性、要求达到的平均固结度和场地提交使用的工期要求等因素计算确定。普通砂井直径可取200mm～500mm，间距按井径比 n（砂井等效影响圆直径 d_e 与砂井直径 d_w 之比，$n=d_e/d_w$）为6～8选用。袋装砂井直径可取70mm～120mm，间距可按井径比15～22选用。塑料排水板的当量换算直径可按式（7.1.10）计算，井径比可采用15～22。 7.1.11 竖向排水体的设置深度应根据软土层分布、建筑物对地基稳定性和变形的要求确定。对于以地基稳定性控制的建筑物，竖向排水体的深度应超过最危险滑动面2m～3m。 **2.《建筑地基处理技术规范》JGJ 79—2012** 5.2.29 当设计地基预压荷载大于80kPa，且进行真空预压处理地基不能满足设计要求时可采用真空和堆载联合预压地基处理。 5.2.30 堆载体的坡肩线宜与真空预压边线一致。	查阅施工记录、施工方案及设计文件 竖向排水体系：包括直径、计算间距、深度、排列方式和布置范围 水平排水体系：包括结构、材料及其规格 加固范围、荷载分级、加载速率和预压时间等：预压工艺与设计及施工方案一致

续表

条款号	大纲条款	检查依据	检查要点
5.2.5	真空预压、堆载预压、真空和堆载联合预压工艺与设计及施工方案一致	5.2.31 对于一般软黏土，上部堆载施工宜在真空预压膜下真空度稳定的达到86.7kPa（650mmHg）且抽真空时间不少于10d后进行。对于高含水量的淤泥类土，上部堆载施工宜在真空预压膜下真空度稳定的达到86.7kPa（650mmHg）且抽真空20d～30d后可进行。 5.2.32 当堆载较大时，真空和堆载联合预压应采用分级加载，分级系数应根据地基土稳定计算确定。分级加载时，应待前期预压荷载下地基的承载力增长满足下一级荷载下地基的稳定性要求时，方可增加堆载。 5.2.33 真空和堆载联合预压时地基固结度和地基承载力增长可按本规范5.2.7、5.2.8和5.2.11计算。 5.3.2 砂井的灌砂量，应按井孔的体积和砂在中密状态时的干密度计算，实际灌砂量不得小于计算值的95%。 5.3.5 塑料排水带需接长时，应采用滤膜内芯带平搭接的连接方法，搭接长度宜大于200mm。 5.3.7 塑料排水带和袋装砂井施工时，平面井距偏差不应大于井径。 5.3.8 塑料排水带和袋装砂井砂袋埋入砂垫层中的长度不应小于500mm。 5.3.9 堆载预压加载过程中，应满足地基承载力和稳定控制要求，并应进行竖向变形，水平位移及孔隙水压力的监测，堆载预压加速率应满足下列要求： 1 竖井地基最大竖向变形量不应超过15mm/d； 2 天然地基最大竖向变形量不应超过10mm/d； 3 堆载预压边缘处水平位移不应超过5mm/d； 4 根据上述观测资料综合分析、判断地基的承载力和稳定性。 5.3.14 采用真空和堆载联合预压时，应先抽真空，当真空压力达到设计要求并稳定后，在进行堆载，并继续抽真空。 5.3.18 堆载加载过程中，应满足地基稳定性设计要求，对竖向变形、边缘水平位移及孔隙水压力的监测应满足下列要求： 1 地基向加固区外的侧移速率不应大于5mm/d； 2 地基竖向变形速率不应大于10mm/d； 3 根据上述观察资料综合分析、判断地基的稳定性。 5.3.19 真空和堆载联合预压除满足本规范5.3.14～5.3.18规定外，尚应符合本规范5.3“Ⅰ堆载预压”和“Ⅱ真空预压”的规定	
5.2.6	地基承载力检测报告结论满足设计要求	**1.《建筑地基基础工程施工质量验收规范》GB 50202—2018** 4.1.4 素土和灰土地基、砂和砂石地基、土工合成材料地基、粉煤灰地基、强夯地基、注浆地基、预压地基的承载力必须达到设计要求。地基承载力的检验数量每300m² 不应少于1点，超过3000m² 部分每500m² 不应少于1点。每单位工程不应少于3点。	查阅地基承载力检测报告 结论：符合设计要求 检验数量：符合规范要求

续表

条款号	大纲条款	检查依据	检查要点
5.2.6	地基承载力检测报告结论满足设计要求	**2.《建筑地基处理技术规范》JGJ 79—2012** 5.4.4 预压处理后的地基承载力应按本规范附录A确定。检验数量按每个处理分区不应少于3点进行检测	盖章：有CMA章和试验报告检测专用章 签字：授权人已签字
5.2.7	质量控制参数符合技术方案，施工记录齐全	**1.《电力工程地基处理技术规程》DL/T 5024—2005** 5.0.12 地基处理的施工应有详细的施工组织设计、施工质量管理和质量保证措施。应有专人负责施工检验与质量监督，做好各项施工记录。 **2.《建筑地基处理技术规范》JGJ 79—2012** 3.0.12 地基处理施工中应有专人负责质量控制和监测，并做好各项施工记录；当出现异常情况时，必须及时会同有关部门妥善解决。施工结束后应按国家有关规定进行工程质量检验和验收。 5.4.1 施工过程中，质量检验和监测应包括下列内容： 1 对塑料排水带应进行纵向通水量、复合体抗拉强度、滤膜抗拉强度、滤膜渗透系数和等效孔径等性能指标现场随机抽样测试； 2 对不同来源的砂井和砂垫层砂料，应取样进行颗粒分析和渗透性试验	1. 查阅施工方案 质量控制参数：符合技术方案要求 2. 查阅施工记录 内容：包括通水量、渗透性等，符合设计要求 记录数量：与验收记录相符
5.2.8	施工质量的检验项目、方法、数量符合规范规定，质量验收记录齐全	**1.《建筑地基基础工程质量验收规范》GB 50202—2018** 3.0.8 砂、石子、水泥、石灰、粉煤灰、矿（钢）渣粉等掺合料、外加剂等原材料的质量、检验项目、批量和检验方法，应符合国家现行有关标准的规定。 4.1.1 地基工程的质量验收宜在施工完成并在间歇期后进行，间歇期应符合国家现行标准的有关规定和设计要求。 4.1.4 素土和灰土地基、砂和砂石地基、土工合成材料地基、粉煤灰地基、强夯地基、注浆地基、预压地基的承载力必须达到设计要求。地基承载力的检验数量每300m^2不应少于1点，超过3000m^2部分每500m^2不应少于1点。每单位工程不应少于3点。 **2.《建筑地基处理技术规范》JGJ 79—2012** 5.4.2 预压地基竣工验收检验应符合下列规定： 2 应对预压的地基土进行原位试验和室内土工试验。 5.4.3 原位试验可采用十字板剪切试验或静力触探，检验深度不应小于设计处理深度。原位试验和室内土工试验，应在卸载3d～5d后进行。检验数量按每个处理分区不少于6点进行检测，对于堆载斜坡处应增加检验数量。 5.4.4 预压处理后的地基承载力应按本规范附录A确定。检验数量按每个处理分区不应少于3点进行检测	1. 查阅检测报告 检验项目：地基强度或地基承载力符合设计要求 检验方法：包括十字板剪切强度或标贯、静力触探试验，静荷载试验等符合规范规定 检验数量：符合规范规定和设计要求 2. 查阅质量验收记录 内容：包括检验批、分项工程验收记录及隐蔽工程验收文件等 数量：与项目质量验收范围划分表相符

续表

条款号	大纲条款	检 查 依 据	检查要点
5.3 压实地基的监督检查			
5.3.1	现场试验性施工，确定了碾压分层厚度、碾压遍数、碾压范围和有效加固深度等施工参数和压实地基施工方法	**1.《建筑地基基础工程施工质量验收规范》GB 50202—2018** 4.1.3 地基承载力检验时，静载试验最大加载量不应小于设计要求的承载力特征值的2倍。 **2.《建筑地基处理技术规范》JGJ 79—2012** 4.1.3 对于工程量较大的换填垫层，应按所选用的施工机械、换填材料及场地的土质条件进行现场试验，确定换填垫层压实效果和施工质量控制标准。 6.2.1 压实地基处理应符合下列规定： 2 压实地基的设计和施工方法的选择，应根据建筑物体型、结构与荷载特点、场地土层条件、变形要求及填料等因素确定。对大型、重要或场地地层条件复杂的工程，在正式施工前，应通过现场试验确定地基处理效果。 6.2.2 压实填土地基的设计应符合下列规定： 2 碾压法和震动压实法施工时，应根据压实机械的压实性能，地基土性质、密实度、压实系数和施工含水量等，并结合现场试验确定碾压分层厚度、碾压遍数、碾压范围和有效加固深度等施工参数。初步设计可按表6.2.2-1选。 4 压实填土的质量以压实系数λ_c控制，并应根据结构类型和压实填土所在部位按表6.2.2-2的要求确定。 5 压实填土的最大干密度和最优含水量，宜采用击实试验确定，当无试验资料时，最大干密度可按下式计算：(6.2.2)。 7 压实填土的边坡坡度允许值，应根据其厚度、填料性质等因素，按照填土自身稳定性、填土下原地基的稳定性的验算结果确定，初步设计时可按表6.2.2-3的数值确定。 6.2.3 压实填土地基的施工应符合下列规定： 1 应根据使用要求、邻近结构类型和地质条件确定允许加载量和范围，并按设计要求均衡分步施加，避免大量快速集中填土。 2 填料前，应清除填土层地面以下的耕土、植被或软弱土层等。 3 压实填土施工过程中，应采取防雨、防冻措施，防止填料（粉质粘土、粉土）受雨水淋湿或冻结。 4 基槽内压实时，应先压实基槽两边，再压实中间。 5 冲击碾压法施工的冲击碾压宽度不宜小于6m，工作面较窄时，需设置转弯车道，冲压最短直线距离不宜小于100m，冲压边角及转弯区域应采用其他措施压实：施工时，地下水位应降低到碾压面以下1.5m。	查阅试验性施工的检测报告（含击实试验报告和压实试验报告） 碾压分层厚度、碾压遍数、碾压范围和有效加固深度等施工参数和施工方法：已确定

续表

条款号	大纲条款	检查依据	检查要点
5.3.1	现场试验性施工，确定了碾压分层厚度、碾压遍数、碾压范围和有效加固深度等施工参数和压实地基施工方法	6 性质不同的填料，应采取水平分层、分段填筑，并分层压实；同一水平层，应采用同一填料，不得混合填筑；填方分段施工时，接头部位如不能交替填筑，应按1∶1坡度分层留台阶；如能交替填筑，则应分层相互交替搭接，搭接长度不小于2m；压实填土的施工缝各层应错开搭接，在施工缝的搭接处，应适当增加压实遍数；边角及转弯区域应采取其他措施压实，以达到设计标准。 7 压实地基施工场地附近有对振动和噪声环境控制要求时，应合理安排施工工序和时间，减少噪声与振动对环境的影响，或采取挖减振沟等减振和隔振措施，并进行振动和噪声监测。 8 施工过程中，应避免扰动填土下卧的淤泥或淤泥质土层。压实填土施工结束检验合格后，应及时进行基础施工	
5.3.2	压实地基技术方案、施工方案齐全，已审批	**1.《建筑地基基础工程施工质量验收规范》GB 50202—2018** 4.1.3 地基承载力检验时，静载试验最大加载量不应小于设计要求的承载力特征值的2倍。 **2.《电力工程地基处理技术规程》DL/T 5024—2005** 5.0.12 地基处理的施工应有详细的施工组织设计、施工质量管理和质量保证措施。应有专人负责施工检验与质量监督，做好各项施工记录，当发现异常情况时，应及时会同有关部门研究解决	1. 查阅预压地基技术方案 审批：审批人已签字 2. 查阅施工方案报审表 审核：监理单位相关责任人已签字 批准：建设单位相关责任人已签字 3. 查阅施工方案 编、审、批：施工单位相关责任人已签字 施工步骤和工艺参数：与技术方案相符
5.3.3	压实土性能指标符合要求	**1.《建筑地基处理技术规范》JGJ 79—2012** 6.2.1 压实地基应符合下列规定： 3 以压实填土作为建筑地基持力层时，应根据建筑结构类型、填料性能和现场条件等，对拟压实的填土提出质量要求。未经检验，且不符合质量要求的压实填土，不得作为建筑地基持力层。 6.2.2 压实填土地基的设计应符合下列规定： 2 碾压法和震动压实法施工时，应根据压实机械的压实性能，地基土性质、密实度、压实系数和施工含水量等，并结合现场试验确定碾压分层厚度、碾压遍数、碾压范围和有效加固深度等施工参数。初步设计可按表6.2.2-1选。	查阅压实土性能检测报告 击实报告：土质性能符合设计要求，最大干密度和最优含水率已确定 压实系数：符合设计要求 盖章：有CMA章和试验报告检测专用章 签字：授权人已签字

续表

条款号	大纲条款	检查依据	检查要点
5.3.3	压实土性能指标符合要求	4 压实填土的质量以压实系数 λ_c 控制，并应根据结构类型和压实填土所在部位按表6.2.2-2的要求确定。 5 压实填土的最大干密度和最优含水量，宜采用击实试验确定，当无试验资料时，最大干密度可按下式计算：(6.2.2)。 7 压实填土的边坡坡度允许值，应根据其厚度、填料性质等因素，按照填土自身稳定性、填土下原地基的稳定性的验算结果确定，初步设计时可按表6.2.2-3的数值确定。 9 压实填土地基承载力特征值，应根据现场静载荷试验确定，或可通过动力触探、静力触探等试验，并结合静载荷试验结果确定；其下卧层顶面的承载力应满足本规范式(4.2.2-1)、式（4.2.2-2）和式（4.2.2-3）的要求	
5.3.4	地基承载力检测报告结论满足设计要求	**1.《建筑地基基础工程质量验收规范》GB 50202—2018** 4.1.4 素土和灰土地基、砂和砂石地基、土工合成材料地基、粉煤灰地基、强夯地基、注浆地基、预压地基的承载力必须达到设计要求。地基承载力的检验数量每300m² 不应少于1点，超过3000m² 部分每500m² 不应少于1点。每单位工程不应少于3点。 **2.《电力工程地基处理技术规程》DL/T 5024—2005** 6.5.4 压实施工的粉煤灰或粉煤灰素土、粉煤灰灰土垫层的设计与施工要求，可参照素土、灰土或砂砾石垫层的有关规定。其地基承载力值应通过试验确定（包括浸水试验条件）。对掺入水泥砂浆胶结的粉煤灰水泥砂浆或粉煤灰混凝土，应采用浇注法施工，并按有关设计施工标准执行。其承载力等指标应由试件强度确定。 **3.《建筑地基处理技术规范》JGJ 79—2012** 4.4.4 竣工验收应采用静荷载试验检验垫层承载力，且每个单体工程不宜少于3个点；对于大型工程应按单体工程的数量或工程划分的面积确定检验点数。 10.1.4 工程验收承载力检验时，静荷载试验最大加载量不应小于设计要求承载力特征值的2倍	查阅地基承载力检测报告 检验数量：符合规范规定 地基承载力特征值：符合设计要求 盖章：有CMA章和试验报告检测专用章 签字：授权人已签字
5.3.5	质量控制参数符合技术方案，施工记录齐全	**1.《建筑地基基础设计规范》GB 50007—2011** 6.3.6 压实填土的填料，应符合下列规定： 1 级配良好的砂土或碎石土；以卵石、砾石、块石或岩石碎屑作填料时，分层压实时其最大粒径不宜大于200mm，分层夯实时其最大粒径不宜大于400mm。 3 以粉质黏土、粉土作填料时，其含水量宜为最优含水量，可采用击实试验确定。 6.3.8 压实填土的最大干密度和最优含水量，应采用击实试验确定。	1.查阅施工方案 质量控制参数：符合技术方案要求

续表

条款号	大纲条款	检查依据	检查要点
5.3.5	质量控制参数符合技术方案，施工记录齐全	**2.《电力工程地基处理技术规程》DL/T 5024—2005** 5.0.12 地基处理的施工应有详细的施工组织设计、施工质量管理和质量保证措施。应有专人负责施工检验与质量监督，做好各项施工记录。 **3.《建筑地基处理技术规范》JGJ 79—2012** 3.0.12 地基处理施工中应有专人负责质量控制和监测，并做好各项施工记录；当出现异常情况时，必须及时会同有关部门妥善解决。施工结束后应按国家有关规定进行工程质量检验和验收。 6.2.1 压实地基应符合下列规定： 3 以压实填土作为建筑地基持力层时，应根据建筑结构类型、填料性能和现场条件等，对拟压实的填土提出质量要求。未经检验，且不符合质量要求的压实填土，不得作为建筑地基持力层。 6.2.2 压实填土地基的设计应符合下列规定： 2 碾压法和震动压实法施工时，应根据压实机械的压实性能，地基土性质、密实度、压实系数和施工含水量等，并结合现场试验确定碾压分层厚度、碾压遍数、碾压范围和有效加固深度等施工参数。初步设计可按表6.2.2-1选用。 4 压实填土的质量以压实系数 λ_c 控制，并应根据结构类型和压实填土所在部位按表6.2.2-2的要求确定。 5 压实填土的最大干密度和最优含水量，宜采用击实试验确定，当无试验资料时，最大干密度可按下式计算：(6.2.2) 7 压实填土的边坡坡度允许值，应根据其厚度、填料性质等因素，按照填土自身稳定性、填土下原地基的稳定性的验算结果确定，初步设计时可按表6.2.2-3的数值确定。 9 压实填土地基承载力特征值，应根据现场静载荷试验确定，或可通过动力触探、静力触探等试验，并结合静载荷试验结果确定；其下卧层顶面的承载力应满足本规范式（4.2.2-1）、式（4.2.2-2）和式（4.2.2-3）的要求	2. 查阅施工记录 内容：包括施工过程控制记录及隐蔽工程验收文件 记录数量：与验收记录相符
5.3.6	施工质量的检验项目、方法、数量符合规范规定，质量验收记录齐全	**1.《建筑地基基础工程质量验收规范》GB 50202—2018** 3.0.8 砂、石子、水泥、石灰、粉煤灰、矿（钢）渣粉等掺合料、外加剂等原材料的质量、检验项目、批量和检验方法，应符合国家现行有关标准的规定。 4.1.1 地基工程的质量验收宜在施工完成并在间歇期后进行，间歇期应符合国家现行标准的有关规定和设计要求。 4 检测试验及见证取样文件。 5 其他必须提供的文件或记录。	1. 查阅质量检验记录 检验项目：压实系数、最大干密度和最优含水量或压缩模量等符合规范规定 检验方法：采用分层取样、动力触探、静力触探、标准贯入度等试验符合规范规定

续表

条款号	大纲条款	检查依据	检查要点
5.3.6	施工质量的检验项目、方法、数量符合规范规定，质量验收记录齐全	4.1.4 素土和灰土地基、砂和砂石地基、土工合成材料地基、粉煤灰地基、强夯地基、注浆地基、预压地基的承载力必须达到设计要求。地基承载力的检验数量每300m² 不应少于1点，超过3000m² 部分每500m² 不应少于1点。每单位工程不应少于3点。 **2.《电力工程地基处理技术规程》DL/T 5024—2005** 5.0.12 地基处理的施工应有详细的施工组织设计、施工质量管理和质量保证措施。应有专人负责施工检验与质量监督，做好各项施工记录。 **3.《建筑地基处理技术规范》JGJ 79—2012** 3.0.12 地基处理施工中应有专人负责质量控制和监测，并做好各项施工记录；当出现异常情况时，必须及时会同有关部门妥善解决。施工结束后应按国家有关规定进行工程质量检验和验收。	检验数量：符合规范规定和设计要求
		6.2.4 压实填土地基的质量检验应符合下列规定： 1 在施工过程中，应分层取样检验土的干密度和含水量；每50m²～100m² 面积内应设不少于1个检测点，每一个独立基础下，检测点不少于1个，条形基础每20延米设检测点不少于1个点，压实系数不得低于本规范表6.2.2-2的规定；采用灌水法或灌砂法检测的碎石土干密度不得低于2.0t/m³。 2 有地区经验时，可采用动力触探、静力触探、标准贯入等原位试验，并结合干密度试验的对比结果进行质量检验。 3 冲击碾压法施工宜分层进行变形量、压实系数等土的物理学指标监测和检测。 4 地基承载力验收检验，可通过静载荷试验并结合动力触探、静力触探、标准贯入等试验结果综合判定。每个单位工程静载荷试验不应少于3点，大型工程可按单体工程的数量或面积确定检验点数。 6.2.5 压实地基的施工质量检验应分层进行。每完成一道工序，应按设计要求进行验收，未经验收或验收不合格时，不得进行下一道工序施工	2. 查阅质量验收记录 内容：包括检验批、分项工程验收记录及隐蔽工程验收文件等 数量：与项目质量验收范围划分表相符
5.4 夯实地基的监督检查			
5.4.1	设计前已通过现场试验或试验性施工，确定了设计参数和施工工艺参数	**1.《电力工程地基处理技术规程》DL/T 5024—2005** 5.0.5 地基处理工作的规划和实施，可按下列顺序进行： 3 结合电力工程初步设计阶段岩土工程勘测，实施必要的地基处理原体试验，以获得必要的设计参数和合理的施工方案。	查阅试夯报告 设计参数和施工工艺参数：已确定

续表

条款号	大纲条款	检 查 依 据	检查要点
5.4.1	设计前已通过现场试验或试验性施工，确定了设计参数和施工工艺参数	8.1.3 强夯设计中应在施工现场有代表性的场地上选取一个或几个试验区进行原体试验，试验区规模应根据建筑物场地复杂程度、建设规模及建筑物类型确定。根据地基条件、工程要求确定强夯的设计参数，包括夯击能级、施工起吊设备；设计夯击工艺、夯锤参数、单点锤击数、夯点布置形式与间距、夯击遍数及相邻夯击遍数的间歇时间、地面平均夯沉量和必要的特殊辅助措施；确定原体试验效果的检测方法和检测工作量。还应对主要工艺进行必要的方案组合，通过效果测试和环境影响评价，提出一种或几种合理的方案。在强夯有成熟经验的地区，当地基条件相同（或相近）时，可不进行专门原体试验，直接采用成功的工艺。但在正式（大面积）施工之前应先进行试夯，验证施工工艺和强夯设计参数在进行原体试验施工时，进行分析评价的主要内容应包括： 1 观测、记录、分析每个夯点的每击夯沉量、累计夯沉量（即夯坑深度）、夯坑体积、地面隆起量、相邻夯坑的侧挤情况、夯后地面整平压实后平均下沉量。绘制夯点的夯击次数 N 与夯沉量 s 关系曲线，进行隆起、侧挤计算，确定饱和夯击能和最佳夯击能。 2 观测孔隙水压力变化。当孔隙水压力超过自重有效压力，局部隆起和侧挤的体积大于夯点夯沉的体积时，应停止夯击，并观测孔隙水压力消散情况，分析确定间歇时间。 3 宜进行强夯振动观测，绘制单点夯击数与地面震动加速度关系曲线、震动速度曲线、分析饱和夯击能、振动衰减和隔振措施的效果。 4 有条件的还可进行挤压应力观测和深层水平位移观测。 5 在原体试验施工结束一个月（砂土、碎石土为1周～2周）后，应在各方案试验片内夯点和夯点间沿深度每米取试样进行室内土工试验，并进行原位测试。 **2.《建筑地基处理技术规范》JGJ 79—2012** 6.3.1 夯实地基处理应符合下列规定： 1 强夯和强夯置换施工前，应在施工现场有代表性的场地选取一个或几个试验区，进行试夯或试验性施工。每个试验区面积不宜小于20m×20m，试验区数量应根据建筑场地复杂程度、建筑规模及建筑类型确定。 6.3.2 强夯置换处理地基，必须通过现场试验确定其适用性和处理效果。 6.3.3 强夯处理地基的设计应符合下列规定： 1 强夯的有效加固深度，应根据现场试夯或地区经验确定。在缺少试验资料或经验时，可按表6.3.3-1进行预估。 2 夯点的夯击次数，应根据现场试夯的夯击次数和夯沉量关系曲线确定，并应同时满足表6.3.3-2。 3 夯击遍数应根据地基土的性质确定，可采用点夯2遍～4遍，对于渗透性较差的细颗粒土，应适当增加夯击遍数；最后以低能量满夯2遍，满夯可采用轻锤或低落距锤多次夯击，锤印搭接。	

续表

条款号	大纲条款	检查依据	检查要点
5.4.1	设计前已通过现场试验或试验性施工，确定了设计参数和施工工艺参数	4 两边夯击之间，应有一定的时间间隔，间隔时间取决于土中超静空隙水压力的消散时间。当缺少实测资料时，可根据地基土的渗透性确定，对于渗透性较差的粘性土地基，间隔时间不应少于2周～3周；对于渗透性较好的地基可连续夯击。 5 夯击点位置可根据基础底面形状，采用等边三角形、等腰三角形或正方形布置。第一遍夯击点间距可取夯锤直径的2.5倍～3.5倍，第二遍夯击点应位于第一遍夯击点之间。以后各遍夯击点间距可适当减小。对处理深度较深或单击夯击能较大的工程，第一遍夯击点间距宜适当增大。 6 强夯处理范围应大于建筑物基础范围，每边超出基础外缘的宽度宜为基底下设计处理深度的1/2～2/3，且不应小于3m；对可液化地基，基础边缘的处理宽度，不应小于5m；对湿陷性黄土地基，应符合现行国家标注《湿陷性黄土地区建筑规范》GB 50025的有关规定。 7 根据初步确定的强夯参数，提出强夯试验方案，进行现场试夯。应根据不同土质条件，待试夯结束一周至数周后，对试夯场地进行检测，并与夯前测试数据进行对比，检验强夯效果，确定工程采用的各项强夯参数。 8 根据基础埋深和试夯时所测得的夯沉量，确定启夯面标高、夯坑回填方式和夯后标高。 9 强夯地基承载力特征值应通过现场静载荷试验确定。 10 强夯地基变形计算，应符合现行国家标准《建筑地基基础设计规范》GB 50007有关规定。夯后有效加固深度内土的压缩模量，应通过原位测试或土工试验确定	
5.4.2	根据不同的土质采取的强夯夯锤质量、夯锤底面形式、锤底面积、锤底静接地压力值、排气孔等施工工艺与设计（施工）方案一致	**1.《电力工程地基处理技术规程》DL/T 5024—2005** 8.1.6 一般情况下夯锤重量可选用100kN～250kN，最大可采用400kN，其底面形式宜采用圆形。锤底面积宜按土的性质确定，锤底静压力值可取30kPa～60kPa，对于细颗粒土锤底静压力宜取较小值。锤体中应均匀地设置若干个上下垂直贯通的通气孔，通气孔直径宜为200mm～300mm。夯锤应选用保持夯锤外形和重心不变的材料制作。 8.1.7 强夯夯点的布置可按三角形（等边、等腰三角形）或正方形布置，夯点间距应按原体试验效果确定，可为夯锤底面直径的1.6倍～2.6倍。夯击点位置的布置可按建筑物轴线、轮廓线或以基础中心线对称等形式布置，并应考虑各遍夯点间交叉对应关系： 对满堂处理的基础或要求整片加固的场地应整片布点，其可按正三角形布点； 对条形基础、独立基础，可在基础下按正方形或梅花形布点； 当独立基础或条形基础及带承台的基础采用强夯处理时，应根据基础设计要求按专门夯锤形状布点	查阅施工方案 强夯夯锤质量、夯锤底面形式、锤底面积、锤底静接地压力值、排气孔等，夯点布置形式、遍数施工工艺：与设计方案一致

续表

条款号	大纲条款	检查依据	检查要点
5.4.3	强夯过程和强夯置换夯符合规范规定，并采取了必要的隔振或减振措施	**1.《电力工程地基处理技术规程》DL/T 5024—2005** 8.1.2　当夯击振动对邻近建筑物、设备、仪器、施工中的砌筑工程和浇灌混凝土等产生有害影响时，应采取有效的减振措施或错开工期施工。 8.1.9　夯击遍数应根据地基土的性质确定，一般情况下应采用多遍夯击。每一遍宜为最大能级强夯，可称为主夯，宜采用较稀疏的布点形式进行；第二遍、第三遍……强夯能级逐渐减小，可称为间夯、拍夯等，其夯点插于前遍夯点之间进行。对于渗透性弱的细粒土，必要时夯击遍数可适当增加。 8.1.10　当进行多遍夯击时，每两遍夯击之间，应有一定的时间间隔。间隔时间取决于土中超孔隙水压力的消散时间。当缺少实测资料时，可根据地基土的渗透性确定，对于渗透性较差的黏性土及饱和度较大的软土地基的间隔时间，应不少于3周～4周；对于渗透性较好且饱和度较小的地基，可连续夯击。 8.2.1　强夯置换法适用于一般性强夯加固不能奏效（塑性指数 $I_p>10$）的、高饱和度（$S_r>80\%$）的黏性土地基上对变形控制不严的工程，在设计前必须通过现场试验确定其适用性和处理效果。 **2.《建筑地基处理技术规范》JGJ 79—2012** 6.3.6　强夯置换处理地基的施工应符合下列规定： 1　强夯置换夯锤底面宜采用圆形，夯锤底静接地压力值宜大于80kPa。 2　强夯置换施工应按下列步骤进行： 5）夯击并逐击记录夯坑深度；当夯坑过深，起锤困难时，应停夯，向夯坑内填料直至与坑顶齐平，记录填料数量；工序重复，直至满足设计的夯击次数及质量控制标准，完成一个墩体的夯击；当夯点周围软土挤出，影响施工时，应随时清理，并宜在夯点周围铺垫碎石后，继续施工。 6）按照"由内而外，隔行跳打"的原则，完成全部夯点的施工。 7）推平场地，采用低能量满夯，将场地表层松土夯实，并测量夯后场地高程。 8）铺设垫层，分层碾压密实。 6.3.10　当强夯施工所引起的振动和侧向挤压对邻近建构筑物产生不利影响时，应设置监测点，并采取挖隔振沟等隔振或防振措施。 6.3.11　施工过程中的监测应符合下列规定： 1　开夯前，应检查夯锤质量和落距，以确保单击夯击能量符合设计要求。 2　在每一遍夯击前，应对夯点放线进行复核，夯完后检查夯坑位置，发现偏差或漏夯应及时纠正。 3　按设计要求，检查每个夯点的夯击次数、每击的夯沉量、最后两击的平均夯沉量和总夯沉量、夯点施工起止时间。对强夯置换施工，尚应检查置换深度。 4　施工过程中，应对各项施工参数及施工情况进行详细记录	1. 查阅强夯过程记录文件 主夯、搭夯（间夯、拍夯）满夯、渗透性较差的软土地基的间隔时间等：符合规范规定 2. 查阅振动或变形监测记录 内容：已采取隔振或减振措施，振动或变形符合规范规定 3. 查阅强夯置换夯记录文件 内容：符合规范规定 4. 查看施工方案 内容：已采用现场隔振或减振措施

续表

条款号	大纲条款	检查依据	检查要点
5.4.4	地基承载力检测报告结论满足设计要求	**1.《建筑地基基础工程质量验收规范》GB 50202—2018** 4.1.4 素土和灰土地基、砂和砂石地基、土工合成材料地基、粉煤灰地基、强夯地基、注浆地基、预压地基的承载力必须达到设计要求。地基承载力的检验数量每 300m² 不应少于 1 点，超过 3000m² 部分每 500m² 不应少于 1 点。每单位工程不应少于 3 点。 **2.《电力工程地基处理技术规程》DL/T 5024—2005** 8.1.20 强夯效果检测应采用原位测试与室内土工试验相结合的方法，重点查明强夯后地基土的有关物理力学指标，确定强夯有效影响深度，核实强夯地基设计参数等。 8.1.21 地基检测工作量，应根据场地复杂程度和建筑物的重要性确定。对于简单场地上的一般建筑物，每个建筑物地基的检测点不应少于 3 处；对于复杂场地或重要建筑物地基应增加检测点数。对大型处理场地，可按下列规定执行： 1 对黏性土、粉土、填土、湿陷性黄土，每 1000m² 采样点不少于 1 个（湿陷性黄土必须有探井取样），且在深度上每米应取 1 件一级土试样，进行室内土工试验；静力触探试验点不少于 1 个。标准贯入试验、旁压试验和动力触探试验可与静力触探及室内试验对比进行。 2 对粗粒土、填土，每 600m² 应布置 1 个标准贯入试验或动力触探试验孔，并应通过其他有效手段测试地基土物理力学性质指标。粗粒土地基还应有一定数量的颗粒分析试验。 3 载荷试验点每 3000m²～6000m² 取 1 点，厂区主要建筑载荷试验点数不应少于 3 点。承压板面积不宜小于 0.5m²	查阅地基承载力检测报告 结论：符合设计要求 检验数量：符合规范要求 盖章：有 CMA 章和试验报告检测专用章 签字：授权人已签字
5.4.5	质量控制参数符合技术方案，施工记录齐全	**1.《电力工程地基处理技术规程》DL/T 5024—2005** 5.0.12 地基处理的施工应有详细的施工组织设计、施工质量管理和质量保证措施。应有专人负责施工检验与质量监督，做好各项施工记录。 8.1.16 强夯施工应严格按规定的强夯施工设计参数和工艺进行，并控制或做好以下工作： 1 起夯面整平标高允许偏差为±100mm。 2 夯点位置允许偏差为 200mm。当夯锤落入坑内倾斜较大时，应将夯坑底填平后再夯。 3 夯点施工中质量控制的主要指标为：每个夯点达到要求的夯击数；要求达到的夯坑深度；最后两击的夯沉量小于原体试验确定的值。 4 强夯过程中不应将夯坑内的土移出坑外。当有特殊原因确需挖除部分土体或工艺设计为用基坑外土填入夯坑时，应在计算夯沉量中扣除或增加移动土的土量。 5 施工过程中应防止因降水或曝晒原因，使土的湿度偏离设计值过大。 8.1.18 施工过程中应有专人负责下列工作：	1. 查阅施工方案 质量控制参数：符合技术方案要求

续表

条款号	大纲条款	检 查 依 据	检查要点
5.4.5	质量控制参数符合技术方案，施工记录齐全	1 开夯前应检查夯锤重和落距，以确保单击夯击能量符合设计要求。 2 在每遍夯击前，应对夯点放线进行复核，夯完后检查夯坑位置，发现偏差或漏夯应及时纠正。 3 按设计要求检查每个夯点的夯击次数和每击的夯沉量。 4 施工过程中应对各项参数及施工情况进行详细记录。 8.2.8 强夯置换的施工参数： 1 单击夯击能。夯锤重量与落距的乘积应大于普通强夯的加固能量，夯能不宜过小，特别要注意避免橡皮土的出现。 2 单位面积平均夯击能。单位面积单点夯击能不宜小于 $1500kN\cdot m/m^2$，一般软土地基加固深度能达到 4m～10m 时，单位面积夯击能为 $1500kN\cdot m/m^2$～$4000kN\cdot m/m^2$。单位面积平均夯击能在上述范围内与地基土的加固深度成正比，对饱和度高的淤泥质土，还应考虑孔隙水消散与地面隆起的因素，来决定单位面积夯击能。 3 夯击遍数。夯击时宜采用连续夯击挤淤。根据置换形式和地基土的性质确定，可采用 2 遍～3 遍，也可用一遍连续夯击挤淤一次性完成，最后再以低能量满夯一遍，每遍 1 击～2 击完成。 4 夯点间距。桩式置换夯点宜布置成三角形、正方形，夯点间距一般取 1.5 倍～2.0 倍夯锤底面直径，夯墩的计算直径可取夯锤直径的 1.1 倍～1.2 倍；与土层的强度成正比，即土质差，间距小。整式置换的夯点间距，要求夯坑顶部夯点间的间隙处能被置换形成硬壳层。施工时应采用跳点夯。 6 夯沉量。最后两击平均夯沉量应小于 50mm～80mm；单击夯击能量较大时，夯沉量应小于 100mm～120mm。对墩体穿透软弱土层，累计夯沉量为设计墩长的 1.5 倍～2.0 倍。 7 点式置换范围。每边超出基础外缘的宽度宜为基底下设计处理深度的 1/2～2/3，并不宜小于 3m。 **2.《建筑地基处理技术规范》JGJ 79—2012** 3.0.12 地基处理施工中应有专人负责质量控制和监测，并做好施工记录	2. 查阅施工记录 内容：包括土壤的含水率、起夯面整平标高、夯点位置、夯击数、夯沉量等 记录数量：与验收记录相符
5.4.6	施工质量的检验项目、方法、数量符合规范规定，质量验收记录齐全完整	**1.《建筑地基基础工程质量验收规范》GB 50202—2018** 3.0.8 砂、石子、水泥、石灰、粉煤灰、矿（钢）渣粉等掺合料、外加剂等原材料的质量、检验项目、批量和检验方法，应符合国家现行有关标准的规定。 4.1.1 地基工程的质量验收宜在施工完成并在间歇期后进行，间歇期应符合国家现行标准的有关规定和设计要求。 **2.《电力工程地基处理技术规程》DL/T 5024—2005** 8.2.10 强夯置换的检测方案，除按照 8.1.21 的规定外，还应注意下列事项：	1. 查阅质量检验记录 检验项目：地基强度、承载力符合设计要求

续表

条款号	大纲条款	检 查 依 据	检查要点
5.4.6	施工质量的检验项目、方法、数量符合规范规定，质量验收记录齐全完整	1 测定孔隙水压力的增长与消散变化规律，通过埋设孔隙水压力计，测定土中孔隙水压力值，来确定最佳夯击数。通过测定孔隙水压力的消散率来确定夯击遍数的间隙时间。 2 测定记录分析每点夯沉量与坑外隆起体积，确定有效夯实系数，绘制 *N-s* 曲线，初步确定最佳夯击能。宜通过埋设压力盒测定挤压应力值。 3 当大面积强夯置换时，应测定强夯引起的振动对建筑物影响和确定安全距离。 4 宜用弹性波速法来测定强夯效果。 5 强夯地基承载力特征值应通过现场载荷试验确定，对点式置换强夯饱和粉土地基，可采用单墩复合地基载荷试验确定。 **3.《建筑地基处理技术规范》JGJ 79—2012** 6.3.12 夯实地基施工结束后，应根据地基土的性质及所采用的施工工艺，待土层休止期结束后，方可进行基础施工。 6.3.13 强夯处理后的地基竣工验收，承载力检验应根据静载荷试验、其他原位测试和室内土工试验等方法综合确定。强夯置换后的地基竣工验收，除应采用单墩静载荷试验进行承载力检验外，尚应采用单墩静载荷试验进行承载力检验外，尚应采用动力触探等查明置换墩着底情况及密度随深度的变化情况。	检验方法：原位试验和室内土工试验；用弹性波速法测定强夯效果；现场载荷试验或单墩复合地基载荷试验；动力触探等检验方法符合规范规定 检验数量：符合规范规定
		6.3.14 夯实地基的质量检验应符合下列规定： 1 检查施工过程中的各项测试数据和施工记录，不符合设计要求时应补夯或采取其他有效措施。 2 强夯处理后的地基承载力检验，应在施工结束后间隔一定时间进行，对于碎石土和砂土地基，间隔时间宜为7d～14d；粉土和黏性土地基，间隔时间宜为14d～28d；强夯置换地基，间隔时间宜为28d。 3 强夯地基均匀性检验，可采用动力触探试验或标准贯入试验、静力触探试验等原位测试，以及室内土工试验。检验点的数量，可根据场地复杂程度和建筑物的重要性确定，对于简单场地上的一般建筑物，按每400m² 不少于1个检测点，且不少于3点；对于复杂场地或重要建筑地基，每300m² 不少于1个检验点，且不少于3点。强夯置换地基，可采用超重型或重型动力触探试验等方法，检查置换墩着底情况及承载力与密度随深度的变化，检验数量不应少于墩点数的3%，且不少于3点。 4 强夯地基承载力检验的数量，应根据场地复杂程度和建筑物的重要性确定，对于简单场地上的一般建筑，每个建筑地基载荷试验检验点不应少于3点；对于复杂场地或重要建筑地基应增加检验点数。检测结果的评价，应考虑夯点和夯间位置的差异。强夯置换地基单墩载荷试验数量不应少于墩点数的1%，且不少于3点；对饱和粉土地基，当处理后墩间土能形成2.0m以上厚度的硬层时，其地基承载力可通过现场单墩复合地基静载荷试验确定，检验数量不应少于墩点数的1%，且每个建筑载荷试验检验点不应少于3点	2. 查阅质量验收记录 内容：包括检验批、分项工程验收记录及隐蔽工程验收文件等 数量：与项目质量验收范围划分表相符

续表

<table>
<tr><th>条款号</th><th>大纲条款</th><th>检查依据</th><th>检查要点</th></tr>
<tr><td colspan="4">5.5 复合地基的监督检查</td></tr>
<tr><td>5.5.1</td><td>设计前已通过现场试验或试验性施工，确定了设计参数和施工工艺参数</td><td>1.《复合地基技术规范》GB/T 50783—2012
3.0.1 复合地基设计前，应具备岩土工程勘察、上部结构及基础设计和场地环境等有关资料。
3.0.2 复合地基设计应根据上部结构对地基处理的要求、工程地质和水文地质条件、工期、地区经验和环境保护要求等，提出技术上可行的方案，经过技术经济比较，选用合理的复合地基形式。
3.0.7 复合地基设计应符合下列规定：
1 宜根据建筑物的结构类型、荷载大小及使用要求，结合工程地质和水文地质条件、基础形式、施工条件、工期要求及环境条件进行综合分析，并进行技术经济比较，选用一种或几种可行的复合地基方案。
2 对大型和重要工程，应对已选用的复合地基方案，在有代表性的场地上进行相应的现场试验或试验性施工，并应检验设计参数和处理效果，通过分析比较选择和优化设计方案。
7.1.4 高压旋喷桩复合地基方案确定后，应结合工程情况进行现场试验、试验性施工或根据工程经验确定施工参数及工艺。
8.1.3 对于缺乏灰土挤密法地基处理经验的地区，应在地基处理前，选择有代表性的场地进行现场试验，并应根据试验结果确定设计参数和施工工艺，再进行施工。
8.3.5 夯填施工前，应进行不少于3根桩的夯填试验，并应确定合理的填料数量及夯击能量。
9.1.3 夯实水泥土桩复合地基设计前，可根据工程经验，选择水泥品种、强度等级和水泥土配合比，并可初步确定夯实水泥土材料的抗压强度设计值。缺乏经验时，应预先进行配合比试验。
2.《电力工程地基处理技术规程》DL/T 5024—2005
5.0.5 地基处理工作的规划和实施，可按下列顺序进行：
3 结合电力工程初步设计阶段岩土工程勘测，实施必要的地基处理原体试验，以获得必要的设计参数和合理的施工方案。
3.《建筑地基处理技术规范》JGJ 79—2012
7.1.1 复合地基设计前，应在有代表性的场地上进行现场试验或试验性施工，以确定设计参数和处理效果</td><td>查阅试桩检测报告或试桩报告
设计参数、施工工艺参数：已确定</td></tr>
</table>

续表

条款号	大纲条款	检查依据	检查要点
5.5.2	复合地基技术方案、施工方案齐全，已审批	**1.《建筑地基基础工程施工质量验收规范》GB 50202—2018** 4.1.3 地基承载力检验时，静载试验最大加载量不应小于设计要求的承载力特征值的2倍。 **2.《电力工程地基处理技术规程》DL／T 5024—2005** 5.0.5.3 结合电力工程初步设计阶段岩土工程勘测，实施必要的地基处理原体试验，以获得必要的设计参数和合理的施工方案。 5.0.12 地基处理的施工应有详细的施工组织设计、施工质量管理和质量保证措施。应有专人负责施工检验与质量监督，做好各项施工记录	1. 查阅复合地基技术方案 审批：审批人已签字 2. 查阅施工方案报审表 审核：监理单位相关责任人已签字 批准：建设单位相关责任人已签字 3. 查阅施工方案 编、审、批：施工单位相关责任人已签字 施工步骤和工艺参数：与技术方案相符
5.5.3	散体材料复合地基增强体密实，检测报告齐全	**1.《建筑地基基础工程施工质量验收规范》GB 50202—2018** 4.9.1 施工前应检查砂石料的含泥量及有机质含量等。振冲法施工前应检查振冲器的性能，应对电流表、电压表进行检定或校准。 4.9.2 施工中应检查每根砂石桩的桩位、填料量、标高、垂直度等。振冲法施工中尚应检查密实电流、供水压力、供水量、填料量、留振时间、振冲点位置、振冲器施工参数等。 **2.《建筑地基处理技术规范》JGJ 79—2012** 7.1.2 对散体材料复合地基增强体应进行密实度检验； 7.9.11 多桩型复合地基的质量检验应符合下列规定： 3. 增强体施工质量检验，对散体材料增强体的检验数量应少于其总桩数的2%	1. 查阅材料跟踪管理台账 内容：包括砂石等材料的检验报告、使用情况、检验数量 2. 查阅散体材料复合地基增强体的密实度检测报告 报告检测结果：密实、连续 报告签章：有CMA章和试验报告检测专用章、授权人已签字 委托单签字：见证取样人员已签字且已附资质证书编号
5.5.4	有粘结强度要求的复合地基增强体的强度及桩身完整性检测报告齐全	**1.《建筑地基处理技术规范》JGJ 79—2012** 7.1.2 对有粘结强度复合地基增强体应进行强度及桩身完整性检验	查阅强度检测报告和桩身完整性检测报告 结论：符合设计要求 盖章：有CMA章和试验报告检测专用章 签字：授权人已签字

续表

条款号	大纲条款	检查依据	检查要点
5.5.5	复合地基承载力及有设计要求的单桩承载力已通过静载荷试验，检测数量及承载力满足设计要求	**1.《复合地基技术规范》GB/T 50783—2012** 3.0.5 复合地基中由桩周土和桩端土提供的单桩竖向承载力和桩身承载力，均应符合设计要求。 **2.《建筑地基处理技术规范》JGJ 79—2012** 7.1.3 复合地基承载力的验收检验应采用复合地基静载荷试验，对有粘结强度的复合地基增强体尚应进行单桩静载荷试验	1. 查阅复合地基承载力的检测报告 结论：符合设计要求 检测数量：符合规范规定 盖章：有 CMA 章和试验报告检测专用章 签字：授权人已签字
			2. 查阅有设计要求的单桩承载力静载荷试验报告 结论：符合设计要求 检测数量：符合规范规定 盖章：有 CMA 章和试验报告检测专用章 签字：授权人已签字
5.5.6	复合地基增强体单桩的桩位偏差符合规范规定	**1.《建筑地基处理技术规范》JGJ 79—2012** 7.1.4 复合地基增强体单桩的桩位施工允许偏差：对条形基础的边桩沿轴线方向应为桩径的±1/4，沿垂直轴线方向应为桩径的±1/6，其他情况桩位的施工允许偏差应为桩径的±40%；桩身的垂直度允许偏差应为±1%	1. 查阅复合地基增强体单桩的桩位交接记录 签字：交接双方及监理已签字
			2. 查阅质量检验记录 复合地基增强体单桩的桩位偏差数值：符合规范规定
5.5.7	质量控制参数符合技术方案，施工记录齐全	**1.《电力工程地基处理技术规程》DL/T 5024—2005** 5.0.12 地基处理的施工应有详细的施工组织设计、施工质量管理和质量保证措施。应有专人负责施工检验与质量监督，做好各项施工记录。 **2.《建筑地基处理技术规范》JGJ 79—2012** 3.0.12 地基处理施工中应有专人负责质量控制和监测，并做好施工记录。 7.1.5 复合地基承载力特征值应通过复合地基静载荷试验或采用增强体静载荷试验结果和其周边土的承载力特征值结合经验确定，初步设计时，可按下列公式计算： 1 对散体材料增强体复合地基应按（7.1.5-1）式计算。 2 对有粘结强度增强体复合地基应按（7.1.5-2）式计算。 3 增强体单桩竖向承载力特征值可按（7.1.5-3）式计算。	1. 查阅施工方案 质量控制参数：与技术方案一致
			2. 查阅施工记录 内容：包括质量控制参数量，必要时的监测记录 记录数量：与验收记录相符

续表

条款号	大纲条款	检 查 依 据	检查要点
5.5.7	质量控制参数符合技术方案，施工记录齐全	7.1.6 有粘结强度复合地基增强体桩身强度应满足式（7.1.6-1）的要求。当复合地基承载力进行基础埋深的深度修正时，增强体桩身强度应满足式（7.1.6-2）的要求。 7.1.7 复合地基变形计算应符合现行国家标准《建筑地基基础设计规范》GB 50007的有关规定，地基变形计算深度应大于复合土层的深度。复合土层的分层与天然地基相同，各复合土层的压缩模量应等于该层天然地基压缩模量的 ζ 倍，ζ 值可按式（7.1.7）确定。 7.1.8 复合地基的沉降计算经验系数 ψ_s 可根据地区沉降观测资料统计值确定，无经验取值时，可采用表7.1.8的数值	
5.5.8	施工质量的检验项目、方法、数量符合规范规定，质量验收记录齐全	**1.《建筑地基基础工程质量验收规范》GB 50202—2018** 3.0.8 砂、石子、水泥、石灰、粉煤灰、矿（钢）渣粉等掺合料、外加剂等原材料的质量、检验项目、批量和检验方法，应符合国家现行有关标准的规定。 4.1.1 地基工程的质量验收宜在施工完成并在间歇期后进行，间歇期应符合国家现行标准的有关规定和设计要求。 **2.《复合地基技术规范》GB/T 50783—2012** 6.4.1 深层搅拌桩施工过程中应随时检查施工记录和计量记录，并应对照规定的施工工艺对每根桩进行质量评定，应对固化剂用量、桩长、搅拌头转数、提升速度、复搅次数、复搅深度以及停浆处理方法等进行重点检查。 6.4.2 深层搅拌桩的施工质量检验数量应符合设计要求，并应符合下列规定： 1 成桩7d后，应采用浅部开挖桩头，深度宜超过停浆（灰）面下0.5m，应目测检查搅拌的均匀性，并应量测成桩直径。 2 成桩28d后，应用双管单动取样器钻取芯样做抗压强度检验和桩体标准贯入检验。 3 成桩28d后，可按本规范附录A的有关规定进行单桩竖向抗压载荷试验。 6.4.3 深层搅拌桩复合地基工程验收时，应按本规范附录A的有关规定进行复合地基竖向抗压载荷试验。载荷试验应在桩体强度满足试验荷载条件，并宜在成桩28d后进行。检验数量应符合设计要求。 7.2.2 旋喷桩主要用于承受竖向荷载时，其平面布置可根据上部结构和基础特点确定。独立基础下的桩数不宜少于3根。 7.4.1 高压旋喷桩施工过程中应随时检查施工记录和计量记录，并应对照规定的施工工艺对每根桩进行质量评定。 7.4.2 高压旋喷桩复合地基检测与检验可根据工程要求和当地经验采用开挖检查、取芯、标准贯入、载荷试验等方法进行检验，并应结合工程测试及观测资料综合评价加固效果。	1. 查阅质量检验记录 检验项目：包括复合地基承载力、有要求时的单位桩承载力、散体材料桩的桩身质量、有粘结强度要求桩的桩身完整性检测符合设计要求和规范规定 检验方法：采用静载试验、动力触探、低应变法等符合规范规定 检验数量：符合规范规定 2. 查阅质量验收记录 内容：包括检验批、分项工程验收记录及隐蔽工程验收文件等 数量：与项目质量验收范围划分表相符

续表

条款号	大纲条款	检 查 依 据	检查要点
5.5.8	施工质量的检验项目、方法、数量符合规范规定，质量验收记录齐全	7.4.4 高压旋喷桩复合地基工程验收时，应按本规范附录A的有关规定进行复合地基竖向抗压载荷试验。载荷试验应在桩体强度满足试验荷载条件，并宜在成桩28d后进行。检验数量应符合设计要求。 17.3.1 复合地基检测内容应根据工程特点确定，宜包括复合地基承载力、变形参数、增强体质量、桩间土和下卧土层变化等。复合地基检测内容和要求应由设计单位根据工程具体情况确定，并应符合下列规定： 1 复合地基检测应注重竖向增强体质量检验； 2 具有挤密效果的复合地基，应检测桩间土挤密效果。 17.3.3 施工人员应根据检测目的、工程特点和调查结果，选择检测方法，制订检测方案，宜采用不少于两种检测方法进行综合质量检验，并应符合先简后繁、先粗后细、先面后点的原则。 17.3.4 抽检比例、质量评定等均应以检验批为基准，同一检验批的复合地基地质条件应相近，设计参数和施工工艺应相同，应根据工程特点确定抽检比例，但每个检验批的检验数量不得小于3个。 17.3.6 复合地基检测抽检位置的确定应符合下列规定： 1 施工出现异常情况的部位。 2 设计认为重要的部位。 3 局部岩土特性复杂可能影响施工质量的部位。 4 当采用两种或两种以上检测方法时，应根据前一种方法的检测结果确定后一种方法的检测位置。 5 同一检验批的抽检位置宜均匀分布 **3.《建筑地基处理技术规范》JGJ 79—2012** 7.1.9 处理后的符合地基承载力，应按本规范附录B的方法确定；复合地基增强体的单桩承载力，应按本规范附录C的方法确定。 B.0.11 试验点的数量不应少于3点，当满足其极差不超过平均值的30%时，可取其平均值为复合地基承载力特征值。当极差超过平均值的30%时，应分析离差过大的原因，需要时应增加试验数量，并结合工程具体情况确定复合地基承载力特征值。工程验收时应视建筑物结构、基础形式综合评价，对于桩数少于5根的独立基础或桩数少于3排的条形基础，复合地基承载力特征值应取最低值。 C.0.11 将单桩极限承载力除以安全系数2，为单桩承载力特征值	

续表

条款号	大纲条款	检查依据	检查要点
5.5.9	振冲碎石桩和沉管碎石桩符合以下要求		
(1)	原材料性能证明文件齐全	**1.《建筑地基基础工程质量验收规范》GB 50202—2018** 3.0.8 砂、石子、水泥、石灰、粉煤灰、矿（钢）渣粉等掺合料、外加剂等原材料的质量、检验项目、批量和检验方法，应符合国家现行有关标准的规定。 **2.《电力建设施工技术规范 第1部分：土建结构工程》DL 5190.1—2012** 3.0.2 工程所用主要原材料、半成品、构（配）件、设备等产品，进入施工现场时应按规定进行现场检验或复验，合格后方可使用，有见证取样检测要求的应符合国家现行有关标准的规定。对工程所用的水泥、钢筋等主要材料应进行跟踪管理。 **3.《建筑地基处理技术规范》JGJ 79—2012** 3.0.11 地基处理所采用的材料，应根据场地类别符合有关标准对耐久性设计与使用的要求	查阅碎石试验检测报告和试验委托单 报告检测结果：合格 报告签章：有 CMA 章和试验报告检测专用章，授权人已签字 委托单签字：见证取样人员已签字且已附资质证书编号 代表数量：与进场数量相符
(2)	施工工艺与设计（施工）方案一致	**1.《建筑地基处理技术规程》JGJ 79—2012** 3.0.12 施工中应有专人负责质量控制和监测，并做好施工记录。 7.2.1 振冲碎石桩、沉管砂石桩复合地基处理应符合下列规定： 2 对大型的、重要的或场地地层复杂的工程，以及对于处理不排水抗剪强度不小于20kPa的饱和黏性土和黄土地基，应在施工前通过现场试验确定其适用性。 3 不加填料振冲挤密法适用于处理黏粒含量不大于10%的中砂、粗砂地基，在初步设计阶段宜进行现场工艺试验，确定不加填料振密的可行性，确定孔距、振密电流值、振冲水压力、振后砂层的物理学指标等施工参数；30kW振冲器振密深度不宜超过7m，75kW振冲器振密深度不宜超过15m	查阅施工方案 施工工艺：与设计方案一致
(3)	地基承载力检测报告结论满足设计要求	**1.《建筑地基基础工程施工质量验收规范》GB 50202—2018** 4.1.4 素土和灰土地基、砂和砂石地基、土工合成材料地基、粉煤灰地基、强夯地基、注浆地基、预压地基的承载力必须达到设计要求。地基承载力的检验数量每300m^2不应少于1点，超过3000m^2部分每500m^2不应少于1点。每单位工程不应少于3点	查阅地基承载力检测报告 结论：符合设计要求 检验数量：符合规范要求 盖章：有 CMA 章和试验报告检测专用章 签字：授权人已签字

续表

条款号	大纲条款	检查依据	检查要点
(4)	质量控制参数符合技术方案，施工记录齐全	**1.《电力工程地基处理技术规程》DL/T 5024—2005** 5.0.12　地基处理的施工应有详细的施工组织设计、施工质量管理和质量保证措施。应有专人负责施工检验与质量监督，做好各项施工记录。 **2.《建筑地基处理技术规范》JGJ 79—2012** 3.0.12　地基处理施工中应有专人负责质量控制和监测，并做好各项施工记录。 7.2.2　振冲碎石桩、沉管砂石桩复合地基设计应符合下列规定： 1　地基处理范围应根据建筑物的重要性和场地条件确定，宜在基础外缘扩大（1～3）排桩。对可液化地基，在基础外缘扩大宽度不应小于基底下可液化土层厚度的1/2，且不应小于5m。 2　桩位布置，对大面积满堂基础和独立基础，可采用三角形、正方形、矩形布桩；对条形基础，可沿基础轴线采用单排布桩或对称轴线多排布桩。 3　桩径可根据地基土质情况、成桩方式和成桩设备等因素确定桩的平均直径可按每根桩所用填料量计算。振冲碎石桩桩径宜为800mm～1200mm；沉管砂石桩桩径宜为300mm～800mm。 4　桩间距应通过现场试验确定，并应符合下列规定： 1）振冲碎石桩的桩间距应根据上部结构荷载大小和场地土层情况，并结合所采用的振冲器功率大小综合考虑；30kW振冲器布桩间距可采用1.3m～2.0m；55kW振冲器布桩间距可采用1.4m～2.5m；75kW振冲器布桩间距可采用1.5m～3.0m；不加填料振冲挤密孔距可为2m～3m。 2）沉管砂石桩的桩间距，不宜大于砂石桩直径的4.5倍；初步设计时，对松散粉土和砂土地基，应根据挤密后要求达到的孔隙比确定，可按公式7.2.2-1、7.2.2-2、7.2.2-3估算。 5　桩长可根据工程要求和工程地质条件，通过计算确定并应符合下列规定： 1）当相对硬土层埋深较浅时，可按相对硬层埋深确定； 2）当相对硬土层埋深较大时，应按建筑物地基变形允许值确定； 3）对按稳定性控制的工程，桩长应不小于最危险滑动面以下2.0m的深度； 4）对可液化的地基，桩长应按要求处理液化的深度确定； 5）桩长不宜小于4m。 6　振冲桩桩体材料可采用含泥量不大于5%的碎石、卵石、矿渣或其他性能稳定的硬质材料，不宜使用风化易碎的石料。对30kW振冲器，填料粒径宜为20mm～80mm；对55kW振冲器，填料粒径宜为30mm～100mm；对75kW振冲器，填料粒径宜为40mm～150mm。沉管桩桩体材料可用含泥量不大于5%的碎石、卵石、角砾、粗砂、中砂或石屑等硬质材料，最大粒径不宜大于50mm。	1. 查阅施工方案 桩位布置，桩长、桩径、桩距，振冲桩桩体材料、振冲电流、留振时间质量控制参数：符合技术方案 2. 查阅施工记录 内容：包括桩位布置，桩长、桩径、桩距，振冲桩桩体材料、振冲电流、留振时间等 记录数量：与验收记录相符

续表

<table>
<tr><th>条款号</th><th>大纲条款</th><th>检查依据</th><th>检查要点</th></tr>
<tr><td>(4)</td><td>质量控制参数符合技术方案，施工记录齐全</td><td>7 桩顶和基础之间宜铺设厚度为300mm～500mm的垫层，垫层材料宜用中砂、粗砂、级配砂石和碎石等，最大粒径不宜大于30mm，其夯填度（夯实后的厚度与虚铺厚度的比值）不应大于0.9。
8 复合地基的承载力初步设计可按本规范7.1.5-1式估算，处理后桩间土承载力特征值，可按地区经验确定，如无经验时，对于一般粘性土地基，可按地区经验确定，如无经验时，对于一般黏性土地基，可取天然地基承载力特征值，松散的砂土、粉土可取原天然地基承载力特征值的（1.2～1.5）倍；复合地基桩土应力比n，宜采用实测值确定，如无实测资料时，对于粘性土可取2.0～4.0，对于砂土、粉土可取1.5～3.0。
9 复合地基变形计算应符合本规范7.1.7和7.1.8的规定。
10 对处理堆载场地地基，应进行稳定性验算。
7.2.3 振冲碎石桩施工应符合下列规定：
1 振冲施工可根据设计荷载的大小、原土强度的高低、设计桩长等条件选用不同功率的振冲器。施工前应在现场进行试验，以确定水压、振密电流和留振时间等各种施工参数。
2 升降振冲器的机械可用起重机、自行井架式施工平车或其他合适的设备。施工设备应配有电流、电压和留振时间自动信号仪表。
3 振冲施工可按下列步骤进行：
1）清理平整施工场地，布置桩位；
2）施工机具就位，使振冲器对准桩位；
3）启动供水泵和振冲器，水压宜为200kPa～600kPa，水量宜为200L/min～400L/min，将振冲器徐徐沉入土中，造孔速度宜为0.5m/min～2.0m/min，直至达到设计深度；记录振冲器经各深度的水压、电流和留振时间；
4）造孔后边提升振冲器，边冲水直至孔口，再放至孔底，重复2次～3次扩大孔径并使孔内泥浆变稀，开始填料制桩；
5）大功率振冲器投料可不提出孔口，小功率振冲器下料困难时，可将振冲器提出孔口填料，每次填料厚度不宜大于500mm；将振冲器沉入填料中进行振密制桩，当电流达到规定的密实电流和规定的留振时间后，将振冲器提升300mm～500mm；
6）重复以上步骤，自下而上逐段制作桩体直至孔口，记录各段深度的填料量、最终电流值和留振时间；
7）关闭振冲器和水泵。
4 施工现场应事先开设泥水排放系统，或组织好运浆车辆将泥浆运至预先安排的存放地点，应设置沉淀池，重复使用上部清水。</td><td></td></tr>
</table>

续表

条款号	大纲条款	检查依据	检查要点
(4)	质量控制参数符合技术方案，施工记录齐全	5 桩体施工完毕后，应将顶部预留的松散桩体挖除，铺设垫层并压实。 6 不加填料振冲加密宜采用大功率振冲器，造孔速度宜为8m/min～10m/min，到达设计深度后，宜将射水量减至最小，留振至密实电流达到规定时，上提0.5m，逐段振密直至孔口，每米振密时间约1min。在粗砂中施工，如遇下沉困难，可在振冲器两侧增焊辅助水管，加大造孔水量，降低造孔水压。 7 振密孔施工顺序，宜沿直线逐点逐行进行。 7.2.4 沉管砂石桩施工应符合下列规定： 1 砂石桩施工可采用振动沉管、锤击沉管或冲击成孔等成桩法。当用于消除粉细砂及粉土液化时，宜用振动沉管成桩法。 2 施工前应进行成桩工艺和成桩挤密试验。当成桩质量不能满足设计要求时，应调整施工参数后，重新进行试验或设计。 3 振动沉管成桩法施工，应根据沉管和挤密情况，控制填砂石量、提升高度和速度、挤压次数和时间、电机的工作电流等。 4 施工中应选用能顺利出料和有效挤压桩孔内砂石料的桩尖结构。当采用活瓣桩靴时，对砂土和粉土地基宜选用尖锥形；一次性桩尖可采用混凝土锥形桩尖。 5 锤击沉管成桩法施工可采用单管法或双管法。锤击法挤密应根据锤击能量，控制分段的填砂石量和成桩的长度。 6 砂石桩桩孔内材料填料量，应通过现场试验确定，估算时，可按设计桩孔体积乘以充盈系数确定，充盈系数可取1.2～1.4。 7 砂石桩的施工顺序：对砂土地基宜从外围或两侧向中间进行。 8 施工时桩位偏差不应大于套管外径的30%，套管垂直度允许偏差应为±1%。 9 砂石桩施工后，应将表层的松散层挖除或夯压密实，随后铺设并压实砂石垫层	
(5)	施工质量的检验项目、方法、数量符合规范规定	**1.《建筑地基基础工程质量验收规范》GB 50202—2018** 4.1.2 砂、石子、水泥、钢材、石灰、粉煤灰等原材料质量、检验项目、批量和检验方法应符合国家现行标准的规定。 4.1.3 地基施工结束，宜在一个间歇期后，进行质量验收，间歇期由设计确定。 4.1.4 素土和灰土地基、砂和砂石地基、土工合成材料地基、粉煤灰地基、强夯地基、注浆地基、预压地基的承载力必须达到设计要求。地基承载力的检验数量每300m^2不应少于1点，超过3000m^2部分每500m^2不应少于1点。每单位工程不应少于3点。 **2.《建筑地基处理技术规范》JGJ 79—2012** 7.2.5 振冲碎石桩、沉管砂石桩复合地基的质量检验应符合下列规定：	1. 查阅质量检验记录 检验项目：包括原材料、地基承载力，符合设计要求 检验方法：包括桩间土采用标准贯入、静力触探、动力触探或其他原位测试；对消除液化的地基检验采用标准贯入试验，符合规范规定 检验数量：符合规范规定

续表

条款号	大纲条款	检查依据	检查要点
(5)	施工质量的检验项目、方法、数量符合规范规定	1 检查各项施工记录，如有遗漏或不符合要求的桩，应补桩或采取其他有效的补救措施。 2 施工后，应间隔一定时间方可进行质量检验。对粉质黏土地基不宜少于21d，对粉土地基不宜少于14d，对砂土和杂填土地基不宜少于7d。 3 施工质量的检验，对桩体可采用重型动力触探试验；对桩间土可采用标准贯入、静力触探、动力触探或其他原位测试等方法；对消除液化的地基检验应采用标准贯入试验。桩间土质量的检测位置应在等边三角形或正方形的中心。检验深度不应小于处理地基深度，检测数量不应少于桩孔总数的2%。 7.2.6 竣工验收时，地基承载力检验应采用复合地基静载荷试验，试验数量不应少于总桩数的1%，且每个单体建筑不应少于3点	2. 查阅质量验收记录 内容：符合规范规定
5.5.10	水泥土搅拌桩符合以下要求		
(1)	原材料性能证明文件齐全	**1.《复合地基技术规范》GB 50783—2012** 6.2.1 固化剂宜选用强度等级为42.5级及以上的水泥或其他类型的固化剂；外掺剂可根据设计要求和土质条件选用具有早强、缓凝、减水以及节省水泥等作用的材料，且应避免污染环境。 **2.《建筑地基处理技术规范》JGJ 79—2012** 7.3.1 水泥土搅拌桩复合地基处理应符合下列规定： 5 增强体的水泥掺量不应小于12%，块状加固时水泥掺量不应小于加固天然土质量的7%；湿法的水泥浆水灰比可取0.5～0.6。 6 水泥土搅拌桩复合地基宜在基础和桩之间设置褥垫层，厚度可取200mm～300mm。褥垫层材料可选用中砂、粗砂、级配砂石等，最大粒径不宜大于20mm。褥垫层的夯填度不应大于0.9。 **3.《混凝土结构工程施工质量验收规范》GB 50204—2015** 7.2.1 水泥进场时应对其品种、代号、强度等级、包装或散装编号、出厂日期等进行检查，并应对水泥的强度、安定性和凝结时间进行检验，检验结果应符合现行国家标准《通用硅酸盐水泥》GB 175等的相关规定。 检查数量：按同一厂家、同一品种、同一代号、同一强度等级、同一批号且连续进场的水泥，袋装不超过200t为一批，散装不超过500t为一批，每批抽样数量不少于一次。 检验方法：检查质量证明文件和抽样检验报告	1. 查阅水泥、外掺剂进场验收记录 内容：包括出厂合格证（出厂试验报告），材料进场时间、批次、数量、规格等相应性能指标 2. 查阅材料跟踪管理台账 内容：包括水泥、外掺剂等材料合格证、复试报告、使用情况、检验数量 3. 查阅水泥、外掺剂试验检测报告和试验委托单 报告检测结果：合格 报告签章：有CMA章和试验报告检测专用章、授权人已签字 委托单签字：见证取样人员已签字且已附资质证书编号 代表数量：与进场数量相符

续表

<table>
<tr><th>条款号</th><th>大纲条款</th><th>检 查 依 据</th><th>检查要点</th></tr>
<tr><td>(2)</td><td>施工工艺与设计（施工）方案一致</td><td>1.《复合地基技术规范》GB/T 50783—2012
6.1.1 深层搅拌桩可采用喷浆搅拌法或喷粉搅拌法施工。当地基土的天然含水量小于30%或黄土含水量小于25%时不宜采用喷粉搅拌法。
6.1.4 确定处理方案前应搜集拟处理区域内详尽的岩土工程资料。
6.2.1 固化剂宜选用强度等级为42.5级及以上的水泥或其他类型的固化剂。固化剂掺入比应根据设计要求的固化土强度经室内配比试验确定。
6.3.1 深层搅拌桩施工现场应预先平整，应清除地上和地下的障碍物。遇有明洪、池塘及洼地时，应抽水和清淤，应回填黏性土料并应压实，不得回填杂填土或生活垃圾。
6.3.3 深层搅拌桩的喷浆（粉）量和搅拌深度应采用经国家计量部门认证的监测仪器进行自动记录。
6.3.4 搅拌头翼片的枚数、宽度与搅拌轴的垂直夹角，搅拌头的回转数，搅拌头的提升速度应相互匹配。加固深度范围内土体任何一点均应搅拌20次以上。
6.3.5 成桩应采用重复搅拌工艺，全桩长上下应至少重复搅拌一次。
6.3.6 深层搅拌桩施工时，停浆（灰）面应高于桩顶设计标高300mm～500mm。在开挖基时，应将搅拌桩顶端施工质量较差的桩段用人工挖除。
6.3.8 深层搅拌桩施工应根据喷浆搅拌法和喷粉搅拌法施工设备的不同，按下列步骤进行：
1 深层搅拌机械就位、调平。
2 预搅下沉至设计加固深度。
3 边喷浆（粉）、边搅拌提升直至预定的停浆（灰）面。
4 重复搅拌下沉至设计加固深度。
5 根据设计要求，喷浆（粉）或仅搅拌提升直至预定的停浆（灰）面。
6 关闭搅拌机械。
6.3.9 施工前应确定灰浆泵输浆量、灰浆经输浆管到达搅拌机喷浆口的时间和起吊设备提升速度等施工参数，宜用流量泵控制输浆速度，注浆泵出口压力应保持在0.4MPa～0.6MPa，并应使搅拌提升速度与输浆速度同步，同时应根据设计要求通过工艺性成桩试验确定施工工艺。
6.3.10 所使用的水泥应过筛，制备好的浆液不得离析，泵送应连续。
6.3.13 喷粉施工前应仔细检查搅拌机械、供粉泵、送（粉）管路、接头和阀门的密封性、可靠性。送气（粉）管路的长度不宜大于60m。
6.3.14 搅拌头每旋转一周，其提升高度不得超过16mm。
6.3.15 成桩过程中因故停止喷粉，应将搅拌头下沉至停灰面以下1m处，并应待恢复喷粉时再喷粉搅拌提升。</td><td>查阅施工方案
施工工艺：与设计方案一致</td></tr>
</table>

续表

条款号	大纲条款	检 查 依 据	检查要点
(2)	施工工艺与设计（施工）方案一致	6.3.16 需在地基土天然含水量小于30％土层中喷粉成桩时，应采用地面注水搅拌工艺。 **2.《建筑地基处理技术规范》JGJ 79—2012** 7.3.2 水泥土搅拌桩用于处理泥炭土、有机质土、pH值小于4的酸性土、塑性指标大于25的粘土，或在腐蚀性环境中以及无工程经验的地区使用时，必须通过现场和室内试验确定其适用性。 7.3.5 水泥土搅拌桩施工应符合下列规定： 2 水泥土搅拌桩施工前，应根据设计进行工艺性试桩，数量不得少于3根，多轴搅拌施工不得少于3组。应对工艺试桩的质量进行检查，确定施工参数。 7.3.6 水泥土搅拌桩干法施工机械必须配置经国家计量部门确认的具有能瞬时检测并记录出粉体计量装置及搅拌深度自动记录仪。 **3.《深层搅拌法技术规范》DL/T 5425—2009** 6.5.9 施工记录应有专人负责，施工记录格式可参见《电力建设施工质量验收及评价规程》第一部分：土建工程配套表格，3-14水泥搅拌桩施工记录 7.0.11 施工过程中应详细记录搅拌钻头每米下沉（提升）时间、注浆与停泵的时间。记录深度误差不得大于50mm，时间误差不得大于5s。 7.0.12 施工记录应及时、准确、完整、清晰	
(3)	对变形有严格要求的工程，采用钻取芯样做水泥土抗压强度检验，检验数量、检测结果符合规范规定	**1.《建筑地基基础工程施工质量验收规范》GB 50202—2018** 4.11.4 水泥土搅拌桩地基质量检验标准应符合表4.11.4的规定。 **2.《建筑地基处理技术规范》JGJ 79—2012** 7.3.7 水泥土搅拌桩复合地基质量检验应符合下列规定： 4. 对变形有严格要求的工程，应在成桩28d后，采用双管单动取样器钻取芯样做水泥土抗压强度检验，检验数量为施工总桩数的0.5％，且不少于6点	1. 查阅对变形有严格要求工程的施工记录 内容：芯样检验数量、检测时间和结果符合设计要求和规范规定 2. 查阅水泥土抗压强度检测报告和试验委托单 报告检测结果：合格 报告签章：有CMA章和试验报告检测专用章、授权人已签字 委托单签字：见证取样人员已签字且已附资质证书编号
(4)	地基承载力检测报告结论满足设计要求	**1.《复合地基技术规范》GB/T 50783—2012** 3.0.5 复合地基中由桩周土和桩端土提供的单桩竖向承载力和桩身承载力，均应符合设计要求	查阅地基承载力检测报告 结论：复合地基和单桩承载力符合设计要求

续表

条款号	大纲条款	检查依据	检查要点
(4)	地基承载力检测报告结论满足设计要求		检验数量：符合规范要求 盖章：有CMA章和试验报告检测专用章 签字：授权人已签字
(5)	质量控制参数符合技术方案，施工记录齐全	**1.《复合地基技术规范》GB/T 50783—2012** 6.3.7 施工中应保持搅拌桩机底盘水平和导向架竖直，搅拌桩垂直度的允许偏差为1%；桩位的允许偏差为50mm；成桩直径和桩长不得小于设计值。 6.3.9 施工前应确定灰浆泵输浆量、灰浆经输浆管到达搅拌机喷浆口的时间和起吊等施工参数，宜用流量泵控制输浆速度，注浆泵出口压力应保持在0.4MPa～0.6MPa。 6.3.10 拌制水泥浆液的罐数、水泥和外掺剂用量以及泵送浆液的时间等，应有专人记录。 6.3.11 搅拌机喷浆提升的速度和次数应符合施工工艺的要求，并应有专人记录。 6.3.12 当水泥浆液到达出浆口后，应喷浆搅拌30s，应在水泥浆与桩端土充分搅拌后，再开始提升搅拌头	1. 查阅施工方案 灰浆泵输浆量、设备提升速度、注浆泵出口压等质量控制参数：符合技术方案 2. 查阅施工记录 内容：包括灰浆泵输浆量、设备提升速度、注浆泵出口压等 记录数量：与验收记录相符
(6)	施工质量的检验项目、方法、数量符合规范规定，质量验收记录齐全	**1.《建筑地基基础工程施工质量验收规范》GB 50202—2018** 4.11.4 水泥土搅拌桩地基质量检验标准应符合表4.11.4的规定。 **2.《建筑地基处理技术规范》JGJ 79—2012** 7.3.7 水泥土搅拌桩复合地基质量检验应符合下列规定： 2 水泥土搅拌桩的施工质量检验可采用下列方法： 1）成桩3d内，采用轻型动力触探（N_{10}）检查上部桩身的均匀性，检验数量为施工总桩数的1%，且不少于3根； 2）成桩7d后，采用浅部开挖桩头进行检查，开挖深度宜超过停浆（灰）面下0.5m，检查搅拌的均匀性，量测成桩直径，检查数量不少于总桩数的5%。 3 静载荷试验宜在成桩28d后进行。水泥土搅拌桩复合地基承载力检验应采用复合地基静载荷试验和单桩静载荷试验，验收检验数量不少于总桩数的1%，复合地基静载荷试验数量不少于3台（多轴搅拌为3组）。 4 对变形有严格要求的工程，应在成桩28d后，采用双管单动取样器钻取芯样作水泥土抗压强度检验，检验数量为施工总桩数的0.5%，且不少于6点。 7.3.8 基槽开挖后，应检验桩位、桩数与桩顶桩身质量如不符合设计要求，应采取有效补强措施	1. 查阅质量检验记录 检验项目：包括水泥用量、桩底标高、桩顶标高、桩位、桩径等偏差等，符合设计要求和规范规定 检验方法：包括成桩3d内，采用轻型动力触探（N_{10}）；成桩7d后，采用浅部开挖桩头进行检查等，符合规范规定 检验数量：符合规范规定 2. 查阅质量验收记录 内容：包括检验批、分项工程验收记录及隐蔽工程验收文件等，验收合格 数量：与项目质量验收范围划分表相符

续表

条款号	大纲条款	检查依据	检查要点
5.5.11	旋喷桩复合地基符合以下要求		
(1)	原材料性能证明文件齐全	**1.《混凝土结构工程施工质量验收规范》GB 50204—2015** 7.2.1 水泥进场时应对其品种、代号、强度等级、包装或散装编号、出厂日期等进行检查，并应对水泥的强度、安定性和凝结时间进行检验，检验结果应符合现行国家标准《通用硅酸盐水泥》GB 175等的相关规定。 检查数量：按同一厂家、同一品种、同一代号、同一强度等级、同一批号且连续进场的水泥，袋装不超过200t为一批，散装不超过500t为一批，每批抽样数量不少于一次。 检验方法：检查质量证明文件和抽样检验报告。 **2.《建筑地基处理技术规范》JGJ 79—2012** 7.4.6 旋喷桩复合地基宜在基础和桩顶之间设置褥垫层。褥垫层厚度宜为150mm～300mm，褥垫层材料可选用中砂、粗砂和级配砂石等，褥垫层最大粒径不宜大于20mm。褥垫层的夯填度不应大于0.9。 7.4.8 旋喷桩施工应符合下列规定： 3 旋喷注浆，宜采用强度等级为42.5级的普通硅酸盐水泥，可根据需要加入适量的外加剂及掺合料。外加剂和掺合料的用量，应通过试验确定。 4 水泥浆液的水灰比宜为0.8～1.2	1. 查阅水泥、外掺剂进场验收记录 内容：包括出厂合格证（出厂试验报告）、材料进场时间、批次、数量、规格、相应性能指标 2. 查阅材料跟踪管理台账 内容：包括水泥、外掺剂等材料力合格证、复试报告、使用情况、检验数量，可追溯 3. 查阅水泥、外掺剂试验检测报告和试验委托单 报告检测结果：合格 报告签章：有CMA章和试验报告检测专用章、授权人已签字 委托单签字：见证取样人员已签字且已附资质证书编号 代表数量：与进场数量相符
(2)	施工工艺与设计（施工）方案一致	**1.《复合地基技术规范》GB/T 50783—2012** 7.1.4 高压旋喷桩复合地基方案确定后，应结合工程情况进行现场试验、试验性施工或根据工程经验确定施工参数及工艺。 7.3.1 施工前应根据现场环境和地下埋设物位置等情况，复核设计孔位。 7.3.3 高压旋喷水泥土桩施工应按下列步骤进行： 1 高压旋喷机械就位、调平。 2 贯入喷射管至设计加固深度。 3 喷射注浆，边喷射、边提升，根据设计要求，喷射提升直至预定的停喷面。 4 拔管及冲洗，移位或关闭施工机械。 **2.《建筑地基处理技术规范》JGJ 79—2012** 7.4.8 旋喷桩施工应符合下列规定： 9 在旋喷注浆过程中出现压力骤然下降、上升或冒浆异常时，应查明原因并及时采取措施。	查阅施工方案 施工工艺：与设计方案一致

续表

条款号	大纲条款	检查依据	检查要点
(2)	施工工艺与设计（施工）方案一致	10 旋喷注浆完毕，应迅速拔出喷射管。为防止浆液凝固收缩影响桩顶高程，可在原孔位采用冒浆回灌或第二次注浆等措施。 11 施工中应做好废泥浆处理，及时将废泥浆运出或在现场短期堆放后作土方运出。 12 施工中应严格按照施工参数和材料用量施工，用浆量和提升速度应采用自动记录装置，并做好各项施工记录	
(3)	地基承载力检测报告结论满足设计要求	**1.《复合地基技术规范》GB/T 50783—2012** 7.4.4 高压旋喷桩复合地基工程验收时，应按本规范附录A的有关规定进行复合地基竖向抗压载荷试验。载荷试验应在桩体强度满足试验荷载条件，并宜在成桩28d后进行。检验数量应符合设计要求。 **2.《建筑地基处理技术规范》JGJ 79—2012** 7.4.10 竣工验收时，旋喷桩复合地基承载力检验应采用复合地基静载荷试验和单桩静载荷试验。检验数量不得少于总桩数的1%，且每个单体工程复合地基静载荷试验的数量不得少于3根	查阅地基承载力检测报告 结论：复合地基和单桩承载力符合设计要求 检验数量：符合规范要求 盖章：有CMA章和试验报告检测专用章 签字：授权人已签字
(4)	质量控制参数符合技术方案，施工记录齐全	**1.《复合地基技术规范》GB/T 50783—2012** 7.4.1 高压旋喷桩施工过程中应随时检查施工记录和计量记录，并应对照规定的施工工艺对每根桩进行质量评定。 **2.《建筑地基处理技术规范》JGJ 79—2012** 7.4.8 旋喷桩施工应符合下列规定： 2 单管法、双管法高压水泥浆和三管法高压水的压力应大于20MPa，流量应大于30L/min，气流压力宜大0.7MPa，提升速度宜为0.1m/min～0.2m/min。 3 旋喷注浆，宜采用强度等级为42.5级的普通硅酸盐水。 泥，可根据需要加入适量的外加剂及掺合料。外加剂和掺合料的用量，应通过试验确定。 4 水泥浆液的水灰比宜为0.8～1.2	1. 查阅施工方案 质量控制参数：包括水灰比、灰浆泵输浆量、设备提升速度、注浆泵出口压力等，符合技术方案 2. 查阅施工记录 内容：包括水灰比、灰浆泵输浆量、设备提升速度、注浆泵出口压等 记录数量：与验收记录相符
(5)	施工质量的检验项目、方法、数量符合规范规定，质量验收记录齐全	**1.《复合地基技术规范》GB/T 50783—2012** 7.4.2 高压旋喷桩复合地基检测与检验可根据工程要求和当地经验采用开挖检查、取芯、标准贯入、载荷试验等方法进行检验，并应结合工程测试及观测资料综合评价加固效果。 7.4.3 检验点布置应符合下列规定： 1 有代表性的桩位。 2 施工中出现异常情况的部位。 3 地基情况复杂，可能对高压喷射注浆质量产生影响的部位。	1. 查阅质量检验记录 检验项目：包括水泥用量、桩底标高、桩顶标高、桩位、桩径等，符合设计要求和规范规定 检验方法：采用开挖检查、取芯、标准贯入法、载荷试验等，符合规范规定

续表

条款号	大纲条款	检 查 依 据	检查要点
(5)	施工质量的检验项目、方法、数量符合规范规定，质量验收记录齐全	7.4.4 高压旋喷桩复合地基工程验收时，应按本规范附录A的有关规定进行复合地基竖向抗压载荷试验。载荷试验应在桩体强度满足试验荷载条件，并宜在成桩28d后进行。检验数量应符合设计要求。 **2.《建筑地基基础工程施工质量验收规范》GB 50202—2018** 4.10.3 施工结束后，应检验桩体的强度和平均直径，以及单桩与复合地基的承载力检验等。 4.10.4 高压喷射注浆复合地基质量检验标准应符合表4.10.4的规定	检验数量：检验数量不少于施工总桩数的1%，且每个单体工程复合地基不少于3根，符合规范规定 2. 查阅质量验收记录 内容：包括检验批、分项工程验收记录及隐蔽工程验收文件等 数量：与项目质量验收范围划分表相符
5.5.12	灰土挤密桩和土挤密桩复合地基符合以下要求		
(1)	消石灰性能指标及灰土强度等级符合设计要求	**1.《建筑地基处理技术规范》JGJ 79—2012** 7.5.2 灰土挤密桩、土挤密桩复合地基设计应符合下列规定： 6 桩孔内的灰土填料，其消石灰与土的体积配合比，宜为2∶8或3∶7。土料宜选用粉质黏土，土料中的有机质含量不应超过5%，且不得含有冻土，渣土垃圾粒径不应超过15mm。石灰可选用新鲜的消石灰或生石灰粉，粒径不应大于5mm。消石灰的质量应合格，有效CaO+MgO含量不得低于60%	1. 查阅消石灰进场验收记录 内容：包括出厂合格证（出厂试验报告）、材料进场时间、批次、数量、规格、相应性能指标 2. 查阅消石灰试验报告和试验委托单 报告检测结果：合格 报告签章：有CMA章和试验报告检测专用章、授权人已签字 委托单签字：见证取样人员已签字且已附资质证书编号 3. 查阅灰土配合比记录 配合比：符合设计要求
(2)	施工工艺与设计（施工）方案一致	**1.《复合地基技术规范》GB/T 50783—2012** 8.1.1 灰土挤密桩复合地基适用于填土、粉土、粉质黏土、湿陷性黄土和非湿陷性黄土、黏土以及其他可进行挤密处理的地基。 8.1.2 采用灰土挤密桩处理地基时，应使地基土的含水量达到或接近最优含水量。地基土的含水量小于12%时，应先对地基土进行增湿，再进行施工。当地基土的含水量大于22%或含有不可穿越的砂砾夹层时，不宜采用。	查阅施工方案 施工工艺：与设计方案一致

续表

条款号	大纲条款	检 查 依 据	检查要点
(2)	施工工艺与设计（施工）方案一致	8.1.3 对于缺乏灰土挤密法地基处理经验的地区，应在地基处理前，选择有代表性的场地进行现场试验，并应根据试验结果确定设计参数和施工工艺，再进行施工。 8.1.4 成孔挤密施工，可采用沉管、冲击、爆扩等方法。当采用预钻孔夯扩挤密时，应加强施工控制，并应确保夯扩直径达到设计要求。 8.1.5 孔内填料宜采用素土或灰土，也可采用水泥土等强度较高的填料。对非湿陷性地基，也可采用建筑垃圾、砂砾等作为填料。 8.3.1 灰土挤密桩施工应间隔分批进行，桩孔完成后应及时夯填。进行地基局部处理时，应由外向里施工。 8.3.3 填料用素土时，宜采用纯净黄土，也可选用黏土、粉质黏土等，土中不得含有有机质，不宜采用塑性指数大于17的黏土，不得使用耕土或杂填土，冬季施工时严禁使用冻土。 8.3.4 灰土挤密桩施工应预留0.5m～0.7m的松动层，冬季在零度以下施工时，宜增大预留松动层厚度。 8.3.5 夯填施工前，应进行不少于3根桩的夯填试验，并应确定合理的填料数量及夯击能量。 8.3.6 灰土挤密桩复合地基施工完成后，应挖除上部扰动层，基底下应设置厚度不小于0.5m的灰土或土垫层，湿陷性土不宜采用透水材料作垫层。 **2.《建筑地基处理技术规范》JGJ 79—2012** 7.5.3 灰土挤密桩、土挤密桩施工应符合下列规定： 6 铺设灰土垫层前，应按设计要求将桩顶标高以上的预留松动土层挖除或夯（压）密实； 7 施工过程中，应有专人监督成孔及回填夯实的质量，并应做好施工记录；如发现地基土质与勘察资料不符，应立即停止施工，待查明情况或采取有效措施处理后，方可继续施工； 8 雨期或冬期施工，应采取防雨或防冻措施，防止填料受雨水淋湿或冻结	
(3)	桩长范围内灰土或土填料的平均压实系数、处理深度内桩间土的平均挤密系数、抽检数量符合规范规定	**1.《建筑地基处理技术规范》JGJ 79—2012** 7.5.2 灰土挤密桩、土挤密桩复合地基设计应符合下列规定： 7 孔内填料应分层回填夯实，填料的平均压实系数不应低于0.97，其中压实系数最小值不应低于0.93。 7.5.4 灰土挤密桩、土挤密桩复合地基质量检验应符合下列规定： 2 应随机抽样检测夯后桩长范围内灰土或土填料的平均压实系数 λ_c，抽检的数量不应少于桩总数的1%，且不得少于9根。对灰土桩桩身强度有怀疑时，尚应检验消石灰与土的体积配合比。	1. 查阅击实试验报告，平均压实系数、平均挤密系数试验检测报告和试验委托单 报告检测结果：合格 报告签章：有CMA章和试验报告检测专用章、授权人已签字

续表

条款号	大纲条款	检查依据	检查要点
(3)	桩长范围内灰土或土填料的平均压实系数、处理深度内桩间土的平均挤密系数、抽检数量符合规范规定	3 应抽样检验处理深度内桩间土的平均挤密系数 η_c，检测探井数不应少于总桩数的0.3%，且每项单体工程不得少于3个	委托单签字：见证取样人员已签字且已附资质证书编号 2. 查阅地基承载力检测报告和试验委托单 报告检测结果：合格 报告签章：有CMA章和试验报告检测专用章、授权人已签字 委托单签字：见证取样人员已签字且已附资质证书编号
(4)	对消除湿陷性的工程，进行了现场浸水静载荷试验，试验结果符合规范规定	**1.《复合地基技术规范》GB/T 50783—2012** 8.4.4 在湿陷性土地区，对特别重要的项目尚应进行现场浸水载荷试验	查阅特别重要项目的浸水载荷试验报告 结论：符合规范规定和设计要求 盖章：有CMA章和试验报告检测专用章 签字：授权人已签字
(5)	地基承载力检测报告结论满足设计要求	**1.《复合地基技术规范》GB/T 50783—2012** 8.4.3 灰土挤密桩复合地基工程验收时，应按本规范附录A的有关规定进行复合地基竖向抗压载荷试验。检验数量应符合设计要求	查阅地基承载力检测报告 结论：复合地基承载力符合设计要求 检验数量：符合规范要求 盖章：有CMA章和试验报告检测专用章 签字：授权人已签字
(6)	质量控制参数符合技术方案，施工记录齐全	**1.《复合地基技术规范》GB/T 50783—2012** 8.2.5 当挤密处理深度不超过12m时，不宜采用预钻孔，挤密孔的直径宜为0.35m～0.45m。当挤密孔深度超过12m时，宜在下部采用预钻孔，成孔直径宜为0.30m以下；也可全部采用预钻孔，孔径不宜大于0.40m，应在填料回填程中进行孔内强夯挤密，挤密后填料孔直径应达到0.60m以上。 8.2.9 灰土的配合比宜采用3∶7或2∶8（体积比），含水量应控制在最优含量±2%以内，石灰应为熟石灰。	1. 查阅施工方案 灰土配合比控制参数：符合技术方案要求

续表

条款号	大纲条款	检查依据	检查要点
(6)	质量控制参数符合技术方案，施工记录齐全	8.3.2 挤密桩孔底在填料前应夯实，填料时宜分层回填夯实，其压实系数（λ_c）不应小于0.97。 **2.《建筑地基处理技术规范》JGJ 79—2012** 7.5.3 灰土挤密桩、土挤密桩施工应符合下列规定： 4 土料有机质含量不应大于5%，且不得含有冻土和膨胀土，使用时应过10mm～20mm的筛，混合料含水量应满足最优含水量要求，允许偏差应为±2%，土料和水泥应拌合均匀； 5 成孔和孔内回填夯实应符合下列规定： 1）成孔和孔内回填夯实的施工顺序，当整片处理地基时，宜从里（或中间）向外间隔1孔～2孔依次进行，对大型工程，可采取分段施工；当局部处理地基时，宜从外向里间隔1孔～2孔依次进行； 2）向孔内填料前，孔底应夯实，并应检查桩孔的直径、深度和垂直度； 3）桩孔的垂直度允许偏差应为±1%； 4）孔中心距允许偏差应为桩距的±5%； 5）经检验合格后，应按设计要求，向孔内分层填入筛好的素土、灰土或其他填料，并应分层夯实至设计标高	2. 查阅施工记录 内容：包括灰土比、桩位、孔径、孔深等质量控制参数 记录数量：与验收记录相符
(7)	施工质量的检验项目、方法、数量符合规范规定，质量验收记录齐全	**1.《复合地基技术规范》GB/T 50783—2012** 8.4.1 灰土挤密桩施工过程中应随时检查施工记录和计量记录，并应对照规定的施工工艺对每根桩进行质量评定。 8.4.2 施工人员应及时抽样检查孔内填料的夯实质量，检查数量应由设计单位根据工程情况提出具体要求。对重要工程尚应分层取样测定挤密土及孔内填料的湿陷性及压缩性。 **2.《建筑地基基础工程施工质量验收规范》GB 50202—2018** 4.12.1 施工前应对石灰及土的质量、桩位等进行检查。 4.12.2 施工中应对桩孔直径、桩孔深度、夯击次数、填料的含水量及压实系数等进行检查。 4.12.3 施工结束后，应检验成桩的质量及复合地基承载力。 4.12.4 土和灰土挤密桩复合地基质量检验标准应符合表4.12.4的规定。 **3.《建筑地基处理技术规范》JGJ 79—2012** 7.5.4 灰土挤密桩、土挤密桩复合地基质量检验应符合下列规定： 5 承载力检验应在成桩后14d～28d后进行，检测数量不应少于总桩数的1%，且每项单体工程复合地基静载荷试验不应少于3点。 7.5.5 竣工验收时，灰土挤密桩、土挤密桩复合地基的承载力检验应采用复合地基静载荷试验	1. 查阅质量检验记录 检验项目：包括桩孔直径、桩孔深度、夯击次数、填料的含水量、密实度等，符合设计要求 检验方法：量测、环刀法等符合规范规定 检验数量：符合规范规定 2. 查阅质量验收记录 内容：包括检验批、分项工程验收记录及隐蔽工程验收文件等 数量：与项目质量验收范围划分表相符

续表

<table>
<tr><th>条款号</th><th>大纲条款</th><th>检 查 依 据</th><th>检查要点</th></tr>
<tr><td>5.5.13</td><td>夯实水泥土桩复合地基符合以下要求</td><td></td><td></td></tr>
<tr><td rowspan="3">(1)</td><td rowspan="3">原材料性能证明文件齐全</td><td rowspan="3">1.《复合地基技术规范》GB 50783—2012
9.3.2 水泥应符合设计要求的种类及规格。
9.3.3 土料宜采用黏性土、粉土、粉细砂或渣土，土料中的有机物质含量不得超过5%，不得含有冻土或膨胀土，使用前应过孔径为10mm～20mm的筛。
9.3.4 水泥土混合料配合比应符合设计要求，含水量与最优含水量的允许偏差为±2%，并应采取搅拌均匀的措施。当用机械搅拌时，搅拌时间不应少于1min，当用人工搅拌时，拌和次数不应少于3遍。混合料拌和后应在2h内用于成桩。
2.《混凝土结构工程施工质量验收规范》GB 50204—2015
7.2.1 水泥进场时应对其品种、代号、强度等级、包装或散装编号、出厂日期等进行检查，并应对水泥的强度、安定性和凝结时间进行检验，检验结果应符合现行国家标准《通用硅酸盐水泥》GB 175等的相关规定。
检查数量：按同一厂家、同一品种、同一代号、同一强度等级、同一批号且连续进场的水泥，袋装不超过200t为一批，散装不超过500t为一批，每批抽样数量不少于一次。
检验方法：检查质量证明文件和抽样检验报告</td><td>1. 查阅水泥、外掺剂进场验收记录
内容：包括出厂合格证（出厂试验报告）、复试报告、材料进场时间、批次、数量、规格、相应性能指标</td></tr>
<tr><td>2. 查阅材料跟踪管理台账
内容：包括水泥、外掺剂等材料的合格证、复试报告、使用情况、检验数量，可追溯</td></tr>
<tr><td>3. 查阅水泥、外掺剂试验检测报告和试验委托单
报告检测结果：合格
报告签章：有CMA章和试验报告检测专用章、授权人已签字
委托单签字：见证取样人员已签字且已附资质证书编号
代表数量：与进场数量相符</td></tr>
<tr><td>(2)</td><td>施工工艺与设计（施工）方案一致</td><td>1.《复合地基技术规范》GB/T 50783—2012
9.1.1 夯实水泥土桩复合地基适用于处理深度不超过10m，在地下水位以上为黏性土、粉土、粉细砂、素填土、杂填土等适合成桩并能挤密的地基。
9.1.2 夯实水泥土桩可采用沉管、冲击等挤土成孔法施工，也可采用洛阳铲、螺旋钻等非挤土成孔法施工。
9.2.4 夯实水泥土桩桩径宜根据施工工具和施工方法确定，宜取300mm～600mm，桩中心距不宜大于桩径的5倍。</td><td>查阅施工方案
施工工艺：与设计方案一致</td></tr>
</table>

续表

条款号	大纲条款	检 查 依 据	检查要点
(2)	施工工艺与设计（施工）方案一致	9.2.5 夯实水泥土桩的桩顶宜铺设厚度为100mm～300mm的垫层，垫层材料宜选用最大粒径不大于20mm的中砂、粗砂、石屑、级配砂石等。 9.3.1 施工前应根据设计要求，进行工艺性试桩，数量不得少于2根。 **2.《建筑地基处理技术规范》JGJ 79—2012** 7.6.3 夯实水泥土桩施工应符合下列规定： 1 成孔应根据设计要求、成孔设备、现场土质和周围环境等，选用钻孔、洛阳铲成孔等方法。当采用人工洛阳铲成孔工艺时，处理深度不宜大于6.0m。 2 桩顶设计标高以上的预留覆盖土层厚度不宜小于0.3m。 3 成孔和孔内回填夯实应符合下列规定： 1）宜选用机械成孔和夯实。 2）向孔内填料前，孔底应夯实；分层夯填时，夯锤落距和填料厚度应满足夯填密实度的要求。 3）土料有机质含量不应大于5%，且不得含有冻土和膨胀土，混合料含水量应满足最优含水量要求，允许偏差应为±2%，土料和水泥应拌合均匀。 4）成孔经检验合格后，按设计要求，向孔内分层填入拌合好的水泥土，并应分层夯实至设计标高。 4 铺设垫层前，应按设计要求将桩顶标高以上的预留土层挖除。垫层施工应避免扰动基底土层。 5 施工过程中，应有专人监理成孔及回填夯实的质量，并应做好施工记录。如发现地基土质与勘察资料不符，应立即停止施工，待查明情况或采取有效措施处理后，方可继续施工。 6 雨期或冬期施工，应采取防雨或防冻措施，防止填料受雨水淋温或冻结	
(3)	夯填桩体的干密度、抽检数量符合规范规定	**1.《建筑地基处理技术规范》JGJ 79—2012** 7.6.4 夯实水泥土桩复合地基质量检验应符合下列规定： 2 夯填桩体的干密度质量检验应随机抽样检测，抽检的数量不应少于总桩数的2%	1. 查阅夯填桩体的干密度试验检测报告 报告检测结果：合格 报告签章：有CMA章和试验报告检测专用章、授权人已签字 委托单签字：见证取样人员已签字且已附资质证书编号
			2. 查阅施工单位抽检计划 检测数量：抽检数量与计划一致

续表

条款号	大纲条款	检 查 依 据	检查要点
(4)	地基承载力检测报告结论满足设计要求	**1.《建筑地基处理技术规范》JGJ 79—2012** 7.6.5 竣工验收时，夯实水泥土桩复合地基承载力检验应采用单桩复合地基静载荷试验和单桩静载荷试验；对重要或大型工程，尚应进行多桩复合地基静载荷试验	查阅地基承载力检测报告 结论：符合设计要求 检验数量：符合规范要求 盖章：有 CMA 章和试验报告检测专用章 签字：授权人已签字
(5)	质量控制参数符合技术方案，施工记录齐全	**1.《复合地基技术规范》GB/T 50783—2012** 9.2.9 夯实水泥土材料的配合比应根据工程要求、土料性质、施工工艺及采用的水泥品种、强度等级，由配合比试验确定，水泥与土的体积比宜取 1∶5～1∶8。 9.3.2 水泥应符合设计要求的种类及规格。 9.3.3 土料宜采用黏性土、粉土、粉细砂或渣土，土料中的有机物质含量不得超过 5%，不得含有冻土或膨胀土，使用前应过孔径为 10mm～20mm 的筛。 9.3.4 水泥土混合料配合比应符合设计要求，含水量与最优含水量的允许偏差为±2%，并应采取搅拌均匀的措施。 当用机械搅拌时，搅拌时间不应少于 1min，当用人工搅拌时，拌和次数不应少于 3 遍。混合料拌和后应在 2h 内用于成桩。 9.3.5 成桩宜采用桩体夯实机，宜选用梨形或锤底为盘形的夯锤，锤体直径与桩孔直径之比宜取 0.7～0.8，锤体质量应大于 120kg，夯锤每次提升高度，不应低于 700mm。 9.3.6 夯实水泥土桩施工步骤应为成孔—分层夯实—封顶—夯实。成孔完成后，向孔内填料前孔底应夯实。填料频率与落锤频率应协调一致，并应均匀填料，严禁突击填料。每回填料厚度应根据夯锤质量经现场夯填试验确定，桩体的压实系数（λ_c）不应小于 0.93。 9.3.8 施工时桩顶应高出桩顶设计标高 100mm～200mm，垫层施工前应将高于设计标高的桩头凿除，桩顶面应水平、完整。 9.3.9 成孔及成桩质量监测应设专人负责，并应做好成孔、成桩记录，发现问题应及时进行处理。 9.3.10 桩顶垫层材料不得含有植物残体、垃圾等杂物，铺设厚度应均匀，铺平后应振实或夯实，夯填度不应大于 0.9	1. 查阅施工方案 水泥土配合比控制参数：符合技术方案要求 2. 查阅施工记录 内容：包括水泥土配合比、分层回填厚度、桩锤落距、桩位、孔径、孔深等质量控制参数 记录数量：与验收记录相符

续表

条款号	大纲条款	检查依据	检查要点
(6)	施工质量的检验项目、方法、数量符合规范规定，质量验收记录齐全	**1.《复合地基技术规范》GB/T 50783—2012** 9.3.7 桩位允许偏差，对满堂布桩为桩径的0.4倍，条基布桩为桩径的0.25倍；桩孔垂直度允许偏差为1.5%；桩径的允许偏差为±20mm；桩孔深度不应小于设计深度。 9.4.1 夯实水泥土桩施工过程中应随时检查施工记录和计量记录，并应对照规定的施工工艺对每根桩进行质量评定。 9.4.2 桩体夯实质量的检查，应在成桩过程中随时随机抽取，检验数量应由设计单位根据工程情况提出具体要求。密实度的检测可在夯实水泥土桩桩体内取样测定干密度或以轻型圆锥动力触探击数（N_{10}）判断桩体夯实质量。 **2.《建筑地基基础工程施工质量验收规范》GB 50202—2018** 4.14.1 施工前应对进场的水泥及夯实用土料的质量进行检验。 4.14.2 施工中应检查孔位、孔深、孔径、水泥和土的配比及混合料含水量等。 4.14.3 施工结束后，应对桩体质量、复合地基承载力及褥垫层夯填度进行检验。 4.14.4 夯实水泥土桩的质量检验标准应符合表4.14.4的规定。 **3.《建筑地基处理技术规范》JGJ 79—2012** 7.6.4 夯实水泥土桩复合地基质量检验应符合下列规定： 1 成桩后，应及时抽样检验水泥土桩的质量； 2 夯填桩体的干密度质量检验应随机抽样检测，抽检的数量不应少于总桩数的2%； 3 复合地基静载荷试验和单桩静载荷试验检验数量不应少于桩总数的1%，且每项单体工程复合地基静载荷试验检验数量不应少于3点	1. 查阅质量检验记录 检验项目：包括孔位、孔深、孔径、水泥和土的配比、混合料含水量等，符合规范规定 检验方法：量测、环刀法符合规范规定 检验数量：符合规范规定 2. 查阅质量验收记录 内容：包括检验批、分项工程验收记录及隐蔽工程验收文件等 数量：与项目质量验收范围划分表相符
5.5.14	水泥粉煤灰碎石桩复合地基符合以下要求		
(1)	原材料性能证明文件齐全	**1.《建筑地基基础工程施工质量验收规范》GB 50202—2018** 4.1.2 砂、石子、水泥、钢材、石灰、粉煤灰等原材料的质量、检测项目、批量和检验方法，应符合国家现行标准的规定。 **2.《混凝土结构工程施工质量验收规范》GB 50204—2015** 7.2.1 水泥进场时应对其品种、级别、包装或散装仓号、出厂日期等进行检查，并应对其强度、安定性及其他必要的性能指标进行复验，其质量必须符合现行国家标准《硅酸盐水泥、普通硅酸盐水泥》GB 175等的规定。	1. 查阅水泥、粉煤灰进场验收记录 内容：包括出厂合格证（出厂试验报告）、复试报告、材料进场时间、批次、数量、规格、相应性能指标

续表

条款号	大纲条款	检查依据	检查要点
(1)	原材料性能证明文件齐全	检查数量：按同一生产厂家、同一品种、同一代号、同一强度等级、同一批号且连续进场的水泥，袋装不超过200t为一批，散装不超过500t为一批，每批抽样不少于一次。 检验方法：检查质量证明文件和抽样检验报告	2. 查阅施工单位材料跟踪管理台账 内容：包括水泥、粉煤灰等材料的合格证、复试报告、使用情况、检验数量，可追溯 3. 查阅水泥、外掺剂试验检测报告和试验委托单 检测报告：检测结果合格、有CMA章和试验报告检测专用章、授权人已签字，检测项目满足认证范围且在有效期内 委托单：有监理见证取样签字且具备见证资质 代表数量：与进场数量相符
(2)	施工工艺与设计（施工）方案一致	**1.《建筑地基处理技术规范》JGJ 79—2012** 7.7.1　水泥粉煤灰碎石桩复合地基适用于处理黏性土、粉土、砂土和自重固结已完成的素填土地基。对淤泥质土应按地区经验或通过现场试验确定其适用性。 7.7.3　水泥粉煤灰碎石桩施工应符合下列规定： 1　可选用下列施工工艺： 1）长螺旋钻孔灌注成桩：适用于地下水位以上的黏性土、粉土、素填土、中等密实以上的砂土地基。 2）长螺旋钻中心压灌成桩：适用于黏性土、粉土、砂土和素填土地基，对噪声或泥浆污染要求严格的场地可优先选用；穿越卵石夹层时应通过试验确定适用性。 3）振动沉管灌注成桩：适用于粉土、黏性土及素填土地基；挤土造成地面隆起量大时，应采用较大桩距施工。 4）泥浆护壁成孔灌注桩，适用于地下水位以下的黏性土、粉土、砂土、填土、碎石土及风化岩层等地基；桩长范围和桩端有承压水的土层应通过试验确定其适应性。 2　长螺旋钻中心压灌成桩施工和振动沉管灌注成桩施工应符合下列规定： 1）施工前，应按设计要求在试验室进行配合比试验；施工时，按配合比配制混合料；长螺旋钻中心压灌成桩施工的坍落度宜为160mm～200mm，振动沉管灌注成桩施工的坍落度宜为30mm～50mm；振动沉管灌注成桩后桩顶浮浆厚度不宜超过200mm。	查阅施工方案 施工工艺：与设计方案一致

续表

条款号	大纲条款	检查依据	检查要点
(2)	施工工艺与设计（施工）方案一致	2）长螺旋钻中心压灌成桩施工钻至设计深度后，应控制提拔钻杆时间，混合料泵送量应与拔管速度相配合，不得在饱和砂土或饱和粉土层内停泵待料；沉管灌注成桩施工拔管速度宜为1.2m/min～1.5m/min，如遇淤泥质土，拔管速度应适当减慢；当遇有松散饱和粉土、粉细砂或淤泥质土，当桩距较小时，宜采取隔桩跳打措施。 3）施工桩顶标高宜高出设计桩顶标高不少于0.5m；当施工作业面高出桩顶设计标高较大时，宜增加混凝土灌注量。 4）成桩过程中，应抽样做混合料试块，每台机械每台班不应少于一组。 3 冬期施工时，混合料入孔温度不得低于5℃，对桩头和桩间土应采取保温措施； 4 清土和截桩时，应采用小型机械或人工剔除等措施，不得造成桩顶标高以下桩身断裂或桩间土扰功； 5 褥垫层铺设宜采用静力压实法，当基础底面下桩间土的含水量较低时，也可采用动力夯实法，夯填度不应大于0.9； 6 泥浆护壁成孔灌注成桩，应符合现行行业标准《建筑桩基技术规范》JGJ 94的规定。 **2.《建筑桩基技术规范》JGJ 94—2008** 6.3 泥浆护壁成孔灌注桩 6.3.1 除能自行造浆的黏性土层外，均应制备泥浆。泥浆制备应选用高塑性黏土或膨润土。泥浆应根据施工机械、工艺及穿越土层情况进行配合比设计	
(3)	混合料坍落度、桩数、桩位偏差、褥垫层厚度、夯填度和桩体试块抗压强度等符合设计要求	**1.《建筑地基处理技术规范》JGJ 79—2012** 7.7.4 水泥粉煤灰碎石桩复合地基质量检验应符合下列规定： 1 施工质量检验应检查施工记录、混合料坍落度、桩数、桩位偏差、褥垫层厚度、夯填度和桩体试块抗压强度等	查阅质量验收记录 混合料坍落度、桩数、桩位偏差、褥垫层厚度偏差和夯填度、桩体试块抗压强度检测等：符合设计要求
(4)	桩身完整性检测数量符合规范规定	**1.《建筑地基处理技术规范》JGJ 79—2012** 7.7.4 水泥粉煤灰碎石桩复合地基质量检验应符合下列规定： 4 采用低应变动力试验检测桩身完整性，检查数量不低于总桩数的10%	查阅复合地基检测报告 结论：符合设计要求 检验数量：符合规范要求 盖章：有CMA章和试验报告检测专用章 签字：授权人已签字

续表

条款号	大纲条款	检查依据	检查要点
(5)	地基承载力检测报告结论满足设计要求	**1.《建筑地基处理技术规范》JGJ 79—2012** 7.1.3 复合地基承载力的验收检验应采用复合地基静载荷试验，对有粘结强度的复合地基增强体尚应进行单桩静载荷试验。 7.7.4 水泥粉煤灰碎石桩复合地基质量检验应符合下列规定： 2 竣工验收时，水泥粉煤灰碎石桩复合地基承载力检验应采用复合地基静载荷试验和单桩静载荷试验； 3 承载力检验宜在施工结束28d后进行，其桩身强度应满足试验荷载条件；复合地基静载荷试验和单桩静载荷试验的数量不应少于总桩数的1%，且每个单体工程的复合地基静载荷试验的试验数量不应少于3点	查阅复合地基检测报告 检测时间、数量、方法和检测结果：符合设计要求和规范规定 盖章：有CMA章和试验报告检测专用章 签字：授权人已签字
(6)	质量控制参数符合技术方案，施工记录齐全	**1.《建筑地基处理技术规范》JGJ 79—2012** 7.7.3 水泥粉煤灰碎石桩施工应符合下列规定： 2 长螺旋钻中心压灌成桩施工和振动沉管灌注成桩施工应符合下列规定： 1）施工前，应按设计要求在试验室进行配合比试验；施工时，按配合比配制混合料；长螺旋钻中心压灌成桩施工的坍落度宜为160mm～200mm，振动沉管灌注成桩施工的坍落度宜为30mm～50mm；振动沉管灌注成桩后桩顶浮浆厚度不宜超过200mm。 2）长螺旋钻中心压灌成桩施工钻至设计深度后，应控制提拔钻杆时间，混合料泵送量应与拔管速度相配合，不得在饱和砂土或饱和粉土层内停泵待料；沉管灌注成桩施工拔管速度宜为1.2m/min～1.5m/min，如遇淤泥质土，拔管速度应适当减慢；当遇有松散饱和粉土、粉细砂或淤泥质土，当桩距较小时，宜采取隔桩跳打措施。 3）施工桩顶标高宜高出设计桩顶标高不少于0.5m；当施工作业面高出桩顶设计标高较大时，宜增加混凝土灌注量。 4）成桩过程中，应抽样做混合料试块，每台机械每台班不应少于一组。 5 褥垫层铺设宜采用静力压实法，当基础底面下桩间土的含水量较低时，也可采用动力夯实法，夯填度不应大于0.9	1. 查阅施工方案 混合料的配合比、坍落度和提拔钻杆速度（或提拔套管速度）、成孔深度、混合料灌入量等：符合技术方案要求 2. 查阅施工记录 内容：包括混合料的配合比、坍落度和提拔钻杆速度（或提拔套管速度）、成孔深度、混合料灌入量等施工记录 记录数量：与验收记录相符
(7)	施工质量的检验项目、方法、数量符合规范规定，质量验收记录齐全	**1.《建筑地基基础工程施工质量验收规范》GB 50202—2018** 4.13.1 施工前应对入场的水泥、粉煤灰、砂及碎石等原材料进行检验。 4.13.2 施工中应检查桩身混合料的配合比、坍落度和成孔深度、混合料充盈系数等。 4.13.3 施工结束后，应对桩体质量、单桩及复合地基承载力进行检验。 4.13.4 水泥粉煤灰碎石桩复合地基的质量检验标准应符合表4.13.4的规定	1. 查阅质量检验记录 检验项目：包括桩顶标高、桩位、桩体质量、地基承载力以及褥垫层等，符合设计要求和规范规定 检验方法：量测、静载荷试验等，符合规范规定 检验数量：符合规范规定

续表

条款号	大纲条款	检　查　依　据	检查要点
(7)	施工质量的检验项目、方法、数量符合规范规定，质量验收记录齐全		2. 查阅质量验收记录 内容：包括检验批、分项工程验收记录及隐蔽工程验收文件等 数量：与项目质量验收范围划分表相符
5.5.15	柱锤冲扩桩复合地基符合以下要求		
(1)	碎砖三合土、级配砂石、矿渣、灰土等原材料性能证明文件齐全	**1.《建筑地基处理技术规范》JGJ 79—2012** 7.8.4　柱锤冲扩桩复合地基设计应符合下列规定： 6　桩体材料可采用碎砖三合土、级配砂石、矿渣、灰土、水泥混合土等，当采用碎砖三合土时，其体积比可采用生石灰∶碎砖∶黏性土为1∶2∶4，当采用其他材料时，应通过试验确定其适用性和配合比	查阅石灰等试验检测报告和试验委托单 报告检测结果：合格 报告签章：有CMA章和试验报告检测专用章、授权人已签字 委托单签字：见证取样人员已签字且已附资质证书编号 代表数量：与进场数量相符
(2)	施工工艺与设计（施工）方案一致	**1.《建筑地基处理技术规范》JGJ 79—2012** 7.8.1　柱锤冲扩桩复合地基适用于处理地下水位以上的杂填土、粉土、黏性土、素填土和黄土等地基；对地下水位以下饱和土层处理，应通过现场试验确定其适用性。 7.8.2　柱锤冲扩桩处理地基的深度不宜超过10m。 7.8.3　对大型的、重要的或场地复杂的工程，在正式施工前，应在有代表性的场地进行试验。 7.8.5　柱锤冲扩桩施工应符合下列规定： 1　宜采用直径300mm～500mm，长度2m～6m、质量2t～10t的柱状锤进行施工。 2　起重机具可用起重机、多功能冲扩桩机或其他专用机具设备。 3　柱锤冲扩桩复合地基施工可按下列步骤进行： 1）清理平整施工场地，布置桩位。 2）施工机具就位，使柱锤对准桩位。 3）柱锤冲孔：根据土质及地下水情况可分别采用下列三种成孔方式：	查阅施工方案 施工工艺：与设计方案一致

续表

条款号	大纲条款	检查依据	检查要点
(2)	施工工艺与设计（施工）方案一致	a）冲击成孔：将柱锤提升一定高度，自由下落冲击土层，如此反复冲击，接近设计成孔深度时，可在孔内填少量粗骨料继续冲击，直到孔底被夯密实； b）填料冲击成孔：成孔时出现缩颈或塌孔时，可分次填入碎砖和生石灰块，边冲击边将填料挤入孔壁及孔底，当孔底接近设计成孔深度时，夯入部分碎砖挤密桩端土； c）复打成孔：当塌孔严重难以成孔时，可提锤反复冲。击至设计孔深，然后分次填入碎砖和生石灰块，待孔内生石灰吸水膨胀、桩间土性质有所改善后，再进行二次冲击复打成孔。 当采用上述方法仍难以成孔时，也可以采用套管成孔，即用柱锤边冲孔边将套管压入土中，直至桩底设计标高。 4）成桩：用料斗或运料车将拌合好的填料分层填入桩孔夯实。当采用套管成孔时，边分层填料夯实，边将套管拔出。锤的质量、锤长、落距、分层填料量、分层夯填度、夯击次数和总填料量等，应根据试验或按当地经验确定。每个桩孔应夯填至桩顶设计标高以上至少 0.5m，其上部桩孔宜用原地基土夯封。 5）施工机具移位，重复上述步骤进行下一根桩施工。 4　成孔和填料夯实的施工顺序，宜间隔跳打。 7.8.6　基槽开挖后，应晾槽拍底或振动压路机碾压后，再铺设垫层并压实	
(3)	地基承载力检测报告结论满足设计要求	**1.《建筑地基处理技术规范》JGJ 79—2012** 7.8.7　柱锤冲扩桩复合地基的质量检验应符合下列规定： 3　竣工验收时，柱锤冲扩桩复合地基承载力检验应采用复合地基静载荷试验； 4　承载力检验数量不应少于总桩数的 1%，且每个单体工程复合地基静载荷试验不应少于 3 点； 5　静载荷试验应在成桩 14d 后进行	查阅地基承载力检测报告 结论：复合地基承载力符合设计要求 检验数量：符合规范要求 盖章：有 CMA 章和试验报告检测专用章 签字：授权人已签字
(4)	质量控制参数符合技术方案，施工记录齐全	**1.《建筑地基处理技术规范》JGJ 79—2012** 7.8.4　柱锤冲扩桩复合地基设计应符合下列规定： 5　桩顶部应铺设 200mm～300mm 厚砂石垫层，垫层的夯填度不应大于 0.9； 6　桩体材料可采用碎砖三合土、级配砂石、矿渣、灰土、水泥混合土等，当采用碎砖三合土时，其体积比可采用生石灰：碎砖：粘性土为 1：2：4，当采用其他材料时，应通过试验确定其适用性和配合比	1. 查阅施工方案 桩位、桩径、配合比、夯实度等质量控制参数：符合技术方案要求 2. 查阅施工记录 内容：包括碎砖三合土、级配砂石、矿渣、灰土、水泥混合土 记录数量：与验收记录相符

续表

条款号	大纲条款	检查依据	检查要点
(5)	施工质量的检验项目、方法、数量符合规范规定，质量验收记录齐全	**1.《建筑地基处理技术规范》JGJ 79—2012** 7.8.7 柱锤冲扩桩复合地基的质量检验应符合下列规定： 1 施工过程中应随时检查施工记录及现场施工情况，并对照预定的施工工艺标准，对每根桩进行质量评定； 2 施工结束后 7d～14d，检验数量不应少于冲扩桩总数的 2%，每个单体工程桩身及桩间土总检验点数均不应少于 6 点； 6 基槽开挖后，应检查桩位、桩径、桩数、桩顶密实度及槽底土质情况。如发现漏桩、桩位偏差过大、桩头及槽底土质松软等质量问题，应采取补救措施	1. 查阅质量检验记录 检验项目：包括桩位、桩径、桩数、桩顶密实度及槽底土质情况等，符合设计要求和规范规定 检验方法：测量、静载荷试验等，符合规范规定 检验数量：符合规范规定 2. 查阅质量验收记录 内容：包括检验批、分项工程验收记录及隐蔽工程验收文件等 数量：与项目质量验收范围划分表相符
5.5.16	多桩型复合地基符合以下要求		
(1)	原材料性能证明文件齐全	**1.《建筑地基基础工程施工质量验收规范》GB 50202—2018** 4.1.2 砂、石子、水泥、钢材、石灰、粉煤灰等原材料的质量、检测项目、批量和检验方法，应符合国家现行标准的规定。 **2.《混凝土结构工程施工质量验收规范》GB 50204—2015** 7.2.1 水泥进场时应对其品种、代号、强度等级、包装或散装编号、出厂日期等进行检查，并应对水泥的强度、安定性和凝结时间进行检验，检验结果应符合现行国家标准《通用硅酸盐水泥》GB 175 等的相关规定。 检查数量：按同一厂家、同一品种、同一代号、同一强度等级、同一批号且连续进场的水泥，袋装不超过 200t 为一批，散装不超过 500t 为一批，每批抽样数量不少于一次。 检验方法：检查质量证明文件和抽样检验报告。 7.2.2 混凝土外加剂进场时，应对其品种、性能、出厂日期等进行检查，并应对外加剂相关性能指标进行检验，检验结果应符合现行国家标准《混凝土外加剂》GB 8076 和《混凝土外加剂应用技术规范》GB 50119 等的规定。	1. 查阅原材料进场验收记录 内容：包括出厂合格证（出厂试验报告）、复试报告，材料进场时间、批次、数量、规格、相应性能指标 2. 查阅施工单位材料跟踪管理台账 内容：包括水泥、粉煤灰等材料的合证、复试报告、使用情况、检验数量，可追溯

续表

条款号	大纲条款	检查依据	检查要点
(1)	原材料性能证明文件齐全	检查数量：按同一生产厂家、同一品种、同一性能、同一批号且连续进场的混凝土外加剂，不超过50t为一批，每批抽样数量不应少于一次。 检验方法：检查质量证明文件和抽样检验报告。 **3.《普通混凝土用砂、石质量及检验方法标准》JGJ 52—2006** 4.0.1 供货单位应提供砂或石的产品合格证及质量检验报告。 使用单位应按砂或石的同产地同规格分批验收。采用大型工具（如火车、货船或汽车）运输的，应以400m^{3}或600t为一验收批；采用小型工具（如拖拉机等）运输的，应以200m^{3}或300t为一验收批。不足上述量者，应按一验收批进行验收。 4.0.2 当砂或石的质量比较稳定、进料量又较大时，可以1000t为一验收批	3. 查阅桩体材料试验检测报告和试验委托单 报告检测结果：合格 报告签章：有CMA章和试验报告检测专用章、授权人已签字 委托单签字：见证取样人员已签字且已附资质证书编号 代表数量：与进场数量相符
(2)	施工工艺与设计（施工）方案一致	**1.《建筑地基处理技术规范》JGJ 79—2012** 7.9.1 多桩型复合地基适用于处理不同深度存在相对硬层的正常固结土，或浅层存在欠固结土、湿陷性黄土、可液化土等特殊土，以及地基承载力和变形要求较高的地基。 7.9.10 多桩型复合地基的施工应符合下列规定： 1 对处理可液化土层的多桩型复合地基，应先施工处理液化的增强体； 2 对消除或部分消除湿陷性黄土地基，应先施工处理湿陷性的增强体； 3 应降低或减小后施工增强体对已施工增强体的质量和承载力的影响。 10.2.1 地基处理工程应进行施工全过程的监测。施工中，应有专人或专门机构负责监测工作，随时检查施工记录和计量记录，并按照规定的施工工艺对工序进行质量评定	查阅施工方案 增强体施工步骤和施工工艺：与设计方案一致
(3)	多桩复合地基静载荷试验和单桩静载荷试验符合要求	**1.《建筑地基处理技术规范》JGJ 79—2012** 7.9.11 多桩型复合地基的质量检验应符合下列规定： 1 竣工验收时，多桩型复合地基承载力检验，应采用多桩复合地基静载荷试验和单桩静载荷试验，检验数量不得少于总桩数的1%； 2 多桩复合地基载荷板静载荷试验，对每个单体工程检验数量不得少于3点； 3 增强体施工质量检验，对散体材料增强体的检验数量不应少于其总桩数的2%，对具有粘结强度的增强体，完整性检验数量不应少于其总桩数的10%。	1. 查阅单桩静载荷试验报告 单桩承载力：满足设计要求

续表

条款号	大纲条款	检　查　依　据	检查要点
(3)	多桩复合地基静载荷试验和单桩静载荷试验符合要求	**2.《电力工程地基处理技术规程》DL/T 5024—2005** 14.1.17　为确保实际单桩竖向极限承载力标准值达到设计要求，应根据工程重要性、岩土工程条件、设计要求及工程施工情况采用单桩静载荷试验或可靠的动力测试方法进行工程桩单桩承载力检测。对于工程桩施工前未进行综合试桩的一级建筑桩基和岩土工程条件复杂、桩的施工质量可靠性低、确定单桩承载力的可靠性低、桩数多的二级建筑桩基，应采用单桩静载荷试验对工程桩单桩竖向承载力进行检测，在同一条件下的检测数量不宜小于总桩数的1%，且不应小于3根；对于工程桩施工前已进行过综合试桩的一级建筑桩基及其他所有工程桩基，应采用可靠的高应变动力测试法对工程桩单桩竖向承载力进行检测	2. 查阅多桩复合地基静载荷试验试验报告 多桩复合地基承载力：满足设计要求
(4)	地基承载力检测报告结论满足设计要求	**1.《建筑地基处理技术规范》JGJ 79—2012** 7.9.11　多桩型复合地基的质量检验应符合下列规定： 1　竣工验收时，多桩型复合地基承载力检验，应采用多桩复合地基静载荷试验和单桩静载荷试验，检验数量不得少于总桩数的1%； 2　多桩复合地基载荷板静载荷试验，对每个单体工程检验数量不得少于3点； 3　增强体施工质量检验，对散体材料增强体的检验数量不应少于其总桩数的2%，对具有粘结强度的增强体，完整性检验数量不应少于其总桩数的10%	查阅地基承载力检测报告 结论：符合设计要求 检验数量：符合规范要求 盖章：有CMA章和试验报告检测专用章 签字：授权人已签字
(5)	质量控制参数符合技术方案，施工记录齐全	**1.《复合地基技术规范》GB/T 50783—2012** 15.4　质量检验 15.4.1　长-短桩复合地基中长桩和短桩施工过程中应随时检查施工记录，并也对照规定的施工工艺对每根桩进行质量评定	1. 查阅施工方案 质量控制参数：符合技术方案要求
			2. 查阅施工记录 内容：包括桩位、桩顶标高等 数量：与验收记录相符
(6)	施工质量的检验项目、方法、数量符合规范规定，质量验收记录齐全	**1.《建筑地基处理技术规范》JGJ 79—2012** 7.9.11　多桩型复合地基的质量检验应符合下列规定： 1　竣工验收时，多桩型复合地基承载力检验，应采用多桩复合地基静载荷试验和单桩静载荷试验，检验数量不得少于总桩数的1%； 2　多桩复合地基载荷板静载荷试验，对每个单体工程检验数量不得少于3点； 3　增强体施工质量检验，对散体材料增强体的检验数量不应少于其总桩数的2%，对具有粘结强度的增强体，完整性检验数量不应少于其总桩数的10%	1. 查阅质量检验记录 检验项目：包括桩顶标高、桩位、桩体质量、地基承载力以及褥垫层等，符合设计要求和规范规定 检验方法：量测、静载荷试验等，符合规范规定 检验数量：符合规范规定

续表

条款号	大纲条款	检查依据	检查要点
(6)	施工质量的检验项目、方法、数量符合规范规定，质量验收记录齐全		2. 查阅质量验收记录 内容：包括检验批、分项工程验收记录及隐蔽工程验收文件等 数量：与项目质量验收范围划分表相符
5.6 注浆地基的监督检查			
5.6.1	设计前已通过室内浆液配比试验和现场注浆试验，确定了设计参数、施工工艺参数及选用的设备	**1.《电力工程地基处理技术规程》DL/T 5024—2005** 9.1.15 水泥浆液的水灰比应根据工程设计的需要通过试验后确定，可取1∶1～1∶1.5。 9.2.3 注浆设计前宜进行室内浆液配比试验和现场注浆试验，以确定设计参数和检验施工方法及设备。 9.2.4 注浆材料可采用水泥为主的悬浊液，也可选用水泥和硅酸钠（水玻璃）的双液型混合液。在有地下动水流的情况下，应采用双液型浆液或初凝时间短的速凝配方	1. 查阅设计前室内浆液配比和现场注浆试验记录和设计试验检测报告及论证报告 试验记录内容：包括浆液配比和现场注浆试验结果 试验检测及论证报告内容：确定了设计参数、施工工艺参数及选用的设备 2. 查阅选用设备档案 设备性能：满足设计要求
5.6.2	浆液、外加剂等原材料性能证明文件齐全	**1.《建筑地基处理技术规范》JGJ 79—2012** 8.2.1 水泥为主剂的注浆加固设计应符合下列规定： 1 对软弱地基土处理，可选用以水泥为主剂的浆液及水泥和水玻璃的双液型混合浆液；对有地下水流动的软弱地基，不应采用单液水泥浆液。 8.2.2 硅化浆液注浆加固设计应符合下列规定： 3 双液硅化注浆用的氧化钙溶液中的杂质含量不得超过0.06%，悬浮颗粒含量不得超过1%，溶液的pH值不得小于5.5； 6 单液硅化法应采用浓度为10%～15%的硅酸钠，并掺入2.5%氯化钠溶液； 8.2.3 碱液注浆加固设计应符合下列规定： 2 当100g干土中可溶性和交换性钙镁离子含量大于10mg·eq时，可采用灌注氢氧化钠一种溶液的单液法；其他情况可采用灌注氢氧化钠和氯化钙双液灌注加固	1. 查阅水泥、外加剂等材料性能证明文件 进场验收记录：包括出厂合格证（出厂试验报告）、复试报告、材料进场时间、批次、数量、规格、相应性能指标 报告检测结论：合格 报告签章：有CMA章和试验报告检测专用章、授权人已签字 委托单签字：见证取样人员已签字且已附资质证书编号

续表

条款号	大纲条款	检查依据	检查要点
5.6.2	浆液、外加剂等原材料性能证明文件齐全		代表数量：与进场数量相符 2. 查阅施工单位材料跟踪管理台账 内容：包括水泥、粉煤灰等材料质保资料、复试报告、使用情况、检验数量
5.6.3	注浆地基技术方案、施工方案齐全，已审批	**1.《建筑地基基础工程施工质量验收规范》GB 50202—2018** 4.1.3 地基承载力检验时，静载试验最大加载量不应小于设计要求的承载力特征值的2倍。 **2.《电力工程地基处理技术规程》DL/T 5024—2005** 5.0.12 地基处理的施工应有详细的施工组织设计、施工质量管理和质量保证措施。应有专人负责施工检验与质量监督，做好各项施工记录，当发现异常情况时，应及时会同有关部门研究解决。 **3.《建筑地基处理技术规范》JGJ 79—2012** 8.1.2 注浆加固设计前，应进行室内浆液配比试验和现场注浆试验，确定设计参数，检验施工方法和设备	1. 查阅设计单位的注浆地基技术方案 审批：审批人已签字 2. 查阅施工方案报审表 审核：监理单位相关责任人已签字 批准：建设单位相关责任人已签字 3. 查阅施工方案 编、审、批：施工单位相关责任人已签字 施工步骤和工艺参数：与技术方案相符
5.6.4	施工工艺与设计（施工）方案一致	**1.《建筑地基基础施工质量验收规范》GB 50202—2018** 4.7.2 施工中应抽查浆液的配比及主要性能指标、注浆的顺序及注浆过程中的压力控制等	查阅施工方案 施工工艺：与设计方案一致
5.6.5	标准贯入试验、动力触探、静力触探等原位测试试验和室内试验符合规范规定，加固地层的压缩性、强度、渗透性、湿陷性、均匀性等指标满足设计要求	**1.《建筑地基处理技术规范》JGJ 79—2012** 8.1.3 注浆加固应保证加固地基在平面和深度连成一体，满足土体渗透性、地基土的强度和变形的设计要求。 8.4.1 水泥为主剂的注浆加固质量检验应符合下列规定： 1 注浆检验应在注浆结束28d后进行。可选用标准贯入、轻型动力触探、静力触探或面波等方法进行加固地层均匀性检测。 2 按加固土体深度范围每间隔1m取样进行室内试验，测定土体压缩性、强度或渗透性。	1. 查阅注浆加固试验记录 试验时间：符合规程规定 间距和数量：检验点不应少于注浆孔数的2%～5%

续表

条款号	大纲条款	检查依据	检查要点
5.6.5	标准贯入试验、动力触探、静力触探等原位测试试验和室内试验符合规范规定，加固地层的压缩性、强度、渗透性、湿陷性、均匀性等指标满足设计要求	3 注浆检验点不应少于注浆孔数的2%～5%。检验点合格率小于80%时，应对不合格的注浆区实施重复注浆。 8.4.2 硅酸钠注浆加固质量检验应符合下列规定： 1 硅酸钠溶液灌注完毕，应在7d～10d后，对加固的地基土进行检验； 2 应采用动力触探或其他原位测试检验加固地基的均匀性； 3 工程设计对土的压缩性和湿陷性有要求时，尚应在加固土的全部深度内，每隔1m取土样进行室内试验，测定其压缩性和湿陷性； 4 检验数量不应少于注浆孔数的2%～5%。 8.4.3 碱液加固质量检验应符合下列规定： 1 碱液加固施工应做好施工记录，检验碱液浓度及每孔注入量是否符合设计要求。 2 开挖或钻孔取样，对加固土体进行无侧限抗压强度试验和水稳性试验。取样部位应在加固土体中部，试块数不少于3个，28d龄期的无侧限抗压强度平均值不得低于设计值的90%。将试块浸泡在自来水中，无崩解。当需要查明加固土体的外形和整体性时，可对有代表性加固土体进行开挖，量测其有效加固半径和加固深度。 3 检验数量不应少于注浆孔数的2%～5%	2. 查阅加固土试验报告 性能指标：包括强度值、均匀性、渗透性、压缩性、湿陷性 结论：符合设计要求
5.6.6	地基承载力检测（对地基承载力有要求时）报告结论满足设计要求	**1.《建筑地基处理技术规范》JGJ 79—2012** 8.4.4 注浆加固处理后地基的承载力应进行静载荷试验检验。 8.4.5 静载荷试验应按附录A的规定进行，每个单体建筑的检验数量不应少于3点	查阅地基承载力检测报告（对地基承载力有要求时） 结论：符合设计要求 检验数量：符合规范要求 盖章：有CMA章和试验报告检测专用章 签字：授权人已签字
5.6.7	质量控制参数符合技术方案，施工记录齐全	**1.《电力工程地基处理技术规程》DL/T 5024—2005** 9.1.12 注浆施工时，应保持注浆孔就位准确，浆管垂直。尤其是作为地下连续体结构的注浆工程，注浆孔中心就位偏差不应超过20mm，注浆管的垂直度偏差不应超过0.5%。	1. 查阅施工方案 浆液配合比、注浆压力、孔位等质量控制参数：符合技术方案要求

续表

条款号	大纲条款	检查依据	检查要点
5.6.7	质量控制参数符合技术方案，施工记录齐全	**2.《建筑地基处理技术规范》JGJ 79—2012** 3.0.12　地基处理施工中应有专人负责质量控制和监测，并做好施工记录；当出现异常情况时，必须及时会同有关部门妥善解决。施工结束后应按国家有关规定进行工程质量检验和验收	2. 查阅施工记录 内容：包括孔位、浆管垂直度、浆液配合比、注浆压力等施工记录 记录数量：与验收记录相符
5.6.8	施工质量的检验项目、方法、数量符合规范规定，质量验收记录齐全	**1.《建筑地基基础工程施工质量验收规范》GB 50202—2018** 4.7.2　施工中应抽查浆液的配比及主要性能指标，注浆的顺序、注浆过程中的压力控制等。 4.7.3　施工结束后，应进行地基承载力、地基土强度和变形指标检验。 4.7.4　注浆地基的质量检验标准应符合表4.7.4的规定。 4.10.4　高压喷射注浆复合地基质量检验标准应符合表4.10.4的规定。 **2.《电力工程地基处理技术规程》DL/T 5024—2005** 9.1.21　注浆体的质量检验，可采用开挖检查、钻孔取芯抗压试验、静载荷试验等方法，检验时间应在注浆结束后28d进行，对防渗体应做压水试验。 9.1.22　检验位置应布置在荷重最大的部位、施工中有异常现象的部位、对成桩质量有疑虑的地方，并进行随机抽样检验。 检验桩的数量宜为施工总桩数的0.5%～1%，且每一单项工程不少于3根。当应用低应变动测检验时，检验数量宜为20%～50%，并不得少于10根。当采用单桩或单桩复合地基静载荷试验确定地基承载力时，单项工程不应少于3组	1. 查阅质量检验报告 检验项目：包括孔位、注浆体质量、地基承载力质量等，符合设计要求和规范规定 检验方法：包括标准贯入、静力触探、动力触探、开挖检查、钻孔取芯抗压试验、静载荷试验等，符合规范规定 检验数量：符合规范规定 2. 查阅质量验收记录 内容：包括检验批、分项工程验收记录及隐蔽工程验收文件等 数量：与项目质量验收范围划分表相符
5.7　微型桩加固工程的监督检查			
5.7.1	设计前已通过现场试验或试验性施工，确定了设计参数和施工工艺参数	**1.《建筑地基基础工程施工质量验收规范》GB 50202—2018** 4.1.3　地基承载力检验时，静载试验最大加载量不应小于设计要求的承载力特征值的2倍。 **2.《电力工程地基处理技术规程》DL/T 5024—2005** 5.0.10　地基处理正式施工前，宜进行试验性施工，在确认施工技术条件满足设计要求后，才能进行地基处理的正式施工。 14.1.7　对于一、二级建筑物的单桩抗压、抗拔、水平极限承载力标准值，宜按综合试桩结果确定，并应符合下列要求： 1　试验地段的选取，应能充分代表拟建建筑物场地的岩土工程条件。 2　在同一条件下，试桩数量不应少于3根。当总桩数在50根以内时，不应少于2根	1. 查阅设计前现场试验或试验性施工的检测报告 施工工艺参数：已确定 2. 查阅设计文件 地基处理设计参数与施工工艺参数：已确定

续表

条款号	大纲条款	检 查 依 据	检查要点
5.7.2	微型桩加固技术方案、施工方案齐全，已审批	**1.《电力工程地基处理技术规程》DL/T 5024—2005** 5.0.12 地基处理的施工应有详细的施工组织设计、施工质量管理和质量保证措施。应有专人负责施工检验与质量监督，做好各项施工记录，当发现异常情况时，应及时会同有关部门研究解决。 **2.《电力建设施工技术规范 第1部分：土建结构工程》DL 5190.1—2012** 3.0.1 工程施工前，应按设计图纸，结合具体情况和施工组织设计的要求编制施工方案，并经批准后方可施工。 **3.《建筑桩基技术规范》JGJ 94—2008** 6.1.3 施工组织设计应结合工程特点，有针对性地制定相应质量管理措施，主要应包括下列内容： 1 施工平面图：标明桩位、编号、施工顺序、水电线路和临时设施的位置；采用泥浆护壁成孔时，应标明泥浆制备设施及其循环系统； 2 确定成孔机械、配套设备以及合理施工工艺的有关资料，泥浆护壁灌注桩必须有泥浆处理措施； 3 施工作业计划和劳动力组织计划； 4 机械设备、备件、工具、材料供应计划； 5 桩基施工时，对安全、劳动保护、防火、防雨、防台风、爆破作业、文物和环境保护等方面应按有关规定执行； 6 保证工程质量、安全生产和季节性施工的技术措施	1. 查阅微型桩加固技术方案 审批：审批人已签字 2. 查阅施工方案报审表 审核：监理单位相关责任人已签字 批准：建设单位相关责任人已签字 3. 查阅施工方案 编、审、批：施工单位相关责任人已签字 施工步骤和工艺参数：与技术方案相符
5.7.3	原材料性能证明文件齐全	**1.《建筑地基基础工程质量验收规范》GB 50202—2018** 4.1.2 砂、石子、水泥、钢材、石灰、粉煤灰等原材料的质量、检验项目、批量和检验方法，应符合国家现行标准的规定。 **2.《电力建设施工技术规范 第1部分：土建结构工程》DL 5190.1—2012** 3.0.2 工程所用主要原材料、半成品、构（配）件、设备等产品，进入施工现场时应按规定进行现场检验或复验，合格后方可使用，有见证取样检测要求的应符合国家现行有关标准的规定。对工程所用的水泥、钢筋等主要材料应进行跟踪管理。 **3.《建筑地基处理技术规范》JGJ 79—2012** 3.0.11 地基处理所采用的材料，应根据场地类别符合有关标准对耐久性设计与使用的要求	1. 查阅砂石、水泥、钢材进场验收记录 内容：包括出厂合格证（出厂试验报告）、复试报告，材料进场时间、批次、数量、规格、相应性能指标 2. 查阅施工单位换填材料跟踪管理台账 内容：包括换填材料合格证、复试报告、使用情况、检验数量，可追溯

续表

条款号	大纲条款	检查依据	检查要点
5.7.3	原材料性能证明文件齐全		3. 查阅原材料试验报告 结果：合格 盖章：有CMA章和试验报告检测专用章 签字：授权人已签字 代表数量：与进场数量相符
5.7.4	微型桩施工工艺与设计（施工）方案一致	**1.《建筑地基处理技术规范》JGJ 79—2012** 10.2.1 地基处理工程应进行施工全过程的监测。施工中，应有专人或专门机构负责监测工作，随时检查施工记录和计量记录，并按照规定的施工工艺对工序进行质量评定	查阅施工方案 施工工艺：与设计方案一致
5.7.5	树根桩施工允许偏差、成孔、吊装、灌注、填充、加压、保护等符合规范规定	**1.《建筑地基处理技术规范》JGJ 79—2012** 9.2.3 树根桩施工应符合下列规定： 1 桩位允许偏差宜为±20mm；桩身垂直度允许偏差应为±1%。 2 钻机成孔可采用天然泥浆护壁，遇粉细砂层易塌孔时应加套管。 3 树根桩钢筋笼宜整根吊放。分节吊放时，钢筋搭接焊缝长度双面焊不得小于5倍钢筋直径，单面焊不得小于10倍钢筋直径，施工时，应缩短吊放和焊接时间；钢筋笼应采用悬挂或支撑的方法，确保灌浆或浇注混凝土时的位置和高度。在斜桩中组装钢筋笼时，应采用可靠的支撑和定位方法。 4 灌注施工时，应采用间隔施工、间歇施工或添加速凝剂等措施，以防止相邻桩孔位移和窜孔。 5 当地下水流速较大可能导致水泥浆、砂浆或混凝土流失影响灌注质量时，应采用永久套管、护筒或其他保护措施。 6 在风化或有裂隙发育的岩层中灌注水泥浆时，为避免水泥浆向周围岩体的流失，应进行桩孔测试和预灌浆。 7 当通过水下浇注管或带孔钻杆或管状承重构件进行浇注混凝土或水泥砂浆时，水下浇注管或带孔钻杆的末端应埋入泥浆中。浇注过程应连续进行，直到顶端溢出浆体的黏稠度与注入浆体一致时为止。 8 通过临时套管灌注水泥浆时，钢筋的放置应在临时套管拔出之前完成，套管拔出过程中应每隔2m施加灌浆压力。采用管材作为承重构件时，可通过其底部进行灌浆	查阅质量检验记录 桩位偏差、桩身垂直度偏差、钢筋搭接焊缝长度、成孔、吊装、灌注、填充、加压、保护：符合规范规定

续表

条款号	大纲条款	检查依据	检查要点
5.7.6	预制桩预制过程（包括连接件）、压桩力、接桩和截桩等符合规范规定	**1.《建筑地基基础工程施工质量验收规范》GB 50202—2018** 5.11.1 施工前应对成品桩做外观及强度检验，接桩用焊条应有产品合格证书，或送有关部门检验；压桩用压力表、锚杆规格及质量应进行检查。 5.11.2 压桩施工中应检查压力、桩垂直度、接桩间歇时间、桩的连接质量及压入深度。重要工程应对电焊接桩的接头进行探伤检查。对承受反力的结构应加强观测。 5.11.3 施工结束后应进行桩的承载力检验。 5.5.1 施工前应检验成品桩构造尺寸及外观质量。 5.5.2 施工中应检验接桩质量、锤击及静压的技术指标、垂直度以及桩顶标高等。 **2.《建筑地基处理技术规范》JGJ 79—2012** 9.3.2 预制桩桩体可采用边长为150mm～300mm的预制混凝土方桩，直径300mm的预应力混凝土管桩，断面尺寸为100mm～300mm的钢管桩和型钢等，施工除应满足现行行业标准《建筑桩基技术规范》JGJ 94的规定外，尚应符合下列规定： 1 对型钢微型桩应保证压桩过程中计算桩体材料最大应力不超过材料抗压强度标准值得90%； 2 对预制混凝土方桩或预应力混凝土管桩，所用材料及预制过程（包括连接件）压桩力、接桩和接桩等，应符合现行行业标准《建筑桩基技术规范》JGJ 94的有关规定； 3 除用于减小桩身阻力的涂层外，桩身材料以及连接件的耐久性应符合现行国家标准《工业建筑防腐蚀设计标准》GB 50046的有关规定。 9.3.3 预制桩的单桩竖向承载力应通过单桩静载荷试验确定；无试验资料时，初步可按本规范式7.1.5-3估算	1. 查阅质量检验记录 桩位偏差、桩身垂直度偏差、钢筋搭接焊缝长度、压桩力、接桩和截桩等：符合规范规定 2. 查阅施工记录 压桩力、贯入度、接桩、截桩等：符合施工方案要求
5.7.7	注浆钢管桩水泥浆灌注的注浆方法、时间间隔、钢管连接方式、焊接质量符合规范规定	**1.《建筑地基处理技术规范》JGJ 79—2012** 9.4.1 注浆钢管桩适用于淤泥质土、黏性土、粉土、砂土和人工填土等地基处理。 9.4.2 注浆钢管桩承载力的设计计算，应符合现行行业标准《建筑桩基技术规范》JGJ 94的有关规定；当采用二次注浆工艺时，桩侧摩阻力特征取值可乘以1.3的系数。 9.4.3 钢管桩可采用静压或植入等方法施工。 9.4.4 水泥浆的制备应符合下列规定： 1 水泥浆的配合比应采用经认证的计量装置计量，材料掺量符合设计要求； 2 选用的搅拌机应能够保证搅拌水泥浆的均匀性；在搅拌槽和注浆泵之间应设置存储池，注浆前应进行搅拌以防止浆液离析和凝固。 9.4.5 水泥浆灌注应符合下列规定： 1 应缩短桩孔成孔和灌注水泥浆之间的时间间隔；	1. 查阅质量检验记录 注浆方法、时间间隔、钢管连接方式、焊接质量、压桩力等：符合规范规定 2. 查阅施工记录 压桩力、贯入度、接桩、注浆方法、时间间隔、钢管连接方式、焊接质量等：符合施工方案要求

续表

条款号	大纲条款	检查依据	检查要点
5.7.7	注浆钢管桩水泥浆灌注的注浆方法、时间间隔、钢管连接方式、焊接质量符合规范规定	2　注浆时，应采取措施保证桩长范围内完全灌满水泥浆； 3　灌注方法应根据注浆泵和注浆系统合理选用，注浆泵与注浆孔口距离不宜大于30m； 4　当采用桩身钢管进行注浆时，可通过底部一次或多次灌浆；也可将桩身钢管加工成花管进行多次灌浆； 5　采用花管灌浆时，可通过花管进行全长多次灌浆，也可通过花管及阀门进行分段灌浆，或通过互相交错的后注浆管进行分步灌浆。 9.4.6　注浆钢管桩钢管的连接应采用套管焊接，焊接强度与质量应满足现行国家标准《建筑地基基础工程施工质量验收规范》GB 50202的要求	
5.7.8	混凝土和砂浆抗压强度、钢构件防腐及钢筋保护层厚度符合规范规定	**1.《建筑地基处理技术规范》JGJ 79—2012** 9.1.4　根据环境的腐蚀性、微型桩的类型、荷载类型（受拉或受压）、钢材的品种及设计使用年限，微型桩中钢构件或钢筋的防腐构造应符合耐久性设计的要求。钢构件或预制桩钢筋保护层厚度不应小于25mm，钢管砂浆保护层厚度不应小于35mm，混凝土灌注桩钢筋保护层厚度不应小于50mm	1. 查阅质量检验记录 混凝土和砂浆抗压强度、钢构件防腐及钢筋保护层厚度等：符合规范规定 2. 查阅检验报告 混凝土和砂浆抗压强度、钢构件防腐及钢筋保护层厚度检测结果：合格
5.7.9	微型桩变形检测报告结论满足设计要求	**1.《建筑地基处理技术规范》JGJ 79—2012** 9.1.5　软土地基微型桩的设计施工应符合下列规定： 4　在成孔、注浆或压桩施工过程中，应监测相邻建筑和边坡的变形。 10.2.1　地基处理工程应进行施工全过程的监测。施工中，应有专人或专门机构负责监测工作，随时检查施工记录和计量记录，并按照规定的施工工艺对工序进行质量评定	查阅微型桩相邻建筑和边坡的变形监测报告 结论：变形满足设计要求
5.7.10	地基承载力检测报告结论满足设计要求	**1.《建筑地基处理技术规范》JGJ 79—2012** 9.5.4　微型桩的竖向承载力检验应采用静载试验，检验桩数不得少于总桩数的1%，且不得少于3根。 10.1.4　工程验收承载力检验时，静载荷试验最大加载量不应小于设计要求的承载力特征值的2倍	查阅地基承载力检测报告 结论：符合设计要求 检验数量：符合规范要求 盖章：有CMA章和试验报告检测专用章 签字：授权人已签字

续表

条款号	大纲条款	检查依据	检查要点
5.7.11	质量控制参数符合技术方案，施工记录齐全	**1.《建筑地基处理技术规范》JGJ 79—2012** 3.0.12 地基处理施工中应有专人负责质量控制和监测，并做好施工记录；当出现异常情况时，必须及时会同有关部门妥善解决。施工结束后应按国家有关规定进行工程质量检验和验收。 9.5.2 微型桩的桩位施工允许偏差，对独立基础、条形基础的边桩沿垂直轴线方向应为±1/6桩径，沿轴线方向应为±1/4桩径，其他位置的桩应为±1/2桩径；桩身的垂直允许偏差应为±1%。 9.5.3 桩身完整性检验宜采用低应变动力试验进行检测。检测桩数不得少于总桩数的10%，且不得少于10根。每个柱下承台的抽检桩数不应少于1根。 **2.《电力工程地基处理技术规程》DL/T 5024—2005** 14.4.16 在预制混凝土小桩的沉桩过程中，采用锤击法时应做好锤击贯入度原始记录，采用压入法时应做好压桩阻力原始记录，并随时检查记录进行质量评定	1. 查阅施工方案 质量控制参数：符合技术方案要求 2. 查阅施工记录 内容：包括桩位、浆液配合比、贯入度、桩压力、注浆压力等 记录数量：与验收记录相符
5.7.12	施工质量的检验项目、方法、数量符合规范规定，质量验收记录齐全	**1.《建筑地基处理技术规范》JGJ 79—2012** 9.5.1 微型桩的施工验收，应提供施工过程有关参数，原材料的力学性能检测报告，试件留置数量及制作养护方法、混凝土和砂浆等抗压强度试验报告，型钢、钢管和钢筋笼制作质量检查报告。施工完成后尚应进行桩顶标高和桩位偏差等检验	1. 查阅质量检验记录 检验项目：包括桩顶标高、桩位、桩体质量、地基承载力、注浆质量等，符合设计要求和规范规定 检验方法：包括量测、静载荷试验等，符合规范规定 检验数量：符合规范规定 2. 查阅质量验收记录 内容：包括检验批、分项工程验收记录及隐蔽工程验收文件等 数量：与项目质量验收范围划分表相符
5.8 灌注桩工程的监督检查			
5.8.1	当需要提供设计参数和施工工艺参数时，应按试桩方案进行试桩确定	**1.《电力工程地基处理技术规程》DL/T 5024—2005** 5.0.10 地基处理正式施工前，宜进行试验性施工，在确认施工技术条件满足设计要求后，才能进行地基处理的正式施工。 5.0.12 地基处理的施工应有详细的施工组织设计、施工质量管理和质量保证措施。应有专人负责施工检验与质量监督，做好各项施工记录，当发现异常情况时，应及时会同有关部门研究解决。	查阅试桩报告 设计参数与施工工艺参数：已确定

续表

条款号	大纲条款	检查依据	检查要点
5.8.1	当需要提供设计参数和施工工艺参数时，应按试桩方案进行试桩确定	14.1.7　对于一、二级建筑物的单桩抗压、抗拔、水平极限承载力标准值，宜按综合试桩结果确定，并应符合下列要求： 1　试验地段的选取，应能充分代表拟建建筑物场地的岩土工程条件。 2　在同一条件下，试桩数量不应少于3根。当总桩数在50根以内时，不应少于2根。 **2.《建筑桩基技术规范》JGJ 94—2008** 6.2.8　在正式施工前，宜进行试成孔	
5.8.2	灌注桩技术方案、施工方案齐全，已审批	**1.《电力工程地基处理技术规程》DL/T 5024—2005** 5.0.12　地基处理的施工应有详细的施工组织设计、施工质量管理和质量保证措施。应有专人负责施工检验与质量监督，做好各项施工记录，当发现异常情况时，应及时会同有关部门研究解决。 **2.《建筑桩基技术规范》JGJ 94—2008** 1.0.3　桩基的设计与施工，应综合考虑工程地质与水文地质条件、上部结构类型、使用功能、荷载特征、施工技术条件与环境；并应重视地方经验，因地制宜，注重概念设计，合理选择桩型、成桩工艺和承台形式，优化布桩，节约资源；应强化施工质量控制与管理。 6.1.3　施工组织设计应结合工程特点，有针对性地制定相应质量管理措施，主要应包括下列内容： 1　施工平面图：标明桩位、编号、施工顺序、水电线路和临时设施的位置；采用泥浆护壁成孔时，应标明泥浆制备设施及其循环系统； 2　确定成孔机械、配套设备以及合理施工工艺的有关资料，泥浆护壁灌注桩必须有泥浆处理措施； 3　施工作业计划和劳动力组织计划； 4　机械设备、备件、工具、材料供应计划； 5　桩基施工时，对安全、劳动保护、防火、防雨、防台风、爆破作业、文物和环境保护等方面应按有关规定执行； 6　保证工程质量、安全生产和季节性施工的技术措施。 6.1.4　成桩机械必须经鉴定合格，不得使用不合格机械。 6.1.5　施工前应组织图纸会审，会审纪要连同施工图等应作为施工依据，并应列入工程档案。 **3.《电力建设施工技术规范　第1部分：土建结构工程》DL 5190.1—2012** 3.0.1　工程施工前，应按设计图纸，结合具体情况和施工组织设计的要求编制施工方案，并经批准后方可施工	1. 查阅灌注桩技术方案 审批：审批人已签字 2. 查阅施工方案报审表 审核：监理单位相关责任人已签字 批准：建设单位相关责任人已签字 3. 查阅施工方案 编、审、批：施工单位相关责任人已签字 施工步骤和工艺参数：与技术方案相符

续表

条款号	大纲条款	检查依据	检查要点
5.8.3	钢筋、水泥、砂、石、掺和料及钢筋焊接材料等性能证明文件、现场见证取样检验报告齐全	**1.《建筑地基基础设计规范》GB 50007—2011** 10.2.12 对混凝土灌注桩，应提供施工过程有关参数，包括原材料的力学性能检验报告，试件留置数量及制作养护方法、混凝土抗压强度试验报告、钢筋笼制作质量检查报告。施工完成后尚应进行桩顶标高、桩位偏差等检验。 **2.《钢筋混凝土用钢 第1部分：热轧光圆钢筋》GB/T 1499.1—2017** 9.2.2.1 钢筋应按批进行检查和验收，每批由同一牌号、同一炉罐号、同一尺寸的钢筋组成。每批重量通常不大于60t。超过60t的部分，每增加40t（或不足40t的余数），增加一个拉伸试验试样和一个弯曲试验试样。 9.2.2.2 允许由同一牌号、同一冶炼方法、同一浇注方法的不同炉罐号组成混合批。各炉罐号含碳量之差不大于0.02%，含锰量之差不大于0.15%。混合批的重量不大于60t。	1. 查阅水泥、外加剂、钢筋等材料进场验收记录 内容：包括出厂合格证（出厂试验报告）、复试报告，材料进场时间、批次、数量、规格、相应性能指标
		3.《用于水泥和混凝土中的粉煤灰》GB 1596—2017 8 检验规则 8.1 编号与取样 8.1.1 编号 以连续供应的200t相同等级、相同种类的粉煤灰为一编号。不足200t按一个编号论，粉煤灰质量按干灰（含水量小于1%）的质量计算。 8.1.2 取样 8.1.2.1 每一编号为一取样单位，当散装粉煤灰运输工具的容量超过该厂规定出厂编号吨数时，允许该编号的数量超过取样规定吨数。	2. 查阅施工单位材料跟踪管理台账 内容：包括水泥、钢筋等材料的合格证、复试报告、使用情况、检验数量，可追溯
		4.《混凝土结构工程施工质量验收规范》GB 50204—2015 5.2.1 钢筋进场时，应按国家现行相关标准的规定抽取试件作屈服强度、抗拉强度、伸长率、弯曲性能和重量偏差检验，检验结果应符合相应标准的规定。 检查数量：按进场的批次和产品的抽样检验方案确定。 检验方法：检查质量证明文件和抽样检验报告。 7.2.1 水泥进场时应对其品种、代号、强度等级、包装或散装编号、出厂日期等进行检查，并应对水泥的强度、安定性和凝结时间进行检验，检验结果应符合现行国家标准《通用硅酸盐水泥》GB 175等的相关规定。 检查数量：按同一厂家、同一品种、同一代号、同一强度等级、同一批号且连续进场的水泥，袋装不超过200t为一批，散装不超过500t为一批，每批抽样数量不少于一次。 检验方法：检查质量证明文件和抽样检验报告。 7.2.2 混凝土外加剂进场时，应对其品种、性能、出厂日期等进行检查，并应对外加剂相关性能指标进行检验，检验结果应符合现行国家标准《混凝土外加剂》GB 8076《混凝土外加剂应用技术规范》GB 50119等规定。	3. 查阅水泥、外掺剂等材料试验检测报告和试验委托单 报告检测结果：合格 报告签章：有CMA章和试验报告检测专用章、授权人已签字 委托单签字：见证取样人员已签字且已附资质证书编号 代表数量：与进场数量相符

续表

条款号	大纲条款	检　查　依　据	检查要点
5.8.3	钢筋、水泥、砂、石、掺和料及钢筋焊接材料等性能证明文件、现场见证取样检验报告齐全	检查数量：按同一生产厂家、同一品种、同一性能、同一批号且连续进场的混凝土外加剂，不超过50t为一批，每批抽样数量不应少于一次。 检验方法：检查质量证明文件和抽样检验报告。 **5.《电力工程地基处理技术规程》DL/T 5024—2005** 14.2.1　钻孔灌注桩 10　钻孔灌注桩所用混凝土应符合下列规定： 1　水泥等级上不宜低于32.5级，水下不宜低于42.5级。 3　粗骨料宜选用5mm～35mm粒径的卵石或碎石，最大粒径不超过40mm，并要求粒组由小到大有一定的级配；卵石或碎石要质量好，强度高，针片状、棒状的含量应小于3%，微风化的应小于10%，中风化、强风化的严禁使用，含泥量应小于1%。 4　细骨料以含长石和石英颗粒为主的中、粗砂为宜，并且有机质含量应小于0.5%，云母含量应小于2%，含泥量应小于3%。 5　钻孔灌注桩用的混凝土可加入掺合料，如粉煤灰、沸石粉、火山灰等，掺入量宜根据配比试验确定。 6　可根据工程需要选用外加剂，通常有减水剂和缓凝剂（如木质素磺酸钙，掺入量0.2%～0.3%；糖蜜，掺入量0.1%～0.2%）、早强剂（如三乙醇胺等）。 **6.《建筑桩基技术规范》JGJ 94—2008** 6.2.5　钢筋笼制作、安装的质量应符合下列要求： 2　分段制作的钢筋笼，其接头宜采用焊接或机械式接头（钢筋直径大于20mm），并应遵守国家现行标准《钢筋机械连接通用技术规程》JGJ 107、《钢筋焊接及验收规程》JGJ 18和《混凝土结构工程施工质量验收规范》GB 50204的规定。 **7.《普通混凝土用砂、石质量及检验方法标准》JGJ 52—2006** 4.0.1　供货单位应提供砂或石的产品合格证及质量检验报告。 使用单位应按砂或石的同产地同规格分批验收。采用大型工具（如火车、货船或汽车）运输的，应以400m^{3}或600t为一验收批；采用小型工具（如拖拉机等）运输的，应以200m^{3}或300t为一验收批。不足上述量者，应按一验收批进行验收。 4.0.2　当砂或石的质量比较稳定、进料量又较大时，可以1000t为一验收批。 **8.《混凝土外加剂应用技术规范》GB 50119—2013** 3.1.3　含有六价铬盐、亚硝酸盐和硫氰酸盐成分的混凝土外加剂，严禁用于饮水工程中建成后与饮用水直接接触的混凝土。 3.1.4　含有强电解质无机盐的早强型普通减水剂、早强剂、防冻剂和防水剂，严禁用于下列混凝土结构：	

续表

条款号	大纲条款	检查依据	检查要点
5.8.3	钢筋、水泥、砂、石、掺和料及钢筋焊接材料等性能证明文件、现场见证取样检验报告齐全	1 与镀锌钢材或铝铁相接触部位的混凝土结构； 2 有外露钢筋预埋件而无防护措施的混凝土结构； 3 使用直流电源的混凝土结构； 4 距高压直流电源100m以内的混凝土结构。 3.1.5 含有氯盐的早强型普通减水剂、早强剂、防水剂和氯盐类防冻剂，严禁用于预应力混凝土、钢筋混凝土和钢纤维混凝土结构。 3.1.6 含有硝酸铵、碳酸铵的早强型普通减水剂、早强剂和含有硝酸铵、碳酸铵、尿素的防冻剂，严禁用于办公、居住等有人员活动的建筑工程。 3.1.7 含有亚硝酸盐、碳酸盐的早强型普通减水剂、早强剂、防冻剂和含硝酸盐的阻锈剂，严禁用于预应力混凝土结构	
5.8.4	混凝土强度等级满足设计要求，试验报告齐全	**1.《混凝土结构工程施工质量验收规范》GB 50204—2015** 7.4.1 结构混凝土的强度等级必须符合设计要求。用于检验混凝土强度的试件应在浇筑地点随机抽取。 检查数量：对同一配合比混凝土，取样与试件留置应符合下列规定： 1 每拌制100盘且不超过$100m^3$的同配合比的混凝土，取样不得少于一次； 2 每工作班拌制的同一配合比的混凝土不足100盘时，取样不得少于一次； 3 当一次连续浇筑超过$1000m^3$时，同一配合比的混凝土每$200m^3$取样不得少于一次； 4 每一楼层、同一配合比的混凝土，取样不得少于一次； 5 每次取样应至少留置一组试件。 检验方法：检查施工记录及混凝土强度试验报告。 **2.《电力工程地基处理技术规程》DL/T 5024—2005** 10 钻孔灌注桩所用混凝土应符合下列规定： 1）混凝土的配合比和强度等级，应按桩身设计强度等级经配比试验确定，并留有一定强度储备（一般以20%为宜）；混凝土坍落度宜取160mm～220mm，并保持混凝土的和易性	1. 查阅施工单位混凝土跟踪管理台账 内容：合格证、复试报告、使用情况、检验数量，可追溯 2. 查阅混凝土抗压强度试验检测报告和试验委托单 报告检测结果：合格 报告签章：有CMA章和试验报告检测专用章、授权人已签字 委托单签字：见证取样人员已签字且已附资质证书编号
5.8.5	钢筋焊接接头试验合格，报告齐全	**1.《钢筋焊接及验收规程》JGJ 18—2012** 5.3.1 闪光对焊接头的质量检验，应分批进行外观质量检查和力学性能检验。并应符合下列规定： 1 在同一台班内，由同一个焊工完成的300个同牌号、同直径钢筋焊接接头应作为一批。当同一台班内焊接的接头数量较少，可在一周之内累计计算；累计仍不足300个接头时，应按一批计算。	1. 查阅施工单位材料跟踪管理台账 内容：包括钢筋焊接接头检测报告、使用部位和检验数量，可追溯

续表

条款号	大纲条款	检查依据	检查要点
5.8.5	钢筋焊接接头试验合格，报告齐全	5.5.1 电弧焊接头的质量检验，应分批进行外观质量检查和力学性能检验，并应符合下列规定： 1 在现浇混凝土结构中，应以300个同牌号钢筋、同形式接头作为一批；在房屋结构中，应在不超过连续二楼层中300个同牌号钢筋、同形式接头作为一批；每批随机切取3个接头，做拉伸试验。 5.6.1 电渣压力焊接头的质量检验，应分批进行外观质量检查和力学性能检验，并应符合下列规定： 1 在现浇钢筋混凝土结构中，应以300个同牌号钢筋接头作为一批。 5.7.1 气压焊接头的质量检验，应分批进行外观质量检查和力学性能检验，并应符合下列规定： 1 在现浇钢筋混凝土结构中，应以300个同牌号钢筋接头作为一批；在房屋结构中，应在不超过连续二楼层中300个同牌号钢筋接头作为一批；当不足300个接头时，仍应作为一批。 5.8.4 力学性能检验时，应以300件同类型预埋件作为一批。一周内连续焊接时。可累计计算。当不足300件时，亦应按一批计算，应从每批预埋件中随机切取3个接头做拉伸试验。 **2.《建筑桩基技术规范》JGJ 94—2008** 9.2.3 灌注桩施工前应进行下列检验： 2. 钢筋笼制作应对钢筋规格、焊条规格、品种、焊口规格、焊缝长度、焊缝外观和质量、主筋和箍筋的制作偏差等进行检查，钢筋笼制作允许偏差应符合本规范表6.2.5的要求	2. 查阅钢筋焊接接头试验检测报告和试验委托单 报告检测结果：合格 报告签章：有CMA章和试验报告检测专用章、授权人已签字 委托单签字：见证取样人员已签字且已附资质证书编号
5.8.6	桩基础施工工艺与设计（施工）方案一致	**1.《建筑地基处理技术规范》JGJ 79—2012** 10.2.1 地基处理工程应进行施工全过程的监测。施工中，应有专人或专门机构负责监测工作，随时检查施工记录和计量记录，并按照规定的施工工艺对工序进行质量评定	查阅施工方案 施工工艺：与设计方案一致
5.8.7	人工挖孔桩终孔时，持力层检验记录齐全	**1.《建筑地基基础工程施工质量验收规范》GB 50202—2018** 5.6.2 施工中应对成孔、钢筋笼制作与安装、水下混凝土灌注等各项质量指标进行检查验收；嵌岩桩应对桩端的岩性和入岩深度进行检验。 **2.《电力工程地基处理技术规程》DL/T 5024—2005** 14.2.4 人工挖孔桩 15 桩孔挖至设计高程，应将孔底残渣、杂物、积水等清理干净，并采用轻型动力触探等方法检验孔底土质的均匀性和土的性质。经监理工程师验收后立即灌注混凝土封底。	查阅人工挖孔终孔时持力层检测报告 嵌岩桩桩端持力层的抗压强度：符合设计要求 签章：有CMA章和试验报告检测专用章、授权人已签字

续表

条款号	大纲条款	检 查 依 据	检查要点
5.8.7	人工挖孔桩终孔时，持力层检验记录齐全	**3.《建筑桩基技术规范》JGJ 94—2008** 9.3.2 灌注桩施工过程中应进行下列检验： 1 灌注混凝土前，应按照本规范第6章有关施工质量要求，对已成孔的中心位置、孔深、孔径垂直度、孔底沉渣厚度进行检验； 2 应对钢筋笼安放的实际位置等进行检查，并填写相应质量检测、检查记录； 3 干作业条件下成孔后应对大直径桩桩端持力层进行检验	
5.8.8	人工挖孔灌注桩、干成孔灌注桩、套管成孔灌注桩、泥浆护壁钻孔灌注桩成孔的桩径、垂直度、孔底沉渣厚度及桩位的偏差符合规范规定	**1.《建筑桩基技术规范》JGJ 94—2008** 6.2.4 灌注桩成孔施工的允许偏差应满足表6.2.4的要求。 6.3.9 钻孔达到设计深度，灌注混凝土之前，孔底沉渣厚度指标应符合下列规定： 1 对端承型桩，不应大于50mm； 2 对摩擦型桩，不应大于100mm； 3 对抗拔、抗水平力桩，不应大于200mm。 9.1.1 桩基工程应进行桩位、桩长、桩径、桩身质量和单桩承载力的检验。 9.3.2 灌注桩施工过程中应进行下列检验： 1 灌注混凝土前，应按照本规范第6章有关施工质量要求，对已成孔的中心位置、孔深、孔径、垂直度、孔底沉渣厚度进行检验； 2 应对钢筋笼安放的实际位置等进行检查，并填写相应质量检测、检查记录； 3 干作业条件下成孔后应对大直径桩桩端持力层进行检验。 **2.《电力工程地基处理技术规程》DL/T 5024—2005** 14.1.15 灌注桩成桩过程中，应进行成孔质量检测，包括孔径、孔斜、孔深、沉渣厚度等，成孔质量检测不得少于总桩数的10%	查阅灌注桩成孔质量验收记录 灌注桩成孔桩径、垂直度、孔底沉渣厚度及桩位偏差：满足设计和规范要求
5.8.9	工程桩承载力试验符合设计要求，桩身质量检验符合规程规定，报告齐全	**1.《建筑地基基础工程施工质量验收规范》GB 50202—2018** 5.1.5 工程桩应进行承载力和桩身完整性检验。 5.1.6 设计等级为甲级或地质条件复杂时，应采用静载试验的方法对桩基承载力进行检验，检验桩数不应少于总桩数的1%，且不应少于3根，当总桩数少于50根时，不应少于2根。在有经验和对比资料的地区，设计等级为乙级、丙级的桩基可采用高应变法对桩基进行竖向抗压承载力检测，检测数量不应少于总桩数的5%，且不应少于10根。	查阅工程桩检测报告 内容：包括灌注桩单桩静载荷试验报告或灌注桩高应变检测工程桩承载力检测报告、灌注桩桩身完整性检测报告 结果：承载力符合设计要求、桩身质量检验符合规程规定 报告签章：有CMA章和试验报告检测专用章、授权人已签字 报告数量：与验收记录相符

续表

条款号	大纲条款	检查依据	检查要点
5.8.9	工程桩承载力试验符合设计要求，桩身质量检验符合规程规定，报告齐全	**2.《电力工程地基处理技术规程》DL/T 5024—2005** 14.1.15　灌注桩成桩过程中，应进行成孔质量检测，包括孔径、孔斜、孔深、沉渣厚度等，成孔质量检测不得少于总桩数的10%。桩身强度满足养护要求后应采用高应变法、低应变法动力测试或钻孔抽芯法检测桩身质量，高应变检测数量不宜少于总桩数的5%，且不少于5根。采用低应变法测桩宜为总桩数的20%～30%。当单桩竖向抗压极限承载力较大、地质条件复杂、单桩承台时，应提高检测比例。 14.1.17　为确保实际单桩竖向极限承载力标准值达到设计要求，应根据工程重要性、岩土工程条件、设计要求及工程施工情况采用单桩静载荷试验或可靠的动力测试方法进行工程桩单桩承载力检测。对于工程桩施工前未进行综合试桩的一级建筑桩基和岩土工程条件复杂、桩的施工质量可靠性低、确定单桩承载力的可靠性低、桩数多的二级建筑桩基，应采用单桩静载荷试验对工程桩单桩竖向承载力进行检测，在同一条件下的检测数量不宜小于总桩数的1%，且不应小于3根；对于工程桩施工前已进行过综合试桩的一级建筑桩基及其他所有工程桩基，应采用可靠的高应变动力测试法对工程桩单桩竖向承载力进行检测。 **3.《建筑桩基技术规范》JGJ 94—2008** 9.4.3　有下列情况之一的桩基工程，应采用静荷载试验对工程桩单桩竖向承载力进行检测，检测数量应根据桩基设计等级、本工程施工前取得试验数据的可靠性因素，可按现行行业标准《建筑基桩检测技术规范》JGJ 106确定： 1　工程施工前已进行单桩静载试验，但施工过程变更了工艺参数或施工质量出现异常时； 2　施工前工程未按本规范5.3.1规定进行单桩静载试验的工程； 3　地质条件复杂、桩的施工质量可靠性低； 4　采用新桩型或新工艺	
5.8.10	质量控制参数符合技术方案，施工记录齐全	**1.《建筑地基基础工程施工质量验收规范》GB 50202—2018** 5.1.4　灌注桩的桩径、垂直度及桩位允许偏差应符合表5.1.4的规定。 **2.《电力工程地基处理技术规程》DL/T 5024—2005** 14.1.15　灌注桩成桩过程中，应进行成孔质量检测，包括孔径、孔斜、孔深、沉渣厚等，成孔质量检测不得少于总桩数的10%。桩身强度满足养护要求后应采用高应变法、低应变法动力测试或钻孔抽芯法检测桩身质量，高应变检测数量不宜少于总桩数的5%，且不少于5根。采用低应变法测桩宜为总桩数的20%～30%。当单桩竖向抗压极限承载力较大、地质条件复杂、单桩承台时，应提高检测比例。 **3.《建筑桩基技术规范》JGJ 94—2008** 6.3.30　灌注水下混凝土的质量控制应满足下列要求： 1　开始灌注混凝土时，导管底部至孔底的距离宜为300mm～500mm；	1. 查阅施工方案 质量控制参数：符合技术方案要求 2. 查阅施工记录 内容：包括桩顶标高、孔径、垂直度、孔深、沉渣厚度、泥浆稠度和充盈系数等 记录数量：与验收记录相符

续表

<table>
<tr><th>条款号</th><th>大纲条款</th><th>检查依据</th><th>检查要点</th></tr>
<tr><td>5.8.10</td><td>质量控制参数符合技术方案，施工记录齐全</td><td>2 应有足够的混凝土储备量，导管一次埋入混凝土灌注面以下不应少于0.8m；
3 导管埋入混凝土深度宜为2m～6m。严禁将导管提出混凝土灌注面，并应控制提拔导管速度，应有专人测量导管埋深及管内外混凝土灌注面的高差，填写水下混凝土灌注记录；
4 灌注水下混凝土必须连续施工，每根桩的灌注时间应按初盘混凝土的初凝时间控制，对灌注过程中的故障应记录备案；
5 应控制最后一次灌注量，超灌高度宜为0.8m～1.0m，凿除泛浆高度后必须保证暴露的桩顶混凝土强度达到设计等级</td><td></td></tr>
<tr><td rowspan="2">5.8.11</td><td rowspan="2">施工质量的检验项目、方法、数量符合规范规定，质量验收记录齐全</td><td rowspan="2">1.《建筑地基基础工程施工质量验收规范》GB 50202—2018
5.1.1 扩展基础、筏形与箱形基础、沉井与沉箱，施工前应对放线尺寸进行复核；桩基工程施工前应对放好的轴线和桩位进行复核。群桩桩位的放样允许偏差应为20mm，单排桩桩位的放样允许偏差应为10mm。
5.1.4 灌注桩的桩径、垂直度及桩位允许偏差必须符合表5.1.4的规定。
2.《电力工程地基处理技术规程》DL/T 5024—2005
14.1.13 一级、二级建筑物桩基工程在施工过程及建成后使用期间，应进行系统的沉降观测直至沉降稳定。
14.1.15 灌注桩成桩过程中，应进行成孔质量检测，包括孔径、孔斜、孔深、沉渣厚度等，成孔质量检测不得少于总桩数的10%。桩身强度满足养护要求后应采用高应变法、低应变法动力测试或钻孔抽芯法检测桩身质量，高应变检测数量不宜少于总桩数的5%，且不少于5根。采用低应变法测桩宜为总桩数的20%～30%。当单桩竖向抗压极限承载力较大、地质条件复杂、单桩承台时，应提高检测比例。
14.2.1 钻孔灌注桩
11 钻孔灌注桩混凝土的浇注应符合下列规定：
7）桩身浇注过程中，每根桩留取不少于1组（3块）试块，按标准养护后进行抗压试验。
8）当混凝土试块强度达不到设计要求时，可从桩体中进行抽芯检验或采取其他非破损检验方法。
3.《建筑桩基技术规范》JGJ 94—2008
9.5.2 基桩验收应包括下列资料：
1 岩土工程勘察报告、桩基施工图、图纸会审纪要、设计变更单及材料代用通知单等；</td><td>1. 查阅质量检验记录
检验项目：包括桩顶标高、孔径、垂直度、孔深、沉渣厚度、泥浆稠度和充盈系数等，符合设计要求和规范规定
检验方法：包括量测、高应变、低应变、静载荷试验等，符合规范规定
检验数量：符合规范规定</td></tr>
<tr><td>2. 查阅质量验收记录
内容：包括检验批、分项工程验收记录及隐蔽工程验收文件等
数量：与项目质量验收范围划分表相符</td></tr>
</table>

续表

条款号	大纲条款	检查依据	检查要点
5.8.11	施工质量的检验项目、方法、数量符合规范规定，质量验收记录齐全	2 经审定的施工组织设计、施工方案及执行中的变更单； 3 桩位测量放线图，包括工程桩位线复核签证单； 4 原材料的质量合格和质量鉴定书； 5 半成品如预制桩、钢桩等产品的合格证； 6 施工记录及隐蔽工程验收文件； 7 成桩质量检查报告； 8 单桩承载力检测报告； 9 基坑挖至设计标高的基桩竣工平面图及桩顶标高图； 10 其他必须提供的文件和记录	
5.9 预制桩工程的监督检查			
5.9.1	当需要提供设计参数和施工工艺参数时，应按试桩方案进行试桩确定	**《电力工程地基处理技术规程》DL/T 5024—2005** 5.0.8 大中型电力工程一、二级建（构）筑物的地基处理应进行原体试验。对于扩建工程，当工程条件有较大变化时，宜进行地基处理原体试验。 5.0.10 地基处理正式施工前，宜进行试验性施工，在确认施工技术条件满足设计要求后，才能进行地基处理的正式施工。 14.1.7 对于一、二级建筑物的单桩抗压、抗拔、水平极限承载力标准值，宜按综合试桩结果确定，并应符合下列要求： 1 试验地段的选取，应能充分代表拟建建筑物场地的岩土工程条件。 2 在同一条件下，试桩数量不应少于3根。当总桩数在50根以内时，不应少于2根	查阅试桩检测报告 设计参数和施工工艺参数：已确定 盖章：有CMA章和试验报告检测专用章 签字：授权人已签字
5.9.2	预制桩工程施工组织设计、施工方案齐全，已审批	**1.《建筑施工组织设计规范》GB/T 50502—2009** 3.0.5 施工组织设计的编制和审批应符合下列规定： 1 施工组织设计应由项目负责人主持编制，可根据需要分阶段编制和审批； 2 施工组织总设计应由总承包单位技术负责人审批；单位工程施工组织设计应由施工单位技术负责人或技术负责人授权的技术人员审批，施工方案应由项目技术负责人审批；重点、难点分部（分项）工程和专项工程施工方案应由施工单位技术部门组织相关专家评审，施工单位技术负责人批准； 3 由专业承包单位施工的分部（分项）工程或专项工程的施工方案，应由专业承包单位技术负责人或技术负责人授权的技术人员审批；有总承包单位时，应由总承包单位项目技术负责人核准备案；	1. 查阅预制桩技术方案 审批：审批人已签字 2. 查阅施工方案报审表 审核：监理单位相关责任人已签字 批准：建设单位相关责任人已签字

续表

条款号	大纲条款	检查依据	检查要点
5.9.2	预制桩工程施工组织设计、施工方案齐全，已审批	4 规模较大的分部（分项）工程和专项工程的施工方案应按单位工程施工组织、设计进行编制和审批。 **2.《电力工程地基处理技术规程》DL/T 5024—2005** 5.0.12 地基处理的施工应有详细的施工组织设计、施工质量管理和质量保证措施。应有专人负责施工检验与质量监督，做好各项施工记录，当发现异常情况时，应及时会同有关部门研究解决。 **3.《建筑桩基技术规范》JGJ 94—2008** 1.0.3 桩基的设计与施工，应综合考虑工程地质与水文地质条件、上部结构类型、使用功能、荷载特征、施工技术条件与环境；并应重视地方经验，因地制宜，注重概念设计，合理选择桩型、成桩工艺和承台形式，优化布桩，节约资源；强化施工质量控制与管理。 **4.《电力建设施工技术规范 第1部分：土建结构工程》DL 5190.1—2012** 3.0.1 工程施工前，应按设计图纸，结合具体情况和施工组织设计的要求编制施工方案，并经批准后方可施工	3. 查阅施工方案 编、审、批：施工单位相关责任人已签字 施工步骤和工艺参数：与技术方案相符
5.9.3	静压桩、锤击桩施工工艺与设计（施工）方案一致	**1.《建筑地基基础工程施工质量验收规范》GB 50202—2018** 5.2.3 压桩过程中应检查压力、桩垂直度、接桩间歇时间、桩的连接质量及压入深度。重要工程应对电焊接桩的接头做10%的探伤检查。对承受反力的结构应加强观测。 **2.《建筑桩基技术规范》JGJ 94—2008** 7.4.5 打入桩（预制混凝土方桩、预应力混凝土空心桩、钢桩）的桩位偏差，应符合表7.4.5的规定。斜桩倾斜度的偏差不得大于倾斜角正切值的15%（倾斜角系桩的纵向中心线与铅垂线间夹角）。 7.4.6 桩终止锤击的控制应符合下列规定： 1 当桩端位于一般土层时，应以控制桩端设计标高为主，贯入度为辅； 2 桩端达到坚硬、硬塑的黏性土、中密以上粉土、砂土、碎石类土及风化岩时，应以贯入度控制为主，桩端标高为辅； 3 贯入度已达到设计要求而桩端标高未达到时，应继续锤击3阵，并按每阵10击的贯入度不应大于设计规定的数值确认，必要时，施工控制贯入度应通过试验确定。 7.5.7 最大压桩力不得小于设计的单桩竖向极限承载力标准值，必要时可由现场试验确定。 7.5.8 静力压桩施工的质量控制应符合下列规定： 1 第一节桩下压时垂直度偏差不应大于0.5%； 2 宜将每根桩一次性连续压到底，且最后一节有效桩长不宜小于5m；	查阅施工方案 施工工艺：与设计方案一致

续表

条款号	大纲条款	检 查 依 据	检查要点
5.9.3	静压桩、锤击桩施工工艺与设计（施工）方案一致	3 抱压力不应大于桩身允许侧向压力的 1.1 倍。 7.5.9 终压条件应符合下列规定： 1 应根据现场试压桩的试验结果确定终压力标准； 2 终压连续复压次数应根据桩长及地质条件等因素确定。对于入土深度大于或等于 8m 的桩，复压次数可为 2 次～3 次；对于入土深度小于 8m 的桩，复压次数可为 3 次～5 次； 3 稳压压桩力不得小于终压力，稳定压桩的时间宜为 5s～10s	
5.9.4	桩体材料和连接材料的性能证明文件齐全	**1.《建筑地基基础工程施工质量验收规范》GB 50202—2018** 5.4.1 桩在现场预制时，应对原材料、钢筋骨架（见表 5.4.1）、混凝土强度进行检查；采用工厂生产的成品桩时，桩进场后应进行外观及尺寸检查。 **2.《建筑地基处理技术规范》JGJ 79—2012** 9.3.2 预制桩桩体可采用边长为 150mm～300mm 的预制混凝土方桩，直径 300mm 的预应力混凝土管桩，断面尺寸为 100mm～300mm 的钢管桩和型钢等，施工除应满足现行行业标准《建筑桩基技术规范》JGJ 94 的规定外，尚应符合下列规定： 3 除用于减小桩身阻力的涂层外，桩身材料以及连接件的耐久性应符合现行国家标准《工业建筑防腐蚀设计标准》GB 50046 的有关规定。 **3.《建筑桩基技术规范》JGJ 94—2008** 7.3.2 接桩材料应符合下列规定： 1 焊接接桩：钢板宜采用低碳钢，焊条宜采用 E43；并应符合现行行业标准要求。接头宜采用探伤检测，同一工程检测量不得少于 3 个接头。 2 法兰接桩：钢板和螺栓宜采用低碳钢。 9.1.3 对砂、石、水泥、钢材等桩体原材料质量的检测项目和方法应符合国家现行有关标准的规定	1. 查阅焊条、现场预制桩钢筋、水泥等原材料进场验收记录 内容：包括出厂合格证（出厂试验报告）、复试报告，材料进场时间、批次、数量、规格、相应性能指标 2. 查阅施工单位材料跟踪管理台账 内容：包括焊条和桩体材料合格证明资料、复试报告、使用情况、检验数量 3. 查阅焊条和桩体材料试验检测报告和试验委托单 报告检测结果：合格 报告签章：有 CMA 章和试验报告检测专用章、授权人已签字 委托单签字：见证取样人员已签字且已附资质证书编号 代表数量：与进场数量相符
5.9.5	桩身检测、接桩接头检测合格，报告齐全	**1.《建筑地基基础工程施工质量验收规范》GB 50202—2018** 5.1.6 桩身质量应进行检验。对设计等级为甲级或地质条件复杂，成桩质量可靠性低的灌注桩，抽检数量不应少于总数的 30%，且不应少于 20 根；其他桩基工程的抽检数量不应少于总数的 20%，且不应少于 10 根；对混凝土预制桩及地下水位以上且终孔后经过核验的灌注桩，检验数量不应少于总桩数的 10%，且不得少于 10 根。每个柱子承台下不得少于 1 根。 5.11.1 施工前应对成品桩做外观及强度检验，接桩用焊条应有产品合格证书，或送有关部门检验；压桩用压力表、锚杆规格及质量应进行检查。	1. 查阅成品桩桩身检测检查记录 内容：包括外观及桩身完整性检验

续表

条款号	大纲条款	检 查 依 据	检查要点
5.9.5	桩身检测、接桩接头检测合格，报告齐全	5.11.2 压桩施工中应检查压力、桩垂直度、接桩间歇时间、桩的连接质量及压入深度。重要工程应对电焊接桩的接头进行探伤检查。对承受反力的结构应加强观测。 5.11.3 施工结束后，应进行桩的承载力检验。 5.5.1 施工前应检验成品桩构造尺寸及外观质量。 5.5.2 施工中应检验接桩质量、锤击及静压的技术指标、垂直度以及桩顶标高等。 **2.《电力工程地基处理技术规程》DL/T 5024—2005** 14.1.14 打入桩在施打过程中，应采用高应变动测法对基桩进行质量检测，测桩数量宜为总桩数的3%～7%，且不少于5根。如发现桩基工程有质量问题，按照发现1根桩有问题时增加2根桩检测的原则对桩基施工质量作总体评价。低应变法测桩，对于钢筋混凝土预制桩或PHC桩不应少于总桩数的20%～30%，对于钢桩，可由设计根据工程重要性和桩基施工情况确定检测比例。 15.4.16 低应变动测报告应包括下列内容： 1 工程名称、地点，建设、设计、监理和施工单位、委托方名称，设计要求，监测目的、监测依据，检测数量和日期； 2 地质条件概况； 3 受检桩的桩号、桩位示意图和施工简况； 4 检测方法、检测仪器设备和检测过程； 5 检测桩的实测与计算分析曲线，检测成果汇总表； 6 结论和建议。 **3.《建筑桩基技术规范》JGJ 94—2008** 7.3.3 采用焊接接桩除应符合现行行业标准《建筑钢结构焊接技术规程》JGJ 81的有关规定外，尚应符合下列规定： （7）焊接接头的质量检查，对于同一工程探伤抽样检验不得少于3个接头	2. 查阅接桩接头的焊缝探伤检验报告 结论：合格 代表数量：与进场数量相符
5.9.6	地基承载力检测报告结论满足设计要求	**1.《建筑地基基础工程施工质量验收规范》GB 50202—2018** 5.1.5 工程桩应进行承载力和桩身完整性检验。 5.5.3 施工结束后应对承载力及桩身完整性等进行检验。 **2.《电力工程地基处理技术规程》DL/T 5024—2005** 14.1.14 打入桩在施打过程中，应采用高应变动测法对基桩进行质量检测，测桩数量宜为总桩数的3%～7%，且不少于5根。如发现桩基工程有质量问题，按照发现1根桩有问题时增加2根桩检测的原则对桩基施工质量作总体评价。低应变法测桩，对于钢筋混凝土预制桩或PHC桩不应少于总桩数的20%～30%，对于钢桩，可由设计根据工程重要性和桩基施工情况确定检测比例。	查阅单桩承载力检测（高应变检测）报告 结论：承载力符合设计要求和规范规定 报告签章：有CMA章和试验报告检测专用章、授权人已签字

续表

条款号	大纲条款	检查依据	检查要点
5.9.6	地基承载力检测报告结论满足设计要求	14.1.17 为确保实际单桩竖向极限承载力标准值达到设计要求，应根据工程重要性、岩土工程条件、设计要求及工程施工情况采用单桩静载荷试验或可靠的动力测试方法进行工程桩单桩承载力检测。对于工程桩施工前未进行综合试桩的一级建筑桩基和岩土工程条件复杂、桩的施工质量可靠性低、确定单桩承载力的可靠性低、桩数多的二级建筑桩基，应采用单桩静载荷试验对工程桩单桩竖向承载力进行检测，在同一条件下的检测数量不宜小于总桩数的1%，且不应小于3根；对于工程桩施工前已进行过综合试桩的一级建筑桩基及其他所有工程桩基，应采用可靠的高应变动力测试法对工程桩单桩竖向承载力进行检测。 15.4.9 高应变动测宜提供下列成果： 1 实测波形曲线及凯斯法（CASE法）计算结果； 2 曲线拟合法（CAPWAP-C法）拟合曲线及计算结果； 3 模拟静载荷试验的 Q-s 曲线图； 4 桩周土阻力分布； 5 桩身质量情况； 6 成果分析报告。 **3.《建筑桩基检测技术规范》JGJ 106—2014** 3.3.4 当符合下列条件之一时，应采用单桩竖向抗压静载试验进行承载力试验检测。检测数量不应少于同一条件下桩基分项工程总桩数的1%，且不应少于3根；当总桩数小于50根时，检测数量不应少于2根。 1 设计等级为甲级的桩基； 2 施工前未按本规范3.3.1进行单桩静载试验的工程； 3 施工前进行了单桩静载试验，但施工过程中变更了工艺参数或施工质量出现了异常； 4 地基条件复杂、桩施工质量可靠性低； 5 本地区采用的新桩型或新工艺； 6 施工过程中产生挤土上浮或偏位的群桩	
5.9.7	质量控制参数符合技术方案，施工记录齐全	**1.《建筑地基基础工程施工质量验收规范》GB 50202—2018** 5.3.1 施工前应检查进入现场的成品桩，接桩用电焊条等产品质量。 5.3.2 施工过程中应检查桩的贯入情况、桩顶完整状况、电焊接桩质量、桩体垂直度、电焊后的停歇时间。重要工程应对电焊接头做10%的焊缝探伤检查。	1. 查阅施工方案 质量控制参数：符合技术方案要求

续表

条款号	大纲条款	检查依据	检查要点
5.9.7	质量控制参数符合技术方案，施工记录齐全	5.4.1 桩在现场预制时，应对原材料、钢筋骨架（见表5.4.1）、混凝土强度进行检查；采用工厂生产的成品桩时，桩进场后应进行外观及尺寸检查。 5.4.2 施工中应对桩体垂直度、沉桩情况、桩顶完整状况、接桩质量等进行检查，对电焊接桩，重要工程应做10%的焊缝探伤检查。 **2.《电力工程地基处理技术规程》DL/T 5024—2005** 14.1.16 打入桩坐标控制点、高程控制点以及建筑物场地内的轴线控制点，均应设置在打桩施工影响区域之外，距离桩群的边缘一般不少于30m。施工过程中，应对测量控制点定期核对。 14.3.2 预应力高强混凝土管桩和预应力混凝土管桩 （4）PHC、PC桩交付使用时，生产厂商应提交产品合格证、原材料（包括钢筋、水泥、砂、碎石等）的试验检验合格证明、离心混凝土试块强度报告、钢筋墩头强度报告、桩体外观质量和尺寸偏差等检验报告。 **3.《建筑桩基技术规范》JGJ 94—2008** 7.5.8 静力压桩施工的质量控制应符合下列规定： 1 第一节桩下压时垂直度偏差不应大于0.5%； 2 宜将每根桩一次性连续压到底，且最后一节有效桩长不宜小于5m； 3 桩压力不应大于桩身允许侧向压力的1.1倍	2. 查阅施工记录 内容：包括桩身垂直度、桩顶标高、接桩、贯入度或桩压力等 记录数量：与验收记录相符
5.9.8	施工质量的检验项目、方法、数量符合规范规定，质量验收记录齐全	**1.《建筑地基基础工程施工质量验收规范》GB 50202—2018** 5.1.1 扩展基础、筏形与箱形基础、沉井与沉箱，施工前应对放线尺寸进行复核；桩基工程施工前应对放好的轴线和桩位进行复核。群桩桩位的放样允许偏差应为20mm，单排桩桩位的放样允许偏差应为10mm。 5.1.2 预制桩（钢桩）的桩位偏差应符合表5.1.2的规定。斜桩倾斜度的偏差应为倾斜角正切值的15%。 **2.《电力工程地基处理技术规程》DL/T 5024—2005** 14.1.14 打入桩在施打过程中，应采用高应变动测法对基桩进行质量检测，测桩数量宜为总桩数的3%～7%，且不少于5根。如发现桩基工程有质量问题，按照发现1根桩有问题时增加2根桩检测的原则对桩基施工质量作总体评价。低应变法测桩，对于钢筋混凝土预制桩或PHC桩不应少于总桩数的20%～30%，对于钢桩，可由设计根据工程重要性和桩基施工情况确定检测比例。	1. 查阅质量检验记录 检验项目：包括桩身垂直度、桩顶标高、接桩、贯入度或桩压力等，符合设计要求和规范规定 检验方法：采用量测、高应变、低应变、静载荷试验等，符合规范规定 检验数量：符合规范规定

续表

条款号	大纲条款	检查依据	检查要点
5.9.8	施工质量的检验项目、方法、数量符合规范规定，质量验收记录齐全	**3.《建筑桩基技术规范》JGJ 94—2008** 7.4.13 施工现场应配备桩身垂直度观测仪器（长条水准尺或经纬仪）和观测人员，随时量测桩身的垂直度。 9.1.1 桩基工程应进行桩位、桩长、桩径、桩身质量和单桩承载力的检验。 9.2.1 施工前应严格对桩位进行检验	2. 查阅质量验收记录 内容：包括检验批、分项工程验收记录及隐蔽工程验收文件等 数量：与项目质量验收范围划分表相符
5.10 基坑工程的监督检查			
5.10.1	设计前已通过现场试验或试验性施工，确定了设计参数和施工工艺参数	**1.《电力工程地基处理技术规程》DL/T 5024—2005** 5.0.5 地基处理工作的规划和实施，可按下列顺序进行 3 结合电力工程初步设计阶段岩土工程勘测，实施必要的地基处理原体试验，以获得必要的设计参数和合理的施工方案。 5.0.10 地基处理正式施工前，宜进行试验性施工，在确认施工技术条件满足设计要求后，才能进行地基处理的正式施工	查阅设计前现场试验或试验性施工文件 内容：施工工艺参数与设计参数相符
5.10.2	基坑施工方案、基坑监测技术方案齐全，已审批；深基坑施工方案经专家评审，评审资料齐全	**1.《危险性较大的分部分项工程安全管理办法》中华人民共和国住房和城乡建设部 建质〔2009〕87号** 附件一 危险性较大的分部分项工程范围 一 基坑支护、降水工程： 开挖深度超过3m（含3m）或虽未超过3m但地质条件和周边环境复杂的基坑（槽）支护、降水工程。 **2.《建筑地基基础工程施工质量验收规范》GB 50202—2018** 9.2.1 施工前应检查支护结构质量、定位放线、排水和地下控制系统，以及对周边影响范围内地下管线和建（构）筑物保护措施的落实，并应合理安排土石运输车辆的行走路线及弃土场。附近有重要保护的基坑，应在土方开挖前对维护体的止水性能通过预降水进行检验。 **3.《建筑基坑工程监测技术规范》GB 50497—2009** 3.0.1 开挖深度超过5m、或开挖深度未超过5m但现场地质情况和周围环境较复杂的基坑工程以及其他需要监测的基坑工程应实施基坑工程监测。 3.0.3 基坑工程施工前，应由建设方委托具备相应资质的第三方对基坑工程实施现场监测。监测单位应编制监测方案。监测方案应经建设方、设计方、监理方等认可，必要时还需与基坑周边环境涉及的有关管理单位协商一致后方可实施。	1. 查阅基坑施工方案 施工方案编、审、批：施工单位相关责任人已签字 报审表审核：监理单位相关责任人已签字 报审表批准：建设单位相关责任人已签字 施工步骤和工艺参数：与技术方案相符 深基坑施工方案专家评审意见：已落实 2. 查阅基坑监测方案 审批：建设、设计、监理等相关单位责任人已签字

续表

条款号	大纲条款	检 查 依 据	检查要点
5.10.2	基坑施工方案、基坑监测技术方案齐全，已审批；深基坑施工方案经专家评审，评审资料齐全	**4.《电力建设施工技术规范 第1部分：土建结构工程》DL 5190.1—2012** 8.1.4 地下结构基坑开挖及下部结构的施工方案，应根据施工区域的水文地质、工程地质、自然条件及工程的具体情况，通过分析核算与技术经济比较后确定，经批准后方可施工	
5.10.3	钢筋、混凝土、锚杆、桩体、土钉、钢材等性能证明文件齐全	**1.《建筑地基基础工程质量验收规范》GB 50202—2018** 4.1.2 砂、石子、水泥、钢材、石灰、粉煤灰等原材料的质量、检验项目、批量和检验方法，应符合国家现行标准的规定。 5.4.1 桩在现场预制时，应对原材料、钢筋骨架、混凝土强度进行检查；采用工厂生产的成品桩时，桩进厂后应进行外观及尺寸检查。 7.4.3 施工中应对锚杆或土钉位置，钻孔直径、深度及角度，锚杆或土钉插入长度，注浆配比、压力及注浆量，喷锚墙面厚度及强度、锚杆或土钉应力等进行检查	1. 查阅钢筋、混凝土等材料进场验收记录 内容：包括出厂合格证（出厂试验报告）、复试报告、材料进场时间、批次、数量、规格、相应性能指标 2. 查阅施工单位材料跟踪管理台账 内容：包括钢筋、水泥等材料的合格证、复试报告、使用情况、检验数量 3. 查阅钢筋、混凝土、锚杆等试验检测报告和试验委托单 报告检测结果：合格 报告签章：有 CMA 章和试验报告检测专用章、授权人已签字 委托单签字：见证取样人员已签字且已附资质证书编号 代表数量：与进场数量相符
5.10.4	钻芯、抗拔、声波等试验合格，报告齐全	**1.《建筑地基基础工程施工质量验收规范》GB 50202—2018** 5.1.6 桩身质量应进行检验。 5.6.3 施工结束后应对桩体完整度、混凝土强度及承载力进行检验。	查阅钻芯、抗拔、声波等检测报告 内容：包括试验检测报告和竣工验收检测报告

续表

条款号	大纲条款	检查依据	检查要点
5.10.4	钻芯、抗拔、声波等试验合格，报告齐全	**2.《复合土钉墙基坑支护技术规范》GB 50739—2011** 5.1.6 预应力锚杆抗拔承载力和杆体抗拉承载力验算应按现行行业标准《建筑基坑支护技术规程》JGJ 120的有关规定执行。 **3.《建筑桩基技术规范》JGJ 94—2008** 5.4.6 群桩基础及其基桩的抗拔极限承载力的确定应符合下列规定： 1 对于设计等级为甲级和乙级建筑桩基，基桩的抗拔极限承载力应通过现场单桩上拔静载荷试验确定	结论：合格 盖章：有CMA章和试验报告检测专用章 签字：授权人已签字
5.10.5	施工工艺与设计（施工）方案一致；基坑监测实施与方案一致	**1.《建筑地基基础工程施工质量验收规范》GB 50202—2018** 9.1.3 土方开挖的顺序、方法必须与设计工况相一致，并遵循“开槽支撑，先撑后挖，分层开挖，严禁超挖”的原则。 **2.《建筑基坑工程监测技术规范》GB 50497—2009** 3.0.8 监测单位应严格实施监测方案。当基坑工程设计或施工有重大变更时，监测单位应与建设方及相关单位研究并及时调整监测方案。 3.0.9 监测单位应及时处理、分析监测数据，并将监测结果和评价及时向委托方及相关单位作信息反馈。当监测数据达到监测报警值时必须立即通报委托方及相关单位。 **3.《建筑地基处理技术规程》JGJ 79—2012** 3.0.2 在选择地基处理方案时，应考虑上部结构、基础和地基的共同作用，进行多种方案的技术经济比较，选用地基处理或加强上部结构与地基处理相结合的方案。 **4.《建筑基坑支护技术规程》JGJ 120—2012** 3.1.10 基坑支护设计应满足下列主体地下结构的施工要求： 1 基坑侧壁与主体地下结构的净空间和地下水控制应满足主体地下结构及防水的施工要求； 2 采用锚杆时，锚杆的锚头及腰梁不应妨碍地下结构外墙的施工； 3 采用内支撑时，内支撑及腰梁的设置应便于地下结构及其防水的施工	1. 查阅施工方案 施工工艺：与设计方案一致 2. 查阅基坑监测方案 内容：监测实施记录与方案一致
5.10.6	质量控制参数符合技术方案，施工记录齐全	**1.《建筑地基基础工程施工质量验收规范》GB 50202—2018** 7.1.2 围护结构施工完成后的质量验收应在基坑开挖前进行，支锚结构的质量验收应在对应的分层土方开挖前进行，验收内容应包括质量和强度检验、构件的几何尺寸、位置偏差及平整度等。 **2.《电力工程地基处理技术规程》DL/T 5024—2005** 5.0.12 地基处理的施工应有详细的施工组织设计、施工质量管理和质量保证措施。应有专人负责施工检验与质量监督，做好各项施工记录，当发现异常情况时，应及时会同有关部门研究解决。	1. 查阅施工方案 质量控制参数：符合技术方案要求 2. 查阅施工记录文件 内容：包括测量定位放线记录、基坑支护施工记录、深基坑变形监测记录等 记录数量：与验收记录相符

续表

<table>
<tr><th>条款号</th><th>大纲条款</th><th>检查依据</th><th>检查要点</th></tr>
<tr><td>5.10.6</td><td>质量控制参数符合技术方案，施工记录齐全</td><td>3.《建筑地基处理技术规范》JGJ 79—2012
3.0.12 地基处理施工中应有专人负责质量控制和监测，并做好施工记录</td><td></td></tr>
<tr><td rowspan="2">5.10.7</td><td rowspan="2">施工质量的检验项目、方法、数量符合规范规定，质量验收记录齐全</td><td rowspan="2">1.《建筑地基基础工程施工质量验收规范》GB 50202—2018
4.1.2 砂、石子、水泥、钢材、石灰、粉煤灰等原材料质量、检验项目、批量和检验方法应符合国家现行标准的规定。
4.1.3 地基施工结束，宜在一个间歇期后，进行质量验收，间歇期由设计确定</td><td>1. 查阅质量检验记录
检验项目：包括桩孔直径、桩孔深度等偏差等，符合设计要求
检验方法：量测，符合规范规定
检验数量：符合规范规定</td></tr>
<tr><td>2. 查阅质量验收记录
内容：包括检验批、分项工程验收记录及隐蔽工程验收文件等
数量：与项目质量验收范围划分表相符</td></tr>
<tr><td colspan="4">5.11 边坡工程的监督检查</td></tr>
<tr><td>5.11.1</td><td>设计有要求时，通过现场试验和试验性施工，确定设计参数和施工工艺参数</td><td>1.《电力工程地基处理技术规程》DL/T 5024—2005
5.0.5 地基处理工作的规划和实施，可按下列顺序进行：
3 结合电力工程初步设计阶段岩土工程勘测，实施必要的地基处理原体试验，已获得必要的设计参数和合理的施工方案</td><td>查阅设计有要求时的现场试验或试验性施工文件
内容：施工工艺参数与设计参数相符</td></tr>
<tr><td rowspan="2">5.11.2</td><td rowspan="2">边坡处理技术方案、施工方案齐全，已审批</td><td rowspan="2">1.《建筑边坡工程技术规范》GB 50330—2013
18.1.1 边坡工程应根据安全等级、边坡环境、工程地质和水文地质、支护结构类型和变形控制要求等条件编制施工方案，采取合理、可行、有效的措施保证施工安全。
18.1.2 对土石方开挖后不稳定或欠稳定的边坡，应根据边坡的地质特征和可能发生的破坏方式等情况，采取自上而下、分段跳槽、及时支护的逆作法或部分逆作法施工。未经设计许可严禁大开挖、爆破作业。</td><td>1. 查阅设计单位的边坡处理技术方案
审批：审批人已签字</td></tr>
<tr><td>2. 查阅施工方案报审表
审核：监理单位相关责任人已签字
批准：建设单位相关责任人已签字</td></tr>
</table>

续表

条款号	大纲条款	检查依据	检查要点
5.11.2	边坡处理技术方案、施工方案齐全，已审批	**2.《建筑地基基础工程施工质量验收规范》GB 50202—2018** 7.1.2　基坑的支护与开挖方案，各地均有严格的规定，应按当地的要求，对方案进行申报，经批准后才能施工	3. 查阅施工方案 编、审、批：施工单位相关责任人已签字 施工步骤和工艺参数：与技术方案相符
5.11.3	施工工艺与设计（施工）方案一致	**1.《建筑地基基础工程施工质量验收规范》GB 50202—2018** 9.1.3　土方开挖的顺序、方法必须与设计工况相一致，并遵循“开槽支撑，先撑后挖，分层开挖，严禁超挖”的原则	查阅施工方案 施工工艺：与设计方案一致
5.11.4	钢筋、水泥、砂、石、外加剂等原材料性能证明文件齐全	**1.《建筑地基基础工程施工质量验收规范》GB 50202—2018** 4.1.2　砂、石子、水泥、钢材、石灰、粉煤灰等原材料的质量、检验项目、批量和检验方法，应符合国家现行标准的规定。 **2.《建筑地基基础设计规范》GB 50007—2011** 6.8.5　岩石锚杆的构造应符合下列规定： 1　岩石锚杆由锚固段和非锚固段组成。锚固段应嵌入稳定的基岩中，嵌入基岩深度应大于40倍锚杆筋体直径，且不得小于3倍锚杆的孔径。非锚固段的主筋必须进行防护处理。 2　作支护用的岩石锚杆，锚杆孔径不宜小于100mm；作防护用的锚杆，其孔径可小于100mm，但不应小于60mm。 3　岩石锚杆的间距，不应小于锚杆孔径的6倍。 4　岩石锚杆与水平面的夹角宜为150°～250°。 5　锚杆筋体宜采用热轧带肋钢筋，水泥砂浆强度不宜低于25MPa，细石混凝土强度不宜低于C25。 **3.《建筑边坡工程技术规范》GB 50330—2013** 19.2.1　边坡支护结构的原材料质量检验应包括下列内容： 1　材料出厂合格证检查； 2　材料现场抽检； 3　锚杆浆体和混凝土的配合比试验，强度等级检验。 C3.2　验收试验锚杆的数量取每种类型锚杆总数的5%（自由段位Ⅰ、Ⅱ或Ⅲ类岩石内时取总数的3%），且均不得少于5根。	1. 查阅钢筋、水泥、外加剂等材料进场验收记录 内容：包括出厂合格证（出厂试验报告）、复试报告、材料进场时间、批次、数量、规格、相应性能指标 2. 查阅施工单位材料跟踪管理台账 内容：包括钢筋、水泥、外加剂等材料的合格证、复试报告、使用情况、检验数量，可追溯 3. 查阅钢筋、混凝土、锚杆等试验检测报告和试验委托单 报告检测结果：合格 报告签章：有CMA章和试验报告检测专用章、授权人已签字 委托单签字：见证取样人员已签字且已附资质证书编号 代表数量：与进场数量相符

续表

<table>
<tr><th>条款号</th><th>大纲条款</th><th>检查依据</th><th>检查要点</th></tr>
<tr><td>5.11.4</td><td>钢筋、水泥、砂、石、外加剂等原材料性能证明文件齐全</td><td>4.《混凝土结构工程施工质量验收规范》GB 50204—2015
5.2.1 钢筋进场时，应按国家现行相关标准的规定抽取试件作屈服强度、抗拉强度、伸长率、弯曲性能和重量偏差检验，检验结果应符合相应标准的规定。
检查数量：按进场的批次和产品的抽样检验方案确定。
检验方法：检查质量证明文件和抽样检验报告。
7.2.1 水泥进场时应对其品种、代号、强度等级、包装或散装编号、出厂日期等进行检查，并应对水泥的强度、安定性和凝结时间进行检验，检验结果应符合现行国家标准《通用硅酸盐水泥》GB 175 等的相关规定。
检查数量：按同一厂家、同一品种、同一代号、同一强度等级、同一批号且连续进场的水泥，袋装不超过 200t 为一批，散装不超过 500t 为一批，每批抽样数量不少于一次。
检验方法：检查质量证明文件和抽样检验报告。
7.2.2 混凝土外加剂进场时，应对其品种、性能、出厂日期等进行检查，并应对外加剂相关性能指标进行检验，检验结果应符合现行国家标准《混凝土外加剂》GB 8076《混凝土外加剂应用技术规范》GB 50119 等规定。
检查数量：按同一生产厂家、同一品种、同一性能、同一批号且连续进场的混凝土外加剂，不超过 50t 为一批，每批抽样数量不应少于一次。
检验方法：检查质量证明文件和抽样检验报告。
5.《普通混凝土用砂、石质量及检验方法标准》JGJ 52—2006
4.0.1 供货单位应提供砂或石的产品合格证及质量检验报告。
使用单位应按砂或石的同产地同规格分批验收。采用大型工具（如火车、货船或汽车）运输的，应以 400m^3 或 600t 为一验收批；采用小型工具（如拖拉机等）运输的，应以 200m^3 或 300t 为一验收批。不足上述量者，应按一验收批进行验收。
4.0.2 当砂或石的质量比较稳定、进料量又较大时，可以 1000t 为一验收批</td><td></td></tr>
<tr><td>5.11.5</td><td>灌注排桩数量符合设计要求；喷射混凝土护壁厚度和强度的检验符合设计要求；锚孔施工、锚杆灌浆和张拉符合设计要求，资料齐全</td><td>1.《建筑边坡工程技术规范》GB 50330—2013
8.5.2 锚孔施工应符合下列规定：
1 锚孔定位偏差不宜大于 20.0mm。
2 锚孔偏斜度不应大于 2%。
3 钻孔深度超过锚杆设计长度应不小 0.5m。
8.5.4 锚杆的灌浆应符合下列要求：
1 灌浆前应清孔，排放孔内积水；</td><td>1. 查看灌注排桩数量：符合设计要求</td></tr>
</table>

续表

条款号	大纲条款	检查依据	检查要点
5.11.5	灌注排桩数量符合设计要求；喷射混凝土护壁厚度和强度的检验符合设计要求；锚孔施工、锚杆灌浆和张拉符合设计要求，资料齐全	2　注浆管宜与锚杆同时放入孔内；向水平孔或下倾孔内注浆时，注浆管出浆口应插入距孔底100mm～300mm处，浆液自下而上连续灌注；向上倾斜的钻孔内注浆时，应在孔口设置密封装置； 3　孔口溢出浆液或排气管停止排气并满足注浆要求时，可停止注浆； 4　根据工程条件和设计要求确定灌浆方法和压力，确保钻孔灌浆饱满和浆体密实； 5　浆体强度检验用试块的数量每30根锚杆不应少于一组，每组试块不应少于6个。 8.5.6　预应力锚杆的张拉与锁定应符合下列规定： 1　锚杆张拉宜在锚固体强度大于20MPa并达到设计强度的80%后进行； 2　锚杆张拉顺序应避免相近锚杆相互影响； 3　锚杆张拉控制应力不宜超过0.65倍钢筋或钢绞线的强度标准值； 4　锚杆进行正式张拉之前，应取0.10倍～0.20倍锚杆轴向拉力值，对锚杆预张拉1次～2次，使其各部位的接触紧密和杆体完全平直； 5　宜进行锚杆涉及预应力值1.05倍～1.10倍的超张拉，预应力保留值应满足设计要求；对地层及被锚固结构位移控制要求较高的工程，预应力锚杆的锁定值宜为锚杆轴向拉力特征值；对容许地层及被锚固结构产生一定变形的工程，预应力锚杆的锁定值宜为锚杆设计预应力值的0.75倍～0.90倍	2. 查阅检测报告 喷射混凝土护壁厚度和强度及灌浆浆体强度、锚杆灌浆和张拉力：符合设计要求 盖章：有CMA章和试验报告检测专用章 签字：授权人已签字 数量：与验收记录相符
5.11.6	泄水孔位置、边坡坡度、反滤层、回填土、挡土墙伸缩缝（沉降缝）位置和填塞物、边坡排水系统符合设计要求；边坡位移监测正常	**1.《建筑边坡工程技术规范》GB 50330—2013** 11.3.7　重力式挡墙的伸缩缝间距对条石块石挡墙应采用20m～25m，对混凝土挡墙应采用10m～15m。在挡土墙高度突变处及与其他建（构）筑物连接处应设置伸缩缝，在地基岩土性状变化出应设置沉降缝。沉降缝、伸缩缝的缝宽宜为20mm～30mm，风中应填塞沥青麻筋或其他有弹性的防水材料填塞深度不应小于150mm。 11.3.8　挡墙后面的填土，应优先选择抗剪强度高和透水性较强的填料。当采用黏性土作填料时，宜掺入适量的砂砾或碎石。不应采用淤泥质土、耕植土、膨胀性黏土等软弱有害的岩土体作为填料。 16.1.1　边坡工程排水应包括排除坡面水、地下水和减少坡面水下渗等措施。坡面排水、地下排水与减少坡面雨水下渗措施宜统一考虑，并形成相辅相成的排水防渗体系。 16.1.5　边坡排水应满足使用功能要求、排水结构安全可靠、便于施工、检查和养护维修	1. 查看泄水孔 位置：符合设计要求 2. 查看边坡 坡度：符合设计要求 3. 查看挡土墙伸缩缝（沉降缝） 位置和填塞物：符合设计要求 4. 查看边坡排水系统 地表及内部排水：符合设计要求 5. 查看边坡位移监测点 位置和数量：符合设计要求 6. 查阅边坡位移监测记录 变形值及速率：符合设计要求和规范规定

续表

条款号	大纲条款	检查依据	检查要点
5.11.7	质量控制参数符合技术方案，施工记录齐全	**1.《建筑边坡工程技术规范》GB 50330—2013** 19.3.1 边坡工程验收应取得下列资料： 1 施工记录、隐蔽工程检查验收记录和竣工图； 2 边坡工程与周围建（构）筑物位置关系图； 3 原材料出厂合格证场地材料复检报告或委托试验报告； 4 混凝土强度试验报告砂浆试块抗压强度等级试验报告； 5 锚杆抗拔试验报告； 6 边坡和周围建构筑物监测报告； 7 设计变更通知重大问题处理文件和技术洽商记录。 **2.《建筑地基处理技术规范》JGJ 79—2012** 3.0.12 地基处理施工中应有专人负责质量控制和监测，并做好施工记录	1. 查阅施工方案 质量控制参数：符合技术方案要求 2. 查阅施工记录 内容：包括原材料、反滤层、回填土、填塞物、施工方法等 记录数量：与验收记录相符
5.11.8	施工质量的检验项目、方法、数量符合规范规定，质量验收记录齐全	**1.《建筑地基基础工程施工质量验收规范》GB 50202—2018** 3.0.8 砂、石子、水泥、石灰、粉煤灰、矿（钢）渣粉等掺合料、外加剂等原材料的质量、检验项目、批量和检验方法，应符合国家现行有关标准的规定。 4.1.1 地基工程的质量验收宜在施工完成并在间歇期后进行，间歇期应符合国家现行标准的有关规定和设计要求	1. 查阅质量检验记录 检验项目：包括锚杆抗拔强度、喷浆厚度和强度、混凝土和砂浆强度等，符合设计要求和规范规定 检验方法：包括实测和取样试验，符合规范规定 检验数量：符合规范规定 2. 查阅质量验收记录 内容：包括检验批、分项工程验收记录及隐蔽工程验收文件等 数量：与项目质量验收范围划分表相符
5.12 湿陷性黄土地基的监督检查			
5.12.1	经处理的湿陷性黄土地基，检测其湿陷量消除指标符合设计要求	**1.《湿陷性黄土地区建筑规范》GB 50025—2004** 6.1.1 当地基的湿陷变形、压缩变形或承载力不能满足设计要求时，应针对不同土质条件和建筑物的类别，在地基压缩层内或湿陷性黄土层内采取处理措施，各类建筑的地基处理应符合下列要求： 1 甲类建筑应消除地基的全部湿陷量或采用桩基础穿透全部湿陷性黄土层，或将基础设置在非湿陷性黄土层上； 2 乙、丙类建筑应消除地基的部分湿陷量	查阅地基检测报告 结论：湿性变形量（湿陷系数）符合设计要求 盖章：有CMA章和试验报告检测专用章 签字：授权人已签字

续表

条款号	大纲条款	检　查　依　据	检查要点
5.12.2	桩基础在非自重湿陷性黄土场地，桩端支承在压缩性较低的非湿陷性黄土层中；在自重湿陷性黄土场地，桩端支承在可靠的岩（土）层中	**1.《湿陷性黄土地区建筑规范》GB 50025—2004** 3.0.2　防止或减小建筑物地基浸水湿陷的设计措施，可分为下列三种： 1　地基处理措施 消除地基全部或部分湿陷量，或采用桩基础穿透全部湿陷性黄土层，或将基础设置在非湿陷性黄土层上。 5.7.2　在湿陷性黄土场地采用桩基础，桩端必须穿透湿陷性黄土层，并应符合下列要求： 1　在非自重湿陷性黄土场地，桩端应支承在压缩性较低的非湿陷性黄土层中； 2　在自重湿陷性黄土场地，桩端应支承在可靠的岩（或土）层中。 **2.《建筑桩基基础规范》JGJ 94—2008** 3.4.1　软土地基的桩基设计原则应符合下列规定： 1　软土中的桩基宜选择中、低压缩性土层作为桩端持力层； 3.4.2　湿陷性黄土地区的桩基设计原则应符合下列规定： 1　基桩应穿透湿陷性黄土层，桩端应支撑在压缩性低的黏性土、粉土、中密或密实砂土以及碎石类土层中	查阅设计图纸与施工记录 内容：桩端支撑在设计要求的持力层上
5.12.3	单桩竖向承载力通过现场静载荷浸水试验，结果满足设计要求	**1.《湿陷性黄土地区建筑规范》GB 50025—2004** 5.7.4　在湿陷性黄土层厚度等于或大于10m的场地，对于采用桩基础的建筑，其单桩竖向承载力特征值，应按本规范附录H的试验要点，在现场通过单桩竖向承载力静载荷浸水试验测定的结果确定。 **2.《建筑桩基基础规范》JGJ 94—2008** 3.4.2　湿陷性黄土地区的桩基设计原则应符合下列规定： 2　湿陷性黄土地基中，设计等级为甲、乙级建筑桩基单桩极限承载力，宜以浸水载荷试验为主要依据	查阅单桩竖向承载力现场静载荷浸水试验报告 结论：承载力满足设计要求 盖章：有CMA章和试验报告检测专用章 签字：授权人已签字
5.12.4	灰土、土挤密桩进行了现场静载荷浸水试验，结果满足设计要求	**1.《湿陷性黄土地区建筑规范》GB 50025—2004** 4.3.8　在现场采用试坑浸水试验确定自重湿陷量的实测值。 6.4.11　对重要或大型工程，除应按6.4.10检测外，还应进行下列测试工作综合判定： 1　在处理深度内，分层取样测定挤密土及孔内填料的湿陷性及压缩性； 2　在现场进行静载荷试验或其他原位测试。 **2.《建筑地基处理技术规范》JGJ 79—2012** 7.5.4　灰土挤密桩、土挤密桩复合地基质量测验应符合下列规定： 4　对消除湿陷性工程，除应检测上述内容外，尚应进行现场浸水静载荷试验，试验方法应符合《湿陷性黄土地区建筑规范》GB 50025—2004的规定	查阅灰土、土挤密桩现场静载荷浸水试验报告 试验方法：符合《建筑地基处理技术规范》GB 50025—2004的规定 结论：已按设计要求进行了现场静载荷浸水试验，承载力满足设计要求 盖章：有CMA章和试验报告检测专用章 签字：授权人已签字

续表

条款号	大纲条款	检查依据	检查要点
5.12.5	填料不得选用盐渍土、膨胀土、冻土、含有机质的不良土料和粗颗粒的透水性（如砂、石）材料	**1.《建筑地基基础工程施工质量验收规范》GB 50202—2018** 4.2.1 条文说明，素土和灰土的土料宜用粘土、粉质粘土。严禁采用冻土、膨胀土和盐渍土等活动性较强的土料。需要时也可采用水泥替代灰土中的石灰	查阅施工记录 填料：未采用冻土，膨胀土和盐渍土等活动性很强的土料
5.13 液化地基的监督检查			
5.13.1	采用振冲或挤密碎石桩加固的地基，处理后液化等级与液化指数符合设计要求	**1.《建筑抗震设计规范》GB 50011—2010（2016年版）** 4.3.2 地面下存在饱和砂土和饱和粉土时，除6度外，应进行液化判别；存在液化土层的地基，应根据建筑的抗震设防类别、地基的液化等级，结合具体情况采取相应的措施。 注：本条饱和土液化判别要求不含黄土、粉质黏土。 **2.《建筑桩基技术规范》JGJ 94—2008** 3.4.6 抗震设防区桩基的设计原则应符合下列规定： 4 对于存在液化扩展的地段，应验算桩基在土流动的侧向作用力下的稳定性	查阅地基检测报告 结论：处理后地基的液化指数符合设计要求 盖章：有CMA章和试验报告检测专用章 签字：授权人已签字
5.13.2	桩进入液化土层以下稳定土层的长度符合规范规定	**1.《建筑桩基技术规范》JGJ 94—2008** 3.4.6 抗震设防区桩基的设计原则应符合下列规定： 1 桩进入液化土层以下稳定土层的长度（不包括桩尖部分）应按计算确定，桩进入液化土层以下稳定土层的长度（不包括桩尖部分）应按计算确定；对于碎石土，砾、粗、中砂，密实粉土，归坚硬黏性土尚不应小于（2～3）d，对其化非岩石土尚不宜小于（4～5）d	查阅设计图纸与施工记录 桩进入液化土层以下稳定土层的长度：符合规范规定，符合设计要求
5.14 冻土地基的监督检查			
5.14.1	所用热棒、通风管管材、保温隔热材料，产品质量证明文件齐全，复试合格	**1.《冻土地区建筑地基基础设计规范》JGJ 118—2011** 5.1.4.1 在基础外侧面，可用非冻胀性土层或隔热材料保温，其厚度与宽度宜通过热工计算确定； 7.2.4 通风空间内的地面应坡向外墙或排水沟，其坡度不应小于2%，并宜采用隔热材料覆盖。 7.2.6 填土通风管圈梁基础应符合下列规定： 3 通风管宜采用内径为300mm～500mm。壁厚不小于50mm的预制钢筋混凝土管，其长径比不宜大于40mm；	1.查阅热棒、通风管管材、保温隔热材料等材料进场验收记录 内容：包括出厂合格证（出厂试验报告）、复试报告，材料进场时间、批次、数量、规格等相应性能指标

续表

条款号	大纲条款	检查依据	检查要点
5.14.1	所用热棒、通风管管材、保温隔热材料，产品质量证明文件齐全，复试合格	6 通风管数量和填土高度应根据室内采暖温度、地面保温层热阻、年平均气温、风速等参数由热工计算确定。 7 外墙外侧的通风管数量不得少于2根。 7.5.10 热桩、热棒的产冷量与建筑地点的气温冻结指数，热桩、热棒直径，热桩、热棒埋深和间距等有关，可根据本规范附录J的规定，通过热工计算确定。 7.5.11 热桩、热棒基础应与地坪隔热层配合使用	2. 查阅施工单位材料跟踪管理台账 内容：包括热棒、通风管管材、保温隔热等材料合格证、复试报告、使用情况、检验数量 3. 查阅热棒、通风管管材、保温隔热等材料试验检测报告和试验委托单 报告检测结果：合格 报告签章：有CMA章和试验报告检测专用章、授权人已签字 委托单签字：见证取样人员已签字且已附资质证书编号 代表数量：与进场数量相符
5.14.2	热棒地下安装部分周围用细沙土分层填实、用水浇透，固定可靠、排列整齐	**1.《冻土地区建筑地基基础设计规范》JGJ 118—2011** 7.5.8 采用填土热棒圈梁基础时，应根据房屋平面尺寸、室内平均温度、地坪热阻和地基允许流入热量选择热棒的直径和长度，设计热棒的形状，并按本规范附录J的规定，确定热棒的合理间距	查阅质量检验记录 内容：包括热棒地下安装部分周围用细沙土分层填实、用水浇透，固定可靠、排列整齐
5.14.3	热棒、通风管、保温隔热材料施工记录齐全，数据真实	**1.《冻土地区建筑地基基础设计规范》JGJ 118—2011** 7.5.4 采用空心桩—热棒架空通风基础时，单根桩基础所需热棒的规格和数量，应根据建筑地段的气温冻结指数、地基多年冻土的热稳定性以及桩基的承载能力，通过热工计算确定。 7.5.5 空心桩可采用钢筋混凝土桩或钢管桩。桩的直径和桩长，应根据荷载以及热棒对地基多年冻土的降温效应，经热工计算和承载力计算确定。 7.5.8 采用填土热棒圈梁基础时，应根据房屋平面尺寸、室内平均温度、地坪热阻和地基允许流入热量选择热棒的直径和长度，设计热棒的形状，并按本规范附录J的规定，确定热棒的合理间距	查阅施工记录 热棒和通风管数量及间距，保温隔热材料：符合规范规定

续表

条款号	大纲条款	检 查 依 据	检查要点
5.14.4	地温观测孔及变形监测点设置符合规范规定	**1.《冻土地区建筑地基基础设计规范》JGJ 118—2011** 9.2.4 冻土地基主要监测项目和要求应符合下列规定： 1 地温场监测：包括年平均地温及持力屋范围内的地温变化状态。年平均地温观测孔应布设在建筑物的中心部位，深度应大于15m，其余温度场监测孔宜按东西和南北向断面布置，每个断面不宜少于2个，当建筑物长度或宽度大于20m时，每20m应布设一个测点，深度应大于预计最大融化深度2m～3m，或不小于2倍的上限深度，并不小于8m；地温监测点沿深度布设时。从地面起算，在10m范围内，应按0.5m间隔布设，10m以下应按1.0m间隔布设，地温监测精度应为0.1℃； 2 变形监测：基础的冻胀与融沉变形，包括施工和使用期间冻土地基基础的变形监测、基坑变形监测，监测点应设置在外墙上，并应在建筑物20m外空旷场地设置基准点；四个墙角（和曲面）各设一个监测点，其余每间隔20m（或间墙）布设一个监测点	查看现场地温观测孔及变形监测点设置 地温观测孔及变形监测点设置：符合规范规定
5.14.5	季节性冻土、多年冻土地基融沉和承载力满足设计要求	**1.《冻土地区建筑地基基础设计规范》JGJ 118—2011** 4.2.1 保持冻结状态的设计宜用于下列场地或地基： 3 地基最大融化深度范围内，存在融沉、强融沉、融陷性土及其夹层的地基。 6.3.6 地基承载力计算应符合现行国家标准《建筑地基基础设计规范》GB 50007的规定，其中地基承载力特征值应采用按实测资料确定的融化土地基承载力特征值；当无实测资料时，可按该规范的相应规定确定。 9.1.4 施工完成后的工程桩应进行单桩竖向承载力检验，并应符合下列规定：多年冻土地区单桩竖向承载力检验，如按地基土逐渐融化状态或预先融化状态设计时，应在地基土处于融化状态时进行检验，检验方法应符合现行行业标准《建筑基桩检测技术规范》JGJ 106的规定。 F0.9 同一土层参加统计的试验点不应少于3点，当试验实测值的极差不超过其平均值的30%时，取此平均值作为该土层冻土地基承载力的特征值	查阅融沉和承载力检测报告 结论：地基融沉和承载力满足设计要求 盖章：有CMA章和试验报告检测专用章 签字：授权人已签字
5.15 膨胀土地基的监督检查			
5.15.1	设计前已通过现场试验或试验性施工，确定了设计参数和施工工艺参数	**1.《电力工程地基处理技术规程》DL/T 5024—2005** 5.0.5.3 结合电力工程初步设计阶段的岩土工程勘测，实施必要的地基处理原体试验，以获得必要的设计参数和合理的施工方案	查阅设计前现场试验或试验性施工文件 内容：已确定施工工艺参数与设计参数

续表

条款号	大纲条款	检查依据	检查要点
5.15.2	膨胀土地基处理技术方案、施工方案齐全，已审批	**1.《膨胀土地区建筑技术规程》GB 50112—2013** 6.1.1 膨胀土地区的建筑施工，应根据设计要求、场地条件和施工季节，针对膨胀土的特性编制施工组织设计。 **2.《建筑地基基础工程施工质量验收规范》GB 50202—2018** 4.1.3 地基施工结束，宜在一个间歇期后，进行质量验收，间歇期由设计确定	1. 查阅设计单位的技术方案 审批：审批人已签字 2. 查阅施工方案报审表 审核：监理单位相关责任人已签字 批准：建设单位相关责任人已签字 3. 查阅施工方案 编、审、批：施工单位相关责任人已签字 施工步骤和工艺参数：与技术方案相符
5.15.3	施工工艺与设计、施工方案一致	**1.《膨胀土地区建筑技术规程》GB 50112—2013** 6.1.4 堆放材料和设备的施工现场，应采取保持场地排水畅通的措施。排水流向应背离基坑（槽）。需大量浇水的材料，堆放在距基坑（槽）边缘的距离不应小于10m。 6.1.5 回填土应分层回填夯实，不得采用灌（注）水作业。 6.2.5 灌注桩施工时，成孔过程中严禁向孔内注水。孔底虚土经清理后，应及时灌注混凝土成桩。 6.2.6 基础施工出地面后，基坑（槽）应及时分层回填，填料宜选用非膨胀土或经改良后的膨胀土，回填压实系数不应小于0.94。 **2.《建筑地基处理技术规程》JGJ 79—2012** 3.0.2 在选择地基处理方案时，应考虑上部结构、基础和地基的共同作用，进行多种方案的技术经济比较，选用地基处理或加强上部结构与地基处理相结合的方案	查阅施工方案 施工工艺：与设计方案一致
5.15.4	钢筋、水泥、砂石骨料、外加剂等主要原材料性能证明文件齐全	**1.《建筑地基基础工程施工质量验收规范》GB 50202—2018** 4.1.2 砂、石子、水泥、钢材、石灰、粉煤灰等原材料的质量、检测项目、批量和检验方法，应符合国家现行标准的规定。 **2.《混凝土结构工程施工质量验收规范》GB 50204—2015** 5.2.1 钢筋进场时，应按国家现行相关标准的规定抽取试件作屈服强度、抗拉强度、伸长率、弯曲性能和重量偏差检验，检验结果应符合相应标准的规定。	1. 查阅钢筋、水泥、外加剂等材料进场验收记录 内容：包括出厂合格证（出厂试验报告）、复试报告，材料进场时间、批次、数量、规格、相应性能指标

续表

条款号	大纲条款	检 查 依 据	检查要点
5.15.4	钢筋、水泥、砂石骨料、外加剂等主要原材料性能证明文件齐全	检查数量：按进场的批次和产品的抽样检验方案确定。 检验方法：检查质量证明文件和抽样检验报告。 7.2.1 水泥进场时应对其品种、代号、强度等级、包装或散装编号、出厂日期等进行检查，并应对水泥的强度、安定性和凝结时间进行检验，检验结果应符合现行国家标准《通用硅酸盐水泥》GB 175 等的相关规定。 检查数量：按同一厂家、同一品种、同一代号、同一强度等级、同一批号且连续进场的水泥，袋装不超过 200t 为一批，散装不超过 500t 为一批，每批抽样数量不少于一次。 检验方法：检查质量证明文件和抽样检验报告。 7.2.2 混凝土外加剂进场时，应对其品种、性能、出厂日期等进行检查，并应对外加剂相关性能指标进行检验，检验结果应符合现行国家标准《混凝土外加剂》GB 8076《混凝土外加剂应用技术规范》GB 50119 等规定。 检查数量：按同一生产厂家、同一品种、同一性能、同一批号且连续进场的混凝土外加剂，不超过 50t 为一批，每批抽样数量不应少于一次。 检验方法：检查质量证明文件和抽样检验报告。 **3.《普通混凝土用砂、石质量及检验方法标准》JGJ 52—2006** 4.0.1 供货单位应提供砂或石的产品合格证及质量检验报告。 使用单位应按砂或石的同产地同规格分批验收。采用大型工具（如火车、货船或汽车）运输的，应以 400m^3 或 600t 为一验收批；采用小型工具（如拖拉机等）运输的，应以 200m^3 或 300t 为一验收批。不足上述量者，应按一验收批进行验收。 4.0.2 当砂或石的质量比较稳定、进料量又较大时，可以 1000t 为一验收批	2. 查阅施工单位材料跟踪管理台账 内容：包括钢筋、水泥、外加剂等材料的合格证明、复试报告、使用情况、检验数量 3. 查阅钢筋、水泥、外加剂等材料试验检测报告和试验委托单 报告检测结果：合格 报告签章：有 CMA 章和试验报告检测专用章、授权人已签字 委托单签字：见证取样人员已签字且已附资质证书编号 代表数量：与进场数量相符
5.15.5	地基承载力检测报告结论满足设计要求	**1.《膨胀土地区建筑技术规程》GB 50112—2013** 5.7.7 桩顶标高位于大气影响急剧层深度内的三层及三层以下的轻型建筑物，桩基础设计应符合下列要求： 1 按承载力计算时，单桩承载力特征值可根据当地经验确定。无资料时，应通过现场载荷试验确定	查阅地基承载力检测报告 结论：符合设计要求 检验数量：符合规范要求 盖章：有 CMA 章和试验报告检测专用章 签字：授权人已签字
5.15.6	质量控制参数符合技术方案，施工记录齐全	**1.《膨胀土地区建筑技术规程》GB 50112—2013** 5.2.2 膨胀土地基上建筑物的基础埋置深度不应小于 1m。 5.2.16 膨胀土地基上建筑物的地基变形计算值，不应大于地基变形允许值。 5.7.2 膨胀土地基换土可采用非膨胀性土、灰土或改良土，换土厚度应通过变形计算确定。膨胀土土性改良可采用掺和水泥、石灰等材料，掺和比和施工工艺应通过试验确定。	1. 查阅施工方案 质量控制参数：符合技术方案要求

续表

条款号	大纲条款	检 查 依 据	检查要点
5.15.6	质量控制参数符合技术方案，施工记录齐全	6.2.6　基础施工出地面后，基坑（槽）应及时分层回填，填料宜选用非膨胀土或经改良后的膨胀土，回填压实系数不应小于0.94。 6.3.2　散水应在室内地面做好后立即施工。伸缩缝内的防水材料应充填密实，并应略高于散水，或做成脊背形状。 6.3.4　水池、水沟等水工构筑物应符合防漏、防渗要求，混凝土浇筑时不宜留施工缝，必须留缝时应加止水带，也可在池壁及底板增设柔性防水层。 **2.《建筑地基处理技术规范》JGJ 79—2012** 3.0.12　地基处理施工中应有专人负责质量控制和监测，并做好施工记录	2. 查阅施工记录 内容：包括埋置深度、换土厚度等质量控制参数等 记录数量：与验收记录相符
5.15.7	施工质量的检验项目、方法、数量符合规范规定，质量验收记录齐全	**1.《膨胀土地区建筑技术规范》GB 50112—2013** 3.0.1　膨胀土应根据土的自由膨胀率、场地的工程地质特征和建筑物破坏形态综合判定。必要时，尚应根据土的矿物成分、阳离子交换量等试验验证。进行矿物分析和化学分析时，应注重测定蒙脱石含量和阳离子交换量，蒙脱石含量和阳离子交换量与土的自由膨胀率的相关性可按本规范表A采用。 4.1.3　初步勘察应确定膨胀土的胀缩等级，应对场地的稳定性和地质条件做出评价，并应为确定建筑总平面布置、主要建筑物地基基础方案和预防措施，以及不良地质作用的防治提供资料和建议，同时应包括下列内容： 2　查明场地内滑坡、地裂等不良地质作用，并评价其危害程度； 3　预估地下水位季节性变化幅度和对地基土胀缩性、强度等性能的影响； 4　采取原状土样进行室内基本物理力学性质试验、收缩试验、膨胀力试验和50kPa压力下的膨胀率试验，判定有无膨胀土及其膨胀潜势，查明场地膨胀土的物理力学性质及地基胀缩等级。 4.3.8　膨胀土的水平膨胀力可根据试验资料或当地经验确定。 5.7.1　膨胀土地基处理可采用换土、土性改良、砂石或灰土垫层等方法。 5.7.2　膨胀土地基换土可采用非膨胀性土、灰土或改良土，换土厚度应通过变形计算确定。膨胀土土性改良可采用掺和水泥石灰等材料，掺和比和施工工艺应通过试验确定。 5.7.3　平坦场地上胀缩等级为Ⅰ级、Ⅱ级的膨胀土地基宜采用砂、碎石垫层。垫层厚度不应小于300mm。垫层宽度应大于基底宽度，两侧宜采用与垫层相同的材料回填，并应做好防、隔水处理。 5.7.4　对较均匀且胀缩等级为Ⅰ级的膨胀土地基，可采用条形基础，基础埋深较大或基底压力较小时，宜采用墩基础；对胀缩等级为Ⅲ级或设计等级为甲级的膨胀土地基，宜采用桩基础	1. 查阅质量检验记录 检验项目：包括蒙脱石含量、阳离子交换量、自由膨胀率、胀缩等级等，符合设计要求和规范规定 检验方法：实测和取样，符合规范规定 检验数量：符合规范规定 2. 查阅质量验收记录 内容：包括检验批、分项工程验收记录及隐蔽工程验收文件等 数量：与项目质量验收范围划分表相符

续表

条款号	大纲条款	检查依据	检查要点
6 质量监督检测			
6.0.1	开展现场质量监督检查时，应重点对下列项目的检测试验报告进行查验，必要时可进行验证性抽样检测。对检验指标或结论有怀疑时，必须进行检测		
(1)	砂、石、水泥、钢材等原材料的主要技术性能	**1.《混凝土结构工程施工质量验收规范》GB 50204—2015** 5.2.3 对按一、二、三级抗震等级设计的框架和斜撑构件（含梯段）中的纵向受力普通钢筋应采用HRB335E、HRB400E、HRB500E、HRBF335E、HRBF400E或HRBF500E钢筋，其强度和最大力下总伸长率的实测值应符合下列规定： 1 抗拉强度实测值与屈服强度实测值的比值不应小于1.25； 2 屈服强度实测值与屈服强度标准值的比值不应大于1.30； 3 最大力下总伸长率不应小于9%。 **2.《大体积混凝土施工规范》GB 50496—2018** 4.2.1 配制大体积混凝土所用水泥的选择及其质量，应符合下列规定： 2 应选用水化热低的通用硅酸盐水泥，3d的水化热不宜大于250kJ/kg，7d的水化热不宜大于280kJ/kg；当选用52.5强度等级水泥时，7d的水化热宜小于300kJ/kg。 3 水泥在搅拌站的入机温度不宜高于60℃。 4.2.2 水泥进场时应对水泥品种、代号、强度等级、包装或散装编号、出厂日期等进行检查，并对其强度、安定性、凝结时间、水化热进行检验，检验结果应符合现行国家标准《通用硅酸盐水泥》GB 175的相关规定。 **3.《钢筋混凝土用钢 第1部分：热轧光圆钢筋》GB/T 1499.1—2017** 6.6.2 直条钢筋实际重量与理论重量的允许偏差应符合表4规定。 7.3.1 钢筋力学性能及弯曲性能特征值应符合表6规定。 8.1 每批钢筋的检验项目、取样数量、取样方法和试验方法应符合表7规定。 8.4.1 测量重量偏差时，试样应从不同根钢筋上截取，数量不少于5支，每支试样长度不小于500mm。	1. 查验抽测砂试样 含泥量：符合JGJ 52中表3.1.3规定 泥块含量：符合JGJ 52中表3.1.4规定 石粉含量：符合JGJ 52中表3.1.5规定 氯离子含量：符合标准JGJ 52中3.1.10规定 碱活性：符合标准JGJ 52要求 2. 查验抽测碎石或卵石试样 含泥量：符合JGJ 52表3.2.3规定 泥块含量：符合JGJ 52表3.2.4规定 针、片状颗粒：符合JGJ 52表3.2.2的规定 碱活性：符合标准JGJ 52要求 压碎指标（高强混凝土）：符合JGJ 52规范规定

续表

条款号	大纲条款	检查依据	检查要点
(1)	砂、石、水泥、钢材等原材料的主要技术性能	**4.《通用硅酸盐水泥》GB 175—2007** 7.3.1 硅酸盐水泥初凝时间不小于45min，终凝时间不大于390min。普通硅酸盐水泥、矿渣硅酸盐水泥、火山灰质硅酸盐水泥、粉煤灰硅酸盐水泥和复合硅酸盐水泥初凝结时间不小于45min，终凝时间不大于600min。 7.3.2 安定性沸煮法合格。 7.3.3 强度符合表3的规定。 **5.《钢筋混凝土用钢 第2部分：热轧带肋钢筋》GB/T 1499.2—2018** 6.6.2 钢筋实际重量与理论重量的允许偏差应符合表4规定。 7.4.1 钢筋的下屈服强度 R_{eL}、抗拉强度 R_m、断后伸长率 A、最大力总延伸率 A_{gt} 等力学性能特征值应符合表6规定。表6所列各力学性能特征值，除 R^0_{eL}/R_{eL} 可作为交货检验的最大保证值外，其他力学特征值可作为交货检验的最小保证值。 7.5.1 钢筋应进行弯曲试验。按表7规定的弯曲压头直径弯曲180°后，钢筋受弯曲部位表面不得产生裂纹。 7.5.2 对牌号带E的钢筋应进行反向弯曲试验。经反向弯曲试验后，钢筋受弯部位表面不得产生裂纹。反向弯曲试验可代替弯曲试验。反向弯曲试验的弯曲压头直径比弯曲试验相应增加一个钢筋公称直径。 8.1 每批钢筋的检验项目、取样数量、取样方法和试验方法应符合表8规定。 8.4.1 测量重量偏差时，试样应从不同根钢筋上截取，数量不少于5支，每支试样长度不小于500mm。 **6.《钢筋焊接及验收规程》JGJ 18—2012** 5.1.6 钢筋焊接接头力学性能试验时，应在接头外观质量检查合格后随机切取试件进行实验。试验方法按现行行业标准《钢筋焊接接头试验方法标准》JGJ 27有关规定执行。 5.3.1 闪光对焊接头力学性能试验时，应从每批中随机切取6个接头，其中3个做拉伸试验，3个做弯曲试验。 5.5.1 电弧焊接头的质量检验，……，在现浇混凝土结构中，应以300个同牌号钢筋、同型式接头作为一批；……，每批随机切取3个接头做拉伸试验。 5.6.1 电渣压力焊接头的质量检验，……，在现浇混凝土结构中，应以300个同牌号钢筋接头作为一批；……，每批随机切取3个接头试件做拉伸试验。 5.8.2 预埋件钢筋T形接头进行力学性能检验时，应以300件同类型预埋件作为一批；……，每批预埋件中随机切取3个接头做拉伸试验。 **7.《普通混凝土用砂、石质量及检验方法标准》JGJ 52—2006** 1.0.3 对于长期处于潮湿环境的重要混凝土结构所用砂、石应进行碱活性检验。	3. 查验抽测水泥试样 凝结时间：符合GB 175中7.3.1的要求 安定性：符合GB 175中7.3.2的要求 强度：符合GB 175中表3要求 水化热（大体积混凝土）：符合GB 50496规范规定 4. 查验抽测热轧光圆钢筋试件 重量偏差：符合标准GB/T 1499.1表4要求 屈服强度：符合标准GB/T 1499.1表6要求 抗拉强度：符合标准GB/T 1499.1表6要求 断后伸长率：符合标准GB/T 1499.1表6要求 最大力总伸长率：符合标准GB/T 1499.1表6要求 弯曲性能：符合标准GB/T 1499.1表6要求 5. 查验抽测热轧带肋钢筋试件 重量偏差：符合标准GB/T 1499.2表4要求 屈服强度：符合标准GB/T 1499.2表6要求 抗拉强度：符合标准GB/T 1499.2表6要求 断后伸长率：符合标准GB/T 1499.2表6要求 最大力总伸长率：符合标准GB/T 1499.2表6要求 弯曲性能：符合标准GB/T 1499.2表7要求

续表

条款号	大纲条款	检 查 依 据	检查要点
(1)	砂、石、水泥、钢材等原材料的主要技术性能	3.1.3 天然砂中含泥量应符合表3.1.3的规定。 3.1.4 砂中泥块含量应符合表3.1.4的规定。 3.1.5 人工砂或混合砂中石粉含量应符合表3.1.5的规定。 3.1.10. 钢筋混凝土和预应力混凝土用砂的氯离子含量分别不得大于0.06%和0.02%。(以干砂的质量百分率计) 3.2.2 碎石或卵石中针、片状颗粒应符合表3.2.2的规定。 3.2.3 碎石或卵石中含泥量应符合表3.2.3的规定。 3.2.4 碎石或卵石中泥块含量应符合表3.2.4的规定。 3.2.5 碎石的强度可用岩石抗压强度和压碎指标表示。岩石的抗压等级应比所配制的混凝土强度至少高20%。当混凝土强度大于或等于C60时，应进行岩石抗压强度检验。岩石强度首先由生产单位提供，工程中可采用能够压碎指标进行质量控制，岩石压碎值指标宜符合表3.2.5-1。卵石的强度可用压碎值表示。其压碎指标宜符合表3.2.5-2的规定。 5.1.3 对于每一单项检验项目，砂、石的每组样品取样数量应符合下列规定： 砂的含泥量、泥块含量、石粉含量及氯离子含量试验时，其最小取样质量分别为4400g、20000g、1600g及2000g；对最大公称粒径为31.5mm的碎石或乱石，含泥量和泥块含量试验时，其最小取样质量为40kg。 6.8 砂中含泥量试验 6.10 砂中泥块含量试验 6.11 人工砂及混合砂中石粉含量试验 6.18 砂中氯离子含量试验 6.20 砂中的碱活性试验（快速法） 7.7 碎石或卵石中含泥量试验 7.8 碎石或卵石中泥块含量试验 7.16 碎石或卵石的碱活性试验（快速法）	6. 查验抽测钢筋焊接接头试件 抗拉强度：符合JGJ 18标准要求 7. 纵向受力钢筋（有抗振要求的结构）试件 抗拉强度查验抽测值与屈服强度查验抽测值的比值：符合规范GB 50204中5.2.3的要求 屈服强度查验抽测值与强度标准值的比值：符合规范GB 50204中5.2.3的要求 最大力下总伸长率：符合规范GB 50204中5.2.3的要求
(2)	垫层地基的压实系数	**1.《建筑地基基础工程施工质量验收规范》GB 50202—2018** 4.1.4 素土和灰土地基、砂和砂石地基、土工合成材料地基、粉煤灰地基、强夯地基、注浆地基、预压地基的承载力必须达到设计要求。地基承载力的检验数量每300m² 不应少于1点，超过3000m² 部分每500m² 不应少于1点。每单位工程不应少于3点。 4.2.4 灰土地基的压实系数应符合设计要求。 4.3.4 砂和砂石地基的压实系数应符合设计要求。 4.5.4 粉煤灰地基的压实系数应符合设计要求	查验抽测垫层土样 压实系数：符合设计要求

续表

条款号	大纲条款	检查依据	检查要点
(3)	桩基础工程桩的桩身偏差和完整性	**1.《建筑地基基础工程施工质量验收规范》GB 50202—2018** 5.1.4　灌注桩的桩位偏差必须符合表5.1.4的规定。 5.1.5　应进行承载力和桩身完整性检验。 5.1.6　设计等级为甲级或地质条件复杂时，应采用静载试验的方法对桩基承载力进行检验，检验桩数不应少于总桩数的1%，且不应少于3根，当总桩数少于50根时，不应少于2根。在有经验和对比资料的地区，设计等级为乙级、丙级的桩基可采用高应变法对桩基进行竖向抗压承载力检测，检测数量不应少于总桩数的5%，且不应少于10根。 5.1.7　工程桩的桩身完整性的抽检数量不应少于总桩数的20%，且不应少于10根。每根柱子承台下的桩抽检数量不应少于1根	1. 查验抽测桩身偏差 桩径：符合GB 50202表5.1.4的规定 垂直度：符合GB 50202表5.1.4的规定 2. 查验抽测桩体质量 桩身完整性：符合设计要求
(4)	桩身混凝土强度	**1.《建筑地基基础工程施工质量验收规范》GB 50202—2018** 5.1.3　灌注桩混凝土强度检验的试件应在施工现场随机抽取。来自同一搅拌站的混凝土，每浇筑50m³必须至少留置1组试件；当混凝土浇筑量不足50m³时，每连续浇筑12h必须至少留置1组试件。对单柱单桩，每根桩应至少留置1组试件	查验抽测混凝土试块或钻芯取样抗压强度：符合设计要求

第3部分 变电（换流）站主体结构施工前监督检查

条款号	大纲条款	检　查　依　据	检查要点
4　责任主体质量行为的监督检查			
4.1　建设单位质量行为的监督检查			
4.1.1	工程采用的专业标准清单已审批	**1.《输变电工程项目质量管理规程》DL/T 1362—2014** 6.2.2　勘察、设计单位应在设计前将设计质量文件报建设单位审批。 6.2.1　……设计质量管理文件： d）执行法律法规、标准、制度目录清单）9.2.2 工程开工前，施工单位应根据施工质量策划编制质量管理文件，并报监理单位审核、建设单位批准。 质量管理文件应包括下列内容： …… i）执行法律法规、标准目录清单	查阅法律法规和标准规范清单目录 签字：责任人已签字 盖章：单位已盖章
4.1.2	按规定组织进行设计交底和施工图会检	**1.《建设工程质量管理条例》中华人民共和国国务院令第279号（2017年10月7日中华人民共和国国务院令第687号修正）** 第二十三条　设计单位应当就审查合格的施工图设计文件向施工单位做出详细说明。 **2.《建筑工程勘察设计管理条例》中华人民共和国国务院令第293号（2017年10月7日中华人民共和国国务院令第687号修正）** 第三十条　建设工程勘察、设计单位应当在建设工程施工前，向施工单位和监理单位说明建设工程勘察、设计意图，解释建设工程勘察、设计文件。建设工程勘察、设计单位应当及时解决施工中出现的勘察、设计问题。 **3.《建设工程监理规范》GB/T 50319—2013** 5.1.2　监理人员应熟悉工程设计文件，并应参见建设单位主持的图纸会审和设计交底会议，会议纪要应由总监理工程师签认。 5.1.3　工程开工前，监理人员应参见由建设单位主持召开的第一次工地会议，会议纪要应由项目监理机构负责整理，与会各方代表应会签。 **4.《建设工程项目管理规范》GB/T 50326—2017** 8.3.4　技术管理规划应是承包人根据招标文件要求和自身能力编制的、拟采用的各种技术和管理措施，以满足发包人的招标要求。项目技术管理规划应明确下列内容： 1　技术管理目标与工作要求； 2　技术管理体系与职责； 3　技术管理实施的保障措施； 4　技术交底要求，图纸自审、会审，施工组织设计与施工方案，专项施工技术，新技术，新技术的推广与应用，技术管理考核制度； 5　各类方案、技术措施报审流程； 6　根据项目内容与项目进度要求，拟编制技术文件、技术方案、技术措施计划及责任人； 7　新技术、新材料、新工艺、新产品的应用计划；	1. 查阅设计交底记录 主持人：建设单位责任人 交底人：设计单位责任人 签字：交底人及被交底人已签字 时间：开工前 2. 查阅施工图会检纪要 签字：施工、设计、监理、建设单位责任人已签字 时间：开工前

续表

条款号	大纲条款	检查依据	检查要点
4.1.2	按规定组织进行设计交底和施工图会检	8 对设计变更及工程洽商实施技术管理制度； 9 各项技术文件、技术方案、技术措施的资料管理与归档。 **5.《输变电工程项目质量管理规程》DL/T 1362—2014** 5.3.1 建设单位应在变电单位工程和输电分部工程开工前组织设计交底和施工图会检。未经会检的施工图纸不得用于施工	
4.1.3	组织工程建设标准强制性条文实施情况的检查	**1.《中华人民共和国标准化法实施条例》中华人民共和国国务院第53号令发布** 第二十三条 从事科研、生产、经营的单位和个人，必须严格执行强制性标准。 **2.《实施工程建设强制性标准监督规定》中华人民共和国建设部令第81号（2015年1月22日中华人民共和国住房和城乡建设部令第23号修正）** 第二条 在中华人民共和国境内从事新建、扩建、改建等工程建设活动，必须执行工程建设强制性标准。 第六条 建设项目规划审查机构应当对工程建设规划阶段执行强制性标准的情况实施监督。施工图设计文件审查单位应当对工程建设勘察、设计阶段执行强制性标准的情况实施监督。建筑安全监督管理机构应当对工程建设施工阶段执行施工安全强制性标准的情况实施监督。工程质量监督机构应当对工程建设施工、监理、验收等阶段执行强制性标准的情况实施监督。 **3.《输变电工程项目质量管理规程》DL/T 1362—2014** 4.4 参建单位应严格执行工程建设标准强制性条文……	查阅强制性标准实施情况检查记录 内容：与强制性标准实施计划相符 签字：检查人员已签字
4.1.4	无任意压缩合同约定工期的行为	**1.《建设工程质量管理条例》中华人民共和国国务院令第279号（2017年10月7日中华人民共和国国务院令第687号修正）** 第十条 建设工程发包单位不得迫使承包方以低于成本的价格竞标，不得任意压缩合理工期。 **2.《电力建设工程施工安全监督管理办法》中华人民共和国国家发展和改革委员会令第28号** 第十一条 建设单位应当执行定额工期，不得压缩合同约定的工期。如工期确需调整，应当对安全影响进行论证和评估。论证和评估应当提出相应的施工组织措施和安全保障措施。 **3.《建设工程项目管理规范》GB/T 50326—2017** 9.2.1 项目进度计划编制依据应包括下列主要内容： 1 合同文件和相关要求； 2 项目管理规划文件； 3 资源条件、内部与外部约束条件。	查阅施工进度计划、合同工期和调整工期的相关文件 内容：有压缩工期的行为时，应有设计、监理、施工和建设单位认可的书面文件

续表

条款号	大纲条款	检查依据	检查要点
4.1.4	无任意压缩合同约定工期的行为	**4.《输变电工程项目质量管理规程》DL/T 1362—2014** 5.3.3 项目的工期应按合同约定执行。当工期需要调整时，建设单位应组织参建单位从影响工程建设的安全、质量、环境、资源等各方面确认其可行性，并采取有效措施保证工程质量	
4.1.5	采用的新技术、新工艺、新流程、新装备、新材料已审批	**1.《中华人民共和国建筑法》中华人民共和国主席令第46号** 第四条 国家扶持建筑业的发展，支持建筑科学技术研究，提高房屋建筑设计水平，鼓励节约能源和保护环境，提倡采用先进技术、先进设备、先进工艺、新型建筑材料和现代管理方式。 **2.《建设工程质量管理条例》中华人民共和国国务院令第279号（2017年10月7日中华人民共和国国务院令第687号修正）** 第六条 国家鼓励采用先进的科学技术和管理方法，提高建设工程质量。 **3.《实施工程建设强制性标准监督规定》中华人民共和国建设部令第81号（2015年1月22日中华人民共和国住房和城乡建设部令第23号修正）** 建设工程勘察、设计文件中规定采用的新技术、新材料，可能影响建设工程质量和安全，又没有国家技术标准的，应当由国家认可的检测机构进行试验、论证，出具检测报告，并经国务院有关主管部门或者省、自治区、直辖市人民政府有关主管部门组织的建设工程技术专家委员会审定后，方可使用。 工程建设中采用国际标准或者国外标准，现行强制性标准未做规定的，建设单位应当向国务院住房城乡建设主管部门或者国务院有关主管部门备案。 **4.《输变电工程项目质量管理规程》DL/T 1362—2014** 4.4 应按照国家和行业相关要求积极采用新技术、新工艺、新流程、新装备、新材料……（以下简称“五新”技术） 5.1.6 当应用技术要求高、作业复杂的“五新”技术，建设单位应组织设计、监理、施工及其他相关单位进行施工方案专题研究，或组织专家评审。 **5.《电力建设施工技术规范 第1部分：土建结构工程》DL 5190.1—2012** 3.0.4 采用新技术、新工艺、新材料、新设备时，应经过技术鉴定或具有允许使用的证明。施工前应编制单独的施工措施及操作规程。	查阅新技术、新工艺、新流程、新装备、新材料论证文件 意见：同意采用等肯定性意见 盖章：相关单位已盖章

续表

<table>
<tr><th>条款号</th><th>大纲条款</th><th>检 查 依 据</th><th>检查要点</th></tr>
<tr><td colspan="4">4.2 设计单位质量行为的监督检查</td></tr>
<tr><td rowspan="2">4.2.1</td><td rowspan="2">设计图纸交付进度能保证连续施工</td><td rowspan="2">1.《中华人民共和国合同法》中华人民共和国主席令第15号
第二百七十四条 勘察、设计合同的内容包括提交有关基础资料和文件（包括概预算）的期限、质量要求、费用以及其他协作条件等条款。
第二百八十条 勘察、设计的质量不符合要求或者未按照期限提交勘察、设计文件拖延工期，造成发包人损失的，勘察人、设计人应当继续完善勘察、设计，减收或者免收勘察、设计费并赔偿损失。
2.《建设工程项目管理规范》GB/T 50326—2017
9.1.2 项目进度管理应遵循下列程序：
1 编制进度计划。
2 进度计划交底，落实管理责任。
3 实施进度计划。
4 进行进度控制和变更管理。
9.2.2 组织应提出项目控制性进度计划。项目管理机构应根据组织的控制性进度计划，编制项目的作业性进度计划</td><td>1. 查阅设计单位的施工图出图计划
交付时间：与施工总进度计划相符</td></tr>
<tr><td>2. 查阅建设单位的设计文件接收记录
接收时间：与出图计划一致</td></tr>
<tr><td>4.2.2</td><td>设计更改、技术洽商等文件完整、手续齐全</td><td>1.《建设工程勘察设计管理条例》中华人民共和国国务院令第293号（2017年10月7日中华人民共和国国务院令第687号修正）
第二十八条 建设单位、施工单位、监理单位不得修改建设工程勘察、设计文件；确需修改建设工程勘察、设计文件的，应当由原建设工程勘察、设计单位修改。经原建设工程勘察、设计单位书面同意，建设单位也可以委托其他具有相应资质的建设工程勘察、设计单位修改。修改单位对修改的勘察、设计文件承担相应责任。
施工单位、监理单位发现建设工程勘察、设计文件不符合工程建设强制性标准、合同约定的质量要求的，应当报告建设单位，建设单位有权要求建设工程勘察、设计单位对建设工程勘察、设计文件进行补充、修改。
建设工程勘察、设计文件内容需要做重大修改的，建设单位应当报经原审批机关批准后，方可修改。
2.《输变电工程项目质量管理规程》DL/T 1362—2014
6.3.8 设计变更应根据工程实施需要进行设计变更。设计变更管理应符合下列要求：
a）设计变更应符合可行性研究或初步设计批复的要求。
b）当涉及改变设计方案、改变设计原则、改变原定主要设备规范、扩大进口范围、增减投资超过50万元等内容的设计变更时，设计并更应报原主审单位或建设单位审批确认。</td><td>查阅设计更改、技术洽商文件
编制签字：设计单位各级责任人已签字
审核签字：建设单位、监理单位责任人已签字</td></tr>
</table>

续表

条款号	大纲条款	检 查 依 据	检查要点
4.2.2	设计更改、技术洽商等文件完整、手续齐全	c) 由设计单位确认的设计变更应在监理单位审核、建设单位批准后实施。 6.3.10　设计单位绘制的竣工图应反映所有的设计变更	
4.2.3	工程建设标准强制性条文落实到位	**1.《建设工程质量管理条例》中华人民共和国国务院令第279号（2017年10月7日中华人民共和国国务院令第687号修正）** 第十九条　勘察、设计单位必须按照工程建设强制性标准进行勘察、设计，并对其勘察、设计的质量负责。 注册建筑师、注册结构工程师等注册执业人员应当在设计文件上签字，对设计文件负责。 **2.《建设工程勘察设计管理条例》中华人民共和国国务院令第293号（2017年10月7日中华人民共和国国务院令第687号修正）** 第五条　……建设工程勘察、设计单位必须依法进行建设工程勘察、设计，严格执行工程建设强制性标准，并对建设工程勘察、设计的质量负责。 **3.《实施工程建设强制性标准监督规定》中华人民共和国建设部令第81号（2015年1月22日中华人民共和国住房和城乡建设部令第23号修正）** 第二条　在中华人民共和国境内从事新建、扩建、改建等工程建设活动，必须执行工程建设强制性标准。 **4.《输变电工程项目质量管理规程》DL／T 1362—2014** 6.2.1　勘察、设计单位应根据工程质量总目标进行设计质量管理策划，并应编制下列设计质量管理文件： a) 设计技术组织措施； b) 达标投产或创优实施细则； c) 工程建设标准强制性条文执行计划； d) 执行法律法规、标准、制度的目录清单。 6.2.2　勘察、设计单位应在设计前将设计质量管理文件报建设单位审批。如有设计阶段的监理，则应报监理单位审查、建设单位批准	1. 查阅与强制性标准有关的可研、初设、技术规范书等设计文件 编、审、批：相关负责人已签字 2. 查阅强制性标准实施计划（含强制性标准清单）和本阶段执行记录 计划审批：监理和建设单位审批人已签字 记录内容：与实施计划相符 记录审核：监理单位审核人已签字
4.2.4	设计代表工作到位、处理设计问题及时	**1.《建设工程勘察设计管理条例》中华人民共和国国务院令第293号（2017年10月7日中华人民共和国国务院令第687号修正）** 第三十条　……建设工程勘察、设计单位应当及时解决施工中出现的勘察、设计问题。 **2.《输变电工程项目质量管理规程》DL／T 1362—2014** 6.1.9　勘察、设计单位应按照合同约定开展下列工作：	1. 查阅设计单位对工代的任命书 内容：包括设计修改、变更、材料代用等签发人资格

续表

条款号	大纲条款	检查依据	检查要点
4.2.4	设计代表工作到位、处理设计问题及时	c）派驻工地设计代表，及时解决施工中发现的设计问题。 d）参加工程质量验收，配合质量事件、质量事故的调查和处理工作。 **3.《电力勘测设计驻工地代表制度》DLGJ 159.8—2001** 2.0.1 工代的工地现场服务是电力工程设计的阶段之一，为了有效的贯彻勘测设计意图，实施设计单位通过工代为施工、安装、调试、投运提供及时周到的服务，促进工程顺利竣工投产，特制定本制度。 2.0.2 工代的任务是解释设计意图，解释施工图纸中的技术问题，收集包括设计本身在内的施工、设备材料等方面的质量信息，加强设计与施工、生产之间的配合，共同确保工程建设质量和工期，以及国家和行业标准的贯彻执行。 2.0.3 工代是设计单位派驻工地配合施工的全权代表，应能在现场积极地履行工代职责，使工程实现设计预期要求和投资效益	2. 查阅设计服务报告 内容：包括现场施工与设计要求相符情况和工代协助施工单位解决具体技术问题的情况 3. 查阅设计变更通知单和工程联系单 签发时间：在现场问题要求解决时间前
4.2.5	按规定参加施工主要控制网（桩）验收和地基验槽签证	**1.《建筑工程施工质量验收统一标准》GB 50300—2013** 6.0.3 分部工程应由总监理工程师组织施工单位项目负责人和项目技术负责人等进行验收。 勘察、设计单位项目负责人和施工单位技术、质量部门负责人应参加地基与基础分部工程的验收。 设计单位项目负责人和施工单位技术、质量部门负责人应参加主体结构、节能分部工程的验收。 **2.《输变电工程项目质量管理规程》DL/T 1362—2014** 6.1.9 勘察、设计单位应按照合同约定开展下列工作： c）派驻工地设计代表，及时解决施工中发现的设计问题。 d）参加工程质量验收，配合质量事件、质量事故的调查和处理工作	查阅主要控制网验收单及基槽隐蔽验收记录 签字：勘察、设计单位责任人已签字
4.2.6	进行了本阶段工程实体质量与设计的符合性确认	**1.《输变电工程项目质量管理规程》DL/T 1362—2014** 6.1.9 勘察、设计单位应按照合同约定开展下列工作： c）派驻工地设计代表，及时解决施工中发现的设计问题。 d）参加工程质量验收，配合质量事件、质量事故的调查和处理工作。 **2.《电力勘测设计驻工地代表制度》DLGJ 159.8—2001** 5.0.3 深入现场，调查研究 1 工代应坚持经常深入施工现场，调查了解施工是否与设计要求相符，并协助施工单位解决施工中出现的具体技术问题，做好服务工作，促进施工单位正确执行设计规定的要求。	1. 查阅地基处理分部、子分部工程质量验收记录 审核签字：勘察、设计单位项目负责人已签字

续表

条款号	大纲条款	检 查 依 据	检查要点
4.2.6	进行了本阶段工程实体质量与设计的符合性确认	2 对于发现施工单位擅自做主，不按设计规定要求进行施工的行为，应及时指出，要求改正，如指出无效，又涉及安全、质量等原则性、技术性问题，应将问题事实与处理过程用“备忘录”的形式书面报告建设单位和施工单件，同时向设总和处领导汇报	2. 查阅阶段工程实体质量与勘察设计符合性确认记录 内容：已对本阶段工程实体质量与勘察设计的符合性进行了确认
4.3 监理单位质量行为的监督检查			
4.3.1	检测仪器和工具配置满足监理工作需要	**1.《中华人民共和国计量法》中华人民共和国主席令第86号（2018年10月26日修正）** 第九条 ……未按照规定申请检定或者检定不合格的，不得使用。…… **2.《建设工程监理规范》GB/T 50319—2013** 3.3.2 工程监理单位宜按建设工程监理合同约定，配备满足监理工作需要的检测设备和工器具。 **3.《电力建设工程监理规范》DL/T 5434—2009** 5.3.1 项目监理机构应根据工程项目类别、规模、技术复杂程度、工程项目所在地的环境条件，按委托监理合同的约定，配备满足监理工作需要的常规检测设备和工具	1. 查阅监理项目部检测仪器和工具配置台账 仪器和工具配置：与监理设施配置计划相符 2. 查看检测仪器 标识：贴有合格标签，且在有效期内
4.3.2	已按规程规定，对施工现场质量管理进行检查	**1.《建筑工程施工质量验收统一标准》GB 50300—2013** 3.0.1 施工现场应具有健全的质量管理体系、相应施工技术标准、施工质量检验制度和综合施工质量水平评定考核制度。施工现场质量管理可按本标准附录A的要求进行检查记录。 （附录A 施工现场质量管理检查记录）	查阅施工现场质量管理检查记录 内容：符合规程规定 结论：有肯定性结论 签章：责任人已签字
4.3.3	组织补充完善施工质量验收项目划分表，对设定的工程质量控制点，进行了旁站监理	**1.《建设工程监理规范》GB/T 50319—2013** 5.2.11 项目监理机构应根据工程特点和施工单位报送的施工组织设计，确定旁站的关键部位、关键工序，安排监理人员进行旁站，并应及时记录旁站情况。 **2.《电力建设工程监理规范》DL/T 5434—2009** 9.1.2 项目监理机构应审查承包单位编制的质量计划和工程质量验收及评定项目划分表，提出监理意见，报建设单位批准后监督实施。 9.1.9 项目监理机构应安排监理人员对施工过程进行巡视和检查，对工程项目的关键部位、关键工序的施工过程进行旁站监理。 **3.《房屋建筑工程施工旁站监理管理办法（试行）》建市〔2002〕189号** 第三条 监理企业在编制监理规划时，应当制定旁站监理方案，明确旁站监理的范围、内容、程序和旁站监理人员职责等。旁站监理方案应当送建设单位和施工企业各一份，并抄送工程所在地的建设行政主管部门或其委托的工程质量监督机构。	1. 查阅施工质量验收范围划分表及报审表 划分表内容：符合规程规定且已明确了质量控制点 报审表签字：相关单位责任人已签字

续表

条款号	大纲条款	检查依据	检查要点
4.3.3	组织补充完善施工质量验收项目划分表，对设定的工程质量控制点，进行了旁站监理	第九条　旁站监理记录是监理工程师或者总监理工程师依法行使有关签字权的重要依据。对于需要旁站监理的关键部位、关键工序施工，凡没有实施旁站监理或者没有旁站监理记录的，监理工程师或者总监理工程师不得在相应文件上签字	2. 查阅旁站计划和旁站记录 旁站计划质量控制点：符合施工质量验收范围划分表要求 旁站记录：完整 签字：监理旁站人员已签字
4.3.4	特殊施工技术措施已审批	**1.《建设工程安全生产管理条例》中华人民共和国国务院令第393号** 第二十六条　施工单位应当在施工组织设计中编制安全技术措施和施工现场临时用电方案，对下列达到一定规模的危险性较大的分部分项工程编制专项施工方案，并附具安全验算结果，经施工单位技术负责人、总监理工程师签字后实施，由专职安全生产管理人员进行现场监督： （一）基坑支护与降水工程； （二）土方开挖工程； （三）模板工程； （四）起重吊装工程； （五）脚手架工程； （六）拆除、爆破工程； （七）国务院建设行政主管部门或者其他有关部门规定的其他危险性较大的工程。 对前款所列工程中涉及深基坑、地下暗挖工程、高大模板工程的专项施工方案，施工单位还应当组织专家进行论证、审查。 **2.《建设工程监理规范》GB/T 50319—2013** 5.5.3　项目监理机构应审查施工单位报审的专项施工方案，符合要求的，应由总监理工程师签认后报建设单位。超过一定规模的危险性较大的分部分项工程的专项施工方案，应检查施工单位组织专家进行论证、审查的情况，以及是否附具安全验算结果。项目监理机构应要求施工单位按已批准的专项施工方案组织施工。专项施工方案需要调整时，施工单位应按程序重新提交项目监理机构审查	查阅特殊施工技术措施、方案报审文件和旁站记录 审核意见：专家意见已在施工措施方案中落实，同意实施 审批：相关单位责任人已签字 旁站记录：根据施工技术措施对应现场进行检查确认
4.3.5	对进场的工程材料、设备、构配件的质量进行检查验收及原材料复检的见证取样	**1.《建设工程质量管理条例》中华人民共和国国务院令第279号（2017年10月7日中华人民共和国国务院令第687号修正）** 第三十七条　…… 未经监理工程师签字，建筑材料、建筑构配件和设备不得在工程上使用或者安装，施工单位不得进行下一道工序的施工。……	1. 查阅工程材料/构配件/设备报审表 审查意见：同意使用

续表

条款号	大纲条款	检查依据	检查要点
4.3.5	对进场的工程材料、设备、构配件的质量进行检查验收及原材料复检的见证取样	**2.《建设工程监理规范》GB/T 50319—2013** 5.2.9　项目监理机构应审查施工单位报送的用于工程的材料、构配件、设备的质量证明文件，并应按有关规定、建设工程监理合同约定，对用于工程的材料进行见证取样，平行检验。 　　项目监理机构对已进场经检验不合格的工程材料、构配件、设备，应要求施工单位限期将其撤出施工现场。 　　…… **3.《建筑工程施工质量验收统一标准》GB 50300—2013** 3.0.2　建筑工程应按下列规定进行施工质量控制： 　　1　建筑工程采用的主要材料、半成品、成品、建筑构配件、器具和设备应进行现场验收。凡涉及安全、节能、环境保护和主要使用功能的重要材料、产品，应按各专业工程施工规范、验收规范和设计文件等规定进行复验，并应经监理工程师检查认可。 **4. 关于印发《房屋建筑工程和市政基础设施工程实行见证取样和送检的规定》的通知建设部建建〔2000〕211号** 第五条　涉及结构安全的试块、试件和材料见证取样和送检的比例不得低于有关技术标准中规定应取样数量的30%。 第六条　下列试块、试件和材料必须实施见证取样和送检： 　　（一）用于承重结构的混凝土试块； 　　（二）用于承重墙体的砌筑砂浆试块； 　　（三）用于承重结构的钢筋及连接接头试件； 　　（四）用于承重墙的砖和混凝土小型砌块； 　　（五）用于拌制混凝土和砌筑砂浆的水泥； 　　（六）用于承重结构的混凝土中使用的掺加剂； 　　（七）地下、屋面、厕浴间使用的防水材料； 　　（八）国家规定必须实行见证取样和送检的其他试块、试件和材料。 **5.《电力建设工程监理规范》DL/T 5434—2009** 7.2.3　见证取样。对规定的需取样送试验室检验的原材料和样品，经监理人员对取样进行见证、封样、签认。 9.1.6　项目监理机构应审核承包单位报送的主要工程材料、半成品、构配件生产厂商的资质，符合后予以签认。 　　工程材料/构配件/设备报审表应符合表A.12的格式。	2. 查阅见证取样委托单 　取样项目：符合规范要求 　签字：施工单位取样员和监理单位见证员已签字

续表

条款号	大纲条款	检查依据	检查要点
4.3.5	对进场的工程材料、设备、构配件的质量进行检查验收及原材料复检的见证取样	9.1.7 项目监理机构应对承包单位报送的拟进场工程材料、半成品和构配件的质量证明文件进行审核，并按有关规定进行抽样验收。对有复试要求的，经监理人员现场见证取样后送检，复试报告应报送项目监理机构查验。 …… 9.1.8 项目监理机构应参与主要设备开箱验收，对开箱验收中发现的设备质量缺陷，督促相关单位处理	
4.3.6	施工质量问题及处理台账完整	**1.《建设工程监理规范》GB/T 50319—2013** 5.2.15 项目监理机构发现施工存在质量问题的，或施工单位采用不适当的施工工艺，或施工不当，造成工程质量不合格的，应及时签发监理通知单，要求施工单位整改。整改完毕后，项目监理机构应根据施工单位报送的监理通知回复单对整改情况进行复查，提出复查意见。 5.2.16 对需要返工处理或加固补强的质量缺陷，项目监理机构应要求施工单位报送经设计等相关单位认可的处理方案，并应对质量缺陷的处理过程进行跟踪检查，同时应对处理结果进行验收。 5.2.17 对需要返工处理或加固补强的质量事故，项目监理机构应要求施工单位报送质量事故调查报告和经设计等相关单位认可的处理方案，并应对质量事故的处理过程进行跟踪检查，同时应对处理结果进行验收。 项目监理机构应及时向建设单位提交质量事故书面报告，并应将完整的质量事故处理记录整理归档。 **2.《电力建设工程监理规范》DL/T 5434—2009** 9.1.12 对施工过程中出现的质量缺陷，专业监理工程师应及时下达书面通知，要求承包单位整改，并检查确认整改结果。 9.1.15 专业监理工程师应根据消缺清单对承包单位报送的消缺方案进行审核，符合要求后予以签认，并根据承包单位报送的消缺报验申请表和自检记录进行检查验收	查阅质量问题及处理记录台账 记录要素：质量问题、发现时间、责任单位、整改要求、闭环文件、完成时间 检查内容：记录完整
4.3.7	工程建设标准强制性条文检查到位	**1.《实施工程建设强制性标准监督规定》中华人民共和国建设部令第81号（2015年1月22日中华人民共和国住房和城乡建设部令第23号修正）** 第二条 在中华人民共和国境内从事新建、扩建、改建等工程建设活动，必须执行工程建设强制性标准。 第三条 本规定所称工程强制性标准是指直接涉及工程质量、安全、卫生及环境保护等方面的工程建设标准强制性条文。 第六条 ……	查阅工程强制性标准执行情况检查表 内容：符合强制性标准执行计划要求 签字：施工单位技术人员与监理工程师已签字

续表

条款号	大纲条款	检查依据	检查要点
4.3.7	工程建设标准强制性条文检查到位	工程质量监督机构应当对建设施工、监理、验收等阶段执行强制性标准的情况实施监督。 **2.《输变电工程项目质量管理规程》DL/T 1362—2014** 7.3.5 监理单位应监督施工单位质量管理体系的有效运行，应监督施工单位按照技术标准和设计文件进行施工，应定期检查工程建设标准强制性条文执行情况，……	
4.3.8	完成基础工程施工质量验收	**1.《建设工程监理规范》GB/T 50319—2013** 5.2.14 项目监理机构应对施工单位报验的隐蔽工程、检验批、分项工程和分部工程进行验收，对验收合格的应给予签认；对验收不合格的应拒绝签认，同时应要求施工单位在指定的时间内整改并重新报验。……	查阅基础工程质量验收报验表及验收资料 验收结论：合格 签字：相关单位责任人已签字
4.3.9	对本阶段工程质量提出评价意见	**1.《建筑工程施工质量验收统一标准》GB 50300—2013** 3.0.3 建筑工程的施工质量控制应符合下列规定： 2 各施工工序应按施工技术标准进行质量控制，每道施工工序完成后，应经施工单位自检符合规定后，才能进行下道工序施工。各专业工种之间的相关工序应进行交接检验，并应记录。 3 对于监理单位提出检查要求的重要工序，应经监理工程师检查认可，才能进行下道工序施工。 **2.《输变电工程项目质量管理规程》DL/T 1362—2014** 14.2.1 变电工程应分别在主要建（构）筑物基础基本完成、土建交付安装前、投运前进行中间验收，输电线路工程应分别在杆塔组立前、导地线架设前、投运前进行中间验收。投运前中间验收可与竣工预验收合并进行。中间验收应符合下列要求： b）在收到初检申请并确认符合条件后，监理单位应组织进行初检，在初检合格后，应出具监理初检报告并向建设单位申请中间验收	查阅本阶段监理初检报告 评价意见：明确
4.4 施工单位质量行为的监督检查			
4.4.1	项目部组织机构健全，专业人员配置合理	**1.《中华人民共和国建筑法》中华人民共和国主席令第46号** 第十四条 从事建筑活动的专业技术人员，应当依法取得相应的执业资格证书，并在执业资格证书许可的范围内从事建筑活动。 **2.《建设工程质量管理条例》中华人民共和国国务院令第279号（2017年10月7日中华人民共和国国务院令第687号修正）** 第二十六条 施工单位对建设工程的施工质量负责。	查阅项目部成立文件 岗位设置：包括项目经理、技术负责人、施工管理负责人、施工员、质量员、安全员、材料员、资料员等

续表

条款号	大纲条款	检 查 依 据	检查要点
4.4.1	项目部组织机构健全，专业人员配置合理	施工单位应当建立质量责任制，确定工程项目的项目经理、技术负责人和施工管理负责人。…… **3.《建设工程项目管理规范》GB/T 50326—2017** 4.3.4 建立项目管理机构应遵循下列规定： 1 结构应符合组织制度和项目实施要求； 2 应有明确的管理目标、运行程序和责任制度； 3 机构成员应满足项目管理要求及具备相应资格； 4 组织分工相对稳定并可根据项目实施变化进行调整； 5 应确定机构成员的职责、权限、利益和需承担的风险。 **4.《输变电工程项目质量管理规程》DL/T 1362—2014** 9.1.5 施工单位应按照施工合同约定组建施工项目部，应提供满足工程质量目标的人力、物力和财力的资源保障。 9.3.1 施工项目部人员执业资格应符合国家有关规定。 附录 表D.1输变电工程施工项目部人员资格要求 表：输变电工程施工项目部人员资格要求	
4.4.2	质量检查及特殊工种人员持证上岗	**1.《特种作业人员安全技术培训考核管理办法》国家安全生产监督管理总局令第30号(2015年5月29日国家安全监管总局令第80号修正)** 第五条 特种作业人员必须经专门的安全技术培训并考核合格，取得《中华人民共和国特种作业操作证》（以下简称特种作业操作证）后，方可上岗作业。 **2.《建筑施工特种作业人员管理规定》中华人民共和国建设部 建质〔2008〕75号** 第四条 建筑施工特种作业人员必须经建设主管部门考核合格，取得建筑施工特种作业人员操作资格证书，方可上岗从事相应作业。 **3.《输变电工程项目质量管理规程》DL/T 1362—2014** 9.3.1 施工项目部人员执业资格应符合国家有关规定，其任职条件参见附录D。 9.3.2 工程开工前，施工单位应完成下列工作： …… h）特种作业人员的资格证和上岗证的报审；	1. 查阅项目部各专业质检员资格证书 专业类别：土建 发证单位：政府主管部门或电力建设工程质量监督站 有效期：当前有效 2. 查阅特殊工种人员台账 内容：包括姓名、工种类别、证书编号、发证单位、有效期等 证书有效期：作业期间有效 3. 查阅特殊工种人员资格证书 发证单位：政府主管部门 有效期：与台账一致

续表

条款号	大纲条款	检查依据	检查要点
4.4.3	专业施工组织设计已审批	**1.《建筑施工组织设计规范》GB/T 50502—2009** 3.0.5 施工组织设计的编制和审批应符合下列规定： 1 施工组织设计应由项目负责人主持编制，可根据需要分阶段编制和审批； 2 施工组织总设计应由总承包单位技术负责人审批；单位工程施工组织设计应由施工单位技术负责人或技术负责人授权的技术人员审批，施工方案应由项目技术负责人审批；重点、难点分部（分项）工程和专项工程施工方案应由施工单位技术部门组织相关专家评审，施工单位技术负责人批准； **2.《输变电工程项目质量管理规程》DL/T 1362—2014** 9.2.2 工程开工前，施工单位应根据施工质量管理策划编制质量管理文件，并应报监理单位审核、建设单位批准。质量管理文件应包括下列内容： a）施工组织设计； 9.3.2 工程开工前，施工单位应完成下列工作： …… e）施工组织设计、施工方案的编制和审批	1. 查阅工程项目专业施工组织设计 审批：责任人已签字 编审批时间：专业工程开工前 2. 查阅专业施工组织设计报审表 审批意见：同意实施等肯定性意见 签字：施工项目部、监理项目部、建设单位责任人已签字 盖章：施工项目部、监理项目部、建设单位职能部门已盖章
4.4.4	质量检验管理制度已落实	**1.《建设工程质量管理条例》中华人民共和国国务院令第279号（2017年10月7日中华人民共和国国务院令第687号修正）** 第三十条 施工单位必须建立、健全施工质量的检验制度，严格工序管理，作好隐蔽工程的质量检查和记录。隐蔽工程在隐蔽前，施工单位应当通知建设单位和建设工程质量监督机构。 **2.《工程建设施工企业质量管理规范》GB/T 50430—2017** 11.2.1 项目部应根据工程质量检查策划的安排，对工程质量实施检查，跟踪整改情况，并保存相应的检查记录。 **3.《输变电工程项目质量管理规程》DL/T 1362—2014** 9.2.2 工程开工前，施工单位应根据施工质量管理策划编制质量管理文件，并应报监理单位审核、建设单位批准。质量管理文件应包括下列内容： …… h）施工质量管理制度目录清单	查阅隐蔽工程签证记录、施工单位自检记录、工序交接记录等检查记录 记录：内容完整，结论明确 签字：责任人已签字
4.4.5	施工方案和作业指导书已审批，技术交底记录齐全	**1.《建筑施工组织设计规范》GB/T 50502—2009** 3.0.5 施工组织设计的编制和审批应符合下列规定： 2 ……施工方案应由项目技术负责人审批；重点、难点分部（分项）工程和专项工程施工方案应由施工单位技术部门组织相关专家评审，施工单位技术负责人批准。	1. 查阅施工方案和作业指导书 审批：责任人已签字 编审批时间：施工前

续表

<table>
<tr><th>条款号</th><th>大纲条款</th><th>检查依据</th><th>检查要点</th></tr>
<tr><td rowspan="2">4.4.5</td><td rowspan="2">施工方案和作业指导书已审批，技术交底记录齐全</td><td rowspan="2">3 由专业承包单位施工的分部（分项）工程或专项工程的施工方案，应由专业承包单位技术负责人或技术负责人授权的技术人员审批；有总承包单位时，应由总承包单位项目技术负责人核准备案。
4 规模较大的分部（分项）工程和专项工程的施工方案应按单位工程施工组织设计进行编制和审批。
6.4.1 施工准备应包括下列内容：
1 技术准备：包括施工所需技术资料的准备、图纸深化和技术交底的要求、试验检验和测试工作计划、样板制作计划以及与相关单位的技术交接计划等；
……
2.《输变电工程项目质量管理规程》DL/T 1362—2014
9.2.2 工程开工前，施工单位应根据施工质量管理策划编制质量管理文件，并应报监理单位审核、建设单位批准。质量管理文件应包括下列内容：
……
e）施工方案及作业指导书；
9.3.2 工程开工前，施工单位应完成下列工作：
……
e）施工组织设计、施工方案的编制和审批；
9.3.4 施工过程中，施工单位应主要开展下列质量控制工作：
b）在变电各单位工程、线路各分部工程开工前进行技术培训交底</td><td>2. 查阅施工方案和作业指导书报审表
审批意见：同意实施等肯定性意见
签字：施工项目部、监理项目部责任人已签字
盖章：施工项目部、监理项目部已盖章</td></tr>
<tr><td>3. 查阅技术交底记录
内容：与方案或作业指导书相符
时间：施工前
签字：交底人和被交底人已签字</td></tr>
<tr><td>4.4.6</td><td>计量工器具经检定合格，且在有效期内</td><td>1.《中华人民共和国计量法》中华人民共和国主席令第86号（2018年10月26日修正）
第九条 ……。未按照规定申请检定或者检定不合格的，不得使用。……
2.《中华人民共和国依法管理的计量器具目录（型式批准部分）》国家质检总局公告2005年第145号
1. 测距仪：光电测距仪、超声波测距仪、手持式激光测距仪；
2. 经纬仪：光学经纬仪、电子经纬仪；
3. 全站仪：全站型电子速测仪；
4. 水准仪：水准仪；
5. 测地型GPS接收机：测地型GPS接收机。
3.《电力建设施工技术规范 第1部分：土建结构工程》DL 5190.1—2012
3.0.5 在质量检查、验收中使用的计量器具和检测设备，应经计量检定合格后方可使用；承担材料和设备检测的单位，应具备相应的资质。</td><td>1. 查阅计量工器具台账
内容：包括计量工器具名称、出厂合格证编号、检定日期、有效期、在用状态等
检定有效期：在用期间有效</td></tr>
</table>

续表

条款号	大纲条款	检查依据	检查要点
4.4.6	计量工器具经检定合格，且在有效期内	**4.《电力工程施工测量技术规范》DL/T 5445—2010** 4.0.3 施工测量所使用的仪器和相关设备应定期检定，并在检定的有效期内使用。…… **5.《建筑工程检测试验技术管理规范》JGJ 190—2010** 5.2.2 施工现场配置的仪器、设备应建立管理台账，按有关规定进行计量检定或校准，并保持状态完好	2. 查阅计量工器具检定合格证或报告 检定单位资质范围：包含所检测工器具 工器具有效期：在用期间有效，且与台账一致
4.4.7	按照检测试验项目计划进行了见证的取样和送检，台账完整	**1. 关于印发《房屋建筑工程和市政基础设施工程实行见证取样和送检的规定》的通知建设部建建〔2000〕211号** 第五条 涉及结构安全的试块、试件和材料见证取样和送检的比例不得低于有关技术标准中规定应取样数量的30%。 第六条 下列试块、试件和材料必须实施见证取样和送检： （一）用于承重结构的混凝土试块； （二）用于承重墙体的砌筑砂浆试块； （三）用于承重结构的钢筋及连接接头试件； （四）用于承重墙的砖和混凝土小型砌块； （五）用于拌制混凝土和砌筑砂浆的水泥； （六）用于承重结构的混凝土中使用的掺加剂； （七）地下、屋面、厕浴间使用的防水材料； （八）国家规定必须实行见证取样和送检的其他试块、试件和材料。 第七条 见证人员应由建设单位或该工程的监理单位具备建筑施工试验知识的专业技术人员担任，并应由建设单位或该工程的监理单位书面通知施工单位、检测单位和负责该项工程的质量监督机构。 **2.《房屋建筑和市政基础设施工程质量检测技术管理规范》GB 50618—2011** 3.0.5 对实行见证取样和见证检测的项目，不符合见证要求的，检测机构不得进行检测。 **3.《建筑工程检测试验技术管理规范》JGJ 190—2010** 3.0.6 见证人员必须对见证取样和送检的过程进行见证，且必须确保见证取样和送检过程的真实性。 5.5.1 施工现场应按照单位工程分别建立下列试样台账： 1 钢筋试样台账； 2 钢筋连接接头试样台账；	查阅见证取样台账 取样数量、取样项目：与检测试验计划相符

续表

条款号	大纲条款	检查依据	检查要点
4.4.7	按照检测试验项目计划进行了见证的取样和送检，台账完整	3 混凝土试件台账； 4 砂浆试件台账； 5 需要建立的其他试样台账。 5.6.1 现场试验人员应根据施工需要及有关标准的规定，将标识后的试样送至检测单位进行检测试验。 5.8.5 见证人员应对见证取样和送检的全过程进行见证并填写见证记录。 5.8.6 检测机构接收试样时应核实见证人员及见证记录，见证人员与备案见证人员不符或见证记录无备案见证人员签字时不得接收试样	
4.4.8	原材料、成品、半成品、商品混凝土的跟踪管理台账清晰，记录完整	**1.《建设工程质量管理条例》中华人民共和国国务院令第279号（2017年10月7日中华人民共和国国务院令第687号修改）** 第二十九条 施工单位必须按照工程设计要求、施工技术标准和合同约定，对建筑材料、建筑构配件、设备和商品混凝土进行检验，检验应当有书面记录和专人签字；未经检验或者检验不合格的，不得使用。 **2.《输变电工程项目质量管理规程》DL/T 1362—2014** 9.3.4 施工过程中，施工单位应主要开展下列质量控制工作： f）建立钢筋、水泥等主要原材料的质量跟踪台账	查阅材料跟踪管理台账 内容：包括生产厂家、进场日期、品种规格、出厂合格证书编号、复试报告编号、使用部位、使用数量等
4.4.9	单位工程开工报告已审批	**1.《工程建设施工企业质量管理规范》GB/T 50430—2017** 10.4.2 项目部应确认施工现场已具备开工条件，进行报审、报验，提出开工申请，经批准后方可开工	查阅单位工程开工报告 申请时间：开工前 审批意见：同意开工等肯定性意见 签字：施工项目部、监理项目部、建设单位责任人已签字 盖章：施工项目部、监理项目部、建设单位职能部门已盖章
4.4.10	专业绿色施工措施已制订、实施	**1.《绿色施工导则》中华人民共和国建设部 建质〔2007〕223号** 4.1.2 规划管理 1 编制绿色施工方案。该方案应在施工组织设计中独立成章，并按有关规定进行审批。 **2.《建筑工程绿色施工规范》GB/T 50905—2014** 3.1.1 建设单位应履行下列职责：	1. 查阅绿色施工措施 审批：责任人已签字 审批时间：施工前

续表

条款号	大纲条款	检查依据	检查要点
4.4.10	专业绿色施工措施已制订、实施	1 在编制工程概算和招标文件时，应明确绿色施工的要求……。 2 应向施工单位提供建设工程绿色施工的设计文件、产品要求等相关资料……。 4.0.2 施工单位应编制包含绿色施工管理和技术要求的工程绿色施工组织设计、绿色施工方案或绿色施工专项方案，并经审批通过后实施。 **3.《电力建设施工技术规范 第1部分：土建结构工程》DL 5190.1—2012** 3.0.12 施工单位应建立绿色施工管理体系和管理制度，实施目标管理，施工前应在施工组织设计和施工方案中明确绿色施工的内容和方法。 **4.《输变电工程项目质量管理规程》DL/T 1362—2014** 9.2.2 工程开工前，施工单位应根据施工质量管理策划编制质量管理文件，并应报监理单位审核、建设单位批准。质量管理文件应包括下列内容： …… g）绿色施工方案 9.3.2 工程开工前，施工单位应完成下列工作： …… f）绿色施工方案的编制和审批	2. 查阅专业绿色施工记录 内容：与绿色施工措施相符 签字：责任人已签字
4.4.11	工程建设标准强制性条文实施计划已执行	**1.《实施工程建设强制性标准监督规定》中华人民共和国建设部令第81号（2015年1月22日中华人民共和国住房和城乡建设部令第23号修改）** 第二条 在中华人民共和国境内从事新建、扩建、改建等工程建设活动，必须执行工程建设强制性标准。 第三条 本规定所称工程建设强制性标准是指直接涉及工程质量、安全、卫生及环境保护等方面的工程建设标准强制性条文。 国家工程建设标准强制性条文由国务院住房和城乡建设主管部门会同国务院有关主管部门确定。 第六条 ……工程质量监督机构应当对工程建设施工、监理、验收等阶段执行强制性标准的情况实施监督。 **2.《输变电工程项目质量管理规程》DL/T 1362—2014** 9.2.2 工程开工前，施工单位应根据施工质量管理策划编制质量管理文件，并应报监理单位审核、建设单位批准。质量管理文件应包括下列内容： …… d）工程建设标准强制性条文执行计划	查阅强制性标准执行记录 内容：与强制性标准执行计划相符 签字：责任人已签字 执行时间：与工程进度同步

续表

条款号	大纲条款	检查依据	检查要点
4.4.12	无违规转包或者违法分包工程的行为	**1.《中华人民共和国建筑法》中华人民共和国主席令第46号** 第二十八条 禁止承包单位将其承包的全部建筑工程转包给他人，禁止承包单位将其承包的全部建筑工程肢解以后以分包的名义转包给他人。 第二十九条 建筑工程总承包单位可以将承包工程中的部分工程发包给具有相应资质条件的分包单位，但是，除总承包合同约定的分包外，必须经建设单位认可。施工总承包的，建筑工程主体结构的施工必须由总承包单位自行完成。 …… 禁止总承包单位将工程分包给不具备相应资质条件的单位。禁止分包单位将其承包的工程再分包。 **2.《建筑工程施工转包违法分包等违法行为认定查处管理办法（试行）》中华人民共和国住房和城乡建设部 建市118号（2014）** 第七条 存在下列情形之一的，属于转包： （一）施工单位将其承包的全部工程转给其他单位或个人施工的； （二）施工总承包单位或专业承包单位将其承包的全部工程肢解以后，以分包的名义分别转给其他单位或个人施工的； （三）施工总承包单位或专业承包单位未在施工现场设立项目管理机构或未派驻项目负责人、技术负责人、质量管理负责人、安全管理负责人等主要管理人员，不履行管理义务，未对该工程的施工活动进行组织管理的； （四）施工总承包单位或专业承包单位不履行管理义务，只向实际施工单位收取费用，主要建筑材料、构配件及工程设备的采购由其他单位或个人实施的； （五）劳务分包单位承包的范围是施工总承包单位或专业承包单位承包的全部工程，劳务分包单位计取的是除上缴给施工总承包单位或专业承包单位“管理费”之外的全部工程价款的； （六）施工总承包单位或专业承包单位通过采取合作、联营、个人承包等形式或名义，直接或变相的将其承包的全部工程转给其他单位或个人施工的； （七）法律法规规定的其他转包行为。 第九条 存在下列情形之一的，属于违法分包： （一）施工单位将工程分包给个人的； （二）施工单位将工程分包给不具备相应资质或安全生产许可的单位的； （三）施工合同中没有约定，又未经建设单位认可，施工单位将其承包的部分工程交由其他单位施工的； （四）施工总承包单位将房屋建筑工程的主体结构的施工分包给其他单位的，钢结构	1. 查阅工程分包申请报审表 审批意见：同意分包等肯定性意见 签字：施工项目部、监理项目部、建设单位责任人已签字 盖章：施工项目部、监理项目部、建设单位已盖章 2. 查阅工程分包商资质 业务范围：涵盖所分包的项目 发证单位：政府主管部门 有效期：当前有效

续表

条款号	大纲条款	检查依据	检查要点
4.4.12	无违规转包或者违法分包工程的行为	工程除外； （五）专业分包单位将其承包的专业工程中非劳务作业部分再分包的； （六）劳务分包单位将其承包的劳务再分包的； （七）劳务分包单位除计取劳务作业费用外，还计取主要建筑材料款、周转材料款和大中型施工机械设备费用的； （八）法律法规规定的其他违法分包行为	
4.5　检测试验机构质量行为的监督检查			
4.5.1	检测试验机构已经通过能力认定并取得相应证书，其现场派出机构（现场试验室）满足规定条件，并已报质量监督机构备案	**1.《建设工程质量检测管理办法》中华人民共和国建设部令第141号（2015年5月中华人民共和国住房和城乡建设部令第24号修正）** 第四条　……检测机构未取得相应的资质证书，不得承担本办法规定的质量检测业务。 **2.《检验检测机构资质认定管理办法》国家质量监督检验检疫总局令第163号** 第三条　检验检测机构从事下列活动，应当取得资质认定： …… （四）为社会经济、公益活动出具具有证明作用的数据、结果的； （五）其他法律法规规定应当取得资质认定的。 **3.《建筑工程检测试验技术管理规范》JGJ 190—2010** 表5.2.4　现场试验站基本条件	1. 查阅检测机构资质证书 发证单位：国家认证认可监督管理委员会（国家级）或地方质量技术监督部门或各直属出入境检验检疫机构（省市级）及电力质监机构 有效期：当前有效 证书业务范围：涵盖检测项目 2. 查看现场试验室 派出机构成立及人员任命文件 场所：有固定场所且面积、环境、温湿度满足规范要求 3. 查阅检测机构的申请报备文件 报备时间：工程开工前
4.5.2	检测人员资格符合规定，持证上岗	**1.《房屋建筑和市政基础设施工程质量检测技术管理规范》GB 50618—2011** 4.1.5　检测操作人员应经技术培训、通过建设主管部门或委托有关机构的考核，方可从事检测工作。 5.3.6　检测前应确认检测人员的岗位资格，检测操作人员应熟识相应的检测操作规程和检测设备使用、维护技术手册等	1. 查阅检测人员登记台账 专业类别和数量：满足检测项目需求 资格证发证单位：各级政府和电力行业主管部门 检测证有效期：当前有效 2. 查阅检测报告 检测人：与检测人员登记台账相符

续表

<table>
<tr><th>条款号</th><th>大纲条款</th><th>检查依据</th><th>检查要点</th></tr>
<tr><td rowspan="2">4.5.3</td><td rowspan="2">检测仪器、设备检定合格，且在有效期内</td><td rowspan="2">1.《检验检测机构诚信基本要求》GB/T 31880—2015
4.3.1 设备设施
检验检测设备应定期检定或校准，设备在规定的检定和校准周期内应进行期间核查。计算机和自动化设备功能应正常，并进行验证和有效维护。检验检测设施应有利于检验检测活动的开展。
2.《房屋建筑和市政基础设施工程质量检测技术管理规范》GB 50618—2011
4.2.14 检测机构的所有设备均应标有统一的标识，在用的检测设备均应标有校准或检测有效期的状态标识。
3.《建筑工程检测试验技术管理规范》JGJ 190—2010
5.2.3 施工现场试验环境及设施应满足检测试验工作的要求</td><td>1. 查阅检测仪器、设备登记台账
数量、种类：满足检测需求
检定周期：当前有效
检定结论：合格</td></tr>
<tr><td>2. 查看检测仪器、设备检验标识
检定周期：与台账一致</td></tr>
<tr><td>4.5.4</td><td>检测依据正确、有效，检测报告及时、规范</td><td>1.《检验检测机构资质认定管理办法》国家质量监督检验检疫总局令第 163 号
第二十五条 检验检测机构应当在资质认定证书规定的检验检测能力范围内，依据相关标准或者技术规范规定的程序和要求，出具检验检测数据、结果。
检验检测机构出具检验检测数据、结果时，应当注明检验检测依据，并使用符合资质认定基本规范、评审准则规定的用语进行表述。
检验检测机构对其出具的检验检测数据、结果负责，并承担相应法律责任。
第二十六条 ……检验检测机构授权签字人应当符合资质认定评审准则规定的能力要求。非授权签字人不得签发检验检测报告。
第二十八条 检验检测机构向社会出具具有证明作用的检验检测数据、结果的，应当在其检验检测报告上加盖检验检测专用章，并标注资质认定标志。
2.《房屋建筑和市政基础设施工程质量检测技术管理规范》GB 50618—2011
5.5.1 检测项目的检测周期应对外公示，检测工作完成后，应及时出具检测报告。
3.《检验检测机构诚信基本要求》GB/T 31880—2015
4.3.7 报告证书
……
检验检测记录、报告、证书不应随意涂改，所有修改应有相关规定和授权。当有必要发布全新的检验检测报告、证书时，应注以唯一标识，并注明所替代的原件。
检验检测机构应采取有效手段识别和保证检验检测报告、证书真实性；应有措施保证任何人员不得施加任何压力改变检验检测的实际数据和结果。
检验检测机构应当按照合同要求，在批准范围内根据检验检测业务类型，出具具有证明作用的数据和结果，在检验检测报告、证书中正确使用获证标识</td><td>查阅检测试验报告
检测依据：有效的标准规范、合同及技术文件
检测结论：明确
签章：检测操作人、审核人、批准人已签字，已加盖检测机构公章或检测专用章（多页检测报告加盖骑缝章），并标注相应的资质认定标志
查看：授权签字人及其授权签字领域证书
时间：在检测机构规定时间内出具</td></tr>
</table>

续表

<table>
<tr><th>条款号</th><th>大纲条款</th><th>检 查 依 据</th><th>检查要点</th></tr>
<tr><td colspan="4">5 工程实体质量的监督检查</td></tr>
<tr><td colspan="4">5.1 工程测量的监督检查</td></tr>
<tr><td rowspan="2">5.1.1</td><td rowspan="2">测量控制方案已经审核批准</td><td>1.《工程测量规范》GB 50026—2007
8.1.2 施工测量前，应收集有关测量资料，熟悉施工设计图纸，明确施工要求，制定施工测量方案。
8.1.4 场区控制网，应充分利用勘察阶段的已有平面和高程控制网。原有平面控制网的边长，应投影到测区的主施工高程面上，并进行复测检查。精度满足施工要求时，可作为场区控制网使用。否则，应重新建立场区控制网。
8.2.2 场区平面控制网，应根据工程规模和工程需要分级布设。对于建筑场地大于 $1km^2$ 的工程项目或重要工业区，应建立一级或一级以上精度等级的平面控制网；对于场地面积小于 $1km^2$ 的工程项目或一般性建筑区，可建立二级精度的平面控制网。
场区平面控制网相对于勘察阶段控制点的定位精度，不应大于5cm。
8.2.10 大中型施工项目场区的高程测量精度，不应低于三等水准。
8.3.3 建筑物施工平面控制网的建立，应符合下列规定：
3 主要的控制网点和主要设备中心线端点，应埋设固定标桩。
4 控制网轴线起始点的定位误差，不应大于2cm；两建筑物（厂房）间有联动关系时，不应大于1cm，定位点不得少于3个。</td><td>1. 查阅测量控制方案报审表
签字：施工、监理单位责任人已签字
盖章：施工、监理单位已盖章
结论：同意执行</td></tr>
<tr><td>2.《建设工程监理规范》GB/T 50319—2013
5.2.2 总监理工程师应组织专业监理工程师审查施工单位报审的施工方案，符合要求后予以签认。
施工方案审查应包括下列基本内容：
1 编审程序以符合相关规定。
2 工程质量保证措施应符合有关标准。
5.2.5 专业监理工程师应检查、复核施工单位报送的施工控制测量成果及保护措施，签署意见。
施工控制测量及保护成果的检查、复核，应包括下列内容：
1 施工测量人员的资格证书及测量设备鉴定证书。
2 施工平面控制网、高程控制网和临时水准点的测量成果及控制桩的保护措施。
3.《电力工程施工测量技术规程》DL/T 5445—2010
5.3.1 施工测量工作开始前，应在熟悉设计图纸、了解有关技术标准及合同文件规定的测量技术要求基础上，明确工作范围、确定任务目标、制定计划、选择合理的作业方法、</td><td>2. 查阅测量控制方案
审批：测绘单位责任人已签字
编制依据：满足合同约定、设计要求和规范的规定
内容：达到合同约定、满足设计要求和规范的规定</td></tr>
</table>

续表

条款号	大纲条款	检查依据	检查要点
5.1.1	测量控制方案已经审核批准	编制测量实施方案。 5.3.2　施工测量方案的编制依据应包括下列内容： 1　任务委托或合同文件资料； 2　法律法规文件、技术标准； 3　收集的已有相关资料； 4　施工现场条件； 5　人员、设备资源条件等。 5.3.3　施工测量方案的编制内容应包括下列内容： 1　工程背景情况及任务内容与要求； 2　项目目标； 3　工作依据与技术标准； 4　已有资料的可靠性分析； 5　总体工作进度计划，人员、设备资源配置要求计划； 6　制定施工控制网的布网方案，包括控制网形式、等级、测量方法、坐标与高程起算依据、平差计算要求、检测方法等； 7　制定测量放样方案，包括控制点检测与加密、放样依据、放样方法、放样点精度估算、放样作业程序等内容； 8　作业的要求、记录的规定等； 9　过程控制与质量、环境和安全保证措施； 10　资料整理与成果提交内容的要求。 5.3.4　施工测量方案应经审核批准，并报业主或建设单位、监理单位认可备案。 8.3.3　厂区平面控制网的等级和精度，应符合下列规定： 1　厂区施工首级平面控制网等级不宜低于一级。 2　当原有控制网作为厂区控制网时，应进行复测检查。 8.3.9　导线网竣工后，应按与施测相同的精度实地复测检查，检测数量不应少于总量的1/3，且不少于3个，复测时应检查网点间角度及边长与理论值的偏差，一级导线的偏差满足表8.3.9的规定时，方能提供给委托单位。 8.4.1　厂区高程控制网……。高程测量的精度，不宜低于三等水准。 9.2.3　站址卫星定位平面控制网测量应符合6.3的规定；首级平面控制网等级依据工程的规模性质，不应低于二级，500kV及以上变电站不应低于一级。 9.2.4　站址导线平面控制测量应符合6.2的相关规定；首级平面控制测量，其等级依据工程的规模性质，不应低于二级，500kV及以上变电站不应低于一级。	

续表

条款号	大纲条款	检查依据	检查要点
5.1.1	测量控制方案已经审核批准	9.3.2 变电站软土地基站址、特高压及换流站站址首级高程控制网等级不应低于四等，其他不宜低于五等。需与防洪内涝等水文系统联测时，高程等级不宜低于四等。 **4.《电力建设工程监理规范》DL/T 5434—2009** 8.0.7 项目监理机构应督促承包单位对建设单位提出的基准点进行复测，并审批承包单位控制网或加密控制网的布设、保护、复测和原状地形图测绘的方案。监理工程师对承包单位实测过程机械能监督复核，并主持厂（站）区控制网的检测验收工作。工程控制网测量报审表应符合表A.8的格式。 16.1.1 施工调试阶段的监理文件应包括下列内容： …… 18 工程控制网测量、线路复测报审表 ……	
5.1.2	各建（构）筑物定位放线控制桩设置规范，保护完好	**1.《工程测量规范》GB 50026—2007** 6.1.5 平面控制点的点位，宜选在土质坚实、便于观测、易于保存的地方。高程控制点的点位，应选在施工干扰区的外围。平面和高程控制点的点位，应根据需要埋设标石。 8.2.3 控制网的点位，应选在通视良好、土质坚实、便于施测、利于长期保存的地点，并应埋设相应的标石，……。标石的埋设深度，应根据地冻线和场地设计标高确定。 8.3.3 建筑物施工平面控制网的建立，应符合下列规定： 3 主要的控制网点和主要设备中心线端点，应埋设固定标桩。 4 控制网轴线起始点的定位误差，不应大于2cm；两建筑物（厂房）间有联动关系时，不应大于1cm，定位点不得少于3个。 8.3.5 建筑物高程控制，应符合下列规定： 2 ……水准点的个数，不应少于2个。 8.3.6 当施工中高程控制点标桩不能保存时，应将其高程引测至稳固的建筑物或构筑物上，引测的精度，不应低于四等水准。 8.3.8 放样前，应对建筑物施工平面控制网和高程控制点进行检核。 **2.《电力建设施工技术规范》DL 5190.1—2012** 11.1.4 对厂区布置的施工测量控制点，应定期对其稳定性进行检测，同时要求对施工测量控制点进行有效的防护，防止破坏或车辆碰撞。 **3.《电力工程施工测量技术规程》DL/T 5445—2010** 6.1.7 施工平面控制点标石的埋设要求参见附录C。 7.1.4 高程控制点的布设与埋石，应符合下列规定：	1. 查阅方案及施工记录中现场控制桩的埋设 埋深：符合规范的规定 2. 查看现场控制桩的布设 点数、位置：符合设计要求和规范的规定 3. 查看现场控制桩的保护 措施：符合设计要求和规范的规定

续表

条款号	大纲条款	检查依据	检查要点
5.1.2	各建（构）筑物定位放线控制桩设置规范，保护完好	1 应将点先在基础坚硬、密实、稳固的地方或稳定的建筑物上，且便于寻找、保存和引测。 2 ……一个测区及周围应有不少于3个永久性的高程控制点。 3 采用水准标石或墙角水准点时，标志及标石埋设要求参见E。 9.2.2 站址平面控制点具体埋石标石规格参见附录C，埋设深度依据站址地质情况确定。 9.2.3 站址卫星定位平面控制网测量应符合6.3的规定；首级平面控制网等级依据工程的规模性质，不应低于二级，500kV及以上变电站不应低于一级。 9.2.4 站址导线平面控制测量应符合6.2的相关规定；首级平面控制测量，其等级依据工程的规模性质，不应低于二级，500kV及以上变电站不应低于一级。 9.3.2 变电站软土地基站址、特高压及换流站站址首级高程控制网等级不应低于四等，其他不宜低于五等。需与防洪内涝等水文系统联测时，高程等级不宜低于四等	
5.1.3	测量仪器检定有效，测量记录齐全	**1.《中华人民共和国计量法》中华人民共和国主席令86号（2018年10月26日修正）** 第九条 县级以上人民政府计量行政部门对社会公用计量标准器具，部门和企业、事业单位使用的最高计量标准器具，以及用于贸易结算、安全防护、医疗卫生、环境监测方面的列入强制检定目录的工作计量器具，实行强制检定。未按照规定申请检定或者检定不合格的，不得使用。实行强制检定的工作计量器具的目录和管理办法，由国务院制定。 对前款规定以外的其他计量标准器具和工作计量器具，使用单位应当自行定期检定或者送其他计量检定机构检定，县级以上人民政府计量行政部门应当进行监督检查。 第十二条 制造、修理计量器具的企业、事业单位，必须具备与所制造、修理的计量器具相适应的设施、人员和检定仪器设备，经县级以上人民政府计量行政部门考核合格，取得《制造计量器具许可证》或者《修理计量器具许可证》。 第十五条 制造、修理计量器具的企业、事业单位必须对制造、修理的计量器具进行检定，保证产品计量性能合格，并对合格产品出具产品合格证。 县级以上人民政府计量行政部门应当对制造、修理的计量器具的质量进行监督检查。 **2.《测绘计量管理暂行办法》国测国字〔1996〕24号** 第十三条 …… 测绘单位和个体测绘业者使用的测绘计量器具，必须经周期检定合格，才能用于测绘生产，检定周期见附表规定。未经检定、检定不合格或超过检定周期的测绘计量器具，不得使用。 **3.《工程测量规范》GB 50026—2007** 1.0.4 工程测量作业所使用的仪器和相关设备，应做到及时检查校正，加强维护保养、定期检修。	1. 查阅计量仪器报审表 签字：施工、监理单位责任人已签字 盖章：施工、监理单位已盖章 结论：同意使用 2. 查阅测量仪器的计量检定证书 结果：合格 有效期：当前有效 3. 查看测量仪器上的计量检定标签 规格、型号、仪器编号：与计量检定证书一致 有效期：与计量检定证书一致

续表

条款号	大纲条款	检查依据	检查要点
5.1.3	测量仪器检定有效，测量记录齐全	8.3.10 在施工的建（构）筑物外围，应建立线板或轴线控制桩。线板应注记中心线编号，并测设标高。线板和轴线应注意保存。必要时，可将控制轴线标示在结构的外表面上。 8.3.11 建筑物施工放样，应符合下列要求： 1 建筑物施工放样、轴线投测和标高传递的偏差，不应超过表 8.3.11 的规定。 **4.《电力工程施工测量技术规范》DL/T 5445—2010** 4.0.3 施工测量所使用的仪器和相关设备应定期检定，并在检定有效期内使用。 9.4.3 建（构）筑物定位放线应测量下列主要内容： 1 施测建（构）筑物的主轴线控制桩； 2 依据主轴线控制桩测设建筑物角桩； 3 依据建筑物角桩标定基（槽）坑开挖边界灰线等。 9.4.5 建（构）筑物施工放样测量，应符合下列要求： 1 建（构）筑物施工放样、轴线投测和标高传递的偏差，不应超过表 8.6.4 的规定。 2 建筑物施工层标高的传递，宜采用悬挂钢尺代替水准尺的水准测量方法进行，并应对钢尺计数进行温度、尺长和拉力的改正。当传递的标高较差小于 3mm 时，可取平均值作为施工层的标高基准，否则应重新传递。 3 施工层的轴线投测，宜使用 2" 级经纬仪进行；控制轴线投测至施工层后，应在结构平面上按闭合图形对投测轴线进行校核，投测合格后才能进行本施工层上的其他测设工作。 **5.《建设工程监理规范》GB/T 50319—2013** 5.2.4 项目监理机构应对承包单位报送的隐蔽工程、检验批、分项工程和分部工程进行验收，验收合格的给以签认。 **6.《电力建设工程监理规范》DL/T 5434—2009** 8.0.7 项目监理机构应督促承包单位对建设单位提出的基准点进行复测，并审批承包单位控制网或加密控制网的布设、保护、复测和原状地形图测绘的方案。监理工程师对承包单位实测过程进行监督复核，并主持厂（站）区控制网的检测验收工作。工程控制网测量报审表应符合表 A.8 的格式。 9.1.11 专业监理工程师应对承包单位报送的分项工程质量报验资料进行审核，符合要求予以签认。	

续表

<table>
<tr><th>条款号</th><th>大纲条款</th><th>检 查 依 据</th><th>检查要点</th></tr>
<tr><td rowspan="4">5.1.4</td><td rowspan="4">沉降观测点设置符合设计要求及规程规定，观测记录完整</td><td rowspan="4">1.《建筑地基基础设计规范》GB 50007—2011
5.3.4 建筑物的地基变形允许值应按表5.3.4规定采用，对表中未包括的建筑物，其地基变形允许值应根据上部结构对地基变形的适应能力和使用上的要求确定。
10.3.8 下列建筑物应在施工期间及使用期间进行沉降变形观测：
1 地基基础设计等级为甲级建筑物；
2 软弱地基上的地基基础设计等额为乙级建筑物；
3 处理地基上的建筑物；
4 加层、扩建建筑物；
5 受邻近深基坑开挖施工影响或受场地地下水等环境因素变化影响的建筑物；
6 采用新型基础或新型结构的建筑物。
2.《工程测量规范》GB 50026—2007
10.1.2 重要的工程建（构）筑物，在工程设计时，应对变形监测的内容和范围做出统筹安排，并应由监测单位制定详细的监测方案。首次观测，宜获取监测体初始状态的观测数据。
10.1.4 变形监测基准网的网点，宜分为基准点、工作点和变形观测点。……
1 基准点，应选在变形影响区域之上稳固可靠的位置。每个工程至少应有3个基准点。
2 工作基点，应选在比较稳定且方便使用的位置。
3 变形观测点，应设立在能反映监测体变形特征的位置或监测断面上。
10.1.5 ……监测基准网应每半年复测一次；当对变形监测成果发生怀疑时，应随时检核监测基准网。
10.1.8 变形监测作业前，应收集相关水文地质、岩土工程资料和设计图纸，并根据岩土工程地质条件、工程类型、工程规模、基础埋深、建筑结构和施工方法等因素，进行变形监测方案设计。
方案设计，应包括监测的目的、精度等级、监测方法、监测基准网的精度估算和布设、观测周期、项目预警值、使用的仪器设备等内容。
10.1.10 每期观测结束后，应及时处理观测数据。当数据处理结果出现下列情况之一时，必须即刻通知建设单位采取相应措施：
1 变形量达到预警值或接近允许值。
2 变形量出现异常变化。
3 建（构）筑物的裂缝工地表的裂缝快速扩大。
10.3.2 基准点的埋设，应符合下列规定：</td><td>1. 查阅沉降观测方案报审表
签字：施工、监理单位责任人已签字
盖章：施工、监理单位已盖章
结论：同意执行</td></tr>
<tr><td>2. 查阅沉降观测方案
编制依据：符合合同约定、设计要求和规范的规定
内容：包括观测的目的、精度等级、观测的方法、观测基准网的精度估算和布设、观测周期、项目预警值、使用的仪器设备等</td></tr>
<tr><td>3. 查看现场沉降观测点的布设
点数、位置：符合设计要求和规范的规定</td></tr>
<tr><td>4. 查阅沉降观测记录
表式：符合规范规定
内容：包括工程状态、测量仪器型号和状态、引测点和观测点示意图等
签字：观测人员、计算者、审核者、监理人员已签字</td></tr>
</table>

续表

条款号	大纲条款	检查依据	检查要点
5.1.4	沉降观测点设置符合设计要求及规程规定，观测记录完整	1 应将标石埋设在变形区以外稳定的原状土层内，或将标志镶嵌在裸露基岩上。 2 利用稳固的建（构）筑物，设立墙上水准点。 3 当受条件限制时，在变形区内也可埋设深层钢管标或双金属标。 4 基准点的标石规格，可根据现场条件和工程需要，按规范进行选择。 10.5.8 工业与民用建（构）筑物的沉降观测，应符合下列规定： 1 沉降观测点，应布设在建（构）筑物的下列部位： 1）建（构）筑物的主要墙角及沿外墙每10m～15m处或每隔2根～3根柱基上。 2）沉降缝、伸缩缝、新旧建（构）筑物或高低建（构）筑物接壤处的两侧。 3）人工地基和天然地基接壤处、建（构）筑物不同结构分界处的两侧。 4）烟囱、水塔和大型储藏罐等高耸构筑物基础轴线的对称部位，且每一构筑物不得少于4个点。 5）基础底板的四角和中部。 6）当建（构）筑物出现裂缝时，布设在裂缝两侧。 2 沉降观测标志应稳固埋设，高度以高于室内地坪（±0面）0.2m～0.5m为宜。对于建筑立面后期有贴面装饰的建（构）筑物，宜预埋螺栓式活动标志。 3 高层建筑施工期间的沉降观测周期，应每增加1层～2层观测1次；建筑物封顶后，应每3个月观测一次，观测一年。如果最后两个观测周期的平均沉降速率小于0.02mm/日，可以认为整体趋于稳定，如果各点的沉降速率均小于0.02mm/日，即可终止观测。否则，应继续每3个月观测一次，直至建筑物稳定为止。 工业厂房或多层民用建筑的沉降观测总次数，不应少于5次。竣工后的观测周期，可根据建（构）筑物的稳定情况确定。 10.10.6 变形监测项目，应根据工程需要，提交下列有关资料： 1 变形监测成果统计表。 2 监测点位置健分布图；建筑裂缝位置及观测点分布图。 3 水平位移量曲线图；等沉降量曲线图（或沉降曲线图）。 4 有关荷载、温度、水平位移量相关曲线图；荷载、时间、沉降量相关曲线图；位移（水平或垂直）速率、时间、位移量曲线图。 5 其他影响因素的相关曲线图。 6 变形监测报告。 **3.《建筑桩基技术规范》JGJ 94—2008** 5.5.4 建筑桩基沉降变形允许值，应按表5.5.4规定选用。	

续表

条款号	大纲条款	检查依据	检查要点
5.1.4	沉降观测点设置符合设计要求及规程规定，观测记录完整	**4.《建筑地基处理技术规程》JGJ 79—2012** 10.2.7　处理地基上的建筑物应在施工期间及使用期间进行沉降观测，直到沉降达到稳定为止。 **5.《建筑变形测量规范》JGJ 8—2016** 3.0.1　下列建筑在施工和使用期间应进行变形测量： 1　地基基础设计等级为甲级的建筑； 2　复合地基或软弱地基上的设计等级为乙级的建筑； 3　加层、扩建建筑； 4　受邻近深基坑开挖施工影响或受场地地下水等环境因素变形影响的建筑； 5　需要积累经验或进行设计反分析的建筑。 3.0.2　建筑变形测量工作开始前，应根据建筑地基基础设计的等级要求、变形类型、测量目的、任务要求以及测区条件进行施测方案设计，确定变形测量的内容、精度级别、基准点与变形点布设方案、观测周期、仪器设备及检定、观测与数据处理方法、提交成果内容等，编写技术设计书或施测方案。 3.0.11　当建筑变形观测过程中发生下列情况之一时，必须立即报告委托方，同时应及时增加观测次数或调整变形测量方案： 1　变形量或变形速率出现异常变化； 2　变形量达到或超出预警值； 3　周边或开挖出现塌陷、滑坡； 4　建筑本身、周边建筑及地表出现异常； 5　由于地震、暴雨、冻融等自然灾害引起的其他变形异常情况。 4.1.2　变形测量的基准点应设置在变形区域以外，位置稳定、易于长期保存的地方，并应定期复测。复测的周期应视基准点所在位置的稳定情况确定，在建筑施工过程中宜每1个～2个月复测一次，点位稳定后宜每季度或每半年复测一次。当观测点变形测量成果出现异常时，或当测区受到地震、洪水、爆破等外界因素影响时，应及时进行复测。并对其稳定性进行分析。 4.2.1　特级沉降观测的高程基准点数不应少于4个；其他级别沉降观测的高程基准点数不应少于3个。 4.2.2　高程基准点和工作基点位置的选择应符合下列规定： 1　高程基准点和工作基点应避开交通干道主路、地下管线、仓库堆栈、水源地、河岸、松软填土、滑坡地段、机械振动区以及其他可能使标石、标志易遭腐蚀和破坏的地方。	

续表

条款号	大纲条款	检 查 依 据	检查要点
5.1.4	沉降观测点设置符合设计要求及规程规定，观测记录完整	2　高程基准备点应选在变形影响范围以外且稳定、易于长期保存的地方。在建筑区内，其点位与邻近建筑的距离应大于建筑基础最大宽度的2倍，其标石埋深应大于邻近建筑基础的深度。高程基准点也可选在基础深且稳定的建筑上。 3　高程基准点、工作基点之间宜便于进行水准测量。 4.2.3　高程基准点和工作基点标石、标志的造型及埋设应符合下列规定： 1　高程基准点的标石应埋设在基岩层或原状土层中…… 2　特殊土地区和有特殊要求的标石、标志规格及埋设，应另行设计。 5.1.3　布设沉降观测点时，应结合建筑结构、形状和场地工程地质条件，并应顾及施工和建成后的使用方便。同时，点位应易于保存，标志应稳固美观。 5.5.2　沉降观测点的布设宜选设在下列位置： 1　建筑的四角、核心筒四角、大转角处及沿外墙每10m～20m处或每隔2根～3根柱基上； 2　高低层建筑、新旧建筑、纵横墙等交接处的两侧； 3　建筑裂缝、后浇带和沉降缝两侧、基础埋深相差悬殊处、人工地基与天然地基接壤处、不同结构的分界处及填挖方分界处； 4　对于宽度大于等于15m或小于15m而地质复杂以及膨胀土地区的建筑，应在承重内隔墙中部设内墙点，并在室内地面中心及四周设地面点； 5　邻近堆置重物处、受振动有显著影响的部位及基础下的暗浜（沟）处； 6　框架结构建筑的每个或部分柱基上或沿纵横轴线上； 7　筏形基础、箱形基础底板或接近基础的结构部分之四角处及其中部位置； 8　重型设备基础和动力设备基础的四角、基础形式或埋深改变处以及地质条件变化处两侧。 5.5.3　沉降观测的标志可根据不同的建筑结构类型和建筑材料，采用墙（柱）标志、基础标志和隐蔽式标志等形式，并符合： 1　各类标志的立尺部位应加工成半球形或有明显的突出点，并涂上防腐剂。 2　标志的埋设应避开雨水管、窗台线、散热器、暖水管、电气开关等有碍设标与观测的障碍物，并应视立尺需要离开墙（柱）面和地面一定距离。 3　隐蔽式沉降观测点标志的形式可按本规范第D.0.1条的规定执行。 5.5.5　沉降观测的周期和观测时间应按下列要求并结合实际情况确定： 1　建筑施工阶段的观测应符合下列规定： 1）普通建筑可在基础完工后或地下室砌完后开始观测，大型、高层建筑可在基础垫层或基础底部完成后开始观测。	

续表

条款号	大纲条款	检 查 依 据	检查要点
5.1.4	沉降观测点设置符合设计要求及规程规定，观测记录完整	2）观测次数与间隔时间应视地基与加荷情况而定。民用高层建筑可每加高1层～5层观测一次，工业建筑可按回填基坑、安装柱子和屋架、砌筑墙体、设备安装等不同施工阶段分别进行观测。若建筑施工均匀增高，应至少在增加荷载的25%、50%、75%和100%时各测一次。 3）施工过程中若暂停工，在停工时及重新开工时应各观测一次。停工期间可每隔2个～3个月观测一次。 2 建筑使用阶段的观测次数，应视地基土类型和沉降速率大小而定。除有特殊要求外，可在第一年观测3次～4次，第二年观测2次～3次，第三年后每年观测1次，直至稳定为止。 3 在观测过程中，若有基础附近地面荷载突然增减、基础四周大量积水、长时间连续降雨等情况，均应及时增加观测次数。当建筑突然发生大量沉降、不均匀沉降或严重裂缝时，应立即进行逐日或2d～3d一次的连续观测。 4 建筑沉降是否进入稳定阶段，应由沉降量与时间关系曲线判定。当最后100d的沉降速率小于0.01mm/d～0.04mm/d时可认为已进入稳定阶段。具体取值宜根据各地区地基土的压缩性能确定。 5.5.7 每周期观测后，应及时对观测资料进行整理，计算观测点的沉降量、沉降差以及本周期平均沉降量、沉降速率和累计沉降量。 5.5.8 沉降观测应提交下列图表： 1 工程平面位置图及基准点分布图； 2 沉降观测点分布图； 3 沉降观测成果表； 4 时间-荷载-沉降量曲线图； 5 等沉降曲线图。 9.1.2 建筑变形测量的观测记录、计算资料及技术成果均应有有关责任人签字，技术成果应加盖成果章。 **6.《电力工程施工测量技术规程》DL/T 5445—2010** 11.1.3 变形测量开始作业前，应根据水文地质、岩土工程资料和设计图纸，并根据岩土工程地质条件、工程规模、基础埋深、建筑结构和施工方法等因素，进行变形测量方案设计。 11.1.4 变形测量应建立变形测量监测网。监测网点，可分为基准点、工作基点和变形观测点。其布设应符合下列要求：	

续表

条款号	大纲条款	检查依据	检查要点
5.1.4	沉降观测点设置符合设计要求及规程规定，观测记录完整	1 基准点，应设置在变形影响区域之外稳定的原状土层内，易长期保存。每个工程至少应有3个基准点。 2 工作基点，应选在比较稳定且方便使用的位置。设立在大型电力工程施工区域内的垂直位移监测工作基点可采用深埋桩。 3 变形观测点，应设立在能反映监测体变形特征的位置。 11.1.5 变形测量观测周期的要求，监测基准网宜每3个月复测一次；根据电力工程施工进程特点、岩土性状，可适当加密至每15天（或每月）一次。当对变形监测成果发生怀疑时，应随时检核监测基准网。 11.1.11 每次变形测量外业观测结束后，应及时处理观测数据，分析观测成果。当出现下列情况时，必须立即报告委托方和有关部门采取相应的措施： 1 变形量或变形速率出现异常变化； 2 变形量达到预警值或接近极限值； 3 建构筑物的裂缝快速扩大； 4 支护结构变形过大或出现明显的受力裂缝且不断发展。 11.3.8 垂直位移监测基准网观测结束后，应提交下列成果资料： 1 点位布置图； 2 测量成果表； 3 测量技术报告。 11.7.1 沉降观测点的布设应符合下列规定： 1 能够全面反映建（构）筑物及地基沉降特点。 2 标志应稳固、明显、结构合理，不影响建（构）筑物的美观和使用。 3 点位应避开障碍物，便于观测和长期保存。 11.7.2 建（构）筑物沉降观测点应按设计图纸布设，并宜符合下列规定： 1 重要建（构）筑物的四角、大转角及沿外墙每10m～15m处或每隔2～3根柱基上，框、排架结构主厂房的每个或部分柱基上或沿纵横轴线设点。当柱距大于8m时，每柱应设点。 2 高低层建（构）筑物、新旧建（构）筑物及纵横墙等的交接处的两侧。 3 沉降缝、伸缩缝两侧、基础埋深相差悬殊处、人工地基与天然地基接壤处、不同结构的分界处。 4 对于宽度大于等于15m或小于15m而地质复杂以及膨胀土地区的建（构）筑物，应在承重墙内隔墙中部设内墙点，并在室内地面中心及四周设地面点。	

续表

条款号	大纲条款	检 查 依 据	检查要点
5.1.4	沉降观测点设置符合设计要求及规程规定，观测记录完整	5 临近堆置重物处、受振动有显著影响的部位及基础下的暗沟处。 …… 8 变电容量120MVA及以上变压器的基础四周。 11.7.3 沉降观测的标志可根据不同的建（构）筑物结构类型和建筑材料，采用墙（柱）标志、基础标志和隐蔽式标志等形式，并应符合下列规定： 1 各类标志的立尺部位应突出、光滑、唯一，宜采用耐腐蚀的金属材料。 2 每个标志应安装保护罩，以防止撞击。 3 标志的埋设位置应避开雨水管、窗台线、散热器、暖水管、电器开关等有碍设标的障碍物，并应视立尺需要离开墙（柱）面和地面一定距离。 11.7.4 沉降观测的观测时间、频率及周期应按下列要求并结合实际情况确定： 1 施工期的沉降观测，应随着施工进度具体情况及时进行，具体应符合下列规定： (1) 基础施工完毕、建筑标高出零米后、各建（构）筑物具备安装观测点标志后即可开始观测。 (2) 整个施工期观测测次数原则上不少于6次。但观测时间、次数应根据地基状况、建（构）筑物类别、结构及加荷情况区别对待，如：对于烟囱等高耸建（构）筑物，一般按施工高度每增加20m观测一次；对于主厂房（汽轮机、锅炉）、集中控制楼等框架结构建（构）筑物，一般按施工到不同高度平台或加荷载前后各观测一次；水塔、冷却塔等通水前后应各观测一次，变压器就位前后各观测一次等。 (3) 施工中遇较长时间停工，应在停工时和重开工时各观测一次，停工期间每隔2个月观测一次。 2 建（构）筑物施工完毕后及试运行期间宜每季度观测一次。对于软土地基或有特殊要求，可根据需要，适当增加观测次数。 3 在观测过程中，若有基础附近地面荷载突然大量增减、基础四周大量积水、长时间连续降雨等情况，均应及时增加观测次数。当建（构）筑物突然发生大量沉降、不均匀沉降，以及沉降量、不均匀沉降差接近或超过允许变形值或严重裂缝等异常情况时，应立即进行逐日或几天一次的连续观测。 4 建筑沉降是否进入稳定阶段，应由沉降量与时间关系曲线判定。当最后两个观测周期的沉降速率小于0.01mm/d～0.04mm/d，可认定为已进入稳定阶段，具体取值宜根据各地区地基土的压缩性能确定。 11.7.7 每次观测应记载观测时间、施工进度、荷载量变化等影响沉降变化的情况内容	

续表

<table>
<tr><th>条款号</th><th>大纲条款</th><th>检查依据</th><th>检查要点</th></tr>
<tr><td colspan="4">5.2 混凝土基础的监督检查</td></tr>
<tr><td rowspan="3">5.2.1</td><td rowspan="3">钢筋、水泥、砂、石、粉煤灰、外加剂、拌合用水及焊材、焊剂等原材料性能证明文件齐全；现场见证取样检验合格，报告齐全。商品混凝土检验合格，报告齐全</td><td rowspan="3">1.《混凝土结构工程施工质量验收规范》GB 50204—2015
3.0.7 满足下列条件之一时，材料进场验收时检验批的容量可按本规范的有关规定扩大：
1 获得认证的产品。
2 来源稳定且连续三批次的抽验检验均一次性检验合格的产品。
当满足上述条件之一时，检验批容量仅可扩大一倍。当扩大检验批后的检验中出现不合格情况时，应按扩大前的检验批容量重新验收，且该产品不得再次扩大检验批容量。
5.2.1 钢筋进场时，应按国家现行相关标准的规定抽取试件作屈服强度、抗拉强度、伸长率、弯曲性能和重量偏差检验，其检验结果应符合国家现行相关标准的规定。
检查数量：按进场批次和产品的抽样检验方案确定。
检验方法：检查质量证明文件和抽样检验报告。
5.2.2 成型钢筋进场时，应抽取试件制作屈服强度、抗拉强度、伸长率和重量偏差检验，检验结果应符合国家现行相关标准的规定。
对由热轧钢筋制成的成型钢筋，当有施工单位或监理单位的代表驻厂监督生产过程，并提供原材料钢筋力学性能第三方检验报告时，可仅进行重量偏差检验。
检查数量：同一厂家、同一类型、同一钢筋来源的成型钢筋，不超过30t为一批，每批中每种钢筋牌号、规格均应至少抽取1个钢筋试件，且总数不应少于3个。
检验方法：检查质量证明文件和抽样检验报告。
5.2.3 对按一、二、三级抗震等级设计的框架和斜撑构件（含梯段）中的纵向受力普通钢筋应采用HRB335E、HRB400E、HRB500E、HRBF335E、HRBF400E或HRBF500E钢筋，其强度和最大力下总伸长率的实测值应符合下列规定：
1 抗拉强度实测值与屈服强度实测值的比值不应小于1.25；
2 屈服强度实测值与强度标准值的比值不应大于1.3；
3 最大力下总伸长率不小于9%。
检查数量：按进场批次和产品的抽样检验方案确定。
检验方法：检查抽样检验报告。
5.3.4 盘卷钢筋调直后应进行力学性能和重量偏差检验。
检查数量：同一加工设备、同一牌号、同一规格的调直钢筋，重量不大于30t为一批，每批见证取样抽取3个试件。
检验方法：检查抽样检验报告。
5.5.1 钢筋安装时，受力钢筋的牌号、规格和数量必须符合设计要求。</td><td>1. 查阅材料的进场报审表
签字：施工单位项目经理、专业监理工程师已签字
盖章：施工单位、监理单位已盖章
结论：同意使用</td></tr>
<tr><td>2. 查阅钢筋、水泥、砂、石、粉煤灰、外加剂、焊材、焊剂等的材质证明及复检报告
材质证明：应为原件，如为抄件，应加盖经销商公章及采购单位的公章，注明进货数量、原件存放处及抄件人
报告内容：包括试验方法、试验项目、代表部位和数量等，数据计算正确
报告签署：试验员、审核人、批准人已签字，日期无逻辑错误
报告盖章：盖有计量认证章、资质章及试验单位章，见证取样时，加盖见证取样章并注明见证人
报告结论：合格</td></tr>
<tr><td>3. 查阅原材料跟踪管理台账
内容：包括钢筋、水泥等主要原材的等级、代表数量与进场数量相吻合、复检报告编号、使用部位等
签字：责任人已签字</td></tr>
</table>

续表

条款号	大纲条款	检查依据	检查要点
5.2.1	钢筋、水泥、砂、石、粉煤灰、外加剂、拌合用水及焊材、焊剂等原材料性能证明文件齐全；现场见证取样检验合格，报告齐全。商品混凝土检验合格，报告齐全	检查数量：全数检查。 检验方法：观察，尺量。 6.1.2 预应力筋、锚具、夹具、连接器、成孔管道进场检验，当满足下列条件之一时，其检验批容量可扩大一倍： 1 获得认证的产品； 2 同一厂家、同一牌号、同一规格的产品，连续三批均一次检验合格。 6.2.1 预应力筋进场时，应按国家现行相关标准的规定抽取试件作抗拉强度、伸长率检验，其检验结果应符合国家现行相关标准的规定。 检查数量：按进场批次和产品的抽样检验方案确定。 检验方法：检查质量证明文件和抽样检验报告。 6.3.1 预应力筋安装时，其品种、规格、级别和数量必须符合设计要求。 检查数量：全数检查。 检验方法：观察，尺量。 6.4.2 对后张法预应力结构构件，钢绞线出现断裂或滑脱的数量不应超过同一截面钢绞线总根数的3%，且每根断裂的钢绞线断丝不得超过一丝；对多跨双向连续板，其同一截面应按每跨计算。 检查数量：全数检查。 检验方法：观察，检查张拉记录。 7.2.1 水泥进场时应对其品种、代号、强度等级、包装或散装编号、出厂日期等进行检查，并应对水泥的强度、安定性和凝结时间进行检验，检验结果应符合现行国家标准《通用硅酸盐水泥》GB 175等的相关规定。 检查数量：按同一厂家、同一品种、同一代号、同一强度等级、同一批号且连续进场的水泥，袋装不超过200t为一批，散装不超过500t为一批，每批抽样数量不应少于一次。 检查方法：检查质量证明文件和抽样检验报告。 7.2.2 混凝土外加剂进场时，应对其品种、性能、出厂日期等进行检查，并应对外加剂的相关性能指标进行检验，检验结果应符合现行国家标准《混凝土外加剂》GB 8076和《混凝土外加剂应用技术规范》GB 50119的规定。 检查数量：按同一生产厂家、同一品种、同一性能、同一批号且连续进场的混凝土外加剂，不超过50t为一批，每批抽样数量不应少于一次。 检验方法：检查质量证明文件和抽样检验报告。 7.2.3 混凝土用矿物掺合料进场时，应对其品种、技术指标、出厂日期等进行检查，并应对矿物掺合料的相关性能指标进行检验，检验结果应符合国家现行标准的规定。	4. 查阅商品混凝土出厂发货单和合格证 发货单内容：符合规范规定 发货单数量：每车一份 发货单签字：供货商和施工单位已交接签字 合格证：强度符合设计要求

续表

条款号	大纲条款	检查依据	检查要点
5.2.1	钢筋、水泥、砂、石、粉煤灰、外加剂、拌合用水及焊材、焊剂等原材料性能证明文件齐全；现场见证取样检验合格，报告齐全。商品混凝土检验合格，报告齐全	检查数量：按同一厂家、同一品种、同一技术指标、同一批号且连续进场的矿物掺合料，粉煤灰、石灰石粉、磷渣粉和钢铁渣粉不超过200t为一批，粒化高炉矿渣粉和复合矿物掺和料不超过500t为一批，沸石粉不超过120t为的批，硅灰不超过30t为一批，每批抽样数量不应少于一次。 检验方法：检查质量证明文件和抽样检验报告。 7.2.4 混凝土原材料中的粗骨料、细骨料质量应符合现行行业标准《普通混凝土用砂、石质量及检验方法标准》JGJ 52的规定，使用经净化处理的海砂应符合现行行业标准《海砂混凝土应用技术规范》JGJ 206的规定，再生混凝土骨料应符合现行国家标准《混凝土用再生粗骨料》GB 25177和《混凝土和砂浆用再生细骨料》GB/T 25176的规定。 检查数量：按现行行业标准《普通混凝土用砂、石质量及检验方法标准》JGJ 52的规定确定。 检查方法：检查抽样检验报告。 7.2.5 混凝土拌制及养护用水应符合现行行业标准《混凝土用水标准》JGJ 63的规定。采用饮用水作为混凝土用水时，可不检验；采用中水、搅拌站清洗水、施工现场循环水等其他水源时，应对其成分进行检验。 检查数量：同一水源检查不应少于一次。 检验方法：检查水质检验报告。 **2.《混凝土结构工程施工规范》GB 50666—2011** 3.3.5 材料、半成品和成品进场时，应对其规格、型号、外观和质量证明文件进行检查，并应按现行国家标准《混凝土结构工程施工质量验收规范》GB 50204等的有关规定进行检验。 5.2.2 对有抗震设防要求的结构，其纵向受力钢筋的性能应满足设计要求；当设计无具体要求时，对按一、二、三级抗震等级设计的框架和斜撑构件（含梯段）中的纵向受力钢筋应采用HRB335E、HRB400E、HRB500E、HRBf335E、HRBf400E或HRBf500E钢筋，其强度和最大力下总伸长率的实测值应符合下列规定： 1 钢筋的抗拉强度实测值与屈服强度实测值的比值不应小于1.25； 2 钢筋的屈服强度实测值与屈服强度标准值的比值不应大于1.30； 3 钢筋的最大力下总伸长率不应小于9%。 5.5.1 钢筋进场检查应符合下列规定： 1 应检查钢筋的质量证明文件； 2 应按国家现行有关标准的规定抽样检验屈服强度、抗拉强度、伸长率、弯曲性能及单位长度重量偏差；	

续表

条款号	大纲条款	检 查 依 据	检查要点
5.2.1	钢筋、水泥、砂、石、粉煤灰、外加剂、拌合用水及焊材、焊剂等原材料性能证明文件齐全；现场见证取样检验合格，报告齐全。商品混凝土检验合格，报告齐全	3 经产品认证符合要求的钢筋，其检验批量可扩大一倍。在同一工程中，同一厂家、同一牌号、同一规格的钢筋连续三次进场检验均一次合格时，其后的检验批量可扩大一倍； 4 钢筋的外观质量； 5 当无法准确判断钢筋品种、牌号时，应增加化学成分、晶粒度等检验项目。 5.5.2 成型钢筋进场时，应检查成型钢筋的质量证明文件，成型钢筋所用材料质量证明文件及检验报告并应抽样检验成型钢筋的屈服强度、抗拉强度、伸长率和重量偏差。检验批量可由合同约定，同一工程、同一原材料来源、同一组生产设备生产的成型钢筋，检验批量不宜大于30t。 5.5.3 钢筋调直后，应检查力学性能和单位长度重量偏差。但采用无延伸功能机械设备调直的钢筋，可不进行本条规定的检查。 6.6.1 预应力工程材料进场检查应符合下列规定： 1 应检查规格、外观、尺寸及其质量证明文件； 2 应按现行国家有关标准的规定进行力学性能的抽样检验； 3 经产品认证符合要求的产品，其检验批量可扩大一倍。在同一工程、同一厂家、同一品种、同一规格的产品连续三次进场检验均一次检验合格时，其后的检验批量可扩大一倍。 7.6.2 原材料进场时，应对材料外观、规格、等级、生产日期等进行检查，并应对其主要技术指标按本规范第7.6.3条的规定划分检验批进行抽样检验，每个检验批检验不得少于1次。 经产品认证符合要求的水泥、外加剂，其检验批量可扩大一倍。在同一工程中，同一厂家、同一品种、同一规格的水泥、外加剂，连续三次进场检验均一次合格时，其后的检验批量可扩大一倍。 7.6.3 原材料进场质量检查应符合下列规定： 1 应对水泥的强度、安定性及凝结时间进行检验。同一生产厂家、同一等级、同一品种、同一批号连续进场的水泥，袋装水泥不超过200t应为一批，散装水泥不超过500t为一批。 2 应对粗骨料的颗粒级配、含泥量、泥块含量、针片状含量指标进行检验，压碎指标可根据工程需要进行检验，应对细骨料颗粒级配、含泥量、泥块含量指标进行检验。当设计文件在要求或结构处于易发生碱骨料反应环境中，应对骨料进行碱活性检验。抗冻等级F100及以上的混凝土用骨料，应进行坚固性检验，骨料不超过400m^3或600t为一检验批。	

续表

条款号	大纲条款	检查依据	检查要点
5.2.1	钢筋、水泥、砂、石、粉煤灰、外加剂、拌合用水及焊材、焊剂等原材料性能证明文件齐全；现场见证取样检验合格，报告齐全。商品混凝土检验合格，报告齐全	3 应对矿物掺合料细度（比表面积）、需水量比（流动度比）、活性指数（抗压强度比）、烧失量指标进行检验。粉煤灰、矿渣粉、沸石粉不超过200t应为一检验批，硅灰不超过30t应为检验批。 4 应按外加剂产品标准规定对其主要匀质性指标和掺外加剂混凝土性能指标进行检验。同一品种外加剂不超过50t应为一检验批。 5 当采用饮用水作为混凝土用水时，可没检验。当采用中水、搅拌站清洗水或施工现场循环水等其他水源时，应对其成分进行检验。 7.6.4 当使用中水泥质量受不利环境影响或水泥出厂超过三个月（快硬硅酸盐水泥超过一个月）时，应进行复验，并应按复验结果使用。 **3.《大体积混凝土施工规范》GB 50496—2009** 4.2.2 水泥进场时应对水泥品种、强度等级、包装或散装仓号、出厂日期等进行检查，并对其强度、安定性、凝结时间、水化热等性能指标及其他必要的性能指标进行复检。 **4.《建设工程监理规范》GB/T 50319—2013** 5.2.9 项目监理机构应审查施工单位报送的用于工程的材料、构配件、设备的质量证明文件，并应按有关规定、建设工程监理合同的约定，对用于建设工程的材料进行见证取样，平等检验。 项目监理机构对已进场经检验不合格的材料、构配件、设备，应要求施工单位限期将其撤出施工现场。 **5.《钢筋焊接验收规程》JGJ 18—2012** 3.0.6 施焊的各种钢筋、钢板均应有质量证明书；焊条、焊丝、氧气、溶解乙炔、液化石油气、二氧化碳气体、焊剂应有产品合格证。 钢筋进场时，应按国家现行相关标准的规定抽取试件并做力学性能和重量偏差检验，检验结果必须符合国家现行有关标准的规定。 **6.《电力建设工程监理规范》DL/T 5434—2009** 9.1.7 项目监理机构应对承包单位报送的拟进场工程材料、半成品和构配件的质量证明文件进行审核，并按有关规定进行抽样验收。对有复试要求的，经监理人员现场见证取样的送检，复试报告应报送项目监理机构查验。 未经项目监理机构验收或验收不合格的工程材料、半成品和构配件，不得用于本工程，并书面通知承包单位限期撤出施工现场。	

续表

条款号	大纲条款	检查依据	检查要点
5.2.2	长期处于潮湿环境的重要混凝土结构用砂、石碱活性检验合格	**1.《混凝土结构设计规范》GB 50010—2010** 3.5.3 设计使用年限为50年的混凝土结构，其混凝土材料宜符合表3.5.3的规定。 3.5.5 一类环境中，设计使用年限为100年的结构应符合下列规定： 1 钢筋混凝土结构的最低强度等级为C30；预应力混凝土结构的最低强度等级为C40； 2 混凝土中的最大氯离子含量为0.06%； 3 宜使用非碱活性骨料，当使用碱活性骨料时，混凝土中的最大碱含量为3.0kg/m³； 4 混凝土保护层厚度应符合本规范第8.2.1条的规定；当采取有效的表面防护措施时，混凝土保护层厚度可适当减小。 **2.《大体积混凝土施工规范》GB 50496—2009** 4.2.3 骨料的选择除应符合国家现行标准《普通混凝土用砂、石质量检验方法标准》JGJ 52的有关规定外，尚应符合下列规定： 1 细骨料宜采用中砂，其细度模数宜大于2.3，含泥量不应大于3%； 2 粗骨料宜选用粒径5mm～31.5mm并应连续级配，含泥量不应大于1%； 3 应选用非碱活性的粗骨料； 4 当采用非泵送施工时，粗骨料的粒径可适当增大。 **3.《清水混凝土应用技术规程》JGJ 169—2009** 3.0.4 处于潮湿环境和干湿交替环境的混凝土，应选用非碱活性骨料。 **4.《普通混凝土用砂、石质量检验方法标准》JGJ 52—2006** 1.0.3 对于长期处于潮湿环境的重要混凝土结构所用的砂石，应进行碱活性检验。 3.1.9 对于长期处于潮湿环境的重要混凝土结构用砂，应采用砂浆棒（快速法）或砂浆长度法进行骨料的碱活性检验。经上述检验判断为有潜在危害时，应控制混凝土中的碱含量不超过3kg/m³，或采用能抑制碱-骨料反应的有效措施。 3.1.10 砂中氯离子含量应符合下列规定： 1 对于钢筋混凝土用砂，其氯离子含量不得大于0.06%（以干砂的质量百分率计）； 2 对于预应力混凝土用砂，其氯离子含量不得大于0.02%（以干砂的质量百分率计）。 3.2.8 对于长期处于潮湿环境的重要结构混凝土，其所使用的碎石或卵石，应进行碱活性检验。 进行碱活性检验时，首先应采用岩相法检验碱活性骨料的品种、类型和数量。当检验出骨料中含有活性二氧化硅时。应采用快速砂浆棒法和砂浆长度法进行碱活性检验；当检验出骨料中含有活性碳酸盐时，应采用岩石柱法进行碱活性检验。	查阅砂、石碱含量检测报告 检测结果：非碱活性骨料，对混凝土中的碱含量不作限制；对于碱活性骨料，限制混凝土中的碱含量不超过3kg/m³，或已采用能抑制碱-骨料反应的有效措施 大体积混凝土：已选用非碱活性的骨料 对于一类环境中设计年限为100年的结构混凝土：已选用非碱活性的骨料 清水混凝土：已选用非碱活性的骨料 签字：责任人已签字 盖章：已加盖计量认证章、资质章和试验专用章，见证取样的检验报告有见证人员及见证取样章 结论：合格

续表

<table>
<tr><th>条款号</th><th>大纲条款</th><th>检查依据</th><th>检查要点</th></tr>
<tr><td>5.2.2</td><td>长期处于潮湿环境的重要混凝土结构用砂、石碱活性检验合格</td><td>经上述检验，当判定骨料存在潜在碱-碳酸盐反应危害时，不宜用作混凝土骨料；否则，应通过专门的混凝土试验，做最后评定。
当判定骨料存在潜在碱硅反应危害时，应控制混凝土中的碱含量不超过 3kg/m^3，或采用能抑制碱-骨料反应的有效措施</td><td></td></tr>
<tr><td>5.2.3</td><td>用于配制钢筋混凝土的海砂氯离子含量检验合格</td><td>1.《海砂混凝土应用技术规范》JGJ 206—2010
4.1.2 海砂的质量应符合表 4.1.2 的要求，即水溶性氯离子含量（%，按质量计）≤0.03</td><td>查阅海砂复检报告
检验项目、试验方法、代表部位、数量、试验结果：符合规范规定
签字：试验员、审核人、批准人已签字
盖章：盖有计量认证章、资质章及试验单位章，见证取样时，有见证取样章并注明见证人
结论：水溶性氯离子含量（%，按质量计）≤0.03，符合设计要求和规范规定</td></tr>
<tr><td rowspan="2">5.2.4</td><td rowspan="2">焊接工艺、机械连接工艺试验合格；钢筋焊接接头、机械连接试件截取符合规范，试验合格，报告齐全</td><td rowspan="2">1.《混凝土结构工程施工质量验收规范》GB 50204—2015
5.4.2 钢筋采用机械连接或焊接时，钢筋机械连接接头、焊接接头的力学性能、弯曲性能应符合国家现行相关标准的规定。接头试件应从工程实体中截取。
检查数量：按现行行业标准《钢筋机械连接技术规程》JGJ 107 和《钢筋焊接及验收规程》JGJ 18 的规定确定。
检验方法：检查质量证明文件和抽样检验报告。
2.《混凝土结构工程施工规范》GB 50666—2011
5.4.3 钢筋焊接施工应符合下列规定：
2 在钢筋焊接施工前，参与该项工程施焊的焊工应进行现场条件下的焊接工艺试验，以试验合格后，方可进行焊接。焊接过程中，如果钢筋牌号、直径发生变更，应再次进行焊接工艺试验。工艺试验使用的材料、设备、辅料及作业条件均应与实际施工一致。
5.5.5 钢筋连接施工的质量检查应符合下列规定：
1 钢筋焊接和机械连接施工前均应进行工艺试验。机械连接应检查有效的型式检验报告。</td><td>1. 查阅焊接工艺试验及质量检验报告
检验项目、试验方法、代表部位、数量、抗拉强度、弯曲试验等试验结果：符合规范规定
签字：试验员、审核人、批准人已签字
盖章：盖有计量认证章、资质章及试验单位章，见证取样时，有见证取样章并注明见证人
结论：符合设计要求和规范规定</td></tr>
<tr><td>2. 查阅焊接工艺试验质量检验报告台账
试验报告数量：与连接接头种类及代表数量相一致</td></tr>
</table>

续表

条款号	大纲条款	检 查 依 据	检查要点
5.2.4	焊接工艺、机械连接工艺试验合格；钢筋焊接接头、机械连接试件截取符合规范，试验合格，报告齐全	2 钢筋焊接接头和机械连接接头应全数检查外观质量，搭接连接接头应抽检搭接长度。 3 螺纹接头应抽检拧紧扭矩值。 4 钢筋焊接施工中，焊工应及时自检。当发现焊接缺陷及异常现象时，应查找原因，并采取措施及时消除。 5 施工中应检查钢筋接头百分率。 6 应按现行行业标准《钢筋机械连接技术规程》JGJ 107、《钢筋焊接及验收规程》JGJ 18 的有关规定抽取钢筋机械连接接头、焊接接头试件做力学性能检验。 **3.《钢筋焊接及验收规程》JGJ 18—2012** 4.1.3 在钢筋工程开工焊接开工之前，参与该项施焊的焊工必须进行现场条件下的焊接工艺试验，应经试验合格后，方准于焊接生产。 **4.《钢筋机械连接技术规程》JGJ 107—2016** 6.2.1 直螺纹钢筋丝头加工应符合下列规定： 1 钢筋端部应采用带锯、砂轮锯或带圆弧形刀片的专用钢筋切断机切平； 2 镦粗头不应有与钢筋轴线相垂直的横向裂纹； 3 钢筋丝头长度应满足产品设计要求，极限偏差应为 0～2.0p（p 为螺距）； 4 钢筋丝头宜满足 6f 级精度要求，应采用专用直螺纹量规检验，通规能顺利旋入并达到要求的拧紧长度，止规旋入不得超过 3p。各规格的自检数量不应少于 10%，检验合格率不应小于 95%。 6.2.2 锥螺纹钢筋丝头加工应符合下列规定： 1 钢筋端部不得有影响螺纹加工的局部弯曲； 2 钢筋丝头长度应满足产品设计要求，拧紧后的钢筋丝头不得相互接触，丝头加工长度极限偏差应为−0.5p～−1.5p； 3 钢筋丝头的锥度和螺距应采用专用锥螺纹量规检验；各规格丝头的自检数量不应少于 10%，检验合格率不应小于 95%。 6.3.1 直螺纹接头的安装应符合下列规定： 2 接头安装后应用扭力扳手校核拧紧扭矩，最小拧紧扭矩值应符合表 6.3.1 的规定。 6.3.2 锥螺纹接头的安装应符合下列规定： 2 接头安装时应用扭力扳手拧紧，拧紧扭矩值应满足表 6.3.2 的规定	3. 查看焊接接头及试验报告 截取方式：在工程结构中随机截取 试件数量：符合规范要求 试验结果：合格 4. 查阅机械连接工艺报告及质量检验报告 检验项目、试验方法、代表部位、数量、试验结果：符合规范规定 签字：试验员、审核人、批准人已签字 盖章：盖有计量认证章、资质章及试验单位章，见证取样时，有见证取样章并注明见证人 结论：符合设计要求和规范规定 5. 查阅机械连接工艺试验及质量检验报告台账 试验报告数量：与连接接头种类及代表数量相一致 6. 查看机械连接接头及试验报告 截取方式：在工程结构中随机截取 试件数量：符合规范要求 试验结果：合格 7. 查阅机械连接施工记录 最小拧紧力矩值：符合规范规定 签字：施工单位班组长、质量员、技术负责人、专业监理工程师已签字

续表

条款号	大纲条款	检查依据	检查要点
5.2.5	钢筋代换已办理设计变更，可追溯	**1.《混凝土结构工程施工规范》GB 50666—2011** 5.1.3 当需要进行钢筋代换时，应办理设计变更文件。 6.1.3 当预应力筋需要代换时，应进行专门计算，并应经原设计单位确认	查阅钢筋代换设计变更和设计变更反馈单 设计变更：已办理设计变更 设计变更反馈单：已执行 签字：建设、设计、施工、监理单位已签署意见
5.2.6	混凝土强度等级满足设计要求，试验报告齐全	**1.《混凝土结构工程施工质量验收规范》GB 50204—2015** 7.4.1 结构混凝土的强度等级必须符合设计要求。用于检验混凝土强度的试件应在浇筑地点随机抽取。 检查数量：对同一配合比混凝土，取样与试件留置应符合下列规定： 1 每拌制100盘且不超过100m^3时，取样不得少于一次； 2 每工作班拌制不足100盘时，取样不得少于一次； 3 连续浇筑超过1000m^3时，每200m^3取样不得少于一次； 4 每一楼层取样不得少于一次； 5 每次取样应至少留置一组试件。 检验方法：检查施工记录及混凝土强度试验报告。 7.3.4 首次使用的混凝土配合比应进行开盘鉴定，其原材料、强度、凝结时间、稠度应满足设计配合比的要求。检验方法：检查开盘鉴定资料和强度试验报告。 10.1.2 结构实体混凝土强度应按不同强度等级分别检验，检验方法宜应采用同条件养护试块方法；当未取得同条件养护试件强度或同条件养护试件强度不符合要求时，可采用回弹-取芯法进行检验。 结构实体混凝土同条件养护试件强度检验应符合本规范附录C的规定；结构实体混凝土回弹-取芯法强度检验应符合本规范D的规定	1. 查阅混凝土（标准养护及条件养护）试块强度试验报告 代表数量：与实际浇筑的数量相符 强度：符合设计要求 签字：试验员、审核人、批准人已签字 盖章：盖有计量认证章、资质章及试验单位章，见证取样时，加盖见证取样章并注明见证人 2. 查阅混凝土开盘鉴定资料 时间：在首次使用的混凝土配合比前 内容：开盘鉴定记录表项目齐全 签字：施工、监理人员已签字 3. 查阅混凝土强度检验评定记录 评定方法：选用正确 数据：统计、计算准确 签字：计算者、审核者已签字 结论：符合设计要求

续表

条款号	大纲条款	检查依据	检查要点
5.2.6	混凝土强度等级满足设计要求，试验报告齐全		4. 查看混凝土搅拌站 计量装置：在周检期内，使用正常 配合比调整：已根据气候和砂、石含水率进行调整 材料堆放：粗细骨料无混仓现象 5. 查看混凝土浇筑现场 坍落度：监理人员已按要求检测 试块制作、留置地点、方法及数量：符合规范要求 养护：方法、时间符合规程要求
5.2.7	混凝土浇筑记录齐全；试件抽取、留置符合规范规定	**1.《混凝土结构工程施工质量验收规范》GB 50204—2015** 7.4.1 结构混凝土的强度等级必须符合设计要求。用于检验混凝土强度的试件应在浇筑地点随机抽取。 检查数量：对同一配合比混凝土，取样与试件留置应符合下列规定： 1 每拌制100盘且不超过100m^3时，取样不得少于一次； 2 每工作班拌制不足100盘时，取样不得少于一次； 3 连续浇筑超过1000m^3时，每200m^3取样不得少于一次； 4 每一楼层取样不得少于一次； 5 每次取样应至少留置一组试件。 检验方法：检查施工记录及混凝土强度试验报告。 **2.《混凝土质量控制标准》GB 50164—2011** 6.6.14 混凝土拌合物从搅拌机卸出后到浇筑完毕的延续时间不宜超过表6.6.14的规定。 6.6.15 在混凝土浇筑的同时，应制作供结构或构件出池、拆模、吊装、张拉、放张和强度合格评定用的同条件养护试件，并应按设计要求制作抗冻、抗渗或其他性能试验用的试件。 7.2.1 在生产施工过程中，应在搅拌地点和浇筑地点分别对混凝土拌合物进行抽样检验。 **3.《建筑工程冬期施工规程》JGJ/T 104—2011** 6.9.7 混凝土强度试件的留置除应按现行国家标准《混凝土结构工程施工质量验收规范》GB 50204规定进行外，尚应增设不少于2组同条件养护试件	1. 查阅混凝土浇筑记录 坍落度：符合配合比要求 浇筑间隔时间：符合规范的规定 标养试块留置：组数符合规范规定，编号齐全 同养试块留置（拆模、结构实体、设备安装、冬期施工、其他要求）：组数符合规范规定，编号齐全 2. 查阅商品混凝土跟踪台账 浇筑部位、浇筑量、配合比编号、出厂合格证编号：清晰准确 试块留置数量：与浇筑量相符 3. 查看混凝土浇筑现场 坍落度：监理人员已按要求检测 试块制作、留置地点、方法及数量：符合规范要求 养护：方法、时间符合规程要求

续表

条款号	大纲条款	检查依据	检查要点
5.2.8	混凝土结构外观质量及尺寸与预埋地脚螺栓位置尺寸偏差符合质量验收标准	**1.《混凝土结构工程施工质量验收规范》GB 50204—2015** 8.1.1 现浇结构质量验收应符合下列规定： 1 现浇结构质量验收应在拆模后、混凝土表面未做修整和装饰前进行，并应做出记录； 2 已经隐蔽的不可直接观察和测量的内容，可检查隐蔽工程验收记录； 3 修整或返工的结构构件或部位应有实施前后的文字及图像记录。 8.3.1 现浇结构不应有影响结构性能或使用功能的尺寸偏差；混凝土设备基础不应有影响结构性能或设备安装的尺寸偏差。 对超过尺寸允许偏差且影响结构性能或安装、使用功能的结构部位，应由施工单位提出技术处理方案，并经监理、设计单位认可后进行处理。对经处理后的部位应重新验收。 检查数量：全数检查。 检验方法：量测，检查处理方案。 8.3.2 现浇结构和现浇设备基础拆模后的位置和尺寸偏差及检验方法应符合表8.3.2、表8.3.3的规定	1. 查阅混凝土结构尺寸偏差验收记录 尺寸偏差：符合设计要求及规范的规定 签字：施工单位质量员、专业监理工程师已签字 结论：合格 2. 查看混凝土外观 表面质量：无严重缺陷 位置、尺寸偏差：符合设计要求和规范规定 3. 查看基础预埋螺栓、预埋铁件的中心位置、顶标高、中心距、垂直度等参数 实测数据：符合设计要求和规范规定
5.2.9	贮水（油）池等构筑物满水试验合格，签证记录齐全	**1.《电力建设施工技术规范　第9部分：水工结构工程》DL 5190.9—2012** 10.2.3 水池施工完毕后应及时进行满水试验；满水试验应符合本部分附录C的要求，并符合下列规定： 1 混凝土已达到设计强度等级。 2 试验用水应采用清洁水，且试验用水温度与环境温度的差不宜大于20℃。 3 设计有防水层或防腐层的水池，应先进行满水试验，合格后施工防水层或防腐层。 4 多格水池满水试验顺序应按设计文件规定进行。 10.2.4 水池满水试验应进行渗漏检查，渗漏水量按本部分附录C中式（C.0.5）计算，不得超过设计文件规定的防水等级渗漏标准。 10.2.5 水池满水试验时，对有沉降观测要求的应测定其沉降量，并应符合下列规定： 1 水池缓慢充水，每2m高度或每次充水观测一次，发生不均匀沉降时应停止充水，并增加观测次数，直至稳定后再继续充水。 2 水池满水达到设计高度后观测一次，24h后观测一次，连续观测3天，以后每15天观测一次，直至沉降稳定。	1. 查阅水池满水试验记录及沉降观测记录 时间：3次试验均在防腐工程施工以前 上水速度和观测次数：符合规范规定 渗漏水量：符合规范规定 沉降观测：符合规范规定 签字：施工单位班组长、质量员、技术负责人、专业监理工程师已签字

续表

条款号	大纲条款	检查依据	检查要点
5.2.9	贮水（油）池等构筑物满水试验合格，签证记录齐全	3 放水前后再各观测一次。 10.2.6 水池地基的不均匀沉降应符合设计文件的规定，有伸缩缝的水池，缝两侧沉降差不得大于10mm	2. 查看水池实物 外观质量：无严重缺陷、无渗漏痕迹
5.2.10	隐蔽验收、质量验收记录完整，记录齐全	**1.《混凝土结构工程施工质量验收规范》GB 50204—2015** 3.0.3 混凝土结构子分部工程的质量验收，应在钢筋、预应力、混凝土、现浇结构或装配式结构等相关分项工程验收合格的基础上，进行质量控制资料检查及观感质量验收，并应对涉及结构安全的、有代表性的部位进行结构实体检验。 3.0.4 分项工程质量验收合格应符合下列规定： 1 所含检验批的质量均应验收合格。 2 所含检验批的质量验收记录应完整。 3.0.5 检验批应在施工单位自检合格的基础上，由监理工程师组织施工单位项目专业质量检查员、专业工长等进行验收。 3.0.6 检验批的质量验收包括实物检查和资料检查，并应符合下列规定： 1 主控项目的质量应经抽样检验合格； 2 一般项目的质量应经抽样检验合格；一般项目当采用计数抽样检验时，除各章有专门要求外，其在检验批范围内及某一构件的计数点中的合格点率均应达到80%及以上，且均不得有严重缺陷和偏差； 3 资料检查应包括材料、构配件和器具等的进场验收资料、重要工序施工记录、抽样检验报告、隐蔽工程验收记录、抽样检测报告等。 4 应具有完整的施工操作及质量检验记录。 对验收合格的检验批，宜做出合格标志。 10.1.2 混凝土结构子分部工程施工质量验收合格应符合下列规定： 1 有关分项工程质量验收合格； 2 有完整的质量控制资料； 3 观感质量验收合格； 4 结构实体检验结果符合本规范的要求。 10.1.3 当混凝土结构施工质量不符合要求时，应按下列规定进行处理： 1 经返工、返修或更换构件、部件的检验批，应重新进行验收； 2 经有资质的检测单位检测鉴定达到设计要求的检验批，应予以验收； 3 经有资质的检测单位检测鉴定达不到设计要求，但经原设计单位核算并确认仍可满足结构安全和使用功能的检验批，可予以验收；	1. 查阅混凝土工程隐蔽验收报审表 签字：施工单位项目经理、专业监理工程师（建设单位专业技术负责人）已签字 盖章：施工单位、监理单位已盖章 结论：同意隐蔽 2. 查阅混凝土工程隐蔽验收记录 内容：包括预应力筋、钢筋、预埋件的牌号、规格、数量、位置、间距、连接等 签字：施工单位项目质量员、项目专业技术负责人、专业监理工程师（建设单位专业技术负责人）已签字 结论：同意隐蔽 3. 查阅混凝土工程检验批、分项工程、分部工程验收报审表 签字：施工单位项目经理、专业监理工程师（建设单位专业技术负责人）已签字 盖章：施工单位、监理单位（建设单位）已盖章 结论：同意验收

续表

条款号	大纲条款	检查依据	检查要点
5.2.10	隐蔽验收、质量验收记录完整，记录齐全	4 经返修或加固处理能够满足结构安全使用要求的分项工程，可根据技术处理方案和协商文件进行验收。 10.2.1 对涉及混凝土结构安全的有代表性的部位应进行结构实体检验。结构实体检验应在监理工程师见证下，由施工项目技术负责人组织实施。承担结构实体检验的机构应具有法定资质。 10.2.2 结构实体检验的内容应包括混凝土强度、钢筋保护层厚度以及工程合同约定的项目；必要时可检验其他项目。 10.2.3 混凝土强度检验应采用同条件养护试块或钻取混凝土芯样的方法。采用同条件养护试块方法时应符合本规范附录D的规定，采用钻取混凝土芯样方法时应符合本规范附录E的规定。 10.2.4 钢筋保护层厚度检验应符合本规范附录F的规定。 10.2.5 当混凝土强度被判为不合格或钢筋保护层厚度不满足要求时，应委托具有资质的检测机构按国家有关标准的规定进行检测。 **2.《地下防水工程质量验收规范》GB 50208—2011** 3.0.9 地下防水工程的施工，应建立各道工序的自检、交接检和专职人员检查制度，并应有完整的检查记录；工程隐蔽前，应由施工单位通知有关单位进行验收，并形成隐蔽工程验收记录；未经监理单位或建设单位代表对上道工序的检查确认，不得进行下道工序的施工。 9.0.2 检验批的合格判定应符合下列规定： 1 主控项目的质量经抽样检验全部合格； 2 一般项目的质量经抽样检验80%以上检测点合格，其余不得有影响使用功能的缺陷；对有允许偏差的检验项目，其最大偏差不得超过本规范规定允许偏差的1.5倍； 3 施工具有明确的操作依据和完整的质量检查记录。 9.0.3 分项工程质量验收合格应符合下列规定： 1 分项工程所含检验批的质量均应验收合格； 2 分项工程所含检验批的质量验收记录应完整。 9.0.4 子分部工程质量验收合格应符合下列规定： 1 子分部工程所含分项工程的质量均应验收合格； 2 质量控制资料应完整； 3 地下工程渗漏水检测应符合设计的防水等级标准要求； 4 观感质量检查应符合要求。 **3.《建设工程监理规范》GB/T 50319—2013** 5.2.4 项目监理机构应对承包单位报送的隐蔽工程、检验批、分项工程和分部工程进行验收，验收合格的给以签认。	4. 查阅混凝土检验批质量验收记录 主控项目、一般项目：与实际相符，质量经抽样检验合格，质量检查记录齐全 签字：施工单位项目质量员、项目专业技术负责人、专业监理工程师（建设单位专业技术负责人）已签字 结论：合格 5. 查阅混凝土工程分项工程质量验收记录 项目：所含检验批的质量验收记录完整 签字：施工单位项目质量员、项目专业技术负责人、专业监理工程师（建设单位专业技术负责人）已签字 结论：合格 6. 查阅混凝土结构分部（子分部）工程质量验收记录 内容：包括所含分项工程的质量控制资料、安全和使用功能的检验资料、观感质量验收资料等 签字：建设单位项目负责人、设计单位项目负责人、勘察单位项目负责人、施工单位项目经理、总监理工程师已签字 盖章：建设单位、设计单位、勘察单位、监理单位、施工单位已盖章 综合结论：合格

续表

条款号	大纲条款	检查依据	检查要点
5.2.10	隐蔽验收、质量验收记录完整，记录齐全	**4.《电力建设工程监理规范》DL/T 5434—2009** 9.1.10 对承包单位报送的隐蔽工程报验申请表和自检记录，专业监理工程师应进行现场检查，符合要求予以签认后，承包单位方可隐蔽并进行下一道工序施工。 对未经监理人员验收或验收不合格的工序，监理人员应拒绝签认，度严禁承包单位进行下一道工序的施工。 9.1.11 专业监理工程师应对承包单位报送的分项工程质量报验资料进行审核，符合要求予以签认；总监理工程师应组织专业监理工程师对承包单位报送的分部工程和单位工程质量验评资料进行审核和现场检查，符合要求予以签认	
5.3 构支架基础的监督检查			
5.3.1	杯口基础位置准确，尺寸偏差符合规定	**1.《混凝土结构工程施工质量验收规范》GB 50204—2015** 8.1.1 现浇结构质量验收应符合下列规定： 1 现浇结构质量验收应在拆模后、混凝土表面未做修整和装饰前进行，并应做出记录； 2 已经隐蔽的不可直接观察和量测的内容，可检查隐蔽工程验收记录； 3 修整或返工的结构构件或部位应有实施前后的文字及图像记录。 8.1.3 装配式结构现浇部分的外观质量、位置偏差、尺寸偏差验收应符合本章要求。 8.3.1 现浇结构不应有影响结构性能和使用功能的尺寸偏差；混凝土设备基础不应有影响结构性能和设备安装的尺寸偏差。 对超过尺寸允许偏差要求且影响结构性能或安装、使用功能的结构部位，应由施工单位提出技术处理方案，并经监理、设计单位认可后进行处理。对经处理的部位应重新验收。 检查数量：全数检查。 检验方法：量测，检查处理记录。 8.3.2 现浇结构的位置和尺寸偏差及检验方法应符合表8.3.2的规定。 8.3.3 现浇设备基础的位置和尺寸应符合设计和设备安装的要求。其位置和尺寸偏差及检验方法应符合表8.3.3的规定	1. 查阅混凝土结构尺寸偏差验收记录 尺寸偏差：符合设计要求及规范的规定 签字：专业工长、施工单位质量员、专业监理工程师已签字 结论：合格 2. 查看混凝土外观 表面质量：无严重缺陷 位置、尺寸偏差：符合设计要求和规范规定
5.3.2	预埋地脚螺栓基础，地脚螺栓位置尺寸偏差符合规范，外露长度一致	**1.《混凝土结构工程施工质量验收规范》GB 50204—2015** 8.1.1 现浇结构质量验收应符合下列规定： 1 现浇结构质量验收应在拆模后、混凝土表面未做修整和装饰前进行，并应做出记录； 2 已经隐蔽的不可直接观察和量测的内容，可检查隐蔽工程验收记录；	1. 查阅混凝土结构尺寸偏差验收记录 尺寸偏差：符合设计要求及规范的规定

续表

<table>
<tr><th>条款号</th><th>大纲条款</th><th>检查依据</th><th>检查要点</th></tr>
<tr><td rowspan="2">5.3.2</td><td rowspan="2">预埋地脚螺栓基础，地脚螺栓位置尺寸偏差符合规范，外露长度一致</td><td rowspan="2">3 修整或返工的结构构件或部位应有实施前后的文字及图像记录。
8.1.3 装配式结构现浇部分的外观质量、位置偏差、尺寸偏差验收应符合本章要求。
8.3.1 现浇结构不应有影响结构性能和使用功能的尺寸偏差；混凝土设备基础不应有影响结构性能和设备安装的尺寸偏差。
对超过尺寸允许偏差要求且影响结构性能或安装、使用功能的结构部位，应由施工单位提出技术处理方案，并经监理、设计单位认可后进行处理。对经处理的部位应重新验收。
检查数量：全数检查。
检验方法：量测，检查处理记录。
8.3.2 现浇结构的位置和尺寸偏差及检验方法应符合表8.3.2的规定。
8.3.3 现浇设备基础的位置和尺寸应符合设计和设备安装的要求。其位置和尺寸偏差及检验方法应符合表8.3.3的规定</td><td>签字：专业工长、施工单位质量员、专业监理工程师已签字
结论：合格</td></tr>
<tr><td>2. 查看混凝土外观
表面质量：无严重缺陷
位置、尺寸偏差：符合设计要求和规范规定</td></tr>
<tr><td rowspan="2">5.3.3</td><td rowspan="2">隐蔽验收、质量验收记录完整，记录齐全</td><td rowspan="2">1.《混凝土结构工程施工质量验收规范》GB 50204—2015
3.0.2 混凝土结构子分部工程的质量验收，应在钢筋、预应力、混凝土、现浇结构或装配式结构等相关分项工程验收合格的基础上，进行质量控制资料检查及观感质量验收及本规范第10.1节规定的结构实体检验。
3.0.3 分项的质量验收应在所含检验批验收合格的基础上，进行质量验收记录检查。
3.0.4 检验批的质量验收包括实物检查和资料检查，并应符合下列规定：
1 主控项目的质量应经抽样检验合格；
2 一般项目的质量经抽样检验应合格；一般项目当采用计数抽样检验时，除本规范各章有专门规定外，其合格点率均应达到80%及以上，且不得有严重缺陷。
3 应具有完整的质量检验记录，重要工序应具有完整的施工操作记录。
10.1.1 对涉及混凝土结构安全的有代表性的部位应进行结构实体检验。结构实体检验应包括混凝土强度、钢筋保护层厚度、结构位置与尺寸偏差以及合同约定的项目；必要时可检验其他项目。
结构实体检验由监理单位组织施工单位实施，并见证实施过程。施工单位应制定结构实体检验专项方案，并经监理单位审核批准后实施。除结构位置与尺寸偏差为的结构实体检验项目，并应由具有相应资质的检测结构完成。
10.1.2 结构实体混凝土强度应按不同强度等级分别检验，检验方法宜采用同条件养护试件方法；当未取得同条件养护试件强度或同条件养护试件强度不符合要求时，可采用回弹-取芯法进行检验</td><td>1. 查阅混凝土工程隐蔽验收报审表
签字：施工单位项目经理、专业监理工程师（建设单位专业技术负责人）已签字
盖章：施工单位、监理单位已盖章
结论：同意隐蔽</td></tr>
<tr><td>2. 查阅混凝土工程隐蔽验收记录
内容：包括预应力筋、钢筋、预埋件的牌号、规格、数量、位置、间距、连接等
签字：施工单位项目质量员、项目专业技术负责人、专业监理工程师（建设单位专业技术负责人）已签字
结论：同意隐蔽</td></tr>
</table>

续表

条款号	大纲条款	检查依据	检查要点
5.3.3	隐蔽验收、质量验收记录完整，记录齐全	结构实体混凝土同条件养护试件强度检验应符合本规范附录C的规定；结构实体混凝土回弹-取芯法强度检验应符合本规范附录D的规定。 10.1.3 钢筋保护层厚度检验应符合本规范附录E的规定。 10.1.4 结构位置与尺寸偏差检验应符合本规范附录F的规定。 10.1.5 结构实体检验中，当混凝土强度或钢筋保护层厚度检验结果不满足要求时，应委托具有资质的检测机构按国家现行有关标准的规定进行检测。 10.2.1 混凝土结构子分部工程施工质量验收合格应符合下列规定： 1 有关分项工程质量验收合格； 2 应有完整的质量控制资料； 3 观感质量应验收合格； 4 结构实体检验结果符合本规范第10.1节的要求。 10.2.2 当混凝土结构施工质量不符合要求时，应按下列规定进行处理： 1 经返工、返修或更换构件、部件，应重新进行验收；可满足结构安全和使用功能的检验批，可予以验收； 4 经返修或加固处理能够满足结构安全使用要求的分项工程，可根据技术处理方案和协商文件进行验收。 10.2.1 对涉及混凝土结构安全的有代表性的部位应进行结构实体检验。结构实体检验应在监理工程师见证下，由施工项目技术负责人组织实施。承担结构实体检验的机构应具有法定资质。 10.2.2 结构实体检验的内容应包括混凝土强度、钢筋保护层厚度以及工程合同约定的项目；必要时可检验其他项目。 10.2.3 混凝土强度检验应采用同条件养护试块或钻取混凝土芯样的方法。采用同条件养护试块方法时应符合本规范附录D的规定，采用钻取混凝土芯样方法时应符合本规范附录E的规定。 10.2.4 钢筋保护层厚度检验应符合本规范附录F的规定。 10.2.5 当混凝土强度被判为不合格或钢筋保护层厚度不满足要求时，应委托具有资质的检测机构按国家有关标准的规定进行检测。 **2.《地下防水工程质量验收规范》GB 50208—2011** 3.0.9 地下防水工程的施工，应建立各道工序的自检、交接检和专职人员检查制度，并应有完整的检查记录；工程隐蔽前，应由施工单位通知有关单位进行验收，并形成隐蔽工程验收记录；未经监理单位或建设单位代表对上道工序的检查确认，不得进行下道工序的施工。 9.0.2 检验批的合格判定应符合下列规定：	3. 查阅混凝土工程检验批、分项工程、分部工程验收报审表 签字：施工单位项目经理、专业监理工程师（建设单位专业技术负责人）已签字 盖章：施工单位、监理单位（建设单位）已盖章 结论：同意验收 4. 查阅混凝土检验批质量验收记录 主控项目、一般项目：与实际相符，质量经抽样检验合格，质量检查记录齐全 签字：施工单位项目质量员、项目专业技术负责人、专业监理工程师（建设单位专业技术负责人）已签字 结论：合格 5. 查阅混凝土工程分项工程质量验收记录 项目：所含检验批的质量验收记录完整 签字：施工单位项目质量员、项目专业技术负责人、专业监理工程师（建设单位专业技术负责人）已签字 结论：合格

续表

条款号	大纲条款	检　查　依　据	检查要点
5.3.3	隐蔽验收、质量验收记录完整，记录齐全	1　主控项目的质量经抽样检验全部合格； 2　一般项目的质量经抽样检验80%以上检测点合格，其余不得有影响使用功能的缺陷；对有允许偏差的检验项目，其最大偏差不得超过本规范规定允许偏差的1.5倍； 3　施工具有明确的操作依据和完整的质量检查记录。 9.0.3　分项工程质量验收合格应符合下列规定： 1　分项工程所含检验批的质量均应验收合格； 2　分项工程所含检验批的质量验收记录应完整。 9.0.4　子分部工程质量验收合格应符合下列规定： 1　子分部工程所含分项工程的质量均应验收合格； 2　质量控制资料应完整； 3　地下工程渗漏水检测应符合设计的防水等级标准要求； 4　观感质量检查应符合要求。 **3.《建设工程监理规范》GB/T 50319—2013** 5.2.14　项目监理机构应对承包单位报送的隐蔽工程、检验批、分项工程和分部工程进行验收，验收合格的给以签认。 **4.《电力建设工程监理规范》DL/T 5434—2009** 9.1.10　对承包单位报送的隐蔽工程报验申请表和自检记录，专业监理工程师应进行现场检查，符合要求予以签认后，承包单位方可隐蔽并进行下一道工序施工。 对未经监理人员验收或验收不合格的工序，监理人员应拒绝签认，度严禁承包单位进行下一道工序的施工。 9.1.11　专业监理工程师应对承包单位报送的分项工程质量报验资料进行审核，符合要求予以签认；总监理工程师应组织专业监理工程师对承包单位报送的分部工程和单位工程质量验评资料进行审核和现场检查，符合要求予以签认	6. 查阅混凝土结构分部（子分部）工程质量验收记录 内容：包括所含分项工程的质量控制资料、安全和使用功能的检验资料、观感质量验收资料等 签字：建设单位项目负责人、设计单位项目负责人、勘察单位项目负责人、施工单位项目经理、总监理工程师已签字 盖章：建设单位、设计单位、勘察单位、监理单位、施工单位已盖章 综合结论：合格
5.4　基础防腐（防水）的监督检查			
5.4.1	防腐（防水）材料符合设计要求，质量证明文件、复试报告齐全	**1.《建筑防腐蚀工程施工规范》GB 50212—2014** 1.0.3　进入现场的建筑防腐蚀材料应有产品合格证、质量技术指标及检验方法和质量检验报告或技术鉴定文件。 **2.《地下防水工程质量验收规范》GB 50208—2011** 3.0.5　地下工程所使用防水材料的品种、规格、性能等必须符合现行国家或行业产品标准和设计要求。 3.0.6　防水材料必须经具备相应资质的检测单位进行抽样检验，并出具产品性能检测报告。	1. 查阅防腐（防水）材料的进场报审表 签字：施工单位项目经理、专业监理工程师已签字 盖章：施工单位、监理单位已盖章 结论：同意使用

续表

条款号	大纲条款	检查依据	检查要点
5.4.1	防腐（防水）材料符合设计要求，质量证明文件、复试报告齐全	3.0.7 防水材料的进场验收应符合下列规定： 1 对材料的外观、品种、规格、包装、尺寸和数量进行检验验收，并经监理单位或建设单位代表检查确认，形成相应验收记录； 2 对材料的质量证明文件进行检查，并经监理单位或建设单位代表检查确认，纳入工程技术档案； 3 材料进场后应按本规范附录A和附录B规定抽样检验、检验执行见证取样送检制度，并出具材料进场检验报告； 4 材料的物理性能检验项目全部指标达到标准规定时，即为合格；若有一项指标不符合标准规定，应在受检产品中重新取样进行该项指标复验，复验结果符合标准规定，则判定该批材料为合格。 4.1.14 防水混凝土的原材料、配合比及坍落度必须符合设计要求。 检验方法：检查产品合格证、产品性能检测报告、计量措施和材料进场检验报告。 4.1.15 防水混凝土的抗压强度和抗渗性能必须符合设计要求。 检验方法：检查混凝土抗压强度、抗渗性能检验报告。 4.2.7 防水砂浆的原材料及配合比必须符合设计规定。 检验方法：检查产品合格证、产品性能检测报告、计量措施和材料进场检验报告。 4.2.8 防水砂浆的粘结强度和抗渗性能必须符合设计规定。 检验方法：检查砂浆粘结强度、抗渗性能检验报告。 4.3.15 卷材防水层所用卷材及其配套材料必须符合设计要求。 检验方法：检查产品合格证、产品性能检验报告和材料进场检验报告。 4.4.7 涂料防水层所用的材料及配合比必须符合设计。 检验方法：检查产品合格证、产品性能检测报告、计量措施和材料进场检验报告。 4.5.8 塑料防水板及其配套材料必须符合设计要求。 检验方法：检查产品合格证、产品性能检测报告和材料进场检验报告。 4.6.6 金属板和焊接材料必须符合设计要求。 检验方法：检查产品合格证、产品性能检测报告和材料进场检验报告。 4.7.11 膨润土防水材料必须符合设计要求。 检验方法：检查产品合格证、产品性能检测报告和材料进场检验报告。 **3.《建筑防腐蚀工程施工质量验收标准》GB 50224—2018** 5.1.6 树脂类防腐蚀工程所用的环氧树脂、乙烯基酯树脂、不饱和聚酯树脂、呋喃树脂、酚醛树脂、自流平树脂、玻璃鳞片胶泥、纤维增强材料、粉料和粗细骨料等原材料的质量应符合设计要求或国家现行有关标准的规定。	2. 查阅防腐（防水）材质证明 材质证明：应为原件，如为抄件，应加盖经销商公章及采购单位的公章，注明进货数量、原件存放处及抄件人 3. 查阅防腐（防水）复检报告 内容：包括试验方法、试验项目、数据计算、代表部位和数量等 签字：试验员、审核人、批准人已签字 盖章：盖有计量认证章、资质章及试验单位章，见证取样时，加盖见证取样章并注明见证人 结论：合格

续表

条款号	大纲条款	检 查 依 据	检查要点
5.4.1	防腐（防水）材料符合设计要求，质量证明文件、复试报告齐全	检查方法：检查产品出厂合格证、材料检测报告或现场抽样的复验报告。 6.1.6　水玻璃类防腐蚀工程所用的钠水玻璃、钾水玻璃、氟硅酸钠、缩合磷酸铝、粉料和粗、细骨料等原材料的质量应符合设计要求或国家现行有关标准的规定。 检查方法：检查产品出厂合格证、材料检测报告或现场抽样的复验报告。 7.1.5　聚合物水泥砂浆防腐工程所用的阳离子氯丁胶乳、聚丙烯酸酯乳液、环氧树脂乳液、水泥和细骨料等原材料质量应符合设计要求或国家现行有关标准的规定。 检查方法：检查产品出厂合格证、材料检测报告或现场抽样的复验报告。 8.4.1　耐酸砖、耐酸耐温砖、防腐蚀碳砖及天然石材气的品种、规格和性能应符合设计要求或国家现行有关标准的规定。 检验方法：检查产品出厂合格证、材料检测报告或现场抽样的复验报告。 8.4.2　铺砌块材的各种胶泥或砂浆的原材料及制成品的质量要求、配合比及铺砌块材的要求等，应符合本规准的有关规定。 检验方法：检查产品合格证、质量检测报告和施工记录。 10.1.6　涂料的基本技术性能指标应符合国家有关标准的规定；品种规格的选用应符合涂层配套设计规定。 检查方法：检查产品出厂合格证、材料检测报告和现场抽样检查。 11.1.5　沥青类防腐蚀工程所用的沥青、粉料、细骨料和粗骨料应符合设计要求或国家现行有关标准的规定。 检查方法：检查产品出厂合格证、材料检测报告或现场抽样的复验报告。 12.1.4　硬聚氯乙烯塑料板、软乙烯塑料板、聚丙烯塑料板、软聚氯乙烯塑料板及以上各种塑料板焊接所用的焊条和胶结剂等原材料的质量，应符合设计要求或国家现行有关标准的规定。 检查方法：检查产品出厂合格证、材料检测报告或现场抽样的复检报告	
5.4.2	防腐（防水）层的厚度符合设计要求，粘接牢固，无表面损伤	**1.《地下防水工程质量验收规范》GB 50208—2011** 4.1.19　防水混凝土结构厚度不应小于250mm，其允许偏差应为＋8mm，－5mm；主体结构迎水面钢筋保护层厚度不应小于50mm，其允许偏差应为±5mm。 检验方法：尺量检查和检查隐蔽验收记录。 4.2.12　水泥砂浆防水层的平均厚度应符合设计要求，最小厚度不得小于设计厚度的85%。 检验方法：用针测法检查。 4.3.13　卷材防水层完工并经验收合格后应及时做保护层。保护层应符合下列规定：	查看防腐（防水）涂层质量 厚度：符合设计要求和规范规定 外观：粘结牢固、无漏涂、皱皮、气泡和破膜现象

续表

条款号	大纲条款	检查依据	检查要点
5.4.2	防腐（防水）层的厚度符合设计要求，粘接牢固，无表面损伤	1 顶板的细石混凝土保护层与防水层之间宜设置隔离层。细石混凝土保护层厚度：机械回填时不宜小于70mm，人工回填时不宜小于50mm； 2 底板的细石混凝土保护层厚度不应小于50mm； 3 侧墙宜采用软质保护材料或铺抹20mm厚1：2.5水泥砂浆。 4.4.8 涂料防水层的平均厚度应符合设计要求，最小厚度不得小于设计厚度的90%。 检验方法：用针测法检查。 **2.《建筑防腐蚀工程施工质量验收标准》GB 50224—2018** 5.3.1 树脂胶泥、砂浆、细石混凝土、自流平和玻璃鳞片胶泥整体面层的表面应固化完全、面层与基层黏结应牢固，并应无起壳、脱层、气泡和裂纹等现象。 检验方法：树脂固化度应用白棉花球蘸丙酮擦拭方法检查。其他项目采用观察和敲击法检查。 5.3.2 树脂稀胶泥、砂浆、细石混凝土、自流平和玻璃鳞片胶泥面层的厚度小于设计厚度的测点数，不得大于10%，其测点厚度不得小于设计规定厚度的90%。 检验方法：检查施工记录和测厚样板。对钢基层上的厚度，应用磁性测厚仪检测。对混凝土或水泥砂浆基层上的厚度，可采用超声波测厚仪检测。 5.3.4 树脂稀胶泥、砂浆、细石混凝土、自流平和玻璃鳞片胶泥面层的楼、地面坡度和表面平整度的检验符合本标准低4.2.10条和第4.2.11条的规定。 6.2.1 钾水玻璃砂浆整体面层与基层应黏结牢固，并应无起壳、脱层、裂纹、水玻璃沉积和贯通性气泡等现象。 检验方法：观察检查、敲击法检查或破坏性检查。 6.3.1 纳水玻璃混凝土内的预埋金属件应除锈，并应涂刷防腐蚀涂料。 检验方法：检查施工记录。 7.2.1 聚合物水泥砂浆整体面层与基层应黏结牢固，并应无脱层和空鼓等现象。 检验方法：观察检查和敲击法检查。 7.2.2 聚合物水泥砂浆整体面层的表面应平整、并应无明显裂缝、脱皮、起砂和麻面等现象。 检验方法：观察检查和用5倍～10倍放大镜检查。 7.2.3 聚合物水泥砂浆铺抹的整体面层，其面层与转角处、地漏、门口处、预留孔、管道出入口应结合严密、黏结牢固、接缝平整，并应无渗漏和空鼓等现象。 检验方法：观察检查、敲击法检查和检查隐蔽工程记录。 7.2.4 聚合物水泥砂浆面层的厚度应符合设计规定。小于设计厚度的测点数，不得大于10%，其测点厚度不得小于设计规定厚度的90%。	

续表

条款号	大纲条款	检查依据	检查要点
5.4.2	防腐（防水）层的厚度符合设计要求，粘接牢固，无表面损伤	检验方法：采用测厚仪或150mm钢板尺进行检查。 7.2.5 整体面层表面平整度的允许偏差应不大于4mm。 检验方法：采用2m直尺和楔形尺检查。 8.4.3 块材的灰缝应饱满密实，均匀整齐、平整一致，铺砌块材不得出现通缝和重叠缝等现象。 检查方法：观察检查和尺量仪器检查。 10.2.2 涂层与基层的附着力应符合下列规定： 1 涂层与钢基层的附着力不宜低于5MPa；与混凝土基层的附着力不宜低于1.5MPa。 2 当膜厚小于250μm的非富锌涂料和非树脂类玻璃鳞片涂料的单涂层采用划格法检查时，其附着力不宜大于1级。 3 木基层附着力采用划格法检查时，附着力不宜大于1级。 检验方法：涂层附着力（拉开法）测试仪检查；涂层划格法附着力用漆膜划格器（百格刀）检查。 10.2.3 涂层的厚度应均匀一致，涂层的层数和厚度应符合设计规定。涂层厚度小于设计规定厚度的测点数，不应大于10%，且测点处实测厚度不应小于设计规定厚度的90%。当设计无特殊要求时，最大干膜厚度不应超过设计规定干膜厚度的3倍。 检验方法：检查施工记录和隐蔽工程记录。对钢基层表面涂层应根据基材采用磁性或非磁性测厚仪检查。对混凝土和木基层表面应采用超声波测厚仪检查，也可对同步样板进行检测。 11.2.1 沥青砂浆和沥青混凝土面层与基层结合应牢固，表面应密实、无裂缝、空鼓和脱层等现象。 检验方法：观察检查和敲击法检查。 11.2.2 沥青砂浆和沥青混凝土地面面层凭证、光洁，坡度应符合设计要求，其表面平整度的允许空隙不应大于6mm。 检验方法：观察、仪器检查和采用2m直尺检查。 11.3.1 沥青稀胶泥涂覆隔离层的冷底子油涂刷应完整。 检验方法：观察检查和检查施工记录。 11.3.2 涂覆隔离层的层数及厚度应符合设计规定。涂覆层应结合牢固，表面应平整、光亮，并应无起鼓和裂纹等现象。 检验方法：观察检查和检查施工记录。 11.4.1 碎石粒径、垫层尺寸、碎石夯实和灌入深度应符合设计要求，并应密实，无漏灌现象。	

续表

<table>
<tr><th>条款号</th><th>大纲条款</th><th>检 查 依 据</th><th>检查要点</th></tr>
<tr><td>5.4.2</td><td>防腐（防水）层的厚度符合设计要求，粘接牢固，无表面损伤</td><td>检验方法：检查施工记录和观察检查。
3.《电力建设施工技术规范 第1部分：土建结构工程》DL 5190.1—2012
8.7.2 防水、防腐蚀涂层的基底表面应密实、平整、洁净，无污染、缺陷。
8.7.3 防水、防腐蚀层涂料施工时应符合以下规定：
1 涂料种类应符合设计要求，进场时应有产品合格证、出厂检验报告。采用新型涂料时，应进行涂料的材料性能检验和施工工艺试验，达到有关质量要求后方可施工。
2 基底应按设计要求处理。干基涂料的基底混凝土表面应干燥，湿固化涂料基底混凝土表面应无明显积水。
3 涂料应按规定的配合比和配料顺序进行配制，配料时应有防晒、防雨、防风沙等设施。
4 涂料施工时的环境温度应符合产品说明书的要求。涂刷环氧类涂料，环境温度不宜低于10℃；涂刷其他种类的防水、防腐蚀涂料，环境温度不宜低于5℃。
5 涂料施工现场应有防火、防毒、通风措施。
6 涂料可采用机械喷涂或人工涂刷，应先试涂，质量符合设计要求后方可进行大面积涂刷。
7 涂料施工应在涂膜表面干燥后，方可刷（喷）上一层涂料。
8 涂料应搅拌均匀，涂层厚度应一致，不得有漏涂、镀皮、气泡和破膜等现象。
9 涂层的总厚度应符合设计要求。
8.7.5 卷材防水、防腐蚀层施工应符合下列规定：
1 各层卷材间应紧密粘贴，不得有气泡、裂缝和脱层等现象；
2 所有转角部分应抹成圆角，并应采取保护卷材的措施；
3 粘贴卷材时，短边的搭接宽度不应小于150mm，长边的搭接宽度不小于100mm，相邻两幅和上下层卷材的搭接均应相互错开，并不得相互垂直粘贴。
8.7.6 在防水、防腐蚀层上进行施工操作时，应有确保防水、防腐蚀层不被损坏的可靠措施，在防水、防腐蚀层施工完后应按照设计要求立即做好保护层</td><td></td></tr>
<tr><td colspan="4">5.5 冬期施工的监督检查</td></tr>
<tr><td>5.5.1</td><td>冬期施工措施和越冬保温措施已审批</td><td>1.《建筑工程冬期施工规程》JGJ/T 104—2011
1.0.4 凡进行冬期施工的工程项目，应编制冬期施工专项方案；对有不能适应冬期施工要求的问题应及时与设计单位研究解决。
6.1.2 混凝土工程冬期施工应按照本规程附录A进行混凝土热工计算。</td><td>1. 查阅冬期施工措施与越冬保温措施
热工计算：有针对性
受冻临界强度：依据可靠</td></tr>
</table>

续表

条款号	大纲条款	检查依据	检查要点
5.5.1	冬期施工措施和越冬保温措施已审批	6.9.4　养护温度的测量方法应符合下列规定： 　1　测温孔编号，并应绘制测温孔布置图，现场应设置明显标识； 　3　采用非加热法养护时，测温孔应设置在易散热的部位；采用加热法养护时，应分别设置在离热源不同的位置。 11.1.1　对于有采暖要求，但却不能保证正常采暖的新建工程、跨年施工的在建工程以及停建、缓工程等，在入冬前均应编制越冬维护方案。 9.1.1　在负温下进行钢结构的制作和安装时，应按照负温施工的要求，编制钢结构制作工艺规程和安装施工组织设计文件	方法：可操作性强 审批：施工单位的技术负责人已批准，监理单位总监理工程师已批准，有明确的意见 签字：施工单位技术员、项目技术负责人、公司技术负责人及监理单位专业监理工程师、总工程师已签字
			2. 查看冬期施工现场 措施：与方案一致，有效
5.5.2	原材料预热、选用的外加剂、混凝土拌合和浇筑条件、试块的留置符合规范规定	**1.《混凝土结构工程施工规范》GB 50666—2011** 10.2.5　冬期施工混凝土搅拌前，原材料预热应符合下列规定： 　1　宜加热拌合水，当仅加热拌合水不能满足热工计算要求时，可加热骨料；拌合水与骨料加热温度可通过热工计算确定，加热温度不应超过表 10.2.5 的规定； 　2　水泥、外加剂、矿物掺合料不得直接加热，应置于暖棚中预热； 10.2.6　冬期施工混凝土搅拌应符合下列规定： 　1　液体防冻剂使用前应搅拌均匀，由防冻剂溶液带入的水分应从混凝土拌合水中扣除； 　2　蒸气法加热骨料时，应加大对骨料含水率测试频率，并应将由骨料带入的水分从混凝土拌合水中扣除； 　3　混凝土搅拌前应对搅拌机械进行保温或采用蒸气进行加温，搅拌时间应比常温搅拌时间延长 30s～60s； 　4　混凝土搅拌时应先投入骨料与拌合水，预拌后投入胶凝材料与外加剂。胶凝材料、引气剂或含引气组分外加剂不得与60℃以上热水直接接触。 10.2.7　混凝土拌合物的出机温度不宜低于 10℃，入模温度不应低于 5℃；预拌混凝土或需远距离运输的混凝土，混凝土拌合物的出机温度可根据距离经热工计算确定，但不宜低于 15℃。大体积混凝土的入模温度可根据实际情况适当降低。 10.2.8　混凝土运输、输送机具及泵管应采取保温措施。当采用泵送工艺浇筑时，应采用水泥浆或水泥砂浆对泵和泵管进行润滑、预热。混凝土运输、输送与浇筑过程中应进行测温，其温度应满足热工计算的要求。	1. 查看冬期施工原材料预热现场 水温：水泥未与 80℃以上的水直接接触 骨料加热：符合规程规定
			2. 查阅冬期施工选用的外加剂试验报告 检验项目：齐全 代表部位和数量：与现场实际相符 签字：试验员、审核人、批准人已签字 盖章：盖有计量认证章、资质章及试验单位章，见证取样时，加盖见证取样章并注明见证人 结论：合格

续表

条款号	大纲条款	检 查 依 据	检查要点
5.5.2	原材料预热、选用的外加剂、混凝土拌合和浇筑条件、试块的留置符合规范规定	10.2.9 混凝土浇筑前，应清除地基、模板和钢筋上的冰雪和污垢，并应进行覆盖保温。 10.2.10 混凝土分层浇筑时，分层厚度不应小于400mm。在被上一层混凝土覆盖前，已浇筑层的温度应满足热工计算要求，且不得低于2℃。 10.2.11 采用加热方法养护现浇混凝土时，应根据加热产生的温度应力对结构的影响采取措施，并应合理安排混凝土浇筑顺序与施工缝留置位置。 10.2.12 冬期浇筑的混凝土，其受冻临界强度应符合下列规定： 1 当采用蓄热法、暖棚法、加热法施工时，采用硅酸盐水泥、普通硅酸盐水泥配制的混凝土，不应低于设计混凝土强度等级值的30%；采用矿渣硅酸盐水泥、粉煤灰硅酸盐水泥、火山灰质硅酸盐水泥配制的混凝土时，不应低于设计混凝土强度等级值的40%。 2 当室外最低气温不低于－15℃时，采用综合蓄热法、负温养护法施工的混凝土受冻临界强度不应低于4.0MPa；当室外最低气温不低于－30℃时，采用负温养护法施工的混凝土受冻临界强度不应低于5.0MPa。 3 强度等级等于或高于C50的混凝土，不宜低于设计混凝土强度等级值的30%。 4 有抗渗要求的混凝土，不宜小于设计混凝土强度等级值的50%。 5 有抗冻耐久性要求的混凝土，不宜低于设计混凝土强度等级值的70%。 6 当采用暖棚法施工的混凝土中掺入早强剂时，可按综合蓄热法受冻临界强度取值。 7 当施工需要提高混凝土强度等级时，应按提高后的强度等级确定受冻临界强度。 10.2.17 混凝土工程冬期施工应加强骨料含水率、防冻剂掺量检查，以及原材料、入模温度、实体温度和强度监测；应依据气温的变化、检查防冻剂掺量是否符合配合比与防冻剂说明书的规定，并应根据需要调整配合比。 10.2.19 冬期施工混凝土强度试件的留置，除应符合现行国家标准《混凝土结构工程施工质量验收规定》GB 50204的有关规定外，尚应增加不少于2组的同条件养护试件。同条件养护试件应在解冻后进行试验。 **2.《建筑工程冬期施工规程》JGJ/T 104—2011** 3.2.4 对于大面积回填土和有路面的路基及其人行道范围内的平整场地填方，可采用含有冻土块的土回填，但冻土块的粒径不得大于150mm，其含量不得超过30%，铺填时冻土块应分散开，并应逐层夯实。 3.4.5 灌注桩的混凝土施工应符合下列规定： 1 混凝土材料的加热、搅拌、运输、浇筑应按本规程第6章的有关规定进行；混凝土浇筑温度应根据热工计算确定，且不得低于5℃	3. 查看混凝土拌和条件和浇筑条件 所用骨料：清洁、不含冰、雪、冻块及其他易冻裂物质 掺加含有钾、钠离子的防冻剂混凝土：未使用活性骨料或骨料未含有活性物质 混凝土搅拌时间：符合《建筑工程冬期施工规程》JGJ 104—2011表6.2.5的规定 浇筑前模板：冰雪与污垢已清除 4. 查看混凝土试块（含同条件试块）留置 数量：符合规范规定

续表

条款号	大纲条款	检查依据	检查要点
5.5.2	原材料预热、选用的外加剂、混凝土拌合和浇筑条件、试块的留置符合规范规定	3.5.3 钢筋混凝土灌注桩的排桩施工应符合本规程3.4.2和3.4.5的规定，并应符合下列规定： 4 桩身混凝土施工可选用掺防冻剂混凝土进行。 3.5.4 锚杆施工应符合下列规定： 1 锚杆注浆的水泥浆配制宜掺入适量的防冻剂。 4.1.1 冬期施工所用的材料应符合下列规定： 1 砖、砌块在砌筑前，应清除块材表面污物和冰霜等，不得使用遭水浸和受冻后表面结冰、污染的砖或砌块； 2 砌筑砂浆宜采用普通硅酸盐水泥配制，不得使用无水泥拌制的砂浆； 3 现场拌制砂浆所用砂中不得含有直径大于10mm的冻结块和冰块； 4 石灰膏、电石渣膏等材料应有保温措施，遭冻结时应经融化后方可使用； 5 砂浆拌合水温不宜超过80℃，砂加热温度不宜超过40℃，且水泥不得与80℃以上热水直接接触；砂浆稠度宜较常温适当增大且不得二次加水调整砂浆和易性。 4.1.3 砌体工程宜选用外加剂法进行施工，对绝缘、装饰等有特殊要求的工程，应采用其他方法。 4.1.5 砂浆试块的留置，除应按常温规定要求外，尚应增设一组与砌体同条件养护的试块，用于检验转入常温28d的强度。如有特殊需要，可另外增加相应龄期的同条件试块。 4.2.1 采用外加剂法配制砂浆时，可采用氯盐或亚硝酸盐等外加剂。氯盐应以氯化钠为主，当气温低于－15℃时，可与氯化钙复合使用。 4.2.2 砌筑施工，砂浆温度不应低于5℃。 4.2.3 当设计无要求，且最低气温等于或低于－15℃时，砌体砂浆强度等级应较常温施工提高一级。 4.2.7 下列情况不得采用掺氯盐的砂浆砌筑砌体： 1 对装饰工程有特殊要求的建筑物； 2 使用环境温度大于80%的建筑物； 3 配筋、钢埋件无可靠防腐处理措施的砌体； 4 接近高压电线的建筑物（如变电所、发电站等）； 5 经常处于地下水位变化范围内，以及在地下未设防水层的结构。 6.1.1 冬期浇筑的混凝土，其受冻临界强度应符合下列规定： 1 当采用蓄热法、暖棚法、加热法施工时，采用硅酸盐水泥、普通硅酸盐水泥配制的混凝土，不应低于设计混凝土强度等级值的30%；采用矿渣硅酸盐水泥、粉煤灰硅酸盐水泥、火山灰质硅酸盐水泥配制的混凝土时，不应低于设计混凝土强度等级值的40%。	

续表

条款号	大纲条款	检 查 依 据	检查要点
5.5.2	原材料预热、选用的外加剂、混凝土拌合和浇筑条件、试块的留置符合规范规定	2 当室外最低气温不低于－15℃时，采用综合蓄热法、负温养护法施工的混凝土受冻临界强度不应低于4.0MPa；当室外最低气温不低于－30℃时，采用负温养护法施工的混凝土受冻临界强度不应低于5.0MPa。 3 强度等级等于或高于C50的混凝土，不宜低于设计混凝土强度等级值的30%。 4 有抗渗要求的混凝土，不宜小于设计混凝土强度等级值的50%。 5 有抗冻耐久性要求的混凝土，不宜低于设计混凝土强度等级值的70%。 6 当采用暖棚法施工的混凝土中掺入早强剂时，可按综合蓄热法受冻临界强度取值。 7 当施工需要提高混凝土强度等级时，应按提高后的强度等级确定受冻临界强度。 6.1.5 冬期施工混凝土选用外加剂应符合现行国家标准《混凝土外加剂应用技术规范》GB 50119的相关规定。非加热养护法混凝土施工，所选用的外加剂应含有引气组分或掺入引气剂，含气量宜控制在3.0%～5.0%。 6.1.6 钢筋混凝土掺用氯盐类防冻剂时，氯盐掺量不得大于水泥质量的1.0%。掺用氯盐的混凝土应振捣密实，且不宜采用蒸气养护。 6.1.7 在下列情况下，不得在钢筋混凝土结构中掺用氯盐： 1 排出大量蒸气的车间、浴池、游泳馆、洗衣房和经常处于空气相对湿度大于80%的房间以及有顶盖的钢筋混凝土蓄水池等在高湿度空气环境中使用的结构； 2 处于水位升降部位的结构； 3 露天结构或经常受雨、水淋的结构； 4 有镀锌钢材或铝铁相接触的结构，和有外露钢筋、预埋件而无防护措施的结构； 5 与含有酸、碱或硫酸盐等侵蚀介质相接触的结构； 6 使用过程中经常处于环境温度为60℃以上的结构； 7 使用冷拉钢筋或冷拔低碳钢丝的结构； 8 薄壁结构，中级和重级工作制吊车梁、屋轲、落锤或希锤基础结构； 9 电解车间和直接靠近直流电源的结构； 10 直接靠近高压电源（发电站、变电所）的结构； 11 预应力混凝土结构。 6.1.8 模板外和混凝土表面覆盖的保温层，不应采用潮湿状态的材料，也不应将保温材料直接铺盖在潮湿的混凝土表面，新浇混凝土表面应铺一层塑料薄膜。 6.1.10 型钢混凝土组合结构，浇筑混凝土前应对型钢进行预热，预热温度宜大于混凝土入模温度，预热方法可按本规程第6.5节相关规定。	

续表

条款号	大纲条款	检　查　依　据	检查要点
5.5.2	原材料预热、选用的外加剂、混凝土拌合和浇筑条件、试块的留置符合规范规定	6.2.1　混凝土原材料加热宜采用加热水的方法。当加热水不能满足要求时，可对骨料进行加热。水、骨料加热的最高温度应符合表 6.2.1 的规定。 当水和骨料的温度仍不能满足热工计算要求时，可提高水温到 100℃，但水泥不得与 80℃以上的水直接接触。 6.2.2　水加热宜采用蒸汽加热、电加热、汽水热交换罐或其他加热方法，水箱或水池容积及水温应能满足连续施工的要求。 6.2.3　砂加热应在开盘前进行，加热应均匀。当采用保温加热料斗时，宜配备两个，交替加热使用。每个料斗容积可根据机械可装高度和侧壁厚度等要求设计，每一个斗的容量不宜小于 3.5m^3。 预拌混凝土用砂，应提前备足料，运至有加热设施的保温封闭料棚（室）或仓内备用。 6.2.4　水泥不得直接加热，袋装水泥使用前宜运入暖棚内存放。 6.2.5　混凝土搅拌的最短时间应符合表 6.2.5 的规定。 6.2.10　大体积混凝土分层浇筑时，已浇筑层的混凝土在未被上一层混凝土覆盖前，温度不应低于 2℃。采用加热法养护混凝土时，养护前的混凝土温度也不得低于 2℃。 6.9.7　混凝土抗压强度试件的留置除应按现行国家标准《混凝土结构工程施工质量验收规范》GB 50204 规定进行外，尚应增设不少于 2 组同条件养护试件	
5.5.3	冬期施工的混凝土工程，养护条件、测温次数符合规范规定，记录齐全	**1.《混凝土结构工程施工规范》GB 50666—2011** 10.2.13　混凝土结构工程冬期施工养护，应符合下列规定： 1　当室外最低气温不低于－15℃时，对地面以下的工程或表面系数不大于 $5m^{-1}$ 的结构，宜采用蓄热法养护，并应对结构易受冻部位加强保温措施；对表面系数为 $5m^{-1}$～$15m^{-1}$ 的结构，宜采用综合蓄热法养护。采用综合蓄热法养护时，混凝土中应掺加具有减水、引气性能的早强剂或早强型外加剂； 2　对不易保温养护且对强度增长无具体要求的一般混凝土结构，可采用掺防冻剂的负温养护法进行养护； 3　当本条第 1、2 款不能满足施工要求时，可采用暖棚法、蒸汽加热法、电加热法等方法进行养护，但应采取降低能耗的措施。 10.2.14　混凝土浇筑后，对裸露表面应采取防风、保湿、保温措施，对边、棱角及易受冻部位应加强保温。在混凝土养护和越冬期间，不得直接对负温混凝土表面浇水养护。 10.2.15　模板和保温层的拆除除应符合本规范第 4 章及设计要求外，尚应符合下列规定：	1. 查阅冬期施工混凝土工程养护记录和测温记录 养护方法：与方案一致 测温点的布置：与方案一致 测温项目与测温频次：符合规程规定 签字：施工单位项目质量员、项目专业技术负责人、专业监理工程师（建设单位专业技术负责人）已签字 2. 查看现场养护条件和测温点的布置 布置：与方案一致 实测温度：符合规范的规定

续表

条款号	大纲条款	检查依据	检查要点
5.5.3	冬期施工的混凝土工程，养护条件、测温次数符合规范规定，记录齐全	1 混凝土强度达到受冻临界强度，且混凝土表面温度不应高于5℃； 2 以墙、板等薄壁结构构件，宜推迟拆模。 10.2.16 混凝土强度未达到受冻临界强度和设计时，应连续进行养护。当混凝土表面温度与环境温度之差大于20℃时，拆模后的混凝土表面应立即进行保温覆盖。 10.2.18 混凝土冬期施工期间，应按国家现行有关标准的规定对混凝土拌合水温度、外加剂溶液温度、骨料温度、混凝土出机温度、浇筑温度、入模温度，以及养护期间混凝土内部和大气温度进行测量。 **2.《建筑工程冬期施工规程》JGJ/T 104—2011** 4.1.4 施工日记中应记录大气温度、暖棚内温度、砌筑时砂浆温度、外加剂掺量等有关资料。 4.3.2 暖棚法施工时，暖棚内的最低温度不应低于5℃。 4.3.3 砌体在暖棚内的养护时间应根据暖棚内温度确定，并应符合表4.3.3的规定。 6.3.1 当室外最低踢度不低于－15时，地面以下的工程，或表面系数不大于$5m^{-1}$的结构，宜采用蓄热法养护。对结构易受冻的部位，应加强保温措施。 6.3.2 当室外最低气温不低于－15℃时，对于表面系数为$5m^{-1}$～$15m^{-1}$的结构，宜采用综合蓄热法养护，围护层散热系数宜控制在50kJ/(m^3·h·K)～200kJ/(m^3·h·K)之间。 6.3.3 综合蓄热法施工的混凝土中应掺入早强剂或早强型复合外加剂，并应具有减水、引气作用。 6.3.4 混凝土浇筑后应采用塑料布等防水材料对裸露表面覆盖并保温。对边、棱角部位的保温层厚度应增大到面部位的2倍～3倍。混凝土在养护期间应防风、防失水。 6.4.1 混凝土蒸汽养护法可采用棚罩法、蒸汽套法、热模法、内部通汽法等方式…… 6.4.2 蒸汽养护法应彩低压饱和蒸汽，当工地有高压蒸汽时，应通过减压阀或过水装置后方可使用。 6.4.3 蒸汽养护的混凝土，采用普通硅酸盐水泥时最高温度不得超过80℃，采用矿渣硅酸盐水泥时可提高到85℃。但采用内部通汽法时，最高加热温度不应超过60℃。 6.4.4 整体浇筑的结构，采用蒸汽加热养护时，升温和降温速度不得超过表6.4.4规定。 6.5.3 混凝土采用电极加热法养护应符合下列规定： 1 电路接好应以检查合格后方可合闸送电。当结构工程量较大，需边浇筑边通电，应将钢筋接地线。电加热现场应设安全围栏。	

续表

条款号	大纲条款	检查依据	检查要点
5.5.3	冬期施工的混凝土工程，养护条件、测温次数符合规范规定，记录齐全	2　棒形和弦开电极应固定，并不得与钢筋直接接触。电极与钢筋之间的距离应符合表 6.5.3 的规定；当因钢筋密度大而不能保证钢筋与电极之间的距离满足表 6.5.3 的规定时，应采取绝缘措施。 3　电极加热法应采用交流电。电极的形式、尺寸、数量及配置应能保证混凝土各部位加热均匀且应加热到设计的混凝土强度标准值的 50%。在电极附近的辐射半径方向每隔 10mm 距离的温度差不得超过 1℃。 4　电极加热应在混凝土浇筑后立即送电，送电前混凝土表面应保温覆盖。混凝土在加热养护过程中，洒水应在断电后进行。 6.5.4　混凝土采用电热毯法养护应符合下列规定： 1　电热毯宜由四层玻璃纤维布中间夹以电阻丝制成。其几何尺寸应根据混凝土表面或模板外侧与龙骨组成的区格大小确定。电热毯的电压宜为 60V～80V，功率宜为 75W～100W。 2　布置电热毯时，在模板周边的各区格应连接布毯，中间区格可间隔布毯，并应与对面模板错开。电热毯外侧应设置岩棉板等性质的耐热保温材料。 3　电热毯养护的通电持续时间应根据气温及养护温度确定，可采取分段、间段或连续通电养护工序。 6.6.2　暖棚法施工应符合下列规定： 1　应设专人监测混凝土及暖棚内温度，暖棚内各测点温度不得低于 5℃。测温点应选择具有代表性位置进行布置，在离地面 500mm 高度处应设点，每昼夜测温不应少于 4 次。 2　养护期间应监测暖棚内的相对湿度，混凝土不得有失水现象，否则应及时采取增湿措施或在混凝土表面洒水养护。 3　暖棚的出入口应设专人管理，并应采取防止棚内温度下降或引起风口处混凝土受冻的措施。 4　在混凝土养护期间应将烟或燃烧气体排至棚外，并应采取防止烟气中毒和防火的措施。 6.9.1　混凝土冬期施工质量检查除应符合现行标准《混凝土结构工程施工质量验收规范》GB 50204 以及国家现行有关标准规定外，尚应符合一步下列规定： 1　应检查外加剂质量及掺量；外加剂进入施工现场后应进行抽样检验，合格后方准使用； 2　应根据施工方案确定的参数检查水、骨料、外加剂溶液和混凝土出机、浇筑、起始养护时的温度； 3　应检查混凝土从入模到拆除保温层或保温模板期间的温度；	

续表

条款号	大纲条款	检 查 依 据	检查要点
5.5.3	冬期施工的混凝土工程，养护条件、测温次数符合规范规定，记录齐全	4 采用预拌混凝土质量检查应由预拌混凝土生产企业进行，并应将记录资料提供给施工单位。 6.9.2 施工期间的测温项目与频次应符合表 6.9.2 规定。 6.9.3 混凝土养护期间的温度测量应符合下列规定： 1 采用蓄热法或综合蓄热法时，在达到受冻临界强度之前应每隔 4h～6h 测量一次； 2 采用负温养护法时，在达到受冻临界强度之前应每隔 2h 测量一次； 3 采用加热时，升温和降温阶段应每隔 1h 测量一次，恒温阶段每隔 2h 测量一次。 4 混凝土在达到受冻临界强度后，可停止测温。 5 大体积混凝土养护期间的温度测量尚应符合国家现行标准《大体积混凝土施工规范》GB 50496 的相关规定。 6.9.4 养护温度的测量方法应符合下列规定： 1 测温孔应编号，并应绘制测温孔布置图，现场应设置明显标识； 2 测温时，测温单元应采取措施与外界气温隔离；测温元件测量位置应处于结构表面下 20mm 处，留置在测温孔内的时间不应少于 3min； 3 采用非加热法养护时，测温孔应设置在易于散热的部位，采用加热法养护时，应分别设置在离热源不同的位置。 6.9.5 混凝土质量检查应符合下列规定： 1 应检查混凝土表面是否受冻、粘连、收缩裂缝，边角是否脱落，施工缝处有无受冻痕迹； 2 应检查同条件养护试块的养护条件是否与结构实体相一致； 3 按本规程附录 B 成熟度法推定混凝土强度时，应检查测温记录与计算公式要求是否相符； 4 采用电加热养护时，应检查供电变压器二次电压和二次电流强度，每一工作班不应少于两次。 6.9.6 模板和保温层在混凝土达到要求强度并冷却到 5℃后方可拆除。拆模时混凝土表面与环境温差大于 20℃时，混凝土表面应及时覆盖，缓慢冷却。 2 养护期间应监测暖棚内的查对湿度，混凝土不得有失水现象，否则应及时采取增湿措施或在混凝土表面洒水养护。 3 暖棚的出入口应设专人管理，并应采取防止棚内温度下降或引起风口处混凝土受冻的措施。 4 在混凝土养护期间应将烟或燃烧气体排至棚外，并应采取防止烟气中毒和防火的措施	

续表

条款号	大纲条款	检 查 依 据	检查要点
5.5.4	冬期停、缓建工程，停止位置的混凝土强度符合设计或规范规定	**1.《建筑工程冬期施工规程》JGJ/T 104—2011** 6.9.7 混凝土抗压强度试件的留置除应按现行国家标准《混凝土结构工程施工质量验收规范》GB 50204 规定进行外，尚应增设不少于2组同条件养护试件。 11.3.1 冬期停、缓建工程越冬停工时的停留位置应符合下列规定： 1 混合结构可停留在基础上部地梁位置，楼层间的圈梁或楼板上皮标高位置； 2 现浇混凝土框架应停留在施工缝位置； 3 烟囱、冷却塔或筒仓宜停留在基础上皮标高或筒身任何水平位置； 4 混凝土水池底部应按施工缝要求确定，并应设有止水设施。 11.3.2 已开挖的基坑或基槽不宜挖至设计标高，应预留200mm～300mm土层；越冬时，应对基坑或基槽保温维护，保温层厚度可按本规程附录C计算确定。 11.3.3 混凝土结构工程停、缓建时，入冬前混凝土的强度应符合下列规定： 1 越冬期间不承受外力的结构构件，除应符合设计要求外，尚应符合本规程6.1.1规定； 2 装配式结构构件的整浇接头，不得低于设计强度等级值的70%； 3 预应力混凝土结构不应低于混凝土设计强度等级值的75%； 4 升板结构应将柱帽浇筑完毕，混凝土应达到设计要求的强度等级	1. 查阅冬期停、缓建工程入冬前混凝土强度评定及标高与轴线记录 强度：符合设计要求和规范规定 标高与轴线测量记录：内容完整准确 2. 查阅冬期停、缓建工程复工前工程标高、轴线复测记录 数据：齐全 与原始记录偏差：在允许范围内或偏差超出允许偏差已提出处理方案，并取得建设、设计与监理部门的同意 3. 查看现场 保护措施：采取的措施符合规范规定 停留位置：与方案一致，符合设计要求和规范的规定
6 质量监督检测			
6.0.1	开展现场质量监督检查时，应重点对下列项目的检测试验报告进行查验，必要时可进行验证性抽样检测。对检验指标或结论有怀疑时，必须进行检测		

续表

<table>
<tr><th>条款号</th><th>大纲条款</th><th>检 查 依 据</th><th>检查要点</th></tr>
<tr><td rowspan="2">（1）</td><td rowspan="2">钢筋、水泥、砂、碎石及卵石、拌合用水、掺和料、外加剂、混凝土试块、钢筋连接接头、预支混凝土构件的主要技术性能</td><td rowspan="2">1.《混凝土结构工程施工质量验收规范》GB 50204—2015
5.2.3 对按一、二、三级抗震等级设计的框架和斜撑构件（含梯段）中的纵向受力普通钢筋应采用 HRB335E、HRB400E、HRB500E、HRBF335E、HRBF400E 或 HRBF500E 钢筋，其强度和最大力下总伸长率的实测值应符合下列规定：
1 抗拉强度实测值与屈服强度实测值的比值不应小于 1.25；
2 屈服强度实测值与屈服强度标准值的比值不应大于 1.30；
3 最大力下总伸长率不应小于 9%。
2.《大体积混凝土施工规范》GB 50496—2018
4.2.1 配制大体积混凝土所用水泥的选择及其质量，应符合下列规定：
2 应选用水化热低的通用硅酸盐水泥，3d 的水化热不宜大于 250kJ/kg，7d 的水化热不宜大于 280kJ/kg；当选用 52.5 强度等级水泥时，7d 的水化热宜小于 300kJ/kg。
3 水泥在搅拌站的入机温度不宜高于 60℃。
4.2.2 水泥进场时应对水泥品种、代号、强度等级、包装或散装编号、出厂日期等进行检查，并对其强度、安定性、凝结时间、水化热进行检验，检验结果应符合现行国家标准《通用硅酸盐水泥》GB 175 的相关规定。
3.《混凝土外加剂》GB 8076—2008
5.1 掺外加剂混凝土的性能应符合表 1 的要求。
6.5 混凝土拌合物性能试验方法。
6.6 硬化混凝土性能试验方法。
7.1.3 取样数量
每一批号取样量不少于 0.2t 水泥所需用的外加剂量。
4.《钢筋混凝土用钢 第 1 部分：热轧光圆钢筋》GB/T 1499.1—2017
6.6.2 直条钢筋实际重量与理论重量的允许偏差应符合表 4 规定。
7.3.1 钢筋力学性能及弯曲性能特征值应符合表 6 规定。
8.1 每批钢筋的检验项目、取样数量、取样方法和试验方法应符合表 7 规定。
8.4.1 测量重量偏差时，试样应从不同根钢筋上截取，数量不少于 5 支，每支试样长度不小于 500mm。
5.《钢筋混凝土用钢 第 2 部分：热轧带肋钢筋》GB/T 1499.2—2018
6.6.2 钢筋实际重量与理论重量的允许偏差应符合表 4 规定。
7.4.1 钢筋的下屈服强度 R_{eL}、抗拉强度 R_m、断后伸长率 A、最大力总延伸率 A_{gt} 等力学性能特征值应符合表 6 规定。表 6 所列各力学性能特征值，除 R^0_{eL}/R_{eL} 可作为交货检验的最大保证值外，其他力学特征值可作为交货检验的最小保证值。</td><td>1. 查验抽测热轧光圆钢筋试件
重量偏差：符合标准 GB/T 1499.1 中表 4 要求
屈服强度：符合标准 GB/T 1499.1 中表 6 要求
抗拉强度：符合标准 GB/T 1499.1 中表 6 要求
断后伸长率：符合标准 GB/T 1499.1 中表 6 要求
最大力总伸长率：符合标准 GB/T 1499.1 中表 6 要求
弯曲性能：符合标准 GB/T 1499.1 中表 6 要求</td></tr>
<tr><td>2. 查验抽测热轧带肋钢筋试件
重量偏差：符合标准 GB/T 1499.2 中表 4 要求
屈服强度：符合标准 GB/T 1499.2 中表 6 要求
抗拉强度：符合标准 GB/T 1499.2 中表 6 要求
断后伸长率：符合标准 GB/T 1499.2 中表 6 要求
最大力总伸长率：符合标准 GB/T 1499.2 中表 6 要求
弯曲性能：符合标准 GB/T 1499.2 中表 7 要求</td></tr>
</table>

续表

条款号	大纲条款	检 查 依 据	检查要点
(1)	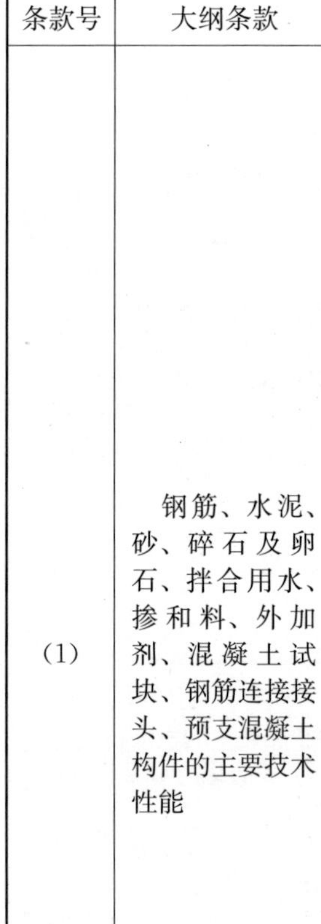 钢筋、水泥、砂、碎石及卵石、拌合用水、掺和料、外加剂、混凝土试块、钢筋连接接头、预支混凝土构件的主要技术性能	7.5.1 钢筋应进行弯曲试验。按表7规定的弯曲压头直径弯曲180°后，钢筋受弯曲部位表面不得产生裂纹。 7.5.2 对牌号带E的钢筋应进行反向弯曲试验。经反向弯曲试验后，钢筋受弯部位表面不得产生裂纹。反向弯曲试验可代替弯曲试验。反向弯曲试验的弯曲压头直径比弯曲试验相应增加一个钢筋公称直径。 8.1 每批钢筋的检验项目、取样数量、取样方法和试验方法应符合表8规定。 8.4.1 测量重量偏差时，试样应从不同根钢筋上截取，数量不少于5支，每支试样长度不小于500mm。 **6.《通用硅酸盐水泥》GB 175—2007** 7.3.1 硅酸盐水泥初凝结时间不小于45min，终凝时间不大于390min。普通硅酸盐水泥、矿渣硅酸盐水泥、火山灰质硅酸盐水泥、粉煤灰硅酸盐水泥和复合硅酸盐水泥初凝结时间不小于45min，终凝时间不大于600min。 7.3.2 安定性沸煮法合格。 7.3.3 强度符合表3的规定。 8.5 凝结时间和安定性按GB/T 1346进行试验。 8.6 强度按GB/T 17671进行试验。 9.1 取样方法按GB 12573进行。可连续取，亦可从20个以上不同部位取等量样品，总量至少12kg。 **7.《混凝土结构工程施工质量验收规范》GB 50204—2015** 7.3.3 混凝土中氯离子含量和碱总含量应符合现行国家标准《混凝土结构设计规范》GB 50010的规定和设计要求。 检查数量：同一配合比的混凝土检查不应少于一次。 7.4.1 混凝土的强度等级必须符合设计要求。用于检验混凝土强度的试件应在混凝土的浇筑地点随机抽取。对同一配合比混凝土，取样与试件留置应符合下列规定： 1 每拌制100盘且不超过100m³时，取样不得少于一次； 2 每工作班拌制不足100盘时，取样不得少于一次； 3 连续浇筑超过1000m³时，每200m³取样不得少于一次； 4 每一楼层取样不得少于一次； 5 每次取样应至少留置一组试件。 9.2.1 预制构件的质量应符合本规范、国家现行有关标准的规定和设计要求。 检验内容：钢筋混凝土构件和允许出现裂缝的预应力混凝土构件进行承载力、挠度和裂缝宽度检验；不允许出现裂缝的预应力混凝土构件进行承载力、挠度和抗裂度检验。	3. 纵向受力钢筋（有抗震要求的结构）试件 抗拉强度查验抽测值与屈服强度查验抽测值的比值：符合规范GB/T 50204 5.2.3的要求 屈服强度查验抽测值与强度标准值的比值：符合规范GB/T 50204 5.2.3的要求 最大力下总伸长率：符合规范GB 50204 5.2.3的要求 4. 查验抽测水泥试样 凝结时间：符合GB 175中7.3.1的要求 安定性：符合GB 175中7.3.2的要求 强度：符合GB 175中表3要求 水化热（大体积混凝土）：符合GB 50496规范规定 5. 查验抽测砂试样 含泥量：符合JGJ 52中表3.1.3规定 泥块含量：符合JGJ 52中表3.1.4规定 石粉含量：符合JGJ 52中表3.1.5规定 氯离子含量：符合标准JGJ 52中表3.1.10规定 碱活性：符合标准要求

续表

条款号	大纲条款	检 查 依 据	检查要点
(1)	钢筋、水泥、砂、碎石及卵石、拌合用水、掺和料、外加剂、混凝土试块、钢筋连接接头、预支混凝土构件的主要技术性能	检验数量：同一类型预制构件不超过1000个为一批，每批随机抽取1个构件进行结构性能检验。 检验方法：检查结构性能检验报告或实体检验报告。 **8.《用于水泥和混凝土中的粉煤灰》GB/T 1596—2017** 6.1 拌制砂浆和混凝土用粉煤灰应符合表1中技术要求。 7.1 细度按GB/T 1345中45μm负压筛析法。 7.2 需水量比按附录A进行。 7.3 烧失量、三氧化硫、游离氧化钙、二氧化硅、三氧化二铝、三氧化二铁、碱含量按GB/T 176进行。 7.4 含水量按附录B进行。 7.6 密度按GB/T 208进行。 7.7 安定性的净浆试验样品按本标准3.3条制备，试验按GB/T 1346进行。 7.8 强度活性指数按附录C进行。 8.1 散装粉煤灰和袋装粉煤灰应分别进行编号和取样。以连续供应的500t相同等级、相同种类的为一个编号。不足500t按一个编号论。 取样方法按GB 12573进行。取样应有代表性，可连续取，也可从10个以上不同部位取等量样品，总量至少3kg。 **9.《钢筋焊接及验收规程》JGJ 18—2012** 5.1.6 钢筋焊接接头力学性能试验时，应在接头外观质量检查合格后随机切取试件进行实验。试验方法按现行行业标准《钢筋焊接接头试验方法标准》JGJ 27有关规定执行。 5.3.1 闪光对焊接头力学性能试验时，应从每批中随机切取6个接头，其中3个做拉伸试验，3个做弯曲试验。 5.5.1 电弧焊接头的质量检验，……，在现浇混凝土结构中，应以300个同牌号钢筋、同型式接头作为一批；……，每批随机切取3个接头做拉伸试验。 5.6.1 电渣压力焊接头的质量检验，……，在现浇混凝土结构中，应以300个同牌号钢筋接头作为一批；……，每批随机切取3个接头试件做拉伸试验。 5.8.2 预埋件钢筋T形接头进行力学性能检验时，应以300件同类型预埋件作为一批；……，每批预埋件中随机切取3个接头做拉伸试验。 **10.《钢筋机械连接技术规程》JGJ 107—2016** 3.0.5 Ⅰ级、Ⅱ级、Ⅲ级接头的极限抗拉强度必须符合表3.0.5的规定。	6. 查验抽测碎石或卵石试样 含泥量：符合JGJ 52中表3.2.3规定 泥块含量：符合JGJ 52中表3.2.4规定 针、片状颗粒：符合JGJ 52中表3.2.2的规定 碱活性：符合标准要求 压碎指标（高强混凝土）：符合规范规定 7. 查验抽测水样 pH值：符合JGJ 63中表3.1.1的规定 不溶物：符合JGJ 63中表3.1.1的规定 可溶物：符合JGJ 63中表3.1.1的规定 氯化物：符合JGJ 63中表3.1.1的规定 硫酸盐：符合JGJ 63中表3.1.1的规定 碱含量：符合JGJ 63中表3.1.1的规定 8. 查验抽测粉煤灰试样 细度：符合GB/T 1596中表1中技术要求 需水量比：符合GB/T 1596中表1中技术要求 烧失量：符合GB/T 1596中表1中技术要求 三氧化硫：符合GB/T 1596中表1中技术要求

续表

条款号	大纲条款	检查依据	检查要点
(1)	钢筋、水泥、砂、碎石及卵石、拌合用水、掺和料、外加剂、混凝土试块、钢筋连接接头、预支混凝土构件的主要技术性能	7.0.5 钢筋机械连接接头现场抽检应按验收批进行，同钢筋生产厂、同强度等级、同规格、同类型和同型式接头应以500个为一个验收批进行检验与验收，不足500个也作为一个验收批。 7.0.7 对接头的每一验收批，应在工程结构中随机截取3个接头试件做极限抗拉强度试验，按设计要求的接头等级进行评定。 A.2.2 现场抽检接头试件的极限抗拉强度试验应采用零到破坏的一次加载制度。 **11.《普通混凝土用砂、石质量及检验方法标准》JGJ 52—2006** 1.0.3 对于长期处于潮湿环境的重要混凝土结构所用砂、石应进行碱活性检验。 3.1.3 天然砂中含泥量应符合表3.1.3的规定。 3.1.4 砂中泥块含量应符合表3.1.4的规定。 3.1.5 人工砂或混合砂中石粉含量应符合表3.1.5的规定。 3.1.10 钢筋混凝土和预应力混凝土用砂的氯离子含量分别不得大于0.06%和0.02%。(以干砂的质量百分率计) 3.2.2 碎石或卵石中针、片状颗粒应符合表3.2.2的规定。 3.2.3 碎石或卵石中含泥量应符合表3.2.3的规定。 3.2.4 碎石或卵石中泥块含量应符合表3.2.4的规定。 3.2.5 碎石的强度可用岩石抗压强度和压碎指标表示。岩石的抗压等级应比所配制的混凝土强度至少高20%。当混凝土强度大于或等于C60时，应进行岩石抗压强度检验。岩石强度首先由生产单位提供，工程中可采用能够压碎指标进行质量控制，岩石压碎值指标宜符合表3.2.5-1。卵石的强度可用压碎值表示。其压碎指标宜符合表3.2.5-2的规定。 5.1.3 对于每一单项检验项目，砂、石的每组样品取样数量应符合下列规定： 砂的含泥量、泥块含量、石粉含量及氯离子含量试验时，其最小取样质量分别为4400g、20000g、1600g及2000g；对最大公称粒径为31.5mm的碎石或乱石，含泥量和泥块含量试验时，其最小取样质量为40kg。 6.8 砂中含泥量试验。 6.10 砂中泥块含量试验。 6.11 人工砂及混合砂中石粉含量试验。 6.18 砂子氯离子含量试验。 6.20 砂中的碱活性试验（快速法）。 7.7 碎石或卵石中含泥量试验。 7.8 碎石或卵石中泥块含量试验。 7.16 碎石或卵石的碱活性试验（快速法）。	9. 查验抽测外加剂试样 减水率：符合GB 8076中表1规定 泌水率比：符合GB 8076中表1规定 含气量：符合GB 8076中表1规定 凝结时间差：符合GB 8076中表1规定 1h经时变化量：符合GB 8076中表1规定 抗压强度比：符合GB 8076中表1规定 收缩率比：符合GB 8076中表1规定 相对耐久性：符合GB 8076中表1规定 10. 查验抽测混凝土试块 抗压强度：符合设计要求 11. 查验抽测钢筋焊接接头试件 抗拉强度：符合JGJ 18标准要求 12. 查验抽测钢筋机械连接接头试件 抗拉强度：符合JGJ 107标准要求 13. 查验抽测预制构件 承载力：符合标准图或设计要求 挠度：符合标准图或设计要求 抗裂度：符合标准图或设计要求

续表

条款号	大纲条款	检查依据	检查要点
(1)	钢筋、水泥、砂、碎石及卵石、拌合用水、掺和料、外加剂、混凝土试块、钢筋连接接头、预支混凝土构件的主要技术性能	**12.《混凝土用水标准》JGJ 63—2006** 3.1.1 混凝土拌合用水水质要求应符合表3.1.1的规定。对于设计使用年限为100年的结构混凝土，氯离子含量不得超过500mg/L；对使用钢丝或经热处理钢筋的预应力混凝土，氯离子含量不得超过350mg/L。 4.0.1 pH值的检验应符合现行国家标准《水质 pH的测定玻璃电极法》GB/T 6920的要求。 4.0.2 不溶物的检验应符合现行国家标准《水质悬浮物的测定 重量法》GB/T 11901的要求。 4.0.3 可溶物的检验应符合现行国家标准《生活饮用水标准检验法》GB 5750中溶解性总固体检验法的要求。 4.0.4 氯化物的检验应符合现行国家标准《水质氯化物的测定 硝酸银滴定法》GB/T 11896的要求。 4.0.5 硫酸盐的检验应符合现行国家标准《水质硫酸盐的测定 重量法》GB/T 11899的要求。 4.0.6 碱含量的检验应符合现行国家标准《水泥化学分析方法》GB/T 176中关于氧化钾、氧化钠测定的火焰光度法的要求。 5.1.1 水质检验水样不应少于5L	
(2)	防腐（防水）材料性能、涂层厚度、附着力等	**1.《弹性体改性沥青防水卷材》GB 18242—2008** 5.3 材料性能应符合表2要求。 6.7 可溶物含量按GB/T 328.26进行。 6.8 耐热度按GB/T 328.11—2007中A法进行。 6.9 低温柔性按GB/T 328.14进行。 6.10 不透水性按GB/T 328.10—2007中B进行。 6.11 拉力及延伸率按GB/T 328.8进行。 7.7.1.2 从单位面积质量、面积、厚度及外观合格的卷材中任取一卷进行材料性能试验。 **2.《建筑防腐蚀工程施工规范》GB 50212—2014** 5.2.1 环氧树脂的质量应符合现行国家标准《双酚A型环氧树脂》GB/T 13657的有关规定。 6.2.1 钠水玻璃的质量，应符合现行国家标准《工业硅酸钠》GB/T 4209及表6.2.1的规定。 6.2.2 钾水玻璃的质量应符合表6.2.2的规定。 7.2.1 聚合物乳液的质量应符合表7.2.1的规定。	1. 查验抽测卷材试样 可溶物含量：符合GB 18242中表2要求 耐热度：符合GB 18242中表2要求 低温柔性：符合GB 18242中表2要求 不透水性：符合GB 18242中表2要求 拉力及延伸率：符合GB 18242中表2要求

续表

条款号	大纲条款	检 查 依 据	检查要点
(2)	防腐（防水）材料性能、涂层厚度、附着力等	8.2.1 块材的质量指标应符合设计要求；当设计无要求时，应符合下列规定： 1 耐酸砖、耐酸耐温砖质量指标应符合国家现行标准《耐酸砖》GB/T 8488和《耐酸耐温砖》JC/T 424的有关规定。 2 防腐蚀炭砖的质量指标应符合现行国家标准《工业设备及管道防腐蚀工程施工规范》GB 50276的有关规定。 3 天然石材应组织均匀，结构致密，无风化。不得有裂纹或不耐腐蚀的夹层，不得有缺棱掉角现象，并应符合表8.2.1的规定。 11.2.1 道路石油沥青、建筑石油沥青应符合国家现行标准《道路石油沥青》NB/SH/T 0522、《建筑石油沥青》GB/T 494及表11.2.1的规定	2. 查验抽测钠水玻璃试样 密度：符合GB 50212中表6.2.1要求 氧化钠%：符合GB 50212中表6.2.1要求 二氧化硅%：符合GB 50212中表6.2.1要求 模数：符合GB 50212中表6.2.1要求
			3. 查验抽测钾水玻璃试样 密度：符合GB 50212中表6.2.2要求 模数：符合GB 50212中表6.2.2要求 二氧化硅%：符合GB 50212中表6.2.2要求 氧化钾%：符合GB 50212中表6.2.2要求 氧化钠%：符合GB 50212中表6.2.2要求
			4. 查验抽测聚合物乳液试样 外观：符合GB 50212中表7.2.1要求 黏度：符合GB 50212中表7.2.1要求 总固含量%：符合GB 50212中表7.2.1要求 密度：符合GB 50212中表7.2.1要求 贮存稳定性：符合GB 50212中表7.2.1要求

续表

条款号	大纲条款	检 查 依 据	检查要点
(2)	防腐（防水）材料性能、涂层厚度、附着力等		5. 查验抽测天然石材试样 浸酸安定性%：符合 GB 50212 中表 8.2.1 要求 抗压强度：符合 GB 50212 中表 8.2.1 要求 抗折强度：符合 GB 50212 中表 8.2.1 要求 表面平整度：符合 GB 50212 中表 8.2.1 要求
			6. 查验抽测石油沥青试样 针入度：符合 GB 50212 中表 11.2.1 要求 延度：符合 GB 50212 中表 11.2.1 要求 软化点：符合 GB 50212 中表 11.2.1 要求

第4部分

变电（换流）站电气设备安装前监督检查

条款号	大纲条款	检查依据	检查要点
4　责任主体质量行为的监督检查			
4.1　建设单位质量行为的监督检查			
4.1.1	工程采用的专业标准清单已审批	**1.《输变电工程项目质量管理规程》DL/T 1362—2014** 6.2.2　勘察、设计单位应在设计前将设计质量文件报建设单位审批 6.2.1　……设计质量管理文件： d）执行法律法规、标准、制度目录清单）9.2.3 工程开工前，施工单位应根据施工质量策划编制质量管理文件，并报监理单位审核、建设单位批准。 质量管理文件应包括下列内容： …… i）执行法律法规、标准目录清单	查阅法律法规和标准规范清单目录 签字：责任人已签字 盖章：单位已盖章
4.1.2	按规定组织进行设计交底和施工图会检	**1.《建设工程质量管理条例》中华人民共和国国务院令第279号（2017年10月7日中华人民共和国国务院令第687号修正）** 第二十三条　设计单位应当就审查合格的施工图设计文件向施工单位作出详细说明。 **2.《建筑工程勘察设计管理条例》中华人民共和国国务院令第662号（2015）（2017年修正）** 第三十条　建设工程勘察、设计单位应当在建设工程施工前，向施工单位和监理单位说明建设工程勘察、设计意图，解释建设工程勘察、设计文件。建设工程勘察、设计单位应当及时解决施工中出现的勘察、设计问题。 **3.《建设工程监理规范》GB/T 50319—2013** 5.1.2　监理人员应熟悉工程设计文件，并应参见建设单位主持的图纸会审和设计交底会议，会议纪要应由总监理工程师签认。 5.1.3　工程开工前，监理人员应参见由建设单位主持召开的第一次工地会议，会议纪要应由项目监理机构负责整理，与会各方代表应会签。 **4.《建设工程项目管理规范》GB/T 50326—2017** 8.3.4　技术管理规划应是承包人根据招标文件要求和自身能力编制的、拟采用的各种技术和管理措施，以满足发包人的招标要求。项目技术管理规划应明确下列内容： 1　技术管理目标与工作要求； 2　技术管理体系与职责； 3　技术管理实施的保障措施； 4　技术交底要求，图纸自审、会审，施工组织设计与施工方案，专项施工技术，新技术，新技术的推广与应用，技术管理考核制度； 5　各类方案、技术措施报审流程； 6　根据项目内容与项目进度要求，拟编制技术文件、技术方案、技术措施计划及责任人； 7　新技术、新材料、新工艺、新产品的应用计划； 8　对设计变更及工程洽商实施技术管理制度； 9　各项技术文件、技术方案、技术措施的资料管理与归档。 **5.《输变电工程项目质量管理规程》DL/T 1362—2014** 5.3.1　建设单位应在变电单位工程和输电分部工程开工前组织设计交底和施工图会检。未经会检的施工图纸不得用于施工	1. 查阅设计交底记录 交底人：设计单位责任人 签字：交底人及被交底人已签字 时间：开工前 2. 查阅施工图会检纪要 签字：施工、设计、监理、建设单位责任人已签字 时间：开工前

续表

条款号	大纲条款	检　查　依　据	检查要点
4.1.3	组织工程建设标准强制性条文实施情况的检查	**1.《中华人民共和国标准化法实施条例》国务院第53号令发布（1990）** 第二十三条　从事科研、生产、经营的单位和个人，必须严格执行强制性标准。 **2.《实施工程建设强制性标准监督规定》中华人民共和国建设部令第81号（2015年1月22日中华人民共和国住房和城乡建设部令第23号修改）** 第二条　在中华人民共和国境内从事新建、扩建、改建等工程建设活动，必须执行工程建设强制性标准。 第六条　……工程质量监督机构应当对工程建设施工、监理、验收等阶段执行强制性标准的情况实施监督。 **3.《输变电工程项目质量管理规程》DL/T 1362—2014** 4.4　参建单位应严格执行工程建设标准强制性条文……	查阅强制性标准实施情况检查记录 内容：与强制性标准实施计划相符 签字：检查人员已签字
4.1.4	无任意压缩合同约定工期的行为	**1.《建设工程质量管理条例》中华人民共和国国务院令第279号（2017年10月7日中华人民共和国国务院令第687号修改）** 第十条　建设工程发包单位不得迫使承包方以低于成本的价格竞标，不得任意压缩合理工期。 **2.《电力建设工程施工安全监督管理办法》中华人民共和国国家发展和改革委员会令第28号** 第十一条　建设单位应当执行定额工期，不得压缩合同约定的工期。如工期确需调整，应当对安全影响进行论证和评估。论证和评估应当提出相应的施工组织措施和安全保障措施。 **3.《建设工程项目管理规范》GB/T 50326—2017** 9.2.1　项目进度计划编制依据应包括下列主要内容： 1　合同文件和相关要求； 2　项目管理规划文件； 3　资源条件、内部与外部约束条件。 **4.《输变电工程项目质量管理规程》DL/T 1362—2014** 5.3.3　项目的工期应按合同约定执行。当工期需要调整时，建设单位应组织参建单位从影响工程建设的安全、质量、环境、资源方面确认其可行性，并参取有效措施保证工程质量	查阅施工进度计划、合同工期和调整工期的相关文件 内容：有压缩工期的行为时，应有设计、监理、施工和建设单位认可的书面文件
4.1.5	采用的新技术、新工艺、新流程、新装备、新材料已审批	**1.《中华人民共和国建筑法》中华人民共和国主席令第46号（2011）** 第四条　国家扶持建筑业的发展，支持建筑科学技术研究，提高房屋建筑设计水平，鼓励节约能源和保护环境，提倡采用先进技术、先进设备、先进工艺、新型建筑材料和现代管理方式。	查阅新技术、新工艺、新流程、新装备、新材料论证文件 意见：同意采用等肯定性意见 盖章：相关单位已盖章

续表

条款号	大纲条款	检 查 依 据	检查要点
4.1.5	采用的新技术、新工艺、新流程、新装备、新材料已审批	**2.《建设工程质量管理条例》中华人民共和国国务院令第279号（2017年10月7日中华人民共和国国务院令第687号修改）** 第六条　国家鼓励采用先进的科学技术和管理方法，提高建设工程质量。 **3.《实施工程建设强制性标准监督规定》中华人民共和国建设部令第81号（2015年1月22日中华人民共和国住房和城乡建设部令第23号修改）** 第五条　建设工程勘察、设计文件中规定采用的新技术、新材料，可能影响建设工程质量和安全，又没有国家技术标准的，应当由国家认可的检测机构进行试验、论证，出具检测报告，并经国务院有关主管部门或者省、自治区、直辖市人民政府有关主管部门组织的建设工程技术专家委员会审定后，方可使用。工程建设中采用国际标准或者国外标准，现行强制性标准未作规定的，建设单位应当向国务院住房城乡建设主管部门或者国务院有关主管部门备案。 **4.《输变电工程项目质量管理规程》DL/T 1362—2014** 4.4　应按照国家和行业相关要求积极采用新技术、新工艺、新流程、新装备、新材料……(以下简称“五新”技术) 5.1.6　当应用技术要求高、作业复杂的“五新”技术，建设单位应组织设计、监理、施工及其他相关单位进行施工方案专题研究，或组织专家评审。 **5.《电力建设施工技术规范　第1部分：土建结构工程》DL 5190.1—2012** 3.0.4　采用新技术、新工艺、新材料、新设备时，应经过技术鉴定或具有允许使用的证明。施工前应编制单独的施工措施及操作规程。	
4.2　设计单位质量行为的监督检查			
4.2.1	设计图纸交付进度能保证连续施工	**1.《中华人民共和国合同法》中华人民共和国主席令第15号（1999）** 第二百七十四条　勘察、设计合同的内容包括提交有关基础资料和文件（包括概预算）的期限、质量要求、费用以及其他协作条件等条款。 第二百八十条　勘察、设计的质量不符合要求或者未按照期限提交勘察、设计文件拖延工期，造成发包人损失的，勘察人、设计人应当继续完善勘察、设计，减收或者免收勘察、设计费并赔偿损失。	1. 查阅设计单位的施工图出图计划 交付时间：与施工总进度计划相符

续表

<table>
<tr><th>条款号</th><th>大纲条款</th><th>检查依据</th><th>检查要点</th></tr>
<tr><td>4.2.1</td><td>设计图纸交付进度能保证连续施工</td><td>2.《建设工程项目管理规范》GB/T 50326—2017
9.1.2 项目进度管理应遵循下列程序：
1 编制进度计划。
2 进度计划交底，落实管理责任。
3 实施进度计划。
4 进行进度控制和变更管理。
9.2.2 组织应提出项目控制性进度计划。项目管理机构应根据组织的控制性进度计划，编制项目的作业性进度计划</td><td>2. 查阅建设单位的设计文件接收记录
接收时间：与出图计划一致</td></tr>
<tr><td>4.2.2</td><td>设计更改、技术洽商等文件完整、手续齐全</td><td>1.《建设工程勘察设计管理条例》中华人民共和国国务院令第293号（2017年10月7日中华人民共和国国务院令第687号修改）
第二十八条 建设单位、施工单位、监理单位不得修改建设工程勘察、设计文件；确需修改建设工程勘察、设计文件的，应当由原建设工程勘察、设计单位修改。经原建设工程勘察、设计单位书面同意，建设单位也可以委托其他具有相应资质的建设工程勘察、设计单位修改。修改单位对修改的勘察、设计文件承担相应责任。
施工单位、监理单位发现建设工程勘察、设计文件不符合工程建设强制性标准、合同约定的质量要求的，应当报告建设单位，建设单位有权要求建设工程勘察、设计单位对建设工程勘察、设计文件进行补充、修改。
建设工程勘察、设计文件内容需要作重大修改的，建设单位应当报经原审批机关批准后，方可修改。
2.《输变电工程项目质量管理规程》DL/T 1362—2014
6.3.8 设计变更应根据工程实施需要进行设计变更。设计变更管理应符合下列要求：
a）设计变更应符合可行性研究或初步设计批复的要求。
b）当涉及改变设计方案、改变设计原则、改变原定主要设备规范、扩大进口范围、增减投资超过50万元等内容的设计变更时，设计并更应报原主审单位或建设单位审批确认。
c）由设计单位确认的设计变更应在监理单位审核、建设单位批准后实施。
6.3.10 设计单位绘制的竣工图应反映所有的设计变更</td><td>查阅设计更改、技术洽商文件
编制签字：设计单位各级责任人已签字
审核签字：建设单位、监理单位责任人已签字</td></tr>
<tr><td>4.2.3</td><td>工程建设标准强制性条文落实到位</td><td>1.《建设工程质量管理条例》中华人民共和国国务院令第279号（2017年10月7日中华人民共和国国务院令第687号修改）
第十九条 勘察、设计单位必须按照工程建设强制性标准进行勘察、设计，并对其勘察、设计的质量负责。
注册建筑师、注册结构工程师等注册执业人员应当在设计文件上签字，对设计文件负责。</td><td>1. 查阅与强制性标准有关的可研、初设、技术规范书等设计文件
编、审、批：相关负责人已签字</td></tr>
</table>

续表

条款号	大纲条款	检查依据	检查要点
4.2.3	工程建设标准强制性条文落实到位	**2.《建设工程勘察设计管理条例》中华人民共和国国务院令第293号（2017年10月7日中华人民共和国国务院令第687号修改）** 第五条 ……建设工程勘察、设计单位必须依法进行建设工程勘察、设计，严格执行工程建设强制性标准，并对建设工程勘察、设计的质量负责。 **3.《实施工程建设强制性标准监督规定》中华人民共和国建设部令第81号（2015年1月22日中华人民共和国住房和城乡建设部令第23号修改）** 第二条 在中华人民共和国境内从事新建、扩建、改建等工程建设活动，必须执行工程建设强制性标准。 **4.《输变电工程项目质量管理规程》DL/T 1362—2014** 6.2.1 勘察、设计单位应根据工程质量总目标进行设计质量管理策划，并应编制下列设计质量管理文件： a）设计技术组织措施； b）达标投产或创优实施细则； c）工程建设标准强制性条文执行计划； d）执行法律法规、标准、制度的目录清单。 6.2.2 勘察、设计单位应在设计前将设计质量管理文件报建设单位审批。如有设计阶段的监理，则应报监理单位审查、建设单位批准	2. 查阅强制性标准实施计划（含强制性标准清单）和本阶段执行记录 计划审批：监理和建设单位审批人已签字 记录内容：与实施计划相符 记录审核：监理单位审核人已签字
4.2.4	设计代表工作到位，处理设计问题及时	**1.《建设工程勘察设计管理条例》中华人民共和国国务院令第293号（2017年10月7日中华人民共和国国务院令第687号修改）** 第三十条 ……建设工程勘察、设计单位应当及时解决施工中出现的勘察、设计问题。 **2.《输变电工程项目质量管理规程》DL/T 1362—2014** 6.1.9 勘察、设计单位应按照合同约定开展下列工作： c）派驻工地设计代表，及时解决施工中发现的设计问题。 d）参加工程质量验收，配合质量事件、质量事故的调查和处理工作。 **3.《电力勘测设计驻工地代表制度》DLGJ 159.8—2001** 2.0.1 工代的工地现场服务是电力工程设计的阶段之一，为了有效的贯彻勘测设计意图，实施设计单位通过工代为施工、安装、调试、投运提供及时周到的服务，促进工程顺利竣工投产，特制定本制度。 2.0.2 工代的任务是解释设计意图，解释施工图纸中的技术问题，收集包括设计本身在内的施工、设备材料等方面的质量信息，加强设计与施工、生产之间的配合，共同确保工程建设质量和工期，以及国家和行业标准的贯彻执行。 2.0.3 工代是设计单位派驻工地配合施工的全权代表，应能在现场积极地履行工代职责，使工程实现设计预期要求和投资效益	1. 查阅设计单位对工代的任命书 内容：包括设计修改、变更、材料代用等签发人资格 2. 查阅设计服务报告 内容：包括现场施工与设计要求相符情况和工代协助施工单位解决具体技术问题的情况 3. 查阅设计变更通知单和工程联系单 签发时间：在现场问题要求解决时间前

续表

条款号	大纲条款	检查依据	检查要点
4.2.5	按规定参加主要建（构）筑物结构质量验收	**1.《建筑工程施工质量验收统一标准》GB 50300—2013** 6.0.3 分部工程应由总监理工程师组织施工单位项目负责人和项目技术负责人等进行验收。 勘察、设计单位项目负责人和施工单位技术、质量部门负责人应参加地基与基础分部工程的验收。 设计单位项目负责人和施工单位技术、质量部门负责人应参加主体结构、节能分部工程的验收。 **2.《输变电工程项目质量管理规程》DL/T 1362—2014** 6.1.9 勘察、设计单位应按照合同约定开展下列工作： c）派驻工地设计代表，及时解决施工中发现的设计问题。 d）参加工程质量验收，配合质量事件、质量事故的调查和处理工作	查阅分部工程验收单 签字：设计项目负责人已签字
4.2.6	进行了本阶段工程实体质量与设计的符合性确认	**1.《输变电工程项目质量管理规程》DL/T 1362—2014** 6.1.9 勘察、设计单位应按照合同约定开展下列工作： c）派驻工地设计代表，及时解决施工中发现的设计问题。 d）参加工程质量验收，配合质量事件、质量事故的调查和处理工作。 **2.《电力勘测设计驻工地代表制度》DLGJ 159.8—2001** 5.0.3 深入现场，调查研究 1 工代应坚持经常深入施工现场，调查了解施工是否与设计要求相符，并协助施工单位解决施工中出现的具体技术问题，做好服务工作，促进施工单位正确执行设计规定的要求。 2 对于发现施工单位擅自做主，不按设计规定要求进行施工的行为，应及时指出，要求改正，如指出无效，又涉及安全、质量等原则性、技术性问题，应将问题事实与处理过程用“备忘录”的形式书面报告建设单位和施工单件，同时向设总和处领导汇报	1. 查阅地基处理分部、子分部工程质量验收记录 审核签字：勘察、设计单位项目负责人已签字 2. 查阅阶段工程实体质量与勘察设计符合性确认记录 内容：已对本阶段工程实体质量与勘察设计的符合性进行了确认
4.3 监理单位质量行为的监督检查			
4.3.1	项目监理部专业监理人员配备合理，资格证书与承担任务相符	**1.《中华人民共和国建筑法》中华人民共和国主席令（第46号）（2011）** 第十四条 从事建筑活动的专业技术人员，应当依法取得相应的职业资格证书，并在执业资格证书许可的范围内从事建筑活动。 **2.《建设工程质量管理条例》中华人民共和国国务院令（第279号）（2017年10月7日中华人民共和国国务院令第687号修改）** 第三十七条 工程监理单位应当选派具备相应资格的总监理工程师和监理工程师进驻施工现场。……	1. 查阅监理大纲（规划）中的监理人员进场计划 人员数量及专业：已明确

续表

条款号	大纲条款	检 查 依 据	检查要点
4.3.1	项目监理部专业监理人员配备合理，资格证书与承担任务相符	**3.《建设工程监理规范》GB/T 50319—2013** 3.1.2 项目监理机构的监理人员应由总监理工程师、专业监理工程师和监理员组成，且专业配套、数量应满足建设工程监理工作需要，必要时可设总监理工程师代表。 3.1.3 ……应及时将项目监理机构的组织形式、人员构成及对总监理工程师的任命书面通知建设单位。 **4.《电力建设工程监理规范》DL/T 5434—2009** 5.1.3 项目监理机构由总监理工程师、专业监理工程师和监理员组成，且专业配套、数量满足工程项目监理工作的需要，必要时可设置总监理工程师代表和副总监理工程师。 5.1.4 监理单位应在委托监理合同约定的时间内将项目监理机构的组织形式、人员构成及对总监理工程师的任命书面通知建设单位。当总监理工程师需要调整时，监理单位应征得建设单位同意，并书面报建设单位；当专业监理工程师需要调整时，总监理工程师应书面通知建设单位和承包单位	2. 查阅现场监理人员名单，检查监理人员数量是否满足工程需要 专业：与工程阶段和监理规划相符 3. 查阅各级监理人员的岗位资格证书 发证单位：住建部或颁发技术职称的主管部门 有效期：当前有效
4.3.2	检测仪器和工具配置满足监理工作需要	**1.《中华人民共和国计量法》中华人民共和国主席令第86号（2018年10月26日修正）** 第九条 ……未按照规定申请检定或者检定不合格的，不得使用。…… **2.《建设工程监理规范》GB/T 50319—2013** 3.3.2 工程监理单位宜按建设工程监理合同约定，配备满足监理工作需要的检测设备和工器具。 **3.《电力建设工程监理规范》DL/T 5434—2009** 5.3.1 项目监理机构应根据工程项目类别、规模、技术复杂程度、工程项目所在地的环境条件，按委托监理合同的约定，配备满足监理工作需要的常规检测设备和工具	1. 查阅监理项目部检测仪器和工具配置台账 仪器和工具配置：与监理设施配置计划相符 2. 查看检测仪器 标识：贴有合格标签，且在有效期内
4.3.3	组织补充完善施工质量验收项目划分表，对设定的工程质量控制点，进行了旁站监理	**1.《建设工程监理规范》GB/T 50319—2013** 5.2.11 项目监理机构应根据工程特点和施工单位报送的施工组织设计，确定旁站的关键部位、关键工序，安排监理人员进行旁站，并应及时记录旁站情况。 **2.《电力建设工程监理规范》DL/T 5434—2009** 9.1.2 项目监理机构应审查承包单位编制的质量计划和工程质量验收及评定项目划分表，提出监理意见，报建设单位批准后监督实施。 9.1.9 项目监理机构应安排监理人员对施工过程进行巡视和检查，对工程项目的关键部位、关键工序的施工过程进行旁站监理。	1. 查阅施工质量验收范围划分表及报审表 划分表内容：符合规程规定且已明确了质量控制点 报审表签字：相关单位责任人已签字

续表

条款号	大纲条款	检 查 依 据	检查要点
4.3.3	组织补充完善施工质量验收项目划分表，对设定的工程质量控制点，进行了旁站监理	**3.《房屋建筑工程施工旁站监理管理办法（试行）》建市〔2002〕189号** 第三条 监理企业在编制监理规划时，应当制定旁站监理方案，明确旁站监理的范围、内容、程序和旁站监理人员职责等。旁站监理方案应当送建设单位和施工企业各一份，并抄送工程所在地的建设行政主管部门或其委托的工程质量监督机构。 第九条 旁站监理记录是监理工程师或者总监理工程师依法行使有关签字权的重要依据。对于需要旁站监理的关键部位、关键工序施工，凡没有实施旁站监理或者没有旁站监理记录的，监理工程师或者总监理工程师不得在相应文件上签字	2. 查阅旁站计划和旁站记录 旁站计划质量控制点：符合施工质量验收范围划分表要求 旁站记录：完整 签字：监理旁站人员已签字
4.3.4	特殊施工技术措施已审批	**1.《建设工程安全生产管理条例》中华人民共和国国务院令第393号** 第二十六条 施工单位应当在施工组织设计中编制安全技术措施和施工现场临时用电方案，对下列达到一定规模的危险性较大的分部分项工程编制专项施工方案，并附具安全验算结果，经施工单位技术负责人、总监理工程师签字后实施，由专职安全生产管理人员进行现场监督： （一）基坑支护与降水工程； （二）土方开挖工程； （三）模板工程； （四）起重吊装工程； （五）脚手架工程； （六）拆除、爆破工程； （七）国务院建设行政主管部门或者其他有关部门规定的其他危险性较大的工程。 对前款所列工程中涉及深基坑、地下暗挖工程、高大模板工程的专项施工方案，施工单位还应当组织专家进行论证、审查。 **2.《建设工程监理规范》GB/T 50319—2013** 5.5.3 项目监理机构应审查施工单位报审的施工组织设计、专项施工方案，符合要求后，由总监理工程师的签认后报建设单位	查阅特殊施工技术措施、方案报审文件和旁站记录 审核意见：专家意见已在施工措施方案中落实，同意实施 审批：相关单位责任人已签字 旁站记录：根据施工技术措施对应现场进行检查确认
4.3.5	对进场的工程材料、设备、构配件的质量进行检查验收及原材料复检的见证取样	**1.《建设工程监理规范》GB/T 50319—2013** 5.2.9 项目监理机构应审查施工单位报送的用于工程的材料、构配件、设备的质量证明文件，并应按有关规定、建设工程监理合同约定，对用于工程的材料进行见证取样、平行检验。 项目监理机构对已进场经检验不合格的工程材料、构配件、设备，应要求施工单位限期将其撤出施工现场。	1. 查阅工程材料/构配件/设备报审表 审查意见：同意使用

续表

条款号	大纲条款	检　查　依　据	检查要点
4.3.5	对进场的工程材料、设备、构配件的质量进行检查验收及原材料复检的见证取样	**2.《电力建设工程监理规范》DL/T 5434—2009** 9.1.7　项目监理机构应对承包单位报送的拟进场工程材料、半成品和构配件的质量证明文件进行审核，并按有关规定进行抽样验收。对有复试要求的，经监理人员现场见证取样后送检，复试报告应报送项目监理机构查验。 9.1.8　项目监理机构应参与主要设备开箱验收，对开箱验收中发现的设备质量缺陷，督促相关单位处理	2. 查阅见证取样委托单 取样项目：符合规范要求 签字：施工单位取样员和监理单位见证员已签字 3. 查阅主要设备开箱/材料到货验收记录 签字：相关单位责任人已签字
4.3.6	施工质量问题及处理台账完整，记录齐全	**1.《建设工程监理规范》GB/T 50319—2013** 5.2.15　项目监理机构发现施工存在质量问题的，或施工单位采用不适当的施工工艺，或施工不当，造成工程质量不合格的，应及时签发监理通知单，要求施工单位整改。整改完毕后，项目监理机构应根据施工单位报送的监理通知回复单对整改情况进行复查，提出复查意见。 5.2.16　对需要返工处理或加固补强的质量缺陷，项目监理机构应要求施工单位报送经设计等相关单位认可的处理方案，并应对质量缺陷的处理过程进行跟踪检查，同时应对处理结果进行验收。 5.2.17　对需要返工处理或加固补强的质量事故，项目监理机构应要求施工单位报送质量事故调查报告和经设计等相关单位认可的处理方案，并应对质量事故的处理过程进行跟踪检查，同时应对处理结果进行验收。 项目监理机构应及时向建设单位提交质量事故书面报告，并应将完整的质量事故处理记录整理归档。 **2.《电力建设工程监理规范》DL/T 5434—2009** 9.1.12　对施工过程中出现的质量缺陷，专业监理工程师应及时下达书面通知，要求承包单位整改，并检查确认整改结果。 9.1.15　专业监理工程师应根据消缺清单对承包单位报送的消缺方案进行审核，符合要求后予以签认，并根据承包单位报送的消缺报验申请表和自检记录进行检查验收	查阅质量问题及处理记录台账 记录要素：质量问题、发现时间、责任单位、整改要求、闭环文件、完成时间 检查内容：记录完整
4.3.7	工程建设标准强制性条文检查到位	**1.《实施工程建设强制性标准监督规定》中华人民共和国建设部令第81号（2015年1月22日中华人民共和国住房和城乡建设部令第23号修正）** 第二条　在中华人民共和国境内从事新建、扩建、改建等工程建设活动，必须执行工程建设强制性标准。	查阅工程强制性标准执行情况检查表 内容：符合强制性标准执行计划要求 签字：施工单位技术人员与监理工程师已签字

续表

条款号	大纲条款	检 查 依 据	检查要点
4.3.7	工程建设标准强制性条文检查到位	第三条 本规定所称工程强制性标准是指直接涉及工程质量、安全、卫生及环境保护等方面的工程建设标准强制性条文。 第六条 …… 工程质量监督机构应当对建设施工、监理、验收等阶段执行强制性标准的情况实施监督。 **2.《输变电工程项目质量管理规程》DL/T 1362—2014** 7.3.5 监理单位应监督施工单位质量管理体系的有效运行，应监督施工单位按照技术标准和设计文件进行施工，应定期检查工程建设标准强制性条文执行情况，……	
4.3.8	完成主体结构工程施工质量验收	**1.《建设工程监理规范》GB/T 50319—2013** 5.2.14 项目监理机构应对施工单位报验的隐蔽工程、检验批、分项工程和分部工程进行验收，对验收合格的应给予签认；对验收不合格的应拒绝签认，同时应要求施工单位在指定的时间内整改并重新报验。……	查阅主体结构工程报验表及验收资料 验收结论：合格 签字：相关单位责任人已签字
4.3.9	对本阶段工程质量提出评价意见	**1.《建筑工程施工质量验收统一标准》GB 50300—2013** 3.0.3 建筑工程的施工质量控制应符合下列规定： 2 各施工工序应按施工技术标准进行质量控制，每道施工工序完成后，应经施工单位自检符合规定后，才能进行下道工序施工。各专业工种之间的相关工序应进行交接检验，并应记录。 3 对于监理单位提出检查要求的重要工序，应经监理工程师检查认可，才能进行下道工序施工。 **2.《输变电工程项目质量管理规程》DL/T 1362—2014** 14.2.1 变电工程应分别在主要建（构）筑物基础基本完成、土建交付安装前、投运前进行中间验收，输电线路工程应分别在杆塔组立前、导地线架设前、投运前进行中间验收。投运前中间验收可与竣工预验收合并进行。中间验收应符合下列要求： b）在收到初检申请并确认符合条件后，监理单位应组织进行初检，在初检合格后，应出具监理初检报告并向建设单位申请中间验收	查阅本阶段监理初检报告 评价意见：明确
4.4 施工单位质量行为的监督检查			
4.4.1	企业资质与合同约定的业务相符	**1.《中华人民共和国建筑法》中华人民共和国主席令第46号（2011）** 第十三条 从事建筑活动的建筑施工企业、勘察单位、设计单位……经资质审查合格，取得相应等级的资质证书后，方可在其资质等级许可的范围内从事建筑活动。	1. 查阅企业资质证书 发证单位：政府主管部门 有效期：当前有效 业务范围：涵盖合同约定的业务

续表

条款号	大纲条款	检查依据	检查要点
4.4.1	企业资质与合同约定的业务相符	**2.《建设工程质量管理条例》中华人民共和国国务院令第279号（2017年10月7日中华人民共和国国务院令第687号修正）** 第二十五条　施工单位应当依法取得相应等级的资质证书，并在其资质等级许可的范围内承揽工程。 **3.《建筑业企业资质管理规定》中华人民共和国住房和城乡建设部令第22号（2015）** 第三条　企业应当按照其拥有的资产、主要人员、已完成的工程业绩和技术装备等条件申请建筑业企业资质，经审查合格，取得建筑业企业资质证书后，方可在资质许可的范围内从事建筑施工活动。 **4.《承装（修、试）电力设施许可证管理办法》国家电监会28号令（2009）** 第四条　在中华人民共和国境内从事承装、承修、承试电力设施活动的，应当按照本办法的规定取得许可证。除电监会另有规定外，任何单位或者个人未取得许可证，不得从事承装、承修、承试电力设施活动。 本办法所称承装、承修、承试电力设施，是指对输电、供电、受电电力设施的安装、维修和试验。 第二十八条　承装（修、试）电力设施单位在颁发许可证的派出机构辖区以外承揽工程的，应当自工程开工之日起十日内，向工程所在地派出机构报告，依法接受其监督检查	2. 查阅承装（修、试）电力设施许可证 发证单位：国家能源局派出机构（原国家电力监管委员会派出机构） 有效期：当前有效 业务范围：涵盖合同约定的业务 3. 查阅跨区作业许可证 发证单位：工程所在地政府主管部门
4.4.2	质量检查及特殊工种人员持证上岗	**1.《特种作业人员安全技术培训考核管理办法》国家安全生产监督管理总局令第30号（2010）（2015年5月29日国家安全监管总局令第80号修正）** 第五条　特种作业人员必须经专门的安全技术培训并考核合格，取得《中华人民共和国特种作业操作证》（以下简称特种作业操作证）后，方可上岗作业。 **2.《建筑施工特种作业人员管理规定》中华人民共和国建设部　建质〔2008〕75号** 第四条　建筑施工特种作业人员必须经建设主管部门考核合格，取得建筑施工特种作业人员操作资格证书，方可上岗从事相应作业。 **3.《输变电工程项目质量管理规程》DL/T 1362—2014** 9.3.1　施工项目部人员执业资格应符合国家有关规定，其任职条件参见附录D。 9.3.2　工程开工前，施工单位应完成下列工作： …… h）特种作业人员的资格证和上岗证的报审	1. 查阅项目部各专业质检员资格证书 专业类别：包括土建、电气、送电等 发证单位：政府主管部门或电力建设工程质量监督站 有效期：当前有效 2. 查阅特殊工种人员台账 内容：包括姓名、工种类别、证书编号、发证单位、有效期等 证书有效期：作业期间有效 3. 查阅特殊工种人员资格证书 发证单位：主管部门 有效期：与台账一致

续表

条款号	大纲条款	检 查 依 据	检查要点
4.4.3	施工方案和作业指导书已审批，技术交底记录齐全	**1.《建筑施工组织设计规范》GB/T 50502—2009** 3.0.5 施工组织设计的编制和审批应符合下列规定： 2 ……施工方案应由项目技术负责人审批；重点、难点分部（分项）工程和专项工程施工方案应由施工单位技术部门组织相关专家评审，施工单位技术负责人批准； 3 由专业承包单位施工的分部（分项）工程或专项工程的施工方案，应由专业承包单位技术负责人或技术负责人授权的技术人员审批；有总承包单位时，应由总承包单位项目技术负责人核准备案； 4 规模较大的分部（分项）工程和专项工程的施工方案应按单位工程施工组织设计进行编制和审批。 6.4.1 施工准备应包括下列内容： 1 技术准备：包括施工所需技术资料的准备、图纸深化和技术交底的要求、试验检验和测试工作计划、样板制作计划以及与相关单位的技术交接计划等； …… **2.《输变电工程项目质量管理规程》DL/T 1362—2014** 9.2.2 工程开工前，施工单位应根据施工质量管理策划编制质量管理文件，并应报监理单位审核、建设单位批准。质量管理文件应包括下列内容： …… e）施工方案及作业指导书 9.3.2 工程开工前，施工单位应完成下列工作： …… e）施工组织设计、施工方案的编制和审批； 9.3.4 施工过程中，施工单位应主要开展下列质量控制工作： b）在变电各单位工程、线路各分部工程开工前进行技术培训交底	1. 查阅施工方案和作业指导书 审批：责任人已签字 编审批时间：施工前 2. 查阅施工方案和作业指导书报审表 审批意见：同意实施等肯定性意见 签字：施工项目部、监理项目部责任人已签字 盖章：施工项目部、监理项目部已盖章 3. 查阅技术交底记录 内容：与方案或作业指导书相符 时间：施工前 签字：交底人和被交底人已签字
4.4.4	计量工器具经检定合格，且在有效期内	**1.《中华人民共和国计量法》中华人民共和国主席令第86号（2018年10月26日修正）** 第九条 ……。未按照规定申请检定或者检定不合格的，不得使用。…… **2.《中华人民共和国依法管理的计量器具目录（型式批准部分）》国家质检总局公告2005年第145号** 1. 测距仪：光电测距仪、超声波测距仪、手持式激光测距仪； 2. 经纬仪：光学经纬仪、电子经纬仪； 3. 全站仪：全站型电子速测仪； 4. 水准仪：水准仪； 5. 测地型GPS接收机：测地型GPS接收机。	1. 查阅计量工器具台账 内容：包括计量工器具名称、出厂合格证编号、检定日期、有效期、在用状态等 检定有效期：在用期间有效

续表

条款号	大纲条款	检查依据	检查要点
4.4.4	计量工器具经检定合格，且在有效期内	**3.《电力建设施工技术规范　第1部分：土建结构工程》DL 5190.1—2012** 3.0.5　在质量检查、验收中使用的计量器具和检测设备，应经计量检定合格后方可使用；承担材料和设备检测的单位，应具备相应的资质。 **4.《电力工程施工测量技术规范》DL/T 5445—2010** 4.0.3　施工测量所使用的仪器和相关设备应定期检定，并在检定的有效期内使用。……。 **5.《建筑工程检测试验技术管理规范》JGJ 190—2010** 5.2.2　施工现场配置的仪器、设备应建立管理台账，按有关规定进行计量检定或校准，并保持状态完好	2. 查阅计量工器具检定合格证或报告 检定单位资质范围：包含所检测工器具 工器具有效期：在用期间有效，且与台账一致
4.4.5	按照检测试验项目计划进行了见证的取样和送检，台账完整	**1. 关于印发《房屋建筑工程和市政基础设施工程实行见证取样和送检的规定》的通知中华人民共和国建设部建建〔2000〕211号** 第五条　涉及结构安全的试块、试件和材料见证取样和送检的比例不得低于有关技术标准中规定应取样数量的30%。 第六条　下列试块、试件和材料必须实施见证取样和送检： （一）用于承重结构的混凝土试块； （二）用于承重墙体的砌筑砂浆试块； （三）用于承重结构的钢筋及连接接头试件； （四）用于承重墙的砖和混凝土小型砌块； （五）用于拌制混凝土和砌筑砂浆的水泥； （六）用于承重结构的混凝土中使用的掺加剂； （七）地下、屋面、厕浴间使用的防水材料； （八）国家规定必须实行见证取样和送检的其它试块、试件和材料。 第七条　见证人员应由建设单位或该工程的监理单位具备建筑施工试验知识的专业技术人员担任，并应由建设单位或该工程的监理单位书面通知施工单位、检测单位和负责该项工程的质量监督机构。 **2.《房屋建筑和市政基础设施工程质量检测技术管理规范》GB 50618—2011** 3.0.5　对实行见证取样和见证检测的项目，不符合见证要求的，检测机构不得进行检测。 **3.《建筑工程检测试验技术管理规范》JGJ 190—2010** 3.0.6　见证人员必须对见证取样和送检的过程进行见证，且必须确保见证取样和送检过程的真实性。	查阅见证取样台账 取样数量、取样项目：与检测试验计划相符

续表

条款号	大纲条款	检查依据	检查要点
4.4.5	按照检测试验项目计划进行了见证的取样和送检，台账完整	5.5.1 施工现场应按照单位工程分别建立下列试样台账： 1 钢筋试样台账； 2 钢筋连接接头试样台账； 3 混凝土试件台账； 4 砂浆试件台账； 5 需要建立的其他试样台账。 5.6.1 现场试验人员应根据施工需要及有关标准的规定，将标识后的试样送至检测单位进行检测试验； 5.8.5 见证人员应对见证取样和送检的全过程进行见证并填写见证记录。 5.8.6 检测机构接收试样时应核实见证人员及见证记录，见证人员与备案见证人员不符或见证记录无备案见证人员签字时不得接收试样	
4.4.6	原材料、成品、半成品、商品混凝土的跟踪管理台账清晰，记录完整	**1.《建设工程质量管理条例》国务院令第279号（2017年10月7日中华人民共和国国务院令第687号修正）** 第二十九条 施工单位必须按照工程设计要求、施工技术标准和合同约定，对建筑材料、建筑构配件、设备和商品混凝土进行检验，检验应当有书面记录和专人签字；未经检验或者检验不合格的，不得使用。 **2.《输变电工程项目质量管理规程》DL/T 1362—2014** 9.3.4 施工过程中，施工单位应主要开展下列质量控制工作： f）建立钢筋、水泥等主要原材料的质量跟踪台账	查阅材料跟踪管理台账 跟踪管理台账：包括生产厂家、进场日期、品种规格、出厂合格证书编号、复试报告编号、使用部位、使用数量等
4.4.7	专业绿色施工措施已实施	**1.《绿色施工导则》建质223号〔2007〕** 4.1.2 规划管理 1 编制绿色施工方案。该方案应在施工组织设计中独立成章，并按有关规定进行审批。 **2.《建筑工程绿色施工规范》GB/T 50905—2014** 3.1.1 建设单位应履行下列职责 1 在编制工程概算和招标文件时，应明确绿色施工的要求……。 2 应向施工单位提供建设工程绿色施工的设计文件、产品要求等相关资料……。 4.0.2 施工单位应编制包含绿色施工管理和技术要求的工程绿色施工组织设计、绿色施工方案或绿色施工专项方案，并经审批通过后实施。 **3.《电力建设施工技术规范 第1部分：土建结构工程》DL 5190.1—2012** 3.0.12 施工单位应建立绿色施工管理体系和管理制度，实施目标管理，施工前应在施工组织设计和施工方案中明确绿色施工的内容和方法。	查阅专业绿色施工记录 内容：与绿色施工措施相符 签字：责任人已签字

续表

条款号	大纲条款	检　查　依　据	检查要点
4.4.7	专业绿色施工措施已实施	**4.《输变电工程项目质量管理规程》DL/T 1362—2014** 9.2.2　工程开工前，施工单位应根据施工质量管理策划编制质量管理文件，并应报监理单位审核、建设单位批准。质量管理文件应包括下列内容： …… g）绿色施工方案 9.3.2　工程开工前，施工单位应完成下列工作： …… f）绿色施工方案的编制和审批	
4.4.8	工程建设标准强制性条文实施计划已执行	**1.《实施工程建设强制性标准监督规定》中华人民共和国建设部令第81号（2015年1月22日中华人民共和国住房和城乡建设部令第23号修正）** 第二条　在中华人民共和国境内从事新建、扩建、改建等工程建设活动，必须执行工程建设强制性标准。 第三条　本规定所称工程建设强制性标准是指直接涉及工程质量、安全、卫生及环境保护等方面的工程建设标准强制性条文。 国家工程建设标准强制性条文由国务院建设行政主管部门会同国务院有关行政主管部门确定。 第六条　……工程质量监督机构应当对工程建设施工、监理、验收等阶段执行强制性标准的情况实施监督。 **2.《输变电工程项目质量管理规程》DL/T 1362—2014** 9.2.2　工程开工前，施工单位应根据施工质量管理策划编制质量管理文件，并应报监理单位审核、建设单位批准。质量管理文件应包括下列内容： …… d）工程建设标准强制性条文执行计划	查阅强制性标准执行记录 内容：与强制性标准执行计划相符 签字：责任人已签字 执行时间：与工程进度同步
4.4.9	无违规转包或者违法分包工程的行为	**1.《中华人民共和国建筑法》中华人民共和国主席令第46号** 第二十八条　禁止承包单位将其承包的全部建筑工程转包给他人，禁止承包单位将其承包的全部建筑工程肢解以后以分包的名义转包给他人。 第二十九条　建筑工程总承包单位可以将承包工程中的部分工程发包给具有相应资质条件的分包单位，但是，除总承包合同约定的分包外，必须经建设单位认可。施工总承包的，建筑工程主体结构的施工必须由总承包单位自行完成。 ……	1. 查阅工程分包申请报审表 审批意见：同意分包等肯定性意见 签字：施工项目部、监理项目部、建设单位责任人已签字 盖章：施工项目部、监理项目部、建设单位已盖章

续表

条款号	大纲条款	检查依据	检查要点
4.4.9	无违规转包或者违法分包工程的行为	禁止总承包单位将工程分包给不具备相应资质条件的单位。禁止分包单位将其承包的工程再分包。 **2.《建筑工程施工转包违法分包等违法行为认定查处管理办法（试行)》国家住建部 建市118号** 第七条　存在下列情形之一的，属于转包： （一）施工单位将其承包的全部工程转给其他单位或个人施工的； （二）施工总承包单位或专业承包单位将其承包的全部工程肢解以后，以分包的名义分别转给其他单位或个人施工的； （三）施工总承包单位或专业承包单位未在施工现场设立项目管理机构或未派驻项目负责人、技术负责人、质量管理负责人、安全管理负责人等主要管理人员，不履行管理义务，未对该工程的施工活动进行组织管理的； （四）施工总承包单位或专业承包单位不履行管理义务，只向实际施工单位收取费用，主要建筑材料、构配件及工程设备的采购由其他单位或个人实施的； （五）劳务分包单位承包的范围是施工总承包单位或专业承包单位承包的全部工程，劳务分包单位计取的是除上缴给施工总承包单位或专业承包单位“管理费”之外的全部工程价款的； （六）施工总承包单位或专业承包单位通过采取合作、联营、个人承包等形式或名义，直接或变相的将其承包的全部工程转给其他单位或个人施工的； （七）法律法规规定的其他转包行为。 第九条　存在下列情形之一的，属于违法分包： （一）施工单位将工程分包给个人的； （二）施工单位将工程分包给不具备相应资质或安全生产许可的单位的； （三）施工合同中没有约定，又未经建设单位认可，施工单位将其承包的部分工程交由其他单位施工的； （四）施工总承包单位将房屋建筑工程的主体结构的施工分包给其他单位的，钢结构工程除外； （五）专业分包单位将其承包的专业工程中非劳务作业部分再分包的； （六）劳务分包单位将其承包的劳务再分包的； （七）劳务分包单位除计取劳务作业费用外，还计取主要建筑材料款、周转材料款和大中型施工机械设备费用的； （八）法律法规规定的其他违法分包行为	2. 查阅工程分包商资质 业务范围：涵盖所分包的项目 发证单位：政府主管部门 有效期：当前有效

续表

条款号	大纲条款	检查依据	检查要点
4.5　检测试验机构质量行为的监督检查			
4.5.1	检测试验机构已经通过能力认定并取得相应证书，其现场派出机构（现场试验室）满足规定条件，并已报质量监督机构备案	**1.《建设工程质量检测管理办法》中华人民共和国建设部令第141号（2015年5月中华人民共和国住房和城乡建设部令第24号修正）** 第四条　……检测机构未取得相应的资质证书，不得承担本办法规定的质量检测业务。 **2.《检验检测机构资质认定管理办法》国家质量监督检验检疫总局令第163号** 第三条　检验检测机构从事下列活动，应当取得资质认定： …… （四）为社会经济、公益活动出具具有证明作用的数据、结果的； （五）其他法律法规规定应当取得资质认定的。 **3.《建筑工程检测试验技术管理规范》JGJ 190—2010** 表5.2.4　现场试验站基本条件	1. 查阅检测机构资质证书 发证单位：国家认证认可监督管理委员会（国家级）或地方质量技术监督部门或各直属出入境检验检疫机构（省市级）及电力质监机构
			2. 查看现场试验室 派出机构成立及人员任命文件 场所：有固定场所且面积、环境、温湿度满足规范要求
			3. 查阅检测机构的申请报备文件 报备时间：工程开工前
4.5.2	检测人员资格符合规定，持证上岗	**1.《房屋建筑和市政基础设施工程质量检测技术管理规范》GB 50618—2011** 4.1.5　检测操作人员应经技术培训、通过建设主管部门或委托有关机构的考核，方可从事检测工作。 5.3.6　检测前应确认检测人员的岗位资格，检测操作人员应熟识相应的检测操作规程和检测设备使用、维护技术手册等	1. 查阅检测人员登记台账 专业类别和数量：满足检测项目需求 资格证发证单位：各级政府和电力行业主管部门 检测证有效期：当前有效
			2. 查阅检测报告 检测人：与检测人员登记台账相符
4.5.3	检测仪器、设备检定合格，且在有效期内	**1.《房屋建筑和市政基础设施工程质量检测技术管理规范》GB 50618—2011** 4.2.14　检测机构的所有设备均应标有统一的标识，在用的检测设备均应标有校准或检测有效期的状态标识。	1. 查阅《检测仪器、设备登记台账》 数量、种类：满足检测需求 检定周期：当前有效 检定结论：合格

续表

条款号	大纲条款	检查依据	检查要点
4.5.3	检测仪器、设备检定合格，且在有效期内	**2.《检验检测机构诚信基本要求》GB/T 31880—2015** 4.3.2 设备设施 检验检测设备应定期检定或校准，设备在规定的检定和校准周期内应进行期间核查。计算机和自动化设备功能应正常，并进行验证和有效维护。检验检测设施应有利于检验检测活动的开展。 **3.《建筑工程检测试验技术管理规范》JGJ 190—2010** 5.2.3 施工现场试验环境及设施应满足检测试验工作的要求	2. 查看检测仪器、设备检验标识 检定周期：与台账一致
4.5.4	检测依据正确、有效，检测报告及时、规范	**1.《检验检测机构资质认定管理办法》国家质量监督检验检疫总局令第163号** 第二十五条 检验检测机构应当在资质认定证书规定的检验检测能力范围内，依据相关标准或者技术规范规定的程序和要求，出具检验检测数据、结果。 检验检测机构出具检验检测数据、结果时，应当注明检验检测依据，并使用符合资质认定基本规范、评审准则规定的用语进行表述。 检验检测机构对其出具的检验检测数据、结果负责，并承担相应法律责任。 第二十六条 ……检验检测机构授权签字人应当符合资质认定评审准则规定的能力要求。非授权签字人不得签发检验检测报告。 第二十八条 检验检测机构向社会出具具有证明作用的检验检测数据、结果的，应当在其检验检测报告上加盖检验检测专用章，并标注资质认定标志。 **2.《房屋建筑和市政基础设施工程质量检测技术管理规范》GB 50618—2011** 5.5.1 检测项目的检测周期应对外公示，检测工作完成后，应及时出具检测报告。 **3.《检验检测机构诚信基本要求》GB/T 31880—2015** 4.3.7 报告证书 …… 检验检测记录、报告、证书不应随意涂改，所有修改应有相关规定和授权。当有必要发布全新的检验检测报告、证书时，应注以唯一标识，并注明所替代的原件。 检验检测机构应采取有效手段识别和保证检验检测报告、证书真实性；应有措施保证任何人员不得施加任何压力改变检验检测的实际数据和结果。 检验检测机构应当按照合同要求，在批准范围内根据检验检测业务类型，出具具有证明作用的数据和结果，在检验检测报告、证书中正确使用获证标识	查阅检测试验报告 检测依据：有效的标准规范、合同及技术文件 检测结论：明确 签章：检测操作人、审核人、批准人已签字，已加盖检测机构公章或检测专用章（多页检测报告加盖骑缝章），并标注相应的资质认定标志 查看：授权签字人及其授权签字领域证书 时间：在检测机构规定时间内出具

续表

条款号	大纲条款	检 查 依 据	检查要点
5 工程实体质量的监督检查			
5.1 混凝土结构工程的监督检查			
5.1.1	钢筋、水泥、砂、石、粉煤灰、外加剂、拌合用水及焊材、焊剂等原材料性能证明文件齐全；现场见证取样检验合格，报告齐全	**1.《混凝土结构工程施工质量验收规范》GB 50204—2015** 3.0.7 获得认证的产品或来源稳定且连续三批均一次检验合格的产品，进场验收时检验批的容量可按本规范的有关规定扩大一倍，且检验批容量仅可扩大一倍。扩大检验批后的检验中，出现不合格情况时，应按扩大前的检验批容量重新验收，且该产品不得再次扩大检验批容量。 5.2.1 钢筋进场时，应按国家现行相关标准的规定抽取试件做屈服强度、抗拉强度、伸长率、弯曲性能和重量偏差检验，检验结果必须符合相关标准的规定。 检查数量：按进场批次和产品的抽样检验方案确定。 检验方法：检查质量证明文件和抽样复验报告。 5.2.2 成型钢筋进场时，应抽取试件做屈服强度、抗拉强度、伸长率和重量偏差检验，检验结果必须符合相关标准的规定。 检查数量：同一工程、同一类型、同一原材料来源、同一组生产设备生产的成型钢筋，检验批量不应大于30t。 检验方法：检查质量证明文件和抽样复验报告。 5.2.3 对按一、二、三级抗震等级设计的框架和斜撑构件（含梯段）中的纵向受力普通钢筋应采用HRB335E、HRB400E、HRB500E、HRBF335E、HRBF400E或HRBF500E钢筋，其强度和最大力下总伸长率的实测值应符合下列规定： 1 钢筋的抗拉强度实测值与屈服强度实测值的比值不应小于1.25； 2 钢筋的屈服强度实测值与屈服强度标准值的比值不应大于1.30； 3 钢筋的最大力下总伸长率不应小于9%。 检查数量：按进场的批次和产品的抽样检验方案确定。 检查方法：检查抽样复验报告。 5.3.4 盘卷钢筋调直后应进行力学性能和重量偏差的检验，其强度应符合现行国家有关标准的规定，其断后伸长率、重量负偏差应符合表5.3.4的规定。 5.5.1 受力钢筋的牌号、规格、数量必须符合设计要求。 检查数量：全数检查。 检验方法：观察，尺量检查。 6.1.2 预应力筋、锚具、夹具、连接器、成孔管道进场检验，当满足下列条件之一时，其检验批容量可扩大一倍：	1. 查阅材料的进场报审表 签字：施工单位项目经理、专业监理工程师已签字 盖章：施工单位、监理单位已盖章 结论：同意使用 2. 查阅钢筋、水泥、砂、石、粉煤灰、外加剂、焊材、焊剂等的材质证明及复检报告 材质证明：应为原件，如为抄件，应加盖经销商公章及采购单位的公章，注明进货数量及原件存放处 报告内容：包括试验方法、试验项目、代表部位和数量等，数据计算正确 报告签署：试验员、审核人、批准人已签字，日期无逻辑错误 报告盖章：盖有计量认证章、资质章及试验单位章，见证取样时，加盖见证取样章并注明见证人 报告结论：合格 3. 查阅原材料跟踪管理台账 内容：包括钢筋、水泥等主要原材的等级、代表数量与进场数量相吻合、复检报告编号、使用部位等 签字：责任人已签字

续表

条款号	大纲条款	检查依据	检查要点
5.1.1	钢筋、水泥、砂、石、粉煤灰、外加剂、拌合用水及焊材、焊剂等原材料性能证明文件齐全；现场见证取样检验合格，报告齐全	1　经产品认证符合要求的产品； 2　同一工程、同一厂家、同一牌号、同一规格的产品，连续三次进场检验均一次检验合格。 6.2.1　预应力筋进场时，应按国家现行相关标准的规定抽取试件做抗拉强度、伸长率检验，其检验结果应符合国家现行相关标准的规定。 检查数量：按进场批次和产品的抽样检验方案确定。 检验方法：检查质量证明文件和抽样检验报告。 6.3.1　预应力筋的品种、规格、数量必须符合设计要求。 检查数量：全数检查。 检验方法：观察，尺量检查。 6.4.2　对后张法预应力结构构件，钢绞线出现断裂或滑脱的数量不应超过同一截面钢绞线总根数的3%，且每根断裂的钢绞线断丝不得超过一丝；对多跨双向连续板，其同一截面应按每跨计算。 检查数量：全数检查。 检验方法：观察，检查张拉记录。 7.2.1　水泥进场时，应对其品种、代号、强度等级、包装或散装仓号、出厂日期等进行检查，并应对水泥的强度、安定性和凝结时间进行检验，检验结果应符合现行国家标准《通用硅酸盐水泥》GB 175 的相关规定。 检查数量：按同一厂家、同一品种、同一代号、同一强度等级、同一批号且连续进场的水泥，袋装不超过200t为一批，散装不超过500t为一批，每批抽样数量不应少于一次。 检验方法：检查质量证明文件和抽样检验报告。 7.2.2　混凝土外加剂进场时，应对其品种、性能、出厂日期等进行检查，并对外加剂的相关性能指标进行复验，其结果应符合现行国家标准《混凝土外加剂》GB 8076 和《混凝土外加剂应用技术规范》GB 50119 的规定。 检查数量：按同一生产厂家、同一等级、同一品种、同一批号且连续进场的混凝土外加剂，不超过50t为一批，每批抽样数量不应少于一次。 检验方法：检查质量证明文件和抽样复验报告。 7.2.3　混凝土用矿物掺合料进场时，应对其品种、技术指标、出厂日期等进行检查，并应对矿物掺合料的相关技术指标进行检验，检验结果应符合国家现行有关标准的规定。 检查数量：按同一厂家、同一品种、同一技术指标、同一批号且连续进场的矿物掺合料，粉煤灰、石灰石粉、磷渣粉和钢铁渣粉不超过200t为一批，粒化高炉矿渣粉和复合矿物掺合料不超过500t为一批，沸石粉不超过120t为一批，硅灰不超过30t为一批，每批抽样数量不应少于一次。	4. 查阅商品混凝土出厂检验文件 发货单数量：符合规范规定 发货单签字：有供货商和施工单位的交接签字 合格证：强度符合要求

续表

条款号	大纲条款	检查依据	检查要点
5.1.1	钢筋、水泥、砂、石、粉煤灰、外加剂、拌合用水及焊材、焊剂等原材料性能证明文件齐全；现场见证取样检验合格，报告齐全	检验方法：检查质量证明文件和抽样检验报告。 7.2.4　混凝土原材料中的粗骨料、细骨料质量应符合现行行业标准《普通混凝土用砂、石质量及检验方法标准》JGJ 52 的规定，使用经过净化处理的海沙应符合现行行业标准《海沙混凝土应用技术规范》JGJ 206 的规定，再生混凝土骨料应符合现行国家标准《混凝土用再生粗骨料》GB/T 25177 和《混凝土和砂浆用再生细骨料》GB/T 25176 的规定。 检查数量：执行现行行业标准《普通混凝土用砂、石质量及检验方法标准》JGJ 52 的规定。 检验方法：检查抽样复验报告。 7.2.5　混凝土拌制及养护用水应符合现行行业标准《混凝土用水标准》JGJ 63 的规定；采用饮用水作为混凝土用水时，可不检验；采用中水、搅拌站清洗水、施工现场循环水等其他水源时，应对其成份进行检验。 检查数量：同一水源检查不应少于一次。 检验方法：检查水质检验报告。 **2.《混凝土结构工程施工规范》GB 50666—2011** 3.3.5　材料、半成品、和成品进场时，应对其规格、型号、外观和质量证明文件进行检查，并应按现行国家标准《混凝土结构工程施工质量验收规范》GB 50204 等的有关规定进行检验。 5.2.2　对有抗震设防要求的结构，其纵向受力钢筋的性能应满足设计要求；当设计无具体要求时，对按一、二、三级抗震等级设计的框架和斜撑构件（含梯段）中的纵向受力钢筋应采用 HRB335E、HRB400E、HRB500E、HRBf335E、HRBf400E 或 HRBf500E 钢筋，其强度和最大力下总伸长率的实测值应符合下列规定： 1　钢筋的抗拉强度实测值与屈服强度实测值的比值不应小于 1.25； 2　钢筋的屈服强度实测值与屈服强度标准值的比值不应大于 1.30； 3　钢筋的最大力下总伸长率不应小于 9%。 5.5.1　钢筋进场检查应符合下列规定： 1　应检查钢筋的质量证明文件； 2　应按国家现行有关标准的规定抽样检验屈服强度、抗拉强度、伸长率、弯曲性能及单位长度重量偏差； 3　经产品认证符合要求的钢筋，其检验批量可扩大一倍。在同一工程中，同一厂家、同一牌号、同一规格的钢筋连续三次进场检验均一次合格时，其后的检验批量可扩大一倍； 4　钢筋的外观质量； 5　当无法准确判断钢筋品种、牌号时，应增加化学成分、晶粒度等检验项目。	

续表

条款号	大纲条款	检 查 依 据	检查要点
5.1.1	钢筋、水泥、砂、石、粉煤灰、外加剂、拌合用水及焊材、焊剂等原材料性能证明文件齐全；现场见证取样检验合格，报告齐全	5.5.2 成型钢筋进场时，应检查成型钢筋的质量证明文件，成型钢筋所用材料质量证明文件及检验报告并应抽样检验成型钢筋的屈服强度、抗拉强度、伸长率和重量偏差。检验批量可由合同约定，同一工程、同一原材料来源、同一组生产设备生产的成型钢筋，检验批量不宜大于30t。 5.2.3 钢筋调直后，应检查力学性能和单位长度重量偏差。但采用无延伸功能机械设备调直的钢筋，可不进行本条规定的检查。 6.6.1 预应力工程材料进场检查应符合下列规定： 1 应检查规格、外观、尺寸及其质量证明文件； 2 应按现行国家有关标准的规定进行力学性能的抽样检验； 3 经产品认证符合要求的产品，其检验批量可扩大一倍。在同一工程、同一厂家、同一品种、同一规格的产品连续三次进场检验均一次检验合格时，其后的检验批量可扩大一倍。 7.6.2 原材料进场时，应对材料外观、规格、等级、生产日期等进行检查，并应对其主要技术指标按本规范7.6.3的规定划分检验批进行抽样检验，每个检验批检验不得少于1次。 经产品认证符合要求的水泥、外加剂，其检验批量可扩大一倍。在同一工程中，同一厂家、同一品种、同一规格的水泥、外加剂，连续三次进场检验均一次合格时，其后的检验批量可扩大一倍。 7.6.3 原材料进场质量检查应符合下列规定： 1 应对水泥的强度、安定性及凝结时间进行检验。同一生产厂家、同一等级、同一品种、同一批号连续进场的水泥，袋装水泥不超过200t应为一批，散装水泥不超过500t为一批。 2 应对粗骨料的颗粒级配、含泥量、泥块含量、针片状含量指标进行检验，压碎指标可根据工程需要进行检验，应对细骨料颗粒级配、含泥量、泥块含量指标进行检验。当设计文件在要求或结构处于易发生碱骨料反应环境中，应对骨料进行碱活性检验。抗冻等级F100及以上的混凝土用骨料，应进行坚固性检验，骨料不超过400m³或600t为一检验批。 3 应对矿物掺合料细度（比表面积）、需水量比（流动度比）、活性指数（抗压强度比）、烧失量指标进行检验。粉煤灰、矿渣粉、沸石粉不超过200t应为一检验批，硅灰不超过30t应为检验批。 4 应按外加剂产品标准规定对其主要匀质性指标和掺外加剂混凝土性能指标进行检验。同一品种外加剂不超过50t应为一检验批。 5 当采用饮用水作为混凝土用水时，可没检验。当采用中水、搅拌站清洗水或施工现场循环水等其他水源时，应对其成分进行检验。 7.6.4 当使用中水泥质量受不利环境影响或水泥出厂超过三个月（快硬硅酸盐水泥超过一个月）时，应进行复验，并应按复验结果使用。	

续表

条款号	大纲条款	检查依据	检查要点
5.1.1	钢筋、水泥、砂、石、粉煤灰、外加剂、拌合用水及焊材、焊剂等原材料性能证明文件齐全；现场见证取样检验合格，报告齐全	**3.《大体积混凝土施工规范》GB 50496—2018** 4.2.2 用于大体积混凝土的水泥进场时应检查水泥品种、代号、强度等级、包装或散装编号、出厂日期等，并应对水泥的强度、安定性、凝结时间、水化热进行检验，检验结果应符合现行国家标准《通用硅酸盐水泥》GB 175 的相关规定。 **4.《建设工程监理规范》GB/T 50319—2013** 5.2.9 项目监理机构应审查施工单位报送的用于工程的材料、构配件、设备的质量证明文件，并应按有关规定、建设工程监理合同的约定，对用于建设工程的材料进行见证取样，平等检验。 项目监理机构对已进场经检验不合格的材料、构配件、设备，应要求施工单位限期将其撤出施工现场。 **5.《混凝土质量控制标准》GB 50164—2011** 7.1.1 原材料进场时，应按规定批次验收型式检验报告、出厂检验报告或合格证等质量证明文件，外加剂产品还应具有使用说明书。 7.1.2 混凝土原材料进场时应进行检验，检验样品应随机抽取。 7.1.3 混凝土原材料的检验批量应符合下列规定： 1 散装水泥应按每 500t 为一个检验批；袋装水泥应按每 200t 为一个检验批；粉煤灰或粒化高炉矿渣粉等矿物掺合料应按每 200t 为一个检验批；硅灰应按每 30t 为一个检验批；砂、石骨料应按每 400m³ 或 600t 为一个检验批；外加剂应按每 50t 为一个检验批；水应按同一水源不少于一个检验批。 2 当符合下列条件之一时，可将检验批量扩大一倍。 1）对经产品认证机构认证符合要求的产品。 2）来源稳定且连续三次检验合格。 3）同一厂家的同批出厂材料，用于同时施工且属于同一工程项目的多个单位工程。 3 不同批次或非连续供应的不足一个检验批量的混凝土原材料应作为一个检验批。 **6.《钢筋焊接验收规程》JGJ 18—2012** 3.0.6 凡施焊的各种钢筋、钢板均应有质量证明书；焊条、焊丝、氧气、溶解乙炔、液化石油气、二氧化碳气体、焊剂应有产品合格证。 钢筋进场时，应按现行国家现行相关标准的规定抽取试件并作力学性能和重量偏差检验，检验结果必须符合国家现行有关标准的规定。 **7.《电力建设工程监理规范》DL/T 5434—2009** 9.1.7 项目监理机构应对承包单位报送的拟进场工程材料、半成品和构配件的质量证明文件进行审核，并按有关规定进行抽样验收。对有复试要求的，经监理人员现场见证取样的送检，复试报告应报送项目监理机构查验。 未经项目监理机构验收或验收不合格的工程材料、半成品和构配件，不得用于本工程，并书面通知承包单位限期撤出施工现场。	

续表

条款号	大纲条款	检查依据	检查要点
5.1.2	长期处于潮湿环境的重要混凝土结构用砂、石碱活性检验合格	**1.《混凝土结构设计规范》GB 50010—2010** 3.5.3 设计使用年限为50年的混凝土结构，其混凝土材料宜符合表3.5.3的规定。 3.5.5 一类环境中，设计使用年限为100年的结构应符合下列规定： 1. 钢筋混凝土结构的最低强度等级为C30；预应力混凝土结构的最低强度等级为C40； 2. 混凝土中的最大氯离子含量为0.06%； 3. 宜使用非碱活性骨料，当使用碱活性骨料时，混凝土中的最大碱含量为3.0kg/m³； 4. 混凝土保护层厚度应符合本规范第8.2.1条的规定；当采取有效的表面防护措施时，混凝土保护层厚度可适当减小。 **2.《大体积混凝土施工规范》GB 50496—2018** 4.2.3 骨料选择，除应符合国家现行标准《普通混凝土用砂、石质量检验方法标准》JGJ 52的有关规定外，尚应符合下列规定： 1. 细骨料宜采用中砂，细度模数宜大于2.3，含泥量不应大于3%； 2. 粗骨料粒径宜为5.0mm～31.5mm，并应连续级配，含泥量不应大于1%； 3. 应选用非碱活性的粗骨料； 4. 当采用非泵送施工时，粗骨料的粒径可适当增大。 **3.《清水混凝土应用技术规程》JGJ 169—2009** 3.0.4 处于潮湿环境和干湿交替环境的混凝土，应选用非碱活性骨料。 **4.《普通混凝土用砂、石质量检验方法标准》JGJ 52—2006** 1.0.3 对于长期处于潮湿环境的重要混凝土结构所用的砂石，应进行碱活性检验。 3.1.9 对于长期处于潮湿环境的重要混凝土结构用砂，应采用砂浆棒（快速法）或砂浆长度法进行骨料的碱活性检验。经上述检验判断为有潜在危害时，应控制混凝土中的碱含量不超过3kg/m³，或采用能抑制碱-骨料反应的有效措施。 3.1.10 砂中氯离子含量应符合下列规定： 1 对于钢筋混凝土用砂，其氯离子含量不得大于0.06%（以干砂的质量百分率计）； 2 对于预应力混凝土用砂，其氯离子含量不得大于0.02%（以干砂的质量百分率计）。 3.2.8 对于长期处于潮湿环境的重要结构混凝土，其所使用的碎石或卵石，应进行碱活性检验。 进行碱活性检验时，首先应采用岩相法检验碱活性骨料的品种、类型和数量。当检验出骨料中含有活性二氧化硅时。应采用快速砂浆棒法和砂浆长度法进行碱活性检验；当检验出骨料中含有活性碳酸盐时，应采用岩石柱法进行碱活性检验。	查阅砂、石碱含量检测报告 检测结果：非碱活性骨料，对混凝土中的碱含量不作限制；对于碱活性骨料，限制混凝土中的碱含量不超过3kg/m³，或已采用能抑制碱-骨料反应的有效措施 大体积混凝土：已选用非碱活性的骨料 对于一类环境中设计年限为100年的结构混凝土：已选用非碱活性的骨料 清水混凝土：已选用非碱活性的骨料 签字：责任人已签字 盖章：已加盖计量认证章、资质章和试验专用章，见证取样的检验报告见证人员和见证取样章 结论：合格

续表

条款号	大纲条款	检查依据	检查要点
5.1.2	长期处于潮湿环境的重要混凝土结构用砂、石碱活性检验合格	经上述检验，当判定骨料存在潜在碱-碳酸盐反应危害时，不宜用作混凝土骨料；否则，应通过专门的混凝土试验，做最后评定。 当判定骨料存在潜在碱硅反应危害时，应控制混凝土中的碱含量不超过3kg/m^3，或采用能抑制碱-骨料反应的有效措施	
5.1.3	用于配制钢筋混凝土的海砂氯离子含量检验合格	**1.《海砂混凝土应用技术规范》JGJ 206—2010** 4.1.2 海砂的质量应符合表4.1.2的要求，即水溶性氯离子含量（%，按质量计）≤0.03	查阅海砂复检报告 检验项目、试验方法、代表部位、数量、试验结果：符合规范规定 签字：试验员、审核人、批准人已签字 盖章：盖有计量认证章、资质章及试验单位章，见证取样时，有见证取样章并注明见证人 结论：水溶性氯离子含量（%，按质量计）≤0.03，符合设计要求和规范规定
5.1.4	钢筋焊接工艺试验合格，机械连接工艺试验合格；连接接头试件截取符合规范，试验合格，报告齐全	**1.《混凝土结构工程施工质量验收规范》GB 50204—2015** 5.4.2 钢筋采用机械连接或焊接时，钢筋机械连接接头、焊接接头的力学性能、弯曲性能应符合国家现行相关标准的规定。接头试件应从工程实体中截取。 检查数量：按现行行业标准《钢筋机械连接技术规程》JGJ 107和《钢筋焊接及验收规程》JGJ 18的规定确定。 检验方法：检查质量证明文件和抽样检验报告。 **2.《混凝土结构工程施工规范》GB 50666—2011** 5.4.3 钢筋焊接施工应符合下列规定： 2 在钢筋焊接施工前，参与该项工程施焊的焊工应进行现场条件下的焊接工艺试验，以试验合格后，方可进行焊接。焊接过程中，如果钢筋牌号、直径发生变更，应再次进行焊接工艺试验。工艺试验使用的材料、设备、辅料及作业条件均应与实际施工一致。	1.查阅焊接工艺试验及质量检验报告 检验项目、试验方法、代表部位、数量、抗拉强度、弯曲试验等试验结果：符合规范规定 签字：试验员、审核人、批准人已签字 盖章：盖有计量认证章、资质章及试验单位章，见证取样时，有见证取样章并注明见证人 结论：符合设计要求和规范规定

续表

条款号	大纲条款	检 查 依 据	检查要点
5.1.4	钢筋焊接工艺试验合格，机械连接工艺试验合格；连接接头试件截取符合规范，试验合格，报告齐全	5.5.5 钢筋连接施工的质量检查应符合下列规定： 1 钢筋焊接和机械连接施工前均应进行工艺试验。机械连接应检查有效的型式检验报告。 2 钢筋焊接接头和机械连接接头应全数检查外观质量，搭接连接接头应抽检搭接长度。 3 螺纹接头应抽检拧紧扭矩值。 4 钢筋焊接施工中，焊工应及时自检。当发现焊接缺陷及异常现象时，应查找原因，并采取措施及时消除。 5 施工中应检查钢筋接头百分率。 6 应按现行行业标准《钢筋机械连接技术规程》JGJ 107、《钢筋焊接及验收规程》JGJ 18 的有关规定抽取钢筋机械连接接头、焊接接头试件做力学性能检验。 **3.《钢筋焊接验收规程》JGJ 18—2012** 4.1.3 在钢筋工程开工焊接开工之前，参与该项施焊的焊工必须进行现场条件下的焊接工艺试验，应经试验合格后，方准于焊接生产。 **4.《钢筋机械连接技术规程》JGJ 107—2016** 6.2.1 直螺纹钢筋丝头加工应符合下列规定： 1 钢筋端部应采用带锯、砂轮锯或带圆弧形刀片的专用钢筋切断机切平； 2 镦粗头不应有与钢筋轴线相垂直的横向裂纹； 3 钢筋丝头长度应满足产品设计要求，极限偏差应为 0～2.0p； 4 钢筋丝头宜满足 6f 级精度要求，应采用专用直螺纹量规检验，通规应能顺利旋入并达到要求的拧入长度，止规旋入不得超过 3p。各规格的自检数量不应少于 10%，检验合格率不应小于 95%。 6.2.2 锥螺纹钢筋丝头加工应符合下列规定： 1 钢筋端部不得有影响螺纹加工的局部弯曲； 2 钢筋丝头长度应满足产品设计要求，拧紧后的钢筋丝头不得相互接触，丝头加工长度极限偏差应为−0.5p～−1.5p； 3 钢筋丝头的锥度和螺距应采用专用锥螺纹量规检验；各规格丝头的自检数量不应少于 10%，检验合格率不应小于 95%。 6.3.1 直螺纹接头的安装应符合下列规定： 1 安装接头时可用管钳扳手拧紧，钢筋丝头应在套筒中央位置相互顶紧，标准型、正反丝型、异径型接头安装后的单侧外露螺纹不宜超过 2p；对无法对顶的其他直螺纹接头，应附加锁紧螺母、顶紧凸台等措施紧固。 2 接头安装后应用扭力扳手校核拧紧扭矩，最小拧紧扭矩值应符合表 6.3.1 的规定。 3 校核用扭力扳手的准确度级别可选用 10 级。	2. 查阅焊接工艺试验质量检验报告统计台账 试验报告数量：与连接接头种类及代表数量相一致 3. 查看焊接接头抽检 截取方式：在工程结构中随机截取 试件数量：符合规范要求 试验结果：合格 4. 查阅机械连接工艺报告及质量检验报告 检验项目、试验方法、代表部位、数量、试验结果：符合规范规定 签字：试验员、审核人、批准人已签字 盖章：盖有计量认证章、资质章及试验单位章，见证取样时，加盖见证取样章并注明见证人 结论：符合设计要求和规范规定 5. 查阅机械连接工艺试验及质量检验报告统计表 试验报告数量：与连接接头种类及代表数量相一致 6. 查看机械连接接头抽检 截取方式：在工程结构中随机截取 试件数量：符合规范要求 试验结果：合格

续表

条款号	大纲条款	检 查 依 据	检查要点
5.1.4	钢筋焊接工艺试验合格，机械连接工艺试验合格；连接接头试件截取符合规范，试验合格，报告齐全	6.3.2 锥螺纹接头的安装应符合下列规定： 2 接头安装时应用扭力扳手拧紧，拧紧扭矩值应满足表6.3.2的规定	7. 查阅机械连接施工记录 最小拧紧力矩值：符合规范规定 签字：施工单位班组长、质量员、技术负责人、专业监理工程师已签字
5.1.5	钢筋代换已办理设计变更，可追溯	**1.《混凝土结构工程施工规范》GB 50666—2011** 5.1.3 当需要进行钢筋代换时，应办理设计变更文件。 6.1.3 当预应力筋需要代换时，应进行专门计算，并应经原设计单位确认	查阅钢筋代换设计变更和设计变更反馈单 设计变更：已履行设计变更手续 设计变更反馈单：已执行 签字：建设、设计、施工、监理单位已签署意见
5.1.6	混凝土强度等级应满足设计要求，实验报告齐全	**1.《混凝土结构工程施工质量验收规范》GB 50204—2015** 7.4.1 结构混凝土的强度等级必须符合设计要求。用于检验混凝土强度的试件应在浇筑地点随机抽取。 检查数量：对同一配合比混凝土，取样与试件留置应符合下列规定： 1 每拌制100盘且不超过100m³时，取样不得少于一次； 2 每工作班拌制不足100盘时，取样不得少于一次； 3 连续浇筑超过1000m³时，每200m³取样不得少于一次； 4 每一楼层取样不得少于一次； 5 每次取样应至少留置一组试件。 检验方法：检查施工记录及混凝土强度试验报告。 7.3.4 首次使用的混凝土配合比应进行开盘鉴定，其原材料、强度、凝结时间、稠度应满足设计配合比的要求。 检验方法：检查开盘鉴定资料和强度试验报告。 检验方法：检查开盘鉴定资料。 10.1.2 结构实体混凝土强度应按不同强度等级分别检验，检验方法宜采用同条件养护试件方法；当未取得同条件养护试件强度或同条件养护试件强度不符合要求时，可采用回弹-取芯法进行检验。	1. 查阅混凝土（标准养护及条件养护）试块强度试验报告 代表数量：与实际浇筑的数量相符 强度：符合设计要求 签字：试验员、审核人、批准人已签字 盖章：盖有计量认证章、资质章及试验单位章，见证取样时，加盖见证取样章并注明见证人 2. 查阅混凝土开盘鉴定资料 时间：在首次使用的混凝土配合比前 内容：开盘鉴定记录表项目齐全 签字：施工、监理人员已签字

续表

条款号	大纲条款	检查依据	检查要点
5.1.6	混凝土强度等级应满足设计要求，实验报告齐全	结构实体混凝土同条件养护试件强度检验应符合本规范附录C的规定；结构实体混凝土回弹-取芯法强度检验应符合本规范附录D的规定。 混凝土强度检验时的等效养护龄期可取日平均温度逐日累计达到600℃·d时所对应的龄期，且不应小于14d。日平均温度为0℃及以下的龄期不计入。 冬期施工时，等效养护龄期计算时温度可取结构构件实际养护温度，也可根据结构构件的实际养护条件，按照同条件养护试件强度与在标准养护条件下28d龄期试件强度相等的原则由监理、施工等各方共同确定	3. 查阅混凝土强度检验评定记录 评定方法：选用正确 数据：统计、计算准确 签字：计算者、审核者已签字 结论：符合设计要求
			4. 查看混凝土搅拌站 计量装置：在周检期内，使用正常 配合比调整：已根据气候和砂、石含水率进行调整 材料堆放：粗细骨料无混仓现象
			5. 查看混凝土浇筑现场 坍落度：监理人员已按要求检测 试块制作、留置地点、方法及数量：符合规范要求 养护：方法、时间符合规程要求
			6. 查看结构实体检验专项方案、检测机构资质、实体检验记录和报告。
5.1.7	混凝土浇筑记录齐全；试件抽取、留置符合规范	**1.《混凝土结构工程施工质量验收规范》GB 50204—2015** 7.4.1 混凝土的强度等级必须符合设计要求。用于检验混凝土强度的试件应在浇筑地点随机抽取。 检查数量：对同一配合比混凝土．取样与试件留置应符合下列规定： 1 每拌制100盘且不超过100m^3时，取样不得少于一次； 2 每工作班拌制不足100盘时，取样不得少于一次； 3 连续浇筑超过1000m^3时，每200m^3取样不得少于一次； 4 每一楼层取样不得少于一次： 5 每次取样应至少留置一组试件。 检验方法：检查施工记录及混凝土强度试验报告。	1. 查阅混凝土浇筑记录、养护记录和同条件混凝土试块养护测温记录 坍落度：符合配合比要求 浇筑间隔时间：符合规范的规定 标养试块留置：组数符合规范规定，编号齐全 同养试块留置（拆模、结构实体、设备安装、冬期施工、其他要求）：组数符合规范规定，编号齐全 签字：技术负责人

续表

<table>
<tr><th>条款号</th><th>大纲条款</th><th>检 查 依 据</th><th>检查要点</th></tr>
<tr><td rowspan="2">5.1.7</td><td rowspan="2">混凝土浇筑记录齐全；试件抽取、留置符合规范</td><td rowspan="2">2.《混凝土质量控制标准》GB 50164—2011
6.6.14　混凝土拌合物从搅拌机卸出后到浇筑完毕的延续时间不宜超过表 6.6.14 的规定。
6.6.15　在混凝土浇筑的同时，应制作供结构或构件出池、拆模、吊装、张拉、放张和强度合格评定用的同条件养护试件，并应按设计要求制作抗冻、抗渗或其他性能试验用的试件。
7.2.1　在生产施工过程中，应在搅拌地点和浇筑地点分别对混凝土拌合物进行抽样检验。
3.《建筑工程冬期施工规程》JGJ/T 104—2011
6.9.7　混凝土强度试件的留置除应按现行国家标准《混凝土结构工程施工质量验收规范》GB 50204 规定进行外，尚应增设不少于 2 组同条件养护试件</td><td>2. 查阅商品混凝土跟踪台账
浇筑部位、浇筑量、配合比编号、出厂合格证编号：清晰准确
试块留置数量：与浇筑量相符</td></tr>
<tr><td>3. 查看混凝土浇筑现场
坍落度：监理人员已按要求检测
试块制作、留置地点、方法及数量：符合规范要求
养护：方法、时间符合规程要求</td></tr>
<tr><td rowspan="2">5.1.8</td><td rowspan="2">混凝土结构外观质量和尺寸偏差符合质量验收标准</td><td rowspan="2">1.《混凝土结构工程施工质量验收规范》GB 50204—2015
8.3.1　现浇结构不应有影响结构性能或使用功能的尺寸偏差；混凝土设备基础不应有影响结构性能和设备安装的尺寸偏差。
对超过尺寸允许偏差要求且影响结构性能和安装、使用功能的部位，应由施工单位提出技术处理方案，经监理、设计单位认可后进行处理。对经处理后的部位应重新验收。
检查数量：全数检查。
检验方法：量测，检查处理记录。
8.3.2　现浇结构位置、尺寸偏差及检验方法应符合表 8.3.2 的规定。
8.3.3　现浇设备基础的位置和尺寸应符合设计和设备安装的要求。其位置、尺寸允许偏差及检验方法应符合表 8.3.3 的规定。
2.《电力建设施工技术规范　第 1 部分：土建结构工程》DL 5190.1—2012
4.4.21　现浇钢筋混凝土结构尺寸允许偏差应符合表 4.4.20 的规定。
7.2.19　混凝土结构尺寸允许偏差应符合表 7.2.19-1 及表 7.2.19-2 的规定</td><td>1. 查阅混凝土结构尺寸偏差验收记录
尺寸偏差：符合设计要求及规范的规定
签字：施工单位质量员、专业监理工程师已签字
结论：合格</td></tr>
<tr><td>2. 查看混凝土外观
表面质量：无严重缺陷
位置、尺寸偏差：符合设计要求和规范规定</td></tr>
<tr><td>5.1.9</td><td>隐蔽验收、质量验收记录齐全</td><td>1.《混凝土结构工程施工质量验收规范》GB 50204—2015
3.0.3　分项工程的质量验收应在所含检验批验收合格的基础上，进行质量验收记录检查。
3.0.4　检验批的质量验收应包括实物检查和资料检查，并应符合下列规定：
1　主控项目的质量经抽样检验应合格；
2　一般项目的质量经抽样检验应合格；一般项目当采用计数抽样检验时，除本规范各章有专门规定外，其合格点率应达到 80%及以上，且不得有严重缺陷；
3　应具有完整的质量检验记录，重要工序应具有完整的施工操作记录。</td><td>1. 查阅混凝土工程隐蔽验收报审表
签字：施工单位项目经理、专业监理工程师（建设单位专业技术负责人）已签字
盖章：施工单位、监理单位已盖章
结论：同意隐蔽</td></tr>
</table>

续表

条款号	大纲条款	检 查 依 据	检查要点
5.1.9	隐蔽验收、质量验收记录齐全	3.0.5 检验批抽样样本应随机抽取，并应满足分布均匀、具有代表性的要求。 3.0.6 不合格检验批的处理应符合下列规定： 1 材料、构配件、器具及半成品检验批不合格时不得使用； 2 混凝土浇筑前施工质量不合格的检验批，应返工、返修，并应重新验收； 3 混凝土浇筑后施工质量不合格的检验批，应按本规范有关规定进行处理。 10.1.1 对涉及混凝土结构安全的有代表性的部位应进行结构实体检验。结构实体检验应包括混凝土强度、钢筋保护层厚度、结构位置与尺寸偏差以及合同约定的项目；必要时可检验其他项目。 结构实体检验应由监理单位组织施工单位实施，并见证实施过程。施工单位应制定结构实体检验专项方案，并经监理单位审核批准后实施。除结构位置与尺寸偏差外的结构实体检验项目，应由具有相应资质的检测机构完成。 10.1.2 结构实体混凝土强度应按不同强度等级分别检验，检验方法宜采用同条件养护试件方法；当未取得同条件养护试件强度或同条件养护试件强度不符合要求时，可采用回弹-取芯法进行检验。 结构实体混凝土同条件养护试件强度检验应符合本规范附录C的规定；结构实体混凝土回弹-取芯法强度检验应符合本规范附录D的规定。 混凝土强度检验时的等效养护龄期可取日平均温度逐日累计达到600℃·d时所对应的龄期，且不应小于14d。日平均温度为0℃及以下的龄期不计入。 冬期施工时，等效养护龄期计算时温度可取结构构件实际养护温度，也可根据结构构件的实际养护条件，按照同条件养护试件强度与在标准养护条件下28d龄期试件强度相等的原则由监理、施工等各方共同确定。 10.1.3 钢筋保护层厚度检验应符合本规范附录E的规定。 10.1.4 结构位置与尺寸偏差检验应符合本规范附录F的规定。 10.1.5 结构实体检验中，当混凝土强度或钢筋保护层厚度检验结果不满足要求时，应委托具有资质的检测机构按国家现行有关标准的规定进行检测。 10.2.1 混凝土结构子分部工程施工质量验收合格应符合下列规定： 1 所含分项工程质量验收应合格； 2 应有完整的质量控制资料； 3 观感质量验收应合格； 4 结构实体检验结果应符合本规范10.1的要求。 10.2.2 当混凝土结构施工质量不符合要求时，应按下列规定进行处理： 1 经返工、返修或更换构件、部件的，应重新进行验收；	2. 查阅混凝土工程隐蔽验收记录 内容：包括预应力筋、钢筋、预埋件的牌号、规格、数量、位置、间距、连接等 签字：施工单位项目质量员、项目专业技术负责人、专业监理工程师（建设单位专业技术负责人）已签字 结论：同意隐蔽 3. 查阅混凝土工程检验批、分项工程、分部工程验收报审表 签字：施工单位项目经理、专业监理工程师（建设单位专业技术负责人）已签字 盖章：施工单位、监理单位（建设单位）已盖章 结论：同意验收 4. 查阅混凝土检验批质量验收记录 主控项目、一般项目：与实际相符，质量经抽样检验合格，质量检查记录齐全 签字：施工单位项目质量员、项目专业技术负责人、专业监理工程师（建设单位专业技术负责人）已签字 结论：合格

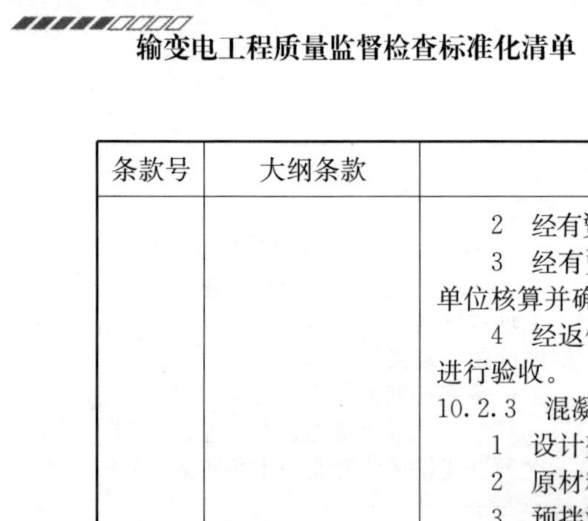

续表

条款号	大纲条款	检查依据	检查要点
5.1.9	隐蔽验收、质量验收记录齐全	2　经有资质的检测机构按国家现行相关标准检测鉴定达到设计要求的，应予以验收； 3　经有资质的检测机构按国家现行相关标准检测鉴定达不到设计要求，但经原设计单位核算并确认仍可满足结构安全和使用功能的，可予以验收； 4　经返修或加固处理能够满足结构可靠性要求的，可根据技术处理方案和协商文件进行验收。 10.2.3　混凝土结构子分部工程施工质量验收时，应提供下列文件和记录： 1　设计变更文件； 2　原材料质量证明文件和抽样检验报告； 3　预拌混凝土的质量证明文件； 4　混凝土、灌浆料试件的性能检验报告； 5　钢筋接头的试验报告； 6　预制构件的质量证明文件和安装验收记录； 7　预应力筋用锚具、连接器的质量证明文件和抽样检验报告； 8　预应力筋安装、张拉的检验记录； 9　钢筋套筒灌浆连接及预应力孔道灌浆记录； 10　隐蔽工程验收记录； 11　混凝土工程施工记录； 12　混凝土试件的试验报告； 13　分项工程验收记录； 14　结构实体检验记录； 15　工程的重大质量问题的处理方案和验收记录； 16　其他必要的文件和记录。 10.2.4　混凝土结构工程子分部工程施工质培验收合格后，应将所有的验收文件存档备案。 **2.《地下防水工程质量验收规范》GB 50208—2011** 3.0.9　地下防水工程的施工，应建立各道工序的自检、交接检和专职人员检查制度，并应有完整的检查记录；工程隐蔽前，应由施工单位通知有关单位进行验收，并形成隐蔽工程验收记录；未经监理单位或建设单位代表对上道工序的检查确认，不得进行下道工序的施工。 9.0.2　检验批的合格判定应符合下列规定： 1　主控项目的质量经抽样检验全部合格； 2　一般项目的质量经抽样检验80%以上检测点合格，其余不得有影响使用功能的缺陷；对有允许偏差的检验项目，其最大偏差不得超过本规范规定允许偏差的1.5倍； 3　施工具有明确的操作依据和完整的质量检查记录。	5. 查阅混凝土工程分项工程质量验收记录 项目：所含检验批的质量验收记录完整 签字：施工单位项目质量员、项目专业技术负责人、专业监理工程师（建设单位专业技术负责人）已签字 结论：合格 6. 查阅混凝土结构分部（子分部）工程质量验收记录 内容：包括所含分项工程的质量控制资料、安全和使用功能的检验资料、观感质量验收资料等 签字：建设单位项目负责人、设计单位项目负责人、勘察单位项目负责人、施工单位项目经理、总监理工程师已签字 盖章：建设单位、设计单位、勘察单位、监理单位、施工单位已盖章 综合结论：合格

续表

条款号	大纲条款	检查依据	检查要点
5.1.9	隐蔽验收、质量验收记录齐全	9.0.3 分项工程质量验收合格应符合下列规定： 1 分项工程所含检验批的质量均应验收合格； 2 分项工程所含检验批的质量验收记录应完整。 9.0.4 子分部工程质量验收合格应符合下列规定： 1 子分部工程所含分项工程的质量均应验收合格； 2 质量控制资料应完整； 3 地下工程渗漏水检测应符合设计的防水等级标准要求； 4 观感质量检查应符合要求。 **3.《建设工程监理规范》GB/T 50319—2013** 5.2.14 项目监理机构应对承包单位报送的隐蔽工程、检验批、分项工程和分部工程进行验收，验收合格的给以签认。 **4.《电力建设工程监理规范》DL/T 5434—2009** 9.1.10 对承包单位报送的隐蔽工程报验申请表和自检记录，专业监理工程师应进行现场检查，符合要求予以签认后，承包单位方可隐蔽并进行下一道工序施工。 对未经监理人员验收或验收不合格的工序，监理人员应拒绝签认，度严禁承包单位进行下一道工序的施工。 9.1.11 专业监理工程师应对承包单位报送的分项工程质量报验资料进行审核，符合要求予以签认；总监理工程师应组织专业监理工程师对承包单位报送的分部工程和单位工程质量验评资料进行审核和现场检查，符合要求予以签认	
5.2 钢结构工程的监督检查			
5.2.1	钢材、高强度螺栓连接副、地脚螺栓、涂料、焊材等材料性能证明文件齐全	**1.《钢结构工程施工规范》GB 50755—2012** 5.1.2 钢结构工程所用的材料应符合设计和国家现行有关标准的规定，应具有质量合格证明文件，并应经进场检验合格后使用。 5.3.1 焊接材料的品种、规格、性能应符合国家现行有关产品标准和设计要求。 5.3.2 用于重要焊缝的焊接材料，或对质量证明文件有疑意的焊接材料，应进行抽样复验。 5.4.1 钢结构连接用的普通螺栓、高强度大六角头螺栓连接副和扭剪型螺栓连接副，应符合表5.4.1所列标准的规定。 5.4.2 高强度大六角头螺栓连接副和扭剪型高强度螺栓连接副，应分别有扭矩系数和紧固轴力（预应力）出厂合格检验报告并随箱带。当高强度螺栓连接副保管时间超过6个月后使用时，应按相关要求重新对扭矩系数或紧固轴力进行试验，并应在合格后使用。	1. 查阅钢材、高强度螺栓连接副、地脚螺栓、涂料、焊材的进场报审表 签字：施工单位项目经理、专业监理工程师已签字 盖章：施工单位、监理单位已盖章 结论：同意使用

续表

条款号	大纲条款	检查依据	检查要点
5.2.1	钢材、高强度螺栓连接副、地脚螺栓、涂料、焊材等材料性能证明文件齐全	5.6.1　钢结构防腐涂料、稀释剂和固化剂，应按设计文件和国家现行有关产品标准选用，其品种、规格和性能等应符合设计文件及国家现行有关产品标准的要求。 5.6.3　钢结构防火涂料的品种和技术性能，应符合设计文件和国家现行标准《钢结构防火涂料》GB 14907 等的有关规定。 **2.《钢结构焊接规范》GB 50661—2011** 4.0.1　钢结构焊接工程用钢材及焊接材料应符合设计文件的要求，并应具有钢厂和焊接材料厂出具的产品质量证明书或检验报告，其化学成分、力学性能和其他质量要求应符合国家现行有关标准的规定。 **3.《钢结构工程施工质量验收规范》GB 50205—2001** 3.0.3　钢结构工程应按下列规定进行施工质量控制： 1　采用的原材料及成品应进行进场验收。凡涉及安全、功能的原材料及成品按本规范规定进行复验，并应经监理工程师（建设单位技术负责人）见证取样、送样； 4.2.1　钢材、钢铸件的品种、规格、性能等应符合现行国家产品标准和设计要求。进口钢材产品的质量应符合设计和合同规定标准的要求。 4.2.2　对属于下列情况之一的钢材，应进行抽样复验，其复验结果应符合现行国家产品标准和设计要求。 1　国外进口钢材； 2　钢材混批； 3　板厚等于或大于 40mm，且设计有 Z 向性能要求的厚板； 4　建筑结构安全等级为一级，大跨度钢结构中主要受力构件所采用的钢材； 5　设计有复验要求的钢材； 6　对质量有疑义的钢材。 4.3.1　焊接材料的品种、规格、性能等应符合现行国家产品标准和设计要求。 4.3.2　重要钢结构采用的焊接材料应进行抽样复验，复验结果应符合现行国家产品标准和设计要求。 4.4.1　钢结构连接用高强度大六角头螺栓连接副、扭剪型高强度螺栓连接副、钢网架用高强度螺栓、普通螺栓、铆钉、自攻钉、拉铆钉、射钉、锚栓（机械型和化学试剂型）、地脚锚栓等紧固标准件及螺母、垫圈等标准配件，其品种、规格、性能等应符合现行国家产品标准和设计要求。高强度大六角头螺栓连接副和扭剪型高强度螺栓连接副出厂时应分别随箱带有扭矩系数和紧固轴力（预拉力）的检验报告。 4.4.2　高强度大六角头螺栓连接副应按本规范附录 B 的规定检验其扭矩系数，其检验结果应符合本规范附录 B 的规定。	2. 查阅钢材、高强度螺栓连接副、地脚螺栓、涂料、焊材的证明文件 原材证明：应为原件，如为抄件，应加盖经销商公章及采购单位的公章，注明进货数量、原件存放处及抄件人 抽检报告：包括试验方法、试验项目、数据计算、代表部位和数量等 报告签字：试验员、审核人、批准人已签字 报告盖章：盖有计量认证章、资质章及试验单位章，见证取样的试验报告见证取样人员及见证取样章 报告结论：符合设计要求及规范规定

续表

条款号	大纲条款	检查依据	检查要点
5.2.1	钢材、高强度螺栓连接副、地脚螺栓、涂料、焊材等材料性能证明文件齐全	4.4.3 扭剪型高强度螺栓连接副应按本规范附录B的规定检验预拉力，其检验结果应符合本规范附录B的规定。 4.9.1 钢结构防腐涂料、稀释剂和固化剂等材料的品种、规格、性能等符合现行国家产品标准和设计要求。 4.9.2 钢结构防火涂料的品种和技术性能应符合设计要求，并应经过具有资质的检测机构检测符合国家现行有关标准的规定。 14.2.2 涂料、涂装遍数、涂层厚度均应符合设计要求。当设计对涂层厚度无要求时，涂层干漆膜总厚度：室外应为150μm，室内应为125μm，其允许偏差为−25μm。每遍涂层干漆膜厚度的允许偏差为−5μm。 14.3.3 薄涂型防火涂料的涂层厚度应符合有关耐火极限的设计要求。厚漆型防火涂料涂层的厚度，80%及以上面积应符合有关耐火极限的设计要求，且最薄处厚度不应低于设计要求的85%。 **4.《装配式钢结构建筑技术标准》GB/T 51232—2016** 8.1.3 部品部件应符合国家现行有关标准的规定，并应具有产品标准、出厂检验合格证、质量保证书和使用说明文件书。 **5.《建设工程监理规范》GB/T 50319—2013** 5.2.9 项目监理机构应审查施工单位报送的用于工程的材料、构配件、设备的质量证明文件，并应按有关规定、建设工程监理合同的约定，对用于建设工程的材料进行见证取样，平等检验。 项目监理机构对已进场经检验不合格的材料、构配件、设备，应要求施工单位限期将其撤出施工现场。 工程材料、构配件、设备报审表应按本规范表B.0.6的要求填写。 **6.《电力建设工程监理规范》DL/T 5434—2009** 9.1.7 项目监理机构应对承包单位报送的拟进场工程材料、半成品和构配件的质量证明文件进行审核，并按有关规定进行抽样验收。对有复试要求的，经监理人员现场见证取样的送检，复试报告应报送项目监理机构查验。 未经项目监理机构验收或验收不合格的工程材料、半成品和构配件，不得用于本工程，并书面通知承包单位限期撤出施工现场。 **7.《钢结构高强度螺栓连接技术规程》JGJ 82—2011** 3.1.7 在同一连接接头中，高强度螺栓连接不应与普通螺栓连接混用。承压型高强度螺栓连接不应与焊接连接并用。	

续表

条款号	大纲条款	检查依据	检查要点
5.2.1	钢材、高强度螺栓连接副、地脚螺栓、涂料、焊材等材料性能证明文件齐全	6.1.2 高强度螺栓连接副应按批配套进场，并各附有出厂质量保证书。高强度螺栓连接副应在同批内配套使用。 7.2.2 高强度螺栓连接副进场验收检验批划分宜遵循下列原则： 1 与高强度螺栓连接分项工程检验批划分一致； 2 按高强度螺栓连接副生产出厂检验批批号，宜以不超过2批为1个进场验收检验批，且不超过6000套； 3 同一材料（性能等级）、炉号、螺纹（直径）规格、长度（当螺栓长度≤100mm时，长度相差≤15mm；当螺栓长度>100mm时，长度相差≤20mm，可视为同一长度）、机械加工、热处理工艺及表面处理工艺的螺栓、螺母、垫圈为同批，分别由同批螺栓、螺母及垫圈组成的连接副为同批连接副。 7.2.3 摩擦面抗滑移系数验收检验批划分宜遵循下列原则： 1 与高强度螺栓连接分项工程检验批划分一致； 2 以分部工程每2000t为一检验批；不足2000t者视为一批进行检验； 3 同一检验批中，选用两种及两种以上表面处理工艺时，每种表面处理工艺需进行检验。 7.3.1 高强度螺栓连接分项工程验收资料应包含下列内容： 1 检验批质量验收记录； 2 高强度大六角头螺栓连接副或扭剪型高强度螺栓连接副见证复验报告； 3 高强度螺栓连接摩擦面抗滑移系数见证试验报告（承压型连接除外）； 4 初拧扭矩、终拧扭矩（终拧转角）、扭矩扳手检查记录和施工记录等； 5 高强度螺栓连接副质量合格证明文件； 6 不合格质量处理记录； 7 其他相关资料	
5.2.2	高强度螺栓连接副扭矩系数、摩擦面抗滑移系数抽样检验合格	**1.《钢结构工程施工规范》GB 50755—2012** 5.4.3 高强度大六角头螺栓连接副和扭剪型高强度螺栓连接副，应分别进行扭矩系数和紧固轴力（预拉力）复验，试验螺栓应从施工现场待安装的螺栓批中随机抽取，每批应抽取8套连接副进行复验。 7.1.4 钢结构制作和安装单位，应按现行国家标准《钢结构工程施工质量验收规范》GB 50205的有关规定分别进行高强度螺栓连接摩擦面的抗滑移系数试验，其结果应符合设计要求。当高强度螺栓连接节点按承压型连接或张拉型连接进行强度设计时，可不进行摩擦面抗滑移系数的试验。	1. 查阅高强度螺栓连接副的进场报审表 签字：施工单位项目经理、专业监理工程师已签字 盖章：施工单位、监理单位已盖章 结论：同意使用

续表

条款号	大纲条款	检 查 依 据	检查要点
5.2.2	高强度螺栓连接副扭矩系数、摩擦面抗滑移系数抽样检验合格	**2.《钢结构工程施工质量验收规范》GB 50205—2001** 6.3.1 钢结构制作和安装单位应分别进行高强度螺栓连接摩擦面的抗滑移系数试验和复验，现场处理的构件摩擦面应单独进行摩擦面抗滑移系数试验，其结果应符合设计要求。 **3.《建设工程监理规范》GB/T 50319—2013** 5.2.9 项目监理机构应审查施工单位报送的用于工程的材料、构配件、设备的质量证明文件，并应按有关规定、建设工程监理合同的约定，对用于建设工程的材料进行见证取样，平等检验。 项目监理机构对已进场经检验不合格的材料、构配件、设备，应要求施工单位限期将其撤出施工现场。 **4.《电力建设工程监理规范》DL/T 5434—2009** 9.1.7 项目监理机构应对承包单位报送的拟进场工程材料、半成品和构配件的质量证明文件进行审核，并按有关规定进行抽样验收。对有复试要求的，经监理人员现场见证取样的送检，复试报告应报送项目监理机构查验。 未经项目监理机构验收或验收不合格的工程材料、半成品和构配件，不得用于本工程，并书面通知承包单位限期撤出施工现场。 **5.《钢结构高强度螺栓连接技术规程》JGJ 82—2011** 7.2.2 高强度螺栓连接副进场验收检验批划分宜遵循下列原则： 1 与高强度螺栓连接分项工程检验批划分一致； 2 按高强度螺栓连接副生产出厂检验批批号，宜以不超过2批为1个进场验收检验批，且不超过6000套； 3 同一材料（性能等级）、炉号、螺纹（直径）规格、长度（当螺栓长度≤100mm时，长度相差≤15mm；当螺栓长度＞100mm时，长度相差≤20mm，可视为同一长度）、机械加工、热处理工艺及表面处理工艺的螺栓、螺母、垫圈为同批，分别由同批螺栓、螺母及垫圈组成的连接副为同批连接副。 7.2.3 摩擦面抗滑移系数验收检验批划分宜遵循下列原则： 1 与高强度螺栓连接分项工程检验批划分一致； 2 以分部工程每2000t为一检验批；不足2000t者视为一批进行检验； 3 同一检验批中，选用两种及两种以上表面处理工艺时，每种表面处理工艺需进行检验。 7.3.1 高强度螺栓连接分项工程验收资料应包含下列内容： 1 检验批质量验收记录； 2 高强度大六角头螺栓连接副或扭剪型高强度螺栓连接副见证复验报告；	2. 查阅高强度螺栓连接副抽检报告 扭矩系数、摩擦面抗滑移系数：符合设计要求和标准规定 签字：试验员、审核人、批准人已签字 盖章：盖有计量认证章、资质章及试验单位章，见证取样的试验报告有见证取样人员及见证取样章 结论：符合设计要求及规范规定

续表

条款号	大纲条款	检查依据	检查要点
5.2.2	高强度螺栓连接副扭矩系数、摩擦面抗滑移系数抽样检验合格	3 高强度螺栓连接摩擦面抗滑移系数见证试验报告（承压型连接除外）； 4 初拧扭矩、终拧扭矩（终拧转角）、扭矩扳手检查记录和施工记录等； 5 高强度螺栓连接副质量合格证明文件； 6 不合格质量处理记录； 7 其他相关资料。	
5.2.3	高强度螺栓连接副扭矩抽测合格	**1.《钢结构工程施工规范》GB 50755—2012** 7.4.4 高强度螺栓应在构件安装精度调整后进行拧紧。 7.4.6 高强度大六角头螺栓连接副施拧可采用扭矩法或转角法，施工时应符合下列规定： 1 施工用的扭矩扳手应进行校正，其扭矩相对误差不得大于5%；校正用的扭矩扳手，其扭矩相对误差不得大于3%。 2 施拧时，应在螺母上施回扭矩。 3 施拧应分为初拧和终拧，大型节点应在初拧和终拧间增加复拧。初拧扭矩可取施工终拧扭矩的50%；复拧扭矩可等于初拧扭矩。终拧扭矩应按下式计算：$T_c=kP_cd$ 5 初拧和复拧后应对螺母涂画颜色标记。 7.4.7 扭剪型高强螺栓连接副应采用专用电动扳手施拧，施工时应符合下列规定： 1 施拧应分为初拧和终拧，大型节点应在初拧和终拧间增加复拧。 2 初拧扭矩值应取本规范公式（7.4.6）中T_c计算值的50%；复拧扭矩可等于初拧扭矩。其中k应取0.13，也可按表7.4.7选用；复拧扭矩可等于初拧扭矩。 3 终拧应以拧掉螺栓尾部梅花头为准，少数不能用专用扳手进行终拧的螺栓，可按本规范第7.4.6条规定的方法进行终拧，扭矩系数k取0.13。 4 初拧和复拧后应对螺母涂画颜色标记。 7.4.8 高强度螺栓连接节点螺栓群初拧、复拧、终拧，应采用合理的施拧顺序。 7.4.10 高强度螺栓连接副的初拧、复拧、终拧，宜在24h内完成。 7.4.11 高强度大六角头螺栓连接副用扭矩法施工坚固时，应进行下列质量检查： 1 应检查终拧颜色标记，并应用0.3kg小锤敲击螺母对高强度螺栓逐个进行检查。 2 终拧扭矩应按节点总数10%抽查，且不少于10个节点；对每个被抽查节点应按螺栓数的10%抽查，且不应少于2个螺栓。 4 发现有不符合规定时，应再扩大1倍检查；仍有不合格时，则整个节点的螺栓应重新施拧。 5 扭矩检查宜在螺栓终拧1h后，24h之前完成，检查用的扭矩扳手，其相对误差不得大于±3%。	1. 查阅扭矩扳手的检定报告和校正记录 有效期：校正扭矩扳手的在检定有效期内 精度：施工用扭矩扳手与检验用扭矩扳手精度满足要求，对比值误差不大于3% 2. 查阅高强度螺栓连接副紧固施工记录 初拧、终拧时间：符合设计要求及规范规定 初拧、复拧、终拧的扭矩值：符合设计要求或规范规定 3. 查看螺栓初拧、复拧、终拧的标记 标记：用不同颜色做的标记明显，易于分辨、标记与方案一致 4. 查看扭剪型高强度螺栓的梅花头拧掉情况 未拧掉梅花头的螺栓数量：不大于该节点螺栓数的5%

续表

<table>
<tr><th>条款号</th><th>大纲条款</th><th>检 查 依 据</th><th>检查要点</th></tr>
<tr><td>5.2.3</td><td>高强度螺栓连接副扭矩抽测合格</td><td>7.4.12 高强度大六角头螺栓连接副用转角法施工坚固时，应进行下列质量检查：
1 应检查终拧颜色标记，并应用0.3kg小锤敲击螺母对高强度螺栓逐个进行检查。
2 终拧扭矩应按节点总数10%抽查，且不少于10个节点；对每个被抽查节点应按螺栓数的10%抽查，且不应少于2个螺栓。
4 发现有不符合规定时，应再扩大1倍检查；仍有不合格时，则整个节点的螺栓应重新施拧。
5 转角检查宜在螺栓终拧1h后，24h之前完成。
7.4.13 扭剪型高强螺栓终拧检查，应以目测尾部梅花头扭断为合格。不能用专用扳手拧紧的扭剪型高强螺栓，应按本规范7.4.11的规定进行质量检查。
2.《钢结构工程施工质量验收规范》GB 50205—2001
6.3.2 高强度大六角头螺栓连接副终拧完成1h后、48h内应进行终拧扭矩检查，检查结果应符合本规范附录B的规定。
检查数量：按节点数抽查10%，且不应少于10个；每个被抽查节点按螺栓数抽查10%，且不少于2个。
6.3.3 扭剪型高强度螺栓连接终拧后，除因构造原因无法使用专用扳手终拧掉梅花头者外，未在终拧中拧掉梅花头的螺栓数量不应大于该节点螺栓数的5%。对所有梅花头未拧掉的扭剪型高强度螺栓连接副应采用扭矩法或转角法进行终拧并作标记，且按本规范6.3.2的规定进行终拧扭矩检查。
检查数量：按节点数抽查10%，且不应少于10个；每个被抽查节点按螺栓数抽查10%，且不少于2个。
B.0.3 高度螺栓连接副施工扭矩检验
高强度螺栓连接副检验含初拧、复拧、终拧扭矩的现场无损检验。检验所用的扭矩扳手其扭矩精度误差应不大于3%。
高强度螺栓连接副扭矩检验分扭矩法检验和转角法检验两种，原则上检验法与施工法应相同。扭矩检验应在施拧1h后，48h内完成。
1 扭矩法检验：
检验方法：在螺尾端头和螺母相对位置划线，将螺母退回60°左右，用扭矩扳手测定拧回至原来位置时的扭矩值。该扭矩值与施工扭矩值的偏差在10%以内为合格。
2 转角法检验：
检验方法：1）检查初拧后在螺母与相对位置所画的终拧起始线和终止线所夹的角度是否达到规定值。2）在螺尾端头和螺母相对位置画线，然后全部卸检螺母，在按规定的初拧扭矩和终拧角度重新拧紧螺栓，观察与原画线是否重合。终拧转角偏差在10°以内为合格。</td><td></td></tr>
</table>

续表

条款号	大纲条款	检查依据	检查要点
5.2.3	高强度螺栓连接副扭矩抽测合格	3 扭剪型高强度螺栓施工扭矩检验。 检验方法：观察尾部梅花头拧掉情况。尾部梅花头被拧掉者视同其终拧扭矩达到合格质量标准；尾部梅花头未被拧掉着应按上述扭矩法或转角法检验。 **3.《钢结构高强度螺栓连接技术规程》JGJ 82—2011** 6.4.11 大六角头高强度螺栓施工所用的扭矩扳手，班前必须校正，其扭矩相对误差应为±5%，合格后方准使用。校正用的扭矩扳手，其扭矩相对误差应为±3%。 6.4.14 高强度大六角头螺栓连接副的拧紧应分为初拧、终拧。对于大型节点应分为初拧、复拧、终拧。初拧扭矩和复拧扭矩为终拧扭矩的50%左右。初拧或复拧后的螺栓应用颜色在螺母上标记，按本本规程6.4.13规定的终拧扭矩值进行终拧。终拧后的高强度螺栓应用另一种颜色在螺母上标记。高强度大六角头螺栓连接副的初拧、复拧、终拧宜在一天内完成。 6.4.15 扭剪型高强度螺栓连接副的拧紧应分为初拧、终拧。对于大型节点应分为初拧、复拧、终拧。初拧扭矩和复拧扭矩值为 $0.65P_c \times d$，或按表6.4.15选择用。初拧或复拧后的高强度螺栓应用颜色在螺母上标记，用专用扳手进行终拧，直至拧掉螺栓尾部梅花头。对于个别不能用专用扳手进行终拧的扭剪型高强度螺栓，应按本规程6.4.13规定的方法进行终拧（扭矩系数可取0.13）。扭剪型高强度螺栓连接副的初拧、复拧、终拧宜在一天内完成。 6.4.16 当采用转角法施工时，大六角头高强度螺栓连接副应按本规程6.3.1检验合格，且应按本规程6.4.14规定进行初拧、复拧。初拧（复拧）后连接副的终拧角度应按表6.4.16规定执行。 6.4.17 高强度查检在初拧、复拧和终拧时，连接处的螺栓应按一定顺序施拧，确定施拧顺序的原则为由螺栓群中央顺序向外拧紧，和从接头刚度大的部位各约束小的方向拧紧。 6.5.1 大六角头高强度螺栓连接施工紧固质量检查应符合下列规定： 1 扭矩法施工的检查方法应符合下列规定： 1）用小锤（0.3kg）敲击螺母对高强度螺栓进行普查，不得漏拧。 2）终拧扭矩应按节点总数10%抽查，且不少于10个节点；对每个被抽查节点应按螺栓数的10%抽查，且不应少于2个螺栓。 4）如发现有不符合规定时，应再扩大1倍检查；仍有不合格时，则整个节点的高强度螺栓应重新施拧。 5）扭矩检查宜在螺栓终拧1h后，24h之前完成，检查用的扭矩扳手，其相对误差不得大于±3%。	

续表

条款号	大纲条款	检查依据	检查要点
5.2.3	高强度螺栓连接副扭矩抽测合格	2 转角法施工的检查方法应符合下列规定： 1）普查初拧后在螺母与相对位置所画的终拧起始线和终止线所夹的角度应达到规定值。 2）终拧转角应按节点数10%抽查，且不少于10个节点；对每个被抽查节点应按螺栓数的10%抽查，且不应少于2个螺栓。 4）如发现有不符合规定时，应再扩大1倍检查；仍有不合格时，则整个节点的高强度螺栓应重新施拧。 5）转角检查宜在螺栓终拧1h后，24h之前完成。 6.5.2 扭剪型高强螺栓终拧检查，应以目测尾部梅花头扭断为合格。不能用专用扳手拧紧的扭剪型高强螺栓，应按本规程6.5.1的规定进行终拧坚固质量检查。 7.2.2 高强度螺栓连接副进场验收检验批划分宜遵循下列原则： 1 与高强度螺栓连接分项工程检验批划分一致； 2 按高强度螺栓连接副生产出厂检验批号，宜以不超过2批为一个进场验收检验批，且不超过6000套。 3 同一材料（性能等级）、炉号、螺纹（直径）规格、长度（当螺栓长度≤100mm时，长度相差≤15mm；当螺栓长度>100mm时，长度相差≤20mm，可视为同一长度）、机械加工、热处理工艺及表面处理工艺的螺栓、螺母、垫圈为同批，分别由同批螺栓、螺母及垫圈组成的连接副为同批连接副。 7.2.3 摩擦面抗滑移系数验收检验批划分宜遵循下列原则： 1 与高强度螺栓连接分项工程检验批划分一致； 2 以分部工程每2000t为一检验批，不足2000t的视为一批进行验收； 3 同一检验批中，选用两种及以上表面处理工艺时，每种表面处理工艺均需进行检验。 7.3.1 高强度螺栓连接分项医嘱验收资料应包含下列内容： 1 检验批质量验收记录； 2 高强度大六角头螺栓连接副或扭剪型高强度螺栓连接副见证复验报告； 3 高强度螺栓连接摩擦面抗滑移系数见证试验报告（承压型连接除外）； 4 初拧扭矩、终拧扭矩（终拧转角）、扭矩扳手检查记录和施工记录等； 5 高强度大六角头螺栓连接副质量合格证明文件； 6 不合格质量处理记录； 7 其他相关资料	
5.2.4	钢结构现场焊缝检验合格	**1.《钢结构工程施工规范》GB 50755—2012** 6.1.4 焊缝坡口尺寸应按现行国家标准《钢结构焊接规范》GB 50661的有关规定执行，坡口尺寸的改变应经工艺评定合格后执行。	1. 查阅焊工的资格证书 有效期：当前有效 范围：与施焊的范围一致

续表

条款号	大纲条款	检查依据	检查要点
5.2.4	钢结构现场焊缝检验合格	6.2.4　焊工应经考试合格并取得合格证书，应在认可范围内焊接作业，严禁无证上岗。 6.3.1　施工单位首次使用的钢材、焊接材料、焊接方法、接着形式、焊接位置、焊后热处理等各种参数和各种参数的组合，应在钢结构焊接制作和安装前进行焊接工艺评定。 6.3.2　焊接施工前，施工单位应以合格的焊接工艺评定结果或采用符合工艺评定条件为依据，编制焊接工艺文件。 6.5.1　焊缝的尺寸偏差、外观质量和内部质量，应按现行国家标准《钢结构工程施工质量验收规范》GB 50205 和《钢结构焊接规范》GB 50661 的有关规定进行检验。 **2.《钢结构焊接规范》GB 50661—2011** 5.1.5　焊缝质量等级应根据钢结构的重要性、荷载特性、焊缝形式、工作环境以及应力状态等情况，按下列原则选用： 1　在承受动荷载且需要进行疲劳验算的构件中，凡要求与母材等强连接的焊缝应焊透，其质量等级应符合下列规定： 1）作用力垂直于焊缝长度方向的横向对接焊缝或 T 形对接与角接组合焊缝，受拉时应为一级，受压时不应低于二级； 2）作用力平行于焊缝长度方向的纵向对接焊缝不应低于二级； 3）铁路、公路桥的横梁接头板与弦杆角焊缝应为一级，桥面板与弦杆角焊缝、桥面板与 U 形肋角焊缝（桥面板侧）不应低于二级； 4）重级工作制（A6～A8）和起重量 $Q\geqslant50t$ 的中级工作制（A4、A5）吊车梁的腹板与上翼缘之间以及吊车桁架上弦杆与节点板之间的 T 形接头焊缝应焊透，焊缝形式宜为对接与角接的组合焊缝，其质量等级不应低于二级。 2　不需要疲劳验算的构件中，凡要求与母材等强的对接焊缝宜焊透，其质量等级受拉时不应低于二级，受压时不宜低于二级。 3　部分焊透的对接焊缝、采用角焊缝或部分焊透的对接与角接组合焊缝的 T 形接头，以及搭接连接角焊缝，其质量等级应符合下列规定： 1）直接承受动荷载且需要疲劳验算的结构和吊车起重量等于或大于 50t 的中级工作制吊车梁以及梁柱、牛腿等重要节点不应低于二级； 2）其他结构可为三级。 5.7.1　承受动载需经疲劳验算时，严禁使用塞焊、槽焊、电渣焊和气电立焊接头。 6.1.1　除符合本规范第 6.6 节规定的免予评定条件外，施工单位首次采用的钢材、焊接材料、焊接方法、接头形式、焊接位置、焊后热处理制度以及焊接工艺参数、预热和后热措施等各种参数的组合条件，应在钢结构构件制作及安装施工之前进行焊接工艺评定。	2. 查阅焊接工艺评定及焊接工艺文件 工艺评定：达到设计要求与规范的规定 工艺文件：内容齐全，有针对性，可指导焊接工作 3. 查阅超声波记录或射线记录 检验比例：符合设计要求或规范规定 签字：检测人、审核人已签字 结论：合格 4. 查阅焊接检验批的报审表 签字：施工单位项目经理、专业监理工程（建设单位专业技术负责人）已签字 盖章：施工单位、监理单位（建设单位）已盖章 结论：通过验收 5. 查阅焊接检验批的验收记录 主控项目、一般项目：与实际相符，质量经抽样检验合格，质量检查记录齐全 签字：施工单位项目质量员、项目专业技术负责人、专业监理工程师（建设单位专业技术负责人）已签字 结论：合格

续表

条款号	大纲条款	检查依据	检查要点
5.2.4	钢结构现场焊缝检验合格	8.1.4 焊缝抽样检查方法应符合下列规定： 1 焊缝处数的计数方法：工厂制作焊缝长度小于等于1000mm时，每条焊缝作为一处；长度大于1000mm时，以1000mm为基准，每增加300mm焊缝数量应增加1处；现场安装焊缝每条焊缝应为1处。 8.1.8 抽样检验应按下列规定进行结果判定： 1 抽样检验的焊缝数不合格率小于2%时，该批验收合格； 2 抽样检验的焊缝数不合格率大于5%时，该批验收不合格； 3 除本条第5款情况外抽样检验的焊缝数不合格率为2%～5%时，应加倍抽检，且必须在原不合格部位两侧的焊缝延长线各增加一处，在所有抽检焊缝中不合格率不大于3%时，该批验收合格，大于3%时，该批验收不合格； 4 批量验收不合格时，应对该批余下的全部焊缝进行检验； 5 检验发现1处裂纹缺陷时，应加倍抽查，在加倍抽检焊缝中未再检查出裂纹缺陷时，该批验收合格；检验发现多于1处裂纹缺陷或加倍抽查又发现裂纹缺陷时，该批验收不合格，应对该批余下焊缝的全数进行检查。 8.2.3 无损检测的基本要求应符合下列规定： 1 无损检测应在外观检测合格后进行。Ⅲ、Ⅳ类钢材及焊接难度等级为C、D级时，应以焊接完成24h后无损检测结果作为验收依据；钢材标称屈服强度不小于690MPa或供货状态为调质状态时，应以焊接完成48h后无损检测结果作为验收依据。 2 设计要求全焊透的焊缝，其内部缺欠的检测应符合下列规定： 1）一级焊缝应进行100%的检测，其合格等级不应低于本规范第8.2.4条中B级检验的Ⅱ级要求； 2）二级焊缝应进行抽检，抽检比例不应小于20%，其合格等级不应低于本规范第8.2.4条中B级检测的Ⅲ级要求。 3 三级焊缝应根据设计要求进行相关的检测。 8.3.3 无损检测应符合下列规定： 1 无损检测应在外观检查合格后进行。Ⅰ、Ⅱ类钢材及焊接难度等级为A、B级时，应以焊接完成24h后检测结果作为验收依据，Ⅲ、Ⅳ类钢材及焊接难度等级为C、D级时，应以焊接完成48h后的检查结果作为验收依据。 2 板厚不大于30mm（不等厚对接时，按较薄板计）的对接焊缝除按本规范8.3.4的规定进行超声波检测外，还应采用射线检测抽检其接头数量的10%且不少于一个焊接接头。	6. 查看焊缝外观质量 焊缝表面：无裂纹、焊瘤等缺陷，一、二级焊缝无有表面气孔、夹渣、弧坑裂纹、电弧擦伤等缺陷，且一级焊缝无有咬边、未焊满、根部收缩等缺陷，外观质量与评定结论相符

续表

条款号	大纲条款	检 查 依 据	检查要点
5.2.4	钢结构现场焊缝检验合格	3 板厚大于30mm的对接焊缝除按本规范8.3.4的规定进行超声波检测外，还应增加接头数量的10%且不少于一个焊接接头，按检验等级为C级、质量等级为不低于一级的超声波检测，检测时焊缝余高应磨平，使用的探头折射角应有一个为45°，探伤范围应为焊缝两端各500mm。焊缝长度大于1500mm时，中部应加探500mm。当发现超标缺欠时应加倍检验。 4 用射线和超声波两种方法检验同一条焊缝，必须达到各自的质量要求，该焊缝方可判定为合格。 **3.《钢结构工程施工质量验收规范》GB 50205—2001** 5.2.2 焊工必须经考试合格并取得合格证书。持证焊工必须在其考试合格项目及其认可范围内施焊。 检查数量：全数检查。 检验方法：检查焊工合格证及其认可范围、有效期。 5.2.4 设计要求全焊透的一、二级焊缝应采用超声波探伤进行内部缺陷的检验，超声波探伤不能对缺陷做出判断时，应采用射线探伤，其内部缺陷分级及探伤方法应符合现行国家标准《钢焊缝手工超声波探伤方法和探伤结果分级法》GB 11345或《钢熔化焊对接接头射线照相和质量分级》GB 3323的规定。 焊接球节点网架焊缝、螺栓球节点网架焊缝及圆管T、K、Y形节点相关线焊缝，其内部缺陷分级及探伤方法应分别符合国家现行标准的规定。 一级、二级焊缝的质量等级及缺陷分级应符合表5.2.4的规定。 检查数量：全数检查。 检验方法：检查超声波或射线探伤记录。 5.2.6 焊缝表面不得有裂纹、焊瘤等缺陷，一、二级焊缝不得有表面气孔、夹渣、弧坑裂纹、电弧擦伤等缺陷，且一级焊缝不得有咬边、未焊满、根部收缩等缺陷。 检查数量：每批同类构件抽查10%，且不应少于3件；被抽查构件中，每一类型焊缝按条数抽查5%，且不应少于1条，总抽查数不应少于10处。 检验方法：观察检查或使用放大镜、焊缝量规和钢尺检查，当存在疑意时，采用渗透或磁粉探伤检查	
5.2.5	钢结构、钢网架变形测量记录齐全，偏差符合设计或规范规定	**1.《钢结构工程施工规范》GB 50755—2012** 15.1.3 钢结构施工期间，可对结构变形、结构内力、环境量等内容进行过程监测。 15.2.8 监测数据应及时进行定性和定量分析。 **2.《钢结构工程施工质量验收规范》GB 50205—2001** 8.3.1 吊车梁和吊车桁架不应下挠。	1.查阅钢结构施工过程的变形监测记录 垂直度和弯曲矢高变形量、最大变形量：在设计允许及规范规定范围内

续表

<table>
<tr><th>条款号</th><th>大纲条款</th><th>检 查 依 据</th><th>检查要点</th></tr>
<tr><td rowspan="2">5.2.5</td><td rowspan="2">钢结构、钢网架变形测量记录齐全，偏差符合设计或规范规定</td><td rowspan="2">10.3.1 钢构件应符合设计要求和本规范的规定。运输、吊装、堆放和吊装等造成的构件变形及涂层脱落应进行矫正和修补。
检查数量：按构件数抽查10%，且不应少于3个。
检验方法：用拉线、钢尺现场实测或观察。
10.3.3 钢屋（托）架、桁架、梁及受压杆件的垂直度和侧向弯曲矢高的允许偏差应符合表10.3.3的规定。
检查数量：按构件数抽查10%，且不应少于3个。
检验方法：用吊线、拉线、经纬仪和钢尺现场实测。
10.3.4 单层钢结构主体结构的整体垂直度和整体平面弯曲的允许偏差应符合表10.3.4的规定。
检查数量：对主要立面全部检查，对每个所检查的立面，除两列角柱外，尚应至少选取一列中间柱。
检查方法：采用经纬仪、全站仪等测量。
11.3.1 钢构件应符合设计要求和本规范的规定。运输、吊装、堆放和吊装等造成的构件变形及涂层脱落应进行矫正和修补。
检查数量：按构件数抽查10%，且不应少于3个。
检验方法：用拉线、钢尺现场实测或观察。
11.3.4 钢主梁、次梁及受压杆件的垂直度和弯曲矢高的允许偏差应符合表10.3.3的规定。
检查数量：按构件数抽查10%，且不应少于3个。
检验方法：用吊线、拉线、经纬仪和钢尺现场实测。
11.3.5 多层及高层钢结构主体结构的整体垂直度和整体平面弯曲的允许偏差应符合表11.3.5的规定。
检查数量：对主要立面全部检查，对每个所检查的立面，除两列角柱外，尚应至少选取一列中间柱。
检查方法：采用经纬仪、全站仪等测量。
12.3.4 钢网架结构总拼完成后及屋面工程完成后应分别测量其挠度值，且所测的挠度值不应超过相应设计值的1.15倍。
检查数量：跨度24m及以下钢网架结构测量下弦中央一点；跨度24m以上钢网架结构测量下弦中央点及各向下弦跨度的四等分点。
检查方法：用钢尺和水准仪实测。
3.《电力建设施工技术规范 第1部分：土建结构工程》DL 5190.1—2012
6.5.4 钢网架结构总拼装及屋面工程完成后应分别测量其挠度值，且所测的挠度值不应超过相应设计值的1.15倍</td><td>签字：监测人、计算人、审核人、专业监理工程师已签字</td></tr>
<tr><td>2. 查阅钢网架施工过程的变形监测记录
挠度值、最大变形量：在设计允许及规范的规定范围内
签字：监测人、计算人、审核人、专业监理工程师已签字</td></tr>
</table>

续表

条款号	大纲条款	检　查　依　据	检查要点
5.2.6	涂料（防火涂料）涂装遍数、涂层厚度符合设计要求，记录齐全	**1.《钢结构工程施工规范》GB 50755—2012** 13.1.3　钢结构防火涂料涂装施工应在钢结构安装工程和防腐涂料工程检验批施工质量验收合格后进行。当设计文件规定可不进行防腐涂装时，安装验收合格后可直接进行防火涂料涂装工程施工。 13.1.4　钢结构防腐涂装工程和防火涂装工程的施工工艺和技术应符合本规范、设计文件、涂装产品说明书和国家现行有关产品标准的规定。 13.6.1　防火涂料涂装前，钢材表面除锈及防腐涂装应符合设计文件和国家现行有关标准的规定。 13.6.3　选用的防火涂料应符合设计文件和现行国家标准的规定，具有抗冲击能力和粘结强度，不应腐蚀钢材。 13.6.5　厚涂型防火涂料，属于下列情况之一，宜在涂层内设置与构件相连的钢丝网或其他相应措施： 1　承受冲击、振动荷载的钢梁。 2　涂层厚度大于或等于 40mm 钢梁和桁架。 3　涂料粘结强度小于或等于 0.05MPa 的构件。 4　钢板墙和腹肋高度超过 1.5m 的钢梁。 13.6.7　防火涂料涂装施工应分层施工，应在上层涂层干燥或固化后，再进行下道涂层施工。 13.6.8　厚涂型防火涂料有下列情况之一时，应重新喷涂或补涂。 1　涂层干燥固化不良，粘结不牢或粉化、脱落。 2　钢结构接头或转角处的涂层有明显凹陷。 3　涂层厚度小于设计规定厚度的 85%。 4　涂层厚度小于设计规定，且涂层连续长度超过 1m。 13.6.9　薄涂型防火涂料面层涂装施工应符合下列规定： 1　面层应在底层涂装干燥后开始涂装。 2　面层涂装颜色应均匀、一致，接槎应平整。 **2.《钢结构工程施工质量验收规范》GB 50205—2001** 14.2.2　涂料、涂装遍数、涂层厚度均应符合设计要求。当设计对涂层厚度无要求时，涂层干漆膜总厚度：室外应为 150μm，室内应为 125μm，其允许偏差为 −25μm。每遍涂层干漆膜厚度的允许偏差为 −5μm。 检查数量：按构件数抽查 10%，且同类构件不应少于 3 件。 检查方法：用干漆膜测厚仪检查。每个构件检测 5 处，每处的数值为 3 个相距 50mm 测点涂层干漆膜厚度的平均值。	1. 查阅防火涂料复检报告 检验项目：齐全，符合设计要求和规范规定 签字：试验员、审核人、批准人已签字 盖章：盖有计量认证章、资质章及试验单位章，见证取样时，有见证取样章并注明见证人 结论：符合设计要求和规范规定 2. 查阅防火涂料施工的隐蔽验收报审表 签字：施工单位项目经理、专业监理工程师（建设单位专业技术负责人）已签字 盖章：施工单位、监理单位已盖章 结论：同意隐蔽 3. 查阅防火涂料施工的隐蔽验收记录 涂装遍数：符合设计要求及规范规定 涂层厚度：符合设计要求及规范规定 签字：施工单位项目质量员、项目专业技术负责人、专业监理工程师（建设单位专业技术负责人）已签字 结论：同意隐蔽

续表

条款号	大纲条款	检 查 依 据	检查要点
5.2.6	涂料（防火涂料）涂装遍数、涂层厚度符合设计要求，记录齐全	14.2.3 构件表面不应误涂、漏涂，涂层不应脱皮和返锈等，涂层应均匀、无明显皱皮、流坠、针眼和气泡等。 检查数量：全数检查。 检查方法：观察检查。 14.3.2 防火涂料的粘结强度、抗压强度应符合国家现行标准《钢结构防火涂料应用技术规范》CECS 24：90 的规定。检验方法应符合现行国家标准《建筑构件防火喷涂材料性能试验方法》GB 9978 的规定。 检查数量：每使用 100t 或不足 100t 薄涂型防火涂料应抽检一次粘结强度；每使用 500t 或不足 500t 厚涂型防火涂料应抽检一次粘结强度和抗压强度。 检查方法：检查复检报告。 14.3.3 薄涂型防火涂料的涂层厚度应符合有关耐火极限的设计要求。厚漆型防火涂料涂层的厚度，80%及以上面积应符合有关耐火极限的设计要求，且最薄处厚度不应低于设计要求的 85%。 检查数量：按同类构件数抽查 10%，且均不应少于 3 件。 检验方法：用涂层厚度仪、测针和钢尺检查。 14.3.4 薄涂型防火涂料涂层表面裂纹宽度不应大于 0.5mm；厚涂型防火涂料涂层表面裂纹宽度不应大于 1mm。 检查数量：按同类构件数抽查 10%，且均不应少于 3 件。 检验方法：观察和用尺量检查。 14.3.5 防火涂料涂装层不应有油污、灰尘和泥砂等污垢。 检查数量：全数检查。 检查方法：观察检查。 14.3.6 防火涂料不应有误涂、漏涂、涂层应闭合无脱层、空鼓、明显凹陷、粉化松散和浮浆等外观缺陷，乳突已剔除。 检查数量：全数检查。 检查方法：观察检查。 **3.《建设工程监理规范》GB/T 50319—2013** 5.2.9 项目监理机构应审查施工单位报送的用于工程的材料、构配件、设备的质量证明文件，并应按有关规定、建设工程监理合同的约定，对用于建设工程的材料进行见证取样，平等检验。 项目监理机构对已进场经检验不合格的材料、构配件、设备，应要求施工单位限期将其撤出施工现场。	4. 查看防火涂料的质量 厚度：符合设计要求或规范的规定 外观：无误涂、漏涂、涂层不闭合、脱层、空鼓、明显凹陷、粉化松散和浮浆等外观缺陷

续表

条款号	大纲条款	检查依据	检查要点
5.2.6	涂料（防火涂料）涂装遍数、涂层厚度符合设计要求，记录齐全	**4.《电力建设工程监理规范》DL/T 5434—2009** 9.1.7 项目监理机构应对承包单位报送的拟进场工程材料、半成品和构配件的质量证明文件进行审核，并按有关规定进行抽样验收。对有复试要求的，经监理人员现场见证取样的送检，复试报告应报送项目监理机构查验。 未经项目监理机构验收或验收不合格的工程材料、半成品和构配件，不得用于本工程，并书面通知承包单位限期撤出施工现场	
5.2.7	质量验收记录齐全	**1.《钢结构工程施工质量验收规范》GB 50205—2001** 15.0.4 钢结构分部工程质量合格标准应符合下列规定： 1 各分项工程质量均应符合合格质量标准； 2 质量控制资料和文件应完整； 3 有关安全及功能的检验和见证检测结果应符合本规范相应合格标准的要求； 4 有关观感质量应符合本规范相应合格质量标准的要求。 15.0.5 钢结构分部工程竣工验收时，应提供下列文件： 1 钢结构工程竣工图纸及相关设计文件； 2 施工现场质量管理检查记录； 3 有关安全及功能的检验和见证检测项目检查记录； 4 有关观感质量检验项目检查记录； 5 分部工程所含各分项工程质量验收记录； 6 分项工程所含各检验批质量验收记录； 7 强制性条文检验项目检查记录及证明文件； 8 隐蔽工程检验项目检查验收记录； 9 原材料、成品质量合格证明文件、中文标志及性能检测报告； 10 不合格项的处理记录及验收记录； 11 重大质量、技术问题实施方案及验收记录； 12 其他有关文件和记录。 **2.《建设工程监理规范》GB/T 50319—2013** 5.2.14 项目监理机构应对承包单位报送的隐蔽工程、检验批、分项工程和分部工程进行验收，验收合格的给以签认。 **3.《电力建设工程监理规范》DL/T 5434—2009** 9.1.10 对承包单位报送的隐蔽工程报验申请表和自检记录，专业监理工程师应进行现场检查，符合要求予以签认后，承包单位方可隐蔽并进行下一道工序施工。	1. 查阅钢结构工程隐蔽验收报审表 签字：施工单位项目经理、专业监理工程师（建设单位专业技术负责人）已签字 盖章：施工单位、监理单位已盖章 结论：同意隐蔽 2. 查阅钢结构工程隐蔽验收记录 内容：包括焊缝质量、连接位置、连接方法，防腐、防火涂层等 签字：施工单位项目质量员、项目专业技术负责人、专业监理工程师（建设单位专业技术负责人）已签字 结论：同意隐蔽 3. 查阅钢结构工程检验批、分项工程、分部工程验收报审表 签字：施工单位项目经理、专业监理工程师（建设单位专业技术负责人）已签字 盖章：施工单位、监理单位（建设单位）已盖章 结论：通过验收

续表

条款号	大纲条款	检查依据	检查要点
5.2.7	质量验收记录齐全	对未经监理人员验收或验收不合格的工序，监理人员应拒绝签认，度严禁承包单位进行下一道工序的施工。 9.1.11 专业监理工程师应对承包单位报送的分项工程质量报验资料进行审核，符合要求予以签认；总监理工程师应组织专业监理工程师对承包单位报送的分部工程和单位工程质量验评资料进行审核和现场检查，符合要求予以签认	4. 查阅钢结构检验批质量验收记录 主控项目、一般项目：与实际相符，质量经抽样检验合格，质量检查记录齐全 签字：施工单位项目质量员、项目专业技术负责人、专业监理工程师（建设单位专业技术负责人）已签字 结论：同意验收
			5. 查阅钢结构工程分项工程质量验收记录 项目：包括所含检验批的质量验收记录 签字：施工单位项目质量员、项目专业技术负责人、专业监理工程师（建设单位专业技术负责人）已签字 结论：合格
			6. 查阅钢结构分部（子分部）工程质量验收记录 内容：包括所含分项工程的质量控制资料、安全和使用功能的检验资料、观感质量验收资料 签字：建设单位项目负责人、设计单位项目负责人、施工单位项目经理、总监理工程师已签字 验收结论：合格

续表

条款号	大纲条款	检查依据	检查要点
5.3　砌体工程的监督检查			
5.3.1	砌体结构所用砖、石材、砌块、水泥等原材料性能证明文件齐全；抽查检测合格，报告齐全	**1.《砌体结构工程施工规范》GB 50924—2014** 3.1.4　砌体结构施工前，应完成下列工作： 1　进场原材料的见证取样。 4.1.1　对工程中所使用的原材料、成品及半成品应进行进场验收，检查其合格证、产品检验报告，并应符合设计及国家现行有关标准要求。对涉及结构安全、使用功能的原材料、成品及半成品应按有关规定进行见证取样、送样复验；其中水泥的强度和安定性应按其批号分别进行见证取样、复验。 4.2.2　当在使用中对水泥质量受不利环境影响或水泥出厂超过 3 个月、快硬硅酸盐水泥超过 1 个月时，应进行复验，并应按复验结果使用。 6.3.1　砖、水泥、钢筋、预拌砂浆、专用砌筑砂浆、复合夹心墙的保温砂浆、外加剂等原材料进场时，应检查其质量合格证明；对有复检要求的原料应送检，检验结果应满足设计及相应国家现行标准要求。 7.4.1　小砌块、水泥、钢筋、预拌砂浆、专用砌筑砂浆、复合夹心墙的保温材料、外加剂等原材料进场时，应检查其质量合格证书；对复检要求的原材料应及时送检，检验结果应满足设计及国家现行相关标准要求。 8.4.1　料石进场时应检查其品种、规格、颜色以及强度等级的检验报告，并应符合设计要求，石材材质应质地坚实，无风化剥落和裂缝。 9.1.2　配筋砖砌体构件、组合砌体构件和配砌块砌体剪力墙构件的混凝土、砂浆的强度等级及钢筋的牌号、规格、数量应符合设计要求。 **2.《砌体工程施工质量验收规范》GB 50203—2011** 3.0.1　砌体结构工程所用的材料应有产品合格证，产品性能型式检验报告，质量应符合国家现行有关标准的要求。砌块、水泥、钢筋、外加剂尚应有材料主要性能的进场复验报告。并应符合设计要求。严禁使用国家明淘汰的材料。 4.0.1　水泥使用应符合下列规定： 1　水泥进场时应对其品种、等级、包装或散装仓号、出厂日期等进行检查，并应对其强度、安定性进行复验，其质量必须符合现行国家标准《通用硅酸盐水泥》GB 175 的有关规定。 2　当在使用中对水泥质量有怀疑或水泥出厂超过三个月（快硬硅酸盐水泥超过一个月）时，应复查试验，并按复验结果使用。 3　不同品种的水泥，不得混合使用。	1. 查阅材料的进场报审表 签字：施工单位项目经理、专业监理工程师已签字 盖章：施工单位、监理单位已盖章 结论：同意使用 2. 查阅砖、石材、砌块、水泥、钢筋等的材质证明文件 原材证明：应为原件，如为抄件，应加盖经销商公章及采购单位的公章，注明进货数量、原件存放处及抄件人 试验（或复检）报告：包括试验方法、试验项目、数据计算、代表部位和数量等 报告签字：试验人、审核人、批准人已签字 报告盖章：盖有计量认证章、资质章及试验单位章，见证取样时，有见证取样章并注明见证人 报告结论：合格

续表

条款号	大纲条款	检查依据	检查要点
5.3.1	砌体结构所用砖、石材、砌块、水泥等原材料性能证明文件齐全；抽查检测合格，报告齐全	抽检数量：按同一厂家、同品种、同等级、同批号连续进场的水泥，袋装水泥不超过200t为一批，散装水泥不超过500t为一批，每批抽样不少于一次。 检验方法：检查产品合格证、出厂检验报告和进场复验报告。 5.2.1 砖和砂浆的强度等级必须符合设计要求。 抽检数量：每一生产厂家，烧结果普通砖、混凝土实心砖每15万块，烧结多孔砖、混凝土多孔砖、蒸压灰砂砖蒸压粉煤灰砖每10万块各为一验收批，不足上述数量时按1批计，抽检数量为1组。 6.2.1 小砌块和芯柱混凝土、砌筑砂浆的强度等级必须符合设计要求。 抽检数量：每一生产厂家，每1万块小砌块为一验收批，不足1万块按一批计，抽检数量为1组；用于多层以建筑的基础和底层的小砌块抽检数量不应少于2组。 检验方法：检查小砌块和芯柱混凝土、砌筑砂浆试块试验报告。 7.2.1 石材及砂浆强度等级必须符合设计要求。 抽检数量：同一产地的同类石材抽检不应少于1组。 检验方法：料石检查产品质量证明书，石材、砂浆检查试块试验报告。 8.2.1 钢筋的品种、规格、数量和设置部位应符合设计要求。 检验方法：检查钢筋的合格证书、钢筋性能复试试验报告、隐蔽工程记录。 9.2.1 烧结空心砖、小砌块和砌筑砂浆的强度等级应符合设计要求。 抽检数量：烧结空心砖每10万一验收批，小砌块每1万块为一验收批，不足上述数量时按一批计，抽检数量为1组。 **3.《建设工程监理规范》GB/T 50319—2013** 5.2.9 项目监理机构应审查施工单位报送的用于工程的材料、构配件、设备的质量证明文件，并应按有关规定、建设工程监理合同的约定，对用于建设工程的材料进行见证取样，平等检验。 项目监理机构对已进场经检验不合格的材料、构配件、设备，应要求施工单位限期将其撤出施工现场。 **4.《电力建设工程监理规范》DL/T 5434—2009** 9.1.7 项目监理机构应对承包单位报送的拟进场工程材料、半成品和构配件的质量证明文件进行审核，并按有关规定进行抽样验收。对有复试要求的，经监理人员现场见证取样的送检，复试报告应报送项目监理机构查验。 未经项目监理机构验收或验收不合格的工程材料、半成品和构配件，不得用于本工程，并书面通知承包单位限期撤出施工现场。	

续表

条款号	大纲条款	检查依据	检查要点
5.3.1	砌体结构所用砖、石材、砌块、水泥等原材料性能证明文件齐全；抽查检测合格，报告齐全	**5.《蒸压加气混凝土砌块》GB 11968—2006** 9　产品质量证明书 出厂产品应有产品质量证明书。证明书应包括生产厂名、厂址、商标、产品标记、本批产品主要技术性能和生产日期。 **6.《粉煤灰砖》JC 239—2014** 9.2　砖出厂时，应提供产品合格证，内容包括： a）厂名和商标； b）批量编号和数量； c）产品标记和生产日期； d）检验人员盖章。 **7.《烧结普通砖》GB/T 5101—2017** 8.1.1　出厂检验 出厂检验项目为：尺寸偏差、外观质量、强度等级、欠火砖、酥砖和螺旋纹砖。每批出厂产品应进行出厂检验，尺寸偏差，外观质量检验在生产厂内进行	
5.3.2	砂浆强度符合设计要求，检测试验报告齐全	**1.《砌体结构工程施工规范》GB 50924—2014** 5.1.1　工程中所用砌筑砂浆，应按设计要求对砌筑砂浆的种类、强度等级、性能及使用部位核对后使用，其中对设计有抗冻要求的砌筑砂浆，应进行冻融循环试验，其结果应符合现行行业标准《砌筑砂浆配合比设计规程》JGJ/T 98的要求。 5.1.2　砌体结构工程施工中，所用砌筑砂浆宜选用预拌砂浆，当采用现场拌制时，应按砌筑砂浆设计配合比配制。对非烧结类块材，宜采用配套专用砂浆。 5.5.1　砂浆试块应在现场取样制作。 5.5.2　砌筑砂浆的验收批，同一类型，强度等级的砂浆试块应少于3组。 5.5.3　砂浆试块制作应符合下列规定： 1　制作试块的稠度与实际使用的稠度一致； 2　湿拌砂浆应在卸料过程中的中间部位随机取样； 3　现场拌制的砂浆，制作每组试块时应在同一搅拌盘内取样。同一搅拌盘内砂浆不得制作一组以上的砂浆试块。 6.3.1　砖、水泥、钢筋、预拌砂浆、专用砌筑砂浆、复合夹心墙的保温砂浆、外加剂等原材料进场时，应检查其质量合格证明；对有复检要求的原料应送检，检验结果应满足设计及相应国家现行标准要求。	1. 查阅砂浆配合比及砂浆试块的抗压强度试验报告 强度：符合设计要求 签字：试验员、审核人、批准人已签字 盖章：盖有计量认证章、资质章及试验单位章，见证取样时，有见证取样章并注明见证人 2. 查阅砂浆的强度评定记录 评定方法：选用正确 数据：统计、计算准确 签字：计算者、审核者已签字 结论：合格

续表

条款号	大纲条款	检 查 依 据	检查要点
5.3.2	砂浆强度符合设计要求，检测试验报告齐全	7.4.1 小砌块、水泥、钢筋、预拌砂浆、专用砌筑砂浆、复合夹心墙的保温材料、外加剂等原材料进场时，应检查其质量合格证书；对复检要求的原材料应及时送检，检验结果应满足设计及国家现行相关标准要求。 9.1.2 配筋砖砌体构件、组合砌体构件和配砌块砌体剪力墙构件的混凝土、砂浆的强度等级及钢筋的牌号、规格、数量应符合设计要求。 **2.《砌体工程施工质量验收规范》GB 50203—2011** 4.0.12 砌筑砂浆试块强度验收时其合格标准应符合下列规定： 1 同一验收批砂浆试块平均值应大于或等于设计强度等级值的 1.10 倍； 2 同一验收批砂浆试块抗压强度的最小一组平均值应大于或等于设计强度等级值的 85%。 注：1 砌筑砂浆的验收批，同一类型、强度等级的砂浆试块不应少于 3 组；同一验收批砂浆只有 1 组或 2 组试块时，每组试块抗压强度平均值应大于或等于设计强度值的 1.10 倍；对于建筑结构的安全等级为一级或设计使用年限为 50 年及以上的房屋，同一验收批砂浆试块的数量不得少于 3 组。 2 砂浆强度应以标准养护，28d 龄期的试块强度为准。 3 制作砂浆试块的砂浆稠度应与配合比设计一致。 抽检数量：每一检验批且不超过 250m³ 砌体的各类、各强度等级的普通砂浆，每台搅拌机应至少抽检一次。验收批的预拌砂浆，蒸压加气混凝土砌块专用砂浆，抽检可为 3 组。 检验方法：在砂浆搅拌机出料口或在湿拌砂浆的储存容器出料口随机取样制作砂浆试块（现场拌制的砂浆，同盘砂浆只应做 1 组试块），试块在标养 28d 后做强度试验。预拌砂浆中的湿拌砂浆稠度应在进场时取样检验。 5.2.1 砖和砂浆的强度等级必须符合设计要求。 抽检数量：砂浆试块的抽检数量执行本规范 4.0.12 条的有关规定。 检验方法：检查砂浆试块的试验报告。 6.2.1 小砌块和芯柱混凝土、砌筑砂浆的强度等级必须符合设计要求。 抽检数量：砂浆试块的抽检数量执行本规范 4.0.12 的有关规定。 检验方法：检查砌筑砂浆试块试验报告。 检验方法：检查小砌块和芯柱混凝土、砌筑砂浆试块试验报告。 7.2.1 石材及砂浆强度等级必须符合设计要求。 抽检数量：砂浆试块的抽检数量执行本规范 4.0.12 的有关规定。 检验方法：砂浆检查试块试验报告。 8.2.2 构造柱、芯柱、组合砌体构件、配筋砌体剪力墙构件的混凝土及砂浆的强度等级应符合设计要求。	3. 查阅抗冻砂浆的冻融试验报告 方法：冻融循环试验符合设计要求及规程规定 签字：试验员、审核人、批准人已签字 盖章：盖有计量认证章、资质章及试验单位章，见证取样时，有见证取样章并注明见证人 结论：合格

续表

条款号	大纲条款	检查依据	检查要点
5.3.2	砂浆强度符合设计要求，检测试验报告齐全	抽检数量：砂浆试块的抽检数量执行本规范4.0.12的有关规定。 检验方法：砂浆检查试块试验报告。 9.2.1 烧结空心砖、小砌块和砌筑砂浆的强度等级应符合设计要求。 抽检数量：砂浆试块的抽检数量执行本规范4.0.12的有关规定。 检验方法：砂浆检查试块试验报告。 10.0.5 冬期施工砂浆试块的留置，除应按常温规定要求外，尚应增加1组与砌体同条件的试块，用于检验转入常温28d的强度。如有特殊需要，可另外增加相应龄期的同条件养护的试块。 **3.《墙体材料应用统一技术规范》GB 50574—2010** 3.4.1 设计有抗冻性要求的墙体时，砂浆应进行冻融试验，其抗冻性能应与墙体块材相同	
5.3.3	砌体组砌方式、钢筋的放置位置、挡土墙泄水孔留置符合规范规定	**1.《砌体结构工程施工规范》GB 50924—2014** 6.1.2 与构造柱相邻部位砌体应砌成马牙槎，马牙槎应先进后退，每个马牙槎沿高度方向的尺寸不宜超过300mm，凹凸尺寸宜为60mm。砌筑时，砌体与构造柱间应沿墙高度每500mm设拉结钢筋，钢筋数量及伸入墙内长度应满足设计要求。 6.2.4 砖砌体的转角处和交接处应同时砌筑。在抗震设防烈度8度及以上地区，对不能同时砌筑的临时间断处应砌成斜槎，其中普通砖砌体的斜槎水平投影长度不应小于高度（h）的2/3（图6.2.4），多孔砖砌体的斜槎长高比不应小于1/2斜槎高度不得超过一步脚手架高度。 6.2.5 砖砌体的转角和交接处对非抗震设防及抗震设防烈度为6度、7度地区的临时间断处，当不能留斜槎时，除转角处外，可留直槎，但直槎必须做成凸槎，留直槎处应加设拉结钢筋，拉结钢筋应符合下列规定： 1 每120mm墙厚放置1ϕ6拉结钢筋；当墙后为120mm时，应放置2ϕ6拉结钢筋； 2 间距沿墙高不应超过500mm，且竖向间距偏差不应超过100mm； 3 埋入长度从留槎处算起每边均不应小于500mm，对抗设防烈度6度、7度的地区，不应小于1000mm； 4 末端应有90°弯钩。 6.2.6 砌体组砌应上下错缝，内外搭砌；组砌方式宜采用一顺一丁、梅花丁、三顺一丁。 6.2.15 拉结钢筋应预制加工成型，钢筋规格、数量及长度符合设计要求且末端应设90°弯钩。埋入砌体中的拉结钢筋，应位置正确、平直，其外露部分在施工中少任意弯折。	1. 查看砌体的组砌现场 组砌方式、钢筋放置位置、挡土墙泄水孔留置位置、沉降缝位置：符合设计要求和规范的规定 2. 查阅砌体工程隐蔽验收报审表 签字：施工单位项目经理、专业监理工程师（建设单位专业技术负责人）已签字 盖章：施工单位、监理单位已盖章 结论：同意隐蔽 3. 查阅砌体工程施工的隐蔽验收记录 内容：包括拉结钢筋的牌号、品种、规格、数量、长度、放置位置、挡土墙泄水孔反滤层、沉降缝位置等

续表

条款号	大纲条款	检查依据	检查要点
5.3.3	砌体组砌方式、钢筋的放置位置、挡土墙泄水孔留置符合规范规定	6.3.4 砖砌体工程施工过程中，应对拉筋钢筋及复合夹心墙拉结件进行隐蔽验收。 7.2.7 小砌块砌体应对孔错缝搭砌。搭砌应符合下列规定： 1 单排孔小砌块的搭接长度为块体长的 1/2，多排孔小砌块的搭接长度不宜小于砌块长度的 1/3。 2 当个别部位不能满足搭砌要求时，应在此部位的水平灰缝中设 $\phi 4$ 钢筋网片，且网片两端与该位置的竖缝距离不得小于 400mm，可采用配块。 3 墙体竖向通缝不得超过 2 皮小砌块，独立柱不得有竖向通缝。 7.2.8 墙体转角处和纵横交接处应同时砌筑。临时间断处应砌成斜槎，斜槎水平投影长度不应小于斜槎的高度。临时施工洞口可留直槎，但在补砌洞口时，应在直槎上下搭砌的小砌块孔洞内用强度不低于 Cb20 或 C20 的混凝土灌实。 7.2.14 砌入墙内的构造钢筋和拉结筋应放置在水平灰缝的砂浆层中，不得有露筋现象。 7.4.4 小砌块砌体工程施工过程中，应对拉结钢筋或钢筋网片进行隐蔽验收。 8.2.7 毛石砌体应设置拉结石，拉结石应符合下列规定： 1 拉结石应均匀分布，相互错开，毛石基础同皮内宜每隔 2m 设置一块；毛石墙应每 $0.7m^2$ 墙面至少设置一块，且同皮内的中距不应大于 2m。 2 当基础宽度或墙厚不大于 400mm 时，拉结石的长度应与基础宽度或墙厚相符；当基础宽度或墙厚大于 400mm 时，可用两块拉结石内外搭接，搭接长度不应小于 150mm，且其中一块的长度不应小于基础宽度或墙厚的 2/3。 8.2.8 毛石、料石和实心砖的组合墙中，毛石、料石砌体与砖砌体应同时砌筑，并应每隔 4 皮～6 皮砖用 2 皮～3 皮丁砖与毛石砌体拉结砌合，毛石与实心砖的咬合尺寸应大于 120mm，两种砌体间的空隙应采用砂浆填满。 8.3.4 砌筑挡土墙，应按设计要求架立坡度样板收坡或收台，并应设置伸缩缝和泄水孔；泄水孔宜采取抽管或埋管方法留置。 8.3.5 挡土墙必须按设计规定留设泄水孔；当设计无具体规定时，其施工应符合下列规定： 1 泄水孔应在挡土墙的竖向和水平方向均匀设置，在挡土墙每米高度范围内设置的泄水孔水平间距不应大于 2m； 2 泄水孔直径不应小于 50mm； 3 泄水孔与土体间应设置长宽不小于 300mm、厚不小于 200mm 的卵石或碎石疏水层。 9.2.1 钢筋砖过梁内的钢筋应均匀、对称放置，过梁底面应铺 1∶2.5 水泥砂浆层，其厚度不宜小于 30mm；钢筋应埋入砂浆层中，两端伸入支座砌体内的长度不应小于 240mm，并应有 90°弯钩埋入墙的竖缝内。	签字：施工单位项目质量员、项目专业技术负责人、专业监理工程师（建设单位专业技术负责人）已签字 结论：同意隐蔽 4. 查阅后置拉结筋的试验报告 强度：符合设计要求和规范规定 签字：试验员、审核人、批准人已签字 盖章：盖有计量认证章、资质章及试验单位章，见证取样时，有见证取样章并注明见证人 结论：合格

续表

条款号	大纲条款	检查依据	检查要点
5.3.3	砌体组砌方式、钢筋的放置位置、挡土墙泄水孔留置符合规范规定	9.2.3　由砌体和钢筋混凝土或配筋砂浆面层构成的组合砌体构件，基连接受力钢筋的拉结筋应在两端做成弯钩，并在砌筑砌体时正确埋入。 9.2.5　墙体与构造柱的连接处应砌成马牙槎，基砌筑应符合本规范 6.1.2 规定。 9.3.5　配筋砌块砌体剪力墙两平行钢筋间的净距不应小于 50mm。水平钢筋搭接时应上下搭接，并应加设短筋固定。水平钢筋两端宜锚入端部灌孔混凝土中。 **2.《砌体工程施工质量验收规范》GB 50203—2011** 5.2.3　砖砌体的转角处和交接处应同时砌筑，严禁无可靠措施的内外墙分砌施工。在抗震设防烈度为 8 度及 8 度以上地区，对不能同时砌筑而又必须留置的临时间断处应砌成斜槎，普通砖砌体斜槎水平投影长度不应小于高度的 2/3，多孔砖砌体的斜槎长高比不应小于 1/2。斜槎高度不得超过一步脚手架的高度。 抽检数量：每检验批抽查不应少于 5 处。 检验方法：观察检查。 5.2.4　非抗震设防及抗震设防烈度为 6 度、7 度地区的临时间断处，当不能留斜槎时，除转角处外，可留直槎，但直槎必须做成凸槎，且应加设拉结钢筋，拉结钢筋应符合下列规定： 1　每 120mm 墙厚放置 1ϕ6 拉结钢筋（120mm 厚墙应放置 2ϕ6 拉结钢筋）； 2　间距沿墙高不应超过 500mm，且竖向间距偏差不应超过 100mm； 3　埋入长度从留槎处算起每边均不应小于 500mm，对抗设防烈度 6 度、7 度的地区，不应小于 1000mm； 4　末端应有 90°弯钩。 6.1.8　承重墙体使用的小砌块应完整、无破损、无裂缝。 6.1.10　小砌块应将生产时的底面朝上反砌于墙上。 6.2.3　墙体转角处和纵横交接处应同时砌筑。临时间断处应砌成斜槎，斜槎水平投影长度不应小于斜槎高度。施工洞口可预留直槎，但在洞口砌筑和补砌时，应在直槎上下搭砌的小砌块孔洞内用强度等级不低于 C20（或 Cb20）的混凝土灌实。 7.1.10　挡土墙的泄水孔当设计无规定时，施工应符合下列规定： 1　泄水孔应均匀设置，在每米高度上间隔 2m 左右设置一个泄水孔； 2　泄水孔与土体间铺设长宽各为 300mm、厚 200mm 的卵石或碎石作疏水层。 7.1.12　在毛石和实心砖的组合墙中，毛石砌体与砖砌体应同时砌筑，并每隔 4 皮～6 皮砖用 2 皮～3 皮砖丁与毛石砌体拉结砌合；两种砌体间的空隙应填实砂浆。 7.1.13　毛石墙和砖墙相接的转角处和交接处应同时砌筑。转角处、交接处应自纵墙（或横墙）每隔 4 皮～6 皮砖高度引出不小于 120mm 与横墙（或纵墙）相接。	

续表

条款号	大纲条款	检查依据	检查要点
5.3.3	砌体组砌方式、钢筋的放置位置、挡土墙泄水孔留置符合规范规定	7.3.2 石砌体的组砌形式应符合下列规定： 1 内外搭砌，上下错缝，拉结石、丁砌石交错设置； 2 毛石墙拉结石每 $0.7m^2$ 墙面不应少于1块。 检查数量：每检验批抽查不应少于5处。 检验方法：观察检查。 8.2.1 钢筋的品种、规格、数量和设置部位应符合设计要求。 检验方法：检查钢筋的合格证书、钢筋性能复试试验报告、隐蔽工程记录。 8.2.3 构造柱与墙体的连接应符合下列规定： 1 墙体应砌成马牙槎，马牙槎凹凸尺寸不宜小于60mm，高度不应超过300mm，马牙槎应先退后进，对称砌筑；马牙槎尺寸偏差每一构造柱不应超过2处； 2 预留拉拉结钢筋的规格、尺寸、数量及位置应正确，拉结钢筋应沿墙高每隔500mm设2ϕ6，伸入墙内不宜小于600mm，钢筋的竖向移位不应超过100mm，且竖向移位每一构造柱不得超过2处； 3 施工中不得任意弯折拉结钢筋。 检验数量：每检验批抽查不应少于5处。 检验方法：观察检查和尺量检查。 8.2.4 配筋砌体中受力钢筋的连接方式及锚固长度、搭接长度应符合设计要求。 1 每检验批抽查不应少于5处。 2 观察检查。 8.3.3 网状配筋砖砌体中，钢筋网规格及放置间距应符合设计规定。每一构件钢筋网砌体高度位置超过设计规定一皮砖厚得多于一处。 抽检数量：每检验批抽查不应少于5处。 检验方法：通过钢筋网成品检查钢筋规格，钢筋网放置间距采用局部剔缝观察，或用探针刺入灰缝内检查，或用钢筋位置测定仪测定。 9.2.2 填充墙体应与主体结构可靠连接，其连接构造应符合设计要求未经设计同意，不得随意改变连接构造方法。每一填充墙与柱的拉结筋的位置超过一皮块体高度的数量不得多于一处。 抽检数量：每检验批抽查不应少于5处。 检验方法：观察检查。	

续表

条款号	大纲条款	检查依据	检查要点
5.3.3	砌体组砌方式、钢筋的放置位置、挡土墙泄水孔留置符合规范规定	9.2.3 填充墙与承重墙、柱、梁的连接钢筋，当采用化学植筋的连接方式时，应进行实体检测。锚固钢筋拉拔试验的轴向受拉非破坏承载力检验值应为 6.0kN。抽检钢筋在检验值作用下应基材无裂缝、钢筋无滑移宏观裂损现象；持荷 2min 期间荷载值降低不大于 5%。检验批验收可按本规范表 B.0.1 通过正常检验一次、二次抽样判定。填充墙砌体植筋锚固力检测记录可按本规范表 C.0.1 填写。 抽检数量：按表 9.2.3 确定。 检验方法：原位试验检查。 9.3.3 填充墙留置的拉结钢筋或网片的位置应与块体皮数相符合。拉结钢筋或网片置于灰缝中，埋转动置长度应符合设计要求，竖向位置偏差不应超过一歧高度。 抽检数量：每检验批抽查不就少于 5 处。 检验方法：观察和用尺量检查。 9.3.4 砌筑填充墙应错缝搭砌，蒸压加气混凝土砌块搭砌长度不应小于砌块长度的 1/3；轻骨料混凝土小型空心砌块搭砌长度不应小于 90mm；竖向通缝不应大于 2 皮。 抽检数量：每检验批抽查不应少于 5 处。 检验方法：观察检查	
5.3.4	质量验收记录齐全	**1.《砌体结构工程施工质量验收规范》GB 50203—2011** 11.0.1 砌体工程验收前，应提供下列文件和记录： 1 设计变更文件； 2 施工执行的技术标准； 3 原材料出厂合格证书、产品性能检测报告和进场复验报告； 4 混凝土及砂浆配合比通知； 5 混凝土及砂浆试件抗压强度试验报告单； 6 砌体工程施工记录； 7 隐蔽工程验收记录； 8 分项工程检验批的主控项目、一般项目验收记录； 9 填充墙砌体植筋锚固力检测记录； 10 重大技术问题的处理方案和验收记录； 11 其他必要的文件和记录。 11.0.2 砌体子分部工程验收时，应对砌体工程的观感质量做出总体评价。 **2.《建设工程监理规范》GB/T 50319—2013** 5.2.4 项目监理机构应对承包单位报送的隐蔽工程、检验批、分项工程和分部工程进行验收，验收合格的给以签认。	1. 查阅砌体工程检验批、分项工程、分部工程验收报审表 签字：施工单位项目经理、专业监理工程师（建设单位专业技术负责人）已签字 盖章：施工单位、监理单位（建设单位）已盖章 结论：通过验收 2. 查阅砌体检验批质量验收记录 主控项目、一般项目：与实际相符，质量经抽样检验合格，质量检查记录齐全 签字：施工单位项目质量员、项目专业技术负责人、专业监理工程师（建设单位专业技术负责人）已签字 结论：合格

续表

条款号	大纲条款	检查依据	检查要点
5.3.4	质量验收记录齐全	**3.《电力建设工程监理规范》DL/T 5434—2009** 9.1.10 对承包单位报送的隐蔽工程报验申请表和自检记录，专业监理工程师应进行现场检查，符合要求予以签认后，承包单位方可隐蔽并进行下一道工序施工。 对未经监理人员验收或验收不合格的工序，监理人员应拒绝签认，度严禁承包单位进行下一道工序的施工。 9.1.11 专业监理工程师应对承包单位报送的分项工程质量报验资料进行审核，符合要求予以签认；总监理工程师应组织专业监理工程师对承包单位报送的分部工程和单位工程质量验评资料进行审核和现场检查，符合要求予以签认	3. 查阅砌体工程分项工程质量验收记录 项目：所含检验批的质量验收记录完整 签字：施工单位项目质量员、项目专业技术负责人、专业监理工程师（建设单位专业技术负责人）已签字 结论：合格 4. 查阅砌体工程分部（子分部）工程质量验收记录 内容：包括分项工程的质量控制资料、安全和使用功能的检验资料、观感质量验收资料等 签字：建设单位项目负责人、设计单位项目负责人、施工单位项目经理、总监理工程师已签字 综合结论：合格
5.4 构支架安装的监督检查			
5.4.1	混凝土杆构支架出厂质量证明文件齐全，钢圈焊缝外观检查合格，整根电杆顺直	**1.《钢结构工程施工规范》GB 50755—2012** 6.2.4 焊工应经考试合格并取得合格证书，应在认可范围内焊接作业，严禁无证上岗。 6.5.1 焊缝的尺寸偏差、外观质量和内部质量，应按现行国家标准《钢结构工程施工质量验收规范》GB 50205 和《钢结构焊接规范》GB 50661 的有关规定进行检验	1. 查阅混凝土杆构支架的进场报审表 签字：施工单位项目经理、专业监理工程师已签字 盖章：施工单位、监理单位已盖章 结论：同意使用

续表

条款号	大纲条款	检　查　依　据	检查要点
5.4.1	混凝土杆构支架出厂质量证明文件齐全，钢圈焊缝外观检查合格，整根电杆顺直		2. 查阅混凝土杆构支架出厂质量证明文件 出厂质量证明文件：应为原件，如为抄件，应加盖经销商公章及采购单位的公章，注明进货数量及原件存放处 报告内容：包括试验方法、试验项目、数据计算正确 报告签署：试验员、审核人、批准人已签字，日期无逻辑错误 报告盖章：盖有计量认证章、资质章及试验单位章，见证取样时，加盖见证取样章并注明见证人 报告结论：合格
			3. 查看焊缝外观质量 焊缝表面：无裂纹、焊瘤等缺陷，一、二级焊缝无有表面气孔、夹渣、弧坑裂纹、电弧擦伤等缺陷，且一级焊缝无有咬边、未焊满、根部收缩等缺陷，外观质量与评定结论相符
5.4.2	钢结构构支架出厂质量证明文件齐全；构件弯曲长矢高偏差符合规范规定。高强螺栓坚固验收记录齐全	**1.《钢结构工程施工规范》GB 50755—2012** 15.1.3　钢结构施工期间，可对结构变形、结构内力、环境量等内容进行过程监测。 15.2.8　监测数据应及时进行定性和定量分析。 **2.《钢结构工程施工质量验收规范》GB 50205—2001** 6.3.2　高强度大六角头螺栓连接副终拧完成1h后、48h内应进行终拧扭矩检查，检查结果应符合本规范附录B的规定。 检查数量：按节点数抽查10%，且不应少于10个；每个被抽查节点按螺栓数抽查10%，且不少于2个。 10.3.1　钢构件应符合设计要求和本规范的规定。运输、吊装、堆放和吊装等造成的构件变形及涂层脱落应进行矫正和修补。	1. 查阅钢结构构支架的进场报审表 签字：施工单位项目经理、专业监理工程师已签字 盖章：施工单位、监理单位已盖章 结论：同意使用

续表

条款号	大纲条款	检查依据	检查要点
5.4.2	钢结构构支架出厂质量证明文件齐全；构件弯曲长矢高偏差符合规范规定。高强螺栓坚固验收记录齐全	检查数量：按构件数抽查10%，且不应少于3个。 检验方法：用拉线、钢尺现场实测或观察。 10.3.3 钢屋（托）架、桁架、梁及受压杆件的垂直度和侧向弯曲矢高的允许偏差应符合表10.3.3的规定。 检查数量：按构件数抽查10%，且不应少于3个。 检验方法：用吊线、拉线、经纬仪和钢尺现场实测。 10.3.4 单层钢结构主体结构的整体垂直度和整体平面弯曲的允许偏差应符合表10.3.4的规定。 检查数量：对主要立面全部检查，对每个所检查的立面，除两列角柱外，尚应至少选取一列中间柱。 检查方法：采用经纬仪、全站仪等测量。 11.3.1 钢构件应符合设计要求和本规范的规定。运输、吊装、堆放和吊装等造成的构件变形及涂层脱落应进行矫正和修补。 检查数量：按构件数抽查10%，且不应少于3个。 检验方法：用拉线、钢尺现场实测或观察。 11.3.4 钢主梁、次梁及受压杆件的垂直度和弯曲矢高的允许偏差应符合表10.3.3的规定。 检查数量：按构件数抽查10%，且不应少于3个。 检验方法：用吊线、拉线、经纬仪和钢尺现场实测。 11.3.5 多层及高层钢结构主体结构的整体垂直度和整体平面弯曲的允许偏差应符合表11.3.5的规定。 检查数量：对主要立面全部检查，对每个所检查的立面，除两列角柱外，尚应至少选取一列中间柱。 检查方法：采用经纬仪、全站仪等测量。 12.3.4 钢网架结构总拼完成后及屋面工程完成后应分别测量其挠度值，且所测的挠度值不应超过相应设计值的1.15倍。 检查数量：跨度24m及以下钢网架结构测量下弦中央一点；跨度24m以上钢网架结构测量下弦中央点及各向下弦跨度的四等分点。 检查方法：用钢尺和水准仪实测。 **3.《钢结构高强度螺栓连接技术规程》JGJ 82—2011** 6.5.1 大六角头高强度螺栓连接施工坚固质量检查应符合下列规定： 1 扭矩法施工的检查方法应符合下列规定：	2. 查阅钢结构构支架出厂质量证明文件 出厂质量证明文件：应为原件，如为抄件，应加盖经销商公章及采购单位的公章，注明进货数量及原件存放处 报告内容：包括试验方法、试验项目、数据计算正确 报告签署：试验员、审核人、批准人已签字，日期无逻辑错误 报告盖章：盖有计量认证章、资质章及试验单位章，见证取样时，加盖见证取样章并注明见证人 报告结论：合格 3. 查阅钢结构施工过程的变形监测记录 垂直度和弯曲矢高变形量、最大变形量：在设计允许及规范规定范围内 签字：监测人、计算人、审核人、专业监理工程师已签字 4. 查阅扭矩扳手的检定报告和校正记录 有效期：校正扭矩扳手的在检定有效期内 精度：施工用扭矩扳手与检验用扭矩扳手精度满足要求，对比值误差不大于3%

续表

条款号	大纲条款	检 查 依 据	检查要点
5.4.2	钢结构构支架出厂质量证明文件齐全；构件弯曲长矢高偏差符合规范规定。高强螺栓坚固验收记录齐全	1）用小锤（0.3kg）敲击螺母对高强度螺栓进行普查，不得漏拧。 2）终拧扭矩应按节点总数10%抽查，且不少于10个节点；对每个被抽查节点应按螺栓数的10%抽查，且不应少于2个螺栓。 4）如发现有不符合规定时，应再扩大1倍检查；仍有不合格时，则整个节点的高强度螺栓应重新施拧。 5）扭矩检查宜在螺栓终拧1h后，24h之前完成，检查用的扭矩扳手，其相对误差不得大于±3%。 2 转角法施工的检查方法应符合下列规定： 1）普查初拧后在螺母与相对位置所画的终拧起始线和终止线所夹的角度应达到规定值。 2）终拧转角应按节点数10%抽查，且不少于10个节点；对每个被抽查节点应按螺栓数的10%抽查，且不应少于2个螺栓。 4）如发现有不符合规定时，应再扩大1倍检查；仍有不合格时，则整个节点的高强度螺栓应重新施拧。 5）转角检查宜在螺栓终拧1h后，24h之前完成	5. 查阅高强度螺栓连接副紧固施工记录 初拧、终拧时间：符合设计要求及规范规定 初拧、复拧、终拧的扭矩值：符合设计要求或规范规定 6. 查看螺栓初拧、复拧、终拧的标记 标记：用不同颜色做的标记明显，易于分辩、标记与方案一致
5.4.3	质量验收记录齐全	**1.《建筑工程施工质量验收统一标准》GB 50300—2013** 3.0.6 建筑工程施工质量应按下列要求进行验收： 1 工程质量验收均应在施工单位自检合格的基础上进行。 2 参加工程施工质量验收的各方人员应具备相应的资格。 3 检验批的质量应按主控项目和一般项目验收。 4 对涉及结构安全、节能、环境保护和主要使用功能的试块、试件及材料，应在进场时或施工中按规定进行见证检验。 5 隐蔽工程在隐蔽前应由施工单位通知监理单位进行验收，并应形成验收文件，验收合格后方可继续施工。 6 对涉及结构安全、节能、环境保护和使用功能的重要分部工程应在验收前按规定进行抽样检验。 7 工程的观感质量应由验收人员现场检查，并应共同确认。 5.0.1 检验批质量验收合格应符合下列规定： 1 主控项目的质量经抽样检验均应合格。	1. 查阅混凝土杆构支架及钢结构构支架焊接隐蔽验收报审表 签字：施工单位项目经理、专业监理工程师（建设单位专业技术负责人）已签字 盖章：施工单位、监理单位已盖章 结论：同意隐蔽 2. 查阅混凝土杆构支架及钢结构构支架隐蔽验收记录 内容：包括焊缝质量、连接位置、连接方法，防腐、防火涂层等 签字：施工单位项目质量员、项目专业技术负责人、专业监理工程师（建设单位专业技术负责人）已签字 结论：同意隐蔽

续表

条款号	大纲条款	检查依据	检查要点
5.4.3	质量验收记录齐全	2 一般项目的质量经抽样检验合格。当采用计数抽样时，合格点率应符合有关专业验收规范的规定，且不得存在严重缺陷。对于计数抽样的一般项目，正常检验一次、二次抽样可按本标准附录D判定。 3 具有完整的施工操作依据、质量验收记录。 5.0.2 分项工程质量验收合格应符合下列规定： 1 所含检验批的质量均应验收合格。 2 所含检验批的质量验收记录应完整。 5.0.3 分部工程质量验收合格应符合下列规定： 1 所含分项工程的质量均应验收合格。 2 质量控制资料应完整。 3 有关安全、节能、环境保护和主要使用功能的抽样检验结果应符合相应规定。 4 观感质量应符合要求。 5.0.4 单位工程质量验收合格应符合下列规定： 1 所含分部工程的质量均应验收合格。 2 质量控制资料应完整。 3 所含分部工程中有关安全、节能、环境保护和主要使用功能的检验资料应完整。 4 主要使用功能的抽查结果应符合相关专业验收规范的规定。 5 观感质量应符合要求。 5.0.8 经返修或加固处理仍不能满足安全或使用要求的分部工程及单位工程，严禁验收。 6.0.1 检验批应由专业监理工程师组织施工单位项目专业质量检查员、专业工长等进行验收。 6.0.2 分项工程应由专业监理工程师组织施工单位项目专业技术负责人等进行验收。 6.0.3 分部工程应由总监理工程师组织施工单位项目负责人和项目技术负责人等进行验收。勘察、设计单位项目负责人和施工单位技术、质量部门负责人应参加地基与基础分部工程的验收。设计单位项目负责人和施工单位技术、质量部门负责人应参加主体结构、节能分部工程的验收。 6.0.4 单位工程中的分包工程完工后，分包单位应对所承包的工程项目进行自检，并应按本标准规定的程序进行验收。验收时，总包单位应派人参加。分包单位应将所分包工程的质量控制资料整理完整后，移交给总包单位。 6.0.5 单位工程完工后，施工单位应组织有关人员进行自检。总监理工程师应组织各专业监理工程师对工程质量进行竣工预验收。存在施工质量问题时，应由施工单位及时整改。整改完毕后，由施工单位向建设单位提交工程竣工报告，申请工程竣工验收。	3. 查阅混凝土杆构支架及钢结构构支架检验批、分项工程、分部工程验收报审表 签字：施工单位项目经理、专业监理工程师（建设单位专业技术负责人）已签字 盖章：施工单位、监理单位（建设单位）已盖章 结论：通过验收 4. 查阅混凝土杆构支架及钢结构构支架检验批质量验收记录 主控项目、一般项目：与实际相符，质量经抽样检验合格，质量检查记录齐全 签字：施工单位项目质量员、项目专业技术负责人、专业监理工程师（建设单位专业技术负责人）已签字 结论：同意验收 5. 查阅混凝土杆构支架及钢结构构支架分项工程质量验收记录 项目：包括所含检验批的质量验收记录 签字：施工单位项目质量员、项目专业技术负责人、专业监理工程师（建设单位专业技术负责人）已签字 结论：合格

续表

<table>
<tr><th>条款号</th><th>大纲条款</th><th>检　查　依　据</th><th>检查要点</th></tr>
<tr><td>5.4.3</td><td>质量验收记录齐全</td><td>6.0.6　建设单位收到工程竣工报告后，应由建设单位项目负责人组织监理、施工、设计、勘察等单位项目负责人进行单位工程验收</td><td>6. 查阅混凝土杆构支架及钢结构构支架分部（子分部）工程质量验收记录
内容：包括所含分项工程的质量控制资料、安全和使用功能的检验资料、观感质量验收资料
签字：建设单位项目负责人、设计单位项目负责人、施工单位项目经理、总监理工程师已签字
验收结论：合格</td></tr>
<tr><td colspan="4">5.5　冬期施工的监督检查</td></tr>
<tr><td rowspan="2">5.5.1</td><td rowspan="2">冬期施工措施和越冬保温措施已审批</td><td rowspan="2">1.《建筑工程冬期施工规程》JGJ/T 104—2011
1.0.4　凡进行冬期施工的工程项目，应编制冬期施工专项方案；对有不能适应冬期施工要求的问题应及时与设计单位研究解决。
6.1.2　混凝土工程冬期施工应按照本规程附录A进行混凝土热工计算。
6.9.4　养护温度的测量方法应符合下列规定：
　1　测温孔编号，并应绘制测温孔布置图，现场应设置明显标识；
　3　采用非加热法养护时，测温孔应设置在易散热的部位；采用加热法养护时，应分别设置在离热源不同的位置。
11.1.1　对于有采暖要求，但却不能保证正常采暖的新建工程、跨年施工的在建工程以及停建、缓工程等，在入冬前均应编制越冬维护方案。
9.1.1　在负温下进行钢结构的制作和安装时，应按照负温施工的要求，编制钢结构制作工艺规程和安装施工组织设计文件</td><td>1. 查阅冬期施工措施与越冬保温措施
热工计算：有针对性
受冻临界强度：依据可靠
方法：可操作性强
审批：施工单位的技术负责人已批准，监理单位总监理工程师已批准，有明确的意见
签字：施工单位技术员、项目技术负责人、公司技术负责人及监理单位专业监理工程师、总工程师已签字</td></tr>
<tr><td>2. 查看冬期施工现场
措施：与方案一致，有效</td></tr>
<tr><td>5.5.2</td><td>原材料预热、选用的外加剂、混凝土拌合和浇筑条件、试块的留置符合规范规定</td><td>1.《混凝土结构工程施工规范》GB 50666—2011
10.2.5　冬期施工混凝土搅拌前，原材料预热应符合下列规定：
　1　宜加热拌合水，当仅加热拌合水不能满足热工计算要求时，可加热骨料；拌合水与骨料加热温度可通过热工计算确定，加热温度不应超过表10.2.5的规定；
　2　水泥、外加剂、矿物掺合料不得直接加热，应置于暖棚中预热；</td><td>1. 查看冬期施工原材料预热现场
水温：水泥未与80℃以上的水直接接触
骨料加热：符合规程规定</td></tr>
</table>

续表

条款号	大纲条款	检　查　依　据	检查要点
5.5.2	原材料预热、选用的外加剂、混凝土拌合和浇筑条件、试块的留置符合规范规定	10.2.6　冬期施工混凝土搅拌应符合下列规定： 1　液体防冻剂使用前应搅拌均匀，由防冻剂溶液带入的水分应从混凝土拌合水中扣除； 2　蒸气法加热骨料时，应加大对骨料含水率测试频率，并应将由骨料带入的水分从混凝土拌合水中扣除； 3　混凝土搅拌前应对搅拌机械进行保温或采用蒸气进行加温，搅拌时间应比常温搅拌时间延长30s～60s； 4　混凝土搅拌时应先投入骨料与拌合水，预拌后投入胶凝材料与外加剂。胶凝材料、引气剂或含引气组分外加剂不得与60℃以上热水直接接触。 10.2.7　混凝土拌合物的出机温度不宜低于10℃，入模温度不应低于5℃；预拌混凝土或需远距离运输的混凝土，混凝土拌合物的出机温度可根据距离经热工计算确定，但不宜低于15℃。大体积混凝土的入模温度可根据实际情况适当降低。 10.2.8　混凝土运输、输送机具及泵管应采取保温措施。当采用泵送工艺浇筑时，应采用水泥浆或水泥砂浆对泵和泵管进行润滑、预热。混凝土运输、输送与浇筑过程中应进行测温，其温度应满足热工计算的要求。 10.2.9　混凝土浇筑前，应清除地基、模板和钢筋上的冰雪和污垢，并应进行覆盖保温。 10.2.10　混凝土分层浇筑时，分层厚度不应小于400mm。在被上一层混凝土覆盖前，已浇筑层的温度应满足热工计算要求，且不得低于2℃。 10.2.11　采用加热方法养护现浇混凝土时，应根据加热产生的温度应力对结构的影响采取措施，并应合理安排混凝土浇筑顺序与施工缝留置位置。 10.2.12　冬期浇筑的混凝土，其受冻临界强度应符合下列规定： 1　当采用蓄热法、暖棚法、加热法施工时，采用硅酸盐水泥、普通硅酸盐水泥配制的混凝土，不应低于设计混凝土强度等级值的30%；采用矿渣硅酸盐水泥、粉煤灰硅酸盐水泥、火山灰质硅酸盐水泥配制的混凝土时，不应低于设计混凝土强度等级值的40%。 2　当室外最低气温不低于－15℃时，采用综合蓄热法、负温养护法施工的混凝土受冻临界强度不应低于4.0MPa；当室外最低气温不低于－30℃时，采用负温养护法施工的混凝土受冻临界强度不应低于5.0MPa。 3　强度等级等于或高于C50的混凝土，不宜低于设计混凝土强度等级值的30%。 4　有抗渗要求的混凝土，不宜小于设计混凝土强度等级值的50%。 5　有抗冻耐久性要求的混凝土，不宜低于设计混凝土强度等级值的70%。 6　当采用暖棚法施工的混凝土中掺入早强剂时，可按综合蓄热法受冻临界强度取值。 7　当施工需要提高混凝土强度等级时，应按提高后的强度等级确定受冻临界强度。	2. 查阅冬期施工选用的外加剂试验报告 检验项目：齐全 代表部位和数量：与现场实际相符 签字：试验员、审核人、批准人已签字 盖章：盖有计量认证章、资质章及试验单位章，见证取样时，加盖见证取样章并注明见证人 结论：合格 3. 查看混凝土拌和条件和浇筑条件 所用骨料：清洁、不含冰、雪、冻块及其他易冻裂物质 掺加含有钾、钠离子的防冻剂混凝土：未使用活性骨料或骨料未含有活性物质 混凝土搅拌时间：符合《建筑工程冬期施工规程》JGJ/T 104—2011表6.2.5的规定 浇筑前模板：冰雪与污垢已清除 4. 查看混凝土试块（含同条件试块）留置 数量：符合规范规定

续表

条款号	大纲条款	检查依据	检查要点
5.5.2	原材料预热、选用的外加剂、混凝土拌合和浇筑条件、试块的留置符合规范规定	10.2.17　混凝土工程冬期施工应加强骨料含水率、防冻剂掺量检查，以及原材料、入模温度、实体温度和强度监测；应依据气温的变化、检查防冻剂掺量是否符合配合比与防冻剂说明书的规定，并应根据需要调整配合比。 10.2.19　冬期施工混凝土强度试件的留置，除应符合现行国家标准《混凝土结构工程施工质量验收规定》GB 50204的有关规定外，尚应增加不少于2组的同条件养护试件。同条件养护试件应在解冻后进行试验。 **2.《建筑工程冬期施工规程》JGJ/T 104—2011** 3.2.4　对于大面积回填土和有路面的路基及其人行道范围内的平整场地填方，可采用含有冻土块的土回填，但冻土块的粒径不得大于150mm，其含量不得超过30%，铺填时冻土块应分散开，并应逐层夯实。 3.4.5　灌注桩的混凝土施工应符合下列规定： 1　混凝土材料的加热、搅拌、运输、浇筑应按本规程第6章的有关规定进行；混凝土浇筑温度应根据热工计算确定，且不得低于5℃。 3.5.3　钢筋混凝土灌注桩的排桩施工应符合本规程3.4.2和3.4.5的规定，并应符合下列规定： 4　桩身混凝土施工可选用掺防冻剂混凝土进行。 3.5.4　锚杆施工应符合下列规定： 1　锚杆注浆的水泥浆配制宜掺入适量的防冻剂。 4.1.1　冬期施工所用的材料应符合下列规定： 1　砖、砌块在砌筑前，应清除块材表面污物和冰霜等，不得使用遭水浸和受冻后表面结冰、污染的砖或砌块； 2　砌筑砂浆宜采用普通硅酸盐水泥配制，不得使用无水泥拌制的砂浆； 3　现场拌制砂浆所用砂中不得含有直径大于10mm的冻结块和冰块； 4　石灰膏、电石渣膏等材料应有保温措施，遭冻结时应经融化后方可使用； 5　砂浆拌合水温不宜超过80℃，砂加热温度不宜超过40℃，且水泥不得与80℃以上热水直接接触；砂浆稠度宜较常温适当增大且不得二次加水调整砂浆和易性。 4.1.3　砌体工程宜选用外加剂法进行施工，对绝缘、装饰等有特殊要求的工程，应采用其他方法。 4.1.5　砂浆试块的留置，除应按常温规定要求外，尚应增设一组与砌体同条件养护的试块，用于检验转入常温28d的强度。如有特殊需要，可另外增加相应龄期的同条件试块。	

续表

条款号	大纲条款	检查依据	检查要点
5.5.2	原材料预热、选用的外加剂、混凝土拌合和浇筑条件、试块的留置符合规范规定	4.2.1 采用外加剂法配制砂浆时，可采用氯盐或亚硝酸盐等外加剂。氯盐应以氯化钠为主，当气温低于－15℃时，可与氯化钙复合使用。 4.2.2 砌筑施工，砂浆温度不应低于5℃。 4.2.3 当设计无要求，且最低气温等于或低于－15℃时，砌体砂浆强度等级应较常温施工提高一级。 4.2.7 下列情况不得采用掺氯盐的砂浆砌筑砌体： 1 对装饰工程有特殊要求的建筑物； 2 使用环境温度大于80%的建筑物； 3 配筋、钢埋件无可靠防腐处理措施的砌体； 4 接近高压电线的建筑物（如变电所、发电站等）； 5 经常处于地下水位变化范围内，以及在地下未设防水层的结构。 6.1.1 冬期浇筑的混凝土，其受冻临界强度应符合下列规定： 1 当采用蓄热法、暖棚法、加热法施工时，采用硅酸盐水泥、普通硅酸盐水泥配制的混凝土，不应低于设计混凝土强度等级值的30%；采用矿渣硅酸盐水泥、粉煤灰硅酸盐水泥、火山灰质硅酸盐水泥配制的混凝土时，不应低于设计混凝土强度等级值的40%。 2 当室外最低气温不低于－15℃时，采用综合蓄热法、负温养护法施工的混凝土受冻临界强度不应低于4.0MPa；当室外最低气温不低于－30℃时，采用负温养护法施工的混凝土受冻临界强度不应低于5.0MPa。 3 强度等级等于或高于C50的混凝土，不宜低于设计混凝土强度等级值的30%。 4 有抗渗要求的混凝土，不宜小于设计混凝土强度等级值的50%。 5 有抗冻耐久性要求的混凝土，不宜低于设计混凝土强度等级值的70%。 6 当采用暖棚法施工的混凝土中掺入早强剂时，可按综合蓄热法受冻临界强度取值。 7 当施工需要提高混凝土强度等级时，应按提高后的强度等级确定受冻临界强度。 6.1.5 冬期施工混凝土选用外加剂应符合现行国家标准《混凝土外加剂应用技术规范》GB 50119的相关规定。非加热养护法混凝土施工，所选用的外加剂应含有引气组分或掺入引气剂，含气量宜控制在3.0%～5.0%。 6.1.6 钢筋混凝土掺用氯盐类防冻剂时，氯盐掺量不得大于水泥质量的1.0%。掺用氯盐的混凝土应振捣密实，且不宜采用蒸气养护。 6.1.7 在下列情况下，不得在钢筋混凝土结构中掺用氯盐： 1 排出大量蒸气的车间、浴池、游泳馆、洗衣房和经常处于空气相对湿度大于80%的房间以及有顶盖的钢筋混凝土蓄水池等在高湿度空气环境中使用的结构；	

续表

条款号	大纲条款	检查依据	检查要点
5.5.2	原材料预热、选用的外加剂、混凝土拌合和浇筑条件、试块的留置符合规范规定	2 处于水位升降部位的结构； 3 露天结构或经常受雨、水淋的结构； 4 有镀锌钢材或铝铁相接触的结构，和有外露钢筋、预埋件而无防护措施的结构； 5 与含有酸、碱或硫酸盐等侵蚀介质相接触的结构； 6 使用过程中经常处于环境温度为60℃以上的结构； 7 使用冷拉钢筋或冷拔低碳钢丝的结构； 8 薄壁结构，中级和重级工作制吊车梁、屋轲、落锤或希锤基础结构； 9 电解车间和直接靠近直流电源的结构； 10 直接靠近高压电源（发电站、变电所）的结构； 11 预应力混凝土结构。 6.1.8 模板外和混凝土表面覆盖的保温层，不应采用潮湿状态的材料，也不应将保温材料直接铺盖在潮湿的混凝土表面，新浇混凝土表面应铺一层塑料薄膜。 6.1.10 型钢混凝土组合结构，浇筑混凝土前应对型钢进行预热，预热温度宜大于混凝土入模温度，预热方法可按本规程第6.5节相关规定。 6.2.1 混凝土原材料加热宜采用加热水的方法。当加热水不能满足要求时，可对骨料进行加热。水、骨料加热的最高温度应符合表6.2.1的规定。 当水和骨料的温度仍不能满足热工计算要求时，可提高水温到100℃，但水泥不得与80℃以上的水直接接触。 6.2.2 水加热宜采用蒸汽加热、电加热、汽水热交换罐或其他加热方法，水箱或水池容积及水温应能满足连续施工的要求。 6.2.3 砂加热应在开盘前进行，加热应均匀。当采用保温加热料斗时，宜配备两个，交替加热使用。每个料斗容积可根据机械可装高度和侧壁厚度等要求设计，每一个斗的容量不宜小于3.5m³。 预拌混凝土用砂，应提前备足料，运至有加热设施的保温封闭料棚（室）或仓内备用。 6.2.4 水泥不得直接加热，袋装水泥使用前宜运入暖棚内存放。 6.2.5 混凝土搅拌的最短时间应符合表6.2.5的规定。 6.2.10 大体积混凝土分层浇筑时，已浇筑层的混凝土在未被上一层混凝土覆盖前，温度不应低于2℃。采用加热法养护混凝土时，养护前的混凝土温度也不得低于2℃。 6.9.7 混凝土抗压强度试件的留置除应按现行国家标准《混凝土结构工程施工质量验收规范》GB 50204规定进行外，尚应增设不少于2组同条件养护试件	

续表

条款号	大纲条款	检查依据	检查要点
5.5.3	冬期施工的混凝土工程，养护条件、测温次数符合规范规定，记录齐全	**1.《混凝土结构工程施工规范》GB 50666—2011** 10.2.13 混凝土结构工程冬期施工养护，应符合下列规定： 1 当室外最低气温不低于－15℃时，对地面以下的工程或表面系数不大于 $5m^{-1}$ 的结构，宜采用蓄热法养护，并应对结构易受冻部位加强保温措施；对表面系数为 $5m^{-1}$～$15m^{-1}$ 的结构，宜采用综合蓄热法养护。采用综合蓄热法养护时，混凝土中应掺加具有减水、引气性能的早强剂或早强型外加剂； 2 对不易保温养护且对强度增长无具体要求的一般混凝土结构，可采用掺防冻剂的负温养护法进行养护； 3 当本条第 1、2 款不能满足施工要求时，可采用暖棚法、蒸汽加热法、电加热法等方法进行养护，但应采取降低能耗的措施。 10.2.14 混凝土浇筑后，对裸露表面应采取防风、保湿、保温措施，对边、棱角及易受冻部位应加强保温。在混凝土养护和越冬期间，不得直接对负温混凝土表面浇水养护。 10.2.15 模板和保温层的拆除除应符合本规范第 4 章及设计要求外，尚应符合下列规定： 1 混凝土强度达到受冻临界强度，且混凝土表面温度不应高于 5℃； 2 以墙、板等薄壁结构构件，宜推迟拆模。 10.2.16 混凝土强度未达到受冻临界强度和设计时，应连续进行养护。当混凝土表面温度与环境温度之差大于 20℃时，拆模后的混凝土表面应立即进行保温覆盖。 10.2.18 混凝土冬期施工期间，应按国家现行有关标准的规定对混凝土拌合水温度、外加剂溶液温度、骨料温度、混凝土出机温度、浇筑温度、入模温度，以及养护期间混凝土内部和大气温度进行测量。 **2.《建筑工程冬期施工规程》JGJ/T 104—2011** 4.1.4 施工日记中应记录大气温度、暖棚内温度、砌筑时砂浆温度、外加剂掺量等有关资料。 4.3.2 暖棚法施工时，暖棚内的最低温度不应低于 5℃。 4.3.3 砌体在暖棚内的养护时间应根据暖棚内温度确定，并应符合表 4.3.3 的规定。 6.3.1 当室外最低踢度不低于一15 时，地面以下的工程，或表面系数不大于 $5m^{-1}$ 的结构，宜采用蓄热法养护。对结构易受冻的部位，应加强保温措施。 6.3.2 当室外最低气温不低于－15℃时，对于表面系数为 $5m^{-1}$～$15m^{-1}$ 的结构，宜采用综合蓄热法养护，围护层散热系数宜控制在 50kJ/(m^3·h·K)～200kJ/(m^3·h·K) 之间。 6.3.3 综合蓄热法施工的混凝土中应掺入早强剂或早强型复合外加剂，并应具有减水、引气作用。	1. 查阅冬期施工混凝土工程养护记录和测温记录 养护方法：与方案一致 测温点的布置：与方案一致 测温项目与测温频次：符合规程规定 签字：施工单位项目质量员、项目专业技术负责人、专业监理工程师（建设单位专业技术负责人）已签字 2. 查看现场养护条件和测温点的布置 布置：与方案一致 实测温度：符合规范的规定

续表

<table>
<tr><th>条款号</th><th>大纲条款</th><th>检　查　依　据</th><th>检查要点</th></tr>
<tr><td>5.5.3</td><td>冬期施工的混凝土工程，养护条件、测温次数符合规范规定，记录齐全</td><td>6.3.4　混凝土浇筑后应采用塑料布等防水材料对裸露表面覆盖并保温。对边、棱角部位的保温层厚度应增大到面部位的2倍～3倍。混凝土在养护期间应防风、防失水。
6.4.1　混凝土蒸汽养护法可采用棚罩法、蒸汽套法、热模法、内部通汽法等方式……
6.4.2　蒸汽养护法应彩低压饱和蒸汽，当工地有高压蒸汽时，应通过减压阀或过水装置后方可使用。
6.4.3　蒸汽养护的混凝土，采用普通硅酸盐水泥时最高温度不得超过80℃，采用矿渣硅酸盐水泥时可提高到85℃。但采用内部通汽法时，最高加热温度不应超过60℃。
6.4.4　整体浇筑的结构，采用蒸汽加热养护时，升温和降温速度不得超过表6.4.4规定。
6.5.3　混凝土采用电极加热法养护应符合下列规定：
1　电路接好应以检查合格后方可合闸送电。当结构工程量较大，需边浇筑边通电，应将钢筋接地线。电加热现场应设安全围栏。
2　棒形和弦开电极应固定，并不得与钢筋直接接触。电极与钢筋之间的距离应符合表6.5.3的规定；当因钢筋密度大而不能保证钢筋与电极之间的距离满足表6.5.3的规定时，应采取绝缘措施。
3　电极加热法应采用交流电。电极的形式、尺寸、数量及配置应能保证混凝土各部位加热均匀且应加热到设计的混凝土强度标准值的50%。在电极附近的辐射半径方向每隔10mm距离的温度差不得超过1℃。
4　电极加热应在混凝土浇筑后立即送电，送电前混凝土表面应保温覆盖。混凝土在加热养护过程中，洒水应在断电后进行。
6.5.4　混凝土采用电热毯法养护应符合下列规定：
1　电热毯宜由四层玻璃纤维布中间夹以电阻丝制成。其几何尺寸应根据混凝土表面或模板外侧与龙骨组成的区格大小确定。电热毯的电压宜为60V～80V，功率宜为75W～100W。
2　布置电热毯时，在模板周边的各区格应连接布毯，中间区格可间隔布毯，并应与对面模板错开。电热毯外侧应设置岩棉板等性质的耐热保温材料。
3　电热毯养护的通电持续时间应根据气温及养护温度确定，可采取分段、间段或连续通电养护工序。
6.6.2　暖棚法施工应符合下列规定：
1　应设专人监测混凝土及暖棚内温度，暖棚内各测点温度不得低于5℃。测温点应选择具有代表性位置进行布置，在离地面500mm高度处应设点，每昼夜测温不应少于4次。
2　养护期间应监测暖棚内的相对湿度，混凝土不得有失水现象，否则应及时采取增湿措施或在混凝土表面洒水养护。</td><td></td></tr>
</table>

续表

条款号	大纲条款	检查依据	检查要点
5.5.3	冬期施工的混凝土工程，养护条件、测温次数符合规范规定，记录齐全	3 暖棚的出入口应设专人管理，并应采取防止棚内温度下降或引起风口处混凝土受冻的措施。 4 在混凝土养护期间应将烟或燃烧气体排至棚外，并应采取防止烟气中毒和防火的措施。 6.9.1 混凝土冬期施工质量检查除应符合现行标准《混凝土结构工程施工质量验收规范》GB 50204 以及国家现行有关标准规定外，尚应符合一步下列规定： 1 应检查外加剂质量及掺量；外加剂进入施工现场后应进行抽样检验，合格后方准使用； 2 应根据施工方案确定的参数检查水、骨料、外加剂溶液和混凝土出机、浇筑、起始养护时的温度； 3 应检查混凝土从入模到拆除保温层或保温模板期间的温度； 4 采用预拌混凝土质量检查应由预拌混凝土生产企业进行，并应将记录资料提供给施工单位。 6.9.2 施工期间的测温项目与频次应符合表 6.9.2 规定。 6.9.3 混凝土养护期间的温度测量应符合下列规定： 1 采用蓄热法或综合蓄热法时，在达到受冻临界强度之前应每隔 4h～6h 测量一次； 2 采用负温养护法时，在达到受冻临界强度之前应每隔 2h 测量一次； 3 采用加热时，升温和降温阶段应每隔 1h 测量一次，恒温阶段每隔 2h 测量一次。 4 混凝土在达到受冻临界强度后，可停止测温。 5 大体积混凝土养护期间的温度测量尚应符合国家现行标准《大体积混凝土施工规范》GB 50496 的相关规定。 6.9.4 养护温度的测量方法应符合下列规定： 1 测温孔应编号，并应绘制测温孔布置图，现场应设置明显标识； 2 测温时，测温单元应采取措施与外界气温隔离；测温元件测量位置应处于结构表面下 20mm 处，留置在测温孔内的时间不应少于 3min； 3 采用非加热法养护时，测温孔应设置在易于散热的部位，采用加热法养护时，应分别设置在离热源不同的位置。 6.9.5 混凝土质量检查应符合下列规定： 1 应检查混凝土表面是否受冻、粘连、收缩裂缝，边角是否脱落，施工缝处有无受冻痕迹； 2 应检查同条件养护试块的养护条件是否与结构实体相一致； 3 按本规程附录 B 成熟度法推定混凝土强度时，应检查测温记录与计算公式要求是否相符；	

续表

条款号	大纲条款	检查依据	检查要点
5.5.3	冬期施工的混凝土工程，养护条件、测温次数符合规范规定，记录齐全	4 采用电加热养护时，应检查供电变压器二次电压和二次电流强度，每一工作班不应少于两次。 6.9.6 模板和保温层在混凝土达到要求强度并冷却到5℃后方可拆除。拆模时混凝土表面与环境温差大于20℃时，混凝土表面应及时覆盖，缓慢冷却。 2 养护期间应监测暖棚内的查对湿度，混凝土不得有失水现象，否则应及时采取增湿措施或在混凝土表面洒水养护。 3 暖棚的出入口应设专人管理，并应采取防止棚内温度下降或引起风口处混凝土受冻的措施。 4 在混凝土养护期间应将烟或燃烧气体排至棚外，并应采取防止烟气中毒和防火的措施	
5.5.4	冬期停、缓建工程，停止位置的混凝土强度符合设计或规范规定	**1.《建筑工程冬期施工规程》JGJ/T 104—2011** 6.9.7 混凝土抗压强度试件的留置除应按现行国家标准《混凝土结构工程施工质量验收规范》GB 50204规定进行外，尚应增设不少于2组同条件养护试件。 11.3.1 冬期停、缓建工程越冬停工时的停留位置应符合下列规定： 1 混合结构可停留在基础上部地梁位置，楼层间的圈梁或楼板上皮标高位置； 2 现浇混凝土框架应停留在施工缝位置； 3 烟囱、冷却塔或筒仓宜停留在基础上皮标高或筒身任何水平位置； 4 混凝土水池底部应按施工缝要求确定，并应设有止水设施。 11.3.2 已开挖的基坑或基槽不宜挖至设计标高，应预留200mm～300mm土层；越冬时，应对基坑或基槽保温维护，保温层厚度可按本规程附录C计算确定。 11.3.3 混凝土结构工程停、缓建时，入冬前混凝土的强度应符合下列规定： 1 越冬期间不承受外力的结构构件，除应符合设计要求外，尚应符合本规程6.1.1规定； 2 装配式结构构件的整浇接头，不得低于设计强度等级值的70%； 3 预应力混凝土结构不应低于混凝土设计强度等级值的75%； 4 升板结构应将柱帽浇筑完毕，混凝土应达到设计要求的强度等级	1. 查阅冬期停、缓建工程入冬前混凝土强度评定及标高与轴线记录 强度：符合设计要求和规范规定 标高与轴线测量记录：内容完整准确 2. 查阅冬期停、缓建工程复工前工程标高、轴线复测记录 数据：齐全 与原始记录偏差：在允许范围内或偏差超出允许偏差已提出处理方案，并取得建设、设计与监理部门的同意 3. 查看现场 保护措施：采取的措施符合规范规定 停留位置：与方案一致，符合设计要求和规范的规定

续表

<table>
<tr><th>条款号</th><th>大纲条款</th><th>检 查 依 据</th><th>检查要点</th></tr>
<tr><td colspan="4">6 质量监督检测</td></tr>
<tr><td>6.0.1</td><td>开展现场质量监督检查时，应重点对下列项目的检测试验报告进行查验，必要时可进行验证性抽样检测。对检验指标或结论有怀疑时，必须进行检测</td><td></td><td></td></tr>
<tr><td rowspan="2">(1)</td><td rowspan="2">砂、石、砖、砌块、水泥、钢筋及其连接接头等技术性能</td><td rowspan="2">1.《混凝土结构工程施工质量验收规范》GB 50204—2015
5.2.3 对按一、二、三级抗震等级设计的框架和斜撑构件（含梯段）中的纵向受力普通钢筋应采用 HRB335E、HRB400E、HRB500E、HRBF335E、HRBF400E 或 HRBF500E 钢筋，其强度和最大力下总伸长率的实测值应符合下列规定：
1 抗拉强度实测值与屈服强度实测值的比值不应小于 1.25；
2 屈服强度实测值与屈服强度标准值的比值不应大于 1.30；
3 最大力下总伸长率不应小于 9%。
2.《大体积混凝土施工规范》GB 50496—2018
4.2.1 配制大体积混凝土所用水泥的选择及其质量，应符合下列规定：
2 应选用水化热低的通用硅酸盐水泥，3d 的水化热不宜大于 250kJ/kg，7d 的水化热不宜大于 280kJ/kg；当选用 52.5 强度等级水泥时，7d 的水化热宜小于 300kJ/kg。
3 水泥在搅拌站的入机温度不宜高于 60℃。
4.2.2 水泥进场时应对水泥品种、代号、强度等级、包装或散装编号、出厂日期等进行检查，并对其强度、安定性、凝结时间、水化热进行检验，检验结果应符合现行国家标准《通用硅酸盐水泥》GB 175 的相关规定。
3.《钢筋混凝土用钢　第 1 部分：热轧光圆钢筋》GB/T 1499.1—2017
6.6.2 直条钢筋实际重量与理论重量的允许偏差应符合表 4 规定。
7.3.1 钢筋力学性能及弯曲性能特征值应符合表 6 规定。
8.1 每批钢筋的检验项目、取样数量、取样方法和试验方法应符合表 7 规定。
8.4.1 测量重量偏差时，试样应从不同根钢筋上截取，数量不少于 5 支，每支试样长度不小于 500mm。</td><td>1. 查验抽测砂试样
含泥量：符合 JGJ 52 中表 3.1.3 规定
泥块含量：符合 JGJ 52 中表 3.1.4 规定
石粉含量：符合 JGJ 52 中表 3.1.5 规定
氯离子含量：符合 JGJ 52 标准中 3.1.10 规定
碱活性：符合 JGJ 52 标准要求</td></tr>
<tr><td>2. 查验抽测碎石或卵石试样
含泥量：符合 JGJ 52 中表 3.2.3 规定
泥块含量：符合 JGJ 52 中表 3.2.4 规定
针、片状颗粒：符合 JGJ 52 中表 3.2.2 的规定
碱活性：符合 JGJ 52 标准要求
压碎指标（高强混凝土）：符合 JGJ 52 规范规定</td></tr>
</table>

续表

条款号	大纲条款	检查依据	检查要点
(1)	砂、石、砖、砌块、水泥、钢筋及其连接接头等技术性能	**4.《钢筋混凝土用钢　第2部分：热轧带肋钢筋》GB/T 1499.2—2018** 6.6.2　钢筋实际重量与理论重量的允许偏差应符合表4规定。 7.4.1　钢筋的下屈服强度 R_{eL}、抗拉强度 R_m、断后伸长率 A、最大力总延伸率 A_{gt} 等力学性能特征值应符合表6规定。表6所列各力学性能特征值，除 R^0_{eL}/R_{eL} 可作为交货检验的最大保证值外，其他力学特征值可作为交货检验的最小保证值。 7.5.1　钢筋应进行弯曲试验。按表7规定的弯曲压头直径弯曲180°后，钢筋受弯曲部位表面不得产生裂纹。 7.5.2　对牌号带E的钢筋应进行反向弯曲试验。经反向弯曲试验后，钢筋受弯部位表面不得产生裂纹。反向弯曲试验可代替弯曲试验。反向弯曲试验的弯曲压头直径比弯曲试验相应增加一个钢筋公称直径。 8.1　每批钢筋的检验项目、取样数量、取样方法和试验方法应符合表8规定。 8.4.1　测量重量偏差时，试样应从不同根钢筋上截取，数量不少于5支，每支试样长度不小于500mm。 **5.《通用硅酸盐水泥》GB/T 175—2007** 7.3.1　硅酸盐水泥初凝结时间不小于45min，终凝时间不大于390min。普通硅酸盐水泥、矿渣硅酸盐水泥、火山灰质硅酸盐水泥、粉煤灰硅酸盐水泥和复合硅酸盐水泥初凝结时间不小于45min，终凝时间不大于600min。 7.3.2　安定性沸煮法合格。 7.3.3　强度符合表3的规定。 8.5　凝结时间和安定性按GB/T 1346进行试验。 8.6　强度按GB/T 17671进行试验。 9.1　取样方法按GB 12573进行。可连续取，亦可从20个以上不同部位取等量样品，总量至少12kg。 **6.《蒸压加气混凝土砌块》GB 11968—2006** 6.2　砌块抗压强度应符合表3规定。 6.3　砌块干密度应符合表4规定。 7.2.1　立方体抗压强度试验按GB/T 11971—1997规定进行。 7.2.2　干密度试验按GB/T 11970—1997规定进行。 8.2.2.1　同品种、同规格、同等级的砌块，以10000块为一批，不足10000块亦为一批。 8.2.2.2　从外观与尺寸偏差检验合格的砌块中，随机抽取6块砌块制作试件，进行如下项目检验：干密度取3组9块；强度级别取3组9块。	3. 查验抽测烧结普通砖试样 抗压强度：符合GB 5101表3规定 4. 查验抽测粉煤灰砖试样 抗压强度：符合JC 239表2规定 抗折强度：符合JC 239表2规定 5. 查验抽测蒸压加气混凝土砌块试样 强度：符合GB 11968表3规定 干密度：符合GB 11968表4规定 6. 查验抽测水泥试样 凝结时间：符合GB/T 175中7.3.1要求 安定性：符合GB/T 175中7.3.2要求 强度：符合GB/T 175中表3要求 水化热（大体积混凝土）：符合GB 50496规范规定

续表

条款号	大纲条款	检 查 依 据	检查要点
(1)	砂、石、砖、砌块、水泥、钢筋及其连接接头等技术性能	**7.《烧结普通砖》GB 5101—2017** 7.3 强度应符合表3规定。 7.3.1 强度试验按GB/T 2542规定的方法进行。试样数量为10块。 8.2 检验批按3.5～15万块为一批，不足3.5万块按一批计。 **8.《钢筋机械连接技术规程》JGJ 107—2016** 3.0.5 Ⅰ级、Ⅱ级、Ⅲ级接头的极限抗拉强度必须符合表3.0.5的规定。 7.0.5 钢筋机械连接接头现场抽检应按验收批进行，同钢筋生产厂、同强度等级、同规格、同类型和同型式接头应以500个为一个验收批进行检验与验收，不足500个也作为一个验收批。 7.0.7 对接头的每一验收批，应在工程结构中随机截取3个接头试件做极限抗拉强度试验，按设计要求的接头等级进行评定。 A.2.2 现场抽检接头试件的极限抗拉强度试验应采用零到破坏的一次加载制度。 **9.《钢筋焊接及验收规程》JGJ 18—2012** 5.1.6 钢筋焊接接头力学性能试验时，应在接头外观质量检查合格后随机切取试件进行实验。试验方法按现行行业标准《钢筋焊接接头试验方法标准》JGJ 27有关规定执行。 5.3.1 闪光对焊接头力学性能试验时，应从每批中随机切取6个接头，其中3个做拉伸试验，3个做弯曲试验。 5.5.1 电弧焊接头的质量检验，……，在现浇混凝土结构中，应以300个同牌号钢筋、同型式接头作为一批；……，每批随机切取3个接头做拉伸试验。 5.6.1 电渣压力焊接头的质量检验，……，在现浇混凝土结构中，应以300个同牌号钢筋接头作为一批；……，每批随机切取3个接头试件做拉伸试验。 5.8.2 预埋件钢筋T形接头进行力学性能检验时，应以300件同类型预埋件作为一批；……，每批预埋件中随机切取3个接头做拉伸试验。 **10.《普通混凝土用砂、石质量及检验方法标准》JGJ 52—2006** 1.0.3 对于长期处于潮湿环境的重要混凝土结构所用砂、石应进行碱活性检验。 3.1.3 天然砂中含泥量应符合表3.1.3的规定。 3.1.4 砂中泥块含量应符合表3.1.4的规定。 3.1.5 人工砂或混合砂中石粉含量应符合表3.1.5的规定。 3.1.10 钢筋混凝土和预应力混凝土用砂的氯离子含量分别不得大于0.06%和0.02%。(以干砂的质量百分率计) 3.2.2 碎石或卵石中针、片状颗粒应符合表3.2.2的规定。 3.2.3 碎石或卵石中含泥量应符合表3.2.3的规定。	7. 查验抽测热轧光圆钢筋试件 重量偏差：符合标准GB/T 1499.1表4要求 屈服强度：符合标准GB/T 1499.1表6要求 抗拉强度：符合标准GB/T 1499.1表6要求 断后伸长率：符合标准GB/T 1499.1表6要求 最大力总伸长率：符合标准GB/T 1499.1表6要求 弯曲性能：符合标准GB/T 1499.1表6要求 8. 查验抽测热轧带肋钢筋试件 重量偏差：符合标准GB/T 1499.2表4要求 屈服强度：符合标准GB/T 1499.2表6要求 抗拉强度：符合标准GB/T 1499.2表6要求 断后伸长率：符合标准GB/T 1499.2表6要求 最大力总伸长率：符合标准GB/T 1499.2表6要求 弯曲性能：符合标准GB/T 1499.2表7要求

续表

条款号	大纲条款	检查依据	检查要点
(1)	砂、石、砖、砌块、水泥、钢筋及其连接接头等技术性能	3.2.4 碎石或卵石中泥块含量应符合表3.2.4的规定。 3.2.5 碎石的强度可用岩石抗压强度和压碎指标表示。岩石的抗压等级应比所配制的混凝土强度至少高20%。当混凝土强度大于或等于C60时，应进行岩石抗压强度检验。岩石强度首先由生产单位提供，工程中可采用能够压碎指标进行质量控制，岩石压碎值指标宜符合表3.2.5-1。卵石的强度可用压碎值表示。其压碎指标宜符合表3.2.5-2的规定。 5.1.3 对于每一单项检验项目，砂、石的每组样品取样数量应符合下列规定： 砂的含泥量、泥块含量、石粉含量及氯离子含量试验时，其最小取样质量分别为4400g、20000g、1600g及2000g；对最大公称粒径为31.5mm的碎石或乱石，含泥量和泥块含量试验时，其最小取样质量为40kg。 6.8 砂中含泥量试验 6.10 砂中泥块含量试验 6.11 人工砂及混合砂中石粉含量试验 6.18 砂中氯离子含量试验 6.20 砂中的碱活性试验（快速法） 7.7 碎石或卵石中含泥量试验 7.8 碎石或卵石中泥块含量试验 7.16 碎石或卵石的碱活性试验（快速法） **11.《粉煤灰砖》JC/T 239—2014** 6.2 强度等级应符合表2规定。 7 强度等级试验方法按附录A、附录B进行，其他试验按GB/T 4111规定的方法进行。试样数量为100块。 8.2 以同一批原材料、同一生产工艺生产、同一规格型号、同一强度等级和同一龄期的每10万块为一批，不足10万块按一批计	9. 纵向受力钢筋（有抗震要求的结构）试件 抗拉强度查验抽测值与屈服强度查验抽测值的比值：符合规范GB 50204中5.2.3的要求 屈服强度查验抽测值与强度标准值的比值：符合规范GB 50204中5.2.3的要求 最大力下总伸长率：符合规范GB 50204中5.2.3的要求 10. 查验抽测钢筋焊接接头试件 抗拉强度：符合JGJ 18标准要求 11. 查验抽测钢筋机械连接接头试件 抗拉强度：符合JGJ 107标准要求
(2)	混凝土、砂浆试块强度	**1.《砌体结构工程施工质量验收规范》GB 50203—2011** 4.0.12 砌筑砂浆试块抗压强度的抽检数量：每一检验批且不超过250m³砌体的各类、各强度等级的普通砌筑砂浆，每台搅拌机应至少抽检一次。验收批的预拌砂浆、蒸压加气混凝土砌块专用砂浆，抽检可为3组。 检验方法：在砂浆搅拌机出料口或在湿拌砂浆的储存器出料口随机取样制作砂浆试块（现场拌制的砂浆，同盘砂浆只应做1组试块），试块标养28d后做强度试验。预拌砂浆中的湿拌砂浆稠度应在进场时取样检验。	1. 查验抽测混凝土试块或混凝土拌合物试样 立方体抗压强度：符合设计要求 2. 查验抽测砂浆试块或砂浆拌合物试样 立方体抗压强度：符合设计要求

续表

条款号	大纲条款	检 查 依 据	检查要点
（2）	混凝土、砂浆试块强度	**2.《混凝土结构工程施工质量验收规范》GB 50204—2015** 7.4.1 混凝土的强度等级必须符合设计要求。用于检验混凝土强度的试件应在混凝土的浇筑地点随机抽取。对同一配合比混凝土，取样与试件留置应符合下列规定： 1 每拌制100盘且不超过100m^3时，取样不得少于一次； 2 每工作班拌制不足100盘时，取样不得少于一次； 3 连续浇筑超过1000m^3时，每200m^3取样不得少于一次； 4 每一楼层取样不得少于一次； 5 每次取样应至少留置一组试件	
（3）	高强度螺栓连接副紧固力矩	**1.《钢结构用扭剪型高强度螺栓连接副》GB/T 3632—2008** 5.3 连接副紧固轴力应符合表12的规定。 7.2 连接副紧固轴力的检验按批抽取8套。 **2.《钢结构用高强度大六角头螺栓、大六角螺母、垫圈技术条件》GB/T 1231—2006** 3.3.1 同批连接副的扭矩系数平均值为0.110～0.150，扭矩系数标准偏差应小于或等于0.0100。 5.2 连接副扭矩系数的检验批按批抽取8套	1. 查验抽测扭剪型高强度螺栓连接副试件 紧固轴力：符合GB/T 3632中表12的规定 2. 查验抽测高强度大六角头螺栓连接副试件 扭矩系数：符合GB/T 1231标准中3.3.1的规定

第5部分

变电（换流）站建筑工程交付使用前监督检查

<table>
<tr><th>条款号</th><th>大纲条款</th><th>检查依据</th><th>检查要点</th></tr>
<tr><td colspan="4">4 责任主体质量行为的监督检查</td></tr>
<tr><td colspan="4">4.1 建设单位质量行为的监督检查</td></tr>
<tr><td rowspan="2">4.1.1</td><td rowspan="2">消防系统、电梯取得了当地政府相关部门同意使用的书面材料</td><td rowspan="2">1.《中华人民共和国消防法》中华人民共和国主席令第6号
第十三条　按照国家工程建设消防技术标准需要进行消防设计的建设工程竣工，依照下列规定进行消防验收、备案：
依法应当进行消防验收的建设工程，未经消防验收或者消防验收不合格的，禁止投入使用；其他建设工程经依法抽查不合格的，应当停止使用。
2.《特种设备安全监察条例》中华人民共和国国务院令第373号
第二条　本条例所称特种设备是指涉及生命安全、危险性较大的锅炉、压力容器（含气瓶）、压力管道、电梯、超重机械、客运索道、大型游乐设施和场（厂）内专用机动车辆。
第四条　国务院特种设备安全监督管理部门负责全国特种设备的安全监察工作，县以上地方负责特种设备安全监督管理的部门对本行政区域内特种设备实施安全监察。
第二十一条　……电梯……的安装、改造、重大维修过程，必须经国务院特种设备安全监督管理部门核准的检验检测机构按照安全技术规范的要求进行监督检验；未经监督检验合格的不得出厂或者交付使用。
第二十五条　特种设备在投入使用前或者投入使用后30日内，特种设备使用单位应当向直辖市或者设区的市的特种设备安全监督管理部门登记。登记标志应当置于或者附着于该特种设备的显著位置。
3.《公安部关于修改〈建设工程消防监督管理规定〉的决定》中华人民共和国公安部令第119号
第八条　建设单位不得要求设计、施工、工程监理等有关单位和人员违反消防法规和国家工程建设消防技术标准，降低建设工程消防设计、施工质量，并承担下列消防设计、施工的质量责任：
（一）依法申请建设工程消防设计审核、消防验收，依法办理消防设计和竣工验收消防备案手续并接受抽查；……
（五）依法应当经消防设计审核、消防验收的建设工程，未经审核或者审核不合格的，不得组织施工；未经验收或者验收不合格的，不得交付使用。
第十四条　对具有下列情形之一的特殊建设工程，建设单位必须向公安机关消防机构申请消防设计审核，并且在建设工程竣工后向出具消防设计审核意见的公安机关消防机构申请消防验收：
（五）城市轨道交通、隧道工程，大型发电、变配电工程；
第二十四条　……依法不需要取得施工许可的建设工程，可以不进行消防设计、竣工验收消防备案</td><td>1. 查阅消防验收报告或备案受理文件
内容：验收合格或同意备案
盖章：公安消防部门已盖章</td></tr>
<tr><td>2. 查阅电梯使用证
发证单位：质量技术监督部门
有效期：当前有效</td></tr>
</table>

续表

条款号	大纲条款	检查依据	检查要点
4.1.2	组织工程建设标准强制性条文实施情况的检查	**1.《中华人民共和国标准化法实施条例》中华人民共和国国务院令第53号发布** 第二十三条 从事科研、生产、经营的单位和个人，必须严格执行强制性标准。 **2.《实施工程建设强制性标准监督规定》中华人民共和国建设部令第81号（2015年1月22日中华人民共和国住房和城乡建设部令第23号修正）** 第二条 在中华人民共和国境内从事新建、扩建、改建等工程建设活动，必须执行工程建设强制性标准。 第六条 ……工程质量监督机构应当对工程建设施工、监理、验收等阶段执行强制性标准的情况实施监督。 **3.《输变电工程项目质量管理规程》DL/T 1362—2014** 4.4 输变电工程项目建设过程中，参建单位应遵循现行国家和行业标准，严格执行工程设计和施工标准中的强制性条文，……	查阅强制性标准实施情况检查记录 内容：与强制性标准实施计划相符 签字：检查人员已签字
4.1.3	无任意压缩合同约定工期的行为	**1.《建设工程质量管理条例》中华人民共和国国务院令第279号（2017年10月7日中华人民共和国国务院令第687号修改）** 第十条 建设工程发包单位不得迫使承包方以低于成本的价格竞标，不得任意压缩合理工期。 **2.《电力建设工程施工安全监督管理办法》中华人民共和国国家发展和改革委员会令第28号** 第十一条 建设单位应当执行定额工期，不得压缩合同约定的工期。如工期确需调整，应当对安全影响进行论证和评估。论证和评估应当提出相应的施工组织措施和安全保障措施。 **3.《建设工程项目管理规范》GB/T 50326—2017** 9.2.2 组织应提出项目控制性进度计划。组织管理机构应根据组织的控制性进度计划，编制项目的作业性进度计划。 **4.《输变电工程项目质量管理规程》DL/T 1362—2014** 5.3.3 输变电工程项目的工期应按合同约定执行。施工过程中建设单位应针对现场施工进展、图纸交付进度和设备进场计划等进行专项检查，并按实际情况动态调整进度计划。当需要调整时，建设单位应组织设计、监理、施工、物资供应等单位从影响工程建设的资源、环境、安全等各方面确认其可行性，不得任意压缩合同约定工期，并应接受建设行政主管部门的监督	1. 查阅施工进度计划、合同工期和调整工期的相关文件 内容：有压缩工期的行为时，应有设计、监理、施工和建设单位认可的书面文件 2. 查阅工期调整计划 审批意见：同意调整等肯定性意见 调整后工期：符合评审意见

续表

条款号	大纲条款	检查依据	检查要点
4.1.4	采用的新技术、新工艺、新流程、新装备、新材料已审批	**1.《中华人民共和国建筑法》中华人民共和国主席令第46号** 第四条　国家扶持建筑业的发展，支持建筑科学技术研究，提高房屋建筑设计水平，鼓励节约能源和保护环境，提倡采用先进技术、先进设备、先进工艺、新型建筑材料和现代管理方式。 **2.《建设工程质量管理条例》中华人民共和国国务院令第279号（2017年10月7日中华人民共和国国务院令第687号修改）** 第六条　国家鼓励采用先进的科学技术和管理方法，提高建设工程质量。 **3.《实施工程建设强制性标准监督规定》中华人民共和国建设部令第81号（2015年1月22日中华人民共和国住房和城乡建设部令第23号修改）** 第五条　建设工程勘察、设计文件中规定采用的新技术、新材料，可能影响建设工程质量和安全，又没有国家技术标准的，应当由国家认可的检测机构进行试验、论证，出具检测报告，并经国务院有关主管部门或者省、自治区、直辖市人民政府有关主管部门组织的建设工程技术专家委员会审定后，方可使用。工程建设中采用国际标准或者国外标准，现行强制性标准未作规定的，建设单位应当向国务院住房城乡建设主管部门或者国务院有关主管部门备案。 **4.《输变电工程项目质量管理规程》DL/T 1362—2014** 4.4　工程项目建设过程中，参建单位应按照国家和行业相关要求积极采用新技术、新工艺、新流程、新装备、新材料……(以下简称"五新"技术)。 5.1.6　当应用技术要求高、作业复杂的"五新"技术，建设单位应组织设计、监理、施工及其他相关单位进行施工方案专题研究，或组织专家评审。 9.3.7　首次应用技术要求高、作业复杂的"五新"技术，建设单位应组织设计、监理及施工单位进行施工方案专题研究，或组织专家评审。 **5.《电力建设施工技术规范　第1部分：土建结构工程》DL 5190.1—2012** 3.0.4　采用新技术、新工艺、新材料、新设备时，应经过技术鉴定或具有允许使用的证明。施工前应编制单独的施工措施及操作规程。 **6.《电力工程地基处理技术规程》DL/T 5024—2005** 5.0.8　……。当采用当地缺乏经验的地基处理方法或引进和应用新技术、新工艺、新方法时，须通过原体试验验证其适用性	查阅新技术、新工艺、新流程、新装备、新材料论证文件 意见：同意采用等肯定性意见 盖章：相关单位已盖章

续表

条款号	大纲条款	检 查 依 据	检查要点
4.2 设计单位质量行为的监督检查			
4.2.1	设计更改、技术洽商等文件完整、手续齐全	**1.《建设工程勘察设计管理条例》中华人民共和国国务院令第293号（2017年10月7日中华人民共和国国务院令第687号修改）** 第二十八条 建设单位、施工单位、监理单位不得修改建设工程勘察、设计文件；确需修改建设工程勘察、设计文件的，应当由原建设工程勘察、设计单位修改。经原建设工程勘察、设计单位书面同意，建设单位也可以委托其他具有相应资质的建设工程勘察、设计单位修改。修改单位对修改的勘察、设计文件承担相应责任。 施工单位、监理单位发现建设工程勘察、设计文件不符合工程建设强制性标准、合同约定的质量要求的，应当报告建设单位，建设单位有权要求建设工程勘察、设计单位对建设工程勘察、设计文件进行补充、修改。 建设工程勘察、设计文件内容需要做重大修改的，建设单位应当报经原审批机关批准后，方可修改。 **2.《输变电工程项目质量管理规程》DL/T 1362—2014** 6.3.8 设计变更应根据工程实施需要进行设计变更。设计变更管理应符合下列要求： a）设计变更应符合可行性研究或初步设计批复的要求。 b）当涉及改变设计方案、改变设计原则、改变原定主要设备规范、扩大进口范围、增减投资超过50万元等内容的设计变更时，设计并更应报原主审单位或建设单位审批确认。 c）由设计单位确认的设计变更应在监理单位审核、建设单位批准后实施。 6.3.10 设计单位绘制的竣工图应反映所有的设计变更	查阅设计更改、技术洽商文件 编制签字：设计单位各级责任人已签字 审核签字：建设单位、监理单位责任人已签字
4.2.2	工程建设标准强制性条文落实到位	**1.《建设工程质量管理条例》中华人民共和国国务院令第279号（2017年10月7日中华人民共和国国务院令第687号修改）** 第十九条 勘察、设计单位必须按照工程建设强制性标准进行勘察、设计，并对其勘察、设计的质量负责。 注册建筑师、注册结构工程师等注册执业人员应当在设计文件上签字，对设计文件负责。 **2.《建设工程勘察设计管理条例》中华人民共和国国务院令第293号（2017年10月7日中华人民共和国国务院令第687修改）** 第五条 ……建设工程勘察、设计单位必须依法进行建设工程勘察、设计，严格执行工程建设强制性标准，并对建设工程勘察、设计的质量负责。 **3.《实施工程建设强制性标准监督规定》中华人民共和国建设部令第256号（2015年1月22日中华人民共和国住房和城乡建设部令第23号修改）**	1. 查阅与强制性标准有关的可研、初设、技术规范书等设计文件 编、审、批：相关负责人已签字

续表

条款号	大纲条款	检查依据	检查要点
4.2.2	工程建设标准强制性条文落实到位	第二条 在中华人民共和国境内从事新建、扩建、改建等工程建设活动，必须执行工程建设强制性标准。 **4.《输变电工程项目质量管理规程》DL/T 1362—2014** 6.2.1 勘察、设计单位应根据工程质量总目标进行设计质量管理策划，并应编制下列设计质量管理文件： a）设计技术组织措施； b）达标投产或创优实施细则； c）工程建设标准强制性条文执行计划； d）执行法律法规、标准、制度的目录清单。 6.2.2 勘察、设计单位应在设计前将设计质量管理文件报建设单位审批。如有设计阶段的监理，则应报监理单位审查、建设单位批准	2. 查阅强制性标准实施计划（含强制性标准清单）和本阶段执行记录 计划审批：监理和建设单位审批人已签字 记录内容：与实施计划相符 记录审核：监理单位审核人已签字
4.2.3	设计代表工作到位、处理设计问题及时	**1.《建设工程勘察设计管理条例》中华人民共和国国务院令第293号（2017年10月7日中华人民共和国国务院令第687号修改）** 第三十条 ……建设工程勘察、设计单位应当及时解决施工中出现的勘察、设计问题。 **2.《输变电工程项目质量管理规程》DL/T 1362—2014** 6.1.9 勘察、设计单位应按照合同约定开展下列工作： c）派驻工地设计代表，及时解决施工中发现的设计问题。 d）参加工程质量验收，配合质量事件、质量事故的调查和处理工作。 **3.《电力勘测设计驻工地代表制度》DLGJ 159.8—2001** 2.0.1 工代的工地现场服务是电力工程设计的阶段之一，为了有效的贯彻勘测设计意图，实施设计单位通过工代为施工、安装、调试、投运提供及时周到的服务，促进工程顺利竣工投产，特制定本制度。 2.0.2 工代的任务是解释设计意图，解释施工图纸中的技术问题，收集包括设计本身在内的施工、设备材料等方面的质量信息，加强设计与施工、生产之间的配合，共同确保工程建设质量和工期，以及国家和行业标准的贯彻执行。 2.0.3 工代是设计单位派驻工地配合施工的全权代表，应能在现场积极地履行工代职责，使工程实现设计预期要求和投资效益	1. 查阅设计单位对工代的任命书 内容：包括设计修改、变更、材料代用等签发人资格 2. 查阅设计服务报告 内容：包括现场施工与设计要求相符情况和工代协助施工单位解决具体技术问题的情况 3. 查阅设计变更通知单和工程联系单 签发时间：在现场问题要求解决时间前
4.2.4	按规定参加质量验收	**1.《建筑工程施工质量验收统一标准》GB 50300—2013** 6.0.3 分部工程应由总监理工程师组织施工单位项目负责人和项目技术负责人等进行验收。	查阅分部工程、单位工程验收单 签字：设计项目负责人已签字

续表

条款号	大纲条款	检查依据	检查要点
4.2.4	按规定参加质量验收	勘察、设计单位项目负责人和施工单位技术、质量部门负责人应参加地基与基础分部工程的验收。 设计单位项目负责人和施工单位技术、质量部门负责人应参加主体结构、节能分部工程的验收。 **2.《输变电工程项目质量管理规程》DL/T 1362—2014** 6.1.9 勘察、设计单位应按照合同约定开展下列工作： c）派驻工地设计代表，及时解决施工中发现的设计问题。 d）参加工程质量验收，配合质量事件、质量事故的调查和处理工作	
4.2.5	进行了本阶段工程实体质量与勘察设计的符合性确认	**1.《输变电工程项目质量管理规程》DL/T 1362—2014** 6.1.9 勘察、设计单位应按照合同约定开展下列工作： c）派驻工地设计代表，及时解决施工中发现的设计问题。 d）参加工程质量验收，配合质量事件、质量事故的调查和处理工作。 **2.《电力勘测设计驻工地代表制度》DLGJ 159.8—2001** 5.0.3 深入现场，调查研究 1 工代应坚持经常深入施工现场，调查了解施工是否与设计要求相符，并协助施工单位解决施工中出现的具体技术问题，做好服务工作，促进施工单位正确执行设计规定的要求。 2 对于发现施工单位擅自做主，不按设计规定要求进行施工的行为，应及时指出，要求改正，如指出无效，又涉及安全、质量等原则性、技术性问题，应将问题事实与处理过程用“备忘录”的形式书面报告建设单位和施工单件，同时向设总和处领导汇报	1. 查阅分部工程、单位工程质量验收记录 审核签字：勘察、设计单位项目负责人已签字 2. 查阅阶段工程实体质量与勘察设计符合性确认记录 内容：已对本阶段工程实体质量与勘察设计的符合性进行了确认
4.3 监理单位质量行为的监督检查			
4.3.1	项目监理部监理人员专业满足工程需求	**1.《中华人民共和国建筑法》中华人民共和国主席令第46号** 第十四条 从事建筑活动的专业技术人员，应当依法取得相应的职业资格证书，并在执业资格证书许可的范围内从事建筑活动。 **2.《建设工程质量管理条例》中华人民共和国国务院令第279号（2017年10月7日中华人民共和国国务院令第687号修改）** 第三十七条 工程监理单位应当选派具备相应资格的总监理工程师和监理工程师进驻施工现场。…… **3.《建设工程监理规范》GB/T 50319—2013** 3.1.2 项目监理机构的监理人员应由总监理工程师、专业监理工程师和监理员组成，且专业配套、数量应满足建设工程监理工作需要，必要时可设总监理工程师代表。	1. 查阅监理大纲（规划）中的监理人员进场计划 人员数量及专业：已明确 2. 查阅现场监理人员名单，检查监理人员数量是否满足工程需要 专业：与工程阶段和监理规划相符

续表

条款号	大纲条款	检 查 依 据	检查要点
4.3.1	项目监理部监理人员专业满足工程需求	3.1.3 ……应及时将项目监理机构的组织形式、人员构成、及对总监理工程师的任命书面通知建设单位。 **4.《电力建设工程监理规范》DL/T 5434—2009** 5.1.3 项目监理机构由总监理工程师、专业监理工程师和监理员组成，且专业配套、数量满足工程项目监理工作的需要，必要时可设置总监理工程师代表和副总监理工程师。 5.1.4 监理单位应在委托监理合同约定的时间内将项目监理机构的组织形式、人员构成及对总监理工程师的任命书面通知建设单位。当总监理工程师需要调整时，监理单位应征得建设单位同意，并书面报建设单位；当专业监理工程师需要调整时，总监理工程师应书面通知建设单位和承包单位	3. 查阅各级监理人员的岗位资格证书 发证单位：住建部或颁发技术职称的主管部门 有效期：当前有效
4.3.2	检测仪器和工具配置满足监理工作需要	**1.《中华人民共和国计量法》中华人民共和国主席令第86号（2018年10月26日修正）** 第九条 ……未按照规定申请检定或者检定不合格的，不得使用。…… **2.《建设工程监理规范》GB/T 50319—2013** 3.3.2 工程监理单位宜按建设工程监理合同约定，配备满足监理工作需要的检测设备和工器具。 **3.《电力建设工程监理规范》DL/T 5434—2009** 5.3.1 项目监理机构应根据工程项目类别、规模、技术复杂程度、工程项目所在地的环境条件，按委托监理合同的约定，配备满足监理工作需要的常规检测设备和工具	1. 查阅监理项目部检测仪器和工具配置台账 仪器和工具配置：与监理设施配置计划相符 2. 查看检测仪器 标识：贴有合格标签，且在有效期内
4.3.3	已按验收规程规定，对施工质量进行了验收	**1.《建筑工程施工质量验收统一标准》GB 50300—2013** 6.0.1 检验批应由专业监理工程师组织施工单位项目专业质量检查员、项目工长等进行验收。 6.0.2 分项工程应由专业监理工程师组织施工单位项目专业技术负责人等进行验收。 6.0.3 分部工程应由组织施工单位项目负责人和项目技术负责人等进行验收。 勘察、设计项目负责人和施工单位技术、质量部门负责人应参加地基与基础分部工程的验收。 设计项目负责人和施工单位技术、质量部门负责人应参加主体结构、节能分部工程的验收。 6.0.5 单位工程完工后，施工单位应组织有关人员自检。总监理工程师应组织各专业监理工程师对工程质量进行竣工预验收。存在施工质量问题时，应由施工单位整改。整改完毕后，由施工单位向建设单位提交工程竣工报告，申请工程竣工验收。	查阅工程质量报验表及验收资料 验收结论：合格 签字：相关单位责任人已签字

续表

条款号	大纲条款	检查依据	检查要点
4.3.3	已按验收规程规定，对施工质量进行了验收	**2.《建设工程监理规范》GB/T 50319—2013** 5.2.14 项目监理机构应对施工单位报验的隐蔽工程、检验批、分项工程和分部工程进行验收，对验收合格的应给予签认； 5.2.18 项目监理机构应审查施工单位提交的单位工程竣工验收报审表及竣工资料，组织工程竣工预验收。存在问题的，应要求施工单位及时整改；合格的，总监理工程师应签认单位工程竣工验收报审表。 5.2.19 工程竣工预验收合格后，项目监理机构应编写工程质量评估报告，并应经总监理工程师和工程监理单位技术负责人审核签字后报建设单位	
4.3.4	组织补充完善施工质量验收项目划分表，对设定的工程质量控制点，进行了旁站监理	**1.《建设工程监理规范》GB/T 50319—2013** 5.2.11 项目监理机构应根据工程特点和施工单位报送的施工组织设计，确定旁站的关键部位、关键工序，安排监理人员进行旁站，并应及时记录旁站情况。 **2.《电力建设工程监理规范》DL/T 5434—2009** 9.1.2 项目监理机构应审查承包单位编制的质量计划和工程质量验收及评定项目划分表，提出监理意见，报建设单位批准后监督实施。 9.1.9 项目监理机构应安排监理人员对施工过程进行巡视和检查，对工程项目的关键部位、关键工序的施工过程进行旁站监理。 **3.《房屋建筑工程施工旁站监理管理办法（试行）》建市〔2002〕189号** 第三条 监理企业在编制监理规划时，应当制定旁站监理方案，明确旁站监理的范围、内容、程序和旁站监理人员职责等。旁站监理方案应当送建设单位和施工企业各一份，并抄送工程所在地的建设行政主管部门或其委托的工程质量监督机构。 第九条 旁站监理记录是监理工程师或者总监理工程师依法行使有关签字权的重要依据。对于需要旁站监理的关键部位、关键工序施工，凡没有实施旁站监理或者没有旁站监理记录的，监理工程师或者总监理工程师不得在相应文件上签字	1. 查阅施工质量验收范围划分表及报审表 划分表内容：符合规程规定且已明确了质量控制点 报审表签字：相关单位责任人已签字 2. 查阅旁站计划和旁站记录 旁站计划质量控制点：符合施工质量验收范围划分表要求 旁站记录：完整 签字：监理旁站人员已签字
4.3.5	特殊施工技术措施已审批	**1.《建设工程安全生产管理条例》中华人民共和国国务院令第393号** 第二十六条 施工单位应当在施工组织设计中编制安全技术措施和施工现场临时用电方案，对下列达到一定规模的危险性较大的分部分项工程编制专项施工方案，并附具安全验算结果，经施工单位技术负责人、总监理工程师签字后实施，由专职安全生产管理人员进行现场监督： （一）基坑支护与降水工程； （二）土方开挖工程；	查阅特殊施工技术措施、方案报审文件和旁站记录 审核意见：专家意见已在施工措施方案中落实，同意实施 审批：相关单位责任人已签字 旁站记录：根据施工技术措施对应现场进行检查确认

续表

条款号	大纲条款	检查依据	检查要点
4.3.5	特殊施工技术措施已审批	（三）模板工程； （四）起重吊装工程； （五）脚手架工程； （六）拆除、爆破工程； （七）国务院建设行政主管部门或者其他有关部门规定的其他危险性较大的工程。 对前款所列工程中涉及深基坑、地下暗挖工程、高大模板工程的专项施工方案，施工单位还应当组织专家进行论证、审查。 **2.《建设工程监理规范》GB/T 50319—2013** 5.5.3 项目监理机构应审查施工单位报审的专项施工方案，符合要求的，应由总监理工程师签认后报建设单位。超过一定规模的危险性较大的分部分项工程的专项施工方案，应检查施工单位组织专家进行论证、审查的情况，以及是否附具安全验算结果。项目监理机构应要求施工单位按已批准的专项施工方案组织施工。专项施工方案需要调整时，施工单位应按程序重新提交项目监理机构审查	
4.3.6	对进场的工程材料、设备、构配件的质量进行检查验收及原材料复检的见证取样	**1.《建设工程监理规范》GB/T 50319—2013** 5.2.9 项目监理机构应审查施工单位报送的用于工程的材料、构配件、设备的质量证明文件，并应按有关规定、建设工程监理合同约定，对用于工程的材料进行见证取样、平行检验。 项目监理机构对已进场经检验不合格的工程材料、构配件、设备，应要求施工单位限期将其撤出施工现场。 **2.《电力建设工程监理规范》DL/T 5434—2009** 9.1.7 项目监理机构应对承包单位报送的拟进场工程材料、半成品和构配件的质量证明文件进行审核，并按有关规定进行抽样验收。对有复试要求的，经监理人员现场见证取样后送检，复试报告应报送项目监理机构查验。 9.1.8 项目监理机构应参与主要设备开箱验收，对开箱验收中发现的设备质量缺陷，督促相关单位处理	1. 查阅工程材料/构配件/设备报审表 审查意见：同意使用 2. 查阅见证取样委托单 取样项目：符合规范要求 签字：施工单位取样员和监理单位见证员已签字 3. 查阅主要设备开箱/材料到货验收记录 签字：相关单位责任人已签字
4.3.7	施工质量问题及处理台账完整，记录齐全	**1.《建设工程监理规范》GB/T 50319—2013** 5.2.15 项目监理机构发现施工存在质量问题的，或施工单位采用不适当的施工工艺，或施工不当，造成工程质量不合格的，应及时签发监理通知单，要求施工单位整改。整改完毕后，项目监理机构应根据施工单位报送的监理通知回复单对整改情况进行复查，提出复查意见。	查阅质量问题及处理记录台账 记录要素：质量问题、发现时间、责任单位、整改要求、闭环文件、完成时间 检查内容：记录完整

续表

条款号	大纲条款	检查依据	检查要点
4.3.7	施工质量问题及处理台账完整，记录齐全	5.2.16 对需要返工处理或加固补强的质量缺陷，项目监理机构应要求施工单位报送经设计等相关单位认可的处理方案，并应对质量缺陷的处理过程进行跟踪检查，同时应对处理结果进行验收。 5.2.17 对需要返工处理或加固补强的质量事故，项目监理机构应要求施工单位报送质量事故调查报告和经设计等相关单位认可的处理方案，并应对质量事故的处理过程进行跟踪检查，同时应对处理结果进行验收。 项目监理机构应及时向建设单位提交质量事故书面报告，并应将完整的质量事故处理记录整理归档。 **2.《电力建设工程监理规范》DL/T 5434—2009** 9.1.12 对施工过程中出现的质量缺陷，专业监理工程师应及时下达书面通知，要求承包单位整改，并检查确认整改结果。 9.1.15 专业监理工程师应根据消缺清单对承包单位报送的消缺方案进行审核，符合要求后予以签认，并根据承包单位报送的消缺报验申请表和自检记录进行检查验收	
4.3.8	工程建设标准强制性条文检查到位	**1.《实施工程建设强制性标准监督规定》中华人民共和国建设部令第81号（2015年1月22日中华人民共和国住房和城乡建设部令第23号修改）** 第二条 在中华人民共和国境内从事新建、扩建、改建等工程建设活动，必须执行工程建设强制性标准。 第三条 本规定所称工程强制性标准是指直接涉及工程质量、安全、卫生及环境保护等方面的工程建设标准强制性条文。 第六条 …… 工程质量监督机构应当对建设施工、监理、验收等阶段执行强制性标准的情况实施监督。 **2.《输变电工程项目质量管理规程》DL/T 1362—2014** 7.3.5 监理单位应监督施工单位质量管理体系的有效运行，应监督施工单位按照技术标准和设计文件进行施工，应定期检查工程建设标准强制性条文执行情况，……	查阅工程强制性标准执行情况检查表 内容：符合强制性标准执行计划要求 签字：施工单位技术人员与监理工程师已签字
4.3.9	对本阶段工程质量提出评价意见	**1.《建筑工程施工质量验收统一标准》GB 50300—2013** 3.0.3 建筑工程的施工质量控制应符合下列规定： 2 各施工工序应按施工技术标准进行质量控制，每道施工工序完成后，应经施工单位自检符合规定后，才能进行下道工序施工。各专业工种之间的相关工序应进行交接检验，并应记录。	查阅本阶段监理初检报告 评价意见：明确

续表

条款号	大纲条款	检查依据	检查要点
4.3.9	对本阶段工程质量提出评价意见	3　对于监理单位提出检查要求的重要工序，应经监理工程师检查认可，才能进行下道工序施工。 **2.《输变电工程项目质量管理规程》DL/T 1362—2014** 14.2.1　变电工程应分别在主要建（构）筑物基础基本完成、土建交付安装前、投运前进行中间验收，输电线路工程应分别在杆塔组立前、导地线架设前、投运前进行中间验收。投运前中间验收可与竣工预验收合并进行。中间验收应符合下列要求： b）在收到初检申请并确认符合条件后，监理单位应组织进行初检，在初检合格后，应出具监理初检报告并向建设单位申请中间验收	
4.4　施工单位质量行为的监督检查			
4.4.1	企业资质与合同约定的业务相符	**1.《中华人民共和国建筑法》中华人民共和国主席令第46号（2011）** 第十三条　从事建筑活动的建筑施工企业、勘察单位、设计单位……经资质审查合格，取得相应等级的资质证书后，方可在其资质等级许可的范围内从事建筑活动。 **2.《建设工程质量管理条例》中华人民共和国国务院令第279号（2017年10月7日中华人民共和国国务院令第687号修正）** 第二十五条　施工单位应当依法取得相应等级的资质证书，并在其资质等级许可的范围内承揽工程。	1. 查阅企业资质证书 发证单位：政府主管部门 有效期：当前有效 业务范围：涵盖合同约定的业务
		3.《建筑业企业资质管理规定》中华人民共和国住房和城乡建设部令第22号 第三条　企业应当按照其拥有的资产、主要人员、已完成的工程业绩和技术装备等条件申请建筑业企业资质，经审查合格，取得建筑业企业资质证书后，方可在资质许可的范围内从事建筑施工活动。 **4.《承装（修、试）电力设施许可证管理办法》国家电力监管委员会令第28号** 第四条　在中华人民共和国境内从事承装、承修、承试电力设施活动的，应当按照本办法的规定取得许可证。除电监会另有规定外，任何单位或者个人未取得许可证，不得从事承装、承修、承试电力设施活动。	2. 查阅承装（修、试）电力设施许可证 发证单位：国家能源局派出机构（原国家电力监管委员会派出机构） 有效期：当前有效 业务范围：涵盖合同约定的业务
		本办法所称承装、承修、承试电力设施，是指对输电、供电、受电电力设施的安装、维修和试验。 第二十八条　承装（修、试）电力设施单位在颁发许可证的派出机构辖区以外承揽工程的，应当自工程开工之日起十日内，向工程所在地派出机构报告，依法接受其监督检查	3. 查阅跨区作业许可证 发证单位：工程所在地政府主管部门

续表

<table>
<tr><th>条款号</th><th>大纲条款</th><th>检　查　依　据</th><th>检查要点</th></tr>
<tr><td>4.4.2</td><td>项目部专业技术人员满足工程需求</td><td>1.《输变电工程项目质量管理规程》DL/T 1362—2014
9.3.1　施工项目部人员执业资格应符合国家有关规定。
附录　表D.1输变电工程施工项目部人员资格要求</td><td>查阅项目部岗位设置文件
岗位：包括项目总工、专职工程师或专职技术员等</td></tr>
<tr><td rowspan="3">4.4.3</td><td rowspan="3">质量检查及特殊工种人员持证上岗</td><td rowspan="3">1.《特种作业人员安全技术培训考核管理办法》国家安全生产监督管理总局令第30号(2015年5月29日国家安全监管总局令第80号修正)
第五条　特种作业人员必须经专门的安全技术培训并考核合格，取得《中华人民共和国特种作业操作证》(以下简称特种作业操作证)后，方可上岗作业。
2.《建筑施工特种作业人员管理规定》中华人民共和国建设部　建质〔2008〕75号
第四条　建筑施工特种作业人员必须经建设主管部门考核合格，取得建筑施工特种作业人员操作资格证书，方可上岗从事相应作业。
3.《输变电工程项目质量管理规程》DL/T 1362—2014
9.3.1　施工项目部人员执业资格应符合国家有关规定，其任职条件参见附录D。
9.3.2　工程开工前，施工单位应完成下列工作：
……
h）特种作业人员的资格证和上岗证的报审</td><td>1. 查阅项目部各专业质检员资格证书
专业类别：土建
发证单位：政府主管部门或电力建设工程质量监督站
有效期：当前有效</td></tr>
<tr><td>2. 查阅特殊工种人员台账
内容：包括姓名、工种类别、证书编号、发证单位、有效期等
证书有效期：作业期间有效</td></tr>
<tr><td>3. 查阅特殊工种人员资格证书
发证单位：政府主管部门
有效期：与台账一致</td></tr>
<tr><td rowspan="2">4.4.4</td><td rowspan="2">施工方案和作业指导书已审批，技术交底记录齐全</td><td rowspan="2">1.《建筑施工组织设计规范》GB/T 50502—2009
3.0.5　施工组织设计的编制和审批应符合下列规定：
2　……施工方案应由项目技术负责人审批；重点、难点分部（分项）工程和专项工程施工方案应由施工单位技术部门组织相关专家评审，施工单位技术负责人批准；
3　由专业承包单位施工的分部（分项）工程或专项工程的施工方案，应由专业承包单位技术负责人或技术负责人授权的技术人员审批；有总承包单位时，应由总承包单位项目技术负责人核准备案；
4　规模较大的分部（分项）工程和专项工程的施工方案应按单位工程施工组织设计进行编制和审批。
6.4.1　施工准备应包括下列内容：
1　技术准备：包括施工所需技术资料的准备、图纸深化和技术交底的要求、试验检验和测试工作计划、样板制作计划以及与相关单位的技术交接计划等；
……</td><td>1. 查阅施工方案和作业指导书
审批：责任人已签字
编审批时间：施工前</td></tr>
<tr><td>2. 查阅施工方案和作业指导书报审表
审批意见：同意实施等肯定性意见
签字：施工项目部、监理项目部责任人已签字
盖章：施工项目部、监理项目部已盖章</td></tr>
</table>

续表

条款号	大纲条款	检　查　依　据	检查要点
4.4.4	施工方案和作业指导书已审批，技术交底记录齐全	**2.《输变电工程项目质量管理规程》DL/T 1362—2014** 9.2.2　工程开工前，施工单位应根据施工质量管理策划编制质量管理文件，并应报监理单位审核、建设单位批准。质量管理文件应包括下列内容： …… e）施工方案及作业指导书 9.3.2　工程开工前，施工单位应完成下列工作： …… e）施工组织设计、施工方案的编制和审批； 9.3.4　施工过程中，施工单位应主要开展下列质量控制工作： b）在变电各单位工程、线路各分部工程开工前进行技术培训交底	3. 查阅技术交底记录 内容：与方案或作业指导书相符 时间：施工前 签字：交底人和被交底人已签字
4.4.5	计量工器具经检定合格，且在有效期内	**1.《中华人民共和国计量法》中华人民共和国主席令第86号（2018年10月26日修正）** 第九条　……。未按照规定申请检定或者检定不合格的，不得使用。…… **2.《中华人民共和国依法管理的计量器具目录（型式批准部分）》国家质检总局公告〔2005〕第145号** 1. 测距仪：光电测距仪、超声波测距仪、手持式激光测距仪； 2. 经纬仪：光学经纬仪、电子经纬仪； 3. 全站仪：全站型电子速测仪； 4. 水准仪：水准仪； 5. 测地型GPS接收机：测地型GPS接收机。 **3.《电力建设施工技术规范　第1部分：土建结构工程》DL 5190.1—2012** 3.0.5　在质量检查、验收中使用的计量器具和检测设备，应经计量检定合格后方可使用；承担材料和设备检测的单位，应具备相应的资质。 **4.《电力工程施工测量技术规范》DL/T 5445—2010** 4.0.3　施工测量所使用的仪器和相关设备应定期检定，并在检定的有效期内使用。……。 **5.《建筑工程检测试验技术管理规范》JGJ 190—2010** 5.2.2　施工现场配置的仪器、设备应建立管理台账，按有关规定进行计量检定或校准，并保持状态完好	1. 查阅计量工器具台账 内容：包括计量工器具名称、出厂合格证编号、检定日期、有效期、在用状态等 检定有效期：在用期间有效 2. 查阅计量工器具检定合格证或报告 检定单位资质范围：包含所检测工器具 工器具有效期：在用期间有效，且与台账一致

续表

条款号	大纲条款	检 查 依 据	检查要点
4.4.6	依据检测试验项目计划进行见证取样和送检，台账完整	**1. 关于印发《房屋建筑工程和市政基础设施工程实行见证取样和送检的规定》的通知中华人民共和国建设部建建〔2000〕211号** 第五条　涉及结构安全的试块、试件和材料见证取样和送检的比例不得低于有关技术标准中规定应取样数量的30%。 第六条　下列试块、试件和材料必须实施见证取样和送检： （一）用于承重结构的混凝土试块； （二）用于承重墙体的砌筑砂浆试块； （三）用于承重结构的钢筋及连接接头试件； （四）用于承重墙的砖和混凝土小型砌块； （五）用于拌制混凝土和砌筑砂浆的水泥； （六）用于承重结构的混凝土中使用的掺加剂； （七）地下、屋面、厕浴间使用的防水材料； （八）国家规定必须实行见证取样和送检的其他试块、试件和材料。 第七条　见证人员应由建设单位或该工程的监理单位具备建筑施工试验知识的专业技术人员担任，并应由建设单位或该工程的监理单位书面通知施工单位、检测单位和负责该项工程的质量监督机构。 **2.《房屋建筑和市政基础设施工程质量检测技术管理规范》GB 50618—2011** 3.0.5　对实行见证取样和见证检测的项目，不符合见证要求的，检测机构不得进行检测。 **3.《建筑工程检测试验技术管理规范》JGJ 190—2010** 3.0.6　见证人员必须对见证取样和送检的过程进行见证，且必须确保见证取样和送检过程的真实性。 5.5.1　施工现场应按照单位工程分别建立下列试样台账： 1　钢筋试样台账； 2　钢筋连接接头试样台账； 3　混凝土试件台账； 4　砂浆试件台账； 5　需要建立的其他试样台账。 5.6.1　现场试验人员应根据施工需要及有关标准的规定，将标识后的试样送至检测单位进行检测试验； 5.8.5　见证人员应对见证取样和送检的全过程进行见证并填写见证记录。 5.8.6　检测机构接收试样时应核实见证人员及见证记录，见证人员与备案见证人员不符或见证记录无备案见证人员签字时不得接收试样	查阅见证取样台账 取样数量、取样项目：与检测试验计划相符

续表

条款号	大纲条款	检查依据	检查要点
4.4.7	原材料、成品、半成品的跟踪管理台账清晰，记录完整	**1.《建设工程质量管理条例》中华人民共和国国务院令第279号（2017年10月7日中华人民共和国国务院令第687号修正）** 第二十九条　施工单位必须按照工程设计要求、施工技术标准和合同约定，对建筑材料、建筑构配件、设备和商品混凝土进行检验，检验应当有书面记录和专人签字；未经检验或者检验不合格的，不得使用。 **2.《输变电工程项目质量管理规程》DL/T 1362—2014** 9.3.4　施工过程中，施工单位应主要开展下列质量控制工作： f）建立钢筋、水泥等主要原材料的质量跟踪台账；	查阅材料跟踪管理台账 跟踪管理台账：包括生产厂家、进场日期、品种规格、出厂合格证书编号、复试报告编号、使用部位、使用数量等
4.4.8	专业绿色施工措施已实施	**1.《绿色施工导则》建质〔2007〕223号** 4.1.2　规划管理 1　编制绿色施工方案。该方案应在施工组织设计中独立成章，并按有关规定进行审批。 **2.《建筑工程绿色施工规范》GB/T 50905—2014** 3.1.1　建设单位应履行下列职责 1　在编制工程概算和招标文件时，应明确绿色施工的要求……。 2　应向施工单位提供建设工程绿色施工的设计文件、产品要求等相关资料……。 4.0.2　施工单位应编制包含绿色施工管理和技术要求的工程绿色施工组织设计、绿色施工方案或绿色施工专项方案，并经审批通过后实施。 **3.《电力建设施工技术规范　第1部分：土建结构工程》DL 5190.1—2012** 3.0.12　施工单位应建立绿色施工管理体系和管理制度，实施目标管理，施工前应在施工组织设计和施工方案中明确绿色施工的内容和方法。 **4.《输变电工程项目质量管理规程》DL/T 1362—2014** 9.2.2　工程开工前，施工单位应根据施工质量管理策划编制质量管理文件，并应报监理单位审核、建设单位批准。质量管理文件应包括下列内容： …… g）绿色施工方案 9.3.2　工程开工前，施工单位应完成下列工作： …… f）绿色施工方案的编制和审批	查阅专业绿色施工记录 内容：与绿色施工措施相符 签字：责任人已签字

续表

条款号	大纲条款	检查依据	检查要点
4.4.9	工程建设标准强制性条文实施计划已执行	**1.《实施工程建设强制性标准监督规定》中华人民共和国建设部令第81号（2015年1月22日中华人民共和国住房和城乡建设部令第23号修正）** 第二条 在中华人民共和国境内从事新建、扩建、改建等工程建设活动，必须执行工程建设强制性标准。 第三条 本规定所称工程建设强制性标准是指直接涉及工程质量、安全、卫生及环境保护等方面的工程建设标准强制性条文。 国家工程建设标准强制性条文由国务院住房城乡建设主管部门会同国务院有关主管部门确定。 第六条 ……工程质量监督机构应当对工程建设施工、监理、验收等阶段执行强制性标准的情况实施监督 **2.《输变电工程项目质量管理规程》DL／T 1362—2014** 9.2.2 工程开工前，施工单位应根据施工质量管理策划编制质量管理文件，并应报监理单位审核、建设单位批准。质量管理文件应包括下列内容： …… d）工程建设标准强制性条文执行计划	查阅强制性标准执行记录 内容：与强制性标准执行计划相符 签字：责任人已签字 执行时间：与工程进度同步
4.4.10	无违规转包或者违法分包工程的行为	**1.《中华人民共和国建筑法》中华人民共和国主席令第46号** 第二十八条 禁止承包单位将其承包的全部建筑工程转包给他人，禁止承包单位将其承包的全部建筑工程肢解以后以分包的名义转包给他人。 第二十九条 建筑工程总承包单位可以将承包工程中的部分工程发包给具有相应资质条件的分包单位，但是，除总承包合同约定的分包外，必须经建设单位认可。施工总承包的，建筑工程主体结构的施工必须由总承包单位自行完成。 …… 禁止总承包单位将工程分包给不具备相应资质条件的单位。禁止分包单位将其承包的工程再分包。 **2.《建筑工程施工转包违法分包等违法行为认定查处管理办法（试行）》中华人民共和国住房和城乡建设部 建市〔2014〕118号** 第七条 存在下列情形之一的，属于转包： （一）施工单位将其承包的全部工程转给其他单位或个人施工的； （二）施工总承包单位或专业承包单位将其承包的全部工程肢解以后，以分包的名义分别转给其他单位或个人施工的； （三）施工总承包单位或专业承包单位未在施工现场设立项目管理机构或未派驻项目	1. 查阅工程分包申请报审表 审批意见：同意分包等肯定性意见 签字：施工项目部、监理项目部、建设单位责任人已签字 盖章：施工项目部、监理项目部、建设单位已盖章

续表

条款号	大纲条款	检查依据	检查要点
4.4.10	无违规转包或者违法分包工程的行为	负责人、技术负责人、质量管理负责人、安全管理负责人等主要管理人员，不履行管理义务，未对该工程的施工活动进行组织管理的； （四）施工总承包单位或专业承包单位不履行管理义务，只向实际施工单位收取费用，主要建筑材料、构配件及工程设备的采购由其他单位或个人实施的； （五）劳务分包单位承包的范围是施工总承包单位或专业承包单位承包的全部工程，劳务分包单位计取的是除上缴给施工总承包单位或专业承包单位“管理费”之外的全部工程价款的； （六）施工总承包单位或专业承包单位通过采取合作、联营、个人承包等形式或名义，直接或变相的将其承包的全部工程转给其他单位或个人施工的； （七）法律法规规定的其他转包行为。 第九条　存在下列情形之一的，属于违法分包： （一）施工单位将工程分包给个人的； （二）施工单位将工程分包给不具备相应资质或安全生产许可的单位的； （三）施工合同中没有约定，又未经建设单位认可，施工单位将其承包的部分工程交由其他单位施工的； （四）施工总承包单位将房屋建筑工程的主体结构的施工分包给其他单位的，钢结构工程除外； （五）专业分包单位将其承包的专业工程中非劳务作业部分再分包的； （六）劳务分包单位将其承包的劳务再分包的； （七）劳务分包单位除计取劳务作业费用外，还计取主要建筑材料款、周转材料款和大中型施工机械设备费用的； （八）法律法规规定的其他违法分包行为	2. 查阅工程分包商资质 业务范围：涵盖所分包的项目 发证单位：政府主管部门 有效期：当前有效
4.5　检测试验机构质量行为的监督检查			
4.5.1	检测试验机构已经通过能力认定并取得相应证书，其现场派出机构（现场试验室）满足规定条件，并已报质量监督机构备案	**1.《建设工程质量检测管理办法》中华人民共和国建设部令第141号（2015年5月中华人民共和国住房和城乡建设部令第24号修正）** 第四条　……检测机构未取得相应的资质证书，不得承担本办法规定的质量检测业务。 **2.《检验检测机构资质认定管理办法》国家质量监督检验检疫总局令第163号** 第三条　检验检测机构从事下列活动，应当取得资质认定： …… （四）为社会经济、公益活动出具具有证明作用的数据、结果的； （五）其他法律法规规定应当取得资质认定的。	1. 查阅检测机构资质证书 发证单位：国家认证认可监督管理委员会（国家级）或地方质量技术监督部门或各直属出入境检验检疫机构（省市级）及电力质监机构 有效期：当前有效 证书业务范围：涵盖检测项目

续表

条款号	大纲条款	检 查 依 据	检查要点
4.5.1	检测试验机构已经通过能力认定并取得相应证书，其现场派出机构（现场试验室）满足规定条件，并已报质量监督机构备案	**3.《建筑工程检测试验技术管理规范》JGJ 190—2010** 表 5.2.4 现场试验站基本条件	2. 查看现场试验室 派出机构成立及人员任命文件 场所：有固定场所且面积、环境、温湿度满足规范要求
			3. 查阅检测机构的申请报备文件 报备时间：工程开工前
4.5.2	检测人员资格符合规定，持证上岗	**1.《房屋建筑和市政基础设施工程质量检测技术管理规范》GB 50618—2011** 4.1.5 检测操作人员应经技术培训、通过建设主管部门或委托有关机构的考核，方可从事检测工作。 5.3.6 检测前应确认检测人员的岗位资格，检测操作人员应熟识相应的检测操作规程和检测设备使用、维护技术手册等	1. 查阅检测人员登记台账 专业类别和数量：满足检测项目需求 资格证发证单位：各级政府和电力行业主管部门 检测证有效期：当前有效
			2. 查阅检测报告 检测人：与检测人员登记台账相符
4.5.3	检测仪器、设备检定合格，且在有效期内	**1.《房屋建筑和市政基础设施工程质量检测技术管理规范》GB 50618—2011** 4.2.14 检测机构的所有设备均应标有统一的标识，在用的检测设备均应标有校准或检测有效期的状态标识。 **2.《检验检测机构诚信基本要求》GB/T 31880—2015** 4.3.1 设备设施 检验检测设备应定期检定或校准，设备在规定的检定和校准周期内应进行期间核查。计算机和自动化设备功能应正常，并进行验证和有效维护。检验检测设施应有利于检验检测活动的开展。 **3.《建筑工程检测试验技术管理规范》JGJ 190—2010** 5.2.3 施工现场试验环境及设施应满足检测试验工作的要求	1. 查阅检测仪器、设备登记台账 数量、种类：满足检测需求 检定周期：当前有效 检定结论：合格
			2. 查看检测仪器、设备检验标识 检定周期：与台账一致

续表

条款号	大纲条款	检查依据	检查要点
4.5.4	检测依据正确、有效，检测报告及时、规范	**1.《检验检测机构资质认定管理办法》国家质量监督检验检疫总局令第163号** 第二十五条　检验检测机构应当在资质认定证书规定的检验检测能力范围内，依据相关标准或者技术规范规定的程序和要求，出具检验检测数据、结果。 检验检测机构出具检验检测数据、结果时，应当注明检验检测依据，并使用符合资质认定基本规范、评审准则规定的用语进行表述。 检验检测机构对其出具的检验检测数据、结果负责，并承担相应法律责任。 第二十六条　……检验检测机构授权签字人应当符合资质认定评审准则规定的能力要求。非授权签字人不得签发检验检测报告。 第二十八条　检验检测机构向社会出具具有证明作用的检验检测数据、结果的，应当在其检验检测报告上加盖检验检测专用章，并标注资质认定标志。 **2.《房屋建筑和市政基础设施工程质量检测技术管理规范》GB 50618—2011** 5.5.1　检测项目的检测周期应对外公示，检测工作完成后，应及时出具检测报告。 **3.《检验检测机构诚信基本要求》GB/T 31880—2015** 4.3.7　报告证书 …… 检验检测记录、报告、证书不应随意涂改，所有修改应有相关规定和授权。当有必要发布全新的检验检测报告、证书时，应注以唯一标识，并注明所替代的原件。 检验检测机构应采取有效手段识别和保证检验检测报告、证书真实性；应有措施保证任何人员不得施加任何压力改变检验检测的实际数据和结果。 检验检测机构应当按照合同要求，在批准范围内根据检验检测业务类型，出具具有证明作用的数据和结果，在检验检测报告、证书中正确使用获证标识	查阅检测试验报告 检测依据：有效的标准规范、合同及技术文件 检测结论：明确 签章：检测操作人、审核人、批准人已签字，已加盖检测机构公章或检测专用章（多页检测报告加盖骑缝章），并标注相应的资质认定标志 查看：授权签字人及其授权签字领域证书 时间：在检测机构规定时间内出具
5　工程实体质量的监督检查			
5.1　楼地面、屋面工程的监督检查			
5.1.1	楼地面、屋面工程施工完毕，隐蔽验收、质量验收签证记录齐全	**1.《屋面工程质量验收规范》GB 50207—2012** 9.0.5　屋面工程验收资料和记录应符合表9.0.5的规定。 **2.《建筑地面工程施工质量验收规范》GB 50209—2010** 8.0.2　建筑地面工程子分部工程质量验收应检查下列工程质量文件和记录： 1　建筑地面工程设计图纸和变更文件等； 2　原材料的质量合格证明文件、重要材料或产品的进场抽样复验报告； 3　各层的强度等级、密实度等的试验报告和测定记录； 4　各类建筑地面工程施工质量控制文件；	1. 查阅隐蔽工程验收记录 项目：包括楼地面基层、屋面保温层、卫生间防水层等 内容：包括所隐蔽的基层、垫层、找平（坡）层、隔离层、绝热（保温）层、填充层、细部做法、接缝处理等主要原材料及复检报告单，主要施工方法等 签字：施工单位项目技术负责人、专业监理工程师等已签字 结论：同意隐蔽

续表

条款号	大纲条款	检查依据	检查要点
5.1.1	楼地面、屋面工程施工完毕，隐蔽验收、质量验收签证记录齐全	5 各构造层的隐蔽验收及其他有关验收文件。 8.0.3 建筑地面子分部工程质量验收应检查下列安全和功能项目： 1 有防水要求的建筑地面子分部工程的分项工程施工质量的蓄水检验记录，并抽查复验； 2 建筑地面板块面层铺设子分部工程和木、竹面层铺设子分部工程采用的砖、天然石材、预制板块、地毯、人造板材以及胶粘剂、胶结料、涂料等材料证明及环保资料。 8.0.4 建筑地面工程子分部工程观感质量综合评价应检查下列项目： 1 变形缝、面层分格缝的位置和宽度以及填缝质量应符合规定； 2 室内建筑地面工程按各子分部工程经抽查分别做出评价； 3 楼梯、踏步等工程项目经抽查分别做出评价	2. 查阅质量验收记录 内容：包括楼地面基层、中间层、面层，屋面基层、中间层、防水层、保护层、卫生间基层、防水层、面层等 签字：施工单位项目技术负责人、专业监理工程师已签字 结论：合格
5.1.2	楼地面、屋面工程使用的原材料和产品质量证明文件齐全，重要材料复检合格；不发火（防爆）面层中使用的碎石检验合格	**1.《屋面工程质量验收规范》GB 50207—2012** 3.0.6 屋面工程所采用的防水、保温隔热材料应有产品合格证书和性能检测报告，材料的品种、规格、性能等应符合现行国家产品标准和设计要求。产品质量应由经过省级以上建设行政主管部门对其资质认可和质量技术监督部门对其计量认证的质量检测单位经行检测。 5.1.7 保温材料的导热系数、表观密度或干密度、抗压强度或压缩强度，燃烧性能，必须符合设计要求。 **2.《建筑地面工程施工质量验收规范》GB 50209—2010** 3.0.3 建筑地面工程采用的材料或产品应符合设计要求和国家现行有关标准的规定。无国家现行标准的，应具有省级住房和城乡建设行政主管部门的技术认可文件。材料或产品进场时还应符合下列规定： 1 应有质量合格证明文件； 2 应对型号、规格、外观等进行验收，对重要的材料或产品应抽样进行复检。 5.7.4 不发火（防爆的）面层中碎石的不发火性必须合格；砂应质地坚硬、表面粗糙，其粒径宜为0.15mm～5mm，含泥量不应大于3%，有机物含量不应大于0.5%；水泥应采用硅酸盐水泥、普通硅酸盐水泥；面层分格的嵌条应采用不发生火花的材料配制。配制时应随时检查，不得混入金属或其他易发生火花的杂质。	1. 查阅地面、楼面、屋面材料的进场报审表 签字：施工单位项目经理、专业监理工程师（建设单位专业技术负责人）已签字 盖章：施工单位、监理单位（建设单位）已盖章 结论：同意使用 2. 查阅地面、楼面、屋面材料材质证明及复检报告 原材证明：应为原件，如为抄件，应加盖经销商公章及采购单位的公章，注明进货数量、原件存放处及抄件人 复检报告：包括防水材料的防水性、保温材料的导热系数、表观密度或干密度、抗压强度或压缩强度，燃烧性能试验等项目齐全、代表部位和数量等 报告签字：试验员、审核人、批准人已签字 报告盖章：盖有计量认证章、资质章及试验单位章，见证取样时，有见证取样章并注明见证人 报告结论：符合设计要求和规范规定

续表

条款号	大纲条款	检查依据	检查要点
5.1.2	楼地面、屋面工程使用的原材料和产品质量证明文件齐全，重要材料复检合格；不发火（防爆）面层中使用的碎石检验合格	**3.《种植屋面工程技术规程》JGJ 155—2013** 3.1.4 耐根穿刺防水材料的选用应通过耐根穿刺性能试验，试验方法应符合现行行业标准《种植屋面用耐根穿刺防水卷材》JC/T 1075的规定，并由具有资质的检测机构出具合格检验报告。 3.1.5 种植屋面使用的材料应符合有关建筑防火规范的规定	3.查阅不发火面层碎石的复检报告、耐根穿刺性能试验报告 不发火性：合格 盖章：盖有计量认证章、资质章及试验单位章，见证取样时，有见证取样章并注明见证人 结论：合格
5.1.3	防水地面无渗漏，排水坡向正确、无积水，隐蔽验收记录齐全；防滑地面防滑	**1.《建筑地面工程施工质量验收规范》GB 50209—2010** 3.0.5 厕浴间和有防滑要求的建筑地面应符合设计防滑要求。 3.0.18 厕浴间、厨房和有排水（或其他液体）要求的建筑地面面层与相连接各类面层的标高差应符合设计要求。 4.9.3 有防水要求的建筑地面工程，铺设前必须对立管、套管和地漏与楼板节点之间进行密封处理并进行隐蔽验收；排水坡度应符合设计要求。 4.10.11 厕浴间和有防水要求的建筑地面必须设置防水隔离层。楼层结构必须采用现浇混凝土或整块预制混凝土板，混凝土强度等级不应小于C20；房间的楼板四周除门洞外应做混凝土翻边，其高度不应小于200mm，宽同墙厚，混凝土强度等级不应小于C20。施工时结构层标高和预留孔洞位置应准确，严禁乱凿洞。 4.10.13 防水隔离层严禁渗漏，排水的坡向应正确、排水通畅	1.查看有防水要求地面楼面的渗漏，排水坡向、积水情况 渗漏：无渗漏 排水坡向：符合设计要求，无积水 标高差：厕浴间、厨房和有排水（或其他液体）要求的建筑地面面层与相连接各类面层的标高差符合设计要求
			2.查看厕浴间和有防滑要求的建筑地面 防滑功能：满足设计防滑要求
			3.查阅有防水要求楼地面隐蔽验收记录 项目：包括基层混凝土强度、基层处理情况以及立管、套管和地漏与楼板节点之间的密封处理；有排水（或其他液体）要求的建筑地面面层与相连接各类面层的标高差、防水隔离层、房间的楼板四周混凝土翻边等 签字：施工单位项目技术负责人、专业监理工程师等已签字 结论：同意隐蔽

续表

条款号	大纲条款	检查依据	检查要点
5.1.3	防水地面无渗漏，排水坡向正确、无积水，隐蔽验收记录齐全；防滑地面防滑		4. 查阅防滑地面质量验收资料 内容：检验批、分项工程质量验收记录齐全 签字：施工单位项目技术负责人、专业监理工程师已签字 结论：合格
5.1.4	屋面淋水、蓄水试验合格，记录齐全	**1.《屋面工程质量验收规范》GB 50207—2012** 3.0.12 屋面防水完工后，应进行观感质量检查和雨后观察或排水，蓄水试验不得有渗湿和积水现象。 **2.《屋面工程技术规范》GB 50345—2012** 3.0.5 屋面防水工程应根据建筑物的类别、重要程度、使用功能要求确定防水等级，并应按相应等级进行防水设防；对防水有特殊要求的建筑屋面，应进行专业防水设计。屋面防水等级和设防要求应符合表 3.0.5 的规定。 4.5.1 卷材、涂膜屋面防水等级和防水做法应符合表 4.5.1 的规定。 4.5.5 每道卷材防水层厚度应符合表 4.5.5 的规定。 4.5.6 每道涂膜防水层最小厚度应符合表 4.5.6 的规定。 4.5.7 复合防水层最小厚度应符合表 4.5.7 的规定。 4.8.1 瓦屋面防水等级和防水做法应符合表 4.8.1 的规定。 4.9.1 金属板屋面防水等级和防水做法应符合表 4.9.1 的规定。 **3.《坡屋面工程技术规范》GB 50693—2011** 10.2.1 单层防水卷材的厚度和搭接宽度应符合表 10.2.1-1 和表 10.2.1-2 的规定。 **4.《种植屋面工程技术规程》JGJ 155—2013** 3.4.3 种植屋面防水工程竣工后，平屋面应进行 48h 蓄水检验，坡屋面应进行 3h 持续淋水检验	查阅屋面淋水、蓄水试验记录 试验方法：符合规范规定 时间：经过雨后或持续淋水 2h，或蓄水不少于 24h 签字：试验记录人、技术负责人已签字 结果：无渗漏
5.1.5	种植屋面载荷符合设计要求	**1.《种植屋面工程技术规程》JGJ 155—2013** 3.2.3 种植屋面工程结构设计时应计算种植荷载。既有建筑屋面改造为种植屋面前，应对原结构进行鉴定。 3.2.4 种植屋面荷载取值应符合现行国家标准《建筑结构荷载规范》GB 50009 的规定。屋顶花园有特殊要求时，应单独计算结构荷载。	查看现场荷载分布 乔木类植物和亭台、水池、假山等荷载较大的设施位置：设在承重墙或柱的位置且符合设计要求

续表

条款号	大纲条款	检 查 依 据	检查要点
5.1.5	种植屋面载荷符合设计要求	5.1.4 种植屋面的设计荷载除应满足屋面结构荷载外，尚应符合下列规定： 1 简单式种植屋面荷载不应小于 1.0kN/m²，花园式种植屋面荷载不应小于 3.0kN/m²，均应纳入屋面结构永久荷载； 2 种植土的荷重应按饱和水密度计算； 3 植物荷载应包括初栽植物荷重和植物生长期增加的可变荷载。初栽植物荷重应符合表 5.1.4 的规定	
5.1.6	严寒地区的坡屋面檐口有防冰雪融坠设施	**1.《坡屋面工程技术规范》GB 50693—2011** 3.2.17 严寒和寒冷地区的坡屋面檐口部位应采取防冰雪融坠的安全措施	查看严寒地区坡屋面檐口 防冰雪融坠设施：符合设计要求
5.2 门窗工程的监督检查			
5.2.1	门窗工程施工完毕，质量验收记录齐全	**1.《建筑装饰装修工程质量验收标准》GB 50210—2018** 5.1.11 建筑外门窗的安装必须牢固，在砌体上安装门窗严禁用射钉固定。 **2.《防火卷帘、防火门、防火窗施工及验收规范》GB 50877—2014** 4.3.2 每樘防火门均应在其明显部位设置永久性标牌，并应标明产品名称、型号、规格、耐火性能及商标、生产单位（制造商）名称和厂址、出厂日期及产品生产批号、执行标准等。 4.4.2 每樘防火窗均应在其明显部位设置永久性标牌，并应标明产品名称、型号、规格、生产单位（制造商）名称和地址、产品生产日期或生产编号、出厂日期、执行标准等。 5.1.2 防火卷帘、防火门、防火窗的安装过程应进行质量控制。每道工序结束后应进行质量检查，检查应由施工单位负责，并应由监理单位监督。隐蔽工程在隐蔽前应由施工单位通知有关单位进行验收。 7.1.2 防火卷帘、防火门、防火窗工程质量验收前，施工单位应提供下列文件资料，并应按本规范附录 D 表 D.0.1-1 填写资料核查记录：	1. 查看门窗工程实物 施工：已完毕并符合设计要求 2. 查阅工程隐蔽记录 内容：包括预埋件和锚固件、隐蔽部位的防腐、填嵌处理等 签字：施工单位项目技术负责人、专业监理工程师已签字 结论：同意隐蔽 3. 查阅质量验收记录 内容：检验批、分项工程、分部工程质量验收记录齐全 签字：建设、监理、施工单位项目技术负责人已签字 结论：合格

续表

条款号	大纲条款	检查依据	检查要点
5.2.1	门窗工程施工完毕，质量验收记录齐全	1 工程质量验收申请报告。 2 本规范第3.0.1条规定的施工现场质量管理检查记录。 3 本规范第3.0.2条规定的技术资料。 4 竣工图及相关文件资料。 5 施工过程（含进场检验、安装及调试过程）检查记录。 6 隐蔽工程验收记录。 **3.《火力发电厂与变电站设计防火规范》GB 50229—2006** 11 变电站 11.4 建（构）筑物的安全疏散和建筑构造 11.4.1 变压器室、电容器室、蓄电池室、电缆夹层、配电装置室的门应向疏散方向开启；当门外为公共走道或其他房间时，该门应采用乙级防火门。配电装置室的中间隔墙上的门应采用由不燃材料制作的双向弹簧门	
5.2.2	门窗材料及配件质量证明文件齐全	**1.《建筑装饰装修工程质量验收标准》GB 50210—2018** 5.1.3 门窗工程应对下列材料及其性能指标进行复验： 1 人造木板的甲醛释放量。 2 建筑外墙金属、塑料窗的抗风压性、空气渗透性能和雨水渗漏性能。 **2.《铝合金门窗工程技术规范》JGJ 214—2010** 3.1.2 铝合金门窗主型材的壁厚应经计算或试验确定，除压条、扣板等需要弹性装配的型材外，门用主型材主要受力部位基材截面最小实测壁厚不应小于2.0mm，窗用主型材主要受力部位基材截面最小实测壁厚不应小于1.4mm。 3.4.2 铝合金门窗受力构件之间的连接使用螺钉、螺栓宜使用不锈钢紧固件，未使用铝合金抽芯铆钉。 8.1.3 铝合金门窗工程验收时应检查下列文件和记录： 1 铝合金门窗工程的施工图、设计及说明及其他设计文件； 2 根据工程需要出具的铝合金门窗的抗风压性能、水密性能以及气密性能、保温性能、遮阳性能、采光性能、可见光透射比等检验报告；或抗风压性能、水密性能检验以及建筑门窗节能性能标识证书等； 3 铝合金型材、玻璃、密封材料及五金件等材料的产品质量合格证书、性能检测报告和进场验收记录； 4 隐框窗应提供硅酮结构胶相容性试验报告；	1. 查阅门窗材料及配件质量证明文件 包括材料产品合格证、性能检测报告、特种门的生产许可文件等 门窗、配件所用材料：符合设计及规范规定 门窗主型材受力截面：符合规范规定 2. 查阅性能检测、复检报告 建筑外门窗产品的物理性能包括气密性能、水密性能、抗风压性能、保温性能等：符合设计要求和规程规定 甲醛含量：人造木板未超标 盖章：盖有计量认证章、资质章及试验单位章，见证取样的试验报告有见证取样人及见证取样章 结论：合格

续表

条款号	大纲条款	检 查 依 据	检查要点
5.2.2	门窗材料及配件质量证明文件齐全	5 铝合金门窗框与洞口墙体连接固定、防腐、缝隙填塞及密封处理、防雷连接等隐蔽工程验收记录； 6 铝合金门窗产品合格证书； 7 铝合金门窗安装施工自检记录； 8 进口商品应提供报关单和商检证明。 **3.《塑料门窗工程技术规程》JGJ 103—2008** 6.2.23 安装滑撑时，紧固螺钉必须使用不锈钢材质，并应与框扇增强型钢或内衬局部加强钢板可靠连接。螺钉与框扇连接处应进行防水密封处理。 **4.《建筑门窗工程检测技术标准》JGJ/T 205—2010** 3.2.2 门窗产品的生产单位应向门窗产品的购置单位提供产品的生产许可证、合格证和型式检验报告，并宜提供建筑门窗节能性能标识证书。 4.1.2 门窗产品进场时，建设单位或其委托的监理单位应对门窗产品生产单位提供的产品合格证书、检验报告和型式检验报告等进行核查。对于提供建筑门窗节能性能标识证书的，应对其进行核查。 4.6.2 建筑外门窗产品的物理性能包括气密性能、水密性能、抗风压性能、保温性能、采光性能、空气声隔声性能、遮阳系数等。 7.1.1 门窗工程性能的现场检测宜包括外门窗气密性能、水密性能、抗风压性能和隔声性能。对于易受人体或物体碰撞的建筑门窗，宜进行撞击性能的检测。 **5.《防火卷帘、防火门、防火窗施工及验收规范》GB 50877—2014** 4.3.1 防火门应具有出厂合格证和符合市场准入制度规定的有效证明文件，其型号、规格及耐火性能应符合设计要求。 4.4.1 防火窗应具有出厂合格证和符合市场准入制度规定的有效证明文件，其型号、规格及耐火性能应符合设计要求	
5.2.3	建筑外窗安装牢固，窗扇有防脱落、防室外侧拆卸装置	**1.《建筑装饰装修工程质量验收标准》GB 50210—2018** 5.1.11 建筑外门窗的安装必须牢固。在砌体上安装门窗严禁用射钉固定。 6.1.12 推拉门窗扇必须牢固，必须安装防脱落装置 **2.《铝合金门窗工程技术规范》JGJ 214—2010** 4.12.4 铝合金推拉门、推拉窗的扇应有防止从室外侧拆卸的装置。推拉窗用于外墙时，应设置防止窗扇向室外脱落的装置。 **3.《塑料门窗工程技术规程》JGJ 103—2008** 6.2.8 建筑外窗的安装必须牢固可靠，在砖砌体上安装时，严禁用射钉固定。 6.2.19 推拉门窗扇必须有防脱落装置。	查看建筑外窗 安装：牢固可靠，未使用射钉固定，窗扇、推拉门、推拉窗有防脱落装置，有防室外拆卸装置

续表

条款号	大纲条款	检 查 依 据	检查要点
5.2.3	建筑外窗安装牢固，窗扇有防脱落、防室外侧拆卸装置	**4.《建筑门窗工程检测技术规程》JGJ/T 205—2010** 6.3.2 门窗框、门窗扇安装牢固性的检验可采取观察与手工相结合的方法，并应符合下列规定： 1 当手扳门窗侧框中部不松动，反复扳不晃动时，可确定门窗框安装牢固。 2 应根据设计文件或国家现行有关产品标准，检查门窗洞口与门窗框之间连接件的规格、尺寸与数量，可用游标卡尺量测连接片的厚度和宽度，可用钢卷尺量测连接片间距。 3 应检查门窗扇与门窗框之间螺钉安装的数量与质量。 4 当手扳非推拉窗开启扇不松动时，可确定门窗扇安装牢固；手扳推拉门窗不脱落时，可确定防脱落措施有效	
5.2.4	玻璃性能符合设计要求	**1.《铝合金门窗工程技术规范》JGJ 214—2010** 4.12.1 人员流动性大的公共场所，易于受到人员和物体碰撞的铝合金门窗应采用安全玻璃 4.12.2 建筑物中下列部位的铝合金门窗应使用安全玻璃： 1 七层及七层以上的建筑物外开窗。 2 面积大于 $1.5m^2$ 的窗玻璃或玻璃底边最终装修面小于 500mm 的落地窗。 3 倾斜安装的铝合金窗。 **2.《塑料门窗工程技术规程》JGJ 103—2008** 3.1.2 门窗工程有下列情况之一时，必须使用安全玻璃： 1 面积大于 $1.5m^2$ 的窗玻璃； 2 距离可踏面高度 900mm 以下的窗玻璃； 3 与水平面夹角不大于 75°的倾斜窗，包括天窗、采光顶等在内的顶棚； 4 7 层及 7 层以上建筑外开窗。 **3.《建筑玻璃应用技术规程》JGJ 113—2015** 3.2.1 建筑玻璃强度设计值应根据荷载方向、荷载类型、最大应力点位置、玻璃种类和玻璃厚度选择。 4.1.1 建筑物可根据功能要求选用平板玻璃、超白浮法玻璃、中空玻璃、真空玻璃、钢化玻璃、半钢化玻璃、夹层玻璃、光伏玻璃、着色玻璃、镀膜玻璃、压花玻璃、U 型玻璃和电致液晶调光玻璃等。 8.2.2 屋面玻璃或雨棚玻璃必须使用夹层玻璃或夹层中空玻璃，其胶片厚度不应小于 0.76mm。 9.1.2 地板玻璃必须采用夹层玻璃，点支承地板玻璃必须采用钢化夹层玻璃。钢化玻璃必须进行均质处理	1. 查看玻璃安装 普通玻璃：符合设计要求和规范规定 安全玻璃：在人员流动性大的场所，易于受到人员和物体碰撞的门窗以及面积大于 $1.5m^2$，倾角达到一定程度的门窗等情况按规范使用安全玻璃 2. 查阅安全玻璃质量证明文件 安全玻璃：包括强制性产品认证证书，产品的生产许可证、合格证书和型式检验报告，性能复检报告 资质：检测报告由具备相应资质 签字：试验、审核、批准人已签字 盖章：盖有计量认证章、资质章及试验单位章，见证取样的试验报告有见证取样人及见证取样章 复检报告结论：合格

续表

条款号	大纲条款	检　查　依　据	检查要点
5.3　装饰装修工程的监督检查			
5.3.1	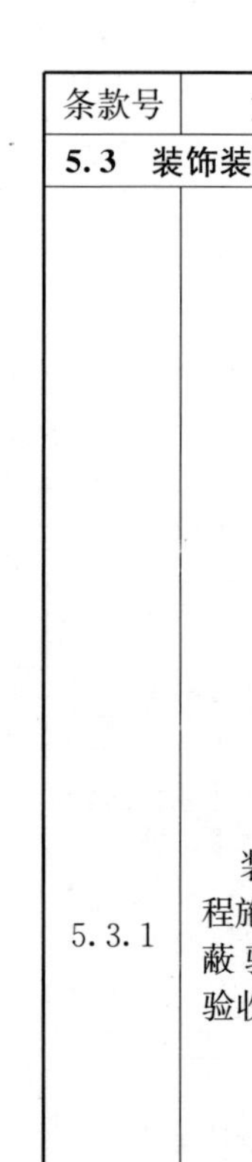装饰装修工程施工完毕，隐蔽验收、质量验收记录齐全	**1.《建筑装饰装修工程质量验收标准》GB 50210—2018** 4.1.2　抹灰工程验收时应检查下列文件和记录： 1　抹灰工程的施工图、设计说明书及其他设计文件。 2　材料的产品合格证书、性能检验报告、进场验收记录和复验报告。 3　隐蔽工程验收记录。 4　施工记录。 4.1.4　抹灰工程应对下列隐蔽工程项目进行验收： 1　抹灰总厚度大于或等于35mm时的加强措施。 2　不同材料基体交接处的加强措施。 5.1.2　外墙防水工程验收时应检查下列文件和记录： 1　外墙防水工程的施工图、设计说明及其他设计文件。 2　材料的产品合格证书、性能检验报告、进场验收记录和复验报告。 3　隐蔽工程验收记录。 4　施工记录。 5　施工单位的资质证书及操作人员的上岗证书。 5.1.4　外墙防水工程应对下列隐蔽工程项目进行验收： 1　外墙不同结构材料交接处的增强处理措施的节点。 2　防水层在变形缝、门窗洞口、穿外墙管道、预埋件及收头等部位的节点。 3　防水层的搭接宽度及附加层。 6.1.2　门窗工程验收时应检查下列文件和记录： 1　门窗工程的施工图、设计说明及其他设计文件。 2　材料的产品合格证、性能检测报、进场验收记录和复验报告。 3　特种门及其附件的生产许可文件。 4　隐蔽工程验收记录。 5　施工记录。 6.1.4　门窗工程应对下列隐蔽工程项目进行验收： 1　预埋件和锚固件。 2　隐蔽部位的防腐、填嵌处理。 3　高层金属窗防雷连接点。 7.1.2　吊顶工程验收应检查下列文件和记录： 1　吊顶工程的施工图、设计说明及其他设计文件。 2　材料的产品合格证书、性能检验报告、进场验收记录和复验报告。	1. 查看装饰装修工程 施工：已完毕并符合设计要求 2. 查阅隐蔽工程验收记录 项目：包括预埋件、锚固件、吊顶内的管道、设备的安装及水管试压，木龙骨防火、防腐处理、吊杆安装、龙骨安装、填充材料等 签字：施工单位项目技术负责人、专业监理工程师已签字 盖章：施工单位、监理单位已盖章 结论：同意隐蔽 3. 查阅质量验收记录 内容：检验批、分项工程、分部工程质量验收记录齐全 签字：建设、监理、施工单位项目技术负责人已签字 结论：同意验收

续表

条款号	大纲条款	检查依据	检查要点
5.3.1	装饰装修工程施工完毕，隐蔽验收、质量验收记录齐全	3 隐蔽工程验收记录。 4 施工记录。 7.1.4 吊顶工程应对下列隐蔽工程项目进行验收： 1 吊顶内管道、设备的安装及水管试压、风管严密性检验。 2 木龙骨防火、防腐处理。 3 埋件。 4 吊杆安装。 5 龙骨安装。 6 填充材料的设置。 7 反支撑及钢结构转换层。 8.1.2 轻质隔墙工程验收时应检查下列文件和记录： 1 轻质隔墙工程的施工图、设计说明及其他设计及文件。 2 材料的产品合格证书、性能检测报告、进场验收记录和复验报告。 3 隐蔽工程验收记录。 4 施工记录。 8.1.4 轻质隔墙工程应对下列隐蔽工程项目进行验收： 1 骨架隔墙中设备管线的安装及水管试压。 2 木龙骨防火和防腐处理。 3 预埋件或拉结筋。 4 龙骨安装。 5 填充材料的设置。 9.1.2 饰面板工程验收时应检查下列文件和记录： 1 饰面板工程的施工图、设计说明及其他设计文件。 2 材料的产品合格证书、性能检测报告、进场验收记录和复验报告。 3 后置埋件的现场拉拔检验报告。 4 满粘法施工的外墙石板和外墙陶瓷板粘结强度检验报告。 5 隐蔽工程验收记录。 6 施工记录。 9.1.4 饰面板工程应对下列隐蔽工程项目进行验收： 1 预埋件（或后置埋件）。 2 龙骨安装。 3 连接节点。	

续表

条款号	大纲条款	检查依据	检查要点
5.3.1	装饰装修工程施工完毕，隐蔽验收、质量验收记录齐全	4 防水、保温、防火节点。 5 外墙金属板防雷连接点。 10.1.2 饰面砖工程验收时应检查下列文件和记录： 1 饰面砖工程的施工图、设计说明及其他设计文件。 2 材料的产品合格证书、性能检测报告、进场验收记录和复验报告。 3 外墙饰面砖施工前粘贴样板和外墙饰面砖粘贴工程饰面砖粘结强度检验报告。 4 隐蔽工程验收记录。 5 施工记录。 10.1.4 饰面砖工程应对下列隐蔽工程项目进行验收： 1 基层和基体。 2 防水层。 11.1.2 幕墙工程验收时应检查下列文件和记录： 1 幕墙工程的施工图、结构计算书、热工性能计算书、设计变更文件、设计说明及其他设计文件。 2 建筑设计单位应对幕墙工程设计的确认文件。 3 幕墙工程所用各种材料、构件、组件、紧固件及其他附件的产品合格证书、性能检验报告、进场验收记录和复验报告。 4 幕墙工程所用硅酮结构胶的抽查合格证明；国家批准的检测机构出具的硅酮结构胶相容性和剥离粘结性试验报告；石材用密封胶的耐污染性检验报告。 5 后置埋件和槽式预埋件的现场拉拔强度检验报告。 6 封闭式幕墙的气密性能、水密性能、抗风压性能及层间变形性能检测报告。 7 注胶、养护环境的温度、湿度记录；双组分硅酮结构胶的混匀性试验记录及拉断试验记录。 8 幕墙与主体结构防雷地点之间的电阻检测记录。 9 隐蔽工程验收记录。 10 幕墙构件、组件和面板的加工制作检验记录。 11 幕墙安装施工记录。 12 张拉杆索体系预拉力张拉记录。 13 现场淋水检验记录。 11.1.4 幕墙工程应对下列隐蔽工程项目进行验收： 1 预埋件或后置埋件、锚栓及连接件。 2 构件的连接节点。	

续表

条款号	大纲条款	检查依据	检查要点
5.3.1	装饰装修工程施工完毕，隐蔽验收、质量验收记录齐全	3 幕墙四周、幕墙内表面与主体结构之间的封堵。 4 伸缩缝、沉降缝、防震缝及墙面转角节点。 5 隐框玻璃板块的固定。 6 幕墙防雷连接点。 7 幕墙防火、隔烟节点。 8 单元式幕墙的封口节点。 12.1.2 涂饰工程验收时应检查下列文件和记录： 1 涂饰工程的施工图、设计说明及其他设计文件。 2 材料的产品合格证书、性能检验报告、有害物质限量检验报告和进场验收记录。 3 施工记录。 13.1.2 裱糊与软包工程验收时应检查下列文件和记录： 1 裱糊与软包工程的施工图、设计说明及其他设计文件。 2 饰面材料的样板及确认文件。 3 材料的产品合格证书、性能检测报告、进场验收记录和复验报告。 4 饰面材料及封闭底漆、胶粘剂、涂料的有害物质限量检验报告。 5 隐蔽工程验收记录。 6 施工记录。 14.1.2 细部工程验收时应检查下列文件和记录： 1 施工图、设计说明及其他设计文件。 2 材料的产品合格证书、性能检测报告、进场验收记录和复验报告。 3 隐蔽工程验收记录。 4 施工记录。 14.1.4 细部工程应对下列部位进行隐蔽工程验收： 1 预埋件（或后置埋件）。 2 护栏与预埋件的连接节点。 **2.《民用建筑工程室内环境污染控制规范》GB 50325—2010（2013年版）** 6.0.4 民用建筑工程验收时，必须进行室内环境污染物浓度检测，其限量应符合表6.0.4的规定。 9.1.2 幕墙工程验收时应检查下列文件和记录。 1 幕墙工程的施工图、结构计算书、设计说明及其他设计文件。 2 建筑设计单位应对幕墙工程设计的确认文件。	

续表

条款号	大纲条款	检查依据	检查要点
5.3.1	装饰装修工程施工完毕，隐蔽验收、质量验收记录齐全	3　幕墙工程所用各种材料、五金配件、构件及组件的产品合格证书、性能检测报告、进场验收记录和复验报告。 4　幕墙工程所用硅酮结构胶的认定证书和抽查合格证明；进口硅酮结构胶的商检证；国家指定检测机构出具的硅酮结构胶相容性和玻璃粘结性试验报告；石材用密封胶的耐污染性试验报告。 5　后置埋件的现场拉拔强度检测报告。 6　幕墙的抗风性能、空气渗透性能、雨水渗漏性能及平面变形性能检测报告。 7　打胶、养护环境的温度、湿度记录；双组份硅酮结构胶的混匀性试验记录及拉断试验记录。 8　防雷装置测试记录。 9　隐蔽工程验收记录。 9.1.4　幕墙工程应对下列隐蔽工程项目进行验收： 1　预埋件（或后置埋件）。 2　构件的连接节点。 3　变形缝及墙面转角处的构造节点。 4　幕墙防雷装置。 5　幕墙防火构造。 10.1.2　涂饰工程验收时应检查下列文件和记录： 1　涂饰工程的施工图、设计说明及其他设计文件。 2　材料的产品合格证书、性能检测报告和进场验收记录。 3　施工记录。 11.1.2　裱糊与软包工程验收时应检查下列文件和记录： 1　裱糊与软包工程的施工图、设计说明及其他设计文件。 2　饰面材料的样板及确认文件。 3　材料的产品合格证书、性能检测报告、进场验收记录和复验报告。 4　施工记录。 12.1.2　细部工程验收时应检查下列文件和记录： 1　施工图、设计说明及其他设计文件。 2　材料的产品合格证书、性能检测报告、进场验收记录和复验报告。 3　隐蔽工程验收记录。 4　施工记录。	

续表

条款号	大纲条款	检查依据	检查要点
5.3.1	装饰装修工程施工完毕，隐蔽验收、质量验收记录齐全	12.1.4 细部工程应对下列部位进行隐蔽工程验收： 1 预埋件（或后置埋件）。 2 护栏与预埋件的连接节点。 **3.《建筑内部装修防火施工及验收规范》GB 50354—2005** 8.0.2 工程质量验收应符合下列要求： 1 技术资料应完整； 2 所用装修材料或产品的见证取样检验结果应满足设计要求； 3 装修施工过程中的抽样检验结果，包括隐蔽工程的施工过程中及完工后的抽样结果应符合设计要求； 4 现场进行阻燃处理、喷涂、安装作业的抽样检验结果应符合设计要求； 5 施工过程中的主控项目检验结果应全部合格； 6 施工过程中的一般项目检验结果合格率应达到80％	
5.3.2	装饰装修工程施工符合设计，变更设计手续齐全，装修材料性能证明文件齐全	**1.《建筑装饰装修工程质量验收标准》GB 50210—2018** 6.1.3 吊顶工程应对人造木板的甲醛含量进行复验。 7.1.3 轻质隔墙工程应对人造木板的甲醛含量进行复检。 8.1.3 饰面板（砖）工程应对下列材料及其性能指标进行复验： 1 室内用花岗石的放射性。 2 粘贴用水泥的凝结时间、安定性和抗压强度。 3 外墙陶瓷面砖的吸水率。 4 寒冷地区外墙陶瓷面砖的抗冻性。 9.1.3 幕墙工程应对下列材料及其性能指标进行复验： 1 铝塑复合板的剥离强度。 2 石材的弯曲强度；寒冷地区石材的耐冻融性；室内用花岗石的放射性。 3 玻璃幕墙用结构胶的邵氏硬度、标准条件拉伸粘结强度、相容性试验；石材用结构胶的粘结强度；石材用密封胶的污染性。 10.1.3 饰面砖工程应对下列材料及其性能指标进行复验： 1 室内用花岗石和瓷质饰面砖的放射性。 2 水泥基粘结材料与所用外墙饰面砖的拉伸粘结强度。 3 外墙陶瓷面砖的吸水率。 4 严寒及寒冷地区外墙陶瓷面砖的抗冻性。	1. 查阅设计文件 内容：建筑装饰装修工程有完整的施工图设计文件 2. 查阅设计变更文件 程序：设计变更程序符合有关规定，涉及主体和承重结构改动或增加荷载时，由原结构设计单位或具备相应资质的设计单位核查有关原始资料，并对既有建筑结构的安全性进行核验、确认 签字：施工单位项目技术负责人、专业监理工程师、主设人、审核人等各方责任人已签字 盖章：设计单位、监理单位、施工单位已盖章 执行：设计变更已执行

续表

条款号	大纲条款	检查依据	检查要点
5.3.2	装饰装修工程施工符合设计，变更设计手续齐全，装修材料性能证明文件齐全	11.1.3 幕墙工程应对下列材料及其性能指标进行复验： 1 铝塑复合板的剥离强度。 2 石材、瓷板、陶板、微晶玻璃板、木纤维板、纤维水泥板和石材蜂窝板的抗弯强度；严寒、寒冷地区石材、瓷板、陶板、纤维水泥板和石材蜂窝板的抗冻性；室内用花岗石的放射性。 3 幕墙用结构胶的邵氏硬度、标准条件拉伸粘结强度、相容性试验、剥离粘结性试验；石材用密封胶的污染性。 4 中空玻璃的密封性能。 5 防火、保温材料的燃烧性能。 6 铝材、钢材主受力杆件的抗拉强度。 12.1.3 细部工程应对人造木板的甲醛含量进行复验。 13.0.9 建筑装饰装修工程的室内环境质量应符合国家现行标准《民用建筑工程室内环境污染控制规范》GB 50325 的规定。 **2.《建筑内部装修防火施工及验收规范》GB 50354—2005** 2.0.4 进入施工现场的装修材料应完好，并应核查其燃烧性能或耐火极限、防火性能型式检验报告、合格证书等技术文件是否符合防火设计核查、检验时，应按本规范附录 B 的要求填写进现场验收记录。 2.0.5 装修材料进入施工现场后，应按本规范的有关规定，在监理单位或建设单位监督下，由施工单位有关人员现场取样，并应由相应资质的检验单位进行见证取样检验。 3.0.4 下列材料应进行抽样检验： 1 现场阻燃处理后的纺织织物，每种取 $2m^2$ 检验燃烧性能； 2 施工过程中受湿浸、燃烧性能可能受影响的纺织物，每种取 $2m^2$ 检验燃烧性能。 4.0.4 下列材料应进行抽样检验： 1 现场阻燃处理后的木质材料，每种取 $4m^2$ 检验燃烧性能； 2 表面进行加工后的 B1 级木质材料，每种取 $4m^2$ 检验燃烧性能。 5.0.4 现场阻燃处理后的泡沫塑料应进行抽样检验，每种取 $0.1m^3$ 检验燃烧性能。 6.0.4 现场阻燃处理后的符合材料应进行抽样检验，每种取 $4m^2$ 检验燃烧性能。 7.0.3 现场阻燃处理后的符合材料应进行抽样检验	3. 查阅质量证明文件 原材证明：符合设计要求和规范规定 有害物质含量：符合限量标准的规定

续表

条款号	大纲条款	检 查 依 据	检查要点
5.3.3	外墙和顶棚抹灰层与基层、饰面砖与基层粘结牢固，粘贴强度检验合格，报告齐全	**1.《建筑装饰装修工程质量验收标准》GB 50210—2018** 4.1.12 外墙和顶棚的抹灰层与基层之间及各抹灰层之间必须粘结牢固。 8.3.4 饰面砖粘贴必须牢固。 **2.《建筑工程饰面砖粘接强度检验标准》JGJ 110—2017** 3.0.2 带饰面砖的预制墙板进入施工现场后，应对饰面砖粘接强度进行复验。 3.0.5 现场粘贴的外墙饰面砖工程完工后，应对饰面砖粘接强度进行检验。 **3.《外墙饰面砖工程施工及验收规程》JGJ 126—2015** 5.1.1 在外墙饰面砖工程施工前，应检查所用的各种材料检验报告及产品合格证，应检查进场材料的品种、规格和外观质量，并应按下列规定对进场的材料进场复验： 1 外墙饰面砖应复验表 5.1.1 所列项目，性能应符合本规程第 3.1 节的规定； 2 水泥基层粘结材料应复验与所用外墙饰面砖的拉伸胶粘原强度，Ⅰ、Ⅱ、Ⅵ、Ⅶ区应复验冻融循环后的拉伸胶粘强度，强度应符合现行行业标准《陶瓷墙地砖胶粘剂》JC/T 547 的规定； 3 外墙饰面砖伸缩缝耐候密封胶应复验污染性，污染性应符合现行国家标准《石材用建筑密封胶》GB/T 23261 的规定。 5.2.4 砂浆防水层与基层之间及防水层各层之间应粘结牢固，不得有空鼓。 5.3.4 涂膜防水层与基层之间应粘结牢固。 5.4.4 防水透气膜应与基层粘结牢固。 9.2.4 采用满粘法施工的石板工程，石板与基层之间的粘结料应饱满、无空鼓。石板粘接应牢固。 9.3.4 采用满粘法施工的陶瓷板工程，陶瓷板与基层之间的粘结料应饱满、无空鼓。陶瓷板粘接应牢固。 10.2.3 内墙饰面砖粘接应牢固。 10.3.4 外墙饰面砖粘接应牢固	1. 查看抹灰层与基层，饰面砖与基层粘结 现场情况：粘接牢固 2. 查阅现场拉拔检测报告 内容：代表部位、数量，粘接强度符合规范要求 盖章：盖有资质章及试验单位章，见证取样的试验报告应加盖见证取样章 结论：合格
5.3.4	大型灯具、电扇及其他设备安装牢固	**1.《建筑电气照明装置施工与验收规范》GB 50617—2010** 4.1.15 质量大于 10kg 的灯具，其固定装置按 5 倍灯具重量的恒定均布载荷全数作强度试验，历时 15min，固定装置的部件应无明显变形。 4.2.2 …… 3 质量大于 3kg 的悬吊灯具，应固定在吊钩上，吊钩的圆钢直径不应小于灯具挂销直径，且不应小于 6mm。	1. 查看大型灯具、电扇安装 吊点：均置于埋件或专用吊杆、拉杆上，未在吊顶龙骨上安装 吊钩直径：符合规范规定

续表

条款号	大纲条款	检 查 依 据	检查要点
5.3.4	大型灯具、电扇及其他设备安装牢固	**2.《建筑装饰装修工程质量验收标准》GB 50210—2018** 6.1.12 重型灯具、电扇及其他重型设备严禁安装在吊顶工程的龙骨上。 **3.《建筑电气工程施工质量验收规范》GB 50303—2015** 18.1.1 灯具规定应符合下列规定 …… 2 质量大于10kg的灯具，固定装置及悬吊装置应按灯具重量的5倍恒定均布载荷做强度试验，且持续时间不得少于15min。 20.1.6 吊扇安装应符合下列规定： 1 吊扇挂钩安装应牢固，吊扇挂钩的直径不应小于吊扇挂销直径，且不应小于8mm；挂钩销钉应有防振橡胶垫；挂销的防松零件应齐全、可靠。 …… 20.1.7 壁扇安装应符合下列规定： 1 壁扇底座应采用膨胀螺栓或焊接固定，固定应牢固可靠；膨胀螺栓的数量不应少于3个，且直径不应小于8mm。 ……	2. 查阅灯具固定装置试验记录 时间：15min 试验载荷：5倍灯具重量 变形情况：固定装置的部件应无明显变形
5.3.5	装饰装修预埋件、连接件数量、规格、位置和防腐处理符合要求，安装牢固	**1.《建筑装饰装修工程质量验收标准》GB 50210—2018** 9.2.3 石板安装工程的预埋件（或后置埋件）、连接件的数量、规格、位置、连接方法和防腐处理必须符合设计要求。后置埋件的现场拉拔强度必须符合设计要求。石板安装必须牢固。 9.3.3 陶瓷板安装工程的预埋件（或后置埋件）、连接件的材质、数量、规格、位置、连接方法和防腐处理必须符合设计要求。后置埋件的现场拉拔强度必须符合设计要求。陶瓷板安装应牢固。 9.4.2 木板安装工程的龙骨、连接件的材质、数量、规格、位置、连接方法和防腐处理必须符合设计要求。木板安装应牢固。 9.5.2 金属板安装工程的龙骨、连接件的材质、数量、规格、位置、连接方法和防腐处理必须符合设计要求。金属板安装应牢固。 9.6.2 塑料板安装工程的龙骨、连接件的材质、数量、规格、位置、连接方法和防腐处理必须符合设计要求。塑料板安装应牢固。 10.2.3 内墙饰面砖粘结应牢固。 10.3.4 外墙饰面砖粘结应牢固。 11.1.12 幕墙与主体结构连接的各种预埋件，其数量、规格、位置和防腐处理必须符合设计要求。	1. 查看预埋件、连接件安装 数量、规格、位置：符合设计要求 防腐处理：符合规范要求 2. 查阅后置埋件拉拔试验检测报告 拉拔强度：符合规范规定 盖章：盖有计量认证章、资质章及试验单位章，见证取样时，加盖见证取样章并注明见证人 结论：合格

续表

条款号	大纲条款	检查依据	检查要点
5.3.5	装饰装修预埋件、连接件数量、规格、位置和防腐处理符合要求，安装牢固	**2.《金属与石材幕墙工程技术规范》JGJ 133—2001** 7.2.4 为了保证幕墙与主体结构连接牢固的可靠性，幕墙与主体结构连接的预埋件应在主体结构施工时，按设计要求的位置和方法进行埋设；若幕墙承包商对幕墙的固定和连接件，有特殊要求或与本规定的偏差要求不同时，承包商应提出书面要求或提供埋件图、样品等，反馈给建筑师，并在主体结构施工图中注明要求。一定要保证三位调整，以确保幕墙的质量	
5.3.6	护栏安装牢固，护栏高度、栏杆间距、安装位置符合设计要求	**1.《民用建筑设计通则》GB 50352—2005** 6.6.3 阳台、外廊、室内回廊、内天井、上人屋面及室外楼梯等临空处应设置防护栏杆，并应符合下列规定： 1 栏杆应以坚固、耐久的材料制作，并能承受荷载规范规定的水平荷载； 2 临空高度在24m以下时，栏杆高度不应低于1.05m，临空高度在24m及24m以上（包括中高层住宅）时，栏杆高度不应低于1.10m。 6.7.2 墙面至扶手中心线或扶手中心线之间的水平距离即楼梯梯段宽度除应符合防火规范的规定外，供日常主要交通用的楼梯的梯段宽度应根据建筑物使用特征，按每股人流为0.55+(0～0.15) m的人流股数确定，并不应少于两股人流。0m～0.15m为人流在行进中人体的摆幅，公共建筑人流众多的场所应取上限值。 **2.《建筑装饰装修工程质量验收标准》GB 50210—2018** 12.5.6 护栏高度、栏杆间距、安装位置必须符合设计要求。护栏安装必须牢固。 **3.《固定式钢梯及平台安全要求》GB 4053.1—2009** 3.1 固定式钢直梯 永久性安装在建筑物或设备上，与水平面成75°～90°倾角主要构件为钢材制造的直梯(见图1)。 **4.《固定式钢梯及平台安全要求》GB 4053.2—2009** 5.6.10 支撑扶手的立柱宜采用截面不小于40mm×40mm×4mm角钢或外径为30mm～50mm的管材。从第一级踏板开始设置，间距不宜大于1000mm。中间栏杆采用直径不小于16mm圆钢或30mm×4mm，固定在立柱中部。 **5.《固定式钢梯及平台安全要求》GB 4053.3—2009** 5.2 栏杆高度 5.2.1 当平台、通道及作业场所距基准面高度小于2m，防护栏杆高度应不低于900mm。 5.2.2 在距基准面高度大于等于2m并小于20m的平台、通道及作业场所的防护栏杆高度应不低于1050mm。 5.2.3 在距基准面高度不小于20m的平台、通道及作业场所的防护栏杆高度应不低于1200mm	查看护栏、栏杆 安装：牢固 高度、间距、位置：符合设计要求，扶手直线度和高度允许偏差均合格

续表

条款号	大纲条款	检 查 依 据	检查要点
5.3.7	幕墙材料、受力构件等符合设计要求；密封材料性能检验合格	**1.《建筑装饰装修工程质量验收标准》GB 50210—2018** 11.1.8 玻璃幕墙采用的中性硅酮结构密封胶，其性能必须符合现行国家标准《建筑用硅酮结构密封胶》GB 16776 的规定；硅酮结构密封胶必须当前有效使用。 **2.《玻璃幕墙工程技术规范》JGJ 102—2003** 3.1.4 隐框和半隐框玻璃幕墙，其玻璃与铝型材的粘结必须采用中性硅酮结构密封胶；全玻幕墙和点支承幕墙采用镀膜玻璃时，不应采用酸性硅酮结构密封胶粘结。 3.1.5 硅酮结构密封胶和硅酮建筑密封胶必须当前有效使用。 3.6.2 硅酮结构密封胶使用前，应经国家认可的检测机构进行与其相接触材料的相容性和剥离粘结性试验，并应对邵氏硬度、标准状态拉伸粘结性能进行复验。检验不合格的产品不得使用。进口硅酮结构密封胶应具有商检报告。 4.2.10 玻璃幕墙性能检测项目，应包括抗风压性能、气密性能和水密性能，必要时可增加平面内变形性能及其他性能检测。 4.4.4 人员流动密度大、青少年或幼儿活动的公共场所以及使用中容易受到撞击的部位，其玻璃幕墙应采用安全玻璃；对使用中容易受到撞击的部位，尚应设置明显的警示标志。 5.1.6 幕墙结构构件应按下列规定验算承载力和挠度： 1 无地震作用效应组合时，承载力应符合下式要求：$\gamma_0 S \leqslant R$（5.1.6-1） 2 有地震作用效应组合时，承载力应符合下式要求：$S_E \leqslant R/\gamma_{RE}$（5.1.6-2） 式中 S——荷载效应按基本组合的设计值；S_E——地震作用效应和其他荷载效应按基本组合的设计值；R——构件抗力设计值；γ_0——结构构件重要性系数，应取不小于 1.0；γ_{RE}——结构构件承载力抗震调整系数，应取 1.0。 3 挠度应符合下式要求：$d_f \leqslant d_{f,lim}$（5.1.6-3） 式中 d_f——构件在风荷载标准值或永久荷载标准值作用下产生的挠度值；$d_{f,lim}$——构件挠度限值。 4 双向受弯的杆件，两个方向的挠度应分别符合本条第 3 款的规定。 5.5.1 主体结构或结构构件，应能够承受幕墙传递的荷载和作用。连接件与主体结构的锚固承载力设计值应大于连接件本身的承载力设计值。 5.6.2 硅酮结构密封胶应根据不同的受力情况进行承载力极限状态验算。在风荷载、水平地震作用下，硅酮结构密封胶的拉应力或剪应力设计值不应大于其强度设计值，f_1，f_1 应取 0.2N/mm^2；在永久荷载作用下，硅酮结构密封胶的拉应力或剪应力设计值不应大于其强度设计值 f_2，f_2，应取 0.01N/mm^2。 6.2.1 横梁截面主要受力部位的厚度，应符合下列要求： 1 截面自由挑出部位（图 6.2.1a）和双侧加劲部位（图 6.2.1b）的宽厚比 b_0/t 应符合表 6.2.1 的要求；	1. 查看幕墙材料使用情况 幕墙构件材料：符合设计要求及规范规定 玻璃：厚度、品种、规格、颜色光学性能及安装方向符合设计要求 结构胶和密封胶：打注饱满、连续、均匀、无气泡宽度和厚度满足设计要求 2. 查看受力构件 幕墙受力构件截面主要受力部位的厚度：符合设计要求及规范规定 全玻幕墙玻璃肋的截面厚度、截面高度：符合设计要求及规范规定 3. 查阅密封材料性能检验报告 检验项目：包括相容性和剥离粘结性，邵氏硬度、标准状态拉伸粘结性能等 盖章：盖有计量认证章、资质章及试验单位章，见证取样时，有见证取样章并注明见证人 结论：合格 4. 查阅玻璃幕墙性能检验报告 检验项目：包括抗风压性能、气密性能和水密性能等 盖章：盖有计量认证章、资质章及试验单位章，见证取样时，加盖见证取样章并注明见证人 结论：合格

续表

条款号	大纲条款	检查依据	检查要点
5.3.7	幕墙材料、受力构件等符合设计要求；密封材料性能检验合格	2 当横梁跨度不大于1.2m时，铝合金型材截面主要受力部位的厚度不应小于2.0mm；当横梁跨度大于1.2m时，其截面主要受力部位的厚度不应小于2.5mm。型材孔壁与螺钉之间直接采用螺纹受力连接时，其局部截面厚度不应小于螺钉的公称直径； 3 型材截面主要受力部位的厚度不应小于2.5mm。 6.3.1 立柱截面主要受力部位的厚度，应符合下列要求： 1 铝型材截面开口部位的厚度不应小于3.0mm，闭口部位的厚度不应小于2.5mm，型材孔壁与螺钉之间直接采用螺纹受力连接时，其局部厚度尚不应小于螺钉的公称直径； 2 钢型材截面主要受力部位的厚度不应小于3.0mm； 3 对偏心受压立柱，其截面宽厚比应符合本规范6.2.1的相应规定。 7.1.6 全玻幕墙的板面不得与其他刚性材料直接接触。板面与装修面或结构面之间的空隙不应小于8mm，且应采用密封胶密封。 7.3.1 全玻幕墙玻璃肋的截面厚度不应小于12mm，截面高度不应小于100mm。 7.4.1 采用胶缝传力的全玻幕墙，其胶缝必须采用硅酮结构密封胶。 8.1.2 采用浮头式连接件的幕墙玻璃厚度不应小于6mm；采用沉头式连接件的幕墙玻璃厚度不应小于8mm。 安装连接件的夹层玻璃和中空玻璃，其单片厚度也应符合上述要求。 8.1.3 玻璃之间的空隙宽度不应小于10mm，且应采用硅酮建筑密封胶嵌缝。 9.1.4 除全玻幕墙外，不应在现场打注硅酮结构密封胶。 **3.《金属与石材幕墙工程技术规范》JGJ 133—2001** 3.5.2 同一幕墙工程应采用同一品牌的单组分或双组分的硅酮结构密封胶，并应有保质年限的质量证书。用于石材幕墙的硅酮结构密封胶还应有证明无污染的试验报告。 3.5.3 同一幕墙工程应采用同一品牌的硅酮结构密封胶和硅酮耐候密封胶配套使用。 4.2.3 幕墙构架的立柱与横梁在风荷载标准值作用下，钢型材的相对挠度不应大于1/300（l为立柱或横梁两支点间的跨度），绝对挠度不应大于15mm；铝合金型材的相对挠度不应大于1/180，绝对挠度不应大于20mm。 4.2.4 幕墙在风荷载标准值除以阵风系数后的风荷载值作用下，不应发生雨水渗漏。其雨水渗漏性能应符合设计要求。 5.5.2 钢销式石材幕墙可在非抗震设计或6度、7度抗震设计幕墙中应用，幕墙高度不宜大于20m，石板面积不宜大于1.0m²。钢销和连接板应采用不锈钢。连接板截面尺寸不宜小于40mm。钢销与孔的要求应符合本规范6.3.2的规定。 6.5.1 金属与石材幕墙构件应按同一种类构件的5%进行抽样检查，且每种构件不得少于5件。当有一个构件抽检不符合上述规定时，应加倍抽样复验，全部合格后方可出厂。 6.1.3 用硅酮结构密封胶黏结固定构件时，注胶应在温度15℃以上30℃以下、相对湿度50%以上、且洁净、通风的室内进行，胶的宽度、厚度应符合设计要求	

续表

条款号	大纲条款	检查依据	检查要点
5.4　给排水及采暖工程的监督检查			
5.4.1	给排水及采暖工程施工完毕，隐蔽验收、质量验收记录齐全	**1.《建筑给水排水及采暖工程施工质量验收规范》GB 50242—2002** 3.3.1　建筑给水、排水及采暖工程与相关各专业之间，应进行交接质量检验，并形成记录。 3.3.2　隐蔽工程应在隐蔽前经验收各方检验合格后，才能隐蔽，并形成记录。 4.2.3　生活给水系统管道在交付使用前必须冲洗和消毒，并经有关部分取样检验，符合国家《生活饮用水标准》方可使用。 5.2.1　隐蔽或埋地的排水管道在隐蔽前必须做灌水试验，其灌水高度应不低于底层卫生器具的上边缘或底层地面高度。 9.2.7　给水管道在竣工后，必须对管道进行冲洗，饮用水管道还要在冲洗后进行消毒，满足饮用水卫生要求。 14.0.1　检验批、分项工程、分部（或子分部）工程质量的验收，均应在施工单位自检合格的基础上进行。并应按检验批、分项、分部（或子分部）、单位（或子单位）工程的程序进行验收，同时做好记录。 14.0.3　工程质量验收文件和记录中应包括下列主要内容： …… 5　隐蔽工程验收及中间试验记录。 …… 8　检验批、分项、子分部、分部工程质量验收记录 **2.《电力工程直流电源系统设计技术规程》DL/T 5044—2014** 8.1.6　蓄电池室内采暖散热器应为焊接的钢制采暖散热器，室内不允许有法兰、丝扣接头和阀门等	1. 查看给排水及采暖工程 施工：已完毕并符合设计要求 2. 查阅建筑给排水及采暖工程检验批、分项工程、分部工程验收报审表 签字：施工单位、监理单位相关负责人已签字 盖章：施工单位、监理单位已盖章 结论：通过验收 3. 查阅建筑给排水及采暖工程检验批、分项工程、分部工程质量验收记录 内容：包括检验批、分项工程、分部工程质量验收记录 签字：施工单位项目技术负责人、专业监理工程师已签字 结论：合格 4. 隐蔽工程验收记录 内容：包括埋地或隐蔽的给水管道、排水管道、地下敷设的盘管的品种、规格、位置、防腐、坡度、灌水试验（水压试验）等 签字：施工单位技术负责人、专业监理工程师签字齐全 结论：同意隐蔽

续表

条款号	大纲条款	检查依据	检查要点
5.4.2	管材和阀门等材料选用符合设计；管路系统和设备水压试验无渗漏，灌水、通水、通球试验签证记录齐全	**1.《建筑给水排水及采暖工程施工质量验收规范》GB 50242—2002** 3.2.1 建筑给排水、排水及采暖工程所使用的主要材料、成品、半成品、配件、器具和设备必须具有中文质量合格证明文件，规格、型号及性能检测报告应符合国家技术标准或设计要求。进场应做检查验收，并经监理工程师核查确认。 3.2.2 所有材料进场时应对品种、规格、外观等进行验收。包装应完好，表面无划痕及外力冲击破损。 3.2.3 主要器具和设备必须有完整的安装使用说明书。在运输、保管和施工过程中，应采取有效措施防止损坏或腐蚀。 3.2.4 阀门安装前，应做强度和严密性试验。试验应在每批（同牌号、同型号、同规格）数量中抽查10%，且不少于一个。对于安装在主干管上起切断作用的闭路阀门，应逐个作强度和严密性试验。 3.2.5 阀门的强度和严密性试验，应符合以下规定：阀门的强度试验压力为公称压力的1.5倍；严密性试验压力为公称压力的1.1倍；试验压力在持续时间内应保持不变，且壳体填料及阀瓣密封面无渗漏。阀门试压的试验持续时间应不少于表3.2.5的规定。 3.3.16 各种承压管道系统和设备应做水压试验，非承压管道系统和设备应做灌水试验。 4.1.2 给水管道必须采用与管材相适应的管件。生活给水系统所涉及的材料必须达到饮用水卫生标准。 4.4.3 敞口水箱的满水试验和密闭水箱（罐）的水压试验必须符合设计与本规范的规定。 5.2.1 隐蔽或埋地的排水管道在隐蔽前必须做灌水试验，其灌水高度应不低于底层卫生器具的上边缘或底层地面高度。 5.2.5 排水主立管及水平干管道均应做通球试验，通球球径不小于排水管道管径的2/3，通球率必须达到100%。 5.3.1 安装在室内的雨水管道安装后应做灌水试验，灌水高度必须到每根立管上部的雨水斗。 6.2.1 热水供应系统安装完毕，管道保温之前应进行水压试验。试验压力应符合设计要求。当设计未注明时，热水供应系统试压压力应为系统顶点的工作压力加0.1MPa，同时在系统顶点的试验压力不小于0.3MPa。 6.2.3 热水供应系统竣工后必须进行冲洗。 6.3.1 在安装太阳能集热玻璃前，应对集热排管和上、下集管作试压试验，试压压力为工作压力的1.5倍。	1. 查阅材料的报审表 签字：施工单位、监理单位相关负责人已签字 盖章：施工单位、监理单位已盖章 结论：同意使用 2. 查阅管道、阀门等材料和设备的材质证明及试验记录 质量证明文件：为原件，如为抄件，应加盖经销商公章、采购单位的公章并注明抄件人 阀门强度试验和严密性试验：试验压力和持续时间符合规范规定 3. 查阅水压试验记录 试验压力、稳压时间段内的压力降：符合设计要求及规范规定 签字：施工单位、监理单位相关责任人已签字 4. 查阅灌水试验记录 灌水高度、试验持续时间：符合设计要求及规范规定 签字：施工单位、监理单位相关责任人已签字 5. 查阅通水试验记录 结果：给、排水管路畅通 签字：施工单位、监理单位相关责任人已签字

续表

条款号	大纲条款	检查依据	检查要点
5.4.2	管材和阀门等材料选用符合设计；管路系统和设备水压试验无渗漏，灌水、通水、通球试验签证记录齐全	6.3.2 热交换器应以工作压力的1.5倍做水压试验。蒸汽部位应不低于蒸汽供汽压力加0.3MPa；热水部分应不低于0.4MPa。 6.3.5 敞口水箱的满水试验和密闭水箱（罐）的水压试验必须符合设计与本规范的规定。 7.2.2 卫生器具交工前应做满水和通水试验。 8.3.1 散热器组对后，以及整组出厂的散热器在安装之前应做水压试验。试验压力如设计无要求时应为工作压力的1.5倍，但不小于0.6MPa。 8.5.2 盘管隐蔽前必须进行水压试验，试验压力为工作压力的1.5倍，且不小于0.6MPa。 8.6.1 采暖系统安装完毕，管道保温之前应进行水压试验。试验压力应符合设计要求。当设计未注明时，应符合下列规定： 1 蒸汽、热水采暖系统，应以系统顶点工作压力加0.1MPa做水压试验，同时在系统顶点的试验压力不小于0.3MPa。 2 高温热水采暖系统，试验压力应为系统顶点工作压力加0.4MPa。 3 使用塑料管及复合管的热水采暖系统，应以系统顶点工作压力加0.2MPa做水压试验，同时在系统顶点的试验压力不小于0.4MPa。 9.2.5 官网必须进行水压试验，试压压力为工作压力的1.5倍，但不得小于0.6MPa。 9.3.1 系统必须进行水压试验，试验压力为工作压力的1.5倍，但不得小于0.6MPa。 9.3.2 消防管道在竣工前，必须对管道进行冲洗。 10.2.2 管道埋设前必须做灌水试验和通水试验，排水应畅通，无堵塞，管接口无渗漏。 11.3.1 供热管道的水压试验压力应为工作压力的1.5倍，但不得小于0.6MPa。 11.3.2 管道试压合格后，应进行冲洗。 11.3.3 管道冲洗完毕应通水、加热，进行试运行和调试。当不具备加热条件时，应延期进行。 13.2.6 锅炉的汽、水系统安装完毕后，必须进行水压试验。水压试压的压力应符合表13.2.6的规定。 13.2.7 机械炉排安装完毕后应做冷态运转试验，连续运转时间不应少于8h。 13.3.3 分汽缸（分水器、集水器）安装前应进行水压试验，试验压力为工作压力的1.5倍，但不得小于0.6MPa。 13.3.4 敞口箱、罐安装前应做满水试验；密闭箱、罐应以工作压力的1.5倍作试压试验，但不得小于0.4MPa。 13.3.5 地下直埋油罐在埋地前应做气密性试验，试验压力不应小于0.03MPa。	

续表

<table>
<tr><th>条款号</th><th>大纲条款</th><th>检 查 依 据</th><th>检查要点</th></tr>
<tr><td>5.4.2</td><td>管材和阀门等材料选用符合设计；管路系统和设备水压试验无渗漏，灌水、通水、通球试验签证记录齐全</td><td>13.3.6 连接锅炉及辅助设备的工艺管道安装完毕后，必须进行系统的水压试验，试验压力为系统中最大工作压力的1.5倍。
13.4.4 锅炉的高、低水位报警器和超温、超压报警器及联锁保护装置必须按设计要求安装齐全和有效。
13.5.3 锅炉在烘炉、煮炉合格后，应进行48h的带负荷连续试运行，同时应进行安全阀的热状态定压检验和调整。
13.6.1 热交换器应以最大工作压力的1.5倍做水压试验，蒸汽部分应不低于蒸汽供汽压力加0.3MPa；热水部分应不低于0.4MPa。
13.2.6 锅炉的汽、水系统安装完毕后，必须进行水压试验</td><td>6. 查阅通球试验记录
试验管道、管径、塑料球直径、投入部位、排除部位：符合规范规定
签字：施工单位、监理单位相关责任人已签字</td></tr>
<tr><td rowspan="2">5.4.3</td><td rowspan="2">管道排列整齐、连接牢固，坡度、坡向正确；支吊架、伸缩补偿节、穿墙套管等安装位置符合设计</td><td rowspan="2">1.《建筑给水排水及采暖工程施工质量验收规范》GB 50242—2002
3.3.3 地下室或地下构筑物外墙有管道穿过的，应采取防水措施。对有严格防水要求的建筑物，必须采用柔性防水套管。
3.3.4 管道穿过结构伸缩缝、抗震缝及沉降缝敷设时，应根据情况采取下列保护措施：
1 在墙体两侧采取柔性连接。
2 在管道或保温层外皮上、下部留有不小于150mm的净空。
3 在穿墙外做成方形补偿器，水平安装。
3.3.7 管道支、吊、托架的安装，应符合下列规定：
1 位置正确，埋设应平整牢固。
2 固定支架与管道接触应紧密，固定应牢靠。
……
3.3.8 钢管水平安装的支、吊架间距不应大于3.3.8的规定。
3.3.9 采暖、给水及热水供应系统的塑料管及复合管垂直或水平安装的支架间距应符合表3.3.9的规定。采用金属制作的管道支架，应在管道与支架间加衬非金属垫或套管。
3.3.10 铜管垂直或水平安装的支架间距应符合表3.3.10的规定。
3.3.11 采暖、给水及热水供应系统的金属管道立管管卡安装应符合下列规定：
1 楼层高度小于或等于5m，每层必须安装1个。
2 楼层高度大于5m，每层不得少于2个。
3 管卡安装高度，距地面应为1.5m～1.8m，2个以上管卡应匀称安装，同一房间管卡应安装在同一高度上。</td><td>1. 查看管道的安装
材质：符合设计及规范要求
管道排列、连接、坡度坡向：符合设计要求及规范规定</td></tr>
<tr><td>2. 查看穿墙套管、支吊架、伸缩节等
安装位置：符合设计要求及规范规定</td></tr>
</table>

续表

条款号	大纲条款	检查依据	检查要点
5.4.3	管道排列整齐、连接牢固，坡度、坡向正确；支吊架、伸缩补偿节、穿墙套管等安装位置符合设计	3.3.13 管道穿过墙壁和楼板，宜设置金属或塑料套管。安装在楼板内的套管，其顶部应高出装饰地面 20mm；安装在卫生间及厨房内的套管，其顶部应高出装饰地面 50mm，底部应与楼板底面相平；安装在墙壁内的套管其两端与饰面相平。穿过楼板的套管与管道之间缝隙应用阻燃密实材料和防水油膏填实，且端面应光滑。管道的接口不得设在套管内。 4.1.8 冷、热水管道同时安装应符合下列规定： 1 上、下平行安装时热水管应在冷水管上方。 2 垂直平行安装时热水管应在冷水管左侧。 4.2.9 管道的支、吊架安装应平整牢固，其间距应符合本规范 3.3.8、3.3.9 或 3.3.10 的规定。 5.2.4 排水塑料管必须按设计要求及位置装设伸缩节。如设计无要求时，伸缩节间距不得大于 4m。 …… 5.2.8 金属排水管道上的吊钩或卡箍应固定在承重结构上。固定件间距：横管不大于 2m；立管不大于 3m。楼层高度小于或等于 4m，立管可安装 1 个固定件。立管底部的弯管处应设支墩或采取固定措施。 5.3.2 雨水管道如采用塑料管，其伸缩节安装应符合设计要求。 6.2.2 热水供应管道应尽量利用自然弯补偿热伸缩，直线段过长则应设置补偿器。补偿器型式、规格、位置应符合设计要求，并按有关规定进行预拉伸。 6.2.4 管道安装坡度应符合设计规定。 7.4.2 连接卫生器具的排水管道接口应紧密不漏，其固定支架、管卡等支撑位置应正确、牢固，与管道的接触应平整。 8.2.1 管道安装坡度，当设计未注明时，应符合下列规定： 1 气、水同向流动的热水采暖管道和汽、水同向流动的蒸汽管道及凝结水管道，坡度应为 3‰，不得小于 2‰； 2 气、水逆向流动的热水采暖管道和汽、水逆向流动的蒸汽管道，坡度不应小于 5‰； 3 散热器支管的坡度应为 1%，坡向应利用排气和泄水。 8.2.2 补偿器的型号、安装位置及预拉伸和固定支架的构造及安装位置应符合设计要求。 8.5.1 地面下敷设的盘管埋地部分不应有接头。 9.2.3 管道接口法兰、卡扣、卡箍等应安装在检查井或地沟内，不应埋在土壤中。	

续表

条款号	大纲条款	检查依据	检查要点
5.4.3	管道排列整齐、连接牢固，坡度、坡向正确；支吊架、伸缩补偿节、穿墙套管等安装位置符合设计	9.2.4 给水系统各种井室内的管道安装，如设计无要求，井壁距法兰或承口的距离：管径小于或等于450mm时，不得小于250mm；管径大于450mm时，不得小于350mm。 9.2.10 管道连接应符合工艺要求，阀门、水表等安装位置应正确。塑料给水管道上的水表、阀门等设施其重量或启闭装置的扭矩不得作用于管道上，当管径≥50mm时必须设独立的支承装置。 10.2.1 排水管道的坡度必须符合设计要求，严禁无坡或倒坡。 11.2.3 补偿器的位置必须符合设计要求，并应按设计要求或产品说明书进行预拉伸。管道固定支架的位置和构造必须符合设计要求。 11.2.4 检查井室、用户入口处管道布置应便于操作及维修，支、吊、托架稳固，并满足设计要求。 11.2.6 管道水平敷设其坡度应符合设计要求。 11.2.12 地沟内的管道安装位置，其净距（保温层外表面）应符合下列固定： 与沟壁 100mm～150mm； 与沟底 100mm～200mm； 与沟顶（不通行地沟） 50mm～100mm； （半通行和通行地沟） 200mm～300mm。 13.3.8 管道连接的法兰、焊缝和连接管件以及管道上的仪表、阀门的安装位置应便于检修，并不得紧贴墙壁、楼板或管架	
5.4.4	消防报警、消防泵联动试验合格，报告齐全	**1.《泡沫灭火系统施工及验收规范》GB 50281—2006** 6.2 系统调试 6.2.1 泡沫灭火系统的动力源和备用动力应进行切换试验，动力源和备用动力及电气设备运行应正常。 6.2.2 消防泵应进行试验，并应符合下列规定： 1 消防泵应进行运行试验，其性能应符合设计和产品标准的要求。 2 消防泵与备用泵应在设计负荷下进行转换运行试验，其主要性能应符合设计要求。 6.2.3 泡沫比例混合器（装置）调试时，应与系统喷泡沫试验同时进行，其混合比应符合设计要求。 6.2.4 泡沫产生装置的调试应符合下列规定： 1 低倍数（含高背压）泡沫产生器、中倍数泡沫产生器应进行喷水试验，其进口压力应符合设计要求。	1. 查阅室内消火栓系统试射试验记录 消火栓型号、试验位置、设计流量、设计充实水柱、试验结果：符合设计要求及规范规定 签字：施工单位、监理单位相关责任人已签字

续表

条款号	大纲条款	检 查 依 据	检查要点
5.4.4	消防报警、消防泵联动试验合格，报告齐全	2 泡沫喷头应进行喷水试验，其防护区内任意四个相邻喷头组成的四边形保护面积内的平均供给强度不应小于设计值。 3 固定式泡沫炮应进行喷水试验，其进口压力、射程、射高、仰俯角度、水平回转角度等指标应符合设计要求。 4 泡沫枪应进行喷水试验，其进口压力和射程应符合设计要求。 5 高倍数泡沫产生器应进行喷水试验，其进口压力的平均值不应小于设计值，每台高倍数泡沫产生器发泡网的喷水状态应正常。 6.2.5 泡沫消火栓应进行喷水试验，其出口压力应符合设计要求。 6.2.6 泡沫灭火系统的调试应符合下列规定： 1 当为手动灭火系统时，应以手动控制的方式进行一次喷水试验；当为自动灭火系统时，应以手动和自动控制的方式各进行一次喷水试验，其各项性能指标均应达到设计要求。 2 低、中倍数泡沫灭火系统按本条第1款的规定喷水试验完毕，将水放空后，进行喷泡沫试验；当为自动灭火系统时，应以自动控制的方式进行；喷射泡沫的时间不应小于1min；实测泡沫混合液的混合比和泡沫混合液的发泡倍数及到达最不利点防护区或储罐的时间和湿式联用系统自喷水至喷泡沫的转换时间应符合设计要求。 3 高倍数泡沫灭火系统按本条第1款的规定喷水试验完毕，将水放空后，应以手动或自动控制的方式对防护区进行喷泡沫试验，喷射泡沫的时间不应小于30s，实测泡沫混合液的混合比和泡沫供给速率及自接到火灾模拟信号至开始喷泡沫的时间应符合设计要求。 **2.《自动喷水灭火系统施工及验收规范》GB 50261—2017** 7.2.2 水源测试应符合下列要求： 1 按设计要求核实高位消防水箱、消防水池的容积，高位消防水箱设置高度消防水池（箱）水位显示应符合设计要求；合用水池、水箱的消防储水应有不做他用的技术措施。 2 应按设计要求核实消防水泵接合器的数量和供水能力，并通过移动式消防水泵做供水试验进行验证。 7.2.3 消防水泵调试应符合下列要求： 1 以自动或手动方式启动消防水泵时，消防水泵应在55s内投入正常运行。 2 以备用电源切换方式或备用泵切换启动消防水泵时，消防水泵应在1min或2min内投入正常运行。 7.2.4 稳压泵应按设计要求进行调试。当达到设计启动条件时，稳压泵应立即启动；当达到系统设计压力时，稳压泵应自动停止运行；当消防主泵启动时，稳压泵应停止运行。	2. 查阅安全阀、报警装置联动系统调试记录 调试项目：湿式系统、预作用系统、雨淋系统、水幕系统、干式系统的联动试验项目齐全 签字：施工单位、监理单位相关人员已签字 结论：合格

续表

条款号	大纲条款	检查依据	检查要点
5.4.4	消防报警、消防泵联动试验合格，报告齐全	7.2.5 报警阀调试应符合下列要求： 1 湿式报警阀调试时，在试水装置处放水，当湿式报警阀进口水压大于0.14MPa、放水流量大于1L/s时，报警阀应及时启动；带延迟器的水力警铃应在5s～90s内发出报警铃声，不带延迟器的水力警铃应在15s内发出报警铃声；压力开关应及时动作，并反馈信号。 2 干式报警阀调试时，开启系统试验阀，报警阀的启动时间、启动点压力、水流到试验装置出口所需时伺，均应符合设计要求。 3 雨淋阀调试宜利用检测、试验管道进行。自动和手动方式启动的雨淋阀，应在15s之内启动；公称直径大于200mm的雨淋阀调试时，应在60s之内启动。雨淋阀调试时，当报警水压为0.05MPa，水力警铃应发出报警铃声。 7.2.6 调试过程中，系统排出的水应通过排水设施全部排走。 7.2.7 联动试验应符合下列要求，并按本规范附录C表C.0.4的要求进行记录。 1 湿式系统的联动试验，启动1只喷头或以0.94L/s～1.5L/s的流量从末端试水装置处放水时，水流指示器、报警阀、压力开关、水力警铃和消防水泵等应及时动作，并发出相应的信号。 2 预作用系统、雨淋系统、水幕系统的联动试验，可采用专用测试仪表或其他方式，对火灾自动报警系统的各种探测器输入模拟火灾信号，火灾自动报警控制器应发出声光报警信号并启动自动喷水灭火系统；采用传动管启动的雨淋系统、水幕系统联动试验时，启动1只喷头，雨淋阀打开，压力开关动作，水泵启动。 3 干统的联动试验，启动1只喷头或模拟1只喷头的排气量排气，报警阀应及时启动，压力开关、水力警铃动作并发出相应信号。 **3.《建筑给水排水及采暖工程施工质量验收规范》GB 50242—2002** 4.3.1 室内消火栓系统安装完成后应取屋顶层（或水箱间内）试验消火栓和首层取二处消火栓做试射试验，达到设计要求为合格	
5.4.5	管路系统冲洗合格	**1.《生活饮用水卫生标准》GB 5749—2006** 4 生活饮用水水质卫生要求 4.1 生活饮用水水质应符合下列基本要求，保证用户饮用安全。 4.1.1 生活饮用水中不得含有病原微生物。 4.1.2 生活饮用水中化学物质不得危害人体健康。 4.1.3 生活饮用水中放射性物质不得危害人体健康。 4.1.4 生活饮用水的感官性状良好。	1. 查阅管道系统冲洗、消毒记录 步骤、水压、消毒液：符合规范规定 签字：施工单位、监理单位相关人员已签字

续表

条款号	大纲条款	检查依据	检查要点
5.4.5	管路系统冲洗合格	4.1.5　生活饮用水应经消毒处理。 4.1.6　生活饮用水水质应符合表1和表3卫生要求。集中式供水出厂水中消毒剂限值、出厂水和管网末梢水中消毒剂余量均应符合表2要求。 4.1.7　农村小型集中式供水和分散式供水的水质因条件限制，部分指标可暂按照表4执行，其余指标仍按表1、表2和表3执行。 4.1.8　当发生影响水质的突发性公共事件时，经市级以上人民政府批准，感官性状和一般化学指标可适当放宽。 4.1.9　当饮用水中含有附录A表A.1所列指标时，可参考此表限值评价。 5　生活饮用水水源水质卫生要求 5.1　采用地表水为生活饮用水水源时应符合GB 3838要求。 5.2　采用地下水为生活饮用水水源时应符合GB/T 14848要求。 9　水质监测 9.1　供水单位的水质检测 供水单位的水质检测应符合以下要求。 9.1.1　供水单位的水质非常规指标选择由当地县级以上供水行政主管部门和卫生行政部门协商确定。 9.1.2　城市集中式供水单位水质检测的采样点选择、检验项目和频率、合格率计算按照CJ/T 206执行。 9.1.3　村镇集中式供水单位水质检测的采样点选择、检验项目和频率、合格率计算按照SL 308执行。 9.1.4　供水单位水质检测结果应定期报送当地卫生行政部门，报送水质检测结果的内容和办法由当地供水行政主管部门和卫生行政部门商定。 9.1.5　当饮用水水质发生异常时应及时报告当地供水行政主管部门和卫生行政部门。 9.2　卫生监督的水质监测 卫生监督的水质监测应符合以下要求。 9.2.1　各级卫生行政部门应根据实际需要定期对各类供水单位的供水水质进行卫生监督、监测。 9.2.2　当发生影响水质的突发性公共事件时，由县级以上卫生行政部门根据需要确定饮用水监督、监测方案。 9.2.3　卫生监督的水质监测范围、项目、频率由当地市级以上卫生行政部门确定。 **2.《建筑给水排水及采暖工程施工质量验收规范》GB 50242—2002** 4.2.3　生活给水系统管道在交付使用前必须冲洗和消毒，并经有关部门取样检验，符合国家《生活饮用水标准》方可使用。	2. 查阅饮用水水质报告 水质：在管道冲洗末端取水，符合国家《生活饮用水标准》 结论：合格

续表

条款号	大纲条款	检查依据	检查要点
5.4.5	管路系统冲洗合格	9.2.7 给水管道在竣工后，必须对管道进行冲洗，饮用水管道还要在冲洗后进行消毒，满足饮用水卫生要求。 **3.《泡沫灭火系统施工及验收规范》GB 50281—2006** 5.5.1 管道的安装应符合下列规定： …… 8 管道试压合格后，应用清水冲洗，冲洗合格后，不得再进行影响管内清洁的其他施工，并应按本规范表 B.0.2-5 记录。 **4.《自动喷水灭火系统施工及验收规范》GB 50261—2017** 6.4.3 管网冲洗应连续进行。当出口处水的颜色、透明度与入口处水的颜色、透明度基本一致时，冲洗方可结束。 6.4.6 管网冲洗结束后，应将管网内的水排出干净，必要时可采用压缩空气吹干	
5.5 建筑电气工程的监督检查			
5.5.1	建筑电气工程施工完毕，隐蔽验收、质量验收记录齐全	**1.《建筑电气工程施工质量验收规范》GB 50303—2015** 3.2.1 主要设备、材料、成品和半成品应进场验收合格，并应做好验收记录和验收资料归档。当设计有技术参数要求时，应核对其技术参数，并应符合设计要求。 3.2.2 实行生产许可证或强制性认证（CCC 认证）的产品，应有许可证编号或 CCC 认证标志，并应抽查生产许可证或 CCC 认证证书的认证范围、有效性及真实性。 3.2.3 新型电气设备、器具和材料进场验收时应提供安装、使用、维修和试验要求等技术文件。 3.2.4 进口电气设备、器具和材料进场验收时应提供质量合格证明文件，性能检测报告以及安装、使用、维修、试验要求和说明等技术文件；对有商检规定要求的进口电气设备，尚应提供商检证明。 3.2.5 当主要设备、材料、成品和半成品的进场验收需进行现场抽样检测或因有异议送有资质试验室抽样检测时，应符合下列规定： 1 现场抽样检测：对于母线槽、导管、绝缘导线、电缆等，同厂家、同批次、同型号、同规格的，每批至少应抽取 1 个样本；对于灯具、插座、开关等电器设备，同厂家、同材质、同类型的，应各抽检 3%，自带蓄电池的灯具应按 5%抽检，且均不应少于 1 个（套）。 2 因有异议送有资质的试验室而抽样检测 z 对于母线槽、绝缘导线、电缆、梯架、托盘、槽盒、导管、型钢、镀锌制品等，同厂家、同批次、不同种规格的，应抽检 10%，且不应少于 2 个规格；对于灯具、插座、开关等电器设备，同厂家、同材质、同类型的，数量 500 个（套）及以下时应抽检 2 个（套），但应各不少于 1 个（套），500 个（套）以上时应抽检 3 个（套）。	1. 查看建筑电气工程 施工：已完毕并符合设计要求 2. 查阅建筑电气工程材料、设备的进场报审表 项目：导管、绝缘导线、电缆、灯具、插座、开关、电源箱等 内容：包括材料产品合格证、性能检测报告、特种灯具生产许可文件等 签字：施工单位项目经理、专业监理工程师（建设单位专业技术负责人）已签字 盖章：施工单位、监理单位（建设单位）已盖章 结论：同意使用

续表

条款号	大纲条款	检查依据	检查要点
5.5.1	建筑电气工程施工完毕，隐蔽验收、质量验收记录齐全	3 对于由同一施工单位施工的同一建设项目的多个单位工程，当使用同一生产厂家、同材质、同批次、同类型的主要设备、材料、成品和半成品时，其抽检比例宜合并计算。 4 当抽样检测结果出现不合格，可加倍抽样检测，仍不合格时，则该批设备、材料、成品或半成品应判定为不合格品，不得使用。 5 应有检测报告。 3.2.10 照明灯具及附件的进场验收应符合下列规定： 1 查验合格证：合格证内容应填写齐全、完整，灯具材质应符合设计要求和产品标准要求；新型气体放电灯应随带技术文件；太阳能灯具的内部短路保护、过载保护、反向放电保护、极性反接保护等功能性试验资料应齐全，并应符合设计要求。 2 外观检查： 1）灯具涂层应完整、无损伤，附件应齐全，I类灯具的外露可导电部分应具有专用的PE端子； 2）固定灯具带电部件及提供防触电保护的部位应为绝缘材料，且应耐燃烧和防引燃； 3）消防应急灯具应获得消防产品型式试验合格评定，且具有认证标志； 4）疏散指示标志灯具的保护罩应完整、无裂纹； 5）游泳池和类似场所灯具（水下灯及防水灯具）的防护等级应符合设计要求，当对其密闭和绝缘性能有异议时，应按批抽样送有资质的试验室检测； 6）内部接线应为铜芯绝缘导线，其截面积应与灯具功率相匹配，且不应小于 $0.5mm^2$。 3 自带蓄电池的供电时间检测：对于自带蓄电池的应急灯具，应现场检测蓄电池最少持续供电时间，且应符合设计要求。 4 绝缘性能检测：对灯具的绝缘性能进行现场抽样检测，灯具的绝缘电阻值不应小于2MΩ，灯具内绝缘导线的绝缘层厚度不应小于0.6mm。 3.2.11 开关、插座、接线盒和风扇及附件的进场验收应包括下列内容： 1 查验合格证：合格证内容填写应齐全、完整。 2 外观检查：开关、插座的面板及接线盒盒体应完整、无碎裂、零件齐全，风扇应无损坏、涂层完整，调速器等附件应适配。 3 电气和机械性能检测：对开关、插座的电气和机械性能应进行现场抽样检测，并应符合下列规定： 1）不同极性带电部件间的电气间隙不应小于3mm，爬电距离不应小于3mm；	3. 查阅建筑电气工程检验批、分项工程、分部工程验收报审表 签字：施工单位、监理单位相关负责人已签字 盖章：施工单位、监理单位已盖章 结论：通过验收 4. 查阅建筑电气工程检验批、分项工程、分部工程质量验收记录 内容：包括检验批、分项工程、分部工程质量验收记录 签字：施工单位项目技术负责人、专业监理工程师已签字 结论：合格

续表

条款号	大纲条款	检查依据	检查要点
5.5.1	建筑电气工程施工完毕，隐蔽验收、质量验收记录齐全	2）绝缘电阻值不应小于5MΩ； 3）用自攻锁紧螺钉或自切螺钉安装的，螺钉与软塑固定件旋合长度不应小于8mm，绝缘材料固定件在经受10次拧紧退出试验后，应无松动或掉渣，螺钉及螺纹应无损坏现象； 4）对于金属间相旋合的螺钉螺、母，拧紧后完全退出，反复5次后，应仍然能正常使用。 4 对开关、插座、接线盒及面板等绝缘材料的耐非正常热、耐燃和耐漏电起痕性能有异议时，应按批抽样送有资质的试验室检测。 3.2.12 绝缘导线、电缆的进场验收应符合下列规定： 1 查验合格证：合格证内容填写应齐全、完整。 2 外观检查：包装完好，电缆端头应密封良好，标识应齐全。抽检的绝缘导线或电缆绝缘层应完整无损，厚度均匀。电缆无压扁、扭曲，铠装不应松卷。绝缘导线、电缆外护层应有明显标识和制造厂标。 3 检测绝缘性能：电线、电缆的绝缘性能应符合产品技术标准或产品技术文件规定。 4 检查标称截面积和电阻值：绝缘导线、电缆的标称截面积应符合设计要求，其导体电阻值应符合现行国家标准《电缆的导体》GB/T 3956的有关规定。当对绝缘导线和电缆的导电性能、绝缘性能、绝缘厚度、机械性能和阻燃耐火性能有异议时，应按批抽样送有资质的试验室检测。检测项目和内容应符合国家现行有关产品标准的规定。 3.2.13 导管的进场验收应符合下列规定： 1 查验合格证：钢导管应有产品质量证明书，塑料导管应有合格证及相应检测报告。 2 外观检查：钢导管应无压扁，内壁应光滑；非镀锌钢导管不应有锈蚀，油漆应完整；镀锌钢导管镀层覆盖应完整、表面无锈斑；塑料导管及配件不应碎裂、表面应有阻燃标记和制造厂标。 3 应按批抽样检测导管的管径、壁厚及均匀度，并应符合国家现行有关产品标准的规定。 4 对机械连接的钢导管及其配件的电气连续性有异议时，应按现行国家标准《电气安装用导管系统》GB 20041的有关规定进行检验。 5 对塑料导管及配件的阻燃性能有异议时，应按批抽样送有资质的试验室检测。 3.2.18 电缆头部件、导线连接器及接线端子的进场验收应符合下列规定： 1 查验合格证及相关技术文件，并应符合下列规定： 1）铝及铝合金电缆附件应具有与电缆导体匹配的检测报告； 2）矿物绝缘电缆的中间连接附件的耐火等级不应低于电缆本体的耐火等级；	5. 隐蔽工程验收记录 埋于结构内的各种电线导管的品种、规格、位置、弯曲度、弯曲半径、连接、跨接地线、防腐、管盒固定、管口处理、敷设情况、保护层、需焊接部位的焊接质量：符合设计要求及规范规定 利用结构钢筋做的避雷引下线轴线位置、钢筋数量、规格、搭接长度、焊接质量、与接地极、避雷网、均压环等连接点质量：符合设计要求及规范规定 等电位及均压环暗埋时使用材料的品种、规格、安装位置、连接方法、连接质量、保护层厚度：符合设计要求 接地极置埋设位置、间距、数量量、材质、埋深、接地极的连接方法、连接质量、防腐情况：符合设计要求及规范规定 签字：施工单位技术负责人、专业监理工程师签字齐全 结论：同意隐蔽

续表

条款号	大纲条款	检查依据	检查要点
5.5.1	建筑电气工程施工完毕，隐蔽验收、质量验收记录齐全	3）导线连接器和接线端子的额定电压、连接容量及防护等级应满足设计要求。 2 外观检查：部件应齐全，包装标识和产品标志应清晰，表面应无裂纹和气孔，随带的袋装涂料或填料不应泄漏；铝及铝合金电缆用接线端子和接头附件的压接圆筒内表面应有抗氧化剂；矿物绝缘电缆专用终端接线端子规格。 3.2.19 金属灯柱的进场验收应符合下列规定： 1 查验合格证：合格证应齐全、完整； 2 外观检查：涂层应完整，根部接线盒盒盖紧固件和内置熔断器、开关等器件应齐全，盒盖密封垫片应完整。金属灯柱内应设有专用接地螺栓，地脚螺孔位置应与提供的附图尺寸一致，允许偏差应为±2mm。 3.4.1 建筑电气分部工程的质量验收，应按检验批、分项工程、子分部工程逐级进行验收，…… 3.4.3 当验收建筑电气工程时，应核查下列各项质量控制资料，且资料内容应真实、齐全、完整。 ……3 隐蔽工程记录；…… ……16 工序交接合格等施工安装记录。 3.4.4 建筑电气分部（子分部）工程和所含分项工程的质量验收记录应无遗漏缺项、填写正确。 3.4.5 技术资料应齐全，且应符合工序要求、有可追溯性；责任单位和责任人均应确认且签章齐全	
5.5.2	电气设备安装符合设计要求，接地装置安装正确，电阻值测试符合规范规定	**1.《建筑电气工程施工质量验收规范》GB 50303—2015** 3.1.5 高压的电气设备、布线系统以及继电保护系统必须交接试验合格。 3.1.6 低压和特低压的电气设备和布线系统的检测或交接试验应符合本规范的规定。 3.1.7 电气设备的外露可导电部分应单独与保护导体相连接，不得串联连接，连接导体的材质、截面积应符合设计要求。 3.1.8 除采取下列任一间接接触防护措施外，电气设备或布线系统应与保护导体可靠连接： 1 采用Ⅱ类设备； 2 已采取电气隔离措施； 3 采用特低电压供电； 4 将电气设备安装在非导电场所内；	1. 查阅接地装置接地电阻测试记录 测试仪器：在有效期检定期内 测试方位示意图：与实际相符 电阻实测值：符合设计要求 签字：施工单位、监理单位相关责任人签字齐全 结论：符合设计要求

续表

条款号	大纲条款	检查依据	检查要点
5.5.2	电气设备安装符合设计要求，接地装置安装正确，电阻值测试符合规范规定	5 设置不接地的等电位连接。 5.1.1 柜、台、箱的金属框架及基础型钢应与保护导体可靠连接；对于装有电器的可开启门，门和金属框架的接地端子间应选用截面积不小于 $4mm^2$ 的黄绿色绝缘铜芯软导线连接，并应有标识。 5.1.2 柜、台、箱、盘等配电装置应有可靠的防电击保护；装置内保护接地导体（PE）排应有裸露的连接外部保护接地导体的端子，并应可靠连接。当设计未做要求时，连接导体最小截面积应符合现行国家标准《低压配电设计规范》GB 50054 的规定。 5.1.6 对于低压成套配电柜、箱及控制柜（台、箱）间线路的线间和线对地间绝缘电阻值，馈电线路不应小于 0.5MΩ，二次回路不应小于 1MΩ；二次回路的耐压试验电压应为 1000V，当回路绝缘电阻值大于 10MΩ 时，应采用 2500V 绝缘电阻表代替，试验持续时间应为 1min 或符合产品技术文件要求。 5.1.9 配电箱（盘）内的剩余电流动作保护器（RCD）应在施加额定剩余动作电流（$I\Delta n$）的情况下测试动作时间，且测试值应符合设计要求。 5.1.10 柜、箱、盘内电涌保护器（SPD）安装应符合下列规定： 1 SPD 的型号规格及安装布置应符合设计要求； 2 SPD 的接线形式应符合设计要求，接地导线的位置不宜靠近出线位置； 3 SPD 的连接导线应平直、足够短，且不宜大于 0.5m。 5.1.11 IT 系统绝缘监测器（IMD）的报警功能应符合设计要求。 5.1.12 照明配电箱（盘）安装应符合下列规定： 1 箱（盘）内配线应整齐、无绞接现象；导线连接应紧密、不伤线芯、不断股；垫圈下螺丝两侧压的导线截面积应相同，同一电器器件端子上的导线连接不应多于 2 根，防松垫圈等零件应齐全； 2 箱（盘）内开关动作应灵活可靠； 3 箱（盘）内宜分别设置中性导体（N）和保护接地体（PE）汇流排，汇流排上同一端子不应连接不同回路的 N 或 PE。 5.2.10 照明配电箱（盘）安装应符合下列规定： 1 箱体开孔应与导管管径适配，暗装配电箱箱盖应紧贴墙面，箱（盘）涂层应完整； 2 箱（盘）内回路编号应齐全，标识应正确； 3 箱（盘）应采用不燃材料制作；	2. 查阅接地装置的隐蔽验收记录 接地极置埋设位置、间距、数量、材质、埋深、接地极的连接方法、连接质量、防腐情况：符合设计要求及规范规定 签字：施工单位技术负责人、专业监理工程师已签字 结论：同意隐蔽 3. 查看电气设备安装 成套配电柜、控制柜（屏、台）和照明配电箱（盘）金属箱体的接地或接零：可靠 电击保护和保护导体截面积：符合规范规定 照明配电箱（盘）内配线：整齐、开关动作灵活可靠 4. 查看接地装置 安装：正确

续表

条款号	大纲条款	检查依据	检查要点
5.5.2	电气设备安装符合设计要求，接地装置安装正确，电阻值测试符合规范规定	4 箱（盘）应安装牢固、位置正确、部件齐全，安装高度应符合设计要求，垂直度允许偏差不应大于1.5‰。 12.1.1 金属导管应与保护导体可靠连接，……。 12.1.2 钢导管不得采用对口焊接连接；镀锌钢导管或壁厚小于或等于2mm的钢导管，不得采用套管熔焊连接。 13.1.1 金属电缆支架必须与保护导体可靠连接。 13.1.5 交流单芯电缆或分相后的每项电缆不得单独穿于钢导管内，固定用的夹具和支架不应形成闭合磁路。 14.1.1 同一交流回路的绝缘导线不应敷设于不同的金属槽盒内或穿于不同金属导管内。 14.1.2 除设计要求以外，不同回路、不同电压等级和交流与直流线路的绝缘导线不应穿于同一导管内。 14.1.3 绝缘导线接头应设置在专用接线盒（箱）或器具内，不得设置在导管和槽盒内，盒（箱）的设置位置应便与检修。 15.1.1 塑料护套线严禁直接敷设在建筑物顶棚内、墙体内、抹灰层内、保温层内或装饰面内。 22.1.1 接地装置在地面以上的部分，应按设计要求设置测试点，测试点不应被外墙饰面遮蔽，且应有明显标识。 22.1.2 接地装置的接地电阻值应符合设计要求。 22.1.3 接地装置的材料规格、型号应符合设计要求。 22.2.1 当设计无要求时，接地装置顶面埋设深度不应小于0.6m，且应在冻土层以下。圆钢、角钢、铜管、铜棒、铜管等接地极应垂直埋入地下，间距不应小于5m；人工接地体与建筑物的外墙或基础之间的水平距离不宜小于1m。 22.2.2 接地装置的焊接应采用搭接焊，除埋设在提凝土中的焊接接头外，应采取防腐措施，焊接搭接长度应符合下列规定： 1 扁钢与扁钢搭接不应小于扁钢宽度的2倍，且应至少三面施焊； 2 圆钢与国钢搭接不应小于圆钢直径的6倍，且应双面施焊； 3 圆钢与扁钢搭接不应小于圆钢直径的6倍，且应双面施焊； 4 扁钢与钢管，扁钢与角钢焊接，应紧贴角钢外侧两面，或紧贴3/4铜管表面，上下两侧施焊	

续表

<table>
<tr><th>条款号</th><th>大纲条款</th><th>检 查 依 据</th><th>检查要点</th></tr>
<tr><td rowspan="5">5.5.3</td><td rowspan="5">开关、插座、灯具安装规范，照明系统全负荷试验记录齐全</td><td rowspan="5">1.《建筑电气照明装置施工与验收规范》GB 50617—2010
3.0.6 在砌体和混凝土结构上严禁使用木楔、尼龙塞或塑料塞安装固定电气照明装置。
4.1.12 Ⅰ类灯具的不带电的外露可导电部分必须与保护接地线（PE）可靠连接，且应有标识。
4.1.15 质量大于10kg的灯具，其固定装置应按5倍灯具重量的恒定均布载荷全数作强度试验，历时15min，固定装置的部件应无明显变形。
4.3.3 建筑物景观照明灯具安装应符合下列规定：
1 在人行道等人员来往密集场所安装的灯具，无围栏防护时灯具底部距地面高度应在2.5m以上；
2 灯具及其金属构架和金属保护管与保护接地线（PE）应连接可靠，且有标识；
3 灯具的节能分级应符合设计要求。
5.1.2 插座的接线应符合下列规定：
1 单相两孔插座，面对插座，右孔或上孔应与相线连接，左孔或下孔应与中性线连接；单相三孔插座，面对插座，右孔应与相线连接，左孔应与中性线连接。
2 单相三孔、三相四孔及三相五孔插座的保护接地线（PE）必须接在上孔。插座的保护接地端子不应与中性线端子连接。同一场所的三相插座，接线的相序应一致。
3 保护接地线（PE）在插座间不得串联连接。
4 相线与中性线不得利用插座本体的接线端子转接供电。
2.《建筑电气工程施工质量验收规范》GB 50303—2015
18.1.1 灯具固定应符合下列规定：
1 灯具固定应牢固可靠，在砌体和混凝土结构上严禁使用木楔、尼龙塞或塑料塞固定；
2 质量大于10kg的灯具，固定装置及悬吊装置应按灯具重量的5倍恒定均布载荷做强度试验，且持续时间不得少于15min。
18.1.2 悬吊式灯具安装应符合下列规定：
1 带升降器的软线吊灯在吊线展开后，灯具下沿应高于工作台面0.3m；
2 质量大于0.5kg的软线吊灯，灯具的电源线不应受力；
3 质量大于3同的悬吊灯具，固定在螺栓或预埋吊钩上，螺栓或预埋吊钩的直径不应小于灯具挂销直径，且不应小于6mm；
4 当采用钢管作灯具吊杆时，其内径不应小于10mm，壁厚不应小于1.5mm；
5 灯具与固定装置及灯具连接件之间采用螺纹连接的，螺纹齿合扣数不应少于5扣。</td><td>1. 查阅大型花灯的固定及悬吊装置过载试验记录
试验结果：符合规范规定，按灯具重量的2倍做过载试验
签字：施工单位、监理单位相关责任人已签字
结论：合格</td></tr>
<tr><td>2. 查看开关、插座
开关安装高度：符合规范要求
插座安装高度：符合规范要求
开关及插座相序：正确</td></tr>
<tr><td>3. 查阅质量大于10kg的灯具固定装置的强度试验记录
时间：15min
试验载荷：5倍灯具重量
变形情况：固定装置的部件应无明显变形
签字：施工单位、监理单位相关责任人已签字
结论：符合规范规定</td></tr>
<tr><td>4. 查阅照明系统全负荷试验记录
运行时间：符合规范要求
签字：施工单位、监理单位相关责任人已签字
结论：合格</td></tr>
<tr><td>5. 查看灯具
安装高度、接地及标识、安装位置：符合规范规定</td></tr>
</table>

续表

条款号	大纲条款	检查依据	检查要点
5.5.3	开关、插座、灯具安装规范，照明系统全负荷试验记录齐全	18.1.3 吸顶或墙面上安装的灯具，其固定用的螺栓或螺钉不应少于2个，灯具应紧贴饰面。 18.1.4 由接线盒引至嵌入式灯具或槽灯的绝缘导线应符合下列规定： 1 绝缘导线应采用柔性导管保护，不得裸露，且不应在灯槽内明敷； 2 柔性导管与灯具壳体应采用专用接头连接。 18.1.5 普通灯具的Ⅰ类灯具外露可导电部分必须采用铜芯软导线与保护导体可靠连接，连接处应设置接地标识，铜芯软导线的截面积应与进入灯具的电源线截面积相同。 18.1.6 除采用安全电压以外，当设计无要求时，敞开式灯具的灯头对地面距离应大于2.5m。 19.1.1 专用灯具的Ⅰ类灯具外露可导电部分必须用铜芯软导线与保护导体可靠连接，连接处应设置接地标识，铜芯软导线的截面积应与进入灯具的电源线截面积相同。 19.1.3 应急灯具安装应符合下列规定： 1 消防应急照明园路的设置除应符合设计要求外，尚应符合防火分区设置的要求，穿越不同防火分区时应采取防火隔堵措施； 2 对于应急灯具、运行中温度大于60℃的灯具，当靠近可燃物时，应采取隔热、散热等防火措施； 3 EPS供电的应急灯具安装完毕后，应检验EPS供电运行的最少持续供电时间，并应符合设计要求； 4 安全出口指示标志灯设置应符合设计要求； 5 疏散指示标志灯安装高度及设置部位应符合设计要求； 6 疏散指示标志灯的设置不应影响正常通行，且不应在其周围设置容易混同疏散标志灯的其他标志牌等； 7 疏散指示标志灯工作应正常，并应符合设计要求； 8 消防应急照明线路在非燃烧体内穿钢导管暗敷时，暗敷钢导管保护层厚度不应小于30mm。 19.1.6 景观照明灯具安装应符合下列规定： 1 在人行道等人员来往密集场所安装的落地式灯具，当无围栏防护时，灯具距地面高度应大于2.5m； 2 金属构架及金属保护管应分别与保护导体采用焊接或螺栓连接，连接处应设置接地标识。 20.1.1 当交流、直流或不同电压等级的插座安装在同一场所时，应有明显的区别，插座不得互换；配套的插头应按交流、直流或不同电压等级区别使用。 20.1.2 不间断电源插座及应急电源插座应设置标识。	

续表

条款号	大纲条款	检　查　依　据	检查要点
5.5.3	开关、插座、灯具安装规范，照明系统全负荷试验记录齐全	20.1.3　插座接线应符合下列规定： 1　对于单相两孔插座，面对插座的右孔或上孔应与相结连接，左孔或下孔应与中性导体（N）连接；对于单相三孔插座，面对插座的右孔应与相结连接，左孔应与中性导体（N）连接。 2　单相三孔、三相四孔及三相五孔插座的保护接地导体（PE）应接在上孔；插座的保护接地导体端子不得与中性导体端子连接；同一场所的三相插座，其接线的相序应一致。 3　保护接地导体（PE）在插座之间不得串联连接。 4　相结与中性导体（N）不应利用插座本体的接线端子转接供电。 20.1.4　照明开关安装应符合下列规定： 1　同一建（构）筑物的开关宜采用同一系列的产品，单控开关的通断位置应一致，且应操作灵活、接触可靠； 2　相线应经开关控制； 3　紫外线杀菌灯的开关应有明显标识，并应与普通照明开关的位置分开。 20.2.1　暗装的插座盒或开关盒应与饰面平齐，盒内干净整洁，无锈蚀，绝缘导线不得裸露在装饰层内；面板应紧贴饰面、四周无缝隙、安装牢固，表面光滑、无碎裂、划伤，装饰帽（板）齐全。 20.2.2　插座安装应符合下列规定： 1　插座安装高度应符合设计要求，同一室内相同规格并列安装的插座高度宜一致； 2　地面插座应紧贴饰面，盖板应固定牢固、密封良好。 20.2.3　照明开关安装应符合下列规定： 1　照明开关安装高度应符合设计要求； 2　开关安装位置应便于操作，开关边缘距门框边缘的距离宜为0.15m～0.20m； 3　相同型号并列安装高度宜一致，并列安装的拉线开关的相邻间距不宜小于20mm。 21.1.1　灯具回路控制应符合设计要求，且应与照明控制柜、箱（盘）及回路的标识一致；开关宜与灯具控制顺序相对应，风扇的转向及调速开关应正常。 21.1.2　公共建筑照明系统通电连续试运行时间应为24h，住宅照明系统通电连续试运行时间应为8h。所有照明灯具均应同时开启，且应每2h按回路记录运行参数，连续试运行时间内应无故障。 21.1.3　对设计有照度测试要求的场所，试运行时应检测照度，并应符合设计要求。 **3.《电气装置安装工程　蓄电池施工及验收规范》GB 50172—2012** 3.0.7　蓄电池室应采用防爆型灯具、通风电机，室内照明线应采用穿管暗敷，室内不得装设开关和插座。	

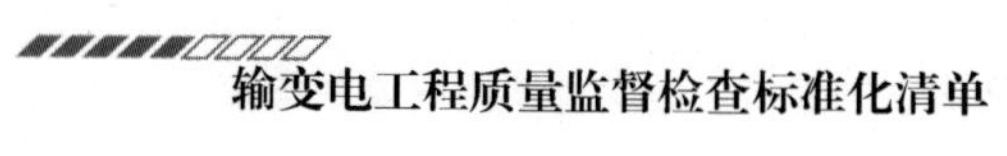

续表

条款号	大纲条款	检 查 依 据	检查要点
5.5.3	开关、插座、灯具安装规范，照明系统全负荷试验记录齐全	**4.《电力工程直流电源系统设计技术规程》DL/T 5044—2014** 8.1.4 蓄电池室内的照明灯具应为防爆型，且应布置在通道的上方，室内不应装设开关和插座。蓄电池室内的地面照度和照明线路敷设应符合现行行业标准《发电厂和变电站照明设计技术规定》DL/T 5390 的有关规定	
5.5.4	建（构）筑物和设备的防雷接地可靠、可测，接地电阻测试符合设计或规范规定，签证记录齐全	**1.《建筑物防雷工程施工与质量验收规范》GB 50601—2010** 3.2.3 除设计要求外，兼做引下线的承力钢结构构件、混凝土梁、柱内钢筋与钢筋的连接，应采用土建施工的绑扎法或螺丝扣的机械连接，严禁热加工连接。 5.1.1 引下线主控项目应符合下列规定： 3 建筑物外的引下线敷设在人员可停留或经过的区域时，应采用下列一种或多种方法，防止接触电压和旁侧闪络电压对人员造成伤害： 1）外露引下线在高 2.7m 以下部分应穿不小于 3mm 厚的交联聚乙烯管，交联聚乙烯管应能耐受 100kV 冲击电压（1.2μs 波形）。 2）应设立阻止人员进入的护栏或警示牌。护栏与引下线水平距离不应小于 3m。 6 引下线安装与易燃材料的墙壁或墙体保温层间距应大于 0.1m。 6.1.1 接闪器安装主控项目应符合下列规定： 1 建筑物顶部和外墙上的接闪器必须与建筑物栏杆、旗杆、吊车梁、管道、设备、太阳能热水器、门窗、幕墙支架等外露的金属物进行等电位连接。 **2.《建筑电气工程施工质量验收规范》GB 50303—2015** 22.1.1 接地装置在地面以上的部分，应按设计要求设置测试点，测试点不应被外墙饰面遮蔽，且应有明显标识。 22.1.2 接地装置的接地电阻应符合设计要求。 22.1.3 接地装置的材料规格、型号应符合设计要求。 22.2.2 接地装置的焊接应采用搭接焊，除埋设在混凝土中的焊接接头外，应采取防腐措施，焊接搭接长度应符合下列规定： 1 扁钢与扁钢搭接不应小于扁钢宽度的 2 倍，且应至少三面施焊； 2 圆钢与国钢搭接不应小于圆钢直径的 6 倍，且应双面施焊； 3 圆钢与扁钢搭接不应小于圆钢直径的 6 倍，且应双面施焊； 4 扁钢与钢管，扁钢与角钢焊接，应紧贴角钢外侧两面，或紧贴 3/4 铜管表面，上下两侧施焊。 24.1.1 防雷引下线的布置、安装数量和连接方式应符合设计要求。 24.1.2 接闪器的布置、规格及数量应符合设计要求。	1. 查阅接地装置接地电阻测试记录 测试仪器：在有效检定期内 测试方位示意图：与实际相符 电阻实测值：符合设计要求 签字：施工单位、监理单位相关责任人已签字 结论：符合设计要求 2. 查看避雷引下线 敷设：符合规范规定 断开卡：高度符合规定，便于检测

续表

条款号	大纲条款	检查依据	检查要点
5.5.4	建（构）筑物和设备的防雷接地可靠、可测，接地电阻测试符合设计或规范规定，签证记录齐全	24.1.3 接闪器与防雷引下结必须采用焊接或卡接器连接，防雷引下线与接地装置必须采用焊接或螺栓连接。 24.1.4 当利用建筑物金属屋面或屋顶上旗杆、栏杆、装饰物、铁塔、女儿墙上的盖板等永久性金属物做接闪器时，其材质及截面应符合设计要求，建筑物金属屋面板间的连接、永久性金属物各部件之间的连接应可靠、持久。 24.2.1 暗敷在建筑物抹灰层内的引下线应有卡钉分段固定；明敷的引下线应平直、无急弯，并应设置专用支架固定，引下线焊接处应刷油漆防腐且无遗漏。 24.2.2 设计要求接地的幕墙金属框架和建筑物的金属门窗，应就近与防雷引下线连接可靠，连接处不同金属间应采取防电化学腐蚀措施。 24.2.3 接闪杆、接闪线或接闪带安装位置应正确，安装方式应符合设计要求，焊接固定的焊缝应饱满无遗漏，螺栓固定的应防松零件齐全，焊接连接处应防腐完好。 24.2.4 防雷引下线、接闪线、接闪网和接闪带的焊接连接搭接长度及要求应符合本规范22.2.2的规定。 24.2.5 接闪线和接闪带安装应符合下列规定： 1 安装应平正顺直、无急弯，其固定支架应间距均匀、固定牢固； 2 当设计无要求时，固定支架高度不宜小于150mm，间距应符合表24.2.5的规定； 3 每个固定支架应能承受49N的垂直拉力。 24.2.6 接闪带或接闪网在过建筑物变形缝处的跨接应有补偿措施。 25.1.1 建筑物等电位连接的范围、形式、方法、部位及连接导体的材料和截面积应符合设计要求。 25.1.2 需做等电位连接的外露可导电部分或外界可导电部分的连接应可靠。…… 25.2.1 需做等电位连接的卫生间内金属部件或零件的外界可导电部分，应设置专用接线螺栓与等电位连接导体连接，并应设置标识；连接处螺帽应紧固、防松零件应齐全。 25.2.2 当等电位连接导体在地下暗敷时，其导体间的连接不得采用螺栓压接。	
5.6 通风及空调工程的监督检查			
5.6.1	通风与空调系统施工完毕，隐蔽验收、质量验收记录齐全	**1.《通风与空调工程施工规范》GB 50738—2011** 11.1.2 管道穿过地下室或地下构筑物外墙时，应采用防水措施，并应符合设计要求。对有严格防水要求的建筑物，必须采用柔性防水套管。 **2.《通风与空调工程施工质量验收规范》GB 50243—2016** 3.0.3 通风与空调工程所使用的主要原材料、成品、半成品和设备的材质、规格及性能应符合设计文件和国家现行标准的规定，不得采用国家明令禁止使用或淘汰的材料与设备。主要原材料、成品、半成品和设备的进场验收应符合下列规定：	1. 查看通风与空调工程施工：已完毕并符合设计要求

续表

条款号	大纲条款	检查依据	检查要点
5.6.1	通风与空调系统施工完毕，隐蔽验收、质量验收记录齐全	1　进场质量验收应经监理工程师或建设单位相关责任人确认，并应形成相应的书面记录。 2　进口材料与设备应提供有效的商检合格证明、中文质量证明等文件。 3.0.6　通风与空调工程中的隐蔽工程，在隐蔽前应经监理或建设单位验收及确认，必要时应留下影像资料。 4.2.2　防火风管的本体、框架与固定材料、密封垫料等必须采用不燃材料，防火风管的耐火极限时间应符合系统防火设计的规定。 4.2.5　复合材料风管的覆面材料必须采用不燃材料，内层的绝热材料应采用不燃或难燃且对人体无害的材料。 5.2.5　防爆系统风阀的制作材料应符合设计要求，不得替换。 5.2.7　防排烟系统的柔性短管必须采用不燃材料。 6.1.1　风管系统安装后应进行严密性检验，合格后方能交付下道工序。…… 6.2.2　当风管穿过需要封闭的防火、防爆的墙体或楼板时，必须设置厚度不小于1.6mm的钢质防护套管；风管与防护套管之间应用不燃柔性材料封堵严密。 6.2.3　风管安装必须符合下列规定： 1　风管内严禁其他管线穿越。 2　输送含有易燃、易爆气体或安装在易燃、易爆环境的风管系统必须设置可靠的防静电接地装置。 3　输送含有易燃、易爆气体的风管系统通过生活区或其他辅助生产房间时不得设置接口。 4　室外风管系统的拉索等金属固定件严禁与避雷针或避雷网连接。 7.1.1　风机与空气处理设备应附带装箱清单、设备说明书、产品质量合格证书和性能检测报告等随机文件，进口设备还应具有商检合格的证明文件。 7.1.2　设备安装前，应进行开箱检查验收，并形成书面的验收记录。 7.2.1　风机及风机箱的安装应符合下列规定： 1　产品的性能、技术参数应符合设计要求，出口方向应正确。 2　叶轮旋转应平稳，每次停转后不应停留在同一位置上。 3　国定设备的地脚螺栓应紧固，并采取防松动措施。 4　落地安装时，应按设计要求设置减震装置，并应采取防止设备水平位移的措施。 5　悬挂安装时，吊架及减振装置应符合设计及产品技术文件的要求。 7.2.10　静电式空气净化装置的金属外壳必须与PE线可靠连接。	2. 查阅通风与空调工程材料、设备的进场报审表 项目：风管、风机、空调等 内容：包括材料、设备产品合格证、性能检测报告、防爆空调等生产许可文件等 签字：施工单位项目经理、专业监理工程师（建设单位专业技术负责人）已签字 盖章：施工单位、监理单位（建设单位）已盖章 结论：同意使用 3. 查阅通风与空调工程检验批、分项工程、分部工程验收报审表 签字：施工单位、监理单位相关负责人已签字 盖章：施工单位、监理单位已盖章 结论：通过验收 4. 查阅通风与空调工程检验批、分项工程、分部工程质量验收记录 内容：包括检验批、分项工程、分部工程质量验收记录 签字：施工单位项目技术负责人、专业监理工程师已签字 结论：同意验收

续表

条款号	大纲条款	检 查 依 据	检查要点
5.6.1	通风与空调系统施工完毕，隐蔽验收、质量验收记录齐全	7.2.11 电加热器的安装必须符合下列规定： 1 电加热器与钢构架间的绝热层必须采用不燃材料，外露的接线柱应加设安全防护罩。 2 电加热器的外露可导电部分必须与PE线可靠连接。 3 连接电加热器的风管的法兰垫片，应采用耐热不燃材料。 8.1.1 制冷（热）设备、附属设备、管道、管件及阀门等产品的性能及技术参数应符合设计要求，设备机组的外表不应有损伤，密封应良好，随机文件和配件应齐全。 8.1.3 制冷机组本体的安装、试验、试运转及验收应符合现行国家标准《制冷设备、空气分离设备安装工程施工及验收规范》GB 50274的有关规定。 8.2.1 制冷机组及附属设备的安装应符合下列规定： 1 制冷（热）设备、制冷附属设备产品性能和技术参数应符合设计要求，并应具有产品合格证书、产品性能检验报告。 2 设备的混凝土基础应进行制冷交接验收，且应验收合格。 3 设备安装的位置、标高和管口方向应符合设计要求。采用地脚螺栓固定的制冷设备或附属设备，垫铁的放置位置应正确，接触应紧密，每组垫铁不应超过3块；螺栓应紧固，并应采取防松动措施。 8.2.4 燃油管道系统必须设置可靠的防静电接地装置。 8.2.5 燃气管道的安装必须符合下列规定： 1 燃气系统管道与机组的连接不得使用非金属软管。 2 当燃气供气管道压力大于5kPa时，焊缝无损检测应按设计要求进行；当设计无规定时，应对全部焊缝进行无损检测并合格。 3 燃气管道吹扫和压力试验的介质应采用空气或氮气，严禁采用水。 12.0.5 通风与空调工程竣工验收资料应包括下列内容： 2 主要材料、设备、成品、半成品和仪表的出场合格证明及进场检（试）验报告。 3 隐蔽工程验收记录。 4 工程设备、风管系统、管道系统安装及检验记录。 8 分部（子分部）工程质量验收记录。 9 观感质量综合检查记录。 10 安全和功能检验资料的核查记录。	5. 查阅隐蔽验收记录 金属风管的材料品种、规格、性能与厚度：符合设计要求 风管法兰材料规格：符合设计要求及规范规定 风管加固方法及加固材料：符合设计要求及规范规定 风管安装的位置、标高、走向：符合设计要求 风管严密性试验结论：符合规范规定 签字：施工单位、监理单位相关责任人已签字 结论：同意隐蔽
		3.《电气装置安装工程蓄电池施工及验收规范》GB 50172—2012 3.0.7 蓄电池室应采用防爆型灯具、通风电机，室内照明线应采用穿管暗敷，室内不得装设开关和插座。	6. 查看蓄电池通风设施 通风电动机：防爆型 吸风口和排风口设施：符合规范规定

续表

条款号	大纲条款	检查依据	检查要点
5.6.1	通风与空调系统施工完毕，隐蔽验收、质量验收记录齐全	**4.《电力工程直流电源系统设计技术规程》DL/T 5044—2014** 8.1.7　蓄电池室内应有良好的通风设施。蓄电池室的采暖通风和空气调节应符合现行行业标准《火力发电厂采暖通风与空气调节设计技术规程》DL/T 5035的有关规定。通风电动机应为防爆式。 8.1.8　蓄电池室的门应向外开启，应采用非燃烧体或难燃烧体的实体门，门的尺寸宽×高不应小于750mm×1960mm。 8.1.9　蓄电池室不应有与蓄电池无关的设备和通道。与蓄电池室相邻的直流配电间、电气配电间、电气继电器室的隔墙不应留有门窗及孔洞。 **5.《发电厂供暖通风与空气调节设计规范》DL/T 5035—2016** 6.2　蓄电池室 6.2.2　阀控密封式蓄电池室的供暖通风与空调系统设计应符合下列规定： 4　蓄电池排风系统的吸风口应设在上部，吸风口上缘距顶棚平面或屋顶的距离不应大于0.1m； 5　排风系统不应与其他通风系统合并设置，排风应排至室外。 6.2.3　蓄电池室通风系统的风宜过滤，室内应保持负压。当采用机械进风、机械排风系统时，排风量至少应比送风量大10%。送风口应避免直吹蓄电池组。 **6.《通风管道技术规程》JGJ/T 141—2017** 4.1.8　风管安装还符合下列规定： 1　风管内不应有其他管线穿越。 2　不应利用避雷针或避雷网作为室外风管系统拉索的金属固定件。 3　输送空气温度高于80℃的风管应按设计规定采取安全可靠的防护措施	
5.6.2	通风与空调系统调试合格，功能正常，记录齐全	**1.《通风与空调工程施工质量验收规范》GB 50243—2016** 11.1.1　通风与空调工程竣工验收的系统调试，应由施工单位负责，监理单位监督，设计单位与建设单位参与配合。系统调试可由施工企业或委托具有调试能力的其他单位进行。 11.1.2　系统调试前应编制调试方案，并应报送专业监理工程师审核批准。系统调试应由专业施工和技术人员实施，调试结束后，应提供完整的调试资料和报告。 11.1.3　系统调试所使用的测试仪器应在使用合格检定或校准合格有效期内，精度等级及最小分度值应能满足工程性能测定的要求。 11.1.4　通风与空调工程系统非设计满负荷条件下的联合试运转及调试，应在制冷设备和通风与空调设备单机试运转合格后进行。 11.2.1　通风与空调工程安装完毕后应进行系统调试。系统调试应包括下列内容： 1　设备单机试运转及调试	1. 查看通风与空调系统 功能：正常 2. 查阅通风与空调工程试运转和调试记录 调试项目：包括设备单机试运转与调试、系统无生产负荷下的联合试运行与调试 结果：符合设计要求及规范规定 签字：施工单位技术负责人、专业监理工程师已签字

续表

条款号	大纲条款	检 查 依 据	检查要点
5.6.2	通风与空调系统调试合格，功能正常，记录齐全	2 系统非设计满负荷条件下的联合试运转及调试。 11.2.2 设备单机试运转及调试应符合下列规定： 通风机、空气处理机组中的风机，叶轮旋转方向应正确、运转应平稳、应无异常振动与声响，电机运行功率应符合设备技术文件要求。在额定转速下连续运转2h后，滑动轴承外壳最高温度不得大于70℃，滚动轴承不得大于80℃。 11.2.4 防排烟系统联合试运行与调试后的结果，应符合设计要求及国家现行标准的有关规定。 12.0.5 通风与空调工程竣工验收资料应包括下列内容： 5 管道系统压力试验记录。 6 设备单机试运转记录。 7 系统非设计满负荷联合试运转与调试记录。 **2.《通风与空调工程施工规范》GB 50738—2011** 16.1.1 通风与空调系统安装完毕投入使用前，必须进行系统的试运行与调试，包括设备单机试运转与调试、系统无生产负荷下的联合试运行与调试	
5.6.3	通风与空调设施传动装置的外露部位及进、排气口防护措施可靠	**1.《通风与空调工程施工质量验收规范》GB 50243—2016** 6.2.4 外表温度高于60℃，且位于人员易接触部位的风管，应采取防烫伤的措施。 6.3.10 风帽安装应牢固，连接风管与屋面或墙面的交接处不应渗水。 7.2.2 通风机传动装置的外露部位以及直通大气的进、出风口，必须装设防护罩、防护网或采取其他安全防护措施	1. 查看风管防护 措施：符合设计要求 2. 查看通风机传动装置 通风机传动装置的外露部位以及直通大气的进、出口的安全设施：符合规范规定
5.7 智能建筑工程的监督检查			
5.7.1	智能建筑工程施工完毕，功能正常，质量验收记录齐全	**1.《建筑工程施工质量验收统一标准》GB 50300—2013** 3.0.6 建筑工程施工质量应按下列要求进行验收： 1 工程质量验收均应在施工单位自检合格的基础上进行。 2 参加工程施工质量验收的各方人员应具备相应的资格。 3 检验批的质量应按主控项目和一般项目验收。 4 对涉及结构安全、节能、环境保护和主要使用功能的试块、试件及材料，应在进场时或施工中按规定进行见证检验。	1. 查看智能建筑工程 施工：已完毕

续表

<table>
<tr><th>条款号</th><th>大纲条款</th><th>检 查 依 据</th><th>检查要点</th></tr>
<tr><td rowspan="2">5.7.1</td><td rowspan="2">智能建筑工程施工完毕，功能正常，质量验收记录齐全</td><td rowspan="2">5 隐蔽工程在隐蔽前应由施工单位通知监理单位进行验收，并应形成验收文件，验收合格后方可继续施工。
6 对涉及结构安全、节能、环境保护和使用功能的重要分部工程应在验收前按规定进行抽样检验。
7 工程的观感质量应由验收人员现场检查，并应共同确认。
5.0.1 检验批质量验收合格应符合下列规定：
1 主控项目的质量经抽样检验均应合格。
2 一般项目的质量经抽样检验合格。当采用计数抽样时，合格点率应符合有关专业验收规范的规定，且不得存在严重缺陷。对于计数抽样的一般项目，正常检验一次、二次抽样可按本标准附录D判定。
3 具有完整的施工操作依据、质量验收记录。
5.0.2 分项工程质量验收合格应符合下列规定：
1 所含检验批的质量均应验收合格。
2 所含检验批的质量验收记录应完整。
5.0.3 分部工程质量验收合格应符合下列规定：
1 所含分项工程的质量均应验收合格。
2 质量控制资料应完整。
3 有关安全、节能、环境保护和主要使用功能的抽样检验结果应符合相应规定。
4 观感质量应符合要求。
5.0.4 单位工程质量验收合格应符合下列规定：
1 所含分部工程的质量均应验收合格。
2 质量控制资料应完整。
3 所含分部工程中有关安全、节能、环境保护和主要使用功能的检验资料应完整。
4 主要使用功能的抽查结果应符合相关专业验收规范的规定。
5 观感质量应符合要求。
5.0.8 经返修或加固处理仍不能满足安全或使用要求的分部工程及单位工程，严禁验收。
6.0.1 检验批应由专业监理工程师组织施工单位项目专业质量检查员、专业工长等进行验收。
6.0.2 分项工程应由专业监理工程师组织施工单位项目专业技术负责人等进行验收。
6.0.3 分部工程应由总监理工程师组织施工单位项目负责人和项目技术负责人等进行验收。勘察、设计单位项目负责人和施工单位技术、质量部门负责人应参加地基与基础分部工程的验收。设计单位项目负责人和施工单位技术、质量部门负责人应参加主体结构、节能分部工程的验收。</td><td>2. 查阅智能建筑工程检验批、分项工程、分部工程验收报审表
签字：施工单位、监理单位相关负责人已签字
盖章：施工单位、监理单位已盖章
结论：通过验收</td></tr>
<tr><td>3. 查阅建筑节能工程检验批、分项工程、分部工程质量验收记录
内容：包括检验批、分项工程、分部工程质量验收记录
签字：施工单位项目技术负责人、专业监理工程师已签字
结论：合格</td></tr>
</table>

续表

条款号	大纲条款	检查依据	检查要点
5.7.1	智能建筑工程施工完毕，功能正常，质量验收记录齐全	6.0.4 单位工程中的分包工程完工后，分包单位应对所承包的工程项目进行自检，并应按本标准规定的程序进行验收。验收时，总包单位应派人参加。分包单位应将所分包工程的质量控制资料整理完整后，移交给总包单位。 6.0.5 单位工程完工后，施工单位应组织有关人员进行自检。总监理工程师应组织各专业监理工程师对工程质量进行竣工预验收。存在施工质量问题时，应由施工单位及时整改。整改完毕后，由施工单位向建设单位提交工程竣工报告，申请工程竣工验收。 6.0.6 建设单位收到工程竣工报告后，应由建设单位项目负责人组织监理、施工、设计、勘察等单位项目负责人进行单位工程验收	
5.7.2	智能化系统运行正常，检测试验记录齐全	**1.《智能建筑工程质量验收规范》GB 50339—2013** 3.3.1 系统检测应在系统试运行合格后进行。 3.3.3 系统检测的组织应符合下列规定： 1 建设单位应组织项目检测小组； 2 项目检测小组应指定检测负责人； 3 公共机构的项目检测小组应由有资质的检测单位组成。 3.3.4 系统检测应符合下列规定： 1 应依据工程技术文件和本规范规定的检测项目、检测数量及检测方法编制系统检测方案，检测方案应经建设单位或项目监理机构批准后实施； 2 应按系统检测方案所列检测项目进行检测，系统检测的主控项目和一般项目应符合本规范附录C的规定； 3 系统检测应按照先分项工程，再子分部工程，最后分部工程的顺序进行，并填写《分项工程检测记录》、《子分部工程检测记录》、《分部工程检测汇总记录》； 4 分项工程检测记录由检测小组填写，检测负责人作出检测结论，监理（建设）单位的监理工程师（项目专业技术负责人）签字确认，且记录的格式应符合本规范附录C的表C.0.1的规定； 5 子分部工程检测记录由检测小组填写，检测负责人作出检测结论，监理（建设）单位的监理工程师（项目专业技术负责人）签字确认，且记录的格式应符合本规范附录C的表C.0.2～C.0.16的规定； 6 分部工程检测汇总记录由检测小组填写，检测负责人作出检测结论，监理（建设）单位的监理工程师（项目专业技术负责人）签字确认，且记录的格式应符合本规范附录C的表C.0.17的规定。	1. 查看智能化系统 运行：正常 2. 查阅检测试验记录 内容：符合规范规定 签字：监理工程师、检测负责人已签字 结论：合格

续表

<table>
<tr><th>条款号</th><th>大纲条款</th><th>检 查 依 据</th><th>检查要点</th></tr>
<tr><td>5.7.2</td><td>智能化系统运行正常，检测试验记录齐全</td><td>3.3.5 检测结论与处理应符合下列规定：
1 检测结论应分为合格和不合格；
2 主控项目有一项及以上不合格的，系统检测结论应为不合格；一般项目有两项及以上不合格的，系统检测结论应为不合格；
3 被集成系统接口检测不合格的，被集成系统和集成系统的系统检测结论应为不合格；
4 系统检测不合格时，应限期对不合格项进行整改，并重新检测，直至检测合格。重新检测时抽检应扩大范围。
17.0.1 建筑设备监控系统可包括暖通空调监控系统、变频电监测系统、公共照明监控系统、给排水监控系统、电梯和自动扶梯监测系统及能耗监测系统等。检测和验收的范围应根据设计要求确定。
17.0.5 暖通空调监控系统的功能检测应符合下列规定：
1 检测内容应按设计要求确定。
2 冷热源的监测参数应全部检测；空调、新风机组的监测参数应按总数的20%抽检，且不应少于5台，不足5台时应全部检测；各种类型传感器、执行器应按10%抽检，且不应小于5只，不足5只时应全部检测。
3 抽检结果全部符合设计要求的应判定为合格。
17.0.7 公共照明监测系统的功能检测应符合下列规定：
1 检测内容应按设计要求确定；
2 应按照回路总数的10%进行抽检，数量不应少于10路，总数少于10路时应全部检测；
3 抽检结果全部符合设计要求的应判定为合格。
17.0.9 电梯和自动扶梯监测系统应检测启停、上下行、位置、故障等运行状态显示功能。检测结果符合设计要求的应判定为合格。
18.0.1 火灾报警系统提供的接口功能应符合设计要求。
18.0.2 火灾自动报警系统工程实施的质量控制、系统检测和工程验收应符合现行国家标准《火灾自动报警系统施工及验收规范》GB 50166的规定</td><td></td></tr>
<tr><td colspan="4">5.8 建筑节能工程的监督检查</td></tr>
<tr><td>5.8.1</td><td>建筑节能工程施工完毕，验收记录齐全</td><td>1.《建筑节能工程施工质量验收规范》GB 50411—2007
3.3.1 建筑节能工程应按照经审查合格的设计文件和经审查批准的施工方案施工。
4.1.4 墙体节能工程应对下列部位或内容进行隐蔽工程验收，并有详细的文字记录和必要的图像资料：</td><td>1. 查看建筑节能工程施工：已完毕并符合设计要求</td></tr>
</table>

续表

条款号	大纲条款	检查依据	检查要点
5.8.1	建筑节能工程施工完毕，验收记录齐全	1 保温层附着的基层及其表面处理； 2 保温板粘结或固定； 3 锚固件； 4 增强网铺设； 5 墙体热桥部位处理； 6 预制保温板或预制保温墙板的板缝及构造节点； 7 现场喷涂或浇筑有机类保温材料的界面； 8 被封闭的保温材料厚度； 9 保温隔热砌块填充墙体。 6.1.3 建筑外门窗工程施工中，应对门窗框与墙体接缝处的保温填充做法进行隐蔽工程验收，并应有隐蔽工程验收记录和必要的图像资料。 7.1.3 屋面保温隔热工程应对下列部位进行隐蔽工程验收，并应有详细的文字记录和必要的图像资料： 1 基层； 2 保温层的敷设方式、厚度；板材缝隙填充质量； 3 屋面热桥部位； 4 隔汽层。 15.0.3 建筑节能工程的检验批质量验收合格，应符合下列规定： 4 应具有完整的施工操作依据和质量验收记录。 15.0.4 建筑节能分项工程质量验收合格，应符合下列规定： 2 分项工程所含检验批的质量验收记录应完整。 15.0.5 建筑节能分部工程质量验收合格，应符合下列规定： 1 分项工程应全部合格； 2 质量控制资料应完整； 3 外墙节能构造现场实体检验结果应符合设计要求； 4 严寒、寒冷和夏热冬冷地区的外窗气密性现场实体检测结果应合格； 5 建筑设备工程系统节能性能检测结果应合格	2. 查阅建筑节能工程检验批、分项工程、分部工程验收报审表 签字：施工单位、监理单位相关负责人已签字 盖章：施工单位、监理单位已盖章 结论：通过验收 3. 查阅建筑节能工程检验批、分项工程、分部工程质量验收记录 内容：包括检验批、分项工程、分部工程质量验收记录 签字：施工单位项目技术负责人、专业监理工程师已签字 结论：合格 4. 隐蔽工程验收记录 检查墙体节能工程、建筑外门窗工程、屋面保温隔热工程隐蔽验收记录 签字：施工单位技术负责人、专业监理工程师签字齐全 结论：同意隐蔽
5.8.2	节能工程材料质量证明文件和复验报告齐全	**1.《建筑节能工程施工质量验收规范》GB 50411—2007** 3.2.1 建筑节能工程使用的材料、设备等，必须符合设计要求及国家有关标准的规定。严禁使用国家明令禁止使用与淘汰的材料和设备。 3.2.2 材料和设备进场验收应遵守下列规定：	

续表

<table>
<tr><th>条款号</th><th>大纲条款</th><th>检　查　依　据</th><th>检查要点</th></tr>
<tr><td rowspan="2">5.8.2</td><td rowspan="2">节能工程材料质量证明文件和复验报告齐全</td><td rowspan="2">1　对材料和设备的品种、规格、包装、外观和尺寸等进行检查验收，并应经监理工程师（建设单位代表）确认，形成相应的验收记录。
2　对材料和设备的质量证明文件进行核查，并应经监理工程师（建设单位代表）确认，纳入工程技术档案。进入施工现场用于节能工程的材料和设备均应具有出厂合格证、中文说明书及相关性能检测报告；定型产品和成套技术应有型式检验报告，进口材料和设备应按规定进行出入境商品检验。
3　对材料和设备应按照本规范附录A及各章的规定在施工现场抽样复验。复验应为见证取样送检。
4.2.2　墙体节能工程使用的保温隔热材料，其导热系数、密度、抗压强度或压缩强度、燃烧性能应符合设计要求。
4.2.3　墙体节能工程采用的保温材料和粘结材料等，进场时应对其下列性能进行复验，复验应为见证取样送检：
1　保温材料的导热系数、密度、抗压强度或压缩强度；
2　粘结材料的粘结强度；
3　增强网的力学性能、抗腐蚀性能。
5.2.2　幕墙节能工程使用的保温隔热材料，其导热系数、密度、燃烧性能应符合设计要求。幕墙玻璃的传热系数、遮阳系数、可见光透射比、中空玻璃露点应符合设计要求。
6.2.2　建筑外窗的气密性、保温性能、中空玻璃露点、玻璃遮阳系数和可见光透射比应符合设计要求。
7.2.2　屋面节能工程使用的保温隔热材料，其导热系数、密度、抗压强度或压缩强度、燃烧性能应符合设计要求。
8.2.2　地面节能工程使用的保温材料，其导热系数、密度、抗压强度或压缩强度、燃烧性能应符合设计要求。
12.2.2　低压配电系统选择的电缆、电线截面不得低于设计值，进场时应对其截面和每芯导体电阻值进行见证取样送检。每芯导体电阻值应符合表12.2.2的规定。
2.《建设工程监理规范》GB/T 50319—2013
5.2.9　项目监理机构应审查施工单位报送的用于工程的材料、构配件、设备的质量证明文件，并应按有关规定、建设工程监理合同的约定，对用于建设工程的材料进行见证取样，平等检验。
项目监理机构对已进场经检验不合格的材料、构配件、设备，应要求施工单位限期将其撤出施工现场。</td><td>1. 查阅建筑节能工程材料质量证明文件和复试报告
质量证明文件：为原件，如为抄件，应加盖经销商公章、采购单位的公章及抄件人，检测报告应由具备相应资质检测机构出具，盖章齐全
复检报告盖章：盖有计量认证章、资质章及试验单位章，见证取样的试验报告有见证取样人及见证取样章
结论：合格</td></tr>
<tr><td>2. 查阅材料的进场报审表
签字：施工单位、监理单位相关负责人已签字
盖章：施工单位、监理单位已盖章
结论：同意使用</td></tr>
</table>

续表

条款号	大纲条款	检查依据	检查要点
5.8.2	节能工程材料质量证明文件和复验报告齐全	**3.《电力建设工程监理规范》DL/T 5434—2009** 9.1.7 项目监理机构应对承包单位报送的拟进场工程材料、半成品和构配件的质量证明文件进行审核，并按有关规定进行抽样验收。对有复试要求的，经监理人员现场见证取样的送检，复试报告应报送项目监理机构查验。 未经项目监理机构验收或验收不合格的工程材料、半成品和构配件，不得用于本工程，并书面通知承包单位限期撤出施工现场	
5.8.3	后置锚固件现场拉拔试验合格，报告齐全	**1.《建筑节能工程施工质量验收规范》GB 50411—2007** 4.2.7 墙体节能工程的施工，应符合下列规定： 4 当墙体节能工程的保温层采用预埋或后置锚固件固定时，锚固件数量、位置、锚固深度和拉拔力应符合设计要求。后置锚固件应进行锚固力现场拉拔试验	查阅后置锚固件现场拉拔试验报告 抗拉强度：符合设计要求及规范规定 盖章：复检报告应盖有计量认证章、资质章及试验单位章，见证取样时，加盖见证取样章并注明见证人 结论：合格
5.8.4	墙体保温隔热材料安装厚度符合设计要求，保温层与基层及各构造层连接牢固	**1.《建筑节能工程施工质量验收规范》GB 50411—2007** 4.2.7 墙体节能工程的施工，应符合下列规定： 1 保温隔热材料的厚度必须符合设计要求。 2 保温板与基层及各构造层之间的粘结或连接必须牢固。粘结强度和连接方式应符合设计要求。保温板材与基层的粘结强度应做现场拉拔试验。 3 保温浆料应分层施工。当采用保温浆料做外保温时，保温层与基层之间及各层之间的粘结必须牢固，不应脱层、空鼓和开裂。 4 当墙体节能工程的保温层采用预埋或后置锚固件固定时，锚固件数量、位置、锚固深度和拉拔力应符合设计要求。后置锚固件应进行锚固力现场拉拔试验	1. 查阅墙体保温隔热材料安装质量记录 厚度：符合设计要求 签字：施工单位、监理单位相关责任人已签字 结论：合格 2. 查阅拉拔试验报告 代表部位、数量、粘结强度：符合设计要求及规范规定 盖章：复检报告应盖有计量认证章、资质章及试验单位章，见证取样时，加盖见证取样章并注明见证人 结论：合格 3. 查看保温层与基层及各构造层粘结或连接 粘结：牢固，无脱层、空鼓和开裂

续表

条款号	大纲条款	检查依据	检查要点
5.8.5	系统调试合格，功能满足设计要求	**1.《建筑节能工程施工质量验收规范》GB 50411—2007** 9.2.10　采暖系统安装完成后，应在采暖期内与热源联合试运转和调试。联合试运转和调试结果应符合设计要求，采暖房间温度相对于设计计算温度不得低于2℃，且不高于1℃。 10.2.14　通风与空调系统安装完毕，应进行通风机和空调机组等设备的单机试运转和调试，并应进行系统的风量平衡调试。单机试运转和调试结果应符合设计要求；系统的总风量与设计风量的允许偏差均不应大于10%，风口的风量与设计风量的允许偏差不应大于15%。 11.2.11　空调与采暖系统冷热源和辅助设备及其管道和管网系统安装完毕后，系统试运转及调试必须符合下列规定： 1　冷热源和辅助设备必须进行单机试运转和调试； 2　冷热源和辅助设备必须同建筑室内空调或采暖系统进行联合试运转及调试； 3　联合试运转和调试结果应符合设计要求，且允许偏差或规定值应符合本规范表11.2.11的有关规定。当联合试运转及调试不在制冷期或采暖期时，应先对表11.2.11中序号2、3、5、6四个项目进行检测，并在第一个制冷期或采暖期内，带冷（热）源补做序号1、4两个项目的检测	1. 查阅采暖系统试运转和调试记录 热力入口、房间温度：符合设计要求和规范规定 签字：施工单位、监理单位相关责任人已签字 2. 查阅通风与空调系统的试运转和调试记录 单机试运转和调试结论：符合设计要求 系统的总风量、风口的风量与设计风量允许偏差：符合规范规定 签字：施工单位、监理单位相关责任人已签字 3. 查阅空调与采暖系统冷热源和辅助设备及其管道和管网系统试运转及调试记录 单机试运转和调试：符合设计要求及规范规定 联合试运转和调试：符合设计要求及规范规定 签字：施工单位、监理单位相关责任人已签字
6　质量监督检测			
6.0.1	开展现场质量监督检查时，应重点对下列项目的检测试验报告进行查验，必要时可进行验证性抽样检测。对检验指标或结论有怀疑时，必须进行检测		

续表

条款号	大纲条款	检 查 依 据	检查要点
(1)	楼地面、屋面工程的防水材料、保温材料及回填基土的主要技术性能	**1.《建筑地面工程施工质量验收规范》GB 50209—2010** 4.2.7 回填基土应均匀密实，压实系数应符合设计要求，设计无要求时，不应小于0.9。 **2.《弹性体改性沥青防水卷材》GB 18242—2008** 5.3 材料性能应符合表2要求。 6.7 可溶物含量按GB/T 328.26进行。 6.8 耐热度按GB/T 328.11—2007中A法进行。 6.9 低温柔性按GB/T 328.14进行。 6.10 不透水性按GB/T 328.10—2007中B法进行。 6.11 拉力及延伸率按GB/T 328.8进行。 7.7.1.2 从单位面积质量、面积、厚度及外观合格的卷材中任取一卷进行材料性能试验。 **3.《建筑地基基础工程施工质量验收规范》GB 50202—2018** 4.1.4 素土和灰土地基、砂和砂石地基、土工合成材料地基、粉煤灰地基、强夯地基、注浆地基、预压地基的承载力必须达到设计要求。地基承载力的检验数量每300m² 不应少于1点，超过3000m² 部分每500m² 不应少于1点。每单位工程不应少于3点。 **4.《绝热用模塑聚苯乙烯泡沫塑料》GB/T 10801.1—2002** 4.3 物理机械性能应符合表3要求。 5.4 表观密度的测定按GB/T 6343规定测定。 5.5 压缩强度的测定按GB/T 8813规定进行。 5.6 导热系数的测定按GB/T 10294或GB/T 10295规定进行。 5.11.2 燃烧分级的测定按GB 8624规定进行。 6.1 组批：同一规格的产品数量不超过2000m³ 为一批	1. 查验抽测弹性体改性沥青防水卷材试样 可溶物含量：符合GB 18242中表2要求 耐热度：符合GB 18242中表2要求 低温柔性：符合GB 18242中表2要求 不透水性：符合GB 18242中表2要求 拉力及延伸率：符合GB 18242中表2要求 2. 查验抽测绝热用模塑聚苯乙烯泡沫塑料试样 表观密度：符合GB/T 10801.1中表3要求 压缩强度：符合GB/T 10801.1中表3要求 导热系数：符合GB/T 10801.1中表3要求 燃烧分级：符合GB/T 10801.1中表3要求 3. 查验抽测回填基土试样 压实系数：符合设计要求

续表

条款号	大纲条款	检　查　依　据	检查要点
(2)	装饰装修工程的后置埋件、结构密封胶及饰面砖粘贴的主要技术性能	**1.《建筑用硅酮结构密封胶》GB 16776—2005** 5.2　产品物理力学性能应符合表1要求 5.3　硅酮结构胶与结构装配系统用附件的相容性应符合附录表A.3规定，硅酮结构胶与实际工程用基材的粘结性应符合附录B.7规定。B.7结果的判定：实际工程用基材与密封胶粘结：粘结破坏面积的算术平均值≤20%。 6.3　下垂度按GB/T 13477.6—2003中7.1试验。 6.6　表干时间按GB/T 13477.5—2003第8.1条试验。 6.7　硬度按GB/T 531—1999采用邵尔A型硬度计试验。 6.8.3　拉伸粘结性按GB/T 13477.8—2003进行试验。 6.9　热老化试验方法 7.3　组批、抽样规则 1　连续生产时每3吨为一批，不足3吨也为一批；间断生产时，每釜投料为一批。 2　随机抽样。单组分产品抽样量为5支；双组分产品从原包装中抽样，抽样量为3kg～5kg，抽取的样品应立即密封包装。 **2.《建筑装饰装修工程质量验收标准》GB 50210—2018** 10.1.2　外墙饰面工程验收时应检查：外墙饰面砖施工前粘贴样板和外墙饰面砖粘贴工程饰面砖粘结强度报告。	1. 查验抽测硅酮结构密封胶试件 下垂度：符合GB 16776中表1要求 表干时间：符合GB 16776中表1要求 硬度：符合GB 16776中表1要求 拉伸粘结性：符合GB 16776中表1要求 热老化：符合GB 16776中表1要求 结构装配系统用附件同密封胶相容性：符合附录表A.3规定。 实际工程用基材与密封胶粘结：符合GB 16776标准中附录B.7规定
		3.《混凝土结构后锚固技术规程》JGJ 145—2013 C.2.3　后置埋件现场非破损检验的抽样数量，应符合下列规定： 1　锚栓锚固质量的非破损检验： 1）对重要结构构件及生命线工程的非结构构件，应按表C.2.3规定的抽样数量对该检验批的锚栓进行检验； 2）对一般结构构件，应取重要结构构件抽样量的50%且不少于5件进行检验； 3）对非生命线工程的非结构构件，应取每一检验批锚固件总数的0.1%且不少于5件。 2　植筋锚固质量的非破损检验： 1）对重要结构构件及生命线工程的非结构构件，应取每一检验批植筋总数的3%且不少于5件。 2）对一般结构构件，应取每一检验批植筋总数的1%且不少于3件。 3）对非生命线工程的非结构构件，应取每一检验批植筋总数的0.1%且不少于3件进行检验。	2. 现场抽检饰面砖粘结试样 粘结强度：符合JGJ 110标准6要求

续表

条款号	大纲条款	检查依据	检查要点
(2)	装饰装修工程的后置埋件、结构密封胶及饰面砖粘贴的主要技术性能	**4.《建筑工程饰面砖粘结强度检验标准》JGJ/T 110—2017** 3.0.5 现场粘贴的外墙饰面砖工程完工后，应对饰面砖粘结强度进行检验。 3.0.6 现场粘贴饰面砖粘贴强度检验应以每 $1000m^2$ 同类墙体饰面砖为一个检验批，不足 $1000m^2$ 应以 $1000m^2$ 计，每批应取一组 3 个试样，每相邻的三个楼层应至少取一组试样，试样应随机抽取，取样间距不得小于 500mm。 6 粘结强度检验评定：①每组试样平均粘结强度不应小于 0.4MPa；②每组可有一个试样的粘结强度小于 0.4MPa，但不应小于 0.3MPa	
(3)	建筑节能工程的墙体保温隔热材料及与基层的粘接、幕墙玻璃及外窗的主要技术性能	**1.《建筑节能工程施工质量验收规范》GB 50411—2007** 4.2.7 保温板与基层的粘结强度应做现场拉拔试验。 检查数量：每个检验批抽查不少于 3 处。 5.2.2 幕墙玻璃的传热系数、遮阳系数、可见光透射比、中控玻璃露点应符合设计要求。 检查数量：同一厂家的同一种产品抽查不少于一组。 **2.《建筑外门窗气密、水密、抗风压性能分级及检测方法》GB/T 7106—2008** 4.1.2 气密性能分级指标值见表 1。 4.2.2 水密性能分级指标值见表 2。 4.3.2 抗风压性能分级指标值见表 3。 6.2 试件数量：相同类型、结构及规格尺寸的试件，应至少检验三樘。 7 气密性能检测方法。 8 水密性能检测方法。 9 抗风压性能检测方法。 **3.《绝热用模塑聚苯乙烯泡沫塑料》GB/T 10801.1—2002** 4.3 物理机械性能应符合表 3 要求。 5.4 表观密度的测定按 GB/T 6343 规定测定。 5.5 压缩强度的测定按 GB/T 8813 规定进行。 5.6 导热系数的测定按 GB/T 10294 或 GB/T 10295 规定进行。 5.11.2 燃烧分级的测定按 GB 8624 规定进行。 6.1 组批：同一规格的产品数量不超过 $2000m^3$ 为一批	1. 查验抽测绝热用模塑聚苯乙烯泡沫塑料试样 表观密度：符合 GB/T 10801.1 中表 3 要求 压缩强度：符合 GB/T 10801.1 中表 3 要求 导热系数：符合 GB/T 10801.1 中表 3 要求 燃烧分级：符合 GB/T 10801.1 中表 3 要求 2. 现场拉拔保温板与基层粘结 粘结强度：符合设计要求 3. 查验抽测幕墙玻璃试样 传热系数：符合设计要求 遮阳系数：符合设计要求 可见光透射比：符合设计要求 中控玻璃露点：符合设计要求 4. 查验抽测建筑外窗试样 气密性能：符合设计要求分级 水密性能：符合设计要求分级 抗风压性能：符合设计要求分级

第6部分

变电（换流）站投运前监督检查

条款号	大纲条款	检查依据	检查要点
4　责任主体质量行为的监督检查			
4.1　建设单位质量行为的监督检查			
4.1.1	工程采用的专业标准清单已审批	**1.《输变电工程项目质量管理规程》DL/T 1362—2014** 2.5.3.1　工程开工前，建设单位应组织参建单位编制工程执行法律法规和技术标准清单，……。 **2.《输变电工程达标投产验收规程》DL 5279—2012** 表4.8.1　工程综合管理与档案检查验收表	查阅法律法规和标准规范清单目录 签字：责任人已签字 盖章：单位已盖章
4.1.2	按规定组织进行设计交底和施工图会检	**1.《建设工程质量管理条例》中华人民共和国国务院令第279号（2017年10月7日中华人民共和国国务院令第687号修正）** 第二十三条　设计单位应当就审查合格的施工图设计文件向施工单位作出详细说明。 **2.《建筑工程勘察设计管理条例》中华人民共和国国务院令第293号（2017年10月7日中华人民共和国国务院令第687号修正）** 第三十条　建设工程勘察、设计单位应当在建设工程施工前，向施工单位和监理单位说明建设工程勘察、设计意图，解释建设工程勘察、设计文件。建设工程勘察、设计单位应当及时解决施工中出现的勘察、设计问题。 **3.《建设工程监理规范》GB/T 50319—2013** 5.1.2　监理人员应熟悉工程设计文件，并应参见建设单位主持的图纸会审和设计交底会议，会议纪要应由总监理工程师签认。 5.1.3　工程开工前，监理人员应参见由建设单位主持召开的第一次工地会议，会议纪要应由项目监理机构负责整理，与会各方代表应会签。 **4.《建设工程项目管理规范》GB/T 50326—2017** 8.3.4　技术管理规划应是承包人根据招标文件要求和自身能力编制的、拟采用的各种技术和管理措施，以满足发包人的招标要求。项目技术管理规划应明确下列内容： 1　技术管理目标与工作要求； 2　技术管理体系与职责； 3　技术管理实施的保障措施； 4　技术交底要求，图纸自审、会审，施工组织设计与施工方案，专项施工技术，新技术，新技术的推广与应用，技术管理考核制度； 5　各类方案、技术措施报审流程； 6　根据项目内容与项目进度要求，拟编制技术文件、技术方案、技术措施计划及责任人； 7　新技术、新材料、新工艺、新产品的应用计划；	1. 查阅设计交底记录 主持人：建设单位责任人 交底人：设计单位责任人 签字：交底人及被交底人已签字 时间：开工前 2. 查阅施工图会检纪要 签字：施工、设计、监理、建设单位责任人已签字 时间：开工前

续表

条款号	大纲条款	检查依据	检查要点
4.1.2	按规定组织进行设计交底和施工图会检	8 对设计变更及工程洽商实施技术管理制度； 9 各项技术文件、技术方案、技术措施的资料管理与归档。 **5.《输变电工程项目质量管理规程》DL/T 1362—2014** 5.3.1 建设单位应在变电单位工程和输电分部工程开工前组织设计交底和施工图会检。未经会检的施工图纸不得用于施工	
4.1.3	按合同约定组织设备制造厂进行技术交底	设备供货合同	查阅设备制造厂的技术交底纪要 签字：交底人设备制造厂工代与被交底人建设单位、监理单位、安装单位各方参会人员已签字 时间：设备安装前
4.1.4	组织完成变电站建筑、安装和调试项目的验收	**1.《建设工程质量管理条例》中华人民共和国国务院令第279号（2017年10月7日中华人民共和国国务院令第687号修正）** 第十六条 建设单位收到建设工程竣工报告后，应当组织设计、施工、工程监理等有关单位进行竣工验收。 建设工程竣工验收应当具备下列条件。 （一）完成建设工程设计和合同约定的各项内容； （二）有完整的技术档案和施工管理资料； （三）有工程使用的主要建筑材料、建筑构配件和设备的进场试验报告； （四）有勘察、设计、施工、工程监理等单位分别签署的质量合格文件； （五）有施工单位签署的工程保修书。 建设工程经验收合格的，方可交付使用。 **2.《110kV及以上送变电工程启动及竣工验收规程》DL/T 782—2001** 4.1 工程竣工验收检查是在施工单位进行三级自检的基础上，由监理单位进行初检。初检后由建设单位会同运行、设计等单位进行预检。预检后由启委会工程验收检查组进行全面的检查和核查，必要时进行抽查和复查，并将结果向启委会报告	查阅建筑、安装和调试专业工程质量验收记录 签字：责任人已签字 盖章：责任单位已盖章 结论：明确
4.1.5	启动验收委员会已成立，各专业组按职责正常开展工作	**1.《110kV及以上送变电工程启动及竣工验收规程》DL/T 782—2001** 3.1.1 110kV及以上送变电工程的启动验收，一般由建设项目法人或省（直辖市、自治区）电力公司主持。 3.1.2 启委会一般由投资方、建设项目法人、省（直辖市、自治区）电力公司有关部门、运行、设计、施工、监理、调试、电网调度、质量监督等有关单位代表组成，必要时可邀请主要设备的制造厂参加。	1. 查阅启动验收委员会成立文件 发文单位：工程建设主管单位 内容：符合规程规定 盖章：工程建设主管单位已盖章

续表

条款号	大纲条款	检查依据	检查要点
4.1.5	启动验收委员会已成立，各专业组按职责正常开展工作	3.1.4 启委会的职责： 3.1.4.1 组织并批准成立启委会下设的工作机构。根据需要成立启动试运指挥组和工程验收检查组，在启委会领导下进行工作。 3.2.1 启动试运指挥组一般由建设、调度、调试、运行、施工安装、监理等单位组成。设组长1名，副组长2名（调度、调试单位各1名），由启委会任命。 3.2.2 启动试运指挥组的主要职责：组织有关单位编制启动调试大纲、方案，按照启委会审定的启动和系统调试方案负责工程启动、调试工作；对系统调试和试运中的安全、质量、进度全面负责。启动试运指挥组根据工作需要下设调度组、系统调试组、工程配合组，分别负责调度操作、系统调试测试、提出测试报告、在启动前和启动期间进行工程检查和安全设施装置检查、巡视抢修、现场安全等工作。启动试运指挥组在工作完成后向启动验收委员会报告，并负责出具调试报告。 3.3.1 工程验收检查组由建设、运行、设计、监理、施工、质量监督等单位组成。设组长1名，由工程建设单位出任；副组长1名，由运行单位出任，由启委会任命。 3.3.2 工程验收检查组的主要职责：核查工程质量的预检查报告，组织各专业验收检查，听取各专业验收检查组的验收检查情况汇报，审查验收检查报告，责成有关单位消除缺陷并进行复查和验收；确认工程是否符合设计和验收规范要求，是否具备试运行及系统调试条件，核查工程质量监督部门的监督报告，提出工程质量评价的意见，归口协调并监督工程移交和备品备件、专用工器具、工程资料的移交。 **2.《±800kV及以下直流输电工程启动及竣工验收规程》DL/T 5234—2010** 5.1.1 启动及竣工验收委员会由项目法人筹备成立。 5.1.2 启委会由投资方、项目法人、建设管理单位、相关区域电网公司、相关省电力公司、设计、监理、施工、调试、运行、电网调度、质量监督等单位的代表组成。启委会设主任委员一名，副主任委员和委员若干名，由项目法人与有关部门协调，确定组员人员名单。 5.1.3 启委会下设启动试运组、工程验收组、工程协调组。 5.1.4 启委会必须在系统调试之前成立并开展工作，办理完竣工验收移交生产手续后终止	2. 查阅试运指挥部成立文件 发文单位：工程建设单位 内容：符合规程规定 盖章：工程建设单位已盖章 3. 查阅试运指挥部工作制度 内容：各专业组职责已明确
4.1.6	调试方案报电网调度部门批准，取得保护定值	**1.《110kV及以上送变电工程启动及竣工验收规程》DL/T 782—2001** 3.4.9 电网调度部门根据建设项目法人提供的相关资料和系统情况，经过计算及时提供各种继电保护装置的整定值以及各设备的调度编号和名称；根据调试方案编制并审定启动调度方案和系统运行方式，核查工程启动试运的通信、调度自动化、保护、电能测量、安全自动装置的情况；审查、批准工程启动试运申请和可能影响电网安全运行的调整方案；	1. 查阅启动调试方案 签字：责任人签字 盖章：责任单位已盖章 审批：电网调度部门已审批同意

续表

条款号	大纲条款	检 查 依 据	检查要点
4.1.6	调试方案报电网调度部门批准，取得保护定值	5.1 由试运指挥组提出的工程启动、系统调试、试运方案已经启委会批准；调试方案已经调度部门批准； **2.《±800kV及以下直流输电工程启动及竣工验收规程》DL／T 5234—2010** 5.2.2 启动试运组的职责 1 启动试运组全面负责站系统和系统调试以及试运行的具体组织工作，按照启委会的要求，组织指挥站系统和系统调试工作，负责督促对调试和试运行过程中发现的缺陷和遗留问题的处理，并向启委会提交消缺报告。 3 系统调试组的职责 系统调试组全面负责系统调试的具体组织工作，按照启委会的要求，组织指挥系统调试工作。主要工作内容如下： 1）协调系统调试各组之间的工作、负责处理调试中出现的有关问题； 2）保证按时完成系统调试工作； 3）负责指挥处理调试中设备及控制保护系统发生的异常、故障； 4）组织编写系统调试有关试验的分项总结； 5）负责调试期间的安全保卫和后勤保障工作； 6）负责组织对系统调试过程中发现的缺陷和遗留问题的处理，并向启动试运组提交消缺报告	2. 查阅继电保护定值单 审批：电网调度部门已批准 盖章：电网调度部门已盖章
4.1.7	对工程建设标准强制性条文执行情况进行汇总	**1.《中华人民共和国标准化法实施条例》中华人民共和国国务院第53号令发布** 第二十三条 从事科研、生产、经营的单位和个人，必须严格执行强制性标准。 **2.《实施工程建设强制性标准监督规定》中华人民共和国建设部令第81号（2015年1月22日中华人民共和国住房和城乡建设部令第23号修正）** 第二条 在中华人民共和国境内从事新建、扩建、改建等工程建设活动，必须执行工程建设强制性标准。 第六条 ……工程质量监督机构应当对工程建设施工、监理、验收等阶段执行强制性标准的情况实施监督 **3.《输变电工程项目质量管理规程》DL／T 1362—2014** 4.4 参建单位应严格执行工程建设标准强制性条文	查阅强制性标准执行汇总表 内容：与强条执行记录相符 盖章：编制单位已盖章
4.1.8	各阶段质量监督检查提出的整改意见已落实闭环	**1.《电力工程质量监督实施管理程序（试行）》中电联质监〔2012〕437号** 第十二条 阶段性监督检查 …… （四）……	查阅电力工程质量监督检查整改回复单 内容：整改项目全部闭环 签字：相关单位责任人已签字

续表

条款号	大纲条款	检 查 依 据	检查要点
4.1.8	各阶段质量监督检查提出的整改意见已落实闭环	项目法人单位（建设单位）接到《电力工程质量监督检查整改通知书》或《停工令》后，应在规定时间组织完成整改，经内部验收合格后，填写《电力工程质量监督检查整改回复单》（见附表7），报请质监机构复查核实。 第十六条 电力工程项目投运并网前，各阶段监督检查、专项检查和定期巡视检查提出的整改意见必须全部完成整改闭环，……。 **2.《电力建设工程监理规范》DL/T 5434—2009** 9.1.12 对施工过程中出现的质量缺陷，专业监理工程师应及时下达书面通知，要求承包单位整改，并检查确认整改结果。 9.1.13 监理人员发现施工过程中存在重大质量隐患，可能造成质量事故或已经造成质量事故时，应通过总监理工程师报告建设单位后下达工程暂停令，要求承包单位停工整改。整改完毕并经监理人员复查，符合要求后，总监理工程师确认，报建设单位批准复工。 10.2.18 项目监理机构应接受质量监督机构的质量监督，督促责任单位进行缺陷整改，并验收	盖章：相关单位已盖章
4.1.9	无任意压缩合同约定工期的行为	**1.《建设工程质量管理条例》中华人民共和国国务院令第279号（2017年10月7日中华人民共和国国务院令第687号修正）** 第十条 建设工程发包单位不得迫使承包方以低于成本的价格竞标，不得任意压缩合理工期。 **2.《电力建设工程施工安全监督管理办法》电监会电监安全〔2007〕38号** 第十一条 建设单位应当执行定额工期，不得压缩合同约定的工期。如工期确需调整，应当对安全影响进行论证和评估。论证和评估应当提出相应的施工组织措施和安全保障措施。 **3.《建设工程项目管理规范》GB/T 50326—2017** 9.2.1 项目进度计划编制依据应包括下列主要内容： 1 合同文件和相关要求； 2 项目管理规划文件； 3 资源条件、内部与外部约束条件。 **4.《输变电工程项目质量管理规程》DL/T 1362—2014** 5.3.3 输变电工程项目的工期应按合同约定执行。施工过程中建设单位应针对现场施工进展、图纸交付进度和设备进场计划等进行专项检查，并按实际情况动态调整进度计划。当需要调整时，建设单位应组织设计、监理、施工、物资供应等单位从影响工程建设的资源、环境、安全等各方面确认其可行性，不得任意压缩合同约定工期，并应接受建设行政主管部门的监督	查阅施工进度计划、合同工期和调整工期的相关文件 内容：有压缩工期的行为时，应有设计、监理、施工和建设单位认可的书面文件

续表

条款号	大纲条款	检查依据	检查要点
4.1.10	采用的新技术、新工艺、新流程、新装备、新材料已审批	**1.《中华人民共和国建筑法》中华人民共和国主席令第46号** 第四条 国家扶持建筑业的发展，支持建筑科学技术研究，提高房屋建筑设计水平，鼓励节约能源和保护环境，提倡采用先进技术、先进设备、先进工艺、新型建筑材料和现代管理方式。 **2.《建设工程质量管理条例》中华人民共和国国务院令第279号（2017年10月7日中华人民共和国国务院令第687号修正）** 第六条 国家鼓励采用先进的科学技术和管理方法，提高建设工程质量。 **3.《实施工程建设强制性标准监督规定》中华人民共和国建设部令第81号（2015年1月22日中华人民共和国住房和城乡建设部令第23号修正）** 第五条 建设工程勘察、设计文件中规定采用的新技术、新材料，可能影响建设工程质量和安全，又没有国家技术标准的，应当由国家认可的检测机构进行试验、论证，出具检测报告，并经国务院有关主管部门或者省、自治区、直辖市人民政府有关主管部门组织的建设工程技术专家委员会审定后，方可使用。工程建设中采用国际标准或者国外标准，现行强制性标准未做规定的，建设单位应当向国务院住房城乡建设主管部门或者国务院有关主管部门备案。 **4.《输变电工程项目质量管理规程》DL/T 1362—2014** 4.4 应按照国家和行业相关要求积极采用新技术、新工艺、新流程、新装备、新材料……（以下简称“五新”技术） 5.1.6 当应用技术要求高、作业复杂的“五新”技术，建设单位应组织设计、监理、施工及其他相关单位进行施工方案专题研究，或组织专家评审。 **5.《电力建设施工技术规范 第1部分：土建结构工程》DL 5190.1—2012** 3.0.4 采用新技术、新工艺、新材料、新设备时，应经过技术鉴定或具有允许使用的证明。施工前应编制单独的施工措施及操作规程。 **6.《电力工程地基处理技术规程》DL/T 5024—2005** 5.0.8 ……。当采用当地缺乏经验的地基处理方法或引进和应用新技术、新工艺、新方法时，须通过原体试验验证其适用性	查阅新技术、新工艺、新流程、新装备、新材料论证文件 意见：同意采用等肯定性意见 盖章：相关单位已盖章
4.2 设计单位质量行为的监督检查			
4.2.1	设计图纸交付进度能保证连续施工	**1.《中华人民共和国合同法》中华人民共和国主席令第15号** 第二百七十四条 勘察、设计合同的内容包括提交有关基础资料和文件（包括概预算）的期限、质量要求、费用以及其他协作条件等条款。	1. 查阅设计单位的施工图出图计划 交付时间：与施工总进度计划相符

续表

<table>
<tr><th>条款号</th><th>大纲条款</th><th>检查依据</th><th>检查要点</th></tr>
<tr><td>4.2.1</td><td>设计图纸交付进度能保证连续施工</td><td>第二百八十条　勘察、设计的质量不符合要求或者未按照期限提交勘察、设计文件拖延工期，造成发包人损失的，勘察人、设计人应当继续完善勘察、设计，减收或者免收勘察、设计费并赔偿损失。
2.《建设工程项目管理规范》GB/T 50326—2017
9.1.2　项目进度管理应遵循下列程序：
1　编制进度计划。
2　进度计划交底，落实管理责任。
3　实施进度计划。
4　进行进度控制和变更管理。
9.2.2　组织应提出项目控制性进度计划。项目管理机构应根据组织的控制性进度计划，编制项目的作业性进度计划</td><td>2. 查阅建设单位的设计文件接收记录
接收时间：与出图计划一致</td></tr>
<tr><td>4.2.2</td><td>技术洽商、设计更改等文件完整、手续齐全</td><td>1.《建设工程勘察设计管理条例》中华人民共和国国务院令第293号（2017年10月7日中华人民共和国国务院令第687号修正）
第二十八条　建设单位、施工单位、监理单位不得修改建设工程勘察、设计文件；确需修改建设工程勘察、设计文件的，应当由原建设工程勘察、设计单位修改。经原建设工程勘察、设计单位书面同意，建设单位也可以委托其他具有相应资质的建设工程勘察、设计单位修改。修改单位对修改的勘察、设计文件承担相应责任。
施工单位、监理单位发现建设工程勘察、设计文件不符合工程建设强制性标准、合同约定的质量要求的，应当报告建设单位，建设单位有权要求建设工程勘察、设计单位对建设工程勘察、设计文件进行补充、修改。
建设工程勘察、设计文件内容需要做重大修改的，建设单位应当报经原审批机关批准后，方可修改
2.《输变电工程项目质量管理规程》DL/T 1362—2014
6.3.8　设计变更应根据工程实施需要进行设计变更。设计变更管理应符合下列要求：
a）设计变更应符合可行性研究或初步设计批复的要求。
b）当涉及改变设计方案、改变设计原则、改变原定主要设备规范、扩大进口范围、增减投资超过50万元等内容的设计变更时，设计并更应报原主审单位或建设单位审批确认。
c）由设计单位确认的设计变更应在监理单位审核、建设单位批准后实施。
6.3.10　设计单位绘制的竣工图应反映所有的设计变更</td><td>查阅设计更改、技术洽商文件
编制签字：设计单位各级责任人已签字
审核签字：建设单位、监理单位责任人已签字</td></tr>
</table>

续表

条款号	大纲条款	检查依据	检查要点
4.2.3	设计代表工作到位、处理设计问题及时	**1.《建设工程勘察设计管理条例》中华人民共和国国务院令第293号（2017年10月7日中华人民共和国国务院令第687号修正）** 第三十条 …建设工程勘察、设计单位应当及时解决施工中出现的勘察、设计问题。 **2.《输变电工程项目质量管理规程》DL/T 1362—2014** 6.1.9 勘察、设计单位应按照合同约定开展下列工作： c）派驻工地设计代表，及时解决施工中发现的设计问题。 d）参加工程质量验收，配合质量事件、质量事故的调查和处理工作。 **3.《电力勘测设计驻工地代表制度》DLGJ 159.8—2001** 2.0.1 工代的工地现场服务是电力工程设计的阶段之一，为了有效地贯彻勘测设计意图，实施设计单位通过工代为施工、安装、调试、投运提供及时周到的服务，促进工程顺利竣工投产，特制定本制度。 2.0.2 工代的任务是解释设计意图，解释施工图纸中的技术问题，收集包括设计本身在内的施工、设备材料等方面的质量信息，加强设计与施工、生产之间的配合，共同确保工程建设质量和工期，以及国家和行业标准的贯彻执行。 2.0.3 工代是设计单位派驻工地配合施工的全权代表，应能在现场积极地履行工代职责，使工程实现设计预期要求和投资效益	1. 查阅设计单位对工代的任命书 内容：包括设计修改、变更、材料代用等签发人资格 2. 查阅设计服务报告 内容：包括现场施工与设计要求相符情况和工代协助施工单位解决具体技术问题的情况 3. 查阅设计变更通知单和工程联系单 签发时间：在现场问题要求解决时间前
4.2.4	参加规定项目的质量验收工作	**1.《建筑工程施工质量验收统一标准》GB 50300—2013** 6.0.3 分部工程应由总监理工程师组织施工单位项目负责人和项目技术负责人等进行验收。 勘察、设计单位项目负责人和施工单位技术、质量部门负责人应参加地基与基础分部工程的验收。设计单位项目负责人和施工单位技术、质量部门负责人应参加主体结构、节能分部工程的验收。 6.0.6 建设单位收到工程竣工报告后，应由建设单位项目负责人组织监理、施工、设计、勘察等单位项目负责人进行单位工程验收。 **2.《输变电工程项目质量管理规程》DL/T 1362—2014** 6.1.9 勘察、设计单位应按照合同约定开展下列工作： c）派驻工地设计代表，及时解决施工中发现的设计问题。 d）参加工程质量验收，配合质量事件、质量事故的调查和处理工作	1. 查阅项目质量验收范围划分表 勘察、设计单位参加验收的项目：已确定 2. 查阅分部工程、单位工程验收单 签字：设计项目负责人已签字

续表

条款号	大纲条款	检查依据	检查要点
4.2.5	工程建设标准强制性条文落实到位	**1.《建设工程质量管理条例》中华人民共和国国务院令第279号（2017年10月7日中华人民共和国国务院令第687号修正）** 第十九条　勘察、设计单位必须按照工程建设强制性标准进行勘察、设计，并对其勘察、设计的质量负责。 注册建筑师、注册结构工程师等注册执业人员应当在设计文件上签字，对设计文件负责。 **2.《建设工程勘察设计管理条例》中华人民共和国国务院令第293号（2017年10月7日中华人民共和国国务院令第687号修正）** 第五条　……建设工程勘察、设计单位必须依法进行建设工程勘察、设计，严格执行工程建设强制性标准，并对建设工程勘察、设计的质量负责。 **3.《实施工程建设强制性标准监督规定》中华人民共和国建设部令第81号（2015年1月22日中华人民共和国住房和城乡建设部令第23号修正）** 第二条　在中华人民共和国境内从事新建、扩建、改建等工程建设活动，必须执行工程建设强制性标准。 **4.《输变电工程项目质量管理规程》DL／T 1362—2014** 6.2.1　勘察、设计单位应根据工程质量总目标进行设计质量管理策划，并应编制下列设计质量管理文件： a）设计技术组织措施； b）达标投产或创优实施细则； c）工程建设标准强制性条文执行计划； d）执行法律法规、标准、制度的目录清单。 6.2.2　勘察、设计单位应在设计前将设计质量管理文件报建设单位审批。如有设计阶段的监理，则应报监理单位审查、建设单位批准	1. 查阅与强制性标准有关的可研、初设、技术规范书等设计文件 编、审、批：相关负责人已签字 2. 查阅强制性标准实施计划（含强制性标准清单）和本阶段执行记录 计划审批：监理和建设单位审批人已签字 记录内容：与实施计划相符 记录审核：监理单位审核人已签字
4.2.6	进行了本阶段工程实体质量与设计的符合性确认	**1.《输变电工程项目质量管理规程》DL／T 1362—2014** 6.1.9　勘察、设计单位应按照合同约定开展下列工作： c）派驻工地设计代表，及时解决施工中发现的设计问题。 d）参加工程质量验收，配合质量事件、质量事故的调查和处理工作。 **2.《电力勘测设计驻工地代表制度》DLGJ 159.8—2001** 5.0.3　深入现场，调查研究 1　工代应坚持经常深入施工现场，调查了解施工是否与设计要求相符，并协助施工单位解决施工中出现的具体技术问题，做好服务工作，促进施工单位正确执行设计规定的要求。	1. 查阅分部工程、单位工程质量验收记录 审核签字：勘察、设计单位项目负责人已签字

续表

<table>
<tr><th>条款号</th><th>大纲条款</th><th>检 查 依 据</th><th>检查要点</th></tr>
<tr><td>4.2.6</td><td>进行了本阶段工程实体质量与设计的符合性确认</td><td>2 对于发现施工单位擅自做主，不按设计规定要求进行施工的行为，应及时指出，要求改正，如指出无效，又涉及安全、质量等原则性、技术性问题，应将问题事实与处理过程用“备忘录”的形式书面报告建设单位和施工单件，同时向设总和处领导汇报</td><td>2. 查阅阶段工程实体质量与勘察设计符合性确认记录
内容：已对本阶段工程实体质量与勘察设计的符合性进行了确认</td></tr>
<tr><td colspan="4">4.3 监理单位质量行为的监督检查</td></tr>
<tr><td rowspan="3">4.3.1</td><td rowspan="3">项目监理部专业监理人员配备合理，资格证书与承担任务相符</td><td rowspan="3">1.《中华人民共和国建筑法》中华人民共和国主席令（第46号）
第十四条 从事建筑活动的专业技术人员，应当依法取得相应的职业资格证书，并在执业资格证书许可的范围内从事建筑活动。
2.《建设工程质量管理条例》中华人民共和国国务院令第279号（2017年10月7日中华人民共和国国务院令第687号修改）
第三十七条 工程监理单位应当选派具备相应资格的总监理工程师和监理工程师进驻施工现场。……
3.《建设工程监理规范》GB/T 50319—2013
3.1.2 项目监理机构的监理人员应由总监理工程师、专业监理工程师和监理员组成，且专业配套、数量应满足建设工程监理工作需要，必要时可设总监理工程师代表。
3.1.3 ……应及时将项目监理机构的组织形式、人员构成、及对总监理工程师的任命书面通知建设单位。
4.《电力建设工程监理规范》DL/T 5434—2009
5.1.3 项目监理机构由总监理工程师、专业监理工程师和监理员组成，且专业配套、数量满足工程项目监理工作的需要，必要时可设置总监理工程师代表和副总监理工程师。
5.1.4 监理单位应在委托监理合同约定的时间内将项目监理机构的组织形式、人员构成及对总监理工程师的任命书面通知建设单位。当总监理工程师需要调整时，监理单位应征得建设单位同意，并书面报建设单位；当专业监理工程师需要调整时，总监理工程师应书面通知建设单位和承包单位</td><td>1. 查阅监理大纲（规划）中的监理人员进场计划
人员数量及专业：已明确</td></tr>
<tr><td>2. 查阅现场监理人员名单，检查监理人员数量是否满足工程需要。
专业：与工程阶段和监理规划相符</td></tr>
<tr><td>3. 查阅各级监理人员的岗位资格证书
发证单位：住建部或颁发技术职称的主管部门
有效期：当前有效</td></tr>
<tr><td>4.3.2</td><td>专业施工组织设计和调试方案已审查</td><td>1.《建设工程监理规范》GB/T 50319—2013
5.1.6 项目监理机构应审查施工单位报审的施工组织设计，符合要求时，应由总监理工程师签认后报建设单位。
5.2.2 总监理工程师应组织专业监理工程师审查施工单位报审的施工方案，符合要求后予以签认。</td><td>1. 查阅专业施工组织设计报审资料
审查意见：结论明确
审批：责任人已签字</td></tr>
</table>

续表

条款号	大纲条款	检查依据	检查要点
4.3.2	专业施工组织设计和调试方案已审查	**2.《电力工程建设监理规范》DL/T 5434—2009** 10.2.4 项目监理机构应审查承包单位报送的调试大纲、调试方案和措施，提出监理意见，报建设单位	2. 查阅调试方案报审资料 审查意见：结论明确 审核：总监理工程师已签字 批准：试运指挥部总指挥（组长）已签字
4.3.3	特殊施工技术措施已审批	**1.《建设工程监理规范》GB/T 50319—2013** 5.5.3 项目监理机构应审查施工单位报审的专项施工方案，符合要求的，应由总监理工程师签认后报建设单位。超过一定规模的危险性较大的分部分项工程的专项施工方案，应检查施工单位组织专家进行论证、审查的情况，以及是否附具安全验算结果	查阅特殊施工技术措施、方案报审文件和旁站记录 审核意见：专家意见已在施工措施方案中落实，同意实施 审批：相关单位责任人已签字 旁站记录：根据施工技术措施对应现场进行检查确认
4.3.4	组织或参加设备、材料的到货检查验收	**1.《建设工程监理规范》GB/T 50319—2013** 5.2.9 项目监理机构应审查施工单位报送的用于工程的材料、构配件、设备的质量证明文件，并应按有关规定、建设工程监理合同约定，对用于工程的材料进行见证取样、平行检验。 项目监理机构对已进场经检验不合格的工程材料、构配件、设备，应要求施工单位限期将其撤出施工现场。 **2.《电力建设工程监理规范》DL/T 5434—2009** 9.1.7 项目监理机构应对承包单位报送的拟进场工程材料、半成品和构配件的质量证明文件进行审核，并按有关规定进行抽样验收。对有复试要求的，经监理人员现场见证取样后送检，复试报告应报送项目监理机构查验。 9.1.8 项目监理机构应参与主要设备开箱验收，对开箱验收中发现的设备质量缺陷，督促相关单位处理	1. 查阅工程材料/构配件/设备报审表 审查意见：同意使用 2. 查阅见证取样委托单 取样项目：符合规范要求 签字：施工单位取样员和监理单位见证员已签字 3. 查阅主要设备开箱/材料到货验收记录 会签：监理工程师已签字
4.3.5	已按规程规定，对施工现场质量管理进行检查	**1.《建筑工程施工质量验收统一标准》GB 50300—2013** 3.0.1 施工现场应具有健全的质量管理体系、相应施工技术标准、施工质量检验制度和综合施工质量水平评定考核制度。施工现场质量管理可按本标准附录A的要求进行检查记录。 附录A 施工现场质量管理检查记录	查阅施工现场质量管理检查记录 内容：符合规程规定 结论：有肯定性结论 签章：责任人已签字

续表

条款号	大纲条款	检查依据	检查要点
4.3.6	组织补充完善施工质量验收项目划分表，对设定的工程质量控制点，进行了旁站监理	**1.《建设工程监理规范》GB/T 50319—2013** 5.2.11　项目监理机构应根据工程特点和施工单位报送的施工组织设计，确定旁站的关键部位、关键工序，安排监理人员进行旁站，并应及时记录旁站情况。 **2.《电力建设工程监理规范》DL/T 5434—2009** 9.1.2　项目监理机构应审查承包单位编制的质量计划和工程质量验收及评定项目划分表，提出监理意见，报建设单位批准后监督实施。 9.1.9　项目监理机构应安排监理人员对施工过程进行巡视和检查，对工程项目的关键部位、关键工序的施工过程进行旁站监理。 **3.《输变电工程项目质量管理规程》DL/T 1362—2014** 7.3.4　监理单位应通过文件审查、旁站、巡视、平行检验、见证取样等监理工作方法开展质量监理活动	1. 查阅施工质量验收范围划分表及报审表 划分表内容：符合规程规定且已明确了质量控制点 报审表签字：相关单位责任人已签字 2. 查阅旁站计划和旁站记录 旁站计划质量控制点：符合施工质量验收范围划分表要求 旁站记录：完整 签字：监理旁站人员已签字
4.3.7	设备、施工质量问题及处理台账完整，记录齐全	**1.《建设工程监理规范》GB/T 50319—2013** 5.2.15　项目监理机构发现施工存在质量问题的，或施工单位采用不适当的施工工艺，或施工不当，造成工程质量不合格的，应及时签发监理通知单，要求施工单位整改。整改完毕后，项目监理机构应根据施工单位报送的监理通知回复单对整改情况进行复查，提出复查意见。 5.2.16　对需要返工处理或加固补强的质量缺陷，项目监理机构应要求施工单位报送经设计等相关单位认可的处理方案，并应对质量缺陷的处理过程进行跟踪检查，同时应对处理结果进行验收。 5.2.17　对需要返工处理或加固补强的质量事故，项目监理机构应要求施工单位报送质量事故调查报告和经设计等相关单位认可的处理方案，并应对质量事故的处理过程进行跟踪检查，同时应对处理结果进行验收。 项目监理机构应及时向建设单位提交质量事故书面报告，并应将完整的质量事故处理记录整理归档。 **2.《电力建设工程监理规范》DL/T 5434—2009** 9.1.12　对施工过程中出现的质量缺陷，专业监理工程师应及时下达书面通知，要求承包单位整改，并检查确认整改结果。 9.1.15　专业监理工程师应根据消缺清单对承包单位报送的消缺方案进行审核，符合要求后予以签认，并根据承包单位报送的消缺报验申请表和自检记录进行检查验收	查阅质量问题及处理记录台账 记录要素：质量问题、发现时间、责任单位、整改要求、闭环文件、完成时间 检查内容：记录完整

续表

条款号	大纲条款	检查依据	检查要点
4.3.8	完成相关施工和调试项目的质量验收并汇总	**1.《建设工程监理规范》GB/T 50319—2013** 5.2.14 项目监理机构应对施工单位报验的隐蔽工程、检验批、分项工程和分部工程进行验收，对验收合格的应给予签认；对验收不合格的应拒绝签认，同时应要求施工单位在指定的时间内整改并重新报验。 对已同意覆盖的工程隐蔽部位质量有疑问的，或发现施工单位私自覆盖工程隐蔽部位的，项目监理机构应要求施工单位对该隐蔽部位进行钻孔探测、剥离或其他方法进行重新检验。 **2.《电力工程建设监理规范》DL/T 5434—2009** 9.1.11 专业监理工程师应对承包单位报送的分项工程质量报验资料进行审核，符合要求予以签认；总监理工程师应组织专业监理工程师对承包单位报送的分部工程和单位工程质量验评资料进行审核和现场检查，符合要求予以签认。 9.1.16 项目监理机构应组织工程竣工初检，对发现的缺陷督促承包单位整改，并复查。 10.2.16 项目监理机构应组织或参加单体、分系统和整套启动调试各阶段的质量验收、签证工作，审核调试结果	查阅施工、调试项目验收汇总一览表 内容：包括已验收项目名称、验收时间、验收人、验收结论 验收项目：与施工项目验收划分表相符 应验收及已验收项目数量：已汇总
4.3.9	工程建设标准强制性条文检查到位	**1.《实施工程建设强制性标准监督规定》中华人民共和国建设部令第81号（2015年1月22日中华人民共和国住房和城乡建设部令第23号修改）** 第二条 在中华人民共和国境内从事新建、扩建、改建等工程建设活动，必须执行工程建设强制性标准。 第三条 本规定所称工程强制性标准是指直接涉及工程质量、安全、卫生及环境保护等方面的工程建设标准强制性条文。 第六条 …… 工程质量监督机构应当对建设施工、监理、验收等阶段执行强制性标准的情况实施监督。 **2.《输变电工程项目质量管理规程》DL/T 1362—2014** 7.3.5 监理单位应监督施工单位质量管理体系的有效运行，应监督施工单位按照技术标准和设计文件进行施工，应定期检查工程建设标准强制性条文执行情况，……	查阅工程强制性条文执行情况检查表 内容：符合强制性标准执行计划要求 签字：施工单位技术人员与监理工程师已签字
4.3.10	提出投运前工程质量监理评价意见	**1.《建设工程监理规范》GB/T 50319—2013** 5.2.19 工程竣工预验收合格后，项目监理机构应编写工程质量评估报告，经总监理工程师和工程监理单位技术负责人审核签字后报建设单位。 **2.《电力工程建设监理规范》DL/T 5434—2009** 11.2 工程启动验收阶段	1. 查阅工程质量评估报告 结论：明确 签字：总监理工程师和工程监理单位技术负责人已签字

续表

条款号	大纲条款	检查依据	检查要点
4.3.10	提出投运前工程质量监理评价意见	11.2.2 提交工程质量评估报告和相关监理文件。 **3.《输变电工程项目质量管理规程》DL/T 1362—2014** 14.2.1 变电工程应分别在主要建（构）筑物基础基本完成、土建交付安装前、投运前进行中间验收，输电线路工程应分别在杆塔组立前、导地线架设前、投运前进行中间验收。投运前中间验收可与竣工预验收合并进行。中间验收应符合下列要求： b）在收到初检申请并确认符合条件后，监理单位应组织进行初检，在初检合格后，应出具监理初检报告并向建设单位申请中间验收	2. 查阅本阶段监理初检报告 评价意见：明确
4.4 施工单位质量行为的监督检查			
4.4.1	企业资质与合同约定的业务相符	**1.《中华人民共和国建筑法》中华人民共和国主席令第46号** 第十三条 从事建筑活动的建筑施工企业、勘察单位、设计单位……经资质审查合格，取得相应等级的资质证书后，方可在其资质等级许可的范围内从事建筑活动。 **2.《建设工程质量管理条例》中华人民共和国国务院令第279号（2017年10月7日中华人民共和国国务院令第687号修改）** 第二十五条 施工单位应当依法取得相应等级的资质证书，并在其资质等级许可的范围内承揽工程。 **3.《建筑业企业资质管理规定》中华人民共和国住房和城乡建设部令第22号** 第三条 企业应当按照其拥有的资产、主要人员、已完成的工程业绩和技术装备等条件申请建筑业企业资质，经审查合格，取得建筑业企业资质证书后，方可在资质许可的范围内从事建筑施工活动。 **4.《承装（修、试）电力设施许可证管理办法》国家电力监管委员会令28号** 第四条 在中华人民共和国境内从事承装、承修、承试电力设施活动的，应当按照本办法的规定取得许可证。除电监会另有规定外，任何单位或者个人未取得许可证，不得从事承装、承修、承试电力设施活动。 本办法所称承装、承修、承试电力设施，是指对输电、供电、受电电力设施的安装、维修和试验。 第二十八条 承装（修、试）电力设施单位在颁发许可证的派出机构辖区以外承揽工程的，应当自工程开工之日起十日内，向工程所在地派出机构报告，依法接受其监督检查	1. 查阅企业资质证书 发证单位：政府主管部门 有效期：当前有效 业务范围：涵盖合同约定的业务 2. 查阅承装（修、试）电力设施许可证 发证单位：国家能源局派出机构（原国家电力监管委员会派出机构） 有效期：当前有效 业务范围：涵盖合同约定的业务 3. 查阅跨区作业许可证 发证单位：工程所在地政府主管部门

续表

条款号	大纲条款	检查依据	检查要点
4.4.2	项目部组织机构健全，专业人员配置合理	**1.《中华人民共和国建筑法》中华人民共和国主席令第46号** 第十四条　从事建筑活动的专业技术人员，应当依法取得相应的执业资格证书，并在执业资格证书许可的范围内从事建筑活动。 **2.《建设工程质量管理条例》中华人民共和国国务院令第279号（2017年10月7日中华人民共和国国务院令第687号修改）** 第二十六条　施工单位对建设工程的施工质量负责。 施工单位应当建立质量责任制，确定工程项目的项目经理、技术负责人和施工管理负责人。…… **3.《建设工程项目管理规范》GB/T 50326—2017** 4.3.4　建立项目管理机构应遵循下列规定： 1　结构应符合组织制度和项目实施要求； 2　应有明确的管理目标、运行程序和责任制度； 3　机构成员应满足项目管理要求及具备相应资格； 4　组织分工相对稳定并可根据项目实施变化进行调整； 5　应确定机构成员的职责、权限、利益和需承担的风险。 **4.《输变电工程项目质量管理规程》DL/T 1362—2014** 9.1.5　施工单位应按照施工合同约定组建施工项目部，应提供满足工程质量目标的人力、物力和财力的资源保障。 9.3.1　施工项目部人员执业资格应符合国家有关规定。 附录　表D.1输变电工程施工项目部人员资格要求	查阅项目部成立文件 岗位设置：包括项目经理、技术负责人、施工管理负责人、施工员、质量员、安全员、材料员、资料员等
4.4.3	项目经理资格符合要求并经本企业法定代表人授权	**1.《中华人民共和国建筑法》中华人民共和国主席令第46号** 第十四条　从事建筑活动的专业技术人员，应当依法取得相应的执业资格证书，并在执业资格证书许可的范围内从事建筑活动。 **2.《注册建造师管理规定》中华人民共和国建设部令第153号** 第三条　本规定所称注册建造师，是指通过考核认定或考试合格取得中华人民共和国建造师资格证书（以下简称资格证书），并按照本规定注册，取得中华人民共和国建造师注册证书（以下简称注册证书）和执业印章，担任施工单位项目负责人及从事相关活动的专业技术人员。 未取得注册证书和执业印章的，不得担任大中型建设工程项目的施工单位项目负责人，不得以注册建造师的名义从事相关活动。	1. 查阅项目经理资格证书 发证单位：政府主管部门 有效期：当前有效 等级：满足项目要求 注册单位：与承包单位一致

续表

<table>
<tr><th>条款号</th><th>大纲条款</th><th>检 查 依 据</th><th>检查要点</th></tr>
<tr><td>4.4.3</td><td>项目经理资格符合要求并经本企业法定代表人授权</td><td>3.《建筑施工企业主要负责人、项目负责人和专职安全生产管理人员安全生产管理规定》中华人民共和国住房和城乡建设部令第17号
第二条　在中华人民共和国境内从事房屋建筑和市政基础设施工程施工活动的建筑施工企业的“安管人员”，参加安全生产考核，履行安全生产责任，以及对其实施安全生产监督管理，应当符合本规定。
第三条　……项目负责人，是指取得相应注册执业资格，由企业法定代表人授权，负责具体工程项目管理的人员。……
4.《建设工程项目管理规范》GB/T 50326—2017
4.1.4　建设工程项目各实施主体和参与方法定代表人应书面授权委托项目管理机构负责人，并实行项目负责人责任制。
4.1.6　项目管理机构负责人应取得相应资格，并按规定取得安全生产考核合格证书。
5. 住房城乡建设部关于印发《建筑工程五方责任主体项目负责人质量终身责任追究暂行办法》的通知　建质〔2014〕124号
第三条　建筑工程五方责任主体项目负责人质量终身责任，是指参与新建、扩建、改建的建筑工程项目负责人按照国家法律法规和有关规定，在工程设计使用年限内对工程质量承担相应责任。
第七条　工程质量终身责任实行书面承诺和竣工后永久性标牌等制度。
6. 关于印发《注册建造师执业工程规模标准》（试行）的通知中华人民共和国建设部　建市〔2007〕171号
附件：《注册建造师执业工程规模标准》（试行）
表：注册建造师执业工程规模标准（电力工程）</td><td>2. 查阅项目经理安全生产考核合格证书
发证单位：政府主管部门
有效期：当前有效

3. 查阅施工单位法定代表人对项目经理的授权文件
被授权人：与当前工程项目经理一致

4. 查阅施工单位项目负责人工程质量终身责任承诺书</td></tr>
<tr><td>4.4.4</td><td>质量检查及特殊工种人员持证上岗</td><td>1.《特种作业人员安全技术培训考核管理办法》国家安全生产监督管理总局令第30号（2015年5月29日国家安全监管总局令第80号修正）
第五条　特种作业人员必须经专门的安全技术培训并考核合格，取得《中华人民共和国特种作业操作证》（以下简称特种作业操作证）后，方可上岗作业。
2.《建筑施工特种作业人员管理规定》中华人民共和国建设部　建质〔2008〕75号
第四条　建筑施工特种作业人员必须经建设主管部门考核合格，取得建筑施工特种作业人员操作资格证书，方可上岗从事相应作业。
3.《输变电工程项目质量管理规程》DL/T 1362—2014
9.3.1　施工项目部人员执业资格应符合国家有关规定，其任职条件参见附录D。</td><td>1. 查阅项目部各专业质检员资格证书
专业类别：包括土建、电气、送电等
发证单位：政府主管部门或电力建设工程质量监督站
有效期：当前有效</td></tr>
</table>

续表

条款号	大纲条款	检查依据	检查要点
4.4.4	质量检查及特殊工种人员持证上岗	9.3.2 工程开工前，施工单位应完成下列工作： …… h）特种作业人员的资格证和上岗证的报审	2. 查阅特殊工种人员台账 内容：包括姓名、工种类别、证书编号、发证单位、有效期等 证书有效期：作业期间有效
			3. 查阅特殊工种人员资格证书 发证单位：政府主管部门 有效期：与台账一致
4.4.5	专业施工组织设计已审批	**1.《建筑施工组织设计规范》GB/T 50502—2009** 3.0.5 施工组织设计的编制和审批应符合下列规定： 1 施工组织设计应由项目负责人主持编制，可根据需要分阶段编制和审批； 2 施工组织总设计应由总承包单位技术负责人审批；单位工程施工组织设计应由施工单位技术负责人或技术负责人授权的技术人员审批，施工方案应由项目技术负责人审批；重点、难点分部（分项）工程和专项工程施工方案应由施工单位技术部门组织相关专家评审，施工单位技术负责人批准。 **2.《输变电工程项目质量管理规程》DL/T 1362—2014** 9.2.2 工程开工前，施工单位应根据施工质量管理策划编制质量管理文件，并应报监理单位审核、建设单位批准。质量管理文件应包括下列内容： a）施工组织设计； 9.3.2 工程开工前，施工单位应完成下列工作： …… e）施工组织设计、施工方案的编制和审批	1. 查阅工程项目专业施工组织设计 审批：责任人已签字 编审批时间：专业工程开工前
			2. 查阅专业施工组织设计报审表 审批意见：同意实施等肯定性意见 签字：施工项目部、监理项目部、建设单位责任人已签字 盖章：施工项目部、监理项目部、建设单位职能部门已盖章
4.4.6	施工方案和作业指导书已审批，技术交底记录齐全	**1.《建筑施工组织设计规范》GB/T 50502—2009** 3.0.5 施工组织设计的编制和审批应符合下列规定： 2 ……施工方案应由项目技术负责人审批；重点、难点分部（分项）工程和专项工程施工方案应由施工单位技术部门组织相关专家评审，施工单位技术负责人批准； 3 由专业承包单位施工的分部（分项）工程或专项工程的施工方案，应由专业承包单位技术负责人或技术负责人授权的技术人员审批；有总承包单位时，应由总承包单位项目技术负责人核准备案； 4 规模较大的分部（分项）工程和专项工程的施工方案应按单位工程施工组织设计进行编制和审批。	1. 查阅施工方案和作业指导书 审批：责任人已签字 编审批时间：施工前

续表

条款号	大纲条款	检查依据	检查要点
4.4.6	施工方案和作业指导书已审批，技术交底记录齐全	6.4.1 施工准备应包括下列内容： 1 技术准备：包括施工所需技术资料的准备、图纸深化和技术交底的要求、试验检验和测试工作计划、样板制作计划以及与相关单位的技术交接计划等； …… **2.《输变电工程项目质量管理规程》DL/T 1362—2014** 9.2.2 工程开工前，施工单位应根据施工质量管理策划编制质量管理文件，并应报监理单位审核、建设单位批准。质量管理文件应包括下列内容： …… e）施工方案及作业指导书； 9.3.2 工程开工前，施工单位应完成下列工作： …… e）施工组织设计、施工方案的编制和审批； 9.3.4 施工过程中，施工单位应主要开展下列质量控制工作： b）在变电各单位工程、线路各分部工程开工前进行技术培训交底	2. 查阅施工方案和作业指导书报审表 审批意见：同意实施等肯定性意见 签字：施工项目部、监理项目部责任人已签字 盖章：施工项目部、监理项目部已盖章 3. 查阅技术交底记录 内容：与方案或作业指导书相符 时间：施工前 签字：交底人和被交底人已签字
4.4.7	计量工器具经检定合格，且在有效期内	**1.《中华人民共和国计量法》中华人民共和国主席令第86号（2018年10月26日修正）** 第九条 ……。未按照规定申请检定或者检定不合格的，不得使用。…… **2.《中华人民共和国依法管理的计量器具目录（型式批准部分）》国家质检总局公告〔2005〕145号** 1. 测距仪：光电测距仪、超声波测距仪、手持式激光测距仪； 2. 经纬仪：光学经纬仪、电子经纬仪； 3. 全站仪：全站型电子速测仪； 4. 水准仪：水准仪； 5. 测地型GPS接收机：测地型GPS接收机。 **3.《电力建设施工技术规范 第1部分：土建结构工程》DL 5190.1—2012** 3.0.5 在质量检查、验收中使用的计量器具和检测设备，应经计量检定合格后方可使用；承担材料和设备检测的单位，应具备相应的资质。 **4.《电力工程施工测量技术规范》DL/T 5445—2010** 4.0.3 施工测量所使用的仪器和相关设备应定期检定，并在检定的有效期内使用。……。 **5.《建筑工程检测试验技术管理规范》JGJ 190—2010** 5.2.2 施工现场配置的仪器、设备应建立管理台账，按有关规定进行计量检定或校准，并保持状态完好	1. 查阅计量工器具台账 内容：包括计量工器具名称、出厂合格证编号、检定日期、有效期、在用状态等 检定有效期：在用期间有效 2. 查阅计量工器具检定合格证或报告 检定单位资质范围：包含所检测工器具 工器具有效期：在用期间有效，且与台账一致

续表

条款号	大纲条款	检 查 依 据	检查要点
4.4.8	检测试验项目的检测报告齐全	**1.《建设工程质量管理条例》国务院令第279号（2017年10月7日中华人民共和国国务院令第687号修正）** 第二十九条　施工单位必须按照工程设计要求、施工技术标准和合同约定，对建筑材料、建筑构配件、设备和商品混凝土进行检验，…… **2.《建筑工程检测试验技术管理规范》JGJ 190—2010** 5.7.2　检测试验报告的编号和检测试验结果应在试样台账上登记	查阅检测试验报告 检测项目：与检测试验项目计划相符
4.4.9	单位工程开工报告已审批	**1.《工程建设施工企业质量管理规范》GB/T 50430—2017** 10.4.2　项目部应确认施工现场已具备开工条件，进行报审、报验，提出开工申请，经批准后方可开工	查阅单位工程开工报告 申请时间：开工前 审批意见：同意开工等肯定性意见 签字：施工项目部、监理项目部、建设单位责任人已签字 盖章：施工项目部、监理项目部、建设单位职能部门已盖章
4.4.10	专业绿色施工措施已制订	**1.《绿色施工导则》建质〔2017〕223号** 4.1.2　规划管理 1　编制绿色施工方案。该方案应在施工组织设计中独立成章，并按有关规定进行审批。 **2.《建筑工程绿色施工规范》GB/T 50905—2014** 3.1.1　建设单位应履行下列职责 1　在编制工程概算和招标文件时，应明确绿色施工的要求……。 2　应向施工单位提供建设工程绿色施工的设计文件、产品要求等相关资料……。 4.0.2　施工单位应编制包含绿色施工管理和技术要求的工程绿色施工组织设计、绿色施工方案或绿色施工专项方案，并经审批通过后实施。 **3.《电力建设施工技术规范　第1部分：土建结构工程》DL 5190.1—2012** 3.0.12　施工单位应建立绿色施工管理体系和管理制度，实施目标管理，施工前应在施工组织设计和施工方案中明确绿色施工的内容和方法。 **4.《输变电工程项目质量管理规程》DL/T 1362—2014** 9.2.2　工程开工前，施工单位应根据施工质量管理策划编制质量管理文件，并应报监理单位审核、建设单位批准。质量管理文件应包括下列内容： ……	查阅绿色施工措施 审批：责任人已签字 审批时间：施工前

续表

条款号	大纲条款	检查依据	检查要点
4.4.10	专业绿色施工措施已制订	g）绿色施工方案 9.3.2 工程开工前，施工单位应完成下列工作： …… f）绿色施工方案的编制和审批	
4.4.11	工程建设标准强制性条文实施计划已执行	**1.《实施工程建设强制性标准监督规定》中华人民共和国建设部令第81号（2015年1月22日中华人民共和国住房和城乡建设部令第23号修改）** 第二条 在中华人民共和国境内从事新建、扩建、改建等工程建设活动，必须执行工程建设强制性标准。 第三条 本规定所称工程建设强制性标准是指直接涉及工程质量、安全、卫生及环境保护等方面的工程建设标准强制性条文。 国家工程建设标准强制性条文由国务院住房城乡建设主管部门会同国务院有关主管部门确定。 第六条 ……工程质量监督机构应当对工程建设施工、监理、验收等阶段执行强制性标准的情况实施监督。 **2.《输变电工程项目质量管理规程》DL／T 1362—2014** 9.2.2 工程开工前，施工单位应根据施工质量管理策划编制质量管理文件，并应报监理单位审核、建设单位批准。质量管理文件应包括下列内容： …… d）工程建设标准强制性条文执行计划	查阅强制性标准执行记录 内容：与强制性标准执行计划相符 签字：责任人已签字 执行时间：与工程进度同步
4.4.12	施工验收和调试中的不符合项已整改	**1.《建设工程质量管理条例》国务院令第279号（2017年10月7日中华人民共和国国务院令第687号修正）** 第三十二条 施工单位对施工中出现质量问题的建设工程或者竣工验收不合格的建设工程，应当负责返修。 **2.《建筑工程施工质量验收统一标准》GB 50300—2013** 5.0.6 当建筑工程施工质量不符合规定时，应按下列规定进行处理： 1. 经返工或返修的检验批，应重新进行验收。 …… **3.《110kV及以上送变电工程启动及竣工验收规程》DL／T 782—2001** 4.3 每次检查中发现的问题在每个阶段中加以消缺，消缺之后要重新检查。…… 5.2.4 ……（电气设备试验）验收检查发现的缺陷已经消除，……	查阅不符合项台账 内容：不符合项已闭环

续表

条款号	大纲条款	检查依据	检查要点
4.4.13	无违规转包或者违法分包工程的行为	**1.《中华人民共和国建筑法》中华人民共和国主席令第46号** 第二十八条　禁止承包单位将其承包的全部建筑工程转包给他人，禁止承包单位将其承包的全部建筑工程肢解以后以分包的名义转包给他人。 第二十九条　建筑工程总承包单位可以将承包工程中的部分工程发包给具有相应资质条件的分包单位，但是，除总承包合同约定的分包外，必须经建设单位认可。施工总承包的，建筑工程主体结构的施工必须由总承包单位自行完成。 …… 禁止总承包单位将工程分包给不具备相应资质条件的单位。禁止分包单位将其承包的工程再分包。 **2.《建筑工程施工转包违法分包等违法行为认定查处管理办法（试行）》中华人民共和国住房和城乡建设部　建市〔2014〕118号** 第七条　存在下列情形之一的，属于转包： （一）施工单位将其承包的全部工程转给其他单位或个人施工的； （二）施工总承包单位或专业承包单位将其承包的全部工程肢解以后，以分包的名义分别转给其他单位或个人施工的； （三）施工总承包单位或专业承包单位未在施工现场设立项目管理机构或未派驻项目负责人、技术负责人、质量管理负责人、安全管理负责人等主要管理人员，不履行管理义务，未对该工程的施工活动进行组织管理的； （四）施工总承包单位或专业承包单位不履行管理义务，只向实际施工单位收取费用，主要建筑材料、构配件及工程设备的采购由其他单位或个人实施的； （五）劳务分包单位承包的范围是施工总承包单位或专业承包单位承包的全部工程，劳务分包单位计取的是除上缴给施工总承包单位或专业承包单位“管理费”之外的全部工程价款的； （六）施工总承包单位或专业承包单位通过采取合作、联营、个人承包等形式或名义，直接或变相的将其承包的全部工程转给其他单位或个人施工的； （七）法律法规规定的其他转包行为。 第九条　存在下列情形之一的，属于违法分包： （一）施工单位将工程分包给个人的； （二）施工单位将工程分包给不具备相应资质或安全生产许可的单位的； （三）施工合同中没有约定，又未经建设单位认可，施工单位将其承包的部分工程交由其他单位施工的；	1. 查阅工程分包申请报审表 审批意见：同意分包等肯定性意见 签字：施工项目部、监理项目部、建设单位责任人已签字 盖章：施工项目部、监理项目部、建设单位已盖章 2. 查阅工程分包商资质 业务范围：涵盖所分包的项目 发证单位：政府主管部门 有效期：当前有效

续表

条款号	大纲条款	检查依据	检查要点
4.4.13	无违规转包或者违法分包工程的行为	（四）施工总承包单位将房屋建筑工程的主体结构的施工分包给其他单位的，钢结构工程除外； （五）专业分包单位将其承包的专业工程中非劳务作业部分再分包的； （六）劳务分包单位将其承包的劳务再分包的； （七）劳务分包单位除计取劳务作业费用外，还计取主要建筑材料款、周转材料款和大中型施工机械设备费用的； （八）法律法规规定的其他违法分包行为	
4.5　调试单位质量行为的监督检查			
4.5.1	企业资质与合同约定的业务相符	**1.《建设工程质量管理条例》国务院令第279号（2017年10月7日中华人民共和国国务院令第687号修正）** 第二十五条　施工单位应当依法取得相应等级的资质证书，并在其资质等级许可的范围内承揽工程。禁止施工单位超越本单位资质等级许可的业务范围或者以其他施工单位的名义承揽工程。 **2.《承装（修、试）电力设施许可证管理办法》国家电力监管委员会令第6号** 第四条　在中华人民共和国境内从事承装、承修、承试电力设施业务，应当按照本办法的规定取得承装（修、试）电力设施许可证。任何单位或者个人未取得承装（修、试）电力设施许可证的，不得从事承装、承修、承试电力设施业务。 第七条　许可证分为一级、二级、三级、四级和五级。 取得一级许可证的，可以从事所有电压等级电力设施的安装、维修或者试验活动。 取得二级许可证的，可以从事220千伏以下电压等级电力设施的安装、维修或者试验活动。 取得三级许可证的，可以从事110千伏以下电压等级电力设施的安装、维修或者试验活动。 取得四级许可证的，可以从事35千伏以下电压等级电力设施的安装、维修或者试验活动。 取得五级许可证的，可以从事10千伏以下电压等级电力设施的安装、维修或者试验活动。 **3.《输变电工程项目质量管理规程》DL／T 1362—2014** 10.1.1　调试单位应按照资质等级许可的范围承揽调试任务	查阅企业资质证书 发证单位：国家能源局及下属机构 有效期：当前有效 资质等级：许可业务范围涵盖合同约定的业务
4.5.2	项目部专业人员配置合理	**1.《建设工程质量管理条例》中华人民共和国国务院令第279号（2017年10月7日中华人民共和国国务院令第687号修正）** 第二十六条　……施工单位应当建立质量责任制，确定工程项目的项目经理、技术负责人和施工管理负责人。	查阅岗位设置文件 岗位设置：有调试总工程师、专业调试负责人及调试人员岗位 各岗位职责：有

续表

条款号	大纲条款	检查依据	检查要点
4.5.2	项目部专业人员配置合理	**2.《建设工程项目管理规范》GB/T 50326—2017** 4.3.4 建立项目管理机构应遵循下列规定： 1 结构应符合组织制度和项目实施要求； 2 应有明确的管理目标、运行程序和责任制度； 3 机构成员应满足项目管理要求及具备相应资格； 4 组织分工应相对稳定并可根据项目实施变化进行调整； 5 应确定机构成员的职责、权限、利益和需承担的风险。 **3.《输变电工程项目质量管理规程》DL/T 1362—2014** 10.2.1 工程项目调试前，调试单位应进行下列质量管理策划： a）建立项目调试质量控制组织机构和制度，确定人员配置	
4.5.3	调试人员持证上岗	**1.《特种作业人员安全技术培训考核管理规定》国家安全生产监督管理总局令第30号** 第五条 特种作业人员必须经专门的安全技术培训并考核合格，取得《中华人民共和国特种作业操作证》后，方可上岗作业。 附件： 特种作业目录 1 电工作业 指对电气设备进行运行、维护、安装、检修、改造、施工、调试等作业（不含电力系统进网作业）。 1.1 高压电工作业 指对1千伏（kV）及以上的高压电气设备进行运行、维护、安装、检修、改造、施工、调试、试验及绝缘工器具进行试验的作业。 1.2 低压电工作业 指对1千伏（kV）以下的低压电器设备进行安装、调试、运行操作、维护、检修、改造施工和试验的作业。 1.3 防爆电气作业 指对各种防爆电气设备进行安装、检修、维护的作业。 适用于除煤矿井下以外的防爆电气作业。 **2.《输变电工程项目质量管理规程》DL/T 1362—2014** 10.1.3 调试单位应按照调试合同的约定选派具备相应资格能力的调试人员进驻现场	查阅调试人员资格证书 发证单位：国家安全生产监督管理总局 有效期：当前有效 类别：中华人民共和国特种作业操作证

续表

条款号	大纲条款	检查依据	检查要点
4.5.4	调试措施审批手续齐全	**1.《1000kV输变电工程竣工验收规范》GB 50993—2014** 5.1.1 系统调试应具备下列基本条件： …… 2. 系统调试方案和调度方案应已经批准，并应已向有关人员交底。 …… **2.《输变电工程项目质量管理规程》DL/T 1362—2014** 10.2.2 调试开始前，调试单位应编制调试技术文件，并报监理单位审核、建设单位批准。调试技术文件应包括下列内容： a）电气设备交接试验作业指导书、专业调试方案、系统调试大纲； **3.《110kV及以上送变电工程启动及竣工验收规程》DL/T 782—2001** 3.4.3 调试单位应按合同负责编制启动和系统调试大纲、调试方案，报启委会审查批准，……。 5.1 由试运指挥组提出的工程启动、系统调试、试运方案已经启委会批准，调试方案已经调度部门批准；……。 **4.《±800kV及以下直流输电工程启动及竣工验收规程》DL/T 5234—2010** 5.5.4 站系统调试单位的职责 1）受项目法人或建设管理单位委托编制站系统调试方案； 5.5.5 系统调试单位的职责 1）受项目法人或建设管理单位委托，编写系统调试方案； 8.1.10 站系统调试方案、调度方案已审批。 9.1.2 系统调试的实施方案、试验计划、调度方案已批准	查阅电气设备交接试验作业指导书、调试大纲、系统调试方案 作业指导书、调试大纲审批签字：监理和建设单位负责人签字 系统调试方案审批：启动委员会有关负责人签字
4.5.5	调试使用的仪器、仪表检定合格并在有效期内	**1.《中华人民共和国计量法》中华人民共和国主席令第86号（2018年10月26日修正）** 第九条 ……未按照规定申请检定或者检定不合格的，不得使用。…… **2.《输变电工程项目质量管理规程》DL/T 1362—2014** 10.3.3 调试设备的管理应符合下列要求： a）调试单位应配备与调试项目相适应的调试设备，应保证其在有效期内，并应在设备进场时报监理审查； **3.《输变电工程达标投产验收规程》DL 5279—2012** 4.4.1 变电站、开关站与换流站交流场电气调整试验与技术指标验收应按表4.4.1（27重要报告、记录、签证）的规定进行。 1）调试使用仪器台账、校验报告齐全。	查看仪器、仪表管理台账、检定报告（或校验证书）和实物 台账：仪器、仪表当前有效 检定报告（或校验证书）结论或内容：有合格性结论或数据符合规定要求 实物：张贴合格标签且当前有效

续表

条款号	大纲条款	检查依据	检查要点
4.5.5	调试使用的仪器、仪表检定合格并在有效期内	4.8.1　工程综合管理与档案检查验收应按表4.8.1（9调试管理）的规定进行。 4）试验仪器、设备检验合格，并在有效期内	
4.5.6	投运范围内的设备和系统已按规定全部调试完毕并签证	**1.《1000kV输变电工程竣工验收规范》GB 50993—2014** 6.0.1　试运行应具备下列条件： 1. 系统调试应已完成。 …… **2.《输变电工程项目质量管理规程》DL/T 1362—2014** 10.3.6　调试质量检查验收应符合下列要求： a）调试单位应完成全部调试项目的质量自检，应参加监理单位或建设单位组织的调试质量验收，应及时消除质量缺陷和遗留问题。 **3.《110kV及以上送变电工程启动及竣工验收规程》DL/T 782—2001** 5.2.4　电器设备的各项试验全部完成且合格，有关记录齐全完整。带电部位的接地线已全部拆除，所有设备及其保护（包括通道）、调度自动化、安全自动装置、微机监控装置以及相应的辅助设施均已安装齐全，调试整定合格且调试记录齐全。 5.3.6　送电线路带电前的试验（线路绝缘电阻测定、相位核对、线路参数和高频特性测定）已完成。 **4.《±800kV及以下直流输电工程启动及竣工验收规程》DL/T 5234—2010** 10.1.3　系统调试已经完成，在调试中发现的影响试运行的问题已经处理完毕	查阅调试记录、试验报告和电气设备质量验收记录 试验项目：与调试方案、大纲一致 签证验收：监理、建设单位责任人已签字
4.5.7	完成的调试项目调试报告已编制	**1.《1000kV输变电工程竣工验收规范》GB 50993—2014** 5.1.3　调试单位应按批准的系统调试方案进行系统调试，工作完成后应及时提交系统调试报告。 **2.《输变电工程项目质量管理规程》DL/T 1362—2014** 10.1.5　调试单位应形成试验记录，应编制试验报告，并应保证调试档案资料的真实性、准确性和完整性。 **3.《110kV及以上送变电工程启动及竣工验收规程》DL/T 782—2001** 3.4.3　调试单位应……提出调试报告和调试总结。 5.2.4　电器设备的各项试验全部完成且合格，有关记录齐全完整。……所有设备及其保护（包括通道）……调试整定合格且调试记录齐全。	查阅调试报告 盖章：调试单位已盖章 审批：试验人员、责任人已签字

续表

条款号	大纲条款	检 查 依 据	检查要点
4.5.7	完成的调试项目调试报告已编制	**4.《±800kV及以下直流输电工程启动及竣工验收规程》DL/T 5234—2010** 5.5.4 站系统调试单位的职责 6）站系统调试结束后2个工作日内提出调试总结，10个工作日内确认是否具备系统调试条件，30个工作日内提出调试技术报告； 7）提交站系统调试过程中发现的缺陷和遗留问题清单。 5.5.5 系统调试单位的职责 6）系统调试结束后10天内提出调试技术报告和调试总结； 7）提交系统调试过程中发现的缺陷和遗留问题清单	
4.5.8	工程建设标准强制性条文实施计划已执行	**1.《实施工程建设强制性标准监督规定》中华人民共和国建设部令第81号（2015年1月22日中华人民共和国住房和城乡建设部令第23号修改）** 第二条 在中华人民共和国境内从事新建、扩建、改建等工程建设活动，必须执行工程建设强制性标准。 第六条 工程质量监督机构应当对工程建设施工、监理、验收等阶段执行强制性标准的情况实施监督。 **2.《输变电工程项目质量管理规程》DL/T 1362—2014** 4.4 参建单位应严格执行工程建设标准强制性条文，……	查阅强制性标准执行计划和执行记录 计划审批：监理和建设单位已签字 记录审核：执行人和监理单位已签字
4.6 生产运行单位质量行为的监督检查			
4.6.1	生产运行管理组织机构健全，满足生产运行管理工作的需要	**1.《1000kV输变电工程竣工验收规范》GB 50933—2014** 5.1.1 系统调试应具备下列基本条件： …… 4 生产运行人员应已培训合格，并应持证上岗；必需的生产、生活和消防设施应齐全、运行正常。 …… **2.《±800kV及以下直流输电工程启动及竣工验收规程》DL/T 5234—2010** 10.1.1 换流站生产运行人员均齐备，进行了生产培训和安全规程学习，持证上岗。…… **3.《110kV及以上送变电工程启动及竣工验收规程》DL/T 782—2001** 5.2.1 变电站生产运行人员已配齐并已持证上岗	查阅运行责任单位内部组织机构责任划分文件 文件内容：已明确运行维护责任班组

续表

条款号	大纲条款	检　查　依　据	检查要点
4.6.2	运行人员经相关部门培训上岗	**1.《电力安全工作规程　发电厂和变电站电气部分》GB 26860—2011** 1　范围 本标准规定了电力生产单位和电力工作场所工作人员的基本电气安全要求。 4.1　工作人员 4.1.2　具备必要的安全生产知识和技能，从事电气作业的人员应掌握触电急救等救护方法。 4.1.3　具备必要的电气知识和业务技能，熟悉电气设备及其系统。 **2.《±800kV及以下直流输电工程启动及竣工验收规程》DL/T 5234—2010** 5.5.7　生产运行单位的职责： 1）在站系统调试开始前做好各项生产准备工作，向启委会提交生产准备情况的报告； 2）组织生产运行人员上岗培训。 8.1.7　……。运行人员已培训上岗，站系统试验各项的操作票已填写并审查完毕。 9.1.7　运行人员熟悉直流系统运行规程，并经考试合格持证上岗。根据相关要求编写完成现场典型操作票。 10.1.1　换流站生产运行人员均齐备，进行了生产培训和安全规程学习，持证上岗。 **3.《变电站运行导则》DL/T 969—2005** 1　范围 本导则规定了变电运行值班人员及相关专业人员进行设备运行、操作、异常及故障处理的行为准则。 4.1.1　值班人员应经岗位培训且考试合格后方能上岗。应掌握变电站的一次设备、二次设备、直流设备、站用电系统、防误闭锁装置、消防等设备性能及相关线路、系统情况。掌握各级调度管辖范围、调度术语和调度指令。 **4.《110kV及以上送变电工程启动及竣工验收规程》DL/T 782—2001** 3.4.4　……。生产运行单位应在工程启动试运前完成各项生产准备工作：生产运行人员定岗定编、上岗培训，……。 5.2.1　变电站生产运行人员已配齐并已持证上岗，试运指挥组已将启动调试试运方案向参加试运人员交底	查阅运行人员培训台账 培训对象：运行人员 考试成绩：合格 台账审核：负责人已签字
4.6.3	运行管理制度、操作规程、运行系统图册已发布实施	**1.《±800kV及以下直流输电工程启动及竣工验收规程》DL/T 5234—2010** 5.7.7　生产运行单位的职责： 1）在站系统调试开始前做好各项生产准备工作，向启委会提交生产准备情况的报告；	1. 查阅运行管理制度 审批：编、审、批人已签字

续表

条款号	大纲条款	检 查 依 据	检查要点
4.6.3	运行管理制度、操作规程、运行系统图册已发布实施	3）编制运行规程和各项规章制度。 8.1.7 生产运行单位已将所需的规程、制度、系统图表、记录表格、安全用具等准备好，投入的设备等已标识调度命名和编号。…… **2.《变电站运行导则》DL/T 969—2005** 4.1.3 ……新建变电站投入运行三个月、改（扩）建的变电站投入运行一个月后，应有经过审批的《变电站现场运行规程》。投运前，可用经过审批的临时《变电站现场运行规程》代替。	2. 查阅运行（操作）规程 审批：编、审、批人已签字
		3.《110kV及以上送变电工程启动及竣工验收规程》DL/T 782—2001 3.4.4 生产运行人员应在工程建设过程中提前介入，以便熟悉设备特性，参与编写或修订运行规程。通过参加竣工验收检查和启动、调试和试运行，运行人员应进一步熟悉操作，摸清设备特性，检查编写的运行规程是否符合实际情况，必要时进行修订。生产运行单位应在工程启动试运前完成各项生产准备工作：生产运行人员定岗定编、上岗培训，编制运行规程，建立设备资料档案、运行记录表格，配备各种安全工器具、备品备件和保证安全运行的各种设施。参与编制调试方案和验收大纲。负责接受调度令并进行各项运行操作，与其他有关方面共同处理事故	3. 查阅启动批准书（启动方案） 运行系统图：有
4.6.4	设备、系统、区域标识已完成	**1.《±800kV及以下直流输电工程启动及竣工验收规程》DL/T 5234—2010** 8.1.2 各项分系统试验全部完成且合格，有关记录齐全完整。带电部位的接地线已全部拆除，施工临时设施不满足带电要求的经检查已全部拆除，带电区域标识明显。 8.1.3 ……。设备编号、标识核对无误。 8.1.7 生产运行单位已将所需的规程、制度、系统图表、记录表格、安全用具等准备好，投入的设备等已标识调度命名和编号。	1. 查阅设备标识验收记录表 内容：设备标识内容及验收人员已签字
		2.《110kV及以上送变电工程启动及竣工验收规程》DL/T 782—2001 5.2.3 投入系统的建筑工程和生产区域的全部设备和设施，变电站的内外道路、上下水、防火、防洪工程等均已按设计完成并经验收检查合格。生产区域的场地平整，道路畅通，影响安全运行的施工临时设施已全部拆除，平台栏杆和沟道盖板齐全、脚手架、障碍物、易燃物、建筑垃圾等已经清除，带电区域已设明显标志	2. 查阅系统、区域标识验收记录表 内容：系统、区域标识内容及验收人员已签字
4.6.5	反事故措施和应急预案已审批	**1.《电力安全事故应急处置和调查处理条例》中华人民共和国国务院令第599号** 第十三条 电力企业应当按照国家有关规定，制定本企业事故应急预案。	1. 查阅反事故措施审批记录 审批：编、审、批人员已签字

续表

条款号	大纲条款	检查依据	检查要点
4.6.5	反事故措施和应急预案已审批	**2.《电网运行准则》DL/T 1040—2007** 6.9.2 电网企业及其调度机构应根据国家有关法规、标准、规程、规定等，制订和完善电网反事故措施、系统黑启动方案、系统应急机制和反事故预案	2. 查阅应急预案审批记录 审批：编、审、批人员已签字
4.7 检测试验机构质量行为的监督检查			
4.7.1	检测试验机构已经通过能力认定并取得相应证书，其现场派出机构（现场试验室）满足规定条件，并已报质量监督机构备案	**1.《建设工程质量检测管理办法》中华人民共和国建设部令第141号（2015年5月中华人民共和国住房和城乡建设部令第24号修正）** 第四条 ……检测机构未取得相应的资质证书，不得承担本办法规定的质量检测业务。 **2.《检验检测机构资质认定管理办法》国家质量监督检验检疫总局令第163号** 第三条 检验检测机构从事下列活动，应当取得资质认定： …… （四）为社会经济、公益活动出具具有证明作用的数据、结果的； （五）其他法律法规规定应当取得资质认定的	1. 查阅检测机构资质证书 发证单位：国家认证认可监督管理委员会（国家级）或地方质量技术监督部门或各直属出入境检验检疫机构（省市级）及电力质监机构 2. 查看现场试验室 派出机构成立及人员任命文件 场所：有固定场所且面积、环境、温湿度满足规范要求 3. 查阅检测机构的申请报备文件 报备时间：工程开工前
4.7.2	检测人员资格符合规定，持证上岗	**1.《房屋建筑和市政基础设施工程质量检测技术管理规范》GB 50618—2011** 4.1.5 检测操作人员应经技术培训、通过建设主管部门或委托有关机构的考核，方可从事检测工作。 5.3.6 检测前应确认检测人员的岗位资格，检测操作人员应熟识相应的检测操作规程和检测设备使用、维护技术手册等	1. 查阅检测人员登记台账 专业类别和数量：满足检测项目需求 资格证发证单位：各级政府和电力行业主管部门 检测证有效期：当前有效 2. 查阅检测报告 检测人：与检测人员登记台账相符

续表

条款号	大纲条款	检查依据	检查要点
4.7.3	检测仪器、设备检定合格，且在有效期内	**1.《房屋建筑和市政基础设施工程质量检测技术管理规范》GB 50618—2011** 4.2.14 检测机构的所有设备均应标有统一的标识，在用的检测设备均应标有校准或检测有效期的状态标识。 **2.《检验检测机构诚信基本要求》GB/T 31880—2015** 4.3.2 设备设施 检验检测设备应定期检定或校准，设备在规定的检定和校准周期内应进行期间核查。计算机和自动化设备功能应正常，并进行验证和有效维护。检验检测设施应有利于检验检测活动的开展。 **3.《建筑工程检测试验技术管理规范》JGJ 190—2010** 5.2.3 施工现场试验环境及设施应满足检测试验工作的要求	1. 查阅检测仪器、设备登记台账 数量、种类：满足检测需求 检定周期：当前有效 检定结论：合格 2. 查看检测仪器、设备检验标识 检定周期：与台账一致
4.7.4	检测依据正确、有效，检测报告及时、规范	**1.《检验检测机构资质认定管理办法》国家质量监督检验检疫总局令第163号** 第二十五条 检验检测机构应当在资质认定证书规定的检验检测能力范围内，依据相关标准或者技术规范规定的程序和要求，出具检验检测数据、结果。 检验检测机构出具检验检测数据、结果时，应当注明检验检测依据，并使用符合资质认定基本规范、评审准则规定的用语进行表述。 检验检测机构对其出具的检验检测数据、结果负责，并承担相应法律责任。 第二十六条 ……检验检测机构授权签字人应当符合资质认定评审准则规定的能力要求。非授权签字人不得签发检验检测报告。 第二十八条 检验检测机构向社会出具具有证明作用的检验检测数据、结果的，应当在其检验检测报告上加盖检验检测专用章，并标注资质认定标志。 **2.《房屋建筑和市政基础设施工程质量检测技术管理规范》GB 50618—2011** 5.5.1 检测项目的检测周期应对外公示，检测工作完成后，应及时出具检测报告。 **3.《检验检测机构诚信基本要求》GB/T 31880—2015** 4.3.7 报告证书 …… 检验检测记录、报告、证书不应随意涂改，所有修改应有相关规定和授权。当有必要发布全新的检验检测报告、证书时，应注以唯一标识，并注明所替代的原件。 检验检测机构应采取有效手段识别和保证检验检测报告、证书真实性；应有措施保证任何人员不得施加任何压力改变检验检测的实际数据和结果。 检验检测机构应当按照合同要求，在批准范围内根据检验检测业务类型，出具具有证明作用的数据和结果，在检验检测报告、证书中正确使用获证标识	查阅检测试验报告 检测依据：有效的标准规范、合同及技术文件 检测结论：明确 签章：检测操作人、审核人、批准人已签字，已加盖检测机构公章或检测专用章（多页检测报告加盖骑缝章），并标注相应的资质认定标志 查看：授权签字人及其授权签字领域证书 时间：在检测机构规定时间内出具

续表

条款号	大纲条款	检查依据	检查要点
5 工程实体质量的监督检查			
5.1 建筑专业的监督检查			
5.1.1	变电（换流）站内道路通畅、照明齐全，沟道盖板齐全、平整，环境整洁	**1.《110kV及以上送变电工程启动及竣工验收规程》DL/T 782—2001** 5.2.3 投入系统的建筑工程和生产区域的全部设备和设施，变电站的内外道路、上下水、防火、防洪工程等均已按设计完成并经验收检查合格。生产区域的场地平整，道路畅通，影响安全运行的施工临时设施已全部拆除，平台栏杆和沟道盖板齐全、脚手架、障碍物、易燃物、建筑垃圾等已经清除，带电区域已设明显标志。 5.2.6 所用电源、照明、通信、采暖、通风等设施按设计要求安装试验完毕，能正常使用。 **2.《室内环境空气质量监测技术规范》HJ/T 167—2004** 7.2.2 监测报告 监测报告应包括以下内容：被监测方或委托方、监测地点、监测项目、监测时间、监测仪器、监测依据、评价依据、监测结果、监测结论及检验人员、报告编写人员、审核人员、审批人员签名等。监测报告应加盖监测机构监（检）测专用章，在报告封面左上角加盖计量认证章，并要加盖骑缝章。 **3.《建筑电气照明装置施工与验收规范》GB 50617—2010** 3.0.1 照明工程采用的设备、材料及配件进入施工现场应用清单、使用说明书、合格证明文件、检验报告等文件，当设计文件有要求时，尚需提供电磁兼容检测报告。进口照明设备除应符合相关规定外，尚应提供商检证明以及中文的安装、使用、维修等技术文件。列入国家强制性认证产品目录的照明装置必须有强制性认证标识，并有相应认证证书。 3.0.10 防爆照明装置的验收应符合现行国家标准《电气装置安装工程　爆炸和火灾危险环境电气装置施工及验收规范》GB 50257的有关规定。 3.0.11 电气照明装置施工结束后，应及时修复施工中造成的建筑物破损	1. 查看受电条件 环境：受电范围内的建筑工程已按设计文件施工完毕，验收合格，带电区域隔离措施满足试运要求 照明：灯具齐全，应急照明切换正常，满足试运要求 道路：道路已施工完毕，消防通道畅通 沟道盖板：齐全、平整 2. 查阅室内环境监测报告 检测项目：符合规范规定 报告签字：有检验员、报告编写人、审核人、审批人已签字 报告盖章：监测资质证章、计量认证章、监测机构监（检）测专用章齐全 监测结论：符合规范规定
5.1.2	建（构）筑物和重要设备基础沉降均匀	**1.《建筑变形测量规范》JGJ 8—2016** 7.1.7 沉降观测应提交下列成果资料： 1 监测点布置图。 2 观测成果表。 3 时间-荷载-沉降量曲线。 4. 等沉降曲线。	查阅沉降观测成果资料 分布图：范围包括全厂建（构）筑物和重要设备基础 观测成果表：观测次数、观测点数符合有关规定，观测数据完整

续表

条款号	大纲条款	检 查 依 据	检查要点
5.1.2	建（构）筑物和重要设备基础沉降均匀	**2.《电力工程施工测量技术规程》DL/T 5445—2010** 11.7.8 沉降观测结束后，应根据工程需要提交有关成果资料： 1 沉降观测点位分布图； 2 沉降观测成果表； 3 沉降观测过程曲线； 4 沉降观测技术报告	观测过程曲线图：包括荷载曲线和沉降量曲线 技术报告：结论明确
5.1.3	投运范围内建筑工程的监督检查按照本大纲第5部分变电（换流）站“建筑工程交付使用前监督检查”进行		
5.2 变电站电气专业的监督检查			
5.2.1	带电设备的安全净距符合规定，电气连接可靠	**1.《电力安全工作规程 发电厂和变电站电气部分》GB 26860—2011** 5.2.2 表1设备不停电时的安全距离的规定。 **2.《电气装置安装工程 高压电器施工及验收规范》GB 50147—2010** 3.0.9 设备安装用的紧固件应采用镀锌或不锈钢制品，户外用的紧固件采用镀锌制品时应采用热镀锌工艺；外露地脚螺栓应采用热镀锌制品；电气接线端子用的紧固件应符合现行国家标准《高压电器端子尺寸标准化》GB/T 5273的有关规定。 **3.《电气装置安装工程 母线装置施工及验收规范》GB 50149—2010** 3.1.8 母线与母线、母线与分支线、母线与电器接线端子搭接，其搭接面的处理应符合下列规定： 1 经镀银处理的搭接面可直接连接； 2 铜与铜的搭接面，室外、高温且潮湿或对母线有腐蚀性气体的室内应搪锡；在干燥的室内可直接连接；	1. 查看带电部位安全距离 引流线对地及相间：满足最小距离要求 母线对地间距：符合设计要求 母线相间间距：符合设计要求 2. 查看设备连接 紧固螺栓表面处理：符合规范规定 螺栓紧固力矩值：符合产品技术要求或规范规定 搭接面处理：符合规范规定 矩形母线搭接：符合规范规定

续表

条款号	大纲条款	检 查 依 据	检查要点
5.2.1	带电设备的安全净距符合规定，电气连接可靠	3 铝与铝的搭接面可直接连接； 4 钢与钢的搭接面不得直接连接，应搪锡或镀锌后连接； 5 铜与铝的搭接面，在干燥的室内，铜导体应搪锡；室外或空气相对湿度接近100%的室内，应采用铜铝过渡板，铜端应搪锡； 6 铜搭接面应搪锡，钢搭接面应采用热镀锌； 7 钢搭接面应采用热镀锌； 8 金属封闭母线螺栓固定面应镀银。 3.1.14 母线安装，室内配电装置的安全净距离应符合表3.1.14-1的规定，室外配电装置的安全净距离应符合表3.1.14-2的规定；当实际电压值超过表3.1.14-1，表3.1.14-2中本级额定电压时，室内、室外配电装置安全净距离应采用高一级额定电压对应的安全净距离值。 3.2.2 矩形母线搭接应符合表3.2.2的规定；当母线与设备接线端子连接时，应符合现行国家标准《高压电器端子尺寸标准化》GB/T 5273的有关规定	
5.2.2	电力变压器（含油浸电抗器）箱体密封良好，油位正常；绝缘油检验合格，报告齐全；本体及中性点接地符合规定、连接可靠；冷却装置启、停正常；气体继电器、温度计校验合格；调压装置操动灵活，指示正确	**1.《电气装置安装工程 电气设备交接试验标准》GB 50150—2016** 8.0.3 油浸式变压器中绝缘油及SF_6气体绝缘变压器中SF_6气体的试验，应符合下列规定： 1 绝缘油的试验类别应符合本标准表19.0.2的规定，试验项目及标准应符合本标准表19.0.1的规定。 2 油中溶解气体的色谱分析，应符合下列规定： 1）电压等级在66kV及以上的变压器，应在注油静置后、耐压和局部放电试验24h后、冲击合闸及额定电压下运行24h后，各进行一次变压器器身内绝缘油的油中溶解气体的色谱分析； 2）试验应符合现行国家标准《变压器油中溶解气体分析和判断导则》GB/T 7252的有关规定。各次测得的氢、乙炔、总烃含量，应无明显差别； 3）新装变压器油中总烃含量不应超过20μL/L，H_2含量不应超过10μL/L，C_2H_2含量不应超过0.1μL/L。 **2.《电气装置安装工程接地装置施工及验收规范》GB 50169—2016** 4.2.9 电气装置的接地必须单独与接地母线或接地网相连接，严禁在一条接地线中串接两个及两个以上需要接地的电气装置。 4.2.10 发电厂、变电站电气装置的接地线应符合下列规定：	1. 查阅密封试验记录 试验压力：0.03MPa或符合产品技术要求 试验时间：24h或符合产品技术要求 试验结果：合格 签字：齐全 2. 查看变压器法兰及冷却器连接处：无渗油 3. 查看储油柜及充油套管油位指示：正常

续表

条款号	大纲条款	检查依据	检查要点
5.2.2	电力变压器（含油浸电抗器）箱体密封良好，油位正常；绝缘油检验合格，报告齐全；本体及中性点接地符合规定、连接可靠；冷却装置启、停正常；气体继电器、温度计校验合格；调压装置操动灵活，指示正确	1 下列部位应采用专门敷设的接地线接地： 4）直接接地的变压器中性点。 3 110kV及以上电压等级且运行要求直接接地的中性点均应有两根接地线与接地网的不同接地点相连，其每根规格应满足设计要求。 4 变压器的铁芯、夹件与接地网应可靠连接，并应便于运行监测接地线中环流。 **3.《1000kV电力变压器、油浸电抗器、互感器施工及验收规范》GB 50835—2013** 3.5.11 测温装置安装应符合下列规定： 1 温度计安装前应校验合格，信号接点动作应正确，导通应良好，就地与远传显示应符合产品技术文件规定。 3.10.1 整体密封检查应按产品技术文件要求执行。 3.13.1 变压器、电抗器验收应符合下列规定： 1 本体、冷却装置及所有附件应无缺陷、无渗油。 5 变压器、电抗器中性点必须有两根与主接地网的不同干线连接的接地引下线，规格必须符合设计要求。 7 储油柜和充油套管的油位应正常。 10 测温装置指示应正确，整定值应符合产品技术文件要求。 11 冷却装置试运行应正常，联动应正确；强迫油循环的变压器、电抗器应启动全部冷却装置，循环时间应持续4h以上，并应排净残留空气。 13 局部放电测量前、后本体绝缘油色谱分析比对结果应合格。 **4.《1000kV系统电气装置安装工程　电气设备交接试验标准》GB/T 50832—2013** 13.0.1 1000kV充油电气设备中绝缘油的试验项目及标准应满足表13.0.1的规定。 13.0.2 电力变压器和电抗器的绝缘油在注入设备前和注入设备后、热油循环结束静置后24h分别取油样进行试验，其结果均应满足本标准13.0.1中第7、9、10、11、12、13项的要求。 **5.《电气装置安装工程　电力变压器、油浸电抗器、互感器施工及验收规范》GB 50148—2010** 4.3.1 绝缘油的验收与保管应符合下列规定： 2 每批到达现场的绝缘油均应有试验记录，并应按照下列规定取样进行简化分析，必要时进行全分析： 1）大罐油应每罐取样，小桶油应按表4.3.1的规定进行取样。 4.8.3 有载调压切换装置的安装应符合下列规定：	4. 查阅绝缘油试验报告 出厂试验报告：报告齐全，结论合格 现场取样试验结果：取样符合规范规定 色谱分析：局放前、局放后无明显变化 试验结论：合格 签字：齐全 5. 查看变压器接地 铁芯及夹件接地：分别直接与主接地网连接 中性点接地：接地引下后，有两根接地线与主接地网不同方向干线连接，规格符合设计要求 本体接地：在变压器本体两端接地 接地连接：可靠，螺帽朝向符合规范规定 6. 查看冷却装置 启停操作：启停正常 7. 查阅气体继电器安装前校验报告 动作值：符合产品技术要求 结论：合格 签字：齐全

续表

条款号	大纲条款	检 查 依 据	检查要点
5.2.2	电力变压器（含油浸电抗器）箱体密封良好，油位正常；绝缘油检验合格，报告齐全；本体及中性点接地符合规定、连接可靠；冷却装置启、停正常；气体继电器、温度计校验合格；调压装置操动灵活，指示正确	1　传动机构中的操作机构、电动机、传动齿轮和杠杆应固定牢靠，连接位置准确，且操作灵活，无卡阻现象；传动机构的摩擦部位应涂以适合当地气候条件的润滑脂，并应符合产品技术文件的规定。 4　位置指示器应动作正常，指示正确。 4.8.9　气体继电器的安装应符合下列规定： 1　气体继电器安装前应经检验合格，动作整定值符合定值要求，并解除运输用的固定措施。 4.8.12　测温装置的安装应符合下列规定： 1　温度计安装前应进行校验，信号接点动作应准确，导通应良好；当制造厂已提供有温度计出厂检验报告时可不进行现场送检，但应进行温度现场比对检查。	8. 查阅温度计出厂检验报告和校验报告 结论：合格 签字：齐全
		4.9.1　绝缘油必须按现行国家标准《电气装置安装工程　电气设备交接试验标准》GB 50150 的规定试验合格后，方可注入变压器、电抗器中。 4.11.3　对变压器连同气体继电器及储油柜进行密封试验，可采用油柱或氮气，在油箱顶部加压 0.03MPa，110kV～750kV 变压器进行密封试验，持续时间应为 24h，并无渗漏。整体运输的变压器、电抗器可不进行整体密封试验。 4.12.1　变压器、电抗器在试运行前，应进行全面检查，确认其符合运行条件时，方可投入试运行。检查项目应包含以下内容和要求： 1　本体、冷却装置及所有附件应无缺陷，且不渗油。 5　变压器本体应两点接地。中性点接地引出后，应有两根接地引线与主接地网的不同干线连接，其规格应满足设计要求。 7　储油柜和充油套管的油位应正常。 11　冷却装置应试运正常，联动正确。 13　局部放电测量前、后本体绝缘油色谱试验比对结果应合格	9. 查看调压装置 装置动作：机构转动无卡阻现象 位置指示：就地与主控显示一致
5.2.3	充气设备气体压力、密度继电器报警和闭锁值符合产品技术要求，SF_6 气体检验合格，报告齐全	**1.《电气装置安装工程　电气设备交接试验标准》GB 50150—2016** 19.0.4　SF_6 新气到货后，充入设备前应对每批次的气瓶进行抽检，并应按现行国家标准《工业六氟化硫》GB 12022 验收，SF_6 新到气瓶抽检比例宜符合表 19.0.4 的规定，其他每瓶可只测定含水量。 **2.《1000kV 高压电器（GIS、HGIS、隔离开关、避雷器）施工及验收规范》GB 50836—2013** 4.2.3　气体绝缘金属封闭开关设备（GIS）元件装配前，应进行下列检查：	1. 查看 SF_6 气体压力 压力值：符合产品技术要求

续表

条款号	大纲条款	检　查　依　据	检查要点
5.2.3	充气设备气体压力、密度继电器报警和闭锁值符合产品技术要求，SF_6 气体检验合格，报告齐全	8　压力表和密度继电器应有产品合格证明及设备厂家检验报告，压力表和密度继电器现场检验应符合现行国家标准《1000kV 系统电气装置安装工程　电气设备交接试验标准》GB/T 50832 的规定。 **3.《1000kV 系统电气装置安装工程　电气设备交接试验标准》GB/T 50832—2013** 14.0.1　六氟化硫（SF_6）新气到货后，充入设备前应按现行国家标准《工业六氟化硫》GB 12022 的有关规定验收，对气瓶的抽检率应为十分之一。同一批相同日期的气体应按现行国家标准《工业六氟化硫》GB 12022 的有关规定验收其中一个气样后，其他气样可只测定含水量和纯度。 14.0.2　六氟化硫（SF_6）新气的试验项目和要求应符合表 14.0.2 的规定。 **4.《电气装置安装工程　高压电器施工及验收规范》GB 50147—2010** 4.4.1　在验收时，应进行下列检查： 5　密度继电器的报警、闭锁值应符合产品技术文件的要求，电气回路传动应正确。 6　六氟化硫气体压力、泄漏率和含水量应符合现行国家标准《电气装置安装工程　电气设备交接试验标准》GB 50150 及产品技术文件的规定。 5.2.3　GIS 元件装配前，应进行下列检查： 8　密度继电器和压力表应经检验，并应有产品合格证和检验报告。密度继电器与设备本体六氟化硫气体管道的连接，应满足可与设备本体管路系统隔离，以便于对密度继电器进行现场校验。 5.5.1　六氟化硫气体的技术条件应符合表 5.5.1 的规定： 5.5.2　新六氟化硫气体应有出厂检验报告及合格证明文件。运到现场后，每瓶均应作含水量检验，现场应进行抽样做全分析，抽样比例按表 5.5.2 的规定执行。检验结果有一项不符合本规范表 5.5.1 要求时，应以两倍量气瓶数重新抽样进行复验。复验结果即使有一项不符合，整批产品不应验收。 5.6.1　在验收时，应进行下列检查 5　密度继电器的报警、闭锁值应符合规定，电气回路传动应正确。 6　六氟化硫气体泄漏率和含水量应符合国家现行标准《电气装置安装工程　电气设备交接试验标准》GB 50150 及产品技术文件的规定。 **5.《六氟化硫电气设备气体监督导则》DL/T 595—2016** 4.1.3　瓶装六氟化硫抽样检测应按照 GB/T 12022 规定执行，应按表 1 的要求随机抽样检验，成批验收。当有任何一项指标的检验结果不符合标准技术要求时，应重新加倍随机抽样检验，如果仍有任何一项指标不符合技术要求时，则应判该批产品不合格。对检测结果存在争议时，应请第三方检测机构进行检测	2. 查阅压力表、密度继电器校验报告、现场核对性检验报告 报警值：符合产品技术要求 闭锁值：符合产品技术要求 结论：合格 签字：齐全 3. 查阅 SF_6 气体检验报告 抽检比例：符合规范规定 检验项目：符合规范规定 结论：合格 签字：齐全

续表

条款号	大纲条款	检　查　依　据	检查要点
5.2.4	断路器、隔离开关、接地开关及操动机构动作正确、可靠，分、合闸指示正确，接地可靠；油（气）操动机构无渗漏现象；隔离开关接触电阻及三相同期值符合规定	**1.《1000kV高压电器（GIS、HGIS、隔离开关、避雷器）施工及验收规范》GB 50836—2013** 4.3.3 （GIS）六氟化硫断路器和操动机构的联合动作应符合下列要求： 2 位置指示器动作应准确、可靠，应与断路器的实际分、合位置一致。 4.3.5 操动机构的安装应符合下列要求： 6 断路器的油缓冲器油位应正常，并应采用适合当地气候条件的液压油。 4.3.6 液压机构及液压弹簧机构的安装尚应符合下列要求： 1 液压油的标号应符合产品技术文件要求，液压油应洁净、无杂质，油位指示应正确。 2 联接处密封应良好，且应牢固、可靠。 5 液压弹簧机构在额定油压时，油面应正常，外观检查应无渗油。 **2.《电气装置安装工程　高压电器施工及验收规范》GB 50147—2010** 4.4.1 在验收时，应进行下列检查： 4 断路器及其操动机构的联动应正常，无卡阻现象；分、合闸指示应正确；辅助开关动作应正确可靠。 5.6.1 在验收时，应进行下列检查 4 GIS中的断路器、隔离开关、接地开关及其操动机构的联动应正常，无卡阻现象；分、合闸指示应正确；辅助开关及电气闭锁应动作正确、可靠。 7.3.10 全部空气管道系统应以额定气压进行漏气量的检查，在24h内压降不得超过10%，或符合产品技术文件要求。 7.4.1 液压机构的安装与调整，除应符合本章第7.2节的规定外，尚应符合下列规定： 3 液压回路在额定油压时，外观检查应无渗漏。 7.7.1 在验收时，应进行下列检查： 3 液压系统应无渗漏、油位正常；空气系统应无漏气；安全阀、减压阀等应动作可靠；压力表应指示正确。 8.2.10 三相联动的隔离开关，触头接触时，不同期数值应符合产品技术文件要求。当无规定时，最大值不得超过20mm。 8.2.11 隔离开关、负荷开关的导电部分，应符合下列规定： 4 合闸直流电阻测试应符合产品技术文件要求	1. 查看断路器、隔离开关、接地开关操动机构 操作：分、合动作正常 分合闸指示：远方、就地指示一致 油压/气压系统：无渗漏 接地连接：可靠 2. 查阅断路器、隔离开关、接地开关试验报告 接触电阻值：符合产品技术要求 三相同期值：符合产品技术要求或规范规定 结论：合格 签字：齐全
5.2.5	高压开关柜防误闭锁装置齐全、可靠	**1.《电气装置安装工程　高压电器施工及验收规范》GB 50147—2010** 6.3.5 开关柜的安装应符合产品技术文件要求，并应符合下列规定：	查看开关柜闭锁装置 装置：有五防闭锁装置 动作：可靠

续表

条款号	大纲条款	检查依据	检查要点
5.2.5	高压开关柜防误闭锁装置齐全、可靠	2 机械闭锁、电气闭锁应动作准确、可靠和灵活，具备防止电气误操作的“五防”功能［即防止误分合断路器，防止带负荷分、合隔离开关，防止接地开关合上时（或带接地线）送电，防止带电合接地开关（挂接地线），防止误入带电间隔等功能］。 3 安全隔板开启应灵活，并应随手车或抽屉的进出而相应动作	
5.2.6	电容器无损伤、渗漏及变形现象	**1.《电气装置安装工程 高压电器施工及验收规范》GB 50147—2010** 11.2.1 电容器（组）安装前的检查，应符合下列要求： 3 电容器外壳应无显著变形、外壳无锈蚀，所有接缝不应有裂缝或渗油。 4 支持瓷瓶应完好、无破损。 6 集合式并联电容器的油箱、贮油柜（或扩张器）、瓷套、出线导杆、压力释放阀、温度计等完好无损，油箱及充油部件不得有渗漏油现象。 11.5.1 在验收时，应进行下列检查： 3 外壳应无凹凸或渗油现象，引出线端子连接应牢固，垫圈、螺母应齐全	查看电容器 外观：无损伤、无渗漏、无变形
5.2.7	互感器外观完好、油位或气压正常，接地可靠；电流互感器备用线圈短接并可靠接地	**1.《1000kV 电力变压器、油浸电抗器、互感器施工及验收规范》GB 50835—2013** 4.3.1 验收时应进行下列检查： 1 设备外观应完整无缺损。 2 互感器应无渗油，油位指示应正常。 **2.《电气装置安装工程 电力变压器、油浸电抗器、互感器施工及验收规范》GB 50148—2010** 5.3.6 互感器的下列各部位应可靠接地： 4 电流互感器的备用二次绕组应先短路后接地。 5.4.1 在验收时，应进行下列检查： 1 设备外观应完整无缺损。 2 互感器应无渗漏，油位、气压、密度应符合产品技术文件的要求。 5 接地应可靠	查看互感器 外观：完整、无缺损 油位/气压：符合产品技术要求 接地：牢固、标识清晰 电流互感器备用线圈：短接并接地可靠
5.2.8	避雷器外观及安全装置完好，排气口朝向合理；在线监测装置接地可靠，安装方向便于观察	**1.《1000kV 高压电器（GIS、HGIS、隔离开关、避雷器）施工及验收规范》GB 50836—2013** 6.0.9 监测仪应密封良好、动作可靠，安装位置应一致，应便于观察，且应符合产品技术文件要求；监测仪接地应可靠，计数器应调至同一值。 6.0.10 避雷器的排气通道应通畅。	查看避雷器 安全装置：完整、无损 排气口朝向：未朝向巡检通道 监测仪接地：符合设计要求 监测仪朝向：便于观察 接地连接：可靠、标识清晰

续表

条款号	大纲条款	检 查 依 据	检查要点
5.2.8	避雷器外观及安全装置完好，排气口朝向合理；在线监测装置接地可靠，安装方向便于观察	**2.《电气装置安装工程　高压电器施工及验收规范》GB 50147—2010** 9.2.1　避雷器安装前，应进行下列检查： 4　避雷器的安全装置应完整、无损。 9.2.8　避雷器的排气通道应通畅，排气通道口不得朝向巡检通道，排出的气体不致引起相间或对地闪络，并不得喷及其他电气设备。 9.2.10　监测仪应密封良好、动作可靠，并应按产品技术文件要求连接；安装位置应一致、便于观察；接地应可靠；监测仪计数器应调至同一值。 9.2.12　避雷器的接地应符合设计要求，接地引下线应连接、固定牢固	
5.2.9	母线的螺栓连接质量检查合格，软母线压接和硬母线的焊接检验合格，报告齐全	**1.《电气装置安装工程　母线装置施工及验收规范》GB 50149—2010** 3.3.3　母线与母线或母线与设备接线端子的连接应符合下列要求： 1　母线连接接触面间应保持清洁，并应涂以电力复合脂； 2　母线平置时，螺栓应由下往上穿，螺母应在上方，其余情况下，螺母应置于维护侧，螺栓长度宜露出2扣～3扣； 3　螺栓与母线紧固面间均应有平垫圈，母线多颗螺栓连接时，相邻螺栓垫圈间应由3mm以上的净距，螺母侧应装有弹簧垫圈或缩紧螺母； 4　母线接触面应连接紧密，连接螺栓应用力矩扳手紧固，钢制螺栓紧固力矩应符合表3.3.3的规定，非钢制螺栓紧固力矩之应符合产品技术文件要求。 3.4.1　母线焊接应由经培训考试合格取得相应资质证书的焊工进行，焊接质量应符合现行行业标准《铝母线焊接技术规程》DL/T 754的有关规定。 3.4.2　正式焊接前，应首先进行焊接工艺试验，焊接接头性能应符合下列规定： 1　表面及断口不应有气孔、夹渣、裂纹、未熔合、未焊透等缺陷； 2　无损检测的质量等级应符合现行行业标准《母线焊接技术规程》DL/T 754中无损探伤检测的规定； 3　铝及铝合金焊接接头抗拉强度不应低于原材料抗拉强度标准值的下限。经热处理强化的铝合金，其焊接接头的抗拉强度不得低于原材料标准值的60%； 4　焊接接头直流电阻值不应大于规格尺寸均相同的原材料直流电阻值的1.05倍。 3.5.7　耐张线夹压接前应对每种规格的导线取试件两件进行试压，并应在试压合格后再施工。 **2.《母线焊接技术规程》DL／T 754—2013** A.10　焊接接头直流电阻值应不大于规格尺寸均相同的原材料直流电阻值的1.05倍，电阻及电阻率测试分别按GB/T 3048.2、GB/T 3048.4的要求进行。	1. 查看母线螺栓连接 螺栓穿向：平置时螺母在上，其他情况下螺母在维护侧 防松措施：螺母侧有弹簧垫圈或锁紧螺母 2. 查测螺栓紧固力矩 力矩值：符合规范规定 3. 查阅软母线压接试验报告 取样数量：符合耐张线夹现场取样数量规定 检验结论：合格 签字：齐全

续表

条款号	大纲条款	检 查 依 据	检查要点
5.2.9	母线的螺栓连接质量检查合格，软母线压接和硬母线的焊接检验合格，报告齐全	A.11 焊接接头抗拉强度不应低于原材料抗拉强度标准值的下限。经热处理强化的铝合金，其焊接接头的抗拉强度不得低于原材料标准值下限的75%	4. 查阅硬母线焊接工艺试验报告 接头直流电阻值：符合规范规定 接头抗拉强度：符合规范规定 无损检测：符合规范规定 结论：合格 签字：齐全
5.2.10	盘柜安装牢固、接地可靠；手车式、抽屉式配电柜开关推拉灵活	**1.《继电保护及二次回路安装及验收规范》GB/T 50976—2014** 4.2.4 端子箱、户外接线盒和户外柜应封闭良好，应有防水、防潮、防尘、防小动物进入和防止风吹开箱门的措施。 **2.《电气装置安装工程 盘、柜及二次回路接线施工及验收规范》GB 50171—2012** 4.0.3 盘、柜间及盘、柜上的设备及各构件连接应牢固。控制、保护盘、柜和自动装置盘等与基础型钢不宜焊接固定。 4.0.7 抽屉式配电柜的安装应符合下列规定： 1 抽屉推拉应轻便灵活，并应无卡阻、碰撞现象，同型号、规格的抽屉应能互换。 4.0.8 手车式柜的安装应符合下列规定： 2 手车推拉应轻便灵活，并应无卡阻、碰撞现象，同型号、规格的手车应能互换。 7.0.2 成套柜的接地母线应与主接地网连接可靠。 7.0.3 抽屉式配电柜抽屉与柜体间的接触应良好，柜体、框架的接地应良好。 7.0.5 装有电器的可开启的门应采用截面不小于4mm² 且端部压接有终端附件的多股软铜导线与接地的金属框架可靠连接。 7.0.6 盘柜柜体接地应牢固可靠，标识应明显。 **3.《电气装置安装工程 高压电器施工及验收规范》GB 50147—2010** 6.3.1 基础型钢的检查，应符合产品技术文件要求，当产品技术文件没做要求时，应符合下列规定： 2 基础型钢安装后，其顶部标高在产品技术文件没有要求时，宜高出抹平地面10mm。基础型钢应有明显的可靠接地。 6.3.2 开关柜按照设计图纸和制造厂编号顺序安装，柜及柜内设备与各构件间连接应牢固。 6.3.4 成列开关柜的接地母线，应有两处明显的与接地网可靠连接点。金属柜门应以铜软线与接地的金属构架可靠连接。成套柜应装有供检修用的接地装置	1. 查看盘柜安装 柜体及构件：固定安装牢固、封闭良好 成套柜安装接地：基础型钢应有明显的可靠接地 成套柜接地母线：应有两处明显的与接地网可靠连接点 装有电器可开启的门接地：符合规范规定 2. 查看端子箱、机构箱、动力箱 箱体及构件：连接牢固、封闭良好 3. 查看手车、抽屉柜 推拉操作：轻便灵活、可互换、无卡阻现象

续表

条款号	大纲条款	检查依据	检查要点
5.2.11	电缆孔洞防火封堵严密、阻燃措施齐全；金属电缆支架接地良好	**1.《电气装置安装工程　接地装置施工及验收规范》GB 50169—2016** 3.0.4　电气装置的下列金属部分，均必须接地： 7　电缆桥架、支架和井架。 4.3.8　沿电缆桥架敷设铜绞线、镀锌扁钢及利用沿桥架构成电气通路的金属构件，如安装托架用的金属构件作为接地网时，电缆桥架接地时应符合下列规定： 1　电缆桥架全长不大于30m时，与接地网相连不应少于2处。 2　全长大于30m时，应每隔20m～30m增加与接地网的连接点。 3　电缆桥架的起始端和终点端应与接地网可靠连接。 **2.《电气装置安装工程　电缆线路施工及验收规范》GB 50168—2018** 5.2.10　金属电缆支架、桥架及竖井全长均必须有可靠的接地。 8.0.2　应在下列孔洞处采用防火封堵材料密实封堵： 1　在电缆贯穿墙壁、楼板的孔洞处； 2　在电缆进入盘、柜、箱、盒的孔洞处； 3　在电缆进出电缆竖井的出入口处； 4　在电缆桥架穿过墙壁、楼板的孔洞处； 5　在电缆导管进入电缆桥架、电缆竖井、电缆沟和电缆隧道的端口处。 8.0.8　电缆孔洞封堵应严实可靠，不应有明显的裂缝和可见的孔隙，堵体表面平整，孔洞较大者应加耐火衬板后再进行封堵。有机防火堵料封堵不应有透光、漏风、龟裂、脱落、硬化现象；无机防火堵料封堵不应有粉化、开裂等缺陷。防火包的堆砌应密实牢固，外观应整齐，不应透光 **3.《电力设备典型消防规程》DL 5027—2015** 10.5.3　凡穿越墙壁、楼板和电缆沟道而进入控制室、电缆夹层、控制柜及仪表盘、保护盘等处的电缆孔、洞、竖井和进入油区的电缆入口处必须用防火堵料严密封堵	1. 查看电缆孔洞 防火封堵：密实、无缝隙 2. 查看防火阻燃措施 阻火墙设置：符合设计要求 防火涂料涂刷/包带包绕长度：符合规范规定 3. 查看金属电缆支架 接地：全长良好接地 4. 查看金属电缆桥架 接地：符合规范规定
5.2.12	蓄电池组标识正确、清晰，充放电试验合格，记录齐全；站用交、直流系统全部安装、调试完毕，已正常投用	**1.《电气装置安装工程　蓄电池施工及验收规范》GB 50172—2012** 4.1.4　蓄电池组的引出电缆的敷设应符合现行国家标准《电气装置安装工程　电缆线路施工及验收规范》GB 50168的有关规定。电缆引出线正、负极的极性及标识应正确，且正极应为赭色，负极应为蓝色。 4.2.2　蓄电池组安装完毕投运前，应进行完全充电，并应进行开路电压测试和容量测试。 4.2.6　蓄电池组的开路电压和10h率容量测试有一项数据不符合本规范的规定时，此组蓄电池应为不合格。	1. 查看蓄电池 编号、标识：符合规范规定

续表

条款号	大纲条款	检　查　依　据	检查要点
5.2.12	蓄电池组标识正确、清晰，充放电试验合格，记录齐全；站用交、直流系统全部安装、调试完毕，已正常投用	4.2.7　在整个充、放电期间，应按规定时间记录每个蓄电池的电压、表面温度和环境温度及整组蓄电池的电压、电流，并应绘制整组充、放电特性曲线。 6.0.1　在验收时，应按规定进行检查： 3　蓄电池间连接条应排列整齐，螺栓应紧固、齐全，极性标识应正确、清晰。 4　蓄电池组每个蓄电池的顺序编号应正确，外壳应清洁，液面应正常。 **2.《电力工程直流电源系统设计技术规程》DL/T 5044—2014** 6.2.1　充电装置的技术特性应符合下列要求： 1　满足蓄电池组的充电和浮充电要求。 2　为长期连续工作制。 3　具有稳压、稳流及限压、限流特性和软启动特性。 4　有自动和手动浮充电、均衡充电及自动转换功能。 5　充电装置交流电源输入宜为三相输入，额定频率为50Hz。 6　1组蓄电池配置1套充电装置的直流电源系统时，充电装置宜设置2路充电电源。1组蓄电池配置2套充电装置或2组蓄电池配置3套充电装置时，每个充电装置宜设置1路充电电源。 7　充电装置的主要技术参数应符合表6.2.1的规定。 8　高频开关电源模块的基本性能应符合下列要求： 1）在多个模块并联工作状态下运行时，各模块承受的电流应能做到自动均分负载实现均流；在2个及以上模块并联运行时，其输出的直流电流为额定值时，均流不平衡度不应大于额定电流值的±5%； 2）功率因数不应小于0.90； 3）在模块输入端施加的交流电源符合标称电压和额定频率要求时，在交流输入端产生的各高次谐波电流含有率不应大于30%； 4）电磁兼容应符合现行国家标准《电力工程直流电源设备通用技术条件及安全要求》GB/T 19826的有关规定	2. 查阅蓄电池充放电记录、容量测试记录 充放电记录及曲线：真实、符合产品技术要求 10h放电容量：符合产品技术要求 结论：合格 签字：齐全 3. 查阅充电装置产品技术文件 内容：直流输出电压质量符合规范规定
5.2.13	防雷接地、设备接地和接地网连接可靠，验收签证齐全	**1.《电气装置安装工程　接地装置施工及验收规范》GB 50169—2016** 3.0.3　接地装置的安装应配合建筑工程的施工，隐蔽部分在覆盖前有关单位应做检查及验收并形成记录。 3.0.6　各种电气装置与接地网的连接应可靠，扩建工程接地网与原接地网应符合设计要求，且不少于两点连接。	1. 查看避雷设施、电气设备接地及明敷接地网连接 电气装置接地情况：符合规范要求

续表

条款号	大纲条款	检　查　依　据	检查要点
5.2.13	防雷接地、设备接地和接地网连接可靠，验收签证齐全	4.1.6　接地极用热镀锌钢及锌覆钢的锌层厚度应满足设计的要求。 4.2.10　发电厂、变电站电气装置的接地线应符合下列规定： 1　下列部位应采用专门敷设的接地线接地： 1）旋转电机座或外壳、出线柜，中性点柜的金属底座和外壳、封闭母线的外壳。 2）高压配电装置的金属外壳。 3）110kV及以上钢筋混凝土构件支座上电气装置的金属外壳。 4）直接接地的变压器中性点。 5）变压器、发电机和高压并联电抗器中性点所接自动跟踪补偿消弧装置提供感性电流的部分、接地电抗器、电阻器或变压器的接地端子。 6）气体绝缘金属封闭开关设备的接地母线、接地端子。 7）避雷器、避雷针、避雷线的接地端子。 4.3.1　接地极的连接应采用焊接，接地线与接地极的连接应采用焊接。异种金属接地极之间连接时接头处应采取防止电化学腐蚀的措施。 4.3.2　电气设备上的接地线，应采用热镀锌螺栓连接；有色金属接地线不能采用焊接时，可用螺栓连接。螺栓连接处的接触面应按现行国家标准《电气装置安装工程　母线装置施工及验收规范》GB 50149的规定执行。 4.3.3　热镀锌钢材焊接时，在焊痕外最小100mm范围内采用可靠地防腐处理。在做防腐处理前，表面应除锈并去掉焊接处残留的焊药。 4.3.4　接地线、接地极采用电弧焊接时，应采用搭接焊缝，其搭接长度应符合下列规定： 1　扁钢为其宽度的2倍且不得少于3个棱边焊接。 2　圆钢应为其直径的6倍。 3　圆钢与扁钢连接时，其长度应为圆钢直径的6倍。 4　扁钢与钢管、扁钢与角钢焊接时，除应在其接触部位两侧进行焊接外，还应由钢带或钢带弯成的卡子与钢管或角钢焊接。 4.3.5　接地极（线）的连接工艺采用放热焊接时，其焊接接头应符合下列规定： 1　被连接的导体截面应完全包裹在接头内。 2　接头的表面应光滑。 3　被连接的导体接头表面应完全熔合。 4　接头应无贯穿性的气孔。 4.3.6　采用金属绞线作接地线引下时，宜采用压接端子与接地极连接。	螺栓连接：可靠，螺帽朝向符合规范规定 焊接：焊接质量符合规范规定 扩建网与主网连接点数量：符合设计要求 标识：清晰，符合规范规定 验收：合格 签字：齐全 2. 查阅接地装置隐蔽验收记录 搭接长度：符合规范规定 接地极、接地干线焊接及防腐：符合规范规定 埋深：符合设计要求 回填：符合规范规定 隐蔽验收：合格 签字：齐全 3. 查看等电位接地网 等电位地网材料：符合规范规定 等电位地网与接地网连接：符合规范规定

续表

条款号	大纲条款	检查依据	检查要点
5.2.13	防雷接地、设备接地和接地网连接可靠，验收签证齐全	4.9.1 装有微机型继电保护及安全自动装置的110kV及以上电压等级的变电站或发电厂，应敷设等电位接地网。等电位接地网应符合下列规定： 1 装设保护和控制装置的屏柜地面下设置的等电位接地网宜采用截面积不小于100mm^{2}的接地铜排连接成首末可靠连接的环网，并应用截面积不小于50mm^2、不少于4根铜缆与厂、站的接地网一点直接连接。 4.9.2 分散布置的就地保护小室、通信室与集控室之间的等电位接地网，应使用截面积不小于100mm^{2}的铜排或铜缆可靠连接	
5.2.14	电气设备及防雷设施的接地阻抗测试符合设计要求，报告齐全	**1.《电气装置安装工程 电气设备交接试验标准》GB 50150—2016** 25.0.1 电气设备和防雷设施的接地装置的试验项目，应包括下列内容： 1 接地网电气完整性测试； 2 接地阻抗； 3 场区地表电位梯度、接触电位差、跨步电压和转移电位测量。 25.0.2 接地网电气完整性测试，应符合下列规定： 1 应测量同一接地网的各相邻设备接地线之间的电气导通情况，以直流电阻值表示； 2 直流电阻值不宜大于0.05Ω。 25.0.3 接地阻抗测量，应符合下列规定： 1 接地阻抗值应符合设计文件规定，当设计文件没有规定时，应符合表25.0.3的要求； 2 试验方法可按现行行业标准《接地装置特性参数测量导则》DL 475的有关规定执行，试验时应排除与接地网连接的架空地线、电缆的影响； 3 应在扩建接地网与原接地网连接后进行全场全面测试。 **2.《1000kV系统电气装置安装工程 电气设备交接试验标准》GB/T 50832—2013** 17.0.1 接地装置的试验项目应包括以下内容： 1 变电站、开关站接地装置接地阻抗测量； 2 变电站、开关站接地引下线导通试验； 3 接触电压试验； 4 跨步电压试验； 17.0.2 变电站、开关站接地装置的接地阻抗测量应满足下列要求： 1 接地装置接地电阻测量应采用大电流法或异频法进行测量； 2 测得的接地装置接地电阻应满足设计要求。	1. 查阅接地装置交接试验报告 试验项目：齐全 2. 查阅全站设备接地导通试验报告 电阻值：符合规范规定 测试对象：包含全站所有设备 3. 查阅接地网接地阻抗试验报告 阻抗值：符合设计要求

续表

条款号	大纲条款	检查依据	检查要点
5.2.14	电气设备及防雷设施的接地阻抗测试符合设计要求，报告齐全	17.0.3 变电站、开关站接地引下线导通试验应满足下列要求： 1 当采用接地导通测试仪逐级对设备引下线与地网主干线进行导通试验时，直流电阻不应大于0.2Ω； 2 不应有开断、松脱现象，且必须符合设计要求	
5.3 换流站电气专业的监督检查			
5.3.1	带电设备的安全净距符合规定，电气连接可靠	**1.《电力安全工作规程 发电厂和变电站电气部分》GB 26860—2011** 5.1.3 无论高压设备是否带电，工作人员与带电设备的安全距离应符合表1设备不停电时的安全距离的规定。 **2.《电气装置安装工程 高压电器施工及验收规范》GB 50147—2010** 3.0.9 设备安装用的紧固件应采用镀锌或不锈钢制品，户外用的紧固件采用镀锌产品时应采用热镀锌工艺；外露地脚螺栓应采用热镀锌制品；电气接线端子用的紧固件应符合现行国家标准《高压电器端子尺寸标准化》GB/T 5273的有关规定。	1. 查看带电部位安全距离 引流线对地及相间：满足最小距离要求 母线对地间距：符合设计要求 母线相间间距：符合设计要求
		3.《电气装置安装工程 母线装置施工及验收规范》GB 50149—2010 3.1.8 母线与母线、母线与分支线、母线与电器接线端子搭接，其搭接面的处理应符合下列规定： 1 经镀银处理的搭接面可直接连接； 2 铜与铜的搭接面，室外、高温且潮湿或对母线有腐蚀性气体的室内应搪锡；在干燥的室内可直接连接； 3 铝与铝的搭接面可直接连接； 4 钢与钢的搭接面不得直接连接，应搪锡或镀锌后连接； 5 铜与铝的搭接面，在干燥的室内，铜导体应搪锡；室外或空气相对湿度接近100%的室内，应采用铜铝过渡板，铜端应搪锡； 6 铜搭接面应搪锡，钢搭接面应采用热镀锌； 7 钢搭接面应采用热镀锌； 8 金属封闭母线螺栓固定面应镀银。 3.1.14 母线安装，室内配电装置的安全净距离应符合表3.1.14-1的规定，室外配电装置的安全净距离应符合表3.1.14-2的规定；当实际电压值超过表3.1.14-1，表3.1.14-2中本级额定电压时，室内、室外配电装置安全净距离应采用高一级额定电压对应的安全净距离值。 3.2.2 矩形母线搭接应符合表3.2.2的规定；当母线与设备接线端子连接时，应符合现行国家标准《高压电器端子尺寸标准化》GB/T 5273的有关规定	2. 查看设备连接 紧固螺栓表面处理：符合规范规定 螺栓紧固力矩值：符合产品技术要求或规范规定 搭接面处理：符合规范规定 矩形母线搭接：符合规范规定

续表

条款号	大纲条款	检 查 依 据	检查要点
5.3.2	换流变压器箱体密封良好，油位正常；绝缘油试验合格，报告齐全；本体及中性点接地符合规定、连接可靠；冷却装置启停正常；气体继电器、温度表校验合格；调压装置操动灵活，指示正确	**1.《电气装置安装工程接地装置施工及验收规范》GB 50169—2016** 4.2.9 电气装置的接地必须单独与接地母线或接地网相连接，严禁在一条接地线中串接两个及两个以上需要接地的电气装置。 4.2.10 发电厂、变电站电气装置的接地线应符合下列规定： 1 下列部位应采用专门敷设的接地线接地： 4）直接接地的变压器中性点。 3 110kV及以上电压等级且运行要求直接接地的中性点均应有两根接地线与接地网的不同接地点相连，其每根规格应满足设计要求。 4 变压器的铁芯、夹件与接地网应可靠连接，并应便于运行监测接地线中环流。 **2.《±800kV及以下换流站换流变压器施工及验收规范》GB 50776—2012** 7.0.8 气体继电器的安装应符合下列规定： 1 气体继电器运输用的固定件应解除，应按要求整定并校验合格； 7.0.12 测温装置的安装应符合下列规定： 1 测温装置安装前应进行校验，信号接点应根据相关规定进行整定并动作正确，导通应良好； 9.0.1 换流变压器应采用真空注油，注入换流变压器内的绝缘油应符合本规范表6.0.1的规定。 10.0.2 热油循环时间应同时符合下列规定： 3 经过热油循环处理的绝缘油，应符合本规范表6.0.1的规定，并应符合下列规定： 1）含气量不大于1%； 2）油中溶解气体组分含量色谱分析符合现行国家标准《变压器油中溶解气体分析和判断导则》GB/T 7252的有关规定。 11.0.1 换流变压器应进行整体密封性试验，宜通过储油柜呼吸器接口充入露点低于−40℃的干燥空气或氮气进行整体密封试验，充气压力应符合产品技术规定，无规定时应0.03MPa，持续24h应无渗漏。 12.0.1 换流变压器在移交试运行前应进行全面检查，检查项目应符合下列规定： 1 本体、冷却装置及所有附件应无缺陷和渗漏； 9 储油柜和充油套管的油位应正常； 10 调压切换装置分接头应符合运行要求，远程操作应动作可靠，且指示位置应正确； 12 冷却装置试运行应正常，联动应正确，油流继电器动作及指示应正确；	1. 查阅密封试验记录 试验压力：0.03MPa或符合产品技术要求 试验时间：24h或符合产品技术要求 试验结果：合格 签字：齐全 2. 查看变压器法兰及冷却器 连接处：无渗油 3. 查看储油柜及充油套管 油位指示：正常 4. 查阅绝缘油试验报告 出厂试验报告：报告齐全，结论合格 现场取样试验结果：取样符合规范规定 色谱分析：局放前、局放后无明显变化 试验结论：合格 签字：齐全 5. 查看变压器接地 铁芯及夹件接地：分别直接与主接地网连接 中性点接地：接地引下后，有两根接地线与主接地网不同方向干线连接，规格符合设计要求 本体接地：在变压器本体两端接地

续表

条款号	大纲条款	检查依据	检查要点
5.3.2	换流变压器箱体密封良好，油位正常；绝缘油试验合格，报告齐全；本体及中性点接地符合规定、连接可靠；冷却装置启停正常；气体继电器、温度表校验合格；调压装置操动灵活，指示正确	**3.《±800kV及以下直流换流站电气装置安装工程施工及验收规范》DL/T 5232—2010** 7.9　通过呼吸器接口充入干燥气体进行密封试验，充气压力0.015MPa～0.03MPa（按照产品要求执行），24h无渗漏，密封试验过程注意温度变化对充气压力的影响	接地连接：可靠，螺帽朝向符合规范规定 6. 查看冷却装置 启停操作：启停正常 7. 查阅气体继电器安装前校验报告 动作值：符合产品技术要求 结论：合格 签字：齐全 8. 查阅温度计出厂检验报告和校验报告 结论：合格 签字：齐全 9. 查看调压装置 装置动作：机构转动无卡阻现象 位置指示：就地与主控显示一致
5.3.3	充气设备气体压力、密度继电器报警和闭锁值符合产品技术要求，SF_6气体检验合格，报告齐全	**1.《电气装置安装工程　电气设备交接试验标准》GB 50150—2016** 19.0.4　SF_6新气到货后，充入设备前应对每批次的气瓶进行抽检，并应按现行国家标准《工业六氟化硫》GB 12022验收，SF_6新到气瓶抽检比例宜符合表19.0.4的规定，其它每瓶可只测定含水量。 **2.《电气装置安装工程　高压电器施工及验收规范》GB 50147—2010** 4.4.1　在验收时，应进行下列检查： 5　密度继电器的报警、闭锁值应符合产品技术文件的要求，电气回路传动应正确。 6　六氟化硫气体压力、泄漏率和含水量应符合现行国家标准《电气装置安装工程　电气设备交接试验标准》GB 50150及产品技术文件的规定。 5.2.3　GIS元件装配前，应进行下列检查：	1. 查看SF_6气体压力 压力值：符合产品技术要求

续表

条款号	大纲条款	检查依据	检查要点
5.3.3	充气设备气体压力、密度继电器报警和闭锁值符合产品技术要求，SF_6气体检验合格，报告齐全	8　密度继电器和压力表应经检验，并应有产品合格证和检验报告。密度继电器与设备本体六氟化硫气体管道的连接，应满足可与设备本体管路系统隔离，以便于对密度继电器进行现场校验。 5.5.1　六氟化硫气体的技术条件应符合表5.5.1的规定： 5.5.2　新六氟化硫气体应有出厂检验报告及合格证明文件。运到现场后，每瓶均应做含水量检验，现场应进行抽样做全分析，抽样比例按表5.5.2的规定执行。检验结果有一项不符合本规范表5.5.1要求时，应以两倍量气瓶数重新抽样进行复验。复验结果即使有一项不符合，整批产品不应验收。 5.6.1　在验收时，应进行下列检查 5　密度继电器的报警、闭锁值应符合规定，电气回路传动应正确。 6　六氟化硫气体泄漏率和含水量应符合国家现行标准《电气装置安装工程 电气设备交接试验标准》GB 50150及产品技术文件的规定。 **3.《六氟化硫电气设备气体监督导则》DL/T 595—2016** 4.1.3　瓶装六氟化硫抽样检测应按照GB/T 12022规定执行，应按表1的要求随机抽样检验，成批验收。当有任何一项指标的检验结果不符合标准技术要求时，应重新加倍随机抽样检验，如果仍有任何一项指标不符合技术要求时，则应判该批产品不合格。对检测结果存在争议时，应请第三方检测机构进行检测	2. 查阅压力表及密度继电器校验及现场核对性检验报告 校验报告：有校验报告 报警值：符合产品技术要求 闭锁值：符合产品技术要求 结论：合格 签字：齐全 3. 查阅SF_6气体检验报告 抽检比例：符合规范规定 检验项目：符合规范规定 结论：合格 签字：齐全
5.3.4	断路器、隔离开关、接地开关及操动机构动作正确、可靠，分、合闸指示正确，接地可靠；油（气）操动机构无渗漏现象；直流开关装置绝缘平台安装牢固	**1.《电气装置安装工程　高压电器施工及验收规范》GB 50147—2010** 4.4.1　在验收时，应进行下列检查： 4　断路器及其操动机构的联动应正常，无卡阻现象；分、合闸指示应正确；辅助开关动作应正确可靠。 5.6.1　在验收时，应进行下列检查： 4　GIS中的断路器、隔离开关、接地开关及其操动机构的联动应正常，无卡阻现象；分、合闸指示应正确；辅助开关及电气闭锁应动作正确、可靠。 7.3.10　全部空气管道系统应以额定气压进行漏气量的检查，在24h内压降不得超过10%，或符合产品技术文件要求。 7.4.1　液压机构的安装与调整，除应符合本章第7.2节的规定外，尚应符合下列规定： 3　液压回路在额定油压时，外观检查应无渗漏。 7.7.1　在验收时，应进行下列检查： 3　液压系统应无渗漏、油位正常；空气系统应无漏气；安全阀、减压阀等应动作可靠；压力表应指示正确。	1. 查看断路器、隔离开关、接地开关操动机构 操作：分、合动作正常 分合闸指示：远方、就地指示一致 油压/气压系统：无渗漏 接地连接：可靠

续表

条款号	大纲条款	检查依据	检查要点
5.3.4	断路器、隔离开关、接地开关及操动机构动作正确、可靠，分、合闸指示正确，接地可靠；油（气）操动机构无渗漏现象；直流开关装置绝缘平台安装牢固	**2.《±800kV及以下直流换流站电气装置安装工程施工及验收规程》DL/T 5232—2010** 9.5.1 在安装绝缘平台上设备前，应全面检查平台的稳定性，应按照施工图纸安装平台上的非线性电阻、电容、电抗	2. 查阅断路器、隔离开关、接地开关试验报告 接触电阻值：符合产品技术要求 三相同期值：符合产品技术要求或规范规定 结论：合格 签字：齐全
5.3.5	换流阀组安装符合设计及产品技术要求；光纤敷设、连接符合要求；阀塔元件清洁；换流阀水冷却系统无渗漏；阀厅内母线、穿墙套管连接正确、牢固	**1.《±800kV及以下换流站换流阀施工及验收规范》GB/T 50775—2012** 5.0.2 换流阀安装应按制造厂的装配图、产品编号等产品技术资料进行，并应符合产品的技术规定。 5.0.10 光缆施工应符合下列要求： 7 光纤敷设及固定后的弯曲半径应符合产品的技术规定，不得弯折和过度拉伸光纤，并应检测合格。 7.2.1 内冷却设备、管道和阀体冷却水管安装完毕，外观检查合格后，应对内冷却管路进行整体密封试验。密封试验注入管路系统的去离子水或混合液的电导率，应符合本规范7.1.16的规定；管路系统内应注满水或混合液，在排气后不应含气泡。试验压力及持续时间应符合产品的技术规定，检查管路系统应无渗漏。 7.2.2 外冷却设备、管道安装完毕，外观检查合格后，应对外冷却管路进行密封试验。密封试验注入管路系统的自来水水质，应符合现行国家标准《生活饮用水卫生标准》GB 5749的有关规定；管路系统内应注满水，在排气后不应含气泡。试验压力及持续时间应符合产品的技术规定，检查管路系统应无渗漏。 8.0.1 验收时，应进行下列检查： 1 换流阀及阀冷却系统应安装牢靠，外表应清洁、完整。 **2.《±800kV高压直流设备交接试验》DL/T 274—2012** 6.4 阀基电子设备及光缆的试验 d）从阀基电子设备到晶闸管电子设备的光缆检查和试验： 1）对发光元件和接收元件进行一对一的检查，以判断光缆的连接是否正确、可靠。 2）测量光缆的损耗率，其值应符合设计要求。	1. 查看换流阀组 外观：清洁、无污迹、无变形 光纤固定：牢固、无松动 弯曲半径：符合产品技术要求 2. 查阅光纤测试报告 光缆损耗值：符合设计要求 结论：合格 签字：齐全 3. 查阅水冷系统密封试验报告 试验压力及持续时间：符合产品的技术要求 结论：合格 签字：齐全 4. 查看阀厅内母线、穿墙套管 接线方式：符合设计要求 紧固件连接：可靠

续表

条款号	大纲条款	检 查 依 据	检查要点
5.3.5	换流阀组安装符合设计及产品技术要求；光纤敷设、连接符合要求；阀塔元件清洁；换流阀水冷却系统无渗漏；阀厅内母线、穿墙套管连接正确、牢固	**3.《高压直流设备验收试验》DL/T 377—2010** 5.4 阀基电子设备及光缆的试验 d）从阀基电子设备到晶闸管电子设备的光缆检查和试验： ——对发光元件和接收元件进行一对一的检查，以判断光缆的连接是否正确、可靠。 ——测量光缆的损耗率，其值应符合设计要求。 **4.《±800kV及以下直流换流站电气装置安装工程施工及验收规程》DL/T 5232—2010** 5.7.2 （换流阀组）检查主要内容： 3 阀结构：检查阀体及阀厅内部清洁程度，清洁度符合要求；检查阀底部到地面的距离，尺寸符合要求；检查天花板与顶部之间的距离，尺寸符合要求；进行顶部悬挂处的水平检查，误差符合要求；结构部分的长棒绝缘子和顶部吊扼连接销已经得到保险；检查阀架安装在正确位置；检查层压螺母紧固；检查阀架部分间的螺栓连接。 5.7.4 换流阀组充电前应进行以下检查： 1 外观检查：检查晶闸阀和避雷器无任何缺陷，清洁，无施工遗留物； 3 电流连接：检查晶闸阀和阀避雷器上的所有电流连接，用力矩扳手进行紧固力矩检查，误差不超过±10%	
5.3.6	直流滤波器外观完好，连接方式符合设计要求	**1.《±800kV及以下直流换流站电气装置安装工程施工及验收规程》DL/T 5232—2010** 8.6.1 全部连接完成，检查所有连接线正确、紧固力矩应满足厂家提供的紧固力矩要求。试验检测电容器组不平衡满足要求。 8.6.2 对于采用对称压紧方式的电容器接线端子，连接导体与平衡导体截面必须相同。对于采用铜接线鼻子的电容器接线端子，接线鼻子两端应使用铜垫片或铜螺母	1. 查阅直流滤波器施工记录和试验报告 螺栓紧固力矩：符合产品技术要求 电容值：不平衡率符合设计要求 结论：合格 签字：齐全 2. 查看直流滤波器外观和接线端子 外观：完好，无渗漏 接线方式：与设计一致 对称压接方式：两种导体截面相同 铜接线端子：垫片、螺母为铜

续表

条款号	大纲条款	检 查 依 据	检查要点
5.3.7	母线的螺栓连接质量检查合格，软母线压接和硬母线的焊接检验合格，报告齐全	**1.《电气装置安装工程　母线装置施工及验收规范》GB 50149—2010** 3.3.3　母线与母线或母线与设备接线端子的连接应符合下列要求： 1　母线连接接触面间应保持清洁，并应涂以电力复合脂； 2　母线平置时，螺栓应由下往上穿，螺母应在上方，其余情况下，螺母应置于维护侧，螺栓长度宜露出2扣～3扣； 3　螺栓与母线紧固面间均应有平垫圈，母线多颗螺栓连接时，相邻螺栓垫圈间应由3mm以上的净距，螺母侧应装有弹簧垫圈或缩紧螺母； 4　母线接触面应连接紧密，连接螺栓应用力矩扳手紧固，钢制螺栓紧固力矩应符合表3.3.3的规定，非钢制螺栓紧固力矩之应符合产品技术文件要求。 3.4.1　母线焊接应由经培训考试合格取得相应资质证书的焊工进行，焊接质量应符合现行行业标准《母线焊接技术规程》DL/T 754的有关规定。 3.4.2　正式焊接前，应首先进行焊接工艺试验，焊接接头性能应符合下列规定： 1　表面及断口不应有气孔、夹渣、裂纹、未熔合、未焊透等缺陷； 2　无损检测的质量等级应符合现行行业标准《母线焊接技术规程》DL/T 754中无损探伤检测的规定； 3　铝及铝合金焊接接头抗拉强度不应低于原材料抗拉强度标准值的下限。经热处理强化的铝合金，其焊接接头的抗拉强度不得低于原材料标准值的60%； 4　焊接接头直流电阻值不应大于规格尺寸均相同的原材料直流电阻值的1.05倍。 3.5.7　耐张线夹压接前应对每种规格的导线取试件两件进行试压，并应在试压合格后再施工。 **2.《母线焊接技术规程》DL/T 754—2013** A.10　焊接接头直流电阻值应不大于规格尺寸均相同的原材料直流电阻值的1.05倍，电阻及电阻率测试分别按GB/T 3048.2、GB/T 3048.4的要求进行。 A.11　焊接接头抗拉强度不应低于原材料抗拉强度标准值的下限。经热处理强化的铝合金，其焊接接头的抗拉强度不得低于原材料标准值下限的75%	1. 查看母线螺栓连接 螺栓穿向：平置时螺母在上，其他情况下螺母在维护侧 防松措施：螺母侧有弹簧垫圈或锁紧螺母 2. 抽查螺栓紧固力矩 力矩值：符合规范规定 3. 查阅软母线压接试验报告 取样数量：符合耐张线夹现场取样数量规定 检验结论：合格 签字：齐全 4. 查阅硬母线焊接工艺试验报告 接头直流电阻值：符合规范规定 接头抗拉强度：符合规范规定 无损检测：符合规范规定 结论：合格 签字：齐全
5.3.8	盘柜安装牢固、接地可靠	**1.《继电保护及二次回路安装及验收规范》GB/T 50976—2014** 4.2.4　端子箱、户外接线盒和户外柜应封闭良好，应有防水、防潮、防尘、防小动物进入和防止风吹开箱门的措施。 **2.《电气装置安装工程　盘、柜及二次回路接线施工及验收规范》GB 50171—2012** 4.0.3　盘、柜间及盘、柜上的设备及各构件连接应牢固。控制、保护盘、柜和自动装置盘等与基础型钢不宜焊接固定。	1. 查看盘柜安装 柜体及构件：固定安装牢固、封闭良好 成套柜安装接地：基础型钢应有明显的可靠接地

续表

条款号	大纲条款	检查依据	检查要点
5.3.8	盘柜安装牢固、接地可靠	4.0.7 抽屉式配电柜的安装应符合下列规定： 1 抽屉推拉应轻便灵活，并应无卡阻、碰撞现象，同型号、规格的抽屉应能互换。 4.0.8 手车式柜的安装应符合下列规定： 2 手车推拉应轻便灵活，并应无卡阻、碰撞现象，同型号、规格的手车应能互换。 7.0.2 成套柜的接地母线应与主接地网连接可靠。 7.0.3 抽屉式配电柜抽屉与柜体间的接触应良好，柜体、框架的接地应良好。 7.0.5 装有电器的可开启的门应采用截面不小于 $4mm^2$ 且端部压接有终端附件的多股软铜导线与接地的金属框架可靠连接。 7.0.6 盘柜柜体接地应牢固可靠，标识应明显。 **3.《电气装置安装工程 高压电器施工及验收规范》GB 50147—2010** 6.3.1 基础型钢的检查，应符合产品技术文件要求，当产品技术文件没做要求时，应符合下列规定： 2 基础型钢应有明显的可靠接地。 6.3.2 开关柜按照设计图纸和制造厂编号顺序安装，柜及柜内设备与各构件间连接应牢固。 6.3.4 成列开关柜的接地母线，应有两处明显的与接地网可靠连接点。金属柜门应以铜软线与接地的金属构架可靠连接。成套柜应装有供检修用的接地装置	成套柜接地母线：应有两处明显的与接地网可靠连接点 装有电器可开启的门接地：符合规范规定 2. 查看端子箱、机构箱、动力箱 箱体及构件：连接牢固、封闭良好 3. 查看手车、抽屉柜 推拉操作：轻便灵活、可互换、无卡阻现象
5.3.9	电缆孔洞防火封堵严密、阻燃措施齐全；金属电缆支架接地良好	**1.《电气装置安装工程 接地装置施工及验收规范》GB 50169—2016** 3.0.4 电气装置的下列金属部分，均必须接地： 7 电缆桥架、支架和井架。 4.3.8 沿电缆桥架敷设铜绞线、镀锌扁钢及利用沿桥架构成电气通路的金属构件，如安装托架用的金属构件作为接地网时，电缆桥架接地时应符合下列规定： 1 电缆桥架全长不大于30m时，与接地网相连不应少于2处。 2 全长大于30m时，应每隔20m～30m增加与接地网的连接点。 3 电缆桥架的起始端和终点端应与接地网可靠连接。 **2.《电气装置安装工程 电缆线路施工及验收规范》GB 50168—2018** 5.2.10 金属电缆支架、桥架及竖井全长均必须有可靠的接地。 8.0.2 应在下列孔洞处采用防火封堵材料密实封堵： 1 在电缆贯穿墙壁、楼板的孔洞处； 2 在电缆进入盘、柜、箱、盒的孔洞处； 3 在电缆进出电缆竖井的出入口处；	1. 查看电缆孔洞 防火封堵：密实、无缝隙 2. 查看防火阻燃措施 阻火墙设置：符合设计要求 防火涂料涂刷/包带包绕长度：符合规范规定 3. 查看金属电缆支架 接地：全长良好接地 4. 查看金属电缆桥架两端 接地：符合规范规定

续表

条款号	大纲条款	检查依据	检查要点
5.3.9	电缆孔洞防火封堵严密、阻燃措施齐全；金属电缆支架接地良好	4 在电缆桥架穿过墙壁、楼板的孔洞处； 5 在电缆导管进入电缆桥架、电缆竖井、电缆沟和电缆隧道的端口处。 8.0.8 电缆孔洞封堵应严实可靠，不应有明显的裂缝和可见的孔隙，堵体表面平整，孔洞较大者应加耐火衬板后再进行封堵。有机防火堵料封堵不应有透光、漏风、龟裂、脱落、硬化现象；无机防火堵料封堵不应有粉化、开裂等缺陷。防火包的堆砌应密实牢固，外观应整齐，不应透光。 **3.《电力设备典型消防规程》DL 5027—2015** 10.5.3 凡穿越墙壁、楼板和电缆沟道而进入控制室、电缆夹层、控制柜及仪表盘、保护盘等处的电缆孔、洞、竖井和进入油区的电缆入口处必须用防火堵料严密封堵	
5.3.10	蓄电池组标识正确、清晰，充放电试验合格，记录齐全；站用交、直流系统全部安装、调试完毕，已正常投用	**1.《电气装置安装工程　蓄电池施工及验收规范》GB 50172—2012** 4.1.4 蓄电池组的引出电缆的敷设应符合现行国家标准《电气装置安装工程　电缆线路施工及验收规范》GB 50168的有关规定。电缆引出线正、负极的极性及标识应正确，且正极应为赭色，负极应为蓝色。 4.2.2 蓄电池组安装完毕投运前，应进行完全充电，并应进行开路电压测试和容量测试。 4.2.6 蓄电池组的开路电压和10h率容量测试有一项数据不符合本规范的规定时，此组蓄电池应为不合格。 4.2.7 在整个充、放电期间，应按规定时间记录每个蓄电池的电压、表面温度和环境温度及整组蓄电池的电压、电流，并应绘制整组充、放电特性曲线。 6.0.1 在验收时，应按规定进行检查： 3 蓄电池间连接条应排列整齐，螺栓应紧固、齐全，极性标识应正确、清晰。 4 蓄电池组每个蓄电池的顺序编号应正确，外壳应清洁，液面应正常。 **2.《电力工程直流电源系统设计技术规程》DL/T 5044—2014** 6.2.1 充电装置的技术特性应符合下列要求： 1 满足蓄电池组的充电和浮充电要求。 2 为长期连续工作制。 3 具有稳压、稳流及限压、限流特性和软启动特性。 4 有自动和手动浮充电、均衡充电及自动转换功能。 5 充电装置交流电源输入宜为三相输入，额定频率为50Hz。 6 1组蓄电池配置1套充电装置的直流电源系统时，充电装置宜设置2路充电电源。1组蓄电池配置2套充电装置或2组蓄电池配置3套充电装置时，每个充电装置宜设置1路充电电源。	1. 查看蓄电池 编号、标识：符合规范规定 2. 查阅蓄电池充放电记录、容量测试记录 充放电记录及曲线：真实、符合产品技术要求 10h放电容量：符合产品技术要求 结论：合格 签字：齐全 3. 查阅充电装置产品技术文件 内容：直流输出电压质量符合规范规定

续表

条款号	大纲条款	检查依据	检查要点
5.3.10	蓄电池组标识正确、清晰，充放电试验合格，记录齐全；站用交、直流系统全部安装、调试完毕，已正常投用	7 充电装置的主要技术参数应符合表6.2.1的规定。 8 高频开关电源模块的基本性能应符合下列要求： 1）在多个模块并联工作状态下运行时，各模块承受的电流应能做到自动均分负载实现均流；在2个及以上模块并联运行时，其输出的直流电流为额定值时，均流不平衡度不应大于额定电流值的±5%； 2）功率因数不应小于0.90； 3）在模块输入端施加的交流电源符合标称电压和额定频率要求时，在交流输入端产生的各高次谐波电流含有率不应大于30%； 4）电磁兼容应符合现行国家标准《电力工程直流电源设备通用技术条件及安全要求》GB/T 19826的有关规定	
5.3.11	防雷接地、设备接地和接地网连接可靠，验收签证齐全	**1.《电气装置安装工程　接地装置施工及验收规范》GB 50169—2016** 3.0.3 接地装置的安装应配合建筑工程的施工，隐蔽部分在覆盖前有关单位应做检查及验收并形成记录。 3.0.6 各种电气装置与接地网的连接应可靠，扩建工程接地网与原接地网应符合设计要求，且不少于两点连接。 4.1.6 接地极用热镀锌钢及锌覆钢的锌层厚度应满足设计的要求。 4.2.10 发电厂、变电站电气装置的接地线应符合下列规定： 1 下列部位应采用专门敷设的接地线接地： 1）旋转电机座或外壳、出线柜，中性点柜的金属底座和外壳、封闭母线的外壳。 2）高压配电装置的金属外壳。 3）110kV及以上钢筋混凝土构件支座上电气装置的金属外壳。 4）直接接地的变压器中性点。 5）变压器、发电机和高压并联电抗器中性点所接自动跟踪补偿消弧装置提供感性电流的部分、接地电抗器、电阻器或变压器的接地端子。 6）气体绝缘金属封闭开关设备的接地母线、接地端子。 7）避雷器、避雷针、避雷线的接地端子。 4.3.1 接地极的连接应采用焊接，接地线与接地极的连接应采用焊接。异种金属接地极之间连接时接头处应采取防止电化学腐蚀的措施。 4.3.2 电气设备上的接地线，应采用热镀锌螺栓连接；有色金属接地线不能采用焊接时，可用螺栓连接。螺栓连接处的接触面应按现行国家标准《电气装置安装工程 母线装置施工及验收规范》GB 50149的规定执行。	1. 查看避雷设施、电气设备接地及明敷接地网连接 电气装置接地情况：符合规范要求 螺栓连接：可靠、螺帽朝向符合规范规定 焊接：焊接质量符合规范规定 扩建网与主网连接点数量：符合设计要求 标识：清晰，符合规范规定 验收：合格 签字：齐全 2. 查阅接地装置隐蔽验收记录 搭接长度：符合规范规定 接地极、接地干线焊接及防腐：符合规范规定 埋深：符合设计要求 回填：符合规范规定 隐蔽验收：合格 签字：齐全

续表

<table>
<tr><th>条款号</th><th>大纲条款</th><th>检查依据</th><th>检查要点</th></tr>
<tr><td>5.3.11</td><td>防雷接地、设备接地和接地网连接可靠，验收签证齐全</td><td>4.3.3 热镀锌钢材焊接时，在焊痕外最小100mm范围内采用可靠地防腐处理。在做防腐处理前，表面应除锈并去掉焊接处残留的焊药。
4.3.4 接地线、接地极采用电弧焊接时，应采用搭接焊缝，其搭接长度应符合下列规定：
1 扁钢为其宽度的2倍且不得少于3个棱边焊接。
2 圆钢应为其直径的6倍。
3 圆钢与扁钢连接时，其长度应为圆钢直径的6倍。
4 扁钢与钢管、扁钢与角钢焊接时，除应在其接触部位两侧进行焊接外，还应由钢带或钢带弯成的卡子与钢管或角钢焊接。
4.3.5 接地极（线）的连接工艺采用放热焊接时，其焊接接头应符合下列规定：
1 被连接的导体截面应完全包裹在接头内。
2 接头的表面应光滑。
3 被连接的导体接头表面应完全熔合。
4 接头应无贯穿性的气孔。
4.3.6 采用金属绞线作接地线引下时，宜采用压接端子与接地极连接。
4.9.1 装有微机型继电保护及安全自动装置的110kV及以上电压等级的变电站或发电厂，应敷设等电位接地网。等电位接地网应符合下列规定：
1 装设保护和控制装置的屏柜地面下设置的等电位接地网宜采用截面积不小于100mm^{2}的接地铜排连接成首末可靠连接的环网，并应用截面积不小于50mm^2、不少于4根铜缆与厂、站的接地网一点直接连接。
4.9.2 分散布置的就地保护小室、通信室与集控室之间的等电位接地网，应使用截面积不小于100mm^{2}的铜排或铜缆可靠连接</td><td>3. 查看等电位接地网
等电位地网材料：符合规范规定
等电位地网与接地网连接：符合规范规定</td></tr>
<tr><td rowspan="2">5.3.12</td><td rowspan="2">电气设备及防雷设施的接地阻抗测试符合设计要求，报告齐全</td><td rowspan="2">1.《电气装置安装工程　电气设备交接试验标准》GB 50150—2016
25.0.1 电气设备和防雷设施的接地装置的试验项目，应包括下列内容：
1 接地网电气完整性测试；
2 接地阻抗；
3 场区地表电位梯度、接触电位差、跨步电压和转移电位测量。
25.0.2 接地网电气完整性测试，应符合下列规定：
1 应测量同一接地网的各相邻设备接地线之间的电气导通情况，以直流电阻值表示；
2 直流电阻值不宜大于0.05Ω。
25.0.3 接地阻抗测量，应符合下列规定：</td><td>1. 查阅接地装置交接试验报告
试验项目：齐全</td></tr>
<tr><td>2. 查阅全站设备接地导通试验报告
电阻值：符合规范规定
测试对象：包含全站所有设备</td></tr>
</table>

续表

<table>
<tr><th>条款号</th><th>大纲条款</th><th>检 查 依 据</th><th>检查要点</th></tr>
<tr><td>5.3.12</td><td>电气设备及防雷设施的接地阻抗测试符合设计要求，报告齐全</td><td>1 接地阻抗值应符合设计文件规定，当设计文件没有规定时，应符合表25.0.3的要求；
2 试验方法可按现行行业标准《接地装置特性参数测量导则》DL 475的有关规定执行，试验时应排除与接地网连接的架空地线、电缆的影响；
3 应在扩建接地网与原接地网连接后进行全场全面测试。
2.《±800kV及以下直流换流站电气装置安装工程施工及验收规程》DL/T 5232—2010
24 防雷与接地
24.1.1 本章节条文适用于直流换流站工程站内接地网及接地装置和避雷针及避雷线的施工及验收。
24.1.4 安装与试验应符合GB 50169、DL 475、GB 50150和DL/T 5161.1～5161.17—2002的要求</td><td>3. 查阅接地网接地阻抗试验报告
阻抗值：符合设计要求</td></tr>
<tr><td colspan="4">5.4 变电站调整试验的监督检查</td></tr>
<tr><td rowspan="2">5.4.1</td><td rowspan="2">主变压器绕组连同套管的直流电阻，绕组连同套管的绝缘电阻、吸收比或极化指数，变压器分接头变比，三相连接组别（或单相变压器引出线的极性）等试验项目试验合格</td><td rowspan="2">1.《电气装置安装工程 电气设备交接试验标准》GB 50150—2016
8.0.4 测量绕组连同套管的直流电阻，应符合下列规定：
1 测量应在各分接的所有位置上进行。
2 1600kVA及以下三相变压器，各相绕组相互间的差别不应大于4%；无中性点引出的绕组，线间各绕组相互间差别不应大于2%；1600kVA以上变压器，各相绕组相互间差别不应大于2%；无中性点引出的绕组，线间相互间差别不应大于1%。
3 变压器的直流电阻，与同温下产品出厂实测数值比较，相应变化不应大于2%；……
4 由于变压器结构等原因，差值超过本条第2款时，可只按本条第3款进行比较，但应说明原因。
5 无励磁调压变压器送电前最后一次测量，应在使用的分接锁定后进行。
8.0.5 检查所有分接的电压比，应符合下列规定：
1 所有分接的电压比应符合电压比的规律；
2 与制造厂铭牌数据相比，应符合下列规定：
1）电压等级在35kV以下，电压比小于3的变压器电压比允许偏差应为±1%；
2）其他所有变压器额定分接下电压比允许偏差不应超过±0.5%；
3）其他分接的电压比应在变压器阻抗电压值（%）的1/10以内，且允许偏差应为±1%。</td><td>1. 查阅主变压器试验报告
试验项目：齐全
签字：相关负责人已签字
结论：合格
盖章：试验单位已盖章</td></tr>
<tr><td>2. 查阅主变压器试验报告（绕组连同套管的直流电阻部分）
测量范围：所有分接头
相间相互差值：符合规范规定
与出厂实测值偏差：符合标准要求（测试结果需换算到同一温度下进行比较）</td></tr>
</table>

续表

条款号	大纲条款	检查依据	检查要点
5.4.1	主变压器绕组连同套管的直流电阻，绕组连同套管的绝缘电阻、吸收比或极化指数，变压器分接头变比，三相连接组别（或单相变压器引出线的极性）等试验项目试验合格	8.0.6 检查变压器的三相接线组别和单相变压器引出线的极性，应符合下列规定： 1 变压器的三相接线组别和单相变压器引出线的极性应符合设计要求； 2 变压器的三相接线组别和单相变压器引出线的极性应与铭牌上的标记和外壳上的符号相符。 8.0.10 测量绕组连同套管的绝缘电阻、吸收比或极化指数，应符合下列规定： 1 绝缘电阻值不应低于产品出厂试验值的70%或不低于10000MΩ（20℃）； 2 当测量温度与产品出厂试验时的温度不符合时，油浸式电力变压器绝缘电阻的温度换算系数可按表8.0.10换算到同一温度时的数值进行比较。 3 变压器电压等级为35kV及以上且容量在4000kVA及以上时，应测量吸收比。吸收比与产品出厂值相比应无明显差别，在常温下不应小于1.3；当R_{60}大于3000MΩ（20℃）时，吸收比可不作考核要求。 4 变压器电压等级为220kV及以上或容量为120MVA及以上时，宜用5000V绝缘电阻表测量极化指数。测得值与产品出厂值相比应无明显差别，在常温下不应小于1.5。当R_{60}大于10000MΩ（20℃）时，极化指数可不作考核要求。 8.0.14 绕组连同套管的长时感应电压试验带局部放电测量（ACLD），应符合下列规定： 1 电压等级220kV及以上变压器在新安装时，应进行现场局部放电试验。电压等级为110kV的变压器，当对绝缘有怀疑时，应进行局部放电试验； 2 局部放电试验方法及判断方法，应按现行国家标准《电力变压器 第3部分：绝缘水平、绝缘试验和外绝缘空隙间隙》GB 1094.3中的有关规定执行； 3 750kV变压器现场交接试验时，绕组连同套管的长时感应电压试验带局部放电测量（ACLD）中，激发电压应按出厂交流耐压的80%（720kV）进行。 **2.《电力变压器 第1部分：总则》GB 1094.1—2013** 11.3 电压比测量和联结组标号检定 ……应检定单相变压器的极性及三相变压器联结组标号是否正确。…… **3.《1000kV系统电气装置安装工程电气设备交接试验标准》GB/T 50832—2013** 3.0.3 测量绕组连同套管的直流电阻应符合下列规定： 1 测量应在所有分接位置上进行，…… 2 主体变压器、调压补偿变压器的直流电阻，各相测得值的相互差值应小于三相平均值的2%。 3 主体变压器、调压补偿变压器的直流电阻应与同温下产品例行试验数值比较，相应变化不应大于2%。 5 测量温度应以油平均温度为准，不同温度下的电阻值应按下式换算：……	3. 查阅主变压器试验报告（绕组连同套管的绝缘电阻、吸收比或极化指数部分） 绝缘电阻表：符合规范规定 绝缘电阻值、吸收比或极化指数：符合标准要求 4. 查阅主变压器试验报告（变压器分接头变比部分） 测量范围：所有分接头 电压比偏差：符合规范规定 5. 查阅主变压器试验报告（三相连接组别或单相变压器引出线的极性部分） 测试结果：变压器的三相接线组别或单相变压器引出线的极性，与设计要求和铭牌上的标记及外壳上的符号相符 6. 查阅主变压器试验报告（绕组连同套管的长时感应电压试验带局部放电测量部分） 试验结果：符合规范规定

续表

<table>
<tr><th>条款号</th><th>大纲条款</th><th>检 查 依 据</th><th>检查要点</th></tr>
<tr><td>5.4.1</td><td>主变压器绕组连同套管的直流电阻，绕组连同套管的绝缘电阻、吸收比或极化指数，变压器分接头变比，三相连接组别（或单相变压器引出线的极性）等试验项目试验合格</td><td>3.0.4 测量绕组电压比应符合下列规定：
1 各相应分接的电压比顺序应符合铭牌给出的电压比规律，应与铭牌数据相比无明显差别。调压补偿变压器电压比应与制造厂例行试验结果无明显差别。
2 额定分接电压比的允许偏差应为±0.5%，其他分接电压比的允许偏差应为±1%。
3.0.6 测量绕组连同套管的绝缘电阻、吸收比和极化指数应符合下列规定：
1 应使用5000V的绝缘电阻表测量。
2 绝缘电阻值不宜低于例行试验值的70%。
3 ……当测量温度与例行试验时的温度不同时，可换算到相同温度的绝缘电阻值进行比较，吸收比和极化指数不应进行温度换算。……
3.0.15 绕组连同套管的长时感应电压试验带局部放电测量应符合下列规定：
1 应对主体变压器、调压补偿变压器分别进行绕组连同套管的长时间感应电压试验带局部放电测量，试验前应考虑剩磁的影响。
2 试验方法及判断方法应按现行国家标准《电力变压器 第3部分：绝缘水平、绝缘试验和外绝缘空隙间隙》GB 1094.3中的有关规定执行。
4.《电力变压器试验导则》JB/T 501—2006
6.2 绝缘电阻、吸收比和极化指数测量
6.2.1 电压为35kV、容量为4000kVA和66kV及以上的变压器应提供绝缘电阻值（R_{60}）和吸收比（R_{60}/R_{15}），电压等级为330kV及以上的变压器应提供绝缘电阻值、吸收比和极化指数（R_{10min}/R_{1min}）；测量时使用5000V、指示量限不低于100000MΩ的绝缘电阻表；其他变压器只测量绝缘电阻值，测量时使用2500V、指示量限不低于10000MΩ的绝缘电阻表；绝缘电阻表的精确度不应低于1.5%。
6.2.11 当铁芯与夹件有单独引出端子至油箱外接地时，应测量铁芯与夹件对油箱的绝缘电阻R_{1min}。
8 电压比测量（例行试验）
8.2 电压比测量所使用的仪器的精度和灵敏度不应低于0.2%；……
8.4 测量应分别在各分接上进行；有正、反励磁的有载调压变压器，转换选择器正向连接时，如在所有分接选择器位置进行了电压比测量，反向连接时，允许只抽试1个～2个分接。
8.5 三绕组变压器至少在包括第一对绕组在内的两对绕组上分别进行电压比测量。
10 绕组电阻测量（例行试验）
10.3 绕组电阻测量时，必须准确记录绕组温度；……
10.4 根据产品技术数据中绕组电阻计算值，合理选择直流电阻测试仪或专用电桥（精确度不应低于0.2级）；……</td><td></td></tr>
</table>

续表

条款号	大纲条款	检　查　依　据	检查要点
5.4.2	组合电器主回路导电电阻符合产品技术要求；断路器每相导电回路电阻合格，SF_6 气体含水量以及泄漏率检测合格	**1.《电气装置安装工程　电气设备交接试验标准》GB 50150—2016** 12　六氟化硫断路器 12.0.3　每相导电回路的电阻值测量，宜采用电流不小于100A的直流压降法。测试结果应符合产品技术条件的规定。 12.0.13　测量断路器内 SF_6 气体的含水量（20℃的体积分数），应按现行国家标准《额定电压72.5kV及以上气体绝缘金属封问开关设备》GB 7674和《六氟化硫电气设备中气体管理和检测导则》GB/T 8905的有关规定执行，并应符合下列规定： 1　与灭弧室相通的气室，应小于150μL/L； 2　不与灭弧室相通的气室，应小于250μL/L； 3　SF_6 气体的含水量测定应在断路器充气24h后进行。 12.0.14　密封试验，应符合下列规定： 1　试验方法可采用灵敏度不低于 1×10^{-6}（体积比）的检漏仪对断路器各密封部位、管道接头等处进行检测，检漏仪不应报警； 2　必要时可采用局部包扎法进行气体泄漏测量。以24h的漏气量换算，每一个气室年漏气率不应大于0.5%； 3　密封试验应在断路器充气24h以后，且应在开关操动试验后进行。 13　六氟化硫封闭式组合电器 13.0.2　测量主回路的导电电阻，应符合下列规定： 1　测量主回路的导电电阻，宜采用电流不小于100A的直流压降法； 2　测试结果不应超过产品技术条件规定值的1.2倍。 13.0.4　密封性试验，应符合下列规定： 1　密封性试验方法，可采用灵敏度不低于 1×10^{-6}（体积比）的检漏仪对各气室密封部位、管道接头等处进行检测，检漏仪不应报警； 2　必要时可采用局部包扎法进行气体泄漏测量。以24h的漏气量换算，每一个气室年漏气率不应大于1%，750kV电压等级的不应大于0.5%； 3　密封试验应在封闭式组合电器充气24h以后，且组合操动试验后进行。 13.0.5　测量六氟化硫气体含水量，应符合下列规定： 1　测量六氟化硫气体含水量（20℃的体积分数），应按现行国家标准《额定电压72.5kV及以上气体绝缘金属封闭开关设备》GB 7674和《六氟化硫电气设备中气体管理和检测导则》GB/T 8905的有关规定执行； 2　有电弧分解的隔室，应小于150μL/L； 3　无电弧分解的隔室，应小于250μL/L；	1. 查阅组合电器和断路器试验报告 签字：相关负责人已签字 结论：合格 盖章：试验单位已盖章 2. 查阅组合电器试验报告（组合电器主回路导电电阻部分） 试验电流：符合规范规定 回路导电电阻：符合规范规定 3. 查阅组合电器试验报告（组合电器 SF_6 气体含水量以及泄漏率部分） SF_6 气体含水量：符合规范规定 泄漏率：符合规范规定 4. 查阅断路器试验报告（断路器每相导电回路电阻部分） 试验电流：符合规范规定 回路导电电阻：符合规范规定 5. 查阅断路器试验报告（断路器 SF_6 气体含水量以及泄漏率部分） SF_6 气体含水量：符合规范规定 泄漏率：符合规范规定

续表

条款号	大纲条款	检 查 依 据	检查要点
5.4.2	组合电器主回路导电电阻符合产品技术要求；断路器每相导电回路电阻合格，SF_6气体含水量以及泄漏率检测合格	4 气体含水量的测量应在封闭式组合电器充气24h后进行。 **2.《1000kV系统电气装置安装工程电气设备交接试验标准》GB/T 50832—2013** 8 气体绝缘金属封闭开关设备 8.0.7 主回路电阻测量应符合下列规定： 1 主回路的回路电阻测量应在现场安装后进行。 2 电阻测量应采用直流压降法，测量电流不应小于300A。 3 所测电阻值应符合技术条件规定并与例行试验值相比无明显变化，且不应超过型式试验中温升试验时所测电阻值的1.2倍。 8.0.4 SF_6气体含水量测量应在设备充气至额定压力120h后方可进行。有电弧气室含水量应小于150μL/L，无电弧气室含水量应小于250μL/L。 8.0.5 SF_6气体密封性试验应符合下列规定： 1 设备安装完毕，充入SF_6气体至额定压力4h后，采用局部包扎法对所有连接部位进行泄露值的测量，测量设备灵敏度不应低于1×10^{-2}Pa·cm³/s。 2 包扎24h后应进行泄露值的测量，每个气室年漏气率应小于0.5%。 8.0.9 断路器试验应满足下列规定 1 气体绝缘金属封闭开关设备中的断路器交接试验应符合国家标准《1100kV高压交流断路器规范》GB/Z 24838—2009中12.2.1和《高压交流断路器》GB 1984—2003中10.2.101的规定，所测的值应符合技术条件规定，并应和例行试验值对比。 **3.《高压开关设备和控制设备标准的共用技术要求》GB/T 11022—2011** 7.4 主回路电阻的测量 …… 测得的电阻不应超过$1.2R_u$，这里R_u等于温升试验前测得的电阻。 **4.《1100kV高压交流断路器技术规范》GB/Z 24838—2009** 12.2.2.3.2 主回路电阻的测量 测量应……在不小于直流300A下进行	
5.4.3	互感器的接线组别和极性正确，绕组的绝缘电阻合格，互感器参数测量偏差在允许范围内	**1.《电气装置安装工程 电气设备交接试验标准》GB 50150—2016** 10.0.3 测量绕组的绝缘电阻，应符合下列规定： 1 应测量一次绕组对二次绕组及外壳、各二次绕组间及其对外壳的绝缘电阻；绝缘电阻值不宜低于1000MΩ； 2 测量电流互感器一次绕组段间的绝缘电阻，绝缘电阻值不宜低于1000MΩ，由于结构原因无法测量时可不测量；	1.查阅互感器试验报告 签字：相关负责人已签字 结论：合格 盖章：试验单位已盖章

续表

条款号	大纲条款	检 查 依 据	检查要点
5.4.3	互感器的接线组别和极性正确，绕组的绝缘电阻合格，互感器参数测量偏差在允许范围内	3 测量电容型电流互感器的末屏及电压互感器接地端（N）对外壳（地）的绝缘电阻，绝缘电阻值不宜小于1000MΩ。当末屏对地绝缘电阻小于1000MΩ时，应测量其tanδ，其值不应大于2%； 4 测量绝缘电阻应使用2500V绝缘电阻表。 10.0.9 检查互感器的接线绕组组别和极性，应符合设计要求，并应与铭牌和标志相符。 10.0.10 互感器误差及变比测量，应符合下列规定： 1 用于关口计量的互感器（包括电流互感器、电压互感器和组合互感器）应进行误差测量； 2 用于非关口计量的互感器，应检查互感器变比，并应与制造厂铭牌值相符，对多抽头的互感器，可只检查使用分接的变比。	2. 查阅互感器试验报告（互感器的接线组别和极性部分） 互感器的接线组别和极性：符合设计要求和铭牌及标识相符
		2.《1000kV系统电气装置安装工程电气设备交接试验标准》GB/T 50832—2013 5 电容式电压互感器 5.0.2 电容分压器低压端对地的绝缘电阻测量应符合下列规定： 1 应使用2500V绝缘电阻表。 2 常温下的绝缘电阻不应低于1000MΩ。 5.0.10 准确度（误差）测量应符合下列规定： 1 关口计量用互感器应进行误差测量。 3 极性检查宜与误差试验同时进行，同时核对各接线端子标识是否正确。 5 试验应对每个二次绕组分别进行，除剩余绕组外，被检测绕组接入负荷应为25%～100%额定负荷，其他绕组负荷应为0%～100%额定负荷，没有特殊规定时二次负荷的功率因数应为1。	3. 查阅互感器试验报告（绕组绝缘电阻部分） 测试部位：测试一次绕组对二次绕组及外壳、各二次绕组间及其对外壳的绝缘电阻 绝缘电阻值：符合规范规定
		6 当测量0.2，0.5级绕组时，应分别在80%、100%和105%的额定电压下进行。 7 保护级绕组误差特性测量应分别在2%、5%和100%的额定电压下进行。 6 气体绝缘金属封闭电磁式电压互感器 6.0.2 测量绕组的绝缘电阻应符合下列规定： 1 绝缘电阻测量应使用2500V绝缘电阻表。 2 测量一次绕组对二次绕组及外壳、各二次绕组间及其对外壳的绝缘电阻，绝缘电阻值不应低于1000MΩ。 6.0.7 准确度（误差）测量应符合下列规定： 1 关口计量用互感器应进行误差测量。 3 极性检查宜与误差试验同时进行，同时核对各接线端子标识是否正确。	4. 查阅互感器试验报告（互感器参数测量偏差部分） 互感器误差或变比：试验项目及测试结果符合规范规定 用于关口计量的互感器：误差检测的机构（实验室）必须是国家授权的法定计量检定机构

续表

条款号	大纲条款	检查依据	检查要点
5.4.3	互感器的接线组别和极性正确，绕组的绝缘电阻合格，互感器参数测量偏差在允许范围内	5 试验应对每个二次绕组分别进行，除剩余绕组外，被检测绕组接入负荷应为25%～100%额定负荷，其他绕组负荷应为0%～100%额定负荷，没有特殊规定时二次负荷的功率因数应为1。 6 当测量0.2，0.5级绕组时，应分别在80%、100%和105%的额定电压下进行。 7 保护级绕组误差特性测量应分别在2%、5%和100%的额定电压下进行。 7 套管式电流互感器 7.0.2 测量绕组的绝缘电阻应符合下列规定： 1 应使用2500V绝缘电阻表。 2 二次绕组对地及绕组间的绝缘电阻应大于1000MΩ。 7.0.5 准确度（误差）测量及极性检查应符合下列规定： 1 用于GIS设备关口计量的互感器应进行误差测量。 3 极性检查可与误差试验同时进行，同时核对各接线端子标识是否正确。 4 对于多变比绕组，可以仅测量其中一个变比的全量限误差，其他变比可以仅复核20%额定电流（I_r）点的误差。各绕组所有变比必须与铭牌参数相符。 5 误差测量以直接差值法为准，如果施加电流达不到规定值，可采用间接法检测，使用间接法的前提条件是用直接法测量20%I_r点的误差。 **3.《测量用电流互感器》JJG 313—2010** 3.1 基本误差 ……测量用电流互感器在额定频率、额定功率因数及二次负荷为额定二次负荷25%～100%之间的任一数值时，各准确度等级的误差不得超过表1的限值。为满足特殊使用要求制造的S级电流互感器，各准确度等级的误差不得超过表2的限值。 电流互感器的实际误差曲线，不应超过表1或表2所列误差限值连线所形成的折线范围。 3.2 升降变差 ……准确度等级0.2级及以上的作标准用的电流互感器，升降变差不得大于其误差限值的1/5。 **4.《测量用电压互感器》JJG 314—2010** 3.1 基本误差 ……测量用电压互感器在额定频率、额定功率因数及二次负荷为额定二次负荷25%～100%之间的任一数值时，各准确度等级的误差不得超过表1的限值。 电压互感器的实际误差曲线，不应超过表1所列误差限值连线所形成的折线范围。 3.2 升降变差 ……准确度等级0.2级及以上的作标准用的电压互感器，升降变差不得大于其误差限值的1/5	

续表

条款号	大纲条款	检查依据	检查要点
5.4.4	金属氧化物避雷器测试及基座的绝缘电阻符合规范规定	**1.《电气装置安装工程　电气设备交接试验标准》GB 50150—2016** 20.0.3　测量金属氧化物避雷器及基座绝缘电阻，应符合下列规定： 1　35kV以上电压等级，应采用5000V绝缘电阻表，绝缘电阻不应小于2500MΩ； 2　35kV及以下电压等级，应采用2500V绝缘电阻表，绝缘电阻不应小于1000MΩ； 3　1kV以下电压等级，应采用500V绝缘电阻表，绝缘电阻不应小于2MΩ； 4　基座绝缘电阻不应低于5MΩ。 20.0.5　测量金属氧化物避雷器直流参考电压和0.75倍直流参考电压下的泄漏电流，应符合下列规定： 1　金属氧化物避雷器对应于直流参考电流下的直流参考电压，整支或分节进行的测试值，不应低于现行国家标准《交流无间隙金属氧化物避雷器》GB 11032规定值，并应符合产品技术条件的规定。实测值与制造厂实测值比较，其允许偏差应为±5%； 2　0.75倍直流参考电压下的世漏电流值不应大于50μA，或符合产品技术条件的规定。750kV电压等级的金属氧化物避雷器应测试1mA和3mA下的直流参考电压值，测试值应符合产品技术条件的规定；0.75倍直流参考电压下的泄漏电流值不应大于65μA，尚应符合产品技术条件的规定； 3　试验时若整流回路中的波纹系数大于1.5%时，应加装滤波电容器，可为0.01μF～0.1μF，试验电压应在高压侧测量。 **2.《1000kV系统电气装置安装工程电气设备交接试验标准》GB/T 50832—2013** 11.0.2　避雷器绝缘电阻测量应符合下列规定： 1　绝缘电阻测量应在避雷器元件上进行； 2　绝缘电阻测量采用5000V绝缘电阻表，测得的绝缘电阻不应小于2500MΩ； 11.0.3　底座绝缘电阻测量应采用2500V及以上绝缘电阻表，测得的绝缘电阻不应小于2000MΩ。 11.0.4　直流参考电压及0.75倍直流参考电压下漏电流测量应符合下列规定： 1　试验应在整只避雷器或避雷器元件上进行。 2　整只避雷器直流8mA参考电压值不应低于1114kV，但不应大于制造厂宣称的上限值，并记录直流4mA参考电压值；当试验在避雷器元件上进行时，整只避雷器直流参考电压应等于各元件之和。 3　0.75倍直流8mA参考电压下，避雷器或避雷器元件的漏电流不应大于200μA。 **3.《交流无间隙金属氧化物避雷器》GB 11032—2010** 6.2　参考电压	查阅避雷器试验报告 绝缘电阻值：符合规范规定 直流参考电压值：符合规范规定或产品技术条件要求 0.75倍直流参考电压下的泄漏电流值：符合规范规定或产品技术条件要求 签字：相关负责人已签字 结论：合格 盖章：试验单位已盖章

续表

条款号	大纲条款	检查依据	检查要点
5.4.4	金属氧化物避雷器测试及基座的绝缘电阻符合规范规定	6.2.2 避雷器的直流参考电压 对整只避雷器（或避雷器元件）测量直流参考电流下的直流参考电压值，其值应不小于附录J规定值……。 6.19 0.75倍直流参考电压下漏电流 0.75倍直流参考电压下漏电流一般不超过50uA。多柱并联和额定电压216kV以上的避雷器漏电流由制造厂和用户协商规定	
5.4.5	全厂接地电阻测试合格，符合设计要求	**1.《电气装置安装工程 电气设备交接试验标准》GB 50150—2016** 25.0.1 电气设备和防雷设施的接地装置的试验项目，应包括下列内容： 1 接地网电气完整性测试； 2 接地阻抗； 3 场区地表电位梯度、接触电位差、跨步电压和转移电位测量。 25.0.3 接地阻抗测量，应符合下列规定： 1 接地阻抗值应符合设计文件规定，当设计文件没有规定时，应符合表25.0.3的要求； 2 试验方法可按现行行业标准《接地装置特性参数测量导则》DL/T 475的有关规定执行，试验时应排除与接地网连接的架空地线、电缆的影响； 3 应在扩建接地网与原接地网连接后进行全场全面测试。 **2.《1000kV系统电气装置安装工程 电气设备交接试验标准》GB/T 50832—2013** 17.0.1 接地装置的试验项目应包括以下内容： 1 变电站、开关站接地装置接地阻抗测量； 2 变电站、开关站接地引下线导通试验； 3 接触电压试验； 4 跨步电压试验； 17.0.2 变电站、开关站接地装置的接地阻抗测量应满足下列要求： 1 接地装置接地电阻测量应采用大电流法或异频法进行测量； 2 测得的接地装置接地电阻应满足设计要求。 **3.《接地装置特性参数测量导则》DL/T 475—2017** 4 接地装置特性参数测试的基本要求 4.2 测试时间 ……不应在雷、雨、雪中或雨、雪后立即进行	查阅接地网接地阻抗试验报告 规范性：有签字、结论、盖章 试验方法：符合规范规定 接地阻抗值：符合设计要求

续表

条款号	大纲条款	检 查 依 据	检查要点
5.4.6	电流、电压、控制、信号等二次回路绝缘符合规范规定；断路器、隔离开关、有载分接开关传动试验动作可靠，信号正确；保护和自动装置动作准确、可靠，信号正确	**1.《防止电力生产事故的二十五项重点要求》国家能源局〔2014〕161号** 18.7.2 电流互感器的二次绕组及回路，必须且只能有一个接地点。 18.7.3 公用电压互感器的二次回路只允许在控制室内有一点接地。 **2.《继电保护和电网安全自动装置检验规程》DL/T 995—2016** 5.3.2 二次回路检验 5.3.2.4 二次回路绝缘应进行下列检查： b）新安装保护装置的验收试验时，从保护屏柜的端子排处将所有外部引入的回路及电缆全部断开，分别将电流、电压、直流控制、信号回路的所有端子各自连接在一起，用1000V绝缘电阻表测量各回路对地和各回路相互间绝缘电阻，其阻值均应大于10MΩ。 d）对使用触点输出的信号回路，用1000V绝缘电阻表测量电缆每芯对地及其他各芯间的绝缘电阻，其绝缘电阻应不小于1MΩ。定期检验只测量芯线对地的绝缘电阻。 5.3.3 屏柜及保护装置检验 5.3.3.3 绝缘检验 g）用500V绝缘电阻表测量绝缘电阻值，要求阻值均大于20MΩ。测试后应将各回路对地放电。 5.3.7 整组试验 5.3.7.5 整组试验包括如下内容： a）整组试验时应检查各保护之间的配合、装置动作行为、断路器动作行为、保护起动故障录波信号、调度自动化系统信号、中央信号、监控信息等正确无误。 5.4 常规变电站与厂站自动化系统、继电保护及故障信息管理系统的配合校验 5.4.2 检查项目 5.4.2.1 厂站自动化系统（含各种测量、控制装置和监控后台）新投入、全部检验、部分检查项目详见附录C。 5.4.2.2 继电保护及故障信息管理系统新投入、全部检验、部分检查项目详见附录C。 **3.《1000kV交流输变电工程系统调试规程》DL/T 5292—2013** 3.2.2 变电站（开关站）应具备以下条件： 4 保护、通信、调度自动化、安全自动装置、微机监控装置等所有二次设备调试合格，保护定值已整定完毕，并经运行人员核对无误。 **4.《110kV及以上送变电工程启动及竣工验收规范》DL/T 782—2001** 5 工程带电启动应具备的条件 5.2 变电站启动带电必须具备的条件。	1. 查阅变压器、母线保护调试报告 签字：相关负责人已签字 结论：合格 盖章：试验单位已盖章 2. 查阅变压器、母线保护、线路保护调试报告（绝缘电阻部分） 二次回路绝缘：阻值大于10MΩ 屏柜及装置绝缘：阻值大于20MΩ 3. 查阅变压器、母线保护及监控系统调试报告（传动试验部分） 整组试验：保护装置、断路器动作行为正确，保护起动故障录波、调度自动化系统、中央信号、监控信息等正确无误 断路器、隔离开关或有载分接开关等的传动试验结论：有“正确”等肯定性结论 4. 查验电压、电流互感器绕组及二次回路接地 公用电压互感器接地点：二次回路只允许在控制室内有一点接地（拆开接地点，用绝缘电阻表测量中性线对地绝缘电阻应大于10MΩ） 电流互感器接地点：必须且只能有一个接地点（拆开接地点，用绝缘电阻表测量绝缘电阻应大于10MΩ）

续表

条款号	大纲条款	检查依据	检查要点
5.4.6	电流、电压、控制、信号等二次回路绝缘符合规范规定；断路器、隔离开关、有载分接开关传动试验动作可靠，信号正确；保护和自动装置动作准确、可靠，信号正确	5.2.4 电器设备的各项试验全部完成且合格，有关记录齐全完整。……所有设备及其保护（包括通道）、调度自动化、安全自动装置、微机监控装置以及相应的辅助设施均已安装齐全，调试整定合格且调试记录齐全。……	
5.4.7	保护定值已整定，线路双侧保护联调合格，通信正常	**1.《继电保护及二次回路安装及验收规范》GB/T 50976—2014** 5.6.8 光纤通道连接完毕后，不应有数据异常或通道异常告警信号，通道不正常工作时间、通道误码率、失步次数、丢帧次数、通道延时应符合现行行业标准《光纤通道传输保护信息通用技术条件》DL/T 364的规定和装置的技术要求。 7.0.4 线路纵联保护、远方跳闸装置等应与线路对侧保护装置进行一一对应的联动试验，两侧保护在各种故障条件下动作应正确。 8.1.2 装置整定值应与定值通知单相符，定值通知单应与现场实际相符。 **2.《电网运行准则》DL/T 1040—2007** 5.3 通用并（联）网技术条件 5.3.2.1 并（联）网前，除满足工程验收和安全性评价的要求外，继电保护还应满足下列要求： d）与双方运行有关的全部继电保护装置已经整定完毕，完成了必要的联调试验，所有继电保护装置、故障录波、保护及故障信息管理系统可以与相关一次设备同步投入运行。 **3.《微机继电保护装置运行管理规程》DL/T 587—2016** 10.6 对新安装的保护装置进行验收时，……按有关规程和规定进行调试，并按定值通知单进行整定。检验整定完毕，并经验收合格后方允许投入运行。 10.11 在新安装的保护装置进行验收时，应按相关规程要求，检验线路和主设备的所有保护之间的相互配合关系，对线路纵联保护还应与线路对侧保护进行一一对应的联动试验，并有针对性的检查各套保护与跳闸连接片的唯一对应关系。	1. 查阅线路保护调试报告 签字：相关负责人已签字 结论：合格 盖章：试验单位已盖章 2. 查阅线路保护调试报告（纵联保护部分） 保护联调：纵联保护、远方跳闸试验合格，应与传输通道的检验一同进行 3. 查阅保护定值通知单 签发单位：调度部门（或主管部门）盖章签发 4. 查看保护装置的即时打印整定值清单 定值：与保护定值通知单相符 5. 查看线路保护装置通道 传输：通信正常，无异常告警

续表

条款号	大纲条款	检 查 依 据	检查要点
5.4.7	保护定值已整定，线路双侧保护联调合格，通信正常	**4.《继电保护和电网安全自动装置检验规程》DL/T 995—2016** 5.3.7 整组试验 5.3.7.5 整组试验包括如下内容： b）借助于传输通道实现的纵联保护、远方跳闸等的整组试验，应与传输通道的检验一同进行。必要时，可与线路对侧的相应保护配合一起进行模拟区内、区外故障时保护动作行为的试验。 **5.《1000kV交流输变电工程系统调试规程》DL/T 5292—2013** 3.2.2 变电站（开关站）应具备以下条件： 4 保护、通信、调度自动化、安全自动装置、微机监控装置等所有二次设备调试合格，保护定值已整定完毕，并经运行人员核对无误。 **6.《110kV及以上送变电工程启动及竣工验收规范》DL/T 782—2001** 3 启动及竣工验收工作的组织和职责 3.4 参加启动试运的有关单位的主要职责。 3.4.9 电网调度部门根据建设项目法人提供的相关资料和系统情况，经过计算及时提供各种继电保护装置的整定值以及各设备的调度编号和名称；…… 5 工程带电启动应具备的条件 5.3 送电线路启动带电必须具备的条件。 5.3.5 按照设计规定的线路保护（包括通道）和自动装置已具备投入条件	
5.5 换流站调整试验的监督检查			
5.5.1	换流变压器、平波电抗器绕组连同套管的直流电阻，绕组连同套管的绝缘电阻、吸收比或极化指数试验结果符合规范及产品技术要求	**1.《±800kV高压直流设备交接试验》DL/T 274—2012** 5 换流变压器 5.3 绕组连同套管的直流电阻测量： a）应在所有分接头所有位置进行测量 b）各相相同绕组（网侧绕组、阀侧Y绕组、阀侧△绕组）测量的相互差值应小于平均值的2%； c）与同温度下出厂实测值比较，变化幅度不应大于2%。 5.6 绕组连同套管的绝缘电阻、吸收比或极化指数测量： a）用5000V绝缘电阻表测量每一个绕组的绝缘电阻，测量时非被试绕组接地； b）实测绝缘电阻值与出厂试验值相比，同温下不应小于出厂值的70%； c）当现场测量温度与出厂试验时的温度不相同时，可［按式（1）］换算到同一温度的数值进行比较；	1. 查阅换流变压器及平波电抗器试验报告 内容：试验项目齐全 签字：相关负责人已签字 结论：合格 盖章：试验单位已盖章

续表

条款号	大纲条款	检 查 依 据	检查要点
5.5.1	换流变压器、平波电抗器绕组连同套管的直流电阻，绕组连同套管的绝缘电阻、吸收比或极化指数试验结果符合规范及产品技术要求	d）极化指数不进行温度换算，其实测值与出厂试验值相比，应无明显差别； e）当绝缘电阻大于10000MΩ时，对极化指数和吸收比不做要求。 5.11 绕组连同套管的感应耐压试验和局部放电量测量 a）必要时应对网侧绕组进行感应耐压试验和局部放电试验。 …… c）在$1.3U_m/\sqrt{3}$电压下进行局部放电量测量，视在放电量应不大于300pC。 8 干式平波电抗器 8.2 绕组连同套管的直流电阻测量 实测直流电阻值与同温下出厂试验值相比，其变化幅度不应大于2%。 **2.《高压直流设备验收试验》DL/T 377—2010** 4 换流变压器 4.2 绕组连同套管的直流电阻测量： a）对每一绕组及每一个分接头都应进行测量 b）各相相同绕组（网侧绕组、阀侧Y绕组、阀侧△绕组）测量的相互差值应小于平均值的2%； c）与同温下出厂实测值比较，其变化幅度不应大于2%。 4.5 绕组连同套管的绝缘电阻及极化指数测量 a）用5000V绝缘电阻表测量每一个绕组的绝缘电阻，测量时非被试绕组接地； b）实测绝缘电阻值与出厂试验值相比，同温下不应小于出厂值的70%； c）当现场测量温度与出厂试验时的温度不相同时，可［按式（1）］换算到同一温度的数值进行比较； d）极化指数不进行温度换算，其实测值与出厂试验值相比，应无明显差别。 4.10 绕组连同套管的感应耐压试验和局部放电量测量 a）试验程序：试验电压和持续时间按GB 1094的规定。 b）在$1.5U_m/\sqrt{3}$电压下进行局部放电量测量，其值不应超过500pC。 7 平波电抗器 7.2 绕组连同套管的直流电阻测量 实测直流电阻值与同温下出厂试验值相比，其变化幅度不应大于2%。 7.4 绕组连同套管的绝缘电阻及极化指数测量 应符合本标准4.5的规定。 （以下摘抄自该标准4.5）	2. 查阅换流变压器试验报告（换流变压器绕组连同套管的直流电阻部分） 测量范围：所有分接头 相间相互差值：符合规范规定 与出厂实测值差值：符合规范规定（测试结果应换算到同一温度下进行比较） 3. 查阅换流变压器试验报告（换流变压器绕组连同套管的绝缘电阻、吸收比或极化指数） 绝缘电阻表：符合规范规定 绝缘电阻值、吸收比或极化指数：符合规范规定 4. 查阅换流变压器试验报告（绕组连同套管的感应耐压试验和局部放电量测量部分） 试验结果：符合规范规定 5. 查阅平波电抗器试验报告（平波电抗器绕组连同套管的直流电阻） 与出厂实测值差值：符合规范规定（测试结果应换算到同一温度下进行比较）

续表

条款号	大纲条款	检查依据	检查要点
5.5.1	换流变压器、平波电抗器绕组连同套管的直流电阻，绕组连同套管的绝缘电阻、吸收比或极化指数试验结果符合规范及产品技术要求	4.5 绕组连同套管的绝缘电阻及极化指数测量 a) 用5000V绝缘电阻表测量每一个绕组的绝缘电阻，…… b) 实测绝缘电阻值与出厂试验值相比，同温下不应小于出厂值的70%； c) 当现场测量温度与出厂试验时的温度不相同时，可［按式（1）］换算到同一温度的数值进行比较； d) 极化指数不进行温度换算，其实测值与出厂试验值相比，应无明显差别	6. 查阅平波电抗器试验报告（平波电抗器绕组连同套管的绝缘电阻、吸收比或极化指数） 绝缘电阻表：选择符合规范规定 检查绝缘电阻值、吸收比或极化指数：符合规范规定
5.5.2	换流阀阀体（晶闸管、电容器、避雷器、电子触发元件等）测试数据合格，直流穿墙套管介损及电容量测试符合产品技术要求，换流阀组低压带电试验通过	**1.《电气装置安装工程　电气设备交接试验标准》GB 50150—2016** 18　电容器 18.0.2　测量绝缘电阻，应符合以下规定： 1　500kV及以下电压等级的应采用2500V绝缘电阻表，750kV电压等级的应采用5000V绝缘电阻表，测量耦合电容器、断路器电容器的绝缘电阻应在二极间进行； 2　并联电容器应在电极对外壳之间进行，并采用1000V绝缘电阻表测量小套管对地绝缘电阻，绝缘电阻均不应低于500MΩ。 18.0.3　测量耦合电容器、断路器电容器的介质损耗因数（tanδ）及电容，应符合下列规定： 1　测得的介质损耗因数（tanδ）应符合产品技术条件的规定； 2　耦合电容器电容的偏差应在额定电容值的−5%～+10%范围内，电容器叠柱中任何两单元的实测电容之比值与这两单元的额定电压之比值的倒数之差不应大于5%；断路器电容器电容值得允许偏差应为额定电容值得±5%。 **2.《±800kV高压直流设备交接试验》DL/T 274—2012** 6.3　阀体的电气试验 电气试验应在冷却水回路中注入合格去离子水的条件下进行。 a) 阀的直流耐压试验：试验方法、电压、加压程序和评定标准应符合技术规范的规定。 b) 阀的交流耐压试验：试验方法、电压、加压程序和评定标准应符合技术规范的规定。	1. 查阅换流阀试验报告（阀体及晶闸管部分） 阀耐压试验：试验电压、加压程序和评定标准符合规范规定 晶闸管级的保护触发和闭锁抽查试验数量：符合规范规定 晶闸管级的正常触发和闭锁试验；晶闸管级的保护触发和闭锁抽查试验；每一个模块中晶闸管级和阀电抗器的均压试验；晶闸管级的安全限值试验：符合设计要求 签字：相关负责人已签字 结论：合格 盖章：试验单位已盖章

续表

条款号	大纲条款	检　查　依　据	检查要点
5.5.2	换流阀阀体（晶闸管、电容器、避雷器、电子触发元件等）测试数据合格，直流穿墙套管介损及电容量测试符合产品技术要求，换流阀组低压带电试验通过	c）阀组件的试验： 1）每一个晶闸管级的正常触发和闭锁试验。 2）晶闸管级的保护触发和闭锁抽查试验，抽查数量不少于晶闸管级总数的20%。 3）晶闸管级的安全限值试验。 4）每一个模块中晶闸管级和阀电抗器的均压试验，根据设备具体结构进行。 以上试验结果应符合设计要求。 7　直流穿墙套管 7.1　试验项目 a）绝缘电阻测量。 b）介质损耗因数（$\tan\delta$）及电容量测量。 c）直流耐压试验。 d）末屏工频耐压试验。 e）充 SF_6 套管气体试验。 9.2　电容器试验 9.2.1　电容量测量 a）应对每一台电容器、每一个电容器桥臂和整组电容器的电容量进行测量； b）实测电容量应符合设计规范书的要求。 9.2.2　绝缘电阻测量 a）应用2500V绝缘电阻表测量每台电容器端子对外壳的绝缘电阻； b）每只电容器极对壳的绝缘电阻一般应不低于5000MΩ。 9.2.3　端子间电阻的测量 对装有内置放电电阻的电容器，进行端子间电阻的测量，测量结果与出厂值相比应无明显差别。 14　直流避雷器 14.2　绝缘电阻测量 a）绝缘电阻测量包括避雷器本体和绝缘底座绝缘电阻测量。 b）避雷器本体的绝缘电阻允许在单元件上进行，采用5000V绝缘电阻表进行测量，绝缘电阻应不小于2500MΩ。 c）避雷器底座绝缘电阻试验采用2500V绝缘电阻表进行测量，绝缘电阻应不小于5MΩ。若避雷器底座直接接地则无需做此项试验。 14.4　直流参考电压测量 ……，其参考电压值不得低于合同规定值。	2. 查阅换流阀试验报告（电容器部分） 测量范围：对每一台电容器、每一个电容器桥臂和整组电容器的电容量进行测量 电容值：实测电容量符合设计规范书的要求 绝缘电阻值：符合规范规定 端子间电阻：符合规范规定 签字：相关负责人已签字 结论：合格 盖章：试验单位已盖章 3. 查阅换流阀试验报告（避雷器部分） 规范性：有签字、结论、盖章 绝缘电阻值：符合规范规定 直流参考电压：符合规范规定 4. 查阅直流穿墙套管试验报告 试验项目：齐全 规范性：有签字、结论、盖章 5. 查阅低压带电试验报告 规范性：有签字、结论、盖章 带电检查结果：符合规范规定

续表

条款号	大纲条款	检查依据	检查要点
5.5.2	换流阀阀体（晶闸管、电容器、避雷器、电子触发元件等）测试数据合格，直流穿墙套管介损及电容量测试符合产品技术要求，换流阀组低压带电试验通过	14.5　0.75倍直流参考电压下泄漏电流试验 ……。0.75倍直流参考电压下，对于单柱避雷器，其漏电流值应不超过50μA，对于多柱并联和额定电压216kV以上的避雷器，漏电流值应不大于制造厂标准的规定值。 **3.《高压直流设备验收试验》DL/T 377—2010** 5.3　阀体的电气试验 电气试验应在冷却水回路中注入合格去离子水的条件下进行。 a）阀的直流耐压试验：试验方法、电压值、加压程序和评定标准应符合IEC 60700—1的规定。 b）阀的交流耐压试验：试验方法、电压值、加压程序和评定标准应符合IEC 60700—1的规定。 c）阀组件的试验： 1）每一个晶闸管级的正常触发和闭锁试验； 2）晶闸管级的保护触发和闭锁抽查试验，抽查数量不少于晶闸管级总数的10%； 3）每一个模块中晶闸管级和阀电抗器的均压试验； 4）晶闸管级的安全限值试验。 以上试验结果应符合设计要求。 6　直流穿墙套管 6.1　试验项目 a）绝缘电阻测量； b）介质损耗因数（tanδ）及电容（C）测量； c）直流耐压试验及局部放电量测量； d）试验端子工频耐压试验； e）充油套管绝缘油试验。 8.2　电容器试验 8.2.1　电容量测量 a）应对每一台电容器、每一个电容器桥臂和整组电容器的电容量进行测量； b）实测电容量应符合设计规范书的要求。 8.2.2　绝缘电阻测量 a）应用2500V绝缘电阻表测量每台电容器端子对外壳的绝缘电阻； b）实测绝缘电阻值应与出厂试验值无明显差别。 8.2.3　端子间电阻的测量	

续表

条款号	大纲条款	检查依据	检查要点
5.5.2	换流阀阀体（晶闸管、电容器、避雷器、电子触发元件等）测试数据合格，直流穿墙套管介损及电容量测试符合产品技术要求，换流阀组低压带电试验通过	对装有内置放电电阻的电容器，进行端子间电阻的测量，测量结果与出厂值相比应无明显差别。 13　直流避雷器 13.2　绝缘电阻测量 用5000V绝缘电阻表进行测量，绝缘电阻应不小于30000MΩ。 13.3　参考电压测量 按厂家规定的交流或直流参考电压，对整只避雷器进行测量，其参考电压不得低于合同规定值	
5.5.3	二次回路绝缘良好，符合规范规定；保护和自动装置调试完成，动作准确、可靠，信号正确	**1.《防止电力生产事故的二十五项重点要求》国家能源局〔2014〕161号** 18.7.2　电流互感器的二次绕组及回路，必须且只能有一个接地点。 18.7.3　公用电压互感器的二次回路只允许在控制室内有一点接地。 **2.《±800kV及以下直流输电工程启动及竣工验收规程》DL/T 5234—2010** 8　换流站应具备的条件和主要调试项目 8.1　换流站应具备的条件 8.1.3　按工程设计要求，所有设备及保护（包括通道）、调度自动化系统、安全自动装置、微机检测、监控装置以及相应的辅助设施均已安装完毕，调试整定合格且调试记录齐全。设备编号、标识并核对无误。…… 8.2　输电线路应具备的条件 8.2.7　按照设计规定的线路保护（包括通道）和自动装置已具备投入条件。 **3.《直流换流站二次电气设备交接试验规程》DL/T 1129—2009** 6　交流场二次电气设备 6.1.2.2　绝缘检查 此项检查按DL/T 995—2016中5.3.3.3条进行。（5.3.3.3绝缘试验：g）用500V绝缘电阻表测量绝缘电阻值，要求阻值均大于20MΩ，测试后将各回路对地放电。） 6.4　交流滤波器、并联电容器 6.4.1　控制保护屏柜检查	1. 查阅电气二次设备调试报告 签字：相关负责人已签字 结论：合格 盖章：试验单位已盖章 2. 查阅电气二次设备调试报告（绝缘电阻部分） 二次回路绝缘电阻：大于10MΩ 屏柜及装置绝缘电阻：大于20MΩ

续表

条款号	大纲条款	检 查 依 据	检查要点
5.5.3	二次回路绝缘良好，符合规范规定；保护和自动装置调试完成，动作准确、可靠，信号正确	按 6.1.2 条进行。 6.6 表计设备及测量接口屏 6.6.1 屏柜检查 按 6.1.2 条进行。 7 换流变压器区域二次电气设备 7.7 换流变压器接口屏柜试验 7.7.1 屏柜检查 按 6.1.2 条进行。 8 阀厅和平波电抗器区域二次电气设备 8.1.3 阀控屏柜检查 按 6.1.2 条进行。 8.2.1 平波电抗器接口屏柜检查 按 6.1.2 条进行。 13 阀冷却系统 13.1 冷却系统电源柜、监控屏柜检查 按 6.1.2 条进行。 14 高压直流控制保护 14.1.1 极控屏柜检查 按 6.1.2 条进行。 14.2.1 直流保护屏柜检查 按 6.1.2 条进行。 6.7 交流场保护和自动装置 6.7.6 整组联动试验（跳闸试验） ……整组联动试验应按 DL/T 995—2006 中 6.7 条的要求进行。[6.7.6 整组试验包括如下内容：a）整组试验时应检查各保护之间的配合、装置动作行为、断路器动作行为、保护起动故障录波信号、调度自动化系统信号、中央信号、监控信息等正确无误。] 整组联动结果应与保护工作原理及回路接线相符，所有相互间存在闭锁关系的回路性能符合设计要求。断路器能正确跳闸，……所有信号指示的正确性。……与监控系统的有关指示信号正确。与其他保护或安全自动装置的配合试验结果正确无误。与极控制系统的配合试验结果正确无误，发往直流极控制系统的信号正确。 6.8 电网安全自动装置试验	3. 查阅电气二次调试报告（试验数据部分） 试验项目：交、直流场继电保护及安全自动装置试验项目齐全、检验方法正确 整组试验：交、直流场保护装置、断路器动作正确，保护起动故障录波信号、调度自动化系统信号、中央信号、监控信息等正确无误，与其他保护及安全自动装置配合功能正确无误、信号正确 4. 查阅保护定值通知单 签发单位：调度部门（或主管部门）盖章签发 5. 查看保护装置的即时打印整定值清单 定值：与保护定值通知单相符 6. 查验电压、电流互感器绕组及二次回路接地 公用电压互感器接地点：二次回路只允许在控制室内有一点接地（拆开接地点，用绝缘电阻表测量中性线对地绝缘电阻应大于 10MΩ） 电流互感器接地点：必须且只能有一个接地点（拆开接地点，用绝缘电阻表测量绝缘电阻应大于 10MΩ）

续表

条款号	大纲条款	检查依据	检查要点
5.5.3	二次回路绝缘良好，符合规范规定；保护和自动装置调试完成，动作准确、可靠，信号正确	电网安全自动装置的试验项目及评价标准，按照DL/T 995—2006的要求进行。（附录C规范性附录：各种安全自动装置的全部、部分检验项目） 14 高压直流控制保护 14.2.8 整组联动检验（跳闸试验） ……试验中要确认的内容为：被试保护功能是否正确；设计所期望的切换逻辑是否正确；设计所期望跳闸的断路器能否正确跳闸；设计所期望的换流阀闭锁类型是否能正确完成；……与其他保护及安全自动装置配合功能应正确无误、各信号正确、发往极控系统信号正确。 **4.《高压直流输电工程系统试验规程》DL／T 1130—2009** 5.1 站系统试验的准备工作及要求 5.1.1 换流站应具备的条件 5.1.1.5 按工程设计，站内所有设备及其保护……试验整定合格且试验记录齐全；…… 5.1.1.6 按工程设计，调度通信自动化系统、安全自动装置……，试验整定合格且试验记录齐全。 6 端对端系统试验 6.1 端对端系统试验准备工作及要求 6.1.2.1 远动通信系统试验和两端换流站控制与保护信号传递联调均已完成，各项功能满足要求。 6.1.2.2 直流系统的控制参数和保护定值已整定完毕，现场已核对无误。 **5.《继电保护和电网安全自动装置检验规程》DL／T 995—2016** 5.4 常规变电站与厂站自动化系统、继电保护及故障信息管理系统的配合校验 5.4.2 检查项目 5.4.2.1 厂站自动化系统（含各种测量、控制装置和监控后台）新投入、全部检验、部分检查项目详见附录C。 5.4.2.2 继电保护及故障信息管理系统新投入、全部检验、部分检查项目详见附录C	
5.5.4	电气设备及防雷设施的接地阻抗测试符合设计要求，报告齐全	**1.《电气装置安装工程 电气设备交接试验标准》GB 50150—2016** 25.0.1 电气设备和防雷设施的接地装置的试验项目，应包括下列内容： 1 接地网电气完整性测试； 2 接地阻抗； 3 场区地表电位梯度、接触电位差、跨步电压和转移电位测量。 25.0.3 接地阻抗测量，应符合下列规定：	查阅接地网接地阻抗试验报告 规范性：有签字、结论、盖章 试验方法：符合规范规定 接地阻抗值：符合设计要求

续表

条款号	大纲条款	检　查　依　据	检查要点
5.5.4	电气设备及防雷设施的接地阻抗测试符合设计要求，报告齐全	1　接地阻抗值应符合设计文件规定，当设计文件没有规定时，应符合表25.0.3的要求； 2　试验方法可按现行行业标准《接地装置特性参数测量导则》DL 475的有关规定执行，试验时应排除与接地网连接的架空地线、电缆的影响； 3　应在扩建接地网与原接地网连接后进行全场全面测试。 **2.《±800kV及以下直流换流站电气装置安装工程施工及验收规程》DL/T 5232—2010** 24　防雷与接地 24.1.1　本章节条文适用于直流换流站工程站内接地网及接地装置和避雷针及避雷线的施工及验收。 24.1.4　安装与试验应符合GB 50169、DL 475、GB 50150和DL/T 5161.1～5161.17—2002的要求。 **3.《接地装置特性参数测量导则》DL/T 475—2017** 4　接地装置特性参数测试的基本要求 4.2　测试时间 接地装置的特性参数大都与土壤的潮湿程度密切相关，因此接地装置的状况评估和验收测试应尽量在干燥季节和土壤未冻结时进行；不应在雷、雨、雪中或雨、雪后立即进行	
5.6　生产运行准备的监督检查			
5.6.1	控制室与电网调度操作人员之间的通信联络通畅	**1.《1000kV交流输变电工程系统调试规程》DL/T 5292—2013** 3.2.2　变电站（开关站）应具备以下条件： 5　站内分系统调试和保护对调工作完成并经运行人员验收，"五防和监控系统已通过验收，各级调度之间的通信畅通，具备系统调试条件"。 **2.《±800kV及以下直流输电工程启动及竣工验收规程》DL/T 5234—2010** 8.1.12　站系统试验范围内的通讯设备工作正常，通信畅通。 9.1.4　各级调度之间的通信畅通，并保持持续运行。 **3.《110kV及以上送变电工程启动及竣工验收规程》DL/T 782—2001** 4.2.4　……，所有设备及其保护（包括通道）、调度自动化、安全自动装置、微机监控装置以及相应的辅助设施均已安装齐全，调试整定合格且调试记录齐全。 5.2.6　所用电源、照明、通信、采暖、通风等设施按设计要求安装试验完毕，能正常使用	1.查验控制室与电网调度操作人员之间的通信联络 拨打电话：通话正常且声音清晰 2.查看远控数据传输试验记录 内容：包括数据传输试验确认记录

续表

条款号	大纲条款	检查依据	检查要点
5.6.2	受电区域与非受电区域及运行区域隔离可靠，警示标识齐全、醒目	**1.《电力建设安全工作规程　第3部分：变电站》DL 5009.3—2013** 6.3.3　悬挂安全标志牌和装设围栏 1　在一经合闸即可送电到工作地点的断路器和隔离开关的操作把手、二次设备上均应悬挂“禁止合闸，有人工作!”的安全标志牌。 2　在室内高压设备上或某一间隔内工作时，在工作地点两旁及对面的间隔上均应设围栏并悬挂“止步，高压危险!”的安全标志牌。 3　在室外高压设备上工作时，应在工作地点的四周设围栏，其出入口要围至临近道路旁边，并设有“从此进出!”的安全标志牌，工作地点四周围栏上悬挂适当数量的“止步，高压危险!”安全标志牌，标志牌应朝向围栏里面。若室外配电装置的大部分设备停电，只有个别地点保留有带电设备，其他设备无触及带电导体的可能时，可以在带电设备四周装设全封闭围栏，围栏上悬挂适当数量的“止步，高压危险!”安全标志牌，标志牌应朝向围栏外面。 4　在工作地点悬挂“在此工作!”的安全标志牌。 6　设置的围栏应醒目、牢固。…… 7　安全标志牌、围栏等防护设施的设置应正确、及时，工作完毕后应及时拆除。 **2.《1000kV交流输变电工程系统调试规程》DL/T 5292—2013** 3.2.2　变电站（开关站）应具备以下条件： 2　带电区域已设明显标志。 **3.《±800kV及以下直流输电工程启动及竣工验收规程》DL/T 5234—2010** 8.1.2　……，带电区域标识明显。 **4.《110kV及以上送变电工程启动及竣工验收规程》DL/T 782—2001** 5.2.3　……，带电区域已设明显标志	1. 查看受电区域与非受电区域的隔离 围栏：四周设置，牢固封闭 2. 查看受电区域设备与非受电区域设备 状态：有明显断开点 3. 查看受电区域及运行区域警示标识 位置：人员接近时，容易看到 内容：与危险源对应
5.6.3	设备的名称和双重编号及盘、柜双面标识准确、齐全；设备运行安全警示标识醒目	**1.《1000kV交流输变电工程系统调试规程》DL/T 5292—2013** 3.2.2　变电站（开关站）应具备以下条件： 1　投入的设备已有调度命名和编号，并已准确标识。 **2.《±800kV及以下直流输电工程启动及竣工验收规程》DL/T 5234—2010** 8.1.3　……。设备编号、标识核对无误。 8.1.7　……，投入的设备等已标识调度命名和编号。 **3.《110kV及以上送变电工程启动及竣工验收规程》DL/T 782—2001** 5.2.2　……，投入的设备已有调度命名和编号，……	1. 查看设备标识 内容：调度命名和编号与设备对应 2. 查看盘、柜标识 内容：正背面名称及编号与盘、柜对应 3. 查看设备运行安全警示标识 位置：人员接近时，容易看到

续表

条款号	大纲条款	检查依据	检查要点
6 质量监督检测			
6.0.1	开展现场质量监督检查时，应重点对下列项目的检测试验报告进行查验，必要时可进行验证性抽样检测。对检验指标或结论有怀疑时，必须进行检测		
(1)	电力电缆两端相位一致性检测	**1.《电气装置安装工程　电气设备交接试验标准》GB 50150—2016** 17.0.6　检查电缆线路的两端相位，应与电网的相位一致	查勘电缆线路 相位：两端一一对应，与电网相位一致
(2)	接地装置接地阻抗测量（含设备接地）	**1.《电气装置安装工程　电气设备交接试验标准》GB 50150—2016** 25.0.1　电气设备和防雷设施的接地装置的试验项目，应包括下列内容： 1　接地网电气完整性测试； 2　接地阻抗； 3　场区地表电位梯度、接触电位差、跨步电压和转移电位测量。 25.0.2　接地网电气完整性测试，应符合下列规定： 1　应测量同一接地网的各相邻设备接地线之间的电气导通情况，以直流电阻值表示； 2　直流电阻值不宜大于 0.05Ω。 25.0.3　接地阻抗测量，应符合下列规定： 1　接地阻抗值应符合设计文件规定，当设计文件没有规定时应符合表 25.0.3 的要求； 2　试验方法可按现行行业标准《接地装置特性参数测量导则》DL 475 的有关规定执行，试验时应排除与接地网连接的架空地线、电缆的影响；	实测接地网电气完整性或接地阻抗 测量值：符合规范规定或设计要求

续表

条款号	大纲条款	检查依据	检查要点
(2)	接地装置接地阻抗测量（含设备接地）	3 应在扩建接地网与原接地网连接后进行全场全面测试。 25.0.4 场区地表电位梯度、接触电位差、跨步电压和转移电位测量，应符合下列规定： 1 对于大型接地装置宜测量场区地表电位梯度、接触电位差、跨步电压和转移电位，试验方法可按现行行业标准《接地装置特性参数测量导则》DL 475 的有关规定执行，试验时应排除与接地网连接的架空地线、电缆的影响； 2 当接地网接地阻抗不满足要求时，应测量场区地表电位梯度、接触电位差、跨步电压和转移电位，并应进行综合分析。 **2.《1000kV 系统电气装置安装工程 电气设备交接试验标准》GB/T 50832—2013** 17.0.2 变电站、开关站接地装置的接地阻抗测量应满足下列要求： 1 接地装置接地电阻测量应采用大电流或异频法进行测量； 2 测得的接地装置接地电阻应满足设计要求。 17.0.3 变电站、开关站接地引下线导通试验应满足下列要求： 1 当采用接地导通测试仪逐级对设备引下线与地网主干线进行导通试验时，直流电阻不应大于 0.2Ω； 2 不应有开断、松脱现象，且必须符合设计要求	
(3)	二次回路绝缘电阻测量	**1.《电气装置安装工程 电气设备交接试验标准》GB 50150—2016** 22.0.2 测量绝缘电阻，应符合下列规定： 1 测量绝缘电阻时，采用绝缘电阻表的电压等级，设备电压等级与绝缘电阻表的选用关系应符合表 3.0.9 的规定； 2 小母线在断开所有其他并联支路时，不应小于 10MΩ； 3 二次回路的每一支路和断路器、隔离开关的操动机构的电源回路等，均不应小于 1MΩ。在比较潮湿的地方，不可小于 0.5MΩ	实测二次回路绝缘电阻 小母线绝缘电阻：不小于 10MΩ 二次回路支路绝缘电阻：不小于 1MΩ，潮湿的地方不小于 0.5MΩ
(4)	变压器（含换流变压器、油浸电抗器、平波电抗器）、互感器绕组绝缘电阻测试	**1.《电气装置安装工程 电气设备交接试验标准》GB 50150—2016** 8.0.10 测量绕组连同套管的绝缘电阻、吸收比或极化指数，应符合下列规定： 1 绝缘电阻值不应低于产品出厂试验值的 70%或不低于 10000MΩ（20℃）； 2 当测量温度与产品出厂试验时的温度不符合时，油浸式电力变压器绝缘电阻的温度换算系数可按表 8.0.10 换算到同一温度时的数值进行比较。 10.0.3 测量绕组的绝缘电阻，应符合下列规定： 1 测量一次绕组对二次绕组及外壳、各二次绕组间及其对外壳的绝缘电阻；绝缘电阻不宜低于 1000MΩ；	1. 实测变压器绕组连同套管的绝缘电阻 绝缘电阻值：换算到 20℃ 时，不低于出厂试验值的 70%或不低于 10000MΩ（20℃）

续表

条款号	大纲条款	检查依据	检查要点
(4)	变压器（含换流变压器、油浸电抗器、平波电抗器）、互感器绕组绝缘电阻测试	2 测量电流互感器一次绕组段间的绝缘电阻，绝缘电阻不宜低于1000MΩ，但由于结构原因而无法测量时可不进行； 3 测量电容式电流互感器的末屏及电压互感器接地端（N）对外壳（地）的绝缘电阻，绝缘电阻值不宜小于1000MΩ。若末屏对地绝缘电阻小于1000MΩ时，应测量其tanδ； 4 绝缘电阻测量应使用2500V绝缘电阻表。 **2.《1000kV系统电气装置安装工程　电气设备交接试验标准》GB/T 50832—2013** 3.0.6 测量绕组连同套管的绝缘电阻、吸收比和极化指数应符合下列规定： 1 应使用5000V的绝缘电阻表测量。 2 绝缘电阻值不宜低于例行试验值的70%。 6.0.2 测量绕组的绝缘电阻应符合下列规定： 1 绝缘电阻测量应使用2500V绝缘电阻表。 2 测量一次绕组对二次绕组及外壳、各二次绕组间及其对外壳的绝缘电阻，绝缘电阻值不应低于1000MΩ。 7.0.2 测量绕组的绝缘电阻应符合下列规定： 1 应使用2500V绝缘电阻表。 2 二次绕组对地及绕组间的绝缘电阻应大于1000MΩ。 **3.《高压直流设备验收试验》DL/T 377—2010** 4 换流变压器 4.5 绕组连同套管的绝缘电阻及极化指数测量： a）用5000V绝缘电阻表测量每一个绕组的绝缘电阻，测量时非被试绕组接地； b）实测绝缘电阻值与出厂试验值相比，同温下不应小于出厂值的70%； c）当现场测量温度与出厂试验时的温度不相同时，可［按式（1）］换算到同一温度的数值进行比较； d）极化指数不进行温度换算，其实测值与出厂试验值相比，应无明显差别。 7.4 绕组连同套管的绝缘电阻及极化指数测量 应符合本标准4.5的规定	2. 实测互感器绕组绝缘电阻 电阻值：不低于1000MΩ 若末屏对地绝缘电阻小于1000MΩ时，应测量其tanδ，其值不大于2%
(5)	变压器（含换流变压器）接线组别和互感器极性测试	**1.《电气装置安装工程　电气设备交接试验标准》GB 50150—2016** 8.0.6 检查变压器的三相接线组别和单相变压器引出线的极性，应符合下列规定： 1 变压器的三相接线组别和单相变压器引出线的极性应符合设计要求； 2 变压器的三相接线组别和单相变压器引出线的极性应与铭牌上的标记和外壳上的符号相符。	实测变压器或互感器的接线组别/极性 三相变压器接线组别：与设计要求、铭牌标识一致

续表

条款号	大纲条款	检查依据	检查要点
(5)	变压器（含换流变压器）接线组别和互感器极性测试	10.0.9 检查互感器的接线绕组组别和极性，应符合设计要求，并应与铭牌和标志相符。 **2.《1000kV系统电气装置安装工程 电气设备交接试验标准》GB/T 50832—2013** 3.0.5 应检查引出线的极性与联接组别。引出线的极性应与变压器铭牌上的符号和油箱上的标记相符，三相连接组别应与变电站设计要求一致。 **3.《高压直流设备验收试验》DL/T 377—2010** 4 换流变压器 4.4 三相接线组别和单相换流变压器引出线的极性检查 换流变压器的三相接线组别和单相换流变压器引出线的极性，必须与设计要求及铭牌上的标记和外壳上的符号相符	单相变压器及互感器极性：与设计要求、铭牌标识一致

第7部分

架空输电线路杆塔组立前监督检查

条款号	大纲条款	检　查　依　据	检查要点
4　责任主体质量行为的监督检查			
4.1　建设单位质量行为的监督检查			
4.1.1	工程采用的专业标准清单已审批	**1.《输变电工程项目质量管理规程》DL/T 1362—2014** 5.3.1　工程开工前，建设单位应组织参建单位编制工程执行法律法规和技术标准清单，…… **2.《输变电工程达标投产验收规程》DL 5279—2012** 表4.8.1　工程综合管理与档案检查验收表	查阅法律法规和标准规范清单目录 签字：责任人已签字 盖章：单位已盖章
4.1.2	按规定组织进行设计交底和施工图会检	**1.《建设工程质量管理条例》中华人民共和国国务院令第279号（2017年10月7日中华人民共和国国务院令第687号修正）** 第二十三条　设计单位应当就审查合格的施工图设计文件向施工单位做出详细说明。 **2.《建筑工程勘察设计管理条例》中华人民共和国国务院令第293号（2017年10月7日中华人民共和国国务院令第687号修正）** 第三十条　建设工程勘察、设计单位应当在建设工程施工前，向施工单位和监理单位说明建设工程勘察、设计意图，解释建设工程勘察、设计文件。 建设工程勘察、设计单位应当及时解决施工中出现的勘察、设计问题。 **3.《建设工程监理规范》GB/T 50319—2013** 5.1.2　监理人员应熟悉工程设计文件，并应参见建设单位主持的图纸会审和设计交底会议，会议纪要应由总监理工程师签认。 5.1.3　工程开工前，监理人员应参见由建设单位主持召开的第一次工地会议，会议纪要应由项目监理机构负责整理，与会各方代表应会签。	1. 查阅设计交底记录 主持人：建设单位责任人 交底人：设计单位责任人 签字：交底人及被交底人已签字 时间：开工前
		4.《建设工程项目管理规范》GB/T 50326—2017 8.3.4　技术管理规划应是承包人根据招标文件要求和自身能力编制的、拟采用的各种技术和管理措施，以满足发包人的招标要求。项目技术管理规划应明确下列内容： 1　技术管理目标与工作要求； 2　技术管理体系与职责； 3　技术管理实施的保障措施； 4　技术交底要求，图纸自审、会审，施工组织设计与施工方案，专项施工技术，新技术，新技术的推广与应用，技术管理考核制度； 5　各类方案、技术措施报审流程； 6　根据项目内容与项目进度要求，拟编制技术文件、技术方案、技术措施计划及责任人； 7　新技术、新材料、新工艺、新产品的应用计划； 8　对设计变更及工程洽商实施技术管理制度；	2. 查阅施工图会检纪要 签字：施工、设计、监理、建设单位责任人已签字 时间：开工前

续表

条款号	大纲条款	检 查 依 据	检查要点
4.1.2	按规定组织进行设计交底和施工图会检	9 各项技术文件、技术方案、技术措施的资料管理与归档。 **5.《输变电工程项目质量管理规程》DL/T 1362—2014** 5.3.1 建设单位应在变电单位工程和输电分部工程开工前组织设计交底和施工图会检。未经会检的施工图纸不得用于施工	
4.1.3	组织工程建设标准强制性条文实施情况的检查	**1.《中华人民共和国标准化法实施条例》中华人民共和国国务院令第53号发布** 第二十三条 从事科研、生产、经营的单位和个人，必须严格执行强制性标准。 **2.《实施工程建设强制性标准监督规定》中华人民共和国建设部令第81号（2015年1月22日中华人民共和国住房和城乡建设部令第23号修正）** 第二条 在中华人民共和国境内从事新建、扩建、改建等工程建设活动，必须执行工程建设强制性标准。 第六条 ……工程质量监督机构应当对工程建设施工、监理、验收等阶段执行强制性标准的情况实施监督。 **3.《输变电工程项目质量管理规程》DL/T 1362—2014** 4.4 参建单位应严格执行工程建设标准强制性条文，……	查阅强制性标准实施情况检查记录 内容：与强制性标准实施计划相符 签字：检查人员已签字
4.1.4	无任意压缩合同约定工期的行为	**1.《建设工程质量管理条例》中华人民共和国国务院令第279号（2017年10月7日中华人民共和国国务院令第687号修正）** 第十条 建设工程发包单位不得迫使承包方以低于成本的价格竞标，不得任意压缩合理工期。…… **2.《电力建设工程施工安全监督管理办法》中华人民共和国国家发展和改革委员会令第28号** 第十一条 建设单位应当执行定额工期，不得压缩合同约定的工期。如工期确需调整，应当对安全影响进行论证和评估。论证和评估应当提出相应的施工组织措施和安全保障措施。 **3.《建设工程项目管理规范》GB/T 50326—2017** 9.2.1 项目进度计划编制依据应包括下列主要内容： 1 合同文件和相关要求； 2 项目管理规划文件； 3 资源条件、内部与外部约束条件。 **4.《输变电工程项目质量管理规程》DL/T 1362—2014** 5.3.3 项目的工期应按合同约定执行。当工期需要调整时，建设单位应组织参建单位从影响工程建设的资源、环境、安全等各方面确认其可行性，并应采取有效措施保证工程质量	查阅施工进度计划、合同工期和调整工期的相关文件 内容：有压缩工期的行为时，应有设计、监理、施工和建设单位认可的书面文件

续表

条款号	大纲条款	检查依据	检查要点
4.1.5	采用的新技术、新工艺、新流程、新装备、新材料已审批	**1.《中华人民共和国建筑法》中华人民共和国主席令第46号** 第四条　国家扶持建筑业的发展，支持建筑科学技术研究，提高房屋建筑设计水平，鼓励节约能源和保护环境，提倡采用先进技术、先进设备、先进工艺、新型建筑材料和现代管理方式。 **2.《建设工程质量管理条例》中华人民共和国国务院令第279号（2017年10月7日中华人民共和国国务院令第687号修正）** 第六条　国家鼓励采用先进的科学技术和管理方法，提高建设工程质量。 **3.《实施工程建设强制性标准监督规定》中华人民共和国建设部令第81号（2015年1月22日中华人民共和国住房和城乡建设部令第23号修正）** 第五条　建设工程勘察、设计文件中规定采用的新技术、新材料，可能影响建设工程质量和安全，又没有国家技术标准的，应当由国家认可的检测机构进行试验、论证，出具检测报告，并经国务院有关主管部门或者省、自治区、直辖市人民政府有关主管部门组织的建设工程技术专家委员会审定后，方可使用。 工程建设中采用国际标准或者国外标准，现行强制性标准未作规定的，建设单位应当向国务院住房城乡建设主管部门或者国务院有关主管部门备案。 **4.《输变电工程项目质量管理规程》DL/T 1362—2014** 4.4　应按照国家和行业要求积极采用新技术、新工艺、新流程、新装备、新材料……（以下简称“五新”技术），…… 5.1.6　当应用技术要求高、作业复杂的“五新”技术，建设单位应组织设计、监理、施工及其他相关单位进行施工方案专题研究，或组织专家评审。 **5.《电力建设施工技术规范　第1部分：土建结构工程》DL 5190.1—2012** 3.0.4　采用新技术、新工艺、新材料、新设备时，应经过技术鉴定或具有允许使用的证明。施工前应编制单独的施工措施及操作规程。 **6.《电力工程地基处理技术规程》DL/T 5024—2005** 5.0.8　……当采用当地缺乏经验的地基处理方法或引进和应用新技术、新工艺、新方法时，须通过原体试验验证其适用性	查阅新技术、新工艺、新流程、新装备、新材料论证文件 意见：同意采用等肯定性意见 盖章：相关单位已盖章
4.2　勘察设计单位质量行为的监督检查			
4.2.1	设计图纸交付进度能保证连续施工	**1.《中华人民共和国合同法》中华人民共和国主席令第15号** 第二百七十四条　勘察、设计合同的内容包括提交有关基础资料和文件（包括概预算）的期限、质量要求、费用以及其他协作条件等条款。 第二百八十条　勘察、设计的质量不符合要求或者未按照期限提交勘察、设计文件拖延工期，造成发包人损失的，勘察人、设计人应当继续完善勘察、设计，减收或者免收勘察、设计费并赔偿损失。	1. 查阅设计单位的施工图出图计划 交付时间：与施工总进度计划相符

续表

条款号	大纲条款	检查依据	检查要点
4.2.1	设计图纸交付进度能保证连续施工	**2.《建设工程项目管理规范》GB/T 50326—2017** 9.1.2 项目进度管理应遵循下列程序： 1 编制进度计划； 2 进度计划交底，落实管理责任； 3 实施进度计划； 4 进行进度控制和变更管理。 9.2.2 组织应提出项目控制性进度计划。项目管理机构应根据组织的控制性进度计划，编制项目的作业性进度计划	2. 查阅建设单位的设计文件接收记录 接收时间：与出图计划一致
4.2.2	设计更改、技术洽商等文件完整、手续齐全	**1.《建设工程勘察设计管理条例》中华人民共和国国务院令第293号（2017年10月7日中华人民共和国国务院令第687号修正）** 第二十八条 建设单位、施工单位、监理单位不得修改建设工程勘察、设计文件；确需修改建设工程勘察、设计文件的，应当由原建设工程勘察、设计单位修改。经原建设工程勘察、设计单位书面同意，建设单位也可以委托其他具有相应资质的建设工程勘察、设计单位修改。修改单位对修改的勘察、设计文件承担相应责任。 施工单位、监理单位发现建设工程勘察、设计文件不符合工程建设强制性标准、合同约定的质量要求的，应当报告建设单位，建设单位有权要求建设工程勘察、设计单位对建设工程勘察、设计文件进行补充、修改。 建设工程勘察、设计文件内容需要作重大修改的，建设单位应当报经原审批机关批准后，方可修改。 **2.《输变电工程项目质量管理规程》DL/T 1362—2014** 6.3.8 设计变更应根据工程实施需要进行设计变更。设计变更管理应符合下列要求： a）设计变更应符合可行性研究或初步设计批复的要求。 b）当涉及改变设计方案、改变设计原则、改变原定主要设备规范、扩大进口范围、增减投资超过50万元等内容的设计变更时，设计并更应报原主审单位或建设单位审批确认。 c）由设计单位确认的设计变更应在监理单位审核、建设单位批准后实施。 6.3.10 设计单位绘制的竣工图应反映所有的设计变更	查阅设计更改、技术洽商文件 编制签字：设计单位各级责任人已签字 审核签字：建设单位、监理单位责任人已签字
4.2.3	工程建设标准强制性条文落实到位	**1.《建设工程质量管理条例》中华人民共和国国务院令第279号（2017年10月7日中华人民共和国国务院令第687号修改）** 第十九条 勘察、设计单位必须按照工程建设强制性标准进行勘察、设计，并对其勘察、设计的质量负责。 注册建筑师、注册结构工程师等注册执业人员应当在设计文件上签字，对设计文件负责。	1. 查阅与强制性标准有关的可研、初设、技术规范书等设计文件 编、审、批：相关负责人已签字

续表

条款号	大纲条款	检查依据	检查要点
4.2.3	工程建设标准强制性条文落实到位	**2.《建设工程勘察设计管理条例》中华人民共和国国务院令第293号（2017年10月7日中华人民共和国国务院令第687号修正）** 第五条 ……建设工程勘察、设计单位必须依法进行建设工程勘察、设计，严格执行工程建设强制性标准，并对建设工程勘察、设计的质量负责。 **3.《实施工程建设强制性标准监督规定》中华人民共和国建设部令第81号（2015年1月22日中华人民共和国住房和城乡建设部令第23号修正）** 第二条 在中华人民共和国境内从事新建、扩建、改建等工程建设活动，必须执行工程建设强制性标准。 **4.《输变电工程项目质量管理规程》DL/T 1362—2014** 6.2.1 勘察、设计单位应根据工程质量总目标进行设计质量管理策划，并应编制下列设计质量管理文件： a）设计技术组织措施； b）达标投产或创优实施细则； c）工程建设标准强制性条文执行计划； d）执行法律法规、标准、制度的目录清单。 6.2.2 勘察、设计单位应在设计前将设计质量管理文件报建设单位审批。如有设计阶段的监理，则应报监理单位审查、建设单位批准	2. 查阅强制性标准实施计划（含强制性标准清单）和本阶段执行记录 计划审批：监理和建设单位审批人已签字 记录内容：与实施计划相符 记录审核：监理单位审核人已签字
4.2.4	设计代表工作到位、处理设计问题及时	**1.《建设工程勘察设计管理条例》中华人民共和国国务院令第293号（2017年10月7日中华人民共和国国务院令第687号修正）** 第三十条 ……建设工程勘察、设计单位应当及时解决施工中出现的勘察、设计问题。 **2.《输变电工程项目质量管理规程》DL/T 1362—2014** 6.1.9 勘察、设计单位应按照合同约定开展下列工作： c）派驻工地设计代表，及时解决施工中发现的设计问题； d）参加工程质量验收，配合质量事件、质量事故的调查和处理工作。 **3.《电力勘测设计驻工地代表制度》DLGJ 159.8—2001** 2.0.1 工代的工地现场服务是电力工程设计的阶段之一，为了有效的贯彻勘测设计意图，实施设计单位通过工代为施工、安装、调试、投运提供及时周到的服务，促进工程顺利竣工投产，特制定本制度。 2.0.2 工代的任务是解释设计意图，解释施工图纸中的技术问题，收集包括设计本身在内的施工、设备材料等方面的质量信息，加强设计与施工、生产之间的配合，共同确保工程建设质量和工期，以及国家和行业标准的贯彻执行。	1. 查阅设计单位对工代的任命书 内容：包括设计修改、变更、材料代用等签发人资格 2. 查阅设计服务报告 内容：包括现场施工与设计要求相符情况和工代协助施工单位解决具体技术问题的情况 3. 查阅设计变更通知单和工程联系单 签发时间：在现场问题要求解决时间前

续表

条款号	大纲条款	检查依据	检查要点
4.2.4	设计代表工作到位、处理设计问题及时	2.0.3 工代是设计单位派驻工地配合施工的全权代表，应能在现场积极地履行工代职责，使工程实现设计预期要求和投资效益	
4.2.5	按规定参加施工主要控制网（桩）验收和地基验槽签证	**1.《建筑工程施工质量验收统一标准》GB 50300—2013** 6.0.3 分部工程应由总监理工程师组织施工单位项目负责人和项目技术负责人等进行验收。 勘察、设计单位项目负责人和施工单位技术、质量部门负责人应参加地基与基础分部工程的验收。 设计单位项目负责人和施工单位技术、质量部门负责人应参加主体结构、节能分部工程的验收 **2.《输变电工程项目质量管理规程》DL/T 1362—2014** 6.1.9 勘察、设计单位应按照合同约定开展下列工作： c）派驻工地设计代表，及时解决施工中发现的设计问题 d）参加工程质量验收，配合质量事件、质量事故的调查和处理工作	1. 查阅项目质量验收范围划分表 勘察、设计单位参加验收的项目：已确定 2. 查阅测量控制网验收单、地槽隐蔽验收记录 签字：勘察、设计责任人已签字
4.2.6	进行了本阶段工程实体质量与勘察设计的符合性确认	**1.《输变电工程项目质量管理规程》DL/T 1362—2014** 6.1.9 勘察、设计单位应按照合同约定开展下列工作： c）派驻工地设计代表，及时解决施工中发现的设计问题。 d）参加工程质量验收，配合质量事件、质量事故的调查和处理工作。 **2.《电力勘测设计驻工地代表制度》DLGJ 159.8—2001** 5.0.3 深入现场，调查研究 1 工代应坚持经常深入施工现场，调查了解施工是否与设计要求相符，并协助施工单位解决施工中出现的具体技术问题，做好服务工作，促进施工单位正确执行设计规定的要求。 2 对于发现施工单位擅自作主，不按设计规定要求进行施工的行为，应及时指出，要求改正，如指出无效，又涉及安全、质量等原则性、技术性问题，应将问题事实与处理过程用“备忘录”的形式书面报告建设单位和施工单件，同时向设总和处领导汇报	1. 查阅地基处理分部、子分部工程质量验收记录 审核签字：勘察、设计单位项目负责人已签字 2. 查阅阶段工程实体质量与勘察设计符合性确认记录 内容：已对本阶段工程实体质量与勘察设计的符合性进行了确认
4.3 监理单位质量行为的监督检查			
4.3.1	项目监理部专业监理人员配备合理，资格证书与承担任务相符	**1.《中华人民共和国建筑法》中华人民共和国主席令第46号** 第十四条 从事建筑活动的专业技术人员，应当依法取得相应的职业资格证书，并在执业资格证书许可的范围内从事建筑活动。	1. 查阅监理大纲（规划）中的监理人员进场计划 人员数量及专业：已明确

续表

条款号	大纲条款	检查依据	检查要点
4.3.1	项目监理部专业监理人员配备合理，资格证书与承担任务相符	**2.《建设工程质量管理条例》中华人民共和国国务院令第279号（2017年10月7日中华人民共和国国务院令第687号修正）** 第三十七条　工程监理单位应当选派具备相应资格的总监理工程师和监理工程师进驻施工现场。…… **3.《建设工程监理规范》GB/T 50319—2013** 3.1.2　项目监理机构的监理人员应由总监理工程师、专业监理工程师和监理员组成，且专业配套、数量应满足建设工程监理工作需要，必要时可设总监理工程师代表。 3.1.3　……应及时将项目监理机构的组织形式、人员构成、及对总监理工程师的任命书面通知建设单位。 3.1.4　工程监理单位调换总监理工程师时，应征得建设单位书面同意；调换专业监理工程师时，总监理工程师应书面通知建设单位	2. 查阅现场监理人员名单，检查监理人员数量是否满足工程需要。 专业：与工程阶段和监理规划相符 3. 查阅各级监理人员的岗位资格证书 发证单位：住建部或颁发技术职称的主管部门 有效期：当前有效
4.3.2	检测仪器和工具配置满足监理工作需要	**1.《中华人民共和国计量法》中华人民共和国主席令第86号** 第九条　……未按照规定申请检定或者检定不合格的，不得使用。…… **2.《建设工程监理规范》GB/T 50319—2013** 3.3.2　工程监理单位宜按建设工程监理合同约定，配备满足监理工作需要的检测设备和工器具。 **3.《电力建设工程监理规范》DL/T 5434—2009** 5.3.1　项目监理机构应根据工程项目类别、规模、技术复杂程度、工程项目所在地的环境条件，按委托监理合同的约定，配备满足监理工作需要的常规检测设备和工具	1. 查阅监理项目部检测仪器和工具配置台账 仪器和工具配置：与监理设施配置计划相符 2. 查看检测仪器 标识：贴有合格标签，且在有效期内
4.3.3	已按验收规程规定，对施工现场质量管理进行了验收	**1.《建筑工程施工质量验收统一标准》GB 50300—2013** 3.0.1　施工现场应具有健全的质量管理体系、相应施工技术标准、施工质量检验制度和综合施工质量水平评定考核制度。施工现场质量管理可按本标准附录A的要求进行检查记录。 附录A　施工现场质量管理检查记录	查阅施工现场质量管理检查记录 内容：符合规程规定 结论：有肯定性结论 签章：责任人已签字
4.3.4	组织补充完善施工质量验收项目划分表，对设定的工程质量控制点，进行了旁站监理	**1.《建设工程监理规范》GB/T 50319—2013** 5.2.11　项目监理机构应根据工程特点和施工单位报送的施工组织设计，确定旁站的关键部位、关键工序，安排监理人员进行旁站，并应及时记录旁站情况。 **2.《电力建设工程监理规范》DL/T 5434—2009** 9.1.2　项目监理机构应审查承包单位编制的质量计划和工程质量验收及评定项目划分表，提出监理意见，报建设单位批准后监督实施。	1. 查阅施工质量验收范围划分表及报审表 划分表内容：符合规程规定且已明确了质量控制点 报审表签字：相关单位责任人已签字

续表

条款号	大纲条款	检查依据	检查要点
4.3.4	组织补充完善施工质量验收项目划分表，对设定的工程质量控制点，进行了旁站监理	**3.《输变电工程项目质量管理规程》DL/T 1362—2014** 7.3.4 监理单位应通过文件审查、旁站、巡视、平行检验、见证取样等监理工作方法开展质量监理活动	2. 查阅旁站计划和旁站记录 旁站计划质量控制点：符合施工质量验收范围划分表要求 旁站记录：完整 签字：监理旁站人员已签字
4.3.5	特殊施工技术措施已审批	**1.《建设工程安全生产管理条例》中华人民共和国国务院令第393号** 第二十六条 施工单位应当在施工组织设计中编制安全技术措施和施工现场临时用电方案，对下列达到一定规模的危险性较大的分部分项工程编制专项施工方案，并附具安全验算结果，经施工单位技术负责人、总监理工程师签字后实施，由专职安全生产管理人员进行现场监督： （一）基坑支护与降水工程； （二）土方开挖工程； （三）模板工程； （四）起重吊装工程； （五）脚手架工程； （六）拆除、爆破工程； （七）国务院建设行政主管部门或者其他有关部门规定的其他危险性较大的工程。 对前款所列工程中涉及深基坑、地下暗挖工程、高大模板工程的专项施工方案，施工单位还应当组织专家进行论证、审查。 **2.《建设工程监理规范》GB/T 50319—2013** 5.5.3 项目监理机构应审查施工单位报审的专项施工方案，符合要求的，应由总监理工程师签认后报建设单位。超过一定规模的危险性较大的分部分项工程的专项施工方案，应检查施工单位组织专家进行论证、审查的情况，以及是否附具安全验算结果	查阅特殊施工技术措施、方案报审文件和旁站记录 审核意见：专家意见已在施工措施方案中落实，同意实施 审批：相关单位责任人已签字 旁站记录：根据施工技术措施对应现场进行检查确认
4.3.6	对进场的工程材料、设备、构配件的质量进行检查验收及原材料复检的见证取样	**1.《建设工程监理规范》GB/T 50319—2013** 5.2.9 项目监理机构应审查施工单位报送的用于工程的材料、构配件、设备的质量证明文件，并应按有关规定、建设工程监理合同约定，对用于工程的材料进行见证取样、平行检验。 项目监理机构对已进场经检验不合格的工程材料、构配件、设备，应要求施工单位限期将其撤出施工现场。	1. 查阅工程材料/构配件/设备报审表 审查意见：同意使用

续表

条款号	大纲条款	检查依据	检查要点
4.3.6	对进场的工程材料、设备、构配件的质量进行检查验收及原材料复检的见证取样	**2.《电力建设工程监理规范》DL/T 5434—2009** 9.1.7 项目监理机构应对承包单位报送的拟进场工程材料、半成品和构配件的质量证明文件进行审核，并按有关规定进行抽样验收。对有复试要求的，经监理人员现场见证取样后送检，复试报告应报送项目监理机构查验。 9.1.8 项目监理机构应参与主要设备开箱验收，对开箱验收中发现的设备质量缺陷，督促相关单位处理	2. 查阅见证取样委托单 取样项目：符合规范要求 签字：施工单位取样员和监理单位见证员已签字
4.3.7	施工质量问题及处理台账完整，记录齐全	**1.《建设工程监理规范》GB/T 50319—2013** 5.2.15 项目监理机构发现施工存在质量问题的，或施工单位采用不适当的施工工艺，或施工不当，造成工程质量不合格的，应及时签发监理通知单，要求施工单位整改。整改完毕后，项目监理机构应根据施工单位报送的监理通知回复单对整改情况进行复查，提出复查意见。 5.2.17 对需要返工处理或加固补强的质量事故，项目监理机构应要求施工单位报送质量事故调查报告和经设计等相关单位认可的处理方案，并应对质量事故的处理过程进行跟踪检查，同时应对处理结果进行验收。 项目监理机构应及时向建设单位提交质量事故书面报告，并应将完整的质量事故处理记录整理归档。 **2.《电力建设工程监理规范》DL/T 5434—2009** 9.1.12 对施工过程中出现的质量缺陷，专业监理工程师应及时下达书面通知，要求承包单位整改，并检查确认整改结果。 9.1.15 专业监理工程师应根据消缺清单对承包单位报送的消缺方案进行审核，符合要求后予以签认，并根据承包单位报送的消缺报验申请表和自检记录进行检查验收	查阅质量问题及处理记录台账 记录要素：质量问题、发现时间、责任单位、整改要求、闭环文件、完成时间 检查内容：记录完整
4.3.8	工程建设标准强制性条文检查到位	**1.《实施工程建设强制性标准监督规定》中华人民共和国建设部令第81号（2015年1月22日中华人民共和国住房和城乡建设部令第23号修正）** 第二条 在中华人民共和国境内从事新建、扩建、改建等工程建设活动，必须执行工程建设强制性标准。 第三条 本规定所称工程强制性标准是指直接涉及工程质量、安全、卫生及环境保护等方面的工程建设标准强制性条文。 第六条 …… 工程质量监督机构应当对建设施工、监理、验收等阶段执行强制性标准的情况实施监督。 **2.《输变电工程项目质量管理规程》DL/T 1362—2014** 7.3.5 监理单位应监督施工单位质量管理体系的有效运行，应监督施工单位按照技术标准和设计文件进行施工，应定期检查工程建设标准强制性条文执行情况，……	查阅工程强制性标准执行情况检查表 内容：符合强制性标准执行计划要求 签字：施工单位技术人员与监理工程师已签字

续表

条款号	大纲条款	检查依据	检查要点
4.3.9	完成基础工程施工质量验收	**1.《建设工程监理规范》GB/T 50319—2013** 5.2.14 项目监理机构应对施工单位报验的隐蔽工程、检验批、分项工程和分部工程进行验收，对验收合格的应给予签认；对验收不合格的应拒绝签认，同时应要求施工单位在指定的时间内整改并重新报验。……	查阅基础工程质量验收报验表及验收资料 验收结论：合格 签字：相关单位责任人已签字
4.3.10	对本阶段工程质量提出评价意见	**1.《输变电工程项目质量管理规程》DL/T 1362—2014** 14.2.1 变电工程应分别在主要建（构）筑物基础基本完成、土建交付安装前、投运前进行中间验收，输电线路工程应分别在杆塔组立前、导地线架设前、投运前进行中间验收。投运前中间验收可与竣工预验收合并进行。中间验收应符合下列要求： b）在收到初检申请并确认符合条件后，监理单位应组织进行初检，在初检合格后，应出具监理初检报告并向建设单位申请中间验收	查阅本阶段监理初检报告 评价意见：明确
4.4 施工单位质量行为的监督检查			
4.4.1	项目部组织机构健全，专业人员配置合理	**1.《中华人民共和国建筑法》中华人民共和国主席令第46号** 第十四条 从事建筑活动的专业技术人员，应当依法取得相应的执业资格证书，并在执业资格证书许可的范围内从事建筑活动。 **2.《建设工程质量管理条例》中华人民共和国国务院令第279号（2017年10月7日中华人民共和国国务院令第687号修改）** 第二十六条 施工单位对建设工程的施工质量负责。 施工单位应当建立质量责任制，确定工程项目的项目经理、技术负责人和施工管理负责人。…… **3.《建设工程项目管理规范》GB/T 50326—2017** 4.3.4 建立项目管理机构应遵循下列规定： 1 结构应符合组织制度和项目实施要求； 2 应有明确的管理目标、运行程序和责任制度； 3 机构成员应满足项目管理要求及具备相应资格； 4 组织分工相对稳定并可根据项目实施变化进行调整； 5 应确定机构成员的职责、权限、利益和需承担的风险。 **4.《输变电工程项目质量管理规程》DL/T 1362—2014** 9.1.5 施工单位应按照施工合同约定组建施工项目部，应提供满足工程质量目标的人力、物力和财力的资源保障。 9.3.1 施工项目部人员执业资格应符合国家有关规定。 附录 表D.1输变电工程施工项目部人员资格要求	查阅项目部成立文件 岗位设置：包括项目经理、技术负责人、施工管理负责人、施工员、质量员、安全员、材料员、资料员等

续表

条款号	大纲条款	检 查 依 据	检查要点
4.4.2	质量检查及特殊工种人员持证上岗	**1.《特种作业人员安全技术培训考核管理办法》国家安全生产监督管理总局令第30号(2015年5月29日国家安全监管总局令第80号修正)** 第五条　特种作业人员必须经专门的安全技术培训并考核合格，取得《中华人民共和国特种作业操作证》(以下简称特种作业操作证)后，方可上岗作业。 **2.《建筑施工特种作业人员管理规定》中华人民共和国建设部　建质〔2008〕75号** 第四条　建筑施工特种作业人员必须经建设主管部门考核合格，取得建筑施工特种作业人员操作资格证书，方可上岗从事相应作业。 **3.《输变电工程项目质量管理规程》DL/T 1362—2014** 9.3.1　施工项目部人员执业资格应符合国家有关规定，其任职条件参见附录D。 9.3.2　工程开工前，施工单位应完成下列工作： …… h）特种作业人员的资格证和上岗证的报审	1. 查阅项目部各专业质检员资格证书 专业类别：送电等 发证单位：政府主管部门或电力建设工程质量监督站 有效期：当前有效 2. 查阅特殊工种人员台账 内容：包括姓名、工种类别、证书编号、发证单位、有效期等 证书有效期：作业期间有效 3. 查阅特殊工种人员资格证书 发证单位：政府主管部门 有效期：与台账一致
4.4.3	专业施工组织设计已审批	**1.《建筑施工组织设计规范》GB/T 50502—2009** 3.0.5　施工组织设计的编制和审批应符合下列规定： 1　施工组织设计应由项目负责人主持编制，可根据需要分阶段编制和审批； 2　施工组织总设计应由总承包单位技术负责人审批；单位工程施工组织设计应由施工单位技术负责人或技术负责人授权的技术人员审批，施工方案应由项目技术负责人审批；重点、难点分部（分项）工程和专项工程施工方案应由施工单位技术部门组织相关专家评审，施工单位技术负责人批准； **2.《输变电工程项目质量管理规程》DL/T 1362—2014** 9.2.2　工程开工前，施工单位应根据施工质量管理策划编制质量管理文件，并应报监理单位审核、建设单位批准。质量管理文件应包括下列内容： a）施工组织设计； 9.3.2　工程开工前，施工单位应完成下列工作： …… e）施工组织设计、施工方案的编制和审批	1. 查阅工程项目专业施工组织设计 审批：责任人已签字 编审批时间：专业工程开工前 2. 查阅专业施工组织设计报审表 审批意见：同意实施等肯定性意见 签字：施工项目部、监理项目部、建设单位责任人已签字 盖章：施工项目部、监理项目部、建设单位职能部门已盖章
4.4.4	质量检验管理制度已落实	**1.《建设工程质量管理条例》中华人民共和国国务院令第279号(2017年10月7日中华人民共和国国务院令第687号修正)** 第三十条　施工单位必须建立、健全施工质量的检验制度，严格工序管理，作好隐蔽工程的质量检查和记录。隐蔽工程在隐蔽前，施工单位应当通知建设单位和建设工程质量监督机构。	查阅隐蔽工程签证记录、施工单位自检记录、工序交接记录等检查记录

续表

条款号	大纲条款	检查依据	检查要点
4.4.4	质量检验管理制度已落实	**2.《工程建设施工企业质量管理规范》GB/T 50430—2017** 11.2.1 项目部应根据工程质量检查策划的安排，对工程质量实施检查，跟踪整改情况，并保存相应的检查记录。 **3.《输变电工程项目质量管理规程》DL/T 1362—2014** 9.2.2 工程开工前，施工单位应根据施工质量管理策划编制质量管理文件，并应报监理单位审核、建设单位批准。质量管理文件应包括下列内容： …… h）施工质量管理制度目录清单	记录：内容完整，结论明确 签字：责任人已签字
4.4.5	施工方案和作业指导书已审批，技术交底记录齐全	**1.《建筑施工组织设计规范》GB/T 50502—2009** 3.0.5 施工组织设计的编制和审批应符合下列规定： 2 ……施工方案应由项目技术负责人审批；重点、难点分部（分项）工程和专项工程施工方案应由施工单位技术部门组织相关专家评审，施工单位技术负责人批准； 3 由专业承包单位施工的分部（分项）工程或专项工程的施工方案，应由专业承包单位技术负责人或技术负责人授权的技术人员审批；有总承包单位时，应由总承包单位项目技术负责人核准备案； 4 规模较大的分部（分项）工程和专项工程的施工方案应按单位工程施工组织设计进行编制和审批。 6.4.1 施工准备应包括下列内容： 1 技术准备：包括施工所需技术资料的准备、图纸深化和技术交底的要求、试验检验和测试工作计划、样板制作计划以及与相关单位的技术交接计划等； …… **2.《输变电工程项目质量管理规程》DL/T 1362—2014** 9.2.2 工程开工前，施工单位应根据施工质量管理策划编制质量管理文件，并应报监理单位审核、建设单位批准。质量管理文件应包括下列内容： …… e）施工方案及作业指导书； 9.3.2 工程开工前，施工单位应完成下列工作： …… e）施工组织设计、施工方案的编制和审批； 9.3.4 施工过程中，施工单位应主要开展下列质量控制工作： b）在变电各单位工程、线路各分部工程开工前进行技术培训交底	1. 查阅施工方案和作业指导书 审批：责任人已签字 编审批时间：施工前 2. 查阅施工方案和作业指导书报审表 审批意见：同意实施等肯定性意见 签字：施工项目部、监理项目部责任人已签字 盖章：施工项目部、监理项目部已盖章 3. 查阅技术交底记录 内容：与方案或作业指导书相符 时间：施工前 签字：交底人和被交底人已签字

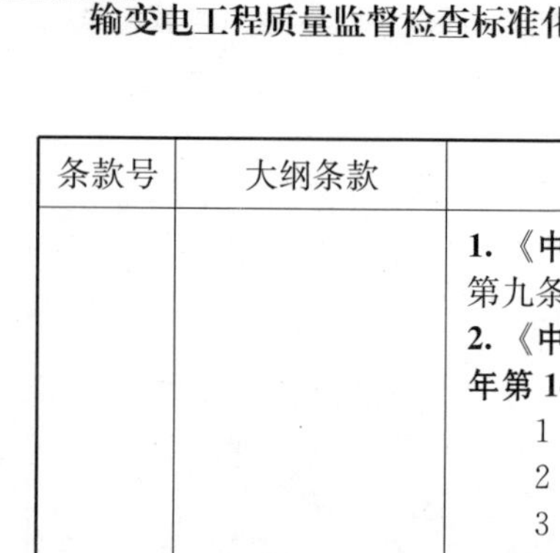

续表

条款号	大纲条款	检　查　依　据	检查要点
4.4.6	计量工器具经检定合格，且在有效期内	**1.《中华人民共和国计量法》中华人民共和国主席令第86号** 第九条　……未按照规定申请检定或者检定不合格的，不得使用。…… **2.《中华人民共和国依法管理的计量器具目录（型式批准部分）》国家质检总局公告2005年第145号** 1　测距仪：光电测距仪、超声波测距仪、手持式激光测距仪； 2　经纬仪：光学经纬仪、电子经纬仪； 3　全站仪：全站型电子速测仪； 4　水准仪：水准仪； 5　测地型GPS接收机：测地型GPS接收机。 **3.《电力建设施工技术规范　第1部分：土建结构工程》DL 5190.1—2012** 3.0.5　在质量检查、验收中使用的计量器具和检测设备，应经计量检定合格后方可使用；承担材料和设备检测的单位，应具备相应的资质。 **4.《电力工程施工测量技术规范》DL/T 5445—2010** 4.0.3　施工测量所使用的仪器和相关设备应定期检定，并在检定的有效期内使用。…… **5.《建筑工程检测试验技术管理规范》JGJ 190—2010** 5.2.2　施工现场配置的仪器、设备应建立管理台账，按有关规定进行计量检定或校准，并保持状态完好	1. 查阅计量工器具台账 内容：包括计量工器具名称、出厂合格证编号、检定日期、有效期、在用状态等 检定有效期：在用期间有效 2. 查阅计量工器具检定合格证或报告 检定单位资质范围：包含所检测工器具 工器具有效期：在用期间有效，且与台账一致
4.4.7	按照检测试验项目计划进行了见证的取样和送检，台账完整	**1. 关于印发《房屋建筑工程和市政基础设施工程实行见证取样和送检的规定》的通知中华人民共和国建设部　建建〔2000〕211号** 第五条　涉及结构安全的试块、试件和材料见证取样和送检的比例不得低于有关技术标准中规定应取样数量的30%。 第六条　下列试块、试件和材料必须实施见证取样和送检： （一）用于承重结构的混凝土试块； （二）用于承重墙体的砌筑砂浆试块； （三）用于承重结构的钢筋及连接接头试件； （四）用于承重墙的砖和混凝土小型砌块； （五）用于拌制混凝土和砌筑砂浆的水泥； （六）用于承重结构的混凝土中使用的掺加剂； （七）地下、屋面、厕浴间使用的防水材料； （八）国家规定必须实行见证取样和送检的其他试块、试件和材料。	查阅见证取样台账 取样数量、取样项目：与检测试验计划相符

续表

条款号	大纲条款	检查依据	检查要点
4.4.7	按照检测试验项目计划进行了见证的取样和送检，台账完整	第七条 见证人员应由建设单位或该工程的监理单位具备建筑施工试验知识的专业技术人员担任，并应由建设单位或该工程的监理单位书面通知施工单位、检测单位和负责该项工程的质量监督机构。 **2.《房屋建筑和市政基础设施工程质量检测技术管理规范》GB 50618—2011** 3.0.5 对实行见证取样和见证检测的项目，不符合见证要求的，检测机构不得进行检测。 **3.《建筑工程检测试验技术管理规范》JGJ 190—2010** 3.0.6 见证人员必须对见证取样和送检的过程进行见证，且必须确保见证取样和送检过程的真实性。 5.5.1 施工现场应按照单位工程分别建立下列试样台账： 1 钢筋试样台账； 2 钢筋连接接头试样台账； 3 混凝土试件台账； 4 砂浆试件台账； 5 需要建立的其他试样台账。 5.6.1 现场试验人员应根据施工需要及有关标准的规定，将标识后的试样送至检测单位进行检测试验。 5.8.5 见证人员应对见证取样和送检的全过程进行见证并填写见证记录。 5.8.6 检测机构接收试样时应核实见证人员及见证记录，见证人员与备案见证人员不符或见证记录无备案见证人员签字时不得接收试样	
4.4.8	原材料、成品、半成品、商品混凝土的跟踪管理台账清晰，记录完整	**1.《建设工程质量管理条例》中华人民共和国国务院令第279号（2017年10月7日中华人民共和国国务院令第687号修正）** 第二十九条 施工单位必须按照工程设计要求、施工技术标准和合同约定，对建筑材料、建筑构配件、设备和商品混凝土进行检验，检验应当有书面记录和专人签字；未经检验或者检验不合格的，不得使用。 **2.《输变电工程项目质量管理规程》DL/T 1362—2014** 9.3.4 施工过程中，施工单位应主要开展下列质量控制工作： …… f）建立钢筋、水泥等主要原材料的质量跟踪台账	查阅材料跟踪管理台账 跟踪管理台账：包括生产厂家、进场日期、品种规格、出厂合格证书编号、复试报告编号、使用部位、使用数量等
4.4.9	基础工程开工报告已审批	**1.《工程建设施工企业质量管理规范》GB/T 50430—2017** 10.4.2 项目部应确认施工现场已具备开工条件，进行报审、报验，提出开工申请，经批准后方可开工	查阅基础工程开工报告 申请时间：开工前 审批意见：同意开工等肯定性意见

续表

条款号	大纲条款	检查依据	检查要点
4.4.9	基础工程开工报告已审批		签字：施工项目部、监理项目部、建设单位责任人已签字 盖章：施工项目部、监理项目部、建设单位职能部门已盖章
4.4.10	专业绿色施工措施已制订、实施	**1.《绿色施工导则》中华人民共和国建设部　建质〔2007〕223号** 4.1.2　规划管理 1　编制绿色施工方案。该方案应在施工组织设计中独立成章，并按有关规定进行审批。 **2.《建筑工程绿色施工规范》GB/T 50905—2014** 3.1.1　建设单位应履行下列职责 1　在编制工程概算和招标文件时，应明确绿色施工的要求…… 2　应向施工单位提供建设工程绿色施工的设计文件、产品要求等相关资料…… 4.0.2　施工单位应编制包含绿色施工管理和技术要求的工程绿色施工组织设计、绿色施工方案或绿色施工专项方案，并经审批通过后实施。 **3.《电力建设施工技术规范　第1部分：土建结构工程》DL 5190.1—2012** 3.0.12　施工单位应建立绿色施工管理体系和管理制度，实施目标管理，施工前应在施工组织设计和施工方案中明确绿色施工的内容和方法。 **4.《输变电工程项目质量管理规程》DL/T 1362—2014** 9.2.2　工程开工前，施工单位应根据施工质量管理策划编制质量管理文件，并应报监理单位审核、建设单位批准。质量管理文件应包括下列内容： …… g）绿色施工方案 9.3.2　工程开工前，施工单位应完成下列工作： …… f）绿色施工方案的编制和审批	1. 查阅绿色施工措施 审批：责任人已签字 审批时间：施工前 2. 查阅专业绿色施工记录 内容：与绿色施工措施相符 签字：责任人已签字
4.4.11	工程建设标准强制性条文实施计划已执行	**1.《实施工程建设强制性标准监督规定》中华人民共和国建设部令第81号（2015年1月22日中华人民共和国住房和城乡建设部令第23号修正）** 第二条　在中华人民共和国境内从事新建、扩建、改建等工程建设活动，必须执行工程建设强制性标准。 第三条　本规定所称工程建设强制性标准是指直接涉及工程质量、安全、卫生及环境保护等方面的工程建设标准强制性条文。 国家工程建设标准强制性条文由国务院住房城乡建设主管部门会同国务院有关主管部门确定。	查阅强制性标准执行记录 内容：与强制性标准执行计划相符 签字：责任人已签字 执行时间：与工程进度同步

续表

条款号	大纲条款	检查依据	检查要点
4.4.11	工程建设标准强制性条文实施计划已执行	第六条 ……工程质量监督机构应当对工程建设施工、监理、验收等阶段执行强制性标准的情况实施监督。 **2.《输变电工程项目质量管理规程》DL/T 1362—2014** 9.2.2 工程开工前，施工单位应根据施工质量管理策划编制质量管理文件，并应报监理单位审核、建设单位批准。质量管理文件应包括下列内容： …… d）工程建设标准强制性条文执行计划	
4.4.12	无违规转包或者违法分包工程的行为	**1.《中华人民共和国建筑法》中华人民共和国主席令第46号** 第二十八条 禁止承包单位将其承包的全部建筑工程转包给他人，禁止承包单位将其承包的全部建筑工程肢解以后以分包的名义转包给他人。 第二十九条 建筑工程总承包单位可以将承包工程中的部分工程发包给具有相应资质条件的分包单位，但是，除总承包合同约定的分包外，必须经建设单位认可。施工总承包的，建筑工程主体结构的施工必须由总承包单位自行完成。 …… 禁止总承包单位将工程分包给不具备相应资质条件的单位。禁止分包单位将其承包的工程再分包。 **2.《建筑工程施工发包与承包违法行为认定查处管理办法》中华人民共和国住房和城乡建设部建市〔2019〕1号** 第六条 存在下列情形之一的，属于违法发包： （一）建设单位将工程发包给个人的； （二）建设单位将工程发包给不具有相应资质的单位的； （三）依法应当招标未招标或未按照法定招标程序发包的； （四）建设单位设置不合理的招标投标条件，限制、排斥潜在投标人或者投标人的； （五）建设单位将一个单位工程的施工分解成若干部分发包给不同的施工总承包或专业承包单位的。 第八条 存在下列情形之一的，应当认定为转包，但有证据证明属于挂靠或者其他违法行为的除外： （一）承包单位将其承包的全部工程转给其他单位（包括母公司承接建筑工程后将所承接工程交由具有独立法人资格的子公司施工的情形）或个人施工的； （二）承包单位将其承包的全部工程肢解以后，以分包的名义分别转给其他单位或个人施工的；	1. 查阅工程分包申请报审表 审批意见：同意分包等肯定性意见 签字：施工项目部、监理项目部、建设单位责任人已签字 盖章：施工项目部、监理项目部、建设单位已盖章 2. 查阅工程分包商资质 业务范围：涵盖所分包的项目 发证单位：政府主管部门 有效期：当前有效

续表

条款号	大纲条款	检查依据	检查要点
4.4.12	无违规转包或者违法分包工程的行为	（三）施工总承包单位或专业承包单位未派驻项目负责人、技术负责人、质量管理负责人、安全管理负责人等主要管理人员，或派驻的项目负责人、技术负责人、质量管理负责人、安全管理负责人中一人及以上与施工单位没有订立劳动合同且没有建立劳动工资和社会养老保险关系，或派驻的项目负责人未对该工程的施工活动进行组织管理，又不能进行合理解释并提供相应证明的； （四）合同约定由承包单位负责采购的主要建筑材料、构配件及工程设备或租赁的施工机械设备，由其他单位或个人采购、租赁，或施工单位不能提供有关采购、租赁合同及发票等证明，又不能进行合理解释并提供相应证明的； （五）专业作业承包人承包的范围是承包单位承包的全部工程，专业作业承包人计取的是除上缴给承包单位“管理费”之外的全部工程价款的； （六）承包单位通过采取合作、联营、个人承包等形式或名义，直接或变相将其承包的全部工程转给其他单位或个人施工的； （七）专业工程的发包单位不是该工程的施工总承包或专业承包单位的，但建设单位依约作为发包单位的除外； （八）专业作业的发包单位不是该工程承包单位的； （九）施工合同主体之间没有工程款收付关系，或者承包单位收到款项后又将款项转拨给其他单位和个人，又不能进行合理解释并提供材料证明的。 两个以上的单位组成联合体承包工程，在联合体分工协议中约定或者在项目实际实施过程中，联合体一方不进行施工也未对施工活动进行组织管理的，并且向联合体其他方收取管理费或者其他类似费用的，视为联合体一方将承包的工程转包给联合体其他方。	
4.5　检测试验机构质量行为的监督检查			
4.5.1	检测试验机构已经通过能力认定并取得相应证书，其现场派出机构（现场试验室）满足规定条件，并已报质量监督机构备案	**1.《建设工程质量检测管理办法》中华人民共和国建设部令第141号（2015年5月中华人民共和国住房和城乡建设部令第24号修正）** 第四条　……检测机构未取得相应的资质证书，不得承担本办法规定的质量检测业务。 **2.《检验检测机构资质认定管理办法》国家质量监督检验检疫总局令第163号** 第三条　检验检测机构从事下列活动，应当取得资质认定： …… （四）为社会经济、公益活动出具具有证明作用的数据、结果的； （五）其他法律法规规定应当取得资质认定的。 **3.《建筑工程检测试验技术管理规范》JGJ 190—2010** 表5.2.4　现场试验站基本条件	1. 查阅检测机构资质证书 发证单位：国家认证认可监督管理委员会（国家级）或地方质量技术监督部门或各直属出入境检验检疫机构（省市级）及电力质监机构 有效期：当前有效 证书业务范围：涵盖检测项目 2. 查看现场试验室 派出机构成立及人员任命文件 场所：有固定场所且面积、环境、温湿度满足规范要求 3. 查阅检测机构的申请报备文件 报备时间：工程开工前

续表

条款号	大纲条款	检查依据	检查要点
4.5.2	检测人员资格符合规定，持证上岗	**1.《房屋建筑和市政基础设施工程质量检测技术管理规范》GB 50618—2011** 4.1.5 检测操作人员应经技术培训、通过建设主管部门或委托有关机构的考核，方可从事检测工作。 5.3.6 检测前应确认检测人员的岗位资格，检测操作人员应熟识相应的检测操作规程和检测设备使用、维护技术手册等	1. 查阅检测人员登记台账 专业类别和数量：满足检测项目需求 资格证发证单位：各级政府和电力行业主管部门 检测证有效期：当前有效 2. 查阅检测报告 检测人：与检测人员登记台账相符
4.5.3	检测仪器、设备检定合格，且在有效期内	**1.《房屋建筑和市政基础设施工程质量检测技术管理规范》GB 50618—2011** 4.2.14 检测机构的所有设备均应标有统一的标识，在用的检测设备均应标有校准或检测有效期的状态标识。 **2.《检验检测机构诚信基本要求》GB/T 31880—2015** 4.3.2 设备设施 检验检测设备应定期检定或校准，设备在规定的检定和校准周期内应进行期间核查。计算机和自动化设备功能应正常，并进行验证和有效维护。检验检测设施应有利于检验检测活动的开展。 **3.《建筑工程检测试验技术管理规范》JGJ 190—2010** 5.2.3 施工现场试验环境及设施应满足检测试验工作的要求	1. 查阅检测仪器、设备登记台账 数量、种类：满足检测需求 检定周期：当前有效 检定结论：合格 2. 查看检测仪器、设备检验标识 检定周期：与台账一致
4.5.4	检测依据正确、有效，检测报告及时、规范	**1.《检验检测机构资质认定管理办法》国家质量监督检验检疫总局令第163号** 第二十五条 检验检测机构应当在资质认定证书规定的检验检测能力范围内，依据相关标准或者技术规范规定的程序和要求，出具检验检测数据、结果。 检验检测机构出具检验检测数据、结果时，应当注明检验检测依据，并使用符合资质认定基本规范、评审准则规定的用语进行表述。 检验检测机构对其出具的检验检测数据、结果负责，并承担相应法律责任。 第二十六条 ……检验检测机构授权签字人应当符合资质认定评审准则规定的能力要求。非授权签字人不得签发检验检测报告。 第二十八条 检验检测机构向社会出具具有证明作用的检验检测数据、结果的，应当在其检验检测报告上加盖检验检测专用章，并标注资质认定标志。 **2.《房屋建筑和市政基础设施工程质量检测技术管理规范》GB 50618—2011** 5.5.1 检测项目的检测周期应对外公示，检测工作完成后，应及时出具检测报告。	查阅检测试验报告 检测依据：有效的标准规范、合同及技术文件 检测结论：明确 签章：检测操作人、审核人、批准人已签字，已加盖检测机构公章或检测专用章（多页检测报告加盖骑缝章），并标注相应的资质认定标志 查看：授权签字人及其授权签字领域证书 时间：在检测机构规定时间内出具

续表

条款号	大纲条款	检查依据	检查要点
4.5.4	检测依据正确、有效，检测报告及时、规范	**3.《检验检测机构诚信基本要求》GB/T 31880—2015** 4.3.7 报告证书 …… 检验检测记录、报告、证书不应随意涂改，所有修改应有相关规定和授权。当有必要发布全新的检验检测报告、证书时，应注以唯一标识，并注明所替代的原件。 检验检测机构应采取有效手段识别和保证检验检测报告、证书真实性；应有措施保证任何人员不得施加任何压力改变检验检测的实际数据和结果。 检验检测机构应当按照合同要求，在批准范围内根据检验检测业务类型，出具具有证明作用的数据和结果，在检验检测报告、证书中正确使用获证标识	
5 工程实体质量的监督检查			
5.1 线路复测的监督检查			
5.1.1	转角桩角度、直线桩横线路偏移符合规定	**1.《110kV～750kV架空输电线路施工及验收规范》GB 50233—2014** 4.0.6 复测有下列情况之一时，应查明原因并予以纠正： 1 以两相邻直线桩为基准，其横线路方向偏差大于50mm。 3 转角桩的角度值，用方向法复测时对设计的偏差大于1′30″。 **2.《架空输电线路大跨越工程施工及验收规范》DL 5319—2014** 4.0.5 复测有下列情况之一时，应查明原因并予以纠正： 1 以两相邻直线桩为基准，其横线路方向偏差大于50mm。 3 转角桩的角度值，用方向法复测时与设计的偏差大于1′30″。 **3.《±800kV及以下直流架空输电线路工程施工及验收规程》DL/T 5235—2010** 4.0.3 复测有下列情况之一时，应查明原因并予以纠正： 1 以两相邻直线桩为基准，其横线路方向偏差大于50mm。 3 转角桩的角度值，用方向法复测时与设计的偏差大于1′30″	查阅线路复测文件 数据：完整准确 转角桩角度偏差值：不超过设计值的1′30″ 直线桩横线路偏差：不超过50mm 签字：施工、监理单位人员签字齐全 结论：符合设计要求及规范规定
5.1.2	档距、塔（杆）位高程、被跨越物地形凸起点、风偏危险点与邻近塔位的距离偏差在允许的范围内，测量记录齐全	**1.《110kV～750kV架空输电线路施工及验收规范》GB 50233—2014** 4.0.6 复测有下列情况之一时，应查明原因并予以纠正： 2 杆塔位中心桩或直线桩的桩间距离相对于设计值的偏差大于1%。 4.0.7 测量时应重点复核导线对地距离（含风偏）有可能不够的地形凸起点的标高、杆塔位间被跨越物的标高及相邻杆塔位的相对高差。实测值相对于设计值的偏差不应超过0.5m，超过时应会同设计方查明原因。 A.0.1 最大计算弧垂情况下导线对地面最小距离不应小于表A.0.1的要求。	1. 现场查看 档距偏差：不大于设计档距的1% 杆（塔）位高程、塔位：与被跨越凸起点高差、风偏危险点不超过0.5m

续表

条款号	大纲条款	检查依据	检查要点
5.1.2	档距、塔（杆）位高程、被跨越物地形凸起点、风偏危险点与邻近塔位的距离偏差在允许的范围内，测量记录齐全	**2.《架空输电线路大跨越工程施工及验收规范》DL 5319—2014** 4.0.5 复测有下列情况之一时，应查明原因并予以纠正： 2 顺线路方向两相邻塔位中心桩间的距离与设计值的偏差大于设计档距的1%。 4.0.6 应重点复核导线对地距离（含风偏）有可能不够的地形凸起点的标高、塔位间被跨越物的标高和相邻塔位的相对标高。实测值与设计值相比的偏差不应超过0.5m，超过时应查明原因并予以纠正。 **3.《±800kV及以下直流架空输电线路工程施工及验收规程》DL/T 5235—2010** 4.0.3 复测有下列情况之一时，应查明原因并予以纠正： 2 顺线路方向两相邻塔位中心桩间的距离与设计值的偏差大于设计档距的1%。 4.0.4 以下标高应重点复核： 1 导地线对地距离（含风偏）有可能不够的地形凸起点的标高。 2 塔位间被跨越物和被穿越物的标高。 3 相邻塔位的相对标高。 实测值与设计值相比的偏差不应超过500mm，超过时应查明原因并予以纠正	2. 查阅线路复测文件 数据：完整准确 档距、塔（杆）位高程、被跨越物地形凸起点、风偏危险点与邻近塔位的距离偏差值：在允许的范围内 签字：施工、监理单位人员签字齐全 结论：符合设计要求及规范规定
5.1.3	各类测量桩（点）保护完好，标识醒目	**1.《110kV～750kV架空输电线路施工及验收规范》GB 50233—2014** 4.0.8 设计交桩后丢失的杆塔位中心桩应按设计数据予以补桩，…… 4.0.10 分坑时应根据杆塔位中心桩的位置设置用于质量控制及施工测量的辅助桩。对于施工中不便于保留的杆塔位中心桩，应在基础外围设置辅助桩，并保留原始记录。 **2.《架空输电线路大跨越工程施工及验收规范》DL 5319—2014** 4.0.7 设计单位对测量定位后的大跨越耐张段内的塔位中心桩、重要的方向桩，应采取保护措施，防止丢失和移动。对丢失的塔位中心桩，工程施工前应由设计进行补钉。 4.0.9 分坑时应根据杆塔位中心桩的位置钉出必要的、作为施工及质量控制的辅助桩，其测量精度应能满足规范对施工精度的要求。施工中保留不住塔位中心桩时，应钉立可靠的辅助桩并对其位置做记录，以便恢复该中心桩。 **3.《±800kV及以下直流架空输电线路工程施工及验收规程》DL/T 5235—2010** 4.0.5 设计交桩后个别丢失的塔位中心桩，应按设计数据进行补钉，其测量相对偏差，同向不大于1/200，对向不大于1/150。 4.0.6 分坑时应根据杆塔位中心桩的位置钉出必要的、作为施工及质量控制的辅助桩，其测量精度应能满足规范对施工精度的要求。施工中保留不住塔位中心桩时，必须钉立可靠的辅助桩并对其位置做记录，以便恢复该中心桩	现场查看控制桩 保护：完好 标识：醒目

续表

<table>
<tr><th>条款号</th><th>大纲条款</th><th>检查依据</th><th>检查要点</th></tr>
<tr><td colspan="4">5.2　现场浇筑基础的监督检查</td></tr>
<tr><td>5.2.1</td><td>混凝土施工方案已审批</td><td>1.《110kV～750kV 架空输电线路施工及验收规范》GB 50233—2014
1.0.4　架空输电线路工程施工前应有经审批的施工组织设计文件和配套的施工方案等技术文件。
2.《大体积混凝土施工规范》GB 50496—2018
3.0.1　大体积混凝土施工应编制施工组织设计或施工技术方案，并应有环境保护和安全施工的技术措施。
3.《钢管混凝土工程施工质量验收规范》GB 50628—2010
3.0.3　钢管混凝土施工前，施工单位应编制专项施工方案，并经监理（建设）单位确认。当冬期、雨期、高温施工时，应制定季节性施工技术措施。
4.《混凝土结构工程施工规范》GB 50666—2011
3.1.5　施工单位应根据设计文件和施工组织设计的要求制订具体的施工方案，并应经监理单位审核批准后组织实施。
3.2.3　混凝土结构工程施工中采用的新技术、新工艺、新材料、新设备，应按有关规定进行评审、备案。施工前应对新的或首次采用的施工工艺进行评价，制定专门的施工方案，并经监理单位核准。
6.1.1　预应力工程应编制专项施工方案。必要时，施工单位应根据设计文件进行深化设计。
9.1.1　装配式结构工程应编制专项施工方案。必要时，专业施工单位应根据设计文件进行深化设计。
5.《电力建设施工技术规范　第1部分：土建结构工程》DL 5190.1—2012
3.0.1　工程施工前，应按设计图纸，结合具体情况和施工组织设计的要求编制施工方案，并经批准后方可施工。
3.0.6　施工单位应当在危险性较大的分部、分项工程施工前编制专项方案；对于超过一定规模和危险性较大的深基坑工程、模板工程及支撑体系、起重吊装及安装拆卸工程、脚手架工程和拆除、爆破工程等，施工单位应当组织专家对专项方案进行论证。
4.4.11　混凝土浇筑前应制定施工方案，并按混凝土坍落度损失情况、初凝时间以及搅拌运输能力，选定浇筑顺序和布料点，防止出现“冷缝”。
……
e）施工方案及作业指导书。
6.《输变电工程项目质量管理规程》DL／T 1362—2014
9.1.6　施工单位应规范施工管理和作业人员行为，应按照设计要求、技术标准和经批准的施工方案组织施工，应组织施工质量控制、检查、检验工作并形成记录。</td><td>查阅《混凝土施工方案》及报审表
方案内部审批：已由施工项目技术负责人审批
方案内容：施工方法、工艺流程合理，内容具有针对性和可操作性
报审表：已通过总监理工程师审批</td></tr>
</table>

续表

条款号	大纲条款	检查依据	检查要点
5.2.1	混凝土施工方案已审批	9.2.2 工程开工前，施工单位应根据施工质量管理策划编制质量管理文件，并应报监理单位审核、建设单位批准。质量管理文件应包括下列内容： e）施工方案及作业指导书。 **7.《混凝土泵送施工技术规程》JGJ/T 10—2011** 1.0.3 混凝土泵送施工应编制施工方案，前项工序验收合格方可进行混凝土泵送施工	
5.2.2	钢筋、水泥、砂、石、粉煤灰、外加剂、拌合用水及焊材、焊剂等原材料性能证明文件齐全；现场见证取样检验合格，报告齐全	**1.《钢筋混凝土用钢 第1部分：热轧光圆钢筋》GB 1499.1—2017** 9.3.2.1 钢筋应按批进行检查和验收，每批由同一牌号、同一炉罐号、同一尺寸的钢筋组成。每批重量通常不大于60t。超过60t的部分，每增加40t（或不足40t的余数），增加一个拉伸试验试样和一个弯曲试验试样。 **2.《钢筋混凝土用钢 第2部分：热轧带肋钢筋》GB/T 1499.2—2018** 9.3.2.1 钢筋应按批进行检查和验收，每一批由同一牌号、同一炉罐号、同一规格的钢筋组成。每批重量通常不大于60t，超过60t的部分，每增加40t（或不足40t的余数），增加一个拉伸试验试样和一个弯曲试验试样。 9.3.2.2 允许由同一牌号、同一冶炼方法、同一浇注方法的不同炉罐号组成混合批，但各炉罐号含碳量之差不大于0.02%，含锰量之差不大于0.15%。混合批的重量不大于60t。 **3.《混凝土外加剂应用技术规范》GB 50119—2013** 3.1.4 含有强电解质无机盐的早强型普通减水剂剂、早强剂、防冻剂和防水剂，严禁用于下列混凝土结构： 1 与镀锌钢材或铝铁相接处部位的混凝土结构； 2 有外露钢筋预埋铁件而无防护措施的混凝土结构； 3.1.5 含有氯盐的早强型普通减水剂、早强剂、防水剂和氯盐类防冻剂，严禁用于预应力混凝土、钢筋混凝土和钢纤维混凝土结构。 3.3.1 外加剂进场时，供方应向需方提供下列质量证明文件： 1 型式检验报告； 2 出厂检验报告与合格证； 3 产品说明书。 4.3.2 普通减水剂进场检验项目应包括pH值、密度（或细度）、含固量（或含水率）、减水率，早强型普通减水剂还应检验1d抗压强度比，缓凝型普通减水剂还应检验凝结时间差。 5.3.2 高效减水剂进场检验项目应包括pH值、密度（或细度）、含固量（或含水率）、减水率，缓凝型高效减水剂还应检验凝结时间差。	1.查阅材料的进场报审表 签字：施工单位项目经理、专业监理工程师已签字 盖章：施工单位、监理单位已盖章 结论：同意使用 2.查阅钢筋、水泥、砂、石、粉煤灰、外加剂、焊材、焊剂等的材质证明文件 原材证明：为原件，如为抄件，应加盖经销商公章、抄件人、采购单位的公章，注明进货数量及原件存放处 复检报告：试验参数符合规范规定 报告盖章：已加盖计量认证章、资质章及试验单位章，见证取样时，加盖见证取样章并注明见证人 报告结论：合格

续表

条款号	大纲条款	检查依据	检查要点
5.2.2	钢筋、水泥、砂、石、粉煤灰、外加剂、拌合用水及焊材、焊剂等原材料性能证明文件齐全；现场见证取样检验合格，报告齐全	6.3.2 聚羧酸系高性能减水剂进场检验项目应包括pH值、密度（或细度）、含固量（或含水率）、减水率，早强型聚羧酸系高性能减水剂应测1d抗压强度比，缓凝型聚羧酸系高性能减水剂还应检验凝结时间差。 7.4.2 引气剂及引气减水剂进场时，检验项目应包括pH值、密度（或细度）、含固量（或含水率）、含气量、含气量经时损失，引气减水剂还应检测减水率。 8.3.2 早强剂进场检验项目应包括密度（或细度）、含固量（或含水率）、碱含量、氯离子含量和1d抗压强度比。 9.3.2 缓凝剂进场时检验项目应包括密度（或细度）、含固量（或含水率）和混凝土凝结时间差。 10.4.2 泵送剂进场检验项目应包括pH值、密度（或细度）、含固量（或含水率）、减水率和坍落度1h经时变化值。 11.3.2 防冻剂进场检验项目应包括氯离子含量、密度（或细度）、含固量（或含水率）、碱含量和含气量，复合类防冻剂还应检测减水率。 12.3.2 速凝剂进场时检验项目应包括密度（或细度）、水泥净浆初凝和终凝时间。 13.4.2 膨胀剂进场时检验项目应为水中7d限制膨胀率和细度。 **4.《混凝土质量控制标准》GB 50164—2011** 2.1.2 水泥质量主要控制项目应包括凝结时间、安定性、胶砂强度、氧化镁和氯离子含量，碱含量低于0.6%的水泥主要控制项目还应包括碱含量，中、低热硅酸盐水泥或低热矿渣硅酸盐水泥主要控制项目还应包括水化热。 2.2.2 粗骨料质量主要控制项目应包括颗粒级配、针片状颗粒含量、含泥量、泥块含量、压碎值指标和坚固性，用于高强混凝土的粗骨料主要控制项目还应包括岩石抗压强度。 2.3.2 细骨料质量主要控制项目应包括颗粒级配、细度模数、含泥量、泥块含量、坚固性、氯离子含量和有害物质含量；海砂主要控制项目除应包括上述指标外尚应包括贝壳含量；人工砂主要控制项目除应包括上述指标外尚应包括石粉含量和压碎值指标，人工砂主要控制项目可不包括氯离子含量和有害物质含量。 2.4.2 粉煤灰的主要控制项目应包括细度、需水量比、烧失量和三氧化硫含量，C类粉煤灰的主要控制项目还应包括游离氧化钙含量和安定性；粒化高炉矿渣粉的主要控制项目应包括比表面积、活性指数和流动度比；钢渣粉的主要控制项目应包括比表面积、活性指数、流动度比、游离氧化钙含量、三氧化硫含量、氧化镁含量和安定性；磷渣粉的主要控制项目应包括细度、活性指数、流动度比、五氧化二磷含量和安定性；硅灰的主要控制项目应包括比表面积和二氧化硅含量。矿物掺合料的主要控制项目还应包括放射性。	3. 查阅原材料跟踪管理台账 内容：包括钢筋、水泥、等主要原材料的代表数量、进场数量、复检报告编号、使用部位、累计库存等

续表

条款号	大纲条款	检查依据	检查要点
5.2.2	钢筋、水泥、砂、石、粉煤灰、外加剂、拌合用水及焊材、焊剂等原材料性能证明文件齐全；现场见证取样检验合格，报告齐全	2.5.2 外加剂质量主要控制项目应包括掺外加剂混凝土性能和外加剂匀质性两方面，混凝土性能方面的主要控制项目应包括减水率、凝结时间差和抗压强度比，外加剂匀质性方面的主要控制项目应包括 pH 值、氯离子含量和碱含量；引气剂和引气减水剂主要控制项目还应包括含气量；防冻剂主要控制项目还应包括含气量和 50 次冻融强度损失率比；膨胀剂主要控制项目还应包括凝结时间、限制膨胀率和抗压强度。 2.6.2 混凝土用水主要控制项目应包括 pH 值、不溶物含量、可溶物含量、硫酸根离子含量、氯离子含量、水泥凝结时间差和水泥胶砂强度比。当混凝土骨料为碱活性时，主要控制项目还应包括碱含量。 6.2.1 混凝土原材料进场时，供方应按规定批次向需方提供质量证明文件。质量证明文件应包括型式检验报告、出厂检验报告与合格证等，外加剂产品还应提供使用说明书。 6.2.3 水泥应按不同厂家、不同品种和强度等级分批存储，并应采取防潮措施；出现结块的水泥不得用于混凝土工程；水泥出厂超过 3 个月（硫铝酸盐水泥超过 45d），应进行复检，合格者方可使用。 6.2.5 矿物掺合料存储时，应有明显标记，不同矿物掺合料以及水泥不得混杂堆放，应防潮防雨，并应符合有关环境保护的规定；矿物掺合料存储期超过 3 个月时，应进行复检，合格者方可使用。 6.2.6 外加剂的送检样品应与工程大批量进货一致，并应按不同的供货单位、品种和牌号进行标识，单独存放；粉状外加剂应防止受潮结块，如有结块，应进行检验，合格者应经粉碎至全部通过 600μm 筛孔后方可使用；液态外加剂应储存在密闭容器内，并应防晒和防冻，如有沉淀等异常现象，应经检验合格后方可使用。 **5.《混凝土结构工程施工质量验收规范》GB 50204—2015** 3.0.8 混凝土结构工程中采用的材料、构配件、器具及半成品应按进场批次进行检验，属于同一工程项目且同期施工的多个单位工程，对同一厂家生产的同批材料、构配件、器具及半成品，可统一划分检验批进行检验。 5.2.1 钢筋进场时，应按国家现行标准的规定抽取试件作屈服强度、抗拉强度、伸长率、弯曲性能和重量偏差检验，检验结果应符合相应标准的规定。 5.2.2 成型钢筋进场时，应抽取试件作屈服强度、抗拉强度、伸长率和重量偏差检验，检验结果应符合国家现行有关标准的规定。 对由热轧钢筋制成的成型钢筋，当有施工单位或监理单位的代表驻厂监督生产过程，并提供原材料钢筋力学性能第三方检验报告时，可仅进行重量偏差检验。 检查数量：同一厂家、同一钢筋来源的成型钢筋，不超过 30t 为一批，每批中每种钢筋牌号、规格均应至少抽取 1 个钢筋试件，总数不应少于 3 个。	

续表

条款号	大纲条款	检查依据	检查要点
5.2.2	钢筋、水泥、砂、石、粉煤灰、外加剂、拌合用水及焊材、焊剂等原材料性能证明文件齐全；现场见证取样检验合格，报告齐全	5.3.4 盘卷钢筋调直后应进行力学性能和重量偏差检验。 检查数量：同一加工设备、同一牌号、同一规格的调直钢筋，重量不大于30t为一批，每批见证取样抽取3个试件。 7.2.1 水泥进场时应对其品种、代号、强度等级、包装或散装仓号、出厂日期等进行检查，并应对水泥的强度、安定性和凝结时间进行检验，检验结果应符合现行国家标准《通用硅酸盐水泥》GB 175等的相关规定。 检查数量：按同一厂家、同一品种、同一代号、同一强度等级、同一批号且连续进场的水泥，袋装不超过200t为一批，散装不超过500t为一批，每批抽样数量不应少于一次。 7.2.2 混凝土外加剂进场时，应对其品种、性能、出厂日期等进行检查，并应对外加剂的相关性能指标进行检验，检验结果应符合现行国家标准《混凝土外加剂》GB 8076和《混凝土外加剂应用技术规范》GB 50119的规定。 检查数量：按同一生产厂家、同一品种、同一性能、同一批号且连续进场的混凝土外加剂，不超过50t为一批，每批抽样数量不应少于一次。 7.2.3 混凝土用矿物掺合料进场时，应对其品种、性能、出厂日期等进行检查，并应对矿物掺合料的相关性能指标进行检验，检验结果应符合国家现行有关标准的规定。 检查数量：按同一生产厂家、同一品种、同一批号且连续进场的矿物掺合料，粉煤灰、矿渣粉、磷渣粉、钢铁渣粉和复合矿物掺合料不超过200t为一批，沸石粉不超过120t为一批，硅灰不超过30t为一批，每批抽样数量不应少于一次。 7.2.4 混凝土原材料中的粗骨料、细骨料质量应符合现行行业标准《普通混凝土用砂、石质量及检验方法标准》JGJ 52的规定，使用经净化处理的海砂应符合现行行业标准《海砂混凝土应用技术规范》JGJ 206的规定，再生混凝土骨料应符合现行国家标准《混凝土用再生粗骨料》GB/T 25177和《混凝土和砂浆用再生细骨料》GB/T 25176的规定。 7.2.5 混凝土拌制及养护用水应符合现行行业标准《混凝土用水标准》JGJ 63的规定。采用饮用水作为混凝土用水时，可不检验；采用中水、搅拌站清洗水、施工现场循环水等其他水源时，应对其成分进行检验。 7.3.1 预拌混凝土进场时，其质量应符合现行国家标准《预拌混凝土》GB/T 14902的规定。 检验方法：检查质量证明文件（开盘鉴定、混凝土配合比通知单、混凝土质量合格证、强度检验报告、混凝土运输单依据合同规定的其他资料。预拌混凝土所用水、骨料、掺合料等均应参照本规范的有关规定进行检验，其检验报告在预拌混凝土进场时可不提供，但应在生产企业存档保存，以便需要时查阅使用）。	

续表

<table>
<tr><th>条款号</th><th>大纲条款</th><th>检查依据</th><th>检查要点</th></tr>
<tr><td>5.2.2</td><td>钢筋、水泥、砂、石、粉煤灰、外加剂、拌合用水及焊材、焊剂等原材料性能证明文件齐全；现场见证取样检验合格，报告齐全</td><td>6.《建筑防腐蚀工程施工规范》GB 50212—2014
1.0.3 进入现场的建筑防腐蚀材料应有产品质量合格证、质量技术指标及检测方法和质量检验报告或技术鉴定文件。
7.《大体积混凝土施工规范》GB 50496—2018
4.2.1 水泥选择及其质量，应符合下列规定：
1 水泥应符合现行国家标准《通用硅酸盐水泥》GB 175 的有关规定，当采用其他品种时，其性能指标应符合国家现行有关标准的规定；
2 应选用水化热低的通用硅酸盐水泥，3d 水化热不宜大于 250kJ/kg，7d 水化热不宜大于 280kJ/kg；当选用 52.5 强度等级水泥时，7d 水化热宜小于 300kJ/kg；
3 水泥在搅拌站的入机温度不宜高于 60℃。
4.2.2 用于大体积混凝土的水泥进场时应检查水泥品种、代号、强度等级、包装或散装编号、出厂日期等，并应对水泥的强度、安定性、凝结时间、水化热进行检验，检验结果应符合现行国家标准《通用硅酸盐水泥》GB 17 的相关规定。
4.2.3 骨料选择，除应符合现行行业标准《普通混凝土用砂、石质量及检验方法标准》JGJ 52 的有关规定外，尚应符合下列规定：
1 细骨料宜采用中砂，细度模数宜大于 2.3，含泥量不应大于 3%；
2 粗骨料粒径宜为 5.0mm～31.5mm，并应连续级配，含泥量不应大于 1%；
3 应选用非碱活性的粗骨料；
4 当采用非泵送施工时，粗骨料的粒径可适当增大。
4.2.4 粉煤灰和粒化高炉矿渣粉，质量应符合现行国家标准《用于水泥和混凝土中的粉煤灰》GB/T 1596 和《用于水泥、砂浆和混凝土中的粒化高炉矿渣粉》GB/T 18046 的有关规定。
4.2.5 外加剂质量及应用技术，应符合现行国家标准《混凝土外加剂》GB 8076 和《混凝土外加剂应用技术规范》GB 50119 的有关规定。
4.2.6 外加剂的选择除应满足本标准第 4.2.5 条的规定外，尚应符合下列规定：
1 外加剂的品种、掺量应根据材料试验确定；
2 宜提供外加剂对硬化混凝土收缩等性能的影响系数；
3 耐久性要求较高或寒冷地区的大体积混凝土，宜采用引气剂或引气减水剂。
4.2.7 混凝土拌合用水质量符合现行行业标准《混凝土用水标准》JGJ 63 的有关规定。
8.《混凝土结构工程施工规范》GB 50666—2011
5.5.1 钢筋进场检查应符合下列规定：
1 应检查钢筋的质量证明文件；</td><td></td></tr>
</table>

续表

条款号	大纲条款	检查依据	检查要点
5.2.2	钢筋、水泥、砂、石、粉煤灰、外加剂、拌合用水及焊材、焊剂等原材料性能证明文件齐全；现场见证取样检验合格，报告齐全	2 应按国家现行有关标准的规定抽样检验屈服强度、抗拉强度、伸长率、弯曲性能及单位长度重量偏差； 3 经产品认证符合要求的钢筋，其检验批量可扩大一倍。在同一工程中，同一厂家、同一牌号、同一规格的钢筋连续三次进场检验均一次合格时，其后的检验批量可扩大一倍； 4 钢筋的外观质量； 5 当无法准确判断钢筋品种、牌号时，应增加化学成分、晶粒度等检验项目。 5.5.2 成型钢筋进场时，应检查成型钢筋的质量证明文件，成型钢筋所用材料质量证明文件及检验报告并应抽样检验成型钢筋的屈服强度、抗拉强度、伸长率和重量偏差。检验批量可由合同约定，同一工程、同一原材料来源、同一组生产设备生产的成型钢筋，检验批量不宜大于30t。 5.2.3 钢筋调直后，应检查力学性能和单位长度重量偏差。但采用无延伸功能机械设备调直的钢筋，可不进行本条规定的检查。 6.6.1 预应力工程材料进场检查应符合下列规定： 1 应检查规格、外观、尺寸及其质量证明文件； 2 应按现行国家有关标准的规定进行力学性能的抽样检验； 3 经产品认证符合要求的产品，其检验批量可扩大一倍。在同一工程、同一厂家、同一品种、同一规格的产品连续三次进场检验均一次检验合格时，其后的检验批量可扩大一倍。 7.2.10 未经处理的海水严禁用于混凝土结构和预应力混凝土结构中混凝土的拌制和养护。 7.6.1 原材料进场时，供方应对进场材料按材料进场验收所划分的检验批提供相应的质量证明文件，外加剂产品尚应提供使用说明书。当能确认连续进场的材料为同一厂家的同批出厂材料时，可按出厂的检验批提供质量证明文件。 7.6.2 原材料进场时，应对材料外观、规格、等级、生产日期等进行检查，并应对其主要技术指标按本规范第7.6.3条的规定划分检验批进行抽样检验，每个检验批检验不得少于1次。 经产品认证符合要求的水泥、外加剂，其检验批量可扩大一倍。在同一工程中，同一厂家、同一品种、同一规格的水泥、外加剂，连续三次进场检验均一次合格时，其后的检验批量可扩大一倍。 7.6.3 原材料进场质量检查应符合下列规定： 1 应对水泥的强度、安定性及凝结时间进行检验。同一生产厂家、同一等级、同一品种、同一批号连续进场的水泥，袋装水泥不超过200t应为一批，散装水泥不超过500t为一批。	

续表

条款号	大纲条款	检查依据	检查要点
5.2.2	钢筋、水泥、砂、石、粉煤灰、外加剂、拌合用水及焊材、焊剂等原材料性能证明文件齐全；现场见证取样检验合格，报告齐全	2 应对粗骨料的颗粒级配、含泥量、泥块含量、针片状含量指标进行检验，压碎指标可根据工程需要进行检验，应对细骨料颗粒级配、含泥量、泥块含量指标进行检验。当设计文件在要求或结构处于易发生碱骨料反应环境中，应对骨料进行碱活性检验。抗冻等级 F100 及以上的混凝土用骨料，应进行坚固性检验，骨料不超过 $400m^3$ 或 600t 为一检验批。 3 应对矿物掺合料细度（比表面积）、需水量比（流动度比）、活性指数（抗压强度比）、烧失量指标进行检验。粉煤灰、矿渣粉、沸石粉不超过 200t 应为一检验批，硅灰不超过 30t 应为一检验批。 4 应按外加剂产品标准规定对其主要匀质性指标和掺外加剂混凝土性能指标进行检验。同一品种外加剂不超过 50t 应为一检验批。 5 当采用饮用水作为混凝土用水时，可不检验。当采用中水、搅拌站清洗水或施工现场循环水等其他水源时，应对其成分进行检验。 7.6.4 当使用中水泥质量受不利环境影响或水泥出厂超过三个月（快硬硅酸盐水泥超过一个月）时，应进行复验，并应按复验结果使用。 7.6.7 采用预拌混凝土时，供方应提供混凝土配合比通知单、混凝土抗压强度报告、混凝土质量合格证和混凝土运输单；当需要其他资料时，供需双方应在合同中明确约定。 **9.《混凝土外加剂》GB 8076—2008** 8.3 产品出厂 凡有下列情况之一者，不得出厂：技术文件（产品说明书、合格证、检验报告等）不全、包装不符、质量不足、产品受潮变质，以及超过有效期限。产品匀质性指标的控制值应在相关的技术资料中明示。 生产厂随货提供技术文件的内容应包括：产品名称及型号、出厂日期、特性及主要成分、适用范围及推荐掺量、外加剂总碱量、氯离子含量、安全防护提示、储存条件及有效期等。 **10.《用于水泥和混凝土中的粉煤灰》GB/T 1596—2017** 8.1 粉煤灰出厂前按同种类、同等级编号和取样。散装粉煤灰和袋装粉煤灰应分别进行编号和取样。不超过 500t 为一编号，每一编号为一取样单位。当散装粉煤灰运输工具的容量超过该厂规定出厂编号吨数时，允许该编号的数量超过取样规定吨数。 **11.《混凝土防腐阻锈剂》GB/T 31296—2014** 9.1 产品出厂 生产厂随货提供技术文件的内容应包括：产品说明书、产品合格证、检验报告。	

续表

条款号	大纲条款	检查依据	检查要点
5.2.2	钢筋、水泥、砂、石、粉煤灰、外加剂、拌合用水及焊材、焊剂等原材料性能证明文件齐全；现场见证取样检验合格，报告齐全	**12.《建设工程监理规范》GB/T 50319—2013** 5.2.9 项目监理机构应审查施工单位报送的用于工程的材料、构配件、设备的质量证明文件，并应按有关规定、建设工程监理合同的约定，对用于建设工程的材料进行见证取样，平行检验。 项目监理机构对已进场经检验不合格的材料、构配件、设备，应要求施工单位限期将其撤出施工现场。 **13.《电力建设施工技术规范　第1部分：土建结构工程》DL 5190.1—2012** 3.0.2 工程所用主要原材料、半成品、构（配）件、设备等产品，进入施工现场时应按规定进行现场检验或复验，合格后方可使用，有见证取样检测要求的应符合国家现行有关标准的规定。对工程所用的水泥、钢筋等主要材料应进行跟踪管理。 4.3.1 钢筋进场应有产品合格证、出厂检验报告，并应分类堆放和标示。钢筋进场后应先进行外观检验，合格后再进行现场见证取样，并按《钢筋混凝土用钢　第1部分：热轧光圆钢筋》GB 1499.1和《钢筋混凝土用钢　第2部分：热轧带肋钢筋》GB 1499.2的有关规定进行机械性能与工艺性能检验。 4.4.1 施工准备阶段，应对砂石料货源及材质进行调查。通过试验和优选确定供货货源。每批进货的砂石料，都应按照有关规定进行检验，合格后方可使用。 4.4.3 水泥进场时应对其品种、级别、包装或散装仓号、出厂日期等进行检查，并应对其强度、安定性及其必要的性能指标进行复检，其质量应符合设计要求和《通用硅酸盐水泥》GB 175、《中热硅酸盐水泥　低热硅酸盐水泥　低热矿渣硅酸盐水泥》GB 200的有关规定。 水泥出厂超过3个月（快硬硅酸盐水泥超过1个月）时，应进行复验，并按复验结果使用。 **14.《架空输电线路大跨越工程施工及验收规范》DL 5319—2014** 3.0.1 工程使用的原材料及器材必须有该批产品出厂质量检验合格证书。 3.0.2 工程使用的原材料及器材应有符合国家现行标准的各项质量检验资料。当对产品检验结果有怀疑时，应重新按规定抽样并经有资格的检验单位检验，合格后方可采用。 3.0.5 工程所使用的碎石、卵石应符合《建设用卵石、碎石》GB/T 14685的有关规定，现场浇筑混凝土基础及防护设施所使用的碎石、卵石尚应符合《普通混凝土用砂、石质量及检验方法标准》JGJ 52的有关规定。 3.0.6 工程所使用的砂应符合下列规定： 1 应符合《建设用砂》GB/T 14684的有关规定，预制混凝土构件、现场浇筑混凝土基础使用的砂尚应符合现行行业标准《普通混凝土用砂、石质量及检验方法标准》JGJ 52的有关规定。 2 特殊地区可按该地区的标准执行。	

续表

条款号	大纲条款	检查依据	检查要点
5.2.2	钢筋、水泥、砂、石、粉煤灰、外加剂、拌合用水及焊材、焊剂等原材料性能证明文件齐全；现场见证取样检验合格，报告齐全	3 不得使用海砂。 3.0.7 砂、石等原材料进场时应抽样检查，并经有相应资格的检验单位检验，合格后方可采用。 3.0.8 水泥应符合下列要求： 1 应符合《通用硅酸盐水泥》GB 175 的有关规定，当采用其他品种时，其性能指标应符合国家现行有关标准的规定。水泥应注明出厂日期，当水泥出厂超过 3 个月，或未超过 3 个月但是保管不善时，不得在大跨越工程中使用。 3 当混凝土有抗渗指标要求时，所用水泥的铝酸三钙含量不宜大于 8%。 4 大体积混凝土所用水泥应选用中、低热硅酸盐水泥或低热矿渣硅酸盐水泥，水泥质量应符合《中热硅酸盐水泥、低热硅酸盐水泥 低热矿渣硅酸盐水泥》GB 200 的规定，且 3d 的水化热不宜大于 240kJ/kg，7d 的水化热不宜大于 270kJ/kg。 3.0.9 水泥进场时应对水泥品种、强度等级、包装或散装仓号、出厂日期等进行检查，并应对强度、安定性、凝结时间等性能指标及其他必要的性能指标进行复验。 **15.《±800kV 及以下直流架空输电线路工程施工及验收规程》DL/T 5235—2010** 3.0.5 工程使用的原材料及器材必须符合下列规定： 1 有该批产品出厂质量检验合格证明资料； 2 有符合国家现行标准的各项质量检验资料； 3 对砂石等无质量检验资料的原材料应经抽样并交有检验资格的单位检验，合格后方可采用； 4 对产品检验结果有怀疑时应重新抽样并经有资质的检验单位检验，合格后方可采用。 3.0.7 浇制混凝土基础及防护设施所使用的碎石、卵石应符合 JGJ 52 的有关规定。 3.0.8 浇制混凝土用砂应符合下列规定： 1 浇制混凝土基础及防护设施所使用的砂应符合 JGJ 52 的有关规定。特殊地区可按该地区的标准执行。 2 不得使用海砂。 3.0.9 水泥必须采用符合 GB 175 等相应国标的产品，其品种与强度等级应符合设计要求，水泥应标明出厂日期，当水泥出厂超过 3 个月，或虽未超过 3 个月但是保管不善时，必须补做强度等级试验，并应按试验后的实际强度等级使用。 3.0.10 混凝土浇制用水应符合下列规定： 1 浇制混凝土用水宜使用可饮用水，无饮用水时也可用清洁的河溪水或池塘水。除设计有特殊要求外，可只进行外观检查不做化验，水中不得含有油脂，其上游亦无有害化合物流入，有怀疑时应进行化验。	

续表

条款号	大纲条款	检查依据	检查要点
5.2.2	钢筋、水泥、砂、石、粉煤灰、外加剂、拌合用水及焊材、焊剂等原材料性能证明文件齐全；现场见证取样检验合格，报告齐全	2 不得使用海水。 **16.《混凝土结构成型钢筋应用技术规程》JGJ 366—2015** 3.1.1 加工配送企业……收集存档的质量验收资料应包括下列文件： 1 钢筋质量证明文件； 2 钢筋提供单位资质复印件； 3 钢筋力学性能和重量偏差复检报告； 4 成型钢筋配料单； 5 成型钢筋交货验收单； 6 成型钢筋加工质量检查记录单； 7 成型钢筋出厂合格证和出厂检验报告； 8 机械接头提供企业的有效型式检验报告； 9 机械接头现场工艺检验报告	
5.2.3	长期处于潮湿环境的重要混凝土结构用砂、石碱活性检验合格	**1.《混凝土结构设计规范（2015年版）》GB 50010—2010** 3.5.3 设计使用年限为50年的混凝土结构，其混凝土材料宜符合表3.5.3的规定。 3.5.5 一类环境中，设计使用年限为100年的结构应符合下列规定： 3 宜使用非碱活性骨料，当使用碱活性骨料时，混凝土中的最大碱含量为3.0kg/m^3。 **2.《大体积混凝土施工规范》GB 50496—2018** 4.2.3 骨料选择，除应符合现行行业标准《普通混凝土用砂、石质量检验方法标准》JGJ 52的有关规定外，还应符合下列规定： 3 应选用非碱活性的粗骨料…… **3.《普通混凝土用砂、石质量检验方法标准》JGJ 52—2006** 1.0.3 对于长期处于潮湿环境的重要混凝土结构所用的砂、石，应进行碱活性检验。 3.2.8 对于长期处于潮湿环境的重要结构混凝土，其所使用的碎石或卵石，应进行碱活性检验。 进行碱活性检验时，首先应采用岩相法检验碱活性骨料的品种、类型和数量。当检验出骨料中含有活性二氧化硅时，应采用快速砂浆棒法和砂浆长度法进行碱活性检验；当检验出骨料中含有活性碳酸盐时，应采用岩石柱法进行碱活性检验。 经上述检验，当判定骨料存在潜在碱-碳酸盐反应危害时，不宜用作混凝土骨料；否则，应通过专门的混凝土试验，做最后评定。 当判定骨料存在潜在碱硅反应危害时，应控制混凝土中的碱含量不超过3kg/m^3，或采用能抑制碱-骨料反应的有效措施。	查阅砂、石碱含量检测报告 检测结果：非碱活性骨料，对混凝土中的碱含量不做限制；对于碱活性骨料，限制混凝土中的碱含量不超过3kg/m^3，或已采用能抑制碱-骨料反应的有效措施 大体积混凝土：已选用非碱活性的骨料 对于一类环境中设计年限为100年的结构混凝土：已选用非碱活性的骨料 清水混凝土：已选用非碱活性的骨料 签字：责任人已签字 盖章：已加盖计量认证章、资质章和试验专用章，见证取样的检验报告见证人员和见证取样章 结论：合格

续表

条款号	大纲条款	检查依据	检查要点
5.2.3	长期处于潮湿环境的重要混凝土结构用砂、石碱活性检验合格	**4.《建筑桩基技术规范》JGJ 94—2008** 3.5.2 二类和三类环境中，设计使用年限为50年的桩基结构混凝土耐久性应符合表3.5.2的规定	
5.2.4	用于配制钢筋混凝土的海砂氯离子含量检验合格	**1.《混凝土质量控制标准》GB 50164—2011** 2.3.3 细骨料的应用应符合下列规定： 4 钢筋混凝土和预应力混凝土用砂的氯离子含量分别不应大于0.06%和0.02%。 5 混凝土用海砂应经过净化处理。 6 混凝土用海砂氯离子含量不应大于0.03%，贝壳含量应符合表2.3.3-1的规定。海砂不得用于预应力混凝土。 **2.《110kV～750kV架空输电线路施工及验收规范》GB 50233—2014** 3.0.5 工程所使用的砂应符合下列要求： 2 不得使用海砂。 **3.《混凝土结构工程施工规范》GB 50666—2011** 7.2.4 细骨料宜选用级配良好、质地坚硬、颗粒洁净的天然砂或机制砂，并应符合下列规定： 2 混凝土细骨料中氯离子含量，对于钢筋混凝土，按干砂的质量百分率计算不得大于0.06%；对预应力混凝土，按干砂的质量百分率计算不得大于0.02%； **4.《架空输电线路大跨越工程施工及验收规范》DL 5319—2014** 3.0.6 工程所使用的砂应符合下列要求： 3 不得使用海砂。 **5.《±800kV及以下直流架空输电线路工程施工及验收规程》DL/T 5235—2010** 3.0.8 浇制混凝土用砂应符合下列规定： 2 不得使用海砂。 **6.《普通混凝土用砂、石质量及检验方法标准》JGJ 52—2006** 3.1.10 砂中氯离子含量应符合下列规定： 1 对于钢筋混凝土用砂，其氯离子含量不得大于0.06%（以干砂的质量百分率计）； 2 对于预应力混凝土用砂，其氯离子含量不得大于0.02%（以干砂的质量百分率计）	查阅海砂复检报告。 检验项目、试验方法、代表部位、数量、试验结果：符合规范规定 签字：试验员、审核人、批准人已签字 盖章：盖有计量认证章、资质章及试验单位章，见证取样时，有见证取样章并注明见证人 结论：水溶性氯离子含量（%，按质量计）≤0.03，符合设计要求和规范规定

续表

<table>
<tr><th>条款号</th><th>大纲条款</th><th>检 查 依 据</th><th>检查要点</th></tr>
<tr><td rowspan="4">5.2.5</td><td rowspan="4">钢筋焊接工艺试验、机械连接工艺试验合格；连接接头试件截取符合规范，试验合格，报告齐全</td><td rowspan="4">1.《混凝土结构工程施工质量验收规范》GB 50204—2015
5.4.2 钢筋采用机械连接或焊接时，钢筋机械连接接头、焊接接头的力学性能、弯曲性能应符合国家现行相关标准的规定。接头试件应从工程实体中截取。
检查数量：按现行行业标准《钢筋机械连接技术规程》JGJ 107 和《钢筋焊接及验收规程》JGJ 18 的规定确定。
检验方法：检查质量证明文件和抽样检验报告。
2.《混凝土结构工程施工规范》GB 50666—2011
5.4.3 钢筋焊接施工应符合下列规定：
2 在钢筋焊接施工前，参与该项工程施焊的焊工应进行现场条件下的焊接工艺试验，以试验合格后，方可进行焊接。焊接过程中，如果钢筋牌号、直径发生变更，应再次进行焊接工艺试验。工艺试验使用的材料、设备、辅料及作业条件均应与实际施工一致。
5.5.5 钢筋连接施工的质量检查应符合下列规定：
1 钢筋焊接和机械连接施工前均应进行工艺试验。机构连接应检查有效的型式检验报告。
6 应按现行行业标准《钢筋机械连接技术规程》JGJ 107、《钢筋焊接及验收规程》JGJ 18 的有关规定抽取钢筋机械连接接头、焊接接头试件作力学性能检验。
3.《钢筋焊接验收规程》JGJ 18—2012
4.1.3 在钢筋工程焊接开工之前，参与该项工程施焊的焊工必须进行现场条件下的焊接工艺试验，应经试验合格后，方准于焊接生产。
4.《钢筋机械连接技术规程》JGJ 107—2016
5.0.1 下列情况应进行型式检验：
1 确定接头性能等级时；
3 型式检验报告超过 4 年时。
5.0.2 接头型式检验试件应符合下列规定：
1 对每种类型、级别、规格、材料、工艺的钢筋机械连接接头，型式检验试件不应少于 12 个，其中钢筋母材拉伸强度试件不应少于 3 个，单向拉伸试件不应少于 3 个，高应力反复拉压试件不应少于 3 个，大变形反复拉压试件不应少于 3 个；
7.0.2 接头工艺检验应针对不同钢筋生产厂的钢筋进行，施工过程中更换钢筋生产厂或接头技术提供单位时，应补充进行工艺检验。工艺检验应符合下列规定：
1 各种类型和型式接头部位都应进行工艺检验，检验项目包括单向拉伸极限抗拉强度和残余变形；</td><td>1. 查阅焊接工艺试验及质量检验报告
检验项目、试验方法、代表部位、数量、抗拉强度、弯曲试验等试验结果：符合规范规定
签字：试验员、审核人、批准人已签字
盖章：盖有计量认证章、资质章及试验单位章，见证取样时，有见证取样章并注明见证人
结论：符合设计要求和规范规定</td></tr>
<tr><td>2. 查阅焊接工艺试验质量检验报告台账
试验报告数量：与连接接头种类及代表数量相一致</td></tr>
<tr><td>3. 查看焊接接头及试验报告
截取方式：在工程结构中随机截取
试件数量：符合规范要求
试验结果：合格</td></tr>
<tr><td>4. 查阅机械连接工艺报告及质量检验报告
检验项目、试验方法、代表部位、数量、试验结果：符合规范规定
签字：试验员、审核人、批准人已签字
盖章：盖有计量认证章、资质章及试验单位章，见证取样时，有见证取样章并注明见证人
结论：符合设计要求和规范规定</td></tr>
</table>

续表

条款号	大纲条款	检 查 依 据	检查要点
5.2.5	钢筋焊接工艺试验、机械连接工艺试验合格；连接接头试件截取符合规范，试验合格，报告齐全	2 每种规格钢筋接头试件不应少于3根； 3 接头试件测量残余变形后可继续进行极限抗拉强度试验，并宜按本规程表A.1.3中单向拉伸加载制度进行试验； 4 每根试件极限抗拉强度和3根接头试件残余变形的平均值均应符合本规程表3.0.5和表3.0.7的规定； 5 工艺检验不合格时，应进行工艺参数调整，合格后方可按最终确认的工艺参数进行接头批量加工	5. 查阅机械连接工艺试验及质量检验报告台账 试验报告数量：与连接接头种类及代表数量相一致 6. 查看机械连接接头及试验报告 截取方式：在工程结构中随机截取 试件数量：符合规范要求 试验结果：合格 7. 查阅机械连接施工记录 最小拧紧力矩值：符合规范规定 签字：施工单位班组长、质量员、技术负责人、专业监理工程师已签字
5.2.6	钢筋代换已办理设计变更，可追溯	**1.《110kV～750kV 架空输电线路施工及验收规范》GB 50233—2014** 1.0.3 架空输电线路工程应按照批准和经会审的设计文件施工。需要变更设计时，应经原设计单位同意。 **2.《混凝土结构工程施工规范》GB 50666—2011** 5.1.3 当需要进行钢筋代换时，应办理设计变更文件。 6.1.3 当预应力钢筋需要代换时，应进行专门计算，并经原设计单位确认。 **3.《电力建设施工技术规范 第1部分：土建结构工程》DL 5190.1—2012** 5.2.1 钢筋混凝土构件制作 5 钢筋的加工及安装应符合下列规定： 3）钢筋代换时，除按照强度换算外，还应满足构造及锚固要求。对两段构件接头处的钢筋，应保持根数一致，并办理设计变更文件后实施。 **4.《架空输电线路大跨越工程施工及验收规范》DL 5319—2014** 1.0.3 架空输电线路大跨越工程应按照批准的设计文件和经有关方面会审的设计施工图施工。当需要变更设计时，应征得设计单位同意	查阅钢筋代换设计变更和设计变更反馈单 设计变更：已办理设计变更 设计变更反馈单：已执行 签字审批：建设、设计、施工、监理单位已签署意见

续表

条款号	大纲条款	检　查　依　据	检查要点
5.2.7	混凝土强度等级满足设计要求，试验报告齐全	**1.《混凝土结构设计规范（2015年版）》GB 50010—2010** 4.1.1　混凝土强度等级应按立方体抗压强度标准值确定。立方体抗压强度标准值系指按标准方法制作、养护的边长为150mm的立方体试件，在28d或设计规定龄期以标准试验方法测得的具有95%保证率的抗压强度值。 4.1.2　素混凝土结构的混凝土强度等级不应低于C15；钢筋混凝土结构的混凝土强度等级不应低于C20；采用强度等级400MPa及以上的钢筋时，混凝土强度等级不应低于C25。 **2.《工业建筑防腐蚀设计规范》GB 50046—2008** 4.2.3　在腐蚀环境下，设计使用年限为50年的结构混凝土耐久性基本要求应符合表4.2.3的规定。 注：1　预应力混凝土构件最低混凝土强度等级应按表中提高一个等级；最大氯离子含量为胶凝材料用量的0.06%。 2　设计使用年限大于50年时，混凝土耐久性基本要求按国家现行有关标准执行或进行专门研究。 **3.《混凝土结构工程施工质量验收规范》GB 50204—2015** 7.3.4　首次使用的混凝土配合比应进行开盘鉴定，其原材料、强度、凝结时间、稠度应满足设计配合比的要求。 检查数量：同一配合比的混凝土不应少于一次。 检验方法：检查开盘鉴定资料和强度试验报告。 7.4.1　混凝土的强度等级必须满足设计要求。用于检验混凝土强度的试件应在浇筑地点随机抽取。 检查数量：对同一配合比混凝土，取样与时间留置应符合下列规定： 1　每拌制100盘且不超过100m^{3}时，取样不得少于一次； 2　每工作班拌制不足100盘时，取样不得少于一次； 3　连续浇筑超过1000m^{3}时，每200m^{3}取样不得少于一次； 4　每一楼层取样不得少于一次； 5　每次取样应至少留置一组试件。 检验方法：检查施工记录及混凝土强度试验报告。 10.1.2　结构实体混凝土强度应按不同强度等级分别检验，检验方法宜采用同条件养护试件方法；当未取得同条件养护试件或同条件养护试件强度不符合要求时，可采用回弹-取芯法进行检验。	1.查阅混凝土（标准养护及条件养护）试块强度试验报告 代表数量：与实际浇筑的数量相符 强度：符合设计要求 签字：试验员、审核人、批准人已签字 盖章：盖有计量认证章、资质章及试验单位章，见证取样时，加盖见证取样章并注明见证人 2.查阅混凝土开盘鉴定资料 时间：在首次使用的混凝土配合比前 内容：开盘鉴定记录表项目齐全 签字：施工、监理人员已签字

续表

条款号	大纲条款	检查依据	检查要点
5.2.7	混凝土强度等级满足设计要求，试验报告齐全	C.0.2 对同一强度等级的同条件养护试件，其强度等级应除以0.88后按现行国家标准《混凝土强度检验评定标准》GB/T 50107的有关规定进行评定，评定结果符合要求时可判结构实体混凝土强度合格。 **4.《110kV～750kV架空输电线路施工及验收规范》GB 50233—2014** 3.0.8 预拌混凝土配制强度应符合设计要求，其质量应符合现行国家标准《预拌混凝土》GB/T 14902的规定。 6.1.7 基础浇筑前，应按现行行业标准《普通混凝土配合比设计规程》JGJ 55的有关规定对设计混凝土强度等级和现场浇制使用的砂、石、水泥等原材料进行试配，确定混凝土配合比。 6.1.10 基础混凝土强度应以试块强度为依据。试块强度应符合设计要求。 6.2.12 试块应在现场浇筑过程中随机取样制作，并应采用标准养护。当有特殊需要时，应加做同条件养护试块。 6.2.13 试块制作数量应符合下列规定： 1 耐张塔和悬垂转角塔基础每基应取一组； 2 一般线路的悬垂直线塔基础，同一施工队每5基或不满5基应取一组，单基或连续浇筑混凝土量超过100m³时亦应取一组； 3 按大跨越设计的直线塔基础及拉线基础，每腿应取一组，但当基础混凝土量不超过同工程中大转角或终端塔基础时，则每基应取一组； 4 当原材料变化、配合比变更时应另外制作试块。 6.3.10 灌注桩应按设计要求验桩，基础混凝土强度等级应以试块为依据。试块的制作应每桩取一组，承台及连梁试块的制作数量应每基取一组。 6.5.4 混凝土或砂浆的浇灌应符合下列规定： 3 混凝土或砂浆强度检验应以试块为依据，试块制作应每基取一组。 **5.《混凝土结构工程施工规范》GB 50666—2011** 7.3.1 混凝土配合比设计应经试验确定，并应符合下列规定： 1 应在满足混凝土强度、耐久性和工作性要求的前提下，减少水泥和水的用量； 2 当有抗冻、抗渗、抗氯离子侵蚀和化学腐蚀等耐久性要求时，尚应符合现行国家标准《混凝土结构耐久性设计规范》GB/T 50476的有关规定； 3 应分析环境条件对施工及工程结构的影响； 4 试配所用的原材料应与施工实际使用的原材料一致。 7.3.2 混凝土的配制强度应按下列规定确定： 1 当设计强度等级低于C60时，配制强度应按下式确定： $f_{cu,0} \geqslant f_{cu,k}+1.645\sigma$	3. 查阅混凝土强度检验评定记录 评定方法：选用正确 数据：统计、计算准确 签字：计算者、审核者已签字 结论：符合设计要求 4. 查看混凝土搅拌站 计量装置：在周检期内，使用正常 配合比调整：已根据气候和砂、石含水率进行调整 材料堆放：粗细骨料无混仓现象

续表

条款号	大纲条款	检查依据	检查要点
5.2.7	混凝土强度等级满足设计要求，试验报告齐全	式中：$f_{cu,0}$——混凝土的配制强度（MPa）； $f_{cu,k}$——混凝土立方体抗压强度标准值（MPa）； σ——混凝土强度标准差（MPa）。 2　当设计强度等级不低于C60时，配制强度应按下式确定： $$f_{cu,0} \geqslant 1.15 f_{cu,k}$$ 7.3.5　混凝土最大水胶比和最小胶凝材料的用量，应符合现行行业标准《普通混凝土配合比设计规程》JGJ 55的有关规定。 7.3.6　当设计文件对混凝土提出耐久性指标时，应进行相关耐久性试验验证。 7.3.7　大体积混凝土配合比设计，应符合下列规定： 1　在保证混凝土强度及工作性能要求的前提下，应控制水泥用量，宜选用中、低水化热水泥，并宜掺加粉煤灰、矿渣粉； 2　温度控制要求较高的大体积混凝土，其胶凝材料用量、品种等宜通过水化热和绝热温升试验确定； 7.3.10　遇有下列情况时，应重新进行配合比设计： 1　当混凝土性能指标有变化或有其他特殊要求时； 2　当原材料品质发生显著变化时； 3　同一配合比的混凝土生产间断三个月以上时。 **6.《普通混凝土力学性能试验方法》GB/T 50081—2002** 5.2.4　标准养护龄期为28d（从搅拌加水开始）。 8.0.5　立方体抗压强度试验结果计算及确定按下列方法进行： 2　强度值的确定应符合下列规定： 1）三个试件测值的算术平均值作为该组试件的强度值（精确至0.1MPa）； 2）三个测值中的最大值或最小值中如有一个与中间值的差值超过中间值的15%时，则把最大及最小值一并舍除取中间值作为该组试件的抗压强度值； 3）如最大值和最小值与中间值的差均超过中间值的15%时，则该组试件的试验结果无效。 3　混凝土强度等级小于C60时，用非标准试件测得的强度值均应乘以尺寸换算系数，其值为对200mm×200mm×200mm试件为1.05；对100mm×100mm×100mm试件为0.95。当混凝土强度等级不小于C60时，宜采用标准试件；使用非标准试件时，尺寸换算系数应由试验确定。	5. 查看混凝土浇筑现场 坍落度：监理人员已按要求检测 试块制作、留置地点、方法及数量：符合规范要求 养护：方法、时间符合规程要求

续表

条款号	大纲条款	检查依据	检查要点
5.2.7	混凝土强度等级满足设计要求，试验报告齐全	**7.《混凝土强度检验评定标准》GB/T 50107—2010** 4.3.1 混凝土试件的立方体抗压强度试验应根据现行国家标准《普通混凝土力学性能试验方法》GB/T 50081的规定执行。每组混凝土试件强度代表值的确定，应符合下列规定： 1 取3个试件强度的算术平均值作为每组试件的强度代表值； 2 当一组试件中强度的最大值或最小值与中间值之差超过中间值的15%时，取中间值作为该组试件的强度代表值； 3 当一组试件中强度的最大值和最小值与中间值之差均超过中间值的15%时，该组试件的强度不应作为评定的依据。 注：对掺矿物掺合料的混凝土进行强度评定时，可根据设计规定，可采用大于28d龄期的混凝土强度。 4.3.2 当采用非标准尺寸试件时，应将其抗压强度乘以尺寸折算系数，折算成边长为150mm的标准尺寸试件抗压强度。尺寸折算系数按下列规定采用： 1 当混凝土强度等级低于C60时，对边长为100mm的立方体试件取0.95，对边长为200mm的立方体试件取1.05； 2 当混凝土强度等级不低于C60时，宜采用标准尺寸试件；使用非标准尺寸试件时，尺寸折算系数应由试验确定，其试件组数不应少于30对组。 5.1.1 采用统计方法评定时，应按下列规定进行 1 当连续生产的混凝土，生产条件在较长时间内保持一致，且同一品种、同一强度等级混凝土的强度变异性保持稳定时，应按本标准第5.1.2条的规定进行评定。 2 其他情况按本标准第5.1.3条的规定进行评定。 5.1.2 一个检验批的样本容量应为连续的3组试件，其强度等级同时符合下列规定： $m_{f_{cu}} \geqslant f_{cu,k} + 0.7\sigma_0$ $f_{cu,min} \geqslant f_{cu,k} - 0.7\sigma_0$ 当混凝土强度等级不高于C20时，其强度的最小值尚应满足下式要求： $f_{cu,min} \geqslant 0.85 f_{cu,k}$ 当混凝土强度等级高于C20时，其强度的最小值尚应满足下列要求： $f_{cu,min} \geqslant 0.9 f_{cu,k}$ 5.1.3 当样本容量不少于10组时，其强度应同时满足下列要求： $m_{f_{cu}} \geqslant f_{cu,k} + \lambda_1 \cdot S_{f_{cu}}$ $f_{cu,min} \geqslant \lambda_2 \cdot f_{cu,k}$ 5.2.1 当用于评定的样本容量小于10组时，应采用非统计方法评定混凝土强度。 5.2.2 按非统计方法评定混凝土强度时，其强度应同时符合下列规定：	

续表

<table>
<tr><th>条款号</th><th>大纲条款</th><th>检查依据</th><th>检查要点</th></tr>
<tr><td>5.2.7</td><td>混凝土强度等级满足设计要求，试验报告齐全</td><td>$m_{f_{cu}} \geq \lambda_3 \cdot f_{cu,k}$
$f_{cu,min} \geq \lambda_4 \cdot f_{cu,k}$
8.《电力建设施工技术规范　第1部分：土建结构工程》DL 5190.1—2012
4.4.5　混凝土应按《普通混凝土配合比设计规程》JGJ 55的有关规定进行配合比设计。混凝土配合比应根据施工操作条件、坍落度、原材料的变化以及实际试块强度做定性分析，进行合理调整。
9.《架空输电线路大跨越工程施工及验收规范》DL 5319—2014
3.0.10　预拌混凝土其配制强度应符合设计要求，质量应符合《预拌混凝土》GB/T 14902规定。
6.1.9　基础浇筑前，应按设计混凝土强度等级和现场浇制使用的砂、石、水泥等原材料，根据《普通混凝土配合比设计规程》JGJ 55进行试配来确定混凝土配合比，混凝土配合比的试配应由具备相应资质的试验单位进行。
6.1.12　混凝土试块应在现场浇制过程中随机取样制作，并应采用标准养护。当有特殊需要时，加做同条件养护试块。混凝土试块强度的试验应由具备相应资质的试验单位进行。
6.1.13　混凝土试块的制作数量应符合下列规定：
1　跨越塔基础，每腿应取一组。
2　锚塔基础，每基应取一组。
3　现浇桩基础，每桩应取一组。
4　每次连续浇筑超过100m³时，每增加100m³应加取一组；每次连续浇筑超过1000m³时，每增加200m³应加取一组。
5　当原材料变化、配合比变更时应另外制作。
6.2.14　现场浇筑混凝土强度应以试块强度为依据，试块强度应符合设计要求。
6.4.4　混凝土或砂浆的浇灌应符合下列规定：
3　对浇灌混凝土或砂浆强度检验应以试块为依据，试块的制作应每基础腿取一组。
10.《架空输电线路基础设计技术规程》DL/T 5219—2014
9.2.1　桩身、承台及连梁的混凝土强度等级不应低于C25。
9.2.2　微型桩桩身混凝土强度等级应不低于C15，……
11.《±800kV及以下直流架空输电线路工程施工及验收规程》DL/T 5235—2010
3.0.13　外购预拌混凝土其配制强度应符合设计规定，其质量应符合GB/T 14902的要求。
6.1.5　基础浇制前，应按设计规定的混凝土强度等级和现场浇制使用的砂、石、水泥等原材料，根据JGJ 55的规定进行，并经试配调整确定混凝土配合比。
6.2.8　场浇筑混凝土强度应以试块强度为依据，试块强度应符合设计要求。</td><td></td></tr>
</table>

续表

条款号	大纲条款	检 查 依 据	检查要点
5.2.7	混凝土强度等级满足设计要求，试验报告齐全	6.2.9 试块应在现场浇制过程中随机取样制作，其养护条件应与基础基本相同。同条件养护的试件应在达到等效养护龄期时进行强度试验。 6.2.10 试块制作数量应符合下列规定： 1 转角、耐张、终端及直线转角塔基础每基取一组。 2 一般直线塔基础，同一施工队每5基或不满5基应取一组，单基或连续浇筑混凝土量超过 $100m^3$ 时亦应取一组。 3 按大跨越设计的铁塔基础，每腿应取一组。 4 当原材料变化、配合比变更时应另外制作试块。 5 当需要作其他强度鉴定时，外加试块的组数由各工程自定。 6.3.10 灌注桩基础混凝土强度检验应以试块为依据。试块的制作应每桩取一组，承台及连梁试块的制作应每基一组。 6.4.4 混凝土或砂浆的浇灌应符合下列规定： 3 对浇灌混凝土或砂浆强度检验应以试块为依据，试块的制作应每基取一组。 **12.《普通混凝土配合比设计规程》JGJ 55—2011** 4.0.1 混凝土配制强度应按下列规定确定： 1 当混凝土的设计强度等级小于C60时，配制强度应按下式确定： $$f_{cu,0} \geqslant f_{cu,k} + 1.645\sigma$$ 式中：$f_{cu,0}$——混凝土配制强度（MPa）； $f_{cu,k}$——混凝土立方体抗压强度标准值，这里取混凝土的设计强度等级值（MPa）； σ——混凝土强度标准差（MPa）。 2 当设计强度等级不小于C60时，配制强度应按下式确定： $$f_{cu,0} \geqslant 1.15 f_{cu,k}$$ **13.《建筑桩基技术规范》JGJ 94—2008** 4.1.2 桩身混凝土及混凝土保护层厚度应符合下列要求： 1 桩身混凝土强度等级不得小于C25，混凝土预制桩尖强度等级不得小于C30； 4.1.5 预制桩的混凝土强度等级不宜低于C30；预应力混凝土实心桩的混凝土强度等级不应低于C40； **14.《建筑工程冬期施工规程》JGJ/T 104—2011** 6.9.7 混凝土抗压强度试件的留置除应按现行国家标准《混凝土结构工程施工质量验收规范》GB 50204规定外，尚应增设不少于2组同条件养护试件	

续表

条款号	大纲条款	检查依据	检查要点
5.2.8	大体积混凝土施工方案已审批，温控措施符合方案，测温记录齐全	**1.《混凝土质量控制标准》GB 50164—2011** 6.7.7 对于大体积混凝土，养护过程应进行温度控制，混凝土内部和表面的温差不宜超过25℃，表面与外界温差不宜大于20℃。 **2.《大体积混凝土施工规范》GB 50496—2018** 3.0.1 大体积混凝土施工应编制施工组织设计或施工技术方案，并应有环境保护和安全施工的技术措施。 3.0.3 大体积混凝土施工前，应对混凝土浇筑体的温度、温度应力及收缩应力进行试算，并确定混凝土浇筑体的温升峰值、里表温差及降温速率的控制指标，制定相应的温控技术措施。 3.0.4 大体积混凝土施工温控指标应符合下列规定： 1 混凝土浇筑体在入模温度基础上的温升值不宜大于50℃； 2 混凝土浇筑体里表温差（不含混凝土收缩当量温度）不宜大于25℃； 3 混凝土浇筑体降温速率不宜大于2.0℃/d； 4 拆除保温覆盖时混凝土浇筑体表面与大气温差不应大于20℃。 5.5.1 大体积混凝土应采取保温保湿养护。在每次混凝土浇筑完毕后，除应按普通混凝土进行常规养护外，保温养护应符合下列规定： 1 应专人负责保温养护工作，并应进行测试记录； 2 保湿养护持续时间不宜少于14d，并应经常检查塑料薄膜或养护剂涂层的完整情况，并应保持混凝土表面湿润； 3 保温覆盖层拆除应分层逐步进行，当混凝土的表面温度与环境最大温差小于20℃时，可全部拆除。 6.0.1 大体积混凝土浇筑体里表温差、降温速率及环境温度的测试，在混凝土浇筑后，每昼夜不应少于4次；入模温度测试，每台班不应少于2次。 6.0.2 大体积混凝土浇筑体内监测点布置，应反映混凝土浇筑体内最高温升、里表温差、降温速率及环境温度，可采用下列布置方式： 1 测试区可选混凝土浇筑体平面对称轴线的半条轴线，测试区内监测点应按平面分层布置； 2 测试区内，监测点的位置与数量可根据混凝土浇筑体内温度场的分布情况及温控的规定确定； 3 在每条测试轴线上，监测点位不宜少于4处，应根据结构的平面尺寸布置； 4 沿混凝土浇筑体厚度方向，应至少布置表层、底层和中心温度测点，测点间距不宜大于500mm；	1. 查阅大体积混凝土施工专项方案及报审表 方案内部审批：施工单位技术负责人已签字 方案内容：包括材料选用、热工计算、温控措施、保温层计算、温控监测设备和测试布置图及温度测试、温控指标等 报审表：总监理工程师已签字 2. 查看大体积混凝土施工现场 温控监测设备和测试布置：与方案一致 实体质量：温控措施有效，无温度裂缝、无严重缺陷

续表

条款号	大纲条款	检 查 依 据	检查要点
5.2.8	大体积混凝土施工方案已审批，温控措施符合方案，测温记录齐全	5 保温养护效果及环境温度监测点数量应根据具体需要确定； 6 混凝土浇筑体表层温度，宜为混凝土浇筑体表面以内 50mm 处的温度； 7 混凝土浇筑体底层温度，宜为混凝土浇筑体底面上 50mm 处的温度。 1 监测点的布置范围应以所选混凝土浇筑体平面图对称轴线的半条轴线为测试区，在测试区内监测点的位置与数量可根据混凝土浇筑体内温度场的分布情况及温控的要求确定； 2 在测试区内，监测点的位置与数量可根据混凝土浇筑体内温度场的分布情况及温控的要求确定； 3 在每条测试轴线上，监测点位不宜少于 4 处，应根据结构几何尺寸布置； 4 沿混凝土浇筑体厚度方向，必须布置外表、底面和中心温度测点，其余测点宜按测点间距不大于 600mm 布置； 5 保温养护效果及环境温度监测点数量应根据具体需要确定； 6 混凝土浇筑体的外表温度，宜为混凝土外表以内 50mm 处的温度； 7 混凝土浇筑体底面温度，宜为混凝土浇筑体底面上 50mm 处的温度。 6.0.5 测试过程中宜及时描绘出各点的温度变化曲线和断面温度分布曲线。 **3.《混凝土结构工程施工规范》GB 50666—2011** 8.5.6 基础大体积混凝土裸露表面应采用覆盖养护方式；当混凝土浇筑体表面以内 40mm～100mm 位置的温度与环境温度的差值小于 25℃时，可结束覆盖养护。覆盖养护结束但尚未达到养护时间要求时，可采用洒水养护的方式直至养护结束。 8.7.3 大体积混凝土施工时，应对混凝土进行温度控制，并应符合下列规定： 1 混凝土入模温度不宜大于 30℃；混凝土最大绝热温升不宜大于 50℃。 2 在覆盖养护或带模养护阶段，混凝土浇筑体表面以内 40mm～100mm 位置处的温度与混凝土浇筑体表面温度差值不应大于 25℃；结束养护或拆模后，混凝土浇筑体表面以内 40mm～100mm 位置处的温度与环境温度差值不应大于 25℃。 3 混凝土浇筑体内部相邻两测温点的温度差值不应大于 25℃。 4 混凝土降温速率不宜大于 2.0℃/d；当有可靠经验时，降温速率要求可适当放宽。 8.7.4 基础大体积混凝土测温点设置应符合下列规定： 1 宜选择具有代表性的两个交叉竖向剖面进行测温，竖向剖面交叉处位置宜通过基础中部区域。 2 每个竖向剖面的周边及内部应设置测温点，两个竖向剖面交叉处应设置测温点；混凝土浇筑体表面测温点应设置在保温覆盖层底部或模板内侧表面，并应与两个剖面上的周边测温点位置及数量对应；环境测温点不应少于 2 处。	3. 查阅大体积混凝土测温记录 温度、温差、温度变化曲线：数据齐全，温差符合规范规定，曲线正常 测温结束时间：符合规范规定

续表

条款号	大纲条款	检 查 依 据	检查要点
5.2.8	大体积混凝土施工方案已审批，温控措施符合方案，测温记录齐全	3 每个剖面的周边测温点应设置在混凝土浇筑体表面以内 0mm～100mm 位置处；每个剖面的测温点宜竖向、横向对齐；每个剖面竖向设置的测温点不少于 3 处，间距不应少于 0.4m 且不宜大于 1m；每个剖面横向设置的测温点不应少于 4 处，间距不应小于 0.4m 且不应大于 10m。 4 对基础厚度不大于 1.6m，裂缝控制技术措施完善的工程，可不进行测温。 8.7.5 柱、墙、梁大体积混凝土测温点设置应符合下列规定： 1 柱、墙、梁结构实体最小尺寸大于 2m，且混凝土强度等级不小于 C60 时，宜进行测温； 2 测温点宜设置在高度方向上的两个横向剖面中；横向剖面中的中部区域应设置测温点，测温点设置不应少于 2 点，间距不宜大于 1.0m；横向剖面周边的测温点宜设置在距结构表面内 40mm～80mm 位置处； 3 环境温度测温点设置不宜少于 1 点，且应离开浇筑的结构边一定距离； 4 可根据第一次测温结果，完善温度控制技术措施，后续工程可不进行测温。 8.7.6 大体积混凝土测温应符合下列规定： 1 宜根据每个测温点被混凝土初次覆盖时的温度确定各测点部位混凝土的入模温度。 2 浇筑体周边表面以内测温点、浇筑体表面测温点、环境测温点的测温，应与混凝土浇筑、养护过程同步进行。 3 应按测温频率要求及时提供测温报告，测温报告应包含各测温点的温度数据、温差数据、代表点位的温度变化曲线、温度变化趋势分析等内容。 4 混凝土浇筑体表面以内 40mm～100mm 位置的温度与环境温度的差值小于 20℃时，可停止测温。 8.7.7 大体积混凝土测温频率应符合下列规定： 1 第一天至第四天，每 4h 不应少于一次。 2 第五天至第七天，每 8h 不应少于一次。 3 第七天至测温结束，每 12h 不应少于一次。 **4.《电力建设施工技术规范 第 1 部分：土建结构工程》DL 5190.1—2012** 4.4.13 大体积基础混凝土施工，除应符合《大体积混凝土施工规范》GB 50496 的有关规定外，尚应符合下列规定： 1 大体积混凝土施工前应进行温度应力计算。	

续表

条款号	大纲条款	检 查 依 据	检查要点
5.2.8	大体积混凝土施工方案已审批，温控措施符合方案，测温记录齐全	7 混凝土浇筑开始后即进行测温，应采取保湿、保温养护措施。温度控制指标应符合下列规定：混凝土浇筑体在入模温度基础上的温升值不宜大于50℃；混凝土浇筑体的里表温差（不含混凝土收缩的当量温度）不宜大于25℃；混凝土浇筑体降温速率不大于2.0℃/d；混凝土浇筑体表面与大气温差不宜大于20℃。当实测结果不满足温度控制指标的要求时，应调整保湿、保温养护措施。 **5.《架空输电线路大跨越工程施工及验收规范》DL 5319—2014** 6.2.6 大体积混凝土的施工尚应符合下列有关规定： 1 大体积混凝土的施工应符合《大体积混凝土施工规范》GB 50496的有关规定。 2 应计算大体积混凝土浇筑体的温度、温度应力和收缩应力，根据大体积混凝土浇筑体的温升峰值、里表温差及降温速率的控制指标，制定相应的温控技术措施。 6 按要求设计和布置温控检测设备。应设专人负责保温养护工作，并按《大体积混凝土施工规范》GB 50496的有关规定操作，做好测试记录。分析对比大体积混凝土保温养护过程中的温升值、混凝土的里表温差、降温速率、混凝土表面与大气温差等各项温控指标，适时调整保温养护措施。 7 满足混凝土规定强度要求和温控要求后，方可拆模。 8 满足混凝土规定的养护时间和混凝土表面与大气温差指标后，方可拆除保温措施	
5.2.9	混凝土浇筑记录齐全；试件抽取、留置符合规范	**1.《建筑地基基础工程施工质量验收规范》GB 50202—2018** 5.1.3 灌注桩混凝土强度检验的试件应在施工现场随机抽取。来自同一搅拌站的混凝土，每浇筑50m^3必须至少留置1组试件；当混凝土浇筑量不足50m^3时，每连续浇筑12h必须至少留置1组试件。对单柱单桩，每根桩应至少留置1组试件。 **2.《混凝土结构工程施工质量验收规范》GB 50204—2015** 7.4.1 结构混凝土的强度等级必须符合设计要求。用于检查结构构件混凝土强度的试件，应在混凝土的浇筑地点随机抽取，取样与试件留置应符合下列规定： 1 每拌制100盘且不超过100m^3的同配合比的混凝土，取样不得少于1次； 2 每工作班拌制的同一配合比的混凝土，不足100盘时，取样不得少于1次； 3 当一次连续浇筑超过1000m^3时，同一配合比的混凝土每200m^3取样不得少于1次； 5 每次取样应至少留置一组标准养护试件，同条件养护试件的留置组数应根据实际需要确定。 10.2.3 混凝土结构子分部工程施工质量验收时，应提供下列文件和记录： 11 混凝土工程施工记录；	1. 查阅混凝土浇筑记录 浇筑数量：符合设计要求 坍落度：符合配合比要求 浇筑间隔时间：符合规范的规定 标养试块留置：组数符合规范规定，编号齐全 同养试块留置（拆模、结构实体、设备安装、冬期施工、其他要求）：组数符合规范规定，编号齐全

续表

条款号	大纲条款	检查依据	检查要点
5.2.9	混凝土浇筑记录齐全；试件抽取、留置符合规范	**3.《110kV～750kV架空输电线路施工及验收规范》GB 50233—2014** 6.2.12 试块应在现场浇筑过程中随机取样制作，并应采用标准养护。当有特殊需要时，应加做同条件养护试块。 6.2.13 试块制作数量应符合下列规定： 1 耐张塔和悬垂转角塔基础每基取一组； 2 一般线路的悬垂直线塔基础，同一施工队每5基或不满5基应取一组，单基或连续浇筑混凝土量超过100m³时亦应取一组； 3 按大跨越设计的直线塔基础及拉线基础，每腿应取一组，但当基础混凝土量不超过同工程中大转角或终端塔基础时，则每基应取一组； 4 当原材料变化、配合比变更时应另外制作试块。 6.3.10 灌注桩应按设计要求验桩，基础混凝土强度等级应以试块为依据。试块的制作应每桩取一组，承台及连梁试块的制作数量应每基取一组。 6.5.4 混凝土或砂浆的浇灌应符合下列规定： 3 混凝土或砂浆强度检验应以试块为依据，试块制作应每基取一组。 **4.《混凝土结构工程施工规范》GB 50666—2011** 3.3.8 施工中为各种检验目的所制作的试件应具有真实性和代表性，并应符合下列规定： 1 试件均应及时进行唯一性标示； 2 混凝土试件的抽样方法、抽样地点、抽样数量、养护条件、试验龄期应符合现行国家标准《混凝土结构工程施工质量验收规范》GB 50204、《混凝土强度检验评定标准》GB/T 50107等的有关规定；混凝土试件的制作方法、试验方法应符合现行国家标准《普通混凝土力学性能试验方法标准》GB/T 50081等的有关规定。 3 钢筋、预应力筋等试件的抽样方法、抽样数量、制作要求和试验方法应符合国家现行有关标准的规定。 10.2.19 冬期施工混凝土强度试件的留置，除应符合现行国家标准《混凝土结构工程施工质量验收规范》GB 50204的有关规定外，尚应增加不少于2组的同条件养护试件。同条件养护试件应在解冻后进行试验。 **5.《电力建设施工技术规范 第1部分：土建结构工程》DL 5190.1—2012** 12.1.3 混凝土工程应符合下列规定： 10 冬期施工留置混凝土试块除应符合《混凝土结构工程施工质量验收规范》GB 50204的规定外，还应增加设置检验结构或构件施工阶段混凝土强度所必需的同条件养护试块。	2. 查阅商品混凝土跟踪台账 浇筑部位、浇筑量、配合比编号、出厂合格证编号：清晰准确 试块留置数量：与浇筑量相符 3. 查看混凝土浇筑现场 试块留置：地点、方法及数量符合规范要求

续表

条款号	大纲条款	检 查 依 据	检查要点
5.2.9	混凝土浇筑记录齐全；试件抽取、留置符合规范	**6.《架空输电线路大跨越工程施工及验收规范》DL 5319—2014** 6.1.12 混凝土试块应在现场浇制过程中随机取样制作，并应采用标准养护。当有特殊需要时，加做同条件养护试块。混凝土试块强度的试验应由具备相应资质的试验单位进行。 6.1.13 凝土试块的制作数量应符合下列规定： 1 跨越塔基础，每腿应取一组。 2 锚塔基础，每基应取一组。 3 现浇桩基础，每桩应取一组。 4 每次连续浇筑超过 $100m^3$ 时，每增加 $100m^3$ 应加取一组；每次连续浇筑超过 $1000m^3$ 时，每增加 $200m^3$ 应加取一组。 5 当原材料变化、配合比变更时应另外制作。 6.3.10 灌注桩基础混凝土强度检验应以试块为依据。试块的制作应每桩取一组，承台及连梁试块的制作应每基一组。 6.4.4 混凝土或砂浆的浇灌应符合下列规定： 3 对浇灌混凝土或砂浆强度检验应以试块为依据，试块的制作应每基础腿取一组。 **7.《±800kV 及以下直流架空输电线路工程施工及验收规程》DL/T 5235—2010** 6.2.9 试块应在现场浇制过程中随机取样制作，其养护条件应与基础基本相同。同条件养护的试件应在达到等效养护龄期时进行强度试验。 6.2.10 试块制作数量应符合下列规定： 1 转角、耐张、终端及直线转角塔基础每基取一组。 2 一般直线塔基础，同一施工队每 5 基或不满 5 基应取一组，单基或连续浇筑混凝土量超过 $100m^3$ 时亦应取一组。 3 按大跨越设计的铁塔基础，每腿应取一组。 4 当原材料变化、配合比变更时应另外制作试块。 5 当需要作其他强度鉴定时，外加试块的组数由各工程自定。 6.3.10 灌注桩基础混凝土强度检验应以试块为依据。试块的制作应每桩取一组，承台及连梁试块的制作应每基一组。 6.4.4 混凝土或砂浆的浇灌应符合下列规定： 3 对浇灌混凝土或砂浆强度检验应以试块为依据，试块的制作应每基取一组。混凝土强度检验应以试块为依据。试块的制作应每桩取一组，承台及连梁试块的制作应每基一组。	

续表

条款号	大纲条款	检查依据	检查要点
5.2.9	混凝土浇筑记录齐全；试件抽取、留置符合规范	**8.《建筑桩基技术规范》JGJ 94—2008** 6.2.7　检查成孔质量合格后应尽快灌注混凝土。直径大于1m或单桩混凝土量超过25m³的桩，每根桩桩身混凝土应留有1组试件；直径不大于1m的桩或单桩混凝土量不超过25m³的桩，每个灌注台班不得少于1组；每组试件应留3件。 **9.《建筑工程冬期施工规程》JGJ/T 104—2011** 6.9.7　混凝土抗压强度试件的留置除应按现行国家标准《混凝土结构工程施工质量验收规范》GB 50204规定外，尚应增设不少于2组同条件养护试件	
5.2.10	混凝土结构外观质量和尺寸偏差符合质量验收标准	**1.《混凝土结构工程施工质量验收规范》GB 50204—2015** 8.1.3　混凝土现浇结构外观质量、位置偏差、尺寸偏差不应有影响结构性能和使用功能的缺陷，质量验收应做出记录。 8.3.1　现浇结构不应有影响结构性能和使用功能的尺寸偏差；混凝土设备基础不应有影响结构性能和设备安装的尺寸偏差。 对超过尺寸允许偏差要求且影响结构性能、设备安装、使用功能的结构部位，应由施工单位提出技术处理方案，并经设计单位及监理（建设）单位认可后进行处理。对经处理后的部位，应重新验收。 检查数量：全数检查。 检验方法：量测，检查技术处理方案。 8.3.2　现浇结构混凝土设备基础拆模后的位置和尺寸偏差应符合表8.3.2-1、表8.3.2-2的规定。 **2.《110kV～750kV架空输电线路施工及验收规范》GB 50233—2014** 6.1.9　整基杆塔基础尺寸偏差应符合表6.1.9的规定。 **3.《电力建设施工技术规范　第1部分：土建结构工程》DL 5190.1—2012** 4.4.21　现浇钢筋混凝土结构尺寸允许偏差应符合表4.4.21的规定。 **4.《架空输电线路大跨越工程施工及验收规范》DL 5319—2014** 6.2.13　整基铁塔基础回填夯实后尺寸允许偏差应符合表6.2.13的规定	1. 查阅混凝土结构尺寸偏差验收记录 尺寸偏差：符合设计要求及规范的规定 签字：施工单位质量员、专业监理工程师已签字 结论：合格 2. 查看混凝土外观 表面质量：无严重缺陷 位置、尺寸偏差：符合设计要求和规范规定 3. 查看基础预埋螺栓、预埋铁件的中心位置、顶标高、中心距、垂直度等参数 实测数据：符合设计要求和规范规定

续表

条款号	大纲条款	检查依据	检查要点
5.2.11	基础地脚螺栓或插入角钢定位尺寸偏差符合规范规定，与施工记录一致	**1.《110kV～750kV架空输电线路施工及验收规范》GB 50233—2014** 6.2.4 插入式基础的主角钢（钢管）应找正，并加以临时固定，在浇筑中应检查其位置的准确性。 6.2.17 浇筑基础应表面平整，单腿尺寸允许偏差应符合下列规定： 3 同组地脚螺栓中心或插入角钢形心对设计值偏移不应大于10mm。 4 地脚螺栓露出混凝土面高度允许偏差应为－5mm～＋10mm。 **2.《架空输电线路大跨越工程施工及验收规范》DL 5319—2014** 6.2.12 浇筑基础应表面平整，单腿尺寸允许偏差应符合下列规定： 3 同组地脚螺栓中心对立柱中心偏移：10mm。 4 地脚螺栓露出混凝土面高度：＋10mm、－5mm。 **3.《±800kV及以下直流架空输电线路工程施工及验收规程》DL/T 5235—2010** 6.2.4 插入式基础主角钢，必须进行找正，并加以临时固定，在浇制过程中应随时检查其位置的准确性。保证整基基础几何尺寸符合设计规定。 6.2.14 浇筑基础应表面平整，单腿尺寸允许偏差应符合下列规定： 3 同组地脚螺栓中心或插入式角钢形心对立柱中心偏移：10mm。 4 地脚螺栓露出混凝土面高度：＋10mm、－5mm	查看现场实体 基础地脚螺栓或插入角钢定位尺寸偏差：符合规范规定，与施工记录一致
5.2.12	基础地脚螺栓防护良好	**1.《110kV～750kV架空输电线路施工及验收规范》GB 50233—2014** 6.2.3 现场浇筑基础中的地脚螺栓安装前应除去浮锈，螺纹部分应予以保护。地脚螺栓及预埋件应安装牢固，在浇筑过程中应随时检查位置的准确性。 **2.《架空输电线路大跨越工程施工及验收规范》DL 5319—2014** 6.2.3 对现场浇筑基础中的地脚螺栓及预埋件应有稳定可靠的安装措施，防止地脚螺栓在混凝土浇筑和振捣过程中出现倾斜和偏移。安装前应去除浮锈，螺纹部分应予以保护。 **3.《电力建设施工技术规范 第1部分：土建结构工程》DL 5190.1—2012** 6.3.1 基础应符合下列规定： 4 基础地脚螺栓在钢结构安装前应采取保护措施，防止产生锈蚀、弯曲、螺纹碰伤等。 **4.《±800kV及以下直流架空输电线路工程施工及验收规程》DL/T 5235—2010** 6.2.3 现场基础中的地脚螺栓及预埋件应安装牢固。安装前应除去浮锈，螺纹部分应予以保护	查看基础地脚螺栓保护：良好无锈蚀

续表

条款号	大纲条款	检查依据	检查要点
5.2.13	质量控制资料完整，施工记录及隐蔽验收、质量验收记录齐全	**1.《混凝土结构工程施工质量验收规范》GB 50204—2015** 10.2.3 混凝土结构子分部工程施工质量验收时，应提供下列文件和记录： 2 原材料质量证明文件和抽样检验报告； 3 预拌混凝土的质量证明文件； 4 混凝土、灌浆料试件的性能检验报告； 5 钢筋接头的试验报告； 6 预制构件的质量证明文件和安装验收记录； 7 预应力钢筋用锚具、连接器的质量证明文件和抽样检验报告； 8 预应力筋安装、张拉的检验记录； 9 钢筋套筒灌浆连接及预应力孔溢灌浆记录； 10 隐蔽工程验收记录； 11 混凝土工程施工记录； 12 混凝土试件的试验报告； 13 分项工程验收记录； 14 结构实体检验记录。 **2.《110kV～750kV架空输电线路施工及验收规范》GB 50233—2014** 10.1.1 工程验收应按隐蔽工程验收、中间验收和竣工验收的规定项目、内容进行。 10.3.1 工程竣工后应移交下列资料： 1 工程施工质量验收记录。 4 原材料和器材出厂质量合格证明和试验报告。	1. 查阅施工记录 内容：记录齐全，数据正确
		3.《建筑工程施工质量验收统一标准》GB 50300—2013 3.0.6 建筑工程施工质量应按下列要求进行验收： 1 工程质量验收均应在施工单位自检合格的基础上进行。 2 参加工程施工质量验收的各方人员应具备相应的资格。 3 检验批的质量应按主控项目和一般项目验收。 4 对涉及结构安全、节能、环境保护和主要使用功能的试块、试件及材料，应在进场时或施工中按规定进行见证检验。 5 隐蔽工程在隐蔽前应由施工单位通知监理单位进行验收，并应形成验收文件，验收合格后方可继续施工。 6 对涉及结构安全、节能、环境保护和使用功能的重要分部工程应在验收前按规定进行抽样检验。 7 工程的观感质量应由验收人员现场检查，并应共同确认。	2. 查阅隐蔽工程记录 内容：隐蔽工程记录齐全，填写正确，内容符合设计要求和规范规定 签字：施工单位监理单位责任人已签字 结论：同意隐蔽

续表

条款号	大纲条款	检查依据	检查要点
5.2.13	质量控制资料完整，施工记录及隐蔽验收、质量验收记录齐全	**4.《混凝土结构工程施工规范》GB 50666—2011** 3.3.2 在混凝土结构工程施工过程中，应及时进行自检、互检和交接检，其质量不应低于现行国家标准《混凝土结构施工质量验收规范》GB 50204 的有关规定。对检查中发现的质量问题，应按规定程序及时处理。 3.3.3 在混凝土结构工程施工过程中，对隐蔽工程进行验收、对重要工序和关键部位应加强质量检查或进行测试，并应做出详细记录，同时留存图像资料。 3.3.4 混凝土结构工程施工使用的材料、产品和设备，应符合国家现行有关标准、设计文件和施工方案的规定。 **5.《电力建设施工技术规范 第1部分：土建结构工程》DL 5190.1—2012** 4.8.1 中间检查验收时，应提供下列隐蔽工程记录： 1 钢筋加工、焊接机安装； 2 预埋件和预留孔加工、焊接机安装； 3 钢构件的加工、焊接和组装。 4.8.2 工程竣工验收时，应提供下列资料： 1 设计文件、设计变更及原材料代用相关文件； 2 原材料出厂质量合格证明文件及现场试验检测报告； 3 钢筋、钢管及型钢的接头质量检验、试验报告； 4 混凝土试块试验报告； 5 混凝土工程施工记录； 6 隐蔽工程验收记录； 7 大体积混凝土测温记录及施工记录； 8 工程重大问题的技术资料及处理文件； 9 结构实体检测报告。 **6.《架空输电线路大跨越工程施工及验收规范》DL 5319—2014** 10.1.1 工程验收分为隐蔽工程验收、中间验收和竣工验收三种方式，并应以最终形成的施工验收质量记录为基本依据来判定是否满足工程设计和本规范的要求。 10.3.1 下列资料为工程竣工的移交资料： 1 工程验收的施工质量记录。 4 原材料和器材出厂质量合格证明和试验记录。 **7.《输变电工程项目质量管理规程》DL/T 1362—2014** 5.1.8 建设单位应组织工程单位工程验收、中间验收、竣工预验收、启动验收和达标投产工作，应按照合同约定组织开展工程创优工作。	3. 查阅质量验收资料 内容：单元、分项、分部工程质量验收记录齐全 签字：施工、监理单位责任人已签字 结论：合格

续表

条款号	大纲条款	检查依据	检查要点
5.2.13	质量控制资料完整，施工记录及隐蔽验收、质量验收记录齐全	5.3.6 建设应按照第14章的规定组织中间验收，并应在确认发现问题整改闭环后向质量监督机构申请质量监督检查。 7.1.6 监理单位应组织隐蔽工程、检验批、分项工程和分部工程质量验收，应开展工程启动验收阶段的监理初检，应参加建设单位组织的单位工程验收、中间验收、竣工预验收。 9.1.6 施工单位应规范施工管理和作业人员行为，应按照设计要求、技术标准和经批准的施工方案组织施工，应组织施工质量控制、检查、检验工作并形成记录。 9.3.5 隐蔽工程施工完成后，施工单位应进行自检，并应在隐蔽前提前通知监理单位进行检查验收，隐蔽工程应在验收合格后隐蔽。 9.4.2 施工单位应按照施工质量验收范围划分表执行班组自检、项目部复检、公司级专检。 **8.《±800kV及以下直流架空输电线路工程施工及验收规程》DL/T 5235—2010** 10.1.1 工程验收分隐蔽工程验收、中间验收和竣工验收三个阶段，并以最终形成的施工验收质量记录为基本依据来判定是否满足工程设计和本标准的要求。 10.3.1 下列资料为工程竣工的移交资料： 1 工程验收的施工质量记录。 4 原材料和器材出厂质量合格证明和试验记录	
5.3 灌注桩基础的监督检查			
5.3.1	灌注桩施工方案已审批	**1.《建筑桩基技术规范》JGJ 94—2008** 6.1.1 灌注桩施工应具备下列资料： 5 桩基工程的施工组织设计； 8.1.3 基坑开挖前应对边坡支护型式、降水措施、挖土方案、运土路线及堆土位置编制施工方案，若桩基施工引起超孔隙水压力，宜待超孔隙水压力大部分消散后开挖	查阅施工方案报审文件 内容：包括施工方法、工艺流程合理，有针对性、可行性等 签字：施工单位责任人、监理单位责任人已签字 盖章：施工单位、监理单位已盖章 结论：同意执行

续表

条款号	大纲条款	检查依据	检查要点
5.3.2	钢筋、水泥、砂、石、掺合料及焊材等性能证明文件、现场见证取样复检合格，报告齐全	**1.《钢筋混凝土用钢　第1部分：热轧光圆钢筋》GB/T 1499.1—2017** 9.3.2.1　钢筋应按批进行检查和验收，每批由同一牌号、同一炉罐号、同一尺寸的钢筋组成。每批重量通常不大于60t，超过60t的部分，每增加40t（或不足40t的余数），增加一个拉伸试验试样和一个弯曲试验试样。 **2.《钢筋混凝土用钢　第2部分：热轧带肋钢筋》GB/T 1499.2—2018** 9.2.2.1　钢筋应按批进行检查和验收，每批由同一牌号、同一炉罐号、同一规格的钢筋组成。每批重量通常不大于60t，超过60t的部分，每增加40t（或不足40t的余数），增加一个拉伸试验试样和一个弯曲试验试样。 9.3.2.2　允许由同一牌号、同一冶炼方法、同一浇注方法的不同炉罐号组成混合批，但各炉罐号含碳量之差不大于0.02%，含锰量之差不大于0.15%。混合批的重量不大于60t。 **3.《混凝土外加剂》GB 8076—2008** 8.3　产品出厂 凡有下列情况之一者，不得出厂：技术文件（产品说明书、合格证、检验报告等）不全、包装不符、质量不足、产品受潮变质，以及超过有效期限。产品匀质性指标的控制值应在相关的技术资料中明示。 生产厂随货提供技术文件的内容应包括：产品名称及型号、出厂日期、特性及主要成分、适用范围及推荐掺量、外加剂总碱量、氯离子含量、安全防护提示、储存条件及有效期等。 **4.《混凝土外加剂应用技术规范》GB 50119—2013** 3.1.4　含有强电解质无机盐的早强型普通减水剂、早强剂、防冻剂和防水剂，严禁用于下列混凝土结构： 1　与镀锌钢材或铝铁相接处部位的混凝土结构； 2　有外露钢筋预埋铁件而无防护措施的混凝土结构； 3.1.5　含有氯盐的早强型普通减水剂、早强剂、防水剂和氯盐类防冻剂，严禁用于预应力混凝土、钢筋混凝土和钢纤维混凝土结构。 3.3.1　外加剂进场时，供方应向需方提供下列质量证明文件： 1　型式检验报告； 2　出厂检验报告与合格证； 3　产品说明书。 4.3.2　普通减水剂进场主要检验项目应包括减水率、抗压强度比、凝结时间差、收缩率比、pH值、氯离子含量、总碱量、硫酸钠含量。	1. 查阅材料的进场报审表 签字：施工单位项目经理、专业监理工程师已签字 盖章：施工单位、监理单位已盖章 结论：同意使用
			2. 查阅钢筋、水泥、砂、石、粉煤灰、外加剂、焊材、焊剂等的材质证明及复检报告 材质证明：应为原件，如为抄件，应加盖经销商公章及采购单位的公章，注明进货数量、原件存放处及抄件人 报告内容：包括试验方法、试验项目、代表部位和数量等，数据计算正确 报告签署：试验员、审核人、批准人已签字，日期无逻辑错误 报告盖章：盖有计量认证章、资质章及试验单位章，见证取样时，加盖见证取样章并注明见证人 报告结论：合格

续表

条款号	大纲条款	检查依据	检查要点
5.3.2	钢筋、水泥、砂、石、掺合料及焊材等性能证明文件、现场见证取样复检合格，报告齐全	5.3.2　高效减水剂进场主要检验项目应包括减水率、抗压强度比、凝结时间差、收缩率比、pH值、氯离子含量、总碱量、硫酸钠含量。 6.3.2　聚羧酸系高性能减水剂进场检验项目应包括pH值、密度（或细度）、含固率（含水率），早强型还应检验1d抗压强度比，缓凝型还应包括凝结时间差。 7.4.2　引气剂及引气减水剂进场主要检验项目应包括减水率、抗压强度比、凝结时间差、收缩率比、含气量、相对耐久性、pH值、氯离子含量、总碱量。 8.3.2　早强剂进场主要检验项目应包括抗压强度比、凝结时间差、收缩率比、pH值、氯离子含量、总碱量、硫酸钠含量。 9.3.2　缓凝剂进场主要检验项目应包括抗压强度比、凝结时间差、收缩率比、pH值、氯离子含量、总碱量。 10.4.2　泵送剂进场主要检验项目应包括减水率、抗压强度比、收缩率比、坍落度1h经时变化量、匀质性指标、pH值、氯离子含量、总碱量。 11.3.2　防冻剂进场主要检验项目应包括含气量、抗压强度比、收缩率比、渗透高度比、50次冻融强度损失率比、钢筋锈蚀、氯离子含量、碱含量。 12.3.2　速凝剂进场主要检验项目应包括氯离子含、总碱量、pH值、抗压强度、凝结时间。 13.3.2　膨胀剂进场主要检验项目应包括抗压强度、凝结时间、限制膨胀率、细度。	3. 查阅原材料跟踪管理台账 内容：包括钢筋、水泥等主要原材的等级、代表数量与进场数量相吻合、复检报告编号、使用部位等 签字：责任人已签字
		5.《混凝土质量控制标准》GB 50164—2011 2.1.2　水泥质量主要控制项目应包括凝结时间、安定性、胶砂强度、氧化镁和氯离子含量，碱含量低于0.6%的水泥主要控制项目还应包括碱含量，中、低热硅酸盐水泥或低热矿渣硅酸盐水泥主要控制项目还应包括水化热。 2.2.2　粗骨料质量主要控制项目应包括颗粒级配、针片状颗粒含量、含泥量、泥块含量、压碎值指标和坚固性，用于高强混凝土的粗骨料主要控制项目还应包括岩石抗压强度。 2.3.2　细骨料质量主要控制项目应包括颗粒级配、细度模数、含泥量、泥块含量、坚固性、氯离子含量和有害物质含量；海砂主要控制项目除应包括上述指标外尚应包括贝壳含量；人工砂主要控制项目除应包括上述指标外尚应包括石粉含量和压碎值指标，人工砂主要控制项目可不包括氯离子含量和有害物质含量。 2.4.2　粉煤灰的主要控制项目应包括细度、需水量比、烧失量和三氧化硫含量，C类粉煤灰的主要控制项目还应包括游离氧化钙含量和安定性；粒化高炉矿渣粉的主要控制项目应包括比表面积、活性指数和流动度比；钢渣粉的主要控制项目应包括比表面积、活性指数、流动度比、游离氧化钙含量、三氧化硫含量、氧化镁含量和安定性；磷渣粉的主要控制项目应包括细度、活性指数、流动度比、五氧化二磷含量和安定性；硅灰的主要控制项目应包括比表面积和二氧化硅含量。矿物掺合料的主要控制项目还应包括放射性。	4. 查阅商品混凝土出厂检验文件 发货单数量：符合规范规定 发货单签字：有供货商和施工单位的交接签字 合格证：强度符合要求

续表

条款号	大纲条款	检 查 依 据	检查要点
5.3.2	钢筋、水泥、砂、石、掺合料及焊材等性能证明文件、现场见证取样复检合格，报告齐全	2.5.2 外加剂质量主要控制项目应包括掺外加剂混凝土性能和外加剂匀质性两方面，混凝土性能方面的主要控制项目应包括减水率、凝结时间差和抗压强度比，外加剂匀质性方面的主要控制项目应包括 pH 值、氯离子含量和碱含量；引气剂和引气减水剂主要控制项目还应包括含气量；防冻剂主要控制项目还应包括含气量和 50 次冻融强度损失率比；膨胀剂主要控制项目还应包括凝结时间、限制膨胀率和抗压强度。 2.6.2 混凝土用水主要控制项目应包括 pH 值、不溶物含量、可溶物含量、硫酸根离子含量、氯离子含量、水泥凝结时间差和水泥胶砂强度比。当混凝土骨料为碱活性时，主要控制项目还应包括碱含量。 6.2.1 混凝土原材料进场时，供方应按规定批次向需方提供质量证明文件。质量证明文件应包括型式检验报告、出厂检验报告与合格证等，外加剂产品还应提供使用说明书。 6.2.3 水泥应按不同厂家、不同品种和强度等级分批存储，并应采取防潮措施；出现结块的水泥不得用于混凝土工程；水泥出厂超过 3 个月（硫铝酸盐水泥超过 45d），应进行复检，合格者方可使用。 6.2.5 矿物掺合料存储时，应有明显标记，不同矿物掺合料以及水泥不得混杂堆放，应防潮防雨，并应符合有关环境保护的规定；矿物掺合料存储期超过 3 个月时，应进行复检，合格者方可使用。 6.2.6 外加剂的送检样品应与工程大批量进货一致，并应按不同的供货单位、品种和牌号进行标识，单独存放；粉状外加剂应防止受潮结块，如有结块，应进行检验，合格者应经粉碎至全部通过 600μm 筛孔后方可使用；液态外加剂应储存在密闭容器内，并应防晒和防冻，如有沉淀等异常现象，应经检验合格后方可使用。 **6.《混凝土结构工程施工质量验收规范》GB 50204—2015** 3.0.8 混凝土结构工程中采用的材料、构配件、器具及半成品应按进场批次进行检验，属于同一工程项目且同期施工的多个单位工程，对同一厂家生产的同批材料、构配件、器具及半成品，可统一划分检验批进行检验。 5.2.1 钢筋进场时，应按国家现行标准的规定抽取试件作屈服强度、抗拉强度、伸长率、弯曲性能和重量偏差检验，检验结果应符合相应标准的规定。 5.2.2 成型钢筋进场时，应抽取试件作屈服强度、抗拉强度、伸长率和重量偏差检验，检验结果应符合国家现行有关标准的规定。 对由热轧钢筋制成的成型钢筋，当有施工单位或监理单位的代表驻厂监督生产过程，并提供原材料钢筋力学性能第三方检验报告时，可仅进行重量偏差检验。 检查数量：同一厂家、同一钢筋来源的成型钢筋，不超过 30t 为一批，每批中每种钢筋牌号、规格均应至少抽取 1 个钢筋试件，总数不应少于 3 个。	

续表

条款号	大纲条款	检查依据	检查要点
5.3.2	钢筋、水泥、砂、石、掺合料及焊材等性能证明文件、现场见证取样复检合格，报告齐全	5.3.4　盘卷钢筋调直后应进行力学性能和重量偏差检验。 检查数量：同一加工设备、同一牌号、同一规格的调直钢筋，重量不大于30t为一批，每批见证取样抽取3个试件。 7.2.1　水泥进场时应对其品种、代号、强度等级、包装或散装仓号、出厂日期等进行检查，并应对水泥的强度、安定性和凝结时间进行检验，检验结果应符合现行国家标准《通用硅酸盐水泥》GB 175等的相关规定。 检查数量：按同一厂家、同一品种、同一代号、同一强度等级、同一批号且连续进场的水泥，袋装不超过200t为一批，散装不超过500t为一批，每批抽样数量不应少于一次。 7.2.2　混凝土外加剂进场时，应对其品种、性能、出厂日期等进行检查，并应对外加剂的相关性能指标进行检验，检验结果应符合现行国家标准《混凝土外加剂》GB 8076和《混凝土外加剂应用技术规范》GB 50119的规定。 检查数量：按同一生产厂家、同一品种、同一性能、同一批号且连续进场的混凝土外加剂，不超过50t为一批，每批抽样数量不应少于一次。 7.2.4　混凝土用矿物掺合料进场时，应对其品种、性能、出厂日期等进行检查，并应对矿物掺合料的相关性能指标进行检验，检验结果应符合国家现行有关标准的规定。 检查数量：按同一生产厂家、同一品种、同一批号且连续进场的矿物掺合料，粉煤灰、矿渣粉、磷渣粉、钢铁渣粉和复合矿物掺合料不超过200t为一批，沸石粉不超过120t为一批，硅灰不超过30t为一批，每批抽样数量不应少于一次。 7.2.5　混凝土原材料中的粗骨料、细骨料质量应符合现行行业标准《普通混凝土用砂、石质量及检验方法标准》JGJ 52的规定，使用经净化处理的海砂应符合现行行业标准《海砂混凝土应用技术规范》JGJ 206的规定，再生混凝土骨料应符合现行国家标准《混凝土用再生粗骨料》GB/T 25177和《混凝土和砂浆用再生细骨料》GB/T 25176的规定。 7.2.6　混凝土拌制及养护用水应符合现行行业标准《混凝土用水标准》JGJ 63的规定。采用饮用水作为混凝土用水时，可不检验；采用中水、搅拌站清洗水、施工现场循环水等其他水源时，应对其成分进行检验。 7.3.1　预拌混凝土进场时，其质量应符合现行国家标准《预拌混凝土》GB/T 14902的规定。 检验方法：检查质量证明文件（开盘鉴定、混凝土配合比通知单、混凝土质量合格证、强度检验报告、混凝土运输单，依据合同规定的其他资料。预拌混凝土所用水、骨料、掺合料等均应参照本规范的有关规定进行检验，其检验报告在预拌混凝土进场时可不提供，但应在生产企业存档保存，以便需要时查阅使用）。	

续表

条款号	大纲条款	检查依据	检查要点
5.3.2	钢筋、水泥、砂、石、掺合料及焊材等性能证明文件、现场见证取样复检合格，报告齐全	**7.《建筑防腐蚀工程施工规范》GB 50212—2014** 1.0.3 进入现场的建筑防腐蚀材料应有产品质量合格证、质量技术指标及检测方法和质量检验报告或技术鉴定文件。 **8.《110kV～750kV 架空输电线路施工及验收规范》GB 50233—2014** 3.0.1 工程所使用的原材料及器材应符合下列要求： 1 应有该批产品出厂质量检验合格证书； 2 应有符合国家现行标准的各项质量检验资料； 3 对砂石等无质量检验资料的原材料，应抽样并经有检验资格的单位检验，合格后方可采用； 4 对产品检验结果有怀疑时，应按规定重新抽样，并经有检验资质的单位检验，合格后方可采用。 3.0.4 工程所使用的碎石、卵石应符合现行国家标准《建设用卵石、碎石》GB/T 14685 的有关规定。预制混凝土构件、现场浇筑混凝土基础及防护设施所使用的碎石、卵石尚应符合现行行业标准《普通混凝土用砂、石质量及检验方法》JGJ 52 的有关规定。 3.0.5 工程所使用的砂应符合下列要求： 1 应符合现行国家标准《建设用卵石、碎石》GB/T 14685 的有关规定。预制混凝土构件、现场浇筑混凝土基础及防护设施所使用的碎石、卵石尚应符合现行行业标准《普通混凝土用砂、石质量及检验方法》JGJ 52 的有关规定。 2 不得使用海砂。 3.0.6 工程所使用的水泥应符合下列要求： 1 应符合现行国家标准《硅酸盐水泥、普通硅酸盐水泥》GB 175 的有关规定。当采用其他品种时，其性能指标应符合国家现行有关标准的规定。水泥应标明出厂日期，当水泥出厂超过 3 个月或保存不善时，应补做强度等级试验，并应按试验后的实际强度等级使用。 3.0.7 水泥进场时应对水泥品种、强度等级、包装或散装仓号、出厂日期等进行检查，并应对其强度、安定性、凝结时间及其他必要的性能指标进行复验。 **9.《大体积混凝土施工规范》GB 50496—2018** 4.2.1 水泥选择及其质量，应符合下列规定： 1 水泥应符合现行国家标准《通用硅酸盐水泥》GB 175 的有关规定，当采用其他品种时，其性能指标应符合国家现行有关标准的规定； 2 应选用水化热低的通用硅酸盐水泥，3d 水化热不宜大于 250kJ/kg，7d 水化热不宜大于 280kJ/kg；当选用 52.5 强度等级水泥时，7d 水化热宜小于 300kJ/kg；	

续表

条款号	大纲条款	检查依据	检查要点
5.3.2	钢筋、水泥、砂、石、掺合料及焊材等性能证明文件、现场见证取样复检合格，报告齐全	3 水泥在搅拌站的入机温度不宜高于60℃。 4.2.2 用于大体积混凝土的水泥进场时应检查水泥品种、代号、强度等级、包装或散装编号、出厂日期等，并应对水泥的强度、安定性、凝结时间、水化热进行检验，检验结果应符合现行国家标准《通用硅酸盐水泥》GB 17 的相关规定。 4.2.3 骨料选择，除应符合现行行业标准《普通混凝土用砂、石质量及检验方法标准》JGJ 52 的有关规定外，尚应符合下列规定： 1 细骨料宜采用中砂，细度模数宜大于2.3，含泥量不应大于3%； 2 粗骨料粒径宜为5.0mm～31.5mm，并应连续级配，含泥量不应大于1%； 3 应选用非碱活性的粗骨料； 4 当采用非泵送施工时，粗骨料的粒径可适当增大。 4.2.4 粉煤灰和粒化高炉矿渣粉，质量应符合现行国家标准《用于水泥和混凝土中的粉煤灰》GB/T 1596 和《用于水泥、砂浆和混凝土中的粒化高炉矿渣粉》GB/T 18046 的有关规定。 4.2.5 外加剂质量及应用技术，应符合现行国家标准《混凝土外加剂》GB 8076 和《混凝土外加剂应用技术规范》GB 50119 的有关规定。 4.2.6 外加剂的选择除应满足本标准第4.2.5条的规定外，尚应符合下列规定： 1 外加剂的品种、掺量应根据材料试验确定； 2 宜提供外加剂对硬化混凝土收缩等性能的影响系数； 3 耐久性要求较高或寒冷地区的大体积混凝土，宜采用引气剂或引气减水剂。 4.2.7 混凝土拌合用水质量符合现行行业标准《混凝土用水标准》JGJ 63 的有关规定。 **10.《混凝土结构工程施工规范》GB 50666—2011** 5.5.1 钢筋进场检查应符合下列规定： 1 应检查钢筋的质量证明文件。 2 应按国家现行有关标准的规定抽样检验屈服强度、抗拉强度、伸长率、弯曲性能及单位长度重量偏差。 3 经产品认证符合要求的钢筋，其检验批量可扩大一倍。在同一工程中，同一厂家、同一牌号、同一规格的钢筋连续三次进场检验均一次合格时，其后的检验批量可扩大一倍。 4 钢筋的外观质量。 5 当无法准确判断钢筋品种、牌号时，应增加化学成分、晶粒度等检验项目。 5.5.2 成型钢筋进场时，应检查成型钢筋的质量证明文件，成型钢筋所用材料质量证明文件及检验报告并应抽样检验成型钢筋的屈服强度、抗拉强度、伸长率和重量偏差。检验批量可由合同约定，同一工程、同一原材料来源、同一组生产设备生产的成型钢筋，检验批量不宜大于30t。	

续表

条款号	大纲条款	检查依据	检查要点
5.3.2	钢筋、水泥、砂、石、掺合料及焊材等性能证明文件、现场见证取样复检合格，报告齐全	5.2.3 钢筋调直后，应检查力学性能和单位长度重量偏差。但采用无延伸功能机械设备调直的钢筋，可不进行本条规定的检查。 6.6.1 预应力工程材料进场检查应符合下列规定： 1 应检查规格、外观、尺寸及其质量证明文件。 2 应按现行国家有关标准的规定进行力学性能的抽样检验。 3 经产品认证符合要求的产品，其检验批量可扩大一倍。在同一工程、同一厂家、同一品种、同一规格的产品连续三次进场检验均一次检验合格时，其后的检验批量可扩大一倍。 7.2.10 未经处理的海水严禁用于混凝土结构和预应力混凝土结构中混凝土的拌制和养护。 7.6.1 原材料进场时，供方应对进场材料按进场验收所划分的检验批提供相应的质量证明文件，外加剂产品尚应提供使用说明书。当能确认连续进场的材料为同一厂家的同批出厂材料时，可按出厂的检验批提供质量证明文件。 7.6.2 原材料进场时，应对材料外观、规格、等级、生产日期等进行检查，并应对其主要技术指标按本规范第7.6.3条的规定划分检验批进行抽样检验，每个检验批检验不得少于1次。 经产品认证符合要求的水泥、外加剂，其检验批量可扩大一倍。在同一工程中，同一厂家、同一品种、同一规格的水泥、外加剂，连续三次进场检验均一次合格时，其后的检验批量可扩大一倍。 7.6.3 原材料进场质量检查应符合下列规定： 1 应对水泥的强度、安定性及凝结时间进行检验。同一生产厂家、同一等级、同一品种、同一批号连续进场的水泥，袋装水泥不超过200t应为一批，散装水泥不超过500t为一批。 2 应对粗骨料的颗粒级配、含泥量、泥块含量、针片状含量指标进行检验，压碎指标可根据工程需要进行检验，应对细骨料颗粒级配、含泥量、泥块含量指标进行检验。当设计文件在要求或结构处于易发生碱骨料反应环境中，应对骨料进行碱活性检验。抗冻等级F100及以上的混凝土用骨料，应进行坚固性检验，骨料不超过400m^{3}或600t为一检验批。 3 应对矿物掺合料细度（比表面积）、需水量比（流动度比）、活性指数（抗压强度比）、烧失量指标进行检验。粉煤灰、矿渣粉、沸石粉不超过200t应为一检验批，硅灰不超过30t应为一检验批。 4 应按外加剂产品标准规定对其主要匀质性指标和掺外加剂混凝土性能指标进行检验。同一品种外加剂不超过50t应为一检验批。	

续表

条款号	大纲条款	检查依据	检查要点
5.3.2	钢筋、水泥、砂、石、掺合料及焊材等性能证明文件、现场见证取样复检合格，报告齐全	5 当采用饮用水作为混凝土用水时，可不检验。当采用中水、搅拌站清洗水或施工现场循环水等其他水源时，应对其成分进行检验。 7.6.4 当使用中水泥质量受不利环境影响或水泥出厂超过三个月（快硬硅酸盐水泥超过一个月）时，应进行复验，并应按复验结果使用。 7.6.7 采用预拌混凝土时，供方提供混凝土配合比通知单、混凝土抗压强度报告、混凝土质量合格证和混凝土运输单；当需要其他资料时，供需双方应在合同中明确约定。 **11.《用于水泥和混凝土中的粉煤灰》GB/T 1596—2017** 8.1 粉煤灰出厂前按同种类、同等级编号和取样。散装粉煤灰和袋装粉煤灰应分别进行编号和取样。不超过500t为一编号，每一编号为一取样单位。当散装粉煤灰运输工具的容量超过该厂规定出厂编号吨数时，允许该编号的数量超过取样规定吨数。 **12.《混凝土防腐阻锈剂》GB/T 31296—2014** 9.1 产品出厂 生产厂随货提供技术文件的内容应包括：产品说明书、产品合格证、检验报告。 **13.《建设工程监理规范》GB/T 50319—2013** 5.2.9 项目监理机构应审查施工单位报送的用于工程的材料、构配件、设备的质量证明文件，并应按有关规定、建设工程监理合同的约定，对用于建设工程的材料进行见证取样，平行检验。 项目监理机构对已进场经检验不合格的材料、构配件、设备，应要求施工单位限期将其撤出施工现场。 **14.《电力建设施工技术规范 第1部分：土建结构工程》DL 5190.1—2012** 3.0.2 工程所用主要原材料、半成品、构（配）件、设备等产品，进入施工现场前应按规定进行现场检验或复验，合格后方可使用，有见证取样检测要求的应符合国家现行有关标准的规定。对工程所用的水泥、钢筋等主要材料应进行跟踪管理。 4.3.1 钢筋进场应有产品合格证、出厂检验报告，并应分类堆放和标示。钢筋进场后先进性外观检验，合格后再进行现场见证取样，并按《钢筋混凝土用钢 第1部分：热轧光圆钢筋》GB/T 1499.1和《钢筋混凝土用钢 第2部分：热轧带肋钢筋》GB/T 1499.2的有关规定进行机械性能与工艺性能检验。 4.4.1 施工准备阶段，应对砂石料货源及材质进行调查。通过试验和优选确定供货货源。每批进货的砂石料，都应按照有关规定进行检验，合格后方可使用。	

续表

条款号	大纲条款	检查依据	检查要点
5.3.2	钢筋、水泥、砂、石、掺合料及焊材等性能证明文件、现场见证取样复检合格，报告齐全	4.4.3 水泥进场时应对水泥品种、强度等级、包装或散装仓号、出厂日期等进行检查，并应对其强度、安定性、凝结时间及其他必要的性能指标进行复检，其质量应符合设计要求和《通用硅酸盐水泥》GB 175、《中热硅酸盐水泥、低热硅酸盐水泥、低热矿渣硅酸盐水泥》GB 200 的有关规定。 水泥出厂超过 3 个月（快硬硅酸盐水泥超过 1 个月）时，应进行复验，并按复验结果使用。 **15.《架空输电线路大跨越工程施工及验收规范》DL 5319—2014** 3.0.1 工程使用的原材料及器材必须有该批产品出厂质量检验合格证书。 3.0.2 工程使用的原材料及器材应有符合国家现行标准的各项质量检验资料。当对产品检验结果有怀疑时，应重新按规定进行抽样并经有资格的检验单位检验，合格后方可采用。 3.0.5 工程所使用的碎石、卵石应符合现行国家标准《建设用卵石、碎石》GB/T 14685 的有关规定。预制混凝土构件、现场浇筑混凝土基础及防护设施所使用的碎石、卵石尚应符合现行行业标准《普通混凝土用砂、石质量及检验方法》JGJ 52 的有关规定。 3.0.6 工程所使用的砂应符合下列要求： 1 应符合现行国家标准《建设用砂》GB/T 14684 的有关规定。预制混凝土构件、现场浇筑混凝土基础及防护设施所使用的砂尚应符合现行行业标准《普通混凝土用砂、石质量及检验方法》JGJ 52 的有关规定。 2 特殊地区可按该地区的规定执行。 3 不得使用海砂。 3.0.7 砂、石等原材料进场时应抽样检查，并经有资格的检验单位检验，合格后方可采用。 3.0.8 工程所使用的水泥应符合下列要求： 1 应符合现行国家标准《硅酸盐水泥、普通硅酸盐水泥》GB 175 的有关规定。当采用其他品种时，其性能指标应符合国家现行有关标准的规定。水泥应标明出厂日期，当水泥出厂超过 3 个月或保存不善时，不得在大跨越工程中使用。 3 当混凝土有抗渗指标要求时，所用水泥的铝酸三钙含量不宜大于 8%。 4 大体积混凝土所用水泥应选用中、低热硅酸盐水泥或低热矿渣硅酸盐水泥，水泥质量应符合《中热硅酸盐水泥、低热硅酸盐水泥、低热矿渣硅酸盐水泥》GB 200 的有关规定，且 3d 的水化热不宜大于 240kJ/kg，7d 的水化热不宜大于 270kJ/kg。 3.0.9 水泥进场时应对水泥品种、强度等级、包装或散装仓号、出厂日期等进行检查，并应对其强度、安定性、凝结时间及其他必要的性能指标进行复验。	

续表

条款号	大纲条款	检查依据	检查要点
5.3.2	钢筋、水泥、砂、石、掺合料及焊材等性能证明文件、现场见证取样复检合格，报告齐全	**16.《电力建设施工质量验收及评价规程　第1部分：土建工程》DL/T 5210.1—2012** 3.0.1　工程所用主要原材料、半成品、构（配）件、设备等产品，应符合设计要求和国家有关标准的规定；进入施工现场时必须按规定进行现场检验和复检，合格后方可使用。不得使用国家明令禁止和淘汰的建筑材料和建筑设备。涉及结构安全的试块、试件及有关材料，应按规定进行见证取样检测。 **17.《±800kV及以下直流架空输电线路工程施工及验收规程》DL/T 5235—2010** 3.0.5　工程使用的原材料及器材必须符合下列规定： 1　有该批产品出厂质量检验合格证明资料； 2　有符合国家现行标准的各项质量检验资料； 3　对砂石等无质量检验资料的原材料应经抽样并交有检验资格的单位检验，合格后方可采用； 4　对产品检验结果有怀疑时应重新抽样并经有资质的检验单位检验，合格后方可采用。 **18.《电力建设工程监理规范》DL/T 5434—2009** 9.1.7　项目监理机构应对承包单位报送的拟进场工程材料、半成品和构配件的质量证明文件进行审核，并按有关规定进行抽样验收。对有复试要求的，经监理人员现场见证取样送检，复试报告应报送项目监理机构查验。 未经项目监理机构验收或验收不合格的工程材料、半成品和构配件，不得用于本工程，并书面通知承包单位限期撤出施工现场。 **19.《钢筋焊接验收规程》JGJ 18—2012** 3.0.6　施焊的各种钢筋、钢板均应有质量证明书；焊条、焊丝、氧气、溶解乙炔、液化石油气、二氧化碳气体、焊剂应有产品合格证。 钢筋进场（厂）时，应按现行国家标准《混凝土结构工程施工质量验收规范》GB 50204中的规定，抽取试件作力学性能检验，其质量必须符合有关标准的规定。 **20.《建筑桩基技术规范》JGJ 94—2008** 6.1.1　灌注桩施工应具备下列资料： 6　水泥、砂、石、钢筋等原材料及其制品的质检报告； **21.《混凝土结构成型钢筋应用技术规程》JGJ 366—2015** 3.1.1　加工配送企业……。收集存档的质量验收资料应包括下列文件： 1　钢筋质量证明文件； 2　钢筋提供单位资质复印件； 3　钢筋力学性能和重量偏差复检报告； 4　成型钢筋配料单；	

续表

条款号	大纲条款	检 查 依 据	检查要点
5.3.2	钢筋、水泥、砂、石、掺合料及焊材等性能证明文件、现场见证取样复检合格，报告齐全	5 成型钢筋交货验收单； 6 成型钢筋加工质量检查记录单； 7 成型钢筋出厂合格证和出厂检验报告； 8 机械接头提供企业的有效型式检验报告； 9 机械接头现场工艺检验报告	
5.3.3	混凝土强度等级满足设计要求，试块检验报告齐全	**1.《建筑地基基础设计规范》GB 50007—2011** 8.5.10 桩身混凝土强度应满足桩的承载力设计要求。 **2.《混凝土结构设计规范（2015年版）》GB 50010—2010** 4.1.1 混凝土强度等级应按立方体抗压强度标准值确定。立方体抗压强度标准值系指按标准方法制作、养护的边长为150mm的立方体试件，在28d或设计规定龄期以标准试验方法测得的具有95%保证率的抗压强度值。 4.1.2 素混凝土结构的混凝土强度等级不应低于C15；钢筋海凝土结构的混凝土强度等级不应低于C20；采用强度等级400MPa及以上的钢筋时，混凝土强度等级不应低于C25。 **3.《工业建筑防腐蚀设计规范》GB 50046—2018** 4.9.4 桩身混凝土的基本要求应符合表4.9.4的规定。 **4.《混凝土强度检验评定标准》GB 50107—2010** 4.3.1 混凝土试件的立方体抗压强度试验应根据现行国家标准《普通混凝土力学性能试验方法》GB/T 50081的规定执行。每组混凝土试件强度代表值的确定，应符合下列规定： 1 取3个试件强度的算术平均值作为每组试件的强度代表值； 2 当一组试件中强度的最大值或最小值与中间值之差超过中间值的15%时，取中间值作为该组试件的强度代表值； 3 当一组试件中强度的最大值和最小值与中间值之差均超过中间值的15%时，该组试件的强度不应作为评定的依据。 注：对掺矿物掺合料的混凝土进行强度评定时，可根据设计规定，可采用大于28d龄期的混凝土强度。 4.3.2 当采用非标准尺寸试件时，应将其抗压强度乘以尺寸折算系数，折算成边长为150mm的标准尺寸试件抗压强度。尺寸折算系数按下列规定采用： 1 当混凝土强度等级低于C60时，对边长为100mm的立方体试件取0.95，对边长为200mm的立方体试件取1.05；	1. 查阅混凝土标准养护试块试验报告及同条件养护试块的试验报告 代表数量：与实际浇筑的数量相符 强度：符合设计要求 签字：试验员、审核人、批准人已签字 盖章：盖有计量认证章、资质章及试验单位章，见证取样时，有见证取样章并注明见证人 2. 查阅混凝土强度检验评定记录 评定方法：选用正确 数据：统计、计算准确 签字：计算者、审核者已签字 结论：符合设计要求

续表

条款号	大纲条款	检查依据	检查要点
5.3.3	混凝土强度等级满足设计要求，试块检验报告齐全	2　当混凝土强度等级不低于C60时，宜采用标准尺寸试件；使用非标准尺寸试件时，尺寸折算系数应由试验确定，其试件组数不应少于30对组。 **5.《混凝土结构工程施工质量验收规范》GB 50204—2015** 7.4.1　混凝土的强度等级必须满足设计要求。用于检验混凝土强度的试件应在浇筑地点随机抽取。 检查数量：对同一配合比混凝土，取样与试件留置应符合下列规定： 1　每拌制100盘且不超过100m^3时，取样不得少于一次； 2　每工作班拌制不足100盘时，取样不得少于一次； 3　连续浇筑超过1000 m^3时，每200m^3取样不得少于一次； 4　每一楼层取样不得少于一次； 5　每次取样应至少留置一组试件。 检验方法：检查施工记录及混凝土强度试验报告。 7.3.4　首次使用的混凝土配合比应进行开盘鉴定，其原材料、强度、凝结时间、稠度应满足设计配合比的要求。 检查数量：同一配合比的混凝土不应少于一次。 检验方法：检查开盘鉴定资料和强度试验报告。 10.1.2　结构实体混凝土强度应按不同强度等级分别检验，检验方法宜采用同条件养护试件方法；当未取得同条件养护试件或同条件养护试件强度不符合要求时，可采用回弹-取芯法进行检验。 C.0.2　对同一强度等级的同条件养护试件，其强度等级应除以0.88后按现行国家标准《混凝土强度检验评定标准》GB/T 50107的有关规定进行评定，评定结果符合要求时可判结构实体混凝土强度合格。 **6.《110kV～750kV架空输电线路施工及验收规范》GB 50233—2014** 6.1.10　基础混凝土强度应以试块强度为依据。试块强度应符合设计要求。 6.2.12　试块应在现场浇筑过程中随机取样制作，并应采用标准养护。当有特殊需要时，应加做同条件养护试块。 6.2.13　试块制作数量应符合下列规定： 1　耐张塔和悬垂转角塔基础每基取一组； 2　一般线路的悬垂直线塔基础，同一施工队每5基或不满5基应取一组，单基或连续浇筑混凝土量超过100m^3时亦应取一组； 3　按大跨越设计的直线塔基础及拉线基础，每腿应取一组，但当基础混凝土量不超过同工程中大转角或终端塔基础时，则每基应取一组；	3. 查看混凝土浇筑现场 试块留置：地点、方法及数量符合规范要求

续表

条款号	大纲条款	检查依据	检查要点
5.3.3	混凝土强度等级满足设计要求，试块检验报告齐全	4 当原材料变化、配合比变更时应另外制作试块。 6.3.10 灌注桩应按设计要求验桩，基础混凝土强度等级应以试块为依据。试块的制作应每桩取一组，承台及连梁试块的制作数量应每基取一组。 6.5.4 混凝土或砂浆的浇灌应符合下列规定： 3 混凝土或砂浆强度检验应以试块为依据，试块制作应每基取一组。 **7.《普通混凝土力学性能试验方法》GB/T 50081—2002** 5.2.4 标准养护龄期为28d（从搅拌加水开始）。 8.0.5 立方体抗压强度试验结果计算及确定按下列方法进行： 2 强度值的确定应符合下列规定： 1）三个试件测值的算术平均值作为该组试件的强度值（精确至0.1MPa）； 2）三个测值中的最大值或最小值中如有一个与中间值的差值超过中间值的15%时，则把最大及最小值一并舍除取中间值作为该组试件的抗压强度值； 3）如最大值和最小值与中间值的差均超过中间值的15%时，则该组试件的试验结果无效。 3 混凝土强度等级<C60时，用非标准试件测得的强度值均应乘以尺寸换算系数，其值为对200mm×200mm×200mm试件为1.05；对100mm×100mm×100mm试件为0.95。当混凝土强度等级≥C60时，宜采用标准试件；使用非标准试件时，尺寸换算系数应由试验确定。 **8.《架空输电线路大跨越工程施工及验收规范》DL 5319—2014** 6.1.12 混凝土试块应在现场浇制过程中随机取样制作，并应采用标准养护。当有特殊需要时，加做同条件养护试块。混凝土试块强度的试验应由具备相应资质的试验单位进行。 6.1.13 混凝土试块的制作数量应符合下列规定： 1 跨越塔基础，每腿应取一组。 2 锚塔基础，每基应取一组。 3 现浇桩基础，每桩应取一组。 4 每次连续浇筑超过 $100m^3$ 时，每增加 $100m^3$ 应加取一组；每次连续浇筑超过 $1000m^3$ 时，每增加 $200m^3$ 应加取一组。 5 当原材料变化、配合比变更时应另外制作。 6.2.14 现场浇筑混凝土强度应以试块强度为依据，试块强度应符合设计要求。 6.4.4 混凝土或砂浆的浇灌应符合下列规定： 3 对浇灌混凝土或砂浆强度检验应以试块为依据，试块的制作应每基础腿取一组。	

续表

条款号	大纲条款	检 查 依 据	检查要点
5.3.3	混凝土强度等级满足设计要求，试块检验报告齐全	**9.《架空输电线路基础设计技术规程》DL/T 5219—2014** 9.2.1 桩身、承台及连梁的混凝土强度等级不应低于C25。 9.2.2 微型桩桩身混凝土强度等级应不低于C15，…… **10.《±800kV及以下直流架空输电线路工程施工及验收规程》DL/T 5235—2010** 6.2.8 现场浇筑混凝土强度应以试块强度为依据，试块强度应符合设计要求。 6.2.9 试块应在现场浇制过程中随机取样制作，其养护条件应与基础基本相同。同条件养护的试件应在达到等效养护龄期时进行强度试验。 6.2.10 试块制作数量应符合下列规定： 1 转角、耐张、终端及直线转角塔基础每基取一组。 2 一般直线塔基础，同一施工队每5基或不满5基应取一组，单基或连续浇筑混凝土量超过100m^{3}时亦应取一组。 3 按大跨越设计的铁塔基础，每腿应取一组。 4 当原材料变化、配合比变更时应另外制作试块。 5 当需要作其他强度鉴定时，外加试块的组数由各工程自定。 6.3.10 灌注桩基础混凝土强度检验应以试块为依据。试块的制作应每桩取一组，承台及连梁试块的制作应每基一组。 6.4.4 混凝土或砂浆的浇灌应符合下列规定： 3 对浇灌混凝土或砂浆强度检验应以试块为依据，试块的制作应每基取一组。 **11.《电力工程地基处理技术规程》DL/T 5024—2005** 14.2.1 钻孔灌注桩 11 钻孔灌注桩混凝土的浇筑应符合下列规定： 7）桩身浇注过程中，每根桩留取不少于1组（3块）试块，按标准养护后进行抗压试验	
5.3.4	钢筋焊接工艺试验、机械连接工艺试验合格；连接接头试件截取符合规范，试验合格，报告齐全	**1.《混凝土结构工程施工质量验收规范》GB 50204—2015** 5.4.2 钢筋采用机械连接或焊接时，钢筋机械连接接头、焊接接头的力学性能、弯曲性能应符合国家现行相关标准的规定。接头试件应从工程实体中截取。 检查数量：按现行行业标准《钢筋机械连接技术规程》JGJ 107和《钢筋焊接及验收规程》JGJ 18的规定确定。 检验方法：检查质量证明文件和抽样检验报告。 **2.《混凝土结构工程施工规范》GB 50666—2011** 5.4.3 钢筋焊接施工应符合下列规定：	1. 查阅焊接工艺试验及质量检验报告 检验项目、试验方法、代表部位、数量、试验结果：符合规范规定 签字：试验员、审核人、批准人已签字 盖章：盖有计量认证章、资质章及试验单位章，见证取样时，有见证取样章并注明见证人

续表

<table>
<tr><th>条款号</th><th>大纲条款</th><th>检查依据</th><th>检查要点</th></tr>
<tr><td rowspan="4">5.3.4</td><td rowspan="4">钢筋焊接工艺试验、机械连接工艺试验合格；连接接头试件截取符合规范，试验合格，报告齐全</td><td rowspan="4">2 在钢筋焊接施工前，参与该项工程施焊的焊工应进行现场条件下的焊接工艺试验，经试验合格后，方可进行焊接。焊接过程中，如果钢筋牌号、直径发生变更，应再次进行焊接工艺试验。工艺试验使用的材料、设备、辅料及作业条件均应与实际施工一致。
5.5.5 钢筋连接施工的质量检查应符合下列规定：
1 钢筋焊接和机械连接施工前均应进行工艺试验。机械连接应检查有效的型式检验报告。
6 应按现行行业标准《钢筋机械连接技术规程》JGJ 107、《钢筋焊接及验收规程》JGJ 18 的有关规定抽取钢筋机械连接接头、焊接接头试件做力学性能检验。
3.《钢筋焊接验收规程》JGJ 18—2012
4.1.3 在钢筋工程焊接开工之前，参与该项工程施焊的焊工必须进行现场条件下的焊接工艺试验，应经试验合格后，方准于焊接生产。
4.《钢筋机械连接技术规程》JGJ 107—2016
5.0.1 下列情况应进行型式检验：
1 确定接头性能等级时；
2 套筒材料、规格、接头加工工艺改动时；
3 型式检验报告超过 4 年时。
5.0.2 接头型式检验试件应符合下列规定：
1 对每种类型、级别、规格、材料、工艺的钢筋机械连接接头，型式检验试件不应少于 12 个；其中钢筋母材拉伸强度试件不应少于 3 个，单向拉伸试件不应少于 3 个，高应力反复拉压试件不应少于 3 个，大变形反复拉压试件不应少于 3 个；
6.2.1 直螺纹钢筋丝头加工应符合下列规定：
1 钢筋端部应采用带锯、砂轮锯或带圆弧形刀片的专用钢筋切断机切平；
2 镦粗头不应有与钢筋轴线相垂直的横向裂纹；
3 钢筋丝头长度应满产品设计要求，极限偏差应为 0p～2.0p（p 为螺距）；
4 钢筋接头宜满足 6f 级精度要求，应采用专用直螺纹量规检验，通规能顺利旋入并达到要求的拧紧长度，止规旋入不得超过 3p。各归各的自检数量不应少于 10%，检验合格率不应小于 95%。
6.2.2 锥螺纹钢筋丝头加工应符合下列规定：
1 钢筋端部不得有影响螺纹加工的局部弯曲；
2 钢筋丝头长度应满足产品设计要求，拧紧后的钢筋丝头不得相互接触，丝头加工长度极限偏差应为－0.5p～－1.5p；
3 钢筋丝头的锥度和螺距应采用专用锥螺纹量规检验；各规格丝头的自检数量不应少于 10%，检验合格率不应小于 95%。</td><td>结论：符合设计要求和规范规定</td></tr>
<tr><td>2. 查阅焊接工艺试验质量检验报告台账
内容：包括焊接部位、焊接方法、检验方法、焊接人员、报告编号等
试验报告数量：与连接接头种类及代表数量相一致</td></tr>
<tr><td>3. 查看焊接接头及试验报告
截取方式：在工程结构中随机截取
试件数量：符合规范要求
试验结果：合格</td></tr>
<tr><td>4. 查阅机械连接工艺报告及质量检验报告
检验项目、试验方法、代表部位、数量、试验结果：符合规范规定
签字：试验员、审核人、批准人已签字
盖章：盖有计量认证章、资质章及试验单位章，见证取样时，有见证取样章并注明见证人
结论：符合设计要求和规范规定</td></tr>
</table>

续表

条款号	大纲条款	检　查　依　据	检查要点
5.3.4	钢筋焊接工艺试验、机械连接工艺试验合格；连接接头试件截取符合规范，试验合格，报告齐全	6.3.1　直螺纹接头的安装应符合下列规定： 　2　接头安装后应用扭力扳手校核拧紧力矩，拧紧扭矩值应符合本规程表6.3.1的规定。 6.3.2　锥螺纹接头的安装应符合下列规定： 　2　接头安装时应用扭力扳手拧紧，拧紧力矩值应符合本规定表6.3.2的规定。 7.0.1　工程应用接头时，应对接头技术提供单位提交的接头相关资料进行审查与验收，并应包括下列内容： 　1　工程所用接头的有效型式检验报告； 　2　连接件产品设计、接头加工安装要求的相关技术文件； 　3　连接件产品合格证和连接件原材料质量证明书。 7.0.2　接头工艺检验应针对不同钢筋生产厂的钢筋进行，施工过程中更换生产厂家或接头技术提供单位时，应补充进行工艺检验。工艺检验应符合下列规定： 　1　各种类型和型式接头部位都应进行工艺检验，检验项目包括单向拉伸极限抗拉强度和残余变形； 　2　每种规格钢筋接头试件不应少于3根； 　3　接头试件测量残余变形后可继续进行极限抗拉强度试验，并宜按本规程表A.1.3中单向拉伸加载制度进行试验； 　4　每根试件极限抗拉强度和3根接头试件残余变形的平均值均应符合本规程表3.0.5和表3.0.7的规定； 　5　工艺检验不合格时，应进行工艺参数调整，合格后方可按最终确认的工艺参数进行接头批量加工。 **5.《钢筋机械连接用套筒》JG/T 163—2013** 5.3.1　直螺纹套筒的尺寸及偏差应符合以下规定： 　b）圆柱形直螺纹套筒的尺寸偏差应符合表2的规定，螺纹精度应符合相应的设计规定。 5.3.2　锥螺纹套筒的尺寸及偏差应符合以下规定： 　b）锥螺纹套筒的尺寸偏差应符合表3的规定，螺纹精度应符合相应的设计规定。 7.2.3　套筒型式检验应符合以下要求： 　a）在下列情况下应进行套筒的型式检验： 　1）套筒产品定型时。 　2）套筒材料、工艺、规格进行改动时。 　3）型式检验报告超过4年。 　b）检验项目包括： 　1）套筒标记、外观和尺寸。	5. 查阅机械连接工艺试验及质量检验报告台账 　内容：包括连接方法、检验方法、连接人员、报告编号等 　数量：试验报告与连接接头种类及代表数量相一致 6. 查看机械连接接头试验报告 　截取方式：在工程结构中随机截取 　试件数量：符合规范要求 　试验结果：合格 7. 查阅机械连接施工记录 　最小拧紧力矩值：符合规范规定 　签字：施工单位班组长、质量员、技术负责人、专业监理工程师已签字

续表

条款号	大纲条款	检查依据	检查要点
5.3.4	钢筋焊接工艺试验、机械连接工艺试验合格；连接接头试件截取符合规范，试验合格，报告齐全	2）钢筋试件拉伸。 3）接头试件单向拉伸。 4）接头试件高应力反复拉压。 c）用于型式检验的钢筋应符合有关钢筋标准的规定。 d）检验规则包括： 1）对每种型式、级别、规格、材料、工艺的钢筋机械连接接头，应选用标准型接头进行型式检验，接头试件数量不应少于9个。其中单向拉伸试件不应少于3个，高应力反复拉压试件不应少于3个，大变形反复拉压试件不应少于3个。同时，应另取3根钢筋试件做抗拉强度试验。全部试件宜在同一根钢筋上截取。 8.2.3 套筒出厂时套筒包装内应附有产品合格证，同时应向用户提交产品质量证明书	
5.3.5	人工挖孔桩终孔时，持力层检验记录齐全	**1.《建筑地基基础设计规范》GB 50007—2011** 10.2.13 人工挖孔桩终孔时，应进行桩端持力层检验。单柱单桩的大直径嵌岩桩，应视岩性检验孔底下3倍桩身直径或5m深度范围内有无土洞、溶洞、破碎带或软弱夹层等不良地质条件。 **2.《建筑地基基础工程施工质量验收规范》GB 50202—2018** 5.7.4 人工挖孔桩应复验孔底持力层土（岩）性，嵌岩桩应有桩端持力层的岩性报告。 **3.《建筑桩基技术规范》JGJ 94—2008** 9.3.2 灌注桩施工过程中应进行下列检验： 3 干作业条件下成孔后应对大直径桩桩端持力层进行检验	查阅桩端持力层检验记录 签字：施工、监理责任人已签字 盖章：施工单位、监理单位、设计勘察单位、业主单位已签字盖章 结论：结论明确
5.3.6	灌注桩桩径、垂直度、孔底沉渣厚度及桩位的偏差符合规范规定	**1.《建筑地基基础工程施工质量验收规范》GB 50202—2018** 5.1.4 灌注桩的桩径、垂直度及桩允许偏差应符合表5.1.4的规定。 5.6.2 施工中应对成孔、钢筋笼制作与安装、水下混凝土灌注等各项质量指标进行检查验收；嵌岩桩应对桩端的岩性和入岩深度进行检验。 5.7.2 施工中应检验钢筋笼质量、混凝土坍落度、桩位、孔深、桩顶标高等。 5.7.4 人工挖孔桩应复验孔底持力层土岩性，嵌岩桩应有桩端持力层的岩性报告。 **2.《110kV～750kV架空输电线路施工及验收规范》GB 50233—2014** 6.3.2 成孔后应立即检查成孔质量，并填写施工记录。成孔后尺寸应符合下列规定： 1 孔径的负偏差不得大于50mm； 2 孔垂直度应小于桩长1%； **3.《架空输电线路大跨越工程施工及验收规范》DL 5319—2014** 6.3.2 成孔后应立即检查成孔质量，并填写施工记录。成孔后尺寸应符合下列规定：	查阅施工记录 灌注桩桩径、垂直度、孔底沉渣厚度及桩位的偏差：符合规范规定

续表

条款号	大纲条款	检 查 依 据	检查要点
5.3.6	灌注桩桩径、垂直度、孔底沉渣厚度及桩位的偏差符合规范规定	1 孔径允许偏差：−50mm。 2 孔垂直度允许偏差：<桩长1%。 **4.《±800kV及以下直流架空输电线路工程施工及验收规范》DL/T 5235—2010** 6.3.2 钻孔完成后应立即检查成孔质量，并填写施工记录。成孔后尺寸应符合下列规定： 1 孔径允许偏差：−50mm。 2 孔垂直度允许偏差：<桩长1%。 **5.《电力工程地基处理技术规程》DL/T 5024—2005** 14.1.5 灌注桩成桩过程中，应进行成孔质量检测，包括孔径、孔斜、孔深、沉渣厚度等，成孔质量检测不得少于总桩数的10%。 **6.《建筑桩基技术规范》JGJ 94—2008** 6.2.4 灌注桩成孔施工的允许偏差应满足表6.2.4的要求。 6.3.9 钻孔达到设计深度，灌注混凝土之前，孔底沉渣厚度指标应符合下列规定： 1 对端承型桩，不应大于50mm； 2 对摩擦型桩，不应大于100mm； 3 对抗拔、抗水平力桩，不应大于200mm	
5.3.7	工程桩承载力测试结果符合设计要求，桩身质量的检验符合规程规定，报告齐全	**1.《建筑地基基础工程施工质量验收规范》GB 50202—2018** 5.1.5 工程桩应进行承载力和桩身完整性检验。 5.1.6 设计等级为甲级或地质条件复杂时，应采用静载荷试验的方法对桩基承载力进行检验，检验桩数不应少于总桩数的1%，且不应少于3根，当总桩数少于50根时，不应少于2根。在有经验和对比资料的地区，设计等级为乙级、丙级的桩基可采用高应变法对桩基进行竖向抗压承载力检测，检测数量不应少于总桩数的5%，且不应少于10根。 5.1.7 工程桩的桩身完整性的抽检数量不应少于总桩数的20%，且不应少于10根。每根柱子承台下的桩抽检数量不应少于1根。 5.6.3 施工后对桩身完整性、混凝土强度及承载力进行检验。 5.7.3 施工结束后应检验桩的承载力、桩身完整性及混凝土的强度。 **2.《110kV～750kV架空输电线路施工及验收规范》GB 50233—2014** 6.3.11 灌注桩应按现行行业标准《建筑基桩检测技术规范》JGJ 106的有关规定检测桩身完整性，有特殊要求的灌注桩基础检测方法和数量应符合设计要求。 **3.《架空输电线路大跨越工程施工及验收规范》DL 5319—2014** 6.1.15 工程桩应进行承载力和桩身完整性检验。	1. 查阅工程桩检测报告 承载力：符合设计要求 桩身质量：符合规范规定 签字：试验单位已签字 盖章：已加盖计量认证章、资质章及试验单位章 结论：结论明确

续表

条款号	大纲条款	检查依据	检查要点
5.3.7	工程桩承载力测试结果符合设计要求，桩身质量的检验符合规程规定，报告齐全	6.1.16 工程桩应按《建筑基桩检测技术规范》JGJ 106进行检测。每根工程桩均应进行桩身完整性检测。采用高应变法进行单桩竖向承载力检测时，其抽检数量不宜少于总桩数的5%，且不得少于5根。 **4.《电力工程基桩检测技术规程》DL/T 5493—2014** 3.1.1 电力工程基桩检测可分为综合试桩检测、施工过程工程桩跟踪检测和施工后工程桩验收检测。 3.1.3 工程桩应进行单桩承载力和桩身完整性检测。 3.4.6 混凝土灌注桩的桩身完整性验收检测的抽检数量应符合下列规定： 1 每个承台抽检桩数不应少于1根； 2 检测等级为甲级时，低应变法抽检数量不应少于总桩数的50%，且不宜少于20根；其他检测等级的低应变法抽检数量不应低于总桩数的30%，且不宜少于10根； 3 当选用钻芯法或声波投射法进行桩身完整性检测时，抽检数量不应少于总桩数的2%，地基条件复杂时应提高抽检比例。 3.4.7 混凝土灌注桩的单桩竖向抗压承载力验收检测应符合下列规定： 1 采用静载试验时，抽检数量不应少于总桩数1%，且不应少于3根；当总桩数在50根以内时，不应少于2根。采用高应变法时，抽检数量不应少于总桩数的5%，且不应少于5根； 2 对大直径端承型灌注桩，因试验设备或现场条件限制，难以进行单桩竖向抗压承载力检测时，可结合基桩施工桩端持力层岩性能鉴定结论和基桩钻心法检测结果核验单桩竖向抗压承载力。 3.4.12 架空输电线路中一级、二级杆塔桩基工程和地质条件复杂或成桩质量可靠性较低的三级杆塔桩基工程，均应100%进行桩身完整性检测，其他杆塔桩基工程可按其桩数的50%进行桩身完整性检测；对于一级杆塔和有特殊要求的杆塔桩基，应进行单桩承载力检测，抽检数量根据本标准有关规定确定或根据设计要求确定。 **5.《电力工程地基处理技术规程》DL/T 5024—2005** 14.1.15 ……。桩身强度满足养护要求后采用高应变、低应变动力测试或钻孔抽芯法检测桩身质量，高应变检测数量不宜少于总桩数的5%，且不少于5根。采用低应变法检测宜为总桩数的20%～30%。当单桩竖向抗压极限承载力较大、地质条件复杂、单桩承台时，应提高检测比例。 **6.《建筑桩基技术规范》JGJ 94—2008** 9.1.1 桩基工程应进行桩位、桩长、桩径、桩身质量和单桩承载力的检验。 9.4.2 工程桩应进行承载力和桩身质量检验。	2. 查阅桩基的质量验收记录 数量：与已完工程相符 签字：监理、施工单位相关验收人员已签字 结论：合格

续表

条款号	大纲条款	检查依据	检查要点
5.3.7	工程桩承载力测试结果符合设计要求，桩身质量的检验符合规程规定，报告齐全	**7.《建筑基桩检测技术规范》JGJ 106—2014** 3.1.1 基桩检测可分为施工前为设计提供依据的试验桩检测和施工后为验收提供依据的工程桩检测。 3.1.2 当设计有要求或有下列情况之一时，施工前应进行试验桩检测并确定单桩极限承载力： 1 设计等级为甲级的桩基； 2 无相关试桩资料可参考的设计等级为乙级的桩基； 3 地基条件复杂、基桩施工质量可靠性低； 4 本地区采用的新型或采用新工艺成桩的桩基。 3.1.3 施工完成后的工程桩应进行单桩承载力和桩身完整性检测。 3.3.3 混凝土灌注桩的桩身完整性检测方法选择，应符合本规范 3.1.1 条的规定；当一种方法不能全面评级基桩完整性时，应采用两种或两种以上的检测方法，检测数量应符合下列规定： 1 建筑桩基设计等级为甲级，或地质条件复杂、成桩质量可靠性较低的灌注桩工程，检测数量不应少于总桩数的 30%，且不应少于 20 根；其他桩基工程，检测数量不应少于总桩数的 20%，且不应少于 20 根。 2 除符合本条上款规定外，每个柱下承台检测桩数不应少于 1 根。 3 大直径嵌岩灌注桩或设计等级为甲级的大直径灌注桩，应在本条第 1、2 款规定的检测桩数范围内，按不少于总桩数 10%的比例采用超声波投射法或钻芯法检测。 4 当符合本规范第 3.2.6 条第 1、2 款规定的桩数较多，或为了全面了解整改过程桩的桩数完整性情况时，宜增加检测数量。 3.3.4 当符合下列条件时，应采用单桩竖向抗压静载试验进行承载力验收检测。检测数量不应少于同一条件下桩基分项工程总桩数的 1%，且不应少于 3 根；当总桩数小于 50 根时，检测数量不应少于 2 根。 1 设计等级为甲级的桩基； 2 施工前为按本规范第 3.3.1 条进行单桩静载试验的工程； 3 施工前进行了单桩静载试验，但施工过程中变更了工艺参数或施工质量出现了异常； 4 地基条件复杂、桩施工质量可靠性低； 5 本地区采用的新桩型或新工艺； 6 施工过程中产生挤土上浮或偏位的群桩	

续表

条款号	大纲条款	检查依据	检查要点
5.3.8	质量控制资料完整，施工记录及隐蔽验收、质量验收记录齐全	**1.《混凝土结构工程施工质量验收规范》GB 50204—2015** 10.2.3 混凝土结构子分部工程施工质量验收时，应提供下列文件和记录： 2 原材料质量证明文件和抽样检验报告； 3 预拌混凝土的质量证明文件； 4 混凝土、灌浆料试件的性能检验报告； 5 钢筋接头的试验报告； 6 预制构件的质量证明文件和安装验收记录； 7 预应力钢筋用锚具、连接器的质量证明文件和抽样检验报告； 8 预应力筋安装、张拉的检验记录； 9 钢筋套筒灌浆连接及预应力孔溢灌浆记录； 10 隐蔽工程验收记录； 11 混凝土工程施工记录； 12 混凝土试件的试验报告； 13 分项工程验收记录； 14 结构实体检验记录。	1. 查阅施工记录 内容：记录齐全，填写正确
		2.《110kV～750kV架空输电线路施工及验收规范》GB 50233—2014 10.1.1 工程验收应按隐蔽工程验收、中间验收和竣工验收的规定项目、内容进行。 10.3.1 工程竣工后应移交下列资料： 1 工程施工质量验收记录。 4 原材料和器材出厂质量合格证明和试验报告。 **3.《建筑工程施工质量验收统一标准》GB 50300—2013** 5.0.2 分项工程质量验收合格应符合下列规定： 1 所含检验批的质量均应验收合格。 2 所含检验批的质量验收记录应完整。 5.0.3 分部（子分部）工程质量验收合格应符合下列规定： 1 所含分项工程的质量均应验收合格。 2 质量控制资料应完整。 3 地基与基础、主体结构和设备安装等分部工程有关安全、节能、环境保护和主要使用功能的抽样检验结果应符合相应规定。 4 观感质量应符合要求。 5.0.7 工程质量控制资料应齐全完整，当部分资料缺失时，应委托有资质的检测机构按有关标准进行相应的实体检验或抽样试验。	2. 查阅隐蔽工程记录 内容：隐蔽工程记录齐全，内容符合规范或设计要求 签字：施工单位、监理单位已签字 结论：同意隐蔽验收结论明确

续表

条款号	大纲条款	检查依据	检查要点
5.3.8	质量控制资料完整，施工记录及隐蔽验收、质量验收记录齐全	**4.《混凝土结构工程施工规范》GB 50666—2011** 3.3.2　在混凝土结构工程施工过程中，应及时进行自检、互检和交接检，其质量不应低于现象国家标准《混凝土结构施工质量验收规范》GB 50204 的有关规定。对检查中发现的质量问题，应按规定程序及时处理。 3.3.3　在混凝土结构工程施工过程中，对隐蔽工程进行验收、对重要工序和关键部位应加强质量检查或进行测试，并应做出详细记录，同时留存图像资料。 3.3.4　混凝土结构工程施工使用的材料、产品和设备，应符合国家现行有关标准、设计文件和施工方案的规定。 **5.《架空输电线路大跨越工程施工及验收规范》DL 5319—2014** 10.1.1　工程验收分为隐蔽工程验收、中间验收和竣工验收三种方式，并应以最终形成的施工验收质量记录为基本依据来判定是否满足工程设计和本规范的要求。 10.3.1　下列资料为工程竣工的移交资料： 1　工程验收的施工质量记录。 4　原材料和器材出厂质量合格证明和试验记录。 **6.《输变电工程项目质量管理规程》DL/T 1362—2014** 5.1.8　建设单位应组织工程单位工程验收、中间验收、竣工预验收、启动验收和达标投产工作，应按照合同约定组织开展工程创优工作。 5.3.6　建设应按照第 14 章的规定组织中间验收，并应在确认发现问题整改闭环后向质量监督机构申请质量监督检查。 7.1.6　监理单位应组织隐蔽工程、检验批、分项工程和分部工程质量验收，应开展工程启动验收阶段的监理初检，应参加建设单位组织的单位工程验收、中间验收、竣工预验收。 9.1.6　施工单位应规范施工管理和作业人员行为，应按照设计要求、技术标准和经批准的施工方案组织施工，应组织施工质量控制、检查、检验工作并形成记录。 9.3.5　隐蔽工程施工完成后，施工单位应进行自检，并应在隐蔽前提前通知监理单位进行检查验收，隐蔽工程应在验收合格后隐蔽。 9.4.2　施工单位应按照施工质量验收范围划分表执行班组自检、项目部复检、公司级专检。 **7.《±800kV 及以下直流架空输电线路工程施工及验收规程》DL/T 5235—2010** 10.1.1　工程验收分隐蔽工程验收、中间验收和竣工验收三个阶段，并以最终形成的施工验收质量记录为基本依据来判定是否满足工程设计和本标准的要求。 10.3.1　下列资料为工程竣工的移交资料： 1　工程验收的施工质量记录。 4　原材料和器材出厂质量合格证明和试验记录。	3. 查阅质量验收资料 内容：单元、分项、分部工程质量记录齐全 签字：施工、监理单位相关责任人已签字 结论：合格

续表

条款号	大纲条款	检查依据	检查要点
5.3.8	质量控制资料完整，施工记录及隐蔽验收、质量验收记录齐全	**8.《建筑桩基技术规范》JGJ 94—2008** 9.5.2 基桩验收应包括下列资料： 1 岩土工程勘察报告、桩基施工图、图纸会审纪要、设计变更单及材料代用通知单等； 2 经审定的施工组织设计、施工方案及执行中的变更单； 3 桩位测量放线图，包括工程桩位线复核签证单； 4 原材料的质量合格和质量鉴定书； 5 半成品如预制桩、钢桩等产品的合格证； 6 施工记录及隐蔽工程验收文件； 7 成桩质量检查报告； 8 单桩承载力检测报告； 9 基坑挖至设计标高的基桩竣工平面图及桩顶标高图； 10 其他必须提供的文件和记录	
5.4 混凝土电杆基础的监督检查			
5.4.1	混凝土电杆基础地基处理技术方案、施工方案齐全	**1.《110kV～750kV 架空输电线路施工及验收规范》GB 50233—2014** 1.0.4 架空输电线路工程施工前应有经审批的施工组织设计文件和配套的施工方案等技术文件。 **2.《建筑工程地基处理技术规范》JGJ 79—2012** 3.0.1 在选择地基处理方案前，应完成下列工作： 1 搜集详细的岩土工程勘察资料、上部结构及基础设计资料等； 2 根据工程的要求和采用天然地基存在的主要问题，确定地基处理的目的、处理范围和处理后要求达到的各项技术经济指标等； 3 结合工程情况，了解当地地基处理经验和施工条件，对于有特殊要求的工程，尚应了解其他地区相似场地上同类工程的地基处理经验和使用情况等； 4 调查邻近建筑、地下工程和有关管线等情况	查阅地基处理技术方案和施工方案及报审文件 内容：包括施工方法、工艺流程等 报审单签字：施工单位负责人、监理单位负责人已签字 报审单盖章：施工单位、监理单位已盖章 报审单结论：同意实施
5.4.2	施工工艺与设计（施工）方案一致	**1.《110kV～750kV 架空输电线路施工及验收规范》GB 50233—2014** 6.4.3 拉线盘的埋设位置应符合设计要求，安装位置应符合下列规定： …… 6.4.4 混凝土电杆基础采用套筒时应按设计要求安装，安装允许偏差应保证电杆组立后符合本规范第 7.1.8 条的规定	查阅施工记录 施工工艺：与设计（施工）方案一致

续表

<table>
<tr><th>条款号</th><th>大纲条款</th><th>检 查 依 据</th><th>检查要点</th></tr>
<tr><td rowspan="3">5.4.3</td><td rowspan="3">质量控制资料完整，施工记录及质量验收记录齐全</td><td rowspan="3">**1.《110kV～750kV 架空输电线路施工及验收规范》GB 50233—2014**
10.1.1 工程验收应按隐蔽工程验收、中间验收和竣工验收的规定项目、内容进行。
10.1.4 竣工验收应符合下列要求：
1 竣工验收应在隐蔽工程验收和中间验收全部合格后实施。
10.3.1 工程竣工后应移交下列资料：
1 工程施工质量验收记录；
2 修改后的竣工图；
3 设计变通知单及工程联系单；
4 原材料和器材出厂质量合格证明和试验报告；
5 代用材料清单；
6 工程试验报告和记录；
7 未按设计施工的各项明细表及附图；
8 施工缺陷处理明细表及附图。
2.《输变电工程项目质量管理规程》DL/T 1362—2014
5.1.8 建设单位应组织工程单位工程验收、中间验收、竣工预验收、启动验收和达标投产工作，应按照合同约定组织开展工程创优工作。
5.3.6 建设应按照第14章的规定组织中间验收，并应在确认发现问题整改闭环后向质量监督机构申请质量监督检查。
7.1.6 监理单位应组织隐蔽工程、检验批、分项工程和分部工程质量验收，应开展工程启动验收阶段的监理初检，应参加建设单位组织的单位工程验收、中间验收、竣工预验收。
9.1.6 施工单位应规范施工管理和作业人员行为，应按照设计要求、技术标准和经批准的施工方案组织施工，应组织施工质量控制、检查、检验工作并形成记录。
9.3.5 隐蔽工程施工完成后，施工单位应进行自检，并应在隐蔽前提前通知监理单位进行检查验收，隐蔽工程应在验收合格后隐蔽。
9.4.2 施工单位应按照施工质量验收范围划分表执行班组自检、项目部复检、公司级专检</td><td>1. 查阅施工记录
内容：记录齐全</td></tr>
<tr><td>2. 查阅隐蔽工程记录
内容：隐蔽项目齐全，符合设计要求及规范规定
签字：施工单位、监理单位签字齐全
结论：同意隐蔽</td></tr>
<tr><td>3. 查阅质量验收资料
内容：单元、分项、分部工程质量验收记录齐全，填写正确，内容完善
签字：施工、监理相关人员签字齐全
结论：合格</td></tr>
</table>

续表

条款号	大纲条款	检查依据	检查要点
5.5 岩石基础的监督检查			
5.5.1	施工时，逐基进行了覆盖土层厚度及岩石质量核查，记录齐全	**1.《110kV～750kV架空输电线路施工及验收规范》GB 50233—2014** 6.5.1 岩石基础施工时应根据设计要求逐基核查覆盖层厚度及岩石质量，当实际情况与设计不符时应由设计单位提出处理方案。 **2.《架空输电线路大跨越工程施工及验收规范》DL 5319—2014** 6.4.1 岩石基础施工时，应根据设计资料逐基核查覆盖土层厚度及岩石质量，当实际情况与设计不符时应由设计单位提出处理方案。 **3.《架空输电线路基础设计技术规程》DL/T 5219—2014** 8.1.1 采用岩石基础必须逐基鉴定岩体的稳定性、覆盖层厚度、岩石的坚固性及验收风化程度等情况。 **4.《±800kV及以下架空输电线路工程施工及验收规程》DL/T 5235—2010** 6.4.1 岩石基础施工时，应根据设计资料逐基核查覆盖土层厚度及岩石质量，当实际情况与设计不符时应由设计单位提出处理方案	查阅验槽记录 覆盖土层厚度、岩石质量：与设计相符，不相符已由设计单位提出处理方案
5.5.2	技术方案、施工方案齐全，已审批	**1.《110kV～750kV架空输电线路施工及验收规范》GB 50233—2014** 1.0.4 架空输电线路工程施工前应有经审批的施工组织设计文件和配套的施工方案等技术文件。 **2.《混凝土结构工程施工规范》GB 50666—2011** 3.1.5 施工单位应根据设计文件和施工组织设计的要求制订具体的施工方案，并应经监理单位审核批准后组织实施。 **3.《电力建设施工技术规范 第1部分：土建结构工程》DL 5190.1—2012** 3.0.1 工程施工前，应按设计图纸，结合具体情况和施工组织设计的要求编制施工方案，并经批准后方可施工。 3.0.6 施工单位应当在危险性较大的分部、分项I程施工前编制专项方案：对于超过一定规模和危险性较大的深基坑工程、模板工程及支撑体系、起重吊装及安装拆卸工程、脚手架工程和拆除、爆破工程等，施工单位应当组织专家对专项方案进行论证。 4.4.11 混凝土浇筑前应制定施工方案，并按坍落度损失情况、初凝时间以及搅拌运输能力，选定浇筑顺序和布料点，防止出现“冷缝”。 **4.《输变电工程项目质量管理规程》DL/T 1362—2014** 9.1.6 施工单位应规范施工管理和作业人员行为，应按照设计要求、技术标准和经批准的施工方案组织施工，应组织施工质量控制、检查、检验工作并形成记录。	查阅施工方案及报审文件 内容：全面，施工方法、工艺流程合理，有针对性、可行性 报审单签字：施工单位、监理单位责任人已签字 报审单盖章：施工单位、监理单位已盖章 报审单结论：同意实施

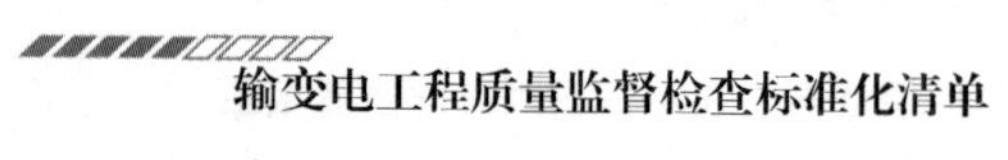

续表

条款号	大纲条款	检查依据	检查要点
5.5.2	技术方案、施工方案齐全，已审批	9.1.7 工程开工前，施工单位拟应根据施工质量管理策划编制质量管理文件，并应报监理单位审核、建设单位批准。质量管理文件应包括下列内容： e）施工方案及作业指导书。 **5.《岩土锚杆技术规程》CECS 22：2005** 锚杆基础在施工前，应根据锚固工程的设计条件、现场地层条件和环境编制施工组织设计	
5.5.3	钢筋、水泥、砂、石等原材料性能证明文件及现场见证取样复检合格，报告齐全	**1.《钢筋混凝土用钢　第1部分：热轧光圆钢筋》GB/T 1499.1—2017** 9.3.2.1 钢筋应按批进行检查和验收，每批由同一牌号、同一炉罐号、同一尺寸的钢筋组成。每批重量通常不大于60t，超过60t的部分，每增加40t（或不足40t的余数），增加一个拉伸试验试样和一个弯曲试验试样。 **2.《钢筋混凝土用钢　第2部分：热轧带肋钢筋》GB/T 1499.2—2018** 9.2.2.1 钢筋应按批进行检查和验收，每批由同一牌号、同一炉罐号、同一规格的钢筋组成。每批重量通常不大于60t，超过60t的部分，每增加40t（或不足40t的余数），增加一个拉伸试验试样和一个弯曲试验试样。 9.3.2.2 允许由同一牌号、同一冶炼方法、同一浇注方法的不同炉罐号组成混合批，但各炉罐号含碳量之差不大于0.02%，含锰量之差不大于0.15%。混合批的重量不大于60t。 **3.《混凝土外加剂》GB 8076—2008** 8.3 产品出厂 凡有下列情况之一者，不得出厂：技术文件（产品说明书、合格证、检验报告等）不全、包装不符、质量不足、产品受潮变质，以及超过有效期限。产品匀质性指标的控制值应在相关的技术资料中明示。 生产厂随货提供技术文件的内容应包括：产品名称及型号、出厂日期、特性及主要成分、适用范围及推荐掺量、外加剂总碱量、氯离子含量、安全防护提示、储存条件及有效期等。 **4.《混凝土外加剂应用技术规范》GB 50119—2013** 3.1.4 含有强电解质无机盐的早强型普通减水剂剂、早强剂、防冻剂和防水剂，严禁用于下列混凝土结构： 1 与镀锌钢材或铝铁相接处部位的混凝土结构； 2 有外露钢筋预埋铁件而无防护措施的混凝土结构； 3.1.5 含有氯盐的早强型普通减水剂、早强剂、防水剂和氯盐类防冻剂，严禁用于预应力混凝土、钢筋混凝土和钢纤维混凝土结构。 3.3.1 外加剂进场时，供方应向需方提供下列质量证明文件： 1 型式检验报告；	1. 查阅材料的进场报审表 签字：施工单位项目经理、专业监理工程师已签字 盖章：施工单位、监理单位已盖章 结论：同意使用 2. 查阅钢筋、水泥、砂、石、粉煤灰、外加剂、焊材、焊剂等的材质证明及复检报告 材质证明：应为原件，如为抄件，应加盖经销商公章及采购单位的公章，注明进货数量、原件存放处及抄件人 报告内容：包括试验方法、试验项目、代表部位和数量等，数据计算正确 报告签署：试验员、审核人、批准人已签字，日期无逻辑错误 报告盖章：盖有计量认证章、资质章及试验单位章，见证取样时，加盖见证取样章并注明见证人 报告结论：合格

续表

条款号	大纲条款	检查依据	检查要点
5.5.3	钢筋、水泥、砂、石等原材料性能证明文件及现场见证取样复检合格，报告齐全	2 出厂检验报告与合格证； 3 产品说明书。 4.3.2 普通减水剂进场主要检验项目应包括减水率、抗压强度比、凝结时间差、收缩率比、pH值、氯离子含量、总碱量、硫酸钠含量。 5.3.2 高效减水剂进场主要检验项目应包括减水率、抗压强度比、凝结时间差、收缩率比、pH值、氯离子含量、总碱量、硫酸钠含量。 6.3.2 聚羧酸系高性能减水剂进场检验项目应包括pH值、密度（或细度）、含固率（含水率），早强型还应检验1d抗压强度比，缓凝型还应包括凝结时间差。 7.4.2 引气剂及引气减水剂进场主要检验项目应包括减水率、抗压强度比、凝结时间差、收缩率比、含气量、相对耐久性、pH值、氯离子含量、总碱量。 8.3.2 早强剂进场主要检验项目应包括抗压强度比、凝结时间差、收缩率比、pH值、氯离子含量、总碱量、硫酸钠含量。 9.3.2 缓凝剂进场主要检验项目应包括抗压强度比、凝结时间差、收缩率比、pH值、氯离子含量、总碱量。 10.4.2 泵送剂进场主要检验项目应包括减水率、抗压强度比、收缩率比、坍落度1h经时变化量、匀质性指标、pH值、氯离子含量、总碱量。	3. 查阅原材料跟踪管理台账 内容：包括钢筋、水泥等主要原材的等级、代表数量与进场数量相吻合、复检报告编号、使用部位等 签字：责任人已签字
		11.3.2 防冻剂进场主要检验项目应包括含气量、抗压强度比、收缩率比、渗透高度比、50次冻融强度损失率比、钢筋锈蚀、氯离子含量、碱含量。 12.3.2 速凝剂进场主要检验项目应包括氯离子含、总碱量、pH值、抗压强度、凝结时间。 13.3.2 膨胀剂进场主要检验项目应包括抗压强度、凝结时间、限制膨胀率、细度。 **5.《混凝土结构工程施工质量验收规范》GB 50204—2015** 3.0.8 混凝土结构工程中采用的材料、构配件、器具及半成品应按进场批次进行检验，属于同一工程项目且同期施工的多个单位工程，对同一厂家生产的同批材料、构配件、器具及半成品，可统一划分检验批进行检验。 5.2.1 钢筋进场时，应按国家现行标准的规定抽取试件作屈服强度、抗拉强度、伸长率、弯曲性能和重量偏差检验，检验结果应符合相应标准的规定。 5.2.2 成型钢筋进场时，应抽取试件作屈服强度、抗拉强度、伸长率和重量偏差检验，检验结果应符合国家现行有关标准的规定。 对由热轧钢筋制成的成型钢筋，当有施工单位或监理单位的代表驻厂监督生产过程，并提供原材料钢筋力学性能第三方检验报告时，可仅进行重量偏差检验。 检查数量：同一厂家、同一钢筋来源的成型钢筋，不超过30t为一批，每批中每种钢筋牌号、规格均应至少抽取1个钢筋试件，总数不应少于3个。	4. 查阅商品混凝土出厂检验文件 发货单数量：符合规范规定 发货单签字：有供货商和施工单位的交接签字 合格证：强度符合要求

续表

条款号	大纲条款	检查依据	检查要点
5.5.3	钢筋、水泥、砂、石等原材料性能证明文件及现场见证取样复检合格，报告齐全	5.3.4 盘卷钢筋调直后应进行力学性能和重量偏差检验。 检查数量：同一加工设备、同一牌号、同一规格的调直钢筋，重量不大于30t为一批，每批见证取样抽取3个试件。 7.2.1 水泥进场时应对其品种、代号、强度等级、包装或散装仓号、出厂日期等进行检查，并应对水泥的强度、安定性和凝结时间进行检验，检验结果应符合现行国家标准《通用硅酸盐水泥》GB 175等的相关规定。 检查数量：按同一厂家、同一品种、同一代号、同一强度等级、同一批号且连续进场的水泥，袋装不超过200t为一批，散装不超过500t为一批，每批抽样数量不应少于一次。 7.2.2 混凝土外加剂进场时，应对其品种、性能、出厂日期等进行检查，并应对外加剂的相关性能指标进行检验，检验结果应符合现行国家标准《混凝土外加剂》GB 8076和《混凝土外加剂应用技术规范》GB 50119的规定。 检查数量：按同一生产厂家、同一品种、同一性能、同一批号且连续进场的混凝土外加剂，不超过50t为一批，每批抽样数量不应少于一次。 7.2.4 混凝土用矿物掺合料进场时，应对其品种、性能、出厂日期等进行检查，并应对矿物掺合料的相关性能指标进行检验，检验结果应符合国家现行有关标准的规定。 检查数量：按同一生产厂家、同一品种、同一批号且连续进场的矿物掺合料，粉煤灰、矿渣粉、磷渣粉、钢铁渣粉和复合矿物掺合料不超过200t为一批，沸石粉不超过120t为一批，硅灰不超过30t为一批，每批抽样数量不应少于一次。 7.2.5 混凝土原材料中的粗骨料、细骨料质量应符合现行行业标准《普通混凝土用砂、石质量及检验方法标准》JGJ 52的规定，使用经净化处理的海砂应符合现行行业标准《海砂混凝土应用技术规范》JGJ 206的规定，再生混凝土骨料应符合现行国家标准《混凝土用再生粗骨料》GB/T 25177和《混凝土和砂浆用再生细骨料》GB/T 25176的规定。 7.2.6 混凝土拌制及养护用水应符合现行行业标准《混凝土用水标准》JGJ 63的规定。采用饮用水作为混凝土用水时，可不检验；采用中水、搅拌站清洗水、施工现场循环水等其他水源时，应对其成分进行检验。 7.3.1 预拌混凝土进场时，其质量应符合现行国家标准《预拌混凝土》GB/T 14902的规定。 检验方法：检查质量证明文件（开盘鉴定、混凝土配合比通知单、混凝土质量合格证、强度检验报告、混凝土运输单，依据合同规定的其他资料。预拌混凝土所用水、骨料、掺合料等均应参照本规范的有关规定进行检验，其检验报告在预拌混凝土进场时可不提供，但应在生产企业存档保存，以便需要时查阅使用）。	

续表

条款号	大纲条款	检查依据	检查要点
5.5.3	钢筋、水泥、砂、石等原材料性能证明文件及现场见证取样复检合格，报告齐全	**6.《混凝土质量控制标准》GB 50164—2011** 2.1.2 水泥质量主要控制项目应包括凝结时间、安定性、胶砂强度、氧化镁和氯离子含量，碱含量低于0.6%的水泥主要控制项目还应包括碱含量，中、低热硅酸盐水泥或低热矿渣硅酸盐水泥主要控制项目还应包括水化热。 2.2.2 粗骨料质量主要控制项目应包括颗粒级配、针片状颗粒含量、含泥量、泥块含量、压碎值指标和坚固性，用于高强混凝土的粗骨料主要控制项目还应包括岩石抗压强度。 2.3.2 细骨料质量主要控制项目应包括颗粒级配、细度模数、含泥量、泥块含量、坚固性、氯离子含量和有害物质含量；海砂主要控制项目除应包括上述指标外尚应包括贝壳含量；人工砂主要控制项目除应包括上述指标外尚应包括石粉含量和压碎值指标，人工砂主要控制项目可不包括氯离子含量和有害物质含量。 2.4.2 粉煤灰的主要控制项目应包括细度、需水量比、烧失量和三氧化硫含量，C类粉煤灰的主要控制项目还应包括游离氧化钙含量和安定性；粒化高炉矿渣粉的主要控制项目应包括比表面积、活性指数和流动度比；钢渣粉的主要控制项目应包括比表面积、活性指数、流动度比、游离氧化钙含量、三氧化硫含量、氧化镁含量和安定性；磷渣粉的主要控制项目应包括细度、活性指数、流动度比、五氧化二磷含量和安定性；硅灰的主要控制项目应包括比表面积和二氧化硅含量。矿物掺合料的主要控制项目还应包括放射性。 2.5.2 外加剂质量主要控制项目应包括掺外加剂混凝土性能和外加剂匀质性两方面，混凝土性能方面的主要控制项目应包括减水率、凝结时间差和抗压强度比，外加剂匀质性方面的主要控制项目应包括pH值、氯离子含量和碱含量；引气剂和引气减水剂主要控制项目还应包括含气量；防冻剂主要控制项目还应包括含气量和50次冻融强度损失率比；膨胀剂主要控制项目还应包括凝结时间、限制膨胀率和抗压强度。 2.6.2 混凝土用水主要控制项目应包括pH值、不溶物含量、可溶物含量、硫酸根离子含量、氯离子含量、水泥凝结时间差和水泥胶砂强度比。当混凝土骨料为碱活性时，主要控制项目还应包括碱含量。 6.2.1 混凝土原材料进场时，供方应按规定批次向需方提供质量证明文件。质量证明文件应包括型式检验报告、出厂检验报告与合格证等，外加剂产品还应提供使用说明书。 6.2.3 水泥应按不同厂家、不同品种和强度等级分批存储，并应采取防潮措施；出现结块的水泥不得用于混凝土工程；水泥出厂超过3个月（硫铝酸盐水泥超过45d），应进行复检，合格者方可使用。 6.2.5 矿物掺合料存储时，应有明显标记，不同矿物掺合料以及水泥不得混杂堆放，应防潮防雨，并应符合有关环境保护的规定；矿物掺合料存储期超过3个月时，应进行复检，合格者方可使用。	

续表

条款号	大纲条款	检　查　依　据	检查要点
5.5.3	钢筋、水泥、砂、石等原材料性能证明文件及现场见证取样复检合格，报告齐全	6.2.6　外加剂的送检样品应与工程大批量进货一致，并应按不同的供货单位、品种和牌号进行标识，单独存放；粉状外加剂应防止受潮结块，如有结块，应进行检验，合格者应经粉碎至全部通过600μm筛孔后方可使用；液态外加剂应储存在密闭容器内，并应防晒和防冻，如有沉淀等异常现象，应经检验合格后方可使用。 **7.《建筑防腐蚀工程施工规范》GB 50212—2014** 1.0.3　进入现场的建筑防腐蚀材料应有产品质量合格证、质量技术指标及检测方法和质量检验报告或技术鉴定文件。 **8.《110kV～750kV架空输电线路施工及验收规范》GB 50233—2014** 3.0.1　工程所使用的原材料及器材应符合下列要求： 1　应有该批产品出厂质量检验合格证书； 2　应有符合国家现行标准的各项质量检验资料； 3　对砂石等无质量检验资料的原材料，应抽样并经有检验资格的单位检验，合格后方可采用； 4　对产品检验结果有怀疑时，应按规定重新抽样，并经有检验资质的单位检验，合格后方可采用。 3.0.4　工程所使用的碎石、卵石应符合现行国家标准《建设用卵石、碎石》GB/T 14685的有关规定。预制混凝土构件、现场浇筑混凝土基础及防护设施所使用的碎石、卵石尚应符合现行行业标准《普通混凝土用砂、石质量及检验方法》JGJ 52的有关规定。 3.0.5　工程所使用的砂应符合下列要求： 1　应符合现行国家标准《建设用卵石、碎石》GB/T 14685的有关规定。预制混凝土构件、现场浇筑混凝土基础及防护设施所使用的碎石、卵石尚应符合现行行业标准《普通混凝土用砂、石质量及检验方法》JGJ 52的有关规定。 2　不得使用海砂。 3.0.6　工程所使用的水泥应符合下列要求： 1　应符合现行国家标准《硅酸盐水泥、普通硅酸盐水泥》GB 175的有关规定。当采用其他品种时，其性能指标应符合国家现行有关标准的规定。水泥应标明出厂日期，当水泥出厂超过3个月或保存不善时，应补做强度等级试验，并应按试验后的实际强度等级使用。 3.0.7　水泥进场时应对水泥品种、强度等级、包装或散装仓号、出厂日期等进行检查，并应对其强度、安定性、凝结时间及其他必要的性能指标进行复验。 **9.《大体积混凝土施工规范》GB 50496—2018** 4.2.1　水泥选择及其质量，应符合下列规定：	

续表

条款号	大纲条款	检查依据	检查要点
5.5.3	钢筋、水泥、砂、石等原材料性能证明文件及现场见证取样复检合格，报告齐全	1 水泥应符合现行国家标准《通用硅酸盐水泥》GB 175 的有关规定，当采用其他品种时，其性能指标应符合国家现行有关标准的规定； 2 应选用水化热低的通用硅酸盐水泥，3d 水化热不宜大于 250kJ/kg，7d 水化热不宜大于 280kJ/kg；当选用 52.5 强度等级水泥时，7d 水化热宜小于 300kJ/kg； 3 水泥在搅拌站的入机温度不宜高于 60℃。 4.2.2 用于大体积混凝土的水泥进场时应检查水泥品种、代号、强度等级、包装或散装编号、出厂日期等，并应对水泥的强度、安定性、凝结时间、水化热进行检验，检验结果应符合现行国家标准《通用硅酸盐水泥》GB 175 的相关规定。 4.2.3 骨料选择，除应符合现行行业标准《普通混凝土用砂、石质量及检验方法标准》JGJ 52 的有关规定外，尚应符合下列规定： 1 细骨料宜采用中砂，细度模数宜大于 2.3，含泥量不应大于 3%； 2 粗骨料粒径宜为 5.0mm～31.5mm，并应连续级配，含泥量不应大于 1%； 3 应选用非碱活性的粗骨料； 4 当采用非泵送施工时，粗骨料的粒径可适当增大。 4.2.4 粉煤灰和粒化高炉矿渣粉，质量应符合现行国家标准《用于水泥和混凝土中的粉煤灰》GB/T 1596 和《用于水泥、砂浆和混凝土中的粒化高炉矿渣粉》GB/T 18046 的有关规定。 4.2.5 外加剂质量及应用技术，应符合现行国家标准《混凝土外加剂》GB 8076 和《混凝土外加剂应用技术规范》GB 50119 的有关规定。 4.2.6 外加剂的选择除应满足本标准第 4.2.5 条的规定外，尚应符合下列规定： 1 外加剂的品种、掺量应根据材料试验确定； 2 宜提供外加剂对硬化混凝土收缩等性能的影响系数； 3 耐久性要求较高或寒冷地区的大体积混凝土，宜采用引气剂或引气减水剂。 4.2.7 混凝土拌合用水质量符合现行行业标准《混凝土用水标准》JGJ 63 的有关规定。 **10.《混凝土结构工程施工规范》GB 50666—2011** 5.5.1 钢筋进场检查应符合下列规定： 1 应检查钢筋的质量证明文件。 2 应按国家现行有关标准的规定抽样检验屈服强度、抗拉强度、伸长率、弯曲性能及单位长度重量偏差。 3 经产品认证符合要求的钢筋，其检验批量可扩大一倍。在同一工程中，同一厂家、同一牌号、同一规格的钢筋连续三次进场检验均一次合格时，其后的检验批量可扩大一倍。	

续表

条款号	大纲条款	检　查　依　据	检查要点
5.5.3	钢筋、水泥、砂、石等原材料性能证明文件及现场见证取样复检合格，报告齐全	4　钢筋的外观质量。 5　当无法准确判断钢筋品种、牌号时，应增加化学成分、晶粒度等检验项目。 5.5.2　成型钢筋进场时，应检查成型钢筋的质量证明文件，成型钢筋所用材料质量证明文件及检验报告并应抽样检验成型钢筋的屈服强度、抗拉强度、伸长率和重量偏差。检验批量可由合同约定，同一工程、同一原材料来源、同一组生产设备生产的成型钢筋，检验批量不宜大于30t。 5.2.3　钢筋调直后，应检查力学性能和单位长度重量偏差。但采用无延伸功能机械设备调直的钢筋，可不进行本条规定的检查。 6.6.1　预应力工程材料进场检查应符合下列规定： 1　应检查规格、外观、尺寸及其质量证明文件。 2　应按现行国家有关标准的规定进行力学性能的抽样检验。 3　经产品认证符合要求的产品，其检验批量可扩大一倍。在同一工程、同一厂家、同一品种、同一规格的产品连续三次进场检验均一次检验合格时，其后的检验批量可扩大一倍。 7.2.10　未经处理的海水严禁用于混凝土结构和预应力混凝土结构中混凝土的拌制和养护。 7.6.1　原材料进场时，供方应对进场材料按进场验收所划分的检验批提供相应的质量证明文件，外加剂产品尚应提供使用说明书。当能确认连续进场的材料为同一厂家的同批出厂材料时，可按出厂的检验批提供质量证明文件。 7.6.2　原材料进场时，应对材料外观、规格、等级、生产日期等进行检查，并应对其主要技术指标按本规范第7.6.3条的规定划分检验批进行抽样检验，每个检验批检验不得少于1次。 经产品认证符合要求的水泥、外加剂，其检验批量可扩大一倍。在同一工程中，同一厂家、同一品种、同一规格的水泥、外加剂，连续三次进场检验均一次合格时，其后的检验批量可扩大一倍。 7.6.3　原材料进场质量检查应符合下列规定： 1　应对水泥的强度、安定性及凝结时间进行检验。同一生产厂家、同一等级、同一品种、同一批号连续进场的水泥，袋装水泥不超过200t应为一批，散装水泥不超过500t为一批。 2　应对粗骨料的颗粒级配、含泥量、泥块含量、针片状含量指标进行检验，压碎指标可根据工程需要进行检验，应对细骨料颗粒级配、含泥量、泥块含量指标进行检验。当设计文件在要求或结构处于易发生碱骨料反应环境中，应对骨料进行碱活性检验。抗冻等级F100及以上的混凝土用骨料，应进行坚固性检验，骨料不超过400m³或600t为一检验批。	

续表

条款号	大纲条款	检查依据	检查要点
5.5.3	钢筋、水泥、砂、石等原材料性能证明文件及现场见证取样复检合格，报告齐全	3 应对矿物掺合料细度（比表面积）、需水量比（流动度比）、活性指数（抗压强度比）、烧失量指标进行检验。粉煤灰、矿渣粉、沸石粉不超过200t应为一检验批，硅灰不超过30t应为一检验批。 4 应按外加剂产品标准规定对其主要匀质性指标和掺外加剂混凝土性能指标进行检验。同一品种外加剂不超过50t应为一检验批。 5 当采用饮用水作为混凝土用水时，可不检验。当采用中水、搅拌站清洗水或施工现场循环水等其他水源时，应对其成分进行检验。 7.6.4 当使用中水泥质量受不利环境影响或水泥出厂超过三个月（快硬硅酸盐水泥超过一个月）时，应进行复验，并应按复验结果使用。 7.6.7 采用预拌混凝土时，供方提供混凝土配合比通知单、混凝土抗压强度报告、混凝土质量合格证和混凝土运输单；当需要其他资料时，供需双方应在合同中明确约定。 **11.《用于水泥和混凝土中的粉煤灰》GB/T 1596—2017** 8.1 粉煤灰出厂前按同种类、同等级编号和取样。散装粉煤灰和袋装粉煤灰应分别进行编号和取样。不超过500t为一编号，每一编号为一取样单位。当散装粉煤灰运输工具的容量超过该厂规定出厂编号吨数时，允许该编号的数量超过取样规定吨数。 **12.《混凝土防腐阻锈剂》GB/T 31296—2014** 9.1 产品出厂 生产厂随货提供技术文件的内容应包括：产品说明书、产品合格证、检验报告。 **13.《建设工程监理规范》GB/T 50319—2013** 5.2.9 项目监理机构应审查施工单位报送的用于工程的材料、构配件、设备的质量证明文件，并应按有关规定、建设工程监理合同的约定，对用于建设工程的材料进行见证取样，平行检验。 项目监理机构对已进场经检验不合格的材料、构配件、设备，应要求施工单位限期将其撤出施工现场。 **14.《电力建设施工技术规范　第1部分：土建结构工程》DL 5190.1—2012** 3.0.2 工程所用主要原材料、半成品、构（配）件、设备等产品，进入施工现场前应按规定进行现场检验或复验，合格后方可使用，有见证取样检测要求的应符合国家现行有关标准的规定。对工程所用的水泥、钢筋等主要材料应进行跟踪管理。 4.3.1 钢筋进场应有产品合格证、出厂检验报告，并应分类堆放和标示。钢筋进场后先进性外观检验，合格后再进行现场见证取样，并按《钢筋混凝土用钢　第1部分：热轧光圆钢筋》GB/T 1499.1和《钢筋混凝土用钢　第2部分：热轧带肋钢筋》GB/T 1499.2的有关规定进行机械性能与工艺性能检验。	

续表

条款号	大纲条款	检查依据	检查要点
5.5.3	钢筋、水泥、砂、石等原材料性能证明文件及现场见证取样复检合格，报告齐全	4.4.1　施工准备阶段，应对砂石料货源及材质进行调查。通过试验和优选确定供货货源。每批进货的砂石料，都应按照有关规定进行检验，合格后方可使用。 4.4.3　水泥进场时应对水泥品种、强度等级、包装或散装仓号、出厂日期等进行检查，并应对其强度、安定性、凝结时间及其他必要的性能指标进行复检，其质量应符合设计要求和《通用硅酸盐水泥》GB 175、《中热硅酸盐水泥、低热硅酸盐水泥、低热矿渣硅酸盐水泥》GB 200 的有关规定。 　水泥出厂超过 3 个月（快硬硅酸盐水泥超过 1 个月）时，应进行复验，并按复验结果使用。 **15.《架空输电线路大跨越工程施工及验收规范》DL 5319—2014** 3.0.1　工程使用的原材料及器材必须有该批产品出厂质量检验合格证书。 3.0.2　工程使用的原材料及器材应有符合国家现行标准的各项质量检验资料。当对产品检验结果有怀疑时，应重新按规定进行抽样并经有资格的检验单位检验，合格后方可采用。 3.0.5　工程所使用的碎石、卵石应符合现行国家标准《建设用卵石、碎石》GB/T 14685 的有关规定。预制混凝土构件、现场浇筑混凝土基础及防护设施所使用的碎石、卵石尚应符合现行行业标准《普通混凝土用砂、石质量及检验方法》JGJ 52 的有关规定。 3.0.6　工程所使用的砂应符合下列要求： 　1　应符合现行国家标准《建设用砂》GB/T 14684 的有关规定。预制混凝土构件、现场浇筑混凝土基础及防护设施所使用的砂尚应符合现行行业标准《普通混凝土用砂、石质量及检验方法》JGJ 52 的有关规定。 　2　特殊地区可按该地区的规定执行。 　3　不得使用海砂。 3.0.7　砂、石等原材料进场时应抽样检查，并经有资格的检验单位检验，合格后方可采用。 3.0.8　工程所使用的水泥应符合下列要求： 　1　应符合现行国家标准《硅酸盐水泥、普通硅酸盐水泥》GB 175 的有关规定。当采用其他品种时，其性能指标应符合国家现行有关标准的规定。水泥应标明出厂日期，当水泥出厂超过 3 个月或保存不善时，不得在大跨越工程中使用。 　3　当混凝土有抗渗指标要求时，所用水泥的铝酸三钙含量不宜大于 8%。 　4　大体积混凝土所用水泥应选用中、低热硅酸盐水泥或低热矿渣硅酸盐水泥，水泥质量应符合《中热硅酸盐水泥、低热硅酸盐水泥、低热矿渣硅酸盐水泥》GB 200 的有关规定，且 3d 的水化热不宜大于 240kJ/kg，7d 的水化热不宜大于 270kJ/kg。 3.0.9　水泥进场时应对水泥品种、强度等级、包装或散装仓号、出厂日期等进行检查，并应对其强度、安定性、凝结时间及其他必要的性能指标进行复验。	

续表

<table>
<tr><th>条款号</th><th>大纲条款</th><th>检 查 依 据</th><th>检查要点</th></tr>
<tr><td>5.5.3</td><td>钢筋、水泥、砂、石等原材料性能证明文件及现场见证取样复检合格，报告齐全</td><td>16.《电力建设施工质量验收及评价规程 第1部分：土建工程》DL/T 5210.1—2012
3.0.1 工程所用主要原材料、半成品、构（配）件、设备等产品，应符合设计要求和国家有关标准的规定；进入施工现场时必须按规定进行现场检验和复检，合格后方可使用。不得使用国家明令禁止和淘汰的建筑材料和建筑设备。涉及结构安全的试块、试件及有关材料，应按规定进行见证取样检测。
17.《±800kV及以下直流架空输电线路工程施工及验收规程》DL/T 5235—2010
3.0.5 工程使用的原材料及器材必须符合下列规定：
1 有该批产品出厂质量检验合格证明资料；
2 有符合国家现行标准的各项质量检验资料；
3 对砂石等无质量检验资料的原材料应经抽样并交有检验资格的单位检验，合格后方可采用；
4 对产品检验结果有怀疑时应重新抽样并经有资质的检验单位检验，合格后方可采用。
3.0.7 浇制混凝土基础及防护设施所使用的碎石、卵石应符合JGJ 52的有关规定。
3.0.8 浇制混凝土用砂应符合下列规定：
1 浇制混凝土基础及防护设施所使用的砂应符合JGJ 52的有关规定。特殊地区可按该地区的标准执行。
2 不得使用海砂。
3.0.9 水泥必须采用符合GB 175等相应国标的产品，其品种与强度等级应符合设计要求，水泥应标明出厂日期，当水泥出厂超过3个月，或虽未超过3个月但是保管不善时，必须补做强度等级试验，并应按试验后的实际强度等级使用。
3.0.10 混凝土浇制用水应符合下列规定：
1 浇制混凝土用水宜使用可饮用水，无饮用水时也可用清洁的河溪水或池塘水。除设计有特殊要求外，可只进行外观检查不做化验，水中不得含有油脂，其上游亦无有害化合物流入，有怀疑时应进行化验。
2 不得使用海水。
18.《电力建设工程监理规范》DL/T 5434—2009
9.1.7 项目监理机构应对承包单位报送的拟进场工程材料、半成品和构配件的质量证明文件进行审核，并按有关规定进行抽样验收。对有复试要求的，经监理人员现场见证取样送检，复试报告应报送项目监理机构查验。
未经项目监理机构验收或验收不合格的工程材料、半成品和构配件，不得用于本工程，并书面通知承包单位限期撤出施工现场。</td><td></td></tr>
</table>

续表

条款号	大纲条款	检查依据	检查要点
5.5.3	钢筋、水泥、砂、石等原材料性能证明文件及现场见证取样复检合格，报告齐全	**19.《钢筋焊接验收规程》JGJ 18—2012** 3.0.6 施焊的各种钢筋、钢板均应有质量证明书；焊条、焊丝、氧气、溶解乙炔、液化石油气、二氧化碳气体、焊剂应有产品合格证。 钢筋进场（厂）时，应按现行国家标准《混凝土结构工程施工质量验收规范》GB 50204中的规定，抽取试件作力学性能检验，其质量必须符合有关标准的规定。 **20.《建筑桩基技术规范》JGJ 94—2008** 6.1.1 灌注桩施工应具备下列资料： 6 水泥、砂、石、钢筋等原材料及其制品的质检报告； **21.《混凝土结构成型钢筋应用技术规程》JGJ 366—2015** 3.1.1 加工配送企业……。收集存档的质量验收资料应包括下列文件： 1 钢筋质量证明文件； 2 钢筋提供单位资质复印件； 3 钢筋力学性能和重量偏差复检报告； 4 成型钢筋配料单； 5 成型钢筋交货验收单； 6 成型钢筋加工质量检查记录单； 7 成型钢筋出厂合格证和出厂检验报告； 8 机械接头提供企业的有效型式检验报告； 9 机械接头现场工艺检验报告	
5.5.4	施工工艺与设计（施工）方案一致	**1.《110kV～750kV架空输电线路施工及验收规范》GB 50233—2014** 6.5.1 岩石基础施工时应根据设计要求逐基核查覆盖层厚度及岩石质量，当实际情况与设计不符时应由设计单位提出处理方案。 6.5.2 岩石基础的开挖或钻孔应符合下列规定： 1 岩石构造的整体性不应破坏； 2 孔洞中的石粉、浮土及孔壁松散的活石应清除干净； 3 软质岩成孔后应立即安装锚筋或地脚螺栓，并应浇灌混凝土。 6.5.3 岩石基础锚筋或地脚螺栓的埋入深度不得小于设计值，安装后应有可靠的固定措施。 **2.《架空输电线路大跨越工程施工及验收规范》DL 5319—2014** 6.4.1 岩石基础施工时，应根据设计资料逐基核查覆盖土层厚度及岩石质量，当实际情况与设计不符时应由设计单位提出处理方案。 6.4.2 岩石基础的开挖或钻孔应符合下列规定：	查阅施工记录 内容：施工工艺与设计（施工）方案一致

续表

条款号	大纲条款	检查依据	检查要点
5.5.4	施工工艺与设计（施工）方案一致	1 岩石构造的整体性不受破坏； 2 孔洞中的石粉、浮土及孔壁松散的活石应清除干净； 3 软质岩成孔后应立即安装锚筋或地脚螺栓，并浇灌混凝土，以防孔壁风化。 6.4.3 岩石基础锚筋或地脚螺栓的埋入深度不得小于设计值，安装后应有临时固定措施。 **3.《±800kV及以下架空输电线路工程施工及验收规程》DL/T 5235—2010** 6.4.1 岩石基础施工时，应根据设计资料逐基核查覆盖土层厚度及岩石质量，当实际情况与设计不符时应由设计单位提出处理方案。 6.4.2 岩石基础的开挖或钻孔应符合下列规定： 1 岩石构造的整体性不受破坏； 2 孔洞中的石粉、浮土及孔壁松散的活石应清除干净； 3 软质岩成孔后应立即安装锚筋或地脚螺栓，并浇灌混凝土，以防孔壁风化。 6.4.3 岩石基础锚筋或地脚螺栓的埋入深度不得小于设计值，安装后应有临时固定措施	
5.5.5	质量控制资料完整，施工记录及质量验收记录齐全	**1.《混凝土结构工程施工质量验收规范》GB 50204—2015** 10.2.3 混凝土结构子分部工程施工质量验收时，应提供下列文件和记录： 2 原材料质量证明文件和抽样检验报告； 3 预拌混凝土的质量证明文件； 4 混凝土、灌浆料试件的性能检验报告； 5 钢筋接头的试验报告； 6 预制构件的质量证明文件和安装验收记录； 7 预应力钢筋用锚具、连接器的质量证明文件和抽样检验报告； 8 预应力筋安装、张拉的检验记录； 9 钢筋套筒灌浆连接及预应力孔溢灌浆记录； 10 隐蔽工程验收记录； 11 混凝土工程施工记录； 12 混凝土试件的试验报告； 13 分项工程验收记录； 14 结构实体检验记录。 **2.《110kV～750kV架空输电线路施工及验收规范》GB 50233—2014** 10.1.1 工程验收应按隐蔽工程验收、中间验收和竣工验收的规定项目、内容进行。 10.3.1 工程竣工后应移交下列资料： 1 工程施工质量验收记录；	1. 查阅施工记录 内容：记录齐全，填写正确，内容完善 2. 查阅隐蔽工程记录 内容：隐蔽工程记录齐全，内容符合设计要求和规范规定 签字：施工单位、监理单位已签字 结论：同意隐蔽

续表

条款号	大纲条款	检 查 依 据	检查要点
5.5.5	质量控制资料完整，施工记录及质量验收记录齐全	2 修改后的竣工图； 3 设计变通知单及工程联系单； 4 原材料和器材出厂质量合格证明和试验报告； 5 代用材料清单； 6 工程试验报告和记录； 7 未按设计施工的各项明细表及附图； 8 施工缺陷处理明细表及附图。 **3.《建筑工程施工质量验收统一标准》GB 50300—2013** 3.0.6 建筑工程施工质量应按下列要求进行验收： 1 工程质量验收均应在施工单位自检合格的基础上进行。 2 参加工程施工质量验收的各方人员应具备相应的资格。 3 检验批的质量应按主控项目和一般项目验收。 4 对涉及结构安全、节能、环境保护和主要使用功能的试块、试件及材料，应在进场时或施工中按规定进行见证检验。 5 隐蔽工程在隐蔽前应由施工单位通知监理单位进行验收，并应形成验收文件，验收合格后方可继续施工。 6 对涉及结构安全、节能、环境保护和使用功能的重要分部工程应在验收前按规定进行抽样检验。 7 工程的观感质量应由验收人员现场检查，并应共同确认。 **4.《混凝土结构工程施工规范》GB 50666—2011** 3.3.2 在混凝土结构工程施工过程中，应及时进行自检、互检和交接检，其质量不应低于现象国家标准《混凝土结构施工质量验收规范》GB 50204 的有关规定。对检查中发现的质量问题，应按规定程序及时处理。 3.3.3 在混凝土结构工程施工过程中，对隐蔽工程进行验收、对重要工序和关键部位应加强质量检查或进行测试，并应做出详细记录，同时留存图像资料。 3.3.4 混凝土结构工程施工使用的材料、产品和设备，应符合国家现行有关标准、设计文件和施工方案的规定。 **5.《架空输电线路大跨越工程施工及验收规范》DL 5319—2014** 10.1.1 工程验收分为隐蔽工程验收、中间验收和竣工验收三种方式，并应以最终形成的施工验收质量记录为基本依据来判定是否满足工程设计和本规范的要求。 10.3.1 下列资料为工程竣工的移交资料： 1 工程验收的施工质量记录。	3. 查阅质量验收资料 内容：单元、分项、分部工程质量验收记录齐全 签字：施工、监理单位相关责任人已签字 结论：合格

续表

条款号	大纲条款	检查依据	检查要点
5.5.5	质量控制资料完整，施工记录及质量验收记录齐全	2 修改后的竣工图。 3 设计变更通知单及工程联系单。 4 原材料和器材出厂质量合格证明和试验记录。 5 代用材料清单。 6 工程试验报告（记录）。 7 未按设计施工的各项明细表及附图。 8 施工缺陷处理明细及附图。 9 相关协议书。 10 相关音像电子档案资料。 **6.《输变电工程项目质量管理规程》DL/T 1362—2014** 5.1.8 建设单位应组织工程单位工程验收、中间验收、竣工预验收、启动验收和达标投产工作，应按照合同约定组织开展工程创优工作。 5.3.6 建设应按照第14章的规定组织中间验收，并应在确认发现问题整改闭环后向质量监督机构申请质量监督检查。 7.1.6 监理单位应组织隐蔽工程、检验批、分项工程和分部工程质量验收，应开展工程启动验收阶段的监理初检，应参加建设单位组织的单位工程验收、中间验收、竣工预验收。 9.1.6 施工单位应规范施工管理和作业人员行为，应按照设计要求、技术标准和经批准的施工方案组织施工，应组织施工质量控制、检查、检验工作并形成记录。 9.3.5 隐蔽工程施工完成后，施工单位应进行自检，并应在隐蔽前提前通知监理单位进行检查验收，隐蔽工程应在验收合格后隐蔽。 9.4.2 施工单位应按照施工质量验收范围划分表执行班组自检、项目部复检、公司级专检。 **7.《±800kV及以下直流架空输电线路工程施工及验收规程》DL/T 5235—2010** 10.1.1 工程验收分隐蔽工程验收、中间验收和竣工验收三个阶段，并以最终形成的施工验收质量记录为基本依据来判定是否满足工程设计和本标准的要求。 10.3.1 下列资料为工程竣工的移交资料： 1 工程验收的施工质量记录。 2 修改后的竣工图。 3 设计变更通知单及工程联系单。 4 原材料和器材出厂质量合格证明和试验记录。 5 代用材料清单。 6 工程试验报告（记录）。 7 未按设计施工的各项明细表及附图。	

续表

条款号	大纲条款	检 查 依 据	检查要点
5.5.5	质量控制资料完整，施工记录及质量验收记录齐全	8 施工缺陷处理明细及附图。 9 相关协议书。 10 相关音像电子档案资料。 **8.《岩土锚杆技术规程》CECS 22：2005** 11.4.1 锚杆工程验收应提交下列文件： 1 原材料出厂合格证，材料现场抽检试验报告，代用材料试验报告，水泥浆（砂浆）试块抗压强度等级试验报告； 2 按本规程附录 H 的内容和格式提供的锚杆工程施工记录； 3 锚杆验收试验报告； 4 隐蔽工程检查验收记录； 5 设计变更报告； 6 工程重大问题处理文件； 7 竣工图	
5.6 冬期施工的监督检查			
5.6.1	冬期施工措施和越冬保温措施已审批	**1.《110kV～750kV 架空输电线路施工及验收规范》GB 50233—2014** 6.6.1 冬期、高温与雨期施工应符合下列规定： 1 根据当地多年气象资料统计，当室外日平均气温连续 5d 低于 5℃，混凝土基础工程应采取冬期施工措施，并应及时采取应对气温突然下降的防冻措施，当室外日平均气温连续 5d 高于 5℃时可解除冬期施工。 6.6.2 冬期施工应符合下列规定： 6 冬期施工混凝土浇筑前应清除地基、模板和钢筋上的冰雪和污垢，已开挖的基坑底面应有防冻措施。 8 冬期混凝土养护宜选用蓄热法、综合蓄热法、暖棚法、蒸汽养护法、电加热法或负温养护法。当采用暖棚法养护时，混凝土养护温度不应低于 5℃，并应保持混凝土表面湿润。 **2.《大体积混凝土施工规范》GB 50496—2018** 5.6.1 大体积混凝土施工遇高温、冬期、大风或雨雪天气时，必须采用混凝土浇筑质量保证措施。 **3.《混凝土结构工程施工规范》GB 50666—2011** 10.1.4 混凝土冬期施工，应按现行行业标准《建筑工程冬期施工规程》JGJ/T 104 的有关规定进行热工计算。	1. 查阅冬期施工措施与越冬保温措施 热工计算：有针对性 受冻临界强度：依据可靠 方法：可操作性强 审批：施工单位的技术负责人已批准，监理单位总监理工程师已批准，有明确的意见 签字：施工单位技术员、项目技术负责人、公司技术负责人及监理单位专业监理工程师、总工程师已签字

续表

条款号	大纲条款	检查依据	检查要点
5.6.1	冬期施工措施和越冬保温措施已审批	10.2.8 混凝土运输、输送机具及泵管应采取保温措施。当采用泵送工艺时，应采用泥浆或水泥砂浆对泵和泵管进行润滑、预热。混凝土运输、输送与浇筑过程中应进行测温，其温度满足热工计算要求。 10.2.9 混凝土浇筑前，应清除地基、模板和钢筋上的冰雪和污物，并应进行覆盖保温。 10.2.10 混凝土分层浇筑时，分层厚度不应小于400mm。在被上一层混凝土覆盖前，已浇筑层的温度应满足热工计算要求，且不得低于2℃。 10.2.14 混凝土浇筑后，对裸露表面应采取防风、保湿、保温措施，对边、棱角及易受冻部位应加强保温。在混凝土养护和越冬期间，不得直接对负温混凝土表面浇水养护。 10.2.16 混凝土强度未达到受冻临界和设计要求时，应继续进行养护。当混凝土表面温度与环境温度之差大于20℃时，拆模后的混凝土表面应立即进行保温覆盖。 **4.《电力建设施工技术规范 第1部分：土建结构工程》DL 5190.1—2012** 12.1.1 一般规定： 2 根据气温条件、工程结构及施工的具体情况，做好冬期施工规划，需要冬期施工的项目、冬期施工前需完成的工作项目和不进行冬期施工的越冬维护项目，应编制相应的冬期施工技术措施。 12.1.3 混凝土工程应符合下列规定： 1 冬期施工时，除应对汽轮机基础、烟囱基础等大体积混凝土结构进行热工计算外，还应对重点薄壁结构及体积较小、断面较小的结构进行热工计算，制订保温措施。当热工计算满足不了要求时，可考虑搭设暖棚养护。 6 混凝土浇筑前，应清除模板及钢筋上的冰雪和污垢，运输和浇筑混凝土用的容器应有保温措施。 7 混凝土浇筑后，应及时覆盖，并按冬期施工措施保温养护。不宜采用提高混凝土强度等级的方法来满足受冻临街强度要求。 **5.《架空输电线路大跨越工程施工及验收规范》DL 5319—2014** 6.5.1 当室外日平均气温连续5天稳定低于5℃时，混凝土基础工程应采取冬期施工措施。当室外日平均气温连续5天高于5℃时即解除冬期施工。 6.5.7 冬期施工不得在已冻结的基坑底面浇筑混凝土，已开挖的基坑底面应有防冻措施。 **6.《±800kV及以下直流架空输电线路工程施工及验收规程》DL/T 5235—2010** 6.5.1 当连续5天，室外平均气温低于5℃时，混凝土基础工程应采取冬期施工措施，并应及时采取气温突然下降的防冻措施。 6.5.7 冬期施工不得在已冻结的基坑底面浇制混凝土，已开挖的基坑底面及掏挖基础的坑壁应有防冻措施。	2. 查看冬期施工现场措施：与方案一致，有效

续表

条款号	大纲条款	检 查 依 据	检查要点
5.6.1	冬期施工措施和越冬保温措施已审批	**7.《建筑工程冬期施工规程》JGJ/T 104—2011** 1.0.4 凡进行冬期施工的工程项目，应编制冬期施工专项方案；对有不能适应冬期施工要求的问题应及时与设计单位研究解决。 6.1.2 混凝土工程冬期施工应按照本规程附录A进行混凝土热工计算。 6.9.4 养护温度的测量方法应符合下列规定： 1 测温孔编号，并应绘制测温孔布置图，现场应设置明显标识； 3 采用非加热法养护时，测温孔应设置在易散热的部位；采用加热法养护时，应分别设置在离热源不同的位置。 11.1.1 对于有采暖要求，但却不能保证正常采暖的新建工程、跨年施工的在建工程以及停建、缓建工程等，在入冬前均应编制越冬维护方案	
5.6.2	原材料预热、选用的外加剂、混凝土拌合和浇筑条件、试块的留置符合规范规定	**1.《混凝土外加剂应用技术规范》GB 50119—2013** 3.1.4 含有强电解质无机盐的早强型普通减水剂剂、早强剂、防冻剂和防水剂，严禁用于下列混凝土结构： 1 与镀锌钢材或铝铁相接处部位的混凝土结构； 2 有外露钢筋预埋铁件而无防护措施的混凝土结构； 3.1.5 含有氯盐的早强型普通减水剂、早强剂、防水剂和氯盐类防冻剂，严禁用于预应力混凝土、钢筋混凝土和钢纤维混凝土结构。 **2.《110kV～750kV架空输电线路施工及验收规范》GB 50233—2014** 6.6.2 冬期施工应符合下列规定： 4 冬期拌制混凝土应优先采用加热水的方法，拌和水的最高加热温度不得超过60℃，骨料的最高加热温度不得超过40℃。水泥不应与80℃以上的水直接接触，投料顺序应先投骨料和已加热的水，然后再投水泥。当骨料不加热时，水可加热到100℃。 5 水泥不应直接加热，宜在使用前运入暖棚内存放。混凝土拌和物的入模温度不得低于5℃。 6 冬期施工混凝土浇筑前应清除地基、模板和钢筋上的冰雪和污垢，已开挖的基坑底面应有防冻措施。 11 冬期混凝土施工选用外加剂应符合现行国家标准《混凝土外加剂应用技术规范》GB 50119的相关规定。 **3.《大体积混凝土施工规范》GB 50496—2018** 5.6.3 当冬期浇筑混凝土时，宜采用加热水拌和、加热骨料等提高混凝土原材料温度的措施。混凝土浇筑后，应及时进行保温保湿养护。	1. 查看冬期施工原材料预热现场 水温：水泥未与80℃以上的水直接接触； 骨料加热：符合规范规定 2. 查阅冬期施工选用的外加剂试验报告 检验项目：齐全 代表部位和数量：与现场实际相符 签字：试验员、审核人、批准人已签字 盖章：盖有计量认证章、资质章及试验单位章，见证取样时，加盖见证取样章并注明见证人 结论：符合设计要求和规范规定

续表

<table>
<tr><th>条款号</th><th>大纲条款</th><th>检查依据</th><th>检查要点</th></tr>
<tr><td rowspan="2">5.6.2</td><td rowspan="2">原材料预热、选用的外加剂、混凝土拌合和浇筑条件、试块的留置符合规范规定</td><td rowspan="2">4.《混凝土结构工程施工规范》GB 50666—2011
10.2.3 冬期施工混凝土用外加剂，应符合现行国家标准《混凝土外加剂应用技术规范》GB 50119 的有关规定。采用非加热养护方法时，混凝土中宜掺入引气剂、引气型减水剂或含有引气组分的外加剂，混凝土含气量宜控制为 3.0%～5.0%。
10.2.5 冬期施工混凝土搅拌前，原材料预热应符合下列规定：
1 宜加热拌合水，当仅加热拌合水不能满足热工计算要求时，可加热骨料；拌合水与骨料的加热温度可通过热工计算确定，加热温度不应超过表 10.2.5 的规定。
2 水泥、外加剂、矿物掺合料不得直接加热，应置于暖棚内预热。
10.2.6 冬期施工混凝土搅拌符合下列规定：
1 液体防冻剂使用前应搅拌均匀，有防冻剂溶液带入的水分应从混凝土拌合水中扣除；
2 蒸汽法加热骨料时，应加大对骨料含水率测试频率，并应将由骨料带入的水分从混凝土拌合水中扣除；
3 混凝土搅拌前对搅拌机械进行保温或采用蒸汽进行加温，搅拌时间应比常温搅拌时间延长 30s～60s；
4 混凝土搅拌时应先投入骨料与拌合水，预拌后再投入胶凝材料与外加剂。胶凝材料、引气剂或含气组分外加剂不得与 60℃以上热水直接接触。
10.2.7 混凝土拌合物的出机温度不宜低于 10℃，入模温度不应低于 5℃；预拌混凝土或需远距离运输的混凝土，混凝土拌合物的出机温度可根据距离经热工计算确定；但不宜低于 15℃。大体积混凝土的入模温度可根据实际情况适当降低。
10.2.17 混凝土冬期施工应加强骨料含水率、防冻剂掺量检查，以及原材料、入模温度、实体温度和强度检测；依据气温变化，检查防冻剂掺量是否符合配合比与防冻剂说明书的规定，并应根据需要调整配合比。
10.2.19 冬期施工混凝土强度试件的留置，除应符合现行国家标准《混凝土结构工程施工质量验收规范》GB 50204 的有关规定外，尚应增加不少于 2 组的同条件养护试件。同条件养护试件应在解冻后进行试验。
5.《电力建设施工技术规范 第 1 部分：土建结构工程》DL 5190.1—2012
12.1.3 混凝土工程应符合下列规定：
2 混凝土施工原材料加热优先采用加热水的方法，当仍不能满足要求时，再对骨料进行加热。应严格控制投料顺序，热水不得直接与水泥接触。水泥不得直接加热，使用前宜运入暖棚或暖库存放。
3 冬期施工前应根据该工程采用的水泥、砂及气象资料经试验选择防冻剂，施工中应根据情况确定防冻剂的掺量。</td><td>3. 查看混凝土拌和条件和浇筑条件
拌制混凝土所用骨料：清洁、不含冰、雪、冻块及其他易冻裂物质
掺加含有钾、钠离子防冻剂的混凝土：未使用活性骨料或未含有活性物质的骨料
混凝土搅拌时间：符合《建筑工程冬期施工规程》的规定
浇筑前模板与钢筋：模板与钢筋上的冰雪与污垢已清除</td></tr>
<tr><td>4. 查看混凝土试块（含同条件试块）留置
留置数量：符合规范规定</td></tr>
</table>

续表

条款号	大纲条款	检查依据	检查要点
5.6.2	原材料预热、选用的外加剂、混凝土拌合和浇筑条件、试块的留置符合规范规定	10 冬期施工留置混凝土试块除应符合《混凝土结构工程施工质量验收规范》GB 50204的规定外，还应增加设置检验结构或构件施工阶段混凝土强度所必需的同条件养护试块。 **6.《架空输电线路大跨越工程施工及验收规范》DL 5319—2014** 6.5.5 冬期拌制混凝土时宜采用加热水的方法，水及骨料的加热温度不超过表6.5.5的规定。 6.5.6 水泥不得直接加热，袋装水泥宜在使用前运入暖棚内存放。混凝土拌合物的入模温度不应低于5℃。 6.5.14 当需检查混凝土受冻临界强度、混凝土拆模强度等，需增加混凝土试块的留置数量。 **7.《±800kV及以下架空输电线路工程施工及验收规程》DL/T 5235—2010** 6.5.5 冬期拌制混凝土时应优先采用加热水的方法，水及骨料的加热温度不超过表6.5.5的规定。 6.5.6 水泥不应直接加热，宜在使用前运入暖棚内存放。混凝土拌合物的入模温度不应低于5℃。 6.5.14 当需检查混凝土受冻临界强度、混凝土拆模强度等，需增加混凝土试块的留置数量。 **8.《建筑工程冬期施工规程》JGJ/T 104—2011** 6.1.5 冬期施工混凝土用外加剂，应符合现行国家标准《混凝土外加剂应用技术规范》GB 50119的有关规定。非加热养护法混凝土施工，所选用的外加剂应含有引气组分或掺入外加剂，含气量宜控制为3.0%～5.0%。 6.2.1 混凝土原材料加热宜采用加热水的方法。当加热水仍不能满足要求时，可对骨料进行加热。水、骨料加热的最高温度应符合表6.2.1的规定。 当水和骨料的温度仍不能满足热工计算要求时，可提高水温到100℃，但水泥不得与80℃以上的水直接接触。 6.2.2 水加热宜采用蒸汽加热、电加热、汽水热交换罐或其他加热方法。水箱或水池容积及水温应能满足连续施工的要求。 6.2.3 砂加热应在开盘前进行，加热应均匀。当采用保温加热料时，宜配备两个，交替加热使用。 预拌混凝土用砂，应提前备足料，运至有加热设施的保温封闭储料棚（室）或仓内备用。 6.2.4 水泥不得直接加热，袋装水泥使用前宜运入暖棚内存放。 6.9.7 混凝土抗压强度试件的留置除应按现行国家标准《混凝土结构工程施工质量验收规范》GB 50204规定外，尚应增设不少于2组同条件养护试件	

续表

<table>
<tr><th>条款号</th><th>大纲条款</th><th>检查依据</th><th>检查要点</th></tr>
<tr><td rowspan="2">5.6.3</td><td rowspan="2">冬期施工的混凝土工程，养护条件、测温次数符合规范规定，记录齐全</td><td rowspan="2">1.《110kV～750kV 架空输电线路施工及验收规范》GB 50233—2014
6.6.2 冬期施工应符合下列规定：
8 冬期混凝土养护宜选用蓄热法、综合蓄热法、暖棚法、蒸汽养护法、电加热法或负温养护法。当采用暖棚法养护时，混凝土养护温度不应低于5℃，并应保持混凝土表面湿润。
9 掺用防冻剂混凝土养护应符合下列规定：
1）在负温条件下养护时，不得浇水，外露表面应覆盖；
2）混凝土的初期养护温度，不得低于5℃或应符合防冻剂使用说明；
3）模板和保温层在混凝土强度达到拆模要求并冷却到5℃时方可拆除，当拆模后混凝土表面温度与环境温度之差大于15℃时，应对混凝土采用保温材料覆盖养护。
2.《混凝土结构工程施工规范》GB 50666—2011
10.2.13 混凝土结构工程冬期施工养护，应符合下列规定：
1 当室外最低气温不低于－15℃时，对地面以下的工程或表面系数不大于$5m^{-1}$的结构，宜采用蓄热法养护，并应对结构易受冻部位加强保温措施；对表面系数为$5m^{-1}$～$15m^{-1}$的结构，宜采用综合蓄热法养护。采用综合蓄热法养护时，混凝土掺加具有减水、引气性能的早强剂或早强型外加剂；
2 对不宜保温养护且对强度增长无具体要求的一般混凝土结构，可采用掺加防冻剂负温养护法进行养护；
3 当本条第1、2款不能满足施工要求时，可采用暖棚法、蒸汽法、电加热法等方法进行养护，但应采取降低能耗的措施。
10.2.14 混凝土浇筑后，对裸露表面应采取防风、保湿、保温措施，对边、棱角及易受冻部位应加强保温。在混凝土养护和越冬期间，不得直接对负温混凝土表面浇水养护。
10.2.16 混凝土强度未达到受冻临界和设计要求时，应继续进行养护。当混凝土表面温度与环境温度之差大于20℃时，拆模后的混凝土表面应立即进行保温覆盖。
10.2.18 混凝土冬期施工期间，应按国家现行有关标准的规定对混凝土拌合水温度、外加剂溶液温度、骨料温度、混凝土出机温度、浇筑温度、入模温度，以及养护期间混凝土和大气温度进行测量。
3.《架空输电线路大跨越工程施工及验收规范》DL 5319—2014
6.5.9 冬期混凝土养护宜选用蓄热法、综合蓄热法。当采用暖棚法养护混凝土时，混凝土养护温度不应低于5℃，并保持混凝土表面湿润。
6.5.10 混凝土中掺加的防冻剂应符合《混凝土防冻剂》JC 475的有关规定，应选用无氯盐防冻剂。掺用防冻剂的混凝土养护应符合下列规定：
1 在负温条件下养护时，不得浇水，外露表面应用保温、保湿的材料覆盖。</td><td>1. 查阅冬期施工混凝土工程养护记录和测温记录
内容：养护方法与方案一致；测温点的布置与方案一致，测温项目与测温频次符合规范规定
签字：施工单位项目质量员、项目专业技术负责人、专业监理工程师（建设单位专业技术负责人）签字齐全</td></tr>
<tr><td>2. 查看现场养护条件和测温点
布置：与方案一致
实测温度：符合设计要求和规范的规定</td></tr>
</table>

续表

条款号	大纲条款	检查依据	检查要点
5.6.3	冬期施工的混凝土工程，养护条件、测温次数符合规范规定，记录齐全	2 混凝土的初期温度，不得低于防冻剂的规定温度。 **4.《±800kV及以下直流架空输电线路工程施工及验收规范》DL/T 5235—2010** 6.5.9 冬期混凝土养护宜选用覆盖法、暖棚法或负温养护法。当采用暖棚法养护混凝土时，混凝土养护温度不应低于5℃，并应保持混凝土表面湿润。 6.5.10 掺用防冻剂混凝土养护应符合下列规定： 1 在负温条件下养护时，严禁浇水，外露表面必须用保温、保湿的材料覆盖。 2 混凝土的初期养护温度，不得低于防冻剂的规定温度。 3 模板和保温层在混凝土达到预期强度并冷却到5℃后方可拆除，当拆模后混凝土表面温度与环境温度之差大于15℃时，应对混凝土采用保温材料覆盖养护。 **5.《建筑工程冬期施工规程》JGJ/T 104—2011** 4.1.4 施工日记中应记录大气温度、暖棚内温度、砌筑时砂浆温度、外加剂掺量等有关资料。 4.3.2 暖棚法施工时，暖棚内的最低温度不应低于5℃。 4.3.3 砌体在暖棚内的养护时间应根据暖棚内温度确定，并应符合表4.3.3的规定。 6.3.1 当室外最低气温不低于−15℃时，对地面以下的工程，或表面系数不大于$5m^{-1}$的结构，宜采用蓄热法养护，对结构易受冻部位加强保温措施。 6.3.2 当室外最低气温不低于−15℃时，对于表面系数为$5m^{-1}$～$15m^{-1}$的结构，宜采用综合蓄热法养护。采用综合蓄热法养护，围护层散热系数宜控制在50kJ/(m^3·h·k)～200kJ/(m^3·h·k)之间。 6.3.3 综合蓄热法施工的混凝土中应掺入早强剂或早强复合型外加剂，并应具有减水、引气作用。 6.4.1 混凝土蒸汽养护法可采用棚罩法、蒸汽套法、热模法、内部通汽法等方式…… 6.4.2 蒸汽养护法应采用低压饱和蒸汽，当工地有高压蒸汽时，应通过减压阀或过水装置后方可使用。 6.4.3 蒸汽养护的混凝土，采用普通硅酸盐水泥时最高温度不得超过80℃，采用矿渣硅酸盐水泥时可提高到85℃。但采用内部通汽法时，最高加热温度不应超过60℃。 6.4.4 整体浇筑的结构，采用蒸汽加热养护时，升温和降温速度不得超过表6.4.4规定。 6.5.3 混凝土采用电极加热法养护应符合下列规定： 1 电路接好应以检查合格后方可合闸送电。当结构工程量较大，需边浇筑边通电，应将钢筋接地线。电加热现场应设安全围栏。 2 棒形和弦开电极应固定，并不得与钢筋直接接触。电极与钢筋之间的距离应符合表6.5.3的规定；当因钢筋密度大而不能保证钢筋与电极之间的距离满足表6.5.3的规定时，应采取绝缘措施。	

续表

条款号	大纲条款	检查依据	检查要点
5.6.3	冬期施工的混凝土工程，养护条件、测温次数符合规范规定，记录齐全	3 电极加热法应采用交流电。电极的形式、尺寸、数量及配置应能保证混凝土各部位加热均匀且应加热到设计的混凝土强度标准值的50%。在电极附近的辐射半径方向每隔10mm距离的温度差不得超过1℃。 4 电极加热应在混凝土浇筑后立即送电，送电前混凝土表面应保温覆盖。混凝土在加热养护过程中，洒水应在断电后进行。 6.5.4 混凝土采用电热毯法养护应符合下列规定： 1 电热毯宜由四层玻璃纤维布中间夹以电阻丝制成。其几何尺寸应根据混凝土表面或模板外侧与龙骨组成的区格大小确定。电热毯的电压宜为60V～80V，功率宜为75W～100W。 2 布置电热毯时，在模板周边的各区格应连接布毯，中间区格可间隔布毯，并应与对面模板错开。电热毯外侧应设置岩棉板等性质的耐热保温材料。 3 电热毯养护的通电持续时间应根据气温及养护温度确定，可采取分段、间段或连续通电养护工序。 6.6.2 暖棚法施工应符合下列规定： 1 应设专人监测混凝土及暖棚内温度，暖棚内各测点温度不得低于5℃。测温点应选择具有代表性位置进行布置，在离地面500mm高度处应设点，每昼夜测温不应少于4次。 2 养护期间应监测暖棚内的相对湿度，混凝土不得有失水现象，否则应及时采取增湿措施或在混凝土表面洒水养护。 3 暖棚的出入口应设专人管理，并应采取防止棚内温度下降或引起风口处混凝土受冻的措施。 4 在混凝土养护期间应将烟或燃烧气体排至棚外，并应采取防止烟气中毒和防火的措施。 6.9.1 混凝土冬期施工质量检查除应符合现行标准《混凝土结构工程施工质量验收规范》GB 50204以及国家现行有关标准规定外，尚应符合一步下列规定： 1 应检查外加剂质量及掺量，外加剂进入施工现场后应进行抽样检验，合格后方准使用； 2 应根据施工方案确定的参数检查水、骨料、外加剂溶液和混凝土出机、浇筑、起始养护时的温度； 3 应检查混凝土从入模到拆除保温层或保温模板期间的温度； 4 采用预拌混凝土质量检查应由预拌混凝土生产企业进行，并应将记录资料提供给施工单位。	

续表

条款号	大纲条款	检　查　依　据	检查要点
5.6.3	冬期施工的混凝土工程，养护条件、测温次数符合规范规定，记录齐全	6.9.2　施工期间的测温项目与频次应符合表 6.9.2 规定。 6.9.3　混凝土养护期间的温度测量应符合下列规定： 1　采用蓄热法或综合蓄热法时，在达到受冻临界强度之前应每隔 4h～6h 测量一次。 2　采用负温养护法时，在达到受冻临界强度之前应每隔 2h 测量一次。 3　采用加热时，升温和降温阶段应每隔 1h 测量一次，恒温阶段每隔 2h 测量一次。 4　混凝土在达到受冻临界强度后，可停止测温。 5　大体积混凝土养护期间的温度测量尚应符合国家现行标准《大体积混凝土施工规范》GB 50496 的相关规定。 6.9.4　养护温度的测量方法应符合下列规定： 1　测温孔应编号，并应绘制测温孔布置图，现场应设置明显标识； 2　测温时，测温单元应采取措施与外界气温隔离；测温元件测量位置应处于结构表面下 20mm 处，留置在测温孔内的时间不应少于 3min； 3　采用非加热法养护时，测温孔应设置在易于散热的部位，采用加热法养护时，应分别设置在离热源不同的位置。 6.9.5　混凝土质量检查应符合下列规定： 1　应检查混凝土表面是否受冻、粘连、收缩裂缝，边角是否脱落，施工缝处有无受冻痕迹； 2　应检查同条件养护试块的养护条件是否与结构实体相一致； 3　按本规程附录 B 成熟度法推定混凝土强度时，应检查测温记录与计算公式要求是否相符； 4　采用电加热养护时，应检查供电变压器二次电压和二次电流强度，每一工作班不应少于两次。 6.9.6　模板和保温层在混凝土达到要求强度并冷却到 5℃后方可拆除。拆模时混凝土表面与环境温差大于 20℃时，混凝土表面应及时覆盖，缓慢冷却。 2　养护期间应监测暖棚内的相对湿度，混凝土不得有失水现象，否则应及时采取增湿措施或在混凝土表面洒水养护。 3　暖棚的出入口应设专人管理，并应采取防止棚内温度下降或引起风口处混凝土受冻的措施。 4　在混凝土养护期间应将烟或燃烧气体排至棚外，并应采取防止烟气中毒和防火的措施	

续表

<table>
<tr><th>条款号</th><th>大纲条款</th><th>检 查 依 据</th><th>检查要点</th></tr>
<tr><td rowspan="3">5.6.4</td><td rowspan="3">冬期停、缓建工程，停止位置的混凝土强度符合设计或规范规定</td><td rowspan="3">1.《建筑工程冬期施工规程》JGJ/T 104—2011
6.9.7 混凝土抗压强度试件的留置除应按现行国家标准《混凝土结构工程施工质量验收规范》GB 50204 规定进行外，尚应增设不少于2组同条件养护试件。
11.3.1 冬期停、缓建工程越冬停工时的停留位置应符合下列规定：
1 混合结构可停留在基础上部地梁位置，楼层间的圈梁或楼板上皮标高位置；
2 现浇混凝土框架应停留在施工缝位置；
3 烟囱、冷却塔或筒仓宜停留在基础上皮标高或筒身任何水平位置；
4 混凝土水池底部应按施工缝要求确定，并应设有止水设施。
11.3.2 已开挖的基坑或基槽不宜挖至设计标高，应预留 200mm～300mm 土层；越冬时，应对基坑或基槽保温维护，保温层厚度可按本规程附录C计算确定。
11.3.3 混凝土结构工程停、缓建时，入冬前混凝土的强度应符合下列规定：
1 越冬期间不承受外力的结构构件，除应符合设计要求外，尚应符合本规程第6.1.1条规定；
2 装配式结构构件的整浇接头，不得低于设计强度等级值的70%；
3 预应力混凝土结构不应低于混凝土设计强度等级值的75%；
4 升板结构应将柱帽浇筑完毕，混凝土应达到设计要求的强度等级</td><td>1. 查阅冬期停、缓建工程入冬前混凝土强度评定及标高与轴线记录
强度：符合设计要求和规范规定
标高与轴线测量记录：内容完整准确</td></tr>
<tr><td>2. 查阅冬期停、缓建工程复工前工程标高、轴线复测记录
数据：齐全
与原始记录偏差：在允许范围内或偏差超出允许偏差已提出处理方案，并取得建设、设计与监理部门的同意</td></tr>
<tr><td>3. 查看现场
保护措施：采取的措施符合规范规定
停留位置：与方案一致，符合设计要求和规范的规定</td></tr>
<tr><td colspan="4">6 质量监督检测</td></tr>
<tr><td>6.0.1</td><td>开展现场质量监督检查时，应重点对下列项目的检测试验报告进行查验，必要时可进行验证性抽样检测。对检验指标或结论有怀疑时，必须进行检测</td><td></td><td></td></tr>
</table>

续表

条款号	大纲条款	检查依据	检查要点
(1)	水泥、砂、石、钢筋及其连接接头等技术性能	**1.《通用硅酸盐水泥》GB 175—2007** 7.3.1 硅酸盐水泥初凝结时间不小于45min，终凝时间不大于390min。普通硅酸盐水泥、矿渣硅酸盐水泥、火山灰质硅酸盐水泥、粉煤灰硅酸盐水泥和复合硅酸盐水泥初凝结时间不小于45min，终凝时间不大于600min。 7.3.2 安定性沸煮法合格。 7.3.3 强度符合表3的规定。 8.5 凝结时间和安定性按GB/T 1346进行试验。 8.6 强度按GB/T 17671进行试验。 9.1 取样方法按GB 12573进行。可连续取，亦可从20个以上不同部位取等量样品，总量至少12kg。	1. 查验抽测水泥试样 凝结时间：符合GB 175 7.3.1要求 安定性：符合GB 175 7.3.2要求 强度：符合GB 175表3要求 水化热（大体积混凝土）：符合GB 50496规范规定
		2.《钢筋混凝土用钢 第1部分：热轧光圆钢筋》GB/T 1499.1—2017 6.6.2 直条钢筋实际重量与理论重量的允许偏差应符合表4规定。 7.3.1 钢筋力学性能及弯曲性能特征值应符合表6规定。 8.1 每批钢筋的检验项目、取样数量、取样方法和试验方法应符合表7规定。 8.4.1 测量重量偏差时，试样应从不同根钢筋上截取，数量不少于5支，每支试样长度不小于500mm。 **3.《钢筋混凝土用钢 第2部分：热轧带肋钢筋》GB/T 1499.2—2018** 6.6.2 钢筋实际重量与理论重量的允许偏差应符合表4规定。 7.4.1 钢筋的下屈服强度 R_{eL}、抗拉强度 R_m、断后伸长率 A、最大力下总延伸率 A_{gt} 等力学性能特征值应符合表6的规定。表6所列各力学性能特征值，除 R°_{eL}/R_{eL} 可作为交货检验的最大保证值外，其他力学特征值可作为交货检验的最小保证值。	2. 查验抽测砂试样 含泥量：符合JGJ 52表3.1.3规定 泥块含量：符合JGJ 52表3.1.4规定 石粉含量：符合JGJ 52表3.1.5规定 氯离子含量：符合标准JGJ 52 3.1.10规定 碱活性：符合标准JGJ 52要求
		7.5.1 钢筋应进行弯曲试验。按表7规定的弯曲压头直径弯曲180°后，钢筋受弯曲部位表面不得产生裂纹。 7.5.2 对牌号带E的钢筋应进行反向弯曲试验。经反向弯曲试验后，钢筋受弯部位表面不得产生裂纹。反向弯曲试验可代替弯曲试验。反向弯曲试验的弯曲压头直径比弯曲试验相应增加一个钢筋公称直径。 8.1 每批钢筋的检验项目、取样方法和试验方法应符合表8规定。 8.4.1 测量重量偏差时，试样应从不同根钢筋上截取，数量不少于5支，每支试样长度不小于500mm。 **4.《混凝土质量控制标准》GB 50164—2011** 2.1.2 水泥质量主要控制项目应包括凝结时间、安定性、胶砂强度、氧化镁和氯离子含量，碱含量低于0.6%的水泥主要控制项目还应包括碱含量，中、低热硅酸盐水泥或低热矿渣硅酸盐水泥主要控制项目还应包括水化热。	3. 查验抽测碎石或卵石试样 含泥量：符合JGJ 52表3.2.3规定 泥块含量：符合JGJ 52表3.2.4规定 针、片状颗粒：符合JGJ 52表3.2.2的规定 碱活性：符合标准JGJ 52要求 压碎指标（高强混凝土）：符合JGJ 52规范规定

续表

条款号	大纲条款	检查依据	检查要点
(1)	水泥、砂、石、钢筋及其连接接头等技术性能	2.2.2 粗骨料质量主要控制项目应包括颗粒级配、针片状颗粒含量、含泥量、泥块含量、压碎值指标和坚固性，用于高强混凝土的粗骨料主要控制项目还应包括岩石抗压强度。 2.2.3 粗骨料在应用方面应符合下列规定： 2 对于混凝土结构，粗骨料最大公称粒径不得大于构件截面最小尺寸的1/4，且不得大于钢筋最小净间距的3/4；对混凝土实心板，骨料的最大公称粒径不宜大于板厚的1/3，且不得大于40mm；对于大体积混凝土，粗骨料最大公称粒径不宜小于31.5mm。 3 对于有抗渗、抗冻、抗腐蚀、耐磨或其他特殊要求的混凝土，粗骨料中的含泥量和泥块含量分别不应大于1.0%和0.5%；坚固性检验的质量损失不应大于8%。 4 对于高强混凝土，粗骨料的岩石抗压强度应至少比混凝土设计强度高30%；最大公称粒径不宜大于25mm，针片状颗粒含量不宜大于5%且不应大于8%；含泥量和泥块含量分别不应大于0.5%和0.2%。 5 对粗骨料或用于制作粗骨料的岩石，应进行碱活性检验，包括碱-硅酸反应活性检验和碱—碳酸盐反应活性检验；对于有预防混凝土碱-骨料反应要求的混凝土工程，不宜采用有碱活性的粗骨料。 2.3.2 细骨料质量主要控制项目应包括颗粒级配、细度模数、含泥量、泥块含量、坚固性、氯离子含量和有害物质含量；海砂主要控制项目除应包括上述指标外尚应包括贝壳含量；人工砂主要控制项目除应包括上述指标外尚应包括石粉含量和压碎值指标，人工砂主要控制项目可不包括氯离子含量和有害物质含量。 2.3.3 细骨料的应用应符合下列规定： 1 泵送混凝土宜采用中砂，且300μm筛孔的颗粒通过量不宜少于15%。 2 对于有抗渗、抗冻或其他特殊要求的混凝土，砂中的含泥量和泥块含量分别不应大于3.0%和1.0%；坚固性检验的质量损失不应大于8%。 3 对于高强混凝土，砂的细度模数宜控制在2.6～3.0范围之内，含泥量和泥块含量分别不应大于2.0%和0.5%。 4 钢筋混凝土和预应力混凝土用砂的氯离子含量分别不应大于0.06%和0.02%。 6 混凝土用海砂氯离子含量不应大于0.03%，贝壳含量应符合表2.3.3-1的规定。海砂不得用于预应力混凝土。 **5.《110kV～750kV架空输电线路施工及验收规范》GB 50233—2014** 3.0.7 水泥进场时应对水泥品种、强度等级、包装或散装仓号、出厂日期等进行检查，并应对其强度、安定性、凝结时间及其他必要性能指标进行复检。 **6.《大体积混凝土施工规范》GB 50496—2018** 4.2.1 水泥选择及其质量，应符合下列规定：	4. 查验抽测热轧光圆钢筋试件 重量偏差：符合标准GB/T 1499.1表4要求 屈服强度：符合标准GB/T 1499.1表6要求 抗拉强度：符合标准GB/T 1499.1表6要求 断后伸长率：符合标准GB/T 1499.1表6要求 最大力总伸长率：符合标准GB/T 1499.1表6要求 弯曲性能：符合标准GB/T 1499.1表6要求 5. 查验抽测热轧带肋钢筋试件 重量偏差：符合标准GB/T 1499.2表4要求 屈服强度：符合标准GB/T 1499.2表6要求 抗拉强度：符合标准GB/T 1499.2表6要求 断后伸长率：符合标准GB/T 1499.2表6要求 最大力总伸长率：符合标准GB/T 1499.2表6要求 弯曲性能：符合标准GB/T 1499.2表7要求

续表

条款号	大纲条款	检　查　依　据	检查要点
(1)	水泥、砂、石、钢筋及其连接接头等技术性能	1　水泥应符合现行国家标准《通用硅酸盐水泥》GB 175 的有关规定，当采用其他品种时，其性能指标应符合国家现行有关标准的规定； 2　应选用水化热低的通用硅酸盐水泥，3d 水化热不宜大于 250kJ/kg，7d 水化热不宜大于 280kJ/kg；当选用 52.5 强度等级水泥时，7d 水化热宜小于 300kJ/kg； 3　水泥在搅拌站的入机温度不宜高于 60℃。 4.2.2　用于大体积混凝土的水泥进场时应检查水泥品种、代号、强度等级、包装或散装编号、出厂日期等，并应对水泥的强度、安定性、凝结时间、水化热进行检验，检验结果应符合现行国家标准《通用硅酸盐水泥》GB 175 的相关规定。 4.2.3　骨料选择，除应符合现行行业标准《普通混凝土用砂、石质量及检验方法标准》JGJ 52 的有关规定外，尚应符合下列规定： 1　细骨料宜采用中砂，细度模数宜大于 2.3，含泥量不应大于 3%； 2　粗骨料粒径宜为 5.0mm～31.5mm，并应连续级配，含泥量不应大于 1%； 3　应选用非碱活性的粗骨料； 4　当采用非泵送施工时，粗骨料的粒径可适当增大。 4.2.4　粉煤灰和粒化高炉矿渣粉，质量应符合现行国家标准《用于水泥和混凝土中的粉煤灰》GB/T 1596 和《用于水泥、砂浆和混凝土中的粒化高炉矿渣粉》GB/T 18046 的有关规定。 4.2.5　外加剂质量及应用技术，应符合现行国家标准《混凝土外加剂》GB 8076 和《混凝土外加剂应用技术规范》GB 50119 的有关规定。 4.2.6　外加剂的选择除应满足本标准第 4.2.5 条的规定外，尚应符合下列规定： 1　外加剂的品种、掺量应根据材料试验确定； 2　宜提供外加剂对硬化混凝土收缩等性能的影响系数； 3　耐久性要求较高或寒冷地区的大体积混凝土，宜采用引气剂或引气减水剂。 4.2.7　混凝土拌合用水质量符合现行行业标准《混凝土用水标准》JGJ 63 的有关规定。 **7.《混凝土结构工程施工规范》GB 50666—2011** 5.2.1　钢筋的性能应符合国家现行有关标准的规定。常用钢筋的公称直径、公称截面积、计算截面面积及理论重量，应符合本规范附录 B 的规定。 5.2.2　对有抗震设防要求的结构，其纵向受力钢筋的性能应能满足设计要求；当设计无具体要求时，对按一、二、三级抗震等级设计的框架和斜撑构件（含梯段）中的纵向受力普通钢筋应采用 HRB335E、HRB400E、HRB500E、HRBF335E、HRBF400E 或 HRBF500E 钢筋，其强度和最大力下总伸长率的实测值，应符合下列规定： 1　钢筋的抗拉强度实测值与屈服强度实测值的比值不应小于 1.25； 2　钢筋的屈服强度实测值与屈服强度标准值的比值不应大于 1.3；	6. 查验抽测钢筋焊接接头试件 抗拉强度：符合 JGJ 18 标准要求 7. 纵向受力钢筋（有抗震要求的结构）试件 抗拉强度查验抽测值与屈服强度查验抽测值的比值：符合规范 GB 50204 5.2.3 的要求 屈服强度查验抽测值与强度标准值的比值：符合规范 GB 50204 5.2.3 的要求 最大力下总伸长率：符合规范 GB 50204 5.2.3 的要求

续表

条款号	大纲条款	检 查 依 据	检查要点
(1)	水泥、砂、石、钢筋及其连接接头等技术性能	3 钢筋的最大力下总伸长率不应小于9%。 7.2.1 混凝土原材料的主要技术指标应符合本规范附录F和国家现行有关标准的规定。 7.2.3 粗骨料宜选用粒形良好、质地坚硬的洁净碎石或卵石，并应符合下列规定： 3 含泥量、泥块含量指标应符合本规范附录F的规定。 7.2.4 细骨料宜选用级配良好、质地坚硬、颗粒洁净的天然砂或机制砂，并应符合下列规定： 2 混凝土细骨料中氯离子含量，对于钢筋混凝土，按干砂的质量百分率计算不得大于0.06%；对预应力混凝土，按干砂的质量百分率计算不得大于0.02%； 3 含泥量、泥块含量指标应符合本规范附录F的规定。 7.2.5 强度等级为C60及以上的混凝土所用骨料，除应符合本规范7.2.3和7.2.4条的规定外，尚应符合下列规定： 1 粗骨料压碎指标的控制应经试验确定； 2 粗骨料最大粒径不宜大于25mm，针片状颗粒含量不应大于8.0%，含泥量不应大于0.5%，泥块含量不应大于0.2%； 3 细骨料细度模数宜为2.6～3.0，含泥量不应大于2.0%，泥块含量不应大于0.5%。 7.2.6 有抗渗、抗冻融或其他特殊要求的混凝土，宜选用连续级配的粗骨料，最大粒径不宜大于40mm，含泥量不应大于1.0%，泥块含量不应大于0.5%；所用细骨料含泥量不应大于3.0%，泥块不应大于1.0%。 7.6.3 原材料进场质量检查应符合下列规定： 1 应对水泥的强度、安定性及凝结时间进行检验。同一生产厂家、同一等级、同一品种、同一批号且连续进场的水泥，袋装水泥不超过200t应为一批，散装水泥不超过500t应为一批。 2 应对粗骨料颗粒级配、含泥量、泥块含量、针片状含量指标进行检验，压碎指标可根据工程需要进行检验，应对细骨料颗粒级配、含泥量、泥块含量指标进行检验。当设计文件有要求或结构处于易发生碱骨料反映环境中时，应对骨料进行碱活性检验。抗冻等级F100及以上的混凝土用骨料，应进行紧固性检验。骨料不超过400m^{3}或600t为一检验批。 3 应对矿物掺合料细度（比表面积）、需水量（流动度比）、活性指数（抗压强度比）、烧失量指标进行检验。粉煤灰、矿渣粉、沸石粉不超过200t应为一检验批，硅灰粉不超过30t应为一检验批。 4 应按外加剂产品标准规定对其主要匀质性指标和掺外加剂混凝土性能指标进行检验。同一品种外加剂不超过50t为一检验批。	

续表

<table>
<tr><th>条款号</th><th>大纲条款</th><th>检查依据</th><th>检查要点</th></tr>
<tr><td>(1)</td><td>水泥、砂、石、钢筋及其连接接头等技术性能</td><td>5　当采用饮用水作为混凝土用水时，可不检验。当采用中水、搅拌站清洗水或施工现场循环水等其他水源时，应对其成分进行检验。
8.《预拌混凝土》GB/T 14902—2012
5.1.2　水泥进场应提供出厂检验报告等质量证明文件，并应进行检验。检验项目及检验批量应符合 GB 50164 的规定。
5.2.2　骨料进场时应进行检验。普通混凝土用骨料检验项目及检验批量应符合 GB 50164 的规定，再生骨料检验项目及检验批量应符合 JGJ/T 240 的规定，轻骨料检验项目及检验批量应符合 JGJ 51 的规定，重晶石骨料检验项目及检验批量应符合 GB/T 50557 的规定。
5.3.2　混凝土拌合用水检验项目应符合 JGJ 63 的规定，检验频率应符合 GB 50204 的规定。
5.4.2　外加剂进场应提供出厂检验报告等质量证明文件，并进行检验。检验项目及检验批量应符合 GB 50164 的规定。
5.5.2　矿物掺合料进场应提供出厂检验报告等质量证明文件，并应进行检验，检验项目及检验批量应符合 GB 50164 的规定。
9.2.1　常规品应检验混凝土强度、拌合物坍落度和设计要求的耐久性能；掺有引气剂型的混凝土还应检验拌合物的含气量。
9.《电力建设施工技术规范　第 1 部分：土建结构工程》DL 5190.1—2012
4.3.1　钢筋进场应有产品合格证、出厂检验报告，并应分类堆放和标示。钢筋进场后先进性外观检验，合格后再进行现场见证取样，并按《钢筋混凝土用钢　第 1 部分：热轧光圆钢筋》GB/T 1499.1 和《钢筋混凝土用钢　第 2 部分：热轧带肋钢筋》GB/T 1499.2 的有关规定进行机械性能与工艺性能检验。
当采用进口钢筋或加工过程中发生脆断、焊接性能不良或力学性能显著不正常等现象时，应对该批钢筋做分析建议或其他专项检验。
4.4.3　水泥进场时应对其品种、级别、包装或散装仓号、出厂日期等进行检查，并应对其强度、安定性及其必要的性能指标进行复检，其质量符合设计要求和《通用硅酸盐水泥》GB 175、《中热硅酸盐水泥 低热硅酸盐水泥 低热矿渣硅酸盐水泥》GB 200 的有关规定。
水泥出厂超过 3 个月（快硬硅酸盐水泥超过 1 个月）时，应进行复验，并按照复验结果使用。当进场水泥强度检验试件不足时，宜按《水泥强度快速检验方法》JC/T 738 的有关规定做快速检测。
10.《架空输电线路大跨越工程施工及验收规范》DL 5319—2014
3.0.8　水泥应符合下列要求：
3　当混凝土有抗渗指标要求时，所用水泥的铝酸三钙含量不宜大于 8%。</td><td></td></tr>
</table>

续表

条款号	大纲条款	检查依据	检查要点
(1)	水泥、砂、石、钢筋及其连接接头等技术性能	**11.《输电杆塔用地脚螺栓与螺母》DL/T 1236—2013** 5.1.1.2 应在地脚螺栓露出地面端的端面用凹字或凸字制出性能等级标识和制造者识别标识，其标识要求应符合 GB/T 3098.1 的规定。 5.1.2.3 螺母标示 双面倒角的螺母应在一支承面或侧面用凹字制出性能等级和制造者识别标示；单面倒角的螺母应在倒角的端面用凹字或凸字制出性能等级和制造者识别标示，应符合 GB/T 3098.2 的规定。 5.3.1 地脚螺栓各性能等级用钢的化学成分极限和最低回火温度见表 8，化学成分应按相关的国家标准进行评定。 5.3.2 螺母各性能等级化学成分极限见表 9，化学成分按相关的国家标准进行。 **12.《钢筋焊接及验收规程》JGJ 18—2012** 5.1.8 钢筋焊接接头力学性能试验时，应在外观检查合格后随机抽取。试验方法按《钢筋焊接接头试验方法》JGJ 27 执行。 5.3.1 闪光对焊接头力学性能试验时，应从每批中随机切取 6 个接头，其中 3 个做拉伸试验，3 个做弯曲试验。 5.5.1 电弧焊接头的质量检验，……在现浇混凝土结构中，应以 300 个同牌号钢筋、同型式接头作为一批；……每批随机切取 3 个接头做拉伸试验。 5.6.1 电渣压力焊接头的质量检验，……在现浇混凝土结构中，应以 300 个同牌号钢筋接头作为一批；……每批随机切取 3 个接头试件做拉伸试验。 5.8.2 预埋件钢筋 T 形接头进行力学性能检验时，应以 300 件同类型预埋件作为一批；……每批预埋件中随机切取 3 个接头做拉伸试验。 **13.《普通混凝土用砂、石质量及检验方法标准》JGJ 52—2006** 1.0.3 对于长期处于潮湿环境的重要混凝土结构所用砂、石应进行碱活性检验。 3.1.3 天然砂中含泥量应符合表 3.1.3 的规定。 3.1.4 砂中泥块含量应符合表 3.1.4 的规定。 3.1.5 人工砂或混合砂中石粉含量应符合表 3.1.5 的规定。 3.1.10 钢筋混凝土和预应力混凝土用砂的氯离子含量分别不得大于 0.06%和 0.02%。 3.2.2 碎石或卵石中针、片状颗粒应符合表 3.2.2 的规定。 3.2.3 碎石或卵石中含泥量应符合表 3.2.3 的规定。 3.2.4 碎石或卵石中泥块含量应符合表 3.2.4 的规定。	

续表

条款号	大纲条款	检查依据	检查要点
(1)	水泥、砂、石、钢筋及其连接接头等技术性能	3.2.5 碎石的强度可用岩石抗压强度和压碎指标表示。岩石的抗压等级应比所配制的混凝土强度至少高20%。当混凝土强度大于或等于C60时，应进行岩石抗压强度检验。岩石强度首先由生产单位提供，工程中可采用能够压碎指标进行质量控制，岩石压碎值指标宜符合表3.5.5-1。卵石的强度可用压碎值表示。其压碎指标宜符合表3.2.5-2的规定。 5.1.3 对于每一单项检验项目，砂、石的每组样品取样数量应符合下列规定： 砂的含泥量、泥块含量、石粉含量及氯离子含量试验时，其最小取样质量分别为4400g、20000g、1600g及2000g；对最大公称粒径为31.5mm的碎石或乱石，含泥量和泥块含量试验时，其最小取样质量为40kg。 6.8 砂中含泥量试验 6.10 砂中泥块含量试验 6.11 人工砂及混合砂中石粉含量试验 6.18 氯离子含量试验 6.20 砂中的碱活性试验（快速法） 7.7 碎石或卵石中含泥量试验 7.8 碎石或卵石中泥块含量试验 7.16 碎石或卵石的碱活性试验（快速法） **14.《普通混凝土配合比设计规程》JGJ 55—2011** 7.1.1 抗渗混凝土的原材料应符合下列规定： 2 粗骨料宜采用连续级配，其最大公称粒径不宜大于40.0mm，含泥量不得大于1.0%，泥块含量不得大于0.5%； 3 细骨料宜采用中砂，含泥量不得大于3.0%，泥块含量不得大于1.0%； 7.2.1 抗冻混凝土的原材料应符合下列规定： 2 粗骨料宜选用连续级配，其含泥量不得大于1.0%，泥块含量不得大于0.5%； 3 细骨料含泥量不得大于3.0%，泥块含量不得大于1.0%； 7.3.1 高强混凝土的原材料应符合下列规定： 2 粗骨料宜采用连续级配，其最大公称粒径不宜大于25.0mm，针片状颗粒含量不宜大于5.0%，含泥量应大于0.5%，泥块含量不得大于0.2%； 3 细骨料的细度模数宜为2.6～3.0，含泥量不应大于2.0%，泥块含量不应大于0.5%； 7.4.1 泵送混凝土所采用的原材料应符合下列规定： 2 粗骨料宜采用连续级配，其针片状颗粒含量不宜大于10%； 3 细骨料宜采用中砂，其通过公称直径为315μm筛孔的颗粒含量不宜少于15%；	

续表

条款号	大纲条款	检查依据	检查要点
(1)	水泥、砂、石、钢筋及其连接接头等技术性能	7.5.1 大体积混凝土所用的原材料应符合下列规定： 1 水泥宜采用中、低热硅酸盐水泥或低热矿渣硅酸盐水泥，水泥3d和7d水化热应符合现行国家标准《中热硅酸盐水泥 低热硅酸盐水泥 低热矿渣硅酸盐水泥》GB 200规定。当采用硅酸盐水泥或普通硅酸盐水泥时，应掺加矿物掺合料，胶凝材料的3d和7d水化热分别不宜大于240kJ/kg和270kJ/kg。水化热试验方法应按现行国家标准《水泥水化热测定方法》GB/T 12959执行。 2 粗骨料宜为连续级配，最大公称粒径不宜小于31.5mm，含泥量不应大于1.0%。 3 细骨料宜采用中砂，含泥量不应大于3.0%。 **15.《钢筋机械连接技术规程》JGJ 107—2016** 7.0.2 接头工艺检验应针对不同钢筋生产厂的钢筋进行，施工过程中更换生产厂家或接头技术提供单位时，应补充进行工艺检验。工艺检验应符合下列规定： 1 各种类型和型式接头部位都应进行工艺检验，检验项目包括单向拉伸极限抗拉强度和残余变形； 2 每种规格钢筋接头试件不应少于3根； 3 接头试件测量残余变形后可继续进行极限抗拉强度试验，并宜按本规程表A.1.3中单向拉伸加载制度进行试验； 4 每根试件极限抗拉强度和3根接头试件残余变形的平均值均应符合本规程表3.0.5和表3.0.7的规定； 5 工艺检验不合格时，应进行工艺参数调整，合格后方可按最终确认的工艺参数进行接头批量加工。 7.0.5 接头现场抽检项目应包括极限抗拉强度试验、加工和安装质量检验。抽检应按验收批进行，同钢筋生产厂、同强度等级、同规格、同类型和同型式接头应以500个为一个验收批进行检验与验收，不足500个也应作为一个验收批。 7.0.7 对钢筋机械连接接头的每一验收批，必须在工程结构中随机截取3个接头试件做抗拉强度试验，按设计要求的接头等级评定。 A.2.2 施工现场随机抽取接头试件的抗拉强度试验应采用零到破坏的一次加载制度。 **16.《混凝土结构成型钢筋应用技术规程》JGJ 366—2015** 4.2.3 钢筋进加工厂时，加工配送企业应按国家现行相关标准的规定抽取试件作屈服强度、抗拉强度、伸长率、弯曲性能和重量偏差检验，检验结果应符合国家现行相关标准的规定	

续表

条款号	大纲条款	检查依据	检查要点
(1)	水泥、砂、石、钢筋及其连接接头等技术性能	**17.《混凝土结构工程施工质量验收规范》GB 50204—2015** 3.0.8 混凝土结构工程中采用的材料、构配件、器具及半成品应按进场批次进行检验，属于同一工程项目且同期施工的多个单位工程，对同一厂家生产的同批材料、构配件、器具及半成品，可统一划分检验批进行检验。 5.2.1 钢筋进场时，应按国家现行标准的规定抽取试件做屈服强度、抗拉强度、伸长率、弯曲性能和重量偏差检验，检验结果应符合相应标准的规定。 5.2.2 成型钢筋进场时，应抽取试件做屈服强度、抗拉强度、伸长率和重量偏差检验，检验结果应符合国家现行有关标准的规定。 对由热轧钢筋制成的成型钢筋，当有施工单位或监理单位的代表驻厂监督生产过程，并提供原材料钢筋力学性能第三方检验报告时，可仅进行重量偏差检验。 检查数量：同一厂家、同一钢筋来源的成型钢筋，不超过30t为一批，每批中每种钢筋牌号、规格均应至少抽取1个钢筋试件，总数不应少于3个。 5.3.4 盘卷钢筋调直后应进行力学性能和重量偏差检验。 检查数量：同一加工设备、同一牌号、同一规格的调直钢筋，重量不大于30t为一批，每批见证取样抽取3个试件。 7.2.1 水泥进场时应对其品种、代号、强度等级、包装或散装仓号、出厂日期等进行检查，并应对水泥的强度、安定性和凝结时间进行检验，检验结果应符合现行国家标准《通用硅酸盐水泥》GB 175等的相关规定。 检查数量：按同一厂家、同一品种、同一代号、同一强度等级、同一批号且连续进场的水泥，袋装不超过200t为一批，散装不超过500t为一批，每批抽样数量不应少于一次。 7.2.2 混凝土外加剂进场时，应对其品种、性能、出厂日期等进行检查，并应对外加剂的相关性能指标进行检验，检验结果应符合现行国家标准《混凝土外加剂》GB 8076和《混凝土外加剂应用技术规范》GB 50119的规定。 检查数量：按同一生产厂家、同一品种、同一性能、同一批号且连续进场的混凝土外加剂，不超过50t为一批，每批抽样数量不应少于一次。 7.2.4 混凝土用矿物掺合料进场时，应对其品种、性能、出厂日期等进行检查，并应对矿物掺合料的相关性能指标进行检验，检验结果应符合国家现行有关标准的规定。 检查数量：按同一生产厂家、同一品种、同一批号且连续进场的矿物掺合料，粉煤灰、矿渣粉、磷渣粉、钢铁渣粉和复合矿物掺合料不超过200t为一批，沸石粉不超过120t为一批，硅灰不超过30t为一批，每批抽样数量不应少于一次。	

续表

条款号	大纲条款	检查依据	检查要点
(1)	水泥、砂、石、钢筋及其连接接头等技术性能	7.2.5 混凝土原材料中的粗骨料、细骨料质量应符合现行行业标准《普通混凝土用砂、石质量及检验方法标准》JGJ 52 的规定，使用经净化处理的海砂应符合现行行业标准《海砂混凝土应用技术规范》JGJ 206 的规定，再生混凝土骨料应符合现行国家标准《混凝土用再生粗骨料》GB/T 25177 和《混凝土和砂浆用再生细骨料》GB/T 25176 的规定。 7.2.6 混凝土拌制及养护用水应符合现行行业标准《混凝土用水标准》JGJ 63 的规定。采用饮用水作为混凝土用水时，可不检验；采用中水、搅拌站清洗水、施工现场循环水等其他水源时，应对其成分进行检验。 7.3.1 预拌混凝土进场时，其质量应符合现行国家标准《预拌混凝土》GB/T 14902 的规定。 检验方法：检查质量证明文件（开盘鉴定、混凝土配合比通知单、混凝土质量合格证、强度检验报告、混凝土运输单依据合同规定的其他资料。预拌混凝土所用水、骨料、掺合料等均应参照本规范的有关规定进行检验，其检验报告在预拌混凝土进场时可不提供，但应在生产企业存档保存，以便需要时查阅使用）。	
(2)	混凝土试块强度	**1.《混凝土结构设计规范（2015 年版）》GB 50010—2010** 4.1.1 混凝土强度等级应按立方体抗压强度标准值确定。立方体抗压强度标准值系指按标准方法制作、养护的边长为 150mm 的立方体试件，在 28d 或设计规定龄期以标准试验方法测得的具有 95%保证率的抗压强度值。 4.1.2 素混凝土结构的混凝土强度等级不应低于 C15；钢筋混凝土结构的混凝土强度等级不应低于 C20；采用强度等级 400MPa 及以上的钢筋时，混凝土强度等级不应低于 C25。 **2.《混凝土结构工程施工质量验收规范》GB 50204—2015** 7.4.1 混凝土的强度等级必须满足设计要求。用于检验混凝土强度的试件应在浇筑地点随机抽取。 检查数量：对同一配合比混凝土，取样与时间留置应符合下列规定： 1 每拌制 100 盘且不超过 100m^3时，取样不得少于一次； 2 每工作班拌制不足 100 盘时，取样不得少于一次； 3 连续浇筑超过 1000 m^3时，每 200m^3 取样不得少于一次； 4 每一楼层取样不得少于一次； 5 每次取样应至少留置一组试件。 检验方法：检查施工记录及混凝土强度试验报告。 10.1.2 结构实体混凝土强度应按不同强度等级分别检验，检验方法宜采用同条件养护试件方法；当未取得同条件养护试件或同条件养护试件强度不符合要求时，可采用回弹-取芯法进行检验。	查验抽测混凝土试块抗压强度：符合设计要求

续表

条款号	大纲条款	检查依据	检查要点
(2)	混凝土试块强度	C.0.2 对同一强度等级的同条件养护试件，其强度等级应除以 0.88 后按现行国家标准《混凝土强度检验评定标准》GB/T 50107 的有关规定进行评定，评定结果符合要求时可判结构实体混凝土强度合格。 **3.《110kV～750kV 架空输电线路施工及验收规范》GB 50233—2014** 6.1.10 基础混凝土强度应以试块强度为依据。试块强度应符合设计要求。 6.2.12 试块应在现场浇筑过程中随机取样制作，并应采用标准养护。当有特殊需要时，应加做同条件养护试块。 6.2.13 试块制作数量应符合下列规定： 1 耐张塔和悬垂转角塔基础每基取一组； 2 一般线路的悬垂直线塔基础，同一施工队每 5 基或不满 5 基应取一组，单基或连续浇筑混凝土量超过 $100m^3$ 时亦应取一组； 3 按大跨越设计的直线塔基础及拉线基础，每腿应取一组，但当基础混凝土量不超过同工程中大转角或终端塔基础时，则每基应取一组； 4 当原材料变化、配合比变更时应另外制作试块。 6.3.10 灌注桩应按设计要求验桩，基础混凝土强度等级应以试块为依据。试块的制作应每桩取一组，承台及连梁试块的制作数量应每基取一组。 6.5.4 混凝土或砂浆的浇灌应符合下列规定： 3 混凝土或砂浆强度检验应以试块为依据，试块制作应每基取一组。 **4.《混凝土结构工程施工规范》GB 50666—2011** 10.2.19 冬期施工混凝土强度试件的留置，除应符合现行国家标准《混凝土结构工程施工质量验收规范》GB 50204 的有关规定外，尚应增加不少于 2 组的同条件养护试件。同条件养护试件应在解冻后进行试验。 **5.《预拌混凝土》GB/T 14902—2012** 9.3.3 混凝土强度检验的取样频率应符合下列规定： a）出厂检验时，每 100 盘相同配合比混凝土取样不应少于 1 次，每一个工作班相同配合比混凝土达不到 100 盘时应按 100 盘计，每次取样应至少进行一组实验； **6.《普通混凝土力学性能试验方法》GB/T 50081—2002** 8.0.5 立方体抗压强度试验结果计算及确定按下列方法进行： 2 强度值的确定应符合下列规定： 1）三个试件测值的算术平均值作为该组试件的强度值（精确至 0.1MPa）； 2）三个测值中的最大值或最小值中如有一个与中间值的差值超过中间值的 15%时，则把最大及最小值一并舍除，取中间值作为该组试件的抗压强度值；	

续表

条款号	大纲条款	检 查 依 据	检查要点
(2)	混凝土试块强度	3）如最大值和最小值与中间值的差均超过中间值的15%时，则该组试件的试验结果无效。 3 混凝土强度等级<C60时，用非标准试件测得的强度值均应乘以尺寸换算系数，其值为对200mm×200mm×200mm试件为1.05；对100mm×100mm×100mm试件为0.95。当混凝土强度等级≥C60时，宜采用标准试件；使用非标准试件时，尺寸换算系数应由试验确定。 **7.《混凝土强度检验评定标准》GB/T 50107—2010** 4.3.1 混凝土试件的立方体抗压强度试验应根据现行国家标准《普通混凝土力学性能试验方法》GB/T 50081的规定执行。每组混凝土试件强度代表值的确定，应符合下列规定： 1 取3个试件强度的算术平均值作为每组试件的强度代表值； 2 当一组试件中强度的最大值或最小值与中间值之差超过中间值的15%时，取中间值作为该组试件的强度代表值； 3 当一组试件中强度的最大值和最小值与中间值之差均超过中间值的15%时，该组试件的强度不应作为评定的依据。 注：对掺矿物掺合料的混凝土进行强度评定时，可根据设计规定，可采用大于28d龄期的混凝土强度。 4.3.2 当采用非标准尺寸试件时，应将其抗压强度乘以尺寸折算系数，折算成边长为150mm的标准尺寸试件抗压强度。尺寸折算系数按下列规定采用： 1 当混凝土强度等级低于C60时，对边长为100mm的立方体试件取0.95，对边长为200mm的立方体试件取1.05。 2 当混凝土强度等级不低于C60时，宜采用标准尺寸试件；使用非标准尺寸试件时，尺寸折算系数应由试验确定，其试件组数不应少于30对组。 5.1.1 采用统计方法评定时，应按下列规定进行： 1 当连续生产的混凝土，生产条件在较长时间内保持一致，且同一品种、同一强度等级混凝土的强度变异性保持稳定时，应按本标准第5.1.2条的规定进行评定。 2 其他情况按本标准第5.1.3条的规定进行评定。 5.1.2 一个检验批的样本容量应为连续的3组试件，其强度等级同时符合下列规定： $m_{f_{cu}} \geqslant f_{cu,k} + 0.7\sigma_0$ $m_{f_{cu,min}} \geqslant f_{cu,k} - 0.7\sigma_0$ 当混凝土强度等级不高于C20时，其强度的最小值尚应满足下式要求： $f_{cu,min} \geqslant 0.85 f_{cu,k}$	

续表

条款号	大纲条款	检查依据	检查要点
(2)	混凝土试块强度	当混凝土强度等级高于C20时，其强度的最小值尚应满足下列要求： $$f_{cu,min} \geqslant 0.9 f_{cu,k}$$ 5.1.3 当样本容量不少于10组时，其强度应同时满足下列要求： $$m_{f_{cu}} \geqslant f_{cu,k} + \lambda_1 \cdot S f_{cu}$$ $$f_{cu,min} \geqslant \lambda_2 \cdot f_{cu,k}$$ 5.2.1 当用于评定的样本容量小于10组时，应采用非统计方法评定混凝土强度。 5.2.2 按非统计方法评定混凝土强度时，其强度应同时符合下列规定： $$m_{f_{cu}} \geqslant \lambda_3 \cdot f_{cu,k}$$ $$f_{cu,min} \geqslant \lambda_4 \cdot f_{cu,k}$$ **8.《电力建设施工技术规范 第1部分：土建结构工程》DL 5190.1—2012** 4.4.5 混凝土应按《普通混凝土配合比设计规程》JGJ 55的有关规定进行配合比设计。混凝土配合比应根据施工操作条件、坍落度、原材料的变化以及实际试块强度做定性分析，进行合理调整。 **9.《架空输电线路大跨越工程施工及验收规范》DL 5319—2014** 6.1.12 混凝土试块应在现场浇制过程中随机取样制作，并应采用标准养护。当有特殊需要时，加做同条件养护试块。混凝土试块强度的试验应由具备相应资质的试验单位进行。 6.1.13 混凝土试块的制作数量应符合下列规定： 1 跨越塔基础，每腿应取一组。 2 锚塔基础，每基应取一组。 3 现浇桩基础，每桩应取一组。 4 每次连续浇筑超过$100m^3$时，每增加$100m^3$应加取一组；每次连续浇筑超过$1000m^3$时，每增加$200m^3$应加取一组。 5 当原材料变化、配合比变更时应另外制作。 6.2.14 现场浇筑混凝土强度应以试块强度为依据，试块强度应符合设计要求。 6.3.11 灌注桩基础混凝土强度检验应以试块为依据。 6.4.4 混凝土或砂浆的浇灌应符合下列规定： 3 对浇灌混凝土或砂浆强度检验应以试块为依据，试块的制作应每基础腿取一组。 **10.《架空输电线路基础设计技术规程》DL/T 5219—2014** 3.0.21 基础采用的混凝土强度等级不应低于C20，当基础采用强度等级为400MPa及以上的钢筋时，混凝土强度等级不应低于C25。 9.2.1 桩身、承台及连梁的混凝土强度等级不应低于C25。	

续表

<table>
<tr><th>条款号</th><th>大纲条款</th><th>检 查 依 据</th><th>检查要点</th></tr>
<tr><td>(2)</td><td>混凝土试块强度</td><td>9.2.2 微型桩桩身混凝土强度等级应不低于C15，……
11.《±800kV及以下直流架空输电线路工程施工及验收规程》DL/T 5235—2010
6.2.8 场浇筑混凝土强度应以试块强度为依据，试块强度应符合设计要求。
6.2.9 试块应在现场浇制过程中随机取样制作，其养护条件应与基础基本相同。同条件养护的试件应在达到等效养护龄期时进行强度试验。
6.2.10 试块制作数量应符合下列规定：
1 转角、耐张、终端及直线转角塔基础每基取一组。
2 一般直线塔基础，同一施工队每5基或不满5基应取一组，单基或连续浇筑混凝土量超过100m^{3}时亦应取一组。
3 按大跨越设计的铁塔基础，每腿应取一组。
4 当原材料变化、配合比变更时应另外制作试块。
5 当需要作其他强度鉴定时，外加试块的组数由各工程自定。
6.3.10 灌注桩基础混凝土强度检验应以试块为依据。试块的制作应每桩取一组，承台及连梁试块的制作应每基一组。
6.4.4 混凝土或砂浆的浇灌应符合下列规定：
3 对浇灌混凝土或砂浆强度检验应以试块为依据，试块的制作应每基取一组。
12.《普通混凝土配合比设计规程》JGJ 55—2011
4.0.1 混凝土配制强度应按下列规定确定：
1 当混凝土的设计强度等级小于C60时，配置强度应按下式确定：
$$f_{cu,0} \geqslant f_{cu,k} + 1.645\sigma$$
式中：$f_{cu,0}$——混凝土配置强度（MPa）；
$f_{cu,k}$——混凝土立方体抗压强度标准值，这里取混凝土的设计强度等级值（MPa）；
σ——混凝土强度标准差（MPa）。
2 当设计强度等级不小于C60时，配置强度应按下式确定：
$$f_{cu,0} \geqslant 1.15 f_{cu,k}$$
13.《建筑桩基技术规范》JGJ 94—2008
4.1.1 桩身混凝土及混凝土保护层厚度应符合下列要求：
1 桩身混凝土强度等级不得小于C25，混凝土预制桩尖强度等级不得小于C30；
4.1.5 预制桩的混凝土强度等级不宜低于C30；预应力混凝土实心桩的混凝土强度等级不应低于C40</td><td></td></tr>
</table>

第8部分

架空输电线路导地线架设前监督检查

条款号	大纲条款	检查依据	检查要点
4 责任主体质量行为的监督检查			
4.1 建设单位质量行为的监督检查			
4.1.1	工程采用的专业标准清单已审批	**1.《输变电工程项目质量管理规程》DL/T 1362—2014** 5.3.1 工程开工前，建设单位应组织参建单位编制工程执行法律法规和技术标准清单，……	查阅法律法规和标准规范清单目录 签字：责任人已签字 盖章：单位已盖章
4.1.2	按规定组织进行设计交底和施工图会检	**1.《建设工程质量管理条例》中华人民共和国国务院令第279号（2017年10月7日中华人民共和国国务院令第687号修正）** 第二十三条　设计单位应当就审查合格的施工图设计文件向施工单位做出详细说明。 **2.《建筑工程勘察设计管理条例》中华人民共和国国务院令第293号（2017年10月7日中华人民共和国国务院令第687号修正）** 第三十条　建设工程勘察、设计单位应当在建设工程施工前，向施工单位和监理单位说明建设工程勘察、设计意图，解释建设工程勘察、设计文件。建设工程勘察、设计单位应当及时解决施工中出现的勘察、设计问题。 **3.《建设工程监理规范》GB/T 50319—2013** 5.1.2　监理人员应熟悉工程设计文件，并应参见建设单位主持的图纸会审和设计交底会议，会议纪要应由总监理工程师签认。 5.1.3　工程开工前，监理人员应参见由建设单位主持召开的第一次工地会议，会议纪要应由项目监理机构负责整理，与会各方代表应会签。 **4.《建设工程项目管理规范》GB/T 50326—2017** 8.3.4　技术管理规划应是承包人根据招标文件要求和自身能力编制的、拟采用的各种技术和管理措施，以满足发包人的招标要求。项目技术管理规划应明确下列内容： 1　技术管理目标与工作要求； 2　技术管理体系与职责； 3　技术管理实施的保障措施； 4　技术交底要求，图纸自审、会审，施工组织设计与施工方案，专项施工技术，新技术，新技术的推广与应用，技术管理考核制度； 5　各类方案、技术措施报审流程； 6　根据项目内容与项目进度要求，拟编制技术文件、技术方案、技术措施计划及责任人； 7　新技术、新材料、新工艺、新产品的应用计划； 8　对设计变更及工程洽商实施技术管理制度；	1. 查阅设计交底记录 主持人：建设单位责任人 交底人：设计单位责任人 签字：交底人及被交底人已签字 时间：开工前 2. 查阅施工图会检纪要 签字：施工、设计、监理、建设单位责任人已签字 时间：开工前

续表

条款号	大纲条款	检查依据	检查要点
4.1.2	按规定组织进行设计交底和施工图会检	9 各项技术文件、技术方案、技术措施的资料管理与归档。 **5.《输变电工程项目质量管理规程》DL/T 1362—2014** 5.3.1 建设单位应在变电单位工程和输电分部工程开工前组织设计交底和施工图会检。未经会检的施工图纸不得用于施工	
4.1.3	组织工程建设标准强制性条文实施情况的检查	**1.《中华人民共和国标准化法实施条例》国务院第53号令发布** 第二十三条 从事科研、生产、经营的单位和个人，必须严格执行强制性标准。 **2.《实施工程建设强制性标准监督规定》中华人民共和国建设部令第81号（2015年1月22日中华人民共和国住房和城乡建设部令第23号修正）** 第二条 在中华人民共和国境内从事新建、扩建、改建等工程建设活动，必须执行工程建设强制性标准。 第六条 ……工程质量监督机构应当对工程建设施工、监理、验收等阶段执行强制性标准的情况实施监督 **3.《输变电工程项目质量管理规程》DL/T 1362—2014** 4.4 参建单位应严格执行工程建设标准强制性条文，……	1. 查阅强条培训计划检查记录 签字：建设单位相关管理人员已签字 2. 查阅强条执行计划检查记录 签字：建设单位相关管理人员已签字
4.1.4	无任意压缩合同约定工期的行为	**1.《建设工程质量管理条例》中华人民共和国国务院令第279号（2017年10月7日中华人民共和国国务院令第687号修正）** 第十条 建设工程发包单位不得迫使承包方以低于成本的价格竞标，不得任意压缩合理工期。 **2.《电力建设工程施工安全监督管理办法》中华人民共和国国家发展和改革委员会令第28号** 第十一条 建设单位应当执行定额工期，不得压缩合同约定的工期。如工期确需调整，应当对安全影响进行论证和评估。论证和评估应当提出相应的施工组织措施和安全保障措施。 **3.《建设工程项目管理规范》GB/T 50326—2017** 9.2.1 项目进度计划编制依据应包括下列主要内容： 1 合同文件和相关要求； 2 项目管理规划文件； 3 资源条件、内部与外部约束条件。 **4.《输变电工程项目质量管理规程》DL/T 1362—2014** 5.3.3 项目的工期应按合同约定执行。当工期需要调整时，建设单位应组织参建单位从影响工程建设的资源、环境、安全等各方面确认其可行性，并应采取有效措施保证工程质量	查阅施工进度计划、合同工期和调整工期的相关文件 内容：有压缩工期的行为时，应有设计、监理、施工和建设单位认可的书面文件

续表

条款号	大纲条款	检查依据	检查要点
4.1.5	采用的新技术、新工艺、新流程、新装备、新材料已审批	**1.《中华人民共和国建筑法》中华人民共和国主席令第46号** 第四条　国家扶持建筑业的发展，支持建筑科学技术研究，提高房屋建筑设计水平，鼓励节约能源和保护环境，提倡采用先进技术、先进设备、先进工艺、新型建筑材料和现代管理方式。 **2.《建设工程质量管理条例》中华人民共和国国务院令第279号（2017年10月7日中华人民共和国国务院令第687号修正）** 第六条　国家鼓励采用先进的科学技术和管理方法，提高建设工程质量。 **3.《实施工程建设强制性标准监督规定》中华人民共和国建设部令第81号（2015年1月22日中华人民共和国住房和建设部令第23号修正）** 第五条　建设工程勘察、设计文件中规定采用的新技术、新材料，可能影响建设工程质量和安全，又没有国家技术标准的，应当由国家认可的检测机构进行试验、论证，出具检测报告，并经国务院有关主管部门或者省、自治区、直辖市人民政府有关主管部门组织的建设工程技术专家委员会审定后，方可使用。工程建设中采用国际标准或者国外标准，现行强制性标准未作规定的，建设单位应当向国务院住房城乡建设主管部门或者国务院有关主管部门备案。 **4.《输变电工程项目质量管理规程》DL/T 1362—2014** 4.4　输变电工程项目建设过程中，参建单位应按照国家要求积极采用新技术、新工艺、新流程、新装备、新材料（以下简称“五新”技术），…… 5.1.6　当应用技术要求高、作业复杂的“五新”技术，建设单位应组织设计、监理、施工及其他相关单位进行施工方案专题研究，或组织专家评审。 **5.《电力建设施工技术规范　第1部分：土建结构工程》DL 5190.1—2012** 3.0.4　采用新技术、新工艺、新材料、新设备时，应经过技术鉴定或具有允许使用的证明。施工前应编制单独的施工措施及操作规程。 **6.《电力工程地基处理技术规程》DL/T 5024—2005** 5.0.8　……当采用当地缺乏经验的地基处理方法或引进和应用新技术、新工艺、新方法时，须通过原体试验验证其适用性	查阅新技术、新工艺、新流程、新装备、新材料论证文件 意见：同意采用等肯定性意见 盖章：相关单位已盖章
4.2　设计单位质量行为的监督检查			
4.2.1	设计图纸交付进度能保证连续施工	**1.《中华人民共和国合同法》中华人民共和国主席令第15号** 第二百七十四条　勘察、设计合同的内容包括提交有关基础资料和文件（包括概预算）的期限、质量要求、费用以及其他协作条件等条款。	1.查阅设计单位的施工图出图计划 交付时间：与施工总进度计划相符

续表

条款号	大纲条款	检查依据	检查要点
4.2.1	设计图纸交付进度能保证连续施工	第二百八十条　勘察、设计的质量不符合要求或者未按照期限提交勘察、设计文件拖延工期，造成发包人损失的，勘察人、设计人应当继续完善勘察、设计，减收或者免收勘察、设计费并赔偿损失。 **2.《建设工程项目管理规范》GB/T 50326—2017** 9.1.2　项目进度管理应遵循下列程序： 1　编制进度计划。 2　进度计划交底，落实管理责任。 3　实施进度计划。 4　进行进度控制和变更管理。 9.2.2　组织应提出项目控制性进度计划。项目管理机构应根据组织的控制性进度计划，编制项目的作业性进度计划	2. 查阅建设单位的设计文件接收记录 接收时间：与出图计划一致
4.2.2	设计更改、技术洽商等文件完整、手续齐全	**1.《建设工程勘察设计管理条例》中华人民共和国国务院令第293号（2017年10月7日中华人民共和国国务院令第687号修正）** 第二十八条　建设单位、施工单位、监理单位不得修改建设工程勘察、设计文件；确需修改建设工程勘察、设计文件的，应当由原建设工程勘察、设计单位修改。经原建设工程勘察、设计单位书面同意，建设单位也可以委托其他具有相应资质的建设工程勘察、设计单位修改。修改单位对修改的勘察、设计文件承担相应责任。 施工单位、监理单位发现建设工程勘察、设计文件不符合工程建设强制性标准、合同约定的质量要求的，应当报告建设单位，建设单位有权要求建设工程勘察、设计单位对建设工程勘察、设计文件进行补充、修改。 建设工程勘察、设计文件内容需要作重大修改的，建设单位应当报经原审批机关批准后，方可修改 **2.《输变电工程项目质量管理规程》DL/T 1362—2014** 6.3.8　设计变更应根据工程实施需要进行设计变更。设计变更管理应符合下列要求： a）设计变更应符合可行性研究或初步设计批复的要求。 b）当涉及改变设计方案、改变设计原则、改变原定主要设备规范、扩大进口范围、增减投资超过50万元等内容的设计变更时，设计并更应报原主审单位或建设单位审批确认。 c）由设计单位确认的设计变更应在监理单位审核、建设单位批准后实施。 6.3.10　设计单位绘制的竣工图应反映所有的设计变更	查阅设计更改、技术洽商文件 编制签字：设计单位各级责任人已签字 审核签字：建设单位、监理单位责任人已签字

续表

条款号	大纲条款	检 查 依 据	检查要点
4.2.3	工程建设标准强制性条文落实到位	**1.《建设工程质量管理条例》中华人民共和国国务院令第 279 号（2017 年 10 月 7 日中华人民共和国国务院令第 687 号修正）** 第十九条　勘察、设计单位必须按照工程建设强制性标准进行勘察、设计，并对其勘察、设计的质量负责。 注册建筑师、注册结构工程师等注册执业人员应当在设计文件上签字，对设计文件负责。 **2.《建设工程勘察设计管理条例》中华人民共和国国务院令〔2015〕第 293 号（2017 年 10 月 7 日中华人民共和国国务院令第 687 号修正）** 第五条　……建设工程勘察、设计单位必须依法进行建设工程勘察、设计，严格执行工程建设强制性标准，并对建设工程勘察、设计的质量负责。	1. 查阅与强制性标准有关的可研、初设、技术规范书等设计文件 编、审、批：相关负责人已签字
		3.《实施工程建设强制性标准监督规定》中华人民共和国建设部令第 81 号（2015 年 1 月 22 日中华人民共和国住房和城乡建设部令第 23 号修正） 第二条　在中华人民共和国境内从事新建、扩建、改建等工程建设活动，必须执行工程建设强制性标准。 **4.《输变电工程项目质量管理规程》DL／T 1362—2014** 6.2.1　勘察、设计单位应根据工程质量总目标进行设计质量管理策划，并应编制下列设计质量管理文件； a）设计技术组织措施； b）达标投产或创优实施细则； c）工程建设标准强制性条文执行计划； d）执行法律法规、标准、制度的目录清单。 6.2.2　勘察、设计单位应在设计前将设计质量管理文件报建设单位审批。如有设计阶段的监理，则应报监理单位审查、建设单位批准	2. 查阅强制性标准实施计划（含强制性标准清单）和本阶段执行记录 计划审批：监理和建设单位审批人已签字 记录内容：与实施计划相符 记录审核：监理单位审核人已签字
4.2.4	设计代表工作到位、处理设计问题及时	**1.《建设工程勘察设计管理条例》中华人民共和国国务院令第 293 号（2017 年 10 月 7 日中华人民共和国国务院令第 687 号修正）** 第三十条　……建设工程勘察、设计单位应当及时解决施工中出现的勘察、设计问题。 **2.《输变电工程项目质量管理规程》DL／T 1362—2014** 6.1.9　勘察、设计单位应按照合同约定开展下列工作： c）派驻工地设计代表，及时解决施工中发现的设计问题。 d）参加工程质量验收，配合质量事件、质量事故的调查和处理工作。	1. 查阅设计单位对工代的任命书 内容：包括设计修改、变更、材料代用等签发人资格

续表

条款号	大纲条款	检 查 依 据	检查要点
4.2.4	设计代表工作到位、处理设计问题及时	**3.《电力勘测设计驻工地代表制度》DLGJ 159.8—2001** 2.0.1 工代的工地现场服务是电力工程设计的阶段之一，为了有效的贯彻勘测设计意图，实施设计单位通过工代为施工、安装、调试、投运提供及时周到的服务，促进工程顺利竣工投产，特制定本制度。 2.0.2 工代的任务是解释设计意图，解释施工图纸中的技术问题，收集包括设计本身在内的施工、设备材料等方面的质量信息，加强设计与施工、生产之间的配合，共同确保工程建设质量和工期，以及国家和行业标准的贯彻执行。 2.0.3 工代是设计单位派驻工地配合施工的全权代表，应能在现场积极地履行工代职责，使工程实现设计预期要求和投资效益	2. 查阅设计服务报告 内容：包括现场施工与设计要求相符情况和工代协助施工单位解决具体技术问题的情况 3. 查阅设计变更通知单和工程联系单 签发时间：在现场问题要求解决时间前
4.2.5	进行了本阶段工程实体质量与设计的符合性确认	**1.《输变电工程项目质量管理规程》DL/T 1362—2014** 6.1.9 勘察、设计单位应按照合同约定开展下列工作： c）派驻工地设计代表，及时解决施工中发现的设计问题。 d）参加工程质量验收，配合质量事件、质量事故的调查和处理工作。 **2.《电力勘测设计驻工地代表制度》DLGJ 159.8—2001** 5.0.3 深入现场，调查研究 1 工代应坚持经常深入施工现场，调查了解施工是否与设计要求相符，并协助施工单位解决施工中出现的具体技术问题，做好服务工作，促进施工单位正确执行设计规定的要求。 2 对于发现施工单位擅自作主，不按设计规定要求进行施工的行为，应及时指出，要求改正，如指出无效，又涉及安全、质量等原则性、技术性问题，应将问题事实与处理过程用“备忘录”的形式书面报告建设单位和施工单件，同时向设总和处领导汇报	1. 查阅塔体安装分部工程质量验收记录 审核签字：设计单位项目负责人已签字 2. 查阅阶段工程实体质量与勘察设计符合性确认记录 内容：已对本阶段工程实体质量与勘察设计的符合性进行了确认
4.3 监理单位质量行为的监督检查			
4.3.1	项目监理部专业监理人员配备合理，资格证书与承担任务相符	**1.《中华人民共和国建筑法》中华人民共和国主席令第46号** 第十四条 从事建筑活动的专业技术人员，应当依法取得相应的职业资格证书，并在执业资格证书许可的范围内从事建筑活动。 **2.《建设工程质量管理条例》中华人民共和国国务院令第279号（2017年10月7日中华人民共和国国务院令第687号修正）** 第三十七条 工程监理单位应当选派具备相应资格的总监理工程师和监理工程师进驻施工现场。……	1. 查阅监理大纲（规划）中的监理人员进场计划 人员数量及专业：已明确

续表

条款号	大纲条款	检查依据	检查要点
4.3.1	项目监理部专业监理人员配备合理，资格证书与承担任务相符	**3.《建设工程监理规范》GB/T 50319—2013** 3.1.2 项目监理机构的监理人员应由总监理工程师、专业监理工程师和监理员组成，且专业配套、数量应满足建设工程监理工作需要，必要时可设总监理工程师代表。 3.1.3 ……应及时将项目监理机构的组织形式、人员构成、及对总监理工程师的任命书面通知建设单位。 3.1.4、工程监理单位调换总监理工程师时，应征得建设单位书面同意；调换专业监理工程师时，总监理工程师应书面通知建设单位	2.查阅现场监理人员名单，检查监理人员数量是否满足工程需要 专业：与工程阶段和监理规划相符 3.查阅各级监理人员的岗位资格证书 发证单位：住建部或颁发技术职称的主管部门 有效期：当前有效
4.3.2	检测仪器和工具配置满足监理工作需要	**1.《中华人民共和国计量法》中华人民共和国主席令第86号（2018年10月26日《关于修改〈中华人民共和国野生动物保护法〉第十五部法律的决定》修正）** 第九条 ……未按照规定申请检定或者检定不合格的，不得使用。…… **2.《建设工程监理规范》GB/T 50319—2013** 3.3.2 工程监理单位宜按建设工程监理合同约定，配备满足监理工作需要的检测设备和工器具。 **3.《电力建设工程监理规范》DL/T 5434—2009** 5.3.1 项目监理机构应根据工程项目类别、规模、技术复杂程度、工程项目所在地的环境条件，按委托监理合同的约定，配备满足监理工作需要的常规检测设备和工具	1.查阅监理项目部检测仪器和工具配置台账 仪器和工具配置：与监理设施配置计划相符 2.查看检测仪器 标识：贴有合格标签，且在有效期内
4.3.3	已按验收规程规定，对施工现场质量管理进行了验收	**1.《建筑工程施工质量验收统一标准》GB 50300—2013** 3.0.1 施工现场应具有健全的质量管理体系、相应施工技术标准、施工质量检验制度和综合施工质量水平评定考核制度。施工现场质量管理可按本标准附录A的要求进行检查记录。 附录A 施工现场质量管理检查记录	查阅施工现场质量管理检查记录 内容：符合规程规定 结论：有肯定性结论 签字：责任人已签字
4.3.4	组织补充完善施工质量验收项目划分表，对设定的工程质量控制点，进行了旁站监理	**1.《建设工程监理规范》GB/T 50319—2013** 5.2.11 项目监理机构应根据工程特点和施工单位报送的施工组织设计，确定旁站的关键部位、关键工序，安排监理人员进行旁站，并应及时记录旁站情况。 **2.《电力建设工程监理规范》DL/T 5434—2009** 9.1.2 项目监理机构应审查承包单位编制的质量计划和工程质量验收及评定项目划分表，提出监理意见，报建设单位批准后监督实施。 9.1.9 项目监理机构应安排监理人员对施工过程进行巡视和检查，对工程项目的关键部位、关键工序的施工过程进行旁站监理。	1.查阅施工质量验收范围划分表及报审表 划分表内容：符合规程规定且已明确了质量控制点 报审表签字：相关单位责任人已签字

续表

条款号	大纲条款	检查依据	检查要点
4.3.4	组织补充完善施工质量验收项目划分表，对设定的工程质量控制点，进行了旁站监理	**3.《输变电工程项目质量管理规程》DL/T 1362—2014** 7.3.4 监理单位应通过文件审查、旁站、巡视、平行检验、见证取样等监理工作方法开展质量监理活动	2. 查阅旁站计划和旁站记录 旁站计划质量控制点：符合施工质量验收范围划分表要求 旁站记录：完整 签字：监理旁站人员已签字
4.3.5	特殊施工技术措施已审批	**1.《建设工程安全生产管理条例》中华人民共和国国务院令第393号** 第二十六条 施工单位应当在施工组织设计中编制安全技术措施和施工现场临时用电方案，对下列达到一定规模的危险性较大的分部分项工程编制专项施工方案，并附具安全验算结果，经施工单位技术负责人、总监理工程师签字后实施，由专职安全生产管理人员进行现场监督： （一）基坑支护与降水工程； （二）土方开挖工程； （三）模板工程； （四）起重吊装工程； （五）脚手架工程； （六）拆除、爆破工程； （七）国务院建设行政主管部门或者其他有关部门规定的其他危险性较大的工程。 对前款所列工程中涉及深基坑、地下暗挖工程、高大模板工程的专项施工方案，施工单位还应当组织专家进行论证、审查。 **2.《建设工程监理规范》GB/T 50319—2013** 5.5.3 项目监理机构应审查施工单位报审的专项施工方案，符合要求的，应由总监理工程师签认后报建设单位。超过一定规模的危险性较大的分部分项工程的专项施工方案，应检查施工单位组织专家进行论证、审查的情况，以及是否附具安全验算结果	查阅特殊施工技术措施、方案报审文件和旁站记录 审核意见：专家意见已在施工措施方案中落实，同意实施 审批：相关单位责任人已签字 旁站记录：根据施工技术措施对应现场进行检查确认
4.3.6	对进场塔件的质量进行检查验收	**1.《建设工程监理规范》GB/T 50319—2013** 5.2.9 项目监理机构应审查施工单位报送的用于工程的材料、构配件、设备的质量证明文件，并应按有关规定、建设工程监理合同约定，对用于工程的材料进行见证取样、平行检验。 项目监理机构对已进场经检验不合格的工程材料、构配件、设备，项目监理机构应要求施工单位限期将其撤出施工现场。	1. 查阅工程材料/构配件/设备报审资料 内容：包括塔件、高强螺栓出厂合格证、质保书、试验报告和高强螺栓现场见证取样复试报告 审查意见：同意使用

续表

条款号	大纲条款	检查依据	检查要点
4.3.6	对进场塔件的质量进行检查验收	**2.《电力建设工程监理规范》DL/T 5434—2009** 9.1.8 项目监理机构应参与主要设备的开箱验收，对开箱验收中发现的设备质量缺陷，督促相关单位处理	2. 查阅塔件、高强螺栓到货验收记录 签字：相关单位责任人已签字
4.3.7	施工质量问题及处理台账完整，记录齐全	**1.《建设工程监理规范》GB/T 50319—2013** 5.2.15 项目监理机构发现施工存在质量问题的，或施工单位采用不适当的施工工艺，或施工不当，造成工程质量不合格的，应及时签发监理通知单，要求施工单位整改。整改完毕后，项目监理机构应根据施工单位报送的监理通知回复单对整改情况进行复查，提出复查意见。 5.2.17 对需要返工处理或加固补强的质量事故，项目监理机构应要求施工单位报送质量事故调查报告和经设计等相关单位认可的处理方案，并应对质量事故的处理过程进行跟踪检查，同时应对处理结果进行验收。 项目监理机构应及时向建设单位提交质量事故书面报告，并应将完整的质量事故处理记录整理归档。 **2.《电力建设工程监理规范》DL/T 5434—2009** 9.1.12 对施工过程中出现的质量缺陷，专业监理工程师应及时下达书面通知，要求承包单位整改，并检查确认整改结果。 9.1.15 专业监理工程师应根据消缺清单对承包单位报送的消缺方案进行审核，符合要求后予以签认，并根据承包单位报送的消缺报验申请表和自检记录进行检查验收	查阅质量问题及处理记录台账 记录要素：质量问题、发现时间、责任单位、整改要求、闭环文件、完成时间 检查内容：记录完整
4.3.8	工程建设标准强制性条文检查到位	**1.《实施工程建设强制性标准监督规定》中华人民共和国建设部令第81号（2015年1月22日中华人民共和国住房和城乡建设部令第23号修正）** 第二条 在中华人民共和国境内从事新建、扩建、改建等工程建设活动，必须执行工程建设强制性标准。 第三条 本规定所称工程强制性标准是指直接涉及工程质量、安全、卫生及环境保护等方面的工程建设标准强制性条文。 第六条 …… 工程质量监督机构应当对建设施工、监理、验收等阶段执行强制性标准的情况实施监督。 **2.《输变电工程项目质量管理规程》DL/T 1362—2014** 7.3.5 监理单位应监督施工单位质量管理体系的有效运行，应监督施工单位按照技术标准和设计文件进行施工，应定期检查工程建设标准强制性条文执行情况，……	查阅工程强制性标准执行情况检查表 内容：符合强制性标准执行计划要求 签字：施工单位技术人员与监理工程师已签字

续表

条款号	大纲条款	检 查 依 据	检查要点
4.3.9	完成杆塔组立施工质量验收	**1.《建设工程监理规范》GB/T 50319—2013** 5.2.14 项目监理机构应对施工单位报验的隐蔽工程、检验批、分项工程和分部工程进行验收，对验收合格的应给予签认；对验收不合格的应拒绝签认，同时应要求施工单位在指定的时间内整改并重新报验。……	查阅杆塔安装工程质量报验表及验收资料 验收结论：合格 签字：相关单位责任人已签字
4.3.10	对本阶段工程质量提出评价意见	**1.《输变电工程项目质量管理规程》DL/T 1362—2014** 14.2.1 变电工程应分别在主要建（构）筑物基础基本完成、土建交付安装前、投运前进行中间验收，输电线路工程应分别在杆塔组立前、导地线架设前、投运前进行中间验收。投运前中间验收可与竣工预验收合并进行。中间验收应符合下列要求： b）在收到初检申请并确认符合条件后，监理单位应组织进行初检，在初检合格后，应出具监理初检报告并向建设单位申请中间验收	查阅本阶段监理初检报告 评价意见：明确
4.4 施工单位质量行为的监督检查			
4.4.1	项目部组织机构健全，专业人员配置合理	**1.《中华人民共和国建筑法》中华人民共和国主席令第46号** 第十四条 从事建筑活动的专业技术人员，应当依法取得相应的执业资格证书，并在执业资格证书许可的范围内从事建筑活动。 **2.《建设工程质量管理条例》中华人民共和国国务院令第279号（2017年10月7日中华人民共和国国务院令第687号修改）** 第二十六条 施工单位对建设工程的施工质量负责。 施工单位应当建立质量责任制，确定工程项目的项目经理、技术负责人和施工管理负责人。…… **3.《建设工程项目管理规范》GB/T 50326—2017** 4.3.4 建立项目管理机构应遵循下列规定： 1 结构应符合组织制度和项目实施要求； 2 应有明确的管理目标、运行程序和责任制度； 3 机构成员应满足项目管理要求及具备相应资格； 4 组织分工相对稳定并可根据项目实施变化进行调整； 5 应确定机构成员的职责、权限、利益和需承担的风险。 **4.《输变电工程项目质量管理规程》DL/T 1362—2014** 9.1.5 施工单位应按照施工合同约定组建施工项目部，应提供满足工程质量目标的人力、物力和财力的资源保障。 9.3.1 施工项目部人员执业资格应符合国家有关规定。 附录 表D.1输变电工程施工项目部人员资格要求	查阅项目部成立文件 岗位设置：包括项目经理、技术负责人、施工管理负责人、施工员、质量员、安全员、材料员、资料员等

续表

<table>
<tr><th>条款号</th><th>大纲条款</th><th>检 查 依 据</th><th>检查要点</th></tr>
<tr><td rowspan="3">4.4.2</td><td rowspan="3">质量检查及特殊工种人员持证上岗</td><td rowspan="3">1.《特种作业人员安全技术培训考核管理办法》国家安全生产监督管理总局令第 30 号（2015 年 5 月 29 日国家安全监管总局令第 80 号修正）
第五条　特种作业人员必须经专门的安全技术培训并考核合格，取得《中华人民共和国特种作业操作证》（以下简称特种作业操作证）后，方可上岗作业。
2.《建筑施工特种作业人员管理规定》中华人民共和国建设部　建质〔2008〕75 号
第四条　建筑施工特种作业人员必须经建设主管部门考核合格，取得建筑施工特种作业人员操作资格证书，方可上岗从事相应作业。
3.《输变电工程项目质量管理规程》DL/T 1362—2014
9.3.1　施工项目部人员执业资格应符合国家有关规定，其任职条件参见附录 D。
9.3.2　工程开工前，施工单位应完成下列工作：
……
h）特种作业人员的资格证和上岗证的报审</td><td>1. 查阅项目部各专业质检员资格证书
专业类别：送电等
发证单位：政府主管部门或电力建设工程质量监督站
有效期：当前有效</td></tr>
<tr><td>2. 查阅特殊工种人员台账
内容：包括姓名、工种类别、证书编号、发证单位、有效期等
证书有效期：作业期间有效</td></tr>
<tr><td>3. 查阅特殊工种人员资格证书
发证单位：政府主管部门
有效期：与台账一致</td></tr>
<tr><td rowspan="2">4.4.3</td><td rowspan="2">专业施工组织设计已审批</td><td rowspan="2">1.《建筑施工组织设计规范》GB/T 50502—2009
3.0.5　施工组织设计的编制和审批应符合下列规定：
1　施工组织设计应由项目负责人主持编制，可根据需要分阶段编制和审批；
2　施工组织总设计应由总承包单位技术负责人审批；单位工程施工组织设计应由施工单位技术负责人或技术负责人授权的技术人员审批，施工方案应由项目技术负责人审批；重点、难点分部（分项）工程和专项工程施工方案应由施工单位技术部门组织相关专家评审，施工单位技术负责人批准；
2.《输变电工程项目质量管理规程》DL/T 1362—2014
9.2.2　工程开工前，施工单位应根据施工质量管理策划编制质量管理文件，并应报监理单位审核、建设单位批准。质量管理文件应包括下列内容：
a）施工组织设计；
9.3.2　工程开工前，施工单位应完成下列工作：
……
e）施工组织设计、施工方案的编制和审批</td><td>1. 查阅工程项目专业施工组织设计
审批：责任人已签字
编审批时间：专业工程开工前</td></tr>
<tr><td>2. 查阅专业施工组织设计报审表
审批意见：同意实施等肯定性意见
签字：施工项目部、监理项目部、建设单位责任人已签字
盖章：施工项目部、监理项目部、建设单位职能部门已盖章</td></tr>
</table>

续表

条款号	大纲条款	检查依据	检查要点
4.4.4	施工方案和作业指导书已审批，技术交底记录齐全	**1.《建筑施工组织设计规范》GB/T 50502—2009** 3.0.5 施工组织设计的编制和审批应符合下列规定： 2 ……施工方案应由项目技术负责人审批；重点、难点分部（分项）工程和专项工程施工方案应由施工单位技术部门组织相关专家评审，施工单位技术负责人批准； 3 由专业承包单位施工的分部（分项）工程或专项工程的施工方案，应由专业承包单位技术负责人或技术负责人授权的技术人员审批；有总承包单位时，应由总承包单位项目技术负责人核准备案； 4 规模较大的分部（分项）工程和专项工程的施工方案应按单位工程施工组织设计进行编制和审批。 6.4.1 施工准备应包括下列内容： 1 技术准备：包括施工所需技术资料的准备、图纸深化和技术交底的要求、试验检验和测试工作计划、样板制作计划以及与相关单位的技术交接计划等； …… **2.《输变电工程项目质量管理规程》DL/T 1362—2014** 9.2.2 工程开工前，施工单位应根据施工质量管理策划编制质量管理文件，并应报监理单位审核、建设单位批准。质量管理文件应包括下列内容： …… e）施工方案及作业指导书； 9.3.2 工程开工前，施工单位应完成下列工作： …… e）施工组织设计、施工方案的编制和审批； 9.3.4 施工过程中，施工单位应主要开展下列质量控制工作： b）在变电各单位工程、线路各分部工程开工前进行技术培训交底	1. 查阅施工方案和作业指导书 审批：责任人已签字 编审批时间：施工前 2. 查阅施工方案和作业指导书报审表 审批意见：同意实施等肯定性意见 签字：施工项目部、监理项目部责任人已签字 盖章：施工项目部、监理项目部已盖章 3. 查阅技术交底记录 内容：与方案或作业指导书相符 时间：施工前 签字：交底人和被交底人已签字
4.4.5	计量工器具经检定合格，且在有效期内	**1.《中华人民共和国计量法》中华人民共和国主席令第86号（2018年10月26日《关于修改〈中华人民共和国野生动物保护法〉等十五部法律的决定》修正）** 第九条 ……未按照规定申请检定或者检定不合格的，不得使用。…… **2.《中华人民共和国依法管理的计量器具目录（型式批准部分）》国家质检总局公告2005年第145号** 1. 测距仪：光电测距仪、超声波测距仪、手持式激光测距仪； 2. 经纬仪：光学经纬仪、电子经纬仪； 3. 全站仪：全站型电子速测仪； 4. 水准仪：水准仪； 5. 测地型GPS接收机：测地型GPS接收机。	1. 查阅计量工器具台账 内容：包括计量工器具名称、出厂合格证编号、检定日期、有效期、在用状态等 检定有效期：在用期间有效

续表

条款号	大纲条款	检查依据	检查要点
4.4.5	计量工器具经检定合格，且在有效期内	**3.《电力建设施工技术规范　第1部分：土建结构工程》DL 5190.1—2012** 3.0.5　在质量检查、验收中使用的计量器具和检测设备，应经计量检定合格后方可使用；承担材料和设备检测的单位，应具备相应的资质。 **4.《电力工程施工测量技术规范》DL/T 5445—2010** 4.0.3　施工测量所使用的仪器和相关设备应定期检定，并在检定的有效期内使用。…… **5.《建筑工程检测试验技术管理规范》JGJ 190—2010** 5.2.2　施工现场配置的仪器、设备应建立管理台账，按有关规定进行计量检定或校准，并保持状态完好	2.查阅计量工器具检定合格证或报告 检定单位资质范围：包含所检测工器具 工器具有效期：在用期间有效，且与台账一致
4.4.6	按照检测试验项目计划进行有见证的取样和送检，台账完整	**1.关于印发《房屋建筑工程和市政基础设施工程实行见证取样和送检的规定》的通知中华人民共和国建设部　建建〔2000〕211号** 第五条　涉及结构安全的试块、试件和材料见证取样和送检的比例不得低于有关技术标准中规定应取样数量的30%。 第六条　下列试块、试件和材料必须实施见证取样和送检： （一）用于承重结构的混凝土试块； （二）用于承重墙体的砌筑砂浆试块； （三）用于承重结构的钢筋及连接接头试件； （四）用于承重墙的砖和混凝土小型砌块； （五）用于拌制混凝土和砌筑砂浆的水泥； （六）用于承重结构的混凝土中使用的掺加剂； （七）地下、屋面、厕浴间使用的防水材料； （八）国家规定必须实行见证取样和送检的其他试块、试件和材料。 第七条　见证人员应由建设单位或该工程的监理单位具备建筑施工试验知识的专业技术人员担任，并应由建设单位或该工程的监理单位书面通知施工单位、检测单位和负责该项工程的质量监督机构。 **2.《房屋建筑和市政基础设施工程质量检测技术管理规范》GB 50618—2011** 3.0.5　对实行见证取样和见证检测的项目，不符合见证要求的，检测机构不得进行检测。 **3.《建筑工程检测试验技术管理规范》JGJ 190—2010** 3.0.6　见证人员必须对见证取样和送检的过程进行见证，且必须确保见证取样和送检过程的真实性。	查阅见证取样台账 取样数量、取样项目：与检测试验计划相符

续表

条款号	大纲条款	检 查 依 据	检查要点
4.4.6	按照检测试验项目计划进行有见证的取样和送检，台账完整	5.5.1 施工现场应按照单位工程分别建立下列试样台账： 1 钢筋试样台账； 2 钢筋连接接头试样台账； 3 混凝土试件台账； 4 砂浆试件台账； 5 需要建立的其他试样台账。 5.6.1 现场试验人员应根据施工需要及有关标准的规定，将标识后的试样送至检测单位进行检测试验； 5.8.5 见证人员应对见证取样和送检的全过程进行见证并填写见证记录。 5.8.6 检测机构接收试样时应核实见证人员及见证记录，见证人员与备案见证人员不符或见证记录无备案见证人员签字时不得接收试样	
4.4.7	杆塔组立工程开工报告已审批	**1.《工程建设施工企业质量管理规范》GB/T 50430—2017** 10.4.2 项目部应确认施工现场已具备开工条件，进行报审、报验，提出开工申请，经批准后方可开工	查阅杆塔组立工程开工报告 申请时间：开工前 审批意见：同意开工等肯定性意见 签字：施工项目部、监理项目部、建设单位责任人已签字 盖章：施工项目部、监理项目部、建设单位职能部门已盖章
4.4.8	专业绿色施工措施已制订、实施	**1.《绿色施工导则》中华人民共和国建设部 建质〔2007〕223号** 4.1.2 规划管理 1 编制绿色施工方案。该方案应在施工组织设计中独立成章，并按有关规定进行审批。 **2.《建筑工程绿色施工规范》GB/T 50905—2014** 3.1.1 建设单位应履行下列职责： 1 在编制工程概算和招标文件时，应明确绿色施工的要求…… 2 应向施工单位提供建设工程绿色施工的设计文件、产品要求等相关资料…… 4.0.2 施工单位应编制包含绿色施工管理和技术要求的工程绿色施工组织设计、绿色施工方案或绿色施工专项方案，并经审批通过后实施。	1. 查阅绿色施工措施 审批：责任人已签字 审批时间：施工前 2. 查阅专业绿色施工记录 内容：与绿色施工措施相符 签字：责任人已签字

续表

条款号	大纲条款	检查依据	检查要点
4.4.8	专业绿色施工措施已制订、实施	**3.《电力建设施工技术规范　第1部分：土建结构工程》DL 5190.1—2012** 3.0.12　施工单位应建立绿色施工管理体系和管理制度，实施目标管理，施工前应在施工组织设计和施工方案中明确绿色施工的内容和方法。 **4.《输变电工程项目质量管理规程》DL/T 1362—2014** 9.2.2　工程开工前，施工单位应根据施工质量管理策划编制质量管理文件，并应报监理单位审核、建设单位批准。质量管理文件应包括下列内容： …… g）绿色施工方案； 9.3.2　工程开工前，施工单位应完成下列工作： …… f）绿色施工方案的编制和审批	
4.4.9	工程建设标准强制性条文实施计划已执行	**1.《实施工程建设强制性标准监督规定》中华人民共和国建设部令第81号（2015年1月22日中华人民共和国住房和城乡建设部令第23号修改）** 第二条　在中华人民共和国境内从事新建、扩建、改建等工程建设活动，必须执行工程建设强制性标准。 第三条　本规定所称工程建设强制性标准是指直接涉及工程质量、安全、卫生及环境保护等方面的工程建设标准强制性条文。 国家工程建设标准强制性条文由国务院住房城乡建设主管部门会同国务院有关主管部门确定。 第六条　……工程质量监督机构应当对工程建设施工、监理、验收等阶段执行强制性标准的情况实施监督。 **2.《输变电工程项目质量管理规程》DL/T 1362—2014** 9.2.2　工程开工前，施工单位应根据施工质量管理策划编制质量管理文件，并应报监理单位审核、建设单位批准。质量管理文件应包括下列内容： …… d）工程建设标准强制性条文执行计划	查阅强制性标准执行记录 内容：与强制性标准执行计划相符 签字：责任人已签字 执行时间：与工程进度同步
4.4.10	无违规转包或者违法分包工程的行为	**1.《中华人民共和国建筑法》中华人民共和国主席令第46号** 第二十八条　禁止承包单位将其承包的全部建筑工程转包给他人，禁止承包单位将其承包的全部建筑工程肢解以后以分包的名义转包给他人。	1. 查阅工程分包申请报审表 审批意见：同意分包等肯定性意见

续表

条款号	大纲条款	检　查　依　据	检查要点
4.4.10	无违规转包或者违法分包工程的行为	第二十九条　建筑工程总承包单位可以将承包工程中的部分工程发包给具有相应资质条件的分包单位，但是，除总承包合同约定的分包外，必须经建设单位认可。施工总承包的，建筑工程主体结构的施工必须由总承包单位自行完成。 …… 禁止总承包单位将工程分包给不具备相应资质条件的单位。禁止分包单位将其承包的工程再分包。 **2.《建筑工程施工发包与承包违法行为认定查处管理办法》中华人民共和国住房和城乡建设部建市〔2019〕1号** 第六条　存在下列情形之一的，属于违法发包： （一）建设单位将工程发包给个人的； （二）建设单位将工程发包给不具有相应资质的单位的； （三）依法应当招标未招标或未按照法定招标程序发包的； （四）建设单位设置不合理的招标投标条件，限制、排斥潜在投标人或者投标人的； （五）建设单位将一个单位工程的施工分解成若干部分发包给不同的施工总承包或专业承包单位的。	签字：施工项目部、监理项目部、建设单位责任人已签字 盖章：施工项目部、监理项目部、建设单位已盖章
		第八条　存在下列情形之一的，应当认定为转包，但有证据证明属于挂靠或者其他违法行为的除外： （一）承包单位将其承包的全部工程转给其他单位（包括母公司承接建筑工程后将所承接工程交由具有独立法人资格的子公司施工的情形）或个人施工的； （二）承包单位将其承包的全部工程肢解以后，以分包的名义分别转给其他单位或个人施工的； （三）施工总承包单位或专业承包单位未派驻项目负责人、技术负责人、质量管理负责人、安全管理负责人等主要管理人员，或派驻的项目负责人、技术负责人、质量管理负责人、安全管理负责人中一人及以上与施工单位没有订立劳动合同且没有建立劳动工资和社会养老保险关系，或派驻的项目负责人未对该工程的施工活动进行组织管理，又不能进行合理解释并提供相应证明的； （四）合同约定由承包单位负责采购的主要建筑材料、构配件及工程设备或租赁的施工机械设备，由其他单位或个人采购、租赁，或施工单位不能提供有关采购、租赁合同及发票等证明，又不能进行合理解释并提供相应证明的； （五）专业作业承包人承包的范围是承包单位承包的全部工程，专业作业承包人计取的是除上缴给承包单位“管理费”之外的全部工程价款的； （六）承包单位通过采取合作、联营、个人承包等形式或名义，直接或变相将其承包的全部工程转给其他单位或个人施工的；	2. 查阅工程分包商资质 业务范围：涵盖所分包的项目 发证单位：政府主管部门 有效期：当前有效

续表

条款号	大纲条款	检 查 依 据	检查要点
4.4.10	无违规转包或者违法分包工程的行为	（七）专业工程的发包单位不是该工程的施工总承包或专业承包单位的，但建设单位依约作为发包单位的除外； （八）专业作业的发包单位不是该工程承包单位的； （九）施工合同主体之间没有工程款收付关系，或者承包单位收到款项后又将款项转拨给其他单位和个人，又不能进行合理解释并提供材料证明的。 两个以上的单位组成联合体承包工程，在联合体分工协议中约定或者在项目实际实施过程中，联合体一方不进行施工也未对施工活动进行组织管理的，并且向联合体其他方收取管理费或者其他类似费用的，视为联合体一方将承包的工程转包给联合体其他方。	
4.5　检测试验机构质量行为的监督检查			
4.5.1	检测试验机构已经通过能力认定并取得相应证书，其现场派出机构（现场试验室）满足规定条件，并已报质量监督机构备案	**1.《建设工程质量检测管理办法》中华人民共和国建设部令第141号（2015年5月中华人民共和国住房和城乡建设部令第24号修正）** 第四条　……检测机构未取得相应的资质证书，不得承担本办法规定的质量检测业务。 **2.《检验检测机构资质认定管理办法》国家质量监督检验检疫总局令第163号** 第三条　检验检测机构从事下列活动，应当取得资质认定： …… （四）为社会经济、公益活动出具具有证明作用的数据、结果的； （五）其他法律法规规定应当取得资质认定的。 **3.《建筑工程检测试验技术管理规范》JGJ 190—2010** 表5.2.4　现场试验站基本条件	1. 查阅检测机构资质证书 发证单位：国家认证认可监督管理委员会（国家级）或地方质量技术监督部门或各直属出入境检验检疫机构（省市级）及电力质监机构 有效期：当前有效 证书业务范围：涵盖检测项目 2. 查看现场试验室 派出机构成立及人员任命文件 场所：有固定场所且面积、环境、温湿度满足规范要求 3. 查阅检测机构的申请报备文件 报备时间：工程开工前
4.5.2	检测人员资格符合规定，持证上岗	**1.《房屋建筑和市政基础设施工程质量检测技术管理规范》GB 50618—2011** 4.1.5　检测操作人员应经技术培训、通过建设主管部门或委托有关机构的考核，方可从事检测工作。 5.3.6　检测前应确认检测人员的岗位资格，检测操作人员应熟识相应的检测操作规程和检测设备使用、维护技术手册等	1. 查阅检测人员登记台账 专业类别和数量：满足检测项目需求 资格证发证单位：各级政府和电力行业主管部门 检测证有效期：当前有效 2. 查阅检测报告 检测人：与检测人员登记台账相符

续表

条款号	大纲条款	检查依据	检查要点
4.5.3	检测仪器、设备检定合格，且在有效期内	**1.《房屋建筑和市政基础设施工程质量检测技术管理规范》GB 50618—2011** 4.2.14 检测机构的所有设备均应标有统一的标识，在用的检测设备均应标有校准或检测有效期的状态标识。 **2.《检验检测机构诚信基本要求》GB/T 31880—2015** 4.3.1 设备设施 检验检测设备应定期检定或校准，设备在规定的检定和校准周期内应进行期间核查。计算机和自动化设备功能应正常，并进行验证和有效维护。检验检测设施应有利于检验检测活动的开展。 **3.《建筑工程检测试验技术管理规范》JGJ 190—2010** 5.2.3 施工现场试验环境及设施应满足检测试验工作的要求	1. 查阅检测仪器、设备登记台账 数量、种类：满足检测需求 检定周期：当前有效 检定结论：合格 2. 查看检测仪器、设备检验标识 检定周期：与台账一致
4.5.4	检测依据正确、有效，检测报告及时、规范	**1.《检验检测机构资质认定管理办法》国家质量监督检验检疫总局令第163号** 第二十五条 检验检测机构应当在资质认定证书规定的检验检测能力范围内，依据相关标准或者技术规范规定的程序和要求，出具检验检测数据、结果。 检验检测机构出具检验检测数据、结果时，应当注明检验检测依据，并使用符合资质认定基本规范、评审准则规定的用语进行表述。 检验检测机构对其出具的检验检测数据、结果负责，并承担相应法律责任。 第二十六条 ……检验检测机构授权签字人应当符合资质认定评审准则规定的能力要求。非授权签字人不得签发检验检测报告。 第二十八条 检验检测机构向社会出具具有证明作用的检验检测数据、结果的，应当在其检验检测报告上加盖检验检测专用章，并标注资质认定标志。 **2.《房屋建筑和市政基础设施工程质量检测技术管理规范》GB 50618—2011** 5.5.1 检测项目的检测周期应对外公示，检测工作完成后，应及时出具检测报告。 **3.《检验检测机构诚信基本要求》GB/T 31880—2015** 4.3.7 报告证书 …… 检验检测记录、报告、证书不应随意涂改，所有修改应有相关规定和授权。当有必要发布全新的检验检测报告、证书时，应注以唯一标识，并注明所替代的原件。 检验检测机构应采取有效手段识别和保证检验检测报告、证书真实性；应有措施保证任何人员不得施加任何压力改变检验检测的实际数据和结果。 检验检测机构应当按照合同要求，在批准范围内根据检验检测业务类型，出具具有证明作用的数据和结果，在检验检测报告、证书中正确使用获证标识	查阅检测试验报告 检测依据：有效的标准规范、合同及技术文件 检测结论：明确 签章：检测操作人、审核人、批准人已签字，已加盖检测机构公章或检测专用章（多页检测报告加盖骑缝章），并标注相应的资质认定标志 查看：授权签字人及其授权签字领域证书 时间：在检测机构规定时间内出具

续表

条款号	大纲条款	检　查　依　据	检查要点
5　工程实体质量的监督检查			
5.1　自立式铁塔组立工程的监督检查			
5.1.1	塔脚板与基础面的接触良好，地脚螺栓紧固	**1.《110kV～750kV 架空输电线路施工及验收规范》GB 50233—2014** 6.2.3　现场浇筑基础中的地脚螺栓安装前应除去浮锈，螺纹部分应予以保护。地脚螺栓及预埋件应安装牢固，在浇筑过程中应随时检查位置的准确性。 7.2.7　铁塔组立后，塔脚板应与基础面接触良好，有空隙时应用铁片垫实，并应浇筑水泥砂浆。铁塔应检查合格后方可浇筑混凝土保护帽，其尺寸应符合设计规定，并应与塔脚结合严密，不得有裂缝。 **2.《架空输电线路大跨越工程施工及验收规范》DL 5319—2014** 6.2.3　对现场浇筑基础中的地脚螺栓及预埋件应有稳定可靠的安装措施，防止地脚螺栓在混凝土浇筑和振捣过程中出现倾斜和偏移。安装前应除去浮锈，螺纹部分应予以保护。 7.2.13　铁塔组立后，塔脚板应与基础面接触良好，有空隙时应垫铁片，并应浇筑水泥砂浆。大跨越直线塔底部段完成并经检查合格后可浇筑混凝土保护帽，锚塔在紧完线后再浇保护帽。混凝土保护帽尺寸应符合设计规定，与塔座结合应严密，不得有裂缝。 **3.《±800kV 及以下直流架空输电线路工程施工及验收规程》DL/T 5235—2010** 7.2.11　塔脚板应与基础面接触良好，有空隙时应垫铁片，并应浇筑水泥砂浆	1. 查看铁塔塔脚板 接触面紧密性：塔脚板与基础顶面紧贴 2. 查看地脚螺栓螺帽 紧固：螺帽贴紧铁塔塔脚板，螺帽紧固 3. 查阅监理初检记录 问题记录：与实际相符
5.1.2	主体结构部件齐全、镀锌表面质量良好，相邻节点间主材弯曲不超标，螺栓紧固牢固，脚钉齐全	**1.《110kV～750kV 架空输电线路施工及验收规范》GB 50233—2014** 7.1.3　当采用螺栓连接构件时，应符合下列规定： 1　螺栓应与构件平面垂直，螺栓头与构件间的接触处不应有空隙； 2　螺母紧固后，螺栓头与构件间的接触处不应有间隙； 3　螺栓加垫时，每端不宜超过 2 个垫圈； 4　连接螺母的螺纹不应进入剪切面。 7.1.6　杆塔连接螺栓应逐个紧固，受剪螺栓紧固扭矩值不应小于表 7.1.6 的规定，其他受力情况螺栓紧固扭矩值应符合设计要求。螺栓与螺母的螺纹有滑牙或螺母的棱角磨损以致扳手打滑的，螺母应更换。 7.2.6　铁塔组立后，各相邻主材节点间弯曲度不得超过 1/750。 **2.《输电线路铁塔制造技术条件》GB/T 2694—2018** 6.9.2　镀锌层外观：镀锌层表面应连续完整，并具有实用性光滑，不应有过酸洗、起皮、漏镀、结瘤、积锌和锐点等使用上有害的缺陷。镀锌颜色一般呈灰色或暗灰色。 **3.《架空输电线路大跨越工程施工及验收规范》DL 5319—2014** 7.2.3　螺栓连接的构件应符合下列规定： 1　铁塔螺栓应按照设计要求使用防卸、防松装置。	1. 查看铁塔构件 完整性：主材、辅材、螺栓、爬梯等构件安装无缺失 2. 查看镀锌 塔材表面：无脱锌、损伤 3. 查看螺栓及脚钉 紧固率：≥95% 脚钉数量及安装：45°弯钩带防滑纹形式脚钉弯钩朝上且方向一致，无遗漏；六角头形式安装齐全一致 4. 实测铁塔节点间主材 弯曲度：不超过 1/750

续表

条款号	大纲条款	检 查 依 据	检查要点
5.1.2	主体结构部件齐全、镀锌表面质量良好，相邻节点间主材弯曲不超标，螺栓紧固牢固，脚钉齐全	2 螺栓应与构件平面垂直，螺栓头与构件间的接触处不应有空隙。 3 螺母拧紧后，螺栓露出螺母的长度：对单螺母，不应小于两个螺距；对双螺母，可与螺母相平。 4 螺栓需加垫处，每端不宜超过两个垫圈。 7.2.6 铁塔连接螺栓应逐个紧固，4.8 级螺栓紧固扭矩值应符合表 7.2.6 的规定。4.8 级以上的螺栓扭矩值应由设计规定。钢管塔法兰螺栓扭矩值应按设计规定执行。若发现螺杆与螺母的螺纹有滑牙或螺母的棱角磨损以致扳手打滑的，螺栓应更换。 7.2.7 钢管塔法兰连接螺栓应逐个对称拧紧，使法兰间接触良好。法兰连接螺栓的扭矩允许偏差应符合设计规定，同一法兰连接面上的螺栓扭矩值应力求一致。 7.2.11 脚钉安装应牢固齐全，安装位置应符合设计或建设方要求。 7.2.12 角钢塔组立后，各相邻节点间主材弯曲度不得超过 1/750。 **4.《1000kV 架空输电线路工程施工质量检验及评定规程》DL/T 5300—2013** 4.3 自立式铁塔组立质量应按表 4.3 的规定逐基进行检查评定。 **5.《±800kV 及以下直流架空输电线路工程施工及验收规程》DL/T 5235—2010** 7.2.2 当采用螺栓连接构件时，应符合下列规定： 1 铁塔螺栓应使用防卸、防松装置。 2 螺栓应与构件平面垂直，螺栓头与构件间的接触处不应有空隙。 7.2.5 铁塔连接螺栓应逐个紧固，4.8 级螺栓的扭紧力矩不应小于表 7.2.5 的规定。4.8 级以上的螺栓的扭矩标准值有设计规定，若设计无规定宜按 4.8 级螺栓的扭紧力矩标准执行。 7.2.9 脚钉安装要牢固齐全，安装位置要符合设计或者建设方要求。 7.2.10 铁塔组立后，各相邻节点间主材弯曲度不得超过 1/750。 **6.《±800kV 及以下直流架空输电线路工程施工质量检验及评定规程》DL/T 5236—2010** 5.3 自立式铁塔组立质量应按表 5.3 逐基进行检查评定。 **7.《110kV～750kV 架空输电线路施工质量检验及评定规程》DL/T 5168—2016** 4.4.1 杆塔工程组立施工过程应按照现行《110kV～750kV 架空输电线路施工及验收规范》GB 50233—2014 规定的有关要求操作，并逐基做好施工检查记录。自立式铁塔组立质量应按表 4.4.1 进行检验评定。 4.4.2 拉线铁塔组立质量应按表 4.4.2 进行检验评定。 **8.《钢结构高强度螺栓连接技术规程》JGJ 82—2011** 3.1.7 在同一连接接头中，高强度螺栓连接不应与普通螺栓连接混用。承压型高强度螺栓连接不应与焊接连接并用。 4.3.1 每一杆件在高强度螺栓连接节点及拼接接头的一端，其连接的高强度螺栓数量不应少于 2 个	5. 查阅铁塔施工评级记录 记录数据：与实测相符 签字：有质检员、监理人员签字

续表

条款号	大纲条款	检查依据	检查要点
5.1.3	转角、终端塔向受力反方向倾斜和横担架线前预拱符合设计要求	**1.《110kV～750kV架空输电线路施工及验收规范》GB 50233—2014** 7.1.9 自立式转角塔、终端耐张塔组立后，应向受力反方向预倾斜，预倾斜值应根据塔基础底面的地耐力、塔结构的刚度以及受力大小由设计确定，架线挠曲后仍不宜向受力侧倾斜。对较大转角塔的预倾斜，其基础顶面应有对应的斜平面处理措施。 **2.《架空输电线路大跨越工程施工及验收规范》DL 5319—2014** 7.2.10 锚塔的预倾应根据铁塔的刚度及受力由设计确定，铁塔的挠曲度超过设计规定时，应会同设计单位处理。 **3.《±800kV及以下直流架空输电线路工程施工及验收规程》DL／T 5235—2010** 7.2.8 自立式转角塔、终端塔应向受力反方向预倾斜，预倾斜值应视塔的刚度和受力大小由设计确定。架线挠曲后，塔顶端仍不应超过铅垂线而偏向受力侧。架线后铁塔的挠曲度超过设计规定时，应会同设计处理	1. 实测铁塔 转角塔、终端塔倾斜值：架线前预倾斜值符合设计要求 2. 查阅施工记录 铁塔倾斜值：与实测值相符 签字：有测量人、质检员、监理人员签字
5.1.4	接地线与接地装置连接牢固	**1.《电气装置安装工程接地装置施工及验收规范》GB 50169—2016** 4.3.3 热镀锌钢材焊接时，在焊痕外最小100mm范围内应采取可靠的防腐处理。在做防腐处理前，表面应除锈并去掉焊接处残留的焊药。 4.3.4 接地线、接地极采用电弧焊接时应采用搭接焊缝，其搭接长度应符合下列规定： 1 扁钢应为其宽度的2倍且不得少于3个棱边焊接。 2 圆钢应为其直径的6倍。 3 圆钢与扁钢连接时，其长度应为圆钢直径的6倍。 4 扁钢与圆钢、扁钢与角钢焊接时，除应在其接触部位两侧进行焊接外，还应由钢带或钢带弯成的卡子与钢管或角钢焊接。 4.3.5 接地极（线）的连接工艺采用放热焊接时，其焊接接头应符合下列规定： 1 被连接的导体截面应完全包裹在接头内。 2 接头的表面应平滑。 3 被连接的导体接头表面应完全熔合。 4 接头应无贯穿性的气孔。 4.7.10 接地线与杆塔的连接应可靠且接触良好，接地极的焊接长度应按本规范4.3节的规定执行，并应便于打开测量接地电阻。 4.7.11 架空线路杆塔的每一塔腿都应与接地线连接，并应通过多点接地。 **2.《110kV～750kV架空输电线路施工及验收规范》GB 50233—2014** 9.0.6 接地体间应连接应符合下列规定： 1 连接前应清除连接部位的浮锈。	查看接地线连接 连接螺栓：紧固 焊接部分：圆钢的搭接长度应不小于其直径的6倍，并应双面施焊

续表

条款号	大纲条款	检查依据	检查要点
5.1.4	接地线与接地装置连接牢固	2 接地体间应连接可靠。 3 应采用焊接或液压方式连接。当采用搭接焊接时，圆钢的搭接长度不应少于其直径的6倍并应双面施焊；扁钢的搭接长度不应少于其宽度的2倍并应四面施焊。当采用液压连接时，接续管的壁厚不得小于3mm；对接长度应为圆钢直径的20倍，搭接长度应为圆钢直径的10倍。接续管的型号与规格应与所连接的圆钢相匹配。 4 接地体的连接部位应采取防腐措施，防腐范围不应少于连接部位两端各100mm。 9.0.7 接地引下线与杆塔的连接应接触良好、顺畅美观，并便于运行测量和检修。若引下线直接从地线引下时，引下线应紧靠杆（塔）身，间隔固定距离应满足设计要求。 **3.《架空输电线路大跨越工程施工及验收规范》DL 5319—2014** 9.0.6 接地引下线与铁塔的连接应接触良好并便于运行测量和检修。高桩承台基础接地引下线应通过预埋件进行敷设。 **4.《±800kV及以下直流架空输电线路工程施工及验收规程》DL/T 5235—2010** 9.0.5 接地体间应连接可靠。 9.0.6 接地引下线与杆塔的连接应接触良好，并便于运行测量和检修	
5.2 拉线塔组立工程的监督检查			
5.2.1	塔脚板与基础面的接触良好，地脚螺栓紧固；铰接型式的铰接面转动无卡阻	**1.《110kV～750kV架空输电线路施工及验收规范》GB 50233—2014** 6.2.3 现场浇筑基础中的地脚螺栓安装前应除去浮锈，螺纹部分应予以保护。地脚螺栓及预埋件应安装牢固，在浇筑过程中应随时检查位置的准确性。 7.2.7 铁塔组立后，塔脚板应与基础面接触良好，有空隙时应用铁片垫实，并应浇筑水泥砂浆。铁塔应检查合格后方可浇筑混凝土保护帽，其尺寸应符合设计规定，并应与塔脚结合严密，不得有裂缝。 **2.《±800kV及以下直流架空输电线路工程施工及验收规程》DL/T 5235—2010** 7.2.11 塔脚板应与基础面接触良好，有空隙时应垫铁片，并应浇筑水泥砂浆	1. 查看铁塔塔脚板 接触面紧密性：塔脚板与基础面紧贴 2. 查看地脚螺栓螺帽 紧固：螺帽贴紧垫片 3. 查看铁塔地脚铰接 铰接面：落位准确紧密无异常
5.2.2	主体结构部件齐全、镀锌表面质量良好，相邻节点间主材弯曲不超标，螺栓紧固牢固，脚钉齐全	**1.《110kV～750kV架空输电线路施工及验收规范》GB 50233—2014** 7.1.3 当采用螺栓连接构件时，应符合下列规定： 1 螺栓应与构件平面垂直，螺栓头与构件间的接触处不应有空隙。 2 螺母紧固后，螺栓露出螺母的长度：对单螺母，不应小于两个螺距；对双螺母，可与螺母相平。 3 螺母加垫时，每端不宜超过两个垫圈。 4 连接螺母的螺纹不应进入剪切面。	1. 查看铁塔构件 完整性：主材、辅材、爬梯、横隔面安装无缺失 2. 查看铁塔 镀锌表面：塔材无脱锌、无损伤

续表

<table>
<tr><th>条款号</th><th>大纲条款</th><th>检查依据</th><th>检查要点</th></tr>
<tr><td rowspan="3">5.2.2</td><td rowspan="3">主体结构部件齐全、镀锌表面质量良好，相邻节点间主材弯曲不超标，螺栓紧固牢固，脚钉齐全</td><td rowspan="3">7.1.6　杆塔连接螺栓应逐个紧固，受剪螺栓紧固扭矩值不应小于表7.1.6的规定，其他受力情况螺栓紧固扭矩值应符合设计要求。螺栓与螺母的螺纹有滑牙或螺母的棱角磨损以致扳手打滑的，螺母应更换。
7.2.6　铁塔组立后，各相邻主材节点间弯曲度不得超过1/750。
2.《输电线路铁塔制造技术条件》GB/T 2694—2018
6.9.2　镀锌层外观：镀锌层表面应连续完整，并具有实用性光滑，不应有过酸洗、起皮、漏镀、结瘤、积锌和锐点等使用上有害的缺陷。镀锌颜色一般呈灰色或暗灰色。
3.《±800kV及以下直流架空输电线路工程施工及验收规程》DL/T 5235—2010
7.2.2　当采用螺栓连接构件时，应符合下列规定：
1　铁塔螺栓应使用防卸、防松装置。
2　螺栓应与构件平面垂直，螺栓头与构件间的接触处不应有空隙。
7.2.5　铁塔连接螺栓应逐个紧固，4.8级螺栓的扭紧力矩不应小于表7.2.5的规定。4.8级以上的螺栓的扭矩标准值由设计规定，若设计无规定宜按4.8级螺栓的扭紧力矩标准执行。
7.2.9　脚钉安装要牢固齐全，安装位置要符合设计或者建设方要求。
7.2.10　铁塔组立后，各相邻节点间主材弯曲度不得超过1/750。
4.《±800kV及以下直流架空输电线路工程施工质量检验及评定规程》DL/T 5236—2010
5.3　自立式铁塔组立质量应按表5.3逐基进行检查评定。
5.《110kV～750kV架空输电线路施工质量检验及评定规程》DL/T 5168—2016
4.4.1　杆塔工程组立施工过程应按照现行GB 50233—2014《110kV～750kV架空输电线路施工及验收规范》规定的有关要求操作，并逐基做好施工检查记录。自立式铁塔组立质量应按表4.4.1进行检验评定。
4.4.2　拉线铁塔组立质量应按表4.4.2进行检验评定。
6.《钢结构高强度螺栓连接技术规程》JGJ 82—2011
3.1.7　在同一连接接头中，高强度螺栓连接不应与普通螺栓连接混用。承压型高强度螺栓连接不应与焊接连接并用。
4.3.1　每一杆件在高强度螺栓连接节点及拼接接头的一端，其连接的高强度螺栓数量不应少于2个</td><td>3. 查看螺栓及脚钉
紧固率：≥95%
脚钉数量及安装：弯钩朝上且方向一致，无遗漏</td></tr>
<tr><td>4. 实测铁塔主材
节点间主材弯曲度：不超过1/750</td></tr>
<tr><td>5. 查阅施工验评记录
铁塔塔型：与设计相符
部件规格数量：与实际相符
节点间主材弯曲度：不超过1/750
签字：有质检员、监理人员签字</td></tr>
<tr><td>5.2.3</td><td>转角、终端塔向受力反方向倾斜符合设计</td><td>1.《110kV～750kV架空输电线路施工及验收规范》GB 50233—2014
7.1.10　拉线塔、拉线转角杆、终端杆、导线不对称布置的拉线直线单杆，组立时向受力反侧（或轻载侧）的偏斜不应超过拉线点高的3‰。在架线后拉线点处的杆身不应向受力侧倾斜</td><td>1. 实测转角塔、终端塔倾斜
架线前预倾斜值：符合设计要求</td></tr>
</table>

续表

条款号	大纲条款	检查依据	检查要点
5.2.3	转角、终端塔向受力反方向倾斜符合设计		2. 查阅施工记录 铁塔倾斜值：与实测值相符 签字：有测量人、质检员、监理人员签字
5.2.4	拉线铁塔拉线已调整完毕	**1.《110kV～750kV 架空输电线路施工及验收规范》GB 50233—2014** 7.5.4 架线后应对全部拉线进行复查和调整，拉线安装后应符合下列规定： 1 拉线与拉线棒应呈一直线； 2 X 形拉线的交叉点处应留有空隙，避免相互磨碰； 3 拉线的对地水平夹角允许偏差应为±1°； 4 NUT 型线夹带螺母后的螺杆应露出螺纹，螺纹在装好双螺母及防卸装置后宜露出丝 3 道～5 道； 5 组合拉线的各根拉线应受力均衡	1. 查看铁塔拉线 拉线松紧度：四侧拉线松紧度一致 调节螺栓预留长度：螺纹在装好双螺母及防卸装置后宜露出丝 3 道～5 道 拉线交叉点：拉线交叉处不相磨碰 调节螺丝防盗装置：齐全，有效
			2. 查阅施工评级记录 铁塔倾斜值：与实际值相符 签字：有测量人、质检员、监理人员签字
5.2.5	接地线与接地装置连接牢固	**1.《电气装置安装工程接地装置施工及验收规范》GB 50169—2016** 4.3.3 热镀锌钢材焊接时，在焊痕外最小 100mm 范围内应采取可靠的防腐处理。在做防腐处理前，表面应除锈并去掉焊接处残留的焊药。 4.3.4 接地线、接地极采用电弧焊接时应采用搭接焊缝，其搭接长度应符合下列规定： 1 扁钢应为其宽度的 2 倍且不得少于 3 个棱边焊接。 2 圆钢应为其直径的 6 倍。 3 圆钢与扁钢连接时，其长度应为圆钢直径的 6 倍。 4 扁钢与圆钢、扁钢与角钢焊接时，除应在其接触部位两侧进行焊接外，还应由钢带或钢带弯成的卡子与钢管或角钢焊接。 4.3.5 接地极（线）的连接工艺采用放热焊接时，其焊接接头应符合下列规定： 1 被连接的导体截面应完全包裹在接头内。 2 接头的表面应平滑。 3 被连接的导体接头表面应完全熔合。 4 接头应无贯穿性的气孔。	查看接地连接 连接螺栓：紧固 焊接质量：符合规范规定

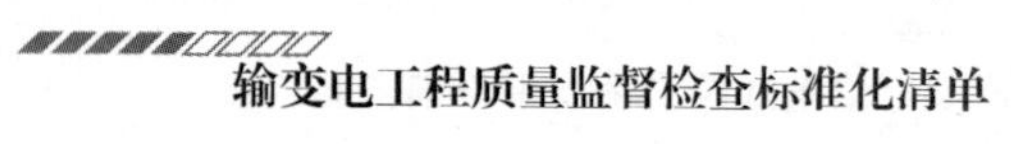

续表

<table>
<tr><th>条款号</th><th>大纲条款</th><th>检 查 依 据</th><th>检查要点</th></tr>
<tr><td>5.2.5</td><td>接地线与接地装置连接牢固</td><td>4.7.10 接地线与杆塔的连接应可靠且接触良好，接地极的焊接长度应按本规范 4.3 节的规定执行，并应便于打开测量接地电阻。
4.7.11 架空线路杆塔的每一塔腿都应与接地线连接，并应通过多点接地。
2.《110kV～750kV 架空输电线路施工及验收规范》GB 50233—2014
9.0.6 接地体间应连接应符合下列规定：
1 连接前应清除连接部位的浮锈。
2 接地体间应连接可靠。
3 应采用焊接或液压方式连接。当采用搭接焊接时，圆钢的搭接长度不应少于其直径的 6 倍并应双面施焊；扁钢的搭接长度不应少于其宽度的 2 倍并应四面施焊。当采用液压连接时，接续管的壁厚不得小于 3mm；对接长度应为圆钢直径的 20 倍，搭接长度应为圆钢直径的 10 倍。接续管的型号与规格应与所连接的圆钢相匹配。
4 接地体的连接部位应采取防腐措施，防腐范围不应少于连接部位两端各 100mm。
9.0.7 接地引下线与杆塔的连接应接触良好、顺畅美观，并便于运行测量和检修。若引下线直接从地线引下时，引下线应紧靠杆（塔）身，间隔固定距离应满足设计要求。
3.《±800kV 及以下直流架空输电线路工程施工及验收规程》DL/T 5235—2010
9.0.5 接地体间应连接可靠。
9.0.6 接地引下线与杆塔的连接应接触良好，并便于运行测量和检修</td><td></td></tr>
<tr><td colspan="4">5.3 混凝土电杆组立工程的监督检查</td></tr>
<tr><td>5.3.1</td><td>电杆外观质量检查合格</td><td>1.《110kV～750kV 架空输电线路施工及验收规范》GB 50233—2014
7.3.2 运至桩位的混凝土杆段及预制构件，当放置于地平面检查时应符合下列规定：
1 端头的混凝土局部碰损应进行修补；
2 预应力混凝土电杆及构件不得有纵向、横向裂缝；
3 普通钢筋混凝土电杆及细长构件不得有纵向裂缝，横向裂缝宽度不得超过 0.05mm</td><td>1. 查看电杆
外观：损伤未超过规范规定
2. 查阅施工评级记录
纵向、横向裂纹：与实际相符
签字：有质检员、监理人员签字</td></tr>
<tr><td>5.3.2</td><td>钢圈焊缝外观检查合格，整根电杆顺直</td><td>1.《110kV～750kV 架空输电线路施工及验收规范》GB 50233—2014
7.3.3 应由有资格的焊工操作，宜采用电弧焊接。焊接操作应符合下列规定：
1 应由有资格的焊工操作，焊完的焊口应及时清理，自检合格后应在规定的部位打上焊工的钢印号，焊口部位完全冷却后应及时除锈做好防腐处理。
2 焊前应清除焊口及附近的铁锈及污物。
3 钢圈厚度大于 6mm 时应用 V 形坡口多层焊。</td><td>1. 查看电杆钢圈
焊缝：符合规范规定
2. 查看电杆
弯曲度：不应超过其对应长度的 2‰</td></tr>
</table>

续表

条款号	大纲条款	检查依据	检查要点
5.3.2	钢圈焊缝外观检查合格，整根电杆顺直	4 焊缝应有一定的加强面，焊缝加强面尺寸应符合表7.3.3-1的规定。 5 焊前应做好准备工作，一个焊口宜连续焊成。焊缝应呈现平滑的细鳞形，外观缺陷允许范围及处理方法应符合表7.3.3-2的规定。 6 钢圈连接采用气焊时，尚应遵守下列规定： 1）钢圈宽度不应小于140mm。 2）应缩短不必要的加热时间，减少电杆端头混凝土因焊接产生的裂缝。当产生宽度为0.05mm以上的裂缝时，宜采用环氧树脂补修。 3）气焊用的乙炔气应有出厂质量检验合格证明。 4）气焊用的氧气纯度不应低于98.5%。 7 电杆焊接后、放置地平面检查时，分段及整根电杆的弯曲均不应超过其对应长度的2‰，超过时应割断调直，重新焊接	3. 查阅施工评级记录 钢圈焊接：记录与实际相符 签字：有施焊人、质检员、监理人员签字
5.3.3	电杆主要部件齐全，螺栓紧固牢固	**1.《110kV～750kV架空输电线路施工及验收规范》GB 50233—2014** 7.1.6 杆塔螺栓应逐个紧固，受剪螺栓紧固扭矩值不应小于表7.1.6的规定，其他受力情况螺栓紧固扭矩值应符合设计要求。螺栓与螺母的螺纹有滑牙或螺母的棱角磨损以致扳手打滑的，螺栓应更换	1. 查看电杆 主要部件、螺栓：无缺失
			2. 实测螺栓 紧固值：连接螺栓扭矩值符合规范规定
			3. 查阅电杆施工评级记录 电杆规格：与设计相符 签字：有施工负责人、质检员、监理人员签字
5.3.4	电杆倾斜符合设计要求	**1.《110kV～750kV架空输电线路施工及验收规范》GB 50233—2014** 7.1.8 杆塔组立及架线后，其结构允许偏差应符合表7.1.8的规定。 7.1.10 拉线塔、拉线转角杆、终端杆、导线不对称布置的拉线单杆，组立时向受力侧（或轻载侧）的偏斜不应超过拉线点高的3‰。在架线后拉线点处的杆身不应向受力侧倾斜	1. 实测电杆 倾斜率：转角杆、耐张杆向受力反侧（或轻载侧）的偏斜不应超过拉线点高的3‰
			2. 查阅电杆施工验评记录 杆倾斜率：与实测值相符 签字：有施工负责人、质检员、监理人员签字

续表

条款号	大纲条款	检 查 依 据	检查要点
5.3.5	接地线与接地装置连接牢固	**1.《电气装置安装工程 接地装置施工及验收规范》GB 50169—2016** 4.3.3 热镀锌钢材焊接时，在焊痕外最小100mm范围内应采取可靠的防腐处理。在做防腐处理前，表面应除锈并去掉焊接处残留的焊药。 4.3.4 接地线、接地极采用电弧焊接时应采用搭接焊缝，其搭接长度应符合下列规定： 2 圆钢应为其直径的6倍。 3 圆钢与扁钢连接时，其长度应为圆钢直径的6倍。 4 扁钢与圆钢、扁钢与角钢焊接时，除应在其接触部位两侧进行焊接外，还应由钢带或钢带弯成的卡子与钢管或角钢焊接。 4.7.13 混凝土电杆宜通过架空地线直接引下，也可通过金属爬梯接地。当接地线从架空地线直接引下时，接地线应紧靠杆身，并应间隔不得大于2m的距离与杆身固定一次。 4.7.14 对于预应力钢筋混凝土电杆地线的接地线，应用明线与接地极连接并应设置便于打开测量接地电阻的断开接点。	1. 查看接地连接 螺栓连接：紧固
		2.《110kV～750kV架空输电线路施工及验收规范》GB 50233—2014 9.0.6 接地体间连接应符合下列规定： 1 连接前应清除连接部位的浮锈。 2 接地体间应连接可靠。 3 应采用焊接或液压方式连接。当采用搭接焊接时，圆钢的搭接长度不应少于其直径的6倍并应双面施焊；扁钢的搭接长度不应少于其宽度的2倍并四面施焊。当采用液压连接时，接续管的壁厚不得小于3mm；对接长度应为圆钢直径的20倍，搭接长度应为圆钢直径的10倍。接续管的型号与规格应与所连接的圆钢相匹配。 4 接地体的连接部位应采取防腐措施，防腐范围不应少于连接部位两端各100mm。 9.0.7 接地引下线与杆塔的连接应接触良好、顺畅美观，并便于运行测量和维修。若引下线直接从地线引下时，引下线应紧靠杆（塔）身，间隔固定距离应满足设计要求	2. 查看接地体连接部位 焊接：搭接长度、焊缝 液压连接：搭接长度 防腐：防腐范围
5.4 钢管电杆组立工程的监督检查			
5.4.1	钢管电杆外观质量检查合格	**1.《110kV～750kV架空输电线路施工及验收规范》GB 50233—2014** 7.4.1 钢管电杆在装卸及运输中，杆端应有保护措施。运至桩位的杆段及构件不应有明显的凹坑、扭曲等变形	1. 查看钢管电杆 镀锌表面：无脱落、无损伤 2. 查阅钢管电杆质量检查记录 到货验收：记录齐全 签字：有供应商、建设方、施工方、监理方人员签字 缺陷处理：验收缺陷的闭环管理资料齐全，有各相关方签字

续表

条款号	大纲条款	检查依据	检查要点
5.4.2	钢管电杆顺直	**1.《110kV～750kV架空输电线路施工及验收规范》GB 50233—2014** 7.4.3 钢管电杆连接后，其分段及整根电杆的弯曲均不应超过其对应长度的2‰	1. 实测钢管杆 弯曲度：≤2‰ 2. 查阅监理初检、转序验收记录 钢管杆弯曲度：与现场实测相符 签字：验收人员签字齐全
5.4.3	套接型式的钢管套接长度符合要求	**1.《110kV～750kV架空输电线路施工及验收规范》GB 50233—2014** 7.4.2 杆段间采用焊接连接时应符合本规范第7.3节的有关规定。杆段间采用套接连接时，套接长度不得小于设计套接长度	查阅钢管杆到货验收记录 套接实际加工长度：与设计相符 签字：有供货方、建设方、施工方、监理方签字
5.4.4	转角、耐张杆预倾斜符合设计要求	**1.《110kV～750kV架空输电线路施工及验收规范》GB 50233—2014** 7.4.4 直线电杆架线后的倾斜不应超过杆高的5‰，转角杆架线后挠曲度应符合设计规定，超过设计规定时应会同设计单位处理	实测钢管电杆转角、耐张杆倾斜度 架线前预倾值：符合设计规定
5.4.5	接地线与接地装置连接牢固	**1.《电气装置安装工程接地装置施工及验收规范》GB 50169—2016** 4.3.3 热镀锌钢材焊接时，在焊痕外最小100mm范围内应采取可靠的防腐处理。在做防腐处理前，表面应除锈并去掉焊接处残留的焊药。 4.3.4 接地线、接地极采用电弧焊接时应采用搭接焊缝，其搭接长度应符合下列规定： 2 圆钢应为其直径的6倍。 3 圆钢与扁钢连接时，其长度应为圆钢直径的6倍。 4 扁钢与圆钢、扁钢与角钢焊接时，除应在其接触部位两侧进行焊接外，还应由钢带或钢带弯成的卡子与钢管或角钢焊接。 4.7.13 混凝土电杆宜通过架空地线直接引下，也可通过金属爬梯接地。当接地线从架空地线直接引下时，接地线应紧靠杆身，并应间隔不得大于2m的距离与杆身固定一次。 4.7.14 对于预应力钢筋混凝土电杆接地线的接地线，应用明线与接地极连接并应设置便于打开测量接地电阻的开接点。 **2.《110kV～750kV架空输电线路施工及验收规范》GB 50233—2014** 9.0.6 接地体间连接应符合下列规定： 1 连接前应清除连接部位的浮锈。 2 接地体间应连接可靠。	1. 查看接地连接 螺栓连接：紧固 2. 查看接地体连接部位 焊接：搭接长度、焊缝 液压连接：搭接长度 防腐：防腐范围

续表

条款号	大纲条款	检查依据	检查要点
5.4.5	接地线与接地装置连接牢固	3 应采用焊接或液压方式连接。当采用搭接焊接时，圆钢的搭接长度不应少于其直径的6倍并应双面施焊；扁钢的搭接长度不应少于其宽度的2倍并四面施焊。当采用液压连接时，接续管的壁厚不得小于3mm；对接长度应为圆钢直径的20倍，搭接长度应为圆钢直径的10倍。接续管的型号与规格应与所连接的圆钢相匹配。 4 接地体的连接部位应采取防腐措施，防腐范围不应少于连接部位两端各100mm。 9.0.7 接地引下线与杆塔的连接应接触良好、顺畅美观，并便于运行测量和维修。若引下线直接从地线引下时，引下线应紧靠杆（塔）身，间隔固定距离应满足设计要求	
5.5 钢筋混凝土圆筒形塔组立工程的监督检查			
5.5.1	钢筋混凝土圆筒形塔塔身质量验收合格	**1.《给水排水构筑物工程施工及验收规范》GB 50141—2008** 8.5.2 钢筋混凝土圆筒形塔塔身应符合下列规定： 1 塔身的结构类型、结构尺寸以及预埋件、预留孔洞等规格应符合设计要求； 2 混凝土的强度、抗冻性能必须符合设计要求；其试块的留置及质量评定应符合本规范6.2.8条的相关规定； 3 塔身混凝土结构外观质量无严重变形；……	1. 查看钢筋混凝土圆筒形塔 塔身混凝土结构外观：无严重变形 2. 查阅质量验收资料 质量记录：塔身结构尺寸、埋件符合设计图纸；有施工、监理验收签字 混凝土配合比报告：混凝土抗压、抗冻试块的试验报告由有检测资质的机构按设计要求配制 混凝土强度报告：混凝土强度由有检测资质的机构试验，结果合格
5.5.2	安装横担的预埋件平整，接口几何尺寸准确，验收合格	**1.《给水排水构筑物工程施工及验收规范》GB 50141—2008** 8.5.2 钢筋混凝土圆筒形塔塔身应符合下列规定： …… 4 塔身各部位的构造形式以及预埋件、预留孔洞位置、构造等应符合设计要求，其尺寸偏差不得影响结构性能和相关构件、设备的安装	1. 查看横担预埋件 埋设：连接匹配，表面平整，偏差不影响结构性能 2. 查阅施工记录 横担安装记录：实体与设计图纸相符 签字：有施工、监理人员签字

续表

条款号	大纲条款	检查依据	检查要点
5.5.3	横担的法兰、杆件、连板连接正确，螺栓匹配；螺栓穿向、螺栓紧固及防松装置、螺孔扩孔处理等符合规范要求	**1.《给水排水构筑物工程施工及验收规范》GB 50141—2008** 8.5.2 钢筋混凝土圆筒形塔塔身应符合下列规定： …… 7 装配式塔身的预制构件之间的连接应符合设计要求，钢筋连接质量应符合国家相关标准的规定。 **2.《110kV～750kV 架空输电线路施工及验收规范》GB 50233—2014** 7.1.3 当采用螺栓连接构件时，应符合下列规定： 1 螺栓应与构件平面垂直，螺栓头与构件间的接触不应有空隙。 2 螺母紧固后，螺栓露出螺母的长度：对单螺母，不应小于2个螺距；对双螺母，可与螺母相平。 3 螺栓加垫时，每端不宜超过2个垫圈。 4 连接螺栓的螺纹不应进入剪切面。 7.1.4 螺栓的穿入方向应符合下列规定： 1 对立体结构应符合下列规定： 1）水平方向由内向外； 2）垂直方向由下向上； 3）斜向者宜由斜下向斜上穿，不便时应在同一斜面内取统一方向。 2 对平面结构应符合下列规定： 1）顺线路方向，应由小号侧穿入或按统一方向穿入； 2）横线路方向，两侧由内向外，中间由左向右或 按统一方向穿入； 3）垂直地面方向，应由下向上； 4）斜向者宜由斜下向斜上穿，不便时应在同一斜面内取统一方向； 5）对于十字形截面组合角钢主材肢间连接螺栓，应顺时针安装。 7.1.5 杆塔部件组装有困难时应查明原因，不得强行组装。个别螺孔需扩孔时，扩孔部分不应超过3mm，当扩孔需超过3mm时，应先堵焊再重新打孔，并应进行防锈处理，不得用气割进行扩孔或烧孔。 7.1.6 杆塔连接螺栓应逐个紧固，受剪螺栓紧固扭矩值不应小于表7.1.6的固定，其受力情况螺栓紧固扭矩值应符合设计要求。螺栓与螺母的螺纹有滑牙或螺母的棱角磨损以致扳手打滑的，螺栓应更换	1. 查看钢筋混凝土圆筒形塔 横担的法兰、构件连接：与设计相符 2. 查看螺栓 规格：符合设计要求 穿向：符合规范规定 防松装置：符合规程规定 3. 查看螺孔 扩孔处理：符合规范规定 4. 实测螺栓紧固度 扭矩值：符合规范规定 5. 查阅施工记录 记录数据：与实际相符 签字：有施工负责人、质检员、监理人员签字
5.5.4	代材替换、缺件补装及防腐完成	**1.《110kV～750kV 架空输电线路施工及验收规范》GB 50233—2014** 10.3.1 工程竣工后应移交下列资料： 5 代用资料清单；	1. 查看材料替换 相关设计变更文件：有

续表

<table>
<tr><th>条款号</th><th>大纲条款</th><th>检　查　依　据</th><th>检查要点</th></tr>
<tr><td rowspan="2">5.5.4</td><td rowspan="2">代材替换、缺件补装及防腐完成</td><td rowspan="2">2.《输电线路铁塔制造技术条件》GB/T 2694—2018
4.1　铁塔制造及检验应满足设计要求，当需要修改设计时，应征得设计单位同意，并签署设计变更文件</td><td>2. 查看铁塔构件
补件安装及防腐：规格符合设计要求并做防腐处理</td></tr>
<tr><td>3. 查阅代用材料清单
记录内容：与实际相符</td></tr>
<tr><td colspan="4">6　质量监督检测</td></tr>
<tr><td>6.0.1</td><td>开展现场质量监督检查时，应重点对下列项目的检测试验报告进行查验，必要时可进行验证性抽样检测。对检验指标或结论有怀疑时，必须进行检测</td><td></td><td></td></tr>
<tr><td rowspan="2">(1)</td><td rowspan="2">铁塔角钢规格、镀锌层厚度</td><td rowspan="2">1.《110kV～750kV 架空输电线路施工及验收规范》GB 50233—2014
3.0.14　角钢铁塔、混凝土电杆铁横担的加工质量应符合现行国家标准《输电线路铁塔制造技术条件》GB/T 2694 的规定。
3.0.15　钢管杆塔加工质量应符合现行行业标准《输变电钢管结构制造技术条件》DL/T 646 的规定。
2.《输电线路铁塔制造技术条件》GB/T 2694—2018
6.9.2　镀锌层外观：镀锌层表面应连续完整，并具有实用性光滑，不应有过酸洗、起皮、漏镀、结瘤、积锌和锐点等使用上有害的缺陷。
镀锌颜色一般呈灰色或暗灰色。
6.9.3　镀锌层均匀性：镀锌层应均匀，按附录 A 进行硫酸铜试验，耐侵蚀次数应不少于 4 次，且不露铁。
6.9.4　镀锌层附着性：镀锌层应与金属基体结合牢固，应保证在无外力作用下没有剥落或起皮现象。
7.3.4.3　镀锌层质量检测
外观检测用目测。……镀锌层厚度用金属涂镀层测厚仪检测方法（见附录 C）检测……</td><td>1. 查验抽测铁塔角钢尺寸
偏差：符合规范规定</td></tr>
<tr><td>2. 查验抽测塔材镀锌层
厚度：符合规范要求</td></tr>
</table>

续表

<table>
<tr><th>条款号</th><th>大纲条款</th><th>检查依据</th><th>检查要点</th></tr>
<tr><td>(1)</td><td>铁塔角钢规格、镀锌层厚度</td><td>7.3.4.5 钢材外形尺寸检测
角钢边宽度用游标卡尺在长度方向上每边各测量三点，分别取其算数平均值；角钢厚度用游标卡尺在每边各测量三点，分别取其算术平均值；钢板厚度测量三点，取其算术平均值。测试时，测试点应均匀分布，离边缘距离不小于10mm。
3.《热轧型钢》GB/T 706—2016
4.2.1 型钢的尺寸、外形及允许偏差应符合表1～表2的规定。根据需方要求，型钢的尺寸、外形及允许偏差也可按照供需双方协议规定。
4.2.5 型钢不应有明显扭转。
4.《架空输电线路大跨越工程施工及验收规范》DL 5319—2014
3.0.16 角钢铁塔、混凝土电杆铁横担的加工质量应符合现行国家标准《输电线路铁塔制造技术条件》GB/T 2694的规定。钢管杆塔加工质量应符合现行行业标准《输变电钢管结构制造技术条件》DL/T 646的规定。
5.《输变电钢管结构制造技术条件》DL/T 646—2012
12.2 镀锌层表面应连续、完整，并具有实用性光滑，不得有过酸洗、漏镀、结瘤、积锌和毛刺等缺陷。镀锌颜色一般呈灰色或暗灰色。
12.3 镀锌层厚度和镀锌层附着量按表18规定。
12.8 钢管部件的防腐处理宜采用热浸镀锌。当部件较大，采用热浸镀锌有困难时，可采用热喷涂进行防腐处理，其技术要求见表19。
13.4.1.1 钢材外形尺寸检测
角钢肢宽用游标卡尺在长度方向上每边各测量3点，分别取其算数平均值；角钢厚度用游标卡尺或超声波测厚仪在每边各测量三点，分别取其算术平均值；钢板厚度测量3点，取其算术平均值。测试时，测试点应均匀分布，离边缘距离不小于10mm。钢管直径在两端部十字方向测量，两端分别满足要求。
13.4.4 锌层质量检测
13.4.4.1 镀锌层外观质量用目测检查。……镀锌层厚度用金属涂层测厚仪测试方法检测（见附录C）……
13.4.4.2 热喷锌的锌层外观质量用目测检查，……热喷锌锌层厚度采用十点法用金属涂层测厚仪测试方法检测。
6.《±800kV及以下直流架空输电线路工程施工及验收规程》DL/T 5235—2010
3.0.15 角钢铁塔加工质量应符合GB 2694的规定。钢管铁塔加工质量应符合设计要求及有关规定</td><td></td></tr>
</table>

续表

条款号	大纲条款	检 查 依 据	检查要点
(2)	螺栓紧固力矩	**1.《110kV～750kV 架空输电线路施工及验收规范》GB 50233—2014** 7.1.6 杆塔连接螺栓应逐个紧固，受剪螺栓紧固扭矩值不应小于表 7.1.6 的规定，其他受力情况螺栓紧固扭矩值应符合设计要求。螺栓与螺母的螺纹有滑牙或螺母的棱角磨损以致扳手打滑的，螺栓应更换。 **2.《架空输电线路大跨越工程施工及验收规范》DL 5319—2014** 7.2.6 铁塔螺栓应逐个紧固，4.8 级螺栓紧固扭矩值应符合表 7.2.6 的规定。4.8 级以上的螺栓扭矩值应由设计规定。钢管塔法兰螺栓扭矩值应按设计规定执行。若发现螺杆与螺母的螺纹有滑牙或螺母的棱角磨损以至扳手打滑的，螺栓应更换。 **3.《110kV～750kV 架空输电线路施工质量检验及评定规程》DL/T 5168—2016** 表 B.0.8 9 ……紧固率：组塔后不小于 95%、架线后不小于 97% 表 B.0.9-1 15……紧固率：组塔后不小于 95%、架线后不小于 97% 表 B.0.10 19……紧固率：组塔后不小于 95%、架线后不小于 97% **4.《±800kV 及以下直流架空输电线路工程施工及验收规范》DL/T 5235—2010** 7.2.5 铁塔连接螺栓应逐个紧固，4.8 级螺栓的扭紧力矩不应小于表 7.2.5 的规定。4.8 级以上的螺栓扭矩标准值由设计规定，若设计无规定时，宜按 4.8 级螺栓的扭紧力矩标准执行。若发现螺杆与螺母的螺纹有滑牙或螺母的棱角磨损以致扳手打滑的，螺栓应更换。 **5.《±800kV 及以下直流架空输电线路工程施工质量及评定规程》DL/T 5236—2010** 表 5.3 ……紧固率：组塔后≥95%、架线后≥97% **6.《1000kV 架空输电线路工程施工质量检验及评定规程》DL/T 5300—2013** 表 4.3 ……紧固率为组塔后≥95%、架线后≥97%	查验抽测铁塔螺栓 紧固力矩值：符合规范和设计要求

第9部分

架空输电线路投运前监督检查

条款号	大纲条款	检 查 依 据	检查要点
4 责任主体质量行为的监督检查			
4.1 建设单位质量行为的监督检查			
4.1.1	工程采用的专业标准清单已审批	**1.《输变电工程项目质量管理规程》DL/T 1362—2014** 5.3.1 工程开工前，建设单位应组织参建单位编制工程执行法律法规和技术标准清单，…… **2.《输变电工程达标投产验收规程》DL 5279—2012** 表 4.8.1 工程综合管理与档案检查验收表	查阅法律法规和标准规范清单目录 签字：责任人已签字 盖章：单位已盖章
4.1.2	按规定组织进行设计交底和施工图会检	**1.《建设工程质量管理条例》中华人民共和国国务院令第 279 号（2017 年 10 月 7 日中华人民共和国国务院令第 687 号修正）** 第二十三条 设计单位应当就审查合格的施工图设计文件向施工单位做出详细说明。 **2.《建筑工程勘察设计管理条例》中华人民共和国国务院令第 293 号（2017 年 10 月 7 日中华人民共和国国务院令第 687 号修正）** 第三十条 建设工程勘察、设计单位应当在建设工程施工前，向施工单位和监理单位说明建设工程勘察、设计意图，解释建设工程勘察、设计文件。建设工程勘察、设计单位应当及时解决施工中出现的勘察、设计问题。 **3.《建设工程监理规范》GB/T 50319—2013** 5.1.2 监理人员应熟悉工程设计文件，并应参见建设单位主持的图纸会审和设计交底会议，会议纪要应由总监理工程师签认。 5.1.3 工程开工前，监理人员应参见由建设单位主持召开的第一次工地会议，会议纪要应由项目监理机构负责整理，与会各方代表应会签。 **4.《建设工程项目管理规范》GB/T 50326—2017** 8.3.4 技术管理规划应是承包人根据招标文件要求和自身能力编制的、拟采用的各种技术和管理措施，以满足发包人的招标要求。项目技术管理规划应明确下列内容： 1 技术管理目标与工作要求； 2 技术管理体系与职责； 3 技术管理实施的保障措施； 4 技术交底要求，图纸自审、会审，施工组织设计与施工方案，专项施工技术，新技术，新技术的推广与应用，技术管理考核制度； 5 各类方案、技术措施报审流程； 6 根据项目内容与项目进度要求，拟编制技术文件、技术方案、技术措施计划及责任人；	1. 查阅设计交底记录 主持人：建设单位责任人 交底人：设计单位责任人 签字：交底人及被交底人已签字 时间：开工前 2. 查阅施工图会检纪要 签字：施工、设计、监理、建设单位责任人已签字 时间：开工前

续表

条款号	大纲条款	检查依据	检查要点
4.1.2	按规定组织进行设计交底和施工图会检	7 新技术、新材料、新工艺、新产品的应用计划； 8 对设计变更及工程洽商实施技术管理制度； **5.《输变电工程项目质量管理规程》DL/T 1362—2014** 5.3.1 建设单位应在变电单位工程和输电分部工程开工前组织设计交底和施工图会检。未经会检的施工图纸不得用于施工	
4.1.3	组织完成架空线路土建、安装工程项目的验收，不符合项已处理完	**1.《建设工程质量管理条例》中华人民共和国国务院令第279号（2017年10月7日中华人民共和国国务院令第687号修正）** 第十六条 建设单位收到建设工程竣工报告后，应当组织设计、施工、工程监理等有关单位进行竣工验收。 建设工程竣工验收应当具备下列条件。 （一）完成建设工程设计和合同约定的各项内容； （二）有完整的技术档案和施工管理资料； （三）有工程使用的主要建筑材料、建筑构配件和设备的进场试验报告； （四）有勘察、设计、施工、工程监理等单位分别签署的质量合格文件； …… 建设工程经验收合格的，方可交付使用。 **2.《110kV及以上送变电工程启动及竣工验收规程》DL/T 782—2001** 4.1 工程竣工验收检查是在施工单位进行三级自检的基础上，由监理单位进行初检。初检后由建设单位会同运行、设计等单位进行预检。预检后由启委会工程验收检查组进行全面的检查和核查，必要时进行抽查和复查，并将结果向启委会报告	1. 查阅建筑、安装工程质量验收记录 签字：责任人签字 盖章：责任单位已盖章 验收意见：明确 2. 查阅不符合项台账 内容：电缆线路土建、安装工程项目不符合项已整改闭环
4.1.4	工程验收检查组按规定完成相关项目的检查与验收	**1.《110kV及以上送变电工程启动及竣工验收规程》DL/T 782—2001** 3.3.2 工程验收检查组的主要职责：核查工程质量的预检查报告，组织各专业验收检查，听取各专业验收检查组的验收检查情况汇报，审查验收检查报告，责成有关单位消除缺陷并进行复查和验收；确认工程是否符合设计和验收规范要求，是否具备试运行及系统调试条件，核查工程质量监督部门的监督报告，提出工程质量评价的意见，归口协调并监督工程移交和备品备件、专用工器具、工程资料的移交	1. 查阅工程验收组检查与验收项目汇总表 签字：责任人已签字 2. 查阅验收记录 验收项目及结论：与验收项目汇总表相符
4.1.5	送电方案已审核	**1.《110kV及以上送变电工程启动及竣工验收规程》DL/T 782—2001** 3.4.9 电网调度部门根据建设项目法人提供的相关资料和系统情况，经过计算及时提供各种继电保护装置的整定值以及各设备的调度编号和名称；根据调试方案编制并审定启动调度方案和系统运行方式，核查工程启动试运的通信、调度自动化、保护、电能测量、安全自动装置的情况；审查、批准工程启动试运申请和可能影响电网安全运行的调整方案； 5.1 由试运指挥组提出的工程启动、系统调试、试运方案已经启委会批准；调试方案已经调度部门批准	查阅送电方案 签字：电网调度部门编制人、批准人已签字 盖章：相关单位已盖章

续表

条款号	大纲条款	检 查 依 据	检查要点
4.1.6	组织完成线路参数测试	**1.《110kV及以上送变电工程启动及竣工验收规程》DL/T 782—2001** 5.3.6 送电线路带电前的试验（线路绝缘电阻测定、相位核对、线路参数和高频特性测定）已完成	查阅线路参数测试报告 签字：责任人已签字 盖章：测试单位已盖章
4.1.7	对工程建设标准强制性条文执行情况进行汇总	**1.《中华人民共和国标准化法实施条例》中华人民共和国国务院令第53号** 第二十三条 从事科研、生产、经营的单位和个人，必须严格执行强制性标准。 **2.《实施工程建设强制性标准监督规定》中华人民共和国建设部令第81号（2015年1月22日中华人民共和国住房和城乡建设部令第23号修正）** 第二条 在中华人民共和国境内从事新建、扩建、改建等工程建设活动，必须执行工程建设强制性标准。 第六条 ……工程质量监督机构应当对工程建设施工、监理、验收等阶段执行强制性标准的情况实施监督。 **3.《输变电工程项目质量管理规程》DL/T 1362—2014** 4.4 参建单位应严格执行工程建设标准强制性条文，……	查阅强制性标准执行汇总表 签字：参建方责任人已签字 盖章：相关单位已盖章
4.1.8	前阶段质量监督检查提出的整改意见已整改验收完毕	**1.《电力建设工程监理规范》DL/T 5434—2009** 9.1.12 对施工过程中出现的质量缺陷，专业监理工程师应及时下达书面通知，要求承包单位整改，并检查确认整改结果。 9.1.13 监理人员发现施工过程中存在重大质量隐患，可能造成质量事故或已经造成质量事故时，应通过总监理工程师报告建设单位后下达工程暂停令，要求承包单位停工整改。整改完毕并经监理人员复查，符合要求后，总监理工程师确认，报建设单位批准复工。 10.2.18 项目监理机构应接受质量监督机构的质量监督，督促责任单位进行缺陷整改，并验收	查阅电力工程质量监督检查整改回复单 内容：整改项目全部闭环 签字：相关单位责任人已签字 盖章：相关单位已盖章
4.1.9	无任意压缩合同约定工期的行为	**1.《建设工程质量管理条例》中华人民共和国国务院令第279号（2017年10月7日中华人民共和国国务院令第687号修正）** 第十条 建设工程发包单位不得迫使承包方以低于成本的价格竞标，不得任意压缩合理工期。 **2.《电力建设工程施工安全监督管理办法》中华人民共和国国家发展和改革委员会令第28号** 第十一条 建设单位应当执行定额工期，不得压缩合同约定的工期。如工期确需调整，应当对安全影响进行论证和评估。论证和评估应当提出相应的施工组织措施和安全保障措施。 **3.《建设工程项目管理规范》GB/T 50326—2017** 9.2.2 组织应提出项目控制进度计划。项目管理机构应根据组织的控制性进度计划，编制项目的作业性进度计划。	查阅施工进度计划、合同工期和调整工期的相关文件 内容：有压缩工期的行为时，应有设计、监理、施工和建设单位认可的书面文件

续表

条款号	大纲条款	检查依据	检查要点
4.1.9	无任意压缩合同约定工期的行为	**4.《输变电工程项目质量管理规程》DL/T 1362—2014** 5.3.3 输变电工程项目的工期应按合同约定执行。施工过程中建设单位应针对现场施工进展、图纸交付进度和设备进场计划等进行专项检查，并按实际情况动态调整进度计划。当需要调整时，建设单位应组织设计、监理、施工、物资供应等单位从影响工程建设的资源、环境、安全等各方面确认其可行性，不得任意压缩合同约定工期，并应接受建设行政主管部门的监督	
4.1.10	采用的新技术、新工艺、新流程、新装备、新材料已审批	**1.《中华人民共和国建筑法》中华人民共和国主席令第46号** 第四条 国家扶持建筑业的发展，支持建筑科学技术研究，提高房屋建筑设计水平，鼓励节约能源和保护环境，提倡采用先进技术、先进设备、先进工艺、新型建筑材料和现代管理方式。 **2.《建设工程质量管理条例》中华人民共和国国务院令第279号（2017年10月7日中华人民共和国国务院令第687号修改）** 第六条 国家鼓励采用先进的科学技术和管理方法，提高建设工程质量。 **3.《实施工程建设强制性标准监督规定》中华人民共和国建设部令第81号（2015年1月22日中华人民共和国住房和城乡建设部令第23号修改）** 第五条 建设工程勘察、设计文件中规定采用的新技术、新材料，可能影响建设工程质量和安全，又没有国家技术标准的，应当由国家认可的检测机构进行试验、论证，出具检测报告，并经国务院有关主管部门或者省、自治区、直辖市人民政府有关主管部门组织的建设工程技术专家委员会审定后，方可使用。工程建设中采用国际标准或者国外标准，现行强制性标准未作规定的，建设单位应当向国务院住房城乡建设主管部门或者国务院有关主管部门备案。 **4.《输变电工程项目质量管理规程》DL/T 1362—2014** 4.4 输变电工程项目建设过程中，参建单位应按照国家要求积极采用新技术、新工艺、新流程、新装备、新材料（以下简称“五新”技术），…… 5.1.6 当应用技术要求高、作业复杂的“五新”技术，建设单位应组织设计、监理、施工及其他相关单位进行施工方案专题研究，或组织专家评审。 **5.《电力建设施工技术规范 第1部分：土建结构工程》DL 5190.1—2012** 3.0.4 采用新技术、新工艺、新材料、新设备时，应经过技术鉴定或具有允许使用的证明。施工前应编制单独的施工措施及操作规程。 **6.《电力工程地基处理技术规程》DL/T 5024—2005** 5.0.8 ……当采用当地缺乏经验的地基处理方法或引进和应用新技术、新工艺、新方法时，须通过原体试验验证其适用性	查阅新技术、新工艺、新流程、新装备、新材料论证文件 意见：同意采用等肯定性意见 盖章：相关单位已盖章

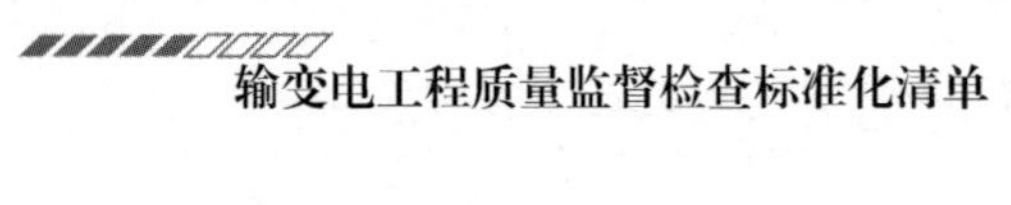

续表

条款号	大纲条款	检查依据	检查要点
4.2　设计单位质量行为的监督检查			
4.2.1	设计图纸交付进度能保证连续施工	**1.《中华人民共和国合同法》中华人民共和国主席令第15号** 第二百七十四条　勘察、设计合同的内容包括提交有关基础资料和文件（包括概预算）的期限、质量要求、费用以及其他协作条件等条款。 第二百八十条　勘察、设计的质量不符合要求或者未按照期限提交勘察、设计文件拖延工期，造成发包人损失的，勘察人、设计人应当继续完善勘察、设计，减收或者免收勘察、设计费并赔偿损失。 **2.《建设工程项目管理规范》GB/T 50326—2017** 9.1.2　项目进度管理应遵循下列程序： 1　编制进度计划。 2　进度计划交底，落实管理责任。 3　实施进度计划。 4　进行进度控制和变更管理。 9.2.2　组织应提出项目控制性进度计划。项目管理机构应根据组织的控制性进度计划，编制项目的作业性进度计划	1. 查阅设计单位的施工图出图计划 交付时间：与施工总进度计划相符 2. 查阅建设单位的设计文件接收记录 接收时间：与出图计划一致
4.2.2	设计更改、技术洽商等文件完整、手续齐全	**1.《建设工程勘察设计管理条例》中华人民共和国国务院令第293号（2017年10月7日中华人民共和国国务院令第687号修改）** 第二十八条　建设单位、施工单位、监理单位不得修改建设工程勘察、设计文件；确需修改建设工程勘察、设计文件的，应当由原建设工程勘察、设计单位修改。经原建设工程勘察、设计单位书面同意，建设单位也可以委托其他具有相应资质的建设工程勘察、设计单位修改。修改单位对修改的勘察、设计文件承担相应责任。 施工单位、监理单位发现建设工程勘察、设计文件不符合工程建设强制性标准、合同约定的质量要求的，应当报告建设单位，建设单位有权要求建设工程勘察、设计单位对建设工程勘察、设计文件进行补充、修改。 建设工程勘察、设计文件内容需要作重大修改的，建设单位应当报经原审批机关批准后，方可修改。 **2.《输变电工程项目质量管理规程》DL/T 1362—2014** 6.3.8　设计变更应根据工程实施需要进行设计变更。设计变更管理应符合下列要求： a）设计变更应符合可行性研究或初步设计批复的要求。	查阅设计更改、技术洽商文件 编制签字：设计单位各级责任人已签字 审核签字：建设单位、监理单位责任人已签字

续表

条款号	大纲条款	检查依据	检查要点
4.2.2	设计更改、技术洽商等文件完整、手续齐全	b）当涉及改变设计方案、改变设计原则、改变原定主要设备规范、扩大进口范围、增减投资超过50万元等内容的设计变更时，设计并更应报原主审单位或建设单位审批确认。 c）由设计单位确认的设计变更应在监理单位审核、建设单位批准后实施。 6.3.10 设计单位绘制的竣工图应反映所有的设计变更	
4.2.3	设计代表工作到位、处理设计问题及时	**1.《建设工程勘察设计管理条例》中华人民共和国国务院令第293号（2017年10月7日中华人民共和国国务院令第687号修正）** 第三十条 ……建设工程勘察、设计单位应当及时解决施工中出现的勘察、设计问题。 **2.《输变电工程项目质量管理规程》DL/T 1362—2014** 6.1.9 勘察、设计单位应按照合同约定开展下列工作： c）派驻工地设计代表，及时解决施工中发现的设计问题。 d）参加工程质量验收，配合质量事件、质量事故的调查和处理工作。 **3.《电力勘测设计驻工地代表制度》DLGJ 159.8—2001** 2.0.1 工代的工地现场服务是电力工程设计的阶段之一，为了有效的贯彻勘测设计意图，实施设计单位通过工代为施工、安装、调试、投运提供及时周到的服务，促进工程顺利竣工投产，特制定本制度。 2.0.2 工代的任务是解释设计意图，解释施工图纸中的技术问题，收集包括设计本身在内的施工、设备材料等方面的质量信息，加强设计与施工、生产之间的配合，共同确保工程建设质量和工期，以及国家和行业标准的贯彻执行。 2.0.3 工代是设计单位派驻工地配合施工的全权代表，应能在现场积极地履行工代职责，使工程实现设计预期要求和投资效益	1. 查阅设计单位对工代的任命书 内容：包括设计修改、变更、材料代用等签发人资格 2. 查阅设计服务报告 内容：包括现场施工与设计要求相符情况和工代协助施工单位解决具体技术问题的情况 3. 查阅设计变更通知单和工程联系单 签发时间：在现场问题要求解决时间前
4.2.4	按规定参加质量验收工作	**1.《建筑工程施工质量验收统一标准》GB 50300—2013** 6.0.3 分部工程应由总监理工程师组织施工单位项目负责人和项目技术负责人等进行验收。 勘察、设计单位项目负责人和施工单位技术、质量部门负责人应参加地基与基础分部工程的验收。 设计单位项目负责人和施工单位技术、质量部门负责人应参加主体结构、节能分部工程的验收。 6.0.6 建设单位收到工程竣工报告后，应由建设单位项目负责人组织监理、施工、设计、勘察等单位项目负责人进行单位工程验收。	1. 查阅工程项目验收划分表 勘察、设计单位参加验收的项目：已确定 2. 查阅分部工程、单位工程验收单 会签：设计项目负责人已签字

续表

条款号	大纲条款	检 查 依 据	检查要点
4.2.4	按规定参加质量验收工作	**2.《输变电工程项目质量管理规程》DL/T 1362—2014** 6.1.9 勘察、设计单位应按照合同约定开展下列工作： c）派驻工地设计代表，及时解决施工中发现的设计问题。 d）参加工程质量验收，配合质量事件、质量事故的调查和处理工作	
4.2.5	工程建设标准强制性条文落实到位	**1.《建设工程质量管理条例》中华人民共和国国务院令第279号（2017年10月7日中华人民共和国国务院令第687号修正）** 第十九条 勘察、设计单位必须按照工程建设强制性标准进行勘察、设计，并对其勘察、设计的质量负责。 注册建筑师、注册结构工程师等注册执业人员应当在设计文件上签字，对设计文件负责。 **2.《建设工程勘察设计管理条例》中华人民共和国国务院令第293号（2017年10月7日中华人民共和国国务院令第687号修正）** 第五条 ……建设工程勘察、设计单位必须依法进行建设工程勘察、设计，严格执行工程建设强制性标准，并对建设工程勘察、设计的质量负责。 **3.《实施工程建设强制性标准监督规定》中华人民共和国建设部令第81号（2015年1月22日中华人民共和国住房和城乡建设部令第23号修正）** 第二条 在中华人民共和国境内从事新建、扩建、改建等工程建设活动，必须执行工程建设强制性标准。 **4.《输变电工程项目质量管理规程》DL/T 1362—2014** 6.2.1 勘察、设计单位应根据工程质量总目标进行设计质量管理策划，并应编制下列设计质量管理文件： a）设计技术组织措施； b）达标投产或创优实施细则； c）工程建设标准强制性条文执行计划； d）执行法律法规、标准、制度的目录清单。 6.2.2 勘察、设计单位应在设计前将设计质量管理文件报建设单位审批。如有设计阶段的监理，则应报监理单位审查、建设单位批准	1. 查阅与强制性标准有关的可研、初设、技术规范书等设计文件 编、审、批：相关负责人已签字 2. 查阅强制性标准实施计划（含强制性标准清单）和本阶段执行记录 计划审批：监理和建设单位审批人已签字 记录内容：与实施计划相符 记录审核：监理单位审核人已签字
4.2.6	进行了本阶段工程实体质量与勘察设计的符合性确认	**1.《输变电工程项目质量管理规程》DL/T 1362—2014** 6.1.9 勘察、设计单位应按照合同约定开展下列工作： c）派驻工地设计代表，及时解决施工中发现的设计问题。 d）参加工程质量验收，配合质量事件、质量事故的调查和处理工作。	1. 查阅分部工程、单位工程质量验收记录 审核签字：设计单位项目负责人已签字

续表

条款号	大纲条款	检查依据	检查要点
4.2.6	进行了本阶段工程实体质量与勘察设计的符合性确认	**2.《电力勘测设计驻工地代表制度》DLGJ 159.8—2001** 5.0.3 深入现场，调查研究 1 工代应坚持经常深入施工现场，调查了解施工是否与设计要求相符，并协助施工单位解决施工中出现的具体技术问题，做好服务工作，促进施工单位正确执行设计规定的要求。 2 对于发现施工单位擅自作主，不按设计规定要求进行施工的行为，应及时指出，要求改正，如指出无效，又涉及安全、质量等原则性、技术性问题，应将问题事实与处理过程用“备忘录”的形式书面报告建设单位和施工单件，同时向设总和处领导汇报	2. 查阅阶段工程实体质量与勘察设计符合性确认记录 内容：已对本阶段工程实体质量与勘察设计的符合性进行了确认
4.3 监理单位质量行为的监督检查			
4.3.1	已按验收规程规定，对施工现场质量管理进行了验收	**1.《输变电工程项目质量管理规程》DL/T 1362—2014** 7.3.8 监理单位应对施工单位报验的隐蔽工程、检验批、分项工程和分部工程进行验收，对验收合格的应签字确认，对验收不合格的应要求施工单位在指定时间内整改并重新报验	查阅施工现场质量管理检查记录 内容：符合规程规定 结论：有肯定性结论 签章：责任人已签字
4.3.2	专业施工和试验方案已审查，特殊施工技术措施已审批	**1.《建设工程监理规范》GB/T 50319—2013** 3.0.5 项目监理机构应审查施工单位报审的施工组织设计、专项施工方案，符合要求后，由总监理工程师的签认后报建设单位。 **2.《电力工程建设监理规范》DL/T 5434—2009** 10.2.4 项目监理机构应审查承包单位报送的调试大纲、调试方案和措施，提出监理意见，报建设单位	1. 查阅专业施工组织设计报审资料 审查意见：结论明确 审批：相关单位责任人已签字
			2. 查阅试验方案报审资料 审查意见：结论明确 审批：相关单位责任人已签字
			3. 查阅特殊施工技术措施、方案报审文件和旁站记录 审核意见：专家意见已在施工措施方案中落实，同意实施 审批：相关单位责任人已签字 旁站记录：根据施工技术措施对应现场进行检查确认

续表

条款号	大纲条款	检查依据	检查要点
4.3.3	组织补充完善施工质量验收项目划分表，对设定的工程质量控制点，进行了旁站监理	**1.《建设工程监理规范》GB/T 50319—2013** 5.2.11 项目监理机构应根据工程特点和施工单位报送的施工组织设计，确定旁站的关键部位、关键工序，安排监理人员进行旁站，并应及时记录旁站情况。 **2.《电力建设工程监理规范》DL/T 5434—2009** 9.1.2 项目监理机构应审查承包单位编制的质量计划和工程质量验收及评定项目划分表，提出监理意见，报建设单位批准后监督实施。 9.1.9 项目监理机构应安排监理人员对施工过程进行巡视和检查，对工程项目的关键部位、关键工序的施工过程进行旁站监理。 **3.《输变电工程项目质量管理规程》DL/T 1362—2014** 7.3.4 监理单位应通过文件审查、旁站、巡视、平行检验、见证取样等监理工作方法开展质量监理活动	1. 查阅施工质量验收范围划分表及报审表 划分表内容：符合规程规定且已明确了质量控制点 报审表签字：相关单位责任人已签字 2. 查阅旁站计划和旁站记录 旁站计划质量控制点：符合施工质量验收范围划分表要求 旁站记录：完整 签字：监理旁站人员已签字
4.3.4	组织或参加导地线、绝缘子等进场的检查验收	**1.《建设工程监理规范》GB/T 50319—2013** 5.2.9 项目监理机构应审查施工单位报送的用于工程的材料、构配件、设备的质量证明文件，并应按有关规定、建设工程监理合同约定，对用于工程的材料进行见证取样、平行检验。 项目监理机构对已进场经检验不合格的工程材料、构配件、设备，项目监理机构应要求施工单位限期将其撤出施工现场。 **2.《电力建设工程监理规范》DL/T 5434—2009** 9.1.8 项目监理机构应参与主要设备的开箱验收，对开箱验收中发现的设备质量缺陷，督促相关单位处理	1. 查阅工程材料/构配件/设备报审资料 内容：包括导地线、绝缘子出厂合格证、质保书、试验报告 审查意见：同意使用 2. 查阅导地线、绝缘子到货验收记录 签字：相关责任人已签字
4.3.5	施工质量问题及处理台账完整，记录齐全	**1.《建设工程监理规范》GB/T 50319—2013** 5.2.15 项目监理机构发现施工存在质量问题的，或施工单位采用不适当的施工工艺，或施工不当，造成工程质量不合格的，应及时签发监理通知单，要求施工单位整改。整改完毕后，项目监理机构应根据施工单位报送的监理通知回复单对整改情况进行复查，提出复查意见。 5.2.16 对需要返工处理或加固补强的质量缺陷，项目监理机构应要求施工单位报送经设计等相关单位认可的处理方案，并应对质量缺陷的处理过程进行跟踪检查，同时应对处理结果进行验收。 5.2.17 对需要返工处理或加固补强的质量事故，项目监理机构应要求施工单位报送质量事故调查报告和经设计等相关单位认可的处理方案，并应对质量事故的处理过程进行跟踪检查，同时应对处理结果进行验收。	查阅质量问题及处理记录台账 记录要素：质量问题、发现时间、责任单位、整改要求、闭环文件、完成时间 检查内容：记录完整

续表

条款号	大纲条款	检查依据	检查要点
4.3.5	施工质量问题及处理台账完整，记录齐全	项目监理机构应及时向建设单位提交质量事故书面报告，并应将完整的质量事故处理记录整理归档。 **2.《电力建设工程监理规范》DL/T 5434—2009** 9.1.12 对施工过程中出现的质量缺陷，专业监理工程师应及时下达书面通知，要求承包单位整改，并检查确认整改结果。 9.1.15 专业监理工程师应根据消缺清单对承包单位报送的消缺方案进行审核，符合要求后予以签认，并根据承包单位报送的消缺报验申请表和自检记录进行检查验收	
4.3.6	完成导地线安装和相关试验项目的质量验收	**1.《建设工程监理规范》GB/T 50319—2103** 5.2.14 项目监理机构应对施工单位报验的隐蔽工程、检验批、分项工程和分部工程进行验收，对验收合格的应给予签认；对验收不合格的应拒绝签认，同时应要求施工单位在指定的时间内整改并重新报验	1. 查阅导、地线安装工程质量报验表及验收资料 验收结论：合格 签字：相关单位责任人已签字 2. 查阅工程线路安装试验项目相关验收资料 验收结论：合格 签字：相关单位责任人已签字
4.3.7	工程建设标准强制性条文检查到位	**1.《实施工程建设强制性标准监督规定》中华人民共和国建设部令第81号（2015年1月22日中华人民共和国住房和城乡建设部令第23号修正）** 第二条 在中华人民共和国境内从事新建、扩建、改建等工程建设活动，必须执行工程建设强制性标准。 第三条 本规定所称工程强制性标准是指直接涉及工程质量、安全、卫生及环境保护等方面的工程建设标准强制性条文。 第六条 …… 工程质量监督机构应当对建设施工、监理、验收等阶段执行强制性标准的情况实施监督。 **2.《输变电工程项目质量管理规程》DL/T 1362—2014** 7.3.5 监理单位应监督施工单位质量管理体系的有效运行，应监督施工单位按照技术标准和设计文件进行施工，应定期检查工程建设标准强制性条文执行情况，……	查阅工程强制性标准执行情况检查表 内容：符合强制性标准执行计划要求 签字：施工单位技术人员与监理工程师已签字

续表

条款号	大纲条款	检查依据	检查要点
4.3.8	提出投运前的工程质量提出了监理评价意见	**1.《建设工程监理规范》GB/T 50319—2013** 5.2.19　工程竣工预验收合格后，项目监理机构应编写工程质量评估报告，经总监理工程师和工程监理单位技术负责人审核签字后报建设单位。 **2.《电力工程建设监理规范》DL/T 5434—2009** 11.2　工程启动验收阶段 11.2.2　提交工程质量评估报告和相关监理文件。 **3.《输变电工程项目质量管理规程》DL/T 1362—2014** 14.2.1　变电工程应分别在主要建（构）筑物基础基本完成、土建交付安装前、投运前进行中间验收，输电线路工程应分别在杆塔组立前、导地线架设前、投运前进行中间验收。投运前中间验收可与竣工预验收合并进行。中间验收应符合下列要求： b）在收到初检申请并确认符合条件后，监理单位应组织进行初检，在初检合格后，应出具监理初检报告并向建设单位申请中间验收	1. 查阅工程质量评估报告 结论：明确 签字：总监理工程师和工程监理单位技术负责人已签字 2. 查阅本阶段监理初检报告 评价意见：明确
4.4　施工单位质量行为的监督检查			
4.4.1	项目部组织机构健全，专业人员配置合理	**1.《中华人民共和国建筑法》中华人民共和国主席令第46号** 第十四条　从事建筑活动的专业技术人员，应当依法取得相应的执业资格证书，并在执业资格证书许可的范围内从事建筑活动。 **2.《建设工程质量管理条例》中华人民共和国国务院令第279号（2017年10月7日中华人民共和国国务院令第687号修正）** 第二十六条　施工单位对建设工程的施工质量负责。 施工单位应当建立质量责任制，确定工程项目的项目经理、技术负责人和施工管理负责人。…… **3.《建设工程项目管理规范》GB/T 50326—2017** 4.3.4　建立项目管理机构应遵循下列规定： 1　结构应符合组织制度和项目实施要求； 2　应有明确的管理目标、运行程序和责任制度； 3　机构成员应满足项目管理要求及具备相应资格； 4　组织分工相对稳定并可根据项目实施变化进行调整； 5　应确定机构成员的职责、权限、利益和需承担的风险。 **4.《输变电工程项目质量管理规程》DL/T 1362—2014** 9.1.5　施工单位应按照施工合同约定组建施工项目部，应提供满足工程质量目标的人力、物力和财力的资源保障。	查阅项目部成立文件 岗位设置：包括项目经理、技术负责人、施工管理负责人、施工员、质量员、安全员、材料员、资料员等

续表

条款号	大纲条款	检查依据	检查要点
4.4.1	项目部组织机构健全，专业人员配置合理	9.3.1 施工项目部人员执业资格应符合国家有关规定。 附录 表D.1输变电工程施工项目部人员资格要求 表：输变电工程施工项目部人员资格要求	
4.4.2	质量检查及特殊工种人员持证上岗	**1.《特种作业人员安全技术培训考核管理办法》国家安全生产监督管理总局令第30号(2015年5月29日国家安全监管总局令第80号修正)** 第五条 特种作业人员必须经专门的安全技术培训并考核合格，取得《中华人民共和国特种作业操作证》（以下简称特种作业操作证）后，方可上岗作业。 **2.《建筑施工特种作业人员管理规定》中华人民共和国建设部 建质〔2008〕75号** 第四条 建筑施工特种作业人员必须经建设主管部门考核合格，取得建筑施工特种作业人员操作资格证书，方可上岗从事相应作业。 **3.《输变电工程项目质量管理规程》DL/T 1362—2014** 9.3.1 施工项目部人员执业资格应符合国家有关规定，其任职条件参见附录D。 9.3.2 工程开工前，施工单位应完成下列工作： …… h）特种作业人员的资格证和上岗证的报审	1. 查阅项目部各专业质检员资格证书 专业类别：送电等 发证单位：政府主管部门或电力建设工程质量监督站 有效期：当前有效 2. 查阅特殊工种人员台账 内容：包括姓名、工种类别、证书编号、发证单位、有效期等 证书有效期：作业期间有效 3. 查阅特殊工种人员资格证书 发证单位：政府主管部门 有效期：与台账一致
4.4.3	施工方案和作业指导书已审批，技术交底记录齐全	**1.《建筑施工组织设计规范》GB/T 50502—2009** 3.0.5 施工组织设计的编制和审批应符合下列规定： 2 ……施工方案应由项目技术负责人审批；重点、难点分部（分项）工程和专项工程施工方案应由施工单位技术部门组织相关专家评审，施工单位技术负责人批准。 3 由专业承包单位施工的分部（分项）工程或专项工程的施工方案，应由专业承包单位技术负责人或技术负责人授权的技术人员审批；有总承包单位时，应由总承包单位项目技术负责人核准备案。 4 规模较大的分部（分项）工程和专项工程的施工方案应按单位工程施工组织设计进行编制和审批。 6.4.1 施工准备应包括下列内容： 1 技术准备：包括施工所需技术资料的准备、图纸深化和技术交底的要求、试验检验和测试工作计划、样板制作计划以及与相关单位的技术交接计划等。 …… **2.《输变电工程项目质量管理规程》DL/T 1362—2014** 9.2.2 工程开工前，施工单位应根据施工质量管理策划编制质量管理文件，并应报监理单位审核、建设单位批准。质量管理文件应包括下列内容：	1. 查阅施工方案和作业指导书 审批：责任人已签字 编审批时间：施工前 2. 查阅施工方案和作业指导书报审表 审批意见：同意实施等肯定性意见 签字：施工项目部、监理项目部责任人已签字 盖章：施工项目部、监理项目部已盖章

续表

条款号	大纲条款	检查依据	检查要点
4.4.3	施工方案和作业指导书已审批，技术交底记录齐全	…… e）施工方案及作业指导书； 9.3.2 工程开工前，施工单位应完成下列工作： …… e）施工组织设计、施工方案的编制和审批； 9.3.4 施工过程中，施工单位应主要开展下列质量控制工作： b）在变电各单位工程、线路各分部工程开工前进行技术培训交底	3. 查阅技术交底记录 内容：与方案或作业指导书相符 时间：施工前 签字：交底人和被交底人已签字
4.4.4	计量工器具经检定合格，且在有效期内	**1.《中华人民共和国计量法》中华人民共和国主席令第86号（2018年10月26日《关于修改〈中华人民共和国野生动物保护法〉等十五部法律的决定》修正）** 第九条 ……未按照规定申请检定或者检定不合格的，不得使用。…… **2.《中华人民共和国依法管理的计量器具目录（型式批准部分）》国家质检总局公告2005年第145号** 1. 测距仪：光电测距仪、超声波测距仪、手持式激光测距仪。 2. 经纬仪：光学经纬仪、电子经纬仪。 3. 全站仪：全站型电子速测仪。 4. 水准仪：水准仪。 5. 测地型GPS接收机：测地型GPS接收机。 **3.《电力建设施工技术规范 第1部分：土建结构工程》DL 5190.1—2012** 3.0.5 在质量检查、验收中使用的计量器具和检测设备，应经计量检定合格后方可使用；承担材料和设备检测的单位，应具备相应的资质。 **4.《电力工程施工测量技术规范》DL/T 5445—2010** 4.0.3 施工测量所使用的仪器和相关设备应定期检定，并在检定的有效期内使用。…… **5.《建筑工程检测试验技术管理规范》JGJ 190—2010** 5.2.2 施工现场配置的仪器、设备应建立管理台账，按有关规定进行计量检定或校准，并保持状态完好	1. 查阅计量工器具台账 内容：包括计量工器具名称、出厂合格证编号、检定日期、有效期、在用状态等 检定有效期：在用期间有效 2. 查阅计量工器具检定合格证或报告 检定单位资质范围：包含所检测工器具 工器具有效期：在用期间有效，且与台账一致
4.4.5	架线工程开工报告已审批	**1.《工程建设施工企业质量管理规范》GB/T 50430—2017** 10.4.2 项目部应确认施工现场已具备开工条件，进行报审、报验，提出开工申请，经批准后方可开工	查阅架线工程开工报告 申请时间：开工前 审批意见：同意开工等肯定性意见 签字：施工项目部、监理项目部、建设单位责任人已签字 盖章：施工项目部、监理项目部、建设单位职能部门已盖章

续表

条款号	大纲条款	检查依据	检查要点
4.4.6	专业绿色施工措施已制订	**1.《绿色施工导则》中华人民共和国建设部 建质〔2007〕223号** 4.1.2 规划管理 1 编制绿色施工方案。该方案应在施工组织设计中独立成章，并按有关规定进行审批。 **2.《建筑工程绿色施工规范》GB/T 50905—2014** 3.1.1 建设单位应履行下列职责： 1 在编制工程概算和招标文件时，应明确绿色施工的要求…… 2 应向施工单位提供建设工程绿色施工的设计文件、产品要求等相关资料…… 4.0.2 施工单位应编制包含绿色施工管理和技术要求的工程绿色施工组织设计、绿色施工方案或绿色施工专项方案，并经审批通过后实施。 **3.《电力建设施工技术规范 第1部分：土建结构工程》DL 5190.1—2012** 3.0.12 施工单位应建立绿色施工管理体系和管理制度，实施目标管理，施工前应在施工组织设计和施工方案中明确绿色施工的内容和方法。 **4.《输变电工程项目质量管理规程》DL/T 1362—2014** 9.2.2 工程开工前，施工单位应根据施工质量管理策划编制质量管理文件，并应报监理单位审核、建设单位批准。质量管理文件应包括下列内容： …… g）绿色施工方案； 9.3.2 工程开工前，施工单位应完成下列工作： …… f）绿色施工方案的编制和审批	查阅绿色施工措施 审批：责任人已签字 审批时间：施工前
4.4.7	工程建设标准强制性条文实施计划已执行	**1.《实施工程建设强制性标准监督规定》中华人民共和国建设部令第81号（2015年1月22日中华人民共和国住房和城乡建设部令第23号修改）** 第二条 在中华人民共和国境内从事新建、扩建、改建等工程建设活动，必须执行工程建设强制性标准。 第三条 本规定所称工程建设强制性标准是指直接涉及工程质量、安全、卫生及环境保护等方面的工程建设标准强制性条文。 国家工程建设标准强制性条文由国务院住房城乡建设主管部门会同国务院有关主管部门确定。 第六条 ……工程质量监督机构应当对工程建设施工、监理、验收等阶段执行强制性标准的情况实施监督。 **2.《输变电工程项目质量管理规程》DL/T 1362—2014** 9.2.2 工程开工前，施工单位应根据施工质量管理策划编制质量管理文件，并应报监理单位审核、建设单位批准。质量管理文件应包括下列内容： …… d）工程建设标准强制性条文执行计划	查阅强制性标准执行记录 内容：与强制性标准执行计划相符 签字：责任人已签字 执行时间：与工程进度同步

续表

条款号	大纲条款	检 查 依 据	检查要点
4.4.8	完成施工验收中不符合项的已整改	**1.《建设工程质量管理条例》中华人民共和国国务院令第279号（2017年10月7日中华人民共和国国务院令第687号修改）** 第三十二条　施工单位对施工中出现质量问题的建设工程或者竣工验收不合格的建设工程，应当负责返修。 **2.《建筑工程施工质量验收统一标准》GB 50300—2013** 5.0.6　当建筑工程施工质量不符合规定时，应按下列规定进行处理： 1. 经返工或返修的检验批，应重新进行验收。 …… **3.《110kV及以上送变电工程启动及竣工验收规程》DL/T 782—2001** 4.3　每次检查中发现的问题在每个阶段中加以消缺，消缺之后要重新检查。…… 5.2.4　……（电气设备试验）验收检查发现的缺陷已经消除，……	查阅不符合项台账 内容：不符合项已闭环
4.4.9	无违规转包或者违法分包工程的行为	**1.《中华人民共和国建筑法》中华人民共和国主席令第46号** 第二十八条　禁止承包单位将其承包的全部建筑工程转包给他人，禁止承包单位将其承包的全部建筑工程肢解以后以分包的名义转包给他人。 第二十九条　建筑工程总承包单位可以将承包工程中的部分工程发包给具有相应资质条件的分包单位，但是，除总承包合同约定的分包外，必须经建设单位认可。施工总承包的，建筑工程主体结构的施工必须由总承包单位自行完成。 …… 禁止总承包单位将工程分包给不具备相应资质条件的单位。禁止分包单位将其承包的工程再分包。 **2.《建筑工程施工发包与承包违法行为认定查处管理办法》中华人民共和国住房和城乡建设部建市〔2019〕1号** 第六条　存在下列情形之一的，属于违法发包： （一）建设单位将工程发包给个人的； （二）建设单位将工程发包给不具有相应资质的单位的； （三）依法应当招标未招标或未按照法定招标程序发包的； （四）建设单位设置不合理的招标投标条件，限制、排斥潜在投标人或者投标人的； （五）建设单位将一个单位工程的施工分解成若干部分发包给不同的施工总承包或专业承包单位的。 第八条　存在下列情形之一的，应当认定为转包，但有证据证明属于挂靠或者其他违法行为的除外：	1. 查阅工程分包申请报审表 审批意见：同意分包等肯定性意见 签字：施工项目部、监理项目部、建设单位责任人已签字 盖章：施工项目部、监理项目部、建设单位已盖章 2. 查阅工程分包商资质 业务范围：涵盖所分包的项目 发证单位：政府主管部门 有效期：当前有效

续表

条款号	大纲条款	检查依据	检查要点
4.4.9	无违规转包或者违法分包工程的行为	（一）承包单位将其承包的全部工程转给其他单位（包括母公司承接建筑工程后将所承接工程交由具有独立法人资格的子公司施工的情形）或个人施工的； （二）承包单位将其承包的全部工程肢解以后，以分包的名义分别转给其他单位或个人施工的； （三）施工总承包单位或专业承包单位未派驻项目负责人、技术负责人、质量管理负责人、安全管理负责人等主要管理人员，或派驻的项目负责人、技术负责人、质量管理负责人、安全管理负责人中一人及以上与施工单位没有订立劳动合同且没有建立劳动工资和社会养老保险关系，或派驻的项目负责人未对该工程的施工活动进行组织管理，又不能进行合理解释并提供相应证明的； （四）合同约定由承包单位负责采购的主要建筑材料、构配件及工程设备或租赁的施工机械设备，由其他单位或个人采购、租赁，或施工单位不能提供有关采购、租赁合同及发票等证明，又不能进行合理解释并提供相应证明的； （五）专业作业承包人承包的范围是承包单位承包的全部工程，专业作业承包人计取的是除上缴给承包单位“管理费”之外的全部工程价款的； （六）承包单位通过采取合作、联营、个人承包等形式或名义，直接或变相将其承包的全部工程转给其他单位或个人施工的； （七）专业工程的发包单位不是该工程的施工总承包或专业承包单位的，但建设单位依约作为发包单位的除外； （八）专业作业的发包单位不是该工程承包单位的； （九）施工合同主体之间没有工程款收付关系，或者承包单位收到款项后又将款项转拨给其他单位和个人，又不能进行合理解释并提供材料证明的。 两个以上的单位组成联合体承包工程，在联合体分工协议中约定或者在项目实际实施过程中，联合体一方不进行施工也未对施工活动进行组织管理的，并且向联合体其他方收取管理费或者其他类似费用的，视为联合体一方将承包的工程转包给联合体其他方	
4.5 生产运行单位质量行为的监督检查			
4.5.1	生产运行管理组织机构健全	**1.《1000kV输变电工程竣工验收规范》GB 50993—2014** 5.1.1 系统调试应具备下列基本条件： …… 4 生产运行人员应已培训合格，并应持证上岗；必需的生产、生活和消防设施应齐全、运行正常。 ……	查阅运行责任单位内部组织机构责任划分文件 文件内容：已明确运行维护责任班组

续表

条款号	大纲条款	检查依据	检查要点
4.5.1	生产运行管理组织机构健全	**2.《110kV及以上送变电工程启动及竣工验收规程》DL/T 782—2001** 3.4.4 生产运行人员定岗定编、上岗培训，…… 5.3.1 承担线路启动试运行及维护的人员已配齐并持证上岗。 **3.《架空输电线路运行规程》DL/T 741—2010** 4.4 运行单位必须建立健全岗位责任制，运行、管理人员应掌握设备状况和维修技术，熟知有关规程制度	
4.5.2	运行、维护人员经培训上岗	**1.《电力安全工作规程 电力线路部分》GB 26859—2011** 1 范围 本标准适用于具有35kV及以上电压等级设施的输电、变电和配电企业所有运用中的电气设备及其相关场所；…… 4.1 工作人员 4.1.2 具备必要的安全生产知识和技能，从事电气作业的人员应掌握触电急救等救护方法。 4.1.3 具备必要的电气知识和业务技能，熟悉电气设备及其系统。 **2.《±800kV及以下直流输电工程启动及竣工验收规程》DL/T 5234—2010** 5.7.7 生产运行单位的职责： 2）组织生产运行人员上岗培训； 8.2.3 承担线路试运行及维护的人员已配备并持证上岗。 **3.《110kV及以上送变电工程启动及竣工验收规程》DL/T 782—2001** 3.4.4 生产运行人员定岗定编、上岗培训，…… 5.3.1 承担线路启动试运行及维护的人员已配齐并持证上岗，……	查阅运行维护人员培训台账 培训对象：生产运行维护人员 考试成绩：合格 台账审核：负责人已签字
4.5.3	运行、维护管理制度、操作规程已发布实施	**1.《±800kV及以下直流输电工程启动及竣工验收规程》DL/T 5234—2010** 5.7.7 生产运行单位的职责： 3）编制运行规程和各项规章制度。 8.1.7 生产运行单位已将所需的规程、制度、系统图表、记录表格、安全用具等准备好，…… **2.《110kV及以上送变电工程启动及竣工验收规程》DL/T 782—2001** 3.4.4 生产运行人员应在工程建设过程中提前介入，以便熟悉设备特性，参与编写或修订运行规程。通过参加竣工验收检查和启动、调试和试运行，运行人员应进一步熟悉操作，摸清设备特性，检查编写的运行规程是否符合实际情况，必要时进行修订。生产运行单位应在工程启动试运前完成各项生产准备工作：生产运行人员定岗定编、上岗培训，编制运行规程，……	1. 查阅运行、维护管理制度 审批：编、审、批人已签字 2. 查阅运行（操作）规程 审批：编、审、批人已签字

续表

条款号	大纲条款	检查依据	检查要点
4.5.4	塔号、相（极）位、安全警示标识齐全	**1.《±800kV及以下直流输电工程启动及竣工验收规程》DL/T 5234—2010** 8.2.4 线路的运行杆塔号、极性标志和设计规定的有关防护设施等已经验收合格。 **2.《110kV及以上送变电工程启动及竣工验收规程》DL/T 782—2001** 5.3.2 线路的杆塔号、相位标志和设计规定的有关防护设施等已经检查验收合格，影响安全运行的问题已处理完毕	查阅验收记录表 内容：包括塔号、相（极）位、安全警示标识 签字：验收人员已签字
4.5.5	反事故措施和应急预案已审批	**1.《电力安全事故应急处置和调查处理条例》中华人民共和国国务院令第599号** 第十三条 电力企业应当按照国家有关规定，制定本企业事故应急预案。 **2.《电网运行准则》DL/T 1040—2007** 6.9.2 电网企业及其调度机构应根据国家有关法规、标准、规程、规定等，制订和完善电网反事故措施、系统黑启动方案、系统应急机制和反事故预案	1. 查阅反事故措施审批记录 审批：编、审、批人已签字 2. 查阅应急预案审批记录 审批：编、审、批人已签字
4.6 检测试验机构质量行为的监督检查			
4.6.1	检测试验机构已经通过能力认定并取得相应证书，其现场派出机构（现场试验室）满足规定条件，并已报质量监督机构备案	**1.《建设工程质量检测管理办法》中华人民共和国建设部令第141号（2015年5月中华人民共和国住房和城乡建设部令第24号修正）** 第四条 ……检测机构未取得相应的资质证书，不得承担本办法规定的质量检测业务。 **2.《检验检测机构资质认定管理办法》国家质量监督检验检疫总局令第163号** 第三条 检验检测机构从事下列活动，应当取得资质认定： …… （四）为社会经济、公益活动出具具有证明作用的数据、结果的； （五）其他法律法规规定应当取得资质认定的。 **3.《建筑工程检测试验技术管理规范》JGJ 190—2010** 表5.2.4 现场试验站基本条件	1. 查阅检测机构资质证书 发证单位：国家认证认可监督管理委员会（国家级）或地方质量技术监督部门或各直属出入境检验检疫机构（省市级）及电力质监机构 2. 查看现场试验室 派出机构成立及人员任命文件 场所：有固定场所且面积、环境、温湿度满足规范要求 3. 查阅检测机构的申请报备文件 报备时间：工程开工前

续表

条款号	大纲条款	检查依据	检查要点
4.6.2	检测人员资格符合规定，持证上岗	**1.《房屋建筑和市政基础设施工程质量检测技术管理规范》GB 50618—2011** 4.1.5　检测操作人员应经技术培训、通过建设主管部门或委托有关机构的考核，方可从事检测工作。 5.3.6　检测前应确认检测人员的岗位资格，检测操作人员应熟识相应的检测操作规程和检测设备使用、维护技术手册等	1. 查阅检测人员登记台账 专业类别和数量：满足检测项目需求 资格证发证单位：各级政府和电力行业主管部门 检测证有效期：当前有效
			2. 查阅检测报告 检测人：与检测人员登记台账相符
4.6.3	检测仪器、设备检定合格，且在有效期内	**1.《房屋建筑和市政基础设施工程质量检测技术管理规范》GB 50618—2011** 4.2.14　检测机构的所有设备均应标有统一的标识，在用的检测设备均应标有校准或检测有效期的状态标识。 **2.《检验检测机构诚信基本要求》GB/T 31880—2015** 4.3.1　设备设施 检验检测设备应定期检定或校准，设备在规定的检定和校准周期内应进行期间核查。计算机和自动化设备功能应正常，并进行验证和有效维护。检验检测设施应有利于检验检测活动的开展。 **3.《建筑工程检测试验技术管理规范》JGJ 190—2010** 5.2.3　施工现场试验环境及设施应满足检测试验工作的要求	1. 查阅检测仪器、设备登记台账 数量、种类：满足检测需求 检定周期：当前有效 检定结论：合格
			2. 查看检测仪器、设备检验标识 检定周期：与台账一致
4.6.4	检测依据正确、有效，检测报告及时、规范	**1.《检验检测机构资质认定管理办法》国家质量监督检验检疫总局令第163号** 第二十五条　检验检测机构应当在资质认定证书规定的检验检测能力范围内，依据相关标准或者技术规范规定的程序和要求，出具检验检测数据、结果。 检验检测机构出具检验检测数据、结果时，应当注明检验检测依据，并使用符合资质认定基本规范、评审准则规定的用语进行表述。 检验检测机构对其出具的检验检测数据、结果负责，并承担相应法律责任。 第二十六条　……检验检测机构授权签字人应当符合资质认定评审准则规定的能力要求。非授权签字人不得签发检验检测报告。 第二十八条　检验检测机构向社会出具具有证明作用的检验检测数据、结果的，应当在其检验检测报告上加盖检验检测专用章，并标注资质认定标志。	查阅检测试验报告 检测依据：有效的标准规范、合同及技术文件 检测结论：明确 签章：检测操作人、审核人、批准人已签字，已加盖检测机构公章或检测专用章（多页检测报告加盖骑缝章），并标注相应的资质认定标志

续表

条款号	大纲条款	检查依据	检查要点
4.6.4	检测依据正确、有效，检测报告及时、规范	**2.《房屋建筑和市政基础设施工程质量检测技术管理规范》GB 50618—2011** 5.5.1 检测项目的检测周期应对外公示，检测工作完成后，应及时出具检测报告。 **3.《检验检测机构诚信基本要求》GB/T 31880—2015** 4.3.7 报告证书 …… 检验检测记录、报告、证书不应随意涂改，所有修改应有相关规定和授权。当有必要发布全新的检验检测报告、证书时，应注以唯一标识，并注明所替代的原件。 检验检测机构应采取有效手段识别和保证检验检测报告、证书真实性；应有措施保证任何人员不得施加任何压力改变检验检测的实际数据和结果。 检验检测机构应当按照合同要求，在批准范围内根据检验检测业务类型，出具具有证明作用的数据和结果，在检验检测报告、证书中正确使用获证标识	查看：授权签字人及其授权签字领域证书 时间：在检测机构规定时间内出具
5 工程实体质量的监督检查			
5.1 杆塔结构的监督检查			
5.1.1	杆塔结构倾斜，相邻节点间主、辅材弯曲度等符合设计及验收规范规定	**1.《110kV～750kV架空输电线路施工及验收规范》GB 50233—2014** 7.1.9 自立式转角、终端耐张塔组立后，应向受力反方向预倾斜，预倾斜值应根据塔基础底面的地耐力、塔结构的刚度以及受力大小由设计确定，架线绕曲后仍不宜向受力侧倾斜。对较大转角塔的预倾斜，其基础顶面应有对应的斜平面处理措施。 7.1.10 拉线塔、拉线转角杆、终端杆、导线不对称布置的拉线直线单杆，组立时向受力反侧（或轻载侧）的偏斜不应超过拉线点高的3‰，在架线后拉线点处的杆身不应向受力侧倾斜。 7.1.11 角钢铁塔塔材的弯曲度应按现行国家标准《输电线路铁塔制造技术条件》GB/T 2694的规定验收。对运至桩位的个别角钢，当弯曲度超过长度的2‰，但未超过表7.1.11的变形限度时，可采用冷矫正法进行矫正，但矫正后的角钢不得出现裂纹和锌层脱落。 7.2.6 铁塔组立后，各相邻主材节点间弯曲度不得超过1/750。 7.4.3 钢管电杆连接后，分段及整根电杆的弯曲度均不应超过其对应长度的2‰。 7.4.4 直线电杆架线后的倾斜不应超过杆高的5‰，转角杆架线后绕曲度应符合设计规定，超过设计规定时应会同设计单位处理。 **2.《架空输电线路大跨越工程施工及验收规范》DL 5319—2014** 7.2.1 角钢塔塔材的弯曲度应按《输电线路铁塔制造技术条件》GB 2694的规定验收。对运至桩位的个别角钢，当弯曲度超过长度的2‰，但未超过表7.2.1的变形限度时，可采用冷矫正法进行矫正，但矫正的角钢不得出现裂纹和锌层脱落。钢管构件的弯曲度不得超过L/1500，且不大于5mm。	1. 实测直线杆塔 倾斜率：直线塔≤3‰ 2. 实测转角杆塔 倾斜率：耐张塔、转角塔不向受力侧倾斜；终端杆、转角杆拉线点处不应向受力侧挠倾，且≤3‰拉线点高 3. 实测钢管杆 倾斜率：直线杆≤5‰。转角杆不向受力侧倾斜 4. 实测铁塔 节点间主材弯曲度：不超过1/750

续表

条款号	大纲条款	检查依据	检查要点
5.1.1	杆塔结构倾斜，相邻节点间主、辅材弯曲度等符合设计及验收规范规定	7.2.9 铁塔组立及架线后，其允许偏差应符合表7.2.9的规定。 7.2.12 角钢塔组立后，各相邻节点间主材弯曲度不得超过1/750。 **3.《±800kV及以下直流架空输电线路工程施工及验收规程》DL/T 5235—2010** 7.1.3 角钢铁塔塔材的弯曲度应按GB 2694的规定验收。对运至桩位的个别角钢，当弯曲度超过长度的2‰，但未超过表7.1.3的变形限度时，可采用冷矫正法进行矫正，但矫正的角钢不得出现裂纹和锌层脱落。 7.2.8 自立式转角塔、终端塔应组立在倾斜平面的基础上，向受力反方向产生预倾斜，预倾斜值应视塔的刚度及受力大小由设计确定。架线挠曲后，塔顶端仍不应超过铅垂线而偏向受力侧。当架线后铁塔的挠曲度超过设计规定时，应会同设计单位处理。 7.2.10 铁塔组立后，各相邻节点间主材弯曲度不得超过1/750	5. 实测钢管电杆 弯曲度：不超过2‰ 6. 实测铁塔辅材 弯曲度：不超过2‰ 7. 查阅施工验评记录 铁塔倾斜率：与实测值相符 签字：有质检员、监理人员签字
5.1.2	结构部件齐全，构件镀锌均匀无明显色差	**1.《110kV～750kV架空输电线路施工及验收规范》GB 50233—2014** 7.1.2 杆塔各构件的组装应牢固，交叉处有空隙时应装设相应厚度的垫圈或垫板。 7.1.5 杆塔部件组装有困难时应查明原因，不得强行组装。个别螺孔需扩孔时，扩孔部分不应超过3mm；当扩孔需超过3mm时，应先堵焊再重新打孔，并应进行防锈处理。不得用气割扩孔或烧孔。 **2.《110kV～750kV架空输电线路设计规范》GB 50545—2010** 11.3.5 杆塔铁件应采用热浸镀锌防腐，或采用其他等效的防腐措施。腐蚀严重地区的拉线棒尚应采取其他有效的附加防腐措施。 **3.《输电线路铁塔制造技术条件》GB/T 2694—2018** 6.9.2 镀锌层外观：镀锌层表面应连续完整，并具有实用性光滑，不应有过酸洗、起皮、漏镀、结瘤、积锌和锐点等使用上有害的缺陷。镀锌颜色一般呈灰色或暗灰色。 **4.《架空输电线路大跨越工程施工及验收规范》DL 5319—2014** 7.2.2 铁塔各构件的组装应牢固，交叉处有空隙者，应装设相应厚度的垫圈或垫板。 7.2.5 铁塔部件组装有困难时应查明原因，不得强行组装。当采用角钢、板件连接的，个别螺孔需扩孔时，扩孔部分不应超过3mm；当扩孔需超过3mm时，应先堵焊再重新打孔，并应进行防锈处理。不得用气割进行扩孔或烧孔。 7.2.11 脚钉安装应牢固齐全，安装位置应符合设计或建设方要求。 **5.《输变电钢管结构制造技术条件》DL/T 646—2012** 12.2 镀锌层表面应连续完整，并且具有实用性光滑，不得有过酸洗、漏镀、结瘤、积锌、毛刺等缺陷。镀锌颜色一般呈灰色或暗灰色。	1. 查看杆塔结构部件 完整性：主材、辅材、爬梯、横隔面、螺栓等无缺失 2. 实测杆塔构件规格 角钢肢宽、厚度：符合设计要求 3. 查看杆塔构件 镀锌表面：镀锌均匀，无明显色差，无脱落 4. 查阅施工验评记录 铁塔塔型：核对图纸，与设计一致 部件规格数量：符合设计图纸 签字：有质检员、监理人员签字 5. 查阅竣工验收记录 问题处理：已闭环，复检结果符合要求

续表

条款号	大纲条款	检查依据	检查要点
5.1.2	结构部件齐全，构件镀锌均匀无明显色差	**6.《±800kV及以下直流架空输电线路工程施工及验收规程》DL/T 5235—2010** 7.2.1 铁塔各构件的组装应牢固，交叉处有空隙者，应装设相应厚度的垫圈或垫板。 7.2.4 铁塔部件组装有困难时应查明原因，严禁强行组装。个别螺孔需扩孔时，扩孔部分不应超过3mm，当扩孔需超过3mm时，应先堵焊再重新打孔，并应进行防锈处理。严禁用气割进行扩孔或烧孔。 7.2.9 脚钉安装应牢固齐全，安装位置应符合设计或建设方要求	
5.1.3	螺栓紧固，防盗帽、防松罩加装齐全	**1.《110kV～750kV架空输电线路施工及验收规范》GB 50233—2014** 7.1.3 当采用螺栓连接构件时，应符合下列规定： 1 螺栓应与构件平面垂直，螺栓头与构件间的接触处不应有空隙； 2 螺母紧固后，螺栓露出螺母的长度：对单螺母，不应小于2个螺距；对双螺母，可与螺母相平； 3 螺栓加垫时，每端不宜超过2个垫圈； 4 连接螺栓的螺纹不应进入剪切面。 7.1.6 杆塔连接螺栓应逐个紧固，受剪螺栓紧固扭矩值不应小于表7.1.6的规定，其他受力情况螺栓紧固扭矩值应符合设计要求。螺栓与螺母的螺纹有滑牙或螺母的棱角磨损已致扳手打滑的，螺栓应更换。 7.1.7 杆塔连接螺栓在组立结束时应全部紧固一次，检查扭矩值合格后方可架线。架线后，螺栓还应复紧一遍。 **2.《架空输电线路大跨越工程施工及验收规范》DL 5319—2014** 7.2.3 螺栓连接的构件应符合下列规定： 1 铁塔螺栓应按设计要求使用防卸、防松装置。 2 螺栓应与构件平面垂直，螺栓头与构件间的接触处不应有空隙。 3 螺母拧紧后，螺栓露出螺母的长度：对单螺母，不应小于两个螺距；对双螺母，可与螺母相平。 4 螺栓需加垫处，每端不宜超过两个垫圈。 7.2.6 铁塔连接螺栓应逐个紧固，4.8级螺栓紧固扭矩值应符合表7.2.6的规定。4.8级以上的螺栓扭矩值应由设计规定，钢管塔法兰螺栓扭矩值应按设计规定执行，若发现螺杆与螺母的螺纹有滑牙或螺母的棱角磨损已致扳手打滑的，螺栓应更换。 **3.《±800kV及以下直流架空输电线路工程施工及验收规程》DL/T 5235—2010** 7.2.2 当采用螺栓连接构件时，应符合下列规定： 1 铁塔螺栓应按设计要求使用防卸、防松装置。 2 螺栓应与构件平面垂直，螺栓头与构件间的接触处不应有空隙。	1. 查看铁塔螺栓 防盗螺帽：齐全 防松装置：齐全 2. 实测铁塔螺栓紧固度 扭矩值：符合设计要求或规范规定 3. 查阅施工评级记录 螺栓紧固率：与实测值相符 螺栓防松、防盗：齐全 签字：有质检员、监理人员签字 4. 查阅竣工验收记录 问题处理：已闭环，复检结果符合要求

续表

条款号	大纲条款	检查依据	检查要点
5.1.3	螺栓紧固，防盗帽、防松罩加装齐全	3　螺母拧紧后，螺栓露出螺母的长度：对单螺母，不应小于两个螺距；对双螺母，可与螺母相平。 4　螺栓必须加垫处，每端不宜超过两个垫圈。 7.2.5　铁塔连接螺栓应逐个紧固，4.8级螺栓的扭紧力矩不应小于表7.2.5的规定。4.8级以上的螺栓扭矩标准值由设计规定，若设计无规定时，宜按4.8级螺栓的扭紧力标准执行	
5.2　导地线的监督检查			
5.2.1	导地线压接管握着力试验合格，报告齐全	**1.《110kV～750kV架空输电线路施工及验收规范》GB 50233—2014** 8.4.5　握着强度试验的试件不得少于3组。导线采用螺栓式耐张线夹及钳压管连接时，其试件应分别制作。 8.4.6　试件握着强度试验结果应符合要求。液压握着强度不得小于导线设计使用拉断力的95%；螺栓式耐张线夹的握着强度不得小于导线设计使用拉断力的90%；钳压管直线连接的握着强度不得小于导线设计使用拉断力的95%。架空地线的连接强度应与导线相对应。 **2.《架空输电线路大跨越工程施工及验收规范》DL 5319—2014** 8.3.3　导线或架空地线使用的耐张线夹，在架线施工前应对试件进行握着强度的拉力试验。试件不得少于3组。其试验握着强度不得小于导线或架空地线设计使用拉断力的95%。 **3.《±800kV及以下直流架空输电线路工程施工及验收规程》DL/T 5235—2010** 8.3.3　导线或架空地线必须使用配套接续管及耐张线夹进行连接。在架线施工前应对试件进行连接后的握着强度拉力试验。试件不得少于3组（允许接续管与耐张线夹合为一种试件）。其试验握着强度不得小于导线或架空地线设计计算拉断力的95%。 **4.《输变电工程架空导线（800mm² 以下）及地线液压压接工艺规程》DL/T 5285—2018** 4.5.1　压接施工前应按照验证合格后的压接工艺对该工程用的导地线、压接管及配套的压接模具进行检验性压接试验。 4.5.3　GB 50233中规定，线路中试件的握着力均不应小于导线设计计算拉断力的95%。每种形式的试件不得少于3根，允许接续管与耐张线夹做成一根试件，依据GB/T 2317.1的要求进行握力试验。 **5.《1000kV输变电工程导地线液压施工工艺规程》DL/T 5291—2013** 5.0.1　工程进行的检验性试件应符合下列规定：	查阅试件试验报告及监理见证资料 试验报告结论：合格 报告数量：与各种导线型号数量相符 监理见证记录签字：齐全

续表

条款号	大纲条款	检查依据	检查要点
5.2.1	导地线压接管握着力试验合格，报告齐全	1 架线工程开工前应对该工程实际使用的导线、地线及相应的液压管，用配套的液压机及压接钢模，按本标准规定的操作工艺，制作检验性试件。每种形式的试件不得少于3根（允许接续管与耐张线夹做成一根试件）。线路中试件的握着力均不应小于导线及地线设计计算拉断力的95%。…… 2 如果有一根试件的握着力未达到要求，应查明原因，改进后用加倍数量的试件再试，直至全部合格。 3 同一工程中，不同的施工标段（不同变电站），所使用的导线、地线、接续管、耐张线夹或施工单位如果不同，应以施工标段为单位，进行上述项目的试验	
5.2.2	导线相位排列、换位正确	**1.《1000kV架空输电线路设计规范》GB 50665—2011** 8.0.3 1000kV架空输电线路换位应符合下列规定： 1 单回线路采用水平排列方式时，线路长度大于120km应换位；单回线路采用三角形排列及同塔双回线路按逆相序排列时，其换位长度可适当延长。一个变电站的每回出线小于120km，但其总长度大于200km时，可采用换位或变换各回输电线路相序排列的措施； **2.《110kV～750kV架空输电线路设计规范》GB 50545—2010** 8.0.4 线路换位宜符合下列规定： 1 中性点直接接地的电力网，长度超过100km的输电线路宜换位。换位循环长度不宜大于200km。一个变电站某级电压的每回出线虽小于100km，但其总长度超过200km，可采用换位或变换各回输电线路的相序排列的方法来平衡不对称电流。 **3. 工程设计图纸**	1. 查看导线相位（极性） 排列、换位：符合设计 2. 查阅工程设计文件 相位排列：与设计说明书一致 3. 查阅记录 验评记录：有排列、换位记录 见证记录签字：齐全 4. 查阅竣工验收记录 问题处理：已闭环，复检结果符合要求
5.2.3	导地线损伤及处理记录齐全	**1.《110kV～750kV架空输电线路施工及验收规范》GB 50233—2014** 8.2 张力放线 8.2.11 张力放线、紧线及附件安装时，应防止导线和良导体地线损伤，在容易产生损伤处应采取有效的预防措施，损伤的处理应符合下列规定： 1 外层导线线股有轻微擦伤，其擦伤深度不超过单股直径的1/4，或截面积损伤不超过导电部分截面积的2%时，可不补修，可用0号以下的细砂纸磨光表面棱刺； 2 当导线损伤已超过轻微损伤，但在同一处损伤的强度损失尚不超过设计使用拉断力的8.5%，或损伤截面积不超过导电部分截面积的12.5%时应为中度损伤。中度损伤应采用补修管或带金刚砂的预绞丝补修，补修时应符合本规范第8.3.3条第4款的规定。 3 有下列情况之一时应定为严重损伤，达到严重损伤时，应将损伤部分全部锯掉，并应用接续管或带金刚砂的预绞丝将导线重新连接：	1. 查看导、地线 损伤及处理：符合规范规定 2. 查阅施工验评记录及监理见证资料 损伤及处理：与实际相符 监理见证记录：签字齐全 3. 查阅竣工验收记录 问题处理：已闭环，复检结果符合要求

续表

条款号	大纲条款	检查依据	检查要点
5.2.3	导地线损伤及处理记录齐全	1）强度损失超过设计计算拉断力的8.5%； 2）截面积损伤超过导电部分截面积的12.5%； 3）损伤的范围超过一个预绞丝允许补修的范围； 4）钢芯有断股； 5）金钩、破股和灯笼已使钢芯或内层线股形成无法修复的永久变形。 8.3 非张力放线 8.3.2 导线在同一处的损伤同时符合下列情况时不作补修，只将损伤处的棱角与毛刺用0# 砂纸磨光： 1 铝、铝合金单股损伤深度不小于股直径的1/2； 2 钢芯铝绞线及钢芯铝合金绞线损伤截面积为导电部分截面积的5%及以下，且强度损伤不小于4%； 3 单金属绞线损伤截面积为4%及以下。 注：1 同一处损伤截面积是指该损伤处在一个节距内的每股铝丝沿铝股损伤最严重处的深度换算出的截面积总和（下同）。 2 损伤深度达到股直径的1/2时，按断股考虑。 8.3.3 导线在同一处损伤需要修补时应符合下列规定： 1 导线损伤修补处理标准应符合表8.3.3的规定： 2 采用缠绕处理时应符合下列规定： 1）应将受伤处线股处理平整； 2）缠绕材料应为铝单丝，缠绕应紧密，回头应绞紧，处理平整，中心应位于损伤最严重处，并应将受伤部分全部覆盖，长度不得小于100mm。 3 采用补修预绞丝处理时应符合下列规定： 1）应将受伤处线股处理平整； 2）补修预绞丝长度不得小于3个节距或应符合现行国家标准《预绞丝》GB 2337中的规定； 3）补修预绞丝应与导线接触紧密，中心应位于损伤最严重处，并应将损伤部位全部覆盖。 4 采用补修管补修时应符合下列规定： 1）应将损伤处的线股先恢复到原绞制状态。线股处理应平整。 2）补修管的中心应位于损伤最严重处，其两端应分别超出损伤边缘不小于20mm。 3）补修管可采用钳压或液压，操作应符合本规范第8.4节中有关压接的要求。	

续表

条款号	大纲条款	检 查 依 据	检查要点
5.2.3	导地线损伤及处理记录齐全	8.3.4 导线在同一处损伤出现下述情况之一时，应将损伤部分全部割去，重新以接续管连接： 1 导线损失的强度或损伤的截面积超过本规范第8.3.3条采用补修管补修的规定时； 2 连续损伤的截面积或损失的强度均没有超过本规范第8.3.3条以补修管补修的规定，但其损伤长度已超过补修管能补修的范围； 3 复合材料的导线钢芯有断股； 4 金钩、破股已使钢芯或内层铝股形成无法修复的永久变形。 8.3.5 架空地线采用镀锌钢绞线时，损伤应按表8.3.5的规定予以处理。出现金钩、破股等形成的永久变形均应割断重接。架空地线采用良导体时，损伤处理应与导线相同。 8.7.20 光纤符合架空地线在同一处损伤不超过额定拉断力的17%时，应用光纤复合架空地线专用预绞丝补修。 **2.《架空输电线路大跨越工程施工及验收规范》DL 5319—2014** 8.2.9 导线磨损的处理应符合下列规定： 1 外层导线线股有轻微擦伤，擦伤深度不超过单股直径的1/4，且截面积损伤不超过导电部分截面积的2%时，可不补修，用不粗于0[#]细砂纸磨光表面棱刺。 2 当导线损伤已超过轻微损伤，但在同一处损伤的强度损失尚不超过设计计算拉断力的8.5%并在设计允许的范围内，且损伤截面积不超过导电部分截面积的12.5%时为中度损伤。中度损伤应采用补修管进行补修，补修时应符合下列规定： 1）将损伤处的线股先恢复原绞制状态，线股处理平整； 2）补修管的中心应位于损伤最严重处，需补修的范围应位于管端内20mm。 3 有下列情况之一时定为严重损伤，在大跨越工程中不允许出现： 1）强度损失超过设计计算接断力的8.5%并超过设计允许的范围； 2）截面积损伤超过导电部分截面积的12.5%； 3）损伤的范围超过一个补修管允许补修的范围； 4）钢芯有断股； 5）金钩、破股和灯笼已使钢芯或内层线股形成无法修复的永久变形。 8.2.10 架空地线采用镀锌钢绞线时，不允许出现断股及金钩、破股等形成的永久变形。架空地线采用良导体线时，其损伤处理与导线相同。 **3.《架空输电电路导地线补修导则》DL/T 1069—2016** 7.2 金属单丝材料补修 采用金属单丝缠绕补修导（地）线时应符合下列规定： a）将受伤处线股处理平整。	

续表

条款号	大纲条款	检 查 依 据	检查要点
5.2.3	导地线损伤及处理记录齐全	b）缠绕材料应为铝单丝，缠绕应紧密，回头应绞紧，处理平整，其中心应位于受伤最严重处，并应将受伤部分全部覆盖，其长度不应小于100mm。 7.3 补修管补修 7.3.1 采用补修管补修导（地）线 采用补修管（包括加长型补修管）补修导（地）线时应符合下列规定： a）将损伤处的线股先恢复原绞制状态，线股处理平整。 b）补修管的中心应位于损伤最严重处，需补修的范围应位于管内各20mm。 c）补修管可采用钳压或液压。 d）采用液压补修导（地）线时，操作人员必须持有操作许可证。操作完成并自检合格后，应在补修管上打上操作人员的钢印。 7.4 预绞丝补修（包括护线条、补修条、接续条） 7.4.1 受伤处线股应处理平整。 7.4.2 补修预绞丝长度不得小于3个节距。 7.4.3 补修预绞丝应与导线接触紧密，其中心应位于损伤最严重处，并应将损伤部位全部覆盖。 7.4.4 预绞式补修金具的验收应按GB/T 2317.4的规定进行。 7.5 补修管补修 补修管压接后应检查外观质量，并应符合下列规定： a）用精度不低于0.02mm的游标卡尺测量压接后尺寸，其允许偏差应符合DL/T 5285的规定。 b）飞边、毛刺及表面未超过允许的损伤，应锉平并用0号砂纸磨光。 c）弯曲度不得大于2%，有明显弯曲时应校直。 d）校直后的补修管如有裂纹，应切断重接。 e）裸露的钢管压后应涂防腐漆。 **4.《±800kV及以下直流架空输电线路工程施工及验收规程》DL/T 5235—2010** 8.2.10 导线磨损的处理应符合下列规定： 1 外层导线线股有轻微擦伤，其擦伤深度不超过单股直径的1/4，且截面积损伤不超过导电部分截面积的2%时，可不补修，用不粗于0#细砂纸磨光表面棱刺。 2 当导线损伤已超过轻微损伤，但在同一处损伤的强度损失尚不超过设计计算拉断力的8.5%，且损伤截面积不超过导电部分截面积的12.5%时为中度损伤。中度损伤应采用补修管进行补修，补修时应符合下列规定： 1）将损伤处的线股先恢复原绞制状态，线股处理平整；	

续表

条款号	大纲条款	检查依据	检查要点
5.2.3	导地线损伤及处理记录齐全	2）补修管的中心应位于损伤最严重处，需补修的范围应位于管端内20mm。 3 有下列情况之一时定为严重损伤： 1）强度损失超过设计计算接断力的8.5%； 2）截面积损伤超过导电部分截面积的12.5%； 3）损伤的范围超过一个补修管允许补修的范围； 4）钢芯有断股； 5）金钩、破股和灯笼已使钢芯或内层线股形成无法修复的永久变形。 达到严重损伤时，应将损伤部分全部锯掉，用接续管将导线重新连接。 8.2.11 架空地线采用镀锌钢绞线时宜采用张力放线，出线断股、金钩及破股等形成的永久变形应割断重接。架空地线采用良导体线时必须采用张力放线，其损伤处理：当采用钢芯铝绞线及铝合金芯铝绞线、铝包钢芯铝绞线时与导线的处理相同。当采用铝合金绞线及铝包钢绞线时其损伤处理与镀锌钢绞线相同。 **5.《输变电工程架空导线（800mm² 以下）及地线液压压接工艺规程》DL/T 5285—2018** 4.1.5 在导地线压接过程中应采取有效防止松股的措施。 5.1.5 切割导地线时不应使其截面变形。 **6.《电力光纤通信工程验收规范》DL/T 5344—2006** 5.6.3 光缆架设质量检查 1 光缆架设必须采用专用张力机具放线，架设后不得出现光缆外层明显单丝损伤、扭曲、折弯、挤压、松股、鸟笼、光纤回缩等现象	
5.2.4	导地线弧垂及相间弧垂偏差满足设计要求	**1.《110kV～750kV架空输电线路施工及验收规范》GB 50233—2014** 8.5.6 紧线弧垂在挂线后应随即在该观测档检查，其允许偏差应符合表8.5.6的规定： 8.5.7 导线各相间或地线的弧垂除应满足本规范8.5.6条的弧垂允许偏差的规定外，弧垂的相对偏差最大值尚应符合表8.5.7的规定。 8.5.8 同相子导线的弧垂除应满足本规范第8.5.6条的规定外，其相对偏差尚应符合下列规定： 1 不安装间隔棒的垂直双分裂导线，同相子导线间的弧垂的正偏差不得大于100mm。 2 安装间隔棒的其他形式分裂导线同相子导线的弧垂允许偏差应符合下列规定： 1）220kV及以下的正偏差不得大于80mm； 2）330kV及以上的正偏差不得大于50mm。 **2.《架空输电线路大跨越工程施工及验收规范》DL 5319—2014** 8.4.4 紧线弧垂在挂线后应随即在观测档检查。当设计对弧垂偏差有要求时，按设计的要求执行。当设计无要求时，大跨越弧档垂允许偏差不应大于±1%，其正偏差不应超过1m。	1. 实测观测档弧垂 导、地线弧垂：符合设计要求 2. 实测跳线弧垂、跳线与铁塔及拉线间隙 弧垂偏差：符合设计要求 间隙：符合规范规定 3. 实测相间弧垂 弧垂偏差：符合规范规定

续表

条款号	大纲条款	检查依据	检查要点
5.2.4	导地线弧垂及相间弧垂偏差满足设计要求	8.4.5　导线或架空地线各相间的弧垂应力求一致，当满足本规范8.4.4条的弧垂允许偏差时，大跨越档的相间弧垂最大允许偏差不应超过500mm。 8.4.6　多分裂导线同相子导线的弧垂应力求一致，在满足本规范8.4.5条的弧垂允许偏差标准时，分裂导线同相子导线的弧垂允许偏差为50mm。 **3.《±800kV及以下直流架空输电线路工程施工及验收规程》DL/T 5235—2010** 8.4.5　紧线弧垂在挂线后应随即在该观测档检查，其允许偏差应符合下列规定： 1　一般情况下允许偏差不应超过±2.5%； 2　跨越通航河流的大跨越档弧垂允许偏差不应大于±1%，其正偏差不应超过1m。 8.4.6　同塔架设的导线各极间的弧垂应力求一致，当满足标准第8.4.5条的弧垂允许偏差时，各极间弧垂的相对偏差最大值不应超过下列规定： 1　一般情况下两极间弧垂允许偏差为300mm； 2　大跨越档的两极间弧垂最大允许偏差为500mm。 8.4.7　分裂导线同极子导线的弧垂应力求一致，在满足本标准8.4.6条的弧垂允许偏差标准时，分裂导线同极子导线的弧垂允许偏差为50mm	4. 查阅施工验评记录表 导地线弧垂记录：与实测值相符 相间弧垂偏差记录：与实测值相符 签字：有质检员、监理人员签字 5. 查阅竣工验收记录 问题处理：已闭环，复检结果符合要求
5.2.5	压接管外观质量、位置以及数量符合验收规范规定	**1.《110kV～750kV架空输电线路施工及验收规范》GB 50233—2014** 8.4.11　接续管及耐张管压后应检查外观质量，并应符合下列规定； 1　应使用精度不低于0.02mm的游标卡尺测量压后尺寸，其允许偏差应符合现行行业标准《输变电工程架空导线及地线液压压接工艺规程》(DL/T 5285）的规定； 2　飞边、毛刺及表面为超过允许的损伤应锉平并用$0^{\#}$以下细砂纸磨光； 3　压后应平直，有明显弯曲时应校直，弯曲度不得大于2%； 4　校直后不得有裂纹，达不到规定时应割断重接； 5　钢管压后应进行防腐处理。 8.4.12　在一个档距内，每根导线或架空地线上不应超过一个接续管和两个补修管，并应符合下列规定： 1　各类管与耐张线夹出口间的距离不应小于15m； 2　接续管或补修管出口与悬垂线夹中心的距离不应小于5m； 3　接续管或补修管出口与间隔棒中心的距离不宜小于0.5m； 8.4.15　钢芯铝绞线钳压压口数及压口尺寸应符合表8.4.15的规定。压后尺寸允许偏差应为±0.5mm。 **2.《架空输电线路大跨越工程施工及验收规范》DL 5319—2014** 8.3.8　耐张管压后应检查其外观质量，并应符合下列规定：	1. 查看导、地线压接管 弯曲度：≤2‰ 位置及数量：符合规范规定 2. 查阅施工验评记录 压接管外观质量、位置、数量及压接记录：与实测值相符 签字：有压接人、质检员、监理签字 3. 查阅竣工验收记录 问题处理：已闭环，复检结果符合要求

续表

条款号	大纲条款	检查依据	检查要点
5.2.5	压接管外观质量、位置以及数量符合验收规范规定	1 压后尺寸允许偏差应符合《输变电工程架空导线及地线液压压接工艺规程》DL/T 5285 的规定。当采用进口耐张线夹时，其压后尺寸应符合设计的要求。 2 飞边、毛刺及表面未超过允许的损伤应锉平并用不粗于 0# 细砂纸磨光。 3 弯曲度不得大于 2%。 4 有弯曲时应校直，校直后的耐张管不得有裂纹出现。 8.3.9 应采取切实有效的措施保护导线和架空地线，避免出现补修管。当设计对补修管有要求时，按设计的要求执行。当设计无要求时，在一个档距内每根导线或架空地线上只允许有两个补修管，并应满足下列规定： 1 与耐张线夹出口间的距离不应小于 15m。 2 与悬垂线夹中心的距离不应小于 5m。 3 与间隔棒中心的距离不宜小于 0.5m。 **3.《±800kV 及以下直流架空输电线路工程施工及验收规程》DL/T 5235—2010** 8.3.7 接续管及耐张管压后应检查其外观质量，并应符合下列规定： 1 使用精度不低于 0.02mm 的游标卡尺测量压后尺寸，其允许偏差必须符合 SDJ 226 的规定；对于新型或非标准导线的接续管、耐张线夹及补修管的压接工艺及允许偏差，应经试验、试点验证判定满足设计及规范要求并报有关部门批准后方可进行压接施工。 2 飞边、毛刺及表面未超过允许的损伤应锉平并用不粗于 0# 细砂纸磨光。 3 弯曲度不得大于 2%，超过 2%尚可校直时应校直。 4 校直后的接续管严禁有裂纹，达不到规定时应割断重接。 5 裸露的接续钢管压后应涂防锈漆。 8.3.8 在一个档距内每根导线或架空地线上只允许有一个接续管和两个补修管，并应满足下列规定： 1 接续管、补修管与耐张线夹出口间的距离不应小于 15m； 2 接续管或补修管与悬垂线夹中心的距离不应小于 5m； 3 接续管或补修管与间隔棒中心的距离不宜小于 0.5m； **4.《输变电工程架空导线（800mm² 以下）及地线液压压接工艺规程》DL/T 5285—2018** 10.1.1 钢管压后对边距尺寸 S_g 的允许值为： $S_g=0.86D_g+0.2\text{mm}$ 式中：D_g——压接钢管标称外径，mm 10.1.2 铝管压后对边距尺寸 S_1 的允许值为： $S_1=0.86D_1+0.2\text{mm}$ 式中：D_1——压接铝管标称外径，mm	

续表

条款号	大纲条款	检 查 依 据	检查要点
5.2.5	压接管外观质量、位置以及数量符合验收规范规定	10.1.3 三个对边距只应有一个达到允许最大值，超过此规定时应更换模具重压。 10.1.4 钢管压接后钢芯应露出钢管端部 3mm～5mm。 10.2.1 压接后铝管不应有明显弯曲，弯曲度超过 2%应校正，且有明显弯曲变形时应校直，无法校正割断重新压接。	
5.2.6	金具连接可靠	**1.《110kV～750kV 架空输电线路施工及验收规范》GB 50233—2014** 8.6.1 绝缘子安装前应逐个（串）表面清理干净，并逐个（串）进行外观检查。瓷（玻璃）绝缘子安装时应检查碗头、球头与弹簧销子之间的间隙。在安装好弹簧销子的情况下球头不得自碗头中脱出。验收前应清除瓷（玻璃）表面的污垢。有机复合绝缘子表面不应有开裂、脱落、破损等现象，绝缘子的芯棒，且与端部附件不应有明显的歪斜。 8.6.8 金具上所用的闭口销的直径必须与孔径相配合，且弹力适度。开口销和闭口销不应有折断和裂纹等现象，当采用开口销时应对称开口，开口角度不应小于 60°，不得用线材和其他材料代替开口销和闭口销。 8.6.15 铝制引流连板及并沟线夹的连接面应平整、光洁，安装应符合下列规定： 1 安装前应检查连接面是否平整，耐张线夹引流连板的光洁面应与引流线夹连板的光洁面接触； 2 使用汽油洗擦连接面及导线表面污垢后，应先涂一层电力复合脂，再用细钢丝刷清除有电力复合脂的表面氧化膜； 3 应保留电力复合脂，并应逐个均匀地紧固连接螺栓。螺栓的扭矩应符合该产品说明书的要求。 8.6.16 地线与门构架的接地线连接应接触良好，顺畅美观。 **2.《110kV～750kV 架空输电线路设计规范》GB 50545—2010** 6.0.7 与横担连接的第一个金具应转动灵活且受力合理，其强度应高于串内其他金具。 **3.《架空输电线路大跨越工程施工及验收规范》DL 5319—2014** 8.5.1 绝缘子安装前应逐个将表面清洗干净，并应逐串吊起进行试装检查。安装时应检查碗头、球头与弹簧销子之间的间隙。在安装好弹簧销子的情况下球头不得自碗头中脱出。验收前应清除绝缘子表面的污垢。有机复合绝缘子伞套的表面不允许有开裂、脱落、破损等现象，绝缘子的芯棒与端部附件不应有明显的歪斜。 8.5.9 金具上所用的闭口销的直径应与孔径相配合，且弹力适度。 8.5.15 铝制引流连板及并沟线夹的连接面应平整、光洁，安装应符合下列规定： 1 安装前应检查连接面是否平整，耐张线夹引流连板的光洁面应与引流线夹连板的光洁面接触；	1. 查看杆塔上金具连接 绝缘子安装、金具安装、螺栓和销子穿向、销子孔径配合：符合设计要求和规范规定 2. 查阅施工验评记录 金具连接、绝缘子安装、螺栓及销子穿向：与实际相符 签字：有质检员、监理签字 3. 查阅竣工验收记录 问题处理：已闭环，复检结果符合要求

续表

条款号	大纲条款	检查依据	检查要点
5.2.6	金具连接可靠	2 应使用汽油擦洗连接面及导线表面污垢，并应涂上一层电力复合脂，用细钢丝刷清除有电力复合脂的表面氧化膜； 3 保留电力复合脂，并应逐个均匀地拧紧连接螺栓。螺栓的扭矩应符合该产品说明书所列数值。 **4.《±800kV及以下直流架空输电线路工程施工及验收规程》DL/T 5235—2010** 8.5.1 绝缘子安装前应逐个表面清洗干净，并应逐个（串）进行外观检查。安装时应检查碗头、球头与紧缩销之间的间隙。在安装好紧缩销的情况下球头不得自碗头中脱出。有机复合绝缘子伞套的表面不允许有开裂、脱落、破损等现象，绝缘子的芯棒与端部附件不应有明显的歪斜。 8.5.8 金具上所用的闭口销的直径必须与孔径相配合，且弹力适度。 8.5.15 铝制引流连板及并沟线夹的连接面应平整、光洁，安装应符合下列规定： 1 安装前应检查连接面是否平整，耐张线夹引流连板的光洁面应与引流线夹连板的光洁面接触； 2 使用汽油或其他清洗剂洗擦连接面及导线表面污垢，并应涂上一层导电脂，用细钢丝刷清除有导电脂的表面氧化膜。 3 保留导电脂，并应逐个均匀地拧紧连接螺栓。螺栓的扭矩应符合该产品说明书所列数值。 **5.《电力光纤通信工程验收规范》DL/T 5344—2006** 5.6.4 光缆配套金具安装要求 5 金具上的开口销子直径必须与孔径配合，开口角度不小于60°，弹力适度	
5.2.7	附件齐全，安装符合要求	**1.《110kV～750kV架空输电线路施工及验收规范》GB 50233—2014** 8.6.6 悬垂线夹安装后，绝缘子串应竖直，顺线路方向与竖直位置的偏移角不应超过5°，且最大偏移值不应超过200mm。连续上（下）山坡处杆塔上的悬垂线夹的安装位置应符合设计规定。 8.6.7 绝缘子串、导线及架空地线上的各种金具上的螺栓、穿钉及弹簧销子除有固定的穿向外，其余穿向应统一，并应符合下列规定： 1 单悬垂串上的弹簧销子应由小号侧向大号侧穿入。使用W型弹簧销子时，绝缘子大口应一律朝小号侧，使用R型弹簧销子时，大口应一律朝大号侧。螺栓及穿钉凡能顺线路方向穿入者，应一律由小号侧向大号侧穿入，特殊情况两边线可由内向外，中线可由左向右穿入；直线转角塔上的金具螺栓及穿钉应由上斜面向下斜面穿入。 2 单相双悬垂串上的弹簧销子应对向穿入。螺栓及穿钉的穿向应符合本规范第8.6.7条第1款的要求。	1. 查看附件安装 悬垂线夹、金具的销子、防振锤及阻尼线、间隔棒、引流线安装：符合规范规定 2. 实测悬垂绝缘子 倾斜：顺线路方向偏移角不应超过5°，且最大偏移值不应超过200mm

续表

条款号	大纲条款	检　查　依　据	检查要点
5.2.7	附件齐全，安装符合要求	3　耐张串上的弹簧销子、螺栓及穿钉应一律由上向下穿；当使用W型弹簧销子时，绝缘子大口应一律向上；当使用R型弹簧销子时，绝缘子大口应一律向下，特殊情况两边线可由内向外，中线可由左向右穿入。 4　分裂导线上的穿钉、螺栓应一律由线束外侧向内穿。 5　当穿入方向与当地运行单位要求不一致时，应在架线前明确规定。 8.6.9　各种类型的铝制绞线，在与金具的线夹夹紧时，除并沟线夹及使用预绞丝护线条外，安装时应在铝股外缠绕铝包带，缠绕时应符合下列规定： 1　铝包带应缠绕紧密，缠绕方向应与外层铝股的绞制方向一致； 2　所缠铝包带应露出线夹，但不应超过10mm，端头应回缠绕于线夹内压住。设计有要求时应按设计要求执行。 8.6.10　安装预绞丝护线条时，每条的中心与线夹中心应重合，对导线包裹应紧密。 8.6.11　防振锤及阻尼线与被连接的导线或架空地线应在同一铅垂面内，设计有要求时应按设计要求安装。其安装距离允许偏差应为±30mm。 8.6.13　绝缘架空地线放电间隙的安装距离允许偏差应为±2mm。 8.6.14　柔性引流线应呈近似悬链线状自然下垂，对铁塔及拉线等的电气间隙应符合设计规定。使用压接引流线时，中间不得有接头。刚性引流线的安装应符合设计要求。	3. 查阅施工验评记录 悬垂线夹、金具的销子、防振锤及阻尼线、间隔棒、引流线安装：与实际相符 签字：有质检员、监理签字
		2.《架空输电线路大跨越工程施工及验收规范》DL 5319—2014 8.5.7　悬垂绝缘子串的方向和悬垂线夹的安装位置应符合设计要求，悬垂线夹安装后的位置与设计位置偏移值不应超过200mm。 8.5.8　绝缘子串、导线及架空地线上的各种金具上的螺栓、穿钉及弹簧销子除有固定的穿向外，其余穿向应统一，并应符合下列规定： 1　悬垂串上的弹簧销子一律由电源侧向受电侧穿入。使用W型弹簧销子时，绝缘子大口一律朝电源侧，使用R型弹簧销子时，大口一律朝受电侧。螺栓及穿钉凡能顺线路方向穿入者一律由电源侧向受电侧穿入，特殊情况两边线由内向外，中线由左向右穿入。 2　耐张串上的弹簧销子、螺栓及穿钉应一律由上向下穿；当使用W型弹簧销子时，绝缘子大口一律向上；当使用R型弹簧销子时，绝缘子大口一律向下，特殊情况两边线可由内向外，中线由左向右穿入。 3　分裂导线上的穿钉、螺栓一律由线束外侧向内穿。 4　当穿入方向与当地运行单位要求不一致时，可按运行单位的要求，但应在开工前明确规定。 8.5.10　安装预绞丝护线条时，每条的中心与线夹中心应重合，包裹应紧固，设计有特殊要求时按设计要求安装。	4. 查阅竣工验收记录 问题处理：已闭环，复检结果符合要求

续表

条款号	大纲条款	检查依据	检查要点
5.2.7	附件齐全，安装符合要求	8.5.11 防振锤及阻尼线与被连接的导线或架空地线应在同一铅垂面，设计有特殊要求时应按设计要求安装。其安装距离偏差不应大于±30mm。 8.5.13 绝缘架空地线放电间隙的安装距离偏差不应大于±2mm。 8.5.14 柔性引流线应呈近似悬链线状自然下垂，电气间隙应符合设计规定。使用压接引流线时其中间不得有接头。刚性引流线的安装应符合设计要求。 **3.《±800kV及以下直流架空输电线路工程施工及验收规程》DL/T 5235—2010** 8.5.6 悬垂线夹安装后，绝缘子串应垂直地平面，其顺线路方向与垂直位置最大偏移值不应超过200mm（高山大岭300mm）。连续上、下山坡处杆塔上的悬垂线夹的安装位置应符合设计规定。 8.5.7 绝缘子串、导线及架空地线上的各种金具上的螺栓、穿钉及锁紧销子除有固定的穿向外，其余穿向应统一，并应符合下列规定： 1 单、双悬垂串上的锁紧销子一律由电源侧向受电侧穿入。使用W型锁紧销子时，绝缘子大口应一律朝电源侧，使用R型锁紧销子时，大口应一律朝受电侧。螺栓及穿钉凡能顺线路方向穿入者一律由电源侧向受电侧穿入，特殊情况可由内向外或由左向右穿入。 2 耐张串上的锁紧销子、螺栓及穿钉一律由上向下穿；当使用W型锁紧销子时，绝缘子大口一律向上；当使用R型锁紧销子时，绝缘子大口一律向下，特殊情况可由内向外或由左向右穿入。 3 分裂导线上的穿钉、螺栓一律由线束外侧向内穿。 4 当穿入方向与当地运行单位要求不一致时，可按运行单位的要求，但应在开工前明确规定。 8.5.9 各种类型的铝质绞线，在与金具的线夹夹紧时，除并沟线夹、使用预绞丝护线条及设计另有规定外，安装时应在铝股外缠绕铝包带，缠绕时应符合下列规定： 1 铝包带宜缠绕紧密，其缠绕方向应与外层铝股的绞制方向一致。 2 所缠铝包带可露出线夹口，但不应超过10mm，其端头必须回缠绕于线夹内压住。 8.5.10 安装预绞丝护线条时，每条的中心与线夹中心应重合，对导线包裹应紧固。 8.5.11 防振锤及阻尼线与被连接的导线或架空地线应在同一铅垂面，设计有特殊要求时应按设计要求安装。其安装距离偏差不应大于±30mm。 8.5.13 绝缘架空地线放电间隙的安装距离偏差不应大于±2mm。 8.5.14 柔性引流线应呈近似悬链线状自然下垂，其对铁塔的电气间隙必须符合设计规定。使用压接引流线时其中间不得有接头。刚性引流线的安装应符合设计要求。	

续表

条款号	大纲条款	检 查 依 据	检查要点
5.2.7	附件齐全，安装符合要求	**4.《电力光纤通信工程验收规范》DL/T 5344—2006** 5.6.4 光缆配套金具安装要求 1 耐张预绞丝缠绕间隙均匀，绞丝末端应与光缆相吻合，预绞丝不得受损。 2 悬垂线夹预绞丝间隙均匀，不得交叉，金具串应垂直地面，顺贤路方向偏移角度不得大于5°，且偏移量不得超过100mm。 3 防振锤安装尺寸、距离应满意以下条件： 1）安装距离偏差不大于30mm； 2）安装位置、数量、方向、垂头朝向和螺栓紧固力矩符合设计要求。 4 螺栓、销钉、弹簧销子穿入方向：顺线路方向宜向受电侧，横线路方向宜由内向外，垂直方向宜由上向下。 6 直通型耐张杆塔跳线在地线支架下方通过时，弧垂为300mm～500mm；从地线支架上方通过时，弧垂为150mm～200mm。 7 专用接地线连接部位应接触良好。专用接地线的承载截面应符合短路电流热容量的要求。 5.6.5 引下光缆 1 引下光缆路径应符合设计要求。 2 引下光缆应顺直美观，每隔1.5m～2m安装一个固定卡具。 3 引下光缆弯曲半径应不小于40倍的光缆直径。 5.6.6 余缆架 1 余缆架应固定可靠，不允许在杆塔上任意打孔安装，在线路上应尽量安装于铁塔第一个横担下方。 2 余缆盘绕应整齐有序，不得交叉和扭曲受力，捆绑点应不少于4处。每条光缆盘留量应不小于光缆放至地面加5m。 5.6.7 接续盒 1 线路接续盒安装应符合设计要求。站内龙门架线路终端接续盒安装高度宜为1.5m～2m。 2 接续盒宜采用帽式金属外壳，安装固定可靠、无松动，防水密封措施良好。 3 直接连通的同批光缆光纤接续色谱应对应无误	
5.2.8	OPGW盘测、接头熔接、通信通道检测合格，报告齐全	**1.《110kV～750kV架空输电线路施工及验收规范》GB 50233—2014** 8.7.1 光线复合架空地线盘运输到现场指定卸货点后，应进行下列项目的检查和验收： 3 光纤衰耗值；	查阅检测报告 OPGW盘测、接头熔接、通信通道检测的光纤衰减值：合格

续表

条款号	大纲条款	检 查 依 据	检查要点
5.2.8	OPGW盘测、接头熔接、通信通道检测合格，报告齐全	8.7.14 光纤的熔接应符合下列要求： 4 光纤熔接后应进行接头光纤衰耗值测试，不合格者应重接； **2.《架空输电线路大跨越工程施工及验收规范》DL 5319—2014** 8.6.1 光纤复合架空地线盘运输到现场指定卸货点后，应进行下列项目的检查和验收： 3 光纤衰减值（由指定的专业人员检测）； 8.6.12 光纤的熔接应符合下列要求： 3 光纤熔接后应进行接头光纤衰减值测试，不合格者应重接； **3.《±800kV及以下直流架空输电线路工程施工及验收规程》DL/T 5235—2010** 8.6.1 光纤复合架空地线盘运输到现场指定卸货点后，应进行下列项目的检查和验收： 3 光纤衰耗值（由指定的专业人员检测）； 8.6.15 光纤的熔接应符合下列要求： 3 光纤熔接后应进行接头光纤衰耗值测试，不合格者应重接； **4.《电力光纤通信工程验收规范》DL/T 5344—2006** 5.6.2 单盘测试 单盘测试包括对光缆盘长、光纤衰减指标进行测试，测试结果应符合合同要求。光缆单盘测试记录见附录B表B.5。 5.6.7 接续盒 4 用光时域反射仪（OTDR）在远端监测各接续点的熔接损耗，光纤单点双向平均熔接损耗值应小于0.05dB。 5.6.12 全程测试 光缆施工完毕后应进行双向全程测试，测试项目包括单项光路衰耗、光纤排序核对等，测试结果应满足设计要求	报告数量：与盘测（及整体通信测试）数量相符
5.2.9	导、地线对地（或林木）、跨越物的安全距离满足设计及验收规范规定	**1.《110kV～750kV架空输电线路施工及验收规范》GB 50233—2014** 8.5.9 架线后应测量导线对被跨越物的净空距离，计入导线蠕变伸长换算到最大弧垂时应符合设计规定。 A.0.1 最大计算弧垂情况下，导线对地面最小距离不应小于表A.0.1的要求。 A.0.2 输电线路不应跨越屋顶为可燃材料的建筑物。对耐火屋顶的建筑物，如需跨越时应与有关方面协商同意，330kV以上输电线路不应跨越长期住人的建筑物。 在最大计算弧垂情况下，导线与建筑物之间的最小垂直距离不应小于表A.0.2-1的要求。 在最大计算风偏情况下，输电线路边导线与建筑物之间的最小净空距离，不应小于表A.0.2-2的要求。	1. 实测交叉跨越的安全距离 导地线对被跨越物的净空距离：符合规范规定 风偏距离：在最大计算风偏情况下，边导线与建筑物、山坡、峭壁、岩石等之间的距离符合规范规定

续表

条款号	大纲条款	检 查 依 据	检查要点
5.2.9	导、地线对地（或林木）、跨越物的安全距离满足设计及验收规范规定	在无风情况下，边导线与建筑物之间的最小水平距离，不应小于表 A.0.2-3 的要求。 A.0.3　输电线路经过集中林区时，宜采用加高杆塔跨越林木不砍伐通道的方案。当跨越时，导线与树木（考虑自然生长高度）之间的最小垂直距离，不应小于表 A.0.3-1 的要求。当砍伐通道时，通道净宽度应符合设计要求。 在最大计算风偏情况下，输电线路通过公园、绿化区或防护林带，导线与树木之间的最小净空距离，不应小于表 A.0.3-2 的要求。 输电线路通过果树、经济作物林或城市灌木林不应砍伐通道。导线与果树、经济作物、城市绿化灌木以及街道行道树木之间的最小垂直距离，不应小于表 A.0.3-3 的要求。 A.0.4　最大计算风偏情况下，导线与山坡、峭壁、岩石之间最小净空距离不应小于表 A.0.4 的要求。 A.0.5　架空输电线路与甲类火灾危险性的生产厂房、甲类物品库房、易燃易爆材料堆场及可燃或易燃易爆液（气）体储罐的防火间距，不应小于铁塔高度的 1.5 倍。 A.0.6　输电线路与铁路、公路、河流、管道、索道及各种架空线路交叉或接近距离的基本要求，应符合表 A.0.6 的规定。 **2.《架空输电线路大跨越工程施工及验收规范》DL 5319—2014** 4.0.10　大跨越工程架线后对跨越物的安全距离应满足《110kV～750kV 架空输电线路设计规范》GB 50545、《1000kV 架空输电线路设计规范》GB 50665 的规定。 8.4.7　架线后应测量导线对被跨越物的净空距离，计入导线蠕变伸长换算到最大弧垂时必须符合设计规定。 **3.《±800kV 及以下直流架空输电线路工程施工及验收规程》DL/T 5235—2010** 4.0.9　线路架线后的安全距离必须满足设计要求。 8.4.8　架线后应测量导线对被跨越物的净空距离，计入导线蠕变伸长换算到最大弧垂时必须符合设计规定。	2. 查阅施工验评记录 导地线对被跨越物、地面的净空距离：与实际相符 风偏距离：与实际相符 3. 查阅竣工验收记录 问题处理：已闭环，复检结果符合要求
5.2.10	间隔棒安装位置及数量符合验收规范规定	**1.《110kV～750kV 架空输电线路施工及验收规范》GB 50233—2014** 8.6.12　分裂导线的间隔棒的结构面应与导线垂直，杆塔两侧第一个间隔棒的安装距离允许偏差应为端次档距的±1.5%，其余应为次档距的±3%。各相间隔棒宜处于同一竖直面。 **2.《架空输电线路大跨越工程施工及验收规范》DL 5319—2014** 8.5.12　分裂导线间隔棒的结构面应与导线垂直，安装时应采用正确的方法测量次档距。杆塔两侧第一个间隔棒的安装距离偏差不应大于端次档距的±1.5%，其余不应大于次档距的±3%，设计有特殊要求时按设计要求安装。各相间隔棒安装位置应符合设计要求。	1. 实测间隔棒 安装位置：第一个间隔棒偏差不应大于端次档距的±1.5% 2. 查看间隔棒安装 数量：符合设计要求

续表

条款号	大纲条款	检查依据	检查要点
5.2.10	间隔棒安装位置及数量符合验收规范规定	**3.《±800kV及以下直流架空输电线路工程施工及验收规程》DL/T 5235—2010** 8.5.12 分裂导线的间隔棒的结构面应与导线垂直，安装时应采用正确的方法测量次档距。铁塔前后两侧第一个间隔棒的安装距离偏差不应大于端次档距的±1.5%，其余不应大于次档距的±3%。间隔棒安装位置应符合设计要求。 **4. 工程设计图纸**	3. 查阅施工检查记录 间隔棒安装位置及数量：与实际相符 4. 查阅竣工验收记录 问题处理：已闭环，复检结果符合要求
5.2.11	线路参数测试合格，报告齐全	**1.《110kV～750kV架空输电线路施工及验收规范》GB 50233—2014** 10.2.1 工程在竣工验收合格后投运前，应进行下列试验： 1 测定线路绝缘电阻； 2 核对线路相位； 3 测定线路参数和高频特性； 4 电压由零升至额定电压，但无条件时可不做； 5 以额定电压对线路冲击合闸3次； 6 带负荷试运行24h。 10.2.2 线路工程未经竣工验收及试验判定合格，不得投入运行。 **2.《架空输电线路大跨越工程施工及验收规范》DL 5319—2014** 10.2.1 大跨越工程应与线路工程一起参加竣工试验，试验不合格不得投入运行。 **3.《±800kV及以下直流架空输电线路工程施工及验收规程》DL/T 5235—2010** 10.2.1 工程在竣工验收合格后投运前，应按下列步骤进行竣工试验： 1 测定线路绝缘电阻； 2 核对线路极性； 3 测定线路参数特性； 4 电压由零升至额定电压，但无条件时可不做； 5 以额定电压对线路冲击合闸三次； 6 带负荷试运行24h。 9.2.2 线路工程未经竣工验收合格及试验判定合格前不得投入运行	查阅线路参数测试报告 数据：与计算数值基本相符
5.3 接地装置的监督检查			
5.3.1	接地装置与杆塔连接可靠	**1.《电气装置安装工程接地装置施工及验收规范》GB 50169—2016** 4.7.10 接地线与杆塔的连接应可靠且接触良好，接地极的焊接长度应按本规范第4.3节的规定执行，并应便于打开测量接地电阻。	1. 查看接地装置与杆塔连接 螺栓连接：连接紧密，螺栓紧固 防松装置：齐全

续表

条款号	大纲条款	检查依据	检查要点
5.3.1	接地装置与杆塔连接可靠	4.7.11　架空线路杆塔的每一塔腿都应与接地线连接，并应通过多点接地。 **2.《110kV～750kV 架空输电线路施工及验收规范》GB 50233—2014** 9.0.2　架空线路杆塔的每一腿都应与接地体线连接；接地体的规格、埋深不应小于设计规定。 9.0.7　接地引下线与杆塔的连接应接触良好，顺畅美观，并应便于运行测量和检修。若引下线直接从地线引下时，引下线应紧靠杆（塔）身，间隔固定距离应满足设计要求。 **3.《架空输电线路大跨越工程施工及验收规范》DL 5319—2014** 9.0.6　接地引下线与铁塔的连接应接触良好并便于运行测量和检修。高桩承台基础接地引下线应通过预埋件进行敷设。 **4.《±800kV 及以下直流架空输电线路工程施工及验收规程》DL/T 5235—2010** 9.0.6　接地引下线与铁塔的连接应接触良好并便于运行测量和检查	2. 查阅施工验评记录 接地装置与杆塔连接：与实际相符
5.3.2	接地极埋深、焊接、防腐符合要求	**1.《电气装置安装工程接地装置施工及验收规范》GB 50169—2016** 4.3.1　接地极的连接应采用焊接，接地线与接地极的连接应采用焊接。异种金属接地极之间连接时接头处应采取防止电化学腐蚀的措施。 4.3.3　热镀锌钢材焊接时，在焊痕外最小 100mm 范围内应采取可靠的防腐处理。在做防腐处理前，表面应除锈并去掉焊接处残留的焊药。 4.3.4　接地线、接地极采用电弧焊连接时应采用搭接焊缝，其搭接长度应符合下列规定： 1　扁钢应为其宽度的 2 倍且不得少于 3 个棱边焊接。 2　圆钢应为其直径的 6 倍。 3　圆钢与扁钢连接时，其长度应为圆钢直径的 6 倍。 4　扁钢与钢管、扁钢与角钢焊接时，除应在其接触部位两侧进行焊接外，还应由钢带或钢带弯成的卡子与钢管或角钢焊接。 4.3.5　接地极（线）的连接工艺采用放热焊接时，其焊接接头应符合下列规定： 1　被连接的导体截面应完全包裹在接头内。 2　接头的表面应平滑。 3　被连接的导体接头表面应完全熔合。 4　接头应无贯穿性的气孔。 **2.《110kV～750kV 架空输电线路施工及验收规范》GB 50233—2014** 5.0.11　接地沟开挖的长度和深度应符合设计要求且不得有负偏差，影响接地体与土壤接触的杂物应清除。在山坡上宜沿等高线开挖接地沟。	1. 查看接地极 埋深：符合设计要求和规范规定 焊接：符合规范规定 防腐处理：符合设计要求，无遗漏 2. 查阅施工评级记录和隐蔽工程签证记录 接地埋深、焊接、防腐处理：与实际相符

续表

条款号	大纲条款	检 查 依 据	检查要点
5.3.2	接地极埋深、焊接、防腐符合要求	9.0.5 垂直接地体深度应满足设计要求。 9.0.6 接地体间连接应符合下列规定： 1 连接前应清除连接部位的浮锈。 2 接地体间应连接可靠。 3 应采用焊接或压接方式连接。当采用搭接焊时，圆钢的搭接长度不应少于其直径的6倍并应双面施焊；扁钢的搭接长度不应少于其宽度的2倍并应四面施焊。当采用液压连接时，接续管的壁厚不得小于3mm；对接长度应为圆钢直径的20倍，搭接长度应为圆钢直径的10倍。接续管的型号与规格应与所连接的圆钢向匹配。 4 接地体的连接部位应采取防腐措施，防腐范围不应少于连接部位两端各100mm。 **3.《架空输电线路大跨越工程施工及验收规范》DL 5319—2014** 5.0.7 接地沟开挖的长度和深度应符合设计要求并不得有负偏差，沟中影响接地体与土壤接触的杂物应清除。在山坡上挖接地沟时，宜沿等高线开挖。 9.0.1 接地体的规格、埋深不应小于设计规定。 9.0.4 垂直接地体应垂直打入，并防止晃动。 9.0.5 接地体间应连接可靠，并应符合下列要求： 1 除涉及规定的开断点可用螺栓连接外，其余应用焊接或液压方式连接。连接前应清除连接部位的浮锈。 2 当采用搭接焊接时，圆钢的搭接长度不少于其直径的6倍并应双面施焊；扁钢的搭接长度不应少于其宽度的2倍并应四面施焊。 3 当采用液压连接时，接续管的壁厚不得小于3mm；对接长度为圆钢直径的20倍，搭接长度为圆钢直径的10倍。接续管的型号与规格应与所压钢筋相匹配。 4 接地装置如采用其他方式连接时，应满足设计及相关标准的要求。 **4.《电力工程接地用铜覆钢技术条件》DL/T 1312—2013** 6.3 表面质量 同层表面应结晶细密、颜色均匀、光滑洁净、无明显的针孔、凹坑、麻点、起泡、剥皮、结疤、裂纹、烧灼及其沉积杂质和表面污染物，不得有漏覆、浮铜和黑斑。 6.4 铜层厚度及均匀性 6.4.1 铜层厚度 各类型的单根（股）铜覆钢铜层厚度，任意测试点的最小值不得小于0.25mm。 6.4.2 铜层均匀性 厚度测试区域内，铜层均匀性允差（铜层测试的最大值与最小值之差）应满足表2要求。	

续表

条款号	大纲条款	检查依据	检查要点
5.3.2	接地极埋深、焊接、防腐符合要求	**5.《±800kV及以下直流架空输电线路工程施工及验收规程》DL/T 5235—2010** 5.0.5 接地沟开挖的长度和深度应符合设计要求并不得有负偏差，沟中影响接地体与土壤接触的杂物应清除。在山坡上挖接地沟时，宜沿等高线开挖。 9.0.1 接地体的规格、埋深应符合设计规定。 9.0.4 垂直接地体应垂直打入，并防止晃动。 9.0.5 接地体间应连接可靠。除设计规定的断开点可用螺栓连接外，其余应用焊接或液压、爆压方式连接。连接前应清除连接部位的浮锈。 当采用搭接焊接时，圆钢与圆钢、圆钢与扁钢的搭接长度应不少于其直径的6倍并应双面施焊；扁钢的搭接长度应不少其宽度的2倍并应四面施焊。 当采用压接连接时，接续管的壁厚不得小于3mm；对接长度为圆钢直径的20倍，搭接长度为圆钢直径的10倍	
5.3.3	接地电阻值符合设计或规范规定	**1.《电气装置安装工程接地装置施工及验收规范》GB 50169—2016** 4.7.1 土壤电阻率与接地装置埋设深度及接地电阻应符合表4.7.1的要求： 4.7.2 在土壤电阻率$\rho \leqslant 100\Omega \cdot m$的潮湿地区，可利用铁塔和钢筋混凝土杆的自然接地，有地线的线路且在雷季干燥时，每基杆塔不连架空地线的接地电阻不宜超过10Ω。在居民区，当自然接地电阻符合要求时，可不另设人工接地装置。 4.7.3 在土壤电阻率$100\Omega \cdot m < \rho \leqslant 500\Omega \cdot m$的地区，除利用铁塔和钢筋混凝土杆的自然接地，还应增设人工接地装置；在土壤电阻率$500\Omega \cdot m < \rho \leqslant 2000\Omega \cdot m$的地区，可采用水平敷设的接地装置。 4.7.4 在土壤电阻率$\rho > 2000\Omega \cdot m$的地区，接地电阻很难降到30Ω时，可采用6根～8根总长度不应超过500m的放射形接地极或连续伸长接地体，接地电阻可不受限制。 **2.《110kV～750kV架空输电线路施工及验收规范》GB 50233—2014** 9.0.8 接地电阻的测量可采用接地装置专用仪表。所测得的接地电阻值不应大于设计工频接地电阻值。 9.0.9 采用降阻剂降低接地电阻时，接地槽尺寸及包裹范围应符合设计规定或产品技术文件的要求；采用接地降阻模块降低电阻时，应符合设计规定。 **3.《110kV～750kV架空输电线路设计规范》GB 50545—2010** 7.0.16 有地线的杆塔应接地。在雷季干燥时，每基杆塔不连地线的工频接地电阻，不宜大于表7.0.16规定的数值。土壤电阻率较低的地区，当杆塔自然接地电阻不大于表7.0.16所列数值时，可不装设人工接地体。 7.0.17 中性点非直接接地系统在居民区的无地线钢筋混凝土杆和铁塔应接地，其接地电阻不应超过30Ω。	1. 实测接地电阻 电阻值：符合设计要求 2. 查阅施工验评记录 接地电阻值：与实测值基本相符 签字：有质检员、监理人员签字 3. 查阅竣工验收记录 问题处理：已闭环，复检结果符合要求

续表

条款号	大纲条款	检查依据	检查要点
5.3.3	接地电阻值符合设计或规范规定	**4.《架空输电线路大跨越工程施工及验收规范》DL 5319—2014** 9.0.7 接地电阻的测量可采用接地装置专用测量仪表。所测得的接地电阻值应不大于设计工频接地电阻值。 9.0.8 采用降阻剂降低接地电阻时，应采用成熟有效的降阻剂。 **5.《±800kV及以下直流架空输电线路工程施工及验收规程》DL/T 5235—2010** 9.0.7 接地电阻的测量可采用接地装置专用测量仪表。所测得的接地电阻值应不大于设计工频接地电阻值。 9.0.8 采用降阻剂降低接地电阻时，应采用成熟有效的降阻剂	
5.4 防护设施的监督检查			
5.4.1	塔号牌、相序牌、安全警示牌安装齐全、位置正确	**1.《110kV～750kV架空输电线路施工及验收规范》GB 50233—2014** 10.1.3 中间验收应按基础工程、杆塔工程、架线工程、接地工程、线路防护设施进行。验收应在分部工程完成后，也可分批进行。各分部工程验收应包括下列内容： 5 线路防护设施验收应包括下列内容： 4）回路标志、相位（极性）标志、警告牌等线路防护标志； 10.1.4 竣工验收应符合下列要求： 2 竣工验收除应确认工程的施工质量外，尚应包括下列内容： 2）杆塔固定标志； **2.《架空输电线路大跨越工程施工及验收规范》DL 5319—2014** 7.1.8 工程移交时，铁塔上应有下列固定标志，标志的式样及悬挂位置应符合设计和建设方的要求： 1 线路名称或代号及塔号。 2 相位标志。 3 按设计规定装设的航行障碍标志。 4 多回路铁塔上的每回路位置及线路名称。 **3.《±800kV及以下直流架空输电线路工程施工及验收规程》DL/T 5235—2010** 7.1.4 工程移交时，铁塔上应有下列固定标志，标志的式样及悬挂位置应符合建设方的要求，设计单位在线路设计时应同时设计预留挂孔： 1 线路名称及塔号。 2 极性标志及警示牌。 3 按设计规定装设的航行标志。 4 多回路铁塔上的每回路位置及线路名称。 **4.工程设计图纸**	1.查看杆塔塔号牌、相序（极位）牌、安全警示牌： 安装位置：符合设计要求 安装数量：符合设计要求 2.查阅工程设计文件 杆塔塔号牌、相序（极位）牌、安全警示牌：实际与设计相符

续表

<table>
<tr><th>条款号</th><th>大纲条款</th><th>检　查　依　据</th><th>检查要点</th></tr>
<tr><td rowspan="3">5.4.2</td><td rowspan="3">护坡、挡土墙、排水沟、地脚螺栓保护帽等符合设计及验收要求</td><td rowspan="3">1.《110kV～750kV 架空输电线路施工及验收规范》GB 50233—2014
7.2.7　铁塔组立后，塔脚板应与基础面接触良好，有空隙时应用铁片垫实，并应浇筑水泥砂浆。铁塔应检查合格后方可浇筑混凝土保护帽，其尺寸应符合设计规定，并应与塔脚结合严密，不得有裂缝。
2.《建筑边坡工程技术规范》GB 50330—2013
3.1.6　山区工程建设时应根据地质、地形条件及工程要求，因地制宜设置边坡，避免形成深挖高填的边坡工程。对稳定性较差且边坡高度较大的边坡工程宜采用放坡或分阶放坡方式进行治理。
3.1.10　当施工期边坡变形较大且大于规范、设计允许值时，应采取包括边坡施工期临时加固措施的支护方案。
3.《架空输电线路大跨越工程施工及验收规范》DL 5319—2014
7.2.13　铁塔组立后，塔脚板应与基础面接触良好，有空隙时应垫铁片，并应浇筑水泥砂浆。大跨越直线塔底部段完成并经检查合格后可浇筑混凝土保护帽，锚塔在紧完线后再浇保护帽。混凝土保护帽尺寸应符合设计规定，与塔座结合应严密，不得有裂缝。
4.《±800kV 及以下直流架空输电线路工程施工及验收规程》DL/T 5235—2010
7.2.11　铁塔组立后，塔脚板应与基础面接触良好，有空隙时应垫铁片，并应浇筑水泥砂浆。铁塔应检查合格后方可随即浇筑混凝土保护帽；混凝土保护帽尺寸应符合设计规定，与塔座结合应严密，不得有裂缝。
5. 工程设计图纸</td><td>1. 查看护坡、挡土墙、排水沟、地脚螺栓保护帽
砌筑：符合设计要求及规范规定
排水沟沟体：符合设计要求，排水通畅
保护帽：与铁塔解除紧密，棱边无损</td></tr>
<tr><td>2. 查阅工程设计图纸
护坡、挡土墙、排水沟、地脚螺栓保护帽图纸：实际与设计相符</td></tr>
<tr><td>3. 查阅工程竣工验收记录
问题处理：已闭环，复检结果符合要求</td></tr>
<tr><td rowspan="2">5.4.3</td><td rowspan="2">基坑、接地沟的回填土无沉陷，防沉层整齐美观</td><td rowspan="2">1.《110kV～750kV 架空输电线路施工及验收规范》GB 50233—2014
5.0.12　杆塔基础坑及拉线基础坑的回填应分层夯实，回填后坑口上应筑防沉层，其上部边宽不得小于坑口边宽。有沉降的防沉层应及时补填夯实，工程移交时回填土不应低于地面。
5.0.16　接地沟宜选取未掺有石块及其他杂物的泥土回填并应夯实，回填后应筑有防沉层，工程移交时回填土不得低于地面。
2.《架空输电线路大跨越工程施工及验收规范》DL 5319—2014
5.0.8　铁塔基础坑回填，应符合设计要求，一般应分层夯实，每回填 300mm 厚度夯实一次。坑口的地面上应筑防沉层，防沉层的上部边宽不得小于坑口边宽，其高度视土质夯实程度确定，不宜低于 300mm。经过沉降后应及时补填夯实。工程移交时坑口回填土不应低于地面。</td><td>1. 查看回填土沉降
杆塔基坑：无沉降
接地沟：无沉降</td></tr>
<tr><td>2. 查阅竣工验收记录：
问题处理：已闭环，复检结果符合要求</td></tr>
</table>

续表

条款号	大纲条款	检 查 依 据	检查要点
5.4.3	基坑、接地沟的回填土无沉陷，防沉层整齐美观	5.0.14 接地沟的回填宜选取未掺有石块及其他杂物的泥土并应务实，回填后应筑有防沉层，其高度宜为100mm～300mm，工程移交时回填土不得低于地面。 **3.《±800kV及以下直流架空输电线路工程施工及验收规程》DL/T 5235—2010** 5.0.7 铁塔基础坑及拉线基础坑回填，应符合设计要求。一般应分层夯实，每回填300mm厚度夯实一次。坑口的地面上应筑防沉层，防沉层的上部边宽不得小于坑口边宽。其高度视土质夯实程度确定，基础验收时宜为300mm～500mm。经过沉降后应及时补填夯实。工程移交时坑口回填土不应低于地面。 5.0.12 接地沟的回填宜选取未掺有石块及其他杂物的泥土并应务实，回填后应筑有防沉层，其高度宜为100mm～300mm，工程移交时回填土不得低于地面	
5.4.4	航空警示标志、防撞桩等齐全	**1.《110kV～750kV架空输电线路施工及验收规范》GB 50233—2014** 10.1.3 中间验收应按基础工程、杆塔工程、架线工程、接地工程、线路防护设施进行。验收应在分部工程完成后，也可分批进行。各分部工程验收应包括下列内容： 5 线路防护设施验收应包括下列内容： 1）基础护坡或防洪堤； 2）跨越高塔航空标志； 3）拦江线或公路高度限标； 5）线路护桩； **2.《架空输电线路大跨越工程施工及验收规范》DL 5319—2014** 7.1.8 工程移交时，铁塔上应有下列固定标志，标志式样及悬挂位置应符合建设方的要求： 3 按设计规定装设的航行标志。 **3.《±800kV及以下直流架空输电线路工程施工及验收规程》DL/T 5235—2010** 7.1.4 工程移交时，铁塔上应有下列固定标志，标志式样及悬挂位置应符合建设方的要求，设计单位在线路设计时应同时设计预留挂孔： 3 按设计规定装设的航行标志。 **4.《110～500kV架空送电线路设计技术规程》DL/T 5092—1999** 17.0.2 杆塔上的固定标志，应符合下列原则规定： 4 高杆塔应按航空部门的规定装设航行障碍标志	1. 查看航空警示标志、防撞桩 安装位置：符合设计要求和规范规定 2. 查阅施工评级记录 航空警示标志、防撞桩：与实际相符

续表

条款号	大纲条款	检查依据	检查要点
6 质量监督检测			
6.0.1	开展现场质量监督检查时，应重点对下列项目的检测试验报告进行查验，必要时可进行验证性抽样检测。对检验指标或结论有怀疑时，必须进行检测		
(1)	杆塔结构倾斜，主、辅材弯曲度	**1.《110kV～750kV架空输电线路施工及验收规范》GB 50233—2014** 7.1.8 杆塔组立及架线后，其结构允许偏差应符合表7.1.8的规定。 7.1.9 自立式转角、终端耐张塔组立后，应向受力反方向预倾斜，预倾斜值应根据塔基础底面的地耐力、塔结构的刚度以及受力大小由设计确定，架线挠曲后仍不宜向受力侧倾斜。对较大转角塔的预倾斜，其基础顶面应有对应的斜平面处理措施。 7.1.10 拉线塔、拉线转角杆、终端杆、导线不对称布置的拉线直线单杆，组立时向受力反侧（或轻载侧）的偏斜不应超过拉线点高的3‰。在架线后拉线点处的杆身不应向受力侧倾斜。 7.1.11 角钢铁塔塔材的弯曲度应按现行国家标准《输电线路铁塔制造技术条件》GB/T 2694的规定验收。对运至桩位的个别角钢，当弯曲度超过长度的2‰，但未超过表7.1.11的变形限度时，可采用冷矫正法矫正，但矫正后的角钢不得出现裂纹和锌层脱落。 7.2.6 铁塔组立后，各相邻主材节点间弯曲度不得超过1/750。 7.3.3 钢圈连接的混凝土电杆，宜采用电弧焊接。焊接操作应符合下列规定： 7 电杆焊接后、放置地平面检查时，分段及整根电杆的弯曲均不应超过其对应长度的2‰，超过时应割断调直，重新焊接。 7.4.3 钢管电杆连接后，分段及整根电杆的弯曲均不应超过其对应长度的2‰。 7.4.4 直线电杆架线后的倾斜不应超过杆高的5‰，转角杆架线后挠曲度应符合设计规定，超过设计规定时应会同设计单位处理。	1. 查验抽测杆塔结构 杆塔结构偏差：不大于规范允许偏差 自立式转角、终端耐张塔倾斜：组立后应向反方向预倾斜；架线后不宜向受力侧倾斜（110kV～750kV铁塔），架线后不应向受力侧倾斜（±800kV铁塔） 拉线塔、拉线转角杆、终端杆、导线不对称布置的拉线直线单杆倾斜：组立时向受力反侧（或轻载侧）的偏斜不应超过拉线点高的3‰。在架线后拉线点处的杆身不应向受力侧倾斜 钢管直线电杆架线后的倾斜：不应超过杆高的5‰

续表

<table>
<tr><th>条款号</th><th>大纲条款</th><th>检 查 依 据</th><th>检查要点</th></tr>
<tr><td>(1)</td><td>杆塔结构倾斜，主、辅材弯曲度</td><td>2.《架空输电线路大跨越工程施工及验收规范》DL 5319—2014
7.2.1 角钢铁塔塔材的弯曲度应按《输电线路铁塔制造技术条件》GB 2694 的规定验收。对运至桩位的个别角钢，当弯曲度超过长度的 2‰，但未超过表 7.2.1 的变形限度时，可采用冷矫正法进行矫正，但矫正的角钢不得出现裂纹和锌层脱落。钢管构件的弯曲度不得超过 $L/1500$，且不大于 5mm。
7.2.9 铁塔组立及架线后，其允许偏差应符合表 7.2.9 的规定。
7.2.10 锚塔的预倾斜应根据铁塔的刚度及受力由设计确定，铁塔的挠曲度超过设计规定时，应会同设计单位处理。
7.2.12 角钢塔组立后，各相邻节点间主材弯曲度不得超过 1/750。
3.《±800kV 及以下直流架空输电线路工程施工及验收规范》DL/T 5235—2010
7.1.3 角钢铁塔塔材的弯曲度应按 GB/T 2694 的规定验收。对运至桩位的个别角钢，当弯曲度超过长度的 2‰，但未超过表 7.1.3 的变形限度时，可采用冷矫正法矫正，但矫正后的角钢不得出现裂纹和锌层脱落。
7.2.7 铁塔组立及架线后，其允许偏差应符合表 7.2.7 的规定。
7.2.8 自立式转角塔、终端塔应组立在倾斜平面的基础上，向受力反方向产生预倾斜，预倾斜值应视塔的刚度以及受力大小由设计确定。架线挠曲后，塔顶端仍不应超过铅垂线而偏向受力侧。当架线后铁塔的挠曲度超过设计规定时，应会同设计单位处理。
7.2.10 铁塔组立后，各相邻节点间主材弯曲度不得超过 1/750</td><td>2. 查验杆塔主、辅材
铁塔角钢弯曲度：弯曲度不得超过长度的 2‰
铁塔主材弯曲度：各邻主材节点间弯曲度不得超过 1/750
分段及整根电杆的弯曲度：均不应超过其对应长度的 2‰
钢管电杆分段及整根电杆的弯曲度：均不应超过其对应长度的 2‰</td></tr>
<tr><td>(2)</td><td>导地线弧垂及相间弧垂偏差</td><td>1.《110kV～750kV 架空输电线路施工及验收规范》GB 50233—2014
8.5.6 紧线弧垂在挂线后应随即在该观测档检查，其允许偏差应符合表 8.5.6 的规定。
8.5.7 导线各相间或地线的弧垂除应满足本规范第 8.5.6 条的弧垂允许偏差规定外，弧垂的相对偏差最大值尚应符合表 8.5.7 的规定。
8.5.8 同相子导线的弧垂除满足本规范第 8.5.6 条的规定外，其相对偏差尚应符合下列规定：
1 不安装间隔棒的垂直双分裂导线，同相子导线间的弧垂的正偏差不得大于 100mm。
2 安装间隔棒的其他形式分裂导线同相子导线的弧垂允许偏差应符合下列规定：
1）220kV 及以下的正偏差不得大于 80mm；
2）330kV 及以上的正偏差不得大于 50mm。
2.《架空输电线路大跨越工程施工及验收规范》DL 5319—2014
8.4.4 紧线弧垂在挂线后应随即在观测档检查。当设计对弧垂偏差有要求时，按设计要求执行。当设计无要求时，大跨越档弧垂允许偏差不应大于±1%，其正偏差不应超过 1m。</td><td>查验抽测导地线
弧垂偏差：符合设计要求
相间弧垂偏差：符合设计要求
子导线弧垂偏差：符合设计要求</td></tr>
</table>

续表

条款号	大纲条款	检查依据	检查要点
(2)	导地线弧垂及相间弧垂偏差	8.4.5 导线或架空地线各相间的弧垂应力求一致，当满足本规范8.4.4条的弧垂允许偏差时，大跨越档的相间弧垂最大允许偏差不应超过500mm。 8.4.6 多分裂导线同相子导线的弧垂应力求一致，在满足本规范8.4.5条的弧垂允许偏差标准时，分裂导线同相子导线的弧垂允许偏差为50mm。 **3.《±800kV及以下直流架空输电线路工程施工及验收规范》DL/T 5235—2010** 8.4.5 紧线弧垂在挂线后应随即在该观测档检查，其允许偏差应符合下列规定： 1 一般情况下允许偏差不应超过±2.5%。 2 跨越通航河流的大跨越档弧垂允许偏差不应大于±1%，其正偏差不应超过1m。 8.4.6 同塔架设的导线各极间的弧垂应力求一致，当满足本标准8.4.5条的弧垂允许偏差时，各极间弧垂的相对偏差最大值不应超过下列规定： 1 一般情况下两极间弧垂允许偏差为300mm。 2 大跨越档的两极间弧垂最大允许偏差为500mm。 8.4.7 分裂导线同极子导线的弧垂应力求一致，在满足本标准8.4.6条的弧垂允许偏差标准时，分裂导线同极子导线的弧垂允许偏差为50mm	
(3)	接地电阻值	**1.《110kV～750kV架空输电线路施工及验收规范》GB 50233—2014** 9.0.8 接地电阻的测量可采用接地装置专用测量仪表。所测得的接地电阻值不应大于设计工频接地电阻值。 **2.《架空输电线路大跨越工程施工及验收规范》DL 5319—2014** 9.0.7 接地电阻的测量可采用接地装置专用测量仪表。所测得的接地电阻值应不大于设计工频接地电阻值。 **3.《±800kV及以下直流架空输电线路工程施工及验收规范》DL/T 5235—2010** 9.0.7 接地电阻的测量可采用接地装置专用测量仪表。所测得的接地电阻值应不大于设计工频接地电阻值	查验抽测接地电阻 接地电阻值：不大于设计值

第10部分

电缆线路工程安装前监督检查

<table>
<tr><th>条款号</th><th>大纲条款</th><th>检 查 依 据</th><th>检查要点</th></tr>
<tr><td colspan="4">4 责任主体质量行为的监督检查</td></tr>
<tr><td colspan="4">4.1 建设单位质量行为的监督检查</td></tr>
<tr><td rowspan="2">4.1.1</td><td rowspan="2">机构设置合理，专业人员配备齐全</td><td rowspan="2">1.《建设工程项目管理规范》GB/T 50326—2017
4.3.3 项目管理机构应在项目启动前建立，在项目完成后或按合同约定解体。
10.1.1 组织应根据需求制定项目质量管理和质量管理绩效考核制度，配备质量管理资源</td><td>1. 查阅建设单位相关管理文件
组织机构：质量管理组织机构文件已颁发，岗位设置明确</td></tr>
<tr><td>2. 查阅建设单位相关质量文件
签字人：与岗位设置人员相符</td></tr>
<tr><td>4.1.2</td><td>工程采用的专业标准清单已审批</td><td>1.《输变电工程项目质量管理规程》DL/T 1362—2014
11.2.2 工程开工前，各参建单位均应建立质量文件管理体系，并应开展下列工作：
a) 形成质量文件目录清单；
……
11.2.4 ……建设单位应组织、协调和指导各参建单位整理工程质量文件，监理单位应开展过程监督检查。
11.2.6 参建单位应对各自编制的工程执行法律法规和标准清单实施动态管理。
2.《输变电工程达标投产验收规程》DL 5279—2012
表4.8.1 工程综合管理与档案检查验收表</td><td>查阅法律法规和标准规范清单目录
签字：责任人已签字
盖章：单位已盖章</td></tr>
<tr><td rowspan="2">4.1.3</td><td rowspan="2">按规定组织进行设计交底和施工图会检</td><td rowspan="2">1.《建设工程质量管理条例》中华人民共和国国务院令第279号（2017年10月7日中华人民共和国国务院令第687号修正）
第二十三条 设计单位应当就审查合格的施工图设计文件向施工单位作出详细说明。
2.《建筑工程勘察设计管理条例》中华人民共和国国务院令第293号（2017年10月7日中华人民共和国国务院令第687号修正）
第三十条 建设工程勘察、设计单位应当在建设工程施工前，向施工单位和监理单位说明建设工程勘察、设计意图，解释建设工程勘察、设计文件。建设工程勘察、设计单位应当及时解决施工中出现的勘察、设计问题。
3.《建设工程监理规范》GB/T 50319—2013
9.1.1 组织应建立项目进度管理制度，明确进度管理程序，规定进度管理职责及工作要求。
4.《建设工程项目管理规范》GB/T 50326—2017
8.3.4 技术管理规划应是承包人根据招标文件要求和自身能力编制的、拟采用的各种技术和管理措施，以满足发包人的招标要求。项目技术管理规划应明确下列内容：
1 技术管理目标与工作要求；
2 技术管理体系与职责；
3 技术管理实施的保障措施；</td><td>1. 查阅设计交底记录
主持人：建设单位责任人
交底人：设计单位责任人
签字：交底人及被交底人已签字
时间：开工前</td></tr>
<tr><td>2. 查阅施工图会检纪要
签字：施工、设计、监理、建设单位责任人已签字
时间：开工前</td></tr>
</table>

续表

条款号	大纲条款	检查依据	检查要点
4.1.3	按规定组织进行设计交底和施工图会检	4 技术交底要求，图纸自审、会审，施工组织设计与施工方案，专项施工技术，新技术，新技术的推广与应用，技术管理考核制度； 5 各类方案、技术措施报审流程； 6 根据项目内容与项目进度要求，拟编制技术文件、技术方案、技术措施计划及责任人； 7 新技术、新材料、新工艺、新产品的应用计划； 8 对设计变更及工程洽商实施技术管理制度； 9 各项技术文件、技术方案、技术措施的资料管理与归档。 **5.《输变电工程项目质量管理规程》DL／T 1362—2014** 5.3.3 项目的工期应按照合同约定执行。当工期需要调整时，建设单位应组织参建单位从影响工程建设的安全、质量、环境、资源方面确认其可行性，并应采取有效措施保证工程质量	
4.1.4	委托相关单位沿路径进行了穿越高大构筑物、道路、堤坝、桥梁的变形观测	**1.《中华人民共和国测绘法》中华人民共和国主席令第67号（2017年4月27日修正）** 第二十三条 …… 水利、能源、交通、通信、资源开发和其他领域的工程测量活动，应当按照国家有关的工程测量技术规范进行。 第五章 测绘资质资格 第二十七条 国家对从事测绘活动的单位实行测绘资质管理制度。 从事测绘活动的单位应当具备下列条件，并依法取得相应等级的测绘资质证书后，方可从事测绘活动： …… 第三十条 从事测绘活动的专业技术人员应当具备相应的执业资格条件，…… 第三十一条 测绘人员进行测绘活动时，应当持有测绘作业证件	1. 查阅变形观测委托合同 内容：包括沿路径穿越高大构筑物、道路、堤坝、桥梁的变形观测工作 2. 查阅变形观测单位资质 等级：涵盖合同委托内容
4.1.5	组织工程建设标准强制性条文实施情况的检查	**1.《中华人民共和国标准化法实施条例》中华人民共和国国务院令第53号** 第二十三条 从事科研、生产、经营的单位和个人，必须严格执行强制性标准。 **2.《实施工程建设强制性标准监督规定》中华人民共和国建设部令第81号（2015年1月22日中华人民共和国住房和城乡建设部令第23号修正）** 第二条 在中华人民共和国境内从事新建、扩建、改建等工程建设活动，必须执行工程建设强制性标准。	查阅强制性标准实施情况检查记录 内容：与强制性标准实施计划相符 签字：检查人员已签字

续表

条款号	大纲条款	检查依据	检查要点
4.1.5	组织工程建设标准强制性条文实施情况的检查	第六条 ……工程质量监督机构应当对工程建设施工、监理、验收等阶段执行强制性标准的情况实施监督。 **3.《输变电工程项目质量管理规程》DL/T 1362—2014** 4.4 参建单位应严格执行工程建设标准强制性条文，……	
4.1.6	无任意压缩合同约定工期行为	**1.《建设工程质量管理条例》中华人民共和国国务院令第279号（2017年10月7日中华人民共和国国务院令第687号修正）** 第十条 建设工程发包单位不得迫使承包方以低于成本的价格竞标，不得任意压缩合理工期。 **2.《电力建设工程施工安全监督管理办法》中华人民共和国国家发展和改革委员会令第28号** 第十一条 建设单位应当执行定额工期，不得压缩合同约定的工期。如工期确需调整，应当对安全影响进行论证和评估。论证和评估应当提出相应的施工组织措施和安全保障措施。 **3.《建设工程项目管理规范》GB/T 50326—2006** 9.2.1 组织应依据合同文件、项目管理规划文件、资源条件与外部约束条件编制项目进度计划。 **4.《输变电工程项目质量管理规程》DL/T 1362—2014** 5.3.3 项目的工期应按照合同约定执行。当工期需要调整时，建设单位应组织参建单位从影响工程建设的安全、质量、环境、资源方面确认其可行性，并应采取有效措施保证工程质量	查阅施工进度计划、合同工期和调整工期的相关文件 内容：有压缩工期的行为时，应有设计、监理、施工和建设单位认可的书面文件
4.1.7	采用的新技术、新工艺、新流程、新装备、新材料已审批	**1.《中华人民共和国建筑法》中华人民共和国主席令第46号（2019年4月23日中华人民共和国国务院令第29号修正）** 第四条 国家扶持建筑业的发展，支持建筑科学技术研究，提高房屋建筑设计水平，鼓励节约能源和保护环境，提倡采用先进技术、先进设备、先进工艺、新型建筑材料和现代管理方式。 **2.《建设工程质量管理条例》中华人民共和国国务院令第279号（2017年10月7日中华人民共和国国务院令第687号修改）** 第六条 国家鼓励采用先进的科学技术和管理方法，提高建设工程质量。 **3.《实施工程建设强制性标准监督规定》中华人民共和国建设部令第81号（2015年1月22日中华人民共和国住房和城乡建设部令第23号修改）** 第五条 工程建设中拟采用的新技术、新工艺、新材料，不符合现行强制性标准规定的，	查阅新技术、新工艺、新流程、新装备、新材料论证文件 意见：同意采用等肯定性意见 盖章：相关单位已盖章

续表

条款号	大纲条款	检查依据	检查要点
4.1.7	采用的新技术、新工艺、新流程、新装备、新材料已审批	应当由拟采用单位提请建设单位组织专题技术论证，报批准标准的建设行政主管部门或者国务院有关主管部门审定。工程建设中采用国际标准或者国外标准，现行强制性标准未作规定的，建设单位应当向国务院住房城乡建设主管部门或者国务院有关主管部门备案。 **4.《输变电工程项目质量管理规程》DL／T 1362—2014** 4.4 参建单位应严格执行工程建设标准强制性条文，应按照国家和行业相关要求积极采用新技术、新工艺、新流程、新装备、新材料，应制定节能、节水、节地、节材和环境保护的具体措施。 5.1.6 当应用技术要求高、作业复杂的“五新”技术，建设单位应组织设计、监理、施工及其他相关单位进行施工方案专题研究，或组织专家评审。 **5.《电力建设施工技术规范 第1部分：土建结构工程》DL 5190.1—2012** 3.0.4 采用新技术、新工艺、新材料、新设备时，应经过技术鉴定或具有允许使用的证明。施工前应编制单独的施工措施及操作规程。	
4.2 勘察设计单位质量行为的监督检查			
4.2.1	企业资质与合同约定的业务范围相符	**1.《中华人民共和国建筑法》中华人民共和国十一届主席令第46号（2019年4月23日中华人民共和国国务院令第29号修正）** 第十三条 从事建筑活动的建筑施工企业、勘察单位、设计单位……经资质审查合格，取得相应等级的资质证书后，方可在其资质等级许可的范围内从事建筑活动。 **2.《建设工程质量管理条例》中华人民共和国国务院令第279号（2017年10月7日中华人民共和国国务院令第687号修正）** 第十八条 从事建设工程勘察、设计的单位应当依法取得相应等级的资质证书，并在其资质等级许可的范围内承揽工程。 禁止勘察、设计单位超越其资质等级许可的范围或者以其他勘察、设计单位的名义承揽工程。禁止勘察、设计单位允许其他单位或者个人以本单位的名义承揽工程。 **3.《建设工程勘察设计管理条例》中华人民共和国国务院令第293号（2017年10月7日中华人民共和国国务院令第687号修正）** 第八条 建设工程勘察、设计单位应当在其资质等级许可的范围内承揽建设工程勘察、设计业务。 禁止建设工程勘察、设计单位超越其资质等级许可的范围或者以其他建设工程勘察、设计单位的名义承揽建设工程勘察、设计业务。禁止建设工程勘察、设计单位允许其他单位或者个人以本单位的名义承揽建设工程勘察、设计业务。	1. 查阅勘察设计资质证书 发证单位：政府主管部门 有效期：当前有效 2. 查阅勘察设计合同 勘察设计范围和工作内容：与资质等级相符

续表

条款号	大纲条款	检查依据	检查要点
4.2.1	企业资质与合同约定的业务范围相符	**4.《建设工程勘察设计资质管理规定》中华人民共和国建设部令第160号（2018年12月22日中华人民共和国住房和城乡建设部令第45号修正）** 第三条　从事建设工程勘察、工程设计活动的企业，……取得建设工程勘察、工程设计资质证书后，方可在资质许可的范围内从事建设工程勘察、工程设计活动。 **5.《工程设计资质标准》中华人民共和国住房和城乡建设部　建市〔2007〕86号** 三、承担业务范围 （一）工程设计综合甲级资质 承担各行业建设工程项目的设计业务，其规模不受限制…… （二）工程设计行业资质 甲级：承担本行业建设工程项目主体工程及其配套工程的设计业务，其规模不受限制。 乙级：承担本行业中、小型建设工程项目的主体工程及其配套工程的设计业务。 丙级：承担本行业小型建设项目的工程设计业务。 附件3-4：电力行业建设项目设计规模划分表 **6.《工程勘察资质标准》中华人民共和国住房和城乡建设部　建市〔2013〕9号** 三、承担业务范围 （一）工程勘察综合甲级资质 承担各类建设工程项目的岩土工程、水文地质勘察、工程测量业务（海洋工程勘察除外），其规模不受限制（岩土工程勘察丙级项目除外）。 （二）工程勘察专业资质 1. 甲级 承担本专业资质范围内各类建设工程项目的工程勘察业务，其规模不受限制。 2. 乙级 承担本专业资质范围内各类建设工程项目乙级及以下规模的工程勘察业务。 3. 丙级 承担本专业资质范围内各类建设工程项目丙级规模的工程勘察业务。	
4.2.2	设计图纸交付进度能保证连续施工	**1.《中华人民共和国合同法》中华人民共和国主席令第15号** 第二百七十四条　勘察、设计合同的内容包括提交有关基础资料和文件（包括概预算）的期限、质量要求、费用以及其他协作条件等条款。 第二百八十条　勘察、设计的质量不符合要求或者未按照期限提交勘察、设计文件拖延工期，造成发包人损失的，勘察人、设计人应当继续完善勘察、设计，减收或者免收勘察、设计费并赔偿损失。	1. 查阅设计单位的施工图出图计划 交付时间：与施工总进度计划相符 2. 查阅建设单位的设计文件接收记录 接收时间：与出图计划一致

续表

条款号	大纲条款	检查依据	检查要点
4.2.2	设计图纸交付进度能保证连续施工	**2.《建设工程项目管理规范》GB/T 50326—2017** 9.1.2 项目进度管理应遵循下列程序： 1 编制进度计划。 2 进度计划交底，落实管理责任。 3 实施进度计划。 4 进行进度控制和变更管理。 9.2.2 组织应提出项目控制性进度计划。项目管理机构应根据组织的控制性进度计划，编制项目的作业性进度计划	
4.2.3	路径勘察调查资料完整	**1.《输变电工程项目质量管理规程》DL/T 1362—2014** 6.1.3 勘察单位提供的地质、测量、水文等设计文件应真实、准确、完整。 **2.《工程建设勘察企业质量管理规范》GB/T 50379—2018** 4.4.5 观测员、试验员、记录员、机长等应对岗位工作现场形成资料的真实性和准确性负责	查阅工程路径勘察调查资料文件 内容：包括地质资料、地下障碍、地面状况等 审批：责任人签字、勘察单位盖章
4.2.4	设计更改、技术洽商等文件完整、手续齐全	**1.《建设工程勘察设计管理条例》中华人民共和国国务院令第293号（2017年10月7日中华人民共和国国务院令第687号修正）** 第二十八条 建设单位、施工单位、监理单位不得修改建设工程勘察、设计文件；确需修改建设工程勘察、设计文件的，应当由原建设工程勘察、设计单位修改。经原建设工程勘察、设计单位书面同意，建设单位也可以委托其他具有相应资质的建设工程勘察、设计单位修改。修改单位对修改的勘察、设计文件承担相应责任。 施工单位、监理单位发现建设工程勘察、设计文件不符合工程建设强制性标准、合同约定的质量要求的，应当报告建设单位，建设单位有权要求建设工程勘察、设计单位对建设工程勘察、设计文件进行补充、修改。 建设工程勘察、设计文件内容需要作重大修改的，建设单位应当报经原审批机关批准后，方可修改。 **2.《输变电工程项目质量管理规程》DL/T 1362—2014** 6.3.8 设计单位应根据工程实施需要进行设计变更。设计变更管理应符合下列要求： a）设计变更应符合可行性研究或初步设计批复的要求。 b）当涉及改变设计方案、改变设计原则、改变原定主要设备规范、扩大进口范围、增减投资超过50万元等内容的设计变更时，设计并更应报原主审单位或建设单位审批确认。 c）由设计单位确认的设计变更应在监理单位审核、建设单位批准后实施。 6.3.10 设计单位绘制的竣工图应反映所有的设计变更	查阅设计更改、技术洽商文件 编制签字：设计单位各级责任人已签字 审核签字：建设单位、监理单位责任人已签字

续表

条款号	大纲条款	检 查 依 据	检查要点
4.2.5	工程建设标准强制性条文落实到位	**1.《建设工程质量管理条例》中华人民共和国国务院令第279号（2017年10月7日中华人民共和国国务院令第687号修改）** 第十九条　勘察、设计单位必须按照工程建设强制性标准进行勘察、设计，并对其勘察、设计的质量负责。 注册建筑师、注册结构工程师等注册执业人员应当在设计文件上签字，对设计文件负责。 **2.《建设工程勘察设计管理条例》中华人民共和国国务院令第293号（2017年10月7日中华人民共和国国务院令第687号修正）** 第五条　……建设工程勘察、设计单位必须依法进行建设工程勘察、设计，严格执行工程建设强制性标准，并对建设工程勘察、设计的质量负责。 **3.《实施工程建设强制性标准监督规定》中华人民共和国建设部令第81号（2015年1月22日中华人民共和国住房和城乡建设部令第23号修正）** 第二条　在中华人民共和国境内从事新建、扩建、改建等工程建设活动，必须执行工程建设强制性标准。 **4.《输变电工程项目质量管理规程》DL/T 1362—2014** 6.2.1　勘察、设计单位应根据工程质量总目标进行设计质量管理策划，并应编制下列设计质量管理文件： a）设计技术组织措施； b）达标投产或创优实施细则； c）工程建设标准强制性条文执行计划； d）执行法律法规、标准、制度的目录清单。 6.2.2　勘察、设计单位应在设计前将设计质量管理文件报建设单位审批。如有设计阶段的监理，则应报监理单位审查、建设单位批准	1. 查阅与强制性标准有关的可研、初设、技术规范书等设计文件 编、审、批：相关负责人已签字 2. 查阅强制性标准实施计划（含强制性标准清单）和本阶段执行记录 计划审批：监理和建设单位审批人已签字 记录内容：与实施计划相符 记录审核：监理单位审核人已签字
4.2.6	设计代表工作到位、处理设计问题及时	**1.《建设工程勘察设计管理条例》中华人民共和国国务院令第293号（2017年10月7日中华人民共和国国务院令第687号修正）** 第三十条　…建设工程勘察、设计单位应当及时解决施工中出现的勘察、设计问题。 **2.《输变电工程项目质量管理规程》DL/T 1362—2014** 6.1.9　勘察、设计单位应按照合同约定开展下列工作： c）派驻工地设计代表，及时解决施工中发现的设计问题。 d）参加工程质量验收，配合质量事件、质量事故的调查和处理工作。	1. 查阅设计单位对工代的任命书 内容：包括设计修改、变更、材料代用等签发人资格 2. 查阅设计服务报告 内容：包括现场施工与设计要求相符情况和工代协助施工单位解决具体技术问题的情况

续表

条款号	大纲条款	检查依据	检查要点
4.2.6	设计代表工作到位、处理设计问题及时	**3.《电力勘测设计驻工地代表制度》DLGJ 159.8—2001** 2.0.1 工代的工地现场服务是电力工程设计的阶段之一，为了有效的贯彻勘测设计意图，实施设计单位通过工代为施工、安装、调试、投运提供及时周到的服务，促进工程顺利竣工投产，特制定本制度。 2.0.2 工代的任务是解释设计意图，解释施工图纸中的技术问题，收集包括设计本身在内的施工、设备材料等方面的质量信息，加强设计与施工、生产之间的配合，共同确保工程建设质量和工期，以及国家和行业标准的贯彻执行。 2.0.3 工代是设计单位派驻工地配合施工的全权代表，应能在现场积极地履行工代职责，使工程实现设计预期要求和投资效益	3. 查阅设计变更通知单和工程联系单 签发时间：在现场问题要求解决时间前
4.2.7	按规定参加路径控制桩验收和验槽签证	**1.《建筑工程施工质量验收统一标准》GB 50300—2013** 6.0.3 分部工程应由总监理工程师组织施工单位项目负责人和项目技术负责人等进行验收。 勘察、设计单位项目负责人和施工单位技术、质量部门负责人应参加地基与基础分部工程的验收。 设计单位项目负责人和施工单位技术、质量部门负责人应参加主体结构、节能分部工程的验收。 **2.《输变电工程项目质量管理规程》DL/T 1362—2014** 6.1.9 勘察、设计单位应按照合同约定开展下列工作： c) 派驻工地设计代表，及时解决施工中发现的设计问题。 d) 参加工程质量验收，配合质量事件、质量事故的调查和处理工作	1. 查阅项目质量验收范围划分表 勘察、设计单位参加验收的项目：已确定 2. 查阅路径控制桩验收单及基槽隐蔽验收记录 签字：勘察、设计责任人已签字
4.2.8	进行了本阶段工程实体质量与勘察设计的符合性确认	**1.《输变电工程项目质量管理规程》DL/T 1362—2014** 6.1.9 勘察、设计单位应按照合同约定开展下列工作： c) 派驻工地设计代表，及时解决施工中发现的设计问题。 d) 参加工程质量验收，配合质量事件、质量事故的调查和处理工作。 **2.《电力勘测设计驻工地代表制度》DLGJ 159.8—2001** 5.0.3 深入现场，调查研究 1 工代应坚持经常深入施工现场，调查了解施工是否与设计要求相符，并协助施工单位解决施工中出现的具体技术问题，做好服务工作，促进施工单位正确执行设计规定的要求。 2 对于发现施工单位擅自作主，不按设计规定要求进行施工的行为，应及时指出，要求改正，如指出无效，又涉及安全、质量等原则性、技术性问题，应将问题事实与处理过程用“备忘录”的形式书面报告建设单位和施工单件，同时向设总和处领导汇报	1. 查阅地基处理分部、基础分部工程质量验收记录 审核签字：勘察、设计单位项目负责人已签字 2. 查阅阶段工程实体质量与勘察设计符合性确认记录 内容：已对本阶段工程实体质量与勘察设计的符合性进行了确认

续表

条款号	大纲条款	检查依据	检查要点
4.3　监理单位质量行为的监督检查			
4.3.1	企业资质与合同约定的业务范围相符	**1.《中华人民共和国建筑法》中华人民共和国主席令第46号** 第十三条　从事建筑活动的……和工程监理单位，按照其拥有的注册资本、专业技术人员、技术装备和已完成的建筑工程业绩等资质条件，划分为不同的资质等级，经资质审查合格，取得相应等级的资质证书后，方可在其资质等级许可的范围内从事建筑活动。 第三十四条　工程监理单位应当在其资质等级许可范围内，承担工程监理业务。 …… 工程监理单位不得转让工程监理业务。 **2.《建设工程质量管理条例》中华人民共和国国务院令第279号（2017年10月7日中华人民共和国国务院令第687号修正）** 第三十四条　工程监理单位应当依法取得相应等级的资质证书，并在其资质等级许可的范围内承担工程监理业务。禁止工程监理单位超越本单位资质等级许可的范围或者以其他工程监理单位的名义承担工程监理业务；禁止工程监理单位允许其他单位或者个人以本单位的名义承担工程监理业务。 **3.《工程监理企业资质管理规定》中华人民共和国建设部令第158号（2018年12月22日中华人民共和国住房和城乡建设部令第45号修正）** 第三条　从事建设工程监理活动的企业，应当按照本规定取得工程监理企业资质，并在工程监理企业资质证书（以下简称资质证书）许可的范围内从事工程监理活动。 第八条　工程监理企业资质相应许可的业务范围如下： （一）综合资质 可以承担所有专业工程类别建设工程项目的工程监理业务。 （二）专业资质 1. 专业甲级资质： 可承担相应专业工程类别建设工程项目的工程监理业务（见附表2）。 2. 专业乙级资质： 可承担相应专业工程类别二级以下（含二级）建设工程项目的工程监理业务（见附表2）。 3. 专业丙级资质： 可承担相应专业工程类别三级建设工程项目的工程监理业务（见附表2）。 …… 工程监理企业可以开展相应类别建设工程的项目管理、技术咨询等业务	1. 查阅企业资质证书 发证单位：政府主管部门 有效期：当前有效 2. 查阅监理合同 监理范围和工作内容：与资质等级相符

续表

条款号	大纲条款	检查依据	检查要点
4.3.2	项目监理部专业监理人员配备合理，资格证书与承担任务相符	**1.《中华人民共和国建筑法》中华人民共和国主席令第46号** 第十四条　从事建筑活动的专业技术人员，应当依法取得相应的职业资格证书，并在执业资格证书许可的范围内从事建筑活动。 **2.《建设工程质量管理条例》中华人民共和国国务院令第279号（2017年10月7日中华人民共和国国务院令第687号修正）** 第三十七条　工程监理单位应当选派具备相应资格的总监理工程师和监理工程师进驻施工现场。…… **3.《建设工程监理规范》GB/T 50319—2013** 3.1.2　项目监理机构的监理人员应由总监理工程师、专业监理工程师和监理员组成，且专业配套、数量应满足建设工程监理工作需要，必要时可设总监理工程师代表。 3.1.3　……应及时将项目监理机构的组织形式、人员构成、及对总监理工程师的任命书面通知建设单位。 3.1.4　工程监理单位调换总监理工程师时，应征得建设单位书面同意；调换专业监理工程师时，总监理工程师应书面通知建设单位	1. 查阅监理大纲（规划）中的监理人员进场计划 人员数量及专业：已明确 2. 查阅现场监理人员名单，检查监理人员数量是否满足工程需要。 专业：与工程阶段和监理规划相符 3. 查阅各级监理人员的岗位证书 发证单位：住建部或颁发技术职称的主管部门 有效期：当前有效
4.3.3	检测仪器和工具配置满足监理工作需要	**1.《中华人民共和国计量法》中华人民共和国主席令第86号（2018年10月26日《关于修改〈中华人民共和国野生动物保护法〉等十五部法律的决定》修正）** 第九条……未按照规定申请检定或者检定不合格的，不得使用。…… **2.《建设工程监理规范》GB/T 50319—2013** 3.3.2　工程监理单位宜按建设工程监理合同约定，配备满足监理工作需要的检测设备和工器具。 **3.《电力建设工程监理规范》DL/T 5434—2009** 5.3.1　项目监理机构应根据工程项目类别、规模、技术复杂程度、工程项目所在地的环境条件，按委托监理合同的约定，配备满足监理工作需要的常规检测设备和工具	1. 查阅监理项目部检测仪器和工具配置台账 仪器和工具配置：与监理设施配置计划相符 2. 查看检测仪器 标识：贴有合格标签，且在有效期内
4.3.4	已按验收规程规定，对施工现场质量管理进行了验收	**1.《建筑工程施工质量验收统一标准》GB 50300—2013** 3.0.1　施工现场应具有健全的质量管理体系、相应施工技术标准、施工质量检验制度和综合施工质量水平评定考核制度。施工现场质量管理可按本标准附录A的要求进行检查记录。 附录A　施工现场质量管理检查记录	查阅施工现场质量管理检查记录 内容：符合规程规定 结论：有肯定性结论 签章：责任人已签字
4.3.5	组织补充完善施工质量验收项目划分表，对设定的工程质量控制点，进行了旁站监理	**1.《建设工程监理规范》GB/T 50319—2013** 5.2.11　项目监理机构应根据工程特点和施工单位报送的施工组织设计，确定旁站的关键部位、关键工序，安排监理人员进行旁站，并应及时记录旁站情况。 **2.《电力建设工程监理规范》DL/T 5434－2009** 9.1.2　项目监理机构应审查承包单位编制的质量计划和工程质量验收及评定项目划分	1. 查阅施工质量验收范围划分表及报审表 划分表内容：符合规程规定且已明确了质量控制点 报审表签字：相关单位责任人已签字

续表

条款号	大纲条款	检 查 依 据	检查要点
4.3.5	组织补充完善施工质量验收项目划分表，对设定的工程质量控制点，进行了旁站监理	表，提出监理意见，报建设单位批准后监督实施。 9.1.9 项目监理机构应安排监理人员对施工过程进行巡视和检查，对工程项目的关键部位、关键工序的施工过程进行旁站监理。 **3.《输变电工程项目质量管理规程》DL/T 1362—2014** 7.3.4 监理单位应通过文件审查、旁站、巡视、平行检验、见证取样等监理工作方法开展质量监理活动	2. 查阅旁站计划和旁站记录 旁站计划质量控制点：符合施工质量验收范围划分表要求 旁站记录：完整 签字：监理旁站人员已签字
4.3.6	专项施工方案技术措施进行了论证及审批	**1.《建设工程监理规范》GB/T 50319—2013** 5.5.3 项目监理机构应审查施工单位报审的专项施工方案，符合要求的，应由总监理工程师签认后报建设单位。超过一定规模的危险性较大的分部分项工程的专项施工方案，应检查施工单位组织专家进行论证、审查的情况，以及是否附具安全验算结果	查阅特殊施工技术措施、方案报审文件和旁站记录 审核意见：专家意见已在施工措施方案中落实，同意实施 审批：相关单位责任人已签字 旁站记录：根据施工技术措施对应现场进行检查确认
4.3.7	对测量放线成果进行了复核查验	**1.《建设工程监理规范》GB/T 50319—2013** 5.2.5 专业监理工程师应检查、复核施工单位报送的施工控制测量成果及保护措施，签署意见。专业监理工程师应对施工单位在施工过程中报送的施工测量放线成果进行查验。 **2.《电力建设工程监理规范》DL/T 5434—2009** 8.0.7 项目监理机构应督促承包单位对建设单位提供的基准点进行复测，并审批承包单位控制网或加密控制网的布设、保护、复测和原状地形图测绘的方案。监理工程师对承包单位实测过程进行监督和复核，并主持长（站）区控制网的检查验收工作。	查阅施工测量/定位放线记录报审文件 复核意见：合格 签字：测量专业监理工程师已签字
4.3.8	对进场的工程材料、设备、构配件的质量进行检查验收及原材料复检的见证取样	**1.《建设工程监理规范》GB/T 50319—2013** 5.2.9 项目监理机构应审查施工单位报送的用于工程的材料、构配件、设备的质量证明文件，并应按有关规定、建设工程监理合同约定，对用于工程的材料进行见证取样、平行检验。 项目监理机构对已进场经检验不合格的工程材料、构配件、设备，应要求施工单位限期将其撤出施工现场。 **2.《电力建设工程监理规范》DL/T 5434—2009** 9.1.7 项目监理机构应对承包单位报送的拟进场工程材料、半成品和构配件的质量证明文件进行审核，并按有关规定进行抽样验收。对有复试要求的，经监理人员现场见证取样后送检，复试报告应报送项目监理机构查验。 9.1.8 项目监理机构应参与主要设备开箱验收，对开箱验收中发现的设备质量缺陷，督促相关单位处理	1. 查阅工程材料/构配件/设备报审表 审查意见：同意使用 签字：责任人已签字 2. 查阅见证取样委托单 取样项目：符合规范要求 签字：施工单位取样员和监理单位见证员已签字

续表

条款号	大纲条款	检查依据	检查要点
4.3.9	施工质量问题及处理台账完整，记录齐全	**1.《建设工程监理规范》GB/T 50319－2013** 5.2.15　项目监理机构发现施工存在质量问题的，或施工单位采用不适当的施工工艺，或施工不当，造成工程质量不合格的，应及时签发监理通知单，要求施工单位整改。整改完毕后，项目监理机构应根据施工单位报送的监理通知回复单对整改情况进行复查，提出复查意见。 5.2.17　对需要返工处理或加固补强的质量事故，项目监理机构应要求施工单位报送质量事故调查报告和经设计等相关单位认可的处理方案，并应对质量事故的处理过程进行跟踪检查，同时应对处理结果进行验收。 项目监理机构应及时向建设单位提交质量事故书面报告，并应将完整的质量事故处理记录整理归档。 **2.《电力建设工程监理规范》DL/T 5434—2009** 9.1.12　对施工过程中出现的质量缺陷，专业监理工程师应及时下达书面通知，要求承包单位整改，并检查确认整改结果。 9.1.15　专业监理工程师应根据消缺清单对承包单位报送的消缺方案进行审核，符合要求后予以签认，并根据承包单位报送的消缺报验申请表和自检记录进行检查验收	查阅质量问题及处理记录台账 记录要素：质量问题、发现时间、责任单位、整改要求、闭环文件、完成时间 检查内容：记录完整
4.3.10	完成土建工程项目的质量验收	**1.《电气装置安装工程电缆线路施工及验收规范》GB 50168—2018** 4.3.1　与电缆线路安装有关的建筑工程的施工应符合下列要求： 1. 与电缆线路安装有关的建筑物、构筑物的建筑工程质量，应符合国家现行有关标准规范的规定。 2. 电缆线路安装前，建筑工程应具备下列条件： 1）预埋件符合设计，安置牢固； 2）电缆沟、隧道、竖井及人孔等处的地坪及抹面工作结束，人孔爬梯的安装已完成； 3）电缆层、电缆沟、隧道等处的施工临时设施、模板及建筑废料等清理干净，施工用道路畅通，盖板齐全； 4）电缆线路敷设后，不能再进行的建筑工程工作应结束； 5）电缆沟排水畅通，电缆室的门窗安装完毕。 **2.《建设工程监理规范》GB/T 50319—2013** 5.2.14　项目监理机构应对施工单位报验的隐蔽工程、检验批、分项工程和分部工程进行验收，对验收合格的应给予签认；对验收不合格的应拒绝签认，同时应要求施工单位在指定的时间内整改并重新报验	查阅土建工程质量验收表及报审表 验收结论：合格 签字：相关单位责任人已签字

续表

条款号	大纲条款	检查依据	检查要点
4.3.11	工程建设标准强制性条文检查到位	**1.《实施工程建设强制性标准监督规定》中华人民共和国建设部令第81号（2015年1月22日中华人民共和国住房和城乡建设部令第23号修正）** 第二条　在中华人民共和国境内从事新建、扩建、改建等工程建设活动，必须执行工程建设强制性标准。 第三条　本规定所称工程强制性标准是指直接涉及工程质量、安全、卫生及环境保护等方面的工程建设标准强制性条文。 第六条　…… 工程质量监督机构应当对建设施工、监理、验收等阶段执行强制性标准的情况实施监督。 **2.《输变电工程项目质量管理规程》DL／T 1362—2014** 7.3.5　监理单位应监督施工单位质量管理体系的有效运行，应监督施工单位按照技术标准和设计文件进行施工，应定期检查工程建设标准强制性条文执行情况，……	查阅工程强制性标准执行情况检查表 内容：符合强制性标准执行计划要求 签字：施工单位技术人员与监理工程师已签字
4.3.12	对本阶段工程质量提出评价意见	**1.《输变电工程项目质量管理规程》DL／T 1362—2014** 14.2.1　变电工程应分别在主要建（构）筑物基础基本完成、土建交付安装前、投运前进行中间验收，输电线路工程应分别在杆塔组立前、导地线架设前、投运前进行中间验收。投运前中间验收可与竣工预验收合并进行。中间验收应符合下列要求： b）在收到初检申请并确认符合条件后，监理单位应组织进行初检，在初检合格后，应出具监理初检报告并向建设单位申请中间验收	查阅本阶段监理初检报告 评价意见：明确
4.4　施工单位质量行为的监督检查			
4.4.1	企业资质与合同约定的业务相符	**1.《中华人民共和国建筑法》中华人民共和国主席令第46号** 第十三条　从事建筑活动的建筑施工企业、勘察单位、设计单位……经资质审查合格，取得相应等级的资质证书后，方可在其资质等级许可的范围内从事建筑活动。 **2.《建设工程质量管理条例》中华人民共和国国务院令第279号（2017年10月7日中华人民共和国国务院令第687号修改）** 第二十五条　施工单位应当依法取得相应等级的资质证书，并在其资质等级许可的范围内承揽工程。 **3.《建筑业企业资质管理规定》中华人民共和国住房和城乡建设部令第22号（2018年12月22日中华人民共和国住房和城乡建设部令第45号修正）** 第三条　企业应当按照其拥有的资产、主要人员、已完成的工程业绩和技术装备等条件申请建筑业企业资质，经审查合格，取得建筑业企业资质证书后，方可在资质许可的范围内从事建筑施工活动。	1. 查阅企业资质证书 发证单位：政府主管部门 有效期：当前有效 业务范围：涵盖合同约定的业务 2. 查阅承装（修、试）电力设施许可证 发证单位：国家能源局派出机构（原国家电力监管委员会派出机构） 有效期：当前有效 业务范围：涵盖合同约定的业务

续表

条款号	大纲条款	检 查 依 据	检查要点
4.4.1	企业资质与合同约定的业务相符	**4.《承装（修、试）电力设施许可证管理办法》国家电力监管委员会令第28号** 第四条 在中华人民共和国境内从事承装、承修、承试电力设施活动的，应当按照本办法的规定取得许可证。除电监会另有规定外，任何单位或者个人未取得许可证，不得从事承装、承修、承试电力设施活动。 本办法所称承装、承修、承试电力设施，是指对输电、供电、受电电力设施的安装、维修和试验。 第二十八条 承装（修、试）电力设施单位在颁发许可证的派出机构辖区以外承揽工程的，应当自工程开工之日起十日内，向工程所在地派出机构报告，依法接受其监督检查	3. 查阅跨区作业许可证 发证单位：工程所在地政府主管部门
4.4.2	项目部组织机构健全，专业人员配置合理	**1.《中华人民共和国建筑法》中华人民共和国主席令第46号** 第十四条 从事建筑活动的专业技术人员，应当依法取得相应的执业资格证书，并在执业资格证书许可的范围内从事建筑活动。 **2.《建设工程质量管理条例》中华人民共和国国务院令第279号（2017年10月7日中华人民共和国国务院令第687号修改）** 第二十六条 施工单位对建设工程的施工质量负责。 施工单位应当建立质量责任制，确定工程项目的项目经理、技术负责人和施工管理负责人。…… **3.《建设工程项目管理规范》GB/T 50326—2017**。 4.3.4 建立项目管理机构应遵循下列规定： 1 结构应符合组织制度和项目实施要求； 2 应有明确的管理目标、运行程序和责任制度； 3 机构成员应满足项目管理要求及具备相应资格； 4 组织分工相对稳定并可根据项目实施变化进行调整； 5 应确定机构成员的职责、权限、利益和需承担的风险。 **4.《输变电工程项目质量管理规程》DL/T 1362—2014** 9.1.5 施工单位应按照施工合同约定组建施工项目部，应提供满足工程质量目标的人力、物力和财力的资源保障。 9.3.1 施工项目部人员执业资格应符合国家有关规定，其任职条件参见附录D 表D.1输变电工程施工项目部人员资格要求	查阅项目部成立文件 岗位设置：包括项目经理、技术负责人、施工管理负责人、施工员、质量员、安全员、材料员、资料员等

续表

<table>
<tr><th>条款号</th><th>大纲条款</th><th>检查依据</th><th>检查要点</th></tr>
<tr><td rowspan="3">4.4.3</td><td rowspan="3">质量检查及特殊工种人员持证上岗</td><td rowspan="3">1.《特种作业人员安全技术培训考核管理办法》国家安全生产监督管理总局令第30号（2015年5月29日国家安全监管总局令第80号修正）
第五条　特种作业人员在独立上岗作业前，必须进行与本工种相适应的、专门的安全技术理论学习和实际操作训练。
2.《建筑施工特种作业人员管理规定》中华人民共和国建设部　建质〔2008〕75号
第四条　建筑施工特种作业人员必须经建设主管部门考核合格，取得建筑施工特种作业人员操作资格证书，方可上岗从事相应作业。
3.《输变电工程项目质量管理规程》DL/T 1362—2014
9.3.1　施工项目部人员执业资格应符合国家有关规定，其任职条件参见附录D。
9.3.2　工程开工前，施工单位应完成下列工作：
……
h）特种作业人员的资格证和上岗证的报审</td><td>1. 查阅项目部各专业质检员资格证书
专业类别：包括电气、送电等
发证单位：政府主管部门或电力建设工程质量监督站
有效期：当前有效</td></tr>
<tr><td>2. 查阅特殊工种人员台账
内容：包括姓名、工种类别、证书编号、发证单位、有效期等
证书有效期：作业期间有效</td></tr>
<tr><td>3. 查阅特殊工种人员资格证书
发证单位：政府主管部门
有效期：与台账一致</td></tr>
<tr><td rowspan="2">4.4.4</td><td rowspan="2">专业施工组织设计已审批</td><td rowspan="2">1.《建筑施工组织设计规范》GB/T 50502—2009
3.0.5　施工组织设计的编制和审批应符合下列规定：
1　施工组织设计应由项目负责人主持编制，可根据需要分阶段编制和审批；
2　施工组织总设计应由总承包单位技术负责人审批；单位工程施工组织设计应由施工单位技术负责人或技术负责人授权的技术人员审批，施工方案应由项目技术负责人审批；重点、难点分部（分项）工程和专项工程施工方案应由施工单位技术部门组织相关专家评审，施工单位技术负责人批准；
2.《输变电工程项目质量管理规程》DL/T 1362—2014
9.2.2　工程开工前，施工单位应根据施工质量管理策划编制质量管理文件，并应报监理单位审核、建设单位批准。质量管理文件应包括下列内容：
a）施工组织设计；
9.3.2　工程开工前，施工单位应完成下列工作：
……
e）施工组织设计、施工方案的编制和审批</td><td>1. 查阅工程项目专业施工组织设计
审批：责任人已签字
编审批时间：专业工程开工前</td></tr>
<tr><td>2. 查阅专业施工组织设计报审表
审批意见：同意实施等肯定性意见
签字：施工项目部、监理项目部、建设单位责任人已签字
盖章：施工项目部、监理项目部、建设单位职能部门已盖章</td></tr>
</table>

续表

条款号	大纲条款	检查依据	检查要点
4.4.5	施工方案和作业指导书已审批，技术交底记录齐全	**1.《建筑施工组织设计规范》GB/T 50502—2009** 3.0.5 施工组织设计的编制和审批应符合下列规定： 2 ……施工方案应由项目技术负责人审批；重点、难点分部（分项）工程和专项工程施工方案应由施工单位技术部门组织相关专家评审，施工单位技术负责人批准； 3 由专业承包单位施工的分部（分项）工程或专项工程的施工方案，应由专业承包单位技术负责人或技术负责人授权的技术人员审批；有总承包单位时，应由总承包单位项目技术负责人核准备案； 4 规模较大的分部（分项）工程和专项工程的施工方案应按单位工程施工组织设计进行编制和审批。 6.4.1 施工准备应包括下列内容： 1 技术准备：包括施工所需技术资料的准备、图纸深化和技术交底的要求、试验检验和测试工作计划、样板制作计划以及与相关单位的技术交接计划等； …… **2.《输变电工程项目质量管理规程》DL/T 1362—2014** 9.2.2 工程开工前，施工单位应根据施工质量管理策划编制质量管理文件，并应报监理单位审核、建设单位批准。质量管理文件应包括下列内容： …… e）施工方案及作业指导书 9.3.2 工程开工前，施工单位应完成下列工作： …… e）施工组织设计、施工方案的编制和审批； 9.3.4 施工过程中，施工单位应主要开展下列质量控制工作： b）在变电各单位工程、线路各分部工程开工前进行技术培训交底	1. 查阅施工方案和作业指导书 审批：责任人已签字 编审批时间：施工前 2. 查阅施工方案和作业指导书报审表 审批意见：同意实施等肯定性意见 签字：施工项目部、监理项目部责任人已签字 盖章：施工项目部、监理项目部已盖章 3. 查阅技术交底记录 内容：与方案或作业指导书相符 时间：施工前 签字：交底人和被交底人已签字
4.4.6	计量工器具经检定合格，且在有效期内	**1.《中华人民共和国计量法》中华人民共和国主席令第86号（2018年10月26日《关于修改〈中华人民共和国野生动物保护法〉等十五部法律的决定》修正）** 第九条 ……。未按照规定申请检定或者检定不合格的，不得使用。…… **2.《中华人民共和国依法管理的计量器具目录（型式批准部分）》国家质检总局公告2005年第145号** 1. 测距仪：光电测距仪、超声波测距仪、手持式激光测距仪。 2. 经纬仪：光学经纬仪、电子经纬仪。 3. 全站仪：全站型电子速测仪。 4. 水准仪：水准仪。	1. 查阅计量工器具台账 内容：包括计量工器具名称、出厂合格证编号、检定日期、有效期、在用状态等 检定有效期：在用期间有效

续表

条款号	大纲条款	检 查 依 据	检查要点
4.4.6	计量工器具经检定合格，且在有效期内	5. 测地型 GPS 接收机：测地型 GPS 接收机。 **3.《电力建设施工技术规范　第1部分：土建结构工程》DL 5190.1—2012** 3.0.5　在质量检查、验收中使用的计量器具和检测设备，应经计量检定合格后方可使用；承担材料和设备检测的单位，应具备相应的资质。 **4.《电力工程施工测量技术规范》DL／T 5445－2010** 4.0.3　施工测量所使用的仪器和相关设备应定期检定，并在检定的有效期内使用。…… **5.《建筑工程检测试验技术管理规范》JGJ 190－2010** 5.2.2　施工现场配置的仪器、设备应建立管理台账，按有关规定进行计量检定或校准，并保持状态完好	2. 查阅计量工器具检定合格证或报告 检定单位资质范围：包含所检测工器具 工器具有效期：在用期间有效，且与台账一致
4.4.7	按照检测试验项目计划进行了见证的取样和送检，台账完整	**1. 关于印发《房屋建筑工程和市政基础设施工程实行见证取样和送检的规定》的通知 中华人民共和国建设部　建〔2000〕211号** 第五条　涉及结构安全的试块、试件和材料见证取样和送检的比例不得低于有关技术标准中规定应取样数量的30%。 第六条　下列试块、试件和材料必须实施见证取样和送检： （一）用于承重结构的混凝土试块； （二）用于承重墙体的砌筑砂浆试块； （三）用于承重结构的钢筋及连接接头试件； （四）用于承重墙的砖和混凝土小型砌块； （五）用于拌制混凝土和砌筑砂浆的水泥； （六）用于承重结构的混凝土中使用的掺加剂； （七）地下、屋面、厕浴间使用的防水材料； （八）国家规定必须实行见证取样和送检的其他试块、试件和材料。 第七条　见证人员应由建设单位或该工程的监理单位具备建筑施工试验知识的专业技术人员担任，并应由建设单位或该工程的监理单位书面通知施工单位、检测单位和负责该项工程的质量监督机构。 **2.《房屋建筑和市政基础设施工程质量检测技术管理规范》GB 50618—2011** 3.0.5　对实行见证取样和见证检测的项目，不符合见证要求的，检测机构不得进行检测。 **3.《建筑工程检测试验技术管理规范》JGJ 190—2010** 3.0.6　见证人员必须对见证取样和送检的过程进行见证，且必须确保见证取样和送检过程的真实性。 5.5.1　施工现场应按照单位工程分别建立下列试样台账： 1　钢筋试样台账；	查阅见证取样台账 取样数量、取样项目：与检测试验计划相符

续表

条款号	大纲条款	检 查 依 据	检查要点
4.4.7	按照检测试验项目计划进行了见证的取样和送检，台账完整	2 钢筋连接接头试样台账； 3 混凝土试件台账； 4 砂浆试件台账； 5 需要建立的其他试样台账。 5.6.1 现场试验人员应根据施工需要及有关标准的规定，将标识后的试样送至检测单位进行检测试验； 5.8.5 见证人员应对见证取样和送检的全过程进行见证并填写见证记录。 5.8.6 检测机构接收试样时应核实见证人员及见证记录，见证人员与备案见证人员不符或见证记录无备案见证人员签字时不得接收试样	
4.4.8	原材料、成品、半成品、商品混凝土的跟踪管理台账清晰，记录完整	**1.《建设工程质量管理条例》中华人民共和国国务院令第279号（2017年10月7日中华人民共和国国务院令第687号修正）** 第二十九条 施工单位必须按照工程设计要求、施工技术标准和合同约定，对建筑材料、建筑构配件、设备和商品混凝土进行检验，检验应当有书面记录和专人签字；未经检验或者检验不合格的，不得使用。 **2.《输变电工程项目质量管理规程》DL/T 1362—2014** 9.3.4 施工过程中，施工单位应主要开展下列质量控制工作： f）建立钢筋、水泥等主要原材料的质量跟踪台账	查阅材料跟踪管理台账 跟踪管理台账：包括生产厂家、进场日期、品种规格、出厂合格证书编号、复试报告编号、使用部位、使用数量等
4.4.9	开工报告已审批	**1.《工程建设施工企业质量管理规范》GB/T 50430—2017** 10.4.2 项目部应确认施工现场已具备开工条件，进行报审、报验，提出开工申请，经批准后方可开工	查阅电缆线路工程开工报告 申请时间：开工前 审批意见：同意开工等肯定性意见 签字：施工项目部、监理项目部、建设单位责任人已签字 盖章：施工项目部、监理项目部、建设单位职能部门已盖章
4.4.10	专业绿色施工措施已制订、实施	**1.《绿色施工导则》中华人民共和国建设部 建质〔2007〕223号** 4.1.2 规划管理 1 编制绿色施工方案。该方案应在施工组织设计中独立成章，并按有关规定进行审批。 **2.《建筑工程绿色施工规范》GB/T 50905—2014** 3.1.1 建设单位应履行下列职责 1 在编制工程概算和招标文件时，应明确绿色施工的要求……	1. 查阅绿色施工措施 审批：责任人已签字 审批时间：施工前

续表

条款号	大纲条款	检 查 依 据	检查要点
4.4.10	专业绿色施工措施已制订、实施	2 应向施工单位提供建设工程绿色施工的设计文件、产品要求等相关资料…… 4.0.2 施工单位应编制包含绿色施工管理和技术要求的工程绿色施工组织设计、绿色施工方案或绿色施工专项方案，并经审批通过后实施。 **3.《电力建设施工技术规范 第1部分：土建结构工程》DL 5190.1—2012** 3.0.12 施工单位应建立绿色施工管理体系和管理制度，实施目标管理，施工前应在施工组织设计和施工方案中明确绿色施工的内容和方法。 **4.《输变电工程项目质量管理规程》DL/T 1362—2014** 9.2.2 工程开工前，施工单位应根据施工质量管理策划编制质量管理文件，并应报监理单位审核、建设单位批准。质量管理文件应包括下列内容： …… g）绿色施工方案 9.3.2 工程开工前，施工单位应完成下列工作： …… f）绿色施工方案的编制和审批	2. 查阅专业绿色施工记录 内容：与绿色施工措施相符 签字：责任人已签字
4.4.11	工程建设标准强制性条文实施计划已执行	**1.《实施工程建设强制性标准监督规定》中华人民共和国建设部令第81号（2015年1月22日中华人民共和国住房和城乡建设部令第23号修正）** 第二条 在中华人民共和国境内从事新建、扩建、改建等工程建设活动，必须执行工程建设强制性标准。 第三条 本规定所称工程建设强制性标准是指直接涉及工程质量、安全、卫生及环境保护等方面的工程建设标准强制性条文。 国家工程建设标准强制性条文由国务院住房城乡建设主管部门会同国务院有关主管部门确定。 第六条 ……工程质量监督机构应当对工程建设施工、监理、验收等阶段执行强制性标准的情况实施监督。 **2.《输变电工程项目质量管理规程》DL/T 1362—2014** 9.2.2 工程开工前，施工单位应根据施工质量管理策划编制质量管理文件，并应报监理单位审核、建设单位批准。质量管理文件应包括下列内容： …… d）工程建设标准强制性条文执行计划	查阅强制性标准执行记录 内容：与强制性标准执行计划相符 签字：责任人已签字 执行时间：与工程进度同步
4.4.12	无违规转包或者违法分包工程的行为	**1.《中华人民共和国建筑法》中华人民共和国主席令第46号** 第二十八条 禁止承包单位将其承包的全部建筑工程转包给他人，禁止承包单位将其承包的全部建筑工程肢解以后以分包的名义转包给他人。	1. 查阅工程分包申请报审表 审批意见：同意分包等肯定性意见

续表

条款号	大纲条款	检 查 依 据	检查要点
4.4.12	无违规转包或者违法分包工程的行为	第二十九条 建筑工程总承包单位可以将承包工程中的部分工程发包给具有相应资质条件的分包单位，但是，除总承包合同约定的分包外，必须经建设单位认可。施工总承包的，建筑工程主体结构的施工必须由总承包单位自行完成。 …… 禁止总承包单位将工程分包给不具备相应资质条件的单位。禁止分包单位将其承包的工程再分包。 **2.《建筑工程施工发包与承包违法行为认定查处管理办法》建市〔2019〕1号** 第六条 存在下列情形之一的，属于违法发包： （一）建设单位将工程发包给个人的； （二）建设单位将工程发包给不具有相应资质的单位的； （三）依法应当招标未招标或未按照法定招标程序发包的； （四）建设单位设置不合理的招标投标条件，限制、排斥潜在投标人或者投标人的； （五）建设单位将一个单位工程的施工分解成若干部分发包给不同的施工总承包或专业承包单位的。 第八条 存在下列情形之一的，应当认定为转包，但有证据证明属于挂靠或者其他违法行为的除外： （一）承包单位将其承包的全部工程转给其他单位（包括母公司承接建筑工程后将所承接工程交由具有独立法人资格的子公司施工的情形）或个人施工的； （二）承包单位将其承包的全部工程肢解以后，以分包的名义分别转给其他单位或个人施工的； （三）施工总承包单位或专业承包单位未派驻项目负责人、技术负责人、质量管理负责人、安全管理负责人等主要管理人员，或派驻的项目负责人、技术负责人、质量管理负责人、安全管理负责人中一人及以上与施工单位没有订立劳动合同且没有建立劳动工资和社会养老保险关系，或派驻的项目负责人未对该工程的施工活动进行组织管理，又不能进行合理解释并提供相应证明的； （四）合同约定由承包单位负责采购的主要建筑材料、构配件及工程设备或租赁的施工机械设备，由其他单位或个人采购、租赁，或施工单位不能提供有关采购、租赁合同及发票等证明，又不能进行合理解释并提供相应证明的； （五）专业作业承包人承包的范围是承包单位承包的全部工程，专业作业承包人计取的是除上缴给承包单位“管理费”之外的全部工程价款的； （六）承包单位通过采取合作、联营、个人承包等形式或名义，直接或变相将其承包的全部工程转给其他单位或个人施工的；	签字：施工项目部、监理项目部、建设单位责任人已签字 盖章：施工项目部、监理项目部、建设单位已盖章 2. 查阅工程分包商资质 业务范围：涵盖所分包的项目 发证单位：政府主管部门 有效期：当前有效

续表

条款号	大纲条款	检查依据	检查要点
4.4.12	无违规转包或者违法分包工程的行为	（七）专业工程的发包单位不是该工程的施工总承包或专业承包单位的，但建设单位依约作为发包单位的除外； （八）专业作业的发包单位不是该工程承包单位的； （九）施工合同主体之间没有工程款收付关系，或者承包单位收到款项后又将款项转拨给其他单位和个人，又不能进行合理解释并提供材料证明的。 两个以上的单位组成联合体承包工程，在联合体分工协议中约定或者在项目实际实施过程中，联合体一方不进行施工也未对施工活动进行组织管理的，并且向联合体其他方收取管理费或者其他类似费用的，视为联合体一方将承包的工程转包给联合体其他方	
4.5　检测试验机构质量行为的监督检查			
4.5.1	检测试验机构已经通过能力认定并取得相应证书，其现场派出机构（现场试验室）满足规定条件，并已报质量监督机构备案	**1.《建设工程质量检测管理办法》中华人民共和国建设部令第141号（2015年5月中华人民共和国住房和城乡建设部令第24号修正）** 第四条　……检测机构未取得相应的资质证书，不得承担本办法规定的质量检测业务。 **2.《检验检测机构资质认定管理办法》国家质量监督检验检疫总局令第163号** 第三条　检验检测机构从事下列活动，应当取得资质认定： …… （四）为社会经济、公益活动出具具有证明作用的数据、结果的； （五）其他法律法规规定应当取得资质认定的。 **3.《建筑工程检测试验技术管理规范》JGJ 190—2010** 表5.2.4　现场试验站基本条件	1. 查阅检测机构资质证书 发证单位：国家认证认可监督管理委员会（国家级）或地方质量技术监督部门或各直属出入境检验检疫机构（省市级）及电力质监机构 2. 查看现场试验室 派出机构成立及人员任命文件 场所：有固定场所且面积、环境、温湿度满足规范要求 3. 查阅检测机构的申请报备文件 报备时间：工程开工前
4.5.2	检测人员资格符合规定，持证上岗	**1.《房屋建筑和市政基础设施工程质量检测技术管理规范》GB 50618—2011** 4.1.5　检测操作人员应经技术培训、通过建设主管部门或委托有关机构的考核，方可从事检测工作。 5.3.6　检测前应确认检测人员的岗位资格，检测操作人员应熟识相应的检测操作规程和检测设备使用、维护技术手册等	1. 查阅检测人员登记台账 专业类别和数量：满足检测项目需求 资格证颁发单位：各级政府和电力行业主管部门 检测证有效期：当前有效 2. 查阅检测报告 检测人：与检测人员登记台账相符

续表

条款号	大纲条款	检　查　依　据	检查要点
4.5.3	检测仪器、设备检定合格，且在有效期内	**1.《房屋建筑和市政基础设施工程质量检测技术管理规范》GB 50618—2011** 4.2.14　检测机构的所有设备均应标有统一的标识，在用的检测设备均应标有校准或检测有效期的状态标识。 **2.《检验检测机构诚信基本要求》GB/T 31880—2015** 4.3.2　设备设施 检验检测设备应定期检定或校准，设备在规定的检定和校准周期内应进行期间核查。计算机和自动化设备功能应正常，并进行验证和有效维护。检验检测设施应有利于检验检测活动的开展。 **3.《建筑工程检测试验技术管理规范》JGJ 190—2010** 5.2.3　施工现场试验环境及设施应满足检测试验工作的要求	1. 查阅检测仪器、设备登记台账 数量、种类：满足检测需求 检定周期：当前有效 检定结论：合格 2. 查看检测仪器、设备检验标识 检定周期：与台账一致
4.5.4	检测依据正确、有效，检测报告及时、规范	**1.《检验检测机构资质认定管理办法》国家质量监督检验检疫总局令第163号** 第二十五条　检验检测机构应当在资质认定证书规定的检验检测能力范围内，依据相关标准或者技术规范规定的程序和要求，出具检验检测数据、结果。 检验检测机构出具检验检测数据、结果时，应当注明检验检测依据，并使用符合资质认定基本规范、评审准则规定的用语进行表述。 检验检测机构对其出具的检验检测数据、结果负责，并承担相应法律责任。 第二十六条　……检验检测机构授权签字人应当符合资质认定评审准则规定的能力要求。非授权签字人不得签发检验检测报告。 第二十八条　检验检测机构向社会出具具有证明作用的检验检测数据、结果的，应当在其检验检测报告上加盖检验检测专用章，并标注资质认定标志。 **2.《房屋建筑和市政基础设施工程质量检测技术管理规范》GB 50618—2011** 5.5.1　检测项目的检测周期应对外公示，检测工作完成后，应及时出具检测报告。 **3.《检验检测机构诚信基本要求》GB/T 31880—2015** 4.3.7　报告证书 …… 检验检测记录、报告、证书不应随意涂改，所有修改应有相关规定和授权。当有必要发布全新的检验检测报告、证书时，应注以唯一标识，并注明所替代的原件。 检验检测机构应采取有效手段识别和保证检验检测报告、证书真实性；应有措施保证任何人员不得施加任何压力改变检验检测的实际数据和结果。 检验检测机构应当按照合同要求，在批准范围内根据检验检测业务类型，出具具有证明作用的数据和结果，在检验检测报告、证书中正确使用获证标识	查阅检测试验报告 检测依据：有效的标准规范、合同及技术文件 检测结论：明确 签章：检测操作人、审核人、批准人已签字，已加盖检测机构公章或检测专用章（多页检测报告加盖骑缝章），并标注相应的资质认定标志 查看：授权签字人及其授权签字领域证书 时间：在检测机构规定时间内出具

续表

<table>
<tr><th>条款号</th><th>大纲条款</th><th>检查依据</th><th>检查要点</th></tr>
<tr><td colspan="4">5　工程实体质量的监督检查</td></tr>
<tr><td colspan="4">5.1　工程测量的监督检查</td></tr>
<tr><td rowspan="3">5.1.1</td><td rowspan="3">测量控制方案已经审核批准，路径复测结果符合设计</td><td rowspan="3">1.《电力建设工程监理规范》DL/T 5434—2009
8.0.7　项目监理机构应督促承包单位对建设单位提供的基准点进行复测，并审批承包单位控制网或加密控制网的布设、保护、复测和原状地形图测绘的方案。监理工程师对承包单位实测过程进行监督和复核，并主持长（站）区控制网的检查验收工作。
2.《建设工程监理规范》GB/T 50319—2013
5.2.5　专业监理工程应检查、复核施工单位报送的施工控制测量成果及保护措施，签署意见。专业监理工程应对施工单位在施工过程中报送的施工测量放线成果进行查验。施工控制成果及保护措施的检查、复核，应包括下列内容：
1　施工单位测量人员的资格证书及测量设备鉴定证书。
2　施工平面控制网、高程控制网和临时水准点的测量成果及控制桩的保护措施。
3.《电力工程施工测量技术规范》DL/T 5445—2010
5.3.4　施工测量方案应经审核批准，并报业主或建设单位、监理单位认可备案</td><td>1. 查阅测量控制方案报审表。
签字：施工单位及监理单位责任人已签字
盖章：施工单位及监理单位已盖章
结论：同意实施</td></tr>
<tr><td>2. 查阅测量控制方案
依据：合同约定、设计要求和规范的规定
内容：达到合同约定、满足设计要求和规范的规定
审批程序：建设、监理、施工单位责任人已签字</td></tr>
<tr><td>3. 查阅测量路径复测记录
数据：符合设计要求</td></tr>
<tr><td>5.1.2</td><td>现场测量控制点保护完好</td><td>1.《电力工程施工测量技术规范》DL/T 5445—2010
8.1.5　厂区控制网点应砌井并加护拦保护，各等级施工控制点周围均应有醒目的保护装置，以防止车辆或机械的碰撞</td><td>现场查看控制桩
保护：完好
标识：醒目</td></tr>
<tr><td>5.1.3</td><td>测量数据齐全、完整</td><td>1.《电力工程施工测量技术规范》DL/T 5445—2010
6.1.8　施工平面控制测量完成后，宜提交下列资料：
1　平面控制网图及技术设计书；
2　平面控制成果资料；
3　仪器检定证书复印件；
4　施测单位测绘资质证书复印件；
5　施测人员资格证书复印件；
6　测量技术报告。
7.1.6　施工高程控制测量完成后，宜提交下列资料：
1　高程控制网图及技术设计书；
2　高程测量平差计算成果资料；
3　外业观测记录手簿（复印件）；
4　仪器检定证书复印件；
5　施测单位测绘资质证书复印件；</td><td>查阅建（构）筑物定位放线记录
坐标：符合设计要求
测量数据：齐全、完整，误差在规范允许范围内
签字：施工、监理单位责任人已签字
结论：符合设计要求</td></tr>
</table>

续表

条款号	大纲条款	检 查 依 据	检查要点
5.1.3	测量数据齐全、完整	6 施测人员资格证书复印件； 7 测量技术报告	
5.1.4	测量仪器检定有效	**1.《电力工程施工测量技术规范》DL/T 5445—2010** 4.0.3 施工测量所使用的仪器和相关设备应定期检定，并在检定的有效期内使用。测量所使用的软件，应通过鉴定或验证	1. 查阅计量仪器报审表 签字：施工、监理单位责任人已签字 盖章：施工、监理单位已盖章 结论：同意使用
			2. 查阅测量仪器的计量检定证书 结果：合格 有效期：当前有效
			3. 查看测量仪器上的计量检定标签 规格、型号、仪器编号：与计量检定证书上的仪器规格、型号、仪器编号一致 有效期：与计量检定证书一致
5.1.5	变形观测点设置符合设计，观测记录完整	**1.《工程测量规范》GB 50026—2007** 10.1.4 变形监测网的网点，宜分为基准点、工作基点和变形观测点。其布设应符合下列要求： 1 基准点，应选在变形影响区域之外稳固可靠的位置。每个工程至少应有3个基准点。大型的工程项目，其水平位移基准点应采用带有强制归心装置的观测墩，垂直位移基准点宜采用双金属标或钢管标。 2 工作基点，应选在比较稳定且方便使用的位置。设立在大型工程施工区域内的水平位移监测工作基点宜采用带有强制归心装置的观测墩，垂直位移监测工作基点可采用钢管标。对通视条件较好的小型工程，可不设立工作基点，在基准点上直接测定变形观测点。 3 变形观测点，应设立在能反映监测体变形特征的位置或监测断面上，监测断面一般分为：关键断面、重要断面和一般断面。需要时，还应埋设一定数量的应力、应变传感器。 10.5.8 工业与民用建（构）筑物的沉降观测，应符合下列规定： 1 沉降观测点，应布设在建（构）筑物的下列部位： 1）建（构）筑物的主要墙角及沿外墙每10～15m处或每隔2～3根柱基上。 2）沉降缝、伸缩缝、新旧建（构）筑物或高低建（构）筑物接壤处的两侧。 3）人工地基和天然地基接壤处、建（构）筑物不同结构分界处的两侧。 4）烟囱、水塔和大型储藏罐等高耸构筑物基础轴线的对称部位，且每一构筑物不得少于4个点。 5）基础底板的四角和中部。	1. 查看现场变形观测点的布设 数量、位置：符合设计要求和规范规定
			2. 查阅沉降监测点的布设和标志设置 表式：符合规范规定 内容：有对民用建筑、大型或高耸建筑、城市基础实施等监测点的布设和标志选择，有工程状态、设备情况的相关描述，测量仪器型号和状监测点的示意图

续表

条款号	大纲条款	检查依据	检查要点
5.1.5	变形观测点设置符合设计，观测记录完整	6）当建（构）筑物出现裂缝时，布设在裂缝两侧。 2　沉降观测标志应稳固埋设，高度以高于室内地坪（±0面）0.2～0.5m为宜。对于建筑立面后期有贴面装饰的建（构）筑物，宜预埋螺栓式活动标志。 **2.《建筑地基处理技术规范》JGJ 79—2012** 10.2.7　处理地基上的建筑物应在施工期间及使用期间进行沉降观测，直至沉降达到稳定为止。 **3.《建筑变形测量规范》JGJ 8—2016** 7.1.2　沉降监测点的布设应符合下列规定： 1　应能反映建筑及地基变形特征，并应顾及建筑结构和地质结构特点。当建筑结构或地质结构复杂时，应加密布点。 2　对民用建筑，沉降监测点宜布设在下列位置： 1）建筑的四角、核心筒四角、大转角处及沿外墙每10m～20m处或每隔2根～3根柱基上； 2）高低层建筑、新旧建筑和纵横墙等交接处的两侧； 3）建筑裂缝、后浇带两侧、沉降缝两侧、基础埋深相差悬殊处、人工地基与天然地基接壤处、不同结构的分界处及填挖方分界处以及地质条件变化处两侧； 4）对宽度大于或等于15m、宽度虽小于15m但地质复杂以及膨胀土、湿陷性土地区的建筑，应在承重内隔墙中部设内墙点，并在室内地面中心及四周设地面点； 5）邻近堆置重物处、受振动显著影响的部位及基础下的暗浜处； 6）框架结构及钢结构建筑的每个或部分柱基上或沿纵横轴线上； 7）筏形基础、箱形基础底板或接近基础的结构部分之四角处及其中部位置； 8）重型设备基础和动力设备基础的四角、基础形式或埋深改变处； 9）超高层建筑或大型网架结构的每个大型结构柱监测点数不宜少于2个，且应设置在对称位置。 3　对电视塔、烟囱、水塔、油罐、炼油塔、高炉等大型或高耸建筑，监测点应设在沿周边与基础轴线相交的对称位置上，点数不应少于4个。 4　对城市基础设施，监测点的布设应符合结构设计及结构监测的要求。 7.1.3　沉降监测点的标志可根据待测建筑的结构类型和墙体材料等情况进行选择，并应符合下列规定： 1　标志的立尺部位应加工成半球形或有明显的突出点，并宜涂上防腐剂。 2　标志的埋设位置应避开雨水管、窗台线、散热器、暖水管、电气开关等有碍设标与观测的障碍物，并应视立尺需要离开墙面、柱面或地面一定距离，宜与设计部门沟通。 3　标志应美观，易于保护。 4　当采用静力水准测量进行沉降观测时，标志的型式及其埋设，应根据所用静力水准仪的型号、结构、安装方式以及现场条件等确定	

续表

<table>
<tr><th>条款号</th><th>大纲条款</th><th>检 查 依 据</th><th>检查要点</th></tr>
<tr><td colspan="4">5.2 明挖电缆隧道工程的监督检查</td></tr>
<tr><td rowspan="4">5.2.1</td><td rowspan="4">钢筋、水泥、砂、石、粉煤灰、轻骨料、外加剂、拌合用水及焊材、焊剂的性能指标检验符合有关标准要求，报告齐全</td><td rowspan="4">1.《混凝土结构工程施工质量验收规范》GB 50204—2015
3.0.7 获得认证的产品或来源稳定且连续三批均一次检验合格的产品，进场验收时检验批的容量可按本规范的有关规定扩大一倍，且检验批容量仅可扩大一倍。扩大检验批后的检验中，出现不合格情况时，应按扩大前的检验批容量重新验收，且该产品不得再次扩大检验批容量。
5.2.1 钢筋进场时，应按国家现行相关标准的规定抽取试件作屈服强度、抗拉强度、伸长率、弯曲性能和重量偏差检验，其检验结果应符合国家现行相关标准的规定。
检查数量：按进场批次和产品的抽样检验方案确定。
检验方法：检查质量证明文件和抽样检验报告。
5.2.2 成型钢筋进场时，应抽取试件制作屈服强度、抗拉强度、伸长率和重量偏差检验，检验结果应符合国家现行相关标准的规定。
检查数量：同一厂家、同一类型、同一钢筋来源的成型钢筋，不超过30t为一批，每批中每种钢筋牌号、规格均应至少抽取1个钢筋试件，且总数不应少于3个。
检验方法：检查质量证明文件和抽样检验报告。
5.2.3 对按一、二、三级抗震等级设计的框架和斜撑构件（含梯段）中的纵向受力普通钢筋应采用HRB335E、HRB400E、HRB500E、HRBF335E、HRBF400E或HRBF500E钢筋，其强度和最大力下总伸长率的实测值应符合下列规定：
1 抗拉强度实测值与屈服强度实测值的比值不应小于1.25；
2 屈服强度实测值与强度标准值的比值不应大于1.3；
3 最大力下总伸长率不小于9%。
检查数量：按进场批次和产品的抽样检验方案确定。
检验方法：检查抽样检验报告。
5.3.4 盘卷钢筋调直后应进行力学性能和重量偏差检验，其强度应符合国家现行有关标准的规定……
检查数量：同一设备加工的同一牌号、同一规格的调直钢筋，重量不大于30t为一批，每批见证取样抽取3个试件。
检验方法：检查抽样检验报告。
5.5.1 钢筋安装时，受力钢筋的批、规格和数量必须符合设计要求。
检查数量：全数检查。
检验方法：观察，尺量。
6.1.2 预应力筋、锚具、夹具、连接器、成孔管道进场检验，当满足下列条件之一时，其检验批容量可扩大一倍：（新增条文）</td><td>1. 查阅材料的进场报审表
签字：施工单位项目经理、专业监理工程师已签字
盖章：施工单位、监理单位已盖章
结论：同意使用</td></tr>
<tr><td>2. 查阅钢筋、水泥、砂、石、粉煤灰、外加剂、焊材、焊剂等的材质证明及复检报告
材质证明：应为原件，如为抄件，应加盖经销商公章及采购单位的公章，注明进货数量、原件存放处及抄件人
报告内容：包括试验方法、试验项目、代表部位和数量等，数据计算正确
报告签署：试验员、审核人、批准人已签字，日期无逻辑错误
报告盖章：盖有计量认证章、资质章及试验单位章，见证取样时，加盖见证取样章并注明见证人
报告结论：合格</td></tr>
<tr><td>3. 查阅原材料跟踪管理台账
内容：包括钢筋、水泥等主要原材的等级、代表数量与进场数量相吻合、复检报告编号、使用部位等
签字：责任人已签字</td></tr>
<tr><td>4. 查阅商品混凝土出厂检验文件
发货单数量：符合规范规定
发货单签字：有供货商和施工单位的交接签字
合格证：强度符合要求</td></tr>
</table>

续表

条款号	大纲条款	检查依据	检查要点
5.2.1	钢筋、水泥、砂、石、粉煤灰、轻骨料、外加剂、拌合用水及焊材、焊剂的性能指标检验符合有关标准要求，报告齐全	1　获得认证的产品； 2　同一工程、同一厂家、同一牌号、同一规格的产品，连续三次进场检验均一次检验合格。 6.2.1　预应力筋进场时，应按国家现行相关标准的规定抽取试件作抗拉强度、伸长率检验，其检验结果应符合国家现行相关标准的规定。 检查数量：按进场批次和产品的抽样检验方案确定。 检验方法：检查质量证明文件和抽样复验报告。 6.3.1　预应力筋的品种、规格、数量必须符合设计要求。 检查数量：全数检查。 检验方法：观察，尺量。 6.4.2　预应力筋张拉质量验收应符合下列规定： 1　张拉设备应经检定或校准； 2　张拉力、张拉顺序及张拉工艺应符合设计及施工方案的要求； 3　采用应力控制方法张拉时，控制张拉力下预应力筋伸长实测值与计算值的相对偏差不应超过6%。 4　最大张拉应力不应大于现行国家标准《混凝土结构工程施工规范》GB 50666 的规定； 检查数量：全数检查； 检验方法：观察，检查设备检定或校准证书、张拉记录。 7.2.1　水泥进场时应对其品种、代号、强度等级、包装或散装仓号、出厂日期等进行检查，并应对水泥的强度、安定性和凝结时间进行检验，检验结果应符合现行国家标准《通用硅酸盐水泥》GB 175 等的相关规定。 检查数量：按同一厂家、同一品种、同一代号、同一强度等级、同一批号且连续进场的水泥，袋装不超过200t为一批，散装不超过500t为一批，每批抽样数量不应少于一次。 检查方法：检查质量证明文件和抽样检验报告。 7.2.2　混凝土外加剂进场时，应对其品种、性能、出厂日期等进行检查，并应对外加剂的相关性能指标进行检验，检验结果应符合现行国家标准《混凝土外加剂》GB 8076 和《混凝土外加剂应用技术规范》GB 50119 的规定。 检查数量：按同一生产厂家、同一品种、同一性能、同一批号且连续进场的混凝土外加剂，不超过50t为一批，每批抽样数量不应少于一次。 检验方法：检查质量证明文件和抽样检验报告。 7.2.3　混凝土用矿物掺合料进场时，应对其品种、性能、出厂日期等进行检查，并应对矿物掺合料的相关性能指标进行检验，检验结果应符合国家现行标准的规定。 检查数量：按同一生产厂家、同一品种、同一批号且连续进场的矿物掺合料，粉煤灰、矿渣粉、磷渣粉、钢铁渣粉和复合矿物掺合料不超过200t为一批，沸石粉不超过120t为的批，硅灰不超过20t为一批，每批抽样数量不应少于一次。 检验方法：检查质量证明文件和抽样检验报告。	

续表

条款号	大纲条款	检查依据	检查要点
5.2.1	钢筋、水泥、砂、石、粉煤灰、轻骨料、外加剂、拌合用水及焊材、焊剂的性能指标检验符合有关标准要求，报告齐全	7.2.4 混凝土原材料中的粗骨料、细骨料质量应符合现行行业标准《普通混凝土用砂、石质量及检验方法标准》JGJ 52 的规定，使用经净化处理的海砂应符合现行行业标准《海砂混凝土应用技术规范》JGJ 206 的规定，再生混凝土骨料应符合现行国家标准《混凝土用再生粗骨料》GB 25177 和《混凝土和砂浆用再生细骨料》GB/T 25176 的规定。 检查数量：按现行行业标准《普通混凝土用砂、石质量及检验方法标准》JGJ 52 的规定确定。 检查方法：检查抽样检验报告。 7.2.5 混凝土拌制及养护用水应符合现行行业标准《混凝土用水标准》JGJ 63 的规定。采用饮用水作为混凝土用水时，可不检验；采用中水、搅拌站清洗水、施工现场循环水等其他水源时，应对其成分进行检验。 检查数量：同一水源检查不应少于一次。 检验方法：检查水质检验报告。 **2.《混凝土结构工程施工规范》GB 50666—2011** 3.3.5 材料、半成品、和成品进场时，应对其规格、型号、外观和质量证明文件进行检查，并应按现行国家标准《混凝土结构工程施工质量验收规范》GB 50204 等的有关规定进行检验。 5.2.2 对有抗震设防要求的结构，其纵向受力钢筋的性能应满足设计要求；当设计无具体要求时，对按一、二、三级抗震等级设计的框架和斜撑构件（含梯段）中的纵向受力钢筋应采用 HRB335E、HRB400E、HRB500E、HRBf335E、HRBf400E 或 HRBf500E 钢筋，其强度和最大力下总伸长率的实测值应符合下列规定： 1 钢筋的抗拉强度实测值与屈服强度实测值的比值不应小于 1.25； 2 钢筋的屈服强度实测值与屈服强度标准值的比值不应大于 1.30； 3 钢筋的最大力下总伸长率不应小于 9%。 5.2.3 钢筋调直后，应检查力学性能和单位长度重量偏差。但采用无延伸功能机械设备调直的钢筋，可不进行本条规定的检查。 5.5.1 钢筋进场检查应符合下列规定： 1 应检查钢筋的质量证明文件。 2 应按国家现行有关标准的规定抽样检验屈服强度、抗拉强度、伸长率、弯曲性能及单位长度重量偏差。 3 经产品认证符合要求的钢筋，其检验批量可扩大一倍。在同一工程中，同一厂家、同一牌号、同一规格的钢筋连续三次进场检验均一次合格时，其后的检验批量可扩大一倍。 4 钢筋的外观质量。 5 当无法准确判断钢筋品种、牌号时，应增加化学成分、晶粒度等检验项目。	

续表

条款号	大纲条款	检 查 依 据	检查要点
5.2.1	钢筋、水泥、砂、石、粉煤灰、轻骨料、外加剂、拌合用水及焊材、焊剂的性能指标检验符合有关标准要求，报告齐全	5.5.2 成型钢筋进场时，应检查成型钢筋的质量证明文件，成型钢筋所用材料质量证明文件及检验报告并应抽样检验成型钢筋的屈服强度、抗拉强度、伸长率和重量偏差。检验批量可由合同约定，同一工程、同一原材料来源、同一组生产设备生产的成型钢筋，检验批量不宜大于30t。 6.6.1 预应力工程材料进场检查应符合下列规定： 1 应检查规格、外观、尺寸及其质量证明文件； 2 应按现行国家有关标准的规定进行力学性能的抽样检验； 3 经产品认证符合要求的产品，其检验批量可扩大一倍。在同一工程、同一厂家、同一品种、同一规格的产品连续三次进场检验均一次检验合格时，其后的检验批量可扩大一倍。 7.6.2 原材料进场时，应对材料外观、规格、等级、生产日期等进行检查，并应对其主要技术指标按本规范第7.6.3条的规定划分检验批进行抽样检验，每个检验批检验不得少于1次。 经产品认证符合要求的水泥、外加剂，其检验批量可扩大一倍。在同一工程中，同一厂家、同一品种、同一规格的水泥、外加剂，连续三次进场检验均一次合格时，其后的检验批量可扩大一倍。 7.6.3 原材料进场质量检查应符合下列规定： 1 应对水泥的强度、安定性及凝结时间进行检验。同一生产厂家、同一等级、同一品种、同一批号连续进场的水泥，袋装水泥不超过200t应为一批，散装水泥不超过500t为一批。 2 应对粗骨料的颗粒级配、含泥量、泥块含量、针片状含量指标进行检验，压碎指标可根据工程需要进行检验，应对细骨料颗粒级配、含泥量、泥块含量指标进行检验。当设计文件在要求或结构处于易发生碱骨料反应环境中，应对骨料进行碱活性检验。抗冻等级F100及以上的混凝土用骨料，应进行坚固性检验，骨料不超过400m³或600t为一检验批。 3 应对矿物掺合料细度（比表面积）、需水量比（流动度比）、活性指数（抗压强度比）、烧失量指标进行检验。粉煤灰、矿渣粉、沸石粉不超过200t应为一检验批，硅灰不超过30t应为检验批。 4 应按外加剂产品标准规定对其主要匀质性指标和掺外加剂混凝土性能指标进行检验。同一品种外加剂不超过50t应为一检验批。 5 当采用饮用水作为混凝土用水时，可没检验。当采用中水、搅拌站清洗水或施工现场循环水等其他水源时，应对其成分进行检验。 7.6.4 当使用中水泥质量受不利环境影响或水泥出厂超过三个月（快硬硅酸盐水泥超过一个月）时，应进行复验，并应按复验结果使用。 **3.《大体积混凝土施工规范》GB 50496—2018** 4.2.1 水泥选择及其质量，应符合下列规定：	

续表

条款号	大纲条款	检查依据	检查要点
5.2.1	钢筋、水泥、砂、石、粉煤灰、轻骨料、外加剂、拌合用水及焊材、焊剂的性能指标检验符合有关标准要求，报告齐全	1 水泥应符合现行国家标准《通用硅酸盐水泥》GB 175 的有关规定，当采用其他品种时，其性能指标应符合国家现行有关标准的规定； 2 应选用水化热低的通用硅酸盐水泥，3d 水化热不宜大于 250kJ/kg，7d 水化热不宜大于 280kJ/kg；当选用 52.5 强度等级水泥时，7d 水化热宜小于 300kJ/kg； 3 水泥在搅拌站的入机温度不宜高于 60℃。 4.2.2 用于大体积混凝土的水泥进场时应检查水泥品种、代号、强度等级、包装或散装编号、出厂日期等，并应对水泥的强度、安定性、凝结时间、水化热进行检验，检验结果应符合现行国家标准《通用硅酸盐水泥》GB 175 的相关规定。 4.2.3 骨料选择，除应符合现行行业标准《普通混凝土用砂、石质量及检验方法标准》JGJ 52 的有关规定外，尚应符合下列规定： 1 细骨料宜采用中砂，细度模数宜大于 2.3，含泥量不应大于 3%； 2 粗骨料粒径宜为 5.0mm～31.5mm，并应连续级配，含泥量不应大于 1%； 3 应选用非碱活性的粗骨料； 4 当采用非泵送施工时，粗骨料的粒径可适当增大。 4.2.4 粉煤灰和粒化高炉矿渣粉，质量应符合现行国家标准《用于水泥和混凝土中的粉煤灰》GB/T 1596 和《用于水泥、砂浆和混凝土中的粒化高炉矿渣粉》GB/T 18046 的有关规定。 4.2.5 外加剂质量及应用技术，应符合现行国家标准《混凝土外加剂》GB 8076 和《混凝土外加剂应用技术规范》GB 50119 的有关规定。 4.2.6 外加剂的选择除应满足本标准第 4.2.5 条的规定外，尚应符合下列规定： 1 外加剂的品种、掺量应根据材料试验确定； 2 宜提供外加剂对硬化混凝土收缩等性能的影响系数； 3 耐久性要求较高或寒冷地区的大体积混凝土，宜采用引气剂或引气减水剂。 4.2.7 混凝土拌合用水质量符合现行行业标准《混凝土用水标准》JGJ 63 的有关规定。 **4.《建设工程监理规范》GB/T 50319—2013** 5.2.9 项目监理机构应审查施工单位报送的用于工程的材料、构配件、设备的质量证明文件，并应按有关规定、建设工程监理合同的约定，对用于建设工程的材料进行见证取样，平等检验。 项目监理机构对已进场经检验不合格的材料、构配件、设备，应要求施工单位限期将其撤出施工现场。 **5.《钢筋焊接验收规程》JGJ 18—2012** 3.0.8 凡施焊的各种钢筋、钢板均应有质量证明书；焊条、焊丝、氧气、溶解乙炔、液化石油气、二氧化碳气体、焊剂应有产品合格证。	

续表

条款号	大纲条款	检查依据	检查要点
5.2.1	钢筋、水泥、砂、石、粉煤灰、轻骨料、外加剂、拌合用水及焊材、焊剂的性能指标检验符合有关标准要求，报告齐全	钢筋进场（厂）时，应按现行国家标准《混凝土结构工程施工质量验收规范》GB 50204 中的规定，抽取试件作力学性能检验，其质量必须符合有关标准的规定。 **6.《电力建设工程监理规范》DL/T 5434—2009** 9.1.7 项目监理机构应对承包单位报送的拟进场工程材料、半成品和构配件的质量证明文件进行审核，并按有关规定进行抽样验收。对有复试要求的，经监理人员现场见证取样的送检，复试报告应报送项目监理机构查验。 未经项目监理机构验收或验收不合格的工程材料、半成品和构配件，不得用于本工程，并书面通知承包单位限期撤出施工现场 **7.《电力电缆隧道设计规程》DL/T 5484—2013** 3.5.1 工程材料应根据结构类型、受力条件、使用要求和所处环境选用，并符合可靠性、耐久性和经济性的要求。 5.5.6 钢筋混凝土及所用的材料除应符合国家有关标准规定外，尚应符合下列要求： 1 混凝土不应使用碱活性集料； 2 钢筋混凝土构件中，钢筋的技术条件应符合现行国家标准《钢筋混凝土用钢第 1 部分 热轧光圆钢筋》GB 1499.1、《钢筋混凝土用钢 第 2 部分 热轧带肋钢筋》GB 1499.2、《钢筋混凝土用钢 第 3 部分 钢筋焊接王》GB/T 1499.3 的规定。 3.5.8 混凝土和喷射混凝土掺加的各种外加剂，其性能应满足下列要求： 1 对混凝土的强度及其与围岩的粘结力基本无影响，对混凝土和钢材无腐蚀作用； 2 对混凝土的凝结时间影响不大（除速凝剂和缓凝剂外）； 3 不易吸湿，易于保存；不污染环境，对人体无害	
5.2.2	长期处于潮湿环境的重要混凝土结构用砂、石碱活性检验合格	**1.《混凝土结构设计规范（2015 年版）》GB 50010—2010** 3.5.3 设计使用年限为 50 年的混凝土结构，其混凝土材料宜符合表 3.5.3 的规定。 3.5.5 一类环境中，设计使用年限为 100 年的结构应符合下列规定； 3 宜使用非碱活性骨料，当使用碱活性骨料时，混凝土中的最大碱含量为 3.0kg/m³。 **2.《大体积混凝土施工规范》GB 50496—2018** 4.2.3 骨料选择，除应满足国家现行标准《普通混凝土用砂、石质量检验方法标准》JGJ 52 的有关规定外，还应符合下列规定： 3 应选用非碱活性的粗骨料…… **3.《清水混凝土应用技术规程》JGJ 169—2009** 3.0.4 处于潮湿环境和干湿交替环境的混凝土，应选用非碱活性骨料。	查阅砂、石碱含量检测报告 检测结果：非碱活性骨料，对混凝土中的碱含量不作限制；对于碱活性骨料，限制混凝土中的碱含量不超过 3kg/m³，或已采用能抑制碱-骨料反应的有效措施 大体积混凝土：已选用非碱活性的骨料 对于一类环境中设计年限为 100 年的结构混凝土：已选用非碱活性的骨料

续表

条款号	大纲条款	检查依据	检查要点
5.2.2	长期处于潮湿环境的重要混凝土结构用砂、石碱活性检验合格	**4.《普通混凝土用砂、石质量及检验方法标准》JGJ 52—2006** 1.0.3 对于长期处于潮湿环境的重要混凝土结构所用的砂石，应进行碱活性检验。 3.1.9 对于长期处于潮湿环境的重要混凝土结构用砂，应采用砂浆棒（快速法）或砂浆长度法进行骨料的碱活性检验。经上述检验判断为有潜在危害时，应控制混凝土中的碱含量不超过 $3kg/m^3$，或采用能抑制碱-骨料反应的有效措施。 3.2.8 对于长期处于潮湿环境的重要结构混凝土，其所使用的碎石或卵石，应进行碱活性检验。 进行碱活性检验时，首先应采用岩相法检验碱活性骨料的品种、类型和数量。当检验出骨料中含有活性二氧化硅叶。应采用快速砂浆棒法和砂浆长度法进行碱活性检验；当检验出骨料中含有活性碳酸盐时，应采用岩石柱法进行碱活性检验。 经上述检验，当判定骨料存在潜在碱-碳酸盐反应危害时，不宜用作混凝土骨料；否则，应通过专门的混凝土试验，做最后评定。 当判定骨料存在潜在碱硅反应危害时，应控制混凝土中的碱含量不超过 $3kg/m^3$，或采用能抑制碱-骨料反应的有效措施	清水混凝土：已选用非碱活性的骨料 签字：责任人已签字 盖章：已加盖计量认证章、资质章和试验专用章，见证取样的检验报告见证人员和见证取样章 结论：合格
5.2.3	用于配制钢筋混凝土的海砂氯离子含量检验合格	**1.《混凝土质量控制标准》GB 50164—2011** 2.3.3 细骨料的应用应符合下列规定： 6 混凝土用海砂氯离子含量不应大于0.03%，贝壳含量应符合表2.3.3-1的规定。海砂不得用于预应力混凝土。 **2.《普通混凝土用砂、石质量及检验方法标准》JGJ 52—2006** 3.1.10 砂中氯离子含量应符合下列规定： 1 对于钢筋混凝土用砂，其氯离子含量不得大于0.06%（以干砂的质量百分率计）； 2 对于预应力混凝土用砂，其氯离子含量不得大于0.02%（以干砂的质量百分率计）	查阅海砂复检报告。 检验项目、试验方法、代表部位、数量、试验结果：符合规范规定 签字：试验员、审核人、批准人已签字 盖章：盖有计量认证章、资质章及试验单位章，见证取样时，有见证取样章并注明见证人 结论：水溶性氯离子含量（%，按质量计）≤0.03，符合设计要求和规范规定
5.2.4	焊接工艺试验合格；钢筋接头试件截取符合规范、试验合格，报告齐全	**1.《混凝土结构工程施工质量验收规范》GB 50204—2015** 5.4.2 钢筋采用机械连接或焊接时，钢筋机械连接接头、焊接接头的力学性能、弯曲性能应符合国家现行相关标准的规定。接头试件应从工程实体中截取。 检查数量：按现行行业标准《钢筋机械连接技术规程》JGJ 107和《钢筋焊接及验收规程》JGJ 18的规定确定。 检验方法：检查质量证明文件和抽样检验报告。	1.查阅焊接工艺试验及质量检验报告 检验项目、试验方法、代表部位、数量、抗拉强度、弯曲试验等试验结果：符合规范规定

续表

条款号	大纲条款	检查依据	检查要点
5.2.4	焊接工艺试验合格；钢筋接头试件截取符合规范、试验合格，报告齐全	**2.《混凝土结构工程施工规范》GB 50666—2011** 5.4.3 钢筋焊接施工应符合下列规定： 2 在钢筋焊接施工前，参与该项工程施焊的焊工应进行现场条件下的焊接工艺试验，经试验合格后，方可进行焊接。焊接过程中，如果钢筋牌号、直径发生变更，应再次进行焊接工艺试验。工艺试验使用的材料、设备、辅料及作业条件均应与实际施工一致。 5.5.5 钢筋连接施工的质量检查应符合下列规定： 1 钢筋焊接和机械连接施工前均应进行工艺试验。机构连接应检查有效的型式检验报告。 6 应按现行行业标准《钢筋机械连接技术规程》JGJ 107、《钢筋焊接及验收规程》JGJ 18 的有关规定抽取钢筋机械连接接头、焊接接头试件作力学性能检验。	签字：试验员、审核人、批准人已签字 盖章：盖有计量认证章、资质章及试验单位章，见证取样时，有见证取样章并注明见证人 结论：符合设计要求和规范规定 2. 查阅焊接工艺试验质量检验报告台账 试验报告数量：与连接接头种类及代表数量相一致
		3.《钢筋焊接验收规程》JGJ 18—2012 4.1.3 在钢筋工程焊接开工之前，参与该项施焊的焊工应进行现场条件下的焊接工艺试验，并经试验合格后，方准于焊接生产。	3. 查看焊接接头及试验报告 截取方式：在工程结构中随机截取 试件数量：符合规范要求 试验结果：合格
		4.《钢筋机械连接技术规程》JGJ 107—2016 6.2.1 直螺纹钢筋丝头加工应符合下列规定： 1 钢筋端部应采用带锯、砂轮锯或带圆弧形刀片的专用钢筋切断机切平； 2 镦粗头不应有与钢筋轴线相垂直的横向裂纹； 3 钢筋丝头长度应满足产品设计要求，极限偏差应为0p～2.0p； 4 钢筋丝头宜满足6f级精度要求，应采用专用直螺纹量规检验，通规应能顺利旋入并达到要求的拧入长度，止规旋入不得超过3p。各规格的自检数量不应少于10%，检验合格率不应小于95%。 6.2.2 锥螺纹钢筋丝头加工应符合下列规定： 1 钢筋端部不得有影响螺纹加工的局部弯曲； 2 钢筋丝头长度应满足产品设计要求，拧紧后的钢筋丝头不得相互接触，丝头加工长度极限偏差应为－0.5p～－1.5p； 3 钢筋丝头的锥度和螺距应采用专用锥螺纹量规检验；各规格丝头的自检数量不应少于10%，检验合格率不应小于95%。	4. 查阅机械连接工艺报告及质量检验报告 检验项目、试验方法、代表部位、数量、试验结果：符合规范规定 签字：试验员、审核人、批准人已签字 盖章：盖有计量认证章、资质章及试验单位章，见证取样时，有见证取样章并注明见证人 结论：符合设计要求和规范规定
		6.3.1 直螺纹接头的安装应符合下列规定： 1 安装接头时可用管钳扳手拧紧，钢筋丝头应在套筒中央位置相互顶紧，标准型、正反丝型、异径型接头安装后的单侧外露螺纹不宜超过2p；对无法对顶的其他直螺纹接头，应附加锁紧螺母、顶紧凸台等措施紧固。	5. 查阅机械连接工艺试验及质量检验报告台账 试验报告数量：与连接接头种类及代表数量相一致

续表

条款号	大纲条款	检 查 依 据	检查要点
5.2.4	焊接工艺试验合格；钢筋接头试件截取符合规范、试验合格，报告齐全	2 接头安装后应用扭力扳手校核拧紧扭矩，最小拧紧扭矩值应符合表6.3.1的规定。 3 校核用扭力扳手的准确度级别可选用10级。 6.3.2 锥螺纹接头的安装应符合下列规定： 1 接头安装时应严格保证钢筋与连接件的规格相一致； 2 接头安装时应用扭力扳手拧紧，拧紧扭矩值应满足表6.3.2的要求； 3 校核用扭力扳手与安装用扭力扳手应区分使用，校核用扭力扳手应每年校核1次，准确度级别不应低于5级	6. 查看机械连接接头及试验报告 截取方式：在工程结构中随机截取 试件数量：符合规范要求 试验结果：合格 7. 查阅机械连接施工记录 最小拧紧力矩值：符合规范规定 签字：施工单位班组长、质量员、技术负责人、专业监理工程师已签字
5.2.5	钢筋代换已办理设计变更手续，可追溯	**1.《110kV～750kV架空输电线路施工及验收规范》GB 50233—2014** 1.0.3 架空输电线路工程应按照批准和经会审的设计文件施工。当需要变更设计时，应经原设计单位确认	查阅钢筋代换设计变更和设计变更反馈单 设计变更：已办理设计变更 设计变更反馈单：已执行 签字审批：建设、设计、施工、监理单位已签署意
5.2.6	混凝土强度等级满足设计要求，试验报告齐全	**1.《混凝土结构工程施工质量验收规范》GB 50204—2015** 7.3.4 首次使用的混凝土配合比应进行开盘鉴定，其原材料、强度、凝结时间、稠度等应满足设计配合比的要求。 检查数量：同一配合比的混凝土检查不应少于一次。 检验方法：检查开盘鉴定资料和强度试验报告。 7.4.1 混凝土的强度等级必须符合设计要求。用于检验混凝土强度的试件应在浇筑地点随机抽取。 检查数量：对同一配合比混凝土，取样与试件留置应符合下列规定： 1 每拌制100盘且不超过100m^3时，取样不得少于一次； 2 每工作班拌制不足100盘时，取样不得少于一次； 3 连续浇筑超过1000m^3时，每200m^3取样不得少于一次； 4 每一楼层取样不得少于一次； 5 每次取样应至少留置一组试件。 检验方法：检查施工记录及混凝土强度试验报告。 10.2.3 结构实体混凝土强度应按不同强度等级分别检验，检验方法宜采用同条件养护试件方法；当未取得同条件养护试件强度或同条件养护试件强度不符合要求时，可采用回弹-取芯法进行检验。	1. 查阅混凝土（标准养护及条件养护）试块强度试验报告 代表数量：与实际浇筑的数量相符 强度：符合设计要求 签字：试验员、审核人、批准人已签字 盖章：盖有计量认证章、资质章及试验单位章，见证取样时，加盖见证取样章并注明见证人 2. 查阅混凝土开盘鉴定资料 时间：在首次使用的混凝土配合比前 内容：开盘鉴定记录表项目齐全 签字：施工、监理人员已签字

续表

条款号	大纲条款	检 查 依 据	检查要点
5.2.6	混凝土强度等级满足设计要求，试验报告齐全	结构实体混凝土同条件养护试件强度检验应符合本规范附录C的规定；结构实体混凝土回弹-取芯法强度检验应符合本规范附录D的规定。 混凝土强度检验时的等效养护龄期可取日平均温度逐日累计达到600℃·d时所对应的龄期，且不应小于14d。日平均温度为0℃及以下的龄期不计入。 冬期施工时，等效养护龄期计算时温度可取结构构件实际养护温度，也可根据结构构件的实际养护条件，按照同条件养护试件强度与在标准养护条件下28d龄期试件强度相等的原则由监理、施工等各方共同确定。 **2.《电力电缆隧道设计规程》DL/T 5484—2013** 3.5.2 一般环境条件下电缆隧道的混凝土强度等级不宜低于表3.5.2的规定	3. 查阅混凝土强度检验评定记录 评定方法：选用正确 数据：统计、计算准确 签字：计算者、审核者已签字 结论：符合设计要求 4. 查看混凝土搅拌站 计量装置：在周检期内，使用正常 配合比调整：已根据气候和砂、石含水率进行调整 材料堆放：粗细骨料无混仓现象 5. 查看混凝土浇筑现场 坍落度：监理人员已按要求检测 试块制作、留置地点、方法及数量：符合规范要求 养护：方法、时间符合规程要求
5.2.7	混凝土浇筑记录齐全，混凝土试件留置、养护符合规范规定	**1.《混凝土结构工程施工质量验收规范》GB 50204—2015** 7.4.1 混凝土的强度等级必须符合设计要求。用于检验混凝土强度的试件应在浇筑地点随机抽取。 检查数量：对同一配合比混凝土，取样与试件留置应符合下列规定： 1 每拌制100盘且不超过100m^3时，取样不得少于一次； 2 每工作班拌制不足100盘时，取样不得少于一次； 3 连续浇筑超过1000m^3时，每200m^3取样不得少于一次； 4 每一楼层取样不得少于一次； 5 每次取样应至少留置一组试件。 检验方法：检查施工记录及混凝土强度试验报告。 **2.《混凝土质量控制标准》GB 50164—2011** 6.6.14 混凝土拌合物从搅拌机卸出后到浇筑完毕的延续时间不宜超过表6.6.14的规定。	1. 查阅混凝土浇筑记录 坍落度：符合配合比要求 浇筑间隔时间：符合规范规定 标养试块留置：组数符合规范规定，编号齐全 同养试块留置（拆模、结构实体、设备安装、冬期施工、其他要求）：组数符合规范规定，编号齐全 2. 查阅商品混凝土跟踪台账 浇筑部位、浇筑量、配合比编号、出厂合格证编号：清晰准确 试块留置数量：与浇筑量相符

续表

条款号	大纲条款	检查依据	检查要点
5.2.7	混凝土浇筑记录齐全，混凝土试件留置、养护符合规范规定	6.6.15 在混凝土浇筑的同时，应制作供结构或构件出池、拆模、吊装、张拉、放张和强度合格评定用的同条件养护试件，并应按设计要求制作抗冻、抗渗或其他性能试验用的试件。 7.2.1 在生产施工过程中，应在搅拌地点和浇筑地点分别对混凝土拌合物进行抽样检验。 **3.《建筑工程冬期施工规程》JGJ/T 104—2011** 6.9.7 混凝土强度试件的留置除应按现行国家标准《混凝土结构工程施工质量验收规范》GB 50204 规定进行外，尚应增设不少于2组同条件养护试件	3. 查看混凝土浇筑现场 坍落度：监理人员已按要求检测 试块制作、留置地点、方法及数量：符合规范要求 养护：方法、时间符合规程要求
5.2.8	混凝土结构外观质量和尺寸偏差符合质量验收标准；电缆竖井伸缩缝留置、预埋件埋设位置符合设计	**1.《混凝土结构工程施工质量验收规范》GB 50204—2015** 8.1.1 现浇结构质量验收应符合下列规定： 1 现浇结构质量验收应在拆模后、混凝土表面未作修整和装饰前进行，并应作出记录； 2 已经隐蔽的不可直接观察和量测的内容，可检查隐蔽工程验收记录； 3 修整或返工的结构构件或部位应有实施前后的文字及图像记录。 8.3.1 现浇结构不应有影响结构性能和使用功能的尺寸偏差；混凝土设备基础不应有影响结构性能和设备安装的尺寸偏差。 对超过尺寸允许偏差要求且影响结构性能、设备安装、使用功能的结构部位，应由施工单位提出技术处理方案，并经设计单位及监理（建设）单位认可后进行处理。对经处理后的部位，应重新验收。 检查数量：全数检查。 检验方法：量测，检查技术处理方案。 8.3.2 现浇结构的位置和尺寸偏差及检验方法应符合表8.3.2的规定。 8.3.3 现浇设备基础的位置和尺寸应符合设计和设备安装的要求。其位置和尺寸偏差及检验方法应符合表8.3.3的规定。 **2.《电力电缆隧道设计规程》DL/T 5484—2013** 4.3.3 明挖结构现浇钢筋混凝土的横向施工缝的位置和间距，应综合结构形式、受力要求、气象条件及变形缝间距等因素，参照类似工程的经验确定。施工缝间各结构段的混凝土宜间隔浇筑。 **3.《城市电力电缆线路设计技术规定》DL/T 5221—2016** 4.5.10 电缆隧道纵向坡度如超过10°，人员通道部位应设防滑地坪或台阶	1. 查阅混凝土结构尺寸偏差验收记录 尺寸偏差：符合设计要求及规范的规定 签字：施工单位质量员、专业监理工程师已签字 结论：合格 2. 查看混凝土外观 表面质量：无严重缺陷 位置、尺寸偏差：符合设计要求和规范规定 3. 查看电缆竖井伸缩缝 位置：符合设计要求 4. 查看预埋件 埋设位置：符合设计要求和规范规定

续表

条款号	大纲条款	检查依据	检查要点
5.2.9	隧道坡度、坡向及渗漏排水设施符合设计要求	**1.《隧道工程防水技术规范》CECS 370—2014** 1.0.4 隧道工程防水设计、施工及验收除应符合本规范规定外，尚应符合国家现行有关标准的规定。 5.5.1 制定隧道工程防排水方案时，应根据工程情况选用合理的排水措施，防止影响周边环境。 **2.《电力电缆隧道设计规程》DL/T 5484—2013** 10.0.2 电缆隧道排水系统应能排除隧道的结构渗漏水、地面井盖的雨水渗漏水及隧道内的冲洗水等。 10.0.4 电缆隧道内应采取有组织地排水，隧道内纵向排水坡度不宜小于5‰，并坡向集水井。 **3.《城市电力电缆线路设计技术规定》DL/T 5221—2016** 4.5.15 电缆隧道内附属设施应根据各地环境条件及运行需求来确定，应符合下列规定： 5 隧道排水宜采用机械排水方式，并应本着“一防、二截、三排”的原则进行防水设计、施工。隧道排水系统应符合下列规定……	查看现场 隧道坡度、坡向：符合设计要求 渗漏排水设施：完善有效，符合设计要求
5.2.10	隧道通风、照明、防火报警及消防设施符合设计要求	**1.《火灾自动报警系统施工及验收规范》GB 50166—2007** 2.1.3 火灾自动报警的施工应按设计要求编写施工方案。 2.1.5 火灾自动报警的施工，应按照批准的工程设计文件和施工技术标准施工，不得随意更改。确需更改设计时，应由原设计单位负责更改。 **2.《通风与空调工程施工质量验收规范》GB 50243—2016** 3.0.1 通风与空调工程施工质量的验收除应符合本规范的规定外，尚应按批准的设计文件、合同约定的内容执行。 **3.《建筑电气工程施工质量验收规范》GB 50303—2015** 1.0.3 建筑电气工程施工质量验收除应符合本规范外，尚应符合国家现行有关标准的规定。 **4.《电力电缆隧道设计规程》DL/T 5484—2013** 9.1.1 电缆隧道通风设计应符合以下规定： 1 电缆隧道内的温度应满足设备正常运行需求，并设置相应的通风降温措施。 2 当采用通风降温措施困难或难以保障隧道内的温度要求，经过技术经济比较后，可以采用其它辅助降温措施； 3 电缆隧道内各降温措施应同时满足现行国家标准《采暖通风与空气调节设计规范》GB 50019 相关规定的要求。 9.2.3 电缆隧道内按工程的重要性、火灾概率及其特点和经济合理等因素，宜采用下列一种或多种安全措施：	查看隧道现场 火灾、通风、照明设施：符合设计要求 防火报警、消防设施及建筑电气照明：符合设计要求和规范规定

续表

条款号	大纲条款	检查依据	检查要点
5.2.10	隧道通风、照明、防火报警及消防设施符合设计要求	1 实施防火构造； 2 对电缆通道和电缆本身实施阻燃防护和防止延燃； 3 设置消防器材； 4 设置火灾自动监控报警系统。 9.2.8 在电缆隧道的进出口处、接头区和每个防火分区内，均宜设置灭火器、黄砂箱等灭火器材。 11.2.1 隧道应设置正常照明、应急照明和过渡照明。应急照明主要是疏散照明。 11.2.2 照明灯具应采用节能、防潮型灯具。灯具外壳应带单独接地线。 **5.《城市电力电缆线路设计技术规定》DL/T 5221—2016** 4.5.15 电缆隧道内附属设施应根据各地环境条件及运行需求来确定，应符合下列规定： 2 电缆隧道内的照明系统宜符合…… 4 电缆隧道内的通风系统可采用自然通风或机械通风形式…… 9.4.3 在电缆隧道的出入口处和接头区内，宜设置消防设备。 9.4.4 火灾监控报警和固定灭火装置的设计应符合下列规定： 1 在电缆进出线集中的隧道、电缆夹层和竖井中，如未全部采用阻燃电缆，为了把火灾事故限制在最小范围，尽量减小事故损失，可加设监控报警和固定自动灭火装置。 2 电缆隧道在每一阻火分隔区内宜设置温度过高和火情监测器，在隧道内发生异常情况时，应能及时把信息发至值班室；由温度过高监测器发出的信号应自动启动进、排风机，由火情监测器发出的信号应自动关闭进、排风机和进、排风孔。 3 在电缆进出线特别集中的隧道、电缆夹层和竖井中，可加设湿式自动喷火、水喷雾灭火或气体灭火等固定灭火装置	
5.2.11	回填土压实系数检测符合设计要求，报告齐全	**1.《建筑地基基础工程施工质量验收规范》GB 50202—2018** 4.1.4 素土和灰土地基、砂和砂石地基、土工合成材料地基、粉煤灰地基、强夯地基、注浆地基、预压地基的承载力必须达到设计要求。地基承载力的检验数量每 $300m^2$ 不应少于1点，超过 $3000m^2$ 部分每 $500m^2$ 不应少于1点。每单位工程不应少于3点。 4.4.2 施工中应检查基槽清底状况、回填料铺设厚度及平整度、土工合成材料的铺设方向、接缝搭接长度或缝接状况、土工合成材料与结构的连接状况等。 **2.《建筑地基处理技术规范》JGJ 79—2012** 4.4.3 采用环刀法检验垫层的施工质量时，取样点应位于每层垫层厚度的2/3深度处。检验点数量，对大基坑每 $50 \sim 100m^2$，不应少于1个检验点；对基槽每10～20m不应少于1个点；每个独立柱基不应少于1个点。采用贯入仪或动力触探检验垫层的施工质量时，每分层平面上检验点的间距应小于4m	1. 查阅回填土试验报告 压实系数：符合设计要求 签字：试验人、校核人、批准人已签字 盖章：已加盖计量认证章、单位资质章及试验单位章，见证取样时，加盖见证取样章并注明见证人 结论：合格 2. 查看回填土质量 回填土土质：土质符合设计要求，灰土拌合均匀 施工方法：分层虚铺厚度、夯击遍数及接槎做法满足要求

续表

<table>
<tr><th>条款号</th><th>大纲条款</th><th>检 查 依 据</th><th>检查要点</th></tr>
<tr><td rowspan="2">5.2.12</td><td rowspan="2">隐蔽验收、质量验收签证记录齐全</td><td rowspan="2">1.《建筑工程施工质量验收统一标准》GB 50300—2013
5.0.7 工程质量控制资料应齐全完整，当部分资料缺失时，应委托有资质的检测机构按有关标准进行相应的实体检验或抽样试验</td><td>1. 查阅隐蔽工程记录
内容：隐蔽项目齐全，内容符合设计要求和规范规定
签字：施工、监理单位责任人已签字
结论：同意隐蔽</td></tr>
<tr><td>2. 查阅质量验收资料
内容：检验批、分项、分部工程质量验收记录齐全
签字：施工、监理单位责任人已签字
结论：合格</td></tr>
<tr><td colspan="4">5.3 盾构、顶管电缆隧道工程的监督检查</td></tr>
<tr><td>5.3.1</td><td>管件质量检验报告齐全，性能满足设计或规程要求</td><td>1.《盾构法隧道施工及验收规范》GB 50446—2017
3.0.4 工程原材料、半成品和成品进场均应进行验收，质量合格后方可使用。
2.《建筑工程施工质量验收统一标准》GB 50300—2013
3.0.3 建筑工程的施工质量控制应符合下列规定：
1 建筑工程采用的主要材料、半成品、成品、建筑构配件、器具和设备应进行进场检验。凡涉及安全、节能、环境保护和主要使用功能的重要材料、产品，应按各专业工程施工规范、验收规范和设计文件等规定进行复验，并应经监理工程师检查认可；
2 各施工工序应按施工技术标准进行质量控制，每道施工工序完成后，经施工单位自检符合规定后，才能进行下道工序施工。各专业工种之间的相关工序应进行交接检验，并应记录；
3 对于监理单位提出检查要求的重要工序，应经监理工程师检查认可，才能进行下道工序施工。
3.《电力电缆隧道设计规程》DL/T 5484—2013
3.5.1 工程材料应根据结构类型、受力条件、使用要求和所处环境选用，并符合可靠性、耐久性和经济性的要求。
6.1.3 顶管管径应根据设计功能及相关要求确定。顶管常用的管材有钢筋混凝土管、钢管和玻璃纤维增强塑料夹砂管。管材的选择应根据管径、管道用途、管材受力特性和地质条件等因素确定。对于各种管材制成的顶管管段，应满足性能要求，并符合施工工艺机械配备要求。</td><td>查阅管件质量检验报告
检验项目：齐全
盖章：盖有计量认证章、资质章及试验单位章，见证取样时，加盖见证取样章并注明见证人
结论：有符合设计要求和规范规定</td></tr>
</table>

续表

条款号	大纲条款	检查依据	检查要点
5.3.1	管件质量检验报告齐全，性能满足设计或规程要求	**4.《城市电力电缆线路设计技术规定》DL/T 5221—2016** 4.4.1 保护管设计应符合下列规定： 2 供敷设单芯电缆用的保护管管材，应选用非导磁并符合环保要求的管材；供敷设三芯电缆用的保护管管材，还可使用内壁光滑的钢筋混凝土管或镀锌钢管； 4 保护管内径不宜小于电缆外径或多根电缆包络外径的1.5倍	
5.3.2	接缝处理及防渗漏措施符合规范规定	**1.《地下工程防水技术规范》GB 50108—2008** 3.1.4 地下工程迎水面主体结构应采用防水混凝土，并应根据防水等级的要求采取其他防水措施。 3.1.5 地下工程的变形缝（诱导缝）、施工缝、后浇带、穿墙管（盒）、预埋件、预留通道接头、桩头等细部构造，应加强防水措施。 **2.《电力电缆隧道设计规程》DL/T 5484—2013** 8.1.2 电缆隧道应采用全封闭的防水设计，其附建的电缆隧道出入口的防水设防高度应高出室外地坪高程500mm以上。 8.2.1 电缆隧道的防水等级应不低于二级，各等级防水标准应符合现行国家标准《地下工程防水技术规范》GB 50108的规定。 8.2.3 电缆隧道防水混凝土的抗渗等级：有冻害地段及最冷月份平均气温低于−15℃的地区应不低于P8，其余地区应不低于P6。防水混凝土设计抗渗等级的选择尚应满足现行国家标准《地下工程防水技术规范》GB 50108的要求。 **3.《城市电力电缆线路设计技术规定》DL/T 5221—2016** 4.5.4 电缆隧道应进行防水设计，并符合国家现行有关规范	1. 查阅《接缝处理及防渗漏措施》及报审文件 内容：符合规范规定，具有可操作性及针对性 签字：施工单位项目经理、专业监理工程师已签字 盖章：施工、监理单位已盖章 报审结论：同意实施 2. 查阅工程记录 质量验收记录、施工记录、隐蔽验收记录：接缝处理及防渗漏措施符合规范规定 签字：监理、施工单位责任人已签字 结论：合格 3. 查看接缝 外观：无渗漏 处理：符合规范规定
5.3.3	隧道转弯半径、几何尺寸及工作井设置符合设计要求	**1.《电气装置安装工程电缆线路施工及验收规范》GB 50168—2006** 5.1.1 电缆敷设前应按下列要求进行检查： 1 电缆沟、电缆隧道、排管、交叉跨越管道及直埋电缆沟深度、宽度、弯曲半径等符合设计要求和规程要求。电缆通道畅通，排水良好。金属部分的防腐层完整。隧道内照明、通风符合设计要求。 5.1.7 电缆的最小弯曲半径应符合表5.1.7的规定 **2.《盾构法隧道工程施工及验收规范》GB 50446—2017** 4.2.1 隧道施工前，应具备下列资料：	1. 查阅隧道转弯半径、几何尺寸等隧道施工前的必备资料 2. 查看现场 工作井设置：符合设计要求

续表

条款号	大纲条款	检查依据	检查要点
5.3.3	隧道转弯半径、几何尺寸及工作井设置符合设计要求	1 工程地质和水文地质勘察报告； 2 隧道沿线环境、地下管线和障碍物等的调查报告； 3 施工所需的设计图纸资料和工程技术要求文件； 4 工程施工有关合同文件； 5 施工组织设计； 6 拟使用盾构的相关资料。 4.5.1 工作井应符合下列规定： 1 根据地质条件和环境条件，应选择安全经济和对周边影响小的施工方法。 2 始发工作井的长度应大于盾构主机长度 3m，宽度应大于盾构直径 3m。 3 接收工作井的平面内净尺寸应满足盾构接收、解体和调头的要求。 4 始发、接收工作井的井底板应低于始发和到达洞门底标高，并应满足相关装置安装和拆卸所需的最小作业空间要求。 5 工作井预留洞门直径应满足盾构始发和接收的要求。 **3.《电力电缆隧道设计规程》DL/T 5484—2013** 6.1.6 工作井设计的基本原则是： 1 工作井尺寸应按照顶管的管节长度、管节外径、顶管机尺寸、管底高程等参数确定。 2 接收井的控制尺寸应根据顶管机外径、长度、顶管机在井内拆除和吊装的需要以及工艺管道连接的要求等确定。 3 需计算顶管施工时顶推力对井深结构的影响。 4 尽可能减少工作井数量。 5 工作井的选址应尽量避开房屋、地下管线、池塘、架空线等不利于顶管施工的场所。 6.3 工作井 7.5 竖井结构 **4.《城市电力电缆线路设计技术规定》DL/T 5221—2016** 4.1.1 任何方式敷设的电缆的弯曲半径不宜小于表 4.1.1 所规定的弯曲半径。 4.5.9 电缆隧道的转弯半径应满足本标准第 4.1.1 条的规定。 4.5.13 电缆隧道工井应有人员活动的空间，且宜符合下列规定： 1 工井未超过 5m 高时，可设置爬梯； 2 工井超过 5m 高时，宜设置楼梯，且每隔 4m 宜设置中间平台； 3 工井超过 20m 高且电缆数量多或重要性要求较高时，可设置简易性电梯	

续表

条款号	大纲条款	检查依据	检查要点
5.3.4	位置断面图上标明了与其他地下管线交叉的位置	**1.《盾构法隧道工程施工及验收规范》GB 50446—2017** 4.1.1 施工前，应对施工地段的工程地质和水文地质情况进行调查，必要时应补充地质勘察。 4.1.2 对工程影响范围内的地面建（构）筑物应进行现场踏勘和调查，对需加固或基础托换的建（构）筑物应进行详细调查，必要时应进行鉴定，并应提前做好施工方案。 4.1.3 对工程影响范围内的地下障碍物、地下构筑物及地下管线等应进行调查，必要时应进行探查。 4.1.4 根据工程所在地的环境保护要求，应进行工程环境调查。 **2.《电力电缆隧道设计规程》DL/T 5484—2013** 6.1.5 顶管间距应符合下列规定： 1 互相平行的管道水平间距应根据土层性质、管道直径和管道埋置深度等因素确定，一般情况下宜大于1倍的管道外径。 2 空间交叉管道的净间距，钢管不宜小于1/2管道外径，且不应小于1.0m。钢筋混凝土管和玻璃纤维增强塑料夹砂管不宜小于1倍管道外径，且不宜小于2m。 3 顶管底与建筑物基础底面相平时，直径小于1.5m的管道宜与建筑物基础边缘保持2倍管径间距，直径大于1.5m的管道宜保持3m净距。 4 顶管底低于建筑物基础底标高时，其间距尚应满足地基土体稳定性的要求。 **3.《城市电力电缆线路设计技术规定》DL/T 5221—2016** 4.5.1 电缆隧道与相邻建（构）筑物及管线最小间距应符合国家现行有关规范，且不宜小于表4.5.1的规定，当不能满足要求时，应在设计和施工中采取必要措施	查阅断面图 内容：位置断面图上已标明与其他地下管线交叉的位置
5.3.5	隐蔽验收、质量验收签证记录齐全	**1.《建筑工程施工质量验收统一标准》GB 50300—2013** 5.0.7 工程质量控制资料应齐全完整，当部分资料缺失时，应委托有资质的检测机构按有关标准进行相应的实体检验或抽样试验。 **2.《盾构法隧道工程施工及验收规范》GB 50446—2017** 1.0.3 盾构法隧道工程的施工及验收除应符合本规范外，尚应符合国家现行有关标准的规定	1. 查阅隐蔽工程记录 内容：隐蔽工程记录齐全，填写正确，符合设计要求和规范规定 签字：施工、监理单位责任人已签字 结论：同意隐蔽 2. 查阅质量验收资料 内容：检验批、分项、分部工程质量验收记录齐全 签字：施工、监理单位责任人已签字 结论：合格

续表

<table>
<tr><th>条款号</th><th>大纲条款</th><th>检查依据</th><th>检查要点</th></tr>
<tr><td colspan="4">5.4　水平定向钻进拖管电缆管道工程的监督检查</td></tr>
<tr><td>5.4.1</td><td>管件质量检验报告齐全，性能满足设计或规程要求</td><td>1.《建筑工程施工质量验收统一标准》GB 50300—2013
3.0.3　建筑工程的施工质量控制应符合下列规定：
1　建筑工程采用的主要材料、半成品、成品、建筑构配件、器具和设备应进行进场检验。凡涉及安全、节能、环境保护和主要使用功能的重要材料、产品，应按各专业工程施工规范、验收规范和设计文件等规定进行复验，并应经监理工程师检查认可。
2.《水平定向钻法管道穿越工程技术规程》CECS 382：2014（中国工程建设标准化协会公告第179号）
7.2.1　管材到场后，施工单位应与监理单位共同对管材进行进场检测，并由具备相应资质的检测单位进行检测复验。
7.2.2　进场管材的检测应包括下列内容：
1　应有产品合格、技术质量证明文件；
2　外观无缺陷、裂纹、弯曲、变形；
3　管节、防腐层、材质物理性能等应符合国家现行有关标准的规定和设计要求；
4　焊接材料和焊接设备应符合设计要求。当设计无要求时，焊接材料和焊接设备应与选用管材相匹配；
5　电力管道应进行管材的环片热压缩性能试验。
7.2.3　钢管焊缝应按设计图纸提出的焊接要求进行检测。
7.2.4　塑料管道热熔焊接接头质量检验应符合现行行业标准《聚乙烯燃气管道工程技术规程》CJJ 63中关于热熔连接的规定。
3.《电力电缆隧道设计规程》DL/T 5484—2013
3.5.1　工程材料应根据结构类型、受力条件、使用要求和所处环境选用，并符合可靠性、耐久性和经济性的要求。
6.1.3　顶管管径应根据设计功能及相关要求确定。顶管常用的管材有钢筋混凝土管、钢管和玻璃纤维增强塑料夹砂管。管材的选择应根据管径、管道用途、管材受力特性和地质条件等因素确定。对于各种管材制成的顶管管段，应满足性能要求，并符合施工工艺机械配备要求。
4.《城市电力电缆线路设计技术规定》DL/T 5221—2016
4.4.1　保护管设计应符合下列规定：
2　供敷设单芯电缆用的保护管管材，应选用非导磁并符合环保要求的管材；供敷设三芯电缆用的保护管管材，还可使用内壁光滑的钢筋混凝土管或镀锌钢管；
4　保护管内径不宜小于电缆外径或多根电缆包络外径的1.5倍</td><td>查阅管件质量检验报告
检验项目：齐全完整
盖章：盖有计量认证章、资质章及试验单位章，见证取样时，加盖见证取样章并注明见证人
结论：符合设计要求和规范规定</td></tr>
</table>

续表

条款号	大纲条款	检 查 依 据	检查要点
5.4.2	钻进拖管电缆管道水平定向出、入口角度符合设计要求；水平定向钻进拖管施工孔洞注浆处理满足设计要求	**1.《给水排水管道工程施工及验收规范》GB 50268—2008** 6.6.2 定向钻施工前应检查下列内容，确认条件具备时方可开始钻进： 1 设备、人员应符合下列要求： 1）设备应安装牢固、稳定，钻机导轨与水平面的夹角符合入土角要求； 2）钻机系统、动力系统、泥浆系统等调试合格； 3）导向控制系统安装正确，校核合格，信号稳定； 4）钻进、导向探测系统的操作人员经培训合格； 2 管道的轴向曲率应符合设计要求、管材轴向弹性性能和成孔稳定性的要求； 3 按施工方案确定入土角、出土角； 4 无压管道从竖向曲线过渡至直线后，应设置控制井；控制井的设置应结合检查井、入土点、出土点位置综合考虑，并在导向孔钻进前施工完成； 5 进、出控制井洞口范围的土体应稳固： 6.6.4 定向钻施工应符合下列规定： 4 定向钻施工的泥浆（液）配制应符合下列规定： 1）导向钻进、扩孔及回拖时，及时向孔内注入泥浆（液）； 2）泥浆（液）的材料、配比和技术性能指标应满足施工要求，并可根据地层条件、钻头技术要求、施工步骤进行调整； 3）泥浆（液）应在专用的搅拌装置中配制，并通过泥浆循环池使用；从钻孔中返回的泥浆经处理后回用，剩余泥浆应妥善处置； 4）泥浆（液）的压力和流量应按施工步骤分别进行控制。 **2.《水平定向钻法管道穿越工程技术规程》CECS 382：2014（中国工程建设标准化协会公告第179号）** 5.3.9 水平定向钻先导孔轨迹入土角、出土角及曲率半径可按表5.3.5选取。 6.4.1 水平定向钻进应根据地层条件、穿越管道直径和长度，制定合理的泥浆体系，选择合适的造浆材料。 6.4.2 钻孔泥浆的设计应包含下列内容： 1 确定钻孔泥浆的比重、黏度、静切力、动切力、滤失量、泥饼厚度、允许含砂量、pH值等基本参数； 2 各种造浆材料的配合比； 3 钻孔泥浆材料用量计算； 4 泥浆制备； 5 制定钻孔泥浆循环、净化、管理措施。	1. 查看现场 管道水平定向出、入口角度：符合设计要求 施工孔洞注浆处理：满足设计要求 2. 查阅施工记录 出入角度、注浆处理：与方案一致，满足设计要求

续表

<table>
<tr><th>条款号</th><th>大纲条款</th><th>检 查 依 据</th><th>检查要点</th></tr>
<tr><td>5.4.2</td><td>钻进拖管电缆管道水平定向出、入口角度符合设计要求；水平定向钻进拖管施工孔洞注浆处理满足设计要求</td><td>6.4.7 水平定向钻施工过程中应保持稳定的泥浆循环。
6.4.8 泥浆应在专用搅拌容器或搅拌池中配制，从钻孔内返出的泥浆应经沉淀池或泥浆净化设备处理并调整后方可重复利用。
6.4.9 当钻进过程需要长时间中断时，应向孔内定时补充新泥浆并活动钻具，以补偿泥浆漏失及防止卡钻事故的发生。
3.《电力电缆隧道设计规程》DL/T 5484—2013
6.4.1 顶管进出工作井时应根据工程地质和水文地质条件、埋设深度、周围环境和顶进方法，选择技术经济合理的技术措施，并应符合下列规定：
3 洞口周围土体含地下水时，若条件允许可采取降水措施，或采取注浆等措施加固土体以封堵地下水；在拆除封门时，顶管机外壁与工作井之间应设置洞口止水装置，防止顶进施工时泥水渗入工作井。
6 在工作井洞口范范围可预埋注浆管，管道进入土体之前可预先注浆</td><td></td></tr>
<tr><td rowspan="2">5.4.3</td><td rowspan="2">管道钻进导向轨迹符合设计要求</td><td rowspan="2">1.《给水排水管道工程施工及验收规范》GB 50268—2008
6.6.2 定向钻施工前应检查下列内容，确认条件具备时方可开始钻进：
2 管道的轴向曲率应符合设计要求、管材轴向弹性性能和成孔稳定性的要求；
3 按施工方案确定入土角、出土角。
2.《水平定向钻法管道穿越工程技术规程》CECS 382：2014（中国工程建设标准化协会公告第179号）
5.3.4 水平定向钻先导孔轨迹设计应包括下列内容：
1 钻孔类型和轨迹形式；
2 确定入土点和出土点位置；
3 确定各项轨迹参数，包括入土角、出土角、圆弧过渡段曲率半径、管道埋深、管道水平长度、实际用管长度等。
5.3.5 水平定向钻先导孔轨迹设计（图5.3.9）应按下列公式计算：
……</td><td>1. 查看现场
管道钻进导向轨迹：符合设计要求</td></tr>
<tr><td>2. 查阅施工记录
导向轨迹：符合设计要求</td></tr>
<tr><td rowspan="2">5.4.4</td><td rowspan="2">管道转弯半径、几何尺寸及工作井设置符合设计要求</td><td rowspan="2">1.《电气装置安装工程电缆线路施工及验收规范》GB 50168—2006
4.3.3 电缆工作井的尺寸应满足电缆最小弯曲半径的要求。电缆井内应设有积水坑，上盖金属箅子。
2.《水平定向钻法管道穿越工程技术规程》CECS 382：2014（中国工程建设标准化协会公告第179号）
5.3.4 水平定向钻先导孔轨迹设计应包括下列内容：</td><td>1. 查阅施工记录及质量验收记录
管道转弯半径、几何尺寸及工作井设置：符合设计要求
结论：合格</td></tr>
<tr><td>2. 查看工作井
设置：符合设计要求</td></tr>
</table>

续表

条款号	大纲条款	检 查 依 据	检查要点
5.4.4	管道转弯半径、几何尺寸及工作井设置符合设计要求	1 钻孔类型和轨迹形式； 2 确定入土点和出土点位置； 3 确定各项轨迹参数，包括入土角、出土角、圆弧过渡段曲率半径、管道埋深、管道水平长度、实际用管长度等。 5.3.5 水平定向钻先导孔轨迹入土角、出土角及曲率半径可按表5.3.5选取。 5.3.9 水平定向钻先导孔轨迹设计（图5.3.9）应按下列公式计算。 **3.《电力电缆隧道设计规程》DL/T 5484—2013** 6.1.6 工作井设计的基本原则是： 1 工作井尺寸应按照顶管的管节长度、管节外径、顶管机尺寸、管底高程等参数确定 2 接收井的控制尺寸应根据顶管机外径、长度、顶管机在井内拆除和吊装的需要以及工艺管道连接的要求等确定。 3 需计算顶管施工时顶推力对井深结构的影响。 4 尽可能减少工作井数量。 5 工作井的选址应尽量避开房屋、地下管线、池塘、架空线等不利于顶管施工的场所。 6.3 工作井	
5.4.5	位置断面图上标明了与其他地下管线交叉的位置	**1.《给水排水管道工程施工及验收规范》GB 50268—2008** 6.6.4 定向钻施工应符合下列规定： 1 导向孔钻进应符合下列规定： 1）钻机必须先进行试运转，确定各部分运转正常后方可钻进； 2）第一根钻杆入土钻进时，应采取轻压慢转的方式，稳定钻进导入位置和保证入土角；且入土段和出土段应为直线钻进，其直线长度宜控制在20m左右； 3）钻孔时应匀速钻进，并严格控制钻进给进力和钻进方向； 4）每进一根钻杆应进行钻进距离、深度、侧向位移等的导向探测，曲线段和有相邻管线段应加密探测； 5）保持钻头正确姿态，发生偏差应及时纠正，且采用小角度逐步纠偏；钻孔的轨迹偏差不得大于终孔直径，超出误差允许范围宜退回进行纠偏； 6）绘制钻孔轨迹平面、剖面图。 **2.《水平定向钻法管道穿越工程技术规程》CECS 382：2014（中国工程建设标准化协会公告第179号）** 5.3.8 水平定向钻法敷设的管道与建筑物或既有地下管线的距离应符合下列规定： 1 当敷设在建筑物基础上方时，与建筑物基础的水平净距不应小于1.5m；	查阅纵剖面和横剖面 标识：位置纵剖面和横剖面上标明了与其他地下管线交叉的位置

续表

条款号	大纲条款	检查依据	检查要点
5.4.5	位置断面图上标明了与其他地下管线交叉的位置	2 当敷设在建筑物基础下方时，与建筑物基础的水平净距应大于持力层扩散角范围，扩散角不应小于45°； 3 在建筑物基础下敷设管线时，应经过验算后确定深度； 4 与既有地下管线平行敷设时，管道外径大于200mm时，净距应为最大扩孔直径的2倍以上；管道外径小于200mm时，净距不应小于0.6m； 5 从既有地下管线上部交叉敷设时，垂直净距应大于0.6m；如在淤泥质地层中穿越，垂直净距应大于1.0m； 6 从既有地下管线下部交叉敷设时，垂直净距应符合下列规定： 1）黏性土地层应大于扩孔直径的1倍； 2）粉土地层应大于扩孔直径的1.5倍； 3）砂土地层应大于扩孔直径的2倍； 4）小直径管道（D1＜110mm）垂直净距不得小于0.5m。 7 采用水平定向钻法敷设燃气管道时，管道与建（构）筑物或相邻管道之间的水平和垂直净距应符合现行国家标准《城镇燃气设计规范》GB 50028的有关规定。 **3.《电力电缆隧道设计规程》DL／T 5484—2013** 6.3.5 顶管间距应符合下列规定： 1 互相平行的管道水平间距应根据土层性质、管道直径和管道埋置深度等因素确定，一般情况下宜大于1倍的管道外径。 2 空间交叉管道的净间距，钢管不宜小于1/2管道外径，且不应小于1.0m。钢筋混凝土管和玻璃纤维增强塑料夹砂管不宜小于1倍管道外径，且不宜小于2m。 3 顶管底与建筑物基础底面相平时，直径小于1.5m的管道宜与建筑物基础边缘保持2倍管径间距，直径大于1.5m的管道宜保持3m净距。 4 顶管底低于建筑物基础底标高时，其间距尚应满足地基土体稳定性的要求	
5.4.6	隐蔽验收记录、质量验收记录符合要求	**1.《建筑工程施工质量验收统一标准》GB 50300—2013** 5.0.7 工程质量控制资料应齐全完整，当部分资料缺失时，应委托有资质的检测机构按有关标准进行相应的实体检验或抽样试验。 **2.《水平定向钻法管道穿越工程技术规程》CECS 382：2014（中国工程建设标准化协会公告第179号）** 7.3.4 供热管道应进行强度试验和严密性试验，强度试验应在管道接口防腐、保温施工及设备安装前进行，严密性试验应在管道安装完成后进行，按现行行业标准《城镇供热管网工程施工及验收规范》CJJ 28的相关规定执行。 7.3.5 通信和电力套管应进行通管试验，并符合下列规定：	1. 查阅隐蔽工程记录 内容：隐蔽工程记录齐全，填写正确，符合设计要求和规范规定 签字：施工、监理单位责任人已签字 结论：同意隐蔽

续表

条款号	大纲条款	检 查 依 据	检查要点
5.4.6	隐蔽验收记录、质量验收记录符合要求	1 管内径大于或等于98mm时，宜选用定径试通棒检测验收； 2 管内径小于98mm时，宜选玻璃钢质通管器检测验收，通管器直径宜为15mm； 3 通管试验时，可使用坚韧的尼龙绳牵引通管器，不得使用钢丝绳。 7.4.5 水平定向钻施工的竣工资料应包括下列内容： 1 工程规划许可证； 2 相关部门批件； 3 工程施工许可证； 4 工程设计图纸； 5 工程测绘报告； 6 工程探测报告； 7 工程施工组织设计； 8 先导孔施工记录； 9 扩孔记录； 10 管道回拖记录； 11 焊缝检测记录； 12 强度试验记录； 13 管线竣工测量图； 14 竣工总结报告	2. 查阅质量验收资料 内容：检验批、分项、分部工程质量验收记录齐全 签字：施工、监理单位责任人已签字 结论：合格
5.5 明挖电缆管道工程的监督检查			
5.5.1	管材、焊材质量证明文件齐全，检验指标符合规定	**1.《建筑工程施工质量验收统一标准》GB 50300—2013** 3.0.3 建筑工程的施工质量控制应符合下列规定： 1 建筑工程采用的主要材料、半成品、成品、建筑构配件、器具和设备应进行进场检验。凡涉及安全、节能、环境保护和主要使用功能的重要材料、产品，应按各专业工程施工规范、验收规范和设计文件等规定进行复验，并应经监理工程师检查认可； **2.《电力电缆隧道设计规程》DL/T 5484—2013** 3.5.1 工程材料应根据结构类型、受力条件、使用要求和所处环境选用，并符合可靠性、耐久性和经济性的要求。 **3.《城市电力电缆线路设计技术规定》DL/T 5221—2016** 4.4.1 保护管设计应符合下列规定： 2 供敷设单芯电缆用的保护管管材，应选用非导磁并符合环保要求的管材；供敷设三芯电缆用的保护管管材，还可使用内壁光滑的钢筋混凝土管或镀锌钢管； 4 保护管内径不宜小于电缆外径或多根电缆包络外径的1.5倍	查阅管件、焊材质量检验报告 检验项目：齐全 盖章：盖有计量认证章、资质章及试验单位章，见证取样时，加盖见证取样章并注明见证人 结论：符合设计要求和规范规定

续表

条款号	大纲条款	检查依据	检查要点
5.5.2	焊接工艺试验合格，焊接资料齐全	**1.《钢筋焊接及验收规程》JGJ 18—2012** 4.1.3 在钢筋工程焊接开工之前，参与该项工程施焊的焊工必须进行现场条件下的焊接工艺试验，应经试验合格后，方准于焊接生产	查阅焊接工艺试验及质量检验报告 检验项目、试验方法、代表部位、数量、试验结果：符合规范规定 签字：试验员、审核人、批准人已签字 盖章：盖有计量认证章、资质章及试验单位章，见证取样时，有见证取样章并注明见证人 结论：合格
5.5.3	管材涂料、涂装遍数、涂层厚度验收记录齐全，符合设计要求	**1.《建筑防腐蚀工程施工规范》GB 50212—2014** 1.0.3 进入现场的建筑防腐蚀材料应有产品质量合格证、质量技术指标及检测方法和质量检验报告或技术鉴定文件。 1.0.4 需现场配制使用的材料应经试验确定。经试验确定的配合比不得任意改变。 1.0.5 建筑防腐蚀工程的施工，应按设计文件规定进行。当需要变更设计、材料代用或采用新材料时，应征得设计部门的同意。 1.0.6 建筑防腐蚀工程的施工及使用的材料，除应符合本规范外，尚应符合国家现行有关标准的规定 **2.《电气装置安装工程电缆线路施工及验收规范》GB 50168—2006** 4.0.5 电缆及其有关材料贮存应符合下列规定： 1 电缆应集中分类存放，并应标明额定电压、型号规格、长度；电缆盘之间应有通道；地基应坚实，当受条件限制时，盘下应加垫；存放处应保持通风、干燥，不得积水； 2 电缆终端瓷套在贮存时，应有防止受机械损伤的措施； 3 电缆附件绝缘材料的防潮包装应密封良好，并应根据材料性能和保管要求贮存和保管，保管期限应符合产品技术文件要求。 4 防火隔板、涂料、包带、堵料等防火材料贮存和保管，应符合产品技术文件要求。 5 电缆桥架应分类保管，不得变形	1. 查阅涂料复检报告 检验项目：齐全，符合设计要求和规范规定 签字：试验员、审核人、批准人已签字 盖章：盖有计量认证章、资质章及试验单位章，见证取样时，有见证取样章并注明见证人 结论：符合设计要求和规范规定 2. 查阅防火涂料施工的隐蔽验收记录 涂装遍数：符合设计要求及规范规定 涂层厚度：符合设计要求及规范规定 签字：施工单位项目质量员、项目专业技术负责人、专业监理工程师（建设单位专业技术负责人）已签字 结论：有同意隐蔽等肯定性结论

续表

条款号	大纲条款	检 查 依 据	检查要点
5.5.3	管材涂料、涂装遍数、涂层厚度验收记录齐全，符合设计要求		3. 查看管材防腐 涂层：均匀 外观：无划伤
5.5.4	不均匀沉降地段防止管道变形的措施与设计要求相符	**1.《建筑地基处理技术规范》JGJ 79—2012** 3.0.5 2 按地基变形设计或应作变形验算且需进行地基处理的建筑物或构筑物，应对处理后的地基础进行变形验算	1. 查阅施工方案 防止管道变形采取的措施：与设计要求相符 2. 查看现场 防止管道变形的措施：符合施工方案及设计要求，措施有效
5.5.5	管道转弯半径、几何尺寸及工作井设置符合设计要求	**1.《电气装置安装工程电缆线路施工及验收规范》GB 50168—2006** 4.3.3 电缆工作井的尺寸应满足电缆最小弯曲半径的要求。电缆井内应设有积水坑，上盖金属箅子。 **2.《城市电力电缆线路设计技术规定》DL/T 5221—2016** 4.1.1 任何方式敷设的电缆的弯曲半径不宜小于表4.1.1所规定的弯曲半径。 4.5.9 电缆隧道的转弯半径应满足本标准第4.1.1条的规定。 4.5.13 电缆隧道工井应有人员活动的空间，且宜符合下列规定： 1 工井未超过5m高时，可设置爬梯； 2 工井超过5m高时，宜设置楼梯，且每隔4m宜设置中间平台； 3 工井超过20m高且电缆数量多或重要性要求较高时，可设置简易性电梯	查看现场 管道转弯半径、几何尺寸及工作井设置：符合设计要求
5.5.6	位置断面图上标明了与其他地下管线交叉的位置	**1.《电气装置安装工程电缆线路施工及验收规范》GB 50168—2006** 5.1.1 电缆敷设前应按下列要求进行检查： 1 电缆沟、电缆隧道、排管、交叉跨越管道及直埋电缆沟深度、宽度、弯曲半径等符合设计和规程要求。 **2.《城市电力电缆线路设计技术规定》DL/T 5221—2016** 4.5.1 电缆隧道与相邻建（构）筑物及管线最小间距应符合国家现行有关规范，且不宜小于表4.5.1的规定，当不能满足要求时，应在设计和施工中采取必要措施	查阅断面图 标识：电缆隧道与其他地下管线交叉的位置标识清晰

续表

条款号	大纲条款	检 查 依 据	检查要点
5.5.7	隐蔽验收记录、质量验收记录符合要求	**1.《电气装置安装工程电缆线路施工及验收规范》GB 50168—2006** 8.0.2 隐蔽工程应在施工过程中进行中间验收，并做好签证。 8.0.3 在电缆线路工程验收时，应提交下列资料和技术文件： 6 电缆线路的施工记录： 1）隐蔽工程隐蔽前检查记录或签证； 2）电缆敷设记录； 3）质量检验及评定记录	1. 查阅隐蔽工程记录 内容：隐蔽工程记录齐全，填写正确，符合设计要求和规范规定 签字：施工、监理单位责任人已签字 结论：同意隐蔽 2. 查阅质量验收资料 内容：检验批、分项、分部工程质量验收记录齐全 签字：施工、监理单位责任人已签字 结论：合格
5.6 水下（海底）电缆线路工程的监督检查			
5.6.1	水下（海底）电缆工程路由复测结果符合设计要求	**1.《110kV及以下海底电力电缆线路验收规范》DL/T 1279—2013** 5.1.1 施工现场应符合 a）陆上段电缆构筑物验收项目和要求按GB 50168的规定执行。 b）海缆路由海域段应全程打海，作业时应有监理人员在场。 c）终端连接装置应按设计要求就位。 **2.《海底电力电缆输电工程设计规范》GB/T 51190—2016** 3.4.1 海域路由转角经纬度应与设计位置相符，在海洋权益无冲突时，偏差距离不宜超过实时水深，海底电缆路由勘察应符合现行国家标准《海底电缆管道路由勘察规范》GB/T 17502和《海洋调查规范》GB/T 12763的规定。 3.4.2 海底电缆路由勘察应包括海域段、登陆段、陆上段的地形、地貌等内容。 3.4.3 海底电缆路由水文勘察应包括波浪、潮汐、水温及分层流速等内容。 3.4.4 海底电缆路由地质勘察的内容宜包含土壤温度及热阻。 3.4.5 在海底电缆路由经过的海底基岩、沟槽、生物沉积带等特殊区域应提高测线密度与勘测精度。 **3.《海底电力电缆输电工程施工及验收规范》GB/T 51191—2016** 3.2.2 应根据设计确定的海底电缆、管道路由图和位置表以及起止点、中继点（站）和总长度，进行现场踏勘。 9.1.2 资料验收时应做好下列资料的验收和归档： 5 海底电缆路由设计和实测数据、海底电缆保护区通告、航运通告、海缆使用证、海底电缆登陆点设施等申报和批复资料	查阅路由复测记录 测量数据：齐全 偏差：符合设计要求及规范规定

续表

条款号	大纲条款	检 查 依 据	检查要点
5.6.2	高潮线海缆路由挖掘工程质量验收合格，记录齐全	**1.《110kV及以下海底电力电缆线路验收规范》DL/T 1279—2013** 5.2.2 海缆敷设应沿设计路由进行，偏差距离不应超过实时水深的50%，冲埋深度应达到设计要求 6.1.2 施工单位应在竣工验收前完成各项自检工作并自检合格，向建设单位提出验收申请，申请时应提供相关的资料（见附录A）。 **2.《海底电力电缆输电工程施工及验收规范》GB/T 51191—2016** 9.1.2 资料验收时应做好下列资料的验收和归档： 9 施工记录（包含但不限于张力、入水角记录） 9.3.2 应检查设计要求的工程量，确保工程质量满足设计要求，验收资料齐备	查阅海缆路由挖掘工程验收记录 检验项目：符合规范规定 签字：施工、监理单位责任人已签字 结论：合格
5.6.3	低潮线至海缆终端站土建工程质量验收合格，记录齐全	**1.《110kV及以下海底电力电缆线路验收规范》DL/T 1279—2013** 6.1.2 施工单位应在竣工验收前完成各项自检工作并自检合格，向建设单位提出验收申请，申请时应提供相关的资料（见附录A）。 6.3.1 终端站及终端塔土建验收应符合以下要求： a）海缆终端处一般应设置专用的围墙式终端站或与架空线路相连的终端塔。 b）海缆终端站命名已完成，围墙外应有“高压危险，禁止入内”等明显标识，大门锁具完整，终端站四周的围墙，一般应高于2.5米，并采取安防措施，带电部位的间距，就符合一般电气设备离围墙的安全距离要求。在海浪可触及的终端站，面向大海的一侧围墙采用实体围墙并适当采用弧形结构，高度应大于3.5米。 c）终端站或终端塔的地面标高宜大于历史最高潮位时的海浪泼溅高度。 d）终端站或终端塔排水系统应符合设计要求，应满足在暴雨、台风等恶劣天气时的排水要求。 e）终端站防雷、防火、防小动物的措施应齐全；海缆终端支架等金属部件防腐层完好，海缆管口封堵密实。 附录A：竣工验收前应提供的相关资料 A.1 资料和技术文件 a）海缆登陆点、路由的协议文件。 b）海缆敷设路径图及经纬度坐标位置、海缆海域段和潮间带断面图，图纸应为施工后实地测绘，不允许以设计图代替。 c）海缆路由设计和实测数据、海缆保护区通告、航运通告、海域使用证、海缆登陆点设施等申报和批复资料。 d）设计资料图纸、海缆清册、变更设计的证明文件和施工图。 e）制造厂提供的产品说明书、出厂试验记录、合格证等技术文件。	查阅低潮线至海缆终端站土建工程验收记录 检验项目：符合规范规定 签字：施工、监理单位责任人已签字 结论：合格

续表

条款号	大纲条款	检查依据	检查要点
5.6.3	低潮线至海缆终端站土建工程质量验收合格，记录齐全	f）海缆线路的原始记录：包括海缆的型号、规格、实际敷设总长度及分段长度，海缆终端和接头的型式及安装日期，海缆终端和接头中填充的绝缘材料名称、型号、容量。 g）交接试验报告。 A.2 施工记录 a）隐蔽工程隐蔽前的检查记录或签证。 b）海缆打海记录、敷设日志、轨迹等记录。 c）施工过程的监理记录。 d）施工单位三级验收、监理初验及整改情况记录。 e）埋设海缆的埋深测量记录。 f）光纤复合海缆的光纤衰耗等测量记录。 g）终端处光缆交接箱纤芯色谱测试记录。 h）接地电阻测量记录。 **2.《海底电力电缆输电工程施工及验收规范》GB/T 51191—2016** 9.1.2 资料验收时应做好下列资料的验收和归档： 9 施工记录（包含但不限于张力、入水角记录） 9.3.2 应检查设计要求的工程量，确保工程质量满足设计要求，验收资料齐备。 9.3.7 电缆沟内应无杂物，盖板齐全；近岸段防冲刷、照明、排水等设施应符合设计要求；盖板式电缆沟的入海侧盖板应具备抵御海浪冲击的措施。海底电缆线路两岸、禁锚区内的标识和夜间照明装置应符合设计要求。 9.3.9 海底电缆线路接地点应与接地极接触良好；接地电阻值应符合设计要求。海底电缆终端的相色应正确，海底电缆支架等的金属部件防腐层应完好。海底电缆管口应依据设计要求采取防水、防火措施实施封堵	
6 质量监督检测			
6.0.1	开展现场质量监督检查时，应重点对下列项目的检测试验报告进行查验，必要时可进行验证性抽样检测。对检验指标或结论有怀疑时，必须进行检测		

续表

条款号	大纲条款	检 查 依 据	检查要点
(1)	水泥、砂、石、掺合料、外加剂、钢筋及其连接接头的主要技术性能	**1.《大体积混凝土施工规范》GB 50496—2018** 4.2.1 配制大体积混凝土所用水泥的选择及其质量，应符合下列规定： 2 应选用水化热低的通用硅酸盐水泥，3d的水化热不宜大于250kJ/kg，7d的水化热不宜大于280kJ/kg；当选用52.5强度等级水泥时，7d的水化热宜小于300kJ/kg。 3 水泥在搅拌站的入机温度不宜高于60℃。 4.2.2 水泥进场时应对水泥品种、强度等级、包装或散装编号、出厂日期等进行检查，并对其强度、安定性、凝结时间、水化热进行检验，检验结果应符合现行国家标准《通用硅酸盐水泥》GB 175的相关规定。 **2.《混凝土外加剂》GB 8076—2008** 5.1 掺外加剂混凝土的性能应符合表1的要求。 6.5 混凝土拌合物性能试验方法 6.6 硬化混凝土性能试验方法 7.1.3 取样数量 每一批号取样量不少于0.2t水泥所需用的外加剂量。 **3.《钢筋混凝土用钢 第1部分：热轧光圆钢筋》GB/T 1499.1—2017** 6.6.2 钢筋实际重量与理论重量的允许偏差应符合表4的规定。 7.3.1 钢筋的下屈服强度 R_{eL}、抗拉强度 R_m、断后伸长率 A、最大力总伸长率 A_{gt} 等力学性能特征值应符合表6的规定。表6所列各力学性能特征值，可作为交货检验的最小保证值。 8.1 每批钢筋的检验项目、取样数量、取样方法和试验方法应符合表7规定。 8.4.1 测量钢筋重量偏差时，试样应随机从不同根钢筋上截取，数量不少于5支，每支试样长度不小于500mm。长度应逐支测量，应精确到1mm。测量试样总重量时，应精确到不大于总重量的1%。 **4.《钢筋混凝土用钢 第2部分：热轧带肋钢筋》GB/T 1499.2—2018** 6.6.2 钢筋实际重量与理论重量的允许偏差应符合表4规定。 7.4.1 钢筋的下屈服强度 R_{eL}、抗拉强度 R_m、断后伸长率 A、最大力总延伸率 A_{gt} 等力学性能特征值应符合表6的规定。表6所列各力学性能特征值，除 R°_{eL}/R_{eL} 可作为交货检验的最大保证值外，其他力学特征值可作为交货检验的最小保证值。 7.5.1 钢筋应进行弯曲试验。按表7规定的弯曲压头直径弯曲180°后，钢筋受弯曲部位表面不得产生裂纹。 8.1.1 每批钢筋的检验项目、取样方法和试验方法应符合表8的规定。	1. 查验抽测水泥试样 凝结时间：符合GB 175 7.3.1要求 安定性：符合GB 175 7.3.2要求 强度：符合GB 175表3要求 水化热（大体积混凝土）：符合GB 50496规范规定 2. 查验抽测砂试样 含泥量：符合JGJ 52表3.1.3规定 泥块含量：符合JGJ 52表3.1.4规定 石粉含量：符合JGJ 52表3.1.5规定 氯离子含量：符合标准JGJ 52 3.1.10规定 碱活性：符合标准JGJ 52要求 3. 查验抽测碎石或卵石试样 含泥量：符合JGJ 52表3.2.3规定 泥块含量：符合JGJ 52表3.2.4规定 针、片状颗粒：符合JGJ 52表3.2.2的规定 碱活性：符合标准JGJ 52要求 压碎指标（高强混凝土）：符合JGJ 52规范规定 4. 查验抽测粉煤灰试样 细度：符合GB/T 1596表1中技术要求

续表

条款号	大纲条款	检 查 依 据	检查要点
(1)	水泥、砂、石、掺合料、外加剂、钢筋及其连接接头的主要技术性能	8.4.1 测量重量偏差时，试样应从不同根钢筋上截取，数量不少于5支，每支试样长度不小于500mm。 **5.《通用硅酸盐水泥》GB 175—2007** 7.3.1 硅酸盐水泥初凝结时间不小于45min，终凝时间不大于390min。 普通硅酸盐水泥、矿渣硅酸盐水泥、火山灰质硅酸盐水泥、粉煤灰硅酸盐水泥和复合硅酸盐水泥初凝结时间不小于45min，终凝时间不大于600min。 7.3.2 安定性 沸煮法合格。 7.3.3 强度 不同品种不同强度登记的通用硅酸盐水泥，其不同各龄期的轻度应符合表3的规定。 8.5 标准稠度用水量、凝结时间和安定性 按GB/T 1346进行试验。 8.6 强度 按GB/T 17671进行试验。但火山灰质硅酸盐水泥、粉煤灰硅酸盐水泥、复合硅酸盐水泥和掺火山灰质混合材料的普通硅酸盐水泥在进行胶砂强度检验时，其用水量按0.50水灰比和胶砂流动强度不小于180mm来确定…… 9.1 取样方法按GB 12573进行。可连续取，亦可从20个以上不同部位取等量样品，总量至少12kg。 **6.《用于水泥和混凝土中的粉煤灰》GB/T 1596—2017** 6.1 拌制砂浆和混凝土用粉煤灰应符合表1要求…… 7.1 细度 按GB/T 1345中45μm负压筛析法进行，筛析时间为3min。 筛网应采用符合GSB 08—2506规定的或其他同等级标准样品进行校正，筛析100个样品后进行筛网的校正，结果处理同GB/T 1345规定。 7.2 需水量比 按附录A进行。 **7.《钢筋焊接及验收规程》JGJ 18—2012** 5.5.1 电弧焊接头的质量检验，……在现浇混凝土结构中，应以300个同牌号钢筋、同型式接头作为一批；……每批随机切取3个接头做拉伸试验。 5.6.1 电渣压力焊接头的质量检验，……在现浇混凝土结构中，应以300个同牌号钢筋接头作为一批；……每批随机切取3个接头试件做拉伸试验。	需水量比：符合GB/T 1596表1中技术要求 烧失量：符合GB/T 1596表1中技术要求 三氧化硫：符合GB/T 1596表1中技术要求 5. 查验抽测外加剂试样 减水率：符合GB 8076表1规定 泌水率比：符合GB 8076表1规定 含气量：符合GB 8076表1规定 凝结时间差：符合GB 8076表1规定 1h经时变化量：符合GB 8076表1规定 抗压强度比：符合GB 8076表1规定 收缩率比：符合GB 8076表1规定 相对耐久性：符合GB 8076表1规定 6. 查验抽测热轧光圆钢筋试件 重量偏差：符合标准GB/T 1499.1表4要求 屈服强度：符合标准GB/T 1499.1表6要求 抗拉强度：符合标准GB/T 1499.1表6要求 断后伸长率：符合标准GB/T 1499.1表6要求 最大力总伸长率：符合标准GB/T 1499.1表6要求 弯曲性能：符合标准GB/T 1499.1表6要求

续表

条款号	大纲条款	检查依据	检查要点
(1)	水泥、砂、石、掺合料、外加剂、钢筋及其连接接头的主要技术性能	5.8.4 预埋件钢筋T形接头进行力学性能检验时，应以300件同类型预埋件作为一批；……每批预埋件中随机切取3个接头做拉伸试验。 **8.《钢筋机械连接技术规程》JGJ 107—2016** 7.0.5 接头现场抽检项目应包括极限抗拉强度试验、加工和安装质量检验。抽检应按验收批进行，同钢筋生产厂、同强度等级、同规格、同类型和同型式接头应以500个为一个验收批进行检验与验收，不足500个也应作为一个验收批。 7.0.7 对接头的每一验收批，应在工程结构中随机截取3个接头试件做极限抗拉强度试验，按设计要求的接头等级进行评定。当3个接头试件的极限抗拉强度均符合本规程表3.0.5中相应等级的强度要求时，该验收批应评为合格。当仅有1个试件的极限抗拉强度不符合要求，应再取6个试件进行复检。复检中仍有1个试件的极限抗拉强度不符合要求，该验收批应评为不合格。 A.2.2 现场抽检接头试件的极限抗拉强度试验应采用零到破坏的一次加载制度。 **9.《普通混凝土用砂、石质量及检验方法标准》JGJ 52—2006** 1.0.3 对于长期处于潮湿环境的重要混凝土结构所用砂、石应进行碱活性检验。 3.1.3 天然砂中含泥量应符合表3.1.3的规定。 3.1.4 砂中泥块含量应符合表3.1.4的规定。 3.1.5 人工砂或混合砂中石粉含量应符合表3.1.5的规定。 3.1.10 钢筋混凝土和预应力混凝土用砂的氯离子含量分别不得大于0.06%和0.02%。 3.2.2 碎石或卵石中针、片状颗粒应符合表3.2.2的规定。 3.2.3 碎石或卵石中含泥量应符合表3.2.3的规定。 3.2.4 碎石或卵石中泥块含量应符合表3.2.4的规定。 3.2.5 碎石的强度可用岩石抗压强度和压碎指标表示。岩石的抗压等级应比所配制的混凝土强度至少高20%。当混凝土强度大于或等于C60时，应进行岩石抗压强度检验。岩石强度首先由生产单位提供，工程中可采用能够压碎指标进行质量控制，岩石压碎值指标宜符合表3.2.5-1。卵石的强度可用压碎值表示。其压碎指标宜符合表3.2.5-2的规定。 5.1.3 对于每一单项检验项目，砂、石的每组样品取样数量应符合下列规定： 砂的含泥量、泥块含量、石粉含量及氯离子含量试验时，其最小取样质量分别为4400g、20000g、1600g及2000g；对最大公称粒径为31.5mm的碎石或乱石，含泥量和泥块含量试验时，其最小取样质量为40kg。	7. 查验抽测热轧带肋钢筋试件 重量偏差：符合标准GB/T 1499.2表4要求 屈服强度：符合标准GB/T 1499.2表6要求 抗拉强度：符合标准GB/T 1499.2表6要求 断后伸长率：符合标准GB/T 1499.2表6要求 最大力总伸长率：符合标准GB/T 1499.2表6要求 弯曲性能：符合标准GB/T 1499.2表7要求 8. 查验抽测钢筋焊接接头试件 抗拉强度：符合JGJ 18标准要求 9. 纵向受力钢筋（有抗震要求的结构）试件 抗拉强度查验抽测值与屈服强度查验抽测值的比值：符合规范GB 50204 5.2.3的要求 屈服强度查验抽测值与强度标准值的比值：符合规范GB 50204 5.2.3的要求 最大力下总伸长率：符合规范GB 50204 5.2.3的要求

续表

条款号	大纲条款	检查依据	检查要点
(1)	水泥、砂、石、掺合料、外加剂、钢筋及其连接接头的主要技术性能	6.8　砂中含泥量试验 6.10　砂中泥块含量试验 6.11　人工砂及混合砂中石粉含量试验 6.18　氯离子含量试验 6.20　砂中的碱活性试验（快速法） 7.7　碎石或卵石中含泥量试验 7.8　碎石或卵石中泥块含量试验 7.16　碎石或卵石的碱活性试验（快速法）	
(2)	混凝土试块强度	**1.《混凝土结构工程施工质量验收规范》GB 50204—2015** 7.4.1　混凝土的强度等级必须符合设计要求。用于检验混凝土强度的试件应在浇筑地点随机抽取。 检查数量：对同一配合比混凝土，取样与试件留置应符合下列规定： 1　每拌制 100 盘且不超过 $100m^3$ 时，取样不得少于一次； 2　每工作班拌制不足 100 盘时，取样不得少于一次； 3　连续浇筑超过 $1000m^3$ 时，每 $200m^3$ 取样不得少于一次； 4　每一楼层取样不得少于一次； 5　每次取样应至少留置一组试件。 检验方法：检查施工记录及混凝土强度试验报告	查验抽测混凝土试块 抗压强度：符合设计要求
(3)	回填土的压实系数	**1.《建筑地面工程施工质量验收规范》GB 50209—2010** 4.2.7　回填土应均匀密实，压实系数应符合设计要求，设计无要求时，不应小于 0.9。 检验方法：观察检查和检查试验记录。 检查数量：按本规范第 3.0.21 条规定的检验批检查。 **2.《建筑地基基础工程施工质量验收规范》GB 50202—2018** 4.1.4　素土和灰土地基、砂和砂石地基、土工合成材料地基、粉煤灰地基、强夯地基、注浆地基、预压地基的承载力必须达到设计要求。地基承载力的检验数量每 $300m^2$ 不应少于 1 点，超过 $3000m^2$ 部分每 $500m^2$ 不应少于 1 点。每单位工程不应少于 3 点	查验抽测回填土试样 压实系数：符合设计要求

第11部分

电缆线路工程投运前监督检查

条款号	大纲条款	检　查　依　据	检查要点
4　责任主体质量行为的监督检查			
4.1　建设单位质量行为的监督检查			
4.1.1	工程采用的专业标准清单已审批	**1.《输变电工程项目质量管理规程》DL/T 1362—2014** 11.2.2　工程开工前，各参建单位均应建立质量文件管理体系，并应开展下列工作： a）形成质量文件目录清单； …… 11.2.4　……建设单位应组织、协调和指导各参建单位整理工程质量文件，监理单位应开展过程监督检查。 11.2.6　参建单位应对各自编制的工程执行法律法规和标准清单实施动态管理。 **2.《输变电工程达标投产验收规程》DL 5279—2012** 表4.8.1　工程综合管理与档案检查验收表	查阅法律法规和标准规范清单目录 签字：责任人已签字 盖章：单位已盖章
4.1.2	按规定组织进行设计交底和施工图会检	**1.《建设工程质量管理条例》中华人民共和国国务院令第279号（2017年10月7日中华人民共和国国务院令第687号修正）** 第二十三条　设计单位应当就审查合格的施工图设计文件向施工单位作出详细说明。 **2.《建筑工程勘察设计管理条例》中华人民共和国国务院令第293号（2017年10月7日中华人民共和国国务院令第687号修正）** 第三十条　建设工程勘察、设计单位应当在建设工程施工前，向施工单位和监理单位说明建设工程勘察、设计意图，解释建设工程勘察、设计文件。建设工程勘察、设计单位应当及时解决施工中出现的勘察、设计问题。 **3.《建设工程项目管理规范》GB/T 50326—2017** 8.3.4　技术管理规划应是承包人根据招标文件要求和自身能力编制的、拟采用的各种技术和管理措施，以满足发包人的招标要求。项目技术管理规划应明确下列内容： 1　技术管理目标与工作要求； 2　技术管理体系与职责； 3　技术管理实施的保障措施； 4　技术交底要求，图纸自审、会审，施工组织设计与施工方案，专项施工技术，新技术，新技术的推广与应用，技术管理考核制度； 5　各类方案、技术措施报审流程； 6　根据项目内容与项目进度要求，拟编制技术文件、技术方案、技术措施计划及责任人； 7　新技术、新材料、新工艺、新产品的应用计划； 8　对设计变更及工程洽商实施技术管理制度； 9　各项技术文件、技术方案、技术措施的资料管理与归档。 **4.《建设工程监理规范》GB/T 50319—2013** 5.1.2　监理人员应熟悉工程设计文件，并应参见建设单位主持的图纸会审和设计交底会议，会议纪要应由总监理工程师签认。	1. 查阅设计交底记录 主持人：建设单位责任人 交底人：设计单位责任人 签字：交底人及被交底人已签字 时间：开工前 2. 查阅施工图会检纪要 签字：施工、设计、监理、建设单位责任人已签字 时间：开工前

续表

条款号	大纲条款	检查依据	检查要点
4.1.2	按规定组织进行设计交底和施工图会检	5.1.3 工程开工前，监理人员应参见由建设单位主持召开的第一次工地会议，会议纪要应由项目监理机构负责整理，与会各方代表应会签。 **5.《输变电工程项目质量管理规程》DL/T 1362—2014** 5.3.1 建设单位应组织初步设计审查，应保证初步设计原则的科学性和实用性。建设单位应在变电单位工程和输电分部工程开工前组织设计交底和施工图会检。未经会检的施工图纸不得用于施工	
4.1.3	组织完成电缆线路土建、安装工程项目的验收，不符合项已处理	**1.《建设工程质量管理条例》中华人民共和国国务院令第279号（2017年10月7日中华人民共和国国务院令第687号修改）** 第十六条 建设单位收到建设工程竣工报告后，应当组织设计、施工、工程监理等有关单位进行竣工验收。 建设工程竣工验收应当具备下列条件。 （一）完成建设工程设计和合同约定的各项内容； （二）有完整的技术档案和施工管理资料； （三）有工程使用的主要建筑材料、建筑构配件和设备的进场试验报告； （四）有勘察、设计、施工、工程监理等单位分别签署的质量合格文件； （五）有施工单位签署的工程保修书。 建设工程经验收合格的，方可交付使用。 **2《110kV及以上送变电工程启动及竣工验收规程》DL/T 782—2001** 4.1 工程竣工验收检查是在施工单位进行三级自检的基础上，由监理单位进行初检。初检后由建设单位会同运行、设计等单位进行预检。预检后由启委会工程验收检查组进行全面的检查和核查，必要时进行抽查和复查，并将结果向启委会报告	1. 查阅建筑、安装工程质量验收记录 签字：责任人已签字 盖章：责任单位已盖章 验收意见：明确 2. 查阅不符合项台账 内容：电缆线路土建、安装工程项目不符合项已整改闭环
4.1.4	取得消防当地政府主管部门同意使用的书面意见	**1.《中华人民共和国消防法》中华人民共和国主席令第6号** 第十三条 按照国家工程建设消防技术标准需要进行消防设计的建设工程竣工，依照下列规定进行消防验收、备案： 依法应当进行消防验收的建设工程，未经消防验收或者消防验收不合格的，禁止投入使用；其他建设工程经依法抽查不合格的，应当停止使用。 **2.《公安部关于修改建设工程消防监督管理规定的决定》中华人民共和国公安部令第119号** 第八条 建设单位不得要求设计、施工、工程监理等有关单位和人员违反消防法规和国家工程建设消防技术标准，降低建设工程消防设计、施工质量，并承担下列消防设计、施工的质量责任： （一）依法申请建设工程消防设计审核、消防验收，依法办理消防设计和竣工验收消防备案手续并接受抽查；……	查阅消防验收报告或备案受理文件 验收结论：验收合格或同意备案 盖章：公安机关消防机构已盖章

续表

条款号	大纲条款	检 查 依 据	检查要点
4.1.4	取得消防当地政府主管部门同意使用的书面意见	（五）依法应当经消防设计审核、消防验收的建设工程，未经审核或者审核不合格的，不得组织施工；未经验收或者验收不合格的，不得交付使用。 第十四条　对具有下列情形之一的特殊建设工程，建设单位必须向公安机关消防机构申请消防设计审核，并且在建设工程竣工后向出具消防设计审核意见的公安机关消防机构申请消防验收： （五）城市轨道交通、隧道工程，大型发电、变配电工程； 第二十四条　……依法不需要取得施工许可的建设工程，可以不进行消防设计、竣工验收消防备案	
4.1.5	组织完成线路参数测试	**1.《110kV及以上送变电工程启动及竣工验收规程》DL/T 782—2001** 5.3.6　送电线路带电前的试验（线路绝缘电阻测定、相位核对、线路参数和高频特性测定）已完成	查阅线路参数测试报告 签字：责任人已签字 盖章：测试单位已盖章
4.1.6	对工程建设标准强制性条文执行情况进行汇总	**1.《中华人民共和国标准化法实施条例》中华人民共和国国务院令第53号** 第二十三条　从事科研、生产、经营的单位和个人，必须严格执行强制性标准。 **2.《实施工程建设强制性标准监督规定》中华人民共和国建设部令第81号（2015年1月22日中华人民共和国住房和城乡建设部令第23号修改）** 第二条　在中华人民共和国境内从事新建、扩建、改建等工程建设活动，必须执行工程建设强制性标准。 第六条　……工程质量监督机构应当对工程建设施工、监理、验收等阶段执行强制性标准的情况实施监督。 **3.《输变电工程项目质量管理规程》DL/T 1362—2014** 4.4　参建单位应严格执行工程建设标准强制性条文，……	查阅强制性标准实施情况检查记录 内容：与强制性标准实施计划相符 签字：检查人员已签字
4.1.7	质量监督检查提出的整改意见已落实	**1.《电力工程质量监督实施管理程序（试行）》中电联质监〔2012〕437号** 第十二条　阶段性监督检查 （四）…… 项目法人单位（建设单位）接到《电力工程质量监督检查整改通知书》或《停工令》后，应在规定时间组织完成整改，经内部验收合格后，填写《电力工程质量监督检查整改回复单》（见附表7），报请质监机构复查核实。 第十六条　电力工程项目投运并网前，各阶段监督检查、专项检查和定期巡视检查提出的整改意见必须全部完成整改闭环，……	查阅电力工程质量监督检查整改回复单 内容：整改项目全部闭环 签字：相关单位责任人已签字 盖章：相关单位已盖章

续表

条款号	大纲条款	检查依据	检查要点
4.1.7	质量监督检查提出的整改意见已落实	**2.《电力建设工程监理规范》DL/T 5434—2009** 9.1.12 对施工过程中出现的质量缺陷，专业监理工程师应及时下达书面通知，要求承包单位整改，并检查确认整改结果。 9.1.13 监理人员发现施工过程中存在重大质量隐患，可能造成质量事故或已经造成质量事故时，应通过总监理工程师报告建设单位后下达工程暂停令，要求承包单位停工整改。整改完毕并经监理人员复查，符合要求后，总监理工程师确认，报建设单位批准复工。 10.2.18 项目监理机构应接受质量监督机构的质量监督，督促责任单位进行缺陷整改，并验收	
4.1.8	无任意压缩合同约定工期的行为	**1.《建设工程质量管理条例》中华人民共和国国务院令第279号（2017年10月7日中华人民共和国国务院令第687号修正）** 第十条 建设工程发包单位不得迫使承包方以低于成本的价格竞标，不得任意压缩合理工期。 **2.《电力建设工程施工安全监督管理办法》中华人民共和国国家发展和改革委员会令第28号** 第十一条 建设单位应当执行定额工期，不得压缩合同约定的工期。如工期确需调整，应当对安全影响进行论证和评估。论证和评估应当提出相应的施工组织措施和安全保障措施。 **3.《建设工程项目管理规范》GB/T 50326—2017** 9.2.1 项目进度计划编制依据应包括下列主要内容： 1 合同文件和相关要求； 2 项目管理规划文件； 3 资源条件、内部与外部约束条件。 **4.《输变电工程项目质量管理规程》DL/T 1362—2014** 5.3.3 项目地工期应按照合同约定执行。当工期需要调整时，建设单位应组织参建单位从影响工程建设的安全、质量、环境、资源方面确认其可行性，并应采取有效措施保证工程质量。	查阅施工进度计划、合同工期和调整工期的相关文件 内容：有压缩工期的行为时，应有设计、监理、施工和建设单位认可的书面文件
4.1.9	采用的新技术、新工艺、新流程、新装备、新材料已审批	**1.《中华人民共和国建筑法》中华人民共和国主席令第46号（2019年4月23日中华人民共和国令第29号修正）** 第四条 国家扶持建筑业的发展，支持建筑科学技术研究，提高房屋建筑设计水平，鼓励节约能源和保护环境，提倡采用先进技术、先进设备、先进工艺、新型建筑材料和现代管理方式。	查阅新技术、新工艺、新流程、新装备、新材料论证文件 意见：同意采用等肯定性意见 盖章：相关单位已盖章

续表

条款号	大纲条款	检查依据	检查要点
4.1.9	采用的新技术、新工艺、新流程、新装备、新材料已审批	**2.《建设工程质量管理条例》中华人民共和国国务院令第279号（2017年10月7日中华人民共和国国务院令第687号修改）** 第六条　国家鼓励采用先进的科学技术和管理方法，提高建设工程质量。 **3.《实施工程建设强制性标准监督规定》中华人民共和国建设部令第81号（2015年1月22日中华人民共和国住房和城乡建设部令第23号修改）** 第五条　建设工程勘察、设计文件中规定采用的新技术、新材料，可能影响建设工程质量和安全，又没有国家技术标准的，应当由国家认可的检测机构进行试验、论证，出具检测报告，并经国务院有关主管部门或者省、自治区、直辖市人民政府有关主管部门组织的建设工程技术专家委员会审定后，方可使用。工程建设中采用国际标准或者国外标准，现行强制性标准未作规定的，建设单位应当向国务院住房城乡建设主管部门或者国务院有关主管部门备案。 **4.《输变电工程项目质量管理规程》DL/T 1362—2014** 4.4　参建单位应严格执行工程建设标准强制性条文，应按照国家和行业相关要求积极采用新技术、新工艺、新流程、新装备、新材料，应制定节能、节水、节地、节材和环境保护的具体措施。 **5.《电力建设施工技术规范　第1部分：土建结构工程》DL 5190.1—2012** 3.0.4　采用新技术、新工艺、新材料、新设备时，应经过技术鉴定或具有允许使用的证明。施工前应编制单独的施工措施及操作规程	
4.2　设计单位质量行为的监督检查			
4.2.1	设计图纸交付进度能保证连续施工	**1.《中华人民共和国合同法》中华人民共和国主席令第15号** 第二百七十四条　勘察、设计合同的内容包括提交有关基础资料和文件（包括概预算）的期限、质量要求、费用以及其他协作条件等条款。 第二百八十条　勘察、设计的质量不符合要求或者未按照期限提交勘察、设计文件拖延工期，造成发包人损失的，勘察人、设计人应当继续完善勘察、设计，减收或者免收勘察、设计费并赔偿损失。 **2.《建设工程项目管理规范》GB/T 50326—2017** 9.1.2　项目进度管理应遵循下列程序：	1. 查阅设计单位的施工图出图计划 交付时间：与施工总进度计划相符

续表

条款号	大纲条款	检查依据	检查要点
4.2.1	设计图纸交付进度能保证连续施工	1 编制进度计划。 2 进度计划交底，落实管理责任。 3 实施进度计划。 4 进行进度控制和变更管理。 9.2.2 组织应提出项目控制性进度计划。项目管理机构应根据组织的控制性进度计划，编制项目的作业性进度计划	2. 查阅建设单位的设计文件接收记录 接收时间：与出图计划一致
4.2.2	设计更改、技术洽商等文件完整、手续齐全	**1.《建设工程勘察设计管理条例》中华人民共和国国务院令第293号（2017年10月7日中华人民共和国国务院令第687号修改）** 第二十八条 建设单位、施工单位、监理单位不得修改建设工程勘察、设计文件；确需修改建设工程勘察、设计文件的，应当由原建设工程勘察、设计单位修改。经原建设工程勘察、设计单位书面同意，建设单位也可以委托其他具有相应资质的建设工程勘察、设计单位修改。修改单位对修改的勘察、设计文件承担相应责任。 施工单位、监理单位发现建设工程勘察、设计文件不符合工程建设强制性标准、合同约定的质量要求的，应当报告建设单位，建设单位有权要求建设工程勘察、设计单位对建设工程勘察、设计文件进行补充、修改。 建设工程勘察、设计文件内容需要作重大修改的，建设单位应当报经原审批机关批准后，方可修改 **2.《输变电工程项目质量管理规程》DL/T 1362—2014** 6.3.8 设计单位应根据工程实施需要进行设计变更。设计变更管理应符合下列要求： a）设计变更应符合可行性研究或初步设计批复的要求。 b）当涉及改变设计方案、改变设计原则、改变原定主要设备规范、扩大进口范围、增减投资超过50万元等内容的设计变更时，设计并更应报原主审单位或建设单位审批确认。 c）由设计单位确认的设计变更应在监理单位审核、建设单位批准后实施。 6.3.10 设计单位绘制的竣工图应反映所有的设计变更	查阅设计更改、技术洽商文件 编制签字：设计单位各级责任人已签字 审核签字：建设单位、监理单位责任人已签字
4.2.3	设计代表工作到位、处理设计问题及时	**1.《建设工程勘察设计管理条例》中华人民共和国国务院令第293号（2017年10月7日中华人民共和国国务院令第687号修改）** 第三十条 …建设工程勘察、设计单位应当及时解决施工中出现的勘察、设计问题。 **2.《输变电工程项目质量管理规程》DL/T 1362—2014** 6.1.9 勘察、设计单位应按照合同约定开展下列工作： c）派驻工地设计代表，及时解决施工中发现的设计问题。 d）参加工程质量验收，配合质量事件、质量事故的调查和处理工作。	1. 查阅设计单位对工代的任命书 内容：包括设计修改、变更、材料代用等签发人资格

续表

条款号	大纲条款	检查依据	检查要点
4.2.3	设计代表工作到位、处理设计问题及时	**3.《电力勘测设计驻工地代表制度》DLGJ 159.8—2001** 2.0.1 工代的工地现场服务是电力工程设计的阶段之一，为了有效的贯彻勘测设计意图，实施设计单位通过工代为施工、安装、调试、投运提供及时周到的服务，促进工程顺利竣工投产，特制定本制度。 2.0.2 工代的任务是解释设计意图，解释施工图纸中的技术问题，收集包括设计本身在内的施工、设备材料等方面的质量信息，加强设计与施工、生产之间的配合，共同确保工程建设质量和工期，以及国家和行业标准的贯彻执行。 2.0.3 工代是设计单位派驻工地配合施工的全权代表，应能在现场积极地履行工代职责，使工程实现设计预期要求和投资效益	2. 查阅设计服务报告 内容：包括现场施工与设计要求相符情况和工代协助施工单位解决具体技术问题的情况 3. 查阅设计变更通知单和工程联系单 签发时间：在现场问题要求解决时间前
4.2.4	参加规定项目的质量验收工作	**1.《建筑工程施工质量验收统一标准》GB 50300—2013** 6.0.3 分部工程应由总监理工程师组织施工单位项目负责人和项目技术负责人等进行验收。 勘察、设计单位项目负责人和施工单位技术、质量部门负责人应参加地基与基础分部工程的验收。设计单位项目负责人和施工单位技术、质量部门负责人应参加主体结构、节能分部工程的验收。 6.0.6 建设单位收到工程竣工报告后，应由建设单位项目负责人组织监理、施工、设计、勘察等单位项目负责人进行单位工程验收。 **2.《输变电工程项目质量管理规程》DL/T 1362—2014** 6.1.9 勘察、设计单位应按照合同约定开展下列工作： c）派驻工地设计代表，及时解决施工中发现的设计问题。 d）参加工程质量验收，配合质量事件、质量事故的调查和处理工作	1. 查阅项目质量验收范围划分表 勘察、设计单位参加验收的项目：已确定 2. 查阅分部工程、单位工程验收单 会签：设计项目负责人已签字
4.2.5	工程建设标准强制性条文落实到位	**1.《建设工程质量管理条例》中华人民共和国国务院令第279号（2017年10月7日中华人民共和国国务院令第687号修改）** 第十九条 勘察、设计单位必须按照工程建设强制性标准进行勘察、设计，并对其勘察、设计的质量负责。 注册建筑师、注册结构工程师等注册执业人员应当在设计文件上签字，对设计文件负责。 **2.《建设工程勘察设计管理条例》中华人民共和国国务院令第293号2017年10月7日中华人民共和国国务院令第687号修改** 第五条 ……建设工程勘察、设计单位必须依法进行建设工程勘察、设计，严格执行工程建设强制性标准，并对建设工程勘察、设计的质量负责。	1. 查阅与强制性标准有关的可研、初设、技术规范书等设计文件 编、审、批：相关负责人已签字

续表

条款号	大纲条款	检 查 依 据	检查要点
4.2.5	工程建设标准强制性条文落实到位	**3.《实施工程建设强制性标准监督规定》中华人民共和国建设部令第81号（中华人民共和国住房和城乡建设部令第23号修改）** 第二条 在中华人民共和国境内从事新建、扩建、改建等工程建设活动，必须执行工程建设强制性标准。 **4.《输变电工程项目质量管理规程》DL/T 1362—2014** 6.2.1 勘察、设计单位应根据工程质量总目标进行设计质量管理策划，并应编制下列设计质量管理文件： a）设计技术组织措施； b）达标投产或创优实施细则； c）工程建设标准强制性条文执行计划； d）执行法律法规、标准、制度的目录清单。 6.2.2 勘察、设计单位应在设计前将设计质量管理文件报建设单位审批。如有设计阶段的监理，则应报监理单位审查、建设单位批准	2. 查阅强制性标准实施计划（含强制性标准清单）和本阶段执行记录 计划审批：监理和建设单位审批人已签字 记录内容：与实施计划相符 记录审核：监理单位审核人已签字
4.2.6	进行了本阶段工程实体质量与设计的符合性确认	**1.《输变电工程项目质量管理规程》DL/T 1362—2014** 6.1.9 勘察、设计单位应按照合同约定开展下列工作： c）派驻工地设计代表，及时解决施工中发现的设计问题。 d）参加工程质量验收，配合质量事件、质量事故的调查和处理工作。 **2.《电力勘测设计驻工地代表制度》DLGJ 159.8—2001** 5.0.3 深入现场，调查研究 1 工代应坚持经常深入施工现场，调查了解施工是否与设计要求相符，并协助施工单位解决施工中出现的具体技术问题，做好服务工作，促进施工单位正确执行设计规定的要求。 2 对于发现施工单位擅自作主，不按设计规定要求进行施工的行为，应及时指出，要求改正，如指出无效，又涉及安全、质量等原则性、技术性问题，应将问题事实与处理过程用“备忘录”的形式书面报告建设单位和施工单件，同时向设总和处领导汇报	1. 查阅分部工程、单位工程质量验收记录 审核签字：设计单位项目负责人已签字 2. 查阅阶段工程实体质量与勘察设计符合性确认记录 内容：已对本阶段工程实体质量与勘察设计的符合性进行了确认
4.3 监理单位质量行为的监督检查			
4.3.1	项目监理部专业监理人员配备合理，资格证书与承担任务相符	**1.《中华人民共和国建筑法》中华人民共和国主席令第46号** 第十四条 从事建筑活动的专业技术人员，应当依法取得相应的职业资格证书，并在执业资格证书许可的范围内从事建筑活动。	1. 查阅监理大纲（规划）中的监理人员进场计划 人员数量及专业：已明确

续表

条款号	大纲条款	检查依据	检查要点
4.3.1	项目监理部专业监理人员配备合理，资格证书与承担任务相符	**2.《建设工程质量管理条例》中华人民共和国国务院令第279号（2017年10月7日中华人民共和国国务院令第687号修改）** 第三十七条　工程监理单位应当选派具备相应资格的总监理工程师和监理工程师进驻施工现场。…… **3.《建设工程监理规范》GB/T 50319—2013** 3.1.2　项目监理机构的监理人员应由总监理工程师、专业监理工程师和监理员组成，且专业配套、数量应满足建设工程监理工作需要，必要时可设总监理工程师代表。 3.1.3　……应及时将项目监理机构的组织形式、人员构成、及对总监理工程师的任命书面通知建设单位	2. 查阅现场监理人员名单，检查监理人员数量是否满足工程需要。 专业：与工程阶段和监理规划相符
			3. 查阅各级监理人员的岗位资格证书 发证单位：住建部或颁发技术职称的主管部门 有效期：当前有效
4.3.2	组织编制施工质量验收项目划分表，对设定的工程质量控制点，进行了旁站监理	**1.《建设工程监理规范》GB/T 50319—2013** 5.2.11　项目监理机构应根据工程特点和施工单位报送的施工组织设计，确定旁站的关键部位、关键工序，安排监理人员进行旁站，并应及时记录旁站情况。 **2.《电力建设工程监理规范》DL/T 5434—2009** 9.1.2　项目监理机构应审查承包单位编制的质量计划和工程质量验收及评定项目划分表，提出监理意见，报建设单位批准后监督实施。 9.1.9　项目监理机构应安排监理人员对施工过程进行巡视和检查，对工程项目的关键部位、关键工序的施工过程进行旁站监理。 **3.《输变电工程项目质量管理规程》DL/T 1362—2014** 7.3.4　监理单位应通过文件审查、旁站、巡视、平行检验、见证取样等监理工作方法开展质量监理活动	1. 查阅施工质量验收范围划分表及报审表 划分表内容：符合规程规定且已明确了质量控制点 报审表签字：相关单位责任人已签字
			2. 查阅旁站计划和旁站记录 旁站计划质量控制点：符合施工质量验收范围划分表要求 旁站记录：完整 签字：监理旁站人员已签字
4.3.3	已按规程规定，对施工现场质量管理进行检查	**1.《建筑工程施工质量验收统一标准》GB 50300—2013** 3.0.1　施工现场应具有健全的质量管理体系、相应施工技术标准、施工质量检验制度和综合施工质量水平评定考核制度。施工现场质量管理可按本标准附录A的要求进行检查记录。 附录A　施工现场质量管理检查记录	查阅施工现场质量管理检查记录 内容：符合规程规定 结论：有肯定性结论 签章：责任人已签字

续表

条款号	大纲条款	检查依据	检查要点
4.3.4	特殊施工技术措施进行了评审	**1.《建设工程安全生产管理条例》中华人民共和国国务院令第393号** 第二十六条　施工单位应当在施工组织设计中编制安全技术措施和施工现场临时用电方案，对下列达到一定规模的危险性较大的分部分项工程编制专项施工方案，并附具安全验算结果，经施工单位技术负责人、总监理工程师签字后实施，由专职安全生产管理人员进行现场监督： （一）基坑支护与降水工程； （二）土方开挖工程； （三）模板工程； （四）起重吊装工程； （五）脚手架工程； （六）拆除、爆破工程； （七）国务院建设行政主管部门或者其他有关部门规定的其他危险性较大的工程。 对前款所列工程中涉及深基坑、地下暗挖工程、高大模板工程的专项施工方案，施工单位还应当组织专家进行论证、审查。 **2.《建设工程监理规范》GB/T 50319—2013** 5.5.3　项目监理机构应审查施工单位报审的专项施工方案，符合要求的，应由总监理工程师签认后报建设单位。超过一定规模的危险性较大的分部分项工程的专项施工方案，应检查施工单位组织专家进行论证、审查的情况，以及是否附具安全验算结果。项目监理机构应要求施工单位按已批准的专项施工方案组织施工。专项施工方案需要调整时，施工单位应按程序重新提交项目监理机构审查。 专项施工方案审查应包括下列基本内容： 1　编审程序应符合相关规定。 2　安全技术措施应符合工程建设强制性标准	查阅特殊施工技术措施、方案报审文件和旁站记录 审核意见：专家意见已在施工措施方案中落实，同意实施 审批：相关单位责任人已签字 旁站记录：根据施工技术措施对应现场进行检查确认
4.3.5	组织或参加电缆及附件材料的到货检查验收	**1.《建设工程监理规范》GB/T 50319—2013** 5.2.9　项目监理机构应审查施工单位报送的用于工程的材料、构配件、设备的质量证明文件，并应按有关规定、建设工程监理合同约定，对用于工程的材料进行见证取样、平行检验。 项目监理机构对已进场经检验不合格的工程材料、构配件、设备，项目监理机构应要求施工单位限期将其撤出施工现场。 **2.《电力建设工程监理规范》DL/T 5434—2009** 9.1.8　项目监理机构应参与主要设备的开箱验收，对开箱验收中发现的设备质量缺陷，督促相关单位处理	1. 查阅工程材料/构配件/设备报审资料 内容：包括电缆及附件出厂合格证、质保书、试验报告和见证取样的复试报告 审查意见：同意使用 2. 查阅电缆及附件到货验收记录 签字：相关责任人已签字

续表

条款号	大纲条款	检查依据	检查要点
4.3.6	完成电缆安装及试验项目的质量验收	**1.《电力建设工程监理规范》DL/T 5434—2009** 11.3.2 项目监理机构在输变电工程移交时应做的监理工作： 1 检查工程是否按启动及竣工验收规程、启动试运方案及系统调试大纲，完成设备和系统的全部启动、调试、试运行和竣工验收工作。 **2.《建设工程监理规范》GB/T 50319—2013** 5.2.14 项目监理机构应对施工单位报验的隐蔽工程、检验批、分项工程和分部工程进行验收，对验收合格的应给予签认；对验收不合格的应拒绝签认，同时应要求施工单位在指定的时间内整改并重新报验	查阅工程电缆安装工程质量验收表及试验项目相关试验报告 结论：合格 签字：相关单位责任人已签字
4.3.7	施工质量问题及处理台账完整，记录齐全	**1.《建设工程监理规范》GB/T 50319—2013** 5.2.15 项目监理机构发现施工存在质量问题的，或施工单位采用不适当的施工工艺，或施工不当，造成工程质量不合格的，应及时签发监理通知单，要求施工单位整改。整改完毕后，项目监理机构应根据施工单位报送的监理通知回复单对整改情况进行复查，提出复查意见。 5.2.16 对需要返工处理或加固补强的质量缺陷，项目监理机构应要求施工单位报送经设计等相关单位认可的处理方案，并应对质量缺陷的处理过程进行跟踪检查，同时应对处理结果进行验收。 5.2.17 对需要返工处理或加固补强的质量事故，项目监理机构应要求施工单位报送质量事故调查报告和经设计等相关单位认可的处理方案，并应对质量事故的处理过程进行跟踪检查，同时应对处理结果进行验收。 项目监理机构应及时向建设单位提交质量事故书面报告，并应将完整的质量事故处理记录整理归档。 **2.《电力建设工程监理规范》DL/T 5434—2009** 9.1.12 对施工过程中出现的质量缺陷，专业监理工程师应及时下达书面通知，要求承包单位整改，并检查确认整改结果。 9.1.15 专业监理工程师应根据消缺清单对承包单位报送的消缺方案进行审核，符合要求后予以签认，并根据承包单位报送的消缺报验申请表和自检记录进行检查验收	查阅质量问题及处理记录台账 记录要素：质量问题、发现时间、责任单位、整改要求、闭环文件、完成时间 检查内容：记录完整
4.3.8	工程建设标准强制性条文检查到位	**1.《实施工程建设强制性标准监督规定》中华人民共和国建设部令第81号（中华人民共和国住房和城乡建设部令第23号修改）** 第二条 在中华人民共和国境内从事新建、扩建、改建等工程建设活动，必须执行工程建设强制性标准。	查阅工程强制性标准执行情况检查表 内容：符合强制性标准执行计划要求

续表

条款号	大纲条款	检 查 依 据	检查要点
4.3.8	工程建设标准强制性条文检查到位	第三条 本规定所称工程强制性标准是指直接涉及工程质量、安全、卫生及环境保护等方面的工程建设标准强制性条文。 第六条 …… 工程质量监督机构应当对建设施工、监理、验收等阶段执行强制性标准的情况实施监督。 **2.《输变电工程项目质量管理规程》DL/T 1362—2014** 7.3.5 监理单位应监督施工单位质量管理体系的有效运行，应监督施工单位按照技术标准和设计文件进行施工，应定期检查工程建设标准强制性条文执行情况，……	签字：施工单位技术人员与监理工程师已签字
4.3.9	提出投运前的工程质量提出了监理评价意见	**1.《建设工程监理规范》GB/T 50319—2013** 5.2.19 工程竣工预验收合格后，项目监理机构应编写工程质量评估报告，经总监理工程师和工程监理单位技术负责人审核签字后报建设单位。 **2.《电力工程建设监理规范》DL/T 5434—2009** 11.2 工程启动验收阶段 11.2.2 提交工程质量评估报告和相关监理文件。 **3.《输变电工程项目质量管理规程》DL/T 1362—2014** 14.2.1 变电工程应分别在主要建（构）筑物基础基本完成、土建交付安装前、投运前进行中间验收，输电线路工程应分别在杆塔组立前、导地线架设前、投运前进行中间验收。投运前中间验收可与竣工预验收合并进行。中间验收应符合下列要求： b）在收到初检申请并确认符合条件后，监理单位应组织进行初检，在初检合格后，应出具监理初检报告并向建设单位申请中间验收	1. 查阅工程质量评估报告 结论：明确 签字：总监理工程师和工程监理单位技术负责人已签字 2. 查阅本阶段监理初检报告 评价意见：明确
4.4 施工单位质量行为的监督检查			
4.4.1	电缆终端与中间接头制作人员培训合格	**1.《电气装置安装工程电缆线路施工及验收规范》GB 50168—2006** 6.1.1 电缆终端与接头的制作，应由经过培训的熟悉工艺的人员进行	查阅电缆终端与中间接头制作人员资格证书 有效期：作业期间有效
4.4.2	施工方案和作业指导书已审批，技术交底记录齐全	**1.《建筑施工组织设计规范》GB/T 50502—2009** 3.0.5 施工组织设计的编制和审批应符合下列规定： 2 ……施工方案应由项目技术负责人审批；重点、难点分部（分项）工程和专项工程施工方案应由施工单位技术部门组织相关专家评审，施工单位技术负责人批准。	1. 查阅施工方案和作业指导书 审批：责任人已签字 编审批时间：施工前

续表

条款号	大纲条款	检查依据	检查要点
4.4.2	施工方案和作业指导书已审批，技术交底记录齐全	3 由专业承包单位施工的分部（分项）工程或专项工程的施工方案，应由专业承包单位技术负责人或技术负责人授权的技术人员审批；有总承包单位时，应由总承包单位项目技术负责人核准备案。 4 规模较大的分部（分项）工程和专项工程的施工方案应按单位工程施工组织设计进行编制和审批。 6.4.1 施工准备应包括下列内容： 1 技术准备：包括施工所需技术资料的准备、图纸深化和技术交底的要求、试验检验和测试工作计划、样板制作计划以及与相关单位的技术交接计划等； …… **2.《输变电工程项目质量管理规程》DL/T 1362—2014** 9.2.2 工程开工前，施工单位应根据施工质量管理策划编制质量管理文件，并应报监理单位审核、建设单位批准。质量管理文件应包括下列内容： …… e）施工方案及作业指导书； 9.3.2 工程开工前，施工单位应完成下列工作： …… e）施工组织设计、施工方案的编制和审批； 9.3.4 施工过程中，施工单位应主要开展下列质量控制工作： b）在变电各单位工程、线路各分部工程开工前进行技术培训交底	2. 查阅施工方案和作业指导书报审表 审批意见：同意实施等肯定性意见 签字：施工项目部、监理项目部责任人已签字 盖章：施工项目部、监理项目部已盖章 3. 查阅技术交底记录 内容：与方案或作业指导书相符 时间：施工前 签字：交底人和被交底人已签字
4.4.3	计量工器具经检定合格，且在有效期内	**1.《中华人民共和国计量法》中华人民共和国主席令第86号（2018年10月26日《关于修改〈中华人民共和国野生动物保护法〉等十五部法律的决定》修正）** 第九条 ……未按照规定申请检定或者检定不合格的，不得使用。…… **2.《中华人民共和国依法管理的计量器具目录（型式批准部分）》国家质检总局公告2005年第145号** 1. 测距仪：光电测距仪、超声波测距仪、手持式激光测距仪。 2. 经纬仪：光学经纬仪、电子经纬仪。 3. 全站仪：全站型电子速测仪。 4. 水准仪：水准仪。 5. 测地型GPS接收机：测地型GPS接收机。 **3.《电力建设施工技术规范 第1部分：土建结构工程》DL 5190.1—2012** 3.0.5 在质量检查、验收中使用的计量器具和检测设备，应经计量检定合格后方可使用；承担材料和设备检测的单位，应具备相应的资质。	1. 查阅计量工器具台账 内容：包括计量工器具名称、出厂合格证编号、检定日期、有效期、在用状态等 检定有效期：在用期间有效

续表

条款号	大纲条款	检查依据	检查要点
4.4.3	计量工器具经检定合格，且在有效期内	**4.《电力工程施工测量技术规范》DL/T 5445—2010** 4.0.3 施工测量所使用的仪器和相关设备应定期检定，并在检定的有效期内使用。…… **5.《建筑工程检测试验技术管理规范》JGJ 190—2010** 5.2.2 施工现场配置的仪器、设备应建立管理台账，按有关规定进行计量检定或校准，并保持状态完好	2. 查阅计量工器具检定合格证或报告 检定单位资质范围：包含所检测工器具 工器具有效期：在用期间有效，且与台账一致
4.4.4	专业绿色施工措施已制订	**1.《绿色施工导则》中华人民共和国建设部 建质〔2007〕223号** 4.1.2 规划管理 1 编制绿色施工方案。该方案应在施工组织设计中独立成章，并按有关规定进行审批。 **2.《建筑工程绿色施工规范》GB/T 50905—2014** 3.1.1 建设单位应履行下列职责 1 在编制工程概算和招标文件时，应明确绿色施工的要求…… 2 应向施工单位提供建设工程绿色施工的设计文件、产品要求等相关资料…… 4.0.2 施工单位应编制包含绿色施工管理和技术要求的工程绿色施工组织设计、绿色施工方案或绿色施工专项方案，并经审批通过后实施。 **3.《火电工程项目质量管理规程》DL/T 1144—2012** 5.3.3 建设单位在工程开工前应组织相关单位编制下列质量文件： …… n）绿色施工措施。 …… 9.3.1 工程具备开工条件后，由建设单位按照国家规定办理开工手续。工程开工应满足下列条件： …… k）绿化施工措施编制并落实。 …… 9.2.2 施工单位在工程开工前，应编制质量管理文件，经监理、建设单位会审、批准后实施，质量管理文件应包括： …… i）绿色施工措施。 …… 9.3.12 绿色施工应符合下列规定：	查阅绿色施工措施 审批：责任人已签字 审批时间：施工前

续表

条款号	大纲条款	检 查 依 据	检查要点
4.4.4	专业绿色施工措施已制订	a）施工单位应按《绿色施工导则》的规定：在工程开工前编制节能、节水、节地、节材的控制措施，控制措施应重点包含能源合理配备、废水利用、节约用地、材料合理选配及循环使用等内容。 b）施工单位应编制控制噪声、防尘、废液排放、水土保持及环保设施投入等控制措施，各项措施应经监理、建设单位的审批。所有措施均应表示实测指标，施工过程应由监理工程师实时监查。 **4.《电力建设施工技术规范 第1部分：土建结构工程》DL 5190.1—2012** 3.0.12 施工单位应建立绿色施工管理体系和管理制度，实施目标管理，施工前应在施工组织设计和施工方案中明确绿色施工的内容和方法	
4.4.5	工程建设标准强制性条文实施计划已执行	**1.《实施工程建设强制性标准监督规定》中华人民共和国建设部令第81号（2015年1月22日中华人民共和国住房和城乡建设部令第23号修正）** 第二条 在中华人民共和国境内从事新建、扩建、改建等工程建设活动，必须执行工程建设强制性标准。 第三条 本规定所称工程建设强制性标准是指直接涉及工程质量、安全、卫生及环境保护等方面的工程建设标准强制性条文。 国家工程建设标准强制性条文由国务院住房城乡建设主管部门会同国务院有关主管部门确定。 第六条 ……工程质量监督机构应当对工程建设施工、监理、验收等阶段执行强制性标准的情况实施监督 **2.《输变电工程项目质量管理规程》DL/T 1362—2014** 9.2.2 工程开工前，施工单位应根据施工质量管理策划编制质量管理文件，并应报监理单位审核、建设单位批准。质量管理文件应包括下列内容： …… d）工程建设标准强制性条文执行计划	查阅强制性标准执行记录 内容：与强制性标准执行计划相符 签字：责任人已签字 执行时间：与工程进度同步
4.4.6	施工验收中不符合项已整改	**1.《建设工程质量管理条例》中华人民共和国国务院令第279号（2017年10月7日中华人民共和国国务院令第687号修正）** 第三十二条 施工单位对施工中出现质量问题的建设工程或者竣工验收不合格的建设工程，应当负责返修。 **2.《建筑工程施工质量验收统一标准》GB 50300—2013** 5.0.6 当建筑工程施工质量不符合规定时，应按下列规定进行处理： 1. 经返工或返修的检验批，应重新进行验收。 ……	查阅不符合项台账 内容：不符合项已闭环

续表

条款号	大纲条款	检　查　依　据	检查要点
4.4.6	施工验收中不符合项已整改	**3.《110kV及以上送变电工程启动及竣工验收规程》DL/T 782—2001** 4.3　每次检查中发现的问题在每个阶段中加以消缺，消缺之后要重新检查。…… 5.2.4　……（电气设备试验）验收检查发现的缺陷已经消除，……	
4.4.7	无违规转包或者违法分包工程的行为	**1.《中华人民共和国建筑法》中华人民共和国主席令第46号（2019年4月23日中华人民共和国主席令第29号修正）** 第二十八条　禁止承包单位将其承包的全部建筑工程转包给他人，禁止承包单位将其承包的全部建筑工程肢解以后以分包的名义转包给他人。 第二十九条　建筑工程总承包单位可以将承包工程中的部分工程发包给具有相应资质条件的分包单位，但是，除总承包合同约定的分包外，必须经建设单位认可。施工总承包的，建筑工程主体结构的施工必须由总承包单位自行完成。 …… 禁止总承包单位将工程分包给不具备相应资质条件的单位。禁止分包单位将其承包的工程再分包。 **2.《建筑工程施工发包与承包违法行为认定查处管理办法》建市规〔2019〕1号** 第六条　存在下列情形之一的，属于违法发包： （一）建设单位将工程发包给个人的； （二）建设单位将工程发包给不具有相应资质的单位的； （三）依法应当招标未招标或未按照法定招标程序发包的； （四）建设单位设置不合理的招标投标条件，限制、排斥潜在投标人或者投标人的； （五）建设单位将一个单位工程的施工分解成若干部分发包给不同的施工总承包或专业承包单位的。 第八条　存在下列情形之一的，应当认定为转包，但有证据证明属于挂靠或者其他违法行为的除外： （一）承包单位将其承包的全部工程转给其他单位（包括母公司承接建筑工程后将所承接工程交由具有独立法人资格的子公司施工的情形）或个人施工的； （二）承包单位将其承包的全部工程肢解以后，以分包的名义分别转给其他单位或个人施工的； （三）施工总承包单位或专业承包单位未派驻项目负责人、技术负责人、质量管理负责人、安全管理负责人等主要管理人员，或派驻的项目负责人、技术负责人、质量管理负责人、安全管理负责人中一人及以上与施工单位没有订立劳动合同且没有建立劳动工资和社会养老保险关系，或派驻的项目负责人未对该工程的施工活动进行组织管理，又不能进行合理解释并提供相应证明的；	1. 查阅工程分包申请报审表 审批意见：同意分包等肯定性意见 签字：施工项目部、监理项目部、建设单位责任人已签字 盖章：施工项目部、监理项目部、建设单位已盖章 2. 查阅工程分包商资质 业务范围：涵盖所分包的项目 发证单位：政府主管部门 有效期：当前有效

续表

条款号	大纲条款	检查依据	检查要点
4.4.7	无违规转包或者违法分包工程的行为	（四）合同约定由承包单位负责采购的主要建筑材料、构配件及工程设备或租赁的施工机械设备，由其他单位或个人采购、租赁，或施工单位不能提供有关采购、租赁合同及发票等证明，又不能进行合理解释并提供相应证明的； （五）专业作业承包人承包的范围是承包单位承包的全部工程，专业作业承包人计取的是除上缴给承包单位“管理费”之外的全部工程价款的； （六）承包单位通过采取合作、联营、个人承包等形式或名义，直接或变相将其承包的全部工程转给其他单位或个人施工的； （七）专业工程的发包单位不是该工程的施工总承包或专业承包单位的，但建设单位依约作为发包单位的除外； （八）专业作业的发包单位不是该工程承包单位的； （九）施工合同主体之间没有工程款收付关系，或者承包单位收到款项后又将款项转拨给其他单位和个人，又不能进行合理解释并提供材料证明的。 两个以上的单位组成联合体承包工程，在联合体分工协议中约定或者在项目实际实施过程中，联合体一方不进行施工也未对施工活动进行组织管理的，并且向联合体其他方收取管理费或者其他类似费用的，视为联合体一方将承包的工程转包给联合体其他方。	
5 工程实体的监督检查			
5.1 电缆敷设的监督检查			
5.1.1	电缆及附件材料质量证明文件齐全，满足设计要求	**1.《电气装置安装工程电缆线路施工及验收规范》GB 50168—2006** 3.0.4 电缆及其附件到达现场后，应按下列要求及时进行检查： 1 产品的技术文件应齐全； 2 电缆型号、规格、长度应符合订货要求； 3 电缆外观不应受损，电缆封端应严密。当外观检查有怀疑时，应进行受潮判断或试验； 4 附件部件应齐全，材质质量应符合产品技术要求； 5 充油电缆的压力油箱、油管、阀门和压力表应符合产品技术要求且完好无损	查阅产品的合格证和出厂试验报告 技术参数：符合订货及设计要求
5.1.2	电缆保护管连接符合设计要求或规范规定；利用钢制电缆保护管做接地线时，接地导通良好	**1.《电气装置安装工程电缆线路施工及验收规范》GB 50168—2006** 4.1.7 电缆管的连接应符合下列要求： 1 金属电缆管不宜直接对焊，宜采用套管对焊的方式，连接时应两管口对准、连接牢固，密封良好；套接的短套管或带螺纹的管接头的长度，不应小于电缆管外径的2.2倍。采用金属软管及合金接头作电缆保护接续管时，其两端应固定牢固、密封良好； 2 硬质塑料管在套接或插接时，其插入深度宜为管子内径的1.1倍～1.8倍。在插接面上应涂以胶合剂粘牢密封；采用套接时套管两端应采取密封措施； 注：成排管敷设塑料管多采用橡胶圈密封。	1. 查看电缆保护管 连接方式：根据电缆保护管材质选择 施工质量：符合设计要求或规范规定

续表

<table>
<tr><th>条款号</th><th>大纲条款</th><th>检查依据</th><th>检查要点</th></tr>
<tr><td rowspan="2">5.1.2</td><td rowspan="2">电缆保护管连接符合设计要求或规范规定；利用钢制电缆保护管做接地线时，接地导通良好</td><td rowspan="2">3 水泥管宜采用管箍或套接方式进行连接，管孔应对准，接缝应严密，管箍应有防水垫密封圈，防止地下水和泥浆渗入。
4.1.9 利用电缆保护钢管作接地线时，应先焊好接地线，再敷设电缆。有螺纹连接的电缆管，管接头处，应焊接跳线，跳线截面应不小于 30mm^2</td><td>2. 查看钢制电缆保护管接地线
焊接：良好，满足规范要求
跳线截面：不小于 30mm^2
施工质量：牢固，导通良好</td></tr>
<tr><td>3. 查阅施工验评记录表
电缆管连接、接地：与实际相符</td></tr>
<tr><td rowspan="4">5.1.3</td><td rowspan="4">电缆桥架伸缩缝设置符合规范规定；金属电缆支架接地可靠</td><td rowspan="4">1.《电力工程电缆设计规范》GB 50217—2018
6.2.8 梯架、托盘的直线段超过下列长度时，应留有不少于 20mm 的伸缩缝：
1 钢制 30m；
2 铝合金或玻璃钢制 15m。
2.《电气装置安装工程电缆线路施工及验收规范》GB 50168—2006
4.2.7 当直线段钢制电缆桥架超过 30m、铝合金或玻璃钢制电缆桥架超过 15m 时，应有伸缩缝，其连接宜采用伸缩连接板；电缆桥架跨越建筑物伸缩缝处应设置伸缩缝。
4.2.9 金属电缆支架全长均应有良好的接地。
3.《电气装置安装工程接地装置施工及验收规范》GB 50169—2016
3.0.4 电气装置的下列金属部分，均必须接地：
7 电缆桥架、支架和井架。
4.3.8 沿电缆桥架敷设铜绞线、镀锌扁钢及利用沿桥架构成电气通路的金属构件，如安装托架用的金属构件作为接地网时，电缆桥架接地时应符合下列规定：
1 电缆桥架全长不大于 30m 时，与接地网相连不应少于 2 处。
2 全长大于 30m 时，应每隔 20m-30m 增加与接地网的连接点。
3 电缆桥架的起始端和终点端应与接地网可靠连接</td><td>1. 查看桥架伸缩缝
设置：符合电缆桥架规范要求
跨越建筑物的伸缩缝时：桥架相同位置设置伸缩缝</td></tr>
<tr><td>2. 查看金属电缆支架接地
连接：全长均应可靠接地，牢固、可靠，符合规范规定</td></tr>
<tr><td>3. 查看金属电缆桥架接地
连接：符合规范规定</td></tr>
<tr><td>4. 查阅设计文件、施工记录
金属电缆支架接地：与实际相符
电缆桥架伸缩缝：与设计相符</td></tr>
<tr><td>5.1.4</td><td>沿桥梁敷设的电缆、低温下敷设的电缆、直埋电缆埋设等符合设计要求或规范规定</td><td>1.《电力工程电缆设计规范》GB 50217—2018
5.3.1 直埋电缆敷设的路径选择宜符合下列规定：
1 应避开含有酸、碱强腐蚀或杂散电流电化学腐蚀严重影响的地段；
2 无防护措施时，宜避开白蚁危害地带、热源影响和易遭外力损坏的区段；
5.3.2 直埋敷设电缆方式应符合下列规定：
1 电缆应敷设于壕沟里，并应沿电缆全长的上、下紧邻侧铺以厚度不少于 100mm 的软土和砂层；
2 沿电缆全长应覆盖宽度不小于电缆两侧各 50mm 的保护板，保护板宜采用混凝土。</td><td>1. 查看或实测电缆敷设
弯曲半径：符合规范规定
埋深：符合设计要求和规范规定
电缆固定：牢固、可靠，符合设计要求
外观检查：无机械损伤、渗油
桥梁电缆：桥梁电缆和附件距水面高度应高于桥底距水面高</td></tr>
</table>

续表

条款号	大纲条款	检　查　依　据	检查要点
5.1.4	沿桥梁敷设的电缆、低温下敷设的电缆、直埋电缆埋设等符合设计要求或规范规定	3　城镇电缆直埋敷设时，宜在保护板上层铺设醒目标志带。 4　位于城郊或空旷地带，沿电缆路径的直线间隔100m、转弯处和接头部位，应树立明显的方位标志或标桩。 5　当采用电缆穿波纹管敷设于壕沟时，应沿波纹管顶全长浇注厚度不小于100mm的素混凝土，宽度不应小于管外侧50mm，电缆可不含铠装。 5.3.3　电缆直埋敷设于非冻土地区时，电缆埋置深度应符合下列规定： 1　电缆外皮至地下构筑物基础，不得小于0.3m； 2　电缆外皮至地面深度，不得小于0.7m；当位于行车道或耕地下时，应适当加深，且不宜小于1.0m； 5.3.4　电缆直埋敷设于冻土地区时，应埋入冻土层以下，当受条件限制时，应采取防止电缆受到损伤的措施。 5.3.6　直埋敷设的电缆与铁路、道路交叉时，应穿保护管，保护范围应符合下列规定： 1　与铁路交叉时，保护管应超出路基面宽各1m，或者排水沟外0.5m。埋设深度不应低于路基丽下1m； 2　与道路交叉时，保护管应超出道路边各1m，或者排水沟外0.5m。埋设深度不应低于路面下1m； 3　保护管应有不低于1%的排水坡度。 5.3.7　直埋敷设的电缆引入构筑物，在贯穿墙孔应设置保护管，管口应实施阻水堵塞； 5.3.9　直埋敷设的电缆回填土土质应对电缆外护层无腐蚀性。 5.9.3　道路、铁路桥梁上的电缆应采取防止振动、热伸缩以及风力影响下金属套因长期应力疲劳导致断裂的措施，并应符合下列规定： 1　桥墩两端和伸缩缝处电缆应充分松弛；当桥梁中有挠角部位时，宜设置电缆伸缩弧； 2　35kV以上大截面电缆宜采用蛇形敷设； 3　经常受到振动的直线敷设电缆，应设置橡皮、砂袋等弹性衬垫。 **2.《电气装置安装工程电缆线路施工及验收规范》GB 50168—2006** 5.1.16　敷设电缆时，电缆允许敷设最低温度，在敷设前24h内的平均温度以及敷设现场的温度不应低于表5.1.16的规定；当温度低于表5.1.16规定值时，应采取措施（若厂家有要求，按厂家要求执行）； 5.2.1　在电缆线路路径上有可能使电缆受到机械性损伤、化学作用、地下电流、振动、热影响、腐蚀物质、虫鼠等危害的地段，应采取保护措施； 5.2.2　电缆埋置深度应符合下列要求：	2. 查阅安装施工记录 电缆敷设：与实际相符 签字：施工质检员、监理人员已签证

续表

条款号	大纲条款	检查依据	检查要点
5.1.4	沿桥梁敷设的电缆、低温下敷设的电缆、直埋电缆埋设等符合设计要求或规范规定	1 电缆表面距地面的距离不应小于0.7m。穿越农田或在车行道下敷设时不应小于1m；在引入建筑物、与地下建筑物交叉及绕过地下建筑物处，可浅埋，但应采取保护措施。 2 电缆应埋设于冻土层以下，当受条件限制时，应采取防止电缆受到损坏的措施。 5.2.4 电缆与铁路、公路、城市街道、厂区道路交叉时，应敷设于坚固的保护管或隧道内；电缆管的两端宜伸出道路路基两边0.5m以上；伸出排水沟0.5m；在城市街道应伸出车道路面。 5.2.5 直埋电缆的上、下部应铺以不小于100mm厚的软土砂层，并加盖保护板，其覆盖宽度应超过电缆两侧各50mm，保护板可采用混凝土盖板或砖块。软土或砂子中不应有石块或其他硬质杂物。 5.2.7 直埋电缆回填土前，应经隐蔽工程验收合格，并分层夯实。 5.5.1 木桥上的电缆应穿管敷设。在其他结构的桥上敷设的电缆，应在人行道下设电缆沟或穿入由耐火材料制成的管道中。在人不易接触处，电缆可在桥上裸露敷设，但应采取避免太阳直接照射的措施； 5.5.2 悬吊架设的电缆与桥梁之间的净距不应小于0.5m。 5.5.3 在经常受到震动的桥梁上敷设的电缆，应有防震措施。在桥墩两端和伸缩缝处的电缆，应留有松弛部分。 **3.《城市电力电缆线路设计技术规定》DL/T 5221—2016** 4.2.3 电缆直埋敷设方式的选择应符合下列规定： 1 不易经常性开挖的地段，容易翻修的城区人行道下或道路、建筑物边缘，可采用直埋敷设； 2 地下管网较多的地段，可能有熔化金属、高温液体溢出的地段，待开发有较频繁开挖的地段，不宜采用直埋敷设； 3 有化学腐蚀或杂散电流腐蚀的土壤范围，不得采用直埋敷设。 4.2.6 电缆隧道敷设方式的选择应符合下列规定： 1 电缆数量较多，且超过保护管、电缆沟合理布置数量时应采用隧道敷设； 2 位于有熔化金属、高温液体溢出的场所，宜采用隧道敷设； 3 500kV电缆线路宜采用隧道敷设。 4.3.1 电缆的埋设深度应符合下列规定： 1 电缆表面距地面不应小于0.7m，当位于行车道或耕地地下时，应适当加深，且不宜小于1.0m；在引入建筑物、与地下建筑物交叉及绕过建筑物时可浅埋，但应采取保护措施； 2 敷设于冻土地区时，电缆宜埋在冻土层下，当受条件限制时，应采取防止电缆受到损伤的措施。	

续表

条款号	大纲条款	检 查 依 据	检查要点
5.1.4	沿桥梁敷设的电缆、低温下敷设的电缆、直埋电缆埋设等符合设计要求或规范规定	4.3.2 直埋敷设的电缆……，并盖上槽盒。 4.3.3 直埋敷设时，电缆标识应符合下列规定： 1 在保护板或槽盒盖上层应全线铺设醒目的警示带； 2 在电缆转弯、接头、进入建筑物等处及直线段每隔一定间距应设置明显的方位标志或标桩，间距不宜大于50m。 4.3.4 直埋敷设电缆穿越城市交通道路和铁路路轨时，应采取保护措施。 4.4.1 保护管设计应符合下列规定： 1 保护管所需孔数除满足电网远景规划外，还需有适当留有备用孔； 2 供敷设单芯电缆用的保护管，应选用非导磁并符合……镀锌钢管； 3 保护管顶部土壤覆盖深度不宜少于0.5m；保护管中……规定； 4 保护管内径不宜小于电缆外径或多根电缆包络外径的1.5倍； 5 保护管宜做成直线……不得大于2.5°； 6 保护管需承受……支座作局部加固。 4.5.2 电缆隧道的截面应按容纳全部电缆……，并应符合下列规定： 1 电缆隧道内……，不应小于1400mm； 2 电缆隧道……规定； 3 电缆隧道……规定。 4.5.4 电缆隧道内66kV及以上的单芯电缆，应按电缆的热伸缩量作蛇形敷设设计。蛇形敷设设计……。 4.5.6 蛇形敷设的电缆……： 1 采用……； 2 采用……； 3 采用……； 4 在坡度……。 4.6.1 电缆沟尺寸……确定。 4.7.1 利用交通桥梁敷设电缆应符合下列规定： 1 在桥梁……之内； 2 电缆敷设……稳定性； 3 电缆不得……上； 4 在桥梁上敷设……。 4.7.2 在短跨距中的桥梁人行道下敷设的电缆……，还应符合下列规定： 1 把电缆……措施；	

续表

条款号	大纲条款	检 查 依 据	检查要点
5.1.5	直埋电缆之间及与其交叉的管道、道路、建筑物之间的净距离符合规范规定	**1.《电力工程电缆设计规范》GB 50217—2018** 5.3.5 直埋敷设的电缆不得平行敷设于地下管道的正上方或正下方。电缆与电缆、管道、道路、构筑物等之间的容许最小距离，应符合表5.3.5的规定。 **2.《电气装置安装工程电缆线路施工及验收规范》GB 50168—2006** 5.2.3 电缆之间，电缆与其他管道、道路、建筑物等之间平行和交叉时的最小净距，应符合表5.2.3的规定。严禁将电缆平行敷设于管道的上方或下方。特殊情况应按下列规定执行： 1 电力电缆间及其与控制电缆间或不同使用部门的电缆间，当电缆穿管或用隔板隔开时，平行净距可降低为0.1m。 2 电力电缆间、控制电缆间以及它们相互之间，不同使用部门的电缆间在交叉点前后1m范围内，当电缆穿入管中或用隔板隔开时，其交叉净距可降低为0.25m。 3 电缆与热管道（沟）、油管道（沟）、可燃气体及易燃液体管道（沟）、热力设备或其他管道（沟）之间，虽净距能满足要求，但检修管路可能伤及电缆时，在交叉点前后1m范围内，尚应采取保护措施；当交叉净距不能满足要求时，应将电缆穿入管中，其净距可降低为0.25m。 4 电缆与热管道（沟）及热力设备平行、交叉时，应采取隔热措施，使电缆周围土壤的温升不超过10℃。 5 当直流电缆与电气化铁路路轨平行、交叉其净距不能满足要求时，应采取防电化腐蚀措施。 6 直埋电缆穿越城市街道、公路、铁路，或穿过有载重车辆通过的大门时，进入建筑物的墙角处，进入隧道、人井，或从地下引出到地面时，应将电缆敷设在满足强度要求的管道内，并将管口封堵好。 7 高电压等级的电缆宜敷设在低电压等级电缆的下面。 5.2.4 电缆与铁路、公路、城市街道、厂区道路交叉时，应敷设于坚固的保护管或隧道内。电缆管的两端宜伸出道路路基两边0.5m以上；伸出排水沟0.5m；在城市街道应伸出车道路面。 5.2.6 直埋电缆在直线段每隔50m～100m处、电缆接头处、转弯处、进入建筑物等处，应设置明显的方位标志或标桩	1. 查看直埋电缆 不同电缆之间间距：符合规范规定 与热力设备、煤气、天然气等管道的间距：符合规范规定 2. 查阅施工记录 与热力设备、管道之间的净距和电缆排列：应符合规范规定 签字：施工质检员、监理人员已签证 3. 查看直埋电缆标注桩 直埋电缆标注桩：应满足规范要求
5.1.6	交流单芯电缆不得单独使用钢保护管，固定夹具不得构成闭合磁路	**1.《电力工程电缆设计规范》GB 50217—2018** 5.4.1 …… 2 交流单芯电缆以单根穿管时，不得采用未分隔磁路的钢管。 6.1.9 ……	1. 查看交流单芯电缆 保护管：不得采用未分隔磁路的钢保护管

续表

条款号	大纲条款	检 查 依 据	检查要点
5.1.6	交流单芯电缆不得单独使用钢保护管，固定夹具不得构成闭合磁路	2　交流单芯电力电缆的刚性固定，宜采用铝合金等不构成磁性闭合回路的夹具；其他固定方式，可采用尼龙扎带或绳索。 **2.《电气装置安装工程电缆线路施工及验收规范》GB 50168—2006** 5.1.20…… 3　交流系统的单芯电缆或分相后的分相铅套电缆的固定夹具不应构成闭合磁路。 **3.《城市电力电缆线路设计技术规定》DL/T 5221—2016** 8.0.2　单芯电缆用的夹具，不得形成磁闭合回路，……	2. 查看交流单芯电缆 夹具型式：不得采用未分隔磁路的钢管 固定：不得形成磁闭合回路 3. 查阅设计文件 夹具型式：与实际相符
5.1.7	架空电缆与公路、铁路及其他架空线路交叉跨越的相互间距符合规范规定	**1.《电气装置安装工程电缆线路施工及验收规范》GB 50168—2006** 5.7.2　架空电缆与公路、铁路、架空线路交叉跨越时，应符合表 5.7.2 的规定	1. 查看架空电缆敷设 与交叉跨越物间距：符合规范规定 2. 查阅架空电缆敷设施工验评记录 与交叉跨越间距：与实际相符 签字：施工质检员、监理人员已签证
5.1.8	架空电缆全线接地可靠，不宜有电缆接头	**1.《电气装置安装工程电缆线路施工及验收规范》GB 50168—2006** 5.7.3　架空电缆的金属护套、铠装及悬吊线均应有良好的接地，杆塔和配套金具均应进行设计，应满足规程及强度要求。 5.7.5　支撑架空电缆的钢绞线应满足荷载要求，并全线良好接地，在转角处需打拉线或顶杆。 5.7.6　架空敷设的电缆不宜设置电缆接头。 **2.《电气装置安装工程接地装置施工及验收规范》GB 50169—2016** 3.0.4　电气装置的下列金属部分，均必须接地： …… 6　电力电缆的金属护层、接头盒、终端头和金属保护管及二次电缆的屏蔽层。 7　电缆桥架、支架和井架。 4.10.1　交流系统中三芯电缆的金属护层，应在电缆线路两终端接地… 4.10.3　电缆接地线应采用铜绞线或镀锡铜编织线与电缆屏蔽层连接，其截面积不应小于表 4.10.3 的规定。铜绞线或镀锡铜编织线应加包绝缘层。110kV 及以上电压等级的电缆接地线截面积应符合设计规定。 4.10.4　统包型电缆终端头的电缆铠装层、金属屏蔽层应使用接地线分别引出并可靠接地；橡塑电缆铠装层和金属屏蔽层应锡焊接地线。	1. 查看架空电缆 金属护套、铠装及悬吊钢绞线等接地：符合规范规定 接头：架空敷设的电缆应符合规范和设计要求 2. 查阅架空电缆接地施工记录 接地：与实际相符 签字：施工质检员、监理人员已签证

续表

条款号	大纲条款	检查依据	检查要点
5.1.8	架空电缆全线接地可靠，不宜有电缆接头	4.10.5 当电缆穿过零序电流互感器时，其金属护层和接地线应对地绝缘且不得穿过互感器接地；当金属护层接地线未随电缆芯线穿过互感器时，接地线应直接接地，当金属护层接地线随电缆芯线穿过互感器时，接地线应穿回互感器后接地。 **3.《交流电气装置的及接地设计规范》GB/T 50065—2011** 3.2.1 电力系统、装置或设备的下列部分（给定点）应接地： 8 发电厂、变电站电缆沟和电缆隧道内，以及地上各种电缆金属支架等； 9 屋内外配电装置的金属架构和钢筋混凝土架构，以及靠近带电部分的金属围栏和金属门； 10 电力电缆接线盒、终端盒的外壳，电力电缆的金属护套或屏蔽层，穿线的钢管和电缆桥架等； 5.2.1 电力电缆金属护套或屏蔽层，应按下列规定接地： 1 三芯电缆应在线路两终端直接接地。线路中有中间接头时，接头处也应直接接地。 2 单芯电缆在线路上应至少有一点直接接地，且任一非接地处金属护套或屏蔽层上的正常感应电压，不应超过下列数值： 1）在正常满负载情况下，未采取防止人员任意接触金属护套或屏蔽层的安全措施时，50V。 2）在正常满负荷情况下，采取防止人员任意接触金属护套或屏蔽层的安全措施时，100V。 3 长距离单芯水底电缆线路应在两岸的接头处直接接地。 5.2.2 交流单芯电缆金属护套的接地方式，应按图5.2.2所示部位接地和设置金属护套或屏蔽层电压限制器，并应符合下列规定： 1 线路不长，且能满足本规范第5.2.1条的规定时，可采用线路一端直接接地方式。在系统发生单相接地故障对临近弱电线路有干扰时，还应沿电缆线路平行敷设一根回流线，回流线的选择与设置应符合下列要求： 1）回流线的截面选择应按系统发生单相接地故障电流和持续时间验算其稳定性。 2）回路线的排列布置方式，应使电缆正常工作时在回流线上产生的损耗最小。 2 线路稍长，一端接地不能满足本规范第5.2.1条的规定，且无法分成3段组成交叉互联时，可采用线路中间一点接地方式，并应按本规范第5.2.2条第1款的规定加设回流线。 3 线路较长，中间一点接地方式不能满足本规范第5.2.1条的规定时，宜使用绝缘接头将电缆的金属护套和绝缘屏蔽均匀分割成3段或3的倍数段，并应按图5.2.2所示采用交叉互连接地方式	

续表

条款号	大纲条款	检查依据	检查要点
5.1.9	完成以下电力电缆交接试验项目的测试		
(1)	绝缘电阻测量	**1.《电气装置安装工程电气设备交接试验标准》GB 50150—2016** 17.0.1　电力电缆线路的试验项目，应包括下列内容： 1　主绝缘及外护层绝缘电阻测量； 2　主绝缘直流耐压试验及泄漏电流测量； 3　主绝缘交流耐压试验； 4　外护套直流耐压试验； 5　检查电缆线路两端的相位； 6　充油电缆的绝缘油试验； 7　交叉互联系统试验； 8　电力电缆线路局部放电测量。 17.0.2　电力电缆线路交接试验，应符合下列规定： 1　橡塑绝缘电力电缆可按本标准第17.0.1条第1、3、5和8款进行试验，其中交流单芯电缆应增加本标准第17.0.1条第4、7款试验项目。额定电压 U_0/U 为18/30kV及以下电缆，当不具备条件时允许用有效值为 $3U_0$ 的0.1Hz电压施加15min或直流耐压试验及泄漏电流测量代替本标准第17.0.5条规定的交流耐压试验。 2　纸绝缘电缆可按本标准第17.0.1条第1、2和5款进行试验。 3　自容式充油电缆可按本标准第17.0.1条第1、2、4、5、6、7和8款进行试验。 4　应对电缆的每一相测量其主绝缘的绝缘电阻和进行耐压试验。对具有统包绝缘的三芯电缆，应分别对每一相进行，其他两相导体、金属屏蔽或金属套和铠装层应一起接地；对分相屏蔽的三芯电缆和单芯电缆，可一相或多相同时进行，非被试相导体、金属屏蔽或金属套和铠装层应一起接地。 6　额定电压为0.6/1kV的电缆线路应用2500V兆欧表测量导体对地绝缘电阻代替耐压试验，试验时间应为1min。 17.0.3　绝缘电阻测量，应符合下列规定： 1　耐压试验前后，绝缘电阻测量应无明显变化； 2　橡塑电缆外护套、内衬层的绝缘电阻不应低于0.5MΩ/km； 3　测量绝缘电阻用绝缘电阻表的额定电压等级，应符合下列规定： 1）电缆绝缘测量宜采用2500V兆欧表，6.6kV及以上电缆也可用5000V兆欧表； 2）橡塑电缆外护套、内衬层的测量宜采用500V兆欧表	查阅试验报告 测试方式：每相分别测试，实验内容齐全 绝缘电阻：满足规范规定

续表

条款号	大纲条款	检查依据	检查要点
(2)	电缆线路两端的相位一致，并与电网相位相符	**1.《电气装置安装工程电气设备交接试验标准》GB 50150—2016** 17.0.6 检查电缆线路的两端相位，应与电网的相位一致	查阅试验报告 核相：与系统相位一致
(3)	直流耐压试验及泄漏电流测试	**1.《电气装置安装工程电气设备交接试验标准》GB 50150—2016** 17.0.2 电力电缆线路交接试验，应符合下列规定： 1 橡塑绝缘电力电缆可按本标准第17.0.1条第1、3、5和8款进行试验，其中交流单芯电缆应增加本标准第17.0.1条第4、7款试验项目。额定电压U_0/U为18/30kV及以下电缆，当不具备条件时允许用有效值为$3U_0$的0.1Hz电压施加15min或直流耐压试验及泄漏电流测量代替本标准第17.0.5条规定的交流耐压试验。 2 纸绝缘电缆可按本标准第17.0.1条第1、2和5款进行试验。 3 自容式充油电缆可按本标准第17.0.1条第1、2、4、5、6、7和8款进行试验。 4 应对电缆的每一相测量其主绝缘的绝缘电阻和进行耐压试验。对具有统包绝缘的三芯电缆，应分别对每一相进行，其他两相导体、金属屏蔽或金属套和铠装层应一起接地；对分相屏蔽的三芯电缆和单芯电缆，可一相或多相同时进行，非被试相导体、金属屏蔽或金属套和铠装层应一起接地。 5 对金属屏蔽或金属套一端接地，另一端装有护层过电压保护器的单芯电缆主绝缘做耐压试验时，应将护层过电压保护器短接，使这一端的电缆金属屏蔽或金属套临时接地。 6 额定电压为0.6/1kV的电缆线路应用2500V兆欧表测量导体对地绝缘电阻代替耐压试验，试验时间应为1min。 7 对交流单芯电缆外护套应进行直流耐压试验。 17.0.4 直流耐压试验及泄漏电流测量，应符合下列规定： 1 直流耐压试验电压应符合下列规定： 1）纸绝缘电缆直流耐压试验电压U_t可按下列公式计算： 对于统包绝缘（带绝缘）：$U_t=5\times(U_0+U)/2$ (17.0.4-1) 对于分相屏蔽绝缘：$U_t=5\times U_0$ (17.0.4-2) 式中：U_0——电缆导体对地或对金属屏蔽层间的额定电压； U——电缆额定线电压。 2）试验电压应符合表17.0.4-1的规定。 3）18/30kV及以下电压等级的橡塑绝缘电缆直流耐压试验电压，应按下式计算： $U_t=4\times U_0$ (17.0.4-3)	查阅试验报告 直流耐压：合格 泄漏电流：符合泄漏电流标准要求

续表

条款号	大纲条款	检查依据	检查要点
(3)	直流耐压试验及泄漏电流测试	4）充油绝缘电缆直流耐压试验电压，应符合表 17.0.4-2 的规定。 5）现场条件只允许采用交流耐压方法，当额定电压为 U_0/U 为 190/330kV 及以下时，应采用的交流电压的有效值为上列直流试验电压值的 42%，当额定电压 U_0/U 为 290/500kV 时，应采用的交流电压的有效值为上列直流试验电压值的 50%。 6）交流单芯电缆的外护套绝缘直流耐压试验，可按本标准第 17.0.8 条规定执行。 2 试验时，试验电压可分 4 阶段～6 阶段均匀升压，每阶段应停留 1min，并应读取泄漏电流值。试验电压升至规定值后应维持 15min，期间应读取 1min 和 15min 时泄漏电流。测量时应消除杂散电流的影响。 3 纸绝缘电缆各相泄漏电流的不平衡系数（最大值与最小值之比）不应大于 2；当 6/10kV 及以上电缆的泄漏电流小于 20μA 和 6kV 及以下电缆泄漏电流小于 10μA 时，其不平衡系数可不作规定。 4 电缆的泄漏电流具有下列情况之一者，电缆绝缘可能有缺陷，应找出缺陷部位，并予以处理： 1）泄漏电流很不稳定； 2）泄漏电流随试验电压升高急剧上升； 3）泄漏电流随试验时间延长有上升现象	
(4)	交流耐压试验	**1.《电气装置安装工程电气设备交接试验标准》GB 50150—2016** 17.0.2 电力电缆线路交接试验，应符合下列规定： 1 橡塑绝缘电力电缆可按本标准第 17.0.1 条第 1、3、5 和 8 款进行试验，其中交流单芯电缆应增加本标准第 17.0.1 条第 4、7 款试验项目。额定电压 U_0/U 为 18.30kV 及以下电缆，当不具备条件时允许用有效值为 $3U_0$ 的 0.1Hz 电压施加 15min 或直流耐压试验及泄漏电流测量代替本标准第 17.0.5 条规定的交流耐压试验； 4 应对电缆的每一相测量其主绝缘的绝缘电阻和进行耐压试验。对具有统包绝缘的三芯电缆，应分别对每一相进行，其他两相导体、金属屏蔽或金属套和铠装层应一起接地；对分相屏蔽的三芯电缆和单芯电缆，可一相或多相同时进行，非被试相导体、金属屏蔽或金属套和铠装层应一起接地； 5 对金属屏蔽或金属套一端接地，另一端装有护层过电压保护器的单芯电缆主绝缘做耐压试验时，应将护层过电压保护器短接，使这一端的电缆金属屏蔽或金属套临时接地； 6 额定电压为 0.6/1kV 的电缆线路应用 2500V 兆欧表测量导体对地绝缘电阻代替耐压试验，试验时间应为 1min； 17.0.5 交流耐压试验，应符合下列规定：	查阅试验报告 交流耐压：合格

续表

条款号	大纲条款	检查依据	检查要点
(4)	交流耐压试验	1 橡塑电缆应优先采用 20Hz～300Hz 交流耐压试验，试验电压和时间应符合表 17.0.5 的规定。 2 不具备上述试验条件或有特殊规定时，可采用施加正常系统对地电压 24h 方法代替交流耐压	
(5)	电缆线路接地电阻值测试符合设计要求	**1.《电气装置安装工程电缆线路施工及验收规范》GB 50168—2006** 8.0.1 在工程验收时，应按下列要求进行检查： 4 电缆线路所有应接地的接点应与接地极接触良好，接地电阻值应符合设计要求 **2.《电气装置安装工程接地装置施工及验收规范》GB 50169—2016** 5.0.2 在交接验收时，应提交下列资料和文件： 1 符合实际施工的图纸。 2 设计变更的证明文件。 3 接地器材、降阻材料及新型接地装置检测报告及质量合格证明。 4 安装技术记录，其内容应包括隐蔽工程记录。 5 接地测试记录及报告，其内容应包括接地电阻测试、接地导通测试等。 **3.《海底电力电缆输电工程施工及验收规范》GB/T 51191—2016** 9.2.7 测量海底电缆接地体的接地电阻应满足设计要求	查阅测试记录及报告 接地电阻：符合设计要求
(6)	电缆线路参数测试	工频参数可根据继电保护、过电压等专业的要求进行	查阅测试报告 各参数值：与理论计算数值相符 签字：测试、审核人员已签字
5.1.10	直埋电缆标识桩及水底电缆线路两岸禁锚区警示标识醒目，符合设计或规范规定	**1.《电力工程电缆设计规范》GB 50217—2018** 5.3.2 …… 4 位于城郊或空旷地带，沿电缆路径的直线间隔 100m、转弯处或接头部位，应竖立明显的方位标志或标桩。 5.7.6 水下电缆的两岸，应设置醒目的禁锚警告标志。 **2.《电气装置安装工程电缆线路施工及验收规范》GB 50168—2006** 5.2.6 直埋电缆在直线段每隔 50m～100m 处、电缆接头处、转弯处、进入建筑物等处，应设置明显的方位标志或标桩。 5.6.16 水底电缆敷设后，……在两岸必须按设计设置标志牌。 **3.《城市电力电缆线路设计技术规定》DL/T 5221—2016** 4.3.3 直埋敷设时，电缆标识应符合下列规定：	1. 查看直埋电缆警示标识 设置：沿电缆路径的直线间隔 50m～100m、转弯处或接头部位，符合设计或规范规定 标志：牢固、醒目

续表

条款号	大纲条款	检 查 依 据	检查要点
5.1.10	直埋电缆标识桩及水底电缆线路两岸禁锚区警示标识醒目，符合设计或规范规定	1 在保护板或槽盒盖上层应全线铺设醒目的警示带； 2 在电缆转弯、接头、进入建筑物等处及直线段每隔一定间距应设置明显的方位标志或标桩，间距不宜大于50m	2. 查看水底电缆警示标识 设置：两岸按设计规定设置航标警告标志 标志：牢固、醒目 3. 查阅设计文件 直埋电缆、水下电缆警示标志设置：实际与设计相符
5.2 电缆附件安装的监督检查			
5.2.1	三芯电缆终端、中间接头绝缘良好，屏蔽层与铠装层导通良好	**1.《电力工程电缆设计规范》GB 50217—2018** 4.1.3 电缆终端绝缘特性选择应符合下列规定： 1 终端的额定电压及其绝缘水平不得低于所连接电缆额定电压及其要求的绝缘水平； 2 终端的外绝缘应符合安置处海拔高程、污秽环境条件所需爬电距离和空气间隙的要求。 4.1.7 电缆接头的绝缘特性应符合下列规定： 1 接头的额定电压及其绝缘水平不得低于所连接电缆额定电压及其要求的绝缘水平； **2.《电气装置安装工程电缆线路施工及验收规范》GB 50168—2006** 6.1.4.1 电缆终端与接头型式、规格应与电缆类型如电压、芯数、截面、护层结构和环境要求一致。 6.1.4.3 电缆终端与接头所用材料、部件应符合技术要求。 6.1.8 制作电缆终端和接头前，应熟悉安装工艺资料，做好检查，并符合下列要求： 1 电缆绝缘状况良好，无受潮；塑料电缆内不得进水；充油电缆施工前应对电缆本体、压力箱、电缆油桶及纸卷桶逐个取油样，做电气性能试验，并应符合标准。 2 附件规格应与电缆一致；零部件应齐全无损伤；绝缘材料不得受潮；密封材料不得失效。壳体结构附件应预先组装，清洁内壁；试验密封，结构尺寸符合要求。 6.2.1 制作电缆终端与接头，从剥切电缆开始应连续操作直至完成，缩短绝缘暴露时间。剥切电缆时不应损伤线芯和保留的绝缘层。附加绝缘的包绕、装配、热缩等应清洁。 6.2.8 三芯电力电缆接头两侧电缆的金属屏蔽层（或金属套）、铠装层应分别连接良好，不得中断，跨接线的截面不应小于接地线截面的规定。直埋电缆接头的金属外壳及电缆的金属护层应做防腐处理	1. 查看三芯电缆终端、中间接头质量记录 爬距：符合安置处海拔高程、污秽环境条件的要求 2. 查阅三芯电缆终端、中间接头绝缘耐压试验报告 结论：合格 3. 查阅三芯电缆终端、中间接头制作施工记录和监理旁站记录 制作过程：符合规程要求

续表

条款号	大纲条款	检查依据	检查要点
5.2.2	三芯电力电缆终端通过零序电流互感器时，金属保护层接地线安装正确	**1.《电力工程电缆设计规范》GB 50217—2018** 3.7.4 控制电缆芯数选择应符合下列规定： 5 来自同一电流互感器二次绕组的三相导体及其中性导体应置于同一根控制电缆。 6 来自同一电压互感器星形接线二次绕组的三相导体及其中性导体应置于同一根控制电缆。来自同一电压互感器开口三角形接线二次绕组的2（或3）根导体应置于同一根控制电缆。 **2.《电气装置安装工程电缆线路施工及验收规范》GB 50168—2006** 6.2.9 三芯电力电缆终端处的金属护层必须接地良好；塑料电缆每相铜屏蔽和钢铠应锡焊接地线。电缆通过零序电流互感器时，电缆金属护层和接地线应对地绝缘，电缆接地点在互感器以下时，接地线应直接接地；接地点在互感器以上时，接地线应穿过互感器接地。单芯电力电缆金属护层接地应符合设计要求	查看三芯电力电缆通过零序电流互感器 接地线布置：接地点在零序电流互感器上时穿过互感器后再接地 接地：符合规范规定
5.2.3	充油电缆终端、中间接头及油系统无渗漏	**1.《电力工程电缆设计规范》GB 50217—2018** 4.2.5 供油系统及其布置，应保证管路较短、部件数量紧凑，并应符合下列规定： 1 按相设置多台供油箱时，应并联连接。 2 供油管的管径不得小于电缆油道管径，宜选用含有塑料或橡皮绝缘护套的铜管。 3 供油管应经一段不低于电缆护层绝缘强度的耐油性绝缘管再与终端或塞止接头相连。 4 在可能发生不均匀沉降或位移的土质地方，供油箱与终端的基础应整体相连。 5 户外供油箱宜设置遮阳措施。环境温度低于供油箱工作容许最低温度时，应采取加热等改善措施。 4.2.6 供油系统应按相设置油压过低、过高越限报警功能的监察装置，并应保证油压事故信号可靠地传到运行值班处。 **2.《电气装置安装工程电缆线路施工及验收规范》GB 50168—2006** 6.2.12 充油电缆供油系统的安装应符合下列要求： 1 供油系统的金属油管与电缆终端间应有绝缘接头，其绝缘强度不低于电缆外护层。 2 当每相设置多台压力箱时，应并联连接。 3 每相电缆线路应装设油压监视或报警装置。 4 仪表应安装牢固，室外仪表应有防雨措施，施工结束后应进行整定。 5 调整压力油箱的油压，使其在任何情况下都不应超过电缆允许的压力范围。 6.2.11 装配、组合电缆终端和接头时，各部件间的配合或搭接处必须采取堵漏、防潮和密封措施。铅包电缆铅封时应擦去表面氧化物；搪铅时间不宜过长，铅封必须密实无气孔。充油电缆的铅封应分两次进行，一次封堵油，二次成形和加强，高位差铅封应用环氧树脂加固。	查看充油电缆终端、中间接头及油系统 表面：无渗漏油迹象 油压表整定值：应符合产品技术文件要求

续表

条款号	大纲条款	检查依据	检查要点
5.2.3	充油电缆终端、中间接头及油系统无渗漏	塑料电缆宜采用自粘带、粘胶带、胶粘剂（热熔胶）等方式密封；塑料护套表面应打毛，粘接表面应用溶剂除去油污，粘接应良好。 电缆终端、接头及充油电缆供油管路均不应有渗漏。 8.0.1.3 在验收时，电缆终端、电缆接头及充油电缆的供油系统应固定牢靠；电缆接线端子与所接设备段子应接触良好；互联接地箱和交叉互联箱的连接点应接触良好可靠；充有绝缘剂的电缆终端、电缆接头及充油电缆的供油系统，不应有渗漏现象；充油电缆的油压及表计整定值应符合要求	
5.2.4	电力电缆终端相色标识醒目、正确	**1.《电气装置安装工程电缆线路施工及验收规范》GB 50168—2006** 6.2.13 电缆终端上应有明显的相色标志，且应与系统的相位一致； 8.0.1.5 电缆终端的相色应正确，电缆支架等的金属部件防腐层应完好。电缆管口应封堵密实	查看电缆终端相位 相位标识：相色标识明确，与系统相位标识一致
5.2.5	电缆终端与中间接头接地符合规范规定	**1.《电气装置安装工程电缆线路施工及验收规范》GB 50168—2006** 5.7.3 架空电缆的金属护套、铠装及悬吊线均应有良好的接地，杆塔和配套金具均应进行设计，应满足规程及强度要求。 6.1.9 电力电缆接地线应采用铜绞线或镀锡铜编织线，其截面面积不应小于表6.1.9的规定。110kV及以上电缆的截面面积应符合设计规定。 6.2.8 三芯电力电缆接头两侧电缆的金属屏蔽层（或金属套）、铠装层应分别连接良好，不得中断。直埋电缆接头的金属外壳及电缆的金属护层应做防腐处理。 6.2.9 三芯电力电缆终端处的金属护层必须接地良好；塑料电缆每相铜屏蔽和钢铠应锡焊接地线。电缆通过零序电流互感器时，电缆金属护层和接地线应对地绝缘，电缆接地点在互感器以下时，接地线应直接接地；接地点在互感器以上时，接地线应穿过互感器接地。单芯电力电缆金属护层接地应符合设计要求。	1. 查看电缆终端、中间接头接地线 材料、截面：符合设计要求和规范规定
		8.0.1 4 电缆线路所有应接地的接点应与接地极接触良好；接地电阻值应符合设计要求。 **2.《电气装置安装工程电缆接地装置施工及验收规范》GB 50169—2016** 4.10.1 交流系统中三芯电缆的金属护层，应在电缆线路两终端接地；线路中有中间接头时，接头处应直接接地。 **3.《城市电力电缆线路设计技术规定》DL/T 5221—2016** 4.11.6 终端站应设置接地装置，电缆终端及附属设施接地部分应与接地装置可靠连接。 6.4.3 电缆终端……： 3 电缆终端支架必须与接地网可靠连接。	2. 查看电缆终端、中间接头接地装置 连接：与主接地网连接，牢固、可靠

续表

条款号	大纲条款	检 查 依 据	检查要点
5.2.5	电缆终端与中间接头接地符合规范规定	6.5.1 为防止……，应采取以下保护措施： 1 露天……； 2 电缆线路……； 3 电缆线路……； 4 电缆金属护套、恺装和电缆终端支架必须可靠接地	3. 查阅接地电阻值检测记录 电阻值：符合设计要求
5.2.6	充油电缆的绝缘油试验合格	**1.《电气装置安装工程电气设备交接试验标准》GB 50150—2016**。 19.0.1 绝缘油的试验项目及标准，应符合表19.0.1的规定。 **2.《电气装置安装工程电缆线路施工及验收规范》GB 50168—2006** 6.1.8 制作电缆终端和接头前，应熟悉安装工艺资料，做好检查，并符合下列要求： 1 电缆绝缘状况良好，无受潮；塑料电缆内不得进水；充油电缆施工前应对电缆本体、压力箱、电缆油桶及纸卷桶逐个取油样，做电气性能试验，并应符合标准	查阅电缆绝缘油检测报告 检测数据：符合试验标准 送检表：有取样员、见证员签字 报告：检测单位负责人、检测人员已签字
5.2.7	电缆金属护层交叉互联系统试验合格	**1.《电气装置安装工程电缆线路施工及验收规范》GB 50168—2006** 6.2.10 单芯电力电缆的交叉互联箱、接地箱、护层保护器等电缆附件的安装应符合设计要求。 **2.《城市电力电缆线路设计技术规定》DL/T 5221—2016** 7.0.1 电缆金属套……： 1 三芯电缆的金属屏蔽层……； 2 单芯……； 3 单芯……； 7.0.2 单芯电缆采用金属层……，应沿电缆设置回流线。 7.0.4 电缆金属屏蔽层电压……规定： 1 在系统……； 2 可能……； 3 可能……； 4 电缆护层……； 7.0.5 电缆护层电压……规定： 1 连接……； 2 连接……； 3 连接……	1. 查看电缆线路交叉互联箱、接地箱、护层保护器 安装：符合设计要求 2. 查阅交叉互联系统试验报告 试验数值：合格 签字：检测单位责任人、检测人员已签字

续表

条款号	大纲条款	检查依据	检查要点
5.3　电缆防火的监督检查			
5.3.1	电缆防火封堵、阻燃材料性能符合要求，封堵和阻燃隔断施工符合设计，质量验收合格	**1.《电力电缆线路运行规程》DL/T 1253—2013** 5.6.6　防火与阻燃 5.6.6.1　变电站电缆夹层、电缆竖井、电缆隧道、电缆沟等在空气中敷设的电缆，应选用阻燃电缆。 5.6.6.2　在上述场所中已经运行的非阻燃电缆，应包绕防火包带或涂防火涂料。电缆穿越建筑物孔洞处，必须用防火封堵材料堵塞。 5.6.6.3　隧道中应设置防火墙或防火隔断；电缆竖井中应分层设置防火隔板；电缆沟每隔一定的距离应采取防火隔离措施，还可采用回填土回填，其深度为距电缆顶部不小于100mm。电缆通道与变电站和重要用户的接合处应设置防火隔断。 5.6.6.4　电缆夹层、电缆隧道宜设置火情监测报警系统和排烟通风设施，并按消防规定，设置沙桶、灭火器等常规消防设施。 5.6.6.5　对防火防爆有特殊要求的，电缆接头宜采用填沙、加装防火防爆盒等措施。 **2.《电力工程电缆设计规范》GB 50217—2018** 7.0.14　用于防火分隔的材料产品应符合下列规定： 1　防火封堵材料不得对电缆有腐蚀和损害，且应符合现行国家标准《防火封堵材料》GH 23864 的规定； 2　防火涂料应符合现行国家标准《电缆防火涂料》GB 28374 的规定； 3　用于电力电缆的耐火电缆槽盒直采用透气型，且应符合现行国家标准《耐火电缆槽盒》GB 29415 的规定； 4　采用的材料产品应适用于工程环境，并应具有耐久可靠性。 **3.《电气装置安装工程电缆线路施工及验收规范》GB 50168—2006** 7.0.1　对易受外部影响着火的电缆密集场所或可能着火蔓延而酿成严重事故的电缆线路，必须按设计要求的防火阻燃措施施工。 7.0.3　防火阻燃材料必须具备下列质量资料： 1　有资质的检测机构出具的检测报告； 2　出厂质量检验报告； 3　产品合格证。 7.0.4　防火阻燃材料使用时，应按设计要求和材料使用工艺提出施工措施，材料质量与外观应符合下列要求： 1　有机堵料不氧化、不冒油，软硬适度具有一定的柔韧性。 2　无机堵料无结块、无杂质。	1. 查看防火封堵和阻燃隔断 封堵严密性：符合设计要求和规范规定 阻火墙：封堵严密，两侧电缆施加防火包带或涂料，符合规范规定 电缆竖井防火封堵强度：符合规范规定 2. 查阅防火阻燃材料的出厂合格证和检测报告 检测项目：齐全、合格 检测机构：有相应资质 合格证：与产品数量、规格相符

续表

条款号	大纲条款	检查依据	检查要点
5.3.1	电缆防火封堵、阻燃材料性能符合要求，封堵和阻燃隔断施工符合设计，质量验收合格	3 防火隔板平整、厚薄均匀。 4 防火包遇水或受潮后不板结。 5 防火涂料无结块、能搅拌均匀。 6 阻火网网孔尺寸大小均匀，经纬线粗细均匀，附着防火复合膨胀料厚度一致。网弯曲时不变形、不脱落，并易于曲面固定。 7.0.6 包带在绕包时，应拉近密实，缠绕层数或厚度应符合材料使用要求…… 7.0.7 在封堵电缆孔洞时，封堵应严实可靠，不应有明显的裂缝和可见的孔隙，堵体表面平整，孔洞较大者应加耐火衬板后再进行封堵。电缆竖井封堵应保证必要的强度。有机堵料封堵不应有漏光、漏风、龟裂、脱落、硬化现象；无机堵料不应有粉化、开裂等缺陷。 7.0.8 阻火墙上的防火门应严密，孔洞应封堵；阻火墙两侧电缆应施加防火包带或涂料。 7.0.9 阻火包的堆砌应严密牢固、外观整齐，不应透光。 8.0.1 在工程验收时，应按下列要求进行检查。 9 防火措施应符合设计，且施工质量合格。 **4.《城市电力电缆线路设计技术规定》DL/T 5221—2016** 9.3.2 变电站内防火封堵应符合下列规定： 1 为了……防火封堵分割措施； 2 电缆穿越楼板……不应小于100mm。 9.3.4 220kV……防火隔板进行分割。 9.4.2 阻火分割封堵。 1 电缆隧道……封堵； 2 阻火分割……规定。 **5.《电力工程电缆防火封堵施工工艺导则》DL/T 5707—2014** 3.0.1 电缆防火封堵施工应按国家现行标准、设计文件及现场实际情况，编写施工作业指导书。 3.0.4 电缆防火封堵应按设计、工程实际选择防火封堵组件型式，并按产品技术文件要求或本导则的规定进行施工	3. 查阅施工评级记录 电缆防火及阻燃：与实际相符 签字：施工质检员、监理人员已签证
5.3.2	电缆线路火灾自动报警系统符合设计要求及规范规定，且调试合格	**1.《火灾自动报警系统设计规范》GB 50116—2013** 3.1.2 火灾自动报警系统应设有自动和手动两种触发装置。 4.8.1 火灾自动报警系统应设置火灾声光警报器，并应在确认火灾后启动建筑内的所有火灾声光警报器。 5.3.3 下列场所或部位，宜选择缆式线型感温火灾探测器： 1 电缆隧道、电缆竖井、电缆夹层、电缆桥架。	1. 查看隧道火灾自动报警系统 探测器型式：符合设计要求和规范规定 功能：运行正常，具有联动报警功能。联动主机信息发至值班室，能自动关闭风机

续表

条款号	大纲条款	检 查 依 据	检查要点
5.3.2	电缆线路火灾自动报警系统符合设计要求及规范规定，且调试合格	2 不易安装点型探测器的夹层、闷顶。 5.3.4 下列场所或部位，宜选择线型光纤感温火灾探测器： 3 需要监测环境温度的地下空间等场所宜设置具有实时温度监测功能的线型光纤感温火灾探测器。 4 公路隧道、敷设动力电缆的铁路隧道和城市地铁隧道等。 10.1.1 火灾自动报警系统应设置交流电源和蓄电池备用电源。 11.2.2 火灾自动报警系统的供电线路、消防联动控制线路应采用耐火铜芯电线电缆，报警总线、消防应急广播和消防专用电话等传输线路应采用阻燃或阻燃耐火电线电缆。 12.3.2 无外部火源进入的电缆隧道应在电缆层上表面设置线型感温火灾探测器；有外部火源进入可能的电缆隧道在电缆层上表面和隧道顶部，均应设置线型感温火灾探测器。 **2.《火力发电厂与变电站设计防火规范》GB 50229—2006** 5 220及以上变电站的电缆夹层及电缆竖井。 6 地下变电站、户内无人值班的变电站的电缆夹层及电缆竖井。 11.5.22 火灾自动报警系统的设计，应符合现行国家标准《火灾自动报警系统设计规范》GB 50116的有关规范。 **3.《电力电缆隧道设计规程》DL/T 5484—2013** 9.2.3 电缆隧道内按工程的重要性、火灾概率及其特点和经济合理等因素，宜采用下列一种或多种安全措施： 4 设置火灾自动监控报警系统。 9.2.10 火灾监控报警系统宜采用线型感温探测器。探测器应具有联动报警功能，火灾时可联动主机，及时把信息发至值班室，联动关闭风机。 9.2.11 火灾监控报警系统的电源回路应选用耐火电缆	2. 查看火灾自动报警系统 电源设置：有交流电源及蓄电池备用 供电线路、消防联动控制线：采用耐火铜芯电线电缆 触发装置：设有自动和手动两套触发装置 声光警报器：设置符合设计，性能合格 报警总线、消防应急广播和消防专用电话等传输线路：采用阻燃或阻燃耐火电线电缆 3. 查阅火灾自动报警系统竣工验收报告 内容：与实际相符 存在问题：已闭环整改 结论：合格 签证：相关单位责任人已签证
5.4 水下（海底）电缆线路敷设的监督检查			
5.4.1	水底平行敷设的电缆间距、引上岸部分的保护措施和锚定装置符合设计要求或规范规定	**1.《电力工程电缆设计规范》GB 50217—2018** 5.10.1 水下电缆路径选择应满足电缆不易受机械性损伤、能实施可靠防护、敷设作业方便、经济合理等要求，且应符合下列规定： 1 电缆宜敷设在河床稳定、流速较缓、岸边不易被冲刷、海底无石山或沉船等障碍、少有沉锚和拖网渔船活动的水域。 2 电缆不宜敷设在码头、渡口、水工构筑物附近，且不宜敷设在疏浚挖泥区和规划筑港地带。	1. 查看水底平行敷设电缆施工记录 间距、防护：符合设计和规范要求 岸上标志：符合规范和设计要求 签字：建设、业主、监理、设计、施工单位负责人已签字

续表

条款号	大纲条款	检 查 依 据	检查要点
5.4.1	水底平行敷设的电缆间距、引上岸部分的保护措施和锚定装置符合设计要求或规范规定	5.10.2 水下电缆不得悬空于水中，应埋置于水底。在通航水道等需防范外部机械力损伤的水域，应根据海底风险程度、海床地质条件和施工难易程度等条件综合分析比较后采用掩埋保护、加盖保护或套管保护等措施；浅水区埋深不宜小于0.5m，深水航道的埋深不宜小于2m。 5.10.3 水下电缆严禁交叉、重叠。相邻电缆应保持足够的安全间距，且应符合下列规定： 1 主航道内电缆间距不宜小于平均最大水深的1.2倍。引至岸边间距可适当缩小。 2 在非通航的流速未超过1m/s的小河中，同回路单芯电缆间距不得小于0.5m，不同回路电缆间距不得小于5m。 3 除上述情况外，电缆间距还应按水的流速和电缆埋深等因素确定。 5.10.4 水下电缆与工业管道之间的水平距离，不宜小于50m；受条件限制时仍不得小于15m。 5.10.5 水下电缆引至岸上的区段应采取适合敷设条件的防护措施，且应符合下列规定： 1 岸边稳定时，应采用保护管、沟槽敷设电缆，必要时可设置工作井连接，管沟下端宜置于最低水位下不小于1m处。 2 岸边不稳定时，宜采取迂回形式敷设电缆。 5.10.6 水下电缆的两岸，在电缆线路保护区外侧，应设置醒目的禁锚警告标志。 5.10.7 除应符合本标准第5.10.1条～第5.10.6条规定外，500kV交流海底电缆敷设设计还应符合现行行业标准。《500kV交流海底电缆线路设计技术规程》DL/T 5490的规定。 **2.《电气装置安装工程 电缆线路施工及验收规范》GB 50168—2006** 5.6.4 水底电缆平行敷设时的间距不宜小于最高水深的2倍；当埋入河床（海底）以下时，其间距按埋设方式或埋设机的工作活动能力确定。 5.6.5 水底电缆引到岸上的部分应穿管或加保护盖板等保护措施，其保护范围，下端应为最低水位时船只搁浅及撑篙达不到之处；上端高于最高洪水位。在保护范围的下端，电缆应固定。 5.6.7 在岸边水底电缆与陆上电缆连接的接头，应装有锚定装置。 **3.《城市电力电缆线路设计技术规定》DL/T 5221—2016** 4.8.1 水下电缆敷设……规定： 1 ……； 2 ……； 4.8.2 水下电缆……0.5m。 4.8.3 水下电缆平行……规定： 1 航道…缩小； 2 在非航道……5m；	2. 查阅电缆施工评级记录 内容：与实际相符

续表

条款号	大纲条款	检查依据	检查要点
5.4.1	水底平行敷设的电缆间距、引上岸部分的保护措施和锚定装置符合设计要求或规范规定	4.8.4　水下电缆……15m。 4.8.5　水下电缆……保护。 **4.《海底电力电缆输电工程设计规范》GB/T 51190—2016** 5.3.1　海底电缆可根据需要，采取锚固装置固定。 5.3.2　海底电缆的锚固装置应布置在地质稳定的浅滩、岸边或结构牢固的平台上	
5.4.2	海缆敷设、填砂、盖板、回填及抛石施工质量验收合格，记录齐全	**1.《海底电力电缆运行规程》DL/T 1278—2013** 11.2　海缆海域段、潮间带、陆上段的验收 11.2.1　海域段海缆的验收应符合下列规定： a）海域段海缆的验收以检查敷设记录、监理记录等施工资料为主，海缆运行管理单位可要求验收组织部门采用海洋勘测设备进行检验。 b）验收时海缆运行管理单位应掌握海缆施工过程中碰到的异常情况及处理结果，并对相关记录进行核实，确保资料完整、准确。 c）验收时海缆运行管理单位应对海缆的轨迹、埋深、海底敷设状况、扭曲、缆间距、与其他管线交叉情况、标识等进行抽样复测，以检查是否符合设计规范。 **2.《电力工程电缆设计规范》GB 50217—2018** 5.10.2　水下电缆不得悬空于水中，应埋置于水底。在通航水道等需防范外部机械力损伤的水域，应根据海底风险程度、海床地质条件和施工难易程度等条件综合分析比较后采用掩埋保护、加盖保护或套管保护等措施；浅水区的埋深不宜小于 0.5m，深水航道的埋深不宜小于 2m。 **3.《电气装置安装工程　电缆线路施工及验收规范》GB 50168—2006** 5.6.2　通过河流的电缆，应敷设于河床稳定及河岸很少受到冲损的地方。在码头、锚地、港湾、渡口及有船停泊处敷设电缆时，必须采取可靠的保护措施。当条件允许时，就深埋敷设。 5.6.3　水底电缆的敷设，必须平放水底，不得悬空。当天件允许时，宜埋入河床（海底）0.5m 以下。 5.6.4　水底电缆平行敷设时的间距不宜小于最高水位水深的 2 倍；当埋入河床（海底）以下时，其间距按埋设方式或埋设机的工作活动能力确定。 5.6.5　水底电缆引到岸上的部分应穿管或加保护盖板等保护措施，其保护范围，下端应为最低水位时船只搁浅及撑篙达不到之处；上端高于最高洪水位。在保护范围的下端，电缆应固定。 5.6.6　电缆线路与小河或小溪交叉时，应穿管或埋在河床下足够深处。 5.6.7　在岸边水底电缆与陆上电缆连接的接头，应装有锚定装置。	查阅竣工验收报告（海缆敷设、填砂、盖板、回填及抛石部分） 间距、防护：符合设计和规范要求 岸上标志：符合规范和设计要求 存在问题：已整改闭环 结论：合格 签字：建设、业主、监理、设计、施工单位负责人已签字

续表

条款号	大纲条款	检查依据	检查要点
5.4.2	海缆敷设、填砂、盖板、回填及抛石施工质量验收合格，记录齐全	5.6.8 水底电缆的敷设方法、敷设船只的选择和施工组织的设计，应按电缆的敷设长度、外径、重量、水深、流速和河床地形等因素确定。 5.6.9 水底电缆的敷设，当全线采用盘装电缆时，根据水域条件，电缆盘可放在岸上或船上，敷设时可采用浮筒浮托，严禁使电缆在水底拖拉。 5.6.10 水底电缆不能盘装时，应采用散装敷设法。其敷设程序应先将电缆圈绕在敷设船舱内，再经仓顶高架、滑轮、刹车装置至入水槽下水，用拖轮绑拖，自航敷设或用钢缆牵引敷设。 5.6.11 敷设船的选择，应符合下列条件： 1 船舱的容积、甲板面积、稳定性等应满足电缆长度、重量、弯曲半径和作业场所等要求； 2 敷设船应配有刹车装置、张力计量、长度测量、人水角、水深和导航、定位等仪器，并配有通信设备。 5.6.12 水底电缆敷设应在小潮汛、憩流或枯水期进行，并应视线清晰，风力小于五级。 5.6.13 敷设船上的放线架应保持适当高度。敷设时根据水的深浅控制敷设张力，应使其入水角为30°～60°；采用牵引顶推敷设时，其速度宜为20m/min～30m/min；采取拖轮或自航牵引敷设时，其速度宜为90m/min～150m/min。 5.6.14 水底电缆敷设时，两岸应按设计设立导标。敷设时应定为测量，及时纠正航线和校核敷设长度。 5.6.15 水底电缆引到岸上时，应将余线全部浮托在水面上，再牵引至陆上。浮托在水面上的电缆应按设计路径沉入水底。 5.6.16 水底电缆敷设后，应做潜水检查，电缆应放平，河床起伏处电缆不得悬空，并测量电缆的确切位置。在两岸必须按设计设置标志牌。 **4.《110kV及以下海底电力电缆线路验收规范》DL/T 1279—2013** 6.2 海缆海域段、潮间带、陆上段的验收 6.2.1 海域段电缆的验收应符合以下要求： a) 海域段电缆的验收以检查敷设记录、监理记录等施工资料为主，宜采用海洋勘测设备进行检验。 b) 验收时应掌握海缆敷设过程中碰到的异常情况及处理结果，并对相关记录进行核实，确保资料完整、准确。 c) 验收时应对海缆的轨迹、埋深、海底敷设状况、扭曲、缆间距、保护措施、与其他管线交叉情况、标识等进行抽样复测，以检查是否符合设计规范。 **5.《海底电力电缆输电工程设计规范》GB/T 51190—2016** 6.0.1 海底电缆应根据电缆特性、路由情况、施工和运行要求，采取技术可靠、经济合理的敷设方案。	

续表

条款号	大纲条款	检查依据	检查要点
5.4.2	海缆敷设、填砂、盖板、回填及抛石施工质量验收合格，记录齐全	7.2.3 海床坚硬、掩埋保护施工困难的区域宜采用抛石、混凝土盖板、石笼盖板等加盖保护方式。 7.2.4 加盖保护应具有良好的稳定性和抗破坏能力。 7.2.5 采用套管保护方式时，应校核电缆载流量和套管的机械强度	
5.4.3	低潮线至海缆终端站海缆保护工程的施工质量验收合格，记录齐全	**1.《110kV及以下海底电力电缆线路验收规范》DL/T 1279—2013** 6.3.4 海缆保护设施的验收应符合以下要求： a）海缆两端终端登陆处，“水线”“禁止抛锚”等警示、警戒牌应完成。警示、警戒文字须醒目，具备夜间提醒功能，宜采取同步闪烁的方式。 b）警示、警戒发光体（宜采用节能型的冷光源）供电系统应完善，且设有备用电源。 c）装设太阳能或小型风电等供电设备的海缆登陆处，设备的安装完成且可正常使用。 d）设有海缆瞭望台的海缆终端处，海缆瞭望台使用的雷达、望远镜、探照灯、通信设备、扩音器等设施均应正常，生活设施齐全。瞭望台电源线应采取低压防雷和浪涌保护措施。 e）对已配置远程监控、监视系统的海缆，海缆监控、监视设备，应已安装完成并调试合格。 **2.《电力工程电缆设计规范》GB/T 50217—2018** 5.10.5 水下电缆引至岸上的区段应采取适合敷设条件的防护措施，且应符合下列规定： 1 岸边稳定时，应采用保护管、沟槽敷设电缆，必要时可设置工作井连接，管沟下端宜置于最低水位下不小于1m处。 2 岸边不稳定时，宜采取迂回形式敷设电缆。 5.10.6 水下电缆的两岸，在电缆线路保护区外侧，应设置醒目的禁锚警告标志。 **3.《海底电力电缆输电工程施工及验收规范》GB 51191—2016** 5.5.6 海底电缆引至岸上的部分，应采取加装保护套管或保护盖板、电缆沟敷设等保护措施。管、沟下端为最低水位时，保护措施范围为船只搁浅处或最低水位下不小于1m处；上端应高于最高水位。 9.1.2 资料验收时应做好下列资料的验收和归档： 2 施工组织设计方案，包括施工单位资质、施工作业人员资格、敷设船及施工机械、作业时间等。 9 施工记录（包括但不限于张力、入水角记录）。 9.3.4 必要时，可由第三方对海底电缆的敷设轨迹、埋深、海底敷设状况、扭曲、缆间距、保护措施、与其他管线交叉情况、标识等进行复测。对于重要或复杂的海底电缆区段，宜同时采用潜水员探摸或海底机器人调查。 9.3.8 出现海底电缆登陆点穿越海塘、海堤的情况，验收时应检查穿越段所采取的护坡、护堤措施是否符合设计要求	1. 查看低潮线至海缆终端站保护 水下电缆引至岸上的区段保护措施：符合设计要求 2. 查阅竣工验收报告（低潮线至海缆终端站海缆保护部分） 存在问题：已整改闭环 结论：合格 签字：有建设、业主、监理、设计、施工单位负责人签字

续表

条款号	大纲条款	检 查 依 据	检查要点
5.4.4	海缆终端及海缆接头施工质量验收合格	**1.《110kV及以下海底电力电缆线路验收规范》DL/T 1279—2013** 5.2.4 海缆终端制作应由具备相应资格的人员进行，且符合工艺要求，所有材料应符合技术协议要求。 **2.《电气装置安装工程 电缆线路施工及验收规范》GB 50168—2006** 5.6.1 水底电缆不应有接头。当整根电缆超过制造厂的制造能力时，可采用软接头连接。 **3.《海底电力电缆输电工程设计规范》GB/T 51190—2016** 5.2.2 每根海底电缆宜整根连续生产，当工厂连续制造长度难以满足海底电缆线路的长度要求时，可采用工厂接头。特殊情况下可采用修理接头进行现场连接。 **4.《海底电力电缆输电工程施工及验收规范》GB/T 51191—2016** 6.1.1 海底电缆接头和终端制作应由具备相应资格的人员进行，并严格遵守制作工艺规程，所用材料应符合相关标准或技术协议要求。 6.1.2 海底电缆接头和终端制作还应符合现行国家标准《电气装置安装工程电缆线路施工及验收规范》GB 50168的规定。 9.3.6 海底电缆终端、接头及充油电缆的供油系统应固定牢靠；海底电缆接线端子与所连接的设备端子应接触良好；互联接地箱和交叉互联箱的连接点应接触良好可靠；充有绝缘剂的海底电缆终端、接头及充油电缆的供油系统，应无渗漏现象；充油海底电缆的油压、表计整定值及供油系统油流曲线应符合要求	查阅质量检定评级记录和产品技术文件（海缆终端及海缆接头部分） 签字：建设、业主、监理、设计、施工单位负责人已签字
5.4.5	海缆油压循环系统施工质量验收合格	**1.《电力工程电缆设计规范》GB 50217—2018** 4.2.1 自容式充油电缆必须接有供油装置。供油装置的选择，应保证电缆工作的油压变化符合下列规定： 1 冬季最低温度空载时，电缆线路最高部位油压不得小于容许最低工作油压。 2 夏季最高温度满载时，电缆线路最低部位油压不得大于容许最高工作油压。 3 夏季最高温度突增至额定满载时，电缆线路最低部位或供油装置区间长度一半部位的油压不宜大于容许最高暂态油压。 4 冬季最低温度从满载突然切除时，电缆线路最高部位或供油装置区间长度一半部位的油压不得小于容许最低工作油压。 4.2.2 自容式充油电缆的容许最低工作油压必须满足维持电缆电气性能的要求；允许最高工作油压、暂态油压应符合电缆耐受机械强度要求…… 4.2.6 供油系统应按相设置油压过低、过高越限报警功能的监察装置，并应保证油压事故信号可靠地传到运行值班处。 **2.《电气装置安装工程电气设备交接试验标准》GB 50150—2016** 19.0.1 绝缘油的试验项目及标准，应符合表19.0.1的规定。	1. 查看电缆供油装置 油压表数值：符合产品技术文件要求和规范规定 供油管路：连接可靠，无渗油 2. 查阅油样试验报告 油样耐压数据：符合试验标准 介质损耗数据：符合试验标准

续表

条款号	大纲条款	检查依据	检查要点
5.4.5	海缆油压循环系统施工质量验收合格	介质损耗因数 tanδ(%) 90℃时，注入电气设备前≤0.5，注入电气设备后≤0.7 击穿电压：500kV：≥60kV 330kV：≥50kV 60kV～220kV：≥40kV 35kV 及以下电压等级：≥35kV **3.《海底电力电缆输电工程设计规范》GB/T 51190—2016** 5.1.2 海底电缆终端构造类型，应根据工程可靠性、安装与维护简便和经济合理等因素综合确定，并应符合下列规定： 1 与充油电缆相连的海底电缆终端，应耐受可能的最高工作电压。 5.4.1 自容式充油海底电缆的供油系统设计可按现行行业标准《500kV 交流海底电缆线路设计技术规程》DL/T 5490 的规定执行。 **4.《海底电力电缆输电工程施工及验收规范》GB/T 51191—2016** 6.2.3 充油海底电缆的供油系统应固定牢靠；充油电缆的电缆终端、电缆接头及供油系统，均不应有渗漏；充油电缆的油压，不应超过允许压力范围。 9.3.6 海底电缆终端、接头及充油电缆的供油系统应固定牢靠；海底电缆接线端子与所连的设备端子应接触良好；互联接地箱和交叉互联箱的连接点应接触良好可靠；充有绝缘剂的海底电缆终端、接头及海底电缆的供油系统，应无渗漏现象；充油海底电缆的油压、表计整定值及供油系统油流曲线应符合要求	
6 质量监督检测			
6.0.1	开展现场质量监督检查时，应重点对下列项目的检测试验报告进行查验，必要时可进行验证性抽样检测。对检验指标或结论有怀疑时，必须进行检测		

续表

条款号	大纲条款	检查依据	检查要点
(1)	电力电缆绝缘电阻	**1.《电气装置安装工程电气设备交接试验标准》GB 50150—2016**。 17.0.3 绝缘电阻测量，应符合下列规定： 1 耐压试验前后，绝缘电阻测量应无明显变化； 2 橡塑电缆外护套、内衬层的绝缘电阻不应低于0.5MΩ/km； 3 测量绝缘电阻用兆欧表的额定电压等级，应符合下列规定： 1）电缆绝缘测量宜采用2500V绝缘电阻表，6/6kV及以上电缆也可用5000V绝缘电阻表； 2）橡塑电缆外护套、内衬层的测量宜采用500V绝缘电阻表	查验抽测电缆绝缘电阻 绝缘电阻值：符合规范规定
(2)	电缆线路接地导通试验	**1.《电气装置安装工程　电缆线路施工及验收规范》GB 50168—2006** 8.0.1 在工程验收时，应按下列要求进行检查： 4 电缆线路所有应接地的接点应与接地极接触良好，接地电阻值应符合设计要求； **2.《海底电力电缆输电工程施工及验收规范》GB/T 51191—2016** 9.2.7 测量海底电缆接地体的接地电阻应满足设计要求。 **3.《电气装置安装工程接地装置施工及验收规范》GB 50169—2016** 5.0.2 在交接验收时，应提交下列资料和文件： 1 符合实际施工的图纸。 2 设计变更的证明文件。 3 接地器材、降阻材料及新型接地装置检测报告及质量合格证明。 4 安装技术记录，其内容应包括隐蔽工程记录。 5 接地测试记录及报告，其内容应包括接地电阻测试、接地导通测试等	查验抽测电缆线路接地导通 接地导通值：符合设计要求

附　　录

《1000kV 系统电气装置安装工程 电气设备交接试验标准》GB/ T 50832—2013

表 13.0.1 1000kV 充油电气设备中绝缘油的试验项目及标准

序号	试验项目	标准	说明
1	外状	透明，无杂质或悬浮物	目测：将油样注入试管冷却至 5℃，在光线充足的地方观察
2	凝点（℃）	符合技术条件	按现行国家标准《石油产品凝点测定法》GB/T 510 的有关规定进行试验
3	闪点（闭口）（℃）	≥135	按现行国家标准《闪点的测定 宾斯基-马丁闭口杯法》GB/T 261 的有关规定进行试验
4	界面张力（25℃）（mN/m）	≥35	按现行国家标准《石油产品油对水界面张力测定法（圆环法）》GB/T 6541 的有关规定进行试验
5	酸值（mgKOH/g）	≤0.03	按现行国家标准《石油产品酸值测定法》GB 264 或《变压器油、汽轮机油酸值测定法（BTB 法）》GB/T 28552 的有关规定进行试验
6	水溶性酸（pH 值）	≥5.4	按现行国家标准《运行中变压器油水溶性酸测定法》GB/T 7598 的有关规定进行试验
7	油中颗粒含量	5μm～100μm 的颗粒度≤1000/100ml，无 100μm 以上颗粒	按现行行业标准《油中颗粒度及尺寸分布测量方法（自动颗粒计数仪法）SD 313》或《电力用油中颗粒污染度测量方法》DL/T 432 的有关规定试验
8	体积电阻率（90℃）（Ω·m）	$\geqslant 6\times10^{10}$	按现行国家标准《液体绝缘材料工频相对介电常数、介质损耗因数和体积电阻率的测量》GB/T 5654 的有关规定进行试验
9	击穿电压（kV ）	≥70	按国家现行标准《绝缘油击穿电压测定法》GB/T 507 或《电力系统油质试验方法 绝缘油介电强度测定法》DL/T429.9 中有关规定进行试验
10	tanδ（90℃）（%）	注入设备前≤0.5 注入设备后≤0.7	按现行国家标准《液体绝缘材料工频相对介电常数、介质损耗因数和体积电阻率的测量》GB/T 5654 的有关规定进行试验
11	油中水分含量（mg/L）	≤8	按现行国家标准《运行中变压器油水分含量测定法（库仑法）》GB/T 7600 或《运行中变压器油水分测定法（气相色谱法）》GB/T 7601 的有关规定进行试验
12	油中含气量（V/V）（%）	≤0.8	按现行行业标准《绝缘油中含气量测定方法 真空压差法》DL/T 423 或《绝缘油中含气量的测定方法（二氧化碳洗脱法）》DL/T 450 的有关规定进行试验
13	油中溶解气体分析	见本标准的有关章节	按现行国家标准《绝缘油中溶解气体组分含量的气相色谱测定法》GB/T 17623、《变压器油中溶解气体分析和判断导则》GB/T 7252 及《变压器油中溶解气体分析和判断导则》DL/T 722 的有关规定进行试验

表 14.0.2　　六氟化硫（SF_6）新气的试验项目和要求

序号	项目		要求	说明
1	纯度（SF_6）（质量分数 m/m）（%）		≥99.9	按现行国家标准《工业六氟化硫》GB 12022 进行
2	毒性		生物试验无毒	按现行行业标准《六氟化硫气体毒性生物试验方法》DL/T 921 进行
3	酸度（以 HF 计）的质量分数（%）		≤0.00002	按现行行业标准《六氟化硫气体酸度测定法》DL/T 916 进行
4	四氟化碳（质量分数 m/m）（%）		≤0.04	按现行行业标准《六氟化硫气体中空气、四氟化碳的气象色谱测定法》DL/T 920 进行
5	空气（质量分数 m/m）（%）		≤0.04	按现行行业标准《六氟化硫气体中可水解氟化物含量测定法》DL/T 918 进行
6	可水解氟化物（以 HF 计）（%）		≤0.0001	按现行行业标准《六氟化硫气体中可水解氟化物含量测定法》DL/T 918 进行
7	矿物油的质量分数（%）		≤0.0004	按现行行业标准《六氟化硫气体中矿物油含量测定法（红外光谱分析法）》DL/T 919 进行
8	水分	水的质量分数（%）	≤0.0005	按现行国家标准《工业六氟化硫》GB 12022 进行
		露点（℃）	≤−49	

《测量用电流互感器》JJG 313—2010

表 1　　测量用电流互感器的误差限值

准确度级别	比值误差（±）					相位误差（±）				
	倍率因数	额定电流下的百分数值				倍率因数	额定电流下的百分数值			
		5	20	100	120		5	20	100	120
0.5	%	1.5	0.75	0.5	0.5	(′)	90	45	30	30
0.2		0.75	0.35	0.2	0.2		30	15	10	10
0.1		0.4	0.2	0.1	0.1		15	8	5	5
0.05		0.10	0.05	0.05	0.05		4	2	2	2
0.02		0.04	0.02	0.02	0.02		1.2	0.6	0.6	0.6
0.01		0.02	0.01	0.01	0.01		0.6	0.3	0.3	0.3

续表

准确度级别	比值误差（±）					相位误差（±）				
	倍率因数	额定电流下的百分数值				倍率因数	额定电流下的百分数值			
		5	20	100	120		5	20	100	120
0.005	10^{-6}	100	50	50	50	10^{-6} (rad)	100	50	50	50
0.002		40	20	20	20		40	20	20	20
0.001		20	10	10	10		20	10	10	10

注 1：额定二次电流 5A，额定二次负荷 7.5VA 及以下的互感器，下限负荷由制造厂规定；制造厂未规定下限负荷的，下限负荷为 2.5VA。
注 2：额定负荷电阻小于 0.2Ω 的电流互感器下限负荷为 0.1Ω。
注 3：制造厂规定为固定负荷的电流互感器，在固定负荷的±10%范围内误差应满足本表要求。

表 2　　特殊使用要求的电流互感器的误差限值

准确度级别	比值误差（±）						相位误差（±）					
	倍率因数	额定电流下的百分数值					倍率因数	额定电流下的百分数值				
		1	5	20	100	120		1	5	20	100	120
0.5S	%	1.5	0.75	0.5	0.5	0.5	(′)	90	45	30	30	30
0.2S		0.75	0.35	0.2	0.2	0.2		30	15	10	10	10
0.1S		0.4	0.2	0.1	0.1	0.1		15	8	5	5	5
0.05S		0.10	0.05	0.05	0.05	0.05		4	2	2	2	2
0.02S		0.04	0.02	0.02	0.02	0.02		1.2	0.6	0.6	0.6	0.6
0.01S		0.02	0.01	0.01	0.01	0.01		0.6	0.3	0.3	0.3	0.3
0.005S	10^{-6}	100	75	50	50	50	10^{-6} (rad)	100	75	50	50	50
0.002S		40	30	20	20	20		40	30	20	20	20
0.001S		20	15	10	10	10		20	15	10	10	10

注 1：额定二次电流 5A，额定二次负荷 7.5VA 及以下的互感器，下限负荷由制造厂规定；制造厂未规定下限负荷的，下限负荷为 2.5VA。
注 2：额定负荷电阻小于 0.2Ω 的电流互感器下限负荷为 0.1Ω。
注 3：制造厂规定为固定负荷的电流互感器，在固定负荷的±10%范围内误差应满足本表要求。

《测量用电压互感器》JJG 314—2010

表 1　　　　　　　　　　**测量用电压互感器的误差限值**

准确度级别	比值误差（±）						相位误差（±）					
	倍率因数	额定电压百分值					倍率因数	额定电压百分值				
		20	50	80	100	120		20	50	80	100	120
0.5	%	—	—	0.5	0.5	0.5	(′)	—	—	20	20	20
0.2		0.4	0.3	0.2	0.2	0.2		20	15	10	10	10
0.1		0.2	0.15	0.10	0.10	0.10		10.0	7.5	5.0	5.0	5.0
0.05		0.100	0.075	0.050	0.050	0.050		4.0	3.0	2.0	2.0	2.0
0.02		0.040	0.030	0.020	0.020	0.020		1.2	0.9	0.6	0.6	0.6
0.01		0.020	0.015	0.010	0.010	0.010		0.60	0.45	0.30	0.30	0.30
0.005	$\times10^{-6}$	100	75	50	50	50	$\times10^{-6}$ (rad)	100	75	50	50	50
0.002		40	30	20	20	20		40	30	20	20	20
0.001		20	15	10	10	10		20	15	10	10	10
注：额定二次负荷小于等于 0.2VA 时，下限负荷按 0VA 考核。												

《弹性体（SBS）改性沥青防水卷材》GB 18242—2008

表 2　　　　　　　　　　**材　料　性　能**

<table>
<tr><td rowspan="4">项目</td><td colspan="5">指标</td></tr>
<tr><td colspan="5">弹性体改性沥青防水卷材</td></tr>
<tr><td colspan="2">Ⅰ型</td><td colspan="3">Ⅱ型</td></tr>
<tr><td>PY</td><td>G</td><td>PY</td><td>G</td><td>PYG</td></tr>
<tr><td rowspan="3">可溶物含量（g/m²）</td><td colspan="4">3mm ≥2100</td><td>—</td></tr>
<tr><td colspan="4">4mm ≥2900</td><td>—</td></tr>
<tr><td colspan="5">5mm≥ 3500</td></tr>
</table>

续表

项目		指标				
		弹性体改性沥青防水卷材				
		Ⅰ型		Ⅱ型		
		PY	G	PY	G	PYG
拉力延伸率	最大峰拉力（N/50mm）≥	500	350	800	500	900
	次高峰拉力（N/50mm）≥	—	—	—	—	800
	试验现象	拉伸过程中，试件中部无沥青涂盖层开裂或与胎基分离现象				
	最大峰延伸率（%）≥	30	—	40	—	—
	第二峰时延伸率（%）≥	—		—		15
耐热性	℃	90		105		
	≤mm	2				
	试验现象	无流淌、滴落				
低温柔性（℃）		—20		—25		
		无裂纹				
不透水性 30min		0.3MPa	0.2MPa	0.3MPa		

《低合金高强度结构钢》GB/ T 1591—2018

表 7 热轧钢材的拉伸性能

牌号		上屈服强度 R_{eH}^{a}/MPa 不小于									抗拉强度 R_{m}/MPa			
钢级	质量等级	公称厚度或直径/mm												
		≤16mm	>16mm～40mm	>40mm～63mm	>63mm～80mm	>80mm～100mm	>100mm～150mm	>150mm～200mm	>200mm～250mm	>250mm～400mm	≤100mm	>100mm～150mm	>150mm～250mm	>250mm～400mm
Q355	B、C	355	345	335	325	315	295	285	275	—	470～630	450～600	450～600	—
	D									265[b]				450～600[b]

续表

牌号		上屈服强度 R_{eH}^{a}/MPa 不小于									抗拉强度 R_m/MPa			
Q390	B、C、D	390	380	360	340	340	320	—	—	—	490～650	470～620	—	—
Q420[c]	B、C	420	410	390	370	370	350	—	—	—	520～680	500～650	—	—
Q460[c]	C	460	450	430	410	410	390	—	—	—	550～720	530～700	—	—

[a] 当屈服不明显时，可用规定塑性延伸强度 $R_{P0.2}$ 代替上屈服强度。
[b] 只适用于质量等级为 D 的钢板。
[c] 只适用于型钢和棒材。

表 8　　**热轧钢材的伸长率**

牌号		断后伸长率（A）/%不小于						
钢级	质量等级	公称厚度或直径						
		试样方向	≤40mm	＞40mm～63mm	＞63mm～100mm	＞100mm～150mm	＞150mm～250mm	＞250mm～400mm
Q355	B、C、D	纵向	22	21	20	18	17	17[a]
		横向	20	19	18	18	17	17[a]
Q390	B、C、D	纵向	21	20	20	19	—	—
		横向	20	19	19	18	—	—
Q420[b]	B、C	纵向	20	19	19	19	—	—
Q460[b]	C	纵向	18	17	17	17	—	—

[a] 只适用于质量等级为 D 的钢板。
[b] 只适用于型钢和棒材。

表 13 钢材各项检验的检验项目、取样数量、取样方法和试验方法

检验项目	取样个数	取样部位及方法	试验方法
拉伸	1/批	钢材的一端，GB/T 2975—2018	GB/T 228.1
弯曲	1/批	钢材的一端，GB/T 2975—2018	GB/T 232
冲击	3/批	钢材的一端，8.3	GB/T 229

《电力安全工作规程　发电厂和变电站电气部分》GB 26860—2011

表 1 设备不停电时的安全距离

电压等级 kV	安全距离 m
10 及以下	0.7
20、35	1.00
66、110	1.50
220	3.00
330	4.00
500	5.00
750	7.20
1000	8.70
±50 及以下	1.50
±500	6.00
±660	8.40
±800	9.30

注 1：表中未列电压等级按高一档电压等级安全距离。
注 2：13.8kV 执行 10kV 的安全距离。

《电力工程电缆设计规范》GB 50217—2007

表 5.3.5 电缆与电缆、管道、道路、构筑物等之间的容许最小距离 (m)

电缆直埋敷设时的配置情况		平行	交叉
控制电缆之间		—	0.5①
电力电缆之间或与控制电缆之间	10kV 及以下电力电缆	0.1	0.5①
	10kV 及以上电力电缆	0.25②	0.5①
不同部门使用的电缆		0.5②	0.5①
电缆与地下管沟	热力管沟	2②	0.5①
	油管或易（可）燃气管道	1	0.5①
	其他管道	0.5	0.5①
电缆与铁路	非直流电气化铁路路轨	3	1.0
	直流电气化铁路路轨	10	1.0
电缆与建筑物基础		0.6③	—
电缆与公路边		1.0③	
电缆与排水沟		1.0③	
电缆与树木的主干		0.7	
电缆与 1kV 以下架空线电杆		1.0③	
电缆与 1kV 以上架空线杆塔基础		4.0③	

注：① 用隔板分隔或电缆穿管时不得小于 0.25m；
② 用隔板分隔或电缆穿管时不得小于 0.1m；
③ 特殊情况时，减小值不得小于 50%。

《电力工程质量监督实施管理程序（试行）》中电联质监〔2012〕437 号

附表 7 电力工程质量监督检查整改回复单

工程名称			注册登记号	
监检阶段			监检日期	
整改项目		整改情况	整改人员	检查人员
1				

续表

整改项目		整改情况	整改人员	检查人员
2				
3				
4				
5				
6				
7				
8				

建设单位 项目负责人： 年　月　日	监理单位 总监： 年　月　日	勘查、设计单位 项目经理： 年　月　日
施工单位 项目经理： 年　月　日	调试单位 项目经理： 年　月　日	运行单位 负责人： 年　月　日

《电力建设施工技术规范　第1部分：土建结构工程》DL 5190.1—2012

表 4.4.21　　**现浇钢筋混凝土结构尺寸允许偏差**

项目			允许偏差（mm）
轴线位移	独立基础		≤10
	其他基础		≤15
	墙、柱、梁		≤8
	剪力墙		≤5

续表

项目			允许偏差（mm）
垂直度	层高	≤5m	≤8
		>5m	≤10
	全高 H		H/1000，H≤30
标高偏差	杯型基础杯底		−10～0
	其他基础顶面		±10
	层高		±10
	全高		±30
截面尺寸偏差			−5～+8
表面平整度			≤8
预留孔中心位移			≤15
预埋设施中心线位置	预埋件		10
	预埋螺栓		5
	预埋管		5
预留孔	中心位移		≤5
	截面尺寸偏差		−5～+10

表 7.2.19-1　　混凝土结构（基础底板）尺寸允许偏差

序号	检验项目	允许偏差（mm）
1	表面平整度	≤8
2	基础中心线位移	≤10
3	表面标高偏差	±10
4	外形尺寸偏差	±20
5	预埋件、插筋中心线位移	≤10

续表

序号	检验项目	允许偏差（mm）
6	预埋件与混凝土表面高低差	≤5
7	全高垂直度	≤10

表 7.2.19-2　　混凝土结构（基础上部结构）尺寸允许偏差

<table>
<tr><th>序号</th><th colspan="4">检查项目</th><th>允许偏差（mm）</th></tr>
<tr><td rowspan="9">1</td><td rowspan="9">预埋螺栓
允许偏差</td><td rowspan="2">预留孔式螺栓</td><td colspan="2">中心</td><td>≤0.1d_1，且≤10</td></tr>
<tr><td colspan="2">孔壁垂直度</td><td>≤L_6/200，且≤10</td></tr>
<tr><td rowspan="3">直埋式螺栓</td><td colspan="2">中心</td><td>±2</td></tr>
<tr><td colspan="2">垂直度</td><td>≤L_6/450</td></tr>
<tr><td colspan="2">顶标高</td><td>0～+10</td></tr>
<tr><td rowspan="4">活动锚板</td><td colspan="2">中心</td><td><5</td></tr>
<tr><td colspan="2">标高</td><td>0～+15</td></tr>
<tr><td rowspan="2">水平</td><td>带槽的</td><td>≤5</td></tr>
<tr><td>带螺孔的</td><td>≤2</td></tr>
<tr><td>2</td><td colspan="4">基础中心线位移</td><td>≤10</td></tr>
<tr><td>3</td><td colspan="4">柱梁中心线对基础中心位移</td><td>≤5</td></tr>
<tr><td>4</td><td rowspan="2">层面标高偏差</td><td colspan="3">台板部位</td><td>−10～0（有垫铁）
0～+10（无垫铁）</td></tr>
<tr><td>5</td><td colspan="3">其他部位</td><td>−20～0</td></tr>
<tr><td>6</td><td colspan="4">柱梁截面尺寸偏差</td><td>−5～+8</td></tr>
<tr><td>7</td><td colspan="4">表面平整度</td><td>≤8</td></tr>
<tr><td>8</td><td colspan="4">墙柱全高垂直偏差</td><td>≤10</td></tr>
<tr><td rowspan="2">9</td><td rowspan="2">预留件
预留孔</td><td colspan="3">中心线位移</td><td>≤10</td></tr>
<tr><td colspan="3">水平高差</td><td>≤5</td></tr>
<tr><td>10</td><td colspan="4">平面外形（长、宽）尺寸偏差</td><td>±10</td></tr>
</table>

《电力建设施工质量验收及评价规程　第1部分：土建工程》DL/ T 5210. 1—2012

表 5. 10. 12　　现浇混凝土结构外观及尺寸偏差质量标准和检验方法

类别	序号	检验项目			质量标准	单位	检验方法及器具
主控项目	1	外观质量			不应有严重缺陷，对已经出现的严重缺陷，应由施工单位提出技术处理方案，并经监理（建设）、设计单位认可后进行处理。对经处理的部位，应重新检查验收		观察，检查技术处理方案
	2	尺寸偏差			不应有影响结构性能和使用功能的尺寸偏差，对超过尺寸允许偏差且影响结构性能和安装、使用功能的部位，应由施工单位提出技术处理方案，并经监理（建设）、设计单位认可后进行处理。对经处理的部位，应重新检查验收		观察，检查技术处理方案
一般项目	1	外观质量			不宜有一般缺陷。对已经出现的一般缺陷，应由施工单位按技术处理方案进行处理，并重新检查验收		观察，检查技术处理方案
	2	轴线位移	独立基础		≤10	mm	钢尺检查
			其他基础		≤15		
			墙、柱、梁		≤8		
			剪力墙		≤5		
	3	垂直度	层高	≤5m	≤8	mm	经纬仪或吊线、钢尺检查
				>5m	≤10		经纬仪或吊线、钢尺检查
			全高		不大于 H_4/1000，且不大于 30mm		经纬仪、钢尺检查
	4	标高偏差	杯形基础杯底		−10～0	mm	水准仪或拉线、钢尺检查
			其他基础顶面		±10		
			层高		±10		
			全高		±30		
	5	截面尺寸偏差			−5～+8	mm	钢尺检查

续表

类别	序号	检查项目		质量标准	单位	检验方法及器具
一般项目	6	表面平整度		≤8	mm	2m 靠尺和楔形塞尺检查
	7	电梯井井筒长，宽对定位中心线偏差		0～25	mm	钢尺检查
	8	预留洞中心位移		≤15	mm	钢尺检查
	9	预留孔	中心位移	≤3	mm	钢尺检查
	10		截面尺寸偏差	0～10	mm	钢尺检查
	11	混凝土预埋件拆模后质量		应符合本部分附录 B 的规定		

注： H_4 为全高。

表 6.7.7　混凝土外观及尺寸偏差（设备基础）质量标准和检验方法

类别	序号	检验项目	质量标准	单位	检验方法及器具
主控项目	1	外观质量	不应有严重缺陷，对已经出现的严重缺陷，应由施工单位提出技术处理方案，并经监理（建设）、设计单位认可后进行处理。对经处理的部位，应重新检查验收		观察，检查技术处理方案
	2	尺寸偏差	不应有影响结构性能和使用功能的尺寸偏差，对超过尺寸允许偏差且影响结构性能和安装、使用功能的部位，应由施工单位提出技术处理方案，并经监理（建设）、设计单位认可后进行处理。对经处理的部位，应重新检查验收		量测，检查技术处理方案
	3	大体积混凝土温控措施	必须符合设计要求及 GB 50496《大体积混凝土施工规范》标准的规定		检查施工技术措施和测温记录
	4	预埋件、预埋螺栓	应符合本部分 B.0.3 的有关规定		

续表

类别	序号	检验项目		质量标准	单位	检验方法及器具
一般项目	1	外观质量		不宜有一般缺陷。对已经出现的一般缺陷，应由施工单位按技术处理方案进行处理，并重新检查验收		观察，检查技术处理方案
	2	清水混凝土外观质量	颜色	普通清水：无明显色差。饰面清水：颜色基本一致，无明显色差		距离墙面观察
			修补	普通清水：水量修补痕迹。饰面清水：基本无修补痕迹		距离墙面观察
			气泡	普通清水：气泡分散。饰面清水：最大直径不大于8mm，最大深度不大于2mm，每平方米气泡面积不大于$20cm^2$		尺量检查
			裂缝	普通清水：宽度小于0.2mm。饰面清水：宽度小于0.2mm，且长度不大于1000mm		尺量、刻度放大镜检查
			光洁度	普通清水：无明显漏浆、流淌及冲刷痕迹。饰面清水：无明显漏浆、流淌及冲刷痕迹，无油迹、墨迹及锈斑，无粉化物		观察
			对拉螺栓孔眼	饰面清水：排列整齐，空洞风度密实，凹孔棱角清晰、圆滑		观察，尺量检查
			明缝	饰面清水：位置规律、整齐、深度一致、水平交圈		观察，尺量检查
			蝉缝	饰面清水：横平竖直、水平交圈、竖向成线		观察，尺量检查
	3	基础中心对主厂房轴线偏差		≤10	mm	经纬仪或拉线和钢尺检查
	4	层面标高偏差		−20～0（普通清水−8～0；饰面清水−5～0）	mm	水准仪检查
	5	梁、柱截面尺寸偏差		±10（普通清水±5；饰面清水±3）	mm	钢尺检查
	6	表面平整度		≤8（普通清水≤4；饰面清水≤3）	mm	2m靠尺和楔形塞尺检查（埋土部分不检查）
	7	全高垂直偏差		≤10	mm	吊线和钢尺检查
	8	平面外形尺寸偏差		±20	mm	钢尺检查
	9	凸台上平面尺寸偏差		−20～0	mm	钢尺检查
	10	凹穴尺寸偏差		0～20	mm	钢尺检查
	11	预留地脚螺栓孔	中心位移	≤10	mm	钢尺检查
			深度偏差	0～20	mm	钢尺检查
			孔垂直偏差	≤10	mm	吊线和钢尺检查

《电力建设施工质量验收及评价规程》GB/T 5210.1—2012

表 3.0.14　　施工现场质量管理检查记录　　开工日期：　年　月　日

工程名称		施工许可证号（开工依据）	
建设单位		项目负责人	
监理单位		总监理工程师	
设计单位		项目负责人	
施工单位		项目经理	项目技术负责人
序号	项目	主要内容	
1	现场质量管理制度		
2	质量责任制		
3	主要专业工种操作上岗证书		
4	分包方资格与对分包单位的管理制度		
5	施工图审查情况		
6	地质勘察资料		
7	施工组织设计、施工方案及审批		
8	施工技术标准		
9	工程质量检验制度		
10	搅拌站及计量设置		
11	现场实验室资质		
12	现场材料、设备存放与管理		
13	强制性条文实施计划		
14	质量通病预防措施实施计划		
检查结论： 监理工程师：　　总监理工程师： （建设单位项目负责人）　　年　月　日			

《电气装置安装工程　电力变压器、油浸电抗器、互感器施工及验收规范》GB 50148—2010

表 4.3.1　　　　绝缘油取样数量

每批油的桶数	取样桶数	每批油的桶数	取样桶数
1	1	51～100	7
2～5	2	101～200	10
6～20	3	201～400	15
21～50	4	401 及以上	20

《电气装置安装工程　电气设备交接试验标准》GB 50150—2016

表 3.0.9　　　　设备电压等级与绝缘电阻表的选用关系

序号	设备电压等级（V）	绝缘电阻表电压等级（V）	绝缘电阻表最小量程（MΩ）
1	＜100	250	50
2	＜500	500	100
3	＜3000	2000	1000
4	＜10000	2500	10000
5	≥10000	2500 或 5000	10000

表 8.0.6　　　　油浸式电力变压器绝缘电阻的温度换算系数

温度差 K	5	10	15	20	25	30	35	40	45	50	55	60
换算系数 A	1.2	1.5	1.8	2.3	2.8	3.4	4.1	5.1	6.2	7.5	9.2	11.2

注：1　表中 K 为实测温度减去 20℃的绝对值。
　　2　测量温度以上层油温为准。

表 8.0.10　　　　油浸式电力变压器绝缘电阻的温度换算系数

温度差 K	5	10	15	20	25	30	35	40	45	50	55	60
换算系数 A	1.2	1.5	1.8	2.3	2.8	3.4	4.1	5.1	6.2	7.5	9.2	11.2

表 17.0.4-1 纸绝缘电缆直流耐压试验电压 (kV)

电缆额定电压 U_0/U	1.8/3	3/3	3.6/6	6/6	6/10	8.7/10	21/35	26/35
直流试验电压	12	14	24	30	40	47	105	130

表 17.0.4-2 充油绝缘电缆直流耐压试验电压 (kV)

电缆额定电压 U_0/U	48/66	64/110	127/220	190/330	290/500
直流试验电压	162	275	510	650	840

表 17.0.5 橡塑电缆 20Hz～300Hz 交流耐压试验电压和时间

额定电压 U_0/U	试验电压	时间（min）
18/30kV 及以下	$2U_0$	15（或 60）
21/35kV～64/110kV	$2U_0$	60
127/220kV	$1.7U_0$（或 $1.4U_0$）	60
190/330kV	$1.7U_0$（或 $1.3U_0$）	60
290/500kV	$1.7U_0$（或 $1.1U_0$）	60

表 19.0.1 绝缘油的试验项目及标准

序号	项目	标准	说明
1	外状	透明，无杂质或悬浮物	外观目视
2	水溶性酸（pH 值）	>5.4	按现行国家标准《运行中变压器油水溶性酸测定法》GB/T 7598 中的有关要求进行试验
3	酸值（以 KOH 计）(mg/g)	≤0.03	按现行国家标准《石油产品酸值测定法》GB/T 264 中的有关要求进行试验
4	闪点（闭口）(℃)	≥135	按现行国家标准《闪电的测定宾斯基-马丁闭口杯法》GB 261 中的有关要求进行试验
5	水含量（mg/L）	330kV～750kV：≤10 220kV：≤15 110kV 及以下电压等级：≤20	按现行国家标准《运行中变压器油水分含量测定法（库仑法）》GB/T 7600 或《运行中变压器油、汽轮机油水分测定法（气相色谱法）》GB/T 7601 中的有关要求进行试验

续表

序号	项目	标准	说明
6	界面张力（25℃）（mN/m）	≥40	按现行国家标准《石油产品油对水界面张力测定法（圆环法）》GB/T 6541 中的有关要求进行试验
7	介质损耗因数 tanδ（%）	90℃时，注入电气设备前≤0.5 注入电气设备后≤0.7	按现行国家标准《液体绝缘材料相对电容率、介质损耗因数和直流电阻率的测量》GB/T 5654 中的有关要求进行试验
8	击穿电压（kV）	750kV：≥70 500kV：≥60 330kV：≥50 66～220kV：≥40 35kV 及以下电压等级：≥35kV	1. 按现行国家标准《绝缘油击穿电压测定法》GB/T 507 中的有关要求进行试验； 2. 该指标为平板电极测定值，其他电极可参考现行国家标准《运行中变压器油质量》GB/T 7595
9	体积电阻率（90℃）（Ω·m）	$\geq 6\times10^{10}$	按现行国家标准《液体绝缘材料相对电容率、介质损耗因数和直流电阻率的测量》GB/T 5654 或《电力用油体积电阻率测定法》DL/T 421 中的有关要求进行试验
10	油中含气量（%）（体积分数）	330～750kV：≤1.0	按现行行业标准《绝缘油中含气量测定方法 真空压差法》DL/T 423 或《绝缘油中含气量的气相色谱测定法》DL/T 703 中的有关要求进行试验（只对 330kV 及以上电压等级进行）
11	油泥与沉淀物（%）（质量分数）	≤0.02	按现行国家标准《石油和石油产品及添加剂机械杂质测定法》GB/T 511 中的有关要求进行试验
12	油中溶解气体组分含量色谱分析	见本标准的有关章节	按国家现行标准《绝缘油中溶解气体组分含量的气相色谱测定法》GB/T 17623 或《变压器油中溶解气体分析和判断导则》GB/T 7252 及《变压器油中溶解气体分析和判断导则》DL/T 722 中的有关要求进行试验
13	变压器油中颗粒度限值	500kV 及以上交流变压器：投运前（热油循环后）100ml 油中大于 5μm 的颗粒数≤2000 个	按现行行业标准《变压器油中颗粒度限值》DL/T 1096 中的有关要求进行试验

表 19.0.2　　电气设备绝缘油试验分类

试验类别	适用范围
击穿电压	1. 6kV 以上电气设备内的绝缘油或新注入上述设备前、后的绝缘油。 2. 对下列情况之一者，可不进行击穿电压试验： (1) 35kV 以下互感器，其主绝缘试验已合格的； (2) 按本标准有关规定不需取油的
简化分析	准备注入变压器、电抗器、互感器、套管的新油，应按表 19.0.1 中的第 2 项～第 9 项规定进行
全分析	对油的性能有怀疑时，应按本标准表 19.0.1 中的全部项目进行

表 19.0.4　　SF_6 新到气瓶抽检比例

每批气瓶数	选取的最少气瓶数
1	1
2～40	2
41～70	3
71 以上	4

表 25.0.3　　接 地 阻 抗 值

接地网类型	要求
有效接地系统	$Z \leqslant 2000/I$ 或当 $I > 4000$A 时，$Z \leqslant 0.5\Omega$ 式中：I——经接地装置流入地中的短路电流（A）； Z——考虑季节变化的最大接地阻抗（Ω）。 当接地阻抗不符合以上要求时，可通过技术经济比较增大接地阻扰，但不得大于 50。并应结合地面电位测量对接地装置综合分析和采取隔离措施
非有效接地系统	1. 当接地网与 1kV 及以下电压等级设备共用接地时，接地阻抗 $Z \leqslant 120/I$。 2. 当接地网仅用于 1kV 以上设备时，接地阻抗 $Z \leqslant 250/I$。 3. 上述两种情况下，接地阻抗一不得大于 10Ω
1kV 以下电力设备	使用同一接地装置的所有这类电力设备，当总容量≥100kVA 时，接地阻抗不宜大于 4Ω，如总容量<100kVA 时，则接地阻抗可大于 4Ω，但不大于 10Ω

续表

接地网类型	要求
独立微波站	接地阻抗不宜大于5Ω
独立避雷针	接地阻抗不宜大于10Ω。 当与接地网连在一起时可不单独测量
发电厂烟囱附近的吸风机及该处装设的集中接地装置	接地阻抗不宜大于10Ω。 当与接地网连在一起时可不单独测量
独立的燃油、易爆气体储罐及其管道	不宜大于30Ω，无独立避雷针保护的露天储罐不应超过10Ω
露天配电装置的集中接地装置及独立避雷针（线）	不宜大于10Ω
有架空地线的线路杆塔	1. 当杆塔高度在40m以下时，应符合下列规定： 1）土壤电阻率≤500Ω·m时，接地阻抗不应大于10Ω； 2）土壤电阻率500Ω·m～1000Ω·m时，接地阻抗不应大于20Ω； 3）土壤电阻率1000Ω·m～2000Ω·m时，接地阻抗不应大于25Ω； 4）土壤电阻率>2000Ω·m时，接地阻抗不应大于30Ω。 2. 当杆塔高度≥40m时，取上述值的50%，但当土壤电阻率大于2000Ω·m，接地阻抗难以满足不大于15Ω时，可不大于20Ω
与架空线直接连接的旋转电机进线段上避雷器	不宜大于3Ω
无架空地线的线路杆塔	1. 对于非有效接地系统的钢筋混凝土杆、金属杆，不宜大于30Ω。 2. 对于中性点不接地的低压电力网线路的钢筋混凝土杆、金属杆，不宜大于50Ω。 3. 对于低压进户线绝缘子铁脚，不宜大于30Ω

《电气装置安装工程　高压电器施工及验收规范》GB 50147—2010

表5.5.1　　六氟化硫气体的技术条件

指标项目		指标
六氟化硫（SF_6）的质量分数（%）	≥	99.9
空气的质量分数（%）	≤	0.04

续表

指标项目			指标
四氟化碳（CF_4）的质量分数（%）		≤	0.04
水分	水的质量分数（%）	≤	0.0005
	露点（℃）	≤	−49.7
酸度（以 HF 计）的质量分数（%）		≤	0.00002
可水解氟化物（以 HF 计）（%）		≤	0.0001
矿物油的质量分数（%）		≤	0.0004
毒性			生物试验无毒

表 5.5.2　　新六氟化硫气体抽样比例

每批气瓶数	选取的最少气瓶数
1	1
2～40	2
41～70	3
71 以上	4

《电气装置安装工程　母线装置施工及验收规范》GB 50149—2010

表 3.1.14-1　　室内配电装置的安全净距离　　(mm)

符号	适用范围	图号	额定电压（kV）										
			0.4	1～3	6	10	15	20	35	60	110J	110	220J
A_1	1. 带电部分至接地部分之间； 2. 网状和板状遮栏向上延伸线距地 2.3m 处与遮栏上方带电部分之间	图 3.1.14-1	20	75	100	125	150	180	300	550	850	950	1800
A_2	1. 不同相的带电部分之间； 2. 断路器和隔离开关的断口两侧带电部分之间	图 3.1.14-1	20	75	100	125	150	180	300	550	900	1000	2000
B_1	1. 栅状遮栏至带电部分之间； 2. 交叉的不同时停电检修的无遮栏带电部分之间	图 3.1.14-1、图 3.1.14-2	800	825	850	875	900	930	1050	1300	1600	1700	2550

续表

符号	适用范围	图号	额定电压（kV）										
			0.4	1～3	6	10	15	20	35	60	110J	110	220J
B_2	网状遮栏至带电部分之间	图 3.1.14-1、图 3.1.14-2	100	175	200	225	250	280	400	650	950	1050	1900
C	无遮栏裸导体至地（楼）面之间	图 3.1.14-1	2300	2375	2400	2425	2450	2480	2600	2850	3150	3250	4100
D	平行的不同时停电检修的无遮栏裸导体之间	图 3.1.14-1	1875	1875	1900	1925	1950	1980	2100	2350	2650	2750	3600
E	通向室外的出线套管至室外通道的路面	图 3.1.14-2	3650	4000	4000	4000	4000	4000	4000	4500	5000	5000	6500

注： 1　110J、220J 指中性点直接接地电网。

2　网状遮栏至带电部分之间为板状遮栏时，其 B_2 值可取 A_1＋30mm。

3　通向室外的出线套管至室外通道的路面，当出线套管外侧为室外配电装置时，其至室外地面的距离不应小于表 3.1.14-2 中所列室外部分的 C 值。

4　海拔超过 1000m 时，A 值应按图 3.1.14-6 进行修正。

5　本表不适用于制造厂生产的成套配电装置。

表 3.1.14-2　　室外配电装置的安全净距离　　（mm）

符号	适用范围	图号	额定电压（kV）										
			0.4	1～10	15～20	35	60	110J	110	220J	330J	500J	750J
A_1	1. 带电部分至接地部分之间； 2. 网状遮栏向上延伸距地面 2.5m 处遮栏上方带电部分之间	图 3.1.14-3、图 3.1.14-4、图 3.1.14-5	75	200	300	400	650	900	1000	1800	2500	3800	5600/5950
A_2	1. 不同相的带电部分之间； 2. 断路器和隔离开关的断口两侧引线带电部分之间	图 3.1.14-3	75	200	300	400	650	1000	1100	2000	2800	4300	7200/8000
B_1	1. 设备运输时，其外廓至无遮栏带电部分之间； 2. 交叉的不同时停电检修的无遮栏带电部分之间； 3. 栅栏遮栏至绝缘体和带电部分之间； 4. 带电作业时的带电部分至接地部分之间	图 3.1.14-3、图 3.1.14-4、图 3.1.14-5	825	950	1050	1150	1400	1650	1750	2550	3250	4550	6250/6700

续表

符号	适用范围	图号	额定电压（kV）										
			0.4	1～10	15～20	35	60	110J	110	220J	330J	500J	750J
B_2	网状遮栏至带电部分之间	图3.1.14-4	175	300	400	500	750	1000	1100	1900	2600	3900	5600/6050
C	1. 无遮栏裸导体至地面之间；2. 无遮栏裸导体至建筑物、构筑物顶部之间	图3.1.14-4 图3.1.14-5	2500	2700	2800	2900	3100	3400	3500	4300	5000	7500	12000/12000
D	1. 平行的不同时停电检修的无遮栏带电部分之间；2. 带电部分与建筑物、构筑物的边沿部分之间	图3.1.14-3、图3.1.14-4	2000	2200	2300	2400	2600	2900	3000	3800	4500	5800	7500 7950

注：1 110J、220J、330J、500J、750J 指中性点直接接地电网。
2 栅栏遮栏至绝缘体和带电部分之间，对于220kV及以上电压，可按绝缘体电位的实际分布，采用相应的B值检验，此时可允许栅栏遮栏与绝缘体的距离小于B_1值。当无给定的分布电位时，可按线性分布计算。500kV及以上相间通道的安全净距，可按绝缘体电位的实际分布检验；当无给定的分布电位时，可按线性分布计算。
3 带电作业时的带电部分至接地部分之间（110J～500J），带电作业时，不同相或交叉的不同回路带电部分之间，其B_1值可取A_1＋30mm。
4 500kV的A_1值，双分裂软导线至接地部分之间可取3500mm。
5 除额定电压750J外，海拔1000m时，A值应按图3.1.14-6进行修正；750J栏内“/”前为海拔1000m的安全净距，“/”后为海拔2000m的安全净距。
6 本表不适用于制造厂生产的成套配电装置。

表3.3.3　　钢制螺栓的紧固力矩值

螺栓规格（mm）	力矩值（N·m）
M8	8.8～10.8
M10	17.7～22.6
M12	31.4～39.2
M14	51.0～60.8
M16	78.5～98.1
M18	98.0～127.4
M20	156.9～196.2
M24	274.6～343.2

《电气装置安装工程　电缆线路施工及验收规范》GB 50168—2018

表 6.1.7　　　　**电缆最小弯曲半径**

电缆型式		多芯	单芯
控制电缆	非铠装型、屏蔽型软电缆	$6D$	—
	铠装型、铜屏蔽型	$12D$	
	其他	$10D$	
橡皮绝缘电力电缆	无铅包、钢铠护套	$10D$	
	裸铅包护套	$15D$	
	钢铠护套	$20D$	
塑料绝缘电力电缆	无铠装	$15D$	$20D$
	有铠装	$12D$	$15D$
自容式充油（铅包）电缆		—	$20D$
0.6/1kV 铝合金导体电力电缆		$7D$	

注：1　表中 D 为电缆外径。
　　2　本表中“0.6/1kV 铝合金导体电力电缆”弯曲半径值适用于无铠装或表联锁铠装型式电缆。

表 6.1.15　　　　**电缆允许敷设最低温度**

电缆类型	电缆结构	允许敷设最低温度（℃）
充油电缆	—	−10
橡皮绝缘电力电缆	橡皮或聚氯乙烯护套	−15
	铅护套钢带铠装	7
塑料绝缘电力电缆	—	0
控制电缆	耐寒护套	−20
	橡皮绝缘聚氯乙烯护套	−15
	聚氯乙烯绝缘聚氯乙烯护套	−10

表 6.2.3　电缆之间，电缆与管道、道路、建筑物之间平行和交叉时的最小净距　(m)

项目		平行	交叉
电力电缆间及其与控制电缆间	10kV 及以下	0.10	0.50
	10kV 以上	0.25	0.50
不同使用部门的电缆间		0.50	0.50
热管道（管沟）及热力设备		2.00	0.50
油管道（管沟）		1.00	0.50
可燃气体及易燃液体管道（沟）		1.00	0.50
其他管道（管沟）		0.50	0.50
铁路路轨		3.00	1.00
电气化铁路路轨	非直流电气化铁路路轨	3.00	1.00
	直流电气化铁路路轨	10.0	1.00
电缆与公路边		1.00	—
城市街道路面		1.00	—
电缆与 1kV 以下架空线电杆		1.00	—
电缆与 1kV 以上架空线杆熔基础		4.00	—
建筑物基础（边线）		0.60	—
排水沟		1.00	0.50

表 6.7.2　架空电缆与公路、铁路、架空线路交叉跨越时最小允许距离

交叉设施	最小允许距离（m）	备注
铁路	3/6	至承力索或接触线/至轨顶
公路	6	—

续表

交叉设施	最小允许距离	备注
电车路	3/9	至承力索或接触线/至路面
弱电流电路	1	—
电力线路	1/2/3/4/5	电压（kV）1以下/6～10/35～110/154～220/330
河道	6/1	五年一遇洪水位/至最高航行水位的最高船桅顶
索道	1.5	—

表 7.1.10　　电缆终端接地线截面

电缆截面（mm^2）	接地线截面（mm^2）
16及以下	接地线截面可与芯线截面相同
16～120	16
150及以上	25

《电气装置安装工程　接地装置施工及验收规范》GB 50169—2016

表 4.10.3　　电缆终端接地线截面积　　（mm^2）

电缆截面积 S	接地线截面积
$S\leqslant16$	接地线截面积与芯线截面积相同
$16<S\leqslant120$	16
$S\geqslant150$	25

《蒸压粉煤灰砖》JC/T 239—2014

表 2　　强　度　等　级　　（MPa）

强度等级	抗压强度		抗折强度	
	平均值≥	单块值最小值≥	平均值≥	单块值最小值≥
MU10	10.0	8.0	2.5	2.0
MU15	15.0	12.0	3.7	3.0

续表

强度等级	抗压强度		抗折强度	
	平均值≥	单块值最小值≥	平均值≥	单块值最小值≥
MU20	20.0	16.0	4.0	3.2
MU25	25.0	20.0	4.5	3.6
MU30	30.0	24.0	4.8	3.8

《钢结构高强度螺栓连接技术规程》JGJ 82—2011

表 6.4.16　初拧（复拧）后大六角头高强度螺栓连接副的终拧转角

螺栓长度 L 范围	螺母转角	连接状态
$L\leqslant 4d$	1/3 圈（120°）	连接形式为一层芯板加两层盖板
$4d<L\leqslant 8d$ 或 200mm 及以下	1/2 圈（180°）	
$8d<L\leqslant 12d$ 或 200mm 以上	2/3 圈（240°）	

《钢结构工程施工质量验收规范》GB 50205—2001

表 5.2.4　一、二级焊缝质量等级及缺陷分级

焊缝质量等级		一级	二级
内部缺陷超声波探伤	评定等级	Ⅱ	Ⅲ
	检验等级	B级	B级
	探伤比例	100%	20%
内部缺陷射线探伤	评定等级	Ⅱ	Ⅲ
	检验等级	AB级	AB级
	探伤比例	100%	20%
注：探伤比例的计数方法应按以下原则确定：①对工厂制作焊缝，应按每条焊缝计算百分比，且探伤长度不应小于200mm，当焊缝长度不足200mm时，应对整条焊缝进行探伤；②对现场安装焊缝，应按同一类型、同一施焊条件的焊缝条数计算百分比，探伤长度应不小于200mm，并应不少于1条焊缝。			

表 11.3.5　　整体垂直度和整体平面弯曲的允许偏差　　(mm)

项目	允许偏差
主体结构的整体垂直度	(H/2500+10.0)，且不应大于 50.0
主体结构的整体平面弯曲度	L/1500，且不应大于 25.0

《钢结构用扭剪型高强度螺栓连接副》GB/T 3632—2008

表 12　　连接副紧固轴力规定

螺纹规格		M16	M20	M22	M24	M27	M30
每批紧固轴力的平均值/kN	公称	110	171	209	248	319	391
	min	100	155	190	225	290	355
	max	121	188	230	272	351	430
紧固轴力标准偏差 $\sigma \leqslant$/kN		10.0	15.5	19.0	22.5	29.0	35.5

《钢筋混凝土用钢　第 2 部分：热轧带肋钢筋》GB/T 1499.2—2018

表 4

公称直径/mm	实际重量与理论重量的偏差/%
6～12	±6.0
14～20	±5.0
22～50	±4.0

表 6

牌号	下屈服强度 R_{eL}/MPa	抗拉强度 R_m/MPa	断后伸长率 A/%	最大力总延伸率 A_{gt}/%	R^0_m/R^0_{el}	R^0_{el}/R_{el}
	不小于					不大于
HRB400	400	540	16	7.5	—	—
HRBF400						
HRB400E			—	9.0	1.25	1.30
HRBF400E						

续表

牌号	下屈服强度 R_{eL}/MPa	抗拉强度 R_m/MPa	断后伸长率 A/%	最大力总延伸率 A_{gt}/%	R^0_m/R^0_{el}	R^0_{el}/R_{el}
	不小于					不大于
HRB500	500	630	15	7.5	—	—
HRBF500						
HRB500E			—	9.0	1.25	1.30
HRBF500E						
HRB600	600	730	14	7.5	—	—

表 7

牌号	公称直径 d	弯芯直径
HRB400 HRBF400 HRB400E HRBF400E	6～25	4d
	28～40	5d
	>40～50	6d
HRB500 HRBF500 HRB500E HRBF500E	6～25	6d
	28～40	7d
	>40～50	8d
HRB600	6～25	6d
	28～40	7d
	>40～50	8d

表 8

序号	检验项目	取样数量/个	取样方法	试验方法
1	化学成分（熔炼分析）	1	GB/T 20066	第 2 章中规定的 GB/T 223 相关部分、GB/T 4336、GB/T 20123、GB/T 20124、GB/T 20125

续表

序号	检验项目	取样数量/个	取样方法	试验方法
2	拉伸	2	任选两根钢筋切取	GB/T 28900 和 8.2
3	弯曲	2	任选两根钢筋切取	GB/T 28900 和 8.2
4	反向弯曲	1	任选 1 根钢筋切取	GB/T 28900 和 8.2
5	尺寸	逐支	—	8.3
6	表面	逐支	—	目视
7	重量偏差	8.4		
8	金相组织	2	任选两根钢筋切取	GB/T 13298 和附录 B
注：对化学成分的试验方法优先采用 GB/T 4336，对化学分析结果有争议时，仲裁试验应按第 2 章中规定的 GB/T 223 相关部分进行。				

《钢筋混凝土用钢　第 1 部分：热轧光圆钢筋》GB/T 1499.1—2017

表 4

公称直径/mm	实际重量与理论重量的偏差/%
6～12	±6
14～22	±5

表 6

牌号	R_{eL}/MPa	R_m/MPa	A/%	A_{gt}/%	冷弯试验 180° d——弯芯直径 a——钢筋公称直径
	不小于				
HPB300	300	420	25.0	10.0	$d=a$

表 7

序号	检验项目	取样数量	取样方法	试验方法
1	化学成分（熔炼分析）	1	GB/T 20066	第 2 章中 GB/T 223 相关部分、GB/T 4336、GB/T 20123、GB/T 20125
2	拉伸	2	任选两根钢筋切取	GB/T 28900 和 8.2
3	弯曲	2	任选两根钢筋切取	GB/T 28900 和 8.2
4	尺寸	逐支（盘）	—	8.3
5	表面	逐支（盘）	—	目视
6	重量偏差	8.4		
注：对化学成分的试验方法优先采用 GB/T 4336，对化学分析结果有争议时，仲裁试验应按第 2 章中规定的 GB/T 223 相关部分进行。				

《钢筋机械连接技术规程》JGJ 107—2016

表 3.0.5　接头极限抗拉强度

接头等级	Ⅰ级	Ⅱ级	Ⅲ级
极限抗拉强度	钢筋拉断 或　连接件破坏 $f_{mst}^{0} \geqslant 1.10 f_{stk}$	$f_{mst}^{0} \geqslant f_{stk}$	$f_{mst}^{0} \geqslant 1.25 f_{yk}$

注：1　钢筋拉断指断于钢筋母材、套筒外钢筋丝头和钢筋镦粗过渡段。
　　2　连接件破坏指断于套筒、套筒纵向开裂或钢筋从套筒中拔出以及其他连接组件破坏。

表 6.3.1　直螺纹接头安装时最小拧紧扭矩值

钢筋直径（mm）	≤16	18～20	22～25	28～32	36～40	50
拧紧扭矩（N·m）	100	200	260	320	360	460

表 6.3.2　锥螺纹接头安装时拧紧扭矩值

钢筋直径（mm）	≤16	18～20	22～25	28～32	36～40	50
拧紧扭矩（N·m）	100	180	240	300	360	460

《工程监理企业资质管理规定》中华人民共和国建设部令第158号

附表2　　专业工程类别和等级表

序号	工程类别		一级	二级	三级
一	房屋建筑工程	一般公共建筑	28层以上；36米跨度以上（轻钢结构除外）；单项工程建筑面积3万平方米以上	14—28层；24—36米跨度（轻钢结构除外）；单项工程建筑面积1万～3万平方米	14层以下；24米跨度以下（轻钢结构除外）；单项工程建筑面积1万平方米以下
		高耸构筑工程	高度120米以上	高度70～120米	高度70米以下
		住宅工程	小区建筑面积12万平方米以上；单项工程28层以上	建筑面积6万～12万平方米；单项工程14—28层	建筑面积6万平方米以下；单项工程14层以下
二	冶炼工程	钢铁冶炼、连铸工程	年产100万吨以上；单座高炉炉容1250立方米以上；单座公称容量转炉100吨以上；电炉50吨以上；连铸年产100万吨以上或板坯连铸单机1450毫米以上	年产100万吨以下；单座高炉炉容1250立方米以下；单座公称容量转炉100吨以下；电炉50吨以下；连铸年产100万吨以下或板坯连铸单机1450毫米以下	
		轧钢工程	热轧年产100万吨以上，装备连续、半连续轧机；冷轧带板年产100万吨以上，冷轧线材年产30万吨以上或装备连续、半连续轧机	热轧年产100万吨以下，装备连续、半连续轧机；冷轧带板年产100万吨以下，冷轧线材年产30万吨以下或装备连续、半连续轧机	
		冶炼辅助工程	炼焦工程年产50万吨以上或炭化室高度4.3米以上；单台烧结机100平方米以上；小时制氧300立方米以上	炼焦工程年产50万吨以下或炭化室高度4.3米以下；单台烧结机100平方米以下：小时制氧300立方米以下	
		有色冶炼工程	有色冶炼年产10万吨以上；有色金属加工年产5万吨以上；氧化铝工程40万吨以上	有色冶炼年产10万吨以下；有色金属加工年产5万吨以下；氧化铝工程40万吨以下	
		建材工程	水泥日产2000吨以上；浮化玻璃日熔量400吨以上；池窑拉丝玻璃纤维、特种纤维；特种陶瓷生产线工程	水泥日产2000吨以下：浮化玻璃日熔量400吨以下；普通玻璃生产线；组合炉拉丝玻璃纤维；非金属材料、玻璃钢、耐火材料、建筑及卫生陶瓷厂工程	

续表

序号	工程类别		一级	二级	三级
三	矿山工程	煤矿工程	年产120万吨以上的井工矿工程；年产120万吨以上的洗选煤工程；深度800米以上的立井井筒工程；年产400万吨以上的露天矿山工程	年产120万吨以下的井工矿工程；年产120万吨以下的洗选煤工程；深度800米以下的立井井筒工程；年产400万吨以下的露天矿山工程	
		冶金矿山工程	年产100万吨以上的黑色矿山采选工程；年产100万吨以上的有色砂矿采、选工程；年产60万吨以上的有色脉矿采、选工程	年产100万吨以下的黑色矿山采选工程；年产100万吨以下的有色砂矿采、选工程；年产60万吨以下的有色脉矿采、选工程	
		化工矿山工程	年产60万吨以上的磷矿、硫铁矿工程	年产60万吨以下的磷矿、硫铁矿工程	
		铀矿工程	年产10万吨以上的铀矿；年产200吨以上的铀选冶	年产10万吨以下的铀矿；年产200吨以下的铀选冶	
		建材类非金属矿工程	年产70万吨以上的石灰石矿；年产30万吨以上的石膏矿、石英砂岩矿	年产70万吨以下的石灰石矿；年产30万吨以下的石膏矿、石英砂岩矿	
四	化工石油工程	油田工程	原油处理能力150万吨/年以上、天然气处理能力150万方/天以上、产能50万吨以上及配套设施	原油处理能力150万吨/年以下、天然气处理能力150万方/天以下、产能50万吨以下及配套设施	
		油气储运工程	压力容器8MPa以上；油气储罐10万立方米/台以上；长输管道120千米以上	压力容器8MPa以下；油气储罐10万立方米/台以下；长输管道120千米以下	
		炼油化工工程	原油处理能力在500万吨/年以上的一次加工及相应二次加工装置和后加工装置	原油处理能力在500万吨/年以下的一次加工及相应二次加工装置和后加工装置	

续表

序号	工程类别		一级	二级	三级
四	化工石油工程	基本原材料工程	年产30万吨以上的乙烯工程；年产4万吨以上的合成橡胶、合成树脂及塑料和化纤工程	年产30万吨以下的乙烯工程；年产4万吨以下的合成橡胶、合成树脂及塑料和化纤工程	
		化肥工程	年产20万吨以上合成氨及相应后加工装置；年产24万吨以上磷氨工程	年产20万吨以下合成氨及相应后加工装置；年产24万吨以下磷氨工程	
		酸碱工程	年产硫酸16万吨以上；年产烧碱8万吨以上；年产纯碱40万吨以上	年产硫酸16万吨以下；年产烧碱8万吨以下；年产纯碱40万吨以下	
		轮胎工程	年产30万套以上	年产30万套以下	
		核化工及加工工程	年产1000吨以上的铀转换化工工程；年产100吨以上的铀浓缩工程；总投资10亿元以上的乏燃料后处理工程；年产200吨以上的燃料元件加工工程；总投资5000万元以上的核技术及同位素应用工程	年产1000吨以下的铀转换化工工程；年产100吨以下的铀浓缩工程；总投资10亿元以下的乏燃料后处理工程；年产200吨以下的燃料元件加工工程；总投资5000万元以下的核技术及同位素应用工程	
		医药及其他化工工程	总投资1亿元以上	总投资1亿元以下	
五	水利水电工程	水库工程	总库容1亿立方米以上	总库容1千万～1亿立方米	总库容1千万立方米以下
		水力发电站工程	总装机容量300MW以上	总装机容量50MW～300MW	总装机容量50MW以下
		其他水利工程	引调水堤防等级1级；灌溉排涝流量5立方米/秒以上；河道整治面积30万亩以上；城市防洪城市人口50万人以上；围垦面积5万亩以上；水土保持综合治理面积1000平方公里以上	引调水堤防等级2、3级；灌溉排涝流量0.5～5立方米/秒；河道整治面积3万～30万亩；城市防洪城市人口20万～50万人；围垦面积0.5万～5万亩；水土保持综合治理面积100～1000平方公里	引调水堤防等级4、5级；灌溉排涝流量0.5立方米/秒以下；河道整治面积3万亩以下；城市防洪城市人口20万人以下；围垦面积0.5万亩以下；水土保持综合治理面积100平方公里以下

续表

序号	工程类别		一级	二级	三级
六	电力工程	火力发电站工程	单机容量30万千瓦以上	单机容量30万千瓦以下	
		输变电工程	330千伏以上	330千伏以下	
		核电工程	核电站；核反应堆工程		
七	农林工程	林业局（场）总体工程	面积35万公顷以上	面积35万公顷以下	
		林产工业工程	总投资5000万元以上	总投资5000万元以下	
		农业综合开发工程	总投资3000万元以上	总投资3000万元以下	
		种植业工程	2万亩以上或总投资1500万元以上	2万亩以下或总投资1500万元以下	
		兽医/畜牧工程	总投资1500万元以上	总投资1500万元以下	
		渔业工程	渔港工程总投资3000万元以上；水产养殖等其他工程总投资1500万元以上	渔港工程总投资3000万元以下；水产养殖等其他工程总投资1500万元以下	
		设施农业工程	设施园艺工程1公顷以上；农产品加工等其他工程总投资1500万元以上	设施园艺工程1公顷以下；农产品加工等其他工程总投资1500万元以下	
		核设施退役及放射性三废处理处置工程	总投资5000万元以上	总投资5000万元以下	
八	铁路工程	铁路综合工程	新建、改建一级干线；单线铁路40千米以上；双线30千米以上及枢纽	单线铁路40千米以下；双线30千米以下；二级干线及站线；专用线、专用铁路	
		铁路桥梁工程	桥长500米以上	桥长500米以下	
		铁路隧道工程	单线3000米以上；双线1500米以上	单线3000米以下；双线1500米以下	
		铁路通信、信号、电力电气化工程	新建、改建铁路（含枢纽、配、变电所、分区亭）单双线200千米及以上	新建、改建铁路（不含枢纽、配、变电所、分区亭）单双线200千米及以下	

续表

序号	工程类别		一级	二级	三级
九	公路工程	公路工程	高速公路	高速公路路基工程及一级公路	一级公路路基工程及二级以下各级公路
		公路桥梁工程	独立大桥工程；特大桥总长1000米以上或单跨跨径150米以上	大桥、中桥桥梁总长30～1000米或单跨跨径20～150米	小桥总长30米以下或单跨跨径20米以下；涵洞工程
		公路隧道工程	隧道长度1000米以上	隧道长度500～1000米	隧道长度500米以下
		其它工程	通讯、监控、收费等机电工程，高速公路交通安全设施、环保工程和沿线附属设施	一级公路交通安全设施、环保工程和沿线附属设施	二级及以下公路交通安全设施、环保工程和沿线附属设施
十	港口与航道工程	港口工程	集装箱、件杂、多用途等沿海港口工程20000吨级以上；散货、原油沿海港口工程30000吨级以上；1000吨级以上内河港口工程	集装箱、件杂、多用途等沿海港口工程20000吨级以下；散货、原油沿海港口工程30000吨级以下；1000吨级以下内河港口工程	
		通航建筑与整治工程	1000吨级以上	1000吨级以下	
		航道工程	通航30000吨级以上船舶沿海复杂航道；通航1000吨级以上船舶的内河航运工程项目	通航30000吨级以下船舶沿海航道；通航1000吨级以下船舶的内河航运工程项目	
		修造船水工工程	10000吨位以上的船坞工程；船体重量5000吨位以上的船台、滑道工程	10000吨位以下的船坞工程；船体重量5000吨位以下的船台、滑道工程	
		防波堤、导流堤等水工工程	最大水深6米以上	最大水深6米以下	
		其它水运工程项目	建安工程费6000万元以上的沿海水运工程项目；建安工程费4000万元以上的内河水运工程项目	建安工程费6000万元以下的沿海水运工程项目；建安工程费4000万元以下的内河水运工程项目	

续表

序号	工程类别		一级	二级	三级
十一	航天航空工程	民用机场工程	飞行区指标为4E及以上及其配套工程	飞行区指标为4D及以下及其配套工程	
		航空飞行器	航空飞行器（综合）工程总投资1亿元以上；航空飞行器（单项）工程总投资3000万元以上	航空飞行器（综合）工程总投资1亿元以下；航空飞行器（单项）工程总投资3000万元以下	
		航天空间飞行器	工程总投资3000万元以上；面积3000平方米以上：跨度18米以上	工程总投资3000万元以下；面积3000平方米以下；跨度18米以下	
十二	通信工程	有线、无线传输通信工程，卫星、综合布线	省际通信、信息网络工程	省内通信、信息网络工程	
		邮政、电信、广播枢纽及交换工程	省会城市邮政、电信枢纽	地市级城市邮政、电信枢纽	
		发射台工程	总发射功率500千瓦以上短波或600千瓦以上中波发射台：高度200米以上广播电视发射塔	总发射功率500千瓦以下短波或600千瓦以下中波发射台；高度200米以下广播电视发射塔	
十三	市政公用工程	城市道路工程	城市快速路、主干路，城市互通式立交桥及单孔跨径100米以上桥梁；长度1000米以上的隧道工程	城市次干路工程，城市分离式立交桥及单孔跨径100米以下的桥梁；长度1000米以下的隧道工程	城市支路工程、过街天桥及地下通道工程
		给水排水工程	10万吨/日以上的给水厂；5万吨/日以上污水处理工程；3立方米/秒以上的给水、污水泵站；15立方米/秒以上的雨泵站；直径2.5米以上的给排水管道	2万～10万吨/日的给水厂；1万～5万吨/日污水处理工程；1～3立方米/秒的给水、污水泵站；5～15立方米/秒的雨泵站；直径1～2.5米的给水管道；直径1.5～2.5米的排水管道	2万吨/日以下的给水厂；1万吨/日以下污水处理工程；1立方米/秒以下的给水、污水泵站；5立方米/秒以下的雨泵站；直径1米以下的给水管道；直径1.5米以下的排水管道

续表

序号	工程类别		一级	二级	三级
十三	市政公用工程	燃气热力工程	总储存容积1000立方米以上液化气贮罐场（站）；供气规模15万立方米/日以上的燃气工程；中压以上的燃气管道、调压站；供热面积150万平方米以上的热力工程	总储存容积1000立方米以下的液化气贮罐场（站）；供气规模15万立方米/日以下的燃气工程；中压以下的燃气管道、调压站；供热面积50万～150万平方米的热力工程	供热面积50万平方米以下的热力工程
		垃圾处理工程	1200吨/日以上的垃圾焚烧和填埋工程	500～1200吨/日的垃圾焚烧及填埋工程	500吨/日以下的垃圾焚烧及填埋工程
		地铁轻轨工程	各类地铁轻轨工程		
		风景园林工程	总投资3000万元以上	总投资1000万～3000万元	总投资1000万元以下
十四	机电安装工程	机械工程	总投资5000万元以上	总投资5000万以下	
		电子工程	总投资1亿元以上；含有净化级别6级以上的工程	总投资1亿元以下；含有净化级别6级以下的工程	
		轻纺工程	总投资5000万元以上	总投资5000万元以下	
		兵器工程	建安工程费3000万元以上的坦克装甲车辆、炸药、弹箭工程；建安工程费2000万元以上的枪炮、光电工程；建安工程费1000万元以上的防化民爆工程	建安工程费3000万元以下的坦克装甲车辆、炸药、弹箭工程；建安工程费2000万元以下的枪炮、光电工程；建安工程费1000万元以下的防化民爆工程	
		船舶工程	船舶制造工程总投资1亿元以上；船舶科研、机械、修理工程总投资5000万元以上	船舶制造工程总投资1亿元以下；船舶科研、机械、修理工程总投资5000万元以下	
		其它工程	总投资5000万元以上	总投资5000万元以下	

《工程勘察资质标准》中华人民共和国住房和城乡建设部　建市〔2013〕第9号

附件3

工程勘察项目规模划分表

序号	项目名称		项目规模		
			甲级	乙级	丙级
1	岩土工程	岩土工程勘察	1. 国家重点项目的岩土工程勘察。 2. 按《岩土工程勘察规范》（GB 50021）岩土工程勘察等级为甲级的工程。 3. 下列工程项目的岩土工程勘察： （1）按《建筑地基基础设计规范》（GB 50007）地基基础设计等级为甲级的工程项目； （2）需要采取特别处理措施的极软弱的或非均质地层，极不稳定的地基；建于严重不良的特殊性岩土上的大、中型项目； （3）有强烈地下水运动干扰、有特殊要求或安全等级为一级的深基坑开挖工程，有特殊工艺要求的超精密设备基础工程，大型深埋过江（河）地下管线、涵洞等深埋处理工程，核废料深埋处理工程，高度≥100m的高耸构筑物基础，房屋建筑和市政工程中边坡高度≥15m的岩质边坡工程和高度≥10m的土质边坡工程、其他工程中高度≥30m的岩质边坡工程和高度≥15m的土质边坡工程，特大桥、大桥、大型立交桥（含跨海大桥），大型竖井、巷道、平洞、隧道，地铁、城市轻轨和城市隧道，大型地下洞室、地下储库工程，超重型设备，大型基础托换、基础补强工程，Ⅰ级垃圾填埋场，一、二级工业废渣堆场； （4）大深沉井、沉箱，安全等级为一级的桩基、墩基，特大型、大型桥梁基础，架空索道基础； （5）其他工程设计规模为特大型、大型的建设项目	1. 按《岩土工程勘察规范》（GB 50021）岩土工程勘察等级为乙级的工程项目。 2. 下列工程项目的岩土工程勘察： （1）按《建筑地基基础设计规范》（GB 50007）地基基础设计等级为乙级的工程项目； （2）中型深埋过江（河）地下管线、涵洞等深埋处理工程，高度<100m的高耸构筑物基础，房屋建筑和市政工程中边坡高度<15m的岩质边坡工程和高度<10m的土质边坡工程、其他工程中边坡高度<30m的岩质边坡工程和高度<15m的土质边坡工程，中桥、中型立交桥，中型竖井、巷道、平洞、隧道，中型地下洞室、地下储库工程，中型基础托换、基础补强工程，Ⅱ级垃圾填埋场，三级工业废渣堆场； （3）中型沉井、沉箱，安全等级为二级的桩基、墩基，中型桥梁基础； （4）其他工程设计规模为中型的建设项目	1. 按《岩土工程勘察规范》（GB 50021）岩土工程勘察等级为丙级的工程。 2. 下列工程项目的岩土工程勘察： （1）按《建筑地基基础设计规范》（GB 50007）地基基础设计等级为丙级的工程项目； （2）小桥、涵洞，安全等级为三级的桩基、墩基、Ⅲ级垃圾填埋场，四、五级工业废渣堆场； （3）其他工程设计规模为小型的建设项目

续表

<table>
<tr><th rowspan="2">序号</th><th rowspan="2" colspan="2">项目名称</th><th colspan="3">项目规模</th></tr>
<tr><th>甲级</th><th>乙级</th><th>丙级</th></tr>
<tr><td rowspan="2">1</td><td rowspan="2">岩土工程</td><td>岩土工程设计</td><td>1. 国家重点项目的岩土工程设计。
2. 安全等级为一级、二级的基坑工程，安全等级为一级、二级的边坡工程。
3. 一般土层处理后地基承载力达到 300kPa 及以上的地基处理设计，特殊性岩土作为中型及以上建筑物的地基持力层的地基处理设计。
4. 不良地质作用和地质灾害的治理设计。
5. 复杂程度按有关规范规程划分为中等以上或复杂工程项目的岩土工程设计。
6. 建（构）筑物纠偏设计及基础托换设计，建（构）筑物沉降控制设计。
7. 填海工程的岩土工程设计。
8. 其他勘察等级为甲、乙级工程的岩土工程设计</td><td>1. 安全等级为三级的基坑工程，安全等级为三级的边坡工程。
2. 一般土层处理后地基承载力 300kPa 以下的地基处理设计，特殊性岩土作为小型建筑物地基持力层的地基处理设计。
3. 复杂程度按有关规范规程划分为简单工程项目的岩土工程设计。
4. 其他勘察等级为丙级工程的岩土工程设计</td><td></td></tr>
<tr><td>岩土工程物探测试检测监测</td><td>1. 国家重点项目和有特殊要求的岩土工程物探、测试、检测、监测。
2. 大型跨江、跨海桥梁桥址的工程物探，桥桩基测试、检测，岩溶地区、水域工程物探，复杂地质和地形条件下探查地下目的物的深度和精度要求较高的工程物探。
3. 地铁、轻轨、隧道工程、水利水电工程和高速公路工程的岩土工程物探、测试、检测、监测。
4. 安全等级为一级的基坑工程、边坡工程的监测。
5. 建筑物纠偏、加固工程中的岩土工程监测，重特大抢险工程的岩土工程监测。
6. 一般土层处理后，地基承载力达到 300kPa 及以上的地基处理监测，单桩最大加载在 10000kN 及以上的桩基检测。
7. 按《岩土工程勘察规范》（GB 50021）岩土工程勘察等级为甲级的工程项目涉及的波速测试、地脉动测试。
8. 块体基础振动测试</td><td>1. 安全等级为二、三级的基坑工程、边坡工程的监测。
2. 一般土层处理后，地基承载力 300kPa 以下的地基处理检测，单桩最大加载在 10000kN 以下的桩基检测。
3. 独立的岩土工程物探、测试、检测项目，无特殊要求的岩土工程监测项目。
4. 按《岩土工程勘察规范》（GB 50021）岩土工程勘察等级为乙级及以下的工程项目涉及的波速测试、地脉动测试</td><td></td></tr>
</table>

续表

序号	项目名称	项目规模		
		甲级	乙级	丙级
2	水文地质勘察	1. 国家重点项目、国外投资或中外合资项目的水源勘察和评价。 2. 大、中城市规划和大型企业选址的供水水源可行性研究及水资源评价。 3. 供水量 $10000m^3/d$ 及以上的水源工程勘察和评价。 4. 水文地质条件复杂的水资源勘察和评价。 5. 干旱地区、贫水地区、未开发地区水资源评价。 6. 设计规模为大型的建设项目水文地质勘察。 7. 按照《建筑与市政降水工程技术规范》（JGJ/T 111）复杂程度为复杂的降水工程或同等复杂的止水工程	1. 小城市规划和中、小型企业选址的供水水源可行性研究及水资源评价。 2. 供水量 $2000m^3/d$～$10000m^3/d$ 的水源勘察及评价。 3. 水文地质条件中等复杂的水资源勘察和评价。 4. 设计规模为中型的建设项目水文地质勘察。 5. 按照《建筑与市政降水工程技术规范》（JGJ/T 111）复杂程度为中等及以下的降水工程或同等复杂的止水工程	1. 水文地质条件简单，供水量 $2000m^3/d$ 及以下的水源勘察和评价。 2. 设计规模为小型的建设项目的水文地质勘察
3	工程测量	1. 国家重点项目的首级控制测量、变形与形变及监测。 2. 三等及以上 GNSS 控制测量，四等及以上导线测量，二等及以上水准测量。 3. 大、中城市规划定测量线、拨地。 4. $20km^2$ 及以上的大比例尺地形图地形测量。 5. 国家大型、重点、特殊项目精密工程测量。 6. 20km 及以上的线路工程测量。 7. 总长度 20km 及以上综合地下管线测量。 8. 以下工程的变形与形变测量：地基基础设计等级为甲级的建筑变形，重要古建筑变形，大型市政桥梁变形，重要管线变形，场地滑坡变形。 9. 大中型、重点、特殊水利水电工程测量。 10. 地铁、轻轨隧道工程测量	1. 四等 GNSS 控制测量，一、二级导线测量，三、四等水准测量。 2. 小城镇规划定测量线、拨地。 3. $10km^2$～$20km^2$ 的大比例尺地形图地形测量。 4. 一般工程的精密工程测量。 5. 5km～20km 的线路工程测量。 6. 总长度 20km 以下综合地下管线测量。 7. 以下工程的变形与形变测量：地基基础设计等级为乙、丙级的建筑变形，地表、道路沉降，中小型市政桥梁变形，一般管线变形。 8. 小型水利水电工程测量	1. 一级、二级 GNSS 控制测量，三级导线测量，五等水准测量。 2. $10km^2$ 及以下大比例尺地形图地形测量。 3. 5km 及以下线路工程测量。 4. 长度不超过 5km 的单一地下管线测量。 5. 水域测量或水利、水电局部工程测量。 6. 其他小型工程或面积较小的施工放样等

《工程设计资质标准》中华人民共和国住房和城乡建设部 建市〔2017〕第86号

附件 3-4　　电力行业建设项目设计规模划分表

序号	建设项目	单位	特大型	大型	中型	小型	备注
1	火力发电	MW	≥300	100～200	25～50		单机容量
2	水力发电	MW		≥250	50～250	<50	单机容量
3	风力发电	MW		≥100	50～100	≤50	
4	变电工程	kV		≥330	220	≤110	
5	送电工程	kV		≥330	220	≤110	
6	新能源	MW					

注：新能源发电工程设计包括：太阳能、地热、垃圾、秸秆等可再生能源发电工程设计。

《海砂混凝土应用技术规范》JGJ 206—2010

表 4.1.2　　海沙的质量要求

项目	指标
水溶性氯离子含量（%，按质量计）	≤0.03
含泥量（%，按质量计）	≤1.00
泥块含量（%，按质量计）	≤0.50
坚固性指标（%，按质量计）	≤8.00

《固定式钢梯及平台安全要求》GB 4053.1—2009

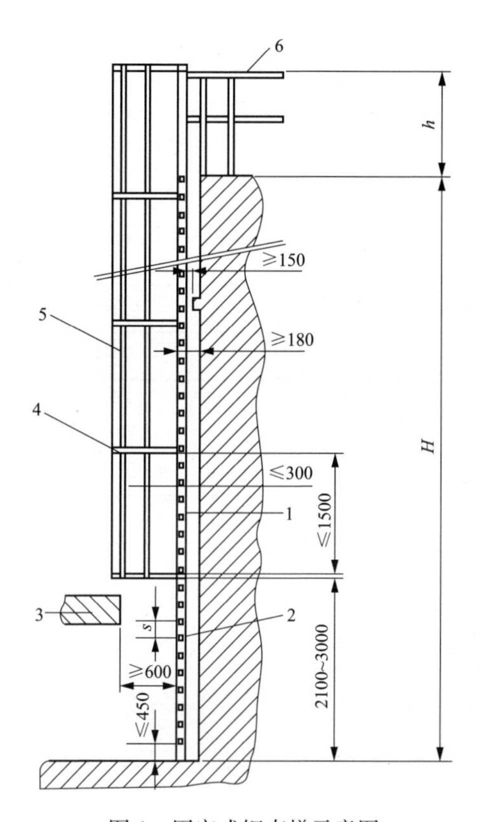

图 1　固定式钢直梯示意图

1——梯梁；2——踏棍；3——非连续障碍；4——护笼笼箍；5——护笼立杆；6——栏杆；H——梯段高；h——栏杆高；s——踏棍间距；H≤15000；h≥1050；s=225～300。

注：图中省略了梯子支撑。

《混凝土结构工程施工质量验收规范》GB 50204—2015

表 5.3.4　　盘卷钢筋调直后的断后伸长率、重量偏差要求

<table>
<tr><th rowspan="2">钢筋牌号</th><th rowspan="2">断后伸长率
A（%）</th><th colspan="2">重量偏差（%）</th></tr>
<tr><th>直径 6mm～12mm</th><th>直径 14mm～16mm</th></tr>
<tr><td>HPB300</td><td>≥21</td><td>≥−10</td><td>—</td></tr>
<tr><td>HRB335、HRBF335</td><td>≥16</td><td rowspan="4">≥−8</td><td rowspan="4">≥−6</td></tr>
<tr><td>HRB400、HRBF400</td><td>≥15</td></tr>
<tr><td>RRB400</td><td>≥13</td></tr>
<tr><td>HRB500、HRBF500</td><td>≥14</td></tr>
</table>

注：断后伸长率 A 的量测标距为 5 倍钢筋直径。

表 8.3.2　　现浇结构位置和尺寸允许偏差及检验方法

<table>
<tr><th colspan="3">项目</th><th>允许偏差（mm）</th><th>检验方法</th></tr>
<tr><td rowspan="3">轴线位置</td><td colspan="2">整体基础</td><td>15</td><td>经纬仪及尺量</td></tr>
<tr><td colspan="2">独立基础</td><td>10</td><td>经纬仪及尺量</td></tr>
<tr><td colspan="2">柱、墙、梁</td><td>8</td><td>尺量</td></tr>
<tr><td rowspan="4">垂直度</td><td rowspan="2">层高</td><td>≤6m</td><td>10</td><td>经纬仪或吊线、尺量</td></tr>
<tr><td>>6m</td><td>12</td><td>经纬仪或吊线、尺量</td></tr>
<tr><td colspan="2">全高（H）≤300m</td><td>H/30000+20</td><td>经纬仪、尺量</td></tr>
<tr><td colspan="2">全高（H）>300m</td><td>H/10000 且≤80</td><td>经纬仪、尺量</td></tr>
<tr><td rowspan="2">标高</td><td colspan="2">层高</td><td>±10</td><td>水准仪或拉线、尺量</td></tr>
<tr><td colspan="2">全高</td><td>±30</td><td>水准仪或拉线、尺量</td></tr>
<tr><td rowspan="3">截面尺寸</td><td colspan="2">基础</td><td>+15，−10</td><td>尺量</td></tr>
<tr><td colspan="2">柱、梁、板、墙</td><td>+10，−5</td><td>尺量</td></tr>
<tr><td colspan="2">楼梯相邻踏步高差</td><td>6</td><td>尺量</td></tr>
</table>

续表

项目		允许偏差（mm）	检验方法
电梯井	中心位置	10	尺量
	长、宽尺寸	+25，0	尺量
表面平整度		8	2m靠尺和塞尺量测
预埋件中心位置	预埋板	10	尺量
	预埋螺栓	5	尺量
	预埋管	5	尺量
	其他	10	尺量
预留洞、孔中心线位置		15	尺量

注： 1　检查轴线、中心线位置时，沿纵、横两个方向测量，并取其中偏差的较大值。
2　H为全高，单位为mm。

表8.3.3　　现浇设备基础位置和尺寸允许偏差及检验方法

项目		允许偏差（mm）	检验方法
坐标位置		20	经纬仪及尺量
不同平面标高		0，−20	水准仪或拉线、尺量
平面外形尺寸		±20	尺量
凸台上平面外形尺寸		0，−20	尺量
凹槽尺寸		+20，0	尺量
平面水平度	每米	5	水平尺、塞尺量测
	全长	10	水准仪或拉线、尺量
垂直度	每米	5	经纬仪或吊线、尺量
	全高	10	经纬仪或吊线、尺量
预埋地脚螺栓	中心位置	2	尺量
	顶标高	+20，0	水准仪或拉线、尺量
	中心距	±2	尺量
	垂直度	5	吊线、尺量

续表

项目		允许偏差（mm）	检验方法
预埋地脚螺栓孔	中心线位置	10	尺量
	截面尺寸	+20，0	尺量
	深度	+20，0	尺量
	垂直度	h/100 且≤10	吊线、尺量
预埋活动地脚螺栓锚板	中心线位置	5	尺量
	标高	+20，0	水准仪或拉线、尺量
	带槽锚板平整度	5	直尺、塞尺量测
	带螺纹孔锚板平整度	2	直尺、塞尺量测

注： 1　检查坐标、中心线位置时，应沿纵、横两个方向测量，并取其中偏差的较大值。
2　h 为预埋地脚螺栓孔孔深，单位为 mm。

《混凝土结构设计规范》GB 50010—2010

表 3.5.3　　**结构混凝土材料的耐久性基本要求**

环境等级	最大水胶比	最低强度等级	最大氯离子含量（%）	最大碱含量（kg/m^3）
一	0.60	C20	0.30	不限制
二 a	0.55	C25	0.20	3.0
二 b	0.50（0.55）	C30（C25）	0.15	
三 a	0.45（0.50）	C35（C30）	0.15	
三 b	0.40	C40	0.10	

注： 1　氯离子含量系指其占胶凝材料总量的百分比。
2　预应力构件混凝土中的最大氯离子含量为 0.06%；其最低混凝土强度等级宜按表中的规定提高两个等级。
3　素混凝土构件的水胶比及最低强度等级的要求可适当放松。
4　有可靠工程经验时，二类环境中的最低混凝土强度等级可降低一个等级。
5　处于严寒和寒冷地区二 b、三 a 类环境中的混凝土应使用引气剂，并可采用括号中的有关参数。
6　当使用非碱活性骨料时，对混凝土中的碱含量可不作限制。

《混凝土外加剂》GB 8076—2008

表 1　　受检混凝土性能指标

项目		外加剂品种												
		高性能减水剂 HPWR			高效减水剂 HWR		普通减水剂 WR			引气减水剂 AEWR	泵送剂 PA	早强剂 Ac	缓凝剂 Re	引气剂 AE
		早强型 HPWR-A	标准型 HPWR-S	缓凝型 HPWR-R	标准型 HWR-S	缓凝型 HWR-R	早强型 WR-A	标准型 WR-S	缓凝型 WR-R					
减水率/%，不小于		25	25	25	14	14	8	8	8	10	12	—	—	6
泌水率比/%，不大于		50	60	70	90	100	95	100	100	70	70	100	100	7-
含气量/%		≤6.0	≤6.0	≤6.0	≤3.0	≤4.5	≤4.0	≤4.0	≤5.5	≥3.0	≤5.5	—	—	≥3.0
凝结时间之差 min	初凝	−90～+90	−90～+120	＞+90	−90～+120	＞+90	−90～+90	−90～+120	＞+90	−90～+120	—	−90～+90	＞+90	−90～+120
	终凝			—		—			—			—	—	
1h 经时变化量	坍落度/mm	—	≤80	≤60	—	—	—	—	—	—	≤80	—	—	—
	含气量/%	—	—	—						−1.5～+1.5	—			−1.5～+1.5
抗压强度比/%，不小于	1d	180	170	—	140	—	135	—	—	—	—	135	—	—
	3d	170	160	—	130	—	130	115	—	115	—	130	—	95
	7d	145	150	140	125	125	110	115	110	110	115	110	100	95
	28d	130	140	140	120	120	100	110	110	100	110	100	100	90
收缩率比/%，不大于	28d	110	110	110	135	135	135	135	135	135	135	135	135	135

续表

项目	外加剂品种												
	高性能减水剂 HPWR			高效减水剂 HWR		普通减水剂 WR			引气减水剂 AEWR	泵送剂 PA	早强剂 Ac	缓凝剂 Re	引气剂 AE
	早强型 HPWR-A	标准型 HPWR-S	缓凝型 HPWR-R	标准型 HWR-S	缓凝型 HWR-R	早强型 WR-A	标准型 WR-S	缓凝型 WR-R					
相对耐久性(200次)/%，不小于	—	—	—	—	—	—	—	—	80	—	—	—	80

注1：表1中抗压强度比、收缩率比、相对耐久性为强制性指标，其余为推荐性指标。
注2：除含气量和相对耐久性外，表中所列数据为掺外加剂混凝土与基准混凝土的差值或比值。
注3：凝结时间之差性能指标中的"－"号表示提前，"＋"号表示延缓。
注4：相对耐久性（200次）性能指标中的"≥80"表示将28d龄期的受检混凝土试块快速冻融循环200次后，动弹性模量保留值≥80%。
注5：1h含气量经时变化量指标中的"－"号表示含气量增加，"＋"号表示含气量减少。
注6：其他品种的外加剂是否需要测定相对耐久性指标，由供、需双方协商确定。
注7：当用户对泵送剂等产品有特殊要求时，需要进行的补充试验项目、试验方法及指标，由供需双方协商决定。

《混凝土质量控制标准》GB 50164—2011

表 2.3.3-1　　混凝土用海砂的贝壳含量　　（按质量计，%）

混凝土强度等级	≥C60	C55～C40	C35～C30	C25～C15
贝壳含量	≤3	≤5	≤8	≤10

表 6.6.14　　混凝土拌合物从搅拌机卸出后到浇筑完毕的延续时间　　（min）

混凝土生产地点	气温	
	≤25℃	＞25℃
预拌混凝土搅拌站	150	120
施工现场	120	90
混凝土制品厂	90	60

《建筑地基基础工程施工质量验收规范》GB 50202—2018

表 5.1.4　　灌注桩的平面位置和垂直度的允许偏差

序号	成孔方法		桩径允许偏差（mm）	垂直度允许偏差（%）	桩位允许偏差（mm）
1	泥浆护壁钻孔桩	$D<1000$mm	$\geqslant 0$	$\leqslant 1/100$	$\leqslant 70+0.01H$
		$D\geqslant 1000$mm			$\leqslant 100+0.01H$
2	套管成孔灌注桩	$D<500$mm	$\geqslant 0$	$\leqslant 1/100$	$\leqslant 70+0.01H$
		$D\geqslant 500$mm			$\leqslant 100+0.01H$
3	干成孔灌注桩		$\geqslant 0$	$\leqslant 1/100$	$\leqslant 70+0.01H$
4	人工挖孔桩		$\geqslant 0$	$\leqslant 1/200$	$\leqslant 50+0.005H$

注：1　H 为桩基施工面至设计桩顶的距离（mm）；
　　2　D 为设计桩径（mm）。

《建筑电气工程施工质量验收规范》GB 50303—2015

表 24.2.5　　明敷引下线及接闪导体固定支架的间距　　（mm）

布置方式	扁形导体固定支架间距	圆形导体固定支架间距
安装于水平面上的水平导体	500	1000
安装于垂直面上的水平导体		
安装于高于 20m 以上垂直面上的垂直导体		
安装于地面至 20m 以下垂直面上的垂直导体	1000	1000

表 C　　低压电器交接试验

序号	试验内容	试验标准或条件
1	绝缘电阻	用 500V 兆欧表摇测≥1MΩ，潮湿场所≥0.5MΩ
2	低压电器动作情况	除产品另有规定外，电压、液压或气压在额定值的 86%～110%范围内能可靠动作
3	脱扣器的整定值	整定值误差不得超过产品技术条件的规定
4	电阻器和变阻器的直流电阻差值	符合产品技术条件规定

《建筑防腐蚀工程施工规范》GB 50212—2014

表 6.2.1　钠水玻璃的质量

项目	指标	项目	指标
密度（20℃，g/cm^3）	1.38～1.43	二氧化硅（%）	≥25.70
氧化钠（%）	≥10.20	模数	2.60～2.90

注：施工用钠水玻璃的密度（20℃，g/cm^3）：用于胶泥，1.40～1.43；用于砂浆，1.40～1.42；用于混凝土，1.38～1.42。

表 6.2.2　钾水玻璃的质量

项目	指标
密度（g/cm^3）	1.40～1.46
模数	2.60～2.90
二氧化硅（%）	25.00～29.00
氧化钾（%）	>15%
氧化钠（%）	<1%

注：氧化钾、氧化钠含量宜按现行国家标准《水泥化学分析方法》GB/T 176 的有关规定检测。

表 7.2.1　聚合物乳液的质量

项目	阳离子氯丁胶乳	聚丙烯酸酯乳液	环氧乳液
外观	乳白色均匀乳液		
黏度（涂 4 杯，25℃，s）	12.0～15.5	11.5～12.5	14.0～18.0
总固含量（%）	47～52	39～41	48～52
密度（g/cm^3）	≥1.080	≥1.056	≥1.050
贮存稳定性	5℃～40℃，3 个月无明显沉淀		

表 8.2.1　天然石材的质量

天然石材种类项目	花岗岩	石英石	石灰石
浸酸安定性（%）	72h 无明显变化	72h 无明显变化	—
抗压强度（MPa）	≥100.0	≥100.0	≥60.0

续表

天然石材种类项目		花岗岩	石英石	石灰石
抗折强度（MPa）		8.0	8.0	
表面平整度	机械切割	±2.0mm		
	人工加工或机械刨光	±3.0mm		

表 11.2.1　道路、建筑石油沥青的质量

项目	道路石油沥青	建筑石油沥青		
	60 号	40 号	30 号	10 号
针入度（25℃，100g，5s）（1/10mm）	50～80	36～50	26～35	10～25
延度（25℃，5cm/min）（cm）	≥70	≥3.5	≥2.5	≥1.5
软化点（环球法）（℃）	45～58	≥60	≥75	≥95

注：延度中的“5cm/min”是指建筑石油沥青。

《建筑防腐蚀工程施工质量验收规范》GB 50224—2010

表 7.3.1　结合层厚度、灰缝宽度和灌缝尺寸　（mm）

材料种类		铺砌		灌缝	
		结合层厚度	灰缝宽度	缝宽	缝深
耐酸砖、耐酸耐温砖	厚度≤30	4～6	2～3	—	—
	厚度＞30	4～6	2～4	—	—
天然石材	厚度≤30	4～8	3～6	8～12	满灌
	厚度＞30	4～12	4～12	8～15	满灌

表 8.4.1　块材结合层厚度和灰缝宽度　（mm）

块材种类	结合层厚度		灰缝宽度	
	挤缝法、灌缝法	刮浆铺砌法、分段浇灌法	挤缝法、刮浆铺砌法、分段浇灌法	灌缝法
耐酸砖、耐酸耐温砖	3～5	5～7	3～5	5～8
天然石材	—	—	—	8～15

表 9.3.1　结合层厚度和灰缝宽度　(mm)

块材种类		结合层厚度	灰缝宽度
耐酸砖、耐酸耐温砖		4～6	4～6
天然石材	厚度≤30	6～8	6～8
	厚度>30	10～15	8～15

《建筑给水排水及采暖工程施工质量验收规范》GB 50242—2002

表 3.2.5　阀门试验持续时间

公称直径 D_N (mm)	最短试验持续时间 (s)		
	严密性试验		强度试验
	金属密封	非金属密封	
≤50	15	15	15
65～200	30	15	60
250～450	60	30	180

表 3.3.8　钢管管道支架的最大间距

公称直径		15	20	25	32	40	50	70	80	100	125	150	200	250	300
支架的最大间距 (m)	保温管	2	2.5	2.5	2.5	3	3	4	4	4.5	6	7	7	8	8.5
	不保温管	2.5	3	3.5	4	4.5	5	6	6	6.5	7	8	9.5	11	12

表 3.3.9　塑料管及复合管管道支架的最大间距

管径 (mm)			12	14	16	18	20	25	32	40	50	63	75	90	110
最大间距 (m)		立管	0.5	0.6	0.7	0.8	0.9	1	1.1	1.3	1.6	1.8	2	2.2	2.4
	水平管	冷水管	0.4	0.4	0.5	0.5	0.6	0.7	0.8	0.9	1	1.1	1.2	1.35	1.55
		热水管	0.2	0.2	0.25	0.3	0.3	0.35	0.4	0.5	0.6	0.7	0.2	0.2	0.2

表 3.3.10 **铜管管道支架的最大间距**

公称直径（mm）		15	20	25	32	40	50	65	80	100	125	150	200
支架的最大间距（m）	垂直管	1.8	2.4	2.4	3	3	3	3.5	3.5	3.5	3.5	4	4
	水平管	1.2	1.8	1.8	2.4	2.4	2.4	3	3	3	3	3.5	3.5

表 13.2.6 **水压试验压力规定**

项次	设备名称	工作压力 P(MPa)	试压压力（MPa）
1	锅炉本体	$P<0.59$	$1.5P$ 但不小于 0.2
		$0.59\leqslant P\leqslant1.18$	$P+0.3$
		$P>1.18$	$1.25P$
2	可分式省煤器	P	$1.25P+0.5$
3	非承压锅炉	大气压力	0.2

注：1 工作压力 P 对蒸汽锅炉指锅筒工作压力，对热水锅炉指锅炉额定出水压力；
2 铸铁锅炉水压试验同热水锅炉；
3 非承压锅炉水压试验压力为 0.2MPa，试验期间压力应保持不变。

《建筑工程检测试验技术管理规范》JGJ 190—2010

表 5.2.4 **现场试验站基本条件**

项目	基本条件
现场试验人员	根据工程规模和试验工作的需要配备，宜为 1 至 3 人
仪器设备	根据试验项目确定。一般应配备：天平、台（案）秤、温度计、湿度计、混凝土振动台、试模、坍落度筒、砂浆稠度仪、钢直（卷）尺、环刀、烘箱等
设施	工作间（操作间）面积不宜小于 $15m^2$，温湿度应满足有关规定
	对混凝土结构工程，宜设标准养护室，不具备条件时可采用养护箱或养护池。温湿度应符合有关规定

《建筑工程施工质量验收统一标准》GB 50300—2013

表 A　　施工现场质量管理检查记录

开工日期：年　月　日

<table>
<tr><td>工程名称</td><td colspan="3"></td><td>施工许可证号</td><td></td></tr>
<tr><td>建设单位</td><td colspan="3"></td><td>项目负责人</td><td></td></tr>
<tr><td>设计单位</td><td colspan="3"></td><td>项目负责人</td><td></td></tr>
<tr><td>监理单位</td><td colspan="3"></td><td>总监理工程师</td><td></td></tr>
<tr><td>施工单位</td><td></td><td>项目负责人</td><td></td><td>项目技术负责人</td><td></td></tr>
<tr><td>序号</td><td colspan="3">项目</td><td colspan="2">主要内容</td></tr>
<tr><td>1</td><td colspan="3">项目部质量管理体系</td><td colspan="2"></td></tr>
<tr><td>2</td><td colspan="3">现场质量责任制</td><td colspan="2"></td></tr>
<tr><td>3</td><td colspan="3">主要专业工种操作岗位证书</td><td colspan="2"></td></tr>
<tr><td>4</td><td colspan="3">分包单位管理制度</td><td colspan="2"></td></tr>
<tr><td>5</td><td colspan="3">图纸会审记录</td><td colspan="2"></td></tr>
<tr><td>6</td><td colspan="3">地质勘察资料</td><td colspan="2"></td></tr>
<tr><td>7</td><td colspan="3">施工技术标准</td><td colspan="2"></td></tr>
<tr><td>8</td><td colspan="3">施工组织设计、施工方案编制及审批</td><td colspan="2"></td></tr>
<tr><td>9</td><td colspan="3">物资采购管理制度</td><td colspan="2"></td></tr>
<tr><td>10</td><td colspan="3">施工设施和机械设备管理制度</td><td colspan="2"></td></tr>
<tr><td>11</td><td colspan="3">计量设备配备</td><td colspan="2"></td></tr>
<tr><td>12</td><td colspan="3">检测试验管理制度</td><td colspan="2"></td></tr>
<tr><td>13</td><td colspan="3">工程质量检查验收制度</td><td colspan="2"></td></tr>
<tr><td>14</td><td colspan="3"></td><td colspan="2"></td></tr>
<tr><td colspan="3">自检结果：

施工单位项目负责人：　　　　年　月　日</td><td colspan="3">检查结论：

总监理工程师：　　　　年　月　日</td></tr>
</table>

《建筑节能工程施工质量验收规范》GB 50411—2007

表 11.2.11 **联合试运转及调试检测项目与允许偏差或规定值**

序号	检测项目	允许偏差或规定值
1	室内温度	冬季不得低于设计计算温度2℃，且不应高于1℃； 夏季不得高于设计计算温度2℃，且不应低于1℃
2	供热系统室外管网的水平平衡度	0.9～1.2
3	供热系统的补水率	≤0.5%
4	室外管网的热输送效率	≥0.92
5	空调机组的水流量	≤20%
6	空调系统冷热水、冷却水总流量	≤10%

《建筑外门窗气密、水密、抗风压性能分级及检测方法》GB/T 7106—2008

表 1 **建筑外门窗气密性能分级表**

分级	1	2	3	4	5	6	7	8
单位缝长分级指标值 q_1/[m³/(m·h)]	$4.0 \geq q_1 > 3.5$	$3.5 \geq q_1 > 3.0$	$3.0 \geq q_1 > 2.5$	$2.5 \geq q_1 > 2.0$	$2.0 \geq q_1 > 1.5$	$1.5 \geq q_1 > 1.0$	$1.0 \geq q_1 > 0.5$	$q_1 \leq 0.5$
单位面积分级指标值 q_2/[m³/(m²·h)]	$12 \geq q_2 > 10.5$	$10.5 \geq q_2 > 9.0$	$9.0 \geq q_2 > 7.5$	$7.5 \geq q_2 > 6.0$	$6.0 \geq q_2 > 4.5$	$4.5 \geq q_2 > 3.0$	$3.0 \geq q_2 > 1.5$	$q_2 \leq 1.5$

表 2 **建筑外门窗水密性能分级表** (Pa)

分级	1	2	3	4	5	6
分级指标 ΔP	$100 \leq \Delta P < 150$	$150 \leq \Delta P < 250$	$250 \leq \Delta P < 350$	$350 \leq \Delta P < 500$	$500 \leq \Delta P < 700$	$\Delta P \geq 700$

注：第6级应在分级后同时注明具体检测压力差值。

表 3 **建筑外门窗抗风压性能分级表** (kPa)

分级	1	2	3	4	5	6	7	8	9
分级指标值 P_3	$1.0 \leq P_3 < 1.5$	$1.5 \leq P_3 < 2.0$	$2.0 \leq P_3 < 2.5$	$2.5 \leq P_3 < 3.0$	$3.0 \leq P_3 < 3.5$	$3.5 \leq P_3 < 4.0$	$4.0 \leq P_3 < 4.5$	$4.5 \leq P_3 < 5.0$	$P_3 \geq 5.0$

注：第9级应在分级后注明具体检测压力差值。

《绝热用模塑聚苯乙烯泡沫塑料》GB/T 10801.1—2002

表 3　　物理机械性能

项目		单位	性能指标					
			Ⅰ	Ⅱ	Ⅲ	Ⅳ	Ⅴ	Ⅵ
表观密度	不小于	kg/m^3	15.0	20.0	30.0	40.0	50.0	60.0
压缩强度	不小于	kPa	60	100	150	200	300	400
导热系数	不大于	W/(m·K)	0.041		0.039			
燃烧性能	氧指数不小于	%	30					
	燃烧分级	达到 B2 级						

《六氟化硫电气设备气体监督导则》DL/T 595—2016

表 1　　瓶装六氟化硫抽样检查

产品批量/瓶	1	2～40	41～70	≥71
抽样瓶数/瓶	1	2	3	4

《民用建筑工程室内环境污染控制规范》GB 50325—2010

表 6.0.4　　民用建筑工程室内环境污染物浓度限量

污染物	Ⅰ类民用建筑工程	Ⅱ类民用建筑工程
氡（Bq/m^3）	≤200	≤400
甲醛（mg/m^3）	≤0.08	≤0.1
苯（mg/m^3）	≤0.09	≤0.09
氨（mg/m^3）	≤0.2	≤0.2
TVOC（mg/m^3）	≤0.5	≤0.6

注：1　表中污染物浓度测量值，除氡外均指室内测量值扣除同步测定的室外上风向空气测量值（本底值）后的测量值。
　　2　表中污染物浓度测量值的极限值判定，采用全数值比较法。

《坡屋面工程技术规范》GB 50693—2011

表 10.2.1-1　　单层防水卷材厚度　　(mm)

防水卷材名称	一级防水厚度	二级防水厚度
高分子防水卷材	≥1.5	≥1.2
弹性体、塑性体改性沥青防水卷材	≥5	

表 10.2.1-2　　单层防水卷材搭接宽度　　(mm)

防水卷材名称	长边、短边搭接方式				
	满粘法	机械固定法			
		热风焊接		搭接胶带	
		无覆盖机械固定垫片	有覆盖机械固定垫片	无覆盖机械固定垫片	有覆盖机械固定垫片
高分子防水卷材	≥80	≥80 且有效焊缝宽度≥25	≥120 且有效焊缝宽度≥25	≥120 且有效焊缝宽度≥75	≥120 且有效焊缝宽度≥150
弹性体、塑性体改性沥青防水卷材	≥100	≥80 且有效焊缝宽度≥40	≥120 且有效焊缝宽度≥40	—	

《普通混凝土用砂、石质量及检验方法标准》JGJ 52—2006

表 3.1.3　　天然砂中含泥量

混凝土强度等级	≥C60	C55～C30	≤C25
含泥量（按质量计,%）	≤2.0	≤3.0	≤5.0

表 3.1.4　　砂中泥块含量

混凝土强度等级	≥C60	C55～C30	≤C25
泥块含量（按质量计,%）	≤0.5	≤1.0	≤2.0

表 3.1.5　　人工砂或混合砂中石粉含量

混凝土强度等级		≥C60	C55～C30	≤C25
石粉含量（%）	MB<1.4（合格）	≤5.0	≤7.0	≤10.0
	MB≥1.4（不合格）	≤2.0	≤3.0	≤5.0

表 3.2.2　针、片状颗粒含量

混凝土强度等级	≥C60	C55～C30	≤C25
针、片状颗粒含量（按质量计,%）	≤8	≤15	≤25

表 3.2.3　碎石或卵石中含泥量

混凝土强度等级	≥C60	C55～C30	≤C25
含泥量（按质量计,%）	≤0.5	≤1.0	≤2.0

表 3.2.4　碎石或卵石中泥块含量

混凝土强度等级	≥C60	C55～C30	≤C25
泥块含量（按质量计,%）	≤0.2	≤0.5	≤0.7

表 3.2.5-1　碎石的压碎值指标

岩石品种	混凝土强度等级	碎石压碎值指标（%）
沉积岩	C60～C40	≤10
	≤C35	≤16
变质岩或深成的火成岩	C60～C40	≤12
	≤C35	≤20
喷出的火成岩	C60～C40	≤13
	≤C35	≤30

注：沉积岩包括石灰岩、砂岩等；变质岩包括片麻岩、石英岩等；深成的火成岩包括花岗岩、正长岩、闪长岩和橄榄岩等；喷出的火成岩包括玄武岩和辉绿岩等。

表 3.2.5-2　卵石的压碎值指标

混凝土强度等级	C60～C40	≤C35
压碎值指标（%）	≤12	≤16

《烧结普通砖》GB 5101—2017

表 3　强度指标　（MPa）

强度等级	抗压强度平均值≥	强度标准值 f_k≥
MU30	30.0	22.0
MU25	25.0	18.0

续表

强度等级	抗压强度平均值≥	强度标准值 f_k≥
MU20	20.0	14.0
MU15	15.0	10.0
MU10	10.0	6.5

《输变电工程达标投产验收规程》DL 5279—2012

表 4.4.1　变电站、开关站与换流站交流场电气调整试验与技术指标检查验收表

检验项目	检验内容	性质	存在问题	验收结果		
				符合	基本符合	不符合
27　重要报告、记录、签证	1）调试使用仪器台账、校验报告齐全					
	2）分项调试报告、质量验收签证内容完整齐全					
	3）总体调试报告内容完整齐全	主控				
	4）定值单签证、定值整定记录完整齐全					
	5）信号、测量、控制、逻辑试验签证齐全	主控				
	6）质量监督检查报告及问题整改闭环签证记录					

表 4.8.1　工程综合管理与档案检查验收表

检查项目	检查内容	性质	存在问题	检查结果		
				符合	基本符合	不符合
1　项目管理体系	1）建设单位有健全的项目管理体系，能覆盖整个工程项目全员、全过程、全方位的工程管理和达标投产的目标管理	主控				
	2）监理、设计、施工、调试单位的质量管理体系、职业健康安全管理体系、环境管理体系应通过认证注册，按期监督审核，证书在有效期内					

续表

检查项目	检查内容	性质	存在问题	检查结果		
				符合	基本符合	不符合
1 项目管理体系	3）建立工程有效的技术标准清单，实施动态管理					
	4）参建单位质量、职业健康安全环境管理目标明确，并层层分解落实					
	5）项目管理体系运行有效，现场生产场所生产过程可控	主控				
	6）项目管理体系持续改进，内部审核、管理评审、监督审核发现的不符合项整改闭环	主控				
2 造价控制	1）竣工决算不得超出批准动态概算	主控				
	2）不得擅自扩大建设规模或提高建设标准	主控				
	3）不得违反审批程序选购进口材料、设备					
	4）设计变更费用不应超过基本预备费的30%					
	5）建筑装饰费用不应超出审批文件规定的控制标准					
3 进度管理	1）科学确定工期，建设单位应无明示或者暗示设计、监理、施工单位压缩合同工期、降低工程质量的行为	主控				
	2）严肃工期调整，网络进度定期滚动修正					
4 合同管理	1）建立完善的合同管理制度					
	2）工程、设备、物资采购符合《中华人民共和国招标投标法》的规定	主控				
	3）应按合同条款要求支付工程款、设备款					
5 设备物资管理	1）设备物资管理制度和工作标准完善					
	2）设备监造符合《电力设备监造技术导则》DL/T 586规定，设备监造报告、质量证明文件齐全					
	3）新材料、新设备的使用应有鉴定报告、试用报告、查新报告或允许使用证明文件	主控				
	4）原材料应有合格证及进场检验、复试报告	主控				

续表

检查项目	检查内容	性质	存在问题	检查结果		
				符合	基本符合	不符合
5　设备物资管理	5）构件、配件、高强螺栓连接副等制成品应有出厂合格证及试验文件					
	6）设备、材料的检验、保管、发放管理制度完善，实施记录齐全					
6　强制性条文的执行	1）建设单位制定工程执行强制性条文的实施计划，各参建单位应有针对性的实施细则，并对相关内容培训，应有记录	主控				
	2）对执行强制性条文有响应经费支撑					
	3）建立强制性条文执行情况监督检查制度，并有相应责任人					
	4）规划、勘测设计、施工、试运、验收符合强制性条文规定	主控				
	5）工程采用材料、设备符合强制性条文的规定	主控				
	6）工程项目建筑、安装质量符合强制性条文的规定	主控				
	7）工程中采用的方案措施、指南、手册、计算机软件的内容符合强制性条文的规定					
7　勘测设计管理	1）编制提交工程勘测、设计强制性条文清单	主控				
	2）勘测、设计成品应符合强制性条文和国家现行有关标准的规定	主控				
	3）不得采用国家明令禁止使用的设备、材料和技术	主控				
	4）科技创新、技术进步形成的优化设计方案应经论证，并按规定程序审批	主控				
	5）占地面积、工程投资等指标符合有关规定					
	6）施工图交付计划应满足施工进度计划需求，并经建设单位确认					
	7）勘测、设计单位不得向任何单位提供未经审查批准的草图、白图用于施工					
	8）施工图设计、会检、设计交底符合规定					
	9）设计更改管理制度完善；施工图设计符合初步设计审查批复要求；重大设计变更按程序批准；改变原设计所确定的原则、方案或规模，应经原审批部门批准	主控				

续表

检查项目	检查内容	性质	存在问题	检查结果		
				符合	基本符合	不符合
7 勘测设计管理	10）明确设计修改、变更、材料代用等签发人资格，向建设单位、监理单位备案，并书面告知施工、运行单位					
	11）现场设计代表服务到位，定期向建设单位提供设计服务报告					
	12）参加验收规程规定项目的质量验收					
	13）参加设备订货技术洽商及施工、试运重大技术方案的审查					
	14）按合同约定编制竣工图及竣工图总说明，并移交	主控				
	15）编制工程质量检查报告、工程总结					
8 施工管理	1）应编制以下管理制度，并严格执行					
	（1）施工技术和施工质量管理责任制					
	（2）施工组织设计					
	（3）施工图会检					
	（4）施工技术交底					
	（5）物资管理					
	（6）机械及特种设备管理					
	（7）计量管理					
	（8）技术检验					
	（9）设计变更					
	（10）施工技术文件					
	（11）技术培训					
	（12）信息管理					
	2）施工、检验单位资质及人员资格证件齐全、有效					
	（1）承包商和分包商单位资质	主控				
	（2）试验、检测单位资质	主控				
	（3）项目经理资格					

续表

检查项目	检查内容	性质	存在问题	检查结果		
				符合	基本符合	不符合
8　施工管理	（4）质量验收人员资格					
	（5）试验检验人员资格					
	（6）特种作业人员资格	主控				
	（7）安全监察人员资格					
	（8）档案管理人员资格					
	（9）质量评价人员资格					
	3）施工组织总设计和专业设计经审批，并严格执行	主控				
	4）计量标准器具台账及鉴定证书在有效期内					
	5）施工单位应按规定编制节地、节水、节能、节材、环境保护措施，经审批后实施					
	6）施工质量管理及保证条件应符合 DL/T 5161.1～DL/T 5161.7 的规定					
	7）编制工法、QC（质量控制）小组成果、科技成果等创新活动计划，效果显著					
	8）制定成品保护措施，并形成检查记录					
	9）移交生产时的主设备、主系统、辅助设备缺陷整改已闭环					
	10）编制工程总结					
9　调试管理	1）管理制度完善，组织机构健全、分工明确、责任落实					
	2）调试大纲、方案、措施齐全，经审批后实施	主控				
	3）调试项目符合调试大纲要求					
	4）试验仪器、设备检验合格，并在有效期内					
	5）调试报告完整、真实、有效	主控				
	6）编制工程总结					

续表

检查项目	检查内容	性质	存在问题	检查结果		
				符合	基本符合	不符合
10 工程监理	1）组织结构健全，制度完善，责任明确	主控				
	2）各专业监理人员配备齐全，且具有相应资格，经建设单位确认后，正式通知被监理单位					
	3）按《电力建设工程监理规范》DL/T 5434 规定编制下列文件，并按程序审批后实施					
	（1）监理规划					
	（2）监理实施细则					
	（3）执行标准清单	主控				
	（4）监理达标投产计划					
	（5）强制性条文实施计划	主控				
	（6）关键工序和隐蔽工程旁站方案	主控				
	4）按建设单位总体质量、安全目标制定具体实施细则					
	5）审核、汇总各施工单位施工质量验收范围划分表					
	6）完善检验手段，使用的仪器、设备符合 DL/T 5434 规定或满足合同要求					
	7）参加达标投产初验，并形成相关记录，对存在问题监督整改、闭环	主控				
	8）编制监理月报、总结、工程总体质量评估报告，并符合 DL/T 5434 规定					
	9）监理全过程质量控制符合 DL/T 5434 规定，记录齐全					
	10）工程监理符合电力建设工程质量监督检查的有关规定					
	11）按合同签署工程计量、工程款支付，并符合 DL/T 5434 规定					
	12）有创优目标的工程项目，按合同约定完成工程质量评价工作					
11 生产管理	1）生产运行机构设置和人员配备符合定编要求，人员经培训、考核合格上岗	主控				

续表

检查项目	检查内容	性质	存在问题	检查结果		
				符合	基本符合	不符合
11　生产管理	2）生产准备大纲经审批后实施	主控				
	3）编制管理制度、运行规程、检修规程、保护定值清单，绘制系统图等					
	4）编制生产期间成品保护管理制度，行程记录					
	5）劳动安全和职业病防护措施完善					
	6）操作票、工作票、运行日志、运行记录齐全	主控				
	7）接收设备的备品条件，出入库手续完善					
	8）制定反事故预案，演练、评价预案，并形成记录					
	9）事故分析、处理记录齐全	主控				
	10）启动到考核期的缺陷管理台账及消缺率统计齐全					
12　信息管理	1）建设单位应编制信息管理制度					
	2）建立基建管理信息系统，形成局域网，覆盖主要参建单位	主控				
	3）信息系统软件功能模块设置应包含基建管理的主要工作内容和程序					
	4）工程投运前，完成生产管理数据系统的安装和调试工作	主控				
	5）投入生产前，建立设备缺陷、工作票等信息管理系统					
13　档案管理	1）机构、人员、设施、设备					
	（1）建设单位应成立负责档案工作的机构，配备专职档案管理人员					
	（2）工程档案管理人员应经培训，持证上岗	主控				
	（3）档案库房及设施符合国家有关防火、防潮、防火、防虫、防盗、防尘等安全保管、保护要求	主控				
	（4）档案管理设施、设备的配置满足档案管理要求					
	（5）档案管理软件具备档案整编、检索和利用的功能					
	2）管理职责					
	（1）建设、监理、设计（勘测）、施工、调试、生产运行单位档案管理体系健全，责任制执行有效					

续表

检查项目	检查内容	性质	存在问题	检查结果		
				符合	基本符合	不符合
13　档案管理	（2）建设单位按照《企业档案工作规范》DA/T 42 制定企业档案管理制度					
	（3）参建单位按相关要求编制项目文件归档实施细则	主控				
	（4）建设单位将项目文件收集、整理和档案移交内容纳入合同管理。在合同中设立专门条款，明确各参建单位竣工档案的编制质量、移交时间、套数、归档及违约责任					
	（5）监理单位应按 DL/T 5434 规定，对设计、施工、调试等参建单位整理和移交的竣工档案进行审查，并签署意见					
	（6）监理单位应按项目档案管理要求和合同约定，将监理形成的文件进行收集、整理，向建设单位移交					
	（7）参建单位按合同约定，收集、整理各自承建范围内形成的项目文件，经监理审查后向建设单位移交	主控				
	（8）施工单位应对分包单位形成的项目文件进行审查确认，履行签章手续，并对移交归档的项目文件质量负责	主控				
	3）项目文件收集					
	（1）建设、监理、设计（勘测）、施工、调试、生产运行单位应收集具有保存价值的文字、图标以及音像等各种载体的文件					
	（2）项目文件应与工程建设同步收集	主控				
	（3）项目文件收集一式一份。归档需要增加份数的，应在合同中约定					
	4）项目文件质量					
	（1）项目文件应为原件。因故无原件的合法性、依据性、凭证性等永久保存的文件，提供单位应在复制件上加盖公章，便于追溯	主控				

续表

检查项目	检查内容	性质	存在问题	检查结果		
				符合	基本符合	不符合
13 档案管理	（2）按《国家重大建设项目文件归档要求与档案整理规范》DA/T 28的规定编制项目文件					
	（3）项目文件签字、印章、图文等应清晰，具有可追溯性					
	（4）项目文件应按各专业规程规定的格式填写，内容真实，数据准确					
	（5）竣工图与实物相符	主控				
	5）项目文件整理					
	（1）分类符合输变电分类表设置的类目					
	（2）组卷应遵循文件形成的规律，保持文件内容的有机联系					
	（3）案卷组合应保持工程建设项目的专业性、成套性和系统性，同事由的文件不得分散和重复组卷	主控				
	（4）案卷排列，应按前期、设计、施工、试运、竣工验收等阶段顺序进行					
	（5）卷内文件排列，应按文件的形成规律、问题重要程度或结合时间顺序进行排列					
	（6）案卷题名应简明，准确揭示卷内文件内容					
	（7）卷内目录题名应填写卷内文件全称					
	（8）件号、页号编写应符合《科学技术档案案卷构成的一般要求》GB/T 11822的规定					
	（9）案卷目录、案卷封面、卷内目录、备考表填写符合GB/T 11822的规定					
	（10）案卷内文件超出卷盒幅面的文件应叠装，小于A4幅面的宜粘贴，破损的文件应修复					
	（11）案卷装订应整齐、结实，宜用线装，易于保管					

续表

检查项目	检查内容	性质	存在问题	检查结果		
				符合	基本符合	不符合
13 档案管理	(12) 应对永久保存且涉及项目立项、核准、重要合同(协议)、质量监督、质量评价(有创优目标的工程)、竣工验收、竣工图及利用频繁的纸质档案进行数字化管理	主控				
	6) 照片收集					
	(1) 照片档案应与纸质档案分类一致,并符合《照片档案管理规范》GB/T 11821 规定					
	(2) 规定照片应影像清晰、画面完整,反映事件全貌,并突出主题					
	(3) 编制照片档案检索目录,照片说明应完整					
	7) 电子文件归档与整理					
	(1) 电子档案应与纸质档案分类一致,并符合《电子文件归档与管理规范》GB/T 18894 规定					
	(2) 光盘等载体应符合长期保管要求,并统一标注档号及存入日期等					
	8) 实物档案收集与整理					
	(1) 将与基建项目有关的证书、奖牌及奖杯,在基建中形成的基建矿样、探伤底片等实物形式的材料收集归档					
	(2) 实物档案应与纸质档案分类一致					
	(3) 编制实物档案检索目录					
	9) 项目档案移交					
	(1) 项目文件档案一式一份,需增加份数的,按合同约定					
	(2) 竣工图移交一式一套,需交城建档案馆或另有需要增加套数的,按合同约定					
	(3) 电子档案移交一式三份,其中一份异地保管					

续表

检查项目	检查内容	性质	存在问题	检查结果		
				符合	基本符合	不符合
13 档案管理	(4) 移交生产后90天内规定完毕					
	(5) 档案移交时，应按贵方要求审查其完整性、真实性、准确性、有效性和案卷整理质量，合格后办理移交手续	主控				
	(6) 项目档案移交时，移交单位应编写归档说明，办理移交签证，并经项目负责人审查签字，与移交目录一并归档	主控				
	(7) 建设单位各职能部门形成的项目文件，应由文件形成部门进行收集、整理，由部门负责人审查后移交档案部门归档					
	10) 档案专项验收与评价					
	(1) 档案专项验收申请应在完成项目档案的收集、整理、归档后提出，验收应在投产后一年内完成	主控				
	(2) 档案专项验收应符合国家重大建设项目档案验收的有关规定					
	(3) 档案专项验收后应出具专项验收文件	主控				
	(4) 工程档案管理应按相关规定进行评价					
主要项目文件						
14 建设项目合规性文件	1) 项目核准文件	主控				
	2) 规划许可证					
	3) 土地使用证（变电站、开关站、换流站）	主控				
	4) 水土保持验收文件（具备验收条件）	主控				
	5) 工程概算批复文件					
	6) 质量监督注册证书及规定阶段的监督报告	主控				
	7) 安全设施竣工验收文件	主控				
	8) 涉网安全性评价报告	主控				
	9) 环境保护验收文件（具备验收条件）	主控				
	10) 消防验收文件（变电站、开关站、换流站）	主控				

续表

检查项目	检查内容	性质	存在问题	检查结果		
				符合	基本符合	不符合
14 建设项目合规性文件	11）劳动保障验收文件					
	12）职业卫生验收文件	主控				
	13）档案验收文件（具备验收条件）	主控				
	14）移交生产签证书					
	15）工程竣工决算书					
	16）工程竣工决算审计报告（具备验收条件）	主控				
	17）工程竣工验收条件（具备验收条件）	主控				
15 安全管理主要项目文件	1）安全生产委员会成立文件	主控				
	2）安全生产委员会、项目部、专业公司安全生产例会记录					
	3）危险源、环境因素辨识与评价措施	主控				
	4）建设单位按高危行业企业安全生产费用财务管理的有关规定，设置安全费用专用台账	主控				
	5）建设、监理和参建单位建立安全管理制度及相应的操作规程					
	6）专业分包及劳务分包单位的安全资格审核	主控				
	7）危险性较大的分部、分项工程安全方案、措施	主控				
	8）安全专项施工方案	主控				
	9）消防机构审查消防设计文件	主控				
	10）爆破审批手续	主控				
	11）特殊脚手架施工方案	主控				
	12）特种设备管理制度、台账及准许使用证书	主控				
	13）重大起重、运输作业，特殊高处作业，带电作业及易燃、易爆区域安全施工作业票					
	14）高出、交叉作业安全防护设施验收记录					
	15）施工用电方案					

续表

检查项目	检查内容	性质	存在问题	检查结果		
				符合	基本符合	不符合
15　安全管理主要项目文件	16）高于20m的钢脚手架、提升装置等防雷接地记录	主控				
	17）危险品运输、储存、使用、管理制度					
	18）消防设施定期检验记录					
	19）灾害预防与应急管理体系文件					
	20）自然灾害及安全事故专项预案演练、评价	主控				
16　变电站（开关站、换流站）建筑工程主要项目文件	1）地基基础工程					
	（1）分部、分项、单位工程及检验批质量验收记录					
	（2）工程定位测量记录					
	（3）沉降观测记录	主控				
	（4）建筑物垂直度、标高、全高测量记录					
	（5）桩基（灌注桩、混凝土桩、灰土挤密桩等）施工记录、施工汇总表及检测报告					
	（6）强夯等地基处理试夯记录、施工记录及检测报告					
	（7）土壤击实试验报告，回填土试验报告					
	（8）地（桩）基承载力检测报告	主控				
	（9）地基验槽记录	主控				
	（10）钢筋工程隐蔽验收记录	主控				
	（11）地下混凝土、地下防水防腐隐蔽工程验收记录					
	2）主体结构工程					
	（1）分部、分项、单位工程及检验批质量验收记录					
	（2）混凝土浇筑通知单及开盘鉴定记录					
	（3）混凝土搅拌记录					
	（4）混凝土工程浇筑施工记录					
	（5）混凝土养护记录					

续表

检查项目	检查内容	性质	存在问题	检查结果		
				符合	基本符合	不符合
16　变电站（开关站、换流站）建筑工程主要项目文件	（6）冬期施工混凝土测温记录及养护记录					
	（7）混凝土试块（含同条件养护）试验报告、汇总及评定表	主控				
	（8）砌筑砂浆试块试验报告、汇总表及评定表					
	（9）钢筋焊接试验报告					
	（10）钢筋工程隐蔽验收记录	主控				
	（11）钢结构吊装记录					
	（12）高强度螺栓试验连接报告及报审					
	（13）结构实体钢筋保护层厚度检验报告					
	（14）屋面工程隐蔽验收记录，屋面淋（蓄）水试验记录					
	3）装饰及其他工程					
	（1）分部、分项、单位工程及检验批质量验收记录					
	（2）有防水要求的地面蓄水试验记录					
	（3）排水管道通球、灌水试验记录					
	（4）给排水系统、卫生器具通水试验记录					
	（5）给水系统清洗、消毒记录					
	（6）幕墙及外窗气密性、水密性、抗风压性能检测报告及报审					
	（7）建筑电气接地、绝缘电阻测试记录					
	（8）建筑通风机空调系统调试记录					
	（9）消防系统验收记录					
	（10）全站图像安全监视系统验收记录					
	4）物资材料出厂文件及复试报告					
	（1）构配件、成品、半成品（含构支架等）出厂质量证明文件、检验报告	主控				

续表

检查项目	检查内容	性质	存在问题	检查结果		
				符合	基本符合	不符合
16 变电站（开关站、换流站）建筑工程主要项目文件	(2) 钢筋、水泥、商品混凝土及外加剂出厂质量证明文件、复试报告、跟踪记录	主控				
	(3) 混凝土、砂浆用砂检验报告，混凝土用碎（卵）石检验报告及跟踪记录	主控				
	(4) 混凝土、砂浆配合比试验报告					
	(5) 防水、防火、保温材料出厂质量证明文件、检验报告					
	(6) 其他施工物资（含玻璃、石材、饰面砖、涂料、焊接材料等）的出厂证明文件、复试报告					
	(7) 试验见证取样单，材料跟踪记录					
17 变电站（开关站、换流站）电气安装主要项目文件	1) 变压器气体（瓦斯）继电器检验报告					
	2) 变压器温度计检验报告					
	3) 变压器油样检验报告					
	4) 变压器压力释放阀检验报告					
	5) 变压器运输冲击记录					
	6) 导线拉力试验报告					
	7) 管母焊接试验报告					
	8) SF_6 气体检验报告					
	9) 压力表、密度继电器检验报告					
	10) 站内接地网电阻测试报告					
	11) 全站电气设备与接地网的导通报告					
	12) 软化水质检测报告					
	13) 图纸会检记录					
	14) 设计变更单、材料代用通知单、工程联系单					
	15) 施工组织设计、主要施工方案、施工技术措施和作业指导书					

续表

<table>
<tr><th rowspan="2">检查项目</th><th rowspan="2">检查内容</th><th rowspan="2">性质</th><th rowspan="2">存在问题</th><th colspan="3">检查结果</th></tr>
<tr><th>符合</th><th>基本符合</th><th>不符合</th></tr>
<tr><td rowspan="2">17　变电站（开关站、换流站）电气安装主要项目文件</td><td>16）主要施工技术记录（施工过程主要控制记录）</td><td rowspan="2">主控</td><td></td><td></td><td></td><td></td></tr>
<tr><td>17）质量验收记录（施工产品验收控制），分项、分部、单位工程质量验收记录，隐蔽工程验收记录，检验记录</td><td></td><td></td><td></td><td></td></tr>
<tr><td rowspan="21">18　变电站（开关站、换流站）电气调整试验主要项目文件</td><td>1）调试大纲</td><td rowspan="21">主控</td><td></td><td></td><td></td><td></td></tr>
<tr><td>2）调试方案、措施</td><td></td><td></td><td></td><td></td></tr>
<tr><td>3）调试工程联系单</td><td></td><td></td><td></td><td></td></tr>
<tr><td>4）继电保护定值单及保护记录</td><td></td><td></td><td></td><td></td></tr>
<tr><td>5）试运条件检查签证记录</td><td></td><td></td><td></td><td></td></tr>
<tr><td>6）变压器交接试验报告</td><td></td><td></td><td></td><td></td></tr>
<tr><td>7）互感器交接试验报告</td><td></td><td></td><td></td><td></td></tr>
<tr><td>8）隔离开关交接试验报告</td><td></td><td></td><td></td><td></td></tr>
<tr><td>9）断路器交接试验报告</td><td></td><td></td><td></td><td></td></tr>
<tr><td>10）母线交接试验报告</td><td></td><td></td><td></td><td></td></tr>
<tr><td>11）避雷器交接试验报告</td><td></td><td></td><td></td><td></td></tr>
<tr><td>12）接地装置交接试验报告</td><td></td><td></td><td></td><td></td></tr>
<tr><td>13）电容器组交接试验报告</td><td></td><td></td><td></td><td></td></tr>
<tr><td>14）电抗器及消弧线圈交接试验报告</td><td></td><td></td><td></td><td></td></tr>
<tr><td>15）套管交接试验报告</td><td></td><td></td><td></td><td></td></tr>
<tr><td>16）SF_6 封闭式组合电器交接试验报告</td><td></td><td></td><td></td><td></td></tr>
<tr><td>17）悬式绝缘子和支柱绝缘子交接试验报告</td><td></td><td></td><td></td><td></td></tr>
<tr><td>18）变送器调试报告</td><td></td><td></td><td></td><td></td></tr>
<tr><td>19）信号、测量、控制、逻辑联合传动试验签证</td><td></td><td></td><td></td><td></td></tr>
<tr><td>20）继电保护调试报告</td><td></td><td></td><td></td><td></td></tr>
<tr><td>21）站用电系统调试报告</td><td></td><td></td><td></td><td></td></tr>
</table>

续表

检查项目	检查内容	性质	存在问题	检查结果		
				符合	基本符合	不符合
18　变电站（开关站、换流站）电气调整试验主要项目文件	22）监控系统调试报告					
	23）试运行性能指标统计报表					
	24）系统调试报告					
	25）晶闸管阀及其水冷系统交接试验报告					
	26）平波电抗器（油浸式）交接试验报告					
	27）直流电压分压器交接试验报告					
	28）仪表、变送器、传感器调试报告					
	29）交、直流滤波器调试报告					
	30）载波装置及噪声滤波器交接试验报告报告					
	31）换流站之间的端对端系统调试报告					
	32）换流站试运行性能指标统计报表					
19　架空电力线路（接地极）工程主要项目文件	1）试验报告					
	（1）砂、石试验报告，添加剂、水泥出厂合格证和试验报告（含混凝土粗、细骨料碱活性检测报告）	主控				
	（2）钢筋出厂合格证、质量证明书、复检和焊接试验报告	主控				
	（3）混凝土配合比试验报告	主控				
	（4）混凝土试块同条件试验报告					
	（5）锚杆、桩基础检测报告	主控				
	（6）铁塔、螺栓、地脚螺栓、接地引下线等产品合格证和出厂质量证明书					
	（7）导线、地线、OPGW光缆、金具、绝缘子出厂质量证明书、合格证					
	（8）导线、地线连接试验报告	主控				
	（9）试验见证取样单、台账					

续表

检查项目	检查内容	性质	存在问题	检查结果		
				符合	基本符合	不符合
19 架空电力线路（接地极）工程主要项目文件	(10) 材料跟踪记录					
	2) 土石方工程					
	(1) 路径复测记录及报审表					
	(2) 基础分坑及开挖检查记录					
	3) 基础工程					
	(1) 基础分部工程开工报告					
	(2) 基础隐蔽工程验收签证					
	(3) 现浇铁塔基础检查及评级记录					
	(4) 混凝土电杆基础检查及评级记录					
	(5) 岩石、掏挖、挖孔桩铁塔基础检查及评级及记录					
	(6) 灌注桩基础检查及评级记录					
	(7) 贯入桩基础检查及评级记录					
	(8) 基础质量中间验收记录及闭环记录					
	4) 杆塔工程					
	(1) 杆塔分部工程开工报告					
	(2) 自立式铁塔组立检查及评级记录					
	(3) 拉线铁塔组立检查及评级记录					
	(4) 混凝土电杆组立检查及评级记录					
	(5) 杆塔拉线压接管施工检查及评级记录					
	(6) 杆塔质量中间验收记录及闭环记录					
	5) 架线工程					
	(1) 架线分部工程开工报告					
	(2) 导、地线展放施工检查及评级记录					

续表

检查项目	检查内容	性质	存在问题	检查结果		
				符合	基本符合	不符合
19　架空电力线路（接地极）工程主要项目文件	（3）导、地线爆压管施工检查及评级记录					
	（4）导、地线耐张爆压管施工检查及评级记录					
	（5）导、地线直线液压管施工检查及评级记录					
	（6）导、地线耐张液压管施工检查及评级记录					
	（7）紧线施工检查及评级记录（耐张段）					
	（8）附件安装施工检查及评级记录					
	（9）对地、风偏开方对地距离检查及评级记录					
	（10）交叉跨越检查及评级记录					
	（11）导、地线压接隐蔽工程验收签证	主控				
	（12）架线工程验收记录及闭环记录					
	6）接地工程					
	（1）接地装置施工检查及评级记录					
	（2）接地装置隐蔽工程验收签证	主控				
	7）接地极工程					
	（1）绝缘基础施工检查记录					
	（2）接地极隐蔽工程签证记录	主控				
	（3）接地极焊接试件试验记录					
	（4）接地极焊接检查记录					
	（5）接地极开挖施工检查记录					
	（6）接地极碳床铺设签证记录					
	（7）接地极电极安装检查记录					
	（8）接地极电缆检测记录					
	（9）接地极直埋电缆签证记录					
	（10）接地极电缆井、渗水井和监测井施工签证记录					

续表

检查项目	检查内容	性质	存在问题	检查结果		
				符合	基本符合	不符合
19 架空电力线路（接地极）工程主要项目文件	（11）接地极接地电阻测试报告	主控				
	（12）接地极跨步电压测试记录	主控				
	（13）放热熔接施工试验件检验记录					
	8）防护工程					
	线路防护设施检查及评级记录					
	9）评级记录					
	（1）分部工程质量评级统计表					
	（2）单位工程质量评级统计表					
	10）线路调试					
	（1）调试方案及措施					
	（2）参数测试记录及调试报告					
20 电缆线路工程主要项目文件	1）电缆隧道、沟道试验报告及施工记录					
	（1）砂、石、水试验报告，添加剂、水泥出厂合格证和试验报告（含混凝土粗、细骨料碱活性检测报告）	主控				
	（2）钢筋出厂合格证、质量证明书、复检和焊接试验报告	主控				
	（3）混凝土配合比试验报告	主控				
	（4）混凝土试块同条件试验报告					
	（5）材料跟踪记录					
	（6）电缆隧道、沟道施工及评级记录					
	2）试验报告					
	（1）电缆及电缆附件产品合格证和试验报告					
	（2）护层保护器试验报告					
	（3）电缆外护套交接试验报告					
	（4）电缆主绝缘耐压试验报告	主控				

续表

检查项目	检查内容	性质	存在问题	检查结果		
				符合	基本符合	不符合
20　电缆线路工程主要项目文件	（5）电缆线路参数测试报告	主控				
	（6）充油电缆及附件内和压力箱中的绝缘油击穿电压试验报告					
	（7）充油电缆及附件内和压力箱中的绝缘油介质损耗试验报告					
	3）电缆敷设工程					
	（1）电缆线路敷设记录					
	（2）电力电缆线路直埋、管道敷设签证记录					
	（3）电缆线路敷设质量检验评定表					
	4）电缆附件安装工程					
	（1）电缆终端安装记录	主控				
	（2）电缆中间接头安装记录	主控				
	（3）电缆终端质量检验评定表					
	（4）电缆中间接头质量检验评定表					
	（5）接地箱安装记录					
	（6）接地保护箱安装记录					
	（7）交叉互联箱安装记录					
	（8）接地箱质量检验评定表					
	（9）接地保护箱质量检验评定表					
	（10）交叉互联箱质量检验评定表					
	5）评级记录					
	（1）分部工程质量验收评定表					
	（2）单位工程质量验收综合评定表					
	6）线路调试					
	（1）调试方案及措施					
	（2）参数测试记录及调试报告					

续表

检查项目	检查内容	性质	存在问题	检查结果		
				符合	基本符合	不符合
21 运行准备和运行管理	1）生产准备计划	主控				
	2）生产运行管理制度、运行、检修、安全操作规程					
	3）图纸资料					
	4）设备验收、试运行、维护记录					
	5）运行可靠性统计报表					
	6）运行技术参数报表					
	7）事故分析报告					
主控检验个数： 基本符合个数： 基本符合率：%	一般检验个数： 基本符合个数： 基本符合率：%	监理单位专业技术负责人： （签字） 建设单位专业技术负责人： （签字） 年 月 日			现场复（初）验组成员： （签字） 组长：（签字） 年 月 日	

《输变电工程项目质量管理规程》DL/T 1362—2014

表 D.1 **输变电工程施工项目部人员资格要求**

岗位	任职条件	
项目经理（常务项目副经理）	110kV 及以下	具有初级及以上职称，取得工程建设类相应专业二级注册建造师资格证书，持有市安监局或省级电力公司的安全管理资格证书，从事电网建设施工管理 3 年以上经历
	220kV	具有中级及以上职称，取得工程建设类相应专业二级注册建造师资格证书，持有省级建设厅（或地市级安监局）或省级电力公司的安全管理资格证书，从事电网建设施工管理 5 年以上经历
	330kV 及以上	具有中级及以上职称，取得工程建设类相应专业一级注册建造师资格证书，持有省级建设厅或省级电力公司的安全管理资格证书，从事电网建设施工管理 8 年以上经历

续表

岗位	任职条件	
项目副经理	110kV 及以下	具有初级及以上职称，取得工程建设类相应专业注册执业资格证书及安全管理资格证书，从事电网建设施工管理 3 年以上经历
	220kV	应具有初级及以上职称，取得工程建设类相应专业资格证书及安全管理资格证书，从事过 3 个及以上 110kV 工程电网建设施工管理经历
	330kV 及以上	具有中级及以上职称，取得工程建设类相应专业资格证书及安全管理资格证书，从事过 3 个及以上 220kV 工程电网建设施工管理经历
项目总工程师	110kV 及以下	具有初级及以上技术职称，取得省级电力公司相应安全、质量管理资格证书，从事电网建设施工技术管理 3 年以上经历
	220kV	具有初级及以上技术职称，取得省级电力公司相应安全、质量管理资格证书，从事电网建设施工技术管理 4 年以上经历
	330kV 及以上	具有中级及以上技术职称，取得省级电力公司相应安全、质量管理资格证书，从事电网建设施工技术管理 5 年以上经历
项目部质检员	具有初级及以上职称，取得电力工程质量监督中心站质检员培训合格证书，从事电网建设施工质量管理 3 年以上经历	
项目部技术员	具有初级及以上职称，从事电网建设施工技术管理 3 年以上经历	
项目部造价员	具有预算员及以上资格证书，从事电网建设施工造价管理 3 年以上经历	
项目资料信息员	具有初级及以上职称，从事电网建设施工资料及信息管理 3 年以上经历	

《碳素结构钢》GB/T 700—2006

表 2　　**钢材的拉伸和冲击试验结果规定**

牌号	等级	屈服强度[a]ReH/(N/mm^2)，不小于						抗拉强度[b]Rm/(N/mm^2)	断后伸长率 A/%，不小于					冲击试验（V 型缺口）	
		厚度（或直径）/mm							厚度（或直径）/mm					温度/℃	冲击吸收功（纵向）/J 不小于
		≤16	>16～40	>40～60	>60～100	>100～150	>150～200		≤40	>40～60	>60～100	>100～150	>150～200		
Q195	—	195	185	—	—	—	—	315～430	33	—	—	—	—	—	—

续表

牌号	等级	屈服强度[a] ReH/(N/mm²)，不小于						抗拉强度[b] Rm/(N/mm²)	断后伸长率 A/%，不小于					冲击试验（V型缺口）	
		厚度（或直径）/mm							厚度（或直径）/mm					温度/℃	冲击吸收功（纵向）/J 不小于
		≤16	>16～40	>40～60	>60～100	>100～150	>150～200		≤40	>40～60	>60～100	>100～150	>150～200		
Q215	A	215	205	195	185	175	165	335～450	31	30	29	27	26	—	—
	B													+20	27
Q235	A	235	225	215	215	195	185	370～500	26	25	24	22	21	—	—
	B													+20	27[c]
	C													0	
	D													−20	
Q275	A	275	265	255	245	225	215	410～540	22	21	20	18	17	—	—
	B													+20	27
	C													0	
	D													−20	

[a] Q195 的屈服强度值仅供参考，不作交货条件。

[b] 厚度大于 100mm 的钢材，抗拉强度下限允许降低 20N/mm²。宽带钢（包括剪切钢板）抗拉强度上限不作交货条件。

[c] 厚度小于 25mm 的 Q235B 级钢材，如供方能保证冲击吸收功值合格，经需方同意，可不作检验。

《通用硅酸盐水泥》GB 175—2007

表 3

单位为兆帕

品种	强度等级	抗压强度		抗折强度	
		3d	28d	3d	28d
硅酸盐水泥	42.5	≥17.0	≥42.5	≥3.5	≥6.5
	42.5R	≥22.0		≥4.0	
	52.5	≥23.0	≥52.5	≥4.0	≥7.0
	52.5R	≥27.0		≥5.0	

续表

品种	强度等级	抗压强度		抗折强度	
		3d	28d	3d	28d
硅酸盐水泥	62.5	≥28.0	≥62.5	≥5.0	≥8.0
	62.5R	≥32.0		≥5.5	
普通硅酸盐水泥	42.5	≥17.0	≥42.5	≥3.5	≥6.5
	42.5R	≥22.0		≥4.0	
	52.5	≥23.0	≥52.5	≥4.0	≥7.0
	52.5R	≥27.0		≥5.0	
矿渣硅酸盐水泥 火山灰硅酸盐水泥 粉煤灰硅酸盐水泥 复合硅酸盐水泥	32.5	≥10.0	≥32.5	≥2.5	≥5.5
	32.5R	≥15.0		≥3.5	
	42.5	≥15.0	≥42.5	≥3.5	≥6.5
	42.5R	≥19.0		≥4.0	
	52.5	≥21.0	≥52.5	≥4.0	≥7.0
	52.5R	≥23.0		≥4.5	

《外墙饰面砖工程施工及验收规程》JGJ 126—2017

表 5.1.1　外墙饰面砖复验项目

气候区名	复验项目
Ⅰ	吸水率和抗冻性
Ⅱ	吸水率和抗冻性
Ⅲ	吸水率
Ⅳ	吸水率
Ⅴ	吸水率
Ⅵ	吸水率和抗冻性
Ⅶ	吸水率和抗冻性

《屋面工程质量验收规范》GB 50207—2012

表 9.0.5　　屋面工程验收资料和记录

资料项目	验收资料
防水设计	设计图纸及会审记录、设计变更通知单和材料代用核定单
施工方案	施工方案、技术措施、质量保证措施
技术交底记录	施工操作要求及注意事项
材料质量证明文件	出厂合格证、型式检验报告、出厂检验报告、进场验收记录和进场检验报告
施工日志	逐日施工情况
工程检验记录	工序交接检验记录、检验批质量验收记录、隐蔽工程验收记录、淋水或蓄水试验记录、观感质量检查记录、安全与功能抽样检验（检测）记录
其他技术资料	事故处理报告、技术总结

《用于水泥和混凝土中的粉煤灰》GB/T 1596—2017

表 1　　拌制砂浆和混凝土用粉煤灰理化性能要求

试验项目		性能要求		
		Ⅰ级	Ⅱ级	Ⅲ级
细度（45μm 方孔筛筛余）/%	F 类粉煤灰	≤12.0	≤30.0	≤45.0
	C 类粉煤灰			
需水量比/%	F 类粉煤灰	≤95	≤105	≤115
	C 类粉煤灰			
烧失量/%	F 类粉煤灰	≤5.0	≤8.0	≤10.0
	C 类粉煤灰			
含水量/%	F 类粉煤灰	≤1.0		
	C 类粉煤灰			
三氧化硫质量分数/%	F 类粉煤灰	≤3.0		
	C 类粉煤灰			

续表

试验项目		性能要求		
		Ⅰ级	Ⅱ级	Ⅲ级
游离氧化钙质量分数/%	F类粉煤灰	≤1.0		
	C类粉煤灰	≤4.0		
二氧化硅、三氧化二铝和三氧化二铁总质量分数/%	F类粉煤灰	≥70.0		
	C类粉煤灰	≤50.0		
密度/(g/cm³)	F类粉煤灰	≤2.6		
	C类粉煤灰			
安定性 雷氏夹沸煮后增加距离，不大于/mm	C类粉煤灰	≤5.0		
强度活性指数/%	F类粉煤灰	≥70.0		
	C类粉煤灰			

《蒸压加气混凝土砌块》GB 11968—2006

表3　**砌块立方体抗压强度**　(MPa)

强度等级	立方体抗压强度	
	平均值比小于	单组最小值不小于
A1.0	1.0	0.8
A2.0	2.0	1.6
A2.5	2.5	2.0
A3.5	3.5	2.8
A5.0	5.0	4.0
A7.5	7.5	6.0
A10.0	10.0	8.0

表4　砌块的干密度　(kg/m³)

干密度级别		B03	B04	B05	B06	B07	B08
干密度	优等品（A）≤	300	400	500	600	700	800
	合格品（B）≤	325	425	525	625	725	825

《种植屋面工程技术规程》JGJ 155—2013

表5.1.4　初栽植物荷重

项目	小乔木（带土球）	大灌木	小灌木	地被植物
植物高度或面积	2.0m～2.5m	1.5m～2.0m	1.0m～1.5m	1.0m²
植物荷重	0.8kN/株～1.2kN/株	0.6kN/株～0.8kN/株	0.3kN/株～0.6kN/株	0.15kN/株～0.3kN/株

《注册建造师执业工程规模标准》中华人民共和国建设部　建市〔2007〕171号

注册建造师执业工程规模标准　(电力工程)

序号	工程类别	项目名称	单位	规模		
				大型	中型	小型
2	送变电	送电线路	千伏	330千伏及以上或220千伏30公里及以上送电线路工程	220千伏30公里以下送电线路工程	110万千伏及以下送电线路工程
		变电站	千伏	330千伏及以上变电站	220千伏变电站	110千伏以下变电站
		电力电缆	千伏	220千伏及以上电缆工程	110千伏电缆工程	110千伏以下电缆工程
		单项工程合同额	万元	800万元及以上送变电工程	400～800万元的送变电工程	400万元以下的送变电工程